myBook+

Ihr Portal für alle Online-Materialien zum Buch!

Arbeitshilfen, die über ein normales Buch hinaus eine digitale Dimension eröffnen. Je nach Thema Vorlagen, Informationsgrafiken, Tutorials, Videos oder speziell entwickelte Rechner – all das bietet Ihnen die Plattform myBook+.

Und so einfach geht's:

- Gehen Sie auf **https://mybookplus.de**, registrieren Sie sich und geben Ihren Buchcode ein, um auf die Online-Materialien Ihres Buchs zu gelangen
- **Ihren individuellen Buchcode finden Sie am Buchende**

Wir wünschen Ihnen viel Spaß mit myBook+ !

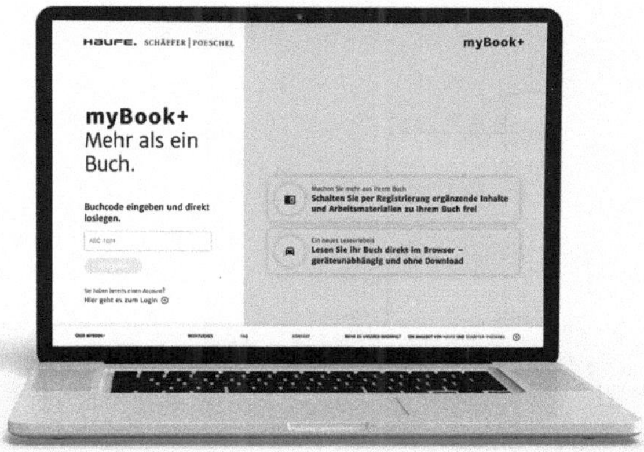

https://mybookplus.de

Rainer Hartmann, Andreas Sprenger

Reisekosten 2023

27. Auflage

Haufe Group
Freiburg · München · Stuttgart

Bibliografische Information der Deutschen Nationalbibliothek
Die Deutsche Nationalbibliothek verzeichnet diese Publikation in der Deutschen Nationalbibliografie; detaillierte bibliografische Daten sind im Internet über http://dnb.dnb.de/ abrufbar.

Print: ISBN 978-3-648-15492-2 Bestell-Nr. 03809-0027
ePDF: ISBN 978-3-648-15496-0 Bestell-Nr. 03809-0161

Rainer Hartmann, Andreas Sprenger
Reisekosten 2023
27. Auflage, März 2023

www.haufe.de
info@haufe.de

Bildnachweis (Cover): ©alexsl, iStock

Produktmanagement: Dipl.-Kfm. Kathrin Menzel-Salpietro
Lektorat: Marina Chelaifa

Aus Gründen der besseren Lesbarkeit wird bei Personenbezeichnungen und personenbezogenen Hauptwörtern entsprechend den Empfehlungen des Rats für Deutsche Rechtschreibung und gemäß dem Amtlichen Regelwerk der deutschen Rechtschreibung in diesem Buch die männliche Form im Sinne des generischen Maskulinums verwendet. Entsprechende Begriffe beziehen sich ausdrücklich auf Personen jeglichen Geschlechts. Lediglich in Praxis-Beispielen wird exemplarisch zwischen Maskulinum und Femininum gewechselt, um den Praxisbezug lebendiger zu gestalten. Die verkürzte Sprachform hat nur redaktionelle Gründe und beinhaltet keine Wertung.

Vorwort

Reise- und Fahrtkosten entstehen fast bei jedem Arbeitnehmer und Selbstständigen – zum Beispiel Aufwendungen ür Fahrten zwischen Wohnung und Tätigkeitsstätte oder Betrieb.

Als Steuerzahler wollen Sie natürlich wissen, welche Beträge Sie als Betriebsausgaben oder Werbungskosten ansetzen können, insbesondere welche Pauschbeträge die Finanzverwaltung anerkennt und wann ein Einzelnachweis zulässig und sinnvoll ist. Die Antworten auf diese Fragen sind auch für Arbeitgeber und Personaler von Bedeutung, die die Steuerfreiheit von Reisekostenvergütungen bei der Lohnabrechnung nach denselben Grundsätzen entscheiden müssen. Die **Broschüre »Reisekosten 2023«** ist deshalb nicht nur dem Arbeitnehmer oder Selbstständigen ein nützlicher Ratgeber bei der Anwendung der gesetzlichen Vorschriften des lohnsteuerlichen Reisekostenrechts, sie hilft in gleicher Weise dem Arbeitgeber und Personaler, den Steuerabzug vom Arbeitslohn der Arbeitnehmer vorschriftsmäßig durchzuführen.

Seit 1.1.2014 ist das »Gesetz zur Änderung und Vereinfachung der Unternehmensbesteuerung und des steuerlichen Reisekostenrechts« anzuwenden.[1] Kernpunkt der seitdem geltenden Reisekostenvorschriften ist die inhaltliche **Abgrenzung der ersten Tätigkeitsstätte**, die an die Stelle der regelmäßigen Arbeitsstätte getreten ist. Es war unschwer abzuschätzen, dass insbesondere die gesetzliche Begriffsbestimmung der **ersten Tätigkeitsstätte als zentrales Element** der Reisekostenreform sowie das hierzu ergangene Anwendungsschreiben des BMF zeitnah eine rechtliche Überprüfung durch die Rechtsprechung erfahren würden. Die gesetzliche Bestimmung der ersten Tätigkeitsstätte, die darüber entscheidet, ob der Arbeitnehmer eine berufliche Auswärtstätigkeit ausübt, die unter die lohnsteuerlichen Reisekosten fällt, war im abgelaufenen Kalenderjahr 2022 erneut Gegenstand mehrerer **Verfahren beim Bundesfinanzhof (BFH)**. Die Urteile betreffen die Auslegung des Tätigkeitsstättenbegriffs u. a. für den Personenkreis der Leiharbeitnehmer. Der BFH hat die von der Finanzverwaltung festgelegten Auslegungsanweisungen zur Bestimmung der ersten Tätigkeitsstätte in seinen Urteilen inhaltlich bestätigt. Die Auswirkungen für die Lohnsteuerpraxis werden aufgezeigt. Das Bundesfinanzministerium hat die Rechtsprechung zum Anlass genommen, seine Auslegungshinweise zu den lohnsteuerlichen Reisekosten aus dem Jahr 2014 um die Urteile zu ergänzen und zu aktualisieren. Das neu gefasste **BMF-Schreiben** umfasst mittlerweile 45 Seiten und macht deutlich, welche Bedeutung den Reisekostenbestimmungen im Lohnsteuerrecht zukommt.

Die gesetzliche Regelung des Reisekostenrechts umfasst auch die **doppelte Haushaltsführung**. Die gesetzliche Definition der doppelten Haushaltsführung bleibt unverändert. Eine doppelte Haushaltsführung liegt weiterhin vor, wenn der Arbeitnehmer aus beruflichen Gründen außerhalb des Ortes, an dem er einen eigenen Hausstand unterhält, beschäftigt ist und dort auch eine Zweitwohnung hat. Allerdings ist durch das Gesetz ausdrücklich geregelt, dass ein **eigener Hausstand das Innehaben einer Wohnung sowie eine finanzielle Beteiligung** an den Kosten der Haushaltsführung voraussetzt. Das Wohnen bei den Eltern ist abweichend von der Rechtsprechung nicht mehr ausreichend. Für die Prüfung der beruflichen Veranlassung der auswärtigen Zweitwohnung hat die Finanzverwaltung alternativ eine **entfernungs- oder fahrzeitabhängige Vereinfachungsregelung** eingeführt. Schließlich gilt für die Angemessenheitsprüfung eine **monatliche Höchstgrenze** von 1.000 EUR.

Die Möglichkeit, die erste Tätigkeitsstätte durch arbeits- oder dienstrechtliche Festlegung zu bestimmen, gibt dem Arbeitgeber bei der **Firmenwagenbesteuerung** einen weitgehenden Gestaltungsrah-

1 Gesetz v. 20.2.2013, BStBl 2013 I S. 188.

men. Durch geschickte arbeitsrechtliche Zuordnung zu einer betrieblichen Einrichtung lassen sich unbillige Ergebnisse hinsichtlich der Besteuerung von Fahrten zwischen Wohnung und erster Tätigkeitsstätte vermeiden. Aber auch ohne arbeitsrechtliche Zuordnung wird durch die in diesem Fall erforderliche, durch großzügige Grenzen geprägte zeitliche Bestimmung nur noch ausnahmsweise eine erste Tätigkeitsstätte begründet. Insbesondere der klassische **Außendienstmitarbeiter** wird durch den Umfang der beim Arbeitgeber zu verrichtenden Arbeiten (mindestens ein Drittel der vereinbarten regelmäßigen Arbeitszeit oder 2 volle Arbeitstage wöchentlich oder arbeitstäglich) dort nur noch ausnahmsweise eine erste Tätigkeitsstätte begründen. Für Handelsvertreter oder Kundendienstmonteure mit Firmenwagen entfällt dadurch die zusätzliche Besteuerung des geldwerten Vorteils für die Arbeitgeberfahrten, die bisher je nach der Entfernung von der Wohnung zur Firma zu einer spürbaren Steuerbelastung führen konnten.

Seit dem Jahr 2021 gilt eine höhere **Entfernungspauschale** für Arbeitnehmer mit längeren Wegstrecken. Die Entfernungspauschale erhöht sich **ab dem 21. Entfernungskilometer** (sog. Fernpendlerpauschale). Der Gesetzgeber hat **die Fernpendlerpauschale** im Laufe des Jahres 2022 rückwirkend **ab 1.1.2022 auf 0,38 EUR** angehoben. Diese ursprünglich erst für 2024 vorgesehene weitere Erhöhung wurde im Steuerentlastungsgesetz 2022 wegen der erheblich gestiegenen Benzinpreise vorgezogen. Für Arbeitnehmer, deren Wegstrecke zur ersten Tätigkeitsstätte 20 km nicht überschreitet, bleibt alles beim Alten. Die Finanzverwaltung hat ihre umfassende Hilfestellung zur korrekten Anwendung der Kilometerpauschale bei Arbeitnehmern an die gesetzlichen Änderungen angepasst und das hierzu ergangene **BMF-Schreiben »Entfernungspauschalen« aktualisiert.** Nutznießer sind Berufspendler mit längeren Entfernungen zum Arbeitsplatz, denen der Gesetzgeber einen Ausgleich für die durch die CO_2-Bepreisung steigenden Benzinkosten verschafft, die im Rahmen des Klimaschutzgesetzes 2030 eingeführt worden ist. Für Arbeitnehmer, die keine Einkommensteuer bezahlen, weil ihr zu versteuerndes Einkommen unter dem Grundfreibetrag liegt, und damit von der höheren Entfernungspauschale nicht profitieren, wurde eine **Mobilitätsprämie** von 14 % der erhöhten Entfernungspauschale eingeführt. Die an die Stelle der Steuererstattung tretende Mobilitätsprämie wird auf Antrag des Arbeitnehmers durch das Finanzamt ausbezahlt. Der teilweise verbreiteten Auffassung, dass sich auch die reisekostenrechtlichen Kilometersätze bei beruflichen Auswärtstätigkeiten erhöhen, muss leider eine Absage erteilt werden. Die **Kilometerpauschale von 0,30 EUR**, die bei Benutzung eines Pkws zu **dienstlichen Auswärtstätigkeiten** anstelle der tatsächlichen Aufwendungen angesetzt werden darf, **bleibt unverändert.** Dienstreisen und andere berufliche Auswärtstätigkeiten dürfen auch 2023 nur mit der amtlichen Kilometerpauschale von 0,30 EUR pro gefahrenen Kilometer bei den steuerlichen Reisekosten abgerechnet werden. Anders als die Pendlerpauschale bezieht sich der Kilometersatz bei den Reisekosten allerdings nicht auf die Entfernung, sondern auf die tatsächlich gefahrenen Gesamtkilometer. Der pauschale Kilometersatz von 0,30 EUR für die Reisekosten liegt damit weiterhin deutlich über der erhöhten Entfernungspauschale.

Nachdem pandemiebedingt die Auslandsreisekostensätze in den vergangenen 2 Jahren nicht angepasst worden sind, treten für 2023 neue **Auslandstage- und Auslandsübernachtungsgelder** in Kraft. Für Reisetage ab 1.1.2023 gelten geänderte Auslandsreisekosten, die vom Arbeitgeber steuerfrei ersetzt bzw. vom Arbeitnehmer in seiner Steuererklärung als Werbungskosten abgezogen werden dürfen.

Bei der **Firmenwagenbesteuerung** gilt eine geänderte Berechnung, wenn sich der Arbeitnehmer mit einem **Anschaffungszuschuss** am Kaufpreis des Fahrzeugs beteiligt. Zudem ist bei der 1-%-Methode der **pauschale Zuschlag von 0,03 %** für Fahrten zwischen Wohnung und erster Tätigkeitsstätte auch dann anzusetzen, wenn der Firmenwagen beispielsweise aus **Krankheitsgründen oder wegen Arbeit im Homeoffice** in Pandemiezeiten volle Monate nicht genutzt wird. Das im **Jahr 2022 aktualisierte Anwendungsschreiben** des BMF verweist auf die sich ergebenden Änderungen. Die

Förderung der **umweltfreundlichen Mobilität** wird zum Jahresbeginn fortgeführt. Die Kürzung des Bruttolistenpreises für die Besteuerung von **E-Firmenwagen** bei der 1-%-Methode auf 25 % wurde bereits im Laufe des Jahres 2020 auf Fahrzeuge bis zu einem Bruttolistenpreis von 60.000 EUR ausgedehnt. Zudem wird die unentgeltliche bzw. verbilligte Überlassung eines E-Scooters dem E-Firmenwagen gleichgestellt, sodass auch hier die Besteuerung nach der 1-%-Methode unter Ansatz des Bruttolistenpreises mit 25 % zur Anwendung kommt. Die Vergünstigung für Plug-in-Hybridfahrzeuge, die bei der 1-%-Methode eine Halbierung des Bruttolistenpreises vorsieht, soll nach dem Inhalt des Koalitionsvertrags entfallen, wenn der Firmenwagen nicht überwiegend (= mehr als 50 %) im elektrischen Fahrbetrieb genutzt wird. Zu den zeitlichen Anwendungsbestimmungen enthält die von der neuen Bundesregierung getroffene Vereinbarung keine detaillierte Festlegung. Nach dem aktuellen Stand der Gesetzgebung ist davon auszugehen, dass die verschärfenden Regelungen aller Voraussicht nach erst für Kalenderjahre nach 2023 in Kraft treten werden.

Die **Broschüre »Reisekosten 2023«** stellt das steuerliche Reisekostenrecht nach dem aktuellen Stand dar. Sie berücksichtigt nicht nur die zwischenzeitlich zu den gesetzlichen Reisekostenbestimmungen ergangene Rechtsprechung, die glücklicherweise weitgehend im Einklang mit dem umfangreichen Anwendungsschreiben vom Bundesfinanzministerium stehen. Hauptanliegen ist es, die Systematik des Reisekostenrechts deutlich zu machen. Dabei werden sowohl die Grundzüge aufgezeigt als auch schwierige Detailfragen behandelt, die der nicht immer eindeutige Gesetzeswortlaut aufwirft. Das hierzu ergangene, rund 45 Seiten umfassende Einführungsschreiben des Bundesfinanzministeriums ist aktualisiert und um weitere Praxisfragen ergänzt worden, die sich bei der täglichen Anwendung der Reisekostenvorschriften ergeben haben. Stellvertretend zu nennen sind die Regelung hinsichtlich der Gewährung von Mahlzeiten bei dienstlichen Reisetätigkeiten oder die geänderte Berechnung der 3-Monatsfrist für die Gewährung von Verpflegungspauschalen bei längerfristigen Einsätzen an derselben auswärtigen Tätigkeitsstätte. Gleiches gilt für das **Wahlrecht zwischen der 0,03-%-Monatspauschale und der 0,002-%-Tagespauschale** als Zuschlag für die Fahrten zwischen Wohnung und erster Tätigkeitsstätte, das insbesondere für Arbeitnehmer mit Außendiensttätigkeiten oder (pandemiebedingten) Homeoffice-Tagen ohne entsprechende Vorkehrungen zu einer nachteiligen Firmenwagenbesteuerung führen kann.

Nicht zuletzt deshalb werden steuerlich interessante **Gestaltungsmöglichkeiten** dargestellt, die sich nach den Reisekostenvorschriften für das Jahr 2023 bieten. Die Broschüre wendet sich nicht nur an diejenigen, die einen einfachen und schnellen Zugang zu den Fragen des Reisekostenrechts gewinnen wollen, sondern auch an die, die in diesem Bereich von Berufs wegen gestaltend tätig sind, sei es als Steuerberater, Personaler oder Betriebsleiter. Um die tägliche Arbeit zu erleichtern, sind diese Gestaltungsmöglichkeiten als Hinweis, Wichtig oder Tipp besonders herausgestellt.

Zufriedene Leser sind uns wichtig: Tragen Sie durch Ihre Mitarbeit vor Ort dazu bei, dass diese Broschüre ein nützlicher Ratgeber ist, der Sie bei der praktischen Arbeit unterstützt. Ihre Anregungen, Kritik und Lob oder Verbesserungsvorschläge nehmen wir gerne entgegen. Wir sind dankbar für jeden Hinweis, der dazu beiträgt, das Werk zu verbessern.

Erfolgreiches Arbeiten mit der Broschüre Reisekosten 2023 wünschen die Autoren[2]

Andreas Sprenger, Steuerberater und Dipl.-Finanzwirt (FH) und Rainer Hartmann, Oberamtsrat und Dipl.-Finanzwirt (FH)
Freiburg im Januar 2023

2 Andreas Sprenger bearbeitet das Kapitel 3.1 »Die erste Tätigkeitsstätte« und das Kapitel 7 »Doppelte Haushaltsführung bei Arbeitnehmern«; Rainer Hartmann die übrigen Kapitel.

Inhaltsverzeichnis

Tabellenteil

Erläuterungsteil

Tabelle 1: Reisekostenpauschalen im Inland

Verpflegungsmehraufwand	Pauschbetrag (in EUR)
Eintägige vorübergehende Auswärtstätigkeit[1]	
• Abwesenheit mindestens 24 Stunden • Abwesenheit mehr als 8 Stunden • Abwesenheit bis 8 Stunden	28 14 –
Mehrtägige vorübergehende Auswärtstätigkeit	
• Anreisetag (keine Mindestabwesenheit)[2] • Zwischentag/e (= Abwesenheit mindestens 24 Stunden[3]) • Abreisetag (keine Mindestabwesenheit)[2]	14 28 14
Tätigkeit an wechselnden Einsatzstellen	
• Abwesenheit[4] mindestens 24 Stunden[3] • Abwesenheit mehr als 8 Stunden • An-/Abreisetag[2] je	28 14 –
Tätigkeit auf Fahrzeugen	
• Abwesenheit[4] mindestens 24 Stunden[3] • Abwesenheit mehr als 8 Stunden • An-/Abreisetag[2] je	28 14 –
Kürzung bei Mahlzeitengestellung	
• Frühstück • Mittag- bzw. Abendessen je	5,60 11,20
Übernachtungskosten	
Übernachtungskosten bei Auswärtstätigkeiten	
• Pauschbetrag je Übernachtung[5]	20
Übernachtungspauschale bei mehrtägiger Fahrtätigkeit	
• Pauschbetrag je Übernachtung[6]	8

[1] Eine berufliche Auswärtstätigkeit liegt vor, wenn ein Arbeitnehmer vorübergehend außerhalb seiner Wohnung und seiner ersten Tätigkeitsstätte beruflich tätig wird. Auch Arbeitnehmer, die bei ihrer beruflichen Tätigkeit typischerweise nur an ständig wechselnden **Einsatzstellen** oder auf einem **Fahrzeug** tätig werden, fallen unter die reisekostenrechtlich relevante Auswärtstätigkeit. Der Reisekostenbegriff »berufliche Auswärtstätigkeit« umfasst auch Arbeitnehmer **ohne** erste Tätigkeitsstätte, die weder durch das Aufsuchen des Arbeitgebers mit einer gewissen Nachhaltigkeit noch aufgrund des Umfangs der dort verrichteten Arbeiten eine ortsfeste Tätigkeit begründen.

[2] An- und Abreisetag setzen eine Übernachtung voraus und sind daher nur bei **mehrtägigen** Auswärtstätigkeiten möglich. Eine Mindestabwesenheit ist an diesen Tagen nicht erforderlich.

[3] Die Pauschale von 28 EUR gilt dem Grundsatz nach auch für eintägige Reisen; wegen der zeitlichen Grenze beschränkt sich ihre praktische Bedeutung allerdings auf mehrtägige Reisen.

[4] Die Abwesenheitsdauer berechnet sich in Bezug auf die Wohnung und erste Tätigkeitsstätte, bei Tätigkeit an wechselnden Einsatzstellen oder auf Fahrzeugen nur in Bezug auf die Wohnung.

[5] Die Übernachtungspauschale gilt nur für steuerfreie Erstattungen durch den **Arbeitgeber**. Der Arbeitnehmer muss dagegen für den Werbungskostenabzug seine Übernachtungskosten durch Rechnungsbelege nachweisen. Das Gleiche gilt für Übernachtungen eines Selbstständigen.

[6] Berufskraftfahrer erhalten für die notwendigen Mehraufwendungen, die durch eine Übernachtung im Fahrzeug des Arbeitgebers während einer mehrtägigen beruflichen Fahrtätigkeit entstehen, pro Kalendertag einen Pauschbetrag von 8 EUR.

Tabelle 2: Auslandspauschalen 2023

Fettgedruckte Zahlenwerte kennzeichnen Änderungen gegenüber dem Vorjahr. Soweit einzelne Länder in dieser Tabelle nicht genannt sind, ist der für Luxemburg geltende Pauschbetrag anzusetzen.

Land	Pauschbetrag für Verpflegungsmehraufwendungen bei einer Abwesenheitsdauer je Kalendertag von			Pauschbetrag für Übernachtungskosten
	mindestens 24 Stunden	weniger als 24 Stunden, aber mehr als 8 Stunden	An- und Abreisetage[1]	
	EUR	EUR	EUR	EUR
A				
Afghanistan	30	20	20	95
Ägypten	**50**	**33**	**33**	**112**
Äthiopien	39	26	26	130
Äquatorialguinea	36	24	24	166
Albanien	**27**	**18**	**18**	**112**
Algerien	**47**	**32**	**32**	**120**
Andorra	41	**28**	**28**	**91**
Angola	52	35	35	299
Argentinien	35	24	24	113
Armenien	24	16	16	59
Aserbaidschan	**44**	**29**	**29**	**88**
Australien				
– Canberra	51	34	34	158
– Sydney	68	45	45	184
– im Übrigen	51	34	34	158
B				
Bahrain	**48**	**32**	**32**	**153**
Bangladesch	50	33	33	165
Barbados	52	35	35	165
Belgien	**59**	**40**	**40**	**141**
Benin	52	35	35	115
Bolivien	**46**	**31**	**31**	**108**
Bosnien und Herzegowina	23	16	16	75
Botsuana	46	31	31	176
Brasilien				
– Brasilia	57	38	38	127
– Rio de Janeiro	57	38	38	145
– Sao Paulo	53	36	36	132
– im Übrigen	51	34	34	84
Brunei	52	35	35	106
Bulgarien	22	15	15	115
Burkina Faso	38	25	25	174
Burundi	36	24	24	138
C				
Chile	44	29	29	**154**
China				
– Chengdu	41	28	28	131
– Hongkong	74	49	49	145

1 An- und Abreisetage setzen eine Übernachtung voraus und sind daher nur bei mehrtägigen Auswärtstätigkeiten möglich. Eine Mindestabwesenheit ist an diesen Tagen nicht erforderlich.

Land	Pauschbetrag für Verpflegungsmehraufwendungen bei einer Abwesenheitsdauer je Kalendertag von			Pauschbetrag für Übernachtungskosten
	mindestens 24 Stunden	weniger als 24 Stunden, aber mehr als 8 Stunden	An- und Abreisetage[1]	
	EUR	EUR	EUR	EUR
– Kanton	36	24	24	150
– Peking	30	20	20	185
– Shanghai	58	39	39	217
– im Übrigen	48	32	32	112
– Costa Rica	47	32	32	93
– Côte d'Ivoire	59	40	40	166
D				
Dänemark	**75**	**50**	**50**	**183**
Dominikanische Republik	45	30	30	147
Dschibuti	65	44	44	305
E				
Ecuador	**27**	**18**	**18**	**103**
El Salvador	**65**	**44**	**44**	**161**
Eritrea	50	33	33	91
Estland	29	20	20	85
F				
Fidschi	34	23	23	69
Finnland	50	33	33	136
Frankreich				
– Paris[2]	58	39	39	**159**
– im Übrigen	**53**	**36**	**36**	**105**
G				
Gabun	52	35	35	183
Gambia	40	27	27	161

Land	Pauschbetrag für Verpflegungsmehraufwendungen bei einer Abwesenheitsdauer je Kalendertag von			Pauschbetrag für Übernachtungskosten
	mindestens 24 Stunden	weniger als 24 Stunden, aber mehr als 8 Stunden	An- und Abreisetage[1]	
	EUR	EUR	EUR	EUR
Georgien	35	24	24	88
Ghana	46	31	31	148
Griechenland				
– Athen	**40**	**27**	**27**	**139**
– im Übrigen	36	24	24	150
Guatemala	34	23	23	90
Guinea	46	31	31	118
Guinea-Bissau	**32**	**21**	**21**	**113**
H				
Haiti	58	39	39	130
Honduras	**57**	**38**	**38**	**198**
I				
Indien				
– Bangalore	42	28	28	155
– Chennai	32	21	21	85
– Kalkutta	35	24	24	145
– Mumbai	50	33	33	146
– Neu Delhi	38	25	25	185
– im Übrigen	32	21	21	85
Indonesien	36	24	24	134
Iran	33	22	22	196
Irland	58	39	39	129
Island	**62**	**41**	**41**	**187**
Israel	66	44	44	190

2 Sowie die Departements 77 (Seine-et-Marne), 78 (Yvelines), 91 (Essonne) bis 95 (Val-d‹Oise).

Tabelle 2: Auslandspauschalen 2023

Land	Pauschbetrag für Verpflegungsmehraufwendungen bei einer Abwesenheitsdauer je Kalendertag von			Pauschbetrag für Übernachtungskosten
	mindestens 24 Stunden	weniger als 24 Stunden, aber mehr als 8 Stunden	An- und Abreisetage[1]	
	EUR	EUR	EUR	EUR
Italien				
– Mailand	45	30	30	158
– Rom	40	27	27	135
– im Übrigen	40	27	27	135
J				
Jamaika	57	38	38	138
Japan				
– Tokio	66	44	44	233
– im Übrigen	52	35	35	190
Jemen	24	16	16	95
Jordanien	**57**	**38**	**38**	**134**
K				
Kambodscha	38	25	25	94
Kamerun	50	33	33	180
Kanada				
– Ottawa	47	32	32	142
– Toronto	51	34	34	161
– Vancouver	50	33	33	140
– im Übrigen	47	32	32	134
Kap Verde	30	20	20	105
Kasachstan	45	30	30	111
Katar	56	37	37	149
Kenia	51	34	34	219
Kirgisistan	27	18	18	74
Kolumbien	46	31	31	115
Kongo, Republik	62	41	41	215
Kongo, Demokratische Republik	70	47	47	190
Korea, Demokratische Volksrepublik	28	19	19	92
Korea, Republik	48	32	32	108
Kosovo	**24**	16	16	**71**
Kroatien	35	24	24	107
Kuba	46	31	31	228
Kuwait	56	37	37	241
L				
Laos	33	22	22	96
Lesotho	**28**	**19**	**19**	**104**
Lettland	35	24	24	76
Libanon	59	40	40	123
Libyen	63	42	42	135
Liechtenstein	56	37	37	190
Litauen	26	17	17	109
Luxemburg	**63**	**42**	**42**	**139**
M				
Madagaskar	34	23	23	87
Malawi	**41**	**28**	**28**	**109**
Malaysia	**36**	**24**	**24**	**86**
Malediven	52	35	35	170
Mali	38	25	25	120
Malta	46	31	31	114
Marokko	42	28	28	129
Marshall-Inseln	63	42	42	102
Mauretanien	**35**	**24**	**24**	**86**
Mauritius	54	36	36	220

Land	Pauschbetrag für Verpflegungsmehraufwendungen bei einer Abwesenheitsdauer je Kalendertag von			Pauschbetrag für Übernachtungskosten
	mindestens 24 Stunden	weniger als 24 Stunden, aber mehr als 8 Stunden	An- und Abreisetage[1]	
	EUR	EUR	EUR	EUR
Mazedonien	29	20	20	95
Mexiko	48	32	32	177
Moldau, Republik	**26**	**17**	**17**	**73**
Monaco	**52**	**35**	**35**	**187**
Mongolei	27	18	18	92
Montenegro	**32**	**21**	**21**	**85**
Mosambik	38	25	25	146
Myanmar	35	24	24	155
N				
Namibia	30	20	20	112
Nepal	36	24	24	126
Neuseeland	56	37	37	153
Nicaragua	**46**	**31**	**31**	**105**
Niederlande	47	32	32	122
Niger	42	28	28	131
Nigeria	46	31	31	182
Nordmazedonien	**27**	**18**	**18**	**89**
Norwegen	80	53	53	182
O				
Österreich	40	27	27	108
Oman	**64**	**43**	**43**	**141**
P				
Pakistan				
– Islamabad	23	16	16	238
– im Übrigen	34	23	23	122
Palau	51	34	34	179
Panama	**41**	**28**	**28**	**82**

Land	Pauschbetrag für Verpflegungsmehraufwendungen bei einer Abwesenheitsdauer je Kalendertag von			Pauschbetrag für Übernachtungskosten
	mindestens 24 Stunden	weniger als 24 Stunden, aber mehr als 8 Stunden	An- und Abreisetage[1]	
	EUR	EUR	EUR	EUR
Papua-Neuguinea	**59**	40	40	**159**
Paraguay	38	25	25	108
Peru	34	23	23	143
Philippinen	33	22	22	116
Polen				
– Breslau	33	22	22	117
– Danzig	30	20	20	84
– Krakau	27	18	18	86
– Warschau	29	20	20	109
– im Übrigen	29	20	20	60
Portugal	**32**	**21**	**21**	**111**
R				
Ruanda	**44**	**29**	**29**	**117**
Rumänien				
– Bukarest	32	21	21	92
– im Übrigen	27	18	18	89
Russische Föderation				
– Jekatarinenburg	28	19	19	84
– Moskau	30	20	20	110
– St. Petersburg	26	17	17	114
– im Übrigen	24	16	16	58
S				
Sambia	**38**	**25**	**25**	**105**
Samoa	**39**	**26**	**26**	**105**
San Marino	34	23	23	**79**

Tabelle 2: Auslandspauschalen 2023

Land	Pauschbetrag für Verpflegungsmehraufwendungen bei einer Abwesenheitsdauer je Kalendertag von			Pauschbetrag für Übernachtungskosten
	mindestens 24 Stunden	weniger als 24 Stunden, aber mehr als 8 Stunden	An- und Abreisetage[1]	
	EUR	EUR	EUR	EUR
São Tomé – Principe	47	32	32	80
Saudi-Arabien				
– Djidda	**57**	**38**	**38**	**181**
– Riad	**56**	**37**	**37**	**186**
– im Übrigen	**56**	**37**	**37**	**181**
Schweden	**66**	**44**	**44**	**140**
Schweiz				
– Genf	66	44	44	186
– im Übrigen	64	43	43	180
Senegal	42	28	28	190
Serbien	**27**	**18**	**18**	**97**
Sierra Leone	48	32	32	161
Simbabwe	45	30	30	140
Singapur	54	36	36	197
Slowakische Republik	**33**	**22**	**22**	**121**
Slowenien	**38**	**25**	**25**	**126**
Spanien				
– Barcelona	34	23	23	118
– Kanarische Inseln	40	27	27	115
– Madrid	40	27	27	118
– Palma de Mallorca	35	24	24	121
– im Übrigen	34	23	23	115

Land	Pauschbetrag für Verpflegungsmehraufwendungen bei einer Abwesenheitsdauer je Kalendertag von			Pauschbetrag für Übernachtungskosten
	mindestens 24 Stunden	weniger als 24 Stunden, aber mehr als 8 Stunden	An- und Abreisetage[1]	
	EUR	EUR	EUR	EUR
Sri Lanka	42	28	28	100
Sudan	33	22	22	195
Südafrika				
– Kapstadt	**33**	**22**	**22**	**130**
– Johannisburg	**36**	**24**	**24**	**129**
– im Übrigen	**29**	**20**	**20**	**109**
Südsudan	34	23	23	150
Syrien	38	25	25	140
T				
Tadschikistan	27	18	18	118
Taiwan	46	31	31	143
Tansania	**44**	**29**	**29**	**97**
Thailand	38	25	25	110
Togo	39	26	26	118
Tonga	39	26	26	94
Trinidad und Tobago	45	30	30	177
Tschad	64	43	43	163
Tschechische Republik	**32**	**21**	**21**	**77**
Türkei				
– Istanbul	26	17	17	120
– Izmir	29	20	20	55
– im Übrigen	17	12	12	95
Tunesien	40	27	27	115
Turkmenistan	33	22	22	108

Land	Pauschbetrag für Verpflegungsmehraufwendungen bei einer Abwesenheitsdauer je Kalendertag von			Pauschbetrag für Übernachtungskosten
	mindestens 24 Stunden	weniger als 24 Stunden, aber mehr als 8 Stunden	An- und Abreisetage[1]	
	EUR	EUR	EUR	EUR
U				
Uganda	41	28	28	143
Ukraine	26	17	17	98
Ungarn	**32**	**21**	**21**	**85**
Uruguay	48	32	32	90
Usbekistan	34	23	23	104
V				
Vatikanstaat	52	35	35	160
Venezuela	45	30	30	127
Vereinigte Arabische Emirate	65	44	44	156
Vereinigte Staaten von Amerika				
– Atlanta	**77**	**52**	**52**	**182**
– Boston	**63**	**42**	**42**	**333**
– Chicago	**65**	**44**	**44**	**233**
– Houston	**62**	**41**	**41**	**204**
– Los Angeles	**64**	**43**	**43**	**262**
– Miami	**65**	**44**	**44**	**256**
– New York City	**66**	**44**	**44**	**308**
– San Francisco	**59**	**40**	**40**	**327**
– Washington, D.C.	**66**	**44**	**44**	**203**
– im Übrigen	**59**	**40**	**40**	**182**
Vereinigtes Königreich				
– London	**66**	**44**	**44**	**163**
– im Übrigen	**52**	**35**	**35**	**99**
Vietnam	41	28	28	86
W				
Weißrussland	20	13	13	98
Z				
Zentralafrikanische Republik	46	31	31	74
Zypern	**42**	**28**	**28**	**125**

Quelle: BMF, Schreiben v. 23.11.2022, IV C 5 – S 2353/19/10010 :004, BStBl 2022 I S. 1654

Tabelle 3: Kürzung der Verpflegungspauschalen

Dauer der Reise an dem jeweiligen Tag[1]	Abfahrt bei längerer Reise	Rückkehr bei längerer Reise	Anzusetzender Teilbetrag	
			Inland	Ausland
24 Stunden	um 0 Uhr[2]	um 24 Uhr	28 EUR	100 %
8–24 Stunden[3]	ab 0 Uhr bis spätestens 16 Uhr	ab 8 Uhr, vor 24 Uhr	14 EUR	66 %
An-/Abreisetag[4]	ohne zeitliche Grenze	ohne zeitliche Grenze	14 EUR	66 %
bis 8 Stunden	ab 16 Uhr	bis 8 Uhr	0 EUR	0 %

[1] Zur Berechnung der maßgebenden Reisedauer finden Sie ausführliche Erläuterungen in Kap. 4.2.2.

[2] Es wird eine eintägige Reise angenommen, wenn die Reise ab 16 Uhr angetreten, aber bis 8 Uhr des folgenden Tages beendet wird, und der Arbeitnehmer nicht übernachtet. Der Arbeitnehmer erhält die Verpflegungspauschale von 14 EUR, wenn sich durch die Zusammenrechnung eine Abwesenheitsdauer von insgesamt mehr als 8 Stunden ergibt.

[3] Bei einer Dauer von genau 24 Stunden ist der höhere Satz anzuwenden, bei genau 8 Stunden entfällt die Pauschale.

[4] An- und Abreisetage setzen eine Übernachtung voraus und sind daher nur bei mehrtägigen Auswärtstätigkeiten möglich. Eine Mindestabwesenheit ist nicht erforderlich.

Tabelle 4: Pauschale Kilometersätze

Fahrzeug	Entfernungspauschale[1] pro Entfernungskilometer	Kilometerpauschale[2] pro gefahrenem Kilometer
Pkw	0,30 EUR/0,38 EUR ab dem 21. Entfernungskilometer	0,30 EUR
Motorrad/Motorroller	0,30 EUR/0,38 EUR ab dem 21. Entfernungskilometer	0,20 EUR
Moped/Mofa	0,30 EUR/0,38 EUR ab dem 21. Entfernungskilometer	0,20 EUR
Fahrrad	0,30 EUR/0,38 EUR ab dem 21. Entfernungskilometer	–[3]
Öffentliche Verkehrsmittel	tatsächliche Kosten[4]	tatsächliche Kosten

[1] Die Entfernungspauschale gilt für Fahrten zwischen Wohnung und erster Tätigkeitsstätte/Betriebsstätte sowie für eine wöchentliche Heimfahrt im Rahmen einer doppelten Haushaltsführung. Arbeitnehmer mit Behinderung können bei einem Grad der Behinderung von mind. 70 oder mind. 50 und zusätzlichem Ausweismerkmal »G« oder »aG« bei KFZ-Benutzung die tatsächlichen Kosten ansetzen. Ohne Nachweis kann die Kilometerpauschale von 0,30 EUR pro gefahrenem Kilometer zugrunde gelegt werden.

[2] Anstelle der tatsächlichen Kosten pro gefahrenem Kilometer dürfen insbesondere bei beruflichen Auswärtstätigkeiten die amtlichen Kilometerpauschalen als Reisekosten angesetzt werden. Die pauschalen Kilometersätze gelten nur für arbeitnehmereigene Fahrzeuge. Laut Gesetz gelten die Pauschbeträge nur für Pkw und andere motorbetriebene Fahrzeuge. Anders als bei der Entfernungspauschale erfolgt keine Erhöhung des (Reisekosten-)Kilometersatzes von 0,30 EUR ab 2021.

[3] Die frühere Kilometerpauschale für Fahrräder (0,05 EUR/km) darf nach dem Gesetzeswortlaut nicht mehr angewendet werden. Zum Ansatz der Monatspauschale von 5 EUR für den Einsatz eines Fahrrads bei beruflichen Auswärtstätigkeiten vgl. Kap. 4.1.4.

[4] Die tatsächlichen Kosten sind anzusetzen, wenn sie die nach der Entfernungspauschale ermittelten Beträge übersteigen (vgl. Kap. 6.3.2).

Tabelle 5: Abzugsfähige Reisekosten

	Fahrtkosten	Verpflegungsmehraufwendungen pauschal[1]	Übernachtungskosten[2]	
			nachgewiesen	pauschal
Vorübergehende Auswärtstätigkeit im Inland[3]	Tatsächliche Aufwendungen, die bei Benutzung eines eigenen Pkw unabhängig von der Entfernung mit 0,30 EUR je km geschätzt werden können. Zusätzlich werden Unfallkosten, u. U. anteilige Aufwendungen für einen Austauschmotor, berücksichtigt.	**eintägige** Auswärtstätigkeiten mehr als 8 Stunden 14 EUR bis 8 Stunden – **mehrtägige** Auswärtstätigkeiten ab 24 Stunden 28 EUR An- und Abreisetag[5] 14 EUR	in der nachgewiesenen Höhe; nach 48 Monaten Begrenzung auf 1.000 EUR mtl.[4]	–
Vorübergehende Auswärtstätigkeit im Ausland	siehe vorübergehende Auswärtstätigkeit im Inland	**Pauschbeträge** werden jeweils vom Bundesfinanzministerium (BMF) bekannt gegeben[6]	in der nachgewiesenen Höhe	–
Tätigkeiten an wechselnden Einsatzstellen	tatsächliche Aufwendungen, die mit eigenem Pkw unabhängig von der Entfernung Wohnung – Einsatzstelle mit 0,30 EUR je km geschätzt werden können, ebenso bei Fahrten zu einer wechselnden Abholstelle[7]	bei einer Abwesenheit von ab 24 Stunden 28 EUR mehr als 8 Stunden 14 EUR An- und Abreisetag[5] 14 EUR bis 8 Stunden –	in der nachgewiesenen Höhe	–
Tätigkeiten auf Fahrzeugen	zum Betrieb, Bus- oder Straßenbahndepot: die Entfernungspauschale von 0,30 EUR/0,38 EUR ab dem 21. Entfernungskilometer[8] **Ausnahme**: Fahrten zur Fahrzeugübernahme, falls diese an wechselnden Orten auf freier Strecke erfolgt, wie bei vorübergehenden Auswärtstätigkeiten	siehe Tätigkeiten an wechselnden Einsatzstellen	in der nachgewiesenen Höhe	8 EUR[9]

[1] Bei derselben Auswärtstätigkeit an derselben Tätigkeitsstätte beschränkt sich der Abzug der Verpflegungspauschalen auf die ersten 3 Monate, wenn der Arbeitnehmer die auswärtige Tätigkeitsstätte an mehr als 2 Tagen wöchentlich aufsucht (vgl. Kap. 4.2.3).

[2] Übernachtungskosten dürfen nur auf Einzelnachweis als Werbungskosten berücksichtigt werden.

[3] Eine vorübergehende Auswärtstätigkeit liegt vor, wenn der Arbeitnehmer vorübergehend außerhalb seiner Wohnung **und** seiner ersten Tätigkeitsstätte beruflich tätig wird.

[4] Bei einer längerfristigen Auswärtstätigkeit an derselben Tätigkeitsstätte gilt nach 48 Monaten eine Obergrenze von mtl. 1.000 EUR, wenn der Arbeitnehmer diese an mehr als 2 Tagen wöchentlich aufsucht (vgl. Kap. 4.3.1).

[5] An- und Abreisetage setzen eine Übernachtung voraus und sind daher nur bei mehrtägigen Auswärtstätigkeiten möglich. Eine Mindestabwesenheit ist nicht erforderlich.

[6] Für nicht genannte Länder sind die für Luxemburg festgesetzten Beträge maßgebend, **vgl. Tabelle 2**.

[7] Wird dieselbe Abholstelle dauerhaft auf Anordnung des Arbeitgebers arbeitstäglich aufgesucht, Ansatz der Entfernungspauschale als Werbungskosten (vgl. Kap. 4.1.3).

[8] Die Entfernungspauschale ist unabhängig vom Verkehrsmittel für die ersten 20 Entfernungskilometer mit 0,30 EUR anzusetzen, ab dem 21. Entfernungskilometer mit 0,38 EUR für jeden weiteren vollen Entfernungskilometer (vgl. Kap. 6.2.1).

[9] Seit 2020 erhalten Berufskraftfahrer für die notwendigen Mehraufwendungen, die durch eine Übernachtung im Fahrzeug des Arbeitgebers während einer mehrtägigen beruflichen Fahrtätigkeit entstehen, pro Kalendertag einen Pauschbetrag von 8 EUR (vgl. Kap. 4.3.3).

Tabelle 6: Steuerfreier Reisekostenersatz

	Fahrtkosten	Verpflegungspauschalen[1]	Übernachtungskosten[2]	
			nachgewiesen	pauschal
Vorübergehende Auswärtstätigkeit im Inland[3]	Tatsächliche Aufwendungen; bei Benutzung eines arbeitnehmereigenen Pkw dürfen pauschal 0,30 EUR je km angesetzt werden. Zusätzlich werden Unfallkosten berücksichtigt – u. U. anteilige Aufwendungen für einen Austauschmotor.	**Eintägige** Auswärtstätigkeiten mehr als 8 Stunden 14 EUR bis 8 Stunden – **Mehrtägige** Auswärtstätigkeiten ab 24 Stunden 28 EUR An- und Abreisetag je[5] 14 EUR	In nachgewiesener Höhe. Nach 48 Monaten am selben auswärtigen Beschäftigungsort Beschränkung auf monatlich 1.000 EUR.[4]	20 EUR je Übernachtung.
Vorübergehende Auswärtstätigkeit im Ausland	Siehe vorübergehende Auswärtstätigkeit im Inland.	**Auslandsreisepauschalen** werden i. d. R. jährlich neu vom BMF bekanntgegeben.[6]	In nachgewiesener Höhe.	**Auslandsreisepauschalen** werden i. d. R. jährlich neu vom BMF bekanntgegeben.[6]
Tätigkeit an wechselnden Einsatzstellen	Tatsächliche Aufwendungen, die mit eigenem Pkw unabhängig von der Entfernung Wohnung – Einsatzstelle mit 0,30 EUR je km geschätzt werden können. Gleiches gilt für Fahrten zu einer wechselnden Abholstelle.[7]	Bei einer Abwesenheit von mindestens 24 Stunden 28 EUR mehr als 8 Stunden 14 EUR bis 8 Stunden – An- und Abreisetag je[5] 14 EUR	Im Fall der Übernachtung wie bei vorübergehender Auswärtstätigkeit.	
Tätigkeit auf Fahrzeugen	Zum Betrieb, Bus- oder Straßenbahndepot: Tatsächliche Aufwendungen bei Benutzung öffentlicher Verkehrsmittel[8]; beim arbeitnehmereigenen Pkw kein steuerfreier Arbeitgeberersatz, da Ansatz der Entfernungspauschale von 0,30 EUR/0,38 EUR ab dem 21. Entfernungskilometer[9]. **Ausnahme:** Fahrten zur Fahrzeugübernahme, falls diese an wechselnden Orten auf freier Strecke erfolgt, wie bei vorübergehenden Auswärtstätigkeiten.	Siehe Tätigkeit an wechselnden Einsatzstellen.	In nachgewiesener Höhe.	Bei Übernachtung im Inland 20 EUR; bei Auslandsübernachtung wie bei vorübergehender Auswärtstätigkeit im Ausland. **Ausnahme:** Bei Übernachtung im Fahrzeug 8 EUR Pauschbetrag zulässig[10].

1 Bei derselben Auswärtstätigkeit an derselben Tätigkeitsstätte beschränkt sich der Abzug der Verpflegungspauschalen auf die ersten 3 Monate, wenn der Arbeitnehmer die auswärtige Tätigkeitsstätte an mehr als 2 Tagen wöchentlich aufsucht (vgl. Kap. 4.2.3).

Tabelle 6: Steuerfreier Reisekostenersatz

[2] Bei einer mehrtägigen Reise ist ein Wechsel zwischen Einzelnachweis und Pauschbetrag für den Ansatz der Übernachtungskosten zulässig.
[3] Eine vorübergehende Auswärtstätigkeit liegt vor, wenn der Arbeitnehmer vorübergehend außerhalb seiner Wohnung **und** seiner ersten Tätigkeitsstätte beruflich tätig wird.
[4] Bei einer längerfristigen Auswärtstätigkeit an derselben Tätigkeitsstätte gilt nach 48 Monaten eine Obergrenze von monatlich 1.000 EUR, wenn der Arbeitnehmer diese an mehr als 2 Tagen wöchentlich aufsucht.
[5] An- und Abreisetage setzen eine Übernachtung voraus und sind daher nur bei mehrtägigen Auswärtstätigkeiten möglich. Eine Mindestabwesenheitszeit ist nicht erforderlich.
[6] Für die in der Tabelle des BMF nicht genannten Länder sind die für Luxemburg festgesetzten Beträge maßgebend.8
[7] Wird dieselbe Abholstelle dauerhaft auf Anordnung des Arbeitgebers arbeitstäglich aufgesucht, kein steuerfreier Arbeitgeberersatz, da Ansatz der Entfernungspauschale als Werbungskosten (vgl. Kap. 6.4.2).
[8] Steuerfrei sind Arbeitgeberleistungen, die zusätzlich zum ohnehin geschuldeten Arbeitslohn gezahlt werden (vgl. Kap. 6.4.1).
[9] Die Entfernungspauschale ist unabhängig vom Verkehrsmittel für die ersten 20 Entfernungskilometer mit 0,30 EUR anzusetzen, ab dem 21. Entfernungskilometer mit 0,38 EUR für jeden weiteren vollen Entfernungskilometer (vgl. Kap. 6.2.1).
[10] Seit 2020 erhalten Berufskraftfahrer für die notwendigen Mehraufwendungen, die durch eine Übernachtung im Fahrzeug des Arbeitgebers während einer mehrtägigen beruflichen Fahrtätigkeit entstehen, pro Kalendertag einen Pauschbetrag von 8 EUR (vgl. Kap. 4.3.3).

Tabelle 7: Abzugsfähige Aufwendungen bei doppelter Haushaltsführung

	Fahrtkosten	Verpflegungsmehraufwendungen pauschal	Übernachtungskosten[1]	
			nachgewiesen	pauschal
Doppelte Haushaltsführung (im Inland) mit eigenem Hausstand	Erste und letzte[2] Fahrt: tatsächliche Aufwendungen; mit eigenem Pkw 0,30 EUR je gefahrenem km Eine Heimfahrt je Woche: tatsächliche Aufwendungen bei Flugzeug, ansonsten Entfernungspauschale (nicht bei Firmenwagen) von 0,30 EUR je Entfernungskilometer bzw. 0,38 EUR ab dem 21. Entfernungskilometer[4] **oder** Kosten eines 15-minütigen Telefonats	**3 Monate:** 28 EUR[3] Für volle Kalendertage Für An- und Abreisetag bei Familienheimfahrten 14 EUR	Die notwendigen Aufwendungen in der nachgewiesenen Höhe Obergrenze von 1.000 EUR mtl.	–
Doppelte Haushaltsführung (im Ausland) mit eigenem Hausstand	Siehe inländische doppelte Haushaltsführung	3 Monate die jeweils vom BMF bekannt gegebenen Pauschbeträge für Auslandsdienstreisen (vgl. **Tabelle 2**)	Die notwendigen Aufwendungen in der nachgewiesenen Höhe	–
Arbeitnehmer mit doppelter Unterkunft ohne eigenen Hausstand und Einsatzwechseltätigkeit im Inland[5]	Sämtliche Fahrten: tatsächliche Aufwendungen mit eigenem Pkw 0,30 EUR je gefahrenem km	Wie bei Arbeitnehmern mit eigenem Hausstand	Die notwendigen Aufwendungen in der nachgewiesenen Höhe	–
Arbeitnehmer mit doppelter Unterkunft ohne eigenen Hausstand und Einsatzwechseltätigkeit im Ausland[5]	Sämtliche Fahrten: tatsächliche Aufwendungen mit eigenem Pkw 0,30 EUR je gefahrenem km	Wie bei Arbeitnehmern mit eigenem Hausstand (vgl. **Tabelle 2**)	Die notwendigen Aufwendungen in der nachgewiesenen Höhe	–

1 Übernachtungskosten dürfen nur auf Einzelnachweis als Werbungskosten berücksichtigt werden, auch bei einer doppelten Haushaltsführung im Ausland (vgl. Kap. 7.5).

2 Die doppelte Haushaltsführung wird ohne zeitliche Grenze steuerlich anerkannt. Bei einer länger dauernden auswärtigen Beschäftigung dürfen die genannten Beträge für die Gesamtdauer steuermindernd abgezogen werden. Dies gilt ggf. auch für die letzte Fahrt bei Beendigung der doppelten Haushaltsführung (vgl. Kap. 7.3.1).

3 Die Dauer berechnet sich allein nach der Abwesenheit von der Wohnung des Lebensmittelpunktes.

4 Bei Benutzung öffentlicher Verkehrsmittel können alternativ die tatsächlichen Aufwendungen als Werbungskosten abgezogen werden, sofern diese höher sind (vgl. Kap. 6.3.2). Statt der Entfernungspauschale können bei Menschen mit Behinderung mit einem Grad der Behinderung von mind. 70 oder mind. 50 und einer erheblichen Gehbehinderung (Merkzeichen »G«) 0,30 EUR je gefahrenem km berücksichtigt werden.

5 Für Arbeitnehmer, die ausschließlich an wechselnden Einsatzstellen tätig sind, gelten zeitlich unbegrenzt Reisekostensätze (vgl. Kap. 7.3.4).

Tabelle 8: Steuerfreier Arbeitgeberersatz bei doppelter Haushaltsführung

	Fahrtkosten	Verpflegungsmehraufwendungen pauschal	Übernachtungskosten[1]	
			nachgewiesen	pauschal
Doppelte Haushaltsführung (im Inland) mit eigenem Hausstand	Erste und letzte[2] Fahrt: tatsächliche Aufwendungen mit eigenem Pkw 0,30 EUR je gefahrenem km Eine Heimfahrt je Woche: tatsächliche Aufwendungen bei Flugzeug, ansonsten Entfernungspauschale (nicht bei Firmenwagen) von 0,30 EUR je Entfernungskilometer; ab dem 21. Entfernungskilometer 0,38 EUR für jeden weiteren Entfernungskilometer[4] **oder** Kosten eines 15-minütigen Telefonats	**3 Monate:** 28 EUR[3] Für volle Kalendertage Für An- und Abreisetag bei Familienheimfahrten 14 EUR	Die notwendigen Aufwendungen in der nachgewiesenen Höhe Obergrenze von 1.000 EUR mtl.	3 Monate wie bei beruflichen Auswärtstätigkeiten im Inland 20 EUR je Übernachtung. Folgezeit: 5 EUR je Übernachtung
Doppelte Haushaltsführung (im Ausland) mit eigenem Hausstand	Siehe inländische doppelte Haushaltsführung	3 Monate die jeweils vom BMF bekannt gegebenen Pauschbeträge für Auslandsdienstreisen (vgl. **Tabelle 2**)	Die notwendigen Aufwendungen in der nachgewiesenen Höhe	3 Monate wie bei beruflichen Auswärtstätigkeiten im Ausland. Folgezeit: 40 % des jeweiligen Auslandsübernachtungsgeldes (vgl. **Tabelle 2**)
Arbeitnehmer mit doppelter Unterkunft ohne eigenen Hausstand und Einsatzwechseltätigkeit im Inland[5]	Sämtliche Fahrten: tatsächliche Aufwendungen mit eigenem Pkw 0,30 EUR je gefahrenem km	Wie bei Arbeitnehmern mit eigenem Hausstand	Die notwendigen Aufwendungen in der nachgewiesenen Höhe	Wie bei beruflichen Auswärtstätigkeiten im Inland 20 EUR je Übernachtung (vgl. **Tabelle 5**)
Arbeitnehmer mit doppelter Unterkunft ohne eigenen Hausstand und Einsatzwechseltätigkeit im Ausland[5]	Sämtliche Fahrten: tatsächliche Aufwendungen mit eigenem Pkw 0,30 EUR je gefahrenem km	Wie bei Arbeitnehmern mit eigenem Hausstand (vgl. **Tabelle 2**)	Die notwendigen Aufwendungen in der nachgewiesenen Höhe	Wie bei beruflichen Auswärtstätigkeiten im Ausland (vgl. **Tabelle 2**)

[1] Bei derselben doppelten Haushaltsführung darf ein Wechsel des Verfahrens während des Kalenderjahres vorgenommen werden.
[2] Die doppelte Haushaltsführung wird ohne zeitliche Grenze steuerlich anerkannt. Bei einer längerdauernden auswärtigen Beschäftigung dürfen die genannten Beträge für die Gesamtdauer steuerfrei ersetzt werden. Dies gilt ggf. auch für die letzte Fahrt bei Beendigung der doppelten Haushaltsführung (vgl. Kap. 7.3.1).
[3] Die Dauer berechnet sich allein nach der Abwesenheit von der Wohnung des Lebensmittelpunktes.

	Fahrtkosten	Verpflegungsmehraufwendungen pauschal	Übernachtungskosten[1]	
			nachgewiesen	pauschal

[4] Bei Benutzung öffentlicher Verkehrsmittel können alternativ die tatsächlichen Aufwendungen steuerfrei erstattet werden, sofern diese höher sind (vgl. Kap. 6.3.2). Statt der Entfernungspauschale können bei Menschen mit Behinderung mit einem Grad der Behinderung von mind. 70 oder mind. 50 und einer erheblichen Gehbehinderung (Merkzeichen »G«) 0,30 EUR je gefahrenem km berücksichtigt werden.

[5] Für Arbeitnehmer, die ausschließlich an wechselnden Einsatzstellen tätig sind, gelten zeitlich unbegrenzt Reisekostensätze (vgl. Kap. 7.3.4).

Tabelle 9: Geldwerte Vorteile aus der Firmenwagenüberlassung

	1-%-Regelung (Methode 1)	Fahrtenbuch (Methode 2)
Umfang der privaten Nutzung pro Monat	Mit 1 % des auf volle 100 EUR abgerundeten Bruttolistenpreises[1] zzgl. der Fahrten zwischen Wohnung und erster Tätigkeitsstätte mit 0,03 % des Bruttolistenpreises pro Entfernungskilometer[2]	Ermittlung der privat gefahrenen Kilometer anhand Fahrtenbuch oder -schreiber zzgl. der Fahrten zwischen Wohnung und erster Tätigkeitsstätte
Kostenermittlung		Kilometersatz aufgrund der Gesamtkosten[3] (= Summe der Nettoaufwendungen zzgl. USt und AfA)
Kilometerbezogenes Nutzungsentgelt des Arbeitnehmers	Anrechnung auf den geldwerten Vorteil	Anrechnung auf den geldwerten Vorteil
Pauschales Nutzungsentgelt des Arbeitnehmers	Anrechnung auf den geldwerten Vorteil	Anrechnung auf den geldwerten Vorteil
Individuelle Kfz-Kosten, z. B. Treibstoffkosten	Anrechnung auf den geldwerten Vorteil[4]	Km-Satz mit Kosten des Arbeitnehmers, Anrechnung auf den geldwerten Vorteil oder[5] km-Satz ohne Kosten des Arbeitnehmers, keine Anrechnung auf den geldwerten Vorteil
Zuschüsse des Arbeitnehmers zu den Anschaffungskosten ohne vereinbarte Anrechnungszeit[6]	Anrechnung des Zuschusses im Zahlungsjahr bis zur Höhe des geldwerten Vorteils dieses Jahres. Ein verbleibender Restbetrag ist in den Folgejahren anzurechnen; er geht nicht verloren	
Zuschüsse des Arbeitnehmers zu den Anschaffungskosten mit vereinbarter Anrechnungszeit[6]	Anrechnung des zeitraumbezogenen Zuschusses in den vereinbarten Verteilungsjahren bis zur Höhe des geldwerten Vorteils dieses Jahres	

[1] Bruttolistenpreis ist der auf volle 100 EUR abgerundete inländische Bruttolistenpreis des Fahrzeugs zum Zeitpunkt der Erstzulassung, unabhängig ob Neu- oder Gebrauchtwagen oder geleastes Fahrzeug. Für (Hybrid-)Elektrofahrzeuge gibt es Sonderregelungen mit Abschlägen bis zu 75 % des Bruttolistenpreises, vgl. Kap. 8.4.13.

[2] Bei Fahrten zwischen Wohnung und erster Tätigkeitsstätte darf der geldwerte Vorteil nicht deshalb gekürzt werden, weil der Arbeitnehmer später Werbungskosten geltend machen kann. Zur Möglichkeit einer Lohnsteuerpauschalierung für Fahrten Wohnung – erster Tätigkeitsstätte vgl. Kap. 8.4.2.

[3] Gesamtkosten sind die Summe der Nettoaufwendungen zzgl. USt und AfA. Den AfA sind die tatsächlichen Anschaffungs- bzw. Herstellungskosten (einschl. USt) zugrunde zu legen.

[4] Keine Anrechnung, wenn der Arbeitgeber dies arbeits- oder dienstrechtlich schriftlich vereinbart, vgl. Kap. 8.4.2.

[5] Der Arbeitgeber hat ein Wahlrecht: Er kann die vom Arbeitnehmer getragenen Betriebskosten in die Gesamtkosten für die Km-Satzberechnung einbeziehen oder ausschließlich die vom Arbeitgeber getragenen Aufwendungen einbeziehen (s. Fußnote 3).

[6] Zur Unterscheidung zwischen ohne Verteilungszeitraum vereinbarten Anschaffungszuschüssen und zeitraumbezogenen Zuschüssen vgl. Kap. 8.9.

Tabelle 10: Fahrtenbuch oder 1-%-Regelung bei Firmenwagennutzung

Die nachfolgenden Punkte sprechen dafür, dass der geldwerte Vorteil steuerlich am günstigsten nach der folgenden Methode ermittelt wird:	Privatfahrten		Fahrten Wohnung – Tätigkeitsstätte		
	1-%-Regelung	Fahrtenbuch	Arbeitnehmer versteuert geldwerten Vorteil	Arbeitnehmer versteuert, übernimmt pauschale LSt	Arbeitgeber versteuert pauschal
Kaufpreis/Anschaffungskosten:					
Anschaffungskosten hoch		X			
Fahrzeug gebraucht erworben		X			
Leasingfahrzeug					
- Sonderzahlung 1 Jahr	X				
- Folgejahre		X			
Gesamtfahrleistung/laufende Kosten:					
Gesamtfahrleistung hoch/ Kilometerkosten gering		X	X		
Gesamtfahrleistung gering/ hohe Kilometerkosten	X				X
Dienstliche Fahrtleistung hoch		X			
Private Fahrleistung hoch	X				
Fahrten Wohnung – Tätigkeitsstätte					
Arbeitnehmer hat neben den Fahrtkosten Wohnung – Tätigkeitsstätte noch weitere Werbungskosten (Gesamtbetrag liegt über 1.230 EUR)			X[1]		
Arbeitnehmer hat keine weiteren Werbungskosten und				X	X
Steuersatz des Arbeitnehmers hoch				X	X
Entfernung[2] weniger als 23 km				X	X
Arbeitnehmer hat keine weiteren Werbungskosten				X	X

[1] Die Versteuerung als geldwerter Vorteil ermöglicht den Werbungskostenabzug von 0,30 EUR pro Entfernungskilometer bzw. 0,38 EUR ab dem 21. Entfernungskilometer (vgl. Kap. 6.2). Mitentscheidend kann unter anderem sein, ob die monatlichen Beitragsbemessungsgrenzen für die Kranken- und Pflegeversicherung bzw. die Rentenversicherung überschritten werden.

[2] Bei der Berechnung wurden 180 Arbeitstage unterstellt. Berechnung: 180 Tage x 20 km x 0,30 EUR + 180 x 2 km x 0,38 EUR = 1.216,80 EUR. Bei 23 km würden die 1.230 EUR überschritten.

Tabelle 11: Abschläge für Elektro- und Plug-in-Hybrid-Firmenwagen bei der 1-%-Methode

Jahr der Anschaffung/ Erstzulassung[1]	Kürzung des Bruttolistenpreises (BLP)[2]	Höchstbetrag der Kürzung	Elektrofahrzeuge mit BLP bis 60.000 EUR und Anschaffung 2019–2030[3]
2013 und früher	500 EUR	10.000 EUR	
2014	450 EUR	9.500 EUR	
2015	400 EUR	9.000 EUR	
2016	350 EUR	8.500 EUR	
2017	300 EUR	8.000 EUR	
2018	250 EUR	7.500 EUR	
2019	50 % des BLP / 200 EUR	Keine Obergrenze / 7.000 EUR	
2020	50 % des BLP / 150 EUR	Keine Obergrenze / 6.500 EUR	75 %-Kürzung (= 25 % des BLP)
2021	50 % des BLP / 100 EUR	Keine Obergrenze / 6.000 EUR	75 %-Kürzung (= 25 % des BLP)
2022	50 % des BLP / 50 EUR	keine Obergrenze / 5.500 EUR	75 %-Kürzung (= 25 % des BLP)
2023 bis 2030	50 % des BLP	Entfällt ab 2023	75 %-Kürzung (= 25 % des BLP)

[1] Für die Jahre 2013 – 2022 bestimmen sich der pauschale Abschlag und der zu beachtende Höchstbetrag der Kürzung (Spalte 2 und 3) bei Neufahrzeugen nach dem Jahr der Anschaffung bzw. bei Gebrauchtwagen nach dem Jahr der Erstzulassung des Fahrzeugs. Für die Jahre ab 2019 bestimmt sich die prozentuale Kürzung von 50 % (Spalte 2) sowohl für Neu- als auch für Gebrauchtfahrzeuge nach dem Jahr der Anschaffung (vgl. Kap. 8.4.13.2).

[2] Die Kürzung erfolgt vom Bruttolistenpreis im Zeitpunkt der Erstzulassung. Zur Kürzung der Abschreibungsbeträge bei der Fahrtenbuchmethode vgl. Kap. 8.5.2.

[3] Die prozentuale Kürzung von 75 % für die Jahre ab 2020 bestimmt sich sowohl für Neu- und Gebrauchtfahrzeuge nach dem Jahr der Anschaffung (vgl. Kap. 8.4.13.3).

Tabelle 12: Vorsteuerabzug aus Reisekosten

Vorgang	Vorsteuerabzug
Bewirtung von Geschäftsfreunden	Voller Vorsteuerabzug aus 100 % der Kosten, sofern Nachweispflichten erfüllt sind.
Eintrittsgelder, Messekatalog	Voller Vorsteuerabzug.
Fahrtkosten Bahn, Bus bei Auswärtstätigkeiten	Voller Vorsteuerabzug nur, wenn der Originalfahrschein vorliegt; eine Fremdrechnung (z. B. vom Reisebüro) soll nicht ausreichen (OFD München, Verfügung v. 26.9.2000, S 7300 - 157 - St 435).
Geschenke an Kunden des Arbeitgebers	Voller Vorsteuerabzug, wenn die Grenze von 35 EUR pro Geschäftsfreund eingehalten ist.
Kostenersatz für Privat-Pkw des Mitarbeiters	Kein Vorsteuerabzug.
Leasingrate für Firmenwagen (Pkw des Arbeitgebers)	Voller Vorsteuerabzug; ebenso für Pkw des Unternehmers (vgl. Kap. 6.5.3).
Mietwagen (für dienstliche Reisen)	Voller Vorsteuerabzug, Rechnung sollte auf Arbeitgeber lauten.
Parkgebühren	Vorsteuerabzug nur, wenn ein Fahrzeug des Arbeitgebers auf einer Auswärtstätigkeit abgestellt wurde; aus Parkgebühren für den privaten Pkw des Mitarbeiters kein Vorsteuerabzug möglich.
Tankbeleg, Reparaturrechnung	Voller Vorsteuerabzug bei Firmenwagen einschließlich Firmenwagen des Gesellschafter-Geschäftsführers; ebenso bei Pkw des Unternehmers (vgl. Kap. 6.5.3).
Taxi bei Auswärtstätigkeiten	Voller Vorsteuerabzug; Quittung reicht; 7 % Vorsteuer, es sei denn, ein anderer Steuersatz ist angegeben.
Telefonkosten	Voller Vorsteuerabzug, berufliche Veranlassung ist notwendig.
Übernachtung	Voller Vorsteuerabzug, wenn die Rechnung auf den Arbeitgeber lautet (vgl. Kap. 9.1).
Übernachtung doppelte Haushaltsführung	Voller Vorsteuerabzug, weil Reisekostenersatz vorliegt; Umsatzsteuer muss offen ausgewiesen sein, Rechnung muss auf Arbeitgeber lauten (vgl. Kap. 9.1).
Verpflegung	Kein Vorsteuerabzug bei Arbeitgeberersatz der Verpflegungspauschalen (vgl. Kap. 9.2).
Zeitschriften, Bücher	Voller Vorsteuerabzug, wenn berufliche Veranlassung eindeutig ist. Quittung sollte auf Namen des Arbeitgebers lauten.

1 Einführung

Welche Fahrt-, Verpflegungs- und ggf. Unterbringungskosten ein Arbeitnehmer bei Tätigkeiten außerhalb seiner Firma als Werbungskosten ansetzen bzw. welche Beträge der Arbeitgeber steuerfrei ersetzen kann, regelt das lohnsteuerliche Reisekostenrecht. Eine gesetzliche Definition ließ sich weder im Einkommensteuergesetz noch in der Lohnsteuer-Durchführungsverordnung finden. Die steuerlichen Reisekostenvorschriften waren bislang Verwaltungsrecht, das sich ausschließlich aus den Lohnsteuer-Richtlinien ergab.

Die fehlende gesetzliche Absicherung stellte die Praxis in der Vergangenheit vor immer neue Auslegungsfragen, für deren Lösung es in zunehmendem Maße der Entscheidung durch die Finanzrichter bedurfte. Der Bundesfinanzhof (BFH) versuchte seit 2005, durch zahlreiche Urteile die vorhandenen Regelungslücken zu schließen. Insbesondere seine sich zum Arbeitsstättenbegriff immer wieder ändernde Rechtsauslegung, die einmal eine zeitliche Abgrenzung verlangte, dann wieder eine qualitative Abgrenzung im Sinne des Tätigkeitsschwerpunktes, führte zu einer für die Praxis nur schwer zu bewältigenden Komplexität von Einzelfallregelungen. Für die Reisekostenabrechnung entstand ein undurchschaubarer Rechtszustand und als Folge hiervon auch eine uneinheitliche Besteuerung der Finanzämter. Von Arbeitgeberseite wurde aus diesem Grund bereits seit Jahren der Wunsch nach einer Reform der lohnsteuerlichen Reisekostenregelungen vorgetragen.

Um ein dauerhaftes, durch Kontinuität geprägtes Reisekostenrecht zu erreichen, war eine gesetzliche Absicherung unumgänglich. Die gesetzliche Regelung der Reisekosten macht die praktische Anwendung weit weniger streitanfällig – und damit deutlich sicherer.

Seit 2014 sind die steuerlichen Reisekosten erstmals im Einkommensteuergesetz geregelt. Das Grundkonzept des bisherigen Reisekostenrechts wurde beibehalten. Danach sind Fahrtkosten, Verpflegungsmehraufwendungen, und Übernachtungskosten steuerlich begünstigt, wenn sie durch eine beruflich veranlasste Auswärtstätigkeit des Arbeitnehmers entstehen. Gleichzeitig wurde das steuerliche Reisekostenrecht in Teilbereichen deutlich vereinfacht und damit praxisfreundlicher gestaltet.

Dies trifft insbesondere auf die geänderte Begriffsbestimmung der streitanfälligen »regelmäßigen Arbeitsstätte« zu, die zweifelsohne als **zentraler Punkt der Reisekostenreform** bezeichnet werden kann. Der das Lohnsteuerrecht über Jahrzehnte prägende Begriff der regelmäßigen Arbeitsstätte wurde nicht nur inhaltlich, sondern auch formal durch die sog. **erste Tätigkeitsstätte** ersetzt. Die (Neu-)Definition ist nicht nur im Bereich der reisekostenrechtlichen Auswärtstätigkeiten von entscheidender Bedeutung: Sie bewirkt zudem Rechtsklarheit und Rechtssicherheit bei der an diese Begriffsbestimmung anknüpfenden steuerlichen Berücksichtigung von Fahrten zwischen Wohnung und Tätigkeitsstätte und nicht zuletzt bei der Firmenwagenüberlassung.

Seit 2014 gelten neue Reisekostenvorschriften mit dem Tätigkeitsstättenbegriff »erste Tätigkeitsstätte«, die an die Stelle der regelmäßigen Arbeitsstätte getreten ist und darüber entscheidet, ob der jeweilige berufliche Einsatz unter die Reisekostenbestimmungen der beruflichen Auswärtstätigkeit oder die Regelungen der Entfernungspauschale fällt. Es war unschwer abzuschätzen, dass insbesondere die gesetzliche Definition der ersten Tätigkeitsstätte als zentrales Element des aktuellen Reisekostenrechts sowie das hierzu ergangene Anwendungsschreiben des Bundesfinanzministeriums (BMF)[1] eine rechtliche Überprüfung durch die Rechtsprechung erfahren würden. Die gesetzliche Bestimmung der ersten Tätigkeitsstätte und ihre damit verbundene Auslegung waren Gegenstand **mehrerer Revisionsverfahren**. Der BFH hat die bisherige lohnsteuerliche Beurteilung des Tätigkeitsstättenbegriffs durch die Finanzverwaltung gleich in mehreren Urteilen **vollumfänglich bestätigt**. Insbesondere hinsichtlich der vorrangigen arbeitsrechtlichen Zuordnung zu einer ortsfesten betrieblichen Einrichtung, um ein Auseinanderfallen von Arbeits- und Steuerrecht bei den Reisekosten weitgehend zu vermeiden, sowie der Festlegung des Merkmals der dauerhaften Tätigkeit an diesem Ort, folgt die Rechtsprechung den Auslegungshinweisen der Finanzverwaltung. Außerdem präzisiert der BFH den Begriff der ortsfesten betrieblichen Einrichtung bei einem großräumigen, flächenmäßig zusammengehörenden Werksgelände.[2]

Das BMF hat die Rechtsprechung zum Anlass genommen, seine bisherige Verwaltungsanweisung aus dem Jahr 2014 zu überarbeiten. Das **neu gefasste BMF-Schreiben vom November 2020** zu den lohnsteuerlichen Reisekosten enthält ergänzende Hinweise zur BFH-Rechtsprechung. Im Übrigen sind die Korrekturen und Ergänzungen im Wesentlichen redaktioneller Natur.[3]

1 BMF, Schreiben v. 24.10.2014, IV C 5 – S 2353/14/10002, BStBl 2014 I S. 1412, Rz, 2–60.
2 BFH, Urteile v. 4.4.2019, VI R 27/17, v. 10.4.2019, VI R 6/17 und v. 11.4.2019, VI R 36/16, VI R 12/17 und VI R 40/16, BStBl 2019 II S. 536 ff.
3 BMF, Schreiben v. 25.11.2020, IV C 5 – S 2353/19/10011 :006, BStBl 2020 I S. 1228.

2 Die lohnsteuerlichen Reisekosten im Überblick

Seit 1.1.2014 gelten die steuerlichen Reisekostenvorschriften des Einkommensteuergesetzes, die zweifelsohne in bestimmten Bereichen zur Vereinfachung des bisherigen Reisekostenrechts führen. Dies zeigen die praktischen Erfahrungen der Anwendung. Andererseits sind wie so oft Problemfelder erkennbar, die nach praktischen Lösungen verlangen. Bevor im Rahmen der Darstellung der Gesamtsystematik des Reisekostenrechts auf diese Details eingegangen wird, werden vorab die wesentlichen Merkmale dargestellt, die das lohnsteuerliche Reisekostenrecht kennzeichnen.

Kernpunkt der Reisekostenreform ist die inhaltlich geänderte Abgrenzung der regelmäßigen Arbeitsstätte, die begrifflich durch die Bezeichnung »**erste Tätigkeitsstätte**« ersetzt wird.

Darüber hinaus ergeben sich bei den **Verpflegungspauschalen** höhere Beträge für den Werbungskostenabzug bzw. den steuerfreien Spesenersatz durch den Arbeitgeber.

Grundlegend geändert ist die **steuerliche Behandlung von Mahlzeiten**, die der Arbeitnehmer während einer beruflichen Auswärtstätigkeit unentgeltlich bzw. verbilligt erhält. Zum einen wird dem hieraus entstehenden geldwerten Vorteil durch eine Kürzung der Verpflegungspauschalen Rechnung getragen werden. Zum anderen ergänzt eine Pauschalierungsvorschrift die Möglichkeiten der Steuerübernahme durch den Arbeitgeber, wenn der Arbeitnehmer während einer Dienstreise unentgeltlich verpflegt wird. Als erfreuliches Ergebnis ist festzuhalten, dass es gelungen ist, die Reisekostenregelungen durch gezielte Typisierung bzw. Pauschalierung zu vereinheitlichen und zu vereinfachen. Andererseits ist absehbar, dass das steuerliche Reisekostenrecht 2014, wie jede Gesetzesänderung, neue Problemfelder und Zweifelsfragen aufwerfen wird. Ein umfangreiches Einführungsschreiben, das bereits mehrfach vom Bundesfinanzministerium aktualisiert und ergänzt wurde, versucht, für die in der Lohnsteuerpraxis bedeutsamen Fragen Antwort und Hilfestellung zu geben.[1]

BFH bestätigt Bestimmung der ersten Tätigkeitsstätte

Die gesetzliche Bestimmung der ersten Tätigkeitsstätte, die darüber entscheidet, ob der Arbeitnehmer eine berufliche Auswärtstätigkeit ausübt, die unter die lohnsteuerlichen Reisekosten fällt, war in den vergangenen Kalenderjahren Gegenstand mehrerer BFH-Entscheidungen. Die Rechtsprechung hat die von der Finanzverwaltung festgelegten Abgrenzungskriterien zur Bestimmung der ersten Tätigkeitsstätte in vollem Umfang bestätigt.[2] Insbesondere hinsichtlich der vorrangigen arbeitsrechtlichen Zuordnung zu einer ortsfesten betrieblichen Einrichtung, um ein Auseinanderfallen von Arbeits- und Steuerrecht bei den Reisekosten weitgehend zu vermeiden, sowie der Festlegung des Merkmals der dauerhaften Tätigkeit an diesem Ort folgt die Rechtsprechung den Auslegungshinweisen des BMF-Anwendungsschreibens.[3]

2.1 Erste Tätigkeitsstätte ersetzt regelmäßige Arbeitsstätte

Der Gesetzgeber hat auf eine (Neu-)Festlegung der Reisekosten verzichtet: Der Reisekostenbegriff bleibt unverändert. Er ergibt sich aus dem Zusammenwirken der gewählten Definition der sog. ers-

---

1 BMF, Schreiben v. 25.11.2020, IV C 5 – S 2353/19/10011 :006, BStBl 2020 I S. 1228.

2 BFH, Urteile v. 11.4.2019, VI R 40/16, BStBl 2019 II S. 551 ff.; BFH, Urteil v. 14.5.2020, VI R 24/18, BStBl 2020 II S. 770; BFH, Urteil v. 12.5.2022, VI R 32/20, BFH/NV 2022 S. 1341; BFH, Urteil v. 12.7.2021, VI R 9/19, BFH/NV 2022 S. 11.

3 BMF, Schreiben v. 25.11.2020, IV C 5 – S 2353/19/10011 :006, BStBl 2020 I S. 1228, Rz. 2–46.

ten Tätigkeitsstätte und dem zulässigen – von diesem Arbeitsort abhängigen – Reisekostenabzug.
Danach sind Reisekosten

- Fahrtkosten,
- Verpflegungsmehraufwendungen,
- Übernachtungskosten und
- Reisenebenkosten

wenn diese **durch eine beruflich veranlasste Auswärtstätigkeit** des Arbeitnehmers entstehen. Die Reisekostendefinition entspricht der von der Rechtsprechung entwickelten Begriffsbestimmung, nach der ausschließlich Mehraufwendungen begünstigt sind, die durch eine berufliche Tätigkeit des Arbeitnehmers außerhalb seiner Wohnung und außerhalb einer ortsgebundenen regelmäßigen Arbeitsstätte entstehen. Damit wird an dem bisherigen Grundkonzept der **sog. beruflichen Auswärtstätigkeit** festgehalten; sie gilt als einzige – und einheitliche – Reisekostenart für sämtliche dienstliche Tätigkeiten außerhalb der Wohnung und außerhalb der ersten Tätigkeitsstätte.

Die Frage, welche Tätigkeit an den in der Berufswelt unterschiedlichen Beschäftigungs- und Einsatzstätten eine berufliche Auswärtstätigkeit begründet, bestimmt sich nicht mehr danach, wo der Arbeitnehmer seine regelmäßige Arbeitsstätte hat. Eine **berufliche Auswärtstätigkeit** liegt immer dann vor, wenn der Arbeitnehmer vorübergehend außerhalb seiner Wohnung und außerhalb der ersten Tätigkeitsstätte beruflich tätig wird. Eine Auswärtstätigkeit liegt ebenfalls vor, wenn der Arbeitnehmer typischerweise nur an wechselnden Einsatzstellen oder auf einem Fahrzeug tätig wird. Wie das nachfolgende Schaubild zeigt, kann eine berufliche Auswärtstätigkeit auch bei Arbeitnehmern vorliegen, die keine erste Tätigkeitsstätte haben, etwa Kundendienstmitarbeiter oder Berufskraftfahrer.

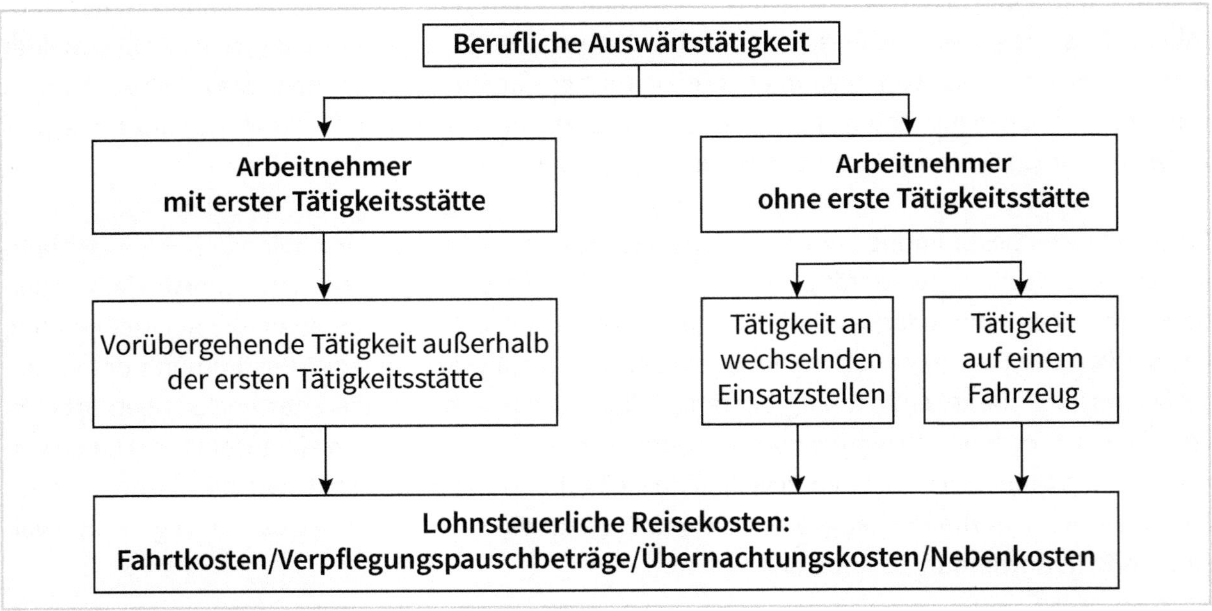

Mit dem Begriff der ersten Tätigkeitsstätte erfolgt auch inhaltlich eine grundlegende Neuausrichtung der hierfür gesetzlich festgeschriebenen Kriterien: Die Bestimmung der ersten Tätigkeitsstätte wird vorrangig durch den Arbeitgeber im Rahmen dessen Direktions- bzw. **Weisungsrecht** bestimmt und dient damit der **Vereinheitlichung von arbeitsrechtlichen und steuerrechtlichen Reisekostenvergütungen.**[4] Die bisherige wenig praxisorientierte qualitative Abgrenzung nach dem Schwerpunkt der beruflichen Tätigkeit ist nicht mehr zu beachten.

4 BFH, Urteil v. 11.4.2019, VI R 40/16, BStBl 2019 II S. 546.

Tipp

Durch die vorrangige arbeitsrechtliche Festlegung hat es der Arbeitgeber in der Hand, entsprechend seiner betrieblichen Bedürfnisse und Wünsche jedem seiner Mitarbeiter diejenige erste Tätigkeitsstätte zuzuordnen, die den jeweiligen betrieblichen Wünschen und Bedürfnissen am besten Rechnung trägt. Die Entscheidung wird dabei häufig nicht nur unter dem Blickwinkel des betrieblichen Reisekostenrechts zu treffen sein, sondern insbesondere bei Firmenwageninhabern auch mit Rücksicht auf eine **günstige Firmenwagenbesteuerung**.

Die Reisekostendefinition ist damit untrennbar mit der **Prüfung der ersten Tätigkeitsstätte** verbunden. Nur wenn die tatsächliche Arbeitsstätte nicht zugleich auch die erste Tätigkeitsstätte des Arbeitnehmers darstellt, ist die Gewährung von Reisekosten möglich.

Die erste Tätigkeitsstätte entscheidet darüber, ob der jeweilige berufliche Einsatz
- eine unter die **Reisekosten** fallende berufliche Auswärtstätigkeit darstellt, weil der Arbeitnehmer hierbei nicht an seiner ersten Tätigkeitsstätte tätig wird oder
- unter die Regelung der **Entfernungspauschale** fällt, weil es sich um die Wege zwischen Wohnung und erster Tätigkeitsstätte handelt, für die der Ansatz von Reisekosten ausgeschlossen ist. Der Fahrtkostenersatz durch den Arbeitgeber ist in diesen Fällen steuerfrei, wenn der Arbeitnehmer mit öffentlichen Verkehrsmitteln zur Arbeit fährt (§ 3 Nr. 15 EStG, vgl. Kap. 6.3.2) und diese Leistung zusätzlich zum Arbeitslohn gewährt wird. Fahrtkostenersatz für die Fahrt mit dem privaten Pkw bleibt steuerpflichtiger Arbeitslohn. Bei der Firmenwagenüberlassung liegt ein geldwerter Vorteil vor. Allerdings kommt in Höhe der Entfernungspauschale eine Lohnsteuerpauschalierung mit 15 % in Betracht (§ 40 Abs. 2 Satz 2 EStG), die bei rechtzeitiger Pauschalierung zur SV-Freiheit führt (§ 1 Abs. 1 Nr. 3 SvEV).

2.2 Gesetzliche Regelung der ersten Tätigkeitsstätte

Die erste Tätigkeitsstätte wird definiert als **ortsfeste betriebliche Einrichtung** des Arbeitgebers, eines verbundenen Unternehmens oder eines vom Arbeitgeber bestimmten Dritten, der der Arbeitnehmer **dauerhaft zugeordnet** ist (§ 9 Abs. 4 EStG). Wie bisher kann der Arbeitnehmer pro Dienstverhältnis maximal eine erste Tätigkeitsstätte haben. Durch die gesetzliche Regelung wurde der Arbeitsstättenbegriff inhaltlich bestimmt.

Die gesetzliche Definition verlangt folgende Kriterien, damit ein Beschäftigungsort des Arbeitnehmers zur ersten Tätigkeitsstätte wird: Der Arbeitnehmer muss tätig sein
- an einer ortsfesten betrieblichen Einrichtung
  - des Arbeitgebers,
  - eines verbundenen Unternehmens im Sinne des § 15 AktG,
  - eines vom Arbeitgeber bestimmten Dritten und
- dieser dauerhaft zugeordnet sein.

Der Begriff der ersten Tätigkeitsstätte ist damit im Wesentlichen durch **2 Voraussetzungen** gekennzeichnet:
1. dem Vorhandensein einer **ortsfesten betrieblichen Einrichtung** und
2. der **dauerhaften Zuordnung** zu diesem Tätigkeitsort.

Hinweis

Durch die vom Gesetzgeber gewählte Festlegung der ersten Tätigkeitsstätte entfällt die Prüfung, wo der Arbeitnehmer seinen dauerhaften Mittelpunkt der beruflichen Tätigkeit hat bzw. welcher betrieblichen Einrichtung des Arbeitgebers die zentrale Bedeutung gegenüber anderen Tätigkeitsorten zukommt. Gleichzeitig wird die hierzu ergangene BFH-Rechtsprechung gegenstandslos.[5]

Das Gesetz nennt – abschließend – die dienst- oder arbeitsrechtlichen Festlegungen (**arbeitsrechtliches Zuordnungsprinzip**) zu einer betrieblichen Einrichtung oder zeitlichen Grenzen (mindestens 1/3 der vereinbarten regelmäßigen Arbeitszeit oder 2 volle Arbeitstage wöchentlich oder arbeitstägliches Tätigwerden) der an der betrieblichen Einrichtung zu leistenden arbeitsvertraglichen Arbeitszeit (**quantitatives Zuordnungsprinzip**), um eine erste Tätigkeitsstätte zu begründen. Nach dem eindeutigen Wortlaut des Gesetzes hat die Bestimmung der ersten Tätigkeitsstätte **vorrangig nach der arbeitsrechtlichen Zuordnung** zu erfolgen. Die **zeitlichen Kriterien als subsidiäre Alternative** werden nur dann angewendet, wenn der Arbeitgeber keine dienst- bzw. arbeitsrechtliche Festlegung auf eine Tätigkeitsstätte getroffen hat oder diese nicht eindeutig ist.[6]

Beispiel

Eine Bankmitarbeiterin ist laut dienstlicher Anweisung an 3 Tagen wöchentlich an der als erste Tätigkeitsstätte festgelegten Hauptstelle A tätig und donnerstags und freitags an der Zweigstelle in B. Ab 1.7. legt der Arbeitgeber B als erste Tätigkeitsstätte fest.

Ergebnis: Bis 30.6. hat die Arbeitnehmerin aufgrund der arbeitsrechtlichen Zuordnung ihre erste Tätigkeitsstätte an der Hauptstelle A. Ab 1.7. wird die Zweigstelle B zur ersten Tätigkeitsstätte, obgleich die Tätigkeit an Hauptstelle A 3 der 5 Arbeitstage umfasst. Die zeitlichen Grenzen sind im Fall der dienstlichen Festlegung der ersten Tätigkeitsstätte nicht zu prüfen.

Arbeitsrechtliche Festlegung

Aufgrund des im Praxisalltag der Lohnsteuer-Außenprüfung gemachten Erfahrungen ist davon auszugehen, dass es in den Betrieben häufig an einer arbeitsrechtlichen Festlegung der ersten Tätigkeitsstätte fehlt. Wer auf Nummer sicher gehen möchte, sollte die erforderliche arbeitsrechtliche Festlegung nachholen oder bei Neueinstellung eine solche vereinbaren, um die ansonsten als Alternative gebotene zeitliche Bestimmung der ersten Tätigkeitsstätte zu vermeiden.

Der **Begriff** der ersten Tätigkeitsstätte ist **weiter gefasst** als der der regelmäßigen Arbeitsstätte. Während der ortsgebundene Tätigkeitsmittelpunkt nur an einer betrieblichen Einrichtung des Arbeitgebers begründet werden konnte, kann nach dem Wortlaut des Gesetzes die erste Tätigkeitsstätte auch sein

- eine betriebliche Einrichtung eines Konzernunternehmens i. S. d. § 15 AktG) oder
- eines vom Arbeitgeber bestimmten fremden Dritten,

wenn der Arbeitnehmer diesem Einsatzort dauerhaft zugeordnet ist oder aber dort dauerhaft qualitativ tätig wird (vgl. Kap. 3.1.5). Langfristige Tätigkeiten an betriebsfremden ortsfesten Einrichtungen, etwa bei einem Kunden des lohnsteuerlichen Arbeitgebers, können damit zu einer ersten Tätigkeitsstätte führen. Das Entsprechende gilt für **Entsendungen** im Rahmen von Konzernunternehmen[7] oder **Outsourcing**-Fällen (vgl. Kap. 3.1.3.3) sowie den Einsatz von **Zeitarbeitnehmern** beim

5 BFH, Urteil v. 9.6.2011, VI R 58/09, BStBl 2012 II S. 34; BFH, Urteil v. 19.1.2012, VI R 23/11, BStBl 2012 II S. 472; BFH, Urteil v. 19.1.2012, VI R 36/11, BStBl 2012 II S. 503.

6 BFH, Urteil v. 11.4.2019, VI R 40/16, BStBl 2019 II S. 546.

7 BFH, Urteil v. 17.12.2020, VI R 21/18, BStBl 2021 II S. 506; BFH, Urteil v. 17.12.2020, VI R 22/18, BFH/NV 2021 S. 758; BFH, Urteil v. 17.12.2020, VI R 23/18, BFH/NV 2021 S. 763.

Entleiher[8] (vgl. Kap. 3.1.5.4), sofern es sich hierbei um dauerhafte Tätigkeiten an der fremden (= nichtarbeitgebereigenen) Einrichtung im Sinne einer dauerhaften Zuordnung handelt.

Beispiel

Ein EDV-Systemberater ist nach den arbeitsvertraglichen Abmachungen mit seinem Arbeitgeber seit 10 Jahren ausschließlich für die EDV-Systembetreuung der Fa. Chemie AG zuständig, die er arbeitstäglich von zu Hause aufsucht.

Ergebnis: Der mehrjährige Einsatz bei der Chemie AG führt zur ersten Tätigkeitsstätte des Arbeitnehmers. Da eine dauerhafte Zuordnung zur betrieblichen Einrichtung des Kunden vorliegt, kann der Arbeitnehmer keine Reisekosten in Anspruch nehmen. Die Fahrtkosten unterliegen den Abzugsbeschränkungen der Entfernungspauschale.

Sofern dem Arbeitnehmer ein Firmenwagen zur Verfügung steht, löst dies einen geldwerten Vorteil für die Fahrten zum Kunden aus, der sich bei der 1-%-Methode mit 0,03 % des inländischen Bruttolistenpreises pro Entfernungskilometer berechnet.

Die bisherige Besteuerungspraxis, nach der im Einklang mit der Rechtsprechung[9] auch eine mehrjährige ausschließliche Tätigkeit im Betrieb des Kunden keine regelmäßige Arbeitsstätte begründet, ist durch die vom Gesetzgeber vorgenommene Erweiterung auf arbeitgeberfremde ortsfeste Einrichtungen überholt. Im Entscheidungsfall war ein Arbeitnehmer über einen Zeitraum von 20 Jahren arbeitstäglich ausschließlich im Betrieb des Kunden eingesetzt. Ungeachtet der jahrelangen Dauer des Kundeneinsatzes lehnte der BFH den Reisekostenabzug ab, weil der Arbeitgeber am auswärtigen Beschäftigungsort über keine eigene Betriebsstätte (= arbeitgebereigene Einrichtung) verfügte. Seit 2014 kommt auch jede betriebliche Einrichtung eines Dritten als erste Tätigkeitsstätte infrage, der ein Arbeitnehmer vom Arbeitgeber **dauerhaft zugeordnet** ist, also dort unbefristet, für die Dauer des Dienstverhältnisses oder einen Zeitraum von **mehr als 4 Jahren** eingesetzt werden soll.[10]

Tipp

Entsprechend der gesetzlichen Zielsetzung bietet der Begriff der ersten Tätigkeitsstätte dem Arbeitgeber im Beispielsfall aber auch die Möglichkeit, die bisherige steuerlich günstigere Behandlung als berufliche Auswärtstätigkeit fortzuführen. Im Rahmen seines Direktionsrechts hat er es in der Hand, die eigene Firma im Wege der arbeitsrechtlichen Zuordnung als erste Tätigkeitsstätte festzulegen, sofern der Arbeitnehmer dort von Zeit zu Zeit Tätigkeiten – also wenigstens in geringem Umfang – ausübt, auch wenn diese im Vergleich zur Arbeitsleistung beim Kunden von untergeordneter Bedeutung sind (**Vorrang der arbeitsrechtlichen Festlegung**). Voraussetzung ist aber, dass die beim Arbeitgeber arbeitsvertraglich geschuldeten Tätigkeiten zu dem vom Arbeitnehmer ausgeübten Berufsbild gehören, also einen inhaltlichen Bezug zur verrichteten Außendiensttätigkeit haben. Durch das Prinzip der primär arbeitsrechtlich bestimmten Definition der ersten Tätigkeitsstätte würde der Arbeitnehmer im Beispiel für die gesamte Einsatzdauer von mehr als 10 Jahren unter die Reisekostenregelungen fallen. Für die Verpflegungspauschalen ist allerdings die gesetzliche 3-Monatsfrist zu beachten. Bei der Firmenwagenüberlassung liegt insoweit kein geldwerter Vorteil vor.

2.3 Entfernungspauschale für Fahrten zu Sammel- bzw. Treffpunkt

Eine gesetzliche Einschränkung gilt für die Fahrtkosten bei bestimmten **Arbeitnehmern ohne erste Tätigkeitsstätte** (§ 9 Abs. 1 Nr. 4a Satz 3 EStG). Arbeitnehmer, die keine erste Tätigkeitsstätte haben, aufgrund Anweisung des Arbeitgebers aber dauerhaft denselben Ort aufsuchen müssen, um von dort typischerweise die arbeitstägliche berufliche Tätigkeit aufzunehmen, dürfen für diese Fahrten

8 BFH, Urteil v. 10.4.2019, VI R 6/17, BStBl 2019 II S. 539; BFH, Urteil v. 12.5.2022, VI R 32/20, BFH/NV 2022 S. 1341.

9 BFH, Urteil v. 13.6.2012, VI R 47/11, BStBl 2013 II S. 167.

10 BFH, Urteil v. 10.4.2019, VI R 6/17, BStBl 2019 II S. 539.

nur noch die einschränkenden Regelungen der Entfernungspauschale anwenden. Der Gesetzgeber stellt die Fahrten von zu Hause zum arbeitsrechtlich festgelegten Ort der täglichen Berufsaufnahme aufgrund ihres vergleichbaren Typus mit den begrenzt abzugsfähigen Fahrten zwischen Wohnung und erster Tätigkeitsstätte gleich. Die **gesetzliche Fiktion** beschränkt sich auf die Fahrtkosten, für die der Ansatz der reisekostenrechtlichen Kilometerpauschalen ausgeschlossen ist.[11] Ausdrücklich wird keine erste Tätigkeitsstätte fingiert; die Fahrt stellt dem Grunde nach gleichwohl eine berufliche Auswärtstätigkeit dar: Daher bleiben die **übrigen Reisekostenregelungen** insoweit anwendbar. Insbesondere berechnet sich die berufliche Abwesenheitsdauer für den Ansatz von Verpflegungsspesen bereits ab dem Verlassen der Wohnung. Im Ergebnis wird damit die frühere Rechtsprechung zu den Abholfahrten eines Linienbusfahrers zum Busdepot gesetzlich festgeschrieben.[12]

Steuerfreier Fahrtkostenzuschuss

Die Steuerbefreiung für Fahrtkostenzuschüsse des Arbeitgebers bzw. Sachzuwendungen für die Wegstrecke zwischen Wohnung und erster Tätigkeitsstätte **mit öffentlichen Verkehrsmitteln** (§ 3 Nr. 15 EStG) gilt nach dem Wortlaut des Gesetzes auch für die Fälle der arbeitstäglichen Sammel- bzw. Treffpunktfahrten. Der § 3 Nr. 15 EStG verweist ausdrücklich auf den § 9 Abs. 1 Nr. 4a Satz 3 EStG. Zu den Voraussetzungen der Steuerfreiheit im Einzelnen vgl. ausführlich Kap. 6.4.1.

Beispiel

Die **Linienbusfahrer** eines städtischen Verkehrsbetriebs haben nach dem Einsatzplan ihr Fahrzeug arbeitstäglich am Busdepot des Arbeitgebers zu übernehmen. Eine erste Tätigkeitsstätte ist arbeitsrechtlich nicht festgelegt.

Ergebnis: Das Busdepot stellt ohne arbeitsrechtliche Zuordnung keine erste Tätigkeitsstätte dar, da die Busfahrer die zeitlichen Grenzen für die alternativ geltende quantitative Zuordnungsregelung nicht erreicht. Da die Busfahrer das Busdepot ausschließlich zum Abholen des Fahrzeugs aufsuchen, wird auch nach den zeitlichen Grenzen dort keine erste Tätigkeitsstätte begründet. Auswirkungen ergeben sich für die täglichen Fahrten zum Busdepot, die als Fahrten zwischen Wohnung und arbeitsrechtlicher Abholstätte unter die Entfernungspauschale fallen. Können die Busfahrer kostenlos den Linienverkehr des Arbeitgebers nutzen, um zum Busdepot zu kommen, bleibt der Vorteil steuerfrei (§ 3 Nr. 15 EStG), ohne den Rabattfreibetrag zu belasten (vgl. Kap. 6.4). Gleichwohl rechnet die berufliche Abwesenheitszeit für die Gewährung der Verpflegungskosten bereits ab dem Verlassen der Wohnung und endet auch dort wieder.

Typische Sachverhalte

Weitere typische Sachverhalte, die neben den Fahrten von Berufskraftfahrern zum Fahrzeugübernahmedepot[13] unter die nachteilige Rechtsänderung fallen, sind Fahrten von **Bauarbeitern** zum betrieblich festgelegten Treffpunkt, um von dort im Rahmen der angeordneten Sammelbeförderung zur jeweiligen auswärtigen Einsatzstelle zu fahren.[14]

Ebenso von der Gleichstellung mit den Fahrten zwischen Wohnung und erster Tätigkeitsstätte betroffen ist das **Flug- oder Schiffspersonal** bzgl. der Fahrten zum Flugplatz oder zum Schiffsanlegeplatz. Aber auch **Außendienstmitarbeiter**, wie **Kundendienstmonteure** oder **Handelsvertreter**, die ohne (arbeitsrechtliche oder zeitliche) Festlegung einer ersten Tätigkeitsstätte die Firma arbeitstäglich aufsuchen müssen, sei es zum Abholen des Werkstattwagens oder zur arbeitstäglichen Vorbereitung der Außendienstbesuche, können für die Fahrten zwischen Wohnung und Arbeitgeber nur die Entfernungspauschale in Anspruch nehmen. Die gegenteilige Rechtsprechung ist durch die aus-

11 BFH, Urteil v. 19.4.2021, VI R 6/19, BStBl 2021 II S. 727; BFH, Urteil v. 2.9.2021, VI R 14/19, BFH/NV 2022 S. 15.

12 BFH, Urteil v. 11.5.2005, VI R 15/04, BStBl 2005 II S. 788.

13 Bestätigt durch FG Nürnberg, Urteil v. 13.5.2016, 4 K 1536/15, EFG 2016 S. 1240, und Niedersächsisches FG, Urteil v. 15.6.2017, 10 K 139/16, rkr.

14 BFH, Urteil v. 19.4.2021, VI R 6/19, BStBl 2021 II S. 727; BFH, Urteil v. 2.9.2021, VI R 14/19, BFH/NV 2022 S. 15.

drückliche gesetzliche Regelung überholt, die Reisekosten für arbeitstägliche Fahrten zu Kontrollzwecken bzw. Absprachen am Betriebssitz gewährt.[15]

Wichtig

Die vom Gesetz fingierte Gleichstellung für sog. Sammelpunkt- bzw. Treffpunktfahrten mit den unter die Entfernungspauschale fallenden Fahrten setzt eine arbeitsrechtliche bzw. dienstliche Festlegung dieser Fahrten voraus. Die arbeitgeberseitige Festlegung der arbeitstäglichen Fahrten zum »Sammelpunkt« kann sich auch aus der jeweiligen **Eigenart der betrieblichen Tätigkeit** ergeben, etwa wenn Fahrer im Zustelldienst jeden Morgen zunächst ihre auszuliefernden Waren im Paketdepot abholen müssen. Eine andere Lösung ergibt sich für Treffpunktfahrten, die nicht vom Arbeitgeber angeordnet sind. Treffen sich Arbeitnehmer aufgrund eigener Initiative an einem Sammelpunkt, z. B. im Rahmen einer **freiwilligen Fahrgemeinschaft**, um von dort die berufliche Auswärtstätigkeit zu beginnen, findet die gesetzliche Fiktion keine Anwendung. Der Arbeitnehmer kann für die Fahrtkosten zum (freiwilligen) Sammel-/Treffpunkt die für Reisekosten geltenden Kilometersätze in Anspruch nehmen, für den eigenen Pkw 0,30 EUR pro gefahrenen Kilometer. Ist die Fahrt zum Treffpunkt dagegen eine Teilstrecke des Wegs zwischen Wohnung und erster Tätigkeitsstätte, fällt der Weg bis zum Ausgangspunkt der gemeinsamen Weiterfahrt ebenfalls unter die Abzugsbeschränkungen der Entfernungspauschale (wie bei einer privat organisierten Fahrgemeinschaft für die arbeitstäglichen Fahrten zum Betrieb). Er teilt das rechtliche Schicksal der Gesamtstrecke Wohnung - erste Tätigkeitsstätte.

Die gesetzliche Anwendung der Entfernungspauschale auch **ohne erste Tätigkeitsstätte** - mit der **begrenzten Abzugsfähigkeit der Fahrtkosten**[16] - betrifft eine Vielzahl von Arbeitnehmern. Das Prinzip, dass die erste Tätigkeitsstätte darüber entscheidet, ob berufliche Auswärtstätigkeiten und damit Reisekosten vorliegen oder stattdessen nur die Entfernungspauschale Anwendung findet, wird bzgl. der Fahrtkosten zum **Nachteil der Arbeitnehmer** durchbrochen. Beim Arbeitnehmer, der zwar arbeitstäglich von zu Hause den Betrieb zur Arbeitsaufnahme aufsuchen muss, dort aber nur geringfügige Begleitarbeiten von untergeordneter Bedeutung ausübt, weil er seine eigentliche berufliche Tätigkeit im Außendienst verrichtet, unterliegen die täglichen Arbeitgeberfahrten kraft gesetzlicher Fiktion der einschränkenden Regelungen der Entfernungspauschale. Dem Arbeitgeber ist dadurch die Möglichkeit entzogen, durch Verzicht auf die Festlegung einer ersten Tätigkeitsstätte den Fahrten zum Betrieb zur Anwendung der reisekostenrechtlichen Kilometersätze zu verhelfen. Nachteilige Auswirkungen hat die gesetzlich angeordnete Anwendung der Entfernungspauschale insbesondere für **Firmenwageninhaber**, die einen zusätzlichen geldwerten Vorteil nach den für Fahrten zwischen Wohnung und erster Tätigkeitsstätte geltenden Regeln zu versteuern haben.

2.4 Verpflegungspauschalen

Der Mehraufwand für Verpflegung, der dem Arbeitnehmer anlässlich einer beruflichen Auswärtstätigkeit entsteht, kann nur in Form von **Pauschbeträgen** steuerlich berücksichtigt werden, die nach Maßgabe der kalendertäglichen Abwesenheit gestaffelt sind. Seit 2014 gilt eine 2-stufige Staffelung der Pauschalbeträge. Die Höhe der Inlandsverpflegungspauschalen bestimmt sich ausschließlich nach der Abwesenheitszeit am einzelnen Kalendertag. Die zeitlich gestaffelten Verpflegungspauschalen bei einer beruflichen Abwesenheit von mehr als 8 Stunden bzw. bei einer mehrtägigen Auswärtstätigkeit für An- und Abreisetage sowie für Tage mit einer Abwesenheitsdauer von mindestens

15 BFH, Urteil v. 9.11.2011, VI R 58/09, BStBl 2012 II S. 34.

16 Zur Steuerfreiheit von Arbeitgeberleistungen für Nutzung des öffentlichen Personennahverkehrs sowie des öffentlichen Linienverkehrs vgl. Kap. 6.4.1.

24 Stunden betragen für Reisetage seit 2020 bei einer kalendertäglichen Abwesenheit von

- mehr als 8 Stunden 14 EUR und
- mindestens 24 Stunden 28 EUR.

Für berufliche Auswärtstätigkeiten im Ausland sind weiterhin die für den jeweiligen Staat festgesetzten Auslandstagegelder maßgebend, auch hier gilt ein zweigeteilter Spesensatz. Bei mehrtägigen **Auswärtstätigkeiten im Inland, die eine Übernachtung beinhalten**, kann sowohl für den **An- als auch für den Abreisetag** eine Verpflegungspauschale von 14 EUR angesetzt werden, ohne dass hierfür kalendertägliche Mindestabwesenheitszeiten geprüft werden müssen.

Beispiel

Ein Arbeitnehmer mit Wohnsitz und erster Tätigkeitsstätte in Stuttgart muss am nächsten Morgen einen beruflichen Termin in Hamburg wahrnehmen. Aus diesem Grund verlässt er gegen 18 Uhr seine Arbeitsstätte, um den letzten Flug nach Hamburg, wo er im Hotel übernachtet, zu erreichen. Am nächsten Tag kehrt er gegen 16 Uhr nach Hause zurück.

Ergebnis: Sowohl für den Anreise- wie den Abreisetag können jeweils 14 EUR angesetzt werden. Der Arbeitgeber kann also insgesamt 28 EUR steuerfreie Verpflegungsspesen ersetzen bzw. ohne Arbeitgeberersatz der Arbeitnehmer als Werbungskosten geltend machen, obgleich am Anreisetag die Abwesenheitsdauer die 8-Stundengrenze nicht erreicht wurde.

Hinweis

Die lohnsteuerlichen Reisekostensätze sind gleichzeitig Obergrenze für den steuerfreien Arbeitgeberersatz. Welche Auslösungen der Arbeitgeber für berufliche Auswärtstätigkeiten seiner Arbeitnehmer zu entrichten hat, richtet sich dagegen ausschließlich nach den arbeitsrechtlich getroffenen Vereinbarungen. Maßgebend sind die im Tarifvertrag, in der Betriebsvereinbarung, den betrieblichen Reisekostenbestimmungen oder im Einzelarbeitsvertrag getroffenen Bestimmungen. Abweichende, niedrigere Spesensätze können durch eine **Anpassung der betrieblichen Reisekostenregelungen** erreicht werden. Ergeben sich danach für den steuerfreien Arbeitgeberersatz geringere Beträge, kann der Arbeitnehmer den Unterschiedsbetrag zu den höheren lohnsteuerlichen Verpflegungssätzen in seiner Steuererklärung als Werbungskosten geltend machen.

Vereinfachte 3-Monatsfrist

Weiterhin gilt die sog. **3-Monatsfrist**, die den Ansatz von Verpflegungsmehraufwendungen bei einer längerfristigen Auswärtstätigkeit am selben auswärtigen Beschäftigungsort auf einen Zeitraum von längstens 3 Monaten begrenzt. Jede **Unterbrechung von mindestens 4 Wochen** führt zum Beginn eines weiteren 3-Monatszeitraums. Der Grund der Unterbrechung – beruflich oder privat – ist nicht mehr zu prüfen (vgl. Kap. 4.2.3).

Mahlzeitengestellung

Erhält der Arbeitnehmer während seiner dienstlichen Reisetätigkeit vom Arbeitgeber unentgeltlich oder verbilligt Mahlzeiten, ist eine **Kürzung der Verpflegungspauschbeträge** vorzunehmen. Die Kürzung erfolgt in Höhe von

- 20 % der vollen Tagespauschale für ein Frühstück bzw.
- 40 % der vollen Tagespauschale für ein Mittag- oder Abendessen.

Für die Arbeitgeberbewirtung im Inland errechnet sich demnach eine Kürzung der maßgebenden Verpflegungspauschale um 5,60 EUR (bis 2019: 4,80 EUR) bzw. 11,20 EUR (bis 2019: 9,60 EUR), je nachdem, ob die unentgeltliche Mahlzeit in einem Frühstück oder ein Mittag- bzw. Abendessen besteht.

Beispiel

Ein Arbeitnehmer unternimmt im Januar 2023 zusammen mit seinem Arbeitgeber eine 12-stündige Dienstreise nach München. In München lädt der Arbeitgeber seinen Mitarbeiter zum Essen ein (Gesamtwert inklusive Getränke 35 EUR).

Ergebnis: Der Arbeitnehmer kann für den Reisetag nicht die volle Verpflegungspauschale von 14 EUR in Anspruch nehmen. Das vom Arbeitgeber gewährte Essen führt zu einer Kürzung der Verpflegungspauschale von 11,20 EUR.

Der steuerfreie Arbeitgeberersatz bzw. Werbungskostenabzug beträgt für diesen Reisetag maximal 2,80 EUR (14 EUR abzgl. 11,20 EUR). Der Arbeitgeber hat den Sachverhalt durch die Bescheinigung des Großbuchstaben M im Lohnkonto sowie in der elektronischen Lohnsteuerbescheinigung kenntlich zu machen, damit dem Finanzamt eine Überprüfung der Kürzungsregelung möglich ist.

Zuzahlungen des Arbeitnehmers für die gewährte Mahlzeit (= verbilligte Verpflegung) mindern den Kürzungsbetrag. Steuerfreie Arbeitgeberleistungen sind dagegen von den Werbungskosten abzuziehen.

Wichtig

Eine **Kürzung des Werbungskostenabzugs** beim Arbeitnehmer scheidet aus, wenn dem Arbeitnehmer für die berufliche Auswärtstätigkeit bereits dem Grunde nach keine Verpflegungsmehraufwendungen zustehen, weil er die 8-Stundengrenze nicht erreicht oder die 3-Monatsfrist bereits abgelaufen ist. In diesem Fall verlangt der Gesetzgeber die Besteuerung der vom Arbeitgeber unentgeltlich oder verbilligt gewährten Verpflegung. Der geldwerte Vorteil ist mit dem jeweiligen amtlichen Sachbezugswert anzusetzen.[17] Gleichzeitig ermöglicht eine Lohnsteuerpauschalierungsvorschrift die Steuerübernahme durch den Arbeitgeber mit 25 % (§ 40 Abs. 2 Satz 1 Nr. 1a EStG).

Unübliche Mahlzeiten

Die vorstehenden Ausführungen gelten nur für Mahlzeiten, deren Gesamtwert (inklusive Getränke) 60 EUR nicht überschreitet. Eine völlig andere lohnsteuerliche Behandlung erfahren die vom Arbeitgeber (unmittelbar oder mittelbar) anlässlich einer beruflichen Auswärtstätigkeit gewährten Mahlzeiten, deren **Gesamtwert mehr als 60 EUR** beträgt. Bei solchen »unüblichen Mahlzeiten« wird von Gesetzes wegen unterstellt, dass es sich um sog. **Belohnungsessen** handelt. Der Ansatz der amtlichen Sachbezugswerte ist ausgeschlossen. Der geldwerte Vorteil muss in Höhe der tatsächlichen Kosten der gewährten Speisen und Getränke lohnsteuerlich erfasst und nach der jeweiligen Steuerklasse versteuert werden (vgl. Kap. 4.2.4.3). Die Lohnsteuerpauschalierungsvorschrift mit 25 % findet für Belohnungsessen keine Anwendung. Außerdem entfällt bei Mahlzeiten über 60 EUR die Bescheinigung des Großbuchstabens M. Zulässig ist die **Pauschalbesteuerung nach § 37b EStG mit 30 %**, die allerdings Sozialversicherungsbeiträge auslöst.

Hinweis

Bereits der Kurzüberblick zur lohnsteuerlichen Behandlung der vom Arbeitgeber gewährten Verpflegung bei beruflichen Auswärtstätigkeiten gibt berechtigten Anlass zu Zweifeln, ob die mit dem Wechsel zum Prinzip der Spesenkürzung verfolgte Vereinfachung und Arbeitsentlastung bei der Lohnabrechnung tatsächlich erreicht wird.[18] Zum einen sind künftig mehrere Fallvarianten zu beachten, die auch weiterhin die Besteuerung eines geldwerten Vorteils nicht ausschließen. Arbeitgeber und Arbeitnehmer müssen also beide Systeme nebeneinander beachten und für den jeweiligen Sachverhalt zutreffend auswählen. Zum anderen ist der jeweils maßgebende steuerliche Lösungsweg immer mit weiteren komplizierten Arbeitgeberpflichten verbunden. Die komplexe und schwierige lohnsteuerliche Behandlung der Arbeitgeberbewirtung bei beruflichen Auswärtstätigkeiten lässt sich im Übrigen auch an der Übersicht unter Kap. 4.2.4 erahnen.

17 Für 2023: 2,00 EUR bzw. 3,80 EUR, je nachdem, ob es sich um ein Frühstück oder ein Mittag- bzw. Abendessen handelt.
18 Vgl. Seite 16 der BT-Drucksache 17/10774, rechte Spalte.

2.5 Doppelte Haushaltsführung

Eine doppelte Haushaltsführung liegt nach dem Gesetz vor, wenn der Arbeitnehmer außerhalb des Orts seiner ersten Tätigkeitsstätte einen **eigenen Hausstand** unterhält und auch am Beschäftigungsort wohnt. Allerdings wird der Begriff des eigenen Hausstands im EStG konkretisiert. Um steuerlich einen eigenen Hausstand zu begründen, sind das **Innehaben einer Wohnung** sowie eine **finanzielle Beteiligung** an den Kosten der Haushaltsführung unabdingbare Voraussetzungen.

Keine Angemessenheitsprüfung

Hinsichtlich des Werbungskostenabzugs und des steuerfreien Arbeitgeberersatzes der Mehraufwendungen, die dem Steuerpflichtigen anlässlich einer doppelten Haushaltsführung entstehen, ist ausschließlich auf eine Änderung von wesentlicher Bedeutung hinzuweisen: Die bisher aufwendige Angemessenheitsprüfung bzgl. der auswärtigen Unterkunftskosten, die den Werbungskosten bzw. steuerfreien Arbeitgeberersatz auf die Vergleichsmiete für eine 60 m^2 große Durchschnittswohnung begrenzte, ist **für das Inland** durch eine **feste 1.000-EUR-Grenze** ersetzt worden (§ 9 Abs. 1 Nr. 5 EStG). Eine weitergehende Prüfung der Notwendigkeit und **Angemessenheit** ist bei der doppelten Haushaltsführung im Inland nicht mehr erforderlich. Eine Einbeziehung der Aufwendungen für die Wohnungseinrichtung und den Hausrat in die für Unterkunftskosten geltende Monatsgrenze von 1.000 EUR ist entgegen der bisherigen Verwaltungsauffassung nicht vorzunehmen.[19] Bei einer doppelten Haushaltsführung **im Ausland** findet die 1.000-EUR-Grenze **keine Anwendung**. Die erforderliche Prüfung der notwendigen Unterbringungskosten ist hier nach den bisherigen Grundsätzen durchzuführen.

Übernachtungspauschale

Für den steuerfreien Arbeitgeberersatz besteht zudem weiterhin die Möglichkeit der Erstattung von Pauschbeträgen, die im Inland **20 EUR** (erste 3 Monate) bzw. 5 EUR (Folgezeit) **pro Übernachtung** betragen und für das Ausland mit den jeweiligen Auslandspauschalen anzusetzen sind, die sich ab dem 4. Monat auf 40 % des jeweils maßgebenden Auslandsübernachtungsgelds vermindern.

Hinweis

Um eine Gleichstellung langfristiger beruflicher Auswärtstätigkeiten mit der doppelten Haushaltsführung für den Bereich der Unterbringungskosten zu erreichen, legt der Gesetzgeber nach Ablauf von 48 Monaten einer Reisekostentätigkeit **am selben auswärtigen Beschäftigungsort** im Inland eine Begrenzung der steuerlich begünstigten Unterbringungskosten fest. Es gilt dieselbe Obergrenze wie bei der doppelten Haushaltsführung im Inland, also 1.000 EUR pro Monat (1.000-EUR-Höchstbetrag). Eine berufliche Tätigkeit an derselben Tätigkeitsstätte liegt nur vor, wenn der Arbeitnehmer an dieser regelmäßig mindestens an 3 Tagen wöchentlich tätig wird.

---

19 BFH, Urteil v. 3.4.2019, VI R 15/17, BStBl 2019 II S. 446.

2.6 Übersicht: Reisekostenrecht

Reisekostenregelung	Reisekosten ab 1.1.2014		
Arbeitsstättenbegriff	→ **Erste Tätigkeitsstätte:** Arbeitsrechtliche dauerhafte Zuordnung oder hilfsweise quantitative Zuordnung (2 Arbeitstage pro Woche oder 1/3 der Arbeitszeit) zu einer ortsfesten Einrichtung des → Arbeitgebers → eines Konzernunternehmens → eines vom Arbeitgeber bestimmten Dritten pro Dienstverhältnis maximal eine erste Tätigkeitsstätte		
Fahrtkosten	Tatsächliche Aufwendungen oder bei eigenem Kfz Kilometersätze		
Verpflegungskosten	**Inlandspauschbeträge für die ersten 3 Monate:**		
	Abwesenheitsdauer	bis 2019	ab 2020
	ab 8 Stunden	0 EUR	0 EUR
	ab 12 Stunden	12 EUR	14 EUR
	mind. 24 Stunden	24 EUR	28 EUR
	Auslandstagegelder, zweistufig, zeitliche Abwesenheit wie Inland		
unentgeltliche Verpflegung	**Gesamtwert bis 60 EUR:** Kürzung der Verpflegungspauschale – kein geldwerter Vorteil Bescheinigung »Großbuchstabe M« **Gesamtwert über 60 EUR:** = Belohnungsessen, Versteuerung der tatsächlichen Kosten – Kürzung der Verpflegungspauschale		
Übernachtungskosten	**Werbungskosten:** tatsächliche Aufwendungen, im Inland maximal für 48 Monate; danach Obergrenze 1.000 EUR pro Monat		

3 Die erste Tätigkeitsstätte

3.1 Definition der beruflichen Auswärtstätigkeit

Grundlage für das aktuelle steuerliche Reisekostenrecht ist die gesetzliche Definition des Begriffs der ersten Tätigkeitsstätte. Diese Definition ist die Kernvorschrift für die Beantwortung der Frage, ob eine berufliche Auswärtstätigkeit vorliegt oder nicht. In § 4 Abs. 5 Nr. 5 des Einkommensteuergesetzes ist definiert, wann steuerlich eine beruflich veranlasste Auswärtstätigkeit vorliegt:

Eine berufliche Auswärtstätigkeit liegt vor, wenn der Steuerpflichtige vorübergehend

- außerhalb seiner Wohnung und
- außerhalb des Mittelpunkts seiner dauerhaft angelegten betrieblichen Tätigkeit beruflich tätig wird.

Der Mittelpunkt der dauerhaft angelegten beruflichen Tätigkeit wird seit 2014 als sog. erste Tätigkeitsstätte – erstmals gesetzlich – definiert (§ 9 Abs. 4 EStG).

Beispiel

Ein Mitarbeiter ist langjährig im Unternehmen beschäftigt. Im Arbeitsvertrag ist kein Einstellungsort genannt, es erfolgt auch keine örtliche Zuordnung. Ab 1.4.2023 wird er im Rahmen eines Beratervertrags für 5 Jahre bei einem Kunden eingesetzt; danach wird er wieder beim Arbeitgeber eingesetzt. Der Mitarbeiter hat beim Kunden ein eigenes Büro.

Ergebnis: Es liegt ein zeitlich befristeter Arbeitseinsatz bei einem Kunden vor. Der Einsatz bei einem Kunden führt aufgrund der Länge (mehr als 48 Monate) zu einer ersten Tätigkeitsstätte. Neben einer Einrichtung des Arbeitgebers kann auch bei einem verbundenen Unternehmen oder einem Dritten (Kunden) eine erste Tätigkeitsstätte entstehen, wenn die Zuordnung des Arbeitnehmers dorthin »dauerhaft« erfolgt (§ 9 Abs. 4 Satz 1 EStG). Die Voraussetzung »dauerhaft« ist bereits dann erfüllt, wenn der Arbeitnehmer »über einen Zeitraum von 48 Monaten hinaus« tätig sein soll (§ 9 Abs. 4 Satz 3 EStG). Damit erfüllt die Tätigkeit beim Kunden vom ersten Tag an nicht mehr die Voraussetzungen einer Dienstreise. Der Arbeitsplatz »wandert« quasi ab 1.4.2023 zum Kunden. Steuerfreie Fahrtkosten, Übernachtungskosten sowie Verpflegungsmehraufwendungen können nur noch im Rahmen einer etwaigen doppelten Haushaltsführung vom Arbeitgeber steuerfrei erstattet werden.

3.1.1 Erste Tätigkeitsstätte

Warum ist der Begriff der ersten Tätigkeitsstätte so wichtig? Steuerrechtlich liegt eine Dienstreise nur vor, wenn der Arbeitnehmer außerhalb der ersten Tätigkeitsstätte beruflich tätig wird. In der ersten Tätigkeitsstätte liegt die »**berufliche Heimat**« des Mitarbeiters. Nur wenn er außerhalb dieser ersten Tätigkeitsstätte beruflich tätig ist, kann ihm der Arbeitgeber die entstandenen Kosten steuerfrei erstatten – oder der Steuerzahler seine Reisekosten als Werbungskosten bzw. Betriebsausgaben absetzen. Dabei sind 2 Fälle denkbar:

- **Der Arbeitnehmer hat eine erste Tätigkeitsstätte** (z. B. arbeitsrechtliche Zuordnung zum Verwaltungsgebäude in Freiburg). Für eine Besprechung fährt er morgens direkt zu einem Kunden und kehrt erst nach 14:00 Uhr ins Büro zurück. Er arbeitet aus beruflichen Gründen außerhalb der ersten Tätigkeitsstätte, es liegt eine Dienstreise vor. Sie beginnt mit Verlassen der Wohnung und endet mit der Ankunft an der ersten Tätigkeitsstätte.
- Der Fahrer eines Lkw hat über das Wochenende seinen Lkw auf einem Parkplatz im Industriegebiet in der Nähe seiner Wohnung abgestellt. Laut Arbeitsvertrag ist er keinem Standort des

Arbeitgebers zugeordnet. Am Sonntagabend um 21:50 Uhr lässt er sich zum Lkw fahren und beginnt um 22:00 Uhr seine Tour, die am Dienstagabend um 17:00 Uhr bei einem Kunden endet. Er lässt sich dort abholen und übernachtet zu Hause. **Der Fahrer hat keine erste Tätigkeitsstätte. Mit** Verlassen der Wohnung beginnt eine steuerliche Dienstreise, da er ab dieser Zeit nicht an einer ersten Tätigkeitsstätte arbeitet, der Lkw ist beweglich und kann nicht zur ersten Tätigkeitsstätte werden. Die Dienstreise endet mit der Ankunft in der Wohnung.

In beiden Fällen kann der Arbeitgeber steuerfreie Reisekosten gewähren. Erstattet der Arbeitgeber keine Reisekosten, können die Arbeitnehmer diese Kosten im Rahmen ihrer Einkommensteuererklärung als Werbungskosten absetzen.

Steuerliche Folgen

Die weitreichenden steuerlichen Folgen einer Dienstreise (beruflich veranlassten Auswärtstätigkeit) zeigen sich vor allem an den Fahrten von der Wohnung zum jeweiligen Einsatzort des Arbeitnehmers:

- Fährt ein Arbeitnehmer **von zu Hause zu seiner ersten Tätigkeitsstätte**, ist ein uneingeschränkter, steuerfreier Fahrtkostenersatz wie bei einer Auswärtstätigkeit nicht möglich. Es gelten die Regelungen zur **Entfernungspauschale** (0,30 EUR/einfache Entfernungskilometer, ab dem 21. Entfernungskilometer 0,38 EUR für). Die Entfernungspauschale ist ausführlich in Kap. 6.2 erläutert. Ein verkehrsmittelunabhängiger Fahrtkostenzuschuss bzw. die Nutzung eines Firmenwagens für derartige Fahrten ist als geldwerter Vorteil zu erfassen. Fahrtkostenzuschüsse des Arbeitgebers für Fahrten des Arbeitnehmers mit öffentlichen Verkehrsmitteln (ÖPNV und Linienverkehr) zwischen Wohnung und erster Tätigkeitsstätte bleiben steuerfrei (§ 3 Nr. 15 EStG).
- Fährt ein Arbeitnehmer **von seiner Wohnung zu einem beruflichen Einsatzort** außerhalb seiner ersten Tätigkeitsstätte, liegt eine beruflich veranlasste Auswärtstätigkeit vor. Der Arbeitgeber kann die **tatsächlich entstandenen Fahrtkosten** (z. B. i. H. v. 0,30 EUR pro tatsächlich gefahrenem Kilometer) steuerfrei ersetzen. Im Rahmen der Steuererklärung kann der Arbeitnehmer die tatsächlichen Kosten als Werbungskosten absetzen, soweit der Arbeitgeber die Kosten nicht steuerfrei erstattet hat. Die km-Pauschale pro gefahrenem Kilometer bei beruflich veranlassten Auswärtstätigkeiten (Dienstreisen) beträgt 0,30 EUR.

Arbeitnehmer ohne erste Tätigkeitsstätte

Eine **Sonderregelung** gilt für Arbeitnehmer, die gar keine erste Tätigkeitsstätte haben, typischerweise aber arbeitstäglich zu einem festen **Sammelpunkt** fahren oder ein **weiträumiges Tätigkeitsgebiet** auf Weisung des Arbeitgebers arbeitstäglich über den gleichen Zugang aufsuchen. In diesen Fällen werden die immer gleichbleibenden Wegstrecken den Fahrten zwischen Wohnung und erster Tätigkeitsstätte gleichgestellt. Eine steuerfreie Erstattung dieser Wegstrecken durch den Arbeitgeber ist nicht möglich (vgl. Kap. 4.1.3).

3.1.2 Gesetzliche Definition der ersten Tätigkeitsstätte

Gesetzlich definiert ist die erste Tätigkeitsstätte in § 9 Abs. 4 EStG: »Erste Tätigkeitsstätte ist die ortsfeste betriebliche Einrichtung des Arbeitgebers, eines verbundenen Unternehmens (§ 15 Aktiengesetz) oder eines vom Arbeitgeber bestimmten Dritten, der der Arbeitnehmer dauerhaft zugeordnet ist. Die Zuordnung im Sinne des Satzes 1 wird durch die dienst- oder arbeitsrechtlichen Festlegungen sowie die diese ausfüllenden Absprachen und Weisungen bestimmt. Von einer dauerhaften Zuordnung ist insbesondere auszugehen, wenn der Arbeitnehmer unbefristet, für die Dauer des Dienstverhältnisses oder über einen Zeitraum von 48 Monaten hinaus an einer solchen Tätigkeitsstätte tätig werden soll.«

Bestimmung durch arbeitsrechtliche Zuordnung

Damit ist die erste Tätigkeitsstätte von mehreren Komponenten bestimmt:

- Räumliche Komponente: Infrage kommen **ortsfeste Einrichtungen**[1] des Arbeitgebers, eines verbundenen Unternehmens oder eines Dritten.
- Nachhaltige Komponente: Die Tätigkeit des Mitarbeiters dort muss von einer gewissen **Dauerhaftigkeit** sein.
- Arbeitsrechtliche Komponente: Eine **dauerhafte Zuordnung** des Arbeitnehmers im Rahmen seiner Beschäftigung durch den Arbeitgeber **aufgrund seines Weisungsrechts**. Auch in einem befristet abgeschlossenen Arbeitsverhältnis kann eine erste Tätigkeitsstätte entstehen, wenn der Arbeitnehmer für diese Beschäftigungsdauer zugeordnet wird. Der Gesetzestext verweist auf die arbeitsvertragliche Zuordnung sowie Absprachen und Weisungen des Arbeitgebers.

Ersatzweise Bestimmung nach zeitlichen Kriterien

Erst wenn es an der arbeitsrechtlichen Zuordnung fehlt oder diese nicht eindeutig festgestellt werden kann, greift – als gesetzlich vorgesehener Ersatz – eine **zeitliche Abgrenzung**: Der Gesetzgeber stellt dann darauf ab, in welchem zeitlichen Umfang der Mitarbeiter am jeweiligen Ort tätig wird. Eine erste Tätigkeitsstätte liegt danach vor, wenn der Arbeitnehmer

- typischerweise arbeitstäglich vor Ort tätig werden soll oder
- je Arbeitswoche 2 volle Arbeitstage oder
- mindestens 1/3 seiner vereinbarten Arbeitszeit dort tätig werden soll.

Eine erste Tätigkeitsstätte kann dabei nicht nur beim Arbeitgeber, sondern auch bei einem Dritten (z. B. Kunden, Mandant, Zulieferer) oder bei einer Konzerngesellschaft entstehen.

Liegt eine erste Tätigkeitsstätte vor?

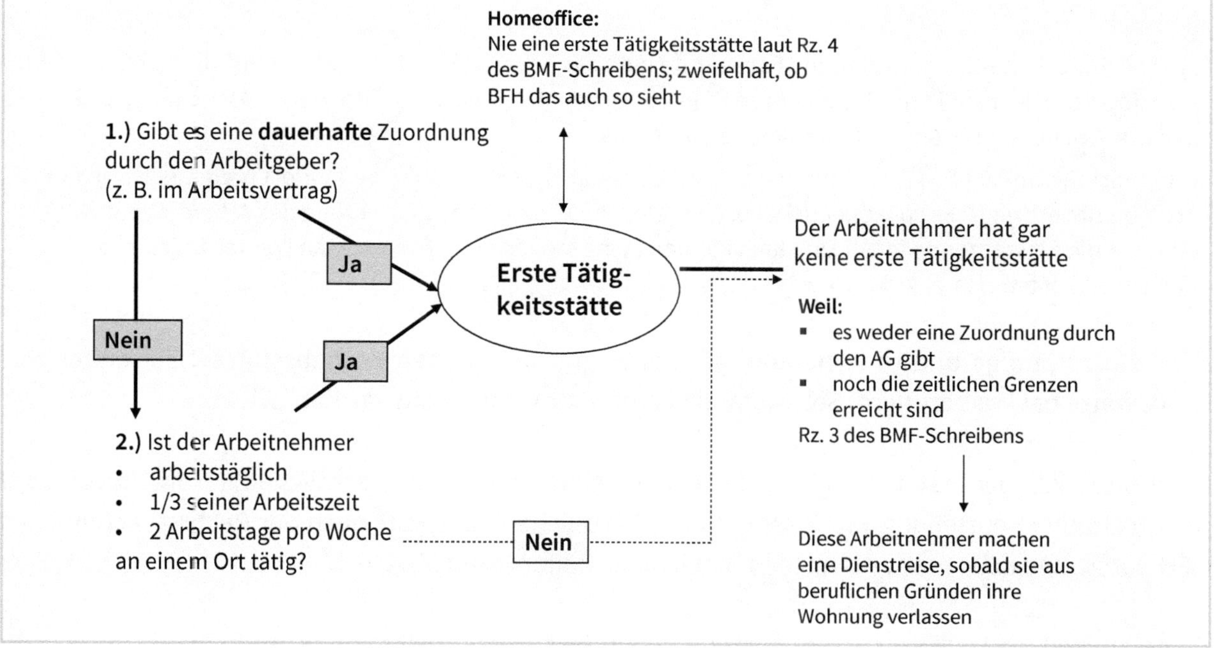

---

1 Zum Begriff »ortsfeste Einrichtung« vgl. BFH, Urteile v. 11.4.2019, VI R 12/17 und VI R 40/16, BStBl 2019 II S. 546 ff.; ausführlich Kap. 3.1.3.

Beispiel

Frau Meier hat im Mai 2023 ihren Bachelor of Arts BWL-Handel/Einzelhandel abgeschlossen. Sie wird ab 1.7.2023 von einer Einzelhandelskette unbefristet als Abteilungsleiterin eingestellt. Laut Arbeitsvertrag kann sie im Bereich Baden-Württemberg Süd eingesetzt werden. Der Arbeitgeber teilt ihr Anfang Juni mit, dass sie für 3 Monate ein Trainee-Programm in der Bezirksdirektion in Heidelberg durchlaufen soll. Am 15.9.2023 teilt ihr der Arbeitgeber mit, dass sie ab 1.10.2023 bis auf Weiteres in einer Filiale in Karlsruhe als stellvertretende Marktleiterin eingesetzt wird.

Ergebnis: Erst ab 1.10.2023 kann eine erste Tätigkeitsstätte entstehen. Erst ab diesem Zeitpunkt liegt eine dauerhafte Zuordnung (bis auf Weiteres) vor, die sich auf eine ortsfeste betriebliche Einrichtung des Arbeitgebers (Filiale in Karlsruhe) bezieht. Die Zuordnung erfolgt mit der Weisung des Arbeitgebers, in welcher ortsfesten Einrichtung (Filiale) sie dauerhaft ihre Arbeitsleistung erbringen soll. Erst zu diesem Zeitpunkt sind alle 3 Voraussetzungen – dauerhafte Zuordnung, ortsfeste betriebliche Einrichtung, tatsächliche Erbringung der Arbeitsleistung dort – für eine erste Tätigkeitsstätte erfüllt. Die Trainee-Tätigkeit kann nicht zur ersten Tätigkeitsstätte führen, weil es an der Dauerhaftigkeit fehlt.

Das Entstehen einer ersten Tätigkeitsstätte in der Filiale in Karlsruhe ist für Frau Meier steuerlich nachteilig: Die Fahrt von ihrer Wohnung zur Filiale in Karlsruhe ist nur über die Entfernungspauschale steuerlich berücksichtigungsfähig, steuerfreie Arbeitgeberleistungen sind nur eingeschränkt möglich (wenn sie die Wegstrecke mit öffentlichen Verkehrsmitteln im Linienverkehr zurücklegt, vgl. Kap. 6.3.2). Verpflegungsmehraufwand (Tagesspesen) können für den Einsatzort in Karlsruhe nur im Rahmen einer doppelten Haushaltsführung (vgl. Kap. 7) steuerlich berücksichtigt werden, auch Unterkunftskosten sind nur im Rahmen einer doppelten Haushaltsführung steuerlich absetzbar bzw. können vom Arbeitgeber steuerfrei übernommen werden.

Abwandlung: Würde der Einsatz in der Filiale in Karlsruhe befristet für 2 Jahre erfolgen, läge zwar eine Zuordnung vor, die aber nicht dauerhaft ist. In diesem Fall wäre der Einsatz in Karlsruhe über eine beruflich veranlasste Auswärtstätigkeit steuerlich begünstigt (Verpflegungsmehraufwand für die ersten 3 Monate bzw. nach mindestens 4-wöchiger Unterbrechung Fahrtkosten zur Filiale, Übernachtungskosten, steuerlich abzugsfähig als Werbungskosten oder steuerfreie Erstattung über den Arbeitgeber).

Fehlende Zuordnung

Ohne Zuordnung entsteht eine erste Tätigkeitsstätte, wenn der Arbeitnehmer dauerhaft ein gewisses Arbeitszeitvolumen in einer betrieblichen, ortsfesten Einrichtung erbringt.

Beispiel

Ein Fachmitarbeiter für medizinische Fachgeräte (Sitz des Arbeitgebers in L) betreut in F die Uniklinik. Laut Arbeitsvertrag ist er keinem Ort zugeordnet. In der Uniklinik in F ist er ca. 3 Tage pro Woche tätig; an 2 Tagen pro Woche ist er in anderen Krankenhäusern tätig.

Ergebnis: Die Uniklinik in F wird zur ersten Tätigkeitsstätte, weil der Mitarbeiter dort mehr als 1/3 seiner Arbeitszeit verbringt. Es spielt keine Rolle, dass es sich nicht um eine Einrichtung des Arbeitgebers handelt. Für die Einsatzzeiten in der Uniklinik können keine steuerfreien Reisekosten (weder Tagesspesen noch Fahrtkostenersatz) gewährt werden.

Für **Selbstständige** und Unternehmer gilt der Begriff der »ersten Betriebsstätte«. Zur ersten Betriebsstätte bei Freiberuflern, Selbstständigen bzw. Unternehmern vgl. Kap. 3.1.11.

Liegt bezüglich der ersten Tätigkeitsstätte keine eindeutige arbeitsrechtliche Zuordnung vor, wird die qualitative Beurteilung »Schwerpunkt der beruflichen Tätigkeit« nach der Rechtsprechung des BFH durch eine quantitative Beurteilung rein nach Zeitanteilen abgelöst.

Definition »Tätigkeitsstätte«

Eine Tätigkeitsstätte liegt nach dem steuerlichen Reisekostenrecht vor, wenn folgende Voraussetzungen erfüllt sind:

1. Es muss sich um eine **betriebliche Einrichtung** handeln; dabei kann es sich auch um eine betriebliche Einrichtung eines Kunden (z. B. Einsatzbetrieb bei Zeitarbeit) oder eines Dritten handeln (z. B. bei einer Konzerngesellschaft). In Betracht kommen alle betrieblich genutzten Gebäude, Hallen, Lager- und Produktionsräume, Werkstätten, Büros, technische Einrichtungen. Auch die zusammenhängende Fläche eines Flughafens, eines Bahnhofs, eines Industrie- oder Betriebsgeländes können eine erste Tätigkeitsstätte sein.[2]
2. Diese betriebliche Einrichtung muss **von der Wohnung des Arbeitnehmers getrennt** sein.[3] Ein häusliches Arbeitszimmer kann laut BMF in keinem Fall zur ersten Tätigkeitsstätte werden (vgl. Kap. 3.1.4); das gilt selbst dann, wenn der Arbeitgeber aus eigenbetrieblichem Interesse das Arbeitszimmer angemietet hat. Andere betriebliche Einrichtungen – z. B. eine Werkstatt oder ein Lager – können zur ersten Tätigkeitsstätte werden, wenn sie von der Wohnung des Arbeitnehmers abgetrennt sind.
3. Es muss sich um eine **ortsfeste Einrichtung** handeln.

Weiträumiges Tätigkeitsgebiet

Die Finanzverwaltung sieht ein weiträumiges Firmengelände als eine ortsfeste Einrichtung an. Diese Rechtsauffassung wurde vom BFH bestätigt.[4] Es muss sich dabei um eine **funktional zusammenhängende Anlage** oder Einrichtung handeln. Auch eine Vielzahl von betrieblichen Gebäuden, Einrichtungen oder technischen Anlagen (Sachmittel), die räumlich abgrenzbar sind und in einem organisatorischen, technischen oder wirtschaftlichen Zusammenhang mit einer betrieblichen Tätigkeit z. B. des Arbeitgebers stehen, stellen eine erste Tätigkeitsstätte dar. Es kommt dabei nicht auf die Fläche an sich an. Entscheidend ist nur, dass das Gebiet oder Gelände infrastrukturell erschlossen ist. Der BFH zählt in seinen Urteilen als Beispiele ausdrücklich Werksanlagen, Betriebsgelände, Bahnhöfe und Flughäfen auf und spricht in diesem Zusammenhang von einer großräumigen ersten Tätigkeitsstätte. Eine Tätigkeit innerhalb eines derart großräumigen Werks- oder Betriebsgeländes löst als Tätigkeit an einer einzigen Tätigkeitsstätte bereits die 3-Monatsfrist aus (vgl. Kap. 4.2.3).[5]

Großräumige erste Tätigkeitsstätte

Klarheit besteht nach der BFH-Rechtsprechung darin, dass ein einzelnes Gebäude, eine einzelne betriebliche Einrichtung oder technische Anlage innerhalb einer abgegrenzten, infrastrukturell erschlossenen Fläche nicht für sich zur ersten Tätigkeitsstätte wird, sondern im Begriff der großräumigen ersten Tätigkeitsstätte untergeht. Andrerseits kann auch eine technische Anlage, z. B. eine Asphaltmischanlage, für sich gesehen zur ersten Tätigkeitsstätte werden. Ob sie zum Aufenthalt eines Menschen dauerhaft geeignet ist, spielt für den Begriff der ersten Tätigkeitsstätte keine Rolle. Das gilt auch für technische Anlagen oder Einrichtungen innerhalb eines abgegrenzten, betrieblichen Zwecken dienenden, infrastrukturell erschlossenen Gebiets, z. B. einer Kiesgrube. Damit können auch Untertage-Einrichtungen, Rangierbahnhöfe, Containerterminals, Steinbrüche zur großräumigen ersten Tätigkeitsstätte werden (sofern eine dauerhafte Zuordnung oder Tätigkeit vorliegt), für die dort beschäftigten Mitarbeiter auch z. B. Freizeitparks und Golfplätze. Ein Gemeinde- oder Stadtgebiet, ein Kehrbezirk wird dagegen nicht zur großräumigen ersten Tätigkeitsstätte, weil es sich – bezogen auf die beruflich genutzten Sachmittel des Arbeitgebers oder eines Dritten – nicht mehr um eine räumlich abgrenzbare Fläche handelt.[6] Bei großräumigen, räumlich nicht abgegrenzten Baustellen – z. B. beim

2 BFH, Urteile v. 11.4.2019, VI R 12/17 sowie VI R 40/16, BStBl 2019 II S. 546 ff.; BMF, Schreiben v. 25.11.2020, IV C 5 – S 2353/19/10011 :006, BStBl 2020 I S. 1228, Rz. 3.

3 BMF, Schreiben v. 25.11.2020, IV C 5 – S 2353/19/10011 :006, BStBl 2020 I S. 1228, Rz. 4.

4 BFH, Urteile v. 11.4.2019, VI R 12/17 sowie VI R 40/16, BStBl 2019 II S. 546 ff.; BMF, Schreiben v. 25.11.2020, IV C 5 – S 2353/19/10011 :006, BStBl 2020 I S. 1228, Rz. 3.

5 BMF, Schreiben v. 25.11.2020, IV C 5 – S 2353/19/10011 :006, BStBl 2020 I S. 1228, Rz. 53.

6 Allerdings kann ein weiträumiges Tätigkeitsgebiet vorliegen. Dies hat Auswirkungen auf die steuerliche Beurteilung der arbeitstäglichen Wegstrecke zum Tätigkeitsgebiet, s. BMF, Schreiben v. 25.11.2020, IV C 5 – S 2353/19/10011 :006, BStBl 2020 I S. 1228, Rz. 41; vgl. Kap. 4.1.3.

Pipeline- oder Straßenbau – fehlt es m. E. an einer infrastrukturellen Verknüpfung der arbeitgebereigenen technischen Anlagen, sodass dort keine großräumige erste Tätigkeitsstätte entstehen kann.[7]

Abgrenzung zum weiträumigen Tätigkeitsgebiet

Erste Tätigkeitsstätte

Aus der gesetzlichen Einschränkung des Fahrtkostenersatzes (vgl. Kap. 4.1)[8] lässt sich schließen, dass es daneben den Begriff des »weiträumigen Tätigkeitsgebiets« gibt, das keine erste Tätigkeitsstätte sein kann. Laut BMF liegt ein weiträumiges Tätigkeitsgebiet zur Abgrenzung von der (großräumigen) ersten Tätigkeitsstätte vor, wenn die vertragliche Arbeitsleistung **auf einer festgelegten Fläche** ausgeübt werden soll und nicht innerhalb einer ortsfesten Einrichtung.[9] Das weiträumige Tätigkeitsgebiet (keine erste Tätigkeitsstätte) liegt vor, wenn **auf der »Einsatzfläche« keine Gebäude oder technische Einrichtungen** des Arbeitgebers (oder eines Dritten) vorhanden sind oder diese nicht infrastrukturell verbunden sind. Klassisches Beispiel ist wohl ein Forstbezirk, in dem es keine oder nur wenige Einrichtungen (Gebäude, Lager) gibt und diese auch nicht durch Infrastruktur (Wege, Straßen, Rohrleitungen usw.) so verknüpft sind, dass sich dadurch ein zusammenhängender betrieblicher Ablauf ergibt. Es kommt demnach nicht auf die jeweilige Fläche an, sondern auf die Art der Tätigkeit. Zusteller und Forstarbeiter werden danach typischerweise in einem weiträumigen Tätigkeitsgebiet und nicht an einer ersten Tätigkeitsstätte tätig.[10] Zumindest zum Forstrevier entspricht dies der früheren Rechtsprechung des BFH.[11]

Beispiel

Ein Arbeitnehmer ist als Industriemechaniker für die Wartung der technischen Anlagen auf dem Werksgelände zuständig. Das Werksgelände hat eine Fläche von 10 km^2, ist aber durch Straßen, Rohrleitungen, Gänge usw. erschlossen. Laut Arbeitsvertrag ist er für das Werksgebiet als Wartungskraft angestellt.

Ergebnis: Der Arbeitnehmer ist innerhalb einer ersten Tätigkeitsstätte tätig, für die Einsatzzeiten innerhalb des Werksgeländes können keine steuerfreien Verpflegungspauschalen gewährt werden. Bezüglich der täglichen Fahrten von der Wohnung zum Werksgelände kann steuerlich nur die Entfernungspauschale berücksichtigt werden. Ein steuerfreier Fahrtkostenersatz für diese tägliche Fahrt von der Wohnung zum Werksgelände ist nur für die Nutzung öffentlicher Verkehrsmittel möglich. Für Fahrten innerhalb des Werksgeländes ist jedoch Fahrtkostenersatz steuerfrei möglich.

Beispiel

Ein Arbeitnehmer ist als Hausmeister für eine Universität tätig. Er betreut den gesamten Bereich der Universität, die sich auf verschiedene Standorte (Campus Nordstadt, Campus Uniklinik, Campus Eselsberg) erstreckt. Ein Standort besteht für sich gesehen aus bis zu 12 Gebäuden sowie technischen Anlagen und Parkplätzen. Jeder Standort ist räumlich abgrenzbar. Zwischen den Standorten selbst besteht keine Verbindung, da sie in mehreren Stadtteilen liegen.

Ergebnis: Jeder Standort für sich stellt eine mögliche Tätigkeitsstätte dar, auch wenn es sich insgesamt um eine großräumige Fläche handelt. Allerdings kommt jeder Standort für sich (z. B. Campus Nordstadt, Campus Uniklinik, Campus Eselsberg) als erste Tätigkeitsstätte in Betracht. Die Universität als Gesamtes stellt jedoch kein großflächiges Tätigkeitsgebiet dar, es besteht zwischen den Standorten keine infrastrukturelle Verknüpfung. Ist ein Mitarbeiter der Universität an mehreren Standorten (Campus) tätig, kann einer davon zur ersten Tätigkeitsstätte werden. Da im Rahmen einer Beschäftigung aber nur eine erste Tätigkeitsstätte entstehen kann, muss unter Umständen zwischen mehreren denkbaren ersten Tätigkeitsstätten eine bestimmt werden. Im Zweifel wird diese nach der örtlichen Nähe zur Wohnung definiert (vgl. Kap. 3.1.10.6).

---

7 Zur Frage, ob Baucontainer zur ersten Tätigkeitsstätte werden, vgl. Kap. 3.1.3.

8 In § 9 Abs. 1 Nr. 4 Satz 3 EStG wird der Begriff »weiträumiges Tätigkeitsgebiet« verwendet.

9 BMF, Schreiben v. 25.11.2020, IV C 5 – S 2353/19/10011 :006, BStBl 2020 I S. 1228, Rz. 41.

10 BMF, Schreiben v. 25.11.2020, IV C 5 – S 2353/19/10011 :006, BStBl 2020 I S. 1228, Aufzählung in Rz. 42.

11 Keine regelmäßige Arbeitsstätte bei einem Forstgebiet ohne ortsfeste Einrichtung; vgl. BFH, Urteil v. 17.6.2010, VI R 20/09, BStBl 2012 II S. 32.

3.1.3 Ortsfeste Einrichtung

Definition des BFH

Der Begriff »ortsfeste Einrichtung« ist weder gesetzlich noch in den LStR definiert. Auch das BMF-Schreiben v. 25.11.2020 zum steuerlichen Reisekostenrecht enthält keine Definition. Laut BFH ist eine Tätigkeitsstätte ortsfest, wenn die entsprechenden – räumlich zusammengefassten – Sachmittel (Gebäude, technische Anlagen usw.)

- mit dem Erdboden verbunden sind
- oder dazu bestimmt sind, überwiegend standortgebunden genutzt zu werden.[12]

Baucontainer

Baucontainer gehören nach Verwaltungsauffassung zu den ortsfesten betrieblichen Einrichtungen, wenn sie längerfristig **fest mit dem Erdreich verbunden** sind und sich darin Baubüros, Aufenthaltsräume oder Sanitäreinrichtungen befinden.[13] Nach der Rechtsprechung des BFH zum bewertungsrechtlichen Gebäudebegriff kommt es vorrangig darauf an, ob die Container für eine vorübergehende Nutzung aufgestellt sind und nach Wegfall des bestehenden Raumbedarfs wieder entfernt werden.[14] Im Urteilsfall ging es um 51 Container, die für 2 Jahre zu einem Werkstatt- und Sozialraumkomplex zusammengesetzt waren, um vorübergehenden zusätzlichen Platzbedarf abzudecken. Diese Abgrenzung nach der beabsichtigten vorübergehenden Nutzung derartiger Anlagen wird auch für das steuerliche Reisekostenrecht anzuwenden sein. Ob Baucontainer, die auf einer Großbaustelle längerfristig mit dem Erdboden verbunden sind, tatsächlich als »ortsfeste betriebliche Einrichtung« anzusehen sind[15] und damit zu einer ersten Tätigkeitsstätte führen könnten, ist im Hinblick auf die o. a. BFH-Rechtsprechung zweifelhaft. Bei der Prüfung, ob derartige Baustellen-Einrichtungen zur ersten Tätigkeitsstätte werden können, muss beachtet werden, dass es sich bei einer ersten Tätigkeitsstätte immer um eine **dauerhafte Einrichtung** handeln muss (vgl. Kap. 3.1.5). Ein endgültiges Urteil des BFH zum dauerhaften oder vorübergehenden Charakter von Baustellen steht derzeit noch aus.[16] Da das EStG selbst als zeitliche Abgrenzung den Zeitraum von 48 Monaten nennt (§ 9 Abs. 4 Satz 3 EStG), wird die voraussichtliche Bauzeit eine Rolle spielen.

Erste Tätigkeitsstätte

Beispiel

Für eine Innenstadtbaustelle werden 8 Baucontainer aufgestellt, die aus Platzgründen dreistöckig gestapelt werden. Sie sind durch Treppen und Übergänge miteinander verbunden; darin befindet sich das Baubüro, ein Aufenthaltsraum sowie WC und Handwaschbecken. Es handelt sich um Normcontainer, die für die voraussichtliche Bauzeit von 14 Monaten angemietet wurden. Die Container werden danach per Lkw-Kran verladen und an einer anderen Baustelle eingesetzt. Sie ruhen aufgrund ihres Eigengewichts auf einem einfachen Betonfundament, wo sie an die Baustrom- und Bauwasserversorgung angeschlossen sind.

Ergebnis: Abweichend von der Auffassung des BMF[17] handelt es sich m. E. nicht um eine ortsfeste Einrichtung und damit nicht um eine erste Tätigkeitsstätte. Den verwendeten Baucontainern fehlt es am Begriff »ortsfest«. Es ist zweifelhaft, ob sie dazu bestimmt sind, überwiegend standortgebunden genutzt zu werden[18]. Gegen die Auffassung im BMF-Schreiben spricht auch die Entscheidung des BFH, dass Container, ie – wie auf Baustellen üblich – nicht auf einem eigenen Fundament ruhen und die nur für eine vorübergehende Nutzung (24 Monate) bestimmt sind, bewertungsrechtlich keine Gebäude sind.[19] Abgesehen davon

---

12 BFH, Urteile v. 11.4.2019, VI R 12/17, BStBl 2019 II S. 551 sowie VI R 40/16, BStBl 2019 II S. 546.

13 BMF, Schreiben v. 25.11.2020, IV C 5 – S 2353/19/10011 :006, BStBl 2020 I S. 1228, Rz. 3.

14 BFH, Urteil v. 22.7.2020, II R 37/17, BStBl 2021 II S. 662.

15 BMF, Schreiben v. 25.11.2020, IV C 5 – S 2353/19/10011 :006, BStBl 2020 I S. 1228, Rz. 3.

16 BFH, Urteil v. 20.3.2014, IV R 74/13, BStBl 2014 II S. 854. Das Urteil erging zwar zur Rechtslage bis 2013, befasst sich aber im Wesentlichen mit der Abgrenzung ortsfeste, dauerhafte betriebliche Einrichtungen.

17 BMF, Schreiben v. 25.11.2020, IV C 5 – S 2353/19/10011 :006, BStBl 2020 I S. 1228, Rz. 3.

18 Diese Forderung stellt der BFH an Sachmittel, die zu einer ersten Tätigkeitsstätte führen, BFH, Urteil v. 11.4.2019, VI R 12/17, BStBl 2019 II S. 551.

19 BFH, Urteil v. 22.7.2020, II R 37/17, BStBl 2021 II S. 662, im Streitfall ging es um eine Anlage von 51 Containern, die zu einem Werkstatt- und Sozialraumkomplex zusammengesetzt waren und für 24 Monate vermietet wurden.

kann aufgrund der zeitlich begrenzten Dauer der Baustelle (nicht mehr als 48 Monate) keine erste Tätigkeitsstätte entstehen. Der Einsatz auf der Baustelle gilt steuerlich in der Regel als beruflich veranlasste Auswärtstätigkeit (Dienstreise). Lediglich bei Arbeitnehmern, die ausschließlich und befristet für den Einsatz auf dieser Baustelle eingestellt werden, kann die Baustelle zur ersten Tätigkeitsstätte werden.[20]

Für die Abgrenzung, ob ein – für sich mobiler – Baucontainer zur ortsfesten betrieblichen Einrichtung (und damit grundsätzlich zur ersten Tätigkeitsstätte) werden kann, kommt es m. E. auf den Einsatzzweck an.

Beispiel

Für einen Schrottplatz im Industriegebiet wird ein beheizbarer Bürocontainer angeschafft, um den Mitarbeitern eine warme Unterkunft zur Verfügung zu stellen. Der Container wird gekauft und wird bis auf Weiteres aufgestellt, er hat Wasser- und Stromanschluss.

Ergebnis: Der Baucontainer ist auf Dauer aufgestellt und erfüllt damit die Voraussetzungen einer ortsfesten Einrichtung. Er ist dazu bestimmt, überwiegend standortgebunden eingesetzt zu werden. Dabei spielt es keine Rolle, dass der Container mit technisch einfachen Mitteln versetzt werden kann.

Fahrzeuge

Fahrzeuge, wie z. B. Lkw und Schiffe, sind **keine ortsfesten Einrichtungen.**[21] Das gilt auch für Flugzeuge oder Einsatzfahrzeuge.[22] Merksatz: Was sich bewegt, ist nicht ortsfest.

Hochbau

Nach Auffassung des Bundesfinanzministeriums gehören **Baustellen** zu den **ortsfesten Einrichtungen**, soweit die Arbeiten in oder an einem Gebäude durchgeführt werden. Das betrifft z. B. die Gewerke der Elektriker, Trockenbauer, Bodenleger und Maler. Nach der Rechtsprechung des BFH[23] ist der Verwaltungsmeinung wohl zuzustimmen. Allerdings fehlt es in aller Regel an einer dauerhaften Zuordnung – es sei denn, der Einsatz auf dieser Baustelle dauert voraussichtlich länger als 48 Monate.

3.1.3.1 Maximal eine erste Tätigkeitsstätte pro Dienst- oder Arbeitsverhältnis

Gesetzlich ist klargestellt, dass ein Arbeitnehmer pro Arbeits- oder Dienstverhältnis nur eine erste Tätigkeitsstätte haben kann (§ 9 Abs. 4 Satz 5 EStG). Es kann auch Arbeitnehmer ohne erste Tätigkeitsstätte geben, z. B. Monteure oder Außendienstmitarbeiter.

Wichtig

Arbeitnehmer, die aufgrund ihrer beruflichen Tätigkeit **keine erste Tätigkeitsstätte** haben, führen arbeitstäglich eine berufliche Auswärtstätigkeit durch.[24] Allerdings gilt für diesen Personenkreis für die Fahrtkosten von der Wohnung zu einem gleichbleibenden Zielort eine **Sonderregelung** (vgl. Kap. 2.3 und Kap. 4.1.3).

Mehrere ortsfeste Einrichtungen

Erfüllen mehrere ortsfeste Einrichtungen gleichzeitig die Voraussetzungen für eine erste Tätigkeitsstätte, sieht das Einkommensteuergesetz eine **mehrstufige Prüfung** vor:

1. **Arbeitsrechtliche Festlegung:** Maßgebend ist, was der Arbeitgeber bestimmt hat.
2. **Nächstgelegene Tätigkeitsstätte:** Fehlt es an dieser Bestimmung oder ist diese nicht eindeutig, gilt die ortsfeste Einrichtung als erste Tätigkeitsstätte, die der Wohnung des Arbeitnehmers am nächsten liegt (§ 9 Abs. 2 Satz 6 EStG).

20 BFH, Urteil v. 11.4.2019, VI R 36/16, BStBl 2019 II S. 543.
21 BMF, Schreiben v. 25.11.2020, IV C 5 – S 2353/19/10011 :006, BStBl 2020 I S. 1228, Rz. 3.
22 BFH, Urteil v. 14.9.2005, VI R 93/04, BFH/NV 2006 S. 53 zum Rettungssanitäter.
23 BFH, Urteile v. 11.4.2019, VI R 40/16 und VI R 12/17, BStBl 2019 II S. 546 ff.
24 BMF, Schreiben v. 25.11.2020, IV C 5 – S 2353/19/10011 :006, BStBl 2020 I S. 1228, Rz. 2.

3. **Quantitative Kriterien:** Die Tätigkeitsstätte muss dann zusätzlich die quantitativen (zeitlichen) Kriterien erfüllen und die Tätigkeit dort muss auf Dauer angelegt sein.

Einzelheiten hierzu finden Sie in Kap. 3.1.10.6.

Einen Gesamtüberblick über die – gesetzlich vorgeschriebenen – Prüfungsschritte finden Sie in der nachfolgenden Übersicht: Prüfschema

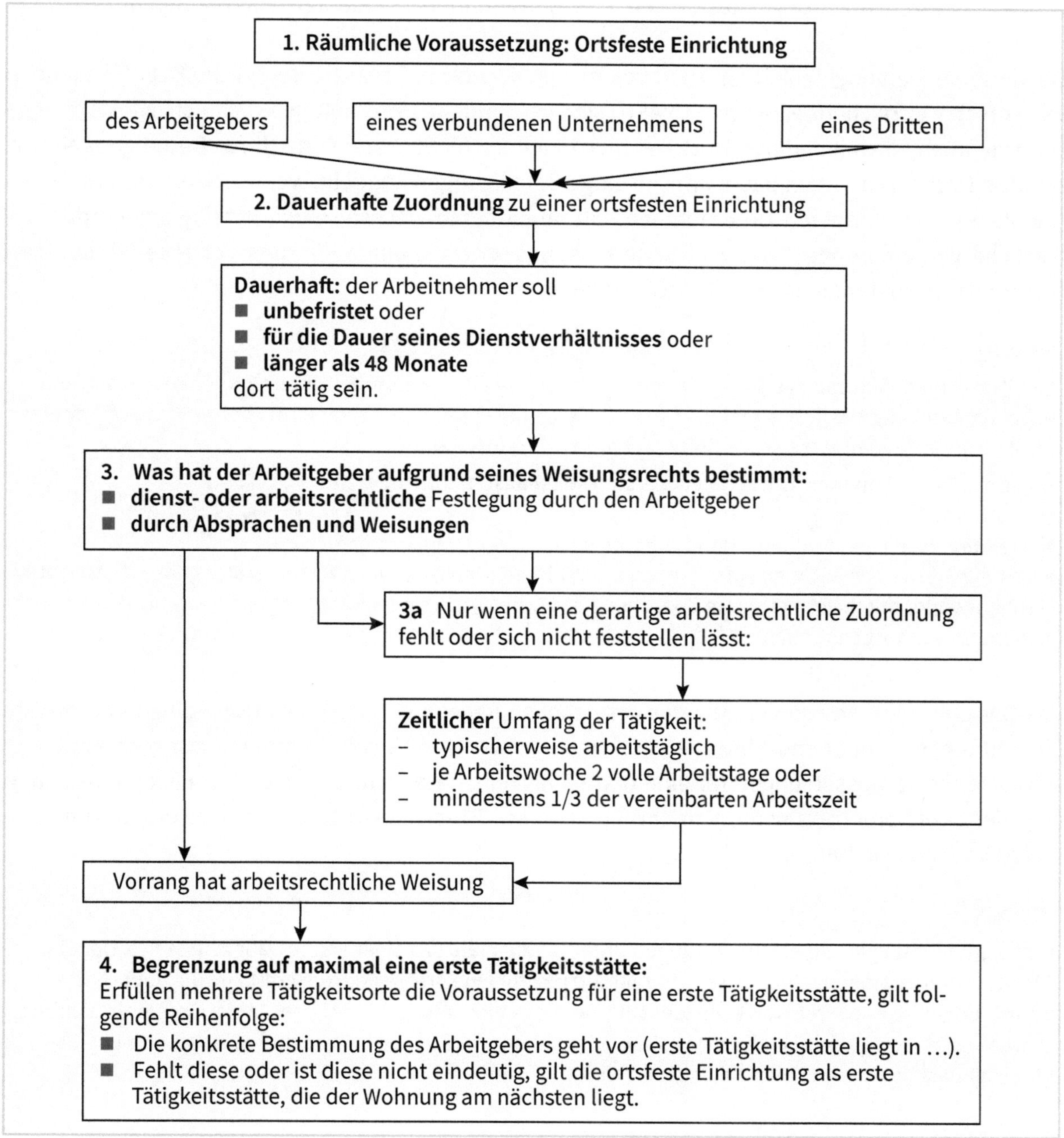

3.1.3.2 Erste Tätigkeitsstätte bei verbundenen Unternehmen oder Dritten

Eine erste Tätigkeitsstätte kann nicht nur beim eigentlichen, lohnsteuerlichen Arbeitgeber liegen, sondern auch bei einem verbundenen Unternehmen oder gar einem Dritten (Kunden). Dies ist ausdrücklich gesetzlich geregelt und wurde vom BFH in seinen Urteilen auch ausdrücklich bestätigt.[25]

25 BFH, Urteile v. 11.4.2019, VI R 12/17 sowie VI R 40/16, BStBl 2019 II S. 546 ff.

Insbesondere für die Abordnungen innerhalb von Konzernen, für die Zeitarbeitnehmer und für Mitarbeiter, die dauerhaft bei einem Kunden eingesetzt sind, wollte der Gesetzgeber die steuerlichen Vorteile beruflicher Auswärtstätigkeiten ausschließen.

Erste Tätigkeitsstätte kann sein:

- eine ortsfeste Einrichtung des Arbeitgebers
- die ortsfeste Einrichtung eines verbundenen Unternehmens nach § 15 AktG
- die ortsfeste Einrichtung eines Dritten, z. B. eines Kunden, Mandanten, einer Entleihfirma

Verbundene Unternehmen nach § 15 AktG

Bei dieser Aufzählung denkt man zuerst einmal an Konzerne. Der aktienrechtliche Begriff ist jedoch wesentlich weitreichender: Nach § 15 AktG sind verbundene Unternehmen rechtlich selbstständige Unternehmen, die mit anderen Unternehmen in unterschiedlichster Form **durch Beteiligungen verbunden** sind. Es kann sich dabei um einseitige Beteiligungen handeln, wenn z. B. ein Unternehmen Anteile an einem anderen Unternehmen hält. Auch durch wechselseitige Beteiligungen oder vertragliche Vereinbarungen, wie z. B. Beherrschungs- oder Gewinnabführungsverträge können verbundene Unternehmen nach § 15 AktG entstehen.[26]

Beispiel

Eine Maschinenbaufirma aus Stuttgart übernimmt 50,1 % eines Freiburger Unternehmens, welches Software für Maschinensteuerung erstellt. Der technische Leiter der Stuttgarter Firma betreut bis auf Weiteres mit ca. 50 % seiner Arbeitszeit das Softwarehaus vor Ort in Freiburg.

Ergebnis: Damit kommen 2 Orte für eine erste Tätigkeitsstätte in Betracht:

- Stuttgart.
- Freiburg, da ein verbundenes Unternehmen nach §§ 15, 16 AktG vorliegt.

Allerdings kann es im Rahmen eines Dienstverhältnisses nur **eine** erste Tätigkeitsstätte geben. Diese entsteht entweder durch eine konkrete Zuordnung des Arbeitgebers oder wird – wenn diese fehlt – durch die Nähe zum Wohnort bestimmt.

Das Beispiel zeigt die Problematik der gesetzlichen Regelung: Durch die Ausweitung auf ortsfeste Einrichtungen verbundener Unternehmen sowie Dritter wird es dazu kommen, dass mehrere Tätigkeitsorte die Voraussetzungen für eine erste Tätigkeitsstätte erfüllen. In diesen Fällen muss dann eine der denkbaren ortsfesten Einrichtung als erste Tätigkeitsstätte bestimmt werden. Hinweise hierzu finden Sie in Kap. 3.1.10.6.

Hinweis

Nicht jeder Einsatz bei einem verbundenen Unternehmen führt zu einer ersten Tätigkeitsstätte. Der Einsatz dort muss immer nachhaltig sein. Voraussetzung für eine erste Tätigkeitsstätte ist die **dauerhafte Zuordnung**. Diese liegt nur vor, wenn der Mitarbeiter zeitlich unbeschränkt beschäftigt und zeitlich unbeschränkt bzw. voraussichtlich für mehr als 4 Jahre beim verbundenen Unternehmen eingesetzt ist – oder ausschließlich für diesen Einsatz eingestellt wurde.

Beispiel

Der Mitarbeiter einer Freiburger Firma wird vertraglich für 2 Jahre zur Schweizer Vertriebsgesellschaft in Zürich abgeordnet, um Erfahrungen mit den Schweizer Kunden auszutauschen. Diese ist eine 100-%-Tochter des Freiburger Unternehmens. Der bestehende Arbeitsvertrag mit der deutschen Firma gilt während der 2 Jahre uneingeschränkt weiter, mit der Schweizer Tochter besteht kein Arbeitsvertrag.

26 FG München, Urteil v. 9.2.2017, 11 K 2508/16, EFG 2017 S. 1427.

Ergebnis: Zwar gilt die Schweizer Vertriebsgesellschaft als verbundenes Unternehmen. Trotzdem liegt bezüglich der Tätigkeit in der Schweiz eine Dienstreise vor, weil keine dauerhafte Zuordnung erfolgt ist.

Aufgrund einer ausdrücklichen gesetzlichen Formulierung[27] können **langjährige Kundeneinsätze** zu einer ersten Tätigkeitsstätte führen. Betroffen sind auch unbefristet beschäftigte **Leiharbeitnehmer**, die bis auf Weiteres bei der Entleihfirma eingesetzt werden – oder voraussichtlich für mehr als 48 Monate dort eingesetzt werden[28]. Es gibt zum Einsatz von Leiharbeitnehmern inzwischen detaillierte Rechtsprechung des BFH, die sich kritisch mit dieser Verwaltungsmeinung auseinandersetzt.[29] Hierzu und zur regelmäßigen Tätigkeitsstätte bei Leiharbeitnehmern vgl. ausführlich Kap. 3.1.5.4. Zu den Einschränkungen bei befristeten Arbeitsverhältnissen vgl. Kap. 3.1.5.2.

Erste Tätigkeitsstätte

Beispiel

Die Dienstleistungsfirma Z-AG in Stuttgart übernimmt für Autohäuser die Reinigung sowie die Auffrischung von Gebrauchtwagen, die anschließend weiterverkauft werden sollen. Die Verträge mit den Autohäusern haben jeweils eine Laufzeit von 18 Monaten. Zur Erledigung dieser Aufträge stellt die Z-AG Arbeitnehmer über befristete Arbeitsverhältnisse ein. Die Einstellungen erfolgen erst dann, wenn entsprechende Aufträge der Autohäuser vorliegen, im Arbeitsvertrag erfolgt eine konkrete zeitliche Zuordnung zum Autohaus. Die neuen Arbeitnehmer werden ausschließlich für den Einsatz im entsprechenden Autohaus eingestellt, die zeitlich angegebene Befristung des Arbeitsvertrags entspricht der Laufzeit des jeweiligen Vertrags mit dem Autohaus.

Mitarbeiter C wird daher ab 1.1.2023 befristet bis zum 30.6.2024 von der Z-AG ausschließlich für den 18-monatigen Einsatz beim Autohaus Y in Freiburg eingestellt, der Arbeitsvertrag enthält eine entsprechende arbeitsrechtliche Zuordnung bis zum 30.6.2024.

Ergebnis: Der Mitarbeiter C hat seine erste Tätigkeitsstätte ab 1.1.2023 beim Autohaus Y in Freiburg, beim Arbeitgeber in Stuttgart entsteht keine erste Tätigkeitsstätte. Aufgrund der eindeutigen gesetzlichen Regelung können erste Tätigkeitsstätten einer ortsfesten Einrichtung eines Dritten – hier Autohaus Y in Freiburg – entstehen.

Arbeitnehmer muss tätig werden

Der Einsatz von Mitarbeitern in ortsfesten Einrichtungen von Kunden, Entleihfirmen oder anderen Dritten führt nur dann zu einer ersten Tätigkeitsstätte, wenn

- der Arbeitnehmer dort tätig ist und einen – wenn auch kleinen Teil – seiner arbeitsvertraglichen bzw. dienstrechtlich geschuldeten Tätigkeit erbringt, die auch zu seinem ausgeübten Berufsbild gehört: Allein das Aufsuchen einer Einrichtung, um dort einzukaufen oder eine Dienstleistung in Anspruch zu nehmen, führt nicht zu einer ersten Tätigkeitsstätte.[30]
- dies mit einer gewissen Nachhaltigkeit erfolgt: Es muss eine dauerhafte Zuordnung durch den Arbeitgeber oder eine dauerhafte Tätigkeit mit einem gewissen zeitlichen Umfang vorliegen.

Beide Voraussetzungen müssen erfüllt sein, damit eine erste Tätigkeitsstätte entsteht.

Beispiel

Eine Pflegekraft eines mobilen Pflegedienstes kauft regelmäßig in einer Apotheke Medikamente und Pflegebedarf, da mit dieser Apotheke ein entsprechender Großkundenvertrag besteht. Die Apotheke liegt nur wenige Meter von ihrer Wohnung entfernt, sodass eine Zuordnung der Pflegekraft zur Apotheke durch den Arbeitgeber steuerlich vorteilhaft wäre.

27 Vgl. § 9 Abs. 4 Satz 1 EStG, damit ist die unbegrenzte Einsatzdauer beim Kunden laut BFH, Urteil v. 13.6.2012, VI R 47/11, BStBl 2013 II S. 169 ab 2014 außer Kraft gesetzt.

28 Ausdrücklich BMF, Schreiben v. 25.11.2020, IV C 5 – S 2353/19/10011 :006, BStBl 2020 I S. 1228, Rz. 21.

29 BFH, Urteil v. 12.5.2022, VI R 32/20, BFH/NV 2022 S. 1341.

30 BMF, Schreiben v. 25.11.2020, IV C 5 – S 2353/19/10011 :006, BStBl 2020 I S. 1228, Rz. 5.

Ergebnis: Der Umfang der Tätigkeit – Einkaufen – reicht weder für eine dauerhafte Zuordnung (vgl. Kap. 3.1.5) noch für die quantitative Zuordnung (vgl. Kap. 3.1.10) aus. Eine Zuordnung durch den Arbeitgeber ist damit nicht möglich.

Dauerhaftigkeit

Dauerhaft ist eine Zuordnung, wenn sie

- unbefristet ist,
- den Zeitraum von 4 Jahren voraussichtlich überschreiten wird oder
- der Mitarbeiter ausschließlich für diesen Kundeneinsatz eingestellt wurde.

Ein Einsatz »bis auf Weiteres« kann nach der BFH-Rechtsprechung nur dann dauerhaft sein, wenn ein unbefristetes Beschäftigungsverhältnis vorliegt.[31] Bei befristeten Arbeitsverhältnissen muss die Zuordnung kalendermäßig bestimmt sein oder sich aus der Art bzw. dem Zweck der Arbeitsleistung ergeben. Dies gilt nach Auffassung der Finanzverwaltung auch bei Leiharbeitnehmern (vgl. Kap. 3.1.5.4 mit Hinweisen zur Rechtsprechung der Finanzgerichte).[32]

3.1.3.3 Outsourcing

Mitarbeiter, die im Rahmen eines Outsourcings arbeitsrechtlich den Arbeitgeber wechseln, in der Praxis am gleichen Ort die gleiche Arbeit wie bisher verrichten, behalten aufgrund der Neuregelung ihre erste Tätigkeitsstätte. Ausdrücklich ergibt sich das aus Randziffer 21 des BMF-Schreibens.[33] Voraussetzung ist allerdings eine weiterhin dauerhafte Zuordnung.

Beispiel

Die Entgeltabrechnung der B-Tec AG wird im Rahmen eines Outsourcings auf ein selbstständiges Unternehmen übertragen; die Mitarbeiter bleiben bis 30.6.2023 bei der Firma B-Tec AG angestellt, ab 1.7.2023 bei der B-Payroll-Services GmbH. Die Arbeitsverträge werden unverändert übernommen. Diese bleibt in den bisherigen Räumen, die nun von der Firma B-Tec AG angemietet werden. Weiterhin wird für die B-Tec AG die Entgeltabrechnung durchgeführt.

Ergebnis: Ab 1.7.2023 sind die Mitarbeiter Arbeitnehmer der B-Payroll-Services-GmbH, in einer ortsfesten Einrichtung des Kunden B-Tec AG tätig. Diese wird zur ersten Tätigkeitsstätte, da eine unbefristete Zuordnung durch die B-Payroll-Services GmbH vorliegt.

3.1.4 Arbeitszimmer, Homeoffice

Keine erste Tätigkeitsstätte ist das Arbeitszimmer des Arbeitnehmers. Das ergibt sich zum einen aus dem BMF-Schreiben[34], zum anderen auch aus der Gesetzesbegründung. Dies entspricht auch der Rechtsprechung des BFH, wonach das häusliche Arbeitszimmer bzw. das Homeoffice in keinem Fall zur regelmäßigen Arbeitsstätte werden kann.[35] Ob der BFH bei dieser Rechtsauffassung bleiben wird, ist nicht ganz eindeutig.[36]

31 BFH, Urteil v. 10.4.2019, VI R 6/17, BStBl 2019 II S. 539; BMF, Schreiben v. 25.11.2020, IV C 5 – S 2353/19/10011 :006, BStBl 2020 I S. 1228, Rz. 20.

32 BMF, Schreiben v. 25.11.2020, IV C 5 – S 2353/19/10011 :006, BStBl 2020 I S. 1228, Rz. 21.

33 BMF, Schreiben v. 25.11.2020, IV C 5 – S 2353/19/10011 :006, BStBl 2020 I S. 1228, Rz. 21.

34 BMF, Schreiben v. 25.11.2020, IV C 5 – S 2353/19/10011 :006, BStBl 2020 I S. 1228, Rz. 4.

35 BFH, Urteil v. 22.9.2010, VI R 54/09, BStBl 2011 II S. 354; BFH, Urteil v. 9.6.2011, VI R 55/10, BStBl 2012 II S. 38.

36 BFH, Urteil v. 16.12.2020, VI R 35/18, BFH/NV 2021 S. 844, Gerichtsvollzieher mit angemietetem externen Büro.

Diese Rechtslage hat sich für das »normale« Arbeitszimmer bereits abgezeichnet.[37] Das gilt nach Auffassung des BMF auch für den Sonderfall, dass der Arbeitgeber das Arbeitszimmer bzw. Homeoffice vom Mitarbeiter aus betrieblichen Gründen angemietet hat. Gleiches gilt auch für Räume, die zwar außerhalb der Wohnung des Arbeitnehmers, aber in deren unmittelbarer Nähe liegen (z. B. gleiches Stockwerk, aber nach den ergangenen BFH-Urteilen nicht mehr eindeutig[38]).

Anmietung durch Arbeitgeber

Einfluss mobiler ArbeitWährend der **Corona-Pandemie** haben viele Arbeitgeber ihre Mitarbeiter angewiesen oder gebeten, ausschließlich oder weitgehend von zu Hause aus zu arbeiten. Unabhängig davon, ob dort ein abgegrenztes Arbeitszimmer vorhanden ist oder die Arbeit nur in einem Teil der Wohnung erledigt wird, führen diese Anordnungen des Arbeitgebers nicht zu einer anderen ersten Tätigkeitsstätte in der Beschäftigung. Zum einen kann im Homeoffice keine erste Tätigkeitsstätte entstehen (s. o.), zum andern ergibt sich durch die zeitlich begrenzte Anordnung keine dauerhafte Änderung der arbeitsrechtlichen Zuordnung. Homeoffice-Anordnungen im Rahmen der Corona-Pandemie haben daher **keinen Einfluss auf die Beurteilung der ersten Tätigkeitsstätte.**[39]

Tipp

Steuerlich vorteilhafte Auswirkungen können sich aber ergeben, wenn dauerhaft eine **Vereinbarung** zum Arbeiten im Homeoffice bzw. zum mobilen Arbeiten zwischen Arbeitgeber und Beschäftigten abgeschlossen wird. Damit kann erreicht werden, dass bisher nicht vermeidbar entstandene **erste Tätigkeitsstätten beseitigt** werden. Dies kann für Arbeitnehmer mit Firmenwagen steuerlich vorteilhaft sein.

Gestaltungsspielraum mit Firmenwagen

Beispiel

Eine Arbeitnehmerin war laut Arbeitsvertrag dem Standort des Arbeitgebers in Stuttgart zugeordnet. Neben der Vergütung kann sie einen Firmenwagen (Benziner, Bruttolistenpreis abgerundet 39.800 EUR) sowohl für private Fahrten wie für Fahrten zwischen Wohnung und Arbeit nutzen (einfache Entfernung 56 km). Im Rahmen der Corona-Pandemie wurden die technischen und organisatorischen Voraussetzungen für Arbeiten im Homeoffice deutlich verbessert. Während früher an 5 Tagen pro Woche eine Anwesenheit im Standort Stuttgart erforderlich war, sind es inzwischen nur noch wenige Tage im Monat.

Zum 1.1.2023 vereinbaren Arbeitgeber und Arbeitnehmerin in einer Vereinbarung zum mobilen Arbeiten, dass nur noch an einem Tag pro Woche eine Anwesenheit am Standort Stuttgart erforderlich ist. An allen anderen Arbeitstagen ist die Tätigkeit mobil oder aus dem Homeoffice möglich. Die Vereinbarung zum mobilen Arbeiten enthält folgenden Passus: »Mit Vereinbarung der Homeoffice-Regelung wird die Zuordnung zum Betriebssitz i. S. d. § 9 Abs. 4 Satz 1 EStG aufgehoben«.

Ergebnis: Da die Zuordnung des Arbeitgebers zum Standort Stuttgart aufgehoben wird, kann sich eine erste Tätigkeitsstätte nur aufgrund der quantitativen (zeitlichen) Abgrenzung ergeben, vgl. Kap. 3.1.10. Da die Zeitgrenze von 2 vollen Arbeitstagen pro Woche bzw. 1/3 der vertraglich vereinbarten Arbeitszeit nicht erreicht wird, liegt ab 1.1.2023 keine erste Tätigkeitsstätte mehr vor. Der geldwerte Vorteil für die private Firmenwagennutzung muss zwar weiter versteuert werden (monatlich 1 % aus 39.800 EUR = 398 EUR/Monat), ein Zuschlag für die Fahrten zwischen Wohnung und erster Tätigkeitsstätte entfällt aber.

Davon unabhängig ist die Frage, inwieweit betroffene Arbeitnehmer die Kosten für das Homeoffice steuerlich absetzen können. Der Abzug der Kosten für ein Arbeitszimmer hängt davon ab, ob es sich um einen **abgeschlossenen Raum** handelt, der **ausschließlich beruflichen Zwecken** dient. Zudem können die Arbeitszimmer-Kosten nach § 4 Abs. 5 Nr. 6b EStG nur als Werbungskosten abgesetzt werden, wenn das Homeoffice

Werbungskostenabzug

37 BFH, Urteil v. 10.7.2008, VI R 21/07, so auch ausdrücklich OFD Frankfurt, Verfügung v. 7.5.2009, S 2332 A – 18 – St 211.

38 BFH, Urteil v. 16.12.2020, VI R 35/18, BFH/NV 2021 S. 844.

39 Das gilt unabhängig von der steuerlich abzugsfähigen Homeoffice-Pauschale nach § 4 Abs. 5 Nr. 6b Satz 4 EStG.

- den **Mittelpunkt** der gesamten betrieblichen und beruflichen Betätigung darstellt (Abzug der Kosten in unbegrenzter Höhe oder pauschaler Ansatz von 1.260 EUR pro Jahr, ggf. monatlich zeitanteilig zu kürzen) oder
- für jeden Kalendertag, an dem die betriebliche oder berufliche Tätigkeit überwiegend in der häuslichen Wohnung ausgeübt und keine außerhalb der häuslichen Wohnung gelegene erste Tätigkeitsstätte aufgesucht wird, kann für die gesamte betriebliche und berufliche Betätigung eine Tagespauschale von 6 EUR, höchstens 1.260 EUR im Wirtschafts- oder Kalenderjahr, abgezogen werden.

Selbstständige

Diese Einschränkung gilt auch für Selbstständige[40], vgl. ausführlich Kap. 3.1.11.

3.1.5 Dauerhafte Zuordnung

Eine erste Tätigkeitsstätte kann nur entstehen, wenn der Arbeitnehmer an diesem Ort mit einer gewissen Nachhaltigkeit tätig werden wird. Das Gegenteil sind kurzzeitige Einsätze, auf die sich der Arbeitnehmer nicht dauerhaft einstellen kann. Der Gesetzgeber hat diese Nachhaltigkeit durch den Begriff der »dauerhaften Zuordnung« ins Einkommensteuergesetz aufgenommen. Eine dauerhafte Zuordnung liegt vor, wenn der Arbeitnehmer

- unbefristet,
- für die Dauer des Dienstverhältnisses oder
- über einen Zeitraum von 48 Monaten hinaus

in der ortsfesten Einrichtung tätig werden soll (§ 9 Abs. 4 Satz 3 EStG). Dabei kommt es ausschließlich darauf an, wie der Einsatz des Mitarbeiters zukünftig erfolgen soll. Maßgebend ist allein die Prognose, die Ex-ante-Beurteilung (vgl. Kap. 3.1.6). Welche Anforderungen der BFH und die Finanzverwaltung an eine steuerlich wirksame Zuordnung durch den Arbeitgeber stellen, wird ausführlich in Kap. 3.1.9 erläutert.

Voraussetzungen – Prüfschema

Der BFH hat entschieden, dass es sich dabei um 3 detaillierte, alternative Voraussetzungen handelt.[41] Ist eine nicht erfüllt, ist die nächste Voraussetzung zu prüfen. Im Urteilsfall ging es um eine Zuordnung, die im Rahmen einer befristeten Beschäftigung ausgesprochen wurde. Laut BFH kann es in einem befristeten Arbeitsverhältnis keine unbefristete Zuordnung geben (Ausschluss der 1. Alternative »unbefristet«), eine Zuordnung für die »Dauer des Dienstverhältnisses« (2. Alternative) kann aber bei einem befristeten Arbeitsverhältnis durchaus erfüllt sein. Sofern ein Arbeitsverhältnis unbefristet oder auf mehr als 48 Monate befristet ist, könnte auch die 3. Alternative »über einen Zeitraum von 48 Monaten hinaus« zu einer ersten Tätigkeitsstätte führen.

40 BMF, Schreiben v. 23.12.2014, IV C 6 – S 2145/10/10005 :001, BStBl 2015 I S. 26.

41 BFH, Urteil v. 10.4.2019, VI R 6/17, BStBl 2019 II S. 539. Das BMF übernimmt diese Rechtsprechung des BFH mit Schreiben v. 25.11.2020, IV C 5 – S 2353/19/10011 :006, BStBl 2020 I S. 1228, Rz. 20.

3 gesetzliche Alternativen von Zuordnungen, die zur ersten Tätigkeitsstätte führen

1. Alternative	2. Alternative	3. Alternative
Unbefristete Zuordnung „bis auf Weiteres“	Zuordnung für die Dauer des Dienstverhältnisses	Zuordnung über einen Zeitraum von 48 Monaten hinaus
Voraussetzung: Nur im Rahmen eines unbefristeten Arbeitsverhältnisses möglich	**Voraussetzung:** Zuordnung + Dauer des befristeten Dienstverhältnisses müssen zeitlich übereinstimmen	**Voraussetzung:** unbefristetes Beschäftigungsverhältnis oder Restbefristung > 48 Monate

3.1.5.1 Unbefristete Zuordnung

Eine unbefristete Zuordnung liegt nur vor, wenn die Dauer der Zuordnung nicht kalendermäßig bestimmt ist und sich auch nicht aus Art, Zweck oder Beschaffenheit der Arbeitsleistung ergibt. Diese Voraussetzung kann nur bei einer unbefristeten Beschäftigung erfüllt sein.[42] Bei einer Befristung des Arbeitsverhältnisses ergibt sich zwangsläufig ein kalendermäßiges Ende der Zuordnung – mit dem Fristablauf in der Beschäftigung. Ist ein Mitarbeiter **unbefristet eingestellt** und einer ortsfesten Einrichtung bis auf Weiteres zugeordnet, liegt eine unbefristete Zuordnung vor, die in aller Regel zu einer ersten Tätigkeitsstätte führt. Auch **endgültige Versetzungen** in einer unbefristeten Beschäftigung begründen eine dauerhafte Zuordnung, sodass vom ersten Tag am »neuen« Tätigkeitsort eine erste Tätigkeitsstätte entsteht.

Wichtig

Die **Formulierung »bis auf Weiteres«** spricht für eine zeitlich unbefristete, dauerhafte Zuordnung.[43] Das gilt allerding nur bei einem unbefristet abgeschlossenen Arbeitsverhältnis.[44] Es kommt dabei ausschließlich darauf an, was der Arbeitgeber gegenüber dem Arbeitnehmer festgelegt bzw. angewiesen hat.

Beispiel

Ein Mitarbeiter, der unbefristet beschäftigt und bisher in der Hauptverwaltung in Düsseldorf tätig war, wird vom Arbeitgeber ab 1.5.2023 bis auf Weiteres in die Zweigniederlassung nach Leverkusen versetzt.

Ergebnis: Die erste Tätigkeitsstätte liegt ab 1.5.2023 in der Niederlassung Leverkusen.

42 BMF, Schreiben v. 25.11.2020, IV C 5 – S 2353/19/10011 :006, BStBl 2020 I S. 1228, Rz. 20.

43 BMF, Schreiben v. 25.11.2020, IV C 5 – S 2353/19/10011 :006, BStBl 2020 I S. 1228, Rz. 13; vgl. aber einschränkend BFH, Urteil v. 10.4.2019, VI R 6/17, BStBl 2019 II S. 539.

44 BFH, Urteil v. 10.4.2019, VI R 6/17, BStBl 2019 II S. 539.

Beispiel

Ein Mitarbeiter wird zum 1.4.2023 unbefristet für die Niederlassung in Köln eingestellt, dies ist im Arbeitsvertrag so benannt. Vereinbart ist eine Probezeit von 6 Monaten. Die Einarbeitung erfolgt für 6 Monate am Stammsitz der Firma in München.

Ergebnis: Erster Tätigkeitsort ist aufgrund der eindeutigen arbeitsrechtlichen Zuordnung die Niederlassung in Köln. Für die 6-monatige Einarbeitung liegen die Voraussetzungen einer Dienstreise vor. Die vereinbarte Probezeit spielt dabei keine Rolle, weil eine Probezeit keine Befristung im arbeitsrechtlichen Sinne darstellt, sondern nur eine vereinfachte Beendigung des Arbeitsverhältnisses ermöglicht.

Wichtig

Viele Arbeitsverträge enthalten zwar eine örtliche Zuordnung durch den Arbeitgeber, aber gleichzeitig den ausdrücklichen Hinweis, dass der Arbeitgeber aufgrund seines Weisungsrechts den Arbeitnehmer jederzeit an einem anderen Ort einsetzten kann. Diese – auch ausdrücklich vereinbarte – Möglichkeit, den Arbeitnehmer jederzeit einer anderen Tätigkeitsstätte zuzuordnen, führt nicht zur Annahme einer befristeten Zuordnung. Eine erste Tätigkeitsstätte besteht bei einer unbefristeten Zuordnung solange, bis der Arbeitnehmer auf Weisung des Arbeitgebers an einem anderen Einsatzort tätig werden muss. Für diesen ist dann erneut zu beurteilen, ob eine dauerhafte Zuordnung vorliegt.

3.1.5.2 Zuordnung für die Dauer des Dienstverhältnisses

Eine Zuordnung zu einer betrieblichen, ortsfesten Einrichtung **ausschließlich** für die Dauer des Dienstverhältnisses führt ebenfalls zu einer ersten Tätigkeitsstätte. Es handelt sich um die 2. gesetzliche Alternative (vgl. Kap. 3.1.5). Die Zuordnung muss ausdrücklich für die Dauer des Arbeits- oder Dienstverhältnisses erfolgen. Das erfordert nach Auffassung des BFH eine zeitliche, kalendermäßige Übereinstimmung zwischen befristetem Arbeitsverhältnis einerseits und Einsatzdauer an einer ortsfesten betrieblichen Einrichtung andererseits. Sobald es eine zeitliche Differenz zwischen diesen Zeiträumen gibt, kann es keine Zuordnung für die Dauer des Arbeitsverhältnisses geben. Auf die Zeitspanne – des Arbeitsvertrags und der Zuordnung – kommt es nicht an. Auch eine nur auf einzelne Tage befristete Beschäftigung führt zu einer ersten Tätigkeitsstätte, wenn der Arbeitnehmer an diesen Tagen ausschließlich in einer betrieblichen ortsfesten Einrichtung eingesetzt wird.[45]

Es gilt für diese 2. Alternative im § 9 Abs. 4 Satz 3 EStG der Grundsatz »Zuordnung zeitlich ganz oder gar nicht«. Ob die Zuordnung »für die Dauer des Dienstverhältnisses« erfüllt ist, hängt allein von dem vom Arbeitgeber ausgesprochenen, geplanten Einsatz des Mitarbeiters ab (Ex-ante-Betrachtung, vgl. Kap. 3.1.6). Ein späterer anderer Einsatz der Arbeitnehmer hat zwar Auswirkungen, die erste Tätigkeitsstätte geht aber nicht rückwirkend verloren, sondern erst ab Änderung des Einsatzorts.

Beispiel

Ein Mitarbeiter, der in Düsseldorf wohnt, erhält zum 1.1.2023 einen auf 2 Jahre befristeten Arbeitsvertrag. In dieser Zeit wird er laut Arbeitsvertrag ausschließlich als Projektleiter für den Umbau eines Einkaufszentrums in Köln eingesetzt.

Ergebnis: Erster Tätigkeitsort ist Köln, weil der Mitarbeiter ausschließlich für diese Tätigkeit eingestellt wurde und für diesen Zeitraum dem Einkaufszentrum in Köln zugeordnet wird. Ob es sich dabei um die eigene Einrichtung des Arbeitgebers oder die einer Konzerngesellschaft bzw. eines Dritten (z. B. des beauftragenden Kunden) handelt, spielt keine Rolle.

45 BFH, Urteil v. 11.4.2019, VI R 36/16, BStBl 2019 II S. 543, zu einem Hafenarbeiter im Hamburger Hafen, der aufgrund arbeitsrechtlicher Besonderheiten tageweise bei einzelnen Arbeitgebern für den Einsatz an deren ortsfesten betrieblichen Einrichtung angestellt war.

Laut Verwaltung gilt dies ausdrücklich auch für Mitarbeiter einer Zeitarbeitsfirma, die von vornherein ausschließlich für ein Projekt bei einem Kunden eingestellt werden.[46]

Beispiel

Ein technischer Zeichner wird von einer Zeitarbeitsfirma ausschließlich für die Entwicklung einer neuen Maschine beim Kunden P eingestellt. Das Arbeitsverhältnis des technischen Zeichners ist auf 2 Jahre vom 1.3.2023 bis zum 28.2.2025 befristet. Für diesen 2-Jahres-Zeitraum wird er ausschließlich in den Räumen des Kunden P tätig sein.

Ergebnis: Der technische Zeichner hat vom ersten Tag des Einsatzes an seine erste Tätigkeitsstätte beim Kunden P. Er wurde ausschließlich für dieses Projekt eingestellt, Dienstverhältnis und Zuordnung dauern übereinstimmend vom 1.3.2023 bis zum 28.2.2025.

Erste Tätigkeitsstätte

Wird die Übereinstimmung zwischen Dauer des Arbeitsverhältnisses und Zuordnung **später gebrochen**, kann im befristeten Arbeitsverhältnis keine erste Tätigkeitsstätte entstehen. Es ist nach der vorzeitigen Aufgabe der ursprünglichen Zuordnung nicht mehr möglich, eine weitere Zuordnung »für die Dauer des Dienstverhältnisses« auszusprechen. Die 2. Alternative des § 9 Abs. 4 Satz 3 EStG ist quasi durch den ersten Einsatz zeitlich verbraucht.[47] Denkbar wäre lediglich eine Zuordnung »über einen Zeitraum von 48 Monaten hinaus«, wenn die restliche Befristung des Arbeitsverhältnisses mehr als 4 Jahre beträgt.

Beispiel

Ein Arbeitnehmer erhält einen befristeten Arbeitsvertrag vom 1.1.2023 bis zum 30.6.2024 bei einer Zeitarbeitsfirma. Er wird von der Zeitarbeitsfirma für die gesamten 18 Monate beim Kunden Z-AG in dessen Betrieb in Bochum eingesetzt werden. Wegen Aufgabe des Betriebszweigs in Bochum wird der Arbeitnehmer der Zeitarbeitsfirma ab 1.1.2024 zwar weiterhin beim Kunden Z-AG, allerdings im Betrieb in Essen eingesetzt. Der Einsatz ist bis 30.6.2024 geplant.

Ergebnis: Laut Prognose sollte der Mitarbeiter für die Dauer des Dienstverhältnisses vom 1.1.2023 bis 30.6.2024 in Bochum eingesetzt werden. Durch die zeitliche Übereinstimmung von Beschäftigungsverhältnis (1.1.2023 bis 31.6.2024) und Zuordnung (1.1.2023 bis 31.6.2024) erfolgte für Bochum eine Zuordnung für die Dauer des Dienstverhältnisses. In Bochum im Betrieb der Z-AG hat der Mitarbeiter eine erste Tätigkeitsstätte. Mit dem Wechsel des vom Arbeitgeber (Zeitarbeitsfirma) bestimmten Einsatzorts wird die Zuordnung zu Bochum aufgehoben. Für Essen ist jedoch keine Zuordnung »für die Dauer des Dienstverhältnisses« mehr möglich, weil bereits ein Jahr vergangen ist. Eine Zuordnung »bis auf Weiteres« führt wegen der Befristung des Arbeitsvertrags laut BFH nicht zu einer dauerhaften Zuordnung. Essen wird daher nicht zur ersten Tätigkeitsstätte des Zeitarbeitnehmers. Für den Einsatz in Essen sind die Voraussetzungen einer Dienstreise (beruflich veranlasste Auswärtstätigkeit) erfüllt. Damit kann innerhalb der 3-Monatsfrist Verpflegungsmehraufwand steuerfrei gewährt werden. Außerdem kann die Wegstrecke zwischen der Wohnung und dem Einsatzort Essen als Reisekosten (tatsächliche Kosten bzw. pro gefahrenem Kilometer 0,30 EUR) erstattet werden. Erfolgt keine Erstattung durch den Arbeitnehmer, können diese Beträge im Rahmen der Einkommensteuererklärung als Werbungskosten abgesetzt werden.

Verlängerung der Befristung

Wird ein befristetes Arbeitsverhältnis über eine weitere Befristung verlängert, ist es für die Frage, ob eine erste Tätigkeitsstätte entstehen kann, als einheitliches Beschäftigungsverhältnis anzusehen.[48] Sobald in dieser – weiter befristeten – Beschäftigung ein anderer Einsatzort bestimmt wird, kann dieser nicht mehr zur ersten Tätigkeitsstätte werden.

46 BMF, Schreiben v. 25.11.2020, IV C 5 – S 2353/19/10011 :006, BStBl 2020 I S. 1228, Rz. 21.

47 BMF, Schreiben v. 25.11.2020, IV C 5 – S 2353/19/10011 :006, BStBl 2020 I S. 1228, Rz. 20; BFH, Urteil v. 10.4.2019, VI R 6/17, BStBl 2019 II S. 539, ab dem Wechsel des Einsatzorts kann als Dienstreise abgerechnet werden.

48 Übernahme der BFH-Rechtsprechung v. 10.4.2019, VI R 6/17, BStBl 2019 II S. 539; BMF, Schreiben v. 25.11.2020, IV C 5 – S 2353/19/10011 :006, BStBl 2020 I S. 1228, Rz. 20.

Beispiel

Ein Arbeitnehmer erhält einen befristeten Arbeitsvertrag als Elternzeitvertretung vom 1.1.2023 bis zum 31.12.2023. Laut Arbeitsvertrag wird er während der Zeit ausschließlich in der Logistik im Werk I eingesetzt. Am 1.12.2023 wird der Arbeitsvertrag ab 1.1.2024 mit Sachgrund befristet bis zum 31.12.2024 verlängert. Für diesen Zeitraum ist der Arbeitnehmer im 20 km entfernten Werk II eingesetzt.

Ergebnis: Laut BFH und BMF ist das verlängerte, befristete Beschäftigungsverhältnis als einheitliche Beschäftigung zu beurteilen. Bis zum 31.12.2023 hat der Arbeitnehmer im Werk I seine erste Tätigkeitsstätte. Ab 1.1.2024 hat der Arbeitnehmer keine erste Tätigkeitsstätte mehr. Es liegt ein einheitliches, aber insgesamt befristetes Arbeitsverhältnis vor. Wechselt der Einsatzort in diesem (verlängerten) befristeten Arbeitsverhältnis, stimmen Zuordnung und Beschäftigungsdauer nicht mehr überein. Für den Einsatz im Werk II gelten die Reisekostengrundsätze.

Etwas anderes würde gelten, wenn sich an die befristete Beschäftigung eine unbefristete Beschäftigung anschließt und der Arbeitgeber für die unbefristete Beschäftigung »bis auf Weiteres« zuordnet.

3.1.5.3 Zuordnung über einen Zeitraum von 48 Monaten hinaus

Seit 2014 gilt eine zeitliche Obergrenze für die Dauer von Dienstreisen. Nach § 9 Abs. 4 EStG liegt eine dauerhafte Zuordnung dann vor, wenn der Arbeitnehmer an einer ortsfesten betrieblichen Einrichtung voraussichtlich über einen Zeitraum von 48 Monaten hinaus tätig werden soll (3. Alternative des § 9 Abs. 4 Satz 3 EStG). Damit gelten auswärtige Einsätze, die voraussichtlich bis max. 48 Monate, d. h. 4 Jahre dauern, steuerlich als vorübergehende Tätigkeiten. Es entsteht am Einsatzort keine erste Tätigkeitsstätte, damit handelt es sich um beruflich veranlasste Auswärtstätigkeiten (Dienstreisen). Für diese Einsätze sind steuerfreie Reisekostenerstattungen bzw. ein Abzug der Kosten als Werbungskosten in der Einkommensteuererklärung möglich. Nachteilige steuerliche Folgen ergeben sich erst dann, wenn die voraussichtliche Einsatzzeit voraussichtlich länger als 4 Jahre andauern wird. Auch hier kommt es auf die Prognose (Ex-ante-Betrachtung) an (vgl. Kap. 3.1.6).

Beispiel

Ein Bauingenieur wurde ab 1.6.2019 von der Zentrale in Frankfurt an die Niederlassung in Stuttgart abgeordnet, um dort bis auf Weiteres die Bauüberwachung für das Bauvorhaben Stuttgart 21 (Tiefbahnhof) zu übernehmen. Die Baufirma rechnet für ihr Baulos[49] mit einer Bauzeit bis Ende 2026.

Ergebnis: Nach dem Gesamtbild muss man davon ausgehen, dass der Einsatz in Stuttgart den Zeitrahmen von 48 Monaten deutlich überschreiten wird. Bei der Baustelle Tiefbahnhof handelt es sich nach Auffassung der Finanzverwaltung sowie des BFH um eine ortsfeste betriebliche Einrichtung.[50] Damit hat der Bauingenieur in Stuttgart ab dem ersten Einsatztag seine erste Tätigkeitsstätte. Steuerfreie Reisekosten können für die Tätigkeit in Stuttgart nicht erstattet werden. Die steuerfreie Übernahme von Fahrt- und Übernachtungskosten ist nur im Rahmen einer doppelten Haushaltsführung (vgl. Kap. 7) möglich.

Abwandlung:

Anders wäre die Rechtslage, wenn der Ingenieur ausdrücklich für einen Zeitraum von max. 4 Jahren, z. B. bis zum 31.12.2022 auf die Baustelle abgeordnet worden wäre (48 Monate). Maßgebend ist im Einzelfall die konkrete Weisung des Arbeitgebers.

Für die Zeitgrenze von 48 Monaten kommt es nicht auf die tatsächliche Dauer eines Einsatzes an, sondern darauf, ob der Arbeitgeber zu Beginn der Tätigkeit von einer Einsatzdauer von mehr als

49 Unterteilung eines Bauwerks in mehrere (Bau-)Abschnitte.

50 BMF, Schreiben v. 25.11.2020, IV C 5 – S 2353/19/10011 :006, BStBl 2020 I S. 1228, Rz. 3.

4 Jahren ausgehen konnte. Kommt es – z. B. bei Großbaustellen – zu einer nicht vorhersehbaren Verzögerung der Fertigstellung, hat dies keinen Einfluss auf die ursprüngliche Beurteilung. Bei jeder Verlängerung ist zu prüfen, ob die Rest-Einsatzdauer nicht mehr als 48 Monate beträgt. Ist diese Voraussetzung erfüllt, bleibt der Einsatz vorübergehend (= Dienstreise). Einzelheiten vgl. Kap. 3.1.6.2.

Beispiel

Eine Firma, die sich auf die Entwicklung technischer Anlagen spezialisiert hat, erhält einen Auftrag für den Bau einer Gasverflüssigungsanlage in Norwegen. Nach der internen Projektplanung wird der Auftrag innerhalb von 40 Monaten abgewickelt. Dieser Zeitrahmen ist auch im Projektvertrag mit dem Kunden ausdrücklich erwähnt. Mehrere Mitarbeiter werden zur Projektsteuerung und zum Bau nach Norwegen abgeordnet.

Ergebnis: Die Mitarbeiter werden nicht dauerhaft abgeordnet, weil der Einsatz innerhalb der 48-Monatsgrenze bleibt. Der Arbeitgeber geht bei der Abordnung der Mitarbeiter zu Recht von einer Einsatzdauer von 40 Monaten aus. Der Arbeitgeber kann steuerfreie Reisekosten erstatten, weil am Einsatzort Norwegen keine erste Tätigkeitsstätte entsteht. Allerdings muss die 3-Monatsfrist beachtet werden (Einschränkung steuerfreier Tagesspesen, vgl. Kap. 4.2.3).

In diesem Beispiel spielt es keine Rolle mehr, wenn sich das Projekt tatsächlich auf einen Zeitraum von mehr als 48 Monaten erstrecken wird. Maßgebend ist eine **zukunftsbezogene Prognose** (vgl. Kap. 3.1.6).

Vertragliche Grundlagen beachten

Das oben dargestellte Beispiel ist deswegen so einfach zu lösen, weil bereits im Vertrag mit dem Kunden eine Zeitgrenze genannt ist. Auch nach Auffassung der Finanzverwaltung wird auf die zugrunde liegenden Verträge abgestellt.[51]

Wichtig

Ein Dienstleistungs- oder Werkvertrag mit einer **Laufzeit von maximal 4 Jahren oder weniger** ist zwar ein wichtiges Indiz für eine vorübergehende Tätigkeit (= keine erste Tätigkeitsstätte). Entscheidend sind aber allein die Weisungen des Arbeitgebers: Ordnet der Arbeitgeber den Arbeitnehmer

- im unbefristet abgeschlossenen Arbeitsverhältnis »bis auf Weiteres« oder
- für die Dauer des befristeten Dienstverhältnisses zu,

liegt auch bei einem zeitlich beschränkten Dienstleistungs- oder Werkvertrag mit dem Kunden eine dauerhafte Zuordnung bzw. eine dauerhafte Tätigkeit vor.[52]

Andererseits kann ein Dienstleistungs- oder Werkvertrag mit einer **Laufzeit von mehr als 4 Jahren** zu einer vorübergehenden Tätigkeit (keine erste Tätigkeitsstätte) führen, wenn der Arbeitnehmer nur befristet für 48 Monate oder weniger eingesetzt wird. Entscheidend sind die konkreten Vorgaben des Arbeitgebers, die im Zweifel nachgewiesen werden müssen.

In der Praxis ist es nicht immer so einfach, die voraussichtliche Dauer von Projekten abzuschätzen. Bei der 48-Monatsgrenze ging das Bundesfinanzministerium nach Rücksprache mit den Arbeitgeberverbänden davon aus, dass in der Praxis Projektverträge mit einer Dauer von mehr als 4 Jahren wegen der wirtschaftlichen Unsicherheiten kaum vorkommen.

Wartungsvertrag

Bei langfristigen Wartungsverträgen ist die Abgrenzung nicht immer einfach. Maßgebend ist das Gesamtbild der Umstände.

51 BMF, Schreiben v. 25.11.2020, IV C 5 – S 2353/19/10011 :006, BStBl 2020 I S. 1228, Rz. 32; Beispiel 23 zur Pflegekraft eines Pflegedienstes.

52 BFH, Urteil v. 12.5.2022, VI R 32/20, BFH/NV 2022 S. 1341 zur Abgrenzung bei Leiharbeitnehmern.

Beispiel

Eine Fachfirma für Kraftwerkstechnik erhält einen Wartungsvertrag mit einem Energieerzeuger zur Wartung eines Großkraftwerks. Der Wartungsvertrag läuft 5 Jahre. Ein Elektromonteur, unbefristet eingestellt, wird vom Arbeitgeber bis auf Weiteres in das Großkraftwerk abgeordnet, um dort die Wartung der Anlagen durchzuführen. Eine zeitliche Einschränkung erfolgt nicht. Das Großkraftwerk liegt 35 km vom Wohnort des Mitarbeiters entfernt, er hält sich dort die gesamte Woche auf. Nur gelegentlich holt er beim Arbeitgeber Unterlagen ab und nimmt an Betriebsversammlungen und dem Sommerausflug teil. Der mit dem Kunden abgeschlossene Wartungsvertrag hat eine Laufzeit von 5 Jahren.

Ergebnis: Der Elektromonteur hat auf dem Gelände des Kunden eine erste Tätigkeitsstätte. Es handelt sich um die ortsfeste Einrichtung eines Dritten (Kunden), der der Arbeitnehmer voraussichtlich für einen Zeitraum von mehr als 4 Jahren zugeordnet ist. Dies ergibt sich aus dem Gesamtbild der Umstände (Wartungsvertrag).

Das Beispiel verdeutlicht die Auswirkungen der aktuellen Rechtslage: Der Einsatzort beim Kunden gilt vom ersten Tag an als erste Tätigkeitsstätte – steuerfreie Reisekosten können nicht erstattet werden.

3.1.5.4 Rechtslage bei Zeitarbeitnehmern

Da eine erste Tätigkeitsstätte nicht nur beim Arbeitgeber, sondern auch in der ortsfesten Einrichtung eines Dritten (vgl. Kap. 3.1.3.2) entstehen kann, sind bei Zeitarbeitnehmern 3 Varianten denkbar:

1. Beim **Arbeitgeber (Zeitarbeitsfirma) entsteht eine erste Tätigkeitsstätte**, z. B. durch ausdrückliche Zuordnung. Voraussetzung ist allerdings aufgrund der Rechtsprechung des BFH, dass der Arbeitnehmer dort auch tatsächlich Tätigkeiten ausübt, die arbeitsvertraglich oder dienstrechtlich geschuldet werden. Dabei reichen auch Tätigkeiten in geringem Umfang aus, aber die Tätigkeiten müssen sich aus dem arbeitsvertraglich vereinbarten Berufsbild ergeben.[53] Um im Einsatzbetrieb eine erste Tätigkeitsstätte auszuschließen und damit steuerfreien Fahrtkostenersatz bei den Fahrten zum Einsatzort zu generieren, wurden zeitweise als Gestaltung »pro Forma« Zuordnungen zum Arbeitgeber (Zeitarbeitsfirmen) empfohlen. Mit den Anforderungen des BFH, dass es auch bei einer Zuordnung notwendig ist, dass am Zuordnungsort die eigentliche berufliche Tätigkeit ausgeübt wird, haben sich diese Gestaltungen in den meisten Fällen erledigt.
2. Im **Einsatzbetrieb (Entleiher) entsteht eine erste Tätigkeitsstätte**. Laut Finanzverwaltung ist dies der Fall, wenn ein Leiharbeitnehmer ausnahmsweise dauerhaft (nach § 9 Abs. 4 Satz 3 EStG, »bis auf Weiteres« also unbefristet, für die gesamte Dauer des Leiharbeitsverhältnisses oder länger als 48 Monate) in einer ortsfesten betrieblichen Einrichtung des Entleihers tätig werden soll.[54] Diese Rechtsauffassung wird durch die Rechtsprechung des BFH deutlich eingeschränkt, siehe nachfolgende Ausführungen.
3. **Weder beim Arbeitgeber (Zeitarbeitsfirma) noch im Einsatzbetrieb (Entleiher) entsteht eine erste Tätigkeitsstätte**. Für die betroffenen Leiharbeitnehmer hat dies den Vorteil, dass die Arbeitseinsätze beim Entleiher als Dienstreisen (beruflich veranlasste Auswärtstätigkeit) anzusehen sind. Die Fahrten von der Wohnung zum Einsatzort können vom Arbeitgeber steuerfrei erstattet werden (ggf. mit 0,30 EUR pro gefahrenem Kilometer), die Einschränkungen der Entfernungspauschale gelten nicht. Erstattet der Arbeitgeber diese Kosten nicht, ist der entsprechende Werbungskostenabzug in der persönlichen Steuererklärung des Leiharbeitnehmers möglich.

---

53 BFH, Urteil v. 2.9.2021, VI R 25/19, BFH/NV 2022 S. 18, sog »Müllwerker-Urteil«.

54 BMF, Schreiben v. 25.11.2020, IV C 5 – S 2353/19/10011 :006, BStBl 2020 I S. 1228, Rz. 21.

Steuerfreie Tagesspesen können unter Beachtung der 3-Monatsfrist (vgl. Kap. 4.2.3) vom Arbeitgeber gewährt oder als Werbungskosten abgesetzt werden. Notwendige Unterkunftskosten am Einsatzort gehören zu den steuerlichen Reisekosten (vgl. Kap.4.3), es liegt in diesen Fällen keine doppelte Haushaltsführung vor.

Zeitbegrenzung in der Praxis

Der Einsatz von Leiharbeitnehmern führt unstrittig beim Entleiher zu einer ersten Tätigkeitsstätte, wenn der Einsatz dort voraussichtlich länger als 48 Monate dauern wird.[55] Wie im steuerlichen Reisekostenrecht üblich, kommt es auf die Prognose (»ex-ante-Betrachtung«) an.[56] Diese Voraussetzung dürfte selten erfüllt sein, weil nach dem Arbeitnehmerüberlassungsgesetz die Dauer der Überlassung grundsätzlich auf 18 Monate begrenzt ist (§ 1 Abs. 1 Satz 4 i. V. m. § 1 Abs. 1b AÜG). Nach Verwaltungsauffassung soll die zeitliche Begrenzung der Überlassungsdauer nach dem AÜG steuerlich keine Wirkung entfalten.[57] Die Zeitarbeitsfirmen halten sich jedoch schon aus eigenem Interesse an diese gesetzliche Regelung. Von vorneherein auf einen Zeitraum von mehr als 18 Monate ausgerichtete Überlassungen findet man in der Praxis nicht – insoweit sind die Ausführungen im BMF-Schreiben für diese Fallgruppe nicht relevant.

Bei Zeitarbeitnehmern (ohne funktionierende Zuordnung zum Arbeitgeber) sind nach der aktuellen Rechtslage 2 Fallvarianten möglich, bei denen **bei der Entleihfirma eine erste Tätigkeitsstätte entstehen** kann:

1. Der Zeitarbeitnehmer ist bei seinem Arbeitgeber (Zeitarbeitsfirma) **unbefristet beschäftigt.** Grundsätzlich kommt es für die steuerliche Beurteilung auf die arbeitsvertraglichen Vereinbarungen zwischen dem Arbeitgeber (Verleiher) und dem Leiharbeitnehmer an. Lohnsteuerlicher Arbeitgeber bleibt der Verleiher, insoweit besteht eine Übereinstimmung mit dem Arbeitsrecht.[58] Wird der Zeitarbeitnehmer »bis auf Weiteres« bei einem Kunden eingesetzt, liegt laut BMF-Schreiben eine dauerhafte Zuordnung vor, beim Kunden (Entleihfirma) eine erste Tätigkeitsstätte. Der BFH relativiert diese Auffassung.[59] Im Urteilsfall ging es um einen Leiharbeitnehmer, der ein unbefristetes Arbeitsverhältnis mit dem Verleiher hatte. Der Arbeitgeber (Verleiher) hatte ihn jedoch befristet beim Entleiher eingesetzt, weil die Überlassungsvereinbarung mit dem Kunden (Entleiher) ebenfalls befristet war. Tatsächlich wurde der Einsatz des Leiharbeitnehmers beim Kunden (Entleiher) immer wieder verlängert; im Ergebnis war der Leiharbeitnehmer bei keinem anderen Entleiher eingesetzt. Im Gegensatz zum vorinstanzlichen Finanzgericht hat der BFH entschieden, dass in diesem Fall keine dauerhafte Zuordnung vorliegt.[60] Beim Entleiher entsteht damit keine erste Tätigkeitsstätte. Entscheidend ist, welche arbeitsrechtliche Vereinbarungen zwischen Arbeitgeber (Verleiher) und den Leiharbeitnehmern getroffen werden. Erfolgt bei einem unbefristeten Arbeitsverhältnis eine Zuordnung zum Entleiher »bis auf Weiteres«, ist dem BMF-Schreiben zu folgen. Durch die zeitlich nicht begrenzte Zuordnung entsteht in der ortsfesten Einrichtung des Einsatzbetriebs eine erste Tätigkeitsstätte. Sichert sich der Arbeitgeber (Verleiher) bei befristeten Einsatzverträgen mit seinen Kunden aber durch befristete Zuordnungen seiner Arbeitnehmer ab, liegt keine dauerhafte Zuordnung vor, eine erste Tätigkeitsstätte entsteht nicht.[61]
2. Der Zeitarbeitnehmer ist bei seinem Arbeitgeber (Zeitarbeitsfirma) **befristet beschäftigt.** In diesem Fall kann beim Kunden (Entleihbetrieb) nur dann eine erste Tätigkeitsstätte entstehen, wenn

---

55 § 9 Abs. 4 Satz 3 EStG; BMF, Schreiben v. 25.11.2020, IV C 5 – S 2353/19/10011 :006, BStBl 2020 I S. 1228, Rz. 21.

56 BMF, Schreiben v. 25.11.2020, IV C 5 – S 2353/19/10011 :006, BStBl 2020 I S. 1228, Rz. 15.

57 Ausdrücklich: BMF, Schreiben v. 25.11.2020, IV C 5 – S 2353/19/10011 :006, BStBl 2020 I S. 1228, Rz. 21, letzter Satz.

58 BFH, Urteil v. 12.5.2022, VI R 32/20, BFH/NV 2022 S. 1341.

59 Ausdrücklich: BMF, Schreiben v. 25.11.2020, IV C 5 – S 2353/19/10011 :006, BStBl 2020 I S. 1228, Rz. 21, letzter Satz.

60 BFH, Urteil v. 12.5.2022, VI R 32/20, BFH/NV 2022 S. 1341, gegen Niedersächsisches FG, Urteil v. 28.5.2020, 1 K 382/16.

61 Es sei denn, die Zuordnung würde einen Zeitraum von mehr als 48 Monaten umfassen, § 9 Abs. 4 Satz 3 EStG.

die Zuordnung zu diesem **kalendermäßig bestimmt und deckungsgleich mit dem befristeten Arbeitsvertrag** bei der Zeitarbeitsfirma ist. Diese Voraussetzungen sind erfüllt, wenn der Zeitarbeitnehmer befristet **exakt für diesen Einsatz** bei einem konkreten Kunden eingestellt wurde. Liegt dagegen ein befristeter Arbeitsvertrag vor, kann eine – zeitlich unbefristete – Zuordnung »bis auf Weiteres« keine dauerhafte Zuordnung und damit keine erste Tätigkeitsstätte entstehen lassen.[62]

Keine erste Tätigkeitsstätte beim Kunden (Entleihfirma) entsteht, wenn der Zeitarbeitnehmer innerhalb eines befristeten Arbeitsvertrags mit seinem Arbeitgeber bei einem anderen Kunden eingesetzt wird. Der neue Einsatz bei einem anderen Entleiher kann dann nicht zu einer ersten Tätigkeitsstätte beim Entleiher führen, selbst wenn der Einsatz dort wieder bis zum Ende der befristeten Beschäftigung erfolgt (vgl. Kap. 3.1.5.2).[63]

Beispiel

Für den Auftrag einer Baufirma beim Kunden Z werden Bauhilfskräfte für die Abwicklung des Innenausbaus benötigt. Die Baustelle ist auf 18 Monate terminiert. Die Zeitarbeitsfirma T-AG stellt zum 1.3.2023 insgesamt 20 Arbeitnehmer auf 18 Monate befristet bis zum 30.9.2025 ausschließlich für diesen Einsatz beim Kunden Z ein. Aus dem Arbeitsvertrag ergibt sich die zeitliche Übereinstimmung zwischen Befristung und Dauer des Einsatzes auf dieser Baustelle.

Ergebnis: Beim Kunden Z – hier auf der ortsfesten Baustelle – entsteht eine erste Tätigkeitsstätte, da der Einsatz auf die Dauer des Dienstverhältnisses befristet ist. Kommt es wider Erwarten innerhalb der 18 Monate zu einem Einsatz bei einem anderen Kunden (Entleiher), kann dort keine erste Tätigkeitsstätte entstehen.

Abwandlung: Würde die T-AG (Verleiher) unbefristet beschäftigte Leiharbeitnehmer für 18 Monate auf der Baustelle beim Kunden Z einsetzen, entstünde keine erste Tätigkeitsstätte, da eine vorübergehende Zuordnung vorliegt.

Beispiel

Eine seit 2020 bei der Zeitarbeitsfirma ohne Befristung angestellte Mitarbeiterin wird ab 1.1.2023 für ein Projekt bei einem Kunden eingesetzt. Die Projektdauer ist mit 2 Jahren prognostiziert.

Ergebnis: Beim Kunden entsteht keine erste Tätigkeitsstätte, weil der Einsatz von vornherein befristet ist und voraussichtlich nicht länger als 48 Monate dauern wird.

Arbeitseinsatz »bis auf Weiteres«

Häufig lässt sich die Einsatzdauer von Zeitarbeitnehmern beim Entleiher nicht vorab einschätzen, da Zeitarbeitnehmer für den zusätzlichen Arbeitskräftebedarf bei schwankender Auftragslage eingesetzt werden. Daher erfolgt häufig die Zuordnung zum Einsatzbetrieb nicht mit einer konkreten Einsatzdauer, sondern »bis auf Weiteres«. Nach der Rechtsprechung des BFH[64] führt nur bei unbefristet beschäftigten Mitarbeitern ein Einsatz »bis auf Weiteres« dazu, dass beim Entleiher eine erste Tätigkeitsstätte entsteht – es sei denn, es liegt eine andere arbeitsrechtliche Zuordnung vor. Das BMF hat diese Rechtsprechung des BFH übernommen.[65]

62 BFH, Urteil v. 10.4.2019, VI R 6/17, BStBl 2019 II S. 539.
63 BFH, Urteil v. 10.4.2019, VI R 6/17, BStBl 2019 II S. 539.
64 BFH, Urteil v. 10.4.2019, VI R 6/17, BStBl 2019 II S. 539.
65 BMF, Schreiben v. 25.11.2020, IV C 5 – S 2353/19/10011 :006, BStBl 2020 I S. 1228, Rz. 20.

3.1.5.5 Arbeitnehmer ohne erste Tätigkeitsstätte

In der Praxis gibt es viele Arbeitnehmer, die überhaupt keine erste Tätigkeitsstätte haben. Das steuerliche Reisekostenrecht regelt zwar, wie eine erste Tätigkeitsstätte entsteht, verlangt aber nicht für jedes Dienstverhältnis bzw. jeden Arbeitnehmer eine erste Tätigkeitsstätte. Insbesondere Arbeitnehmer, die beruflich viel unterwegs sind, haben häufig keine erste Tätigkeitsstätte. Sobald sie ihre Wohnung aus beruflichen Gründen verlassen, befinden sie sich steuerlich auf einer Auswärtstätigkeit.[66]

Fehlende arbeitsrechtliche und zeitliche Zuordnung

Fehlt es an einer dauerhaften, arbeitsrechtlichen Zuordnung (vgl. Kap. 3.1.5 und Kap. 3.1.9) und ist der Arbeitnehmer weniger als 1/3 seiner vereinbarten Arbeitszeit dauerhaft in einer ortsfesten betrieblichen Einrichtung tätig (quantitative Abgrenzungskriterien, vgl. Kap. 3.1.10), fehlt es an einer ersten Tätigkeitsstätte. Das gilt auch dann, wenn der Arbeitnehmer Verwaltungsarbeiten in seinem häuslichen Arbeitszimmer (Homeoffice) erledigt. Ein Homeoffice kann nach der aktuellen Rechtsauffassung nicht zur ersten Tätigkeitsstätte werden (vgl. Kap. 3.1.4).

Vorteile für Arbeitnehmer ohne erste Tätigkeitsstätte

Arbeitnehmer ohne erste Tätigkeitsstätte genießen steuerliche Vorteile:

- Sobald der Arbeitnehmer aus beruflichen Gründen seine Wohnung verlässt, liegt eine Dienstreise (berufliche Auswärtstätigkeit) vor. Der Arbeitgeber kann unter den weiteren Voraussetzungen steuerfreien Fahrtkostenersatz, Übernachtungskosten sowie Verpflegungsmehraufwand ersetzen. Voraussetzung für den steuerfreien Verpflegungsmehraufwand ist jedoch, dass die 3-Monatsfrist (vgl. Kap. 4.2.3) für den jeweiligen Einsatz- bzw. Tätigkeitsort noch nicht abgelaufen ist.
- Nutzt der Arbeitnehmer einen vom Arbeitgeber überlassenen Firmenwagen, so entsteht kein zusätzlicher geldwerter Vorteil für Fahrten zwischen Wohnung und erster Tätigkeitsstätte. Für die erlaubte Privatnutzung ist ein geldwerter Vorteil anzusetzen.

Beispiel

Ein Vertriebsmitarbeiter betreut Kunden im Großraum Südbaden. Sein Arbeitgeber sitzt in Frankfurt, dort ist er lediglich an 2–3 Tagen im Jahr zu Besprechungen anwesend. Der Arbeitsvertrag enthält keine Zuordnung, vielmehr ist der Arbeitnehmer ausdrücklich als Vertriebsmitarbeiter für den Großraum Südbaden eingestellt. Seine Verwaltungstätigkeiten erledigt er an einem Nachmittag pro Woche im Homeoffice.

Ergebnis: Der Arbeitnehmer hat keine erste Tätigkeitsstätte. Es fehlt an einer arbeitsrechtlichen Zuordnung. Auch über die quantitativen Abgrenzungskriterien – 1/3 der vereinbarten Arbeitszeit – entsteht weder beim Arbeitgeber in Frankfurt noch bei den Kunden eine erste Tätigkeitsstätte. Die Tätigkeit im Arbeitszimmer ist von vornherein nicht zu berücksichtigen, da das Homeoffice niemals eine erste Tätigkeitsstätte darstellen kann.

Verlässt der Arbeitnehmer morgens seine Wohnung und kommt erst nach mehr als 8 Stunden dorthin zurück, kann er pro Arbeitstag Verpflegungsmehraufwand von 14 EUR erhalten. Die 3-Monatsfrist greift nicht, wenn er die Kunden weniger als 2 Arbeitstage pro Woche aufsucht. Alle beruflichen Fahrten ab der Wohnung und bis zur Wohnung gehören zu den steuerlichen Auswärtstätigkeiten. Nutzt der Arbeitnehmer hierfür einen Firmenwagen, stellen diese Fahrten keinen geldwerten Vorteil dar. Lediglich die erlaubte Privatnutzung muss versteuert werden. Nach der pauschalen Berechnungsmethode beträgt der geldwerte Vorteil 1 % aus dem Bruttolistenpreis im Zeitpunkt der Erstzulassung pro Monat.

66 BMF, Schreiben v. 25.11.2020, IV C 5 – S 2353/19/10011 :006, BStBl 2020 I S. 1228, Rz. 2.

3.1.5.6 Arbeitnehmer mit Fahr- und Einsatzwechseltätigkeit

Das Reisekostenrecht unterscheidet nicht zwischen einzelnen Berufsgruppen. Entscheidend ist lediglich, ob der Arbeitnehmer im Rahmen seines Dienstverhältnisses eine erste Tätigkeitsstätte hat. Deswegen gelten für Arbeitnehmer mit einer Fahrtätigkeit (Lkw-Fahrer, Baumaschinenführer, Schiffsführer, Matrosen) sowie einer Einsatzwechseltätigkeit (die es seit 2014 eigentlich nicht mehr gibt), z. B. Monteure und Bauarbeiter, dieselben Abgrenzungskriterien wie für alle anderen Arbeitnehmer. Das hat den Vorteil, dass es auf die Art der Tätigkeit nicht ankommt. Auch Sanitäter und Feuerwehrleute (die neben dem Fahren andere Tätigkeiten erledigen) werden reisekostenrechtlich allein danach beurteilt, ob sie jeweils an einer ersten Tätigkeitsstätte anwesend sind (dann liegt insoweit keine berufliche Auswärtstätigkeit vor) oder ob sie außerhalb einer ersten Tätigkeitsstätte im Einsatz sind.

Erste Tätigkeitsstätte

Beispiel

Ein Mitarbeiter der städtischen Feuerwehr ist der Hauptfeuerwache arbeitsrechtlich zugeordnet. Während der einsatzfreien Zeit ist er dort mit der Fahrzeugpflege und Wartung, Weiterbildungen und Training sowie mit den weiteren arbeitsvertraglich vereinbarten Aufgaben (z. B. turnusmäßiges Kochen) beschäftigt. Ab 6:22 Uhr verlässt er die Feuerwache, als Fahrzeugführer fährt er sein Einsatzfahrzeug zum Einsatzort. Um 16:00 Uhr wird er von Ersatzkräften am Einsatzort abgelöst. Um 16:30 Uhr fährt er direkt in seine Wohnung.

Ergebnis: Der Mitarbeiter hat in der Hauptfeuerwache eine erste Tätigkeitsstätte, weil er
1. dieser arbeits- oder dienstrechtlich zugeordnet ist und
2. dort seiner eigentlichen beruflichen Tätigkeit nachgeht.

Unabhängig von der jeweiligen Tätigkeit beginnt ab 6:22 Uhr die berufliche Auswärtstätigkeit, sie endet um 16:30 Uhr mit Rückkehr in die Wohnung. Ab 6:22 Uhr ist er außerhalb seiner ersten Tätigkeitsstätte (Hauptfeuerwache) tätig, allein auf diese Abgrenzung kommt es an. Die Art der Tätigkeit außerhalb der ersten Tätigkeitsstätte spielt keine Rolle.

Kriterien für Vorliegen einer ersten Tätigkeitsstätte

Auch Arbeitnehmer mit einer Fahr- oder Einsatzwechseltätigkeit können eine erste Tätigkeitsstätte haben, wenn
- eine dauerhafte, arbeitsrechtliche Zuordnung zu einer ortsfesten betrieblichen Einrichtung besteht oder
- die Einsätze dauerhaft an einer ortsfesten betrieblichen Einrichtung erfolgen und dort – dauerhaft – die quantitativen Abgrenzungskriterien (1/3 der vereinbarten Arbeitszeit bzw. 2 Arbeitstage pro Woche) erreicht werden.

Einsatzwechseltätigkeiten

In einem Fall vor dem BFH war ein Polizeibeamter zwar umfangreich im Streifendienst eingesetzt, aber einer Dienststelle (»Revier«) zugeordnet. Dieses Revier wurde arbeitstäglich aufgesucht, der Polizist hat dort vorbereitende oder ergänzende Tätigkeiten erbracht. Der BFH sah derartige Neben- oder Ersttätigkeiten im Revier bereits als ausreichend an, um eine erste Tätigkeitsstätte entstehen zu lassen.[67]

Etwas anderes gilt nur dann, wenn der Arbeitnehmer **arbeitsvertraglich verpflichtet** ist, an **mehreren ortsfesten Einrichtungen** (z. B. in 4 Feuerwachen) tätig zu sein. In diesem Fall hat der Arbeitnehmer keine erste Tätigkeitsstätte, selbst wenn er tatsächlich nur auf einer der 4 Feuerwachen eingesetzt war.[68]

67 BFH, Urteil v. 4.4.2019, VI R 27/17, BStBl 2019 II S. 536, Vorinstanz Niedersächsisches FG, Urteil v. 24.4.2017, 2 K 168/16.
68 FG Rheinland-Pfalz, Urteil v. 28.11.2019, 6 K 1475/18, EFG 2020 S. 269.

Seit 2014 kann aus der Art der Tätigkeit der Arbeitnehmer nicht mehr abgelesen werden, ob eine erste Tätigkeitsstätte vorliegt. Es kommt – für jede Berufsgruppe und jede Tätigkeit – immer darauf an, ob es eine **dauerhafte Zuordnung zu einer betrieblichen ortsfesten Einrichtung** (z. B. Werk- oder Speditionshof, Flughafen, Rangierbahnhof) gibt oder ob **aufgrund des zeitlichen Umfangs der Tätigkeit in einer ortsfesten Einrichtung** eine erste Tätigkeitsstätte entsteht.

Art der Tätigkeit und Berufsgruppe unbedeutend

Die Tätigkeit auf einem Fahrzeug oder einer beweglichen Arbeitsmaschine kann nicht zu einer ersten Tätigkeitsstätte führen, da **Fahrzeuge keine ortsfeste betriebliche Einrichtung** sind. In der Praxis wird bei Betriebsprüfungen immer wieder die Auffassung vertreten, dass sehr langsame Arbeitsfahrzeuge (z. B. Abraumbagger, Rohrverleger, bewegliche Bohrplattformen) eine erste Tätigkeitsstätte darstellen können. Diese Maschinen sind nicht ortsfest, sie sind nicht dazu bestimmt, überwiegend standortgebunden eingesetzt zu werden[69], sodass diese Rechtsauffassung m. E. nicht haltbar ist. Zudem sind Baustellen, Montagestellen in aller Regel nicht auf Dauer angelegt (vgl. Kap. 3.1.5.3).

Tätigkeit auf Fahrzeugen

Erste Tätigkeitsstätte

Etwas anderes gilt, wenn die Fahrzeuge innerhalb einer räumlich abgegrenzten Fläche bewegt werden, z. B. innerhalb einer Kiesgrube oder innerhalb eines Rangierbahnhofs oder größeren Werksgeländes. In dem Fall gehört der Einsatzort zu einer ersten Tätigkeitsstätte. Entscheidend ist nicht die Art der Tätigkeit, sondern ausschließlich die Frage, ob ein Arbeitnehmer an seiner ersten Tätigkeitsstätte beruflich eingesetzt wird.

Beispiel

Ein Baumaschinenführer fährt in der Regel Bagger bzw. Radlader innerhalb einer großflächigen Kiesgrube. Diese ist durch einen Zaun abgegrenzt. Nur an einzelnen Tagen wird der Baumaschinenführer auf Baustellen des Arbeitgebers eingesetzt. Der Baumaschinenführer verbringt vorausschauend deutlich mehr als 1/3 seiner vereinbarten Arbeitszeit innerhalb der Kiesgrube.

Ergebnis: Die Fahrtätigkeiten innerhalb der Kiesgrube erfolgen ausschließlich an einer ersten Tätigkeitsstätte. Diese entsteht entweder durch arbeitsrechtliche Zuordnung (vgl. Kap. 3.1.9) oder durch quantitative Abgrenzung (vgl. Kap. 3.1.10, hier der Fall). Räumlich abgegrenzte Flächen erfüllen die Voraussetzungen einer ersten Tätigkeitsstätte (vgl. Kap. 3.1.2), vorausgesetzt, der Arbeitnehmer oder die Arbeitnehmer erfüllen dort ihre arbeitsvertraglich vereinbarten, berufstypischen Tätigkeiten.

Lediglich für die Einsätze auf den Baustellen können steuerfreie Tagesspesen (Verpflegungsmehraufwand) sowie Fahrtkosten steuerfrei gewährt oder als Werbungskosten steuerlich geltend gemacht werden.

Beispiel

Auf dem Gelände eines Stahlwerks ist eine Mitarbeiterin bei der Werksbahn eingesetzt. Sie fährt mit der Rangierlok ausschließlich Güterzüge auf Werksgleisen.

Ergebnis: Die Arbeitnehmerin übt zwar eine eigentliche Fahrtätigkeit aus, diese aber innerhalb einer großräumigen ersten Tätigkeitsstätte. Sie kann für die Tätigkeiten innerhalb des Werksgebiets keine steuerfreien Reisekosten erhalten. Für die Wegstrecke von der Wohnung zum Werksgelände gelten die Regelungen zur Entfernungspauschale.

Gleiches gilt für die typischen Einsatzwechseltätigkeiten. Die Tatsache, dass ein Arbeitnehmer berufsbedingt ständig auf Baustellen oder auf Montage eingesetzt ist, hat keinen Einfluss auf die Frage, ob der Arbeitnehmer eine erste Tätigkeitsstätte hat. Häufig wird es bei diesen Berufsgruppen jedoch an einer arbeitsrechtlichen Zuordnung zu einer ortsfesten betrieblichen Einrichtung fehlen.

Großräumige erste Tätigkeitsstätte

69 BFH, Urteil v. 11.4.2019, VI R 12/17, BStBl 2019 II S. 551, ausdrückliche Voraussetzung nach BMF und BFH für eine ortsfeste betriebliche Einrichtung.

Beispiel

Eine Baufirma in Stuttgart hat einen Baupolier eingestellt. Im Arbeitsvertrag ist ausdrücklich geregelt, dass der Arbeitnehmer keiner Niederlassung zugeordnet ist und bundesweit auf Baustellen eingesetzt werden kann. Der Baupolier wird von seinem Arbeitgeber schriftlich ab 1.2.2023 auf einer Baustelle in Thüringen eingesetzt. Die Bauzeit ist mit 2 Jahren kalkuliert.

Der Baupolier ist ca. 5 Tage im Jahr beim Arbeitgeber in Stuttgart, die örtliche Niederlassung in Jena sucht er anlassbezogen maximal an 10 Arbeitstagen im Jahr auf. Auf der Baustelle befindet sich das Baubüro in einem Baucontainer, in dem er rund 40 % seiner Arbeitszeit verbringt.

Ergebnis: Der Baupolier hat keine erste Tätigkeitsstätte. Es fehlt an einer arbeitsrechtlichen Zuordnung. Auch die zeitlichen Abgrenzungskriterien führen zu keiner ersten Tätigkeitsstätte, da die Einsatzdauer sowohl beim Arbeitgeber in Stuttgart als auch in der örtlichen Niederlassung in Jena die Grenze von 1/3 der vereinbarten Arbeitszeit nicht erreicht. Das Baubüro könnte eine ortsfeste betriebliche Einrichtung (vgl. Kap. 3.1.3) sein, es fehlt jedoch aufgrund der voraussichtlichen Bauzeit von 2 Jahren am Merkmal »dauerhaft«. Zudem kann eine erste Tätigkeitsstätte nur entstehen, wenn dort zumindest ein geringer Teil der arbeitsvertraglich geschuldeten, berufstypischen Tätigkeit erbracht wird (vgl. Kap. 3.1.9.2)

Für den gesamten Einsatz auf der Baustelle in Thüringen können steuerliche Reisekosten gewährt werden. Allerdings ist zu beachten, dass aufgrund der 3-Monatsfrist (vgl. Kap. 4.2.3) steuerfreier Verpflegungsmehraufwand nur bis einschließlich April gewährt werden kann – es sei denn, es kommt zu einer mindestens 4-wöchigen Unterbrechung des Einsatzes in Thüringen.

Übernachtung- bzw. Unterkunftskosten können vom Arbeitgeber steuerfrei übernommen werden, die Gestellung einer Unterkunft bleibt steuerfrei.

Begünstigt sind jedoch auch die Einsatzzeiten beim Arbeitgeber in Stuttgart sowie in der örtlichen Niederlassung in Jena. Da der Arbeitnehmer gar keine erste Tätigkeitsstätte hat, sind alle beruflichen Tätigkeiten außerhalb der Wohnung als Aushilfstätigkeiten steuerlich begünstigt (vgl. Kap. 3.1.5.5). Die Fahrten nach Stuttgart und Jena können steuerfrei ersetzt werden. Dabei spielt es keine Rolle, ob der Baupolier direkt von zuhause oder von der Baustelle in Thüringen nach Stuttgart oder Jena fährt. Für die Einsatztage in Stuttgart und Jena können steuerfreie Verpflegungsmehraufwendungen gewährt werden, sofern die 3-Monatsfrist zu keiner Begrenzung führt.

Die Rechtsprechung akzeptiert diese Abgrenzung, hierzu liegt ein Urteil des Finanzgerichts Nürnberg vor.[70] Der Urteilsfall betraf einen Vorarbeiter, der den Betrieb seines Arbeitgebers einmal wöchentlich aufgesucht hatte, ansonsten aber auf Baustellen eingesetzt war. Eine arbeitsrechtliche Zuordnung zum Betrieb des Arbeitgebers war nicht erfolgt. Das Finanzgericht bestätigt, dass der Vorarbeiter keine erste Tätigkeitsstätte hat. Strittig war vor allem die Nutzung eines Firmenwagens auch für die Wegstrecke von der Wohnung des Vorarbeiters bis zum Arbeitgeber. Ein geldwerter Vorteil für diese Fahrten ist jedoch nicht zu versteuern, weil auch der Betrieb des Arbeitgebers keine erste Tätigkeitsstätte darstellt.

Zu der Berufsgruppe der **Bauleiter** muss die weitere Rechtsprechung des BFH abgewartet werden. Das Finanzgericht Mecklenburg-Vorpommern bezweifelt, dass die Nennung eines Einstellungsorts bereits zu einer dauerhaften Zuordnung führt, wenn die tatsächliche Tätigkeit nahezu ausschließlich auf den zu betreuenden Baustellen erbracht wird. Im Urteilsfall hatte der Bauleiter zwar ein Büro in der Niederlassung (»Einstellungsort«) des Baukonzerns. Dort nahm er ca. 1 x wöchentlich an einer Arbeitsberatung teil. Die sonst anfallenden Verwaltungsarbeiten erledigte er auf den Baustellen. Zuständig war er jeweils zeitgleich für mehrere Baustellen. Das Finanzgericht ging aufgrund des Berufsbilds und der Tätigkeit von keiner Zuordnung aus und entschied, der Bauleiter habe keine erste Tätigkeitsstätte.[71]

70 FG Nürnberg, Urteil v. 8.7.2016, 4 K 1836/15, EFG 2016 S. 1692.

71 FG Mecklenburg-Vorpommern, Urteil v. 24.11.2021, 3 K 6/20, EFG 2022 S. 392, Rev. beim BFH unter Az. VI R 27/21, interessant ist das Urteil auch bezüglich der 3-Monatsfrist (vgl. Kap. 4.2.3).

3.1.5.7 Erste Tätigkeitsstätte bei Flugpersonal

Auch beim Flugpersonal kommt es ausschließlich darauf an, ob vom Arbeitgeber eine arbeitsrechtliche Zuordnung vorliegt. Dieser Zuordnung kommt entscheidende Bedeutung zu, da auch großflächige, abgegrenzte Infrastruktureinrichtungen wie z. B. ein Flughafen zur ersten Tätigkeitsstätte werden können. Für eine Zuordnung reicht es bereits aus, wenn im Arbeitsvertrag ein Heimatflughafen genannt wird. Dieser wird zur ersten Tätigkeitsstätte, wenn der Arbeitnehmer dort – ggf. auch in sehr geringem Umfang – einen Teil seiner arbeitsvertraglichen, berufstypischen Tätigkeiten ausübt. Für den BFH war ausreichend, dass am Heimatflughafen – wie an anderen Abflughäfen auch – der Flug vorbereitet wurde (Briefing der Crew, Wetterdaten analysieren).[72] Nicht notwendig ist, dass eigene Räume oder Einrichtungen vorgehalten werden.

Erste Tätigkeitsstätte

Ein Flugzeug kann keine erste Tätigkeitsstätte darstellen, weil es sich um **keine ortsfeste Einrichtung** handelt.

Dauerhafte Zuordnung

Die Zuordnung ist insbesondere dann dauerhaft, wenn ein (Stamm-)Flughafen unbefristet (bis auf Weiteres), für die Dauer des Dienstverhältnisses oder über einen Zeitraum von mehr als 48 Monaten festgelegt wurde. Entscheidend ist die auf die Zukunft gerichtete Prognose (Ex-ante-Betrachtung). Von einer dauerhaften Zuordnung zu einem (Stamm-)Flughafen kann beispielsweise bei folgenden Bestimmungen ausgegangen werden[73]:

- Dem Arbeitnehmer wird ein Flughafen als Dienstort zugewiesen.
- Der Arbeitnehmer wird als Flugzeugführer für das Flugzeugmuster ABC 123 mit einem bestimmten Beschäftigungsort (z. B. München, Frankfurt, Hamburg, Stuttgart) usw. eingestellt.
- Der Arbeitnehmer wird als Flugzeugführer bei einer bestimmten Flotte an einem bestimmten Ort beschäftigt. Der Arbeitnehmer kann jederzeit auf anderen Flugmustern, an anderen Orten sowie bei anderen Konzerngesellschaften eingesetzt werden.

3.1.6 Zukunftsbezogene Betrachtungsweise (Ex-ante)

Sowohl bei den gesetzlichen Regelungen zur Zuordnung (§ 9 Abs. 4 Satz 3 EStG) wie bei den zeitlichen Abgrenzungskriterien (§ 9 Abs. 4 Satz 4 EStG) verwendet der Gesetzgeber die Formulierung »tätig werden soll«. Bereits anhand dieser Formulierung ergibt sich, dass für die Dauer einer Zuordnung oder eines beruflichen Einsatzes eine **Prognose** erstellt werden muss. Dies wird als **»Ex-ante-Betrachtung«** bezeichnet. Das BMF-Anwendungsschreiben spricht von einer »auf die Zukunft gerichteten prognostischen Betrachtung«.[74] Üblicherweise gilt im Steuerrecht die nachträgliche Beurteilung eines tatsächlich eingetretenen Sachverhalts (Ex-post-Betrachtung).

Notwendigkeit einer Prognose

Ist die arbeitsrechtliche Zuordnung an sich unbefristet oder kalendermäßig bestimmt, ist keine Prognose im eigentlichen Sinn notwendig. Ist die arbeitsrechtliche Zuordnung von weiteren Bedingungen abhängig oder liegt keine eindeutige Zuordnung vor, muss eine Prognose erfolgen. Der Nachteil der Ex-ante-Regelung liegt darin, dass Prognosen immer strittig sind.

72 BFH, Urteil v. 11.4.2019, VI R 40/16, BStBl 2019 II S. 546 zur Flugzeugführerin, sowie VI R 12/17, BStBl 2019 II S. 551 zur Luftsicherheitskontrollkraft.

73 LfSt Bayern, Verfügung v. 15.2.2016, S2353.1.1 – 16/1 St 32, sie entspricht der BFH-Rechtsprechung aus 2019.

74 BMF, Schreiben v. 25.11.2020, IV C 5 – S 2353/19/10011 :006, BStBl 2020 I S. 1228, Rz. 15.

Beispiel

Ein Pharmahersteller versetzt aufgrund von erhöhten Kundenbestellungen (Influenza-Welle) ab 1.12.2022 einen unbefristet beschäftigten Mitarbeiter einvernehmlich vom Hauptwerk in das 20 km entfernt liegende Außenlager.

Variante 1: Die Versetzung erfolgt bis auf Weiteres.

Variante 2: Die Versetzung erfolgte befristet bis zum 30.6.2023, sie wird im Juni 2023 um ein weiteres Jahr verlängert.

Variante 3: Die Versetzung erfolgt solange, bis die Bestellungen abflauen und wieder ein normales Maß erreichen.

Ergebnis: Vorrangig ist die arbeitsrechtliche Zuordnung.

Bei Variante 1 liegt eine dauerhafte Zuordnung vor. Eine Prognose ist nicht notwendig, im Außenlager entsteht eine erste Tätigkeitsstätte.

Bei Variante 2 ist die Versetzung kalendermäßig begrenzt. Da die Zuordnung unter der gesetzlichen Zeitgrenze (mehr als 48 Monate; § 9 Abs. 4 Satz 3 EStG) liegt, bleibt der Einsatz im Außenlager vorübergehend. Der Mitarbeiter hat dort keine erste Tätigkeitsstätte, diese bleibt ggf. im Hauptwerk. Daran ändert auch die Verlängerung nichts, vgl. Kap. 3.1.6.2.

Bei Variante 3 hängt die Versetzung davon ab, wie lange die erhöhten Bestellungen der Kunden andauern. Nur diese Variante erfordert eine weitergehende Prognose. Dabei kommt es darauf an, welcher Zeitrahmen bei der Versetzung ins Außenlager 1.12.2022 zu erwarten war. Damit bleibt der Einsatz bei Variante c) vorübergehend, weil nicht davon auszugehen war, dass die erhöhten Bestellungen länger als 48 Monate andauern werden.

Hat der Arbeitgeber einem Mitarbeiter nach seinen Weisungen (vgl. Kap. 3.1.9) »bis auf Weiteres« oder für den Zeitraum von mehr als 48 Monaten einen Tätigkeitsort zugewiesen, soll es nach Auffassung der Finanzverwaltung nicht mehr darauf ankommen, ob die dahinter stehenden Vereinbarungen – z. B. mit einem Kunden – ihrerseits befristet sind.[75] Etwas anderes gilt, wenn der Arbeitgeber aufgrund der Vereinbarungen mit seinen Kunden die Einsätze der Mitarbeiter dort nur befristet anordnet. In diesen Fällen ist von keiner dauerhaften Zuordnung auszugehen, selbst wenn im Ergebnis die Mitarbeiter ausschließlich bei diesem Kunden eingesetzt waren.[76]

Beispiel

Eine Fachfirma für Kraftwerkstechnik erhält einen Wartungsvertrag mit einem Energieerzeuger zur Wartung eines Großkraftwerks. Eine Elektromonteurin wird vom Arbeitgeber im Rahmen des Wartungsvertrags in das Großkraftwerk abgeordnet, um dort die Wartung der Anlagen durchzuführen. Nur gelegentlich holt sie beim Arbeitgeber Unterlagen ab und nimmt an Betriebsversammlungen und dem Sommerausflug teil, nahezu die gesamte Arbeitszeit verbringt sie im Kraftwerk des Kunden. Alle 3 Jahre erfolgt eine Neuausschreibung des Wartungsvertrags. Allerdings ist der Arbeitgeber bereits seit fast 10 Jahren mit der Wartung betraut, seine Mitarbeiterin verfügt über umfangreiches, kundenspezifisches Fachwissen.

Variante 1: Der Arbeitgeber ordnet die Mitarbeiterin jeweils für 3 Jahre den Kunden zu. Diese Zuordnung verlängert sich um weitere 3 Jahre, wenn der Wartungsvertrag verlängert wird.

Variante 2: Der Arbeitgeber hat die Mitarbeiterin »bis auf Weiteres« dem Kraftwerk des Kunden zugeordnet.

Ergebnis: Bei Variante 1 entsteht im Kraftwerk des Kunden keine erste Tätigkeitsstätte. Entscheidend ist die befristete Zuordnung (nicht länger als 48 Monate), die tatsächliche – auch zu erwartende – Verlängerung ändert daran nichts. Bei Variante 2 erfolgt eine unbegrenzte Zuordnung; damit entsteht im Kraftwerk

75 Im Ergebnis bestätigt durch BFH, Urteil v. 12.5.2022, VI R 32/20, BFH/NV 2022 S. 1341, allerdings hatte der Arbeitgeber in diesem Fall nicht »bis auf Weiteres« zugeordnet, sondern jeweils befristet entsprechend den Überlassungsverträgen mit seinen Kunden; Vorinstanz FG Niedersachsen, Urteil v. 28.5.2020, 1 K 382/16.

76 BMF, Schreiben v. 25.11.2020, IV C 5 – S 2353/19/10011 :006, BStBl 2020 I S. 1228, Rz. 15.

des Kunden eine erste Tätigkeitsstätte. Praktische Auswirkungen ergeben sich nur bezüglich der Fahrtkosten. Bei den Verpflegungsmehraufwendungen greift die 3-Monatsfrist (vgl. Kap. 4.2.3).

Gesamtumstände entscheidend

Die **Ex-ante-Betrachtung** gilt auch für den Fall, dass keine arbeitsrechtlich eindeutige Zuordnung feststellbar ist und die erste Tätigkeitsstätte anhand der zeitlichen Anwesenheit bestimmt werden muss (vgl. ausführlich Kap. 3.1.10). In die Prognose sind alle zu diesem Zeitpunkt bekannten Umstände einzubeziehen. Hierzu gehören auch die Erfahrungen aus der Vergangenheit, aus vergleichbaren Fällen usw.

3.1.6.1 Unvorhersehbare Abweichungen von der Prognose

Die Gesetzesbegründung zum Reisekostenrecht weist ausdrücklich darauf hin, dass die zukunftsbezogene Einschätzung auch dann gilt, wenn sich tatsächlich später aufgrund **unvorhersehbarer Ereignisse** ein anderer Ablauf ergeben hat.

Beispiel

Ein Sachbearbeiter wird laut Arbeitsvertrag zum 1.1.2023 für den Standort in B eingestellt. Der Mitarbeiter wohnt bisher in Z und zieht zum 1.3.2023 in die Nähe seines Arbeitsplatzes in B. Zum 1.7.2023 wird der Sachbearbeiter wegen einer Umstrukturierung im Konzern bis auf Weiteres zum Standort C versetzt.

Ergebnis: Obwohl im Nachhinein klar ist, dass am Standort in B nur 6 Monate gearbeitet wurde, bleibt der Standort in B die erste Tätigkeitsstätte. Mit der Versetzung nach C ist zu prüfen, ob dort ab 1.7.2023 erneut eine erste Tätigkeitsstätte entsteht. Aufgrund der unbefristeten Zuordnung ist das der Fall.

Laut BMF-Schreiben[77] gilt das auch, wenn sich der Einsatzort von Mitarbeitern ändert aufgrund

- einer Erkrankung des Arbeitnehmers,
- politischer Unruhen am Tätigkeitsort,
- der Insolvenz des Kunden.

Beispiel

Laut Arbeitsvertrag ist ein Mitarbeiter als Kundendienstmonteur für den Einsatz bei Kunden eingestellt. Beim Arbeitgeber soll er in unregelmäßigen Abständen – je nach Bedarf – Aufträge abholen und abrechnen, dort muss er seine Urlaubsanträge stellen und gelegentlich an Besprechungen teilnehmen. Wegen ungeplanter Änderungen im Betriebsablauf ist es erforderlich, dass ab Februar 2023 für voraussichtlich ein Jahr der Mitarbeiter täglich beim Arbeitgeber erscheinen muss, um dort Berichte zu erstellen.

Ergebnis: Aus dem Arbeitsvertrag ergibt sich keine Zuordnung zum Arbeitgeber, weil die eigentliche berufliche Tätigkeit beim Kunden vor Ort ausgeführt werden soll. Auch aus dem – zeitlich begrenzten – arbeitstäglichen Einsatz beim Arbeitgeber ergibt sich keine erste Tätigkeitsstätte. Der arbeitstägliche Einsatz beim Arbeitgeber ist nicht dauerhaft, weil er voraussichtlich maximal ein Jahr andauert.[78]

Das BMF-Schreiben lässt offen, ob hierunter auch **Fehleinschätzungen** bezüglich der Dauer eines Projekts fallen, die sich nicht auf konkrete Ereignisse zurückführen lassen (z. B. Bauverzögerungen bei Großprojekten wie Berliner Flughafen). Derartige Zeitverzögerungen bei Großprojekten können über die praxisfreundlichen Regelungen zur Verlängerung von Einsätzen (vgl. Kap. 3.1.5) gelöst werden.

77 BMF, Schreiben v. 25.11.2020, IV C 5 – S 2353/19/10011 :006, BStBl 2020 I S. 1228, Rz. 17.

78 BMF, Schreiben v. 25.11.2020, IV C 5 – S 2353/19/10011 :006, BStBl 2020 I S. 1228, Rz. 16, Beispiel 6.

Treten unvorhersehbare Ereignisse ein, ergeben sich 2 Konsequenzen:

1. **Bis zum Eintritt des Ereignisses** bleibt die bisherige Beurteilung gültig. Es gibt bei unvorhersehbaren Ereignissen keine rückwirkende Korrektur einer einmal getroffenen (zutreffenden) Beurteilung – weder zugunsten noch zuungunsten.
2. **Ab dem Eintritt des Ereignisses** muss eine neue Beurteilung erfolgen. Auch diese richtet sich auf die Zukunft (eine auf einer Prognose beruhende Ex-ante-Betrachtung).

Beispiel

Ein Mitarbeiter einer Reinigungsfirma wird ab Januar 2023 bis auf Weiteres ausschließlich bei einem Kunden in der Innenreinigung einer Einkaufspassage eingesetzt. Ende September 2023 meldet der Kunde Insolvenz an, der Mitarbeiter wird bei anderen Kunden eingesetzt.

Ergebnis: Wegen des dauerhaften, zeitlich nicht beschränkten Einsatzes hat der Mitarbeiter in der Einkaufspassage seinen ersten Tätigkeitsort (keine steuerfreien Reisekosten erstattungsfähig). Ende September ist eine neue Beurteilung bezüglich der neuen Einsätze notwendig. Der bisherige Einsatzort bleibt trotz der tatsächlich kürzeren Einsatzdauer erste Tätigkeitsstätte.

Tipp

Prüfer beurteilen immer nachträglich anhand des eingetretenen Sachverhalts. Es wird schwierig sein, eine getroffene Prognose, die tatsächlich nicht eingetreten ist, zu rechtfertigen. In der Regel kommt das Argument, man habe bei der Prognose nicht alle Umstände ausreichend abgewogen. Die vorausschauende Betrachtungsweise klappt bereits in der Sozialversicherung nicht – warum sollte das bei der ersten Tätigkeitsstätte funktionieren? In jedem Fall sollten Sie in Fällen, in denen die zukunftsbezogene Betrachtung schwierig ist, kurz die Beurteilungskriterien **schriftlich** aufzeichnen. Damit können Sie die Gründe für Ihre sorgfältige Prognoseentscheidung später nachweisen. Das macht Ihnen und dem Prüfer die Arbeit leichter!

3.1.6.2 Nachträgliche Verlängerungen

Ob der Einsatz eines Mitarbeiters den Zeitrahmen von 48 Monaten voraussichtlich überschreiten wird, muss zu Beginn des Einsatzes beurteilt werden. Ist von Anfang an damit zu rechnen, dass der Zeitrahmen von 48 Monaten überschritten sein wird, liegt eine dauerhafte Zuordnung vor.

Restliche Einsatzzeit entscheidend

Liegt der anfänglich geplante Zeitrahmen bei 48 Monaten oder weniger und kommt es zu einer nachträglichen Verlängerung, stellt das BMF-Schreiben darauf ab, ob die **verbleibende Einsatzzeit** über dem Zeitrahmen von 48 Monaten liegt. Abgestellt wird nicht auf die gesamte Einsatzzeit, sondern auf die restliche Einsatzdauer ab Verlängerungstag. Beträgt die **verbleibende, voraussichtliche** Einsatzzeit ab dem Zeitpunkt der Verlängerung

- mehr als 48 Monate, liegt ab dem Zeitpunkt der Verlängerung eine dauerhafte Zuordnung vor;
- höchstens 48 Monate, liegt ein vorübergehender Einsatz vor.[79]

Beispiel

Herr Müller ist im Münchner Hauptwerk stellvertretender Betriebsleiter. Er übernimmt ab 1.1.2023 die Projektleitung für die Einführung einer neuen Produktlinie im Zweigwerk in Freiburg. Die Abordnung erfolgt für 18 Monate, zum 30.6.2024 wird er nach München zurückkehren. Die Tätigkeit in Freiburg ist auf 18 Monate beschränkt und damit vorübergehend.

Ergebnis: Der Einsatz in Freiburg gilt als Dienstreise.

79 BMF, Schreiben v. 25.11.2020, IV C 5 – S 2353/19/10011 :006, BStBl 2020 I S. 1228, Rz. 18.

Beispiel

Fortsetzung: Die Einführung der neuen Produktlinie im Zweigwerk ist schwieriger als gedacht. Daher wird am 30.6.2024 der Einsatz von Herrn Müller in Freiburg um 36 Monate bis 30.6.2027 verlängert.

Ergebnis: Maßgebend ist der Tag der Verlängerung. Zu diesem Zeitpunkt muss die verbleibende Einsatzzeit berechnet werden. Die Berechnung sieht wie folgt aus:

- Tag der Verlängerung: 30.6.2024.
- Einsatzdauer ab diesem Tag: vom 30.6.2024 bis 30.6.2027= 36 Monate.

Die verbleibende Einsatzzeit beträgt noch 36 Monate. Damit wird die Zeitgrenze von 48 Monaten nicht überschritten – es liegt trotz Verlängerung keine dauerhafte Zuordnung nach Freiburg vor.

Für den Einsatz in Freiburg können Reisekosten gewährt werden. Für den Verpflegungsmehraufwand muss die 3-Monatsfrist beachtet werden (vgl. Kap. 4.2.3). Übernachtungskosten werden nach Ablauf von 4 Jahren auf monatlich 1.000 EUR gekappt (vgl. Kap. 4.3).

Beispiel

Abwandlung: Die Einführung der neuen Produktlinie im Zweigwerk läuft von Anfang an schlecht. Daher wird schon am 1.4.2023 der Einsatz von Herrn Müller in Freiburg um 36 Monate bis 30.6.2027 verlängert.

Ergebnis: Die Berechnung sieht wie folgt aus:

- Tag der Verlängerung: 1.4.2023.
- Einsatzdauer ab diesem Tag: vom 1.4.2023 bis 30.6.2027 = 51 Monate.

Zum Tag der Verlängerung – dem 1.4.2023 – beträgt die restliche Einsatzzeit 51 Monate. Da die verbleibende Einsatzzeit mehr als 48 Monate beträgt, liegt ab 1.4.2023 eine dauerhafte Zuordnung nach Freiburg vor.

Damit erfüllt Freiburg die Voraussetzungen einer ersten Tätigkeitsstätte, ab 1.4.2023 können **keine steuerfreien Reisekosten** gewährt werden. Ein Abzug als Werbungskosten ist ebenfalls ausgeschlossen. Sofern die Voraussetzungen (eigener Hausstand bzw. Familienhaushalt) erfüllt sind, können die Kosten im Rahmen einer doppelten Haushaltsführung steuerlich berücksichtigt werden (vgl. Kap. 7).

Ob Freiburg tatsächlich zur ersten Tätigkeitsstätte wird, ist nach den allgemeinen Grundsätzen zu prüfen. Ist Herr Müller ausschließlich in Freiburg tätig, scheidet München als weitere, denkbare erste Tätigkeitsstätte aus. Ist Herr Müller dagegen in zumindest geringem Umfang regelmäßig auch in München tätig, kann eine arbeitsrechtliche Zuweisung von München als erste Tätigkeitsstätte sinnvoll sein. Das arbeitsrechtliche Weisungsrecht des Arbeitgebers wird aufgrund gesetzlicher Vorgabe für das Steuerrecht übernommen. Hat der Arbeitgeber keine – eindeutige – Zuordnung getroffen, erfolgt die Abgrenzung nach dem Umfang der zeitlichen Tätigkeit (vgl. Kap. 3.1.10). Ist Herr Müller an mindestens 2 Tagen in der Woche sowohl in Freiburg wie in München, erfüllen beide Orte die zeitlichen Vorgaben einer ersten Tätigkeitsstätte.

In diesem Fall wird eine davon als erste (einzige) Tätigkeitsstätte bestimmt. Maßgebend ist die Bestimmung durch den Arbeitgeber oder – wenn diese fehlt – die Nähe zur Wohnung des Mitarbeiters. Das wäre im Beispiel dann München.

3.1.6.3 Kettenabordnungen

Nach dem BMF-Anwendungsschreiben führen Kettenabordnungen nicht zu einer dauerhaften Zuordnung, wenn die einzelne Abordnung jeweils einen Zeitraum von **weniger als 48 Monaten** umfasst.[80]

Beispiel

Der wissenschaftliche Mitarbeiter einer Universität wird für 2 Jahre an eine auswärtige Forschungsstelle abgeordnet. Die Abordnung erfolgt zeitlich begrenzt, weil nur für 2 Jahre ausreichend Drittmittel zur Finanzierung des Forschungsprojekts vorhanden sind. Im Lauf der Zeit wird die Abordnung dreimal um jeweils 2 Jahre verlängert, weil jeweils neue Forschungsmittel bewilligt wurden.

80 BMF, Schreiben v. 25.11.2020, IV C 5 – S 2353/19/10011 :006, BStBl 2020 I S. 1228, Rz. 19.

Ergebnis: Wegen der zeitlichen Begrenzung der Abordnung sind die Voraussetzungen für eine steuerliche Dienstreise erfüllt. Es erfolgt keine dauerhafte Zuordnung, damit entsteht an der Forschungsstelle keine erste Tätigkeitsstätte. Dies gilt auch für die erneute Verlängerung der jeweiligen Abordnung. Für die Kettenabordnungen gibt es sachliche Gründe.

Wichtig

Für die jeweils zeitlich begrenzte Abordnung muss jedoch ein sachlicher Grund vorliegen. Die Finanzverwaltung wird Kettenabordnungen daraufhin überprüfen. Bei Kettenabordnungen ohne sachlichen Grund werden die Prüfer einen Missbrauch steuerlicher Gestaltungsmöglichkeiten nach § 42 AO prüfen.

3.1.7 Änderung der Verhältnisse

Eine Änderung der Zuordnung liegt dann vor, wenn sich das Arbeitsfeld des Arbeitnehmers aufgrund der Vorgaben des Arbeitgebers dauerhaft ändert. Das BMF-Schreiben nennt als Beispiel, dass ein Außendienstmitarbeiter auf Dauer in den Innendienst wechselt.

Mit der Veränderung der beruflichen Tätigkeit des Arbeitnehmers muss neu beurteilt werden, ob eine andere, dauerhafte Zuordnung vorliegt. Auch diese Beurteilung bezieht sich auf den voraussichtlichen, zukünftigen Einsatz des Arbeitnehmers (Ex-ante-Betrachtung).

Beispiel

Eine Bäckereifachverkäuferin wurde 2019 für die Filiale A in Freiburg eingestellt. Die Filiale liegt 8 km von der Wohnung der Arbeitnehmerin entfernt. Gelegentlich übernahm sie Urlaubs- und Krankheitsvertretungen in der Filiale B (Entfernung von der Wohnung: 12 km). Ab Juli 2023 ist sie aufgrund einer schriftlichen Anweisung des Arbeitgebers

Variante 1: bis auf Weiteres in der Filiale B eingesetzt,

Variante 2: bis zum.30.6.2024 in der Filiale B eingesetzt.

Ergebnis Variante 1: Mit der schriftlichen Weisung des Arbeitgebers vom Juli 2023 wird die Filiale B zur ersten Tätigkeitsstätte. Durch die Formulierung »bis auf Weiteres« erfolgt eine anderweitige Zuordnung der Mitarbeiterin, die zeitlich nicht begrenzt ist. Damit liegt eine dauerhafte Zuordnung vor. Einsätze in der Filiale A erfüllen ab Juli 2023 die Voraussetzungen einer beruflichen Auswärtstätigkeit (keine erste Tätigkeitsstätte mehr).

Ergebnis Variante 2: In der Filiale B entsteht keine (neue) erste Tätigkeitsstätte, da die Zuordnung nur auf 1 Jahr befristet ist. Ob in der Filiale A eine Tätigkeitsstätte bleibt, hängt davon ab, ob der Arbeitgeber die Zuordnung zur Filiale A aufgehoben hat oder nach der Anordnung des Arbeitgebers eine Rückkehr in die Filiale A zum 1.7.2024 nicht ausgeschlossen ist. Zudem kann nur eine erste Tätigkeitsstätte vorliegen, wenn dort zumindest in geringem Umfang dem Berufsbild entsprechend gearbeitet wird.[81]

3.1.8 Grenzüberschreitende Arbeitnehmerentsendung

Für die grenzüberschreitende Arbeitnehmerentsendung zwischen verbundenen Unternehmen gelten nach dem BMF-Schreiben[82] die allgemeinen Grundsätze. Ob beim Einsatzort des Arbeitnehmers (aufnehmendes Unternehmen) eine erste Tätigkeitsstätte entsteht, richtet sich insbesondere danach, ob eine dauerhafte Zuordnung erfolgt.

81 BMF, Schreiben v. 25.11.2020, IV C 5 – S 2353/19/10011 :006, BStBl 2020 I S. 1228, Rz. 9, bestätigt durch BFH, Urteil v. 2.9.2021, VI R 25/19, BFH/NV 2022 S. 18.

82 BMF, Schreiben v. 25.11.2020, IV C 5 – S 2353/19/10011 :006, BStBl 2020 I S. 1228, Rz. 23.

Vorsicht bei Entsendungsverträgen

Das BMF-Schreiben nennt 2 Fallgruppen:

- Fallgruppe 1: Der Arbeitnehmer wird im Rahmen eines **eigenständigen Arbeitsvertrags** in einer anderen ortsfesten Einrichtung innerhalb des Konzerns eingesetzt. In der Praxis werden diese Regelungen als Entsendungsverträge oder Expatriates bezeichnet. In diesem Fall entsteht am Einsatzort im Ausland vom ersten Tag an eine erste Tätigkeitsstätte, wenn der Arbeitnehmer für die gesamte Dauer des eigenständigen Arbeitsvertrags dieser ortsfesten Einrichtung zugeordnet ist. Dabei kommt es nicht darauf an, für welche Zeitdauer der Arbeitsvertrag abgeschlossen ist.
- Fallgruppe 2: Wird der Arbeitnehmer **ohne eigenständigen Arbeitsvertrag** in einer anderen ortsfesten Einrichtung innerhalb des Konzerns eingesetzt, kommt es darauf an, ob dieser Einsatz unbefristet (»bis auf Weiteres«) oder voraussichtlich über den Zeitrahmen von 48 Monaten hinaus andauern wird. Entscheidend ist auch hier die Prognose über den voraussichtlichen Ablauf (Ex-ante-Betrachtung). Hat der Arbeitnehmer seinerseits nur einen befristeten Arbeitsvertrag mit der Konzerngesellschaft, die ihn entsendet und wurde er nur für diesen auswärtigen Einsatz eingestellt, entsteht am Einsatzort eine erste Tätigkeitsstätte.

Beispiel

Der Mitarbeiter ist bei der Konzern-Holding in Deutschland unbefristet eingestellt. Er wird

Variante 1: für 3 Jahre in das Werk einer Tochtergesellschaft in Brasilien abgeordnet;

Variante 2: für 5 Jahre in das Werk einer Tochtergesellschaft in Brasilien abgeordnet;

Variante 3: für 2 Jahre in das Werk einer Tochtergesellschaft in Brasilien abgeordnet. Er erhält für diese 2 Jahre einen eigenständigen Arbeitsvertrag mit der Tochtergesellschaft, sein Arbeitsvertrag mit der Holding in D ruht in dieser Zeit.

Ergebnis Variante 1: Da die voraussichtliche Einsatzzeit die 48-Monatsgrenze nicht überschreitet und der deutsche Arbeitsvertrag unverändert weiter gilt, entsteht in Brasilien keine erste Tätigkeitsstätte.

Ergebnis Variante 2: Da die voraussichtliche Einsatzzeit die 48-Monatsgrenze überschreiten wird, entsteht in Brasilien vom ersten Einsatztag an eine erste Tätigkeitsstätte.

Ergebnis Variante 3: Da der Arbeitnehmer für die Entsendung nach Brasilien einen eigenständigen Arbeitsvertrag erhält und der Arbeitsvertrag für diesen Einsatz geschaffen wurde, liegt vom ersten Einsatztag an eine erste Tätigkeitsstätte in Brasilien vor.

Wichtig

Die Frage, ob eine lohnsteuerliche erste Tätigkeitsstätte entsteht, ist völlig unabhängig von der Beurteilung, ob eine Betriebsstätte im Sinne eines Doppelbesteuerungsabkommens vorliegt. Auch die Frage, ob sozialversicherungsrechtlich eine Entsendung vorliegt, hat nichts mit der lohnsteuerlichen ersten Tätigkeitsstätte zu tun. Im Rahmen eines Auslandseinsatzes von Mitarbeitern müssen die Rechtsfolgen in der Sozialversicherung (Ausstrahlung, Einstrahlung, Entsendung) nach den Entsenderichtlinien der jeweiligen Staaten (ob z. B. Mindest- oder Tariflohnregelungen zu beachten sind) auf das Besteuerungsrecht nach dem jeweiligen DBA (Betriebsstättenproblematik)[83] sowie dem Vorliegen einer ersten Tätigkeitsstätte (lohnsteuerliches Reisekostenrecht) getrennt geprüft werden.

3.1.9 Arbeitsrechtliche Zuordnung

Um für alle Beteiligten – Arbeitgeber und Finanzverwaltung – eine praxisgerechte, eindeutige Bestimmung der ersten Tätigkeitsstätte zu ermöglichen, stellt der Gesetzgeber vorrangig auf die arbeitsrechtliche Zuordnung durch den Arbeitgeber ab. Der **Arbeitgeber bestimmt** aufgrund seines Weisungsrechts, wo der Arbeitnehmer tätig wird. Diesem arbeitsrechtlichen Weisungsrecht schließt

83 Zum Lohnsteuerabzug bei Auslandseinsätzen, s. BMF, Schreiben v. 3.5.2018, IV B 2 – S 1300/08/10027, zuletzt geändert am 22.4.2020.

sich das Steuerrecht grundsätzlich an. Laut Gesetzesbegründung soll es zwischen dem arbeitsrechtlichen und dem steuerlichen Begriff einer Auswärtstätigkeit keine wesentlichen Abweichungen geben.

Entstehung

Der BFH hat in seiner Rechtsprechung aus dem Jahr 2019[84] darauf hingewiesen, dass eine arbeits- oder dienstrechtliche Weisung sehr schnell entsteht. Das BMF hat diese Rechtsauffassung übernommen.[85] Zuordnungen können **im Arbeitsvertrag** erfolgen, aber auch außerhalb. Ob diese Zuordnung **schriftlich, mündlich oder einfach durch den tatsächlichen Einsatz** erfolgt, spielt keine Rolle. Auch ein **Telefonanruf, eine E-Mail, eine Arbeitsanweisung, ein Einsatzplan oder eine Protokollnotiz** kann eine Zuordnung sein. Der Arbeitgeber hat aufgrund seines Direktionsrechts und der Organisationsgewalt eine starke Rechtsposition, sodass jede Weisung, die Arbeit an einem bestimmten Ort auszuführen, bereits zu einer steuerlich wirksamen Zuordnung führt.[86] Im Bereich der öffentlichen Arbeitgeber sowie der Beamten ist eine Regelung zum abweichenden Dienstsitz bereits ausreichend. Keine Rolle spielt, ob der Arbeitgeber im steuerlichen Sinne eine Zuordnung erzeugen wollte oder ob er sich über die (steuerlichen) Folgen im Klaren ist.[87] Die Zuordnung muss auch nicht dokumentiert werden, diesbezüglich übernimmt das BMF die Auffassung des BFH.[88]

Beispiel

Der Mitarbeiter erhält eine E-Mail des Arbeitgebers: »Hallo Uwe, leider wird dein Büro im Verwaltungsgebäude I (VG I) für die Erweiterung der Produktion benötigt. Ab 1.1.2023 bis du bis auf Weiteres im Verwaltungsgebäude II (VG II), Zimmer 16 untergebracht. Der Hausmeister hilft dir, deine Möbel im Januar ins neue Büro umzuziehen. Ich danke dir für deine Bereitschaft, den etwas weiteren Weg in Kauf zu nehmen.«

Ergebnis: Es liegt eine neue Zuordnung zum Verwaltungsgebäude II vor, die unbefristet ist. Im Verwaltungsgebäude II entsteht eine erste Tätigkeitsstätte. Ausreichen würde auch eine mündliche Vereinbarung oder das Abändern eines Organigramms. Liegen beide Verwaltungsgebäude innerhalb eines abgegrenzten Werksgeländes, ergibt sich keine Änderung der ersten Tätigkeitsstätte, da das gesamte Werksgelände als eine erste Tätigkeitsstätte gilt.[89] Liegt das VG II in einer anderen Straße außerhalb eines abgegrenzten Geländes, wandert die erste Tätigkeitsstätte vom VG I zum VG II.

Wichtig

Mit der Rechtsprechung des BFH, die vom BMF übernommen wird, kommt man sehr schnell zu einer arbeitsrechtlichen Zuordnung. Um eine erste Tätigkeitsstätte entstehen zu lassen, muss aber eine **dauerhafte** Zuordnung vorliegen **und** am Ort der ersten Tätigkeitsstätte muss der Arbeitnehmer zumindest in geringem Umfang die Tätigkeit ausüben, die er arbeits- oder dienstrechtlich schuldet und die zu dem von ihm ausgeübten Berufsbild gehört. Auf den zeitlichen Umfang kommt es nicht an.

Zuordnung nur beim »Tätigwerden«

Für den BFH kommt es auf die Kombination »Zuordnung« und »Tätigwerden« an. Für den BFH war es z. B. ausreichend, dass eine Pilotin an ihrer ersten Tätigkeitsstätte (= Flughafen) vor Flugbeginn nur vorbereitende Tätigkeiten in einem zeitlichen Umfang von ca. 1 bis 2 Stunden erledigte.[90] Es handelte sich allerdings um berufstypische Tätigkeiten, im Urteilsfall um Besprechungen mit der Crew,

---

84 Vgl. insbesondere das Flughafen-Urteil, BFH, Urteil v. 11.4.2019, VI R 40/16, BStBl 2019 II S. 546, dort reichte bereits die Definition als Heimatflughafen aus, um eine Zuordnung entstehen zu lassen.

85 BMF, Schreiben v. 25.11.2020, –IV C 5 – S 2353/19/10011 :006, BStBl 2020 I S. 1228, Rz. 11.

86 BFH, Urteil v. 12.7.2021, VI R 9/19, BFH/NV 2022 S. 11: Das Urteil erging zur ersten Tätigkeitsstätte einer Mitarbeiterin im Ordnungsdienst mit umfangreicher Außendiensttätigkeit. Dem BFH genügte, dass diese aufgrund der Weisungen des Arbeitgebers Tätigkeiten im Ordnungsamt auszuüben hatte.

87 Bestätigt in BFH, Urteil v. 12.7.2021, VI R 9/19, BFH/NV 2022 S. 11.

88 BMF, Schreiben v. 25.11.2020, IV C 5 – S 2353/19/10011 :006, BStBl 2020 I S. 1228, Rz. 11.

89 BFH, Urteil v. 11.4.2019, VI R 40/16, BStBl 2019 II S. 546, z. B. Flughafengelände als erste Tätigkeitsstätte.

90 BFH, Urteil v. 11.4.2019, VI R 40/16, BStBl 2019 II S. 546.

Analyse der Wetterdaten, Planung der Flugroute. Zum selben Ergebnis kam er im Fall eines Streifenpolizisten, der auf der Dienststelle lediglich die Vor- und Nachbereitung der Einsätze und der Streifen erledigte, sich den weit überwiegenden Teil der Dienstzeit aber auf Streife und im Einsatz befand.[91] Bei den an der denkbaren ersten Tätigkeitsstätte ausgeübten Arbeiten muss es sich um Tätigkeiten handeln, die zur eigentlichen arbeitsrechtlich geschuldeten Arbeitsleistung gehört und die berufstypisch sind. Auch hier hat der BFH die frühere Verwaltungsauffassung korrigiert, dass es nur auf das gelegentliche persönliche Erscheinen ankäme. Im aktuellen BMF-Schreiben ist die Rechtsprechung des BFH hierzu vollumfänglich übernommen worden.[92]

Beispiel

Ein Mitarbeiter wird als Hausmeister für mehrere kirchliche Kindergärten eingestellt. Im Arbeitsvertrag ist als erste Tätigkeitsstätte ausdrücklich der Sitz der Hauptverwaltung benannt. Dort befindet sich das Material- und Werkzeuglager, am Montagvormittag werden dort die Aufgaben und Einsätze der laufenden Woche abgesprochen. 90 % seiner Arbeitszeit verbringt der Hausmeister vor Ort in den 10 Kindergärten; die restlichen 10 % ist er in seiner Werkstatt in der Hauptverwaltung tätig.

Ergebnis: Erste Tätigkeitsstätte des Hausmeisters ist der Sitz der Hauptverwaltung. Vorrangig gilt die dienstrechtliche Festlegung des Arbeitgebers. Da diese eindeutig ist, spielt der tatsächliche Zeitaufwand keine Rolle. In der Hauptstelle ist der Hausmeister auch tatsächlich tätig, wenn auch nur in geringem Umfang. Die Fahrten und Einsatzzeiten in den Kindergärten erfüllen die Voraussetzungen von Dienstreisen.

Wichtig

Nur wenn keine arbeits- oder dienstrechtliche Zuordnung durch den Arbeitgeber festgestellt werden kann, erfolgt die steuerliche Zuordnung nach den Zeitanteilen, die ein Arbeitnehmer in ortsfesten Einrichtungen verbringt. Ergibt sich aus dieser zeitlichen Zuordnung, dass mehrere Einsatzorte für die erste Tätigkeitsstätte infrage kommen, erfolgt eine Zuordnung nach der kürzesten Entfernung zum Wohnort des Mitarbeiters.

Erste Tätigkeitsstätte

3.1.9.1 Nur positive Zuordnung möglich

Das steuerliche Reisekostenrecht räumt dem Arbeitgeber das Recht ein, vorrangig die erste Tätigkeitsstätte seiner Arbeitnehmer zu bestimmen. Fehlt es an einer solchen Zuordnung oder kann sie nicht nachgewiesen werden, wird die erste Tätigkeitsstätte nach zeitlichen Kriterien (quantitative Zuordnung, § 9 Abs. 4 Satz 4 EStG) bestimmt.

Keine Negativfestlegung

Allerdings kann der Arbeitgeber nicht bestimmen, dass der Arbeitnehmer gar keine erste Tätigkeitsstätte haben soll. Eine Negativfestlegung (z. B. »der Mitarbeiter hat keine erste Tätigkeitsstätte«) ist gesetzlich nicht vorgesehen und wird ausdrücklich ausgeschlossen.[93]

Gestaltungsspielraum

Der Arbeitgeber hat aber folgende Möglichkeiten:

Variante 1: Er kann darauf verzichten, eine erste Tätigkeitsstätte festzulegen. Nach dem BMF-Schreiben ist es sogar zulässig, dass der Arbeitgeber **ausdrücklich** auf eine Zuordnung verzichtet.

Variante 2: Des Weiteren kann der Arbeitgeber ausdrücklich erklären, dass die organisatorische Zuordnung keine erste Tätigkeitsstätte begründen soll.

91 BFH, Urteil v. 4.4.2019, VI R 27/17, BFH/NV 2019 S. 944, BStBl 2019 II S. 536.
92 BMF, Schreiben v. 25.11.2020, IV C 5 – S 2353/19/10011 :006, BStBl 2020 I S. 1228, Rz. 9.
93 BMF, Schreiben v. 25.11.2020, IV C 5 – S 2353/19/10011 :006, BStBl 2020 I S. 1228, Rz. 13.

Variante 3: Will der Arbeitgeber eine konkrete Zuordnung vermeiden, kann er ausdrücklich regeln, dass sich die Bestimmung der ersten Tätigkeitsstätte nach den quantitativen Abgrenzungskriterien (§ 9 Abs. 4 Satz 4 EStG) richten soll.

Da in diesen Fällen der Arbeitgeber auf sein arbeitsrechtliches Zuordnungsrecht verzichtet, kommt es für die erste Tätigkeitsstätte ausschließlich darauf an, ob jeweils die quantitativen Zeitgrenzen (2 Arbeitstage pro Woche, 1/3 der vereinbarten Arbeitszeit, typischerweise arbeitstäglich) **dauerhaft** erreicht werden.

3.1.9.2 Zuordnung muss sich auf die Tätigkeit beziehen

Laut gesetzlicher Regelung wird die dauerhafte Zuordnung eines Arbeitnehmers durch die dienst- oder arbeitsrechtlichen Festlegungen sowie die diese ausfüllenden Absprachen/Weisungen bestimmt (§ 9 Abs. 4 Satz 2 EStG). Das Einkommensteuergesetz verweist damit ausschließlich auf das arbeitsrechtliche Weisungsrecht des Arbeitgebers. Für die steuerliche Zuordnung muss sich die Weisung des Arbeitgebers auf die Tätigkeit des Arbeitnehmers beziehen

Der BFH sieht dies gleich, er stellt jedoch ergänzend zur ursprünglichen Verwaltungsauffassung darauf ab, ob Arbeitnehmer an der ortsfesten Einrichtung zumindest in geringem Umfang Tätigkeiten erbringen müssen, die arbeitsvertraglich oder dienstrechtlich geschuldet werden und die zu dem jeweils ausgeübten Berufsbild gehören. Nur dann kann die »erste Tätigkeitsstätte« als Anknüpfungspunkt für den Ansatz von Wegekosten nach Maßgabe der Entfernungspauschale und als Abgrenzungsmerkmal gegenüber einer auswärtigen beruflichen Tätigkeit dienen.[94] Liegt eine eindeutige arbeitsrechtliche Zuordnung vor, spielt der zeitliche Umfang der Tätigkeit des Arbeitnehmers an der ersten Tätigkeitsstätte keine Rolle. Entscheidend ist jedoch, dass in der ortsfesten Einrichtung (ohne die es keine erste Tätigkeitsstätte geben kann) Tätigkeiten ausgeübt werden, die arbeits- oder dienstrechtlich geschuldet werden und – wichtig – zum eigentlichen Berufsbild gehören.[95] Es ist also möglich, Arbeitnehmer einer bestimmten ortsfesten Einrichtung zuzuordnen und dort ihrem Berufsbild entsprechend einzusetzen (erste Tätigkeitsstätte), obwohl der Mitarbeiter wesentliche Teile seiner Arbeitszeit woanders ableistet.

Wichtig

Die zeitliche Lage der Tätigkeit sowie deren zeitlicher Umfang spielt keine Rolle, wie sich aus den Urteilen des BFH zur Pilotin und zum Polizisten im Streifendienst zeigt.[96] Es spielt auch keine Rolle, ob der Arbeitnehmer diese ortsfeste Einrichtung regelmäßig aufsucht.[97] Voraussetzung ist allein, dass der Arbeitnehmer an der festgelegten Tätigkeitsstätte »zumindest in **ganz geringem Umfang** Tätigkeiten zu erbringen hat, die er arbeitsvertraglich oder dienstrechtlich schuldet«[98] und die zum Berufsbild der ausgeübten Tätigkeit gehören.

---

94 Z. B. BFH, Urteil v. 11.4.2019, VI R 12/17, BStBl 2019 II S. 551; BMF, Schreiben v. 25.11.2020, IV C 5 – S 2353/19/10011 :006, BStBl 2020 I S. 1228, Rz. 9.

95 BFH, Urteil v. 2.9.2021, VI R 25/19, sog. »Müllwerker-Urteil«, BFH NV 2022 S. 18.

96 BFH, Urteile v. 11.4.2019, VI R 40/16 und VI R 12/17, BStBl 2019 II S. 546 ff.; BMF, Schreiben v. 25.11.2020, IV C 5 – S 2353/19/10011 :006, BStBl 2020 I S. 1228, Rz. 9.

97 Vgl. hierzu jedoch das Revisionsverfahren beim BFH zum Bauleiter unter Az. VI R 27/21, Vorinstanz FG Mecklenburg-Vorpommern, Urteil v. 24.11.2021, 3 K 6/20.

98 BMF, Schreiben v. 25.11.2020, IV C 5 – S 2353/19/10011 :006, BStBl 2020 I S. 1228, Rz. 9.

Beispiel

Ein Verkaufsmitarbeiter ist laut Arbeitsvertrag der Filiale 1 seines Arbeitgebers ausdrücklich zugeordnet. Diese liegt 5 km von der Wohnung des Arbeitnehmers entfernt. Tatsächlich betreut der Mitarbeiter an 5 Tagen pro Woche die Filiale 2. Diese liegt 20 km von seiner Wohnung entfernt. Samstags ist er ganztags in der Filiale 1 eingesetzt.

Ergebnis: Obwohl er zeitlich gesehen deutlich mehr in der Filiale 2 tätig ist, gilt vorrangig die arbeitsrechtliche Zuordnung durch den Arbeitgeber. Da er in der Filiale 1 (arbeitsrechtliche Zuordnung) tatsächlich der Tätigkeit als Verkäufer nachgeht, wird diese zur ersten Tätigkeitsstätte.

Wie dieses Beispiel zeigt, stehen dem Arbeitgeber weitgehende **Gestaltungsmöglichkeiten** zu. Voraussetzung für die steuerliche Übernahme der arbeitsrechtlichen Zuordnung ist jedoch, dass an der vom Arbeitgeber bestimmten Einrichtung tatsächlich ein zumindest geringer Anteil seiner eigentlichen Arbeitsleistung erbracht wird. Es reicht allerdings nicht aus, wenn der Arbeitnehmer am jeweiligen Ort nur Einkäufe tätigt oder eine Dienstleistung bezieht.

Anforderungen an berufliche Tätigkeiten

Der BFH hat in Ergänzung zum o. g. »Piloten-Urteil« die Anforderungen konkretisiert, die an das Ausüben der eigentlichen beruflichen Aufgaben an einer ortsfesten betrieblichen Einrichtung gestellt werden, damit diese zur ersten Tätigkeitsstätte wird. Im Fall der Pilotin war ausreichend, dass am arbeitsrechtlich zugeordneten Flughafen Flugvorbereitungen (Besprechungen mit der Crew, Check der Wetterdaten) stattfanden. Der BFH hat im sog. »Müllwerker-Urteil« jedoch konkretisiert, dass in der ortsfesten Einrichtung, für die eine Zuordnung des Arbeitgebers gilt, zumindest in geringem Umfang Tätigkeiten ausgeübt werden, die

- arbeitsvertraglich oder dienstrechtlich vom Arbeitnehmer geschuldet werden und
- die zu dem vom Arbeitnehmer ausgeübten Berufsbild gehören.[99]

Geringfügige Tätigkeiten, die im Wesentlichen nur der Vorbereitung auf den täglichen Arbeitsalltag dienen, reichen hierzu nicht aus. Im Urteilsfall begann der Kläger seine Arbeit als Müllwerker täglich auf dem zugewiesenen Betriebshof. Er zog dort die Arbeitskleidung an, holte im Büro das Tourenbuch und die Fahrzeugpapiere und -schlüssel, kontrollierte am Müllfahrzeug auf Weisung des Fahrers die Beleuchtung und hörte sich die Ansage der Einsatzleitung bezüglich Baustellen und Störungen im Einsatzbezirk an. Diese geringfügen Tätigkeiten für sich reichen nach Auffassung des BFH nicht aus, um eine erste Tätigkeitsstätte entstehen zu lassen.[100]

Andererseits reicht nach der BFH-Rechtsprechung auch eine zeitlich sehr knappe Tätigkeit am vom Arbeitgeber bestimmen Ort aus, um dort eine erste Tätigkeitsstätte entstehen zu lassen. Eine Mitarbeiterin im kommunalen Ordnungsdienst kehrte 25 Minuten vor Dienstende in die Behörde zurück, sie nahm am Behördensitz an Besprechungen teil, morgens bereitete sie sich auf die täglichen Aufgaben vor. Insgesamt waren es täglich 45 Minuten, die restliche Arbeitszeit wurde im Außendienst erbracht. Dem BFH reichte dieser geringe zeitliche Umfang der Tätigkeit aus, um eine erste Tätigkeitsstätte in der Ordnungsbehörde anzunehmen.[101]

99 BFH, Urteil v. 2.9.2021, VI R 25/19, BFH/NV 2022 S. 18.

100 BMF, Schreiben v. 25.11.2020, IV C 5 – S 2353/19/10011 :006, BStBl 2020 I S. 1228, Rz. 9; nach Zurückverweisung durch BFH vom FG Berlin-Brandenburg entschieden, dass keine erste Tätigkeitsstätte vorliegt, Urteil v. 16.6.2022, 16 K 4259/17. Wartezeiten wegen chaotischem Schichtbeginn gehören nicht zu den Tätigkeiten, die dem Berufsbild eines Müllwerkers entsprechen.

101 BFH, Urteil v. 12.7.2021, VI R 9/19, BFH/NV 2022 S. 11; BFH, Urteil v. 16.12.2020, VI R 35/18, BFH/NV 2021 S. 844, mit Verweis auf weitere BFH-Rechtsprechung.

Wichtig

Wann eine Tätigkeit vorliegt, die arbeitsvertraglich geschuldet wird und zum Berufsbild gehört, hat der BFH im Fall eines Streifenpolizisten etwas genauer definiert.[102] Dabei hat er zwischen den Tätigkeiten im Streifendienst einerseits und denen auf der Wache (Teilnahme an Dienstantrittsbesprechungen, Schichtübernahme und -übergabe, Verfassen von Protokollen, Streifen-, Einsatz- und Unfallberichten) andrerseits unterschieden. Bei Berufskraftfahrern und Mitarbeitern mit weit überwiegender Auswärtstätigkeit (z. B. Monteure, Bauhandwerker, Montageschreinern usw.) reichen aufgrund dieser BFH-Entscheidung einfache Vorbereitungshandlungen für die Auswärtstätigkeit (z. B. Fahrzeugübernahme, das Abholen/Abgeben von Rapportzetteln, Material oder Werkzeug) m. E. nicht aus, um eine erste Tätigkeitsstätte entstehen zu lassen. Auch das BMF hält derartige Tätigkeiten für nachrangig, allerdings bezieht sich diese Aussage auf die Abgrenzung, wann ohne Zuordnungsentscheidung des Arbeitgebers im Rahmen der quantitativen Abgrenzungskriterien (1/3 der vertraglichen Arbeitszeit, 2 volle Tage pro Arbeitswoche, arbeitstäglich) eine erste Tätigkeitsstätte entsteht.[103] Insoweit ist nach der Rechtsprechung des BFH von einer einheitlichen Abgrenzung für beide Fallgestaltungen (Zuordnung aufgrund Weisungsrecht des Arbeitgebers/quantitative Abgrenzung) auszugehen.

Beispiel

Die Berufskraftfahrer eines Pharmaunternehmens sind arbeitsrechtlich konkreten Auslieferungslagern (Betriebshof) zugeordnet. Sie übernehmen dort die Lkw und sind danach 3-tägig unterwegs. Mitte der Woche tauschen sie auf dem zugeordneten Betriebshof den Auflieger bzw. die Wechselbrücke und beginnen mit einem weiteren 3-tägigen Umlauf. Vor Beginn der Fahrschichten holen sie auf dem Betriebshof die Fahrzeugschlüssel und -papiere, vor jedem Fahrtbeginn (unabhängig, ob am Betriebssitz oder unterwegs nach einer Standzeit) führen sie die gesetzlich vorgeschriebene Fahrzeugkontrolle durch. Am zugeordneten Betriebssitz sind sie ansonsten nur sehr gelegentlich tätig, z. B. zur Teilnahme an Betriebsversammlungen oder dem jährlichen Personalgespräch.

Ergebnis: Obwohl eine arbeitsrechtliche Zuordnung vorliegt, entsteht am zugewiesenen Betriebssitz keine erste Tätigkeitsstätte. Die Tätigkeiten am Betriebshof (Holen und Abgeben der Fahrzeugpapiere und -schlüssel) stellen nur geringfügige Vorbereitungstätigkeiten dar. Gegenüber dem eigentlichen Berufsbild – Fahren eines Lkw – sind sie vollkommen nachrangig (so auch das BMF zur quantitativen Abgrenzung[104]). Die fehlende erste Tätigkeitsstätte – trotz Zuordnung durch den Arbeitgeber – führt zu einem höheren steuerlichen Spesenanspruch der Fahrer. Verlassen diese am Sonntagabend ihre Wohnung und kehren sie erst am Samstag zu dieser zurück, können steuerlich Spesen (Verpflegungsmehraufwand) in Höhe von 2 x 14 EUR (Sonntag und Samstag) sowie 5 x 28 EUR (Montag bis Freitag), insgesamt 168 EUR/Woche abgerechnet werden. Würde auf dem Betriebshof eine erste Tätigkeitsstätte entstehen, könnten nur 3 x 14 EUR (Sonntag, Mittwoch, Samstag) und 4 x 28 EUR (Montag, Dienstag, Donnerstag, Freitag), insgesamt 154 EUR/Woche steuerlich berücksichtigt werden.

Anrufungsauskunft

Obwohl die Anforderungen des BFH an eine konkrete, berufstypische Tätigkeit am Ort der (denkbaren) ersten Tätigkeitsstätte bereits in das BMF-Schreiben aufgenommen sind, kommt es in der Praxis immer wieder zu Diskussionen mit den Finanzämtern bzw. den Lohnsteuer-Prüfern, ob die ausgeübten Tätigkeiten für das Entstehen einer ersten Tätigkeitsstätte ausreichend sind. Arbeitgebern ist hier die vorzeitige Klärung über eine Anrufungsauskunft nach § 42e EStG zu empfehlen. Entscheidend für den Erfolg einer derartigen Anrufungsauskunft ist zum einen eine ausführliche Sachverhaltsschilderung, die auch eine Beschreibung enthält, was zu den eigentlichen beruflichen Aufgaben des Arbeitnehmers gehört. Zum anderen ist eine eindeutige Aussage notwendig, welche Rechtsauffassung der Arbeitgeber vertritt. Die Kernfrage einer Anrufungsauskunft muss lauten, ob das zuständige Finanzamt der Rechtsauffassung des Arbeitgebers zustimmt. Die in der Praxis häufig

102 BFH, Urteil v. 4.4.2019, VI R 27/17, BStBl 2019 II S 536.

103 BMF, Schreiben v. 25.11.2020, IV C 5 – S 2353/19/10011 :006, BStBl 2020 I S. 1228, Rz. 27. Zu den quantitativen Abgrenzungskriterien vgl. Kap. 3.1.10.

104 BMF, Schreiben v. 25.11.2020, IV C 5 – S 2353/19/10011 :006, BStBl 2020 I S. 1228, Rz. 27, Beispiel 16.

anzutreffende Frage an das Finanzamt, wie ein Sachverhalt zu beurteilen sei, führt nicht zu einer rechtsverbindlichen Anrufungsauskunft, sondern zu allgemeinen Ausführungen des Finanzamts. Diese werden i. d. R. direkt aus den LStR oder einem BMF-Schreiben herauskopiert. Die o. a. zitierte BFH-Rechtsprechung sollte zur Begründung der Anrufungsauskunft zitiert werden.

Zum Nachweis der arbeitsrechtlichen Zuordnung vgl. ausführlich Kap. 3.1.9.4.

3.1.9.3 Rein organisatorische Zuordnungen nicht maßgebend

Die arbeitsrechtliche Zuordnung muss sich auf die **eigentliche Tätigkeit** des Arbeitnehmers beziehen und auch einen Bezug zum Berufsbild haben. Daher führt eine Zuordnung, die ausschließlich aus organisatorischen oder verwaltungstechnischen Gründen erfolgt, nicht zu einer ersten Tätigkeitsstätte. Hierzu gehört zum Beispiel die Zuordnung eines Mitarbeiters ausschließlich für abrechnungstechnische Vorgänge oder zur Führung der Personalakte. Dies betrifft vor allem leitende Angestellte, deren Personalakte und Lohnabrechnung abweichend von den anderen Mitarbeitern an einer zentralen Stelle geführt werden. Auch die örtliche Zuordnung in SAP entfaltet keine steuerliche Wirkung (z. B. in Infotyp 0001 – organisatorische Zuordnung).

Ein Organigramm allein reicht als Nachweis für die arbeitsrechtliche Zuordnung nicht aus, wenn nicht gleichzeitig andere Indizien die Zuordnung bestätigen.[105] Organigramm

Ortsbezeichnungen in Einstellungsbögen bzw. in Arbeitsverträgen gelten nicht als Zuordnung im Sinne des § 9 Abs. 4 EStG, wenn Arbeitsvertrag

- sie nur als Einstellungsort oder Anstellungsort im Sinne des Nachweisgesetzes zu verstehen sind
- und der Arbeitgeber schriftlich erklärt, dass damit keine arbeitsrechtliche Zuordnung im o. a. Sinne erfolgt sein soll.

Es reicht eine **Klarstellung** über Notiz, E-Mail oder zentral in der Reiserichtlinie des Unternehmens aus.[106]

Beispiel

Im Arbeitsvertrag für einen Baupolier ist erläutert: »Einstellungsort ist die Niederlassung in Frankfurt.« Dies ist aus tarifvertraglichen Gründen erfolgt, tatsächlich ist der Baupolier bundesweit auf Baustellen eingesetzt.

Ergebnis: Ausreichend ist eine schriftliche Klarstellung, dass mit der Benennung des Einstellungsorts Frankfurt keine arbeitsrechtliche Zuordnung erfolgen soll.[107] An die Klarstellung werden keine hohen Anforderungen gestellt – auch die Bestätigung per E-Mail, eine Klarstellung in einem Aktenvermerk, eine nachweisbare Info an den Mitarbeiter reichen aus.

Nachfolgend eine Musterformulierung für eine **schriftliche Klarstellung** durch den Arbeitgeber: Musterformulierung

105 BMF, Schreiben v. 25.11.2020, IV C 5 – S 2353/19/10011 :006, BStBl 2020 I S. 1228, Rz. 12.
106 BMF, Schreiben v. 25.11.2020, IV C 5 – S 2353/19/10011 :006, BStBl 2020 I S. 1228, Rz. 13, Beispiel 2.
107 FG Mecklenburg-Vorpommern, Urteil v. 24.11.2021, 3 K 6/20, Rev. beim BFH unter Az. VI R 27/21. Das FG bezweifelt, ob die Nennung eines Einstellungsorts bei einem Bauleiter, der nahezu ausschließlich auf den Baustellen tätig ist, zu einer ersten Tätigkeitsstätte führt.

Musterformulierung

»Wir bestätigen, dass mit der Nennung des Einstellungsorts keine arbeitsrechtliche Zuordnung im Sinne des § 9 Abs. 4 EStG verbunden ist.«

Alternativ kann eine Klarstellung in der **Reiseordnung** erfolgen:

»Eine Zuordnung der Arbeitnehmer im Sinne des § 9 Abs. 4 Satz 1 EStG ist nicht erfolgt. Die erste Tätigkeitsstätte bestimmt sich ausschließlich nach § 9 Abs. 4 Satz 4 EStG (quantitative Zuordnung).«

3.1.9.4 Nachweis der arbeitsrechtlichen Zuordnung

In der Praxis sollte man die arbeitsrechtliche **Zuordnung** – auch wenn der BFH das nicht fordert – zumindest **glaubhaft machen** können. Der BFH stellt selbst keine hohen Anforderungen an die Zuordnung:

»Die Zuordnung kann also insbesondere im Arbeitsvertrag oder durch Ausübung des Direktionsrechts (beispielsweise im Beamtenverhältnis durch dienstliche Anordnung) kraft der Organisationsgewalt des Arbeitgebers oder Dienstherrn (im weiteren Verlauf: Arbeitgeber) vorgenommen werden. Die Zuordnung zu einer ersten Tätigkeitsstätte muss dabei nicht ausdrücklich erfolgen. Sie setzt auch nicht voraus, dass sich der Arbeitgeber der steuerrechtlichen Folgen dieser Entscheidung bewusst ist. Wird der Arbeitnehmer von seinem Arbeitgeber einer betrieblichen Einrichtung zugeordnet, weil er dort seine Arbeitsleistung erbringen soll, ist diese Zuordnung aufgrund der steuerrechtlichen Anknüpfung an das Dienst- oder Arbeitsrecht vielmehr auch steuerrechtlich maßgebend. Deshalb bedarf es neben der arbeitsrechtlichen Zuordnung zu einer betrieblichen Einrichtung keiner gesonderten Zuweisung zu einer ersten Tätigkeitsstätte für einkommensteuerrechtliche Zwecke.«[108]

Dokumentation

Trotzdem sollte der Arbeitgeber dafür sorgen, dass seine Zuordnung in irgendeiner Weise nachvollziehbar dokumentiert ist. Hierzu reichen alle denkbaren Unterlagen aus, z. B.

- eine schriftliche Abordnung,
- eine Anweisung per E-Mail über die sozialen Medien
- oder notfalls ein Aktenvermerk,
- eine Anweisung des Arbeitgebers, an einer ortsfesten betrieblichen Einrichtung dauerhaft tätig zu werden

Eine Gegenzeichnung durch den Arbeitnehmer ist nicht notwendig. Wenn keine Zuordnung glaubhaft gemacht werden kann, greift die Finanzverwaltung – z. B. bei einer Betriebsprüfung – auf die quantitativen (zeitlichen) Kriterien zurück. Der Prüfer wird dann darauf abstellen, ob der Arbeitnehmer 2 Arbeitstage pro Woche, 1/3 seiner Arbeitszeit oder arbeitstäglich in einer ortsfesten Einrichtung tätig ist.

Beispiel

Ein Mitarbeiter wurde laut Arbeitsvertrag 2005 als EDV-Fachkraft für die Hauptverwaltung in Frankfurt eingestellt.

Inzwischen ist der Mitarbeiter aufgrund mündlicher Anweisung des Arbeitgebers als Systemadministrator für die Logistikzentrale in Hanau verantwortlich. Eine Änderung des Arbeitsvertrags erfolgte nicht, allerdings ergibt sich seine Zuständigkeit aus mehreren schriftlichen Anweisungen des Arbeitgebers. Auch im Organigramm ist der Mitarbeiter ausdrücklich mit Zuständigkeit und Dienstsitz Hanau aufgeführt. Tat-

108 Zitiert aus BFH, Urteil v. 12.7.2021, VI R 9/19, BFH/NV 2022 S. 11, Rz. 15 der Urteilsbegründung.

sächlich ist der Arbeitnehmer im Durchschnitt an 4 Tagen pro Woche in Hanau tätig, einen Tag pro Woche geht er seiner Tätigkeit in Frankfurt nach.

Ergebnis: Die erste Tätigkeitsstätte liegt aufgrund der geänderten örtlichen Zuweisung des Arbeitgebers in Hanau. Das gilt auch dann, wenn der Mitarbeiter häufig in Frankfurt oder an anderen Standorten tätig ist. Eine Änderung des Arbeitsvertrags war für die Zuordnung nicht notwendig.

Organigramm

Ein Organigramm allein reicht laut Auffassung des BMF als Nachweis für die arbeitsrechtliche Zuordnung nicht aus, wenn nicht gleichzeitig andere Indizien die Zuordnung bestätigen.[109] Erbringt der Arbeitnehmer jedoch einen Teil seiner tatsächlichen (arbeitsrechtlich geschuldeten) berufstypischen Arbeitsleistung entsprechend der Ausführungen im Organigramm, kann man von einer arbeitsrechtlichen und damit auch steuerlich wirksamen Zuordnungsentscheidung ausgehen.

Bei eher steueroptimierten Zuordnungen sollte auf klare Anforderungen an das Tätigwerden an der ersten Tätigkeitsstätte geachtet werden.

Beispiel

Eine Mitarbeiterin wird für 5 Jahre als Betriebsleiterin nach München abgeordnet. Bisher war sie am Hauptsitz des Arbeitgebers in der Nähe von Stuttgart beschäftigt. Die Arbeitnehmerin wohnt und lebt in Stuttgart. Der Hauptsitz liegt 15 km von der Wohnung entfernt. Wegen der weiten Entfernung übernachtet die Mitarbeiterin in München in einer 2-Zimmer-Wohnung, fährt aber regelmäßig neben den Wochenenden auch am Mittwoch nach Hause. Der Arbeitnehmerin steht für diese Fahrten ein Firmenwagen mit einem Bruttolistenpreis von 50.000 EUR zur Verfügung. Der Arbeitgeber regelt per arbeitsrechtlicher Zuordnung, dass der Hauptsitz in Stuttgart erste Tätigkeitsstätte bleibt. Die Arbeitnehmerin wird angewiesen, mindestens einmal im Monat persönlich der Geschäftsführung über den Betriebsablauf in München Bericht zu erstatten. Außerdem muss sie an allen Quartalssitzungen der technischen Abteilungsleiter in Stuttgart persönlich teilnehmen.

Ergebnis: Die arbeitsrechtliche Zuordnung des Arbeitgebers ist nach Verwaltungsmeinung durch die konkrete Zuweisung von Tätigkeiten in Stuttgart erfüllt, die auch zum Berufsbild der Mitarbeiterin gehören. Erste Tätigkeitsstätte bleibt Stuttgart. Der Einsatz in München zählt – trotz der langen Einsatzdauer von mehr als 48 Monaten – als Dienstreise, weil dort keine erste Tätigkeitsstätte vorliegt.

Die Fahrten von der Wohnung nach Stuttgart und zurück führen zu keinem zusätzlichen geldwerten Vorteil für die Firmenwagenüberlassung. Allerdings muss für die Strecke zwischen Wohnung und Hauptsitz in Stuttgart (erste Tätigkeitsstätte) ein geldwerter Vorteil versteuert werden, da insoweit Fahrten zwischen Wohnung und erster Tätigkeitsstätte vorliegen. Dies erfolgt entweder mit 0,03 % aus 50.000 EUR × 15 km (Monatswert als Zuschlag zu den 1 % aus dem Bruttolistenpreis für die private Nutzungsmöglichkeit) oder pro Fahrt mit jeweils 0,002 %[110] aus 50.000 EUR × 15 km = 45 EUR pro Fahrt (vgl. Kap. 8.4.2). Zu beachten ist, dass trotz Dienstreise-Charakter nach Ablauf von 48 Monaten die Übernachtungen in München nur bis zu einem Höchstbetrag von 1.000 EUR pro Monat steuerfrei ersetzt werden bzw. als Werbungskosten abgesetzt werden können (vgl. Kap. 4.3). Steuerliche Tagesspesen (Verpflegungsmehraufwand) können nur innerhalb der Regelungen zur 3-Monatsfrist gewährt werden (vgl. Kap. 4.2.3).

Abwandlung: Ohne arbeitsrechtliche Zuordnung würde München zur ersten Tätigkeitsstätte, weil eine voraussichtliche Zuordnung über mehr als 48 Monate vorliegt und damit die zeitlichen Vorgaben für eine vorübergehende Zuordnung nicht mehr erfüllt sind. Die Fahrten von München nach Stuttgart am Mittwoch müssten dann als zusätzlicher geldwerter Vorteil versteuert werden. Die Zweitwohnung in München kann in diesem Fall nur im Rahmen einer doppelten Haushaltsführung steuerfrei vom Arbeitgeber erstattet werden.

109 BMF, Schreiben v. 25.11.2020, IV C 5 – S 2353/19/10011 :006, BStBl 2020 I S. 1228, Rz. 12.
110 BMF, Schreiben v. 4.4.2018, IV C 5 – S 2334/18/10001, BStBl 2018 I S. 592.

3.1.9.5 Dienststelle und Dienststätte als erste Tätigkeitsstätte

Für die Frage, ob eine Dienststelle oder eine Dienststätte zur ersten Tätigkeitsstätte wird, gelten dieselben Voraussetzungen wie bei Arbeitnehmern der Privatwirtschaft. Es kommt darauf an, ob die Beschäftigten oder Beamten an der zugewiesenen Dienststelle oder Dienststätte vorausschauend dauerhaft tätig sein sollen und dort - wenn auch in geringem Umfang - ihre dienstrechtlichen und berufstypischen Aufgaben erbringen.

Unterscheidung zwischen Dienstrecht und Lohnsteuer

Davon zu unterscheiden ist die dienstrechtliche Sichtweise. Beschäftigte des öffentlichen Dienstes sowie **Beamte** haben aufgrund der dienstrechtlichen Regelungen sowie des jeweiligen Landesreisekostenrechts bzw. des BRKG eine Dienststelle. Dieser Dienststelle oder Dienststätte sind sie dienstrechtlich zugeordnet. **Dienstrechtlich** spielt es **keine Rolle, ob die dienstrechtliche Zuordnung vorübergehend oder dauerhaft** ist. Daher kann der dienstrechtliche Begriff der Dienststätte oder Dienststelle nicht automatisch auf den steuerlichen Begriff der ersten Tätigkeitsstätte übertragen werden. Die dienstrechtliche Zuordnung entfaltet damit seine Wirkung nur bezüglich der **arbeitsrechtlichen** Erstattung von Reisekosten. Der steuerliche Begriff der ersten Tätigkeitsstätte wird einheitlich für alle Arbeitnehmer ausgelegt, egal, ob Privatwirtschaft, öffentlicher Dienst oder Beamte. Dies kann dazu führen, dass der Dienstherr zu Recht keine Reisekosten erstattet, aber im Rahmen der Steuererklärung Reisekosten als Werbungskosten abgesetzt werden können. Neben der dienstrechtlichen Zuordnung kommt es für den steuerlichen Begriff der ersten Tätigkeitsstätte entscheidend darauf an, dass dort ein - wenn auch geringfügiger - Teil der dienstrechtlich geschuldeten Tätigkeiten erbracht wird und diese auch für das Berufsbild typisch sind.[111]

Ob eine Dienststelle oder Dienststätte zur steuerlichen ersten Tätigkeitsstätte wird, hängt nach dem BMF-Schreiben davon ab, ob die dienstrechtliche Zuordnung zeitlich unbegrenzt ist:

- Das ist der Fall, wenn der Beschäftigte bezüglich dieser **Dienststelle** eingestellt wurde. In diesem Fall ist die Dienststelle gleichzeitig die erste Tätigkeitsstätte im Sinne des EStG;
- **Versetzungen ohne zeitliche Befristung** zu einer anderen Dienststelle führen zu einer ersten Tätigkeitsstätte im Sinne des EStG;
- das Gleiche gilt für **Abordnungen ohne zeitliche Befristung** (Zuordnung zu einer steuerlichen ersten Tätigkeitsstätte).

Versetzungen mit einer zeitlichen Befristung bis max. 48 Monate (4 Jahre) erfüllen nicht die Voraussetzungen einer dauerhaften Zuordnung (keine erste Tätigkeitsstätte). Ebenfalls zu keiner steuerlichen ersten Tätigkeitsstätte führen **Abordnungen mit einer zeitlichen Befristung** bis max. 48 Monate. Das gilt selbst dann, wenn die Abordnung mit dem Ziel der Versetzung erfolgt.

Wichtig

Neben der dauerhaften Zuordnung zu einer Dienststelle verlangt die BFH-Rechtsprechung, dass dort - wenn auch in geringem Umfang - ein Teil der dienstrechtlichen Arbeitsleistung erbracht wird und diese auch berufstypisch ist. Deutlich wird das an der BFH-Entscheidung zu einem Streifenpolizisten oder einer Mitarbeiterin eines Ordnungsamts. In beiden Fällen ging der BFH davon aus, dass die Dienststelle auch zur ersten Tätigkeitsstätte wird, weil an der Dienststelle ein Teil der berufstypischen Aufgaben erledigt wurden.[112]

111 BMF, Schreiben v. 25.11.2020, IV C 5 - S 2353/19/10011 :006, BStBl 2020 I S. 1228, Rz. 14 ff., Rz. 22.

112 BFH, Urteile v. 4.4.2019, VI R 27/17, BStBl 2019 II S 536 (Streifenpolizist); BFH, Urteil v. 12.7.2021, VI R 9/19, BFH/NV 2022 S. 11 (kommunaler Ordnungsdienst).

3.1.10 Quantitative (zeitliche) Zuordnungskriterien

Fehlt es an einer arbeitsrechtlichen Zuordnung insgesamt oder ist diese nicht eindeutig, erfolgt die Abgrenzung, ob eine erste Tätigkeitsstätte vorliegt, anhand des zeitlichen Umfangs der Tätigkeit in der betrieblichen Einrichtung des Arbeitgebers, eines verbundenen Unternehmens oder eines Dritten. Die Bestimmung nach quantitativen Kriterien ist **nachrangig.** Zuerst ist die arbeitsrechtliche Zuordnung durch den Arbeitgeber maßgebend (vgl. Kap. 3.1.9).

Prognoseentscheidung

Nur wenn es keine Zuordnung gibt oder diese nicht eindeutig ist, kommt die quantitative Abgrenzung nach dem zeitlichen Einsatz zum Zuge. Beurteilt wird auch der Zeiteinsatz als Prognose (sog. **Ex-ante-Betrachtung**). Für den Arbeitgeber bringt dieses quantitative Abgrenzungskriterium ein höheres, steuerliches Risiko mit sich.

Quantitative Kriterien

Für die Zuordnung nach dem **zeitlichen Umfang** der Tätigkeit gelten folgende Abgrenzungskriterien:

- Der Mitarbeiter ist **dauerhaft** typischerweise **arbeitstäglich** dort tätig. Kehrt der Arbeitnehmer regelmäßig nur beim Arbeitgeber an, um Material, Werkzeug, Einsatzpläne oder ein Betriebsfahrzeug zu übernehmen, führt dies nicht zu einer ersten Tätigkeitsstätte.
- Erreicht der Zeitumfang **dauerhaft** pro Arbeitswoche 2 volle Arbeitstage
- **oder** 1/3 der vertraglich vereinbarten Arbeitszeit, spricht das für eine erste Tätigkeitsstätte (§ 9 Abs. 4 Satz 4 EStG).

Bereits 1/3 der vertraglichen Arbeitszeit führt laut ausdrücklicher gesetzlicher Definition zu einer quantitativen Zuordnung.

Beispiel

Der Arbeitsvertrag einer Bäckereifachverkäuferin sieht ausdrücklich den Einsatz in unterschiedlichen Filialen des Arbeitgebers vor. Der Arbeitsvertrag benennt keine erste Tätigkeitsstätte. Vorgesehen ist eine 5-Tage-Woche mit 40 Stunden.

In der Praxis ist die Mitarbeiterin an mindestens 3 Tagen in der Woche dauerhaft in der Filiale A tätig, am Freitagnachmittag und am Samstag (insgesamt 12 Stunden) bis auf Weiteres in der Filiale B. Immer wieder ist sie tageweise in anderen Filialen eingesetzt.

Ergebnis: Eine arbeitsrechtliche Zuordnung ist nicht feststellbar. Daher kommt die Ersatzbeurteilung anhand der Zeitanteile zum Zuge:

- Filiale A: Tätig ist die Arbeitnehmerin dort 3 Tage. Damit erfüllt diese Filiale die Voraussetzung »je Arbeitswoche 2 volle Arbeitstage« und damit die für eine erste Tätigkeitsstätte.
- Filiale B: Der zeitliche Umfang erreicht weder 1/3 der vereinbarten Arbeitszeit noch 2 Arbeitstage pro Woche.

Damit gilt die Filiale A als erste Tätigkeitsstätte. Für die Fahrt zur Filiale B sowie zu anderen Filialen kann der Arbeitgeber steuerfrei Fahrtkosten erstatten. Sofern eine Abwesenheit von mehr als 8 Stunden erreicht wird, kann der Arbeitgeber steuerfreie Tagesspesen ausbezahlen; bezüglich Filiale B gilt keine 3-Monatsfrist (vgl. Kap. 4.2.3).

Beispiel

Herr Huber wurde im Jahr 2009 als Vertriebsmitarbeiter für die Kundenbetreuung im Außendienst eingestellt. Eine örtliche Zuordnung sieht weder der Arbeitsvertrag noch eine andere Anweisung des Arbeitgebers vor. Seit Mitte 2023 ist Herr Huber Vertriebsleiter, er hat Personalverantwortung für 10 Mitarbeiter. Seit dieser Zeit ist er an mindestens 2 Tagen in der Woche im Büro tätig, an einem weiteren Arbeitstag bei einer Tochtergesellschaft. Die restliche Zeit betreut er die wichtigsten Kunden im Außendienst.

Ergebnis: Da der Arbeitsvertrag keine örtliche Zuordnung vorsieht, erfolgt die Prüfung nach den Zeitanteilen. Die Tätigkeit im Büro erreicht ab Mitte 2023 dauerhaft die Grenze von 2 Arbeitstagen (bzw. mindestens

1/3 der vereinbarten Arbeitszeit) pro Woche, dort befindet sich die erste Tätigkeitsstätte. Die Fahrt mit dem Firmenwagen zum Büro ist als geldwerter Vorteil zu versteuern (Ansatz entweder durchgängig mit 0,03 % oder Aufzeichnung der Fahrtage und Berechnung nach der 0,002-%-Methode pro Arbeitstag im Büro).[113]

3.1.10.1 Ausüben der eigentlichen beruflichen Tätigkeit

Für die zeitliche – quantitative – Abgrenzung wird auf die eigentliche berufliche Tätigkeit des Arbeitnehmers abgestellt. Sowohl bei einer arbeitsrechtlichen Zuordnung als auch bei der zeitlichen Abgrenzung kommt es darauf an, dass der Arbeitnehmer am Ort der (denkbaren) ersten Tätigkeitsstätte einen gewissen Teil seiner Arbeitsleistung erbringt. Die Anforderungen an die Art der Arbeit sind jedoch bei den beiden Fallgestaltungen (arbeitsrechtliche Zuordnung vs. zeitliche Abgrenzung) im Detail unterschiedlich.

Keine eigentliche Arbeitstätigkeit im Sinne der zeitlichen Abgrenzung liegt vor, wenn der Mitarbeiter in der ortsfesten Einrichtung nur erscheint[114],

- um den Dienst- oder Einsatzwagen bzw. das Fahrzeug (Lkw, Bus) zu übernehmen bzw. abends wieder abzustellen;
- um Materialien, Werkzeug abzuholen;
- um lediglich schriftliche Unterlagen wie zum Beispiel Stundenzettel abzugeben oder die neuen Einsatzpläne abzuholen;
- zur Vorbereitung der Zustellroute;
- um das Fahrzeug zu pflegen und zu warten.

Beispiel

Ein Lkw-Fahrer übernimmt auf Weisung des Arbeitgebers arbeitstäglich sein Fahrzeug auf dem Betriebshof des Arbeitgebers und stellt das Fahrzeug abends dort wieder ab. Freitags reinigt er den Lkw und führt einfache Wartungsarbeiten durch.

Ergebnis: Obwohl der Arbeitnehmer typischerweise arbeitstäglich eine ortsfeste Einrichtung des Arbeitgebers aufsucht, entsteht dort keine erste Tätigkeitsstätte. Allerdings handelt es sich beim Betriebshof um einen sog. Sammelpunkt, der Arbeitgeber kann für den Mitarbeiter keinen steuerfreien Fahrtkostenersatz gewähren, da diese Fahrten bezüglich der Fahrtkosten per gesetzlicher Fiktion den Fahrten zu einer ersten Tätigkeitsstätte gleichgestellt werden (vgl. Kap. 4.1.3). Gleichwohl beginnt mit Verlassen der Wohnung eine beruflich veranlasste Auswärtstätigkeit (Dienstreise). Die Abwesenheit zählt vom Verlassen der Wohnung bis zur abendlichen Rückkehr in die Wohnung. Wird die Mindestabwesenheit von mehr als 8 Stunden erreicht, können arbeitstäglich 14 EUR steuerfreier Verpflegungsmehraufwand gewährt werden.

Nebenpflichten aus dem Arbeits- oder Dienstvertrag zählen nicht in die zeitliche Abgrenzung. Es kommt vielmehr drauf an, ob die eigentliche, berufstypische Arbeitsleistung

- im Umfang von 1/3,
- arbeitstäglich oder
- an 2 vollen Arbeitstagen

erbracht wird. Die Anforderung, dass an der ersten Tätigkeitsstätte zumindest in geringem Umfang die arbeitsvertraglich geschuldete, berufstypische Arbeitsleistung erbracht werden muss, gilt gleichermaßen für Fälle der arbeitsrechtlichen Zuordnung (vgl. Kap. 3.1.9) wie für die quantitative Abgrenzung nach dem Zeitaufwand außerhalb einer arbeitsrechtlichen Zuordnung.

---

113 BMF, Schreiben v. 3.3.2022, IV C 5 – S 2334/21/10004 :001, BStBl 2022 I S. 232.

114 BMF, Schreiben v. 25.11.2020, IV C 5 – S 2353/19/10011 :006, BStBl 2020 I S. 1228, Rz. 27.

Beispiel

Busfahrer im öffentlichen Linienverkehr stellen ihr Fahrzeug an unterschiedlichen Orten ab bzw. übergeben das Fahrzeug an die Ablösung. Einmal wöchentlich müssen sie auf dem Betriebshof erscheinen, um die Kassen abzurechnen. Dort werden auch Krank- und Urlaubsmeldungen abgegeben.

Ergebnis: Laut BMF-Schreiben[115] kann sich aufgrund dieser Tätigkeiten am Betriebssitz keine quantitative Zuordnung zu einer ersten Tätigkeitsstätte ergeben. Der BFH übernimmt diese Beurteilung.[116]

Der zeitliche Einsatz des Mitarbeiters muss im Rahmen einer Prognose (Ex-ante-Betrachtung) eingeschätzt werden (»auf die Zukunft gerichtete prognostische Betrachtung«).

Zukunftsbezogene Betrachtung

Erste Tätigkeitsstätte

Beispiel

Ein Arbeitnehmer wurde unbefristet eingestellt, laut Arbeitsvertrag kann er in allen Filialen des Arbeitgebers eingesetzt werden (keine Zuordnung). Er soll dauerhaft in der Filiale Y arbeiten.

Variante 1: In den ersten 3 Jahren wird er allerdings an 3 Tagen pro Woche in der Filiale X eingesetzt und nur 2 Tage in der Filiale Y.

Variante 2: Der Arbeitnehmer wird in den ersten 2 Jahren an 4 Tagen pro Woche in der Filiale X eingesetzt und nur an einem Tag pro Woche in der Filiale Y.

Ergebnis Variante 1: Auch für die ersten 3 Jahre liegt die erste Tätigkeitsstätte in der Filiale Y. Der Einsatz in der Filiale X ist nicht dauerhaft (überschreitet nicht 48 Monate) und kann daher nicht zu einer ersten Tätigkeitsstätte führen.

Ergebnis Variante 2: Auch bei dieser Variante entsteht in der Filiale X keine erste Tätigkeitsstätte. Der Einsatz in der Filiale X ist nicht dauerhaft (überschreitet nicht 48 Monate) und kann daher nicht zu einer ersten Tätigkeitsstätte führen. In der Filiale Y entsteht in den ersten 3 Jahren keine erste Tätigkeitsstätte, weil der zeitliche Umfang des Einsatzes (keine 2 Arbeitstage pro Woche) nicht erreicht ist. Im Ergebnis hat der Arbeitnehmer in den ersten 2 Jahren keine erste Tätigkeitsstätte. Voraussetzung ist jedoch ein eindeutiger Nachweis, z. B. durch eine schriftliche Arbeitsanweisung.

3.1.10.2 2 volle Arbeitstage pro Arbeitswoche

Für die Abgrenzung 2 volle Arbeitstage pro Woche wird auf den Begriff »Arbeitstag« abgestellt, nicht auf die tatsächlich geleistete Arbeitszeit. Maßgebend ist der arbeitsrechtliche Begriff des Arbeitstags, bei Teilzeitkräften bzw. bei Gleitzeitregelungen kann bereits ein »halber« Arbeitstag ausreichen.

Beispiel

Ein angestellter Versicherungsvertreter ist Montag bis Mittwoch im Außendienst unterwegs, Arbeitszeit insgesamt 30 Stunden. Am Donnerstag und Freitag ist er im Büro des Arbeitgebers, um Schadensfälle zu bearbeiten. Aufgrund Gleitzeitregelung endet am Freitag die Arbeitszeit bereits um 13 Uhr, sodass der Mitarbeiter am Freitag nur von 9:00 Uhr bis 13:00 Uhr arbeitet.

Ergebnis: Das Büro gilt als erste Tätigkeitsstätte, weil der Mitarbeiter an 2 **vollen** Arbeitstagen pro Woche im Büro tätig ist. Der Freitag zählt als ganzer Arbeitstag, weil es an diesem Tag eine Anwesenheitspflicht nur bis 13:00 Uhr gibt.

Laut Gesetz wird auf die Anzahl der **vollen Arbeitstage** pro Arbeitswoche abgestellt. Es reicht nicht aus, wenn der Mitarbeiter zwar 2 Tage pro Woche anwesend ist, aber jeweils nur wenige Stunden.

---

115 BMF, Schreiben v. 25.11.2020, IV C 5 – S 2353/19/10011 :006, BStBl 2020 I S. 1228, Rz. 27, Beispiel 15, unabhängig von der Frage, ob die Kassenführung in diesem Beispiel dann noch den GoBD entspricht.

116 Sog. Müllwerker-Urteil, BFH, Urteil v. 2.9.2021, VI R 25/19, BFH/NV 2022 S. 18, geringfügige, nicht berufstypische Vorbereitungsarbeiten reichen nicht aus.

Beispiel

Eine Vertriebsmitarbeiterin kommt am Montag und Donnerstag jeweils beim Arbeitgeber vorbei, um dort an kurzen, maximal 2-stündigen Besprechungen teilzunehmen. Die restliche Zeit ist sie im Außendienst bei Kunden unterwegs. Eine arbeitsrechtliche Zuordnung ist nicht erfolgt

Ergebnis: Die Anwesenheit beim Arbeitgeber erreicht nicht 2 **volle** Arbeitstage pro Woche. Damit entsteht nach den zeitlichen, quantitativen Kriterien keine erste Tätigkeitsstätte. Die Mitarbeiterin bleibt **ohne erste Tätigkeitsstätte.**

Jährliche Betrachtung

Die Abgrenzung »2 volle Arbeitstage« bezieht sich nicht auf die tatsächlichen – im Nachhinein bekannten – Anwesenheitstage, sondern auf die Prognose. Diese muss in Grenzfällen jedes Jahr neu erfolgen.

Beispiel

Eine angestellte Architektin (keine arbeitsrechtliche Zuordnung zum Büro des Arbeitgebers) ist insbesondere für die Baubetreuung vor Ort zuständig. Im Architekturbüro erstellt sie nach Bedarf Änderungspläne, zusätzliche Ausschreibungen aufgrund von Sonderwünschen des Bauherrn und nimmt an Besprechungen teil. Je nach Auftragslage ist sie an einem, an 2 oder an 3 vollen Arbeitstagen pro Woche im Büro tätig.

Ergebnis: Die Frage, ob das Architekturbüro zur ersten Tätigkeitsstätte wird, kann nur anhand einer Prognose für das jeweilige Jahr beurteilt werden. Kommt man zum Ergebnis, dass die Architektin an voraussichtlich 92 oder mehr Arbeitstagen (46 Arbeitswochen × 2 Tage) im Architekturbüro tätig sein wird, liegt dort eine erste Tätigkeitsstätte vor. Kommt man auf weniger als 92 Arbeitstage, liegt keine erste Tätigkeitsstätte vor. Bei voraussichtlich 65 Arbeitstagen im Büro – z. B. anhand der Daten des Vorjahres – läge keine erste Tätigkeitsstätte im Büro vor.

3.1.10.3 1/3 der vereinbarten regelmäßigen Arbeitszeit

Vereinbarte Arbeitszeit entscheidend

Das zweite Abgrenzungskriterium bezieht sich darauf, ob der Arbeitnehmer voraussichtlich 1/3 seiner arbeitsvertraglich vereinbarten **regelmäßigen** Arbeitszeit in der betrieblichen Einrichtung tätig werden soll. Auch hier kommt es auf die **Prognose** an. Maßgebend ist die vereinbarte, regelmäßige Arbeitszeit, nicht die tatsächliche Arbeitszeit. Das gilt selbst dann, wenn der Arbeitnehmer regelmäßig Überstunden macht und dies vom Arbeitgeber erwartet wird.

Vermutlich hat der Gesetzgeber übersehen, dass die Voraussetzung »1/3 der vereinbarten Arbeitszeit« ziemlich schnell erreicht ist – und zwar vor der »2-Tage-Regelung«. Bei einer 5-Tage-Woche reichen bereits **1,67 Arbeitstage pro Woche** aus, um die Ein-Drittel-Grenze zu erreichen. Die »Ein-Drittel-Regelung« ist nicht nur für die Arbeitnehmer in Teilzeit wichtig, sondern auch für vollbeschäftigte Mitarbeiter.

70 Arbeitstage pro Jahr

Geht man von rund 210 Arbeitstagen im Jahr aus, entsteht nach der zeitlichen Abgrenzung eine erste Tätigkeitsstätte bereits dann, wenn der Arbeitnehmer rund 70 Arbeitstage in einer betrieblichen Einrichtung verbringt. Es kann sich dabei auch um die Einrichtung eines Kunden handeln. Entscheidend ist: Die zeitliche Abgrenzung greift nur, wenn **keine arbeitsrechtliche Zuordnung** erfolgt ist.

Beispiel

Ein Servicetechniker für Medizintechnik ist hauptsächlich bei Kunden eingesetzt. Laut Arbeitsvertrag ist der Arbeitnehmer für die Betreuung der Kunden im Großraum Frankfurt eingestellt.

Variante 1: Notwendige Verwaltungsarbeiten soll er im häuslichen Arbeitszimmer erledigen. Am Stammsitz des Arbeitgebers in Flensburg ist der Arbeitnehmer nie tätig. Urlaubs- und Krankmeldungen sowie die Kommunikation erfolgen per E-Mail und Videokonferenz.

Variante 2: Ca. 3 Tage pro Woche verbringt er beim wichtigsten Kunden, der Universitätsklinik. Der Auftrag dort ist zeitlich nicht begrenzt (»bis auf Weiteres«). An den anderen beiden Tagen betreut er weitere Kunden. Die Uniklinik liegt 35 km von seiner Wohnung entfernt. Der Servicetechniker hat einen Firmenwagen, Bruttolistenpreis 32.000 EUR.

Variante 3: Ca. 3 Tage pro Woche verbringt er beim wichtigsten Kunden, der Universitätsklinik. Bezüglich der Uniklinik ist sein Einsatz schriftlich ausdrücklich auf 3 Jahre befristet.

Ergebnis Variante 1: Es liegt keine Zuordnung vor, weil das Arbeitszimmer (Homeoffice) keine erste Tätigkeitsstätte sein kann (vgl. Kap. 3.1.4). Eine Zuordnung zum Arbeitgeber in Flensburg ist unter diesen Umständen schwierig, weil nicht mal ein geringer Teil der berufstypischen Arbeitsleistung in Flensburg erbracht wird (vgl. Kap. 3.1.9.3). Eine Zuordnung nach Flensburg wird bei diesem Sachverhalt steuerlich nicht akzeptiert, weil die berufstypische Tätigkeit dort nicht einmal einen sehr geringen Umfang erreicht. Das Homeoffice kann keine erste Tätigkeitsstätte sein. Denkbar wäre lediglich eine Zuordnung zu einem anderen Kunden (Krankenhaus), das näher an der Wohnung liegt.

Ergebnis Variante 2: Da keine arbeitsrechtliche Zuordnung erfolgt ist, muss anhand der zeitlichen (quantitativen) Kriterien geprüft werden, ob eine erste Tätigkeitsstätte vorliegt. Sie entsteht in der ortsfesten Einrichtung des Arbeitgebers oder eines Kunden, in der zeitlich 1/3 der eigentlichen Arbeitsleistung erbracht wird. Es kann sich dabei auch um eine ortsfeste Einrichtung eines Dritten handeln. Daher entsteht in der Uniklinik Frankfurt eine erste Tätigkeitsstätte (1/3 der Arbeitszeit wird dort verbracht). Durch die Nutzung des Firmenwagens für die Fahrten zur Uniklinik (erste Tätigkeitsstätte) entsteht ein geldwerter Vorteil in Höhe von 336 EUR pro Monat (32.000 EUR × 0,03 % × 35 km). Ist die private Nutzung erlaubt, dann muss zusätzlich ein Zuschlag von 1 % erfolgen.

Ergebnis Variante 3: Im Gegensatz zum vorherigen Beispiel entsteht nunmehr in der Uniklinik keine erste Tätigkeitsstätte, weil keine Dauerhaftigkeit (voraussichtlich mehr als 48 Monate) vorliegt. Daran ändert sich auch nichts, wenn sich später herausstellt, dass der Einsatz mehrfach verlängert wurde und der Mitarbeiter weiterhin zeitlich begrenzt dort eingesetzt wird.[117]

Erste Tätigkeitsstätte

Praxisfalle bei Führungskräften

Eine gewisse **Praxisfalle** liegt in der Formulierung »vereinbarten regelmäßigen« Arbeitszeit. In aller Regel wird man davon ausgehen können, dass die vereinbarte und die tatsächliche Arbeitszeit weitgehend übereinstimmen. Bei Führungskräften ist das aber nicht immer der Fall, da die tatsächliche Arbeitszeit die vereinbarte Arbeitszeit übersteigt.

Beispiel

Eine Unternehmensberaterin ist im Wesentlichen direkt bei den Mandanten vor Ort tätig. Laut Arbeitsvertrag ist eine 40-Stunden-Woche vereinbart, in der Praxis werden aber deutlich höhere Arbeitszeiten erwartet. Der Lohnsteuerprüfer stellt fest, dass die Mitarbeiterin auf das Jahr bezogen zwar nur 70 Arbeitstage beim Arbeitgeber im Büro tätig war, hierbei aber 680 Stunden Arbeitszeit abgeleistet hat. Bezogen auf 46 Wochen ergibt sich eine Gesamtarbeitszeit von 1.840 Stunden (46 × 40 Stunden), davon wurden 680 Stunden (36,96 %) im Büro verbracht.

Ergebnis: Es werden zwar keine 2 Arbeitstage pro Arbeitswoche erreicht, aber die zweite Zeitgrenze von einem Drittel der vereinbarten regelmäßigen Arbeitszeit ist überschritten. Im Büro entsteht eine erste Tätigkeitsstätte.

3.1.10.4 Arbeitstäglicher Einsatz

Eine erste Tätigkeitsstätte entsteht, wenn Arbeitnehmer **typischerweise arbeitstäglich** in einer ortsfesten Einrichtung des Arbeitgebers, eines verbundenen Unternehmens oder eines Dritten tätig

117 BMF, Schreiben v. 25.11.2020, IV C 5 – S 2353/19/10011 :006, BStBl 2020 I S. 1228, Rz. 18; BFH, Urteil v. 12.5.2022, VI R 32/20, BFH/NV 2022 S. 1341.

werden sollen. Es kommt auch hier auf die **Prognose** an – und ob der tägliche Einsatz beim Arbeitgeber sich auf eine entsprechende Anweisung des Arbeitgebers bezieht.

An jedem Arbeitstag

Die Voraussetzung »arbeitstäglich« bezieht sich nicht auf die Tätigkeit an einem vollen Arbeitstag. Es reicht aus, wenn Arbeitnehmer arbeitstäglich nur eine oder wenige Stunden in der ortsfesten Einrichtung tätig werden. Dies muss **typischerweise** – nicht zufällig – und auf Weisung des Arbeitgebers erfolgen. Allerdings muss am Ort der ersten Tätigkeitsstätte ein Teil der eigentlichen, berufstypischen Arbeitsleistung erbracht werden. Sucht der Arbeitnehmer die ortsfeste Einrichtung nur deswegen auf, um den Firmenwagen oder das Einsatzfahrzeug (Lkw, Bus) zu übernehmen, Unterlagen zu holen oder abzugeben bzw. Werkzeug und Material abzuholen, reicht dies nicht aus, um eine erste Tätigkeitsstätte entstehen zu lassen.

Beispiel

Eine Spezialistin für betriebliche Altersvorsorge ist für eine Bank arbeitstäglich bei Kunden tätig. Sie berät diese über die Ausfinanzierung von Pensionszusagen. Laut Arbeitsanweisung muss sie allerdings arbeitstäglich bis 9.30 Uhr am Vormittag im Büro in der Bank anwesend sein, um dort für Rückfragen von Kunden erreichbar zu sein.

Ergebnis: Die Mitarbeiterin hat in der Bank ihre erste Tätigkeitsstätte, weil sie typischerweise arbeitstäglich beim Arbeitgeber einen Teil ihrer berufstypischen Arbeitsleistung erbringt.

3.1.10.5 Zeiten im Homeoffice bleiben unberücksichtigt

Ein häusliches Arbeitszimmer bzw. das Homeoffice kann nicht zur ersten Tätigkeitsstätte werden, vgl. Kap. 3.1.4.

Muss wegen fehlender arbeitsrechtlicher Zuordnung die erste Tätigkeitsstätte des Arbeitnehmers anhand des zeitlichen Umfangs der Tätigkeit (quantitative Zuordnung) geprüft werden, bleiben die Arbeitszeiten im Homeoffice außer Ansatz.

Beispiel

Ein Mitarbeiter ist wöchentlich an 2 Tagen in der Woche in der ortsfesten Einrichtung des Arbeitgebers tätig, an 3 Tagen in der Woche kann er seine Arbeit im häuslichen Arbeitszimmer verrichten.

Ergebnis: Das Homeoffice ist keine erste Tätigkeitsstätte. Die Tätigkeit in der ortsfesten Einrichtung des Arbeitgebers erfüllt aber die Zeitgrenze von 2 vollen Arbeitstagen pro Woche. Damit liegt dort die erste Tätigkeitsstätte.

Beispiel

Die Arbeitnehmer einer Firma dürfen arbeitsvertraglich ihre Tätigkeit im häuslichen Arbeitszimmer ausüben. Allerdings müssen sie an jedem Arbeitstag für eine Stunde im Büro des Arbeitgebers anwesend sein, um dort einen Teil der eigentlichen, berufstypischen Arbeitsleistung zu erbringen.

Ergebnis: Das Homeoffice ist keine erste Tätigkeitsstätte. Die Tätigkeit beim Arbeitgeber erreicht zwar weder 1/3 der vertraglichen Arbeitszeit noch 2 volle Arbeitstage pro Woche. Allerdings müssen die Arbeitnehmer arbeitstäglich beim Arbeitgeber erscheinen – damit entsteht dort eine erste Tätigkeitsstätte. Entscheidend ist, dass die Arbeitnehmer beim Arbeitgeber einen Teil ihrer eigentlichen, berufstypischen Arbeitsleistung arbeitstäglich erbringen.

Durch die teilweise Tätigkeit eines Arbeitnehmers im Homeoffice kann unter Umständen eine erste Tätigkeitsstätte vermieden werden, sofern der Arbeitnehmer in keiner ortsfesten Einrichtung des Arbeitgebers oder eines Dritten nennenswert tätig wird.

Beispiel

Der Arbeitnehmer ist arbeitsvertraglich für die Betreuung mehrerer Filialen des Arbeitgebers innerhalb eines Bezirks zuständig. Die Verwaltungsarbeiten erledigt er in seinem häuslichen Arbeitszimmer, der Zeitaufwand liegt bei 1 bis 2 Tagen pro Woche.

Ergebnis: Die übrige Zeit ist der Arbeitnehmer in den Filialen des Arbeitgebers anwesend, der Zeitaufwand pro Filiale beträgt weniger als einen Tag pro Woche.

Der Arbeitnehmer hat keine erste Tätigkeitsstätte. Das häusliche Arbeitszimmer scheidet von vornherein als erste Tätigkeitsstätte aus. Der zeitliche Einsatz in den Filialen des Arbeitgebers (ortsfeste Einrichtungen) erreicht weder die Zeitgrenze von 2 Arbeitstagen pro Woche noch erreicht sie 1/3 der vertraglich vereinbarten Arbeitszeit.

3.1.10.6 Auswahl bei mehreren denkbaren Orten

Die bisher dargestellten Ausführungen können dazu führen, dass mehrere Orte die Voraussetzung für eine erste Tätigkeitsstätte erfüllen. Es gibt jedoch pro Arbeitsverhältnis **maximal eine erste Tätigkeitsstätte** (§ 9 Abs. 4 Satz 5 EStG). Notwendig ist damit eine Auswahl, welche der denkbaren ortsfesten Einrichtungen steuerlich zur tatsächlichen ersten Tätigkeitsstätte wird.

Wichtig

Infrage kommen nur die ortsfesten Einrichtungen, die dauerhaft aufgesucht werden. Eine erste Tätigkeitsstätte kann nur bei einem dauerhaften Einsatz entstehen. Das gilt sowohl für die arbeitsrechtliche Zuordnung durch den Arbeitgeber wie für das quantitative, zeitliche Abgrenzungsmerkmal. Wer zwar 2 Tage pro Woche in einer ortsfesten Einrichtung eingesetzt ist, dieses aber voraussichtlich für weniger oder maximal 4 Jahre, hat dort keine erste Tätigkeitsstätte.

Bestimmung bei mehreren Tätigkeitsorten: Auswahlkriterien

1. Zuerst werden alle Tätigkeitsorte ermittelt, die **dauerhaft** (vgl. Kap. 3.1.5) die quantitativen (zeitlichen) Voraussetzungen für eine erste Tätigkeitsstätte erfüllen.
2. Vorrang hat diejenige Tätigkeitsstätte, die der **Arbeitgeber bestimmt.**
3. Fehlt es an einer derartigen Bestimmung oder ist sie nicht eindeutig, entscheidet **allein die Nähe zur Wohnung** des Arbeitnehmers. Die Tätigkeitsstätte, die am nächsten zur Wohnung des Arbeitnehmers liegt, gilt als erste Tätigkeitsstätte.

Beispiel

Die Mitarbeiter eines Pflegedienstes müssen täglich 4 Patienten in deren Wohnung betreuen. Der Arbeitgeber hat keine Zuordnung vorgenommen.

Variante 1: Die Pflegeverträge sind bis auf Weiteres abgeschlossen, die Pfleger ohne zeitliche Einschränkung diesem Patienten zugeordnet.

Variante 2: Die Pflegeverträge sind jeweils auf maximal 2 Jahre abgeschlossen. Sie müssen ausdrücklich nach Rücksprache mit der Kranken- bzw. Pflegekasse verlängert werden.

Ergebnis Variante 1: Alle 4 Wohnungen kommen als erste Tätigkeitsstätte in Betracht, weil die jeweiligen Pflegeverträge und der Mitarbeitereinsatz bis auf Weiteres abgeschlossen sind (dauerhafter Einsatz der Mitarbeiter). Zur ersten Tätigkeitsstätte wird die Wohnung des Patienten, die dem Wohnort des jeweiligen Mitarbeiters am nächsten liegt. Die Fahrt zu dieser Wohnung ist nicht begünstigt (Fahrt Wohnung – erste Tätigkeitsstätte), aber alle anderen Fahrten zu den Wohnungen der Pflegebedürftigen.

Ergebnis Variante 2: Es entsteht keine erste Tätigkeitsstätte, weil die zugrunde liegenden Pflegeverträge auf maximal 2 Jahre abgeschlossen sind und damit keine dauerhafte Zuordnung vorliegt. Alle Fahrten sind steuerlich begünstigt. Dasselbe Ergebnis wird erzielt, wenn die Mitarbeiterin nur zeitlich begrenzt den Patienten zugewiesen wird.[118]

Ergebnis Variante 3: Eine erste Tätigkeitsstätte bei den Patienten kann ausgeschlossen werden, wenn die Mitarbeiter des Pflegedienstes einer ortsfesten betrieblichen Einrichtung des Arbeitgebers zugeordnet werden. Aufgrund der BFH-Rechtsprechung muss in diesen Fällen aber darauf geachtet werden, dass an diesem Ort auch ein Teil der arbeitsvertraglich geschuldeten, berufstypischen Tätigkeit erbracht wird. Rein vorbereitende, geringfügige Tätigkeiten erfüllen eine arbeitsrechtliche Zuordnung zur ersten Tätigkeitsstätte nicht mit Leben.[119]

Wichtig

Bei der Auswahl zwischen 2 oder mehreren denkbaren Tätigkeitsstätten spielt das zeitliche Moment keine Rolle mehr. Es kann durchaus sein, dass ein Ort zur ersten Tätigkeitsstätte wird, der vom zeitlichen Umfang eher nachrangig ist. Ergibt sich im Rahmen der vorherigen Prüfung – dauerhafte, arbeitsrechtliche Zuordnung oder aufgrund Zeitanteilen – nur eine denkbare erste Tätigkeitsstätte, spielt die Nähe zur Wohnung keine Rolle.

Beispiel

Ein Fachverkäufer ist in sämtlichen 3 Filialen des Arbeitgebers eingesetzt. Dies ist im Arbeitsvertrag ausdrücklich geregelt, eine Zuordnung ist dort nicht erfolgt. Aufgrund der bisherigen Erfahrungen ist der Mitarbeiter durchschnittlich 2 Tage pro Arbeitswoche in der Filiale A eingesetzt (100 Arbeitstage pro Jahr), 2 Tage in der Woche in der Filiale B (95 Arbeitstage pro Jahr) und die restliche Zeit in der Filiale C. Die Filiale A liegt 20 km von der Wohnung des Arbeitnehmers entfernt, die Filiale B 16 km und die Filiale C 5 km.

Ergebnis: Da eine arbeitsrechtlich eindeutige Zuordnung nicht vorliegt, muss anhand der Zeitanteile geprüft werden, ob die jeweilige Filiale als erste Tätigkeitsstätte infrage kommt:

Filiale A: Dort ist der Arbeitnehmer an mindestens 2 Tagen pro Arbeitswoche tätig. Die Voraussetzungen für eine erste Tätigkeitsstätte sind erfüllt.

Filiale B: Auch dort ist der Arbeitnehmer an mindestens 2 Tagen pro Arbeitswoche tätig. Die Voraussetzungen für eine erste Tätigkeitsstätte sind erfüllt. Dabei spielt keine Rolle, dass in der Filiale A an mehr Arbeitstagen gearbeitet wird.

Filiale C: Die Zeitgrenze von 2 Arbeitstagen pro Woche wird nicht erreicht, auch nicht mindestens 1/3 der vereinbarten Arbeitszeit (nur rund 20 % der Arbeitszeit). Hier kann keine erste Tätigkeitsstätte vorliegen.

Der Mitarbeiter hat nur eine erste Tätigkeitsstätte. Die Filiale wird zur ersten Tätigkeitsstätte, die näher zur Wohnung des Arbeitnehmers liegt. Das ist in diesem Beispiel die Filiale B. Die Filiale C fällt aus der Auswahl raus, da für sie nicht die Voraussetzungen einer ersten Tätigkeitsstätte erfüllt sind.

Die Auswahlkriterien kommen auch dann zum Zuge, wenn die arbeitsrechtliche **Zuordnung nicht eindeutig** ist. Das kann auch der Fall sein, wenn sich die Tätigkeit des Arbeitnehmers im Laufe der Zeit geändert hat. Allein eine Anweisung des Arbeitgebers – schriftlich, per Mail oder im Zweifel auch mündlich –, dass der Arbeitnehmer zukünftig die Arbeitsleistung ganz oder teilweise an einem anderen Ort zu erbringen hat, kann aufgrund der BFH-Rechtsprechung bereits zu einer Zuordnung führen (vgl. ausführlich Kap. 3.1.9).

118 BMF, Schreiben v. 25.11.2020, IV C 5 – S 2353/19/10011 :006, BStBl 2020 I S. 1228, Rz. 32, Beispiel 23.

119 BFH, Urteil v. 2.9.2021, VI R 25/19, BFH/NV 2022 S. 18.

3.1.10.7 Prüfschema zur Ermittlung der ersten Tätigkeitsstätte

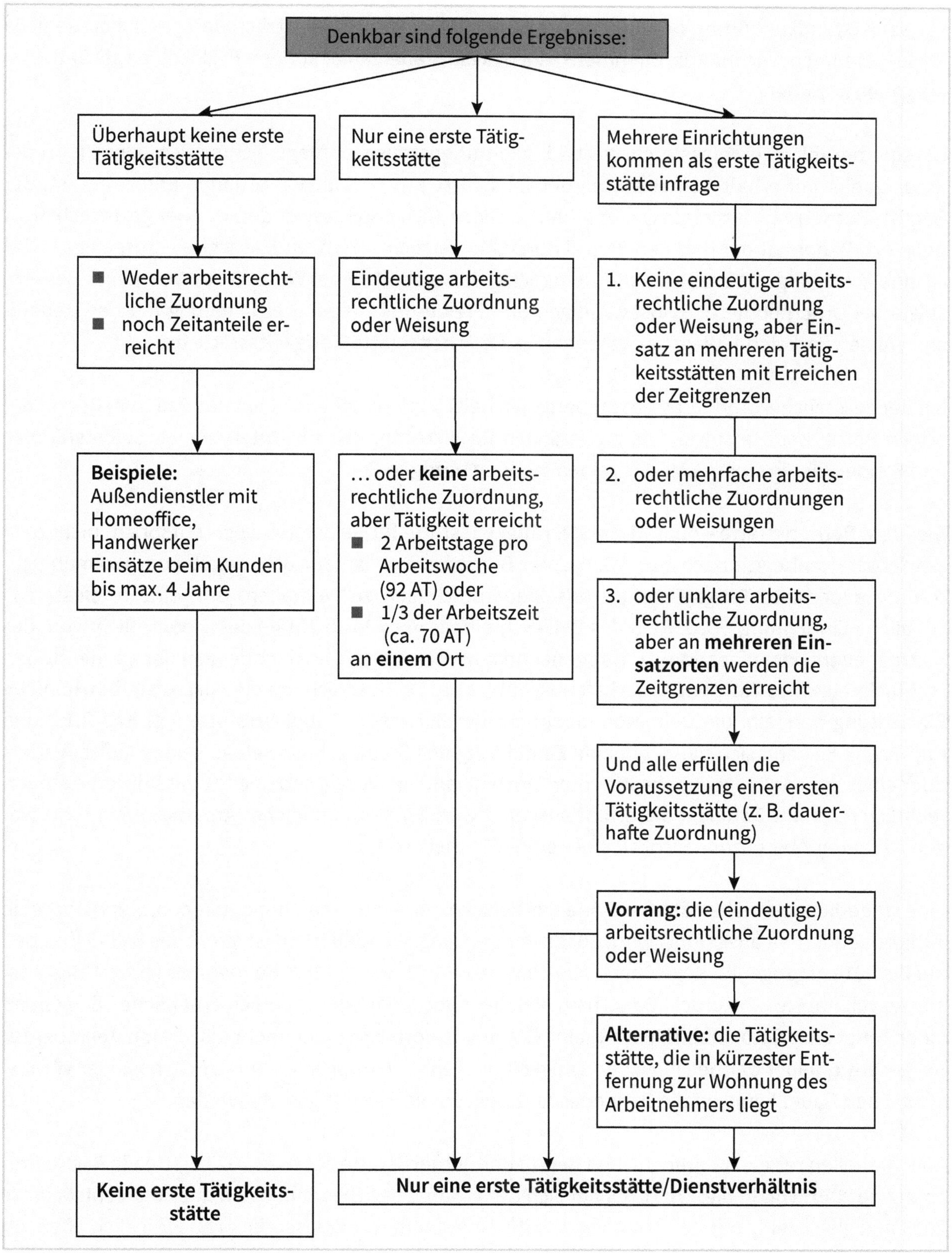

3.1.11 Betriebsstätte bei Selbstständigen und Freiberuflern

Für selbstständige und freiberuflich tätige Steuerzahler gilt grundsätzlich das gleiche steuerliche Reisekostenrecht wie für Arbeitnehmer.[120] Auch diese Steuerzahler können Reisekosten als Betriebsausgaben abziehen.

Ob eine beruflich veranlasste Auswärtstätigkeit (Dienstreise) vorliegt, richtet sich danach, ob der Steuerzahler **außerhalb seiner ersten Betriebsstätte** aus beruflichen Gründen unterwegs ist. Der Begriff »Betriebsstätte« wird zwar in § 4 Abs. 5 Satz 1 Nr. 6 EStG verwendet, ist aber gesetzlich nicht definiert. Daher hat der BFH den Begriff durch Richterrecht – notwendigerweise – ausgelegt.[121] Ziel ist eine Auslegung, die bezüglich der steuerlichen Absetzbarkeit der Wegstrecke Wohnung – Betriebstätte bei Unternehmern, Selbstständigen und Freiberuflern eine Gleichstellung mit der steuerlichen Absetzbarkeit der Wegstrecke Wohnung zur Arbeitsstätte/Tätigkeitsstätte erreicht.

Mit der gesetzlichen Änderung des steuerlichen Reisekostenrechts 2014 hat das BMF zum Begriff der ersten Betriebsstätte sowie zum steuerlichen Reisekostenrecht für Unternehmer, Selbstständige und Freiberufler in einem BMF-Schreiben Stellung bezogen.[122]

Begriff der Betriebsstätte

Die erste Betriebsstätte – quasi die erste Tätigkeitsstätte für Selbstständige – entspricht nicht dem Betriebsstättenbegriff nach § 12 AO.[123] Unter Betriebsstätte ist laut BMF die von der Wohnung getrennte dauerhafte Tätigkeitsstätte des Steuerpflichtigen zu verstehen, d. h. eine ortsfeste betriebliche Einrichtung i. S. d. Rz. 3 des BMF-Schreibens vom 24.10.2014[124] des Steuerpflichtigen, des Auftraggebers oder eines vom Auftraggeber bestimmten Dritten, an der oder von der aus die steuerrechtlich relevante Tätigkeit dauerhaft ausgeübt wird. Es muss sich um eine **ortsfeste betriebliche Einrichtung** handeln, die Definition entspricht der der ersten Tätigkeitsstätte (vgl. Kap. 3.1.2 und Kap. 3.1.3). Es kann sich dabei um eine Einrichtung des Steuerzahlers selbst, seines Auftraggebers oder eines vom Auftraggeber bestimmten Dritten handeln. Voraussetzung ist, dass dort die steuerrechtlich relevante Tätigkeit **dauerhaft** ausgeübt wird. Ein herkömmliches Arbeitszimmer führt wegen fehlender Abgrenzung nicht zu einer ersten Betriebsstätte.[125]

Dauerhafte Tätigkeitsstätte

Eine steuerliche Betriebsstätte im Sinne des Reisekostenrechts kann nur entstehen, wenn dort eine Tätigkeit dauerhaft ausgeführt wird. Auf die Abgrenzung, was dauerhaft ist, greift das BMF-Schreiben auf die 2014 ergangenen Regelungen aus dem Reisekostenrecht für Arbeitnehmer (erste Tätigkeitsstätte, vgl. Kap. 3.1.5) zurück. Dauerhaftigkeit liegt vor, wenn die steuerlich erhebliche Tätigkeit an einer Tätigkeitsstätte unbefristet, für eine Dauer von voraussichtlich mehr als 48 Monaten oder für die gesamte Dauer der betrieblichen Tätigkeit ausgeübt werden soll. Für die Prognose der voraussichtlichen Dauer kann auf die Dauer des Auftragsverhältnisses abgestellt werden.

BFH-Rechtsprechung zur ersten Betriebsstätte

Zum aktuellen reisekostenrechtlichen Begriff der Betriebsstätte liegt seit 2022 erstmalig Rechtsprechung des BFH vor. In diesem Urteil hat sich der X. Senat des BFH zum einen mit der Rechtslage bis 2013 und gleichzeitig mit der Rechtslage ab 2014 beschäftigt.[126] Er lässt dabei ausdrücklich offen, ob

120 § 4 Abs. 5 Satz 1 Nr. 6 EStG mit Verweis auf § 9 Abs. 1 Nr. 4 EStG.
121 BFH, Urteil v. 22.10.2014, X R 13/13, BStBl 2015 II S. 273.
122 BMF, Schreiben v. 23.12.2014, IV C 6 – S 2145/10/10005 :001, BStBl 2015 I S. 26.
123 Gleicher Auffassung: BFH, Urteil v. 16.2.2022, X R 14/19, BStBl 2022 I S. 805, mit Verweis auf weitere Rechtsprechung.
124 Inzwischen ersetzt durch BMF, Schreiben v. 25.11.2020, IV C 5 – S 2353/19/10011 :006, BStBl 2020 I S. 1228.
125 BMF, Schreiben v. 23.12.2014, IV C 6 – S 2145/10/10005 :001, BStBl 2015 I S. 26.
126 BFH, Urteil v. 16.2.2022, X R 14/19, BStBl 2022 II S. 805.

sich der reisekostenrechtliche Betriebsstättenbegriff durch die Rechtsänderung bei den Arbeitnehmern (statt Arbeitsstätte nun Tätigkeitsstätte) überhaupt geändert hat.

Im aktuellen steuerlichen Reisekostenrecht kommt es – zumindest für den Bereich der Arbeitnehmer – vorrangig auf das »dauerhaft« an. Dieses »dauerhaft« ist gesetzlich definiert – mit den 3 Fallgruppen

a) unbefristet,
b) voraussichtlich mehr als 48 Monate,
c) für die gesamte Dauer des Dienstverhältnisses.

Das BMF übernimmt statt »gesamte Dauer des Dienstverhältnisses« für Unternehmer, Selbstständige und Freiberufler die Formulierung »**gesamte Dauer der betrieblichen Tätigkeit**«. Der X. Senat des BFH stellt bei der Auslegung, was dauerhaft ist, auf die zivilrechtliche Vereinbarung ab.[127] Damit kommt er im Vergleich zum »Arbeitnehmerrecht« wesentlich früher zu einer Dauerhaftigkeit:

1. Im Urteilsfall war der klagende Unternehmer für einen Auftraggeber schon längere Zeit tätig, er hatte den Auftrag von seinem Vater übernommen. Ohne auf die zugrunde liegenden Vertragskonditionen mit dem Auftraggeber einzugehen oder wenigstens zu benennen (vermutlich handelte es sich um 1-Jahres-Verträge), hat dies dem X. Senat des FH wie dem vorinstanzlichen FG ausgereicht, von einem dauerhaften Auftrag auszugehen. Damit konnte der Betrieb des Kunden zur Betriebsstätte im reisekostenrechtlich Sinn werden.[128]
2. Selbst eine befristete Auftragserteilung durch den Kunden würde dem X. Senat ausreichen, um von Dauerhaftigkeit auszugehen. Er stellt auf die zivilrechtliche Vertragsgestaltung ab. Auch bei einem auf ein Jahr befristeten Auftrag sei die betriebliche Tätigkeit dauerhaft, wenn für die gesamte Dauer des Auftrags eine betriebliche Tätigkeit erforderlich sei. Der X. Senat stellt diesen Fall einem befristeten Arbeitsverhältnis gleich, bei dem der Beschäftigte für die gesamte Laufzeit des Arbeitsverhältnisses einem Einsatzort zugeordnet wird.

Folgt man der Rechtsauffassung des X. Senats des BFH, könnte jeder befristet erteilte Auftrag – insbesondere bei Dienstleistern – zu einer Betriebsstätte führen.

Beispiel

Eine selbstständige IT-Beraterin S (38 Jahre alt) hat beim Kunden D-AG einen Auftrag zur Implementierung eines Warenwirtschaftssystems, der Auftrag ist auf 18 Monate konzipiert. 5 Tage der Woche verbringt die IT-Beraterin vor Ort beim Kunden, an 1–2 Tagen im Monat erledigt sie Verwaltungsarbeiten in ihrem angemieteten Büro. Seit dem Beginn ihrer Selbstständigkeit vor 6 Jahren hat sie bereits 4 derartige Projekte erfolgreich angeschlossen. Sie geht davon aus, dass nach dem Auftrag bei der D-AG ein vergleichbarer Anschlussauftrag bei einem anderen Kunden kommen wird. Sie beabsichtigt, diese Tätigkeit bis zum Berufsende weiterzuführen.

Ergebnis: Nach dem BMF-Schreiben erstreckt sich der 18-monatige Auftrag nicht auf die gesamte Dauer ihrer betrieblichen Tätigkeit (die ja noch deutlich länger sein wird) und wäre damit nicht dauerhaft. Eine Betriebsstätte beim Kunden kann daher nicht entstehen. Nach Auffassung des X. Senats des BFH wäre wegen der Übereinstimmung »Auftrag 18 Monate – Tätigkeit 18 Monate« der Auftrag »dauerhaft« – und führt dazu, dass beim Kunden D-AG eine Betriebsstätte entsteht.

127 BFH, Urteil v. 16.2.2022, X R 14/19, BStBl 2022 II S. 805, Rz. 42, Buchstabe aa).

128 Vgl. Auffassung des VI. Senats (steuerliches Reisekostenrecht der Arbeitnehmer), BFH, Urteil v. 12.5.2022, VI R 32/20, BFH/NV 2022 S. 1341, wonach die dauerhafte Verlängerung befristeter Einsätze/Zuordnungen nicht zum »dauerhaft« führt.

Wann ist Tätigkeit bei Kunden »dauerhaft«?

Im Hinblick auf eine steuerlich identische Beurteilung der Reisekosten über die Einkunftsarten hinweg muss man die Beurteilung des X. Senats des BFH sehr kritisch sehen. Im Gegenteil, sie führt zu einer – auch ansonsten feststellbaren – steuerlichen Benachteiligung der Gewinneinkünfte. Im o. a. Beispiel ist der Auftrag bei der D-AG nur einer von vielen im Rahmen der unstreitig langfristig angelegten Berufstätigkeiten. Wäre S beim gleichen Berufs- und Tätigkeitsbild als Arbeitnehmerin unbefristet bzw. auf 2 Jahre befristet[129] angestellt, wäre der Einsatz bei der D-AG definitiv vorübergehend und könnte zu keiner ersten Tätigkeitsstätte führen. Gleiches gilt, wenn S im Rahmen einer Anstellung bei einer GmbH tätig würde, selbst wenn sie beherrschend an der GmbH beteiligt wäre. Aktuell wird man sich auf die steuerlich vorteilhaftere Rechtsauffassung im BMF-Schreiben[130] berufen, die Finanzverwaltung ist an diese Verwaltungsanweisung gebunden (Selbstbindung der Verwaltung).

Wird ein **Auftragsverhältnis** zu einem späteren Zeitpunkt **verlängert,** ist die Prognoseentscheidung für zukünftige Zeiträume neu zu treffen. Bereits vergangene Tätigkeitszeiträume sind bei der Prüfung des 48-Monatszeitraums nicht mit einzubeziehen. Weichen die tatsächlichen Verhältnisse durch unvorhersehbare Ereignisse, wie etwa Krankheit, politische Unruhen am Tätigkeitsort oder Insolvenz des Kunden von der ursprünglichen Prognose ab, bleibt die zuvor getroffene Prognoseentscheidung für die Vergangenheit bezüglich des Vorliegens einer Betriebsstätte maßgebend.

Nur eine erste Betriebsstätte

Wie bei den Arbeitnehmern gilt der Grundsatz, dass der Steuerzahler für jeden Betrieb maximal eine erste Betriebsstätte haben kann. Ist der Steuerzahler in mehreren Betriebsstätten tätig, muss eine davon als erste Tätigkeitsstätte bestimmt werden. Bei Unternehmern, Selbstständigen und Freiberuflern gibt es **kein Weisungsrecht** eines anderen. Es ist daher nicht möglich, eine erste Betriebsstätte durch Zuordnung zu generieren. In diesem Punkt liegt der wesentliche Unterschied zum steuerlichen Reisekostenrecht der Arbeitnehmer. Steuerlich optimierte Gestaltungen durch entsprechende Zuordnungen (vgl. Kap. 3.1.9) sind damit bei diesen Steuerzahlern nicht möglich.

Quantitative Zuordnung

Die Prüfung, ob eine von mehreren Betriebsstätten zur »ersten Betriebsstätte« im Sinne steuerlichen Reisekostenrechts wird, erfolgt laut Finanzverwaltung **ausschließlich nach quantitativen Grundsätzen**[131]. Der X. Senat des BFH hat diese Frage, ob nach quantitativen oder nach qualitativen Grundsätzen abgegrenzt wird, ausdrücklich offen gelassen. Die erste Betriebsstätte wird nach dem BMF-Schreiben danach bestimmt, wo der Steuerzahler typischerweise **dauerhaft** tätig wird:

- arbeitstäglich oder
- an 2 vollen Arbeitstagen pro Woche oder
- mindestens 1/3 seiner regelmäßigen Arbeitszeit.

Beispiel

Eine selbstständige IT-Beraterin hat beim Kunden einen Auftrag zur Implementierung eines Warenwirtschaftssystems, der Auftrag ist auf 18 Monate konzipiert. 5 Tage der Woche verbringt die IT-Beraterin vor Ort beim Kunden, an 1–2 Tagen im Monat erledigt sie Verwaltungsarbeiten in ihrem angemieteten Büro. Seit dem Beginn ihrer Selbstständigkeit vor 6 Jahren hat sie bereits 4 derartige Projekte erfolgreich angeschlossen. Sie geht davon aus, dass nach dem Auftrag bei der D-AG ein vergleichbarer Anschlussauftrag

129 BFH, Urteil v. 10.4.2019, VI R 6/17, BStBl 2019 II S. 539, bei befristeten Arbeitsverhältnissen entsteht eine erste Tätigkeitsstätte nur dann, wenn Zeitdauer der Befristung und des Einsatzes kalendermäßig übereinstimmen.

130 BMF, Schreiben v. 23.12.2014, IV C 6 – S 2145/10/10005 :001, BStBl 2015 I S. 26, ersetzt durch BMF, Schreiben v. 25.11.2020, IV C 5 – S 2353/19/10011 :006, BStBl 2020 I S. 1228.

131 BMF, Schreiben v. 25.11.2020, IV C 5 – S 2353/19/10011 :006, BStBl 2020 I S. 1228. Rz. 5.

bei einem anderen Kunden kommen wird. Sie beabsichtigt, diese Tätigkeit bis zum Berufsende weiterzuführen.

Ergebnis: Nach dem BMF-Schreiben vom Dezember 2014[132] hat die IT-Beraterin gar keine erste Betriebsstätte. Beim Kunden fehlt es am »dauerhaft«, im eigenen Büro (kein Homeoffice) wird der zeitliche Umfang der Tätigkeit von 1/3 der Arbeitszeit bzw. 2 volle Arbeitstage pro Woche nicht erreicht. Die Fahrten von der Wohnung zum Kunden bzw. ins eigene Büro können nach Reisekostengrundsätzen abgerechnet werden (ggf. 0,30 EUR pro gefahrenem Kilometer), die Nutzung eines Firmenwagens für diese Fahrten führt zu keinem geldwerten Vorteil (allerdings müssen die privaten Fahrten versteuert werden). Dasselbe Ergebnis ergibt sich, wenn die IT-Beraterin die Verwaltungsarbeiten im Homeoffice erledigt.

Für die zeitliche Abgrenzung (1/3 der Arbeitszeit, 2 volle Tätigkeitsstage pro Woche, tägliche Arbeit) gelten die gleichen Voraussetzungen wie bei Arbeitnehmern (vgl. Kap. 3.1.10). Ist der Steuerzahler an **mehreren Betriebsstätten dauerhaft** tätig, die jeweils die Voraussetzungen für eine Betriebsstätte erfüllen, gilt der Ort als erste Tätigkeitsstätte, der am nächsten zur Wohnung liegt.

Beispiel

Der Kaufmann Müller betreibt 3 Lebensmittelmärkte. In der Filiale A ist er an 2 bis 3 Tagen pro Woche, in der Filiale B an 2 Tagen pro Woche und in der Filiale C ungefähr 1 Tag pro Woche. Filiale A liegt 25 km von seiner Wohnung entfernt, Filiale B 15 km und Filiale C 25 km.

Ergebnis: Die erste Betriebsstätte liegt in Filiale B, weil diese am nächsten zur Wohnung des Steuerzahlers liegt. Sowohl Filiale A wie Filiale B erfüllen die Voraussetzung »2 Arbeitstage pro Woche« bzw. mehr als 1/3 der wöchentlichen Arbeitszeit. Entscheidend ist nicht der zeitliche Schwerpunkt, sondern die Entfernung zur Wohnung.

Die Fahrten zwischen Wohnung und Filiale B sind steuerlich benachteiligt. Bei Benutzung eines Firmen-Pkw müssen diese Fahrten als geldwerter Vorteil versteuert werden, ein Betriebsausgabenabzug ist nur in Höhe der Entfernungspauschale mit 0,30 EUR pro Entfernungskilometer bzw. 0,38 EUR ab dem 21. Entfernungskilometer möglich. Sämtliche Fahrten zwischen den Filialen sowie die Fahrten zwischen Wohnung und Filiale A bzw. zwischen Filiale A und Filiale B gelten als betrieblich veranlasste Fahrten. Die Kosten hierfür sind in voller Höhe steuerlich abzugsfähig, ein geldwerter Vorteil durch die Nutzung des Firmenfahrzeugs entsteht nicht.

Beispiel

Eine Handelsvertreterin ist für verschiedene Unternehmen dauerhaft tätig, die Aufträge sind nicht befristet. Bei der Firma XY in B nutzt sie ein Büro, das ihr dort dauerhaft zur Verfügung steht. Sie hält sich dort an 2 Tagen pro Woche auf, die restliche Zeit ist sie unterwegs bzw. erledigt Verwaltungsarbeiten im häuslichen Arbeitszimmer.

Ergebnis: Im Büro beim Kunden XY entsteht eine erste Betriebsstätte, weil die Handelsvertreterin dort an mindestens 2 Arbeitstagen pro Woche tätig ist. Es handelt sich um eine ortsfeste, betriebliche Einrichtung. Die anderen Tätigkeitsorte der Handelsvertreterin führen zu keiner ersten Betriebsstätte. Das häusliche Arbeitszimmer kann nicht zur Betriebsstätte werden, weil es an einer Abgrenzung zur Wohnung fehlt.[133] Die Fahrten zwischen Wohnung und dem Büro in B gelten als Fahrt zwischen Wohnung und Betriebsstätte und sind steuerlich nur mit Entfernungspauschale von 0,30 EUR pro Entfernungskilometer bzw. 0,38 EUR ab dem 21. Entfernungskilometer zu berücksichtigen. Die Nutzung des Firmenwagens führt zu einem geldwerten Vorteil. Alle anderen Fahrten zu Kunden sind dienstlich veranlasst.

132 BMF, Schreiben v. 23.12.2014, IV C 6 – S 2145/10/10005 :001, BStBl 2015 I S. 26.

133 BMF, Schreiben v. 25.11.2020, IV C 5 – S 2353/19/10011 :006, BStBl 2020 I S. 1228, Rz. 4.

3.1.12 Erste Tätigkeitsstätte bei Ausbildung, Studium und Fortbildung

Für die Frage, ob im Rahmen einer Ausbildung eine erste Tätigkeitsstätte entstehen kann, muss zwischen der betrieblichen Ausbildung bzw. der beruflichen Weiterbildung einerseits und einem Studium bzw. einer von einem Arbeits- oder Dienstverhältnis getrennten Aus- oder Weiterbildung unterschieden werden.

Berufliche Aus-/Weiterbildung

Im Rahmen einer beruflichen Ausbildung orientiert sich die erste Tätigkeitsstätte an den allgemeinen Abgrenzungen. In aller Regel wird eine arbeitsrechtliche Zuordnung vorliegen, z. B. im Ausbildungsvertrag (vgl. Vorschrift des § 11 Berufsbildungsgesetzes). Der BFH hatte zum **alten Reisekostenrecht** entschieden, dass die Ausbildungseinrichtung des ausbildenden Arbeitgebers zu einer regelmäßigen Arbeitsstätte wird, weil es am Merkmal »vorübergehend« fehlt.[134] Diese Rechtslage gilt auch für das **aktuelle Reisekostenrecht**. Während der Dauer dieses – insoweit befristeten – Dienstverhältnisses ist der Auszubildende in der Regel einer **Ausbildungsstätte zugeordnet.** Damit liegt keine vorübergehende Zuordnung, sondern eine **dauerhafte Zuordnung** vor[135], die im Rahmen des steuerlichen Dienstverhältnisses **zu einer ersten Tätigkeitsstätte führt.**[136] Die weiteren Ausbildungsstätten (vgl. § 11 BBIG) müssen benannt sein. Da in einem Dienst- oder Arbeitsverhältnis nur eine erste Tätigkeitsstätte vorliegen kann, ist das der Ausbildungsbetrieb.

Ausbildungsstätte = erste Tätigkeitsstätte

Fehlt es – ausnahmsweise – an einer eindeutig bestimmten Ausbildungsstelle, entsteht eine erste Tätigkeitsstätte anhand der **zeitlichen (quantitativen) Abgrenzungskriterien** (vgl. Kap. 3.1.10). In der Regel werden die Auszubildenden 1/3 der vertraglich vereinbarten Arbeitszeit an einer ortsfesten betrieblichen Einrichtung des Ausbildungsbetriebs tätig werden, häufig sind sie auch arbeitstäglich dort tätig. Auch im Rahmen eines Ausbildungsdienstverhältnisses gilt der Grundsatz, dass der Arbeitnehmer **je Dienstverhältnis höchstens eine erste Tätigkeitsstätte** haben kann.[137] Werden die Auszubildenden an unterschiedlichen Stellen im Ausbildungsbetrieb bzw. bei Kunden eingesetzt, führen alle Einsätze außerhalb der Ausbildungsstätte (= erste Tätigkeitsstätte) steuerlich zu Dienstreisen. Es gelten die gleichen Regelungen wie bei »normalen« Arbeitnehmern.

Beispiel

Laut Ausbildungsvertrag für eine Pflegefachkraft ist der Auszubildende der Pflegeniederlassung in F zugeordnet. Da dort nicht alle Tätigkeiten zu erlernen sind, wird der Auszubildende für 3 Monate in der Zweigstelle in E eingesetzt. Zudem werden nach einer halbjährlichen Grundausbildung die Pflegefachkräfte bei ihren mobilen Außeneinsätzen begleitet, um die Arbeit vor Ort bei den Patienten kennenzulernen. Die Berufsschule findet im Blockunterricht statt (jeweils 2 Monate).

Ergebnis: Die Pflegeniederlassung in F wird zur ersten Tätigkeitsstätte im Rahmen des Ausbildungsdienstverhältnisses. Für die Fahrten von der Wohnung des Auszubildenden zu dieser Pflegeniederlassung gilt die Entfernungspauschale (0,30 EUR pro Entfernungskilometer bzw. 0,38 EUR ab dem 21. Entfernungskilometer, kein steuerfreier Arbeitgeberersatz möglich). Beim Einsatz in der Zweigstelle in E handelt es sich steuerlich um Dienstreisen, da dort keine erste Tätigkeitsstätte entsteht. Auch die begleitenden Einsätze im Außendienst gelten steuerlich als Dienstreisen. Das Gleiche gilt für den **Besuch der Berufsschule**, unabhängig von der zeitlichen Dauer. Die Fahrtkosten zur Zweigstelle in E, zu den Außeneinsätzen sowie zur Berufsschule können vom Auszubildenden als Werbungskosten steuerlich geltend gemacht werden, ein

134 BFH, Urteil v. 10.4.2014, III R 35/13, BStBl 2014 II S. 1286.

135 § 9 Abs. 4 Satz 3 EStG; danach ist von der dauerhaften Zuordnung insbesondere auszugehen, wenn der Arbeitnehmer für die Dauer des Dienstverhältnisses an der Tätigkeitsstätte tätig werden soll.

136 OFD Niedersachsen, Verfügung v. 15.3.2017, S 2350 – 14 – St 215, veröffentlicht StEd 2017, S. 214 zur Zuordnung von Beamtenanwärtern.

137 BMF, Schreiben v. 25.11.2020, IV C 5 – S 2353/19/10011 :006, BStBl 2020 I S. 1228, Rz. 2.

entsprechender steuerfreier Arbeitgeberersatz wäre möglich (vgl. Kap. 4.1). Verpflegungsmehraufwand kann nach den allgemeinen Regelungen berücksichtigt werden, sofern die Mindestabwesenheit von mehr als 8 Stunden erreicht wird (vgl. Kap. 4.2.2 und Kap. 4.5) bzw. ein Anreise- und Abreisetag im Zusammenhang mit einer beruflichen Übernachtung vorliegt. Für den Besuch der Berufsschule im Blockunterricht muss die 3-Monatsfrist beachtet werden (vgl. Kap. 4.2.3 und Kap. 4.5.4).

Berufliche Weiterbildungen im Rahmen eines bestehenden Arbeitsverhältnisses – Kurse, Schulungen, Lehrgänge, Seminare – führen aufgrund ihres vorübergehenden Charakters in aller Regel zu Dienstreisen. Das gilt auch bei **vollzeitigen Weiterbildungen** (im Gegensatz zu vollzeitigen Weiterbildungen außerhalb eines Arbeitsverhältnisses).

Beispiel

Eine Mitarbeiterin eines Industrieunternehmens nimmt auf Kosten des Arbeitgebers an einer 6-monatigen Weiterbildung zur Fachwirtin bei der örtlichen IHK teil. Für diesen Zeitraum ist sie unter Weitergewährung ihrer Bezüge von der Arbeit im Unternehmen freigestellt, die anderen arbeitsrechtlichen Pflichten und Rechte bestehen ausdrücklich weiter.

Ergebnis: Die Weiterbildung stellt steuerlich eine Dienstreise dar. Da es sich um eine vorübergehende Maßnahme handelt und die unbefristete Beschäftigung beim Arbeitgeber weiterhin gilt, kann die IHK nicht zur ersten Tätigkeitsstätte werden. Es können steuerfreie Reisekosten (z. B. Fahrtkosten, Übernachtungskosten) gewährt werden. Die steuerfreie Erstattung von Verpflegungsmehraufwand ist auf den Zeitraum von 3 Monaten begrenzt (vgl. Kap. 4.2.3). Unabhängig von den steuerfreien Reisekosten ist zu prüfen, ob die Kosten für die Weiterbildung nach § 3 Nr. 19 EStG steuerfrei bleiben können.

Duales Studium

Die gleichen Grundsätze wie bei der betrieblichen Ausbildung gelten im Rahmen eines dualen Hochschulstudiums. Im Vordergrund steht zwar der akademische Abschluss. Um den Praxisbezug sicherzustellen, besteht zeitgleich eine Art **Ausbildungsvertrag mit einem Ausbildungsbetrieb**. Steuerlich liegt ein Arbeitsverhältnis vor. Da Voraussetzung für ein duales Hochschulstudium ein Ausbildungsdienstverhältnis mit einem Ausbildungsbetrieb ist, entsteht in der Regel beim Ausbildungsbetrieb eine erste Tätigkeitsstätte. Diese wird anhand der konkreten Zuordnung im Vertrag über das Duale Hochschulstudium bestimmt (vgl. Kap. 3.1.9). Da pro steuerlichem Dienstverhältnis nur eine erste Tätigkeitsstätte vorhanden sein kann, wird die **Hochschule selbst nicht zur ersten Tätigkeitsstätte.**[138] Der Besuch der Hochschule gilt damit steuerlich als Dienstreise. Für die Betroffenen hat das den Vorteil, dass sie die tatsächlichen Fahrtkosten zur Hochschule sowie notwendige Übernachtungskosten als Werbungskosten absetzen können. Für die ersten 3 Monate können darüber hinaus Verpflegungsmehraufwendungen steuerlich abgesetzt werden, vorausgesetzt, die 3-Monatsfrist ist nicht überschritten (vgl. Kap. 4.2.3). Ein entsprechender steuerfreier Arbeitgeberersatz wäre möglich.

Tipp

Da Auszubildende ihre **Familienwohnung häufig noch bei den Eltern** haben, bringt dies erhebliche steuerliche Vorteile. Eine steuerliche Berücksichtigung von Übernachtungskosten im Rahmen der doppelten Haushaltsführung (vgl. Kap. 7) wäre nicht möglich, da es am **Merkmal »eigener Hausstand«** fehlt. Wichtig ist, dass diese Regelung nur im Rahmen eines dualen Hochschulstudiums mit einem entsprechenden Ausbildungsvertrag mit dem Ausbildungsbetrieb gilt. Im Rahmen eines normalen Hochschulstudiums wird die Hochschule per gesetzlicher Fiktion zur ersten Tätigkeitsstätte (§ 9 Abs. 4 Satz 8 EStG).

Fehlt es im Rahmen eines dualen Hochschulstudiums ausnahmsweise an einer **eindeutigen arbeitsrechtlichen Zuordnung** der betrieblichen Ausbildungsstätte, erfolgt die Abgrenzung nach den zeitlichen (quantitativen) Kriterien (vgl. Kap. 3.1.10). Die erste Tätigkeitsstätte entsteht dann dort, wo

138 Kein Fall des § 9 Abs. 4 Satz 8 EStG, da die Bildungseinrichtung im Rahmen eines Dienstverhältnisses aufgesucht wird.

der duale Hochschüler 1/3 seiner vertraglichen Arbeitszeit, 2 volle Arbeitstage pro Woche oder arbeitstäglich tätig wird. Da damit unter Umständen mehrere ortsfeste Einrichtungen für eine erste Tätigkeitsstätte infrage kommen (vgl. Kap. 3.1.10.6), ist es denkbar, dass die Hochschule zur ersten Tätigkeitsstätte wird.

Beispiel

Für einen dualen Hochschüler im Bereich Logistik ist in der Ausbildungsvereinbarung mit dem Ausbildungsbetrieb keine Zuordnung zu einer Stamm-Ausbildungsniederlassung erfolgt. Vielmehr sieht der Ausbildungsvertrag ausdrücklich vor, dass die Ausbildung frachtbezogen in allen 6 bundesweiten Niederlassungen erfolgen wird. Die Hochschule wird jeweils für 5-monatige Semesterzeiten besucht, der duale Hochschüler wohnt in der Nähe der Hochschule. Die Niederlassungen des Ausbildungsbetriebs liegen wesentlich weiter entfernt.

Ergebnis: Da der duale Hochschüler an mehreren ortsfesten betrieblichen Einrichtungen 1/3 seiner vertraglichen Arbeitszeit tätig sein wird, kann aufgrund der Nähe zum Wohnort die Hochschule zur ersten Tätigkeitsstätte werden. Die Einsätze in den Niederlassungen gelten in diesem Fall als Dienstreisen, steuerlich abzugsfähig sind die tatsächlichen Fahrtkosten sowie die beruflich notwendigen Übernachtungskosten. Verpflegungsmehraufwand kann bei den Einsätzen in den Niederlassungen im Rahmen der 3-Monatsfrist berücksichtigt werden.

Vollzeitstudium bzw. hauptberufliche Weiterbildung

Bei einem Vollzeitstudium bzw. einer frühzeitigen Bildungsmaßnahme **außerhalb eines Arbeitsverhältnisses** wird per gesetzlicher Fiktion (§ 9 Abs. 4 Satz 8 EStG) eine **Bildungseinrichtung** (Schule, Universität), die außerhalb eines Dienstverhältnisses zum Zweck eines Vollzeitstudiums oder einer vollzeitigen Bildungsmaßnahme aufgesucht wird**, zur ersten Tätigkeitsstätte.**[139] Das gilt auch dann, wenn die Fortbildungsmaßnahme nur wenige Monate andauert. Im Urteilsfall ging es um einen Behälter- und Apparatebauer, der einen 14-wöchigen Schweißtechnikerlehrgang (Übernachtung am Lehrgangsort) besucht hatte. In dieser Zeit war er bei keinem Arbeitgeber beschäftigt. Der BFH entschied im Gleichklang mit der Verwaltungsauffassung, dass für diese 14 Wochen der Lehrgangsort zur ersten Tätigkeitsstätte wird.[140] Fahrtkosten konnten damit nur im Rahmen der Entfernungspauschale abgezogen werden, die Übernachtungskosten gingen steuerlich ganz verloren, weil die Voraussetzungen für eine doppelte Haushaltsführung (eigener Hausstand, vgl. Kap. 7.2.3) nicht erfüllt waren.

Damit ist der Werbungskosten- bzw. Sonderausgabenabzug im Rahmen eines Vollzeitstudiums bzw. einer vollzeitigen Weiterbildung bezüglich der Fahrt- und Übernachtungskosten stark begrenzt. Für die Fahrten zur Hochschule bzw. Bildungseinrichtung gilt nur die Entfernungspauschale (0,30 EUR pro einfacher Entfernung pro Tag bzw. 0,38 EUR ab dem 21. Entfernungskilometer), Übernachtungskosten können nur im Rahmen einer doppelten Haushaltsführung abgesetzt werden.[141] Da es zumindest bei Ausbildung und Studium nach der Schule häufig an der Voraussetzung »eigener Hausstand« fehlt, sind die Voraussetzungen einer doppelten Haushaltsführung regelmäßig nicht erfüllt.[142]

Eine **vollzeitige Bildungsmaßnahme** liegt vor, wenn der Steuerzahler keine oder nur eine geringe Erwerbstätigkeit ausübt. Übernommen wird die Abgrenzung zum Abschluss einer erstmaligen Berufsausbildung bei einem volljährigen Kind (§ 32 Abs. 4 Satz 2 und 3 EStG). Vollzeitig ist eine Bildungsmaßnahme, wenn die zeitgleiche ausgeübte Erwerbstätigkeit durchschnittlich maximal 20 Stunden

139 § 9 Abs. 4 Satz 8 EStG; BMF, Schreiben v. 25.11.2020, IV C 5 – S 2353/19/10011 :006, BStBl 2020 S. 1228, Rz. 32.
140 BFH, Urteil v. 14.5.2020, VI R 24/18, BStBl 2020 II S. 770.
141 BFH, Beschluss v. 31.1.2019, VI B 8/18, BFH/NV 2022 S. 101.
142 BFH, Urteil v. 14.5.2020, VI R 24/18, BStBl 2020 II S. 770.

pro Woche erreicht oder nur als ein Minijob (§§ 8, 8a SGB IV) ausgeübt wird. Übersteigt die Erwerbstätigkeit die 20-Wochenstundengrenze, wird diese nicht zur ersten Tätigkeitsstätte, da die gesetzliche Fiktion nicht greift.

Beispiel

Nach dem Abitur wird ein Vollzeitstudium an einer Universität aufgenommen. Bisher bestand eine gemeinsame Haushaltsführung mit den Eltern. Ab 1.9.2023 wird ein Zimmer in der Universitätsstadt angemietet, Kosten monatlich 500 EUR.

Ergebnis: Die Universität wird zur ersten Tätigkeitsstätte. Eine doppelte Haushaltsführung liegt nicht vor, da in der Wohnung der Eltern keine eigene Haushaltsführung vorliegt und damit das Zimmer in der Universitätsstadt nicht zur Zweitwohnung wird.

Ein derart steuerlich benachteiligtes Vollzeitstudium bzw. eine vollzeitige Bildungsmaßnahme liegt immer dann vor,

- wenn das Studium bzw. die Bildungsmaßnahme nicht im Rahmen eines Dienstverhältnisses erfolgt (Abgrenzung zum dualen Hochschulstudium bzw. zu den Ausbildungs-Dienstverhältnissen). In der Praxis wird man darauf abstellen müssen, ob während des Studiums arbeitsrechtliche Pflichten (z. B. Verpflichtung zur Arbeitsleistung) und Rechte weiterbestehen. Ein Studium bzw. eine Bildungsmaßnahme erfolgt auch dann außerhalb eines Dienstverhältnisses, wenn der Arbeitgeber dies z. B. durch ein Stipendium fördert[143]
- und der Schüler bzw. Student parallel entweder überhaupt **keiner Erwerbstätigkeit nachgeht** oder die Erwerbstätigkeit **nicht mehr als 20 Stunden** regelmäßige wöchentliche Arbeitszeit erreicht bzw. nicht über einen Minijob bzw. eine kurzfristige Aushilfsbeschäftigung (max. 70 Arbeitstage bzw. 3 Monate) hinausgeht[144]
- und die Universität bzw. die Bildungseinrichtung nicht nur gelegentlich, sondern **fortdauernd und dauerhaft aufgesucht** wird. Das ist der Fall, wenn der Unterricht bzw. die Vorlesungen einem festen Rhythmus folgen.

Kurzzeitige Vollzeit- Weiterbildung

Auf die Dauer der Bildungsmaßnahme kommt es dabei nicht an. Auch für kurzzeitige Vollzeitbildungsmaßnahmen kann die Bildungseinrichtung zur ersten Tätigkeitsstätte werden. Der BFH hat entschieden, dass auch bei einem Techniker-Lehrgang in Vollzeit, der nur knapp über 3 Monate dauerte, die Bildungseinrichtung zur ersten Tätigkeitsstätte wird.[145]

Beispiel

Eine Arbeitnehmerin hat eine abgeschlossene Berufsausbildung als Altenpflegerin und ist seit mehreren Jahren als Altenpflegerin tätig. Um anschließend Leitungsfunktionen übernehmen zu können, nimmt sie ab 1.9.2021 ein Studium Master Health Care Management auf. Ab 1.2.2023 hilft sie im Rahmen des sozialversicherungsrechtlichen Werkstudentenprivilegs am Studienort wöchentlich 10 Stunden als Altenpflegerin aus, ansonsten übt sie keine Erwerbstätigkeit aus. Das Studium finanziert sie aus ersparten Mitteln.

Ergebnis: Die Kosten für das Studium sind grundsätzlich als vorgenommene Werbungskosten abzugsfähig. Aufgrund des Vollzeitstudiums wird die Universität jedoch zur ersten Tätigkeitsstätte, die Fahrten von der Wohnung zum Studienort können nur im Rahmen der Entfernungspauschale berücksichtigt werden. Im Rahmen der Aushilfstätigkeit könnte ebenfalls eine erste Tätigkeitsstätte (z. B. in dem Altenheim, in dem sie eingesetzt wird) entstehen, weil es sich um ein eigenständiges Arbeitsverhältnis neben dem Studium handelt.

143 BMF, Schreiben v. 25.11.2020, IV C 5 – S 2353/19/10011 :006, BStBl 2020 I S. 1228, Rz. 33.

144 BMF, Schreiben v. 25.11.2020, IV C 5 – S 2353/19/10011 :006, BStBl 2020 I S. 1228, Rz. 34.

145 BFH, Urteil v. 14.5.2020, VI R 24/18, BStBl 2020 II S. 770; gleichlautend wie Vorinstanz FG Nürnberg, Urteil v. 9.5.2018, 5 K 167/17, EFG 2018 S. 1262, übernommen in BMF, Schreiben v. 25.11.2020, IV C 5 – S 2353/19/10011 :006, BStBl 2020 I S. 1228, Rz. 33.

Steuerlich keine Rolle spielt, ob die Studien- oder Weiterbildungskosten als Werbungskosten (z. B. bezogen auf Einkünfte aus nichtselbstständiger Tätigkeit), Betriebsausgaben (z. B. im Rahmen von selbstständigen Einkünften) oder als Sonderausgaben nach § 10 Abs. 1 Nr. 7 EStG steuerlich abzugsfähig sind.

Studium mit Auslandssemester

Innerhalb des vollzeitigen Studiums bzw. der vollzeitigen Bildungsmaßnahme bleibt die erste Tätigkeitsstätte (z. B. an der Universität) über den gesamten Zeitraum des Studiums bzw. der Bildungsmaßnahme bestehen. Daran ändert sich auch nichts, wenn innerhalb des Studiums bzw. der Bildungsmaßnahme ein oder mehrere Auslandssemester abgeleistet werden.[146] Während des Auslandssemesters wandert die erste Tätigkeitsstätte nicht mit – selbst wenn in dieser Zeit gearbeitet wird.

Beispiel

Eine Studentin belegte im Inland an einer Hochschule den Studiengang International Business. Nach Abschluss des Bachelors waren für diesen Studiengang 2 Auslandssemester sowie ein Praxissemester im Ausland vorgeschrieben. Nachdem die 2 Auslandssemester abgeleistet waren, nahm die Studentin für das Auslands-Praxissemester eine bezahlte Tätigkeit auf. In dieser Tätigkeit wurde ihr ein Büroarbeitsplatz zur Verfügung gestellt.

Ergebnis: Während des gesamten Studiums wird die erste Tätigkeitsstätte im Inland (Hochschule) beibehalten. Damit können für das Auslandssemester Reisekosten abgerechnet werden (Flug, Unterkunft, im Rahmen der 3-Monatsfrist Verpflegungsmehraufwand, vgl. Kap. 4.2.3). Ansonsten wären die Kosten steuerlich verloren gewesen, da die Voraussetzungen für eine doppelte Haushaltsführung (vgl. Kap. 7) nicht erfüllt waren.

3.2 Die Fallgruppen der beruflichen Auswärtstätigkeit

Das lohnsteuerliche Reisekostenrecht hält am Prinzip der einzigen und einheitlichen Reisekostenart »berufliche Auswärtstätigkeit« fest, an die der Ansatz von Reisekosten geknüpft ist. Die Definition ergibt sich nicht unmittelbar aus dem Gesetz, sondern aus der gesetzlichen Festlegung der **ersten Tätigkeitsstätte** und der damit verbundenen, vom Gesetzgeber gewählten Tatbestandsvoraussetzungen für das Vorliegen reisekostenrechtlicher Fahrt-, Verpflegungs- und Übernachtungskosten. Die Definition der beruflichen Auswärtstätigkeit in den Lohnsteuer-Richtlinien hat mit der Maßgabe weiterhin Gültigkeit, dass an die Stelle der regelmäßigen Arbeitsstätte die sie ablösende »erste Tätigkeitsstätte« tritt.[147] Seit 2014 liegt eine für die Reisekosten relevante berufliche Auswärtstätigkeit dann vor, wenn der Arbeitnehmer vorübergehend außerhalb seiner Wohnung und nicht an einer ersten Tätigkeitsstätte beruflich tätig wird. Hierzu sind die beruflichen Tätigkeiten in **3 Fallgruppen** zu unterscheiden:

- vorübergehende **Auswärtstätigkeit,**
- Tätigkeit an **wechselnden Einsatzstellen** und
- Tätigkeit auf einem **Fahrzeug.**

Diese Unterteilung ist ausreichend, um alle nach dem Reisekostenrecht begünstigten Auswärtssachverhalte zu erfassen. Das entscheidende Merkmal, das den 3 Tätigkeitsarten gemeinsam ist und sie zum Begriff der **beruflichen Auswärtstätigkeit** miteinander verbindet, liegt darin, dass der

146 BFH, Urteil v. 14.5.2020, VI R 3/18, BStBl 2021 II S. 302.

147 BFH, Urteile v. 4.4.2019, VI R 27/17, v. 10.4.2019, VI R 6/17, v. 11.4.2019, VI R 36/16, VI R 12/17 und VI R 40/16, BStBl 2019 II S. 536 ff., v. 15.5.2020, VI R 24/18, BStBl 2020 II S. 770, v. 30.9.2020, VI R 10/19, VI R 11/19 und VI R 12/19, BStBl 2021 II S. 306 ff., v. 16.12.2020, VI R 35/18, BStBl 2021 II S. 525, und v. 1.10.2020, VI R 36/18, BFH/NV 2021 S. 309.

Arbeitnehmer seine konkrete Arbeitstätigkeit in diesen Fällen nicht an einer ersten Tätigkeitsstätte und damit »**außerhalb**« erbringt. Dabei kommt den beiden zuletzt genannten Fallgruppen keine rechtsbegründende Bedeutung zu. Sie dienen lediglich der Klarstellung, dass auch Arbeitnehmer, die überhaupt keine erste Tätigkeitsstätte haben, weil sie ausschließlich an ständig wechselnden Einsatzstellen oder auf einem Fahrzeug eingesetzt sind, begrifflich eine reisekostenrechtliche Auswärtstätigkeit ausüben.[148]

Berufliche Veranlassung

Wie in der folgenden Übersicht dargestellt, ist neben dem Vorliegen einer Tätigkeit an einem auswärtigen Einsatzort eine weitere Voraussetzung für die steuerliche Anerkennung von Reisekosten, dass der Reisetätigkeit ein **beruflicher Anlass** zugrunde liegt. Dieses Kriterium ist auf den allgemeinen Werbungskostenbegriff zurückzuführen, wonach nur beruflich veranlasste Aufwendungen steuerlich abzugsfähig sind.[149]

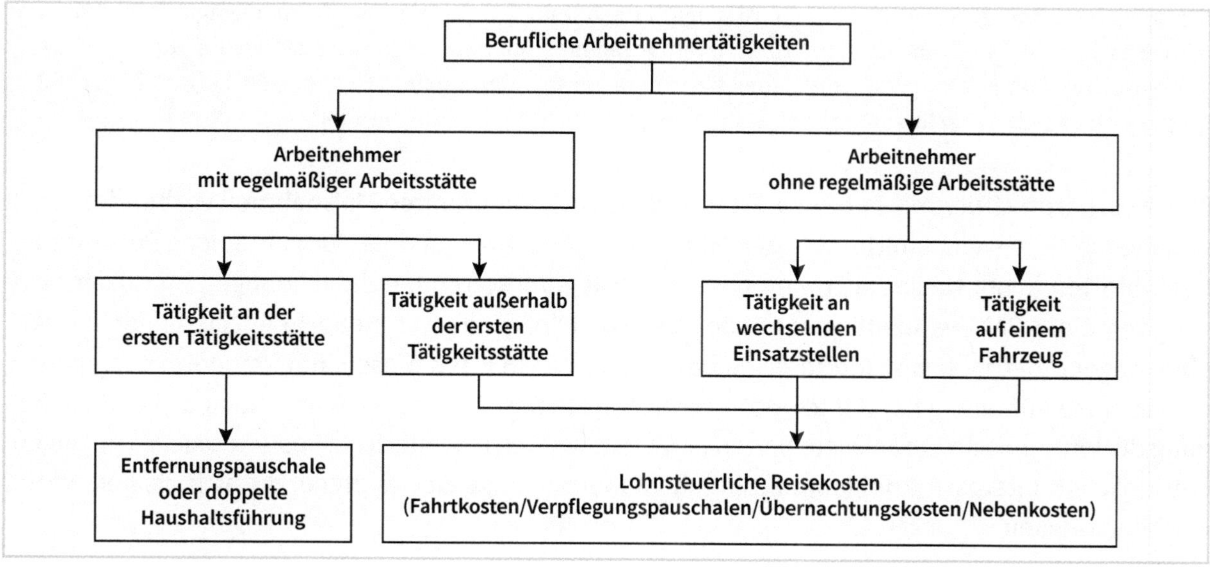

3.3 Voraussetzungen der beruflichen Auswärtstätigkeit

3.3.1 Beruflicher Anlass

Reisekosten liegen vor, wenn dem Arbeitnehmer Mehraufwendungen durch eine so gut wie ausschließlich beruflich veranlasste Auswärtstätigkeit entstehen.[150] Im Normalfall sind an dieses Kriterium in der Praxis keine hohen Anforderungen zu stellen. Eine Auswärtstätigkeit ist der beruflichen Sphäre des Arbeitnehmers zuzurechnen, wenn ihr ein unmittelbarer konkreter beruflicher Anlass zugrunde liegt.[151] Das ist z. B. der Fall, wenn die Auswärtstätigkeit auf einer **Weisung des Arbeitgebers** beruht. Dies können der Besuch eines Kunden zur Vornahme von Geschäftsabschlüssen, Verhandlungen mit Geschäftspartnern usw.[152], der Besuch einer Fachmesse, aber auch das Halten eines Vortrags auf einer Fortbildungsveranstaltung sein.[153]

148 BMF, Schreiben v. 25.11.2020, IV C 5 – S 2353/19/10011 :006, BStBl 2020 I S. 1228, Rz. 2; BFH, Urteil v. 12.7.2021, VI R 27/19, BStBl 2021 II S. 642.

149 R 9.1 Abs. 1 LStR.

150 R 9.4 Satz 1 LStR.

151 BFH, Urteil v. 22.1.1993, VI R 64/91, BStBl 1993 II S. 612.

152 BFH, Urteil v. 18.8.2005, VI R 32/03, BStBl 2006 II S. 30.

153 BFH, Urteil v. 27.7.2004, VI R 81/00, BFH/NV 2005 S. 42.

Nicht jede auf Weisung des Arbeitgebers unternommene Reise muss jedoch beruflich veranlasst sein. Gegen eine berufliche Veranlassung können in Einzelfällen u. a. die Art der Reise und das Reiseziel sprechen.[154] Dies gilt insbesondere für Reisen von Arbeitnehmern im Zusammenhang mit **VIP-Maßnahmen** des Arbeitgebers sowie **Studienreisen ins Ausland**, wenn diese mit einem Privataufenthalt verbunden werden oder der Ehegatte mitgenommen wird. Für eine private Mitveranlassung kann auch sprechen, wenn der Arbeitgeber weder Sonderurlaub noch Dienstbefreiung gewährt hat. Andererseits reicht die Gewährung von Sonderurlaub oder Dienstbefreiung allein nicht aus, die berufliche Veranlassung einer Auslandsreise zu gewährleisten.[155]

Hinweis

Entscheidend ist der Anlass für die Reise. Gibt es einen beruflichen Anlass und der Arbeitnehmer hängt ein paar Tage privat an, kann eine »Aufteilung« der Reisekosten erfolgen. Daher sollten in diesen Fällen Unterlagen über den **triftigen beruflichen Anlass** aufbewahrt werden. Tritt die berufliche Veranlassung einer Reise in den Hintergrund, d. h. ist die Berufsausübung nur Vorwand für eine ggf. mehrtägige »Reise« der Arbeitnehmer, so gehören alle vom Arbeitgeber getragenen Aufwendungen zum steuerpflichtigen Arbeitslohn. Bei der Versteuerung kann ggf. eine Lohnsteuerpauschalierung mit 25 % gem. § 40 Abs. 2 EStG erfolgen, wenn es sich dabei ausnahmsweise um eine Betriebsveranstaltung handelt.

Gemischte Aufwendungen

Wird eine beruflich veranlasste **Auswärtstätigkeit auch mit privaten Maßnahmen verbunden**, stellt sich die Frage, in welchem Umfang der Arbeitgeber die Aufwendungen für eine solche Reise steuerfrei erstatten kann. Nach der früheren Rechtsauslegung waren die Zuwendungen im Zusammenhang mit einer Reise einheitlich entweder als Arbeitslohn oder als steuerfreie Leistungen im ganz überwiegend betrieblichen Interesse zu beurteilen. Der BFH hat diese Einheitstheorie aufgegeben, wonach eine Aufteilung der Kosten bei Incentivereisen ausgeschlossen war.[156] Nach dieser Entscheidung dürfen gemischt veranlasste Reisen aufgeteilt werden in steuerfreie Bestandteile, die im eigenbetrieblichen Interesse erfolgen, und in lohnsteuerpflichtige Bestandteile, die sich als geldwerter Vorteil darstellen.

Wichtig

Das Portugal-Urteil[157] ist nach den Entscheidungsgründen auch auf **Studien- und Gruppeninformationsreisen** anzuwenden. Bei einer solchen Reise kann es sich – soweit dem Grunde nach eine berufliche Veranlassung festgestellt werden kann – ebenfalls um eine gemischt veranlasste Reise handeln, bei der die Grundsätze des BFH zur Aufteilung von Sachzuwendungen in Arbeitslohn und steuerfreien Zuwendungen in eigenbetrieblichem Interesse anzuwenden sind.

Private Mitveranlassung

Diese Grundsätze hat der Große Senat des BFH mit seinem Beschluss zum Werbungskostenabzug in vollem Umfang bestätigt.[158] Fraglich war aber, ob die Aufteilungsmöglichkeiten negative Folgen bei privater Verlängerung von beruflich veranlassten Auswärtstätigkeiten haben könnten. Dies ist im Regelfall zu verneinen. Wenn der Auswärtstätigkeit ein **eindeutiger unmittelbarer betrieblicher/beruflicher Anlass** zugrunde liegt (z. B. ein Mitarbeiter nimmt aufgrund einer Weisung seines Arbeitgebers einen ortsgebundenen Pflichttermin wie einen Kundenbesuch wahr, den er mit einem vorangehenden oder nachfolgenden Privataufenthalt verbindet), ist von einer **untergeordneten privaten Mitveranlassung** der Kosten für die Hin- und Rückreise auszugehen.

---

154 BFH, Urteil v. 16.4.1993, VI R 6/89, BStBl 1993 II S. 640.
155 BFH, Beschluss v. 13.4.2005, VI B 197/04, BFH/NV 2005 S. 1231.
156 BFH, Urteil v. 18.8.2005, VI R 32/03, BStBl 2006 II S. 30 – sog. Portugal-Urteil.
157 BFH, Urteil v. 18.8.2005, VI R 32/03, BStBl 2006 II S. 30.
158 BFH, Beschluss v. 21.9.2009, GrS 1/06, BStBl 2010 II S. 672.

Wie bisher sind Übernachtungs- und Verpflegungskosten nur für die dienstlich notwendigen Tage steuerfrei zu erstatten. Fahrt- und Flugkosten können hingegen in vollem Umfang steuerfrei ersetzt werden. Eine Aufteilung ist nicht vorgesehen. Das gilt ausnahmsweise dann nicht, wenn die privat veranlassten Reisetage zu einer abgrenzbaren Erhöhung der Fahrtkosten führen. In diesem Fall liegt nur in Höhe der ohne Verlängerung anfallenden Fahrtkosten steuerfreier Arbeitslohn vor.[159]

Beispiel

Eine Außendienstmitarbeiterin eines Nahrungsmittelherstellers hat am 17.1.2023 um 9 Uhr einen Kundentermin in Hamburg. Sie fliegt deshalb am 16.1.2023 mit der Maschine um 17:45 Uhr von Stuttgart nach Hamburg. Der Kundentermin am nächsten Tag dauert bis zum Nachmittag. Da sie sich Hamburg privat ansehen will, fliegt sie erst am 18.1.2023 abends nach Stuttgart zurück. Der Flugpreis von 220 EUR für den Hin- und Rückflug ist identisch.

Ergebnis: Es handelt sich um eine Reise mit einem unmittelbaren betrieblichen Anlass. Die Flugkosten können deshalb in vollem Umfang von 220 EUR steuerfrei vom Arbeitgeber erstattet werden. Eine Aufteilung ist nicht erforderlich, da der Reise ein unmittelbarer betrieblicher Anlass zugrunde liegt. Mehrkosten durch den späteren Rückflug entstehen nicht. Die Übernachtungs- und Verpflegungskosten sind jedoch nur für die dienstlich notwendigen Tage am 16.1. (Übernachtung und Verpflegung) bzw. 17.1. (Verpflegung) steuerfrei zulässig.

3.3.2 Vorübergehende Auswärtstätigkeit

Sofern der Arbeitnehmer nicht ausschließlich an wechselnden Einsatzstellen oder auf einem Fahrzeug eingesetzt ist und damit zum Personenkreis der **Arbeitnehmer mit »regelmäßiger« Tätigkeitsstätte** zählt, können Reisekosten nur dann vorliegen, wenn der Arbeitnehmer vorübergehend außerhalb seiner Wohnung und seiner regelmäßigen Arbeitsstätte(n) beruflich tätig wird. In Abgrenzung zur beruflichen Auswärtstätigkeit ist die Arbeit an der ersten Tätigkeitsstätte zu verstehen. Von einer auswärtigen Beschäftigung ist deshalb immer dann auszugehen, wenn der tatsächliche Arbeitsort nicht zugleich auch die erste Tätigkeitsstätte des Arbeitnehmers ist.

Liegt danach eine berufliche Auswärtstätigkeit vor, weil Ort der ersten Tätigkeitsstätte und tatsächlicher Arbeitsort auseinanderfallen, darf die berufliche Tätigkeit außerhalb der Wohnung und der ortsfesten betrieblichen Einrichtung nur **vorübergehender Natur** sein. Der Arbeitnehmer muss also seine erste Tätigkeitsstätte während dieser Zeit beibehalten und voraussichtlich auch dorthin zurückkehren. Dies ist z. B. für die vorübergehende Abordnung eines Arbeitnehmers an einen Zweigbetrieb oder im Rahmen eines Konzerns an ein anderes Konzernunternehmen zu bejahen. Eine Auswärtstätigkeit ist nicht vorübergehend, wenn nach dem Gesamtbild der Verhältnisse anzunehmen ist, dass die auswärtige Tätigkeitsstätte vom ersten Tag an zur neuen ersten Tätigkeitsstätte geworden ist.

Entscheidend ist, ob die berufliche Auswärtstätigkeit eine **dauerhafte Zuordnung** zur auswärtigen betrieblichen Einrichtung begründet. Die Zuordnung kann durch arbeitsrechtliche Festlegung des Arbeitgebers oder – falls keine dienstliche Zuordnung vorliegt – durch die quantitativ an der betrieblichen Einrichtung zu leistende arbeitsvertragliche Arbeitszeit erfolgen (mindestens 1/3 der vereinbarten regelmäßigen Arbeitszeit oder 2 volle Arbeitstage wöchentlich oder arbeitstägliches Tätigwerden). In beiden Fällen muss die Zuordnung zur auswärtigen Tätigkeitsstätte nach einer in die Zukunft gerichteten **Prognoseentscheidung** auf Dauer angelegt sein. Nach der im Gesetz ent-

159 BMF, Schreiben v. 6.7.2010, IV C 3 – S 2227/07/10003/002, BStBl 2010 I S. 614.

haltenen beispielhaften Aufzählung ist von einer dauerhaften Zuordnung auszugehen, wenn der Arbeitnehmer an der durch arbeitsrechtliche oder zeitliche Zuordnung festgelegten (auswärtigen) Tätigkeitsstätte tätig werden soll:

- unbefristet,
- bis auf Weiteres,
- für die Dauer des Dienstverhältnisses oder
- über einen Zeitraum von mehr als 48 Monaten.

Beispiel

Eine Versicherungsangestellte ist am Hauptsitz ihrer Versicherungsgesellschaft in Stuttgart beschäftigt. Sie wird für ein Jahr an einen Filialbetrieb in Freiburg abgeordnet.

Ergebnis: Die Auswärtstätigkeit ist vorübergehend, weil von Anfang an feststeht, dass die Arbeitnehmerin nach 12 Monaten an ihre erste Tätigkeitsstätte zurückkehrt. Die gesamte Abordnungsdauer gilt steuerlich als Auswärtstätigkeit, für die steuerfreie Reisekosten gewährt werden können. Wäre stattdessen eine Versetzung – ohne zeitliche Befristung von nicht mehr als 48 Monaten – oder eine Abordnung für einen Zeitraum von mehr als 48 Monaten erfolgt, wäre von Beginn an in Freiburg die neue erste Tätigkeitsstätte der Versicherungsangestellten begründet worden. Ungeachtet der späteren Rückkehr zum Hauptsitz der Firma hätte keine unter die Reisekosten fallende vorübergehende Auswärtstätigkeit vorgelegen.

Erste Tätigkeitsstätte

Ex-ante-Betrachtung

»Dauerhaft« kann danach auch die (arbeitsrechtliche oder quantitative) Zuordnung zu einer betrieblichen Einrichtung über einen Zeitraum von mehr als 48 Monaten sein. Als Folge der in die Zukunft gerichteten Betrachtungsweise (Ex-ante-Betrachtung) kommt im Fall der **Verlängerung** einer zunächst auf weniger als 48 Monate geplanten Abordnung an eine ortsfeste betriebliche Einrichtung diese nur dann als erste Tätigkeitsstätte infrage, wenn der Arbeitnehmer ab dem Zeitpunkt der Verlängerungsentscheidung dort noch länger als 48 Monate eingesetzt werden soll. Keine erste Tätigkeitsstätte wird durch einen ununterbrochenen Einsatz auf einer Baustelle von mehr als 48 Monaten begründet, sofern sich diese Einsatzzeit weder zu Beginn des Ersteinsatzes noch zu Beginn der Folgeeinsätze prognostizieren lässt (Ex-ante-Betrachtung).[160]

Beispiel

Ein bei einer Pharma-AG in Stuttgart unbefristet beschäftigter Softwareentwickler wird für eine Projektdauer von voraussichtlich 18 Monaten dem betrieblichen Stand in Karlsruhe zugeordnet. Als erste Tätigkeitsstätte ist der Betriebssitz in Stuttgart festgelegt. Nach 14 Monaten wird die Abordnung um weitere 3 Jahre verlängert.

Ergebnis: Der Arbeitnehmer hat seine erste Tätigkeitsstätte auch während der Abordnung nach Karlsruhe in Stuttgart. Obwohl der Arbeitnehmer insgesamt 50 Monate – und damit länger als 4 Jahre – in Karlsruhe eingesetzt ist, begründet er dort aufgrund der gebotenen Prognosebetrachtung keine erste Tätigkeitsstätte. Weder im Zeitpunkt der erstmaligen Zuordnung noch im Zeitpunkt der Verlängerungsentscheidung ist der Softwareentwickler für mehr als 48 Monate (= dauerhaft) an der Zweigstelle Karlsruhe eingesetzt.

Abwandlung: Etwas anderes würde vorliegend gelten, wenn die Verlängerungsentscheidung einen Restzeitraum von mehr als 4 Jahren zur Folge hat. In diesem Fall wird die erste Tätigkeitsstätte ab der Verlängerungsentscheidung mit Wirkung für die Zukunft am Standort in Karlsruhe begründet. Für die ersten 14 Monate bleibt die Tätigkeit in Karlsruhe eine beruflich veranlasste Auswärtstätigkeit, für die der Arbeitnehmer Reisekosten in Anspruch nehmen kann.

Kettenabordnung

Eine **mehrfache Verlängerung** einer Abordnung an eine auswärtige betriebliche Einrichtung ist möglich (sog. Kettenabordnung). Voraussetzung ist lediglich, dass nach der Prognoseentscheidung

160 BFH, Urteil v. 12.5.2022 VI R 32720, BFH/NV 2022 S. 1341.

die restliche Abordnungsdauer maximal 48 Monaten beträgt. Jeder neue Beschäftigungsabschnitt unterliegt einer **eigenständigen Prüfung der 48-Monatsgrenze**. Anders formuliert: Kettenabordnungen sind über einen sehr langen Zeitraum möglich, wenn die »Verlängerungen« möglichst spät erfolgen. Änderungen hinsichtlich der Zuordnung durch den Arbeitgeber sind auch in anderen Fällen nur mit Wirkung für die Zukunft zu berücksichtigen (Ex-ante-Betrachtung).

Beispiel

Ein angestellter Krankenhausarzt wurde von seinem Arbeitgeber ab 1.1.2020 für einen Zeitraum von 3 Jahren an eine Regionalklinik in B abgeordnet. Einvernehmlich wird am 15.11.2023 vereinbart, dass der Einsatz an der Regionalklinik in B bis zum 31.12.2026 verlängert wird.

Ergebnis: In Summe wird der Arzt mehr als 4 Jahre, nämlich für die Jahre 2020 bis 2026, an der Regionalklinik in B tätig sein. Da jedoch die Prognose (ex ante) maßgebend ist, kommt es nur auf die zu erwartende Einsatzdauer an. Zu Beginn im Jahr 2020 war mit 3 Jahren zu rechnen, zum 15.11.2023 mit einer restlichen Einsatzdauer von 37,5 Monaten. Beide Werte übersteigen nicht die Grenze von 48 Monaten bzw. 4 Jahren. Die Regionalklinik B begründet für den Arzt keine erste Tätigkeitsstätte, da er dort nicht dauerhaft tätig ist. Im Ergebnis können dem Arzt für die Gesamteinsatzdauer steuerfreie Reisekosten gewährt werden. Allerdings sind die zeitlichen Begrenzungen für die Verpflegungsmehraufwendungen von 3 Monaten (vgl. Kap. 4.2.3) sowie für die Unterkunftskosten von 4 Jahren (ab dem 49. Monat Begrenzung auf 1.000 EUR pro Monat, vgl. Kap. 3.1.5.3) zu beachten. Fahrtkosten können steuerfrei während des gesamten Einsatzes in B gewährt werden – und zwar für Hin- und Rückfahrt.

3.4 Tätigkeit an wechselnden Einsatzstellen

Der Reisekostenbegriff »berufliche Auswärtstätigkeit« umfasst auch Arbeitnehmer, die bei ihrer individuellen beruflichen Tätigkeit typischerweise nur an ständig wechselnden Tätigkeitsstätten eingesetzt werden. Hierunter fallen **Arbeitnehmer ohne erste Tätigkeitsstätte**, die weder durch arbeitsrechtliche Festlegung des Arbeitgebers noch durch den Umfang der dort verrichteten Arbeiten (weniger als 2 Arbeitstage pro Woche und weniger als 1/3 der Arbeitszeit) einer betrieblichen Einrichtung dauerhaft zugeordnet sind (vgl. Kap. 3.1.1). Das entscheidende Merkmal liegt darin, dass die konkrete Arbeitstätigkeit nicht an einer ortsfesten betrieblichen Einrichtung, erster Tätigkeitsstätte, sondern »außerhalb« erbracht wird. Dabei kommt dem lohnsteuerlichen Begriff der Einsatzwechseltätigkeit keine rechtsbegründende Bedeutung zu. Er dient nur der Klarstellung, dass auch Arbeitnehmer, die überhaupt **keine erste Tätigkeitsstätte** haben, weil sie ausschließlich an ständig wechselnden Einsatzstellen eingesetzt sind, eine reisekostenrechtliche berufliche Auswärtstätigkeit ausüben.[161]

Arbeitnehmer ohne erste Tätigkeitsstätte

Die gesetzliche Definition der ersten Tätigkeitsstätte lässt die Wesensmerkmale dieser zur beruflichen Auswärtstätigkeit zählenden Fallgruppe weitgehend unverändert.

Beispiel

Typische Beispiele sind

- Bau- oder Montagearbeiter[162],
- Mitglieder einer Betriebsreserve für Filialbetriebe,
- Berufsfeuerwehrmänner[163],
- Glas- und Gebäudereiniger,
- Krankenpfleger in der häuslichen Krankenpflege,

161 BMF, Schreiben v. 25.11.2020, IV C 5 – S 2353/19/10011 :006, BStBl 2020 I S. 1228, Rz. 2.

162 FG Nürnberg, Urteil v. 8.7.2016, 4 K 1836/15, EFG 2016 S. 1692.

163 FG Rheinland-Pfalz, Urteil v. 28.11.2019, 6 K 1475/18, EFG 2020 S. 269, Rev. beim BFH unter Az. VI R 48/20.

- Hilfspolizisten für die Überwachung des ruhenden Verkehrs und
- Auszubildende ohne örtlichen Mittelpunkt während ihrer Ausbildung.

Die Anzahl der jährlichen Einsatzstellen ist dabei ohne Bedeutung. Entscheidend ist allein, dass der Arbeitnehmer keine erste Tätigkeitsstätte hat und damit rechnen muss, in mehr oder weniger langen Zeitabständen immer wieder an andere Einsatzstellen wechseln zu müssen.[164] Arbeitnehmer ohne erste Tätigkeitsstätte sind außerhalb ihrer Wohnung immer auswärts tätig.

3.5 Tätigkeit auf Fahrzeugen

Die Ausführungen zu Kap. 3.4 gelten sinngemäß für Arbeitnehmer, die im Rahmen ihrer Auswärtstätigkeit auf Fahrzeugen eingesetzt sind. Auch hierbei kann es sich nur um Mitarbeiter **ohne erste Tätigkeitsstätte** handeln. Der Personenkreis mit Tätigkeiten auf Fahrzeugen deckt sich mit der nach bisherigem Reisekostenrecht geltenden Reisekostenart Fahrtätigkeit. Entscheidend für die Annahme einer beruflichen Auswärtstätigkeit auf Fahrzeugen ist deshalb, dass der Arbeitnehmer **keine erste Tätigkeitsstätte im Betrieb** begründet.

Auch bei Arbeitnehmern mit typischer Fahrtätigkeit kann der Betrieb des Arbeitgebers eine erste Tätigkeitsstätte begründen,

- wenn der Arbeitgeber dies durch arbeitsrechtliche Zuordnung festlegt oder
- aufgrund des Umfangs der dort verrichteten Arbeiten (mindestens 1/3 der vereinbarten regelmäßigen Arbeitszeit oder 2 volle Arbeitstage wöchentlich oder arbeitstäglich).[165]

Zum Begriff der ersten Tätigkeitsstätte siehe unter Kap. 3.1.2.

Beispiel

Keine Fahrtätigkeit im steuerlichen Sinne üben z. B. regelmäßig aus:

- Polizeibeamte im Streifendienst, da sie ihre erste Tätigkeitsstätte am Ort ihrer dauerhaften dienstlichen Zuordnung (= vom Dienstherrn bestimmtes Polizeirevier) haben und dort auch zumindest in geringem Umfang arbeits- oder dienstrechtlich Tätigkeiten verrichten müssen, die zu dem von ihnen ausgeübten Berufsbild gehören[166],
- Fahrlehrer, die auch theoretischen Unterricht erteilen,
- Kundendienstmonteure, bei denen arbeitsrechtlich ausdrücklich bestimmt ist, dass der Betriebssitz keine erste Tätigkeitsstätte im Sinne des lohnsteuerlichen Reisekostenrechts ist[167],
- Zollbeamte im Grenzaufsichtsdienst.

Die Tätigkeit dieser Personen außerhalb des Betriebs rechnet aber zu den beruflichen Auswärtstätigkeiten.

Fahrtätigkeit muss auswärtig sein

Weitere Voraussetzung für die Gewährung von Reisekosten ist, dass es sich um eine **auswärtige Fahrtätigkeit** handelt.[168] Der Einsatz eines Arbeitnehmers auf einem Fahrzeug auf dem Betriebsgelände erfolgt an der ersten Tätigkeitsstätte und begründet deshalb keine berufliche Auswärtstätigkeit. Dasselbe gilt für einen im Rangierbetrieb eingesetzten Lokomotivführer, der ausschließlich auf

164 BFH, Urteil v. 20.11.1987, VI R 6/86, BStBl 1988 II S. 443.
165 § 9 Abs. 4 EStG; ebenso BFH, Urteil v. 11.4.2019, VI R 40/16, BStBl 2019 II S. 546, für das fliegende Personal von Fluggesellschaften.
166 BFH, Urteil v. 4.4.2019, VI R 27/17, BStBl 2019 II S. 536, Vorinstanz: Niedersächsisches FG, Urteil v. 24.4.2017, 2 K 168/16, EFG 2017 S. 980.
167 BMF, Schreiben v. 25.11.2020, IV C 5 – S 2353/19/10011 :006, BStBl 2020 I S. 1228, Rz. 13; FG Berlin-Brandenburg, Urteil v. 9.4.2019, 5 K 5269/17, EFG 2019 S. 1088.
168 BFH, Urteil v. 18.6.2009, VI R 61/06, BStBl 2010 II S. 564.

dem firmeneigenen Schienennetz Rangierfahrten durchführt, das sich zum Großteil auf dem Werksgelände des Arbeitgebers befindet.[169]

Beispiel

Die Linienbusfahrerin eines städtischen Verkehrsbetriebs übernimmt ihr Fahrzeug arbeitstäglich an verschiedenen Busdepots des Arbeitgebers. Der Arbeitgeber hat keines davon als erste Tätigkeitsstätte bestimmt.

Ergebnis: Das Busdepot stellt eine ortsfeste Arbeitgebereinrichtung dar. Da die Arbeitnehmerin dieses ausschließlich zum Abholen des Fahrzeugs aufsucht, wird nach den zeitlichen Abgrenzungskriterien (quantitative Zuordnung) dort keine erste Tätigkeitsstätte begründet. Auswirkungen ergeben sich für die täglichen Fahrten zum jeweiligen Busdepot, die als Fahrten zwischen Wohnung und Abholstätte unter die Reisekostenbestimmungen fallen. Außerdem rechnet die berufliche Abwesenheitszeit für die Gewährung der Verpflegungskosten bereits ab dem Verlassen der Wohnung und endet auch wieder dort.

Dasselbe Ergebnis tritt ein, wenn die Busübernahme an unterschiedlichen Bushaltestellen erfolgt. Örtliche Haltestellen können keine erste Tätigkeitsstätte sein.

Begünstigte Berufsgruppen

Ist nach der Abgrenzung, insbesondere nach den zeitlichen Grenzen, keine erste Tätigkeitsstätte im Betrieb anzunehmen (vgl. Kap. 3.1.10), gehören zur beruflichen Auswärtstätigkeit auf Fahrzeugen:

- **Kraftfahrer** im gewerblichen Güternah- und -fernverkehr oder im (Paket-)Zustelldienst.[170] Bei Fahrlehrern sowie bei Verkaufsfahrern ist dagegen regelmäßig keine Fahrtätigkeit anzunehmen. Meist ist in diesen Fällen eine erste Tätigkeitsstätte vorhanden.
- **Beifahrer** in Kraftfahrzeugen,
- **Fahrer** von **Linienbussen** und Reisebussen,
- **Taxifahrer**,
- Fahrer und Begleitpersonal von Müllfahrzeugen,
- Beton- und Kiesfahrer,
- Fahrer von Kanalreinigungsfahrzeugen,
- Fahrer und sonstiges Personal auf Schienenfahrzeugen, z. B. Straßenbahnfahrer, **Lokführer** und Begleitpersonal auf Zügen im öffentlichen Schienennetz[171],
- **Piloten** u. a. fliegendes sowie flugbegleitendes Personal[172],
- **See- und Binnenschiffer** sowie Schiffspersonal, unabhängig davon, ob diese täglich nach Hause zurückkehren oder an Bord eine dauerhafte Unterkunft haben[173].

169 BFH, Urteil v. 10.3.2015, VI R 87/13, BFH/NV 2015 S. 1084.

170 FG Nürnberg, Urteil v. 13.5.2016, 4 K 1536/15, EFG 2016 S. 1240.

171 FG des Landes Sachsen-Anhalt, Urteil v. 26.2.2020, 1 K 629/19, EFG 2020 S. 912, anders für Lok- und Triebwagenführer bei arbeitsrechtlicher Festlegung des Bahnhofs als erste Tätigkeitsstätte oder Werksbahn-Lokomotivführer mit firmeneigenem, öffentlich nicht zugänglichem Schienennetz, s. BFH, Urteil v. 1.10.2020, VI R 36/18, BFH/NV 2021 S. 309.

172 BFH, Urteil v. 26.2.2014, VI R 68/12, BFH/NV 2014 S. 1029; BFH, Urteil v. 11.4.2019, VI R 40/16, BStBl 2019 II S. 546; BFH, Urteil v.11.4.2019, VI R 12/17, BStBl 2019 II S. 551.

173 BFH, Urteil v. 16.11.2006, VI R 12/04, BStBl 2006 II S. 267; BFH, Urteil v. 19.12.2005, VI R 30/05, BStBl 2006 II S. 378; BFH, Urteil v. 24.2.2011, VI R 66/10, BStBl 2012 II S. 27; BFH, Urteil v.12.7.2021, VI R 27/19, BStBl 2021 II S. 642.

4 Abzugsfähige Reisekosten

Das Grundkonzept der einzigen und einheitlichen Reisekostenart »berufliche Auswärtstätigkeit« wurde für sämtliche dienstliche Tätigkeiten außerhalb der Wohnung und außerhalb der ersten Tätigkeitsstätte beibehalten. Es gelten dieselben Abzugsbeträge – unabhängig davon, ob der Arbeitnehmer eine normale Dienstreise unternimmt, ausschließlich als Berufskraftfahrer unterwegs ist oder an wechselnden Einsatzstellen seine Arbeit zu verrichten hat. Auf eine (Neu-)Definition der Reisekosten wurde verzichtet. Reisekosten sind

- Fahrtkosten,
- Verpflegungsmehraufwendungen,
- Übernachtungskosten und
- Reisenebenkosten,

wenn diese durch eine beruflich veranlasste Auswärtstätigkeit des Arbeitnehmers entstehen.[1] Unabhängig von der Art der beruflichen Auswärtstätigkeit sind für alle Reisekostensachverhalte einheitliche Fahrtkosten und Verpflegungspauschbeträge sowie gleich hohe Übernachtungskosten und Reisenebenkosten festgelegt. Unterschiede ergeben sich aber innerhalb der einzelnen (Reise-)Kostenarten. Während sich bei den Fahrt- und Unterbringungskosten keine gravierenden Änderungen ergeben, wurden ab 2020 höhere Verpflegungspauschalen festgelegt, die für den Arbeitnehmer erfreulich großzügiger ausfallen. Außerdem wurde für Übernachtungen in Kraftfahrzeugen während einer mehrtägigen beruflichen Fahrtätigkeit eine (Übernachtungs-)Pauschale von 8 EUR eingeführt (vgl. Kap. 4.3.3).

Die Abzugsfähigkeit der Fahrtkosten (§ 9 Abs. 1 Nr. 5a EStG), der Verpflegungskosten (§ 9 Abs. 4a EStG) sowie der Übernachtungskosten (§ 9 Abs. 1 Nr. 5a EStG) ist seit 2014 rechtssystematisch zutreffend insgesamt im Bereich der Werbungskostenvorschrift des § 9 EStG gesetzlich verankert. Eine gesetzliche Regelung bestand bis dahin nur für den Teilbereich der Verpflegung, die im Bereich der nichtabziehbaren Betriebsausgaben bei den Gewinneinkünften angesiedelt und durch einen gesetzlichen Verweis für den Werbungskostenabzug durch den Arbeitnehmer entsprechend anzuwenden war (§ 4 Abs. 4 Nr. 5 i. V. m. § 9 Abs. 5 EStG). Der Umfang des steuerfreien Arbeitgeberersatzes bleibt unverändert den Bestimmungen der § 3 Nr. 13 EStG (öffentlicher Dienst) bzw. § 3 Nr. 16 EStG (Privatwirtschaft) vorbehalten.

4.1 Fahrtkosten

4.1.1 Begünstigte Fahrten

Zu den großen Vorteilen einer Auswärtstätigkeit im steuerlichen Sinne gehört der unkomplizierte Fahrtkostenersatz. Begünstigt sind alle Verkehrsmittel: Öffentlicher Personennahverkehr, Bahn, privater Pkw, Leihwagen, Flugzeug, Schiff, etc. Dienstliche Fahrten im Rahmen einer Auswärtstätigkeit mit einem Firmenwagen bleiben steuerfrei (kein geldwerter Vorteil).

1 R 9.4 Satz 1 LStR.

Beispiel

Eine Mitarbeiterin, die in der Nähe von Hamburg wohnt und deren erste Tätigkeitsstätte in Hamburg liegt, hat in Berlin mehrere dienstliche Termine bei Kunden. Sie fährt Montagmorgen direkt von zuhause aus mit dem Pkw zur nächsten S-Bahn-Haltestelle und stellt den Pkw im Parkhaus ab (16 km). Sie nimmt die S-Bahn bis zum Bahnhof Hamburg und fährt von dort mit dem ICE nach Berlin. In Berlin übernimmt sie einen Leihwagen, den sie ausschließlich für dienstliche Fahrten nutzt. Am Donnerstag fliegt sie zurück nach Hamburg, fährt vom Flughafen Hamburg mit der S-Bahn zurück zu ihrem Pkw und fährt mit diesem direkt nach Hause zurück.

Ergebnis: Sämtliche Fahrtkosten sind steuerfrei erstattungsfähig, da die berufliche Auswärtstätigkeit mit Verlassen der Wohnung beginnt und mit der Ankunft in der Wohnung endet. Der Arbeitgeber kann für folgende Fahrtkosten steuerfreien Ersatz leisten:

- Für die Fahrt zur S-Bahn und zurück (2 x 16 km x 0,30 EUR = 9,60 EUR).
- Die Kosten für die Fahrt mit der S-Bahn zum Bahnhof.
- Die Kosten für die Bahnfahrt Hamburg-Berlin (auch in der 1. Klasse).
- Die Kosten für den Leihwagen in Berlin in tatsächlicher Höhe einschl. der Benzin/Dieselkosten.
- Die Kosten für den Rückflug Berlin-Hamburg.
- Die Kosten für die Fahrt mit der S-Bahn vom Bahnhof zum Pkw-Parkhaus.

Als Reisenebenkosten können auch die Kosten für das Parkhaus erstattet werden. Erstattet der Arbeitgeber diese Kosten nicht, handelt es sich um Werbungskosten, die der Arbeitnehmer im Rahmen seiner Steuererklärung absetzen kann. Handelt es sich um einen Selbstständigen bzw. Unternehmer, können diese Kosten als Betriebsausgaben abgesetzt werden. Für die Pkw-Kosten wäre in diesem Fall nur der Ansatz der km-Sätze von 0,30 EUR pro Kilometer zulässig, wenn für die Fahrt zur S-Bahn der private Pkw und nicht der Firmenwagen genutzt wird.

Beispiele für reisekostenrechtliche Fahrtkosten

Nach der gesetzlichen Festlegung können für alle Fahrten, die nicht zwischen Wohnung und erster Tätigkeitsstätte erfolgen, die Reisekostensätze abgezogen bzw. vom Arbeitgeber steuerfrei erstattet werden (§ 9 Abs. 1 Nr. 4a EStG). Reisekosten stellen danach insbesondere die Aufwendungen für folgende Fahrten im Rahmen von beruflichen Auswärtstätigkeiten dar:

- Fahrten von der Wohnung oder ersten Tätigkeitsstätte zur auswärtigen Tätigkeitsstätte.
- Innerhalb desselben Arbeitsverhältnisses: Fahrten zwischen mehreren auswärtigen Tätigkeitsstätten oder innerhalb eines weiträumigen Tätigkeitsgebiets.
- Fahrten von der Unterkunft am Ort der auswärtigen Tätigkeitsstätte (oder Einzugsgebiets) zur auswärtigen Tätigkeitsstätte.
- Zwischenheimfahrten von der auswärtigen Tätigkeitsstätte zur Wohnung und zurück.
- Fahrten von der Wohnung zu ständig wechselnden Tätigkeitsstätten bei einer Einsatzwechseltätigkeit (Arbeitnehmer hat keine erste Tätigkeitsstätte).
- Fahrten bei Übernachtung im Rahmen einer Tätigkeit an wechselnden Einsatzstellen von der Wohnung zum Einsatzort und von der auswärtigen Unterkunft zum Einsatzort.
- Fahrten im Rahmen einer Tätigkeit an wechselnden Einsatzstellen zu einem gleichbleibenden Treffpunkt und anschließender Auswärtstätigkeit.[2]

Hinweis

Stellt der Arbeitgeber dem Arbeitnehmer für diese Fahrten einen Firmenwagen zur Verfügung, bleibt die Gestellung steuerfrei. Ein geldwerter Vorteil ist nicht zu erfassen. Der Arbeitgeber kann jedoch keine zusätzlichen pauschalen Kilometersätze steuerfrei erstatten.

Die lohnsteuerlichen Reisekostensätze bei Arbeitnehmern, die an **wechselnden Einsatzstellen** tätig sind, dürfen unabhängig davon angewendet werden, wie weit der jeweilige Einsatzort von der Wohnung des Arbeitnehmers entfernt liegt.

2 H 9.5 LStH »Allgemeines«.

Beispiel

Ein Kundendienstmonteur der Kälte- und Wärmetechnik GmbH, der den Betrieb jeweils montags und freitags für einen halben Tag seine Firma aufsucht, um neue Aufträge für die kommende Woche entgegenzunehmen bzw. seine Kundenaufträge abzurechnen, ist ausschließlich für die von der Firma betreuten Kunden eines Stadtgebiets zuständig. Der Arbeitgeber hat keine arbeitsrechtliche Bestimmung der ersten Tätigkeitsstätte vorgenommen.

Ergebnis: Der Arbeitnehmer hat keine erste Tätigkeitsstätte. Die erforderlichen zeitlichen Grenzen für die nachrangig zu prüfende Zuordnung zum Betrieb des Arbeitgebers sind nicht erfüllt. Der im Übrigen verrichtete Kundendienst am Betriebssitz der GmbH stellt nur Vor- und Nacharbeiten seiner eigentlichen Außendiensttätigkeiten dar. Solche Hilfs- und Nebentätigkeiten können nicht zur Bestimmung einer ersten Tätigkeitsstätte führen. Sämtliche Fahrten sind als Reisekosten abzugsfähig. Dies gilt auch für die Fahrten von der Wohnung zum ersten Kunden und die Heimfahrt vom letzten Kunden, auch wenn die Entfernung nur wenige Kilometer betragen sollte. Ebenso sind die gelegentlichen Fahrten zum Betrieb mangels erster Tätigkeitsstätte berufliche Auswärtstätigkeiten, die unter die steuerlichen Reisekosten fallen.

4.1.2 Arbeitnehmer ohne erste Tätigkeitsstätte

Eine unangenehme Praxisfalle muss bezüglich der Fahrtkosten bei Arbeitnehmern ohne erste Tätigkeitsstätte (§ 9 Abs. 1 Nr. 4a Satz 3 EStG) beachtet werden. Bei Arbeitnehmern ohne erste Tätigkeitsstätte, die aber aufgrund Anweisung des Arbeitgebers **dauerhaft denselben Ort aufsuchen** müssen, um von dort **typischerweise die arbeitstägliche berufliche Tätigkeit aufzunehmen**, werden diese Fahrten gesetzlich den **Fahrten zwischen Wohnung und erster Tätigkeitsstätte gleichgestellt.** Es gelten damit die steuerlich nachteiligen Regelungen zur Entfernungspauschale.

Der pauschale Fahrtkostenersatz für die Nutzung eines privaten Pkw für Dienstfahrten ist an die im Bundesreisekostengesetz festgelegten Beträge (0,30 EUR pro Kilometer) angeknüpft. Keine Änderung ergibt sich hierdurch bzgl. des Umfangs der abzugsfähigen bzw. steuerfrei ersetzbaren Fahrtkosten. Die Höhe der abzugsfähigen Werbungskosten bzw. des steuerfreien Arbeitgeberersatzes von Fahrten anlässlich beruflicher Auswärtstätigkeiten bleibt unverändert. Beim Pkw beträgt der Kilometersatz 0,30 EUR pro gefahrenen Kilometer. Eine Anhebung des Kilometersatzes bei den Reisekosten ist im Unterschied zur Pendlerpauschale für den arbeitstäglichen Weg zur ersten Tätigkeitsstätte nicht erfolgt.

Wichtig

Durch die gesetzlich festgelegte Anknüpfung der Kilometerschätzbeträge an die Wegstreckenentschädigung hat der Arbeitgeber einen Rechtsanspruch auf deren Anwendung. Eine Überprüfung der Frage einer unzutreffenden Besteuerung bei hohen Fahrleistungen ist deshalb nicht mehr erforderlich. Die anderslautende Rechtsprechung ist durch die gesetzliche Regelung gegenstandslos.

4.1.3 Fahrten zum Sammelpunkt oder weiträumigen Tätigkeitsgebiet

Der Ansatz der tatsächlichen Fahrtkosten für die im Rahmen einer beruflichen Auswärtstätigkeit anfallenden Fahrten hat seit 2014 eine systemwidrige Einschränkung erfahren, soweit es sich um Fahrten

- zu einem Sammel-/Treffpunkt oder
- zu einem weiträumigen Tätigkeitsgebiet handelt.

Treffpunktfahrten und Fahrten in ein weiträumiges Arbeitsgebiet sind keine Fahrten zwischen Wohnung und erster Tätigkeitsstätte, sondern fallen unter den Reisekostenbegriff der beruflichen Auswärtstätigkeit. Weder der gleichbleibende Treffpunkt noch das weiträumige Arbeitsgebiet erfüllen die Voraussetzungen einer betrieblichen Einrichtung im Sinne des Arbeitsstättenbegriffs. Gleichwohl zählen die hierbei anfallenden Fahrtkosten nicht zu den begünstigten Reisekosten. Das Gesetz fingiert eine **Gleichstellung mit den Fahrten zu einer Tätigkeitsstätte** beim Arbeitgeber, sofern der Arbeitnehmer

- **keine** erste Tätigkeitsstätte hat und
- aufgrund der arbeitsrechtlichen Weisungen seines Arbeitgebers zur Arbeitsaufnahme typischerweise **arbeitstäglich** dauerhaft denselben Ort oder dasselbe weiträumige Tätigkeitsgebiet **aufsucht** (§ 9 Abs. 1 Nr. 4a Satz 3 EStG).

Fährt also der Arbeitnehmer aufgrund arbeitsrechtlicher Anweisung zur Aufnahme seiner beruflichen Tätigkeit dauerhaft zum selben Ort, gilt für diese Fahrten die **Regelung der Entfernungspauschale.** Erst die anschließende Weiterfahrt fällt unter die Reisekostenregeln. In Betracht kommen Fahrten zum gemeinsamen Treffpunkt für einen betrieblichen Sammeltransport zur Baustelle, zum Busdepot oder Bahnhof bei im Fahrdienst beschäftigten Arbeitnehmern sowie der (Fähr-)Hafen bzw. die Schiffsanlegestelle beim Schiffspersonal.

Beispiel

Ein Arbeitnehmer ist als Busfahrer beim örtlichen Verkehrsunternehmen beschäftigt. Der Arbeitgeber hat weder schriftlich noch durch Absprachen oder Weisungen arbeitsrechtlich eine erste Tätigkeitsstätte festgelegt. Zum Arbeitsbeginn ist der Arbeitnehmer verpflichtet, sich im Busdepot einzufinden, um den Bus zu übernehmen, dessen Linie er befährt. Der Arbeitgeber unterhält 2 Busdepots mit unterschiedlichen Standorten innerhalb einer Großstadt. Der Busfahrer fuhr bislang von seiner Wohnung in das Busdepot Süd. Ab dem kommenden Monat muss er den Bus im Busdepot Nord übernehmen.

Ergebnis: Sowohl das Busdepot Süd als auch das Busdepot Nord stellen für den Busfahrer einen Sammelpunkt dar, weil er sich auf Weisung seines Arbeitgebers dort arbeitstäglich einfinden muss, um seine Arbeit aufnehmen zu können. Daher konnte er für diese Fahrten bisher lediglich die Entfernungspauschale von 0,30 EUR bzw. ab dem 21. Entfernungskilometer von 0,38 EUR pro Entfernungskilometer ansetzen und das wird auch ab dem nächsten Monat für die Fahrtstrecke von seiner Wohnung zum Busdepot Nord der Fall sein. Nutzt der Busfahrer für die Fahrten von seiner Wohnung zum Sammelpunkt den öffentlichen Nahverkehr, kann der Arbeitgeber aufgrund der neuen Rechtslage steuerfreien Fahrtkostenersatz gewähren (§ 3 Nr. 15 EStG). Auch die Überlassung eines Job-Tickets für den öffentlichen Personennahverkehr bleibt steuerfrei. Ebenfalls steuerfrei bleibt der Wert einer Fahrberechtigung (z. B. Freifahrten für die Mitarbeiter eines Verkehrsbetriebs, soweit sie sich auf die Wegstrecke zwischen Wohnung und Sammelpunkt beziehen). Fahrtkostenzuschüsse für die Fahrt mit dem privaten Pkw oder die Überlassung eines Firmenwagens müssen versteuert werden – entweder individuell nach den ELStAM oder pauschal mit 15 % nach § 40 Abs. 2 Satz 2 EStG.

Außendienstmitarbeiter, Handelsvertreter

Auch Außendienstmitarbeiter, wie Kundendienstmonteure oder Handelsvertreter, die **ohne arbeitsrechtliche oder zeitliche Festlegung** einer ersten Tätigkeitsstätte die Firma arbeitstäglich aufsuchen müssen (sei es zum Abholen des Werkstattwagens oder zur arbeitstäglichen Vorbereitung der Außendienstbesuche), können für die Fahrten zwischen Wohnung und Arbeitgeber **nur die Entfernungspauschale** in Anspruch nehmen. Die gegenteilige Rechtsprechung ist durch die ausdrückliche gesetzliche Regelung überholt.[3]

3 BFH, Urteil v. 9.11.2011, VI R 58/09, BStBl 2012 II S. 34, das Reisekosten für arbeitstägliche Fahrten zu Kontrollzwecken bzw. Absprachen am Betriebssitz gewährt.

Unter die nachteilige Rechtsänderung fallen auch Fahrten von **Bauarbeitern** zum betrieblich festgelegten Treffpunkt, um von dort im Rahmen der angeordneten Sammelbeförderung zur jeweiligen auswärtigen Einsatzstelle zu fahren.

Bauarbeiter

Beispiel

Die Arbeiter einer Baufirma haben sich **arbeitstäglich** am Betriebshof zu treffen, um anschließend mit den betrieblichen Fahrzeugen im Sammeltransport die jeweiligen Baustellen anzufahren. Eine arbeitsrechtliche Festlegung der ersten Tätigkeitsstätte ist nicht erfolgt.

Ergebnis: Der Betriebssitz der Baufirma stellt keine erste Tätigkeitsstätte dar, da der Arbeitnehmer diese ausschließlich zum Abholen des Fahrzeugs aufsucht. Nach dem gesetzlich definierten Arbeitsstättenbegriff wird dort auch durch die mangels arbeitsrechtlicher Festlegung maßgebenden zeitlichen Grenzen keine erste Tätigkeitsstätte begründet. Gleichwohl gelten für die Fahrtkosten keine Reisekostensätze. Die gesetzliche Fiktion bewirkt, dass für die arbeitstäglichen Fahrten zum Betriebshof des Arbeitgebers nur die Entfernungspauschale angesetzt werden darf. Ein steuerfreier Arbeitgeberersatz ist insoweit nicht zulässig.
Da die Fahrten zwischen Wohnung und Abholstätte im Übrigen unter die Reisekostenbestimmungen fallen, rechnet die berufliche Abwesenheitszeit für die Gewährung von Verpflegungskosten für die Baustellentätigkeit bereits ab dem Verlassen der Wohnung und endet auch dort wieder. Auswirkungen ergeben sich also nur für die Fahrtkosten zum Treffpunkt. Die anschließende Weiterfahrt zur Baustelle fällt unter die steuerfreien Reisekosten des § 3 Nr. 16 EStG oder falls die Baustelle ausnahmsweise die erste Tätigkeitsstätte sein sollte, unter die für Sammelbeförderungen geregelte Steuerbefreiung des § 3 Nr. 32 EStG.

Weitere typische Sachverhalte sind arbeitstägliche **Fahrten von Berufskraftfahrern** zum Fahrzeugübernahmedepot, insbesondere bei Fahrern im gewerblichen Güterverkehr zum Lkw-Standort[4], für die ebenfalls **nur die Entfernungspauschale** gilt. Die arbeitgeberseitige Festlegung der arbeitstäglichen Fahrten zum »Sammelpunkt« kann sich aber auch aus der jeweiligen Eigenart der betrieblichen Tätigkeit ergeben, etwa wenn Fahrer im Zustelldienst jeden Morgen zunächst ihre auszuliefernden Waren im Paketdepot abholen müssen. Fährt ein Berufskraftfahrer nicht täglich zum Betriebshof, weil er mehrtägige Fahrten im Fernverkehr fährt, gilt die nachteilige Auslegung nicht, weil er den Betriebshof nicht typischerweise arbeitstäglich aufsucht.[5]

Berufskraftfahrer

Beispiel

Arbeitnehmer Fleißig ist bei einem Paketzustellungsdienst als Auslieferungsfahrer beschäftigt. Hierzu fährt er morgens mit seinem eigenen Pkw in den Betrieb des Arbeitgebers, belädt den Zustellkombi, mit dem er seine Auslieferungsfahrten unternimmt, und sucht die zu beliefernden Kunden auf. Der Arbeitgeber hat den Betrieb nicht als erste Tätigkeitsstätte des Arbeitnehmers Fleißig festgelegt.

Ergebnis: Obwohl Arbeitnehmer Fleißig arbeitstäglich in den Betrieb des Arbeitgebers kommt und das Fahrzeug belädt, hat er dort keine erste Tätigkeitsstätte, denn allein die Übernahme des Zustellfahrzeugs und auch dessen Beladen reichen nicht aus, um das quantitative Kriterium »arbeitstäglich« zu erfüllen. Dennoch kann er für die Fahrten von seiner Wohnung zum Betrieb des Arbeitgebers 0,30 EUR pro Entfernungskilometer als Werbungskosten für den jeweiligen Arbeitstag ansetzen, denn bei dem Betrieb des Arbeitgebers handelt es sich um einen Sammelpunkt. Da Herr Fleißig für die Fahrt zum Betriebshof den privaten Pkw nutzt, ist eine steuerfreie Fahrtkostenerstattung nicht möglich.

Darf der Paketzusteller sein Zustellfahrzeug mit nach Hause nehmen, ist ein geldwerter Vorteil für die Fahrten Wohnung – Firma nach den Regeln der Firmenwagenbesteuerung zu erfassen (vgl. Kap. 8.4.2).

Bei **Piloten und Flugbegleitern** stellt der jeweilige Flughafen nur dann einen **Sammelpunkt** dar, wenn eine **arbeitstägliche Rückkehr** dorthin erfolgt. Hat der Arbeitnehmer auch mehrtägige Flüge

Piloten, Flugbegleiter

4 FG Nürnberg, Urteil v. 13.5.2016, 4 K 1536/15, EFG 2016 S. 1240.

5 Niedersächsisches FG, Urteil v. 15.6.2017, 10 K 139/16, DStR 2018 S. 6, rkr; bestätigt durch BFH, Urteile v. 14.9.2020, VI B 64/19, BFH/NV 2021 S. 306, und v. 19.4.2021, VI R 6/19, BStBl 2021 II S. 727, jeweils für einen Bauarbeiter.

mit Übernachtung, wird der Heimatflughafen **nicht arbeitstäglich** aufgesucht und ist kein Sammelpunkt. Die Fahrten zwischen Wohnung und Heimatflughafen fallen bei diesem Flugpersonal unter die Reisekostenbestimmungen, sofern nicht durch arbeitsrechtliche Zuordnung der Heimatflughafen (»Homebase«) als erste Tätigkeitsstätte festgelegt worden ist.[6]

Die gesetzliche Fiktion der Entfernungspauschale gilt auch für die arbeitstäglichen Wege zum Sammel- bzw. Treffpunkt, wenn dieser von der **weiter entfernt liegenden (Haupt-)Wohnung** angetreten wird, sofern sich dort der Lebensmittelpunkt des Arbeitnehmers befindet. Dies gilt auch dann, wenn die Fahrten an einer näher zum Arbeitsplatz liegenden Wohnung des Arbeitnehmers unterbrochen werden.[7]

Wichtig

Entscheidend für die gesetzlich fingierte Anwendung der Entfernungspauschale bei Arbeitnehmern ohne erste Tätigkeitsstätte ist, dass aufgrund der **arbeitsrechtlichen Direktiven** der Mitarbeiter dauerhaft zu diesem Sammelpunkt kommen muss. Etwas anderes gilt, wenn sich der Arbeitnehmer aus freien Stücken dort einfindet, um von dort aus seinen Einsatzort zu erreichen. Der Gesetzgeber hat den Ansatz der nachteiligen Entfernungspauschale deshalb daran geknüpft, dass der Arbeitnehmer diesen Ort typischerweise **arbeitstäglich** zur Arbeitsaufnahme aufsuchen muss.[8]

Freiwillige Fahrgemeinschaften

Eine andere Lösung ergibt sich deshalb für Treffpunktfahrten, die nicht vom Arbeitgeber angeordnet sind. Treffen sich Arbeitnehmer aufgrund eigener Initiative an einem Sammelpunkt, z. B. im Rahmen einer freiwilligen Fahrgemeinschaft, findet die gesetzliche Fiktion keine Anwendung. Bei **freiwilligen Sammel- oder Treffpunktfahrten** kann der Arbeitnehmer für die Fahrtkosten zum (freiwilligen) Sammel-/Treffpunkt die für Reisekosten geltenden Kilometersätze in Anspruch nehmen, für den eigenen Pkw 0,30 EUR pro gefahrenem Kilometer. Ist die Fahrt zum Treffpunkt dagegen eine Teilstrecke des Wegs zwischen Wohnung und erster Tätigkeitsstätte, wie bei einer privat organisierten Fahrgemeinschaft für die arbeitstäglichen Fahrten zum Betrieb, fällt der Weg bis zum Ausgangspunkt der gemeinsamen Weiterfahrt ebenfalls unter die Entfernungspauschale. Er teilt das rechtliche Schicksal der Gesamtstrecke Wohnung und erste Tätigkeitsstätte.

Auslegung »typischerweise arbeitstäglich«

Der Gesetzeswortlaut macht den Ansatz der nachteiligen Entfernungspauschale davon abhängig, dass der Arbeitnehmer diesen Ort **typischerweise arbeitstäglich** zur Arbeitsaufnahme aufsuchen muss.[9] Die Finanzverwaltung wendet die gesetzlich fingierte Entfernungspauschale deshalb nur auf solche Sachverhalte an, in denen die **Anfahrt des Arbeitnehmers zum Sammel-/Treffpunkt nahezu ausschließlich arbeitstäglich** erfolgt.[10] Der BFH hat in 2 Urteilen die Rechtsauffassung des BMF bestätigt und macht die gesetzliche Fiktion der Entfernungspauschale ebenfalls davon abhängig, dass der Arbeitnehmer den arbeitgeberseitig bestimmten (Sammel-)Ort typischerweise, also **im Normalfall arbeitstäglich** aufsucht.[11] Die gesetzliche Wortwahl lässt an einzelnen Arbeitstagen Ausnahmen zu, z. B. infolge des Besuchs einer Fortbildungsveranstaltung oder eines unvorhersehbaren Arbeitseinsatzes. Die gesetzlich fingierte Entfernungspauschale findet indes nur auf solche Sachverhalte

6 BFH, Urteil v. 11.4.2019, VI R 40/16, BStBl 2019 II S. 546; BFH, Urteil v. 10.4.2019, VI R 17/17, BFH/NV 2019 S. 904; BFH, Urteil v. 11.4.2019, VI R 12/17, BStBl 2019 II S. 551.

7 BFH, Urteil v. 14.9.2020, VI B 64/19, BFH/NV 2021 S. 306.

8 FG Nürnberg, Urteil v. 8.7.2016, 4 K 1836/15, EFG 2016 S. 1692.

9 FG Nürnberg, Urteil v. 8.7.2016, 4 K 1836/15, EFG 2016 S. 1692.

10 BMF, Schreiben v. 25.11.2020, IV C 5 – S 2353/19/10011 :006, BStBl 2020 I S. 1228, Rz. 38; bestätigt durch FG Nürnberg, Urteil v. 13.5.2016, 4 K 1536/15, EFG 2016 S. 1240, und Niedersächsisches FG, Urteil v. 15.6.2017, 10 K 139/16, rkr., jeweils für Lkw-Fahrer.

11 BFH, Urteile v. 14.9.2020, VI B 64/19, BFH/NV 2021 S. 306, und v. 19.4.2021, VI R 6/19, BStBl 2021 II S. 727.

Anwendung, in denen die arbeitstägliche Anfahrt des Arbeitnehmers zum Sammel-/Treffpunkt der Normalfall ist, z. B. insbesondere Bau- und Montagearbeiter mit **eintägigen** Baustelleneinsätzen.

Arbeitnehmer, die infolge ihres betrieblichen Aufgabenbereichs regelmäßig **mehrtägige Auswärtstätigkeiten** unternehmen, sind dagegen von der gesetzlichen Fiktion ausgeschlossen, z. B. Arbeitnehmer mit Einsätzen auf mehrtägigen Fernbaustellen, Lkw-Fahrer im Güterfernverkehr oder Flugpersonal mit Langstreckenflügen. Bei Arbeitnehmern mit Auswärtseinsätzen ohne tägliche Rückkehr berechnet sich der Werbungskostenabzug für die jeweiligen Fahrten zum Sammelort nach den lohnsteuerlichen **Reisekosten**. Überholt ist damit die hiervon abweichende Auffassung der Finanzgerichte Sachsen[12] und Thüringen[13], die den Begriff »arbeitstägliche Fahrt« dahingehend auslegten, dass eine typischerweise arbeitstägliche Anfahrt zu einem Sammelpunkt auch dann vorliegt, wenn zwar die Anfahrt von der Firma nicht an jedem Arbeitstag stattfindet, jedoch immer dann, wenn der Mitarbeiter von zu Hause zum Betrieb fährt, um von dort beginnend seine Arbeit binnen eines Tages oder länger während auf einer Baustelle zu verrichten und diese Fahrten einen gewissen Umfang nicht überschreiten. Ein Fernfahrer, der lediglich 2 bis 3 Tage pro Woche seine Fahrtätigkeit am Firmensitz seines Arbeitgebers beginnt oder gar nur an einem Tag in der Woche zur betrieblichen Einrichtung seines Arbeitgebers fährt und die übrige Zeit mehrtägige Fahrten unternimmt, sucht nicht typischerweise arbeitstäglich den Firmensitz auf.[14]

Weiträumiges Tätigkeitsgebiet

Die nachteilige **gesetzliche Fiktion der Entfernungspauschale** erfasst in gleicher Weise die arbeitstäglichen Fahrten in ein weiträumiges Tätigkeitsgebiet. Leider wurde versäumt, eine gesetzliche Definition für diesen von der Rechtsprechung geprägten Arbeitsstättenbegriff einzuführen. Aus diesem Grund ist **an den bisherigen Abgrenzungskriterien festzuhalten**. Ein weiträumiges Tätigkeitsgebiet liegt vor, wenn die vertraglich vereinbarte **Arbeitsleistung auf einer festgelegten Fläche** ausgeübt werden soll. Anders als bei der Tätigkeit in einer ortsfesten betrieblichen Einrichtung, beschreibt der Begriff des weiträumigen Tätigkeitsgebiets lediglich eine **flächenmäßige Begrenzung** des Einsatzgebiets des Arbeitnehmers.

Ein weiträumiges Arbeitsgebiet liegt aber nicht schon deshalb vor, weil der Arbeitnehmer ständig in einem Gemeindegebiet, im Bereich einer Großstadt oder in einem durch eine Kilometergrenze bestimmten Arbeitsgebiet an verschiedenen Stellen tätig wird. Keine weiträumige Arbeitsstätte begründen deshalb z. B. das Großstadtrevier eines Polizeibeamten im Einsatz- und Streifendienst[15] oder der Stadtbezirk eines städtischen Bauhofmitarbeiters sowie das Einsatzgebiet von mobilen Pflegekräften.

Abgrenzung zur großräumigen ersten Tätigkeitsstätte

Dabei ist das Rechtsinstitut des weiträumigen Tätigkeitsgebiets von dem Begriff der **(großräumigen) ersten Tätigkeitsstätte** (vgl. Kap. 3.1.1) strikt zu trennen. Während ein weiträumiges Tätigkeitsgebiet keine ortsfeste betriebliche Einrichtung umschreibt, sondern lediglich eine flächenmäßige Begrenzung des Einsatzgebiets eines Arbeitnehmers festlegt, kann eine großräumige ortsfeste betriebliche Einrichtung des Arbeitgebers die gesetzlichen Anforderungen einer ersten Tätigkeitsstätte erfüllen. Der BFH hat den Begriff der ortsfesten betrieblichen Einrichtung für Tätigkeitsbereiche in einem großräumigen, flächenmäßig zusammengehörenden Betriebs- bzw. Werksgelände präzi-

12 Sächsisches FG, Urteil v. 14.3.2017, 8 K 1870/16.

13 FG Thüringen, Urteile v. 5.12.2018, 1 K 594/16, EFG 2019 S. 261 und v. 28.2.2019, 1 K 498/17, EFG 2019 S. 386; entschieden durch BFH Urteile v. 2.9.2021, VI R 14/19, BFH/NV 2022 S. 15 und v. 19.4.2021 VI R 6/19, BStBl 2021 II S. 727.

14 Ebenso Niedersächsisches FG, Urteil v. 15.6.2017, 10 K 139/16, DStR 2018 S. 6, rkr; FG Nürnberg, Urteil v. 13.5.2016, 4 K 1536/15, EFG 2016 S. 1240, rkr.

15 BFH, Urteil v. 4.4.2019, VI R 27/17, BStBl 2019 II S. 536.

siert. Ein großflächiges, infrastrukturell erschlossenes Gebiet kann in Abgrenzung zu einem weiträumigen Tätigkeitsgebiet eine (großräumige) erste Tätigkeitsstätte sein, etwa eine Werksanlage, ein Betriebsgelände, ein Bahnhof oder Flughafen. Dabei ist es unerheblich, wenn einzelne Teile davon für sich betrachtet selbstständige betriebliche Einrichtungen darstellen können, z. B. Werkshallen, Büro- oder Verkaufsgebäude. Sofern diese in einem **organisatorischen, technischen oder wirtschaftlichen Zusammenhang** mit der betrieblichen Tätigkeit des Arbeitgebers, des verbundenen Unternehmens oder eines vom Arbeitgeber bestimmten Dritten stehen, sind diese Betriebsmittel zu einer großräumigen ersten Tätigkeitsstätte zusammenzufassen.[16] Dies kann auch für das firmeneigene Schienennetz zutreffen, das ein Lokführer mit der Werksbahn seines Arbeitgebers im Rahmen der innerbetrieblichen Güterbeförderung befährt, auch wenn sich das Schienennetz über mehrere Gemeinden erstreckt.[17]

Der Fortbestand des Rechtsinstituts des **weiträumigen Arbeitsgebiets** erfährt nach den vorstehenden Ausführungen seit 2014 eine inhaltliche andere Bedeutung innerhalb der lohnsteuerlichen Reisekostenbestimmungen. Während das weiträumige Arbeitsgebiet bislang als Sonderfall der regelmäßigen Arbeitsstätte galt, lässt sich diese Bedeutung auf den neu definierten Nachfolgebegriff der ersten Tätigkeitsstätte nicht übertragen. Als erste Tätigkeitsstätte kommt nur eine ortsfeste betriebliche Einrichtung

- des Arbeitgebers,
- eines Konzernunternehmens oder
- eines vom Arbeitgeber bestimmten Dritten

in Betracht. Da der Arbeitnehmer bzgl. seiner Einsätze in einem weiträumigen Arbeitsgebiet nicht an einer ersten Tätigkeitsstätte seine Arbeit verrichtet, sind Fahrten zur weiträumigen Tätigkeitsstätte sowie die anschließende Arbeitsleistung als **berufliche Auswärtstätigkeit** zu beurteilen.

Einschränkungen bei Fahrtkosten

Gleichwohl zählen die hierbei anfallenden Fahrtkosten zwischen Wohnung und Einsatzgebiet nicht zu den begünstigten Reisekosten. Fingiert wird – unter den genannten Voraussetzungen – eine **Gleichstellung mit den Fahrten zu einer ersten Tätigkeitsstätte** beim Arbeitgeber. Für diese Fahrten gelten die Abzugsbeschränkungen der **Entfernungspauschale.** Für die Berechnung ist auf die (kürzeste) Entfernung zwischen Wohnung und dem nächstgelegenen Zugang abzustellen. Die gesetzliche Fiktion beschränkt sich auf die Fahrtkosten zum Einsatzort. Die **übrigen Reisekostenregelungen** bleiben daher **anwendbar.** Für die Fahrten innerhalb des weiträumigen Tätigkeitsgebiets und die Mehrkilometer zu weiter entfernten Zugängen sind die reisekostenrechtlichen Kilometersätze anzusetzen, beim eigenen Pkw 0,30 EUR pro gefahrenem Kilometer. Auf die Gewährung von Verpflegungspauschalen, für deren Berechnung die Abwesenheitsdauer bereits mit dem Verlassen der Wohnung läuft, oder Übernachtungskosten nach den Reisekostenbestimmungen hat die gesetzliche Sonderregelung ebenfalls keinen Einfluss. Der Arbeitnehmer ist außerhalb einer ersten Tätigkeitsstätte und somit reisekostenrelevant beruflich auswärts tätig.

Beispiel

Eine Arbeitnehmerin ist ab 1.1.2023 als **Kaminfegerin** bei einem Bezirksschornsteinfegermeister beschäftigt. Ihr Kehrbezirk umfasst 2 nebeneinander liegende Stadtteile einer Großstadt, die sie arbeitstäglich über dieselbe Straßenverbindung aufsucht. Die Arbeitnehmerin hat keine erste Tätigkeitsstätte, da weder eine arbeitsrechtliche Festlegung erfolgt ist noch die zeitlichen Grenzen der quantitativen Zuordnungsregelung erfüllt sind.

16 BFH, Urteil v. 11.4.2019, VI R 40/16, BStBl 2019 II S. 546.
17 BFH, Urteil v. 1.10.2020, VI R 36/18, BFH/NV 2021 S. 309.

Ergebnis: Ein Kehrbezirk stellt ein weiträumiges Tätigkeitsgebiet dar, wenn die Einsatzstellen aneinander angrenzen und in unmittelbarer Nähe zueinander liegen.

Die arbeitstäglichen Fahrten in den Kehrbezirk sind deshalb Fahrten im Rahmen einer beruflichen Auswärtstätigkeit, für die aufgrund der gesetzlichen Sonderregelung nur die Entfernungspauschale angesetzt werden kann. Die Fahrten innerhalb des Kehrbezirks sind den Reisekosten zuzurechnen. Für Tage, an denen die zeitliche Abwesenheit mehr als 8 Stunden beträgt, erhält die Kaminfegerin die Verpflegungspauschale von 14 EUR für die Tätigkeit im Kehrbezirk.

Schornsteinfeger

Die anders lautende Entscheidung zum Kehrbezirk eines selbstständigen **Schornsteinfegers**, nach der ein weiträumiges Tätigkeitsgebiet eine ortsfeste betriebliche Einrichtung des Arbeitgebers verlangt[18], betrifft die Rechtslage vor der Neuregelung des steuerlichen Reisekostenrechts und ist durch die gesetzliche Regelung überholt.

Beispiel

Ein Arbeitnehmer ist als Werftarbeiter in Bremens Hafengebiet beschäftigt, das er arbeitstäglich über dieselbe Straßenverbindung aufsucht. Der Arbeitnehmer hat keine erste Tätigkeitsstätte, da weder eine arbeitsrechtliche Festlegung erfolgt ist noch die zeitlichen Grenzen der quantitativen Zuordnungsregelung erfüllt sind.

Ergebnis: Die arbeitstäglichen Fahrten **in das Hafengebiet** sind deshalb Fahrten im Rahmen einer beruflichen Auswärtstätigkeit, für die aufgrund der gesetzlichen Sonderregelung nur die Entfernungspauschale angesetzt werden kann. Die Fahrten **innerhalb des Hafengebiets** sind den Reisekosten zuzurechnen. Für Tage, an denen die zeitliche Abwesenheit mehr als 8 Stunden beträgt, erhält der Werftarbeiter die Verpflegungspauschale von 14 EUR für die Tätigkeit im Hafengebiet.

Hafenarbeiter

Ein weiträumiges Tätigkeitsgebiet hat das Finanzgericht Hamburg für den **Hamburger Hafen** bejaht.[19] Ein dort beschäftigter Gesamthafenarbeiter kann für die Fahrtkosten zum Hafengebiet nur die Entfernungspauschale beanspruchen. In dem sich anschließenden Revisionsverfahren hat der BFH die Frage, ob der Hamburger Hafen ein **weiträumiges Tätigkeitsgebiet** im Sinne des § 9 Abs. 4a Satz 3 EStG darstellt, nicht entschieden, da sie aufgrund des abweichend von der Vorinstanz festgestellten Sachverhalts nicht rechtserheblich war. Eine abschließende höchstrichterliche Entscheidung ist dennoch in Sicht. Gegen das Urteil des FG Niedersachsen, das den Hamburger Hafen für einen bei verschiedenen Hafeneinzelbetrieben eingesetzten Leiharbeitnehmer ebenfalls als weiträumiges Tätigkeitsgebiet entschieden hat, ist Revision eingelegt.[20]

Die gesetzliche Anwendung der Entfernungspauschale auch ohne erste Tätigkeitsstätte richtet sich mit der begrenzten Abzugsfähigkeit von Fahrtkosten an eine Vielzahl von Arbeitnehmern. Das Prinzip, dass die erste Tätigkeitsstätte darüber entscheidet, ob berufliche Auswärtstätigkeiten und damit Reisekosten vorliegen oder stattdessen nur die Entfernungspauschale Anwendung findet, wird bzgl. der Fahrtkosten zum Nachteil der Arbeitnehmer durchbrochen. Beim Arbeitnehmer, der zwar arbeitstäglich von zu Hause das **weiträumige Tätigkeitsgebiet** aufsuchen muss, unterliegen die täglichen Arbeitgeberfahrten kraft gesetzlicher Fiktion der einschränkenden Regelungen der **Entfernungspauschale.** Dem Arbeitgeber ist dadurch die Möglichkeit entzogen, durch Verzicht auf die Festlegung einer ersten Tätigkeitsstätte den Fahrten zum weiträumigen Arbeitsgebiet zur Anwendung der reisekostenrechtlichen Kilometerpauschalen zu verhelfen. Weitere Einzelheiten zur Anwendung der Entfernungspauschale bei Arbeitnehmern ohne erste Tätigkeitsstätte vgl. Kap. 2.3 (Entfernungspauschale für Fahrten zu Sammel- bzw. Treffpunkt) und Kap. 3.1.2 (Weiträumiges Tätigkeitsgebiet).

---

18 BFH, Urteil v. 22.10.2014, X R 19/12, BFH/NV 2015 S. 482.

19 BFH, Urteil v. 11.4.2019, VI R 36/16, BStBl 2019 II S. 543; Vorinstanz FG Hamburg, Urteil v. 30.8.2016, 2 K 218/15, EFG 2016 S. 1937.

20 Niedersächsisches FG, Urteil v. 3.2.2021, 4 K 11006/17, Rev. beim BFH unter Az. VI R 4/21.

4.1.4 Abzugsfähige Aufwendungen

Sämtliche Fahrtkosten aus Anlass einer beruflichen Auswärtstätigkeit gehören zu den Werbungskosten. Abzugsfähig sind die **tatsächlich nachgewiesenen Kosten**. Bei Benutzung eines **eigenen Kfz** hat der Arbeitnehmer die Möglichkeit, die pro Kilometer angefallenen Kosten entweder einzeln nachzuweisen oder den hierfür festgelegten Kilometersatz (beim Pkw von 0,30 EUR) pro gefahrenem Kilometer in Anspruch zu nehmen. Eine Anhebung des Kilometersatzes bei den Reisekosten ist im Unterschied zur Pendlerpauschale für den arbeitstäglichen Weg zur ersten Tätigkeitsstätte nicht erfolgt. Insoweit ergeben sich hinsichtlich der Höhe der als Reisekosten abzugsfähigen bzw. steuerfrei ersetzbaren Fahrtkosten für 2023 keine Änderungen. Die amtlichen Kilometersätze bestimmen sich nach der jeweils aktuellen Wegstreckenentschädigung des Bundesreisekostengesetzes. Eine Überprüfung und ggf. Korrektur der durch Verwaltungsvorschrift festgelegten Kilometerpauschalen darf von den Finanzgerichten nicht vorgenommen werden.[21] Die bestehende Ungleichbehandlung, wonach beim steuerfreien Arbeitgeberersatz durch den privaten Arbeitgeber nur ein pauschaler Kilometersatz von 0,30 EUR steuerfrei bleiben kann (§ 3 Nr. 16 EStG), während der öffentlich-rechtliche Dienstherr entsprechend den jeweiligen Landesreisekostenvorschriften auch höhere Pauschsätze steuerfrei vergüten darf (§ 3 Nr. 13 EStG), ist für den Werbungskostenabzug ohne Bedeutung. Die Ungleichbehandlung des steuerfreien Arbeitgeberersatzes zwischen öffentlichem Dienst und Privatwirtschaft war Gegenstand einer Verfassungsbeschwerde, die jedoch vom Bundesverfassungsgericht nicht angenommen wurde.[22]

Bus, Bahn und Taxi

Bei Benutzung **öffentlicher Verkehrsmittel** kann der Arbeitnehmer die **tatsächlichen Aufwendungen abziehen**. Das gilt auch dann, wenn er in Bahn oder Flugzeug die **1. Klasse** benutzt. Ein Taxi fällt nicht unter die öffentlichen Verkehrsmittel.[23] Nimmt der Arbeitnehmer für Dienstfahrten ein Taxi, sind gleichwohl ebenfalls die angefallenen Kosten maßgebend. Den Ansatz des reisekostenrechtlichen Kilometersatzes von 0,30 EUR hat der Gesetzgeber auf die Benutzung arbeitnehmereigener Kfz beschränkt. Die Aufwendungen müssen regelmäßig durch entsprechende Belege nachgewiesen werden. Sind diese verlorengegangen, müssen die Kosten geschätzt werden, falls feststeht, dass der Arbeitnehmer tatsächlich Aufwendungen für die Beförderung hatte.

Wichtig

Benutzt der Arbeitnehmer für seine berufliche Auswärtstätigkeit ein **öffentliches Verkehrsmittel**, dürfen ausschließlich die **tatsächlich angefallen Kosten** als Reisekosten angesetzt werden. Die bei Benutzung des eigenen Kfz alternativ im BRKG festgelegten reisekostenrechtlichen Kilometersätze, beim eigenen Pkw 0,30 EUR pro gefahrenen Kilometer, sind für berufliche Auswärtstätigkeiten mit Bus, Bahn, Flugzeug und Schiff nicht zulässig. Nach den eindeutigen gesetzlichen Reisekostenbestimmungen kann der Arbeitnehmer für regelmäßig verkehrende Beförderungsmittel ohne Wahlrecht nur die tatsächlich entstandenen Fahrtkosten in Anspruch nehmen (§ 9 Abs. 1 Nr. 4a Satz 2 EStG).[24]

Leihfahrzeug

Kosten für einen **Leihwagen** sind wie beim Taxi in voller Höhe abzuziehen, wenn der Wagen **nur für berufliche Fahrten** während der beruflichen Auswärtstätigkeit benutzt wurde. Andernfalls sind die Kosten im Verhältnis der privat und beruflich gefahrenen Kilometer aufzuteilen.

21 BFH, Urteil v. 15.3.2011, VI B 145/10, BFH/NV 2011 S. 983.
22 BVerfG, Nichtannahmebeschluss v. 20.8.2013, 2 BvR 1008/11.
23 BFH, Urteil v. 9.6.2022, VI R 26/20, BFH/NV 2023 S. 74.
24 Bestätigt durch BFH, Urteil v. 11.2.2021, VI R 50/18, BStBl 2021 II S. 440.

Nach dem gesetzlichen Wortlaut ist eine **Angemessenheitsprüfung** möglich. Damit gehören beruflich veranlasste Aufwendungen insoweit nicht zu den abziehbaren Werbungskosten, als sie »nach allgemeiner Verkehrsauffassung als unangemessen anzusehen sind« (§§ 4 Abs. 5 Nr. 7, 9 Abs. 5 EStG). Diese Regelung kann bei Benutzung eines eigenen Flugzeugs, bei Anmieten eines Luxusfahrzeugs, in Sonderfällen auch bei Benutzung eines Taxis eingreifen. Das wird aber auf Ausnahmefälle beschränkt sein, weil Rechtsprechung und Verwaltung bisher sehr großzügige Maßstäbe angelegt haben. Auch die Lohnsteuer-Richtlinien gehen hiervon aus und nennen als solchen seltenen Ausnahmefall, der unter das Abzugsverbot fällt, die Nutzung eines Privatflugzeugs zu dienstlichen Reisen.[25]

Tipp

Die Aufwendungen für eine **BahnCard** können ungeachtet der privaten Nutzungsmöglichkeit abzugsfähige Reisekosten darstellen. Entscheidend ist, dass durch die BahnCard im Ergebnis insgesamt geringere Werbungskosten bzw. Betriebsausgaben entstehen, als dies beim normalen Bahntarif für die Reisetätigkeiten des betreffenden Jahres der Fall wäre. Diese Prüfung gilt für die BahnCard 50 sowie für die BahnCard 100.[26] Führt die Kostenersparnis nicht zur vollständigen Amortisation der Kosten für die BahnCard, ist ein **teilweiser Werbungskostenabzug** möglich. Anstelle einer quotalen Aufteilung (Nutzung zu dienstlichen Zwecken im Verhältnis zur Gesamtnutzung) kann die Höhe des zulässigen anteiligen Werbungskostenabzugs anhand der ersparten Kosten für Einzelfahrscheine der mit der BahnCard durchgeführten dienstlichen Fahrten berechnet werden. Übernimmt der Arbeitgeber die Kosten für die BahnCard 25, 50 oder 100 im Voraus, erfolgt die Berechnung der Amortisation nach einer Prognose der zu erwartenden Dienstreisen mit der Bahn und der sich daraus ergebenden Kostenersparnis. In die Amortisationsprognose können auch Fahrten zwischen Wohnung und erster Tätigkeitsstätte mit öffentlichen Verkehrsmitteln einbezogen werden (vgl. Kap. 5.1.2).

Arbeitnehmereigenes Kfz

Bei Benutzung eines eigenen Kfz gehören regelmäßig sämtliche Aufwendungen für alle durch die berufliche Auswärtstätigkeit verursachten Fahrten zu den Werbungskosten. Dazu gehören **sämtliche Fahrten während der Auswärtstätigkeit** vom Verlassen der ersten Tätigkeitsstätte bis zu der Rückkehr. Wird die berufliche Reise von der Wohnung aus angetreten oder dort beendet, gehört die **Fahrt von der Wohnung an** bzw. bis zur Wohnung zum Dienstgeschäft.

Fährt allerdings der Arbeitnehmer morgens mit seinem Pkw von seiner Wohnung zum Betrieb, dem er mit erster Tätigkeitsstätte zugeordnet ist, um dort die Reisetätigkeit mit demselben Pkw zu beginnen, fällt diese Fahrt unter die Entfernungspauschale mit der Folge, dass insoweit nur die gesetzliche Kilometerpauschale von 0,30 EUR pro Entfernungskilometer bzw. 0,38 EUR ab dem 21. Entfernungskilometer für Fahrten Wohnung und erste Tätigkeitsstätte anzusetzen ist (vgl. Kap. 6.2.1)[27] Die ursprünglich erst für 2024 gesetzlich vorgesehene Erhöhung der sog. Fernpendlerpauschale von 0,35 EUR auf 0,38 EUR ab dem 21. Entfernungskilometer wurde durch das Steuerentlastungsgesetz 2022 wegen der erheblich gestiegenen Benzinkosten auf den 1.1.2022 vorgezogen.

Muss der Arbeitnehmer bei der beruflichen Auswärtstätigkeit **auswärts übernachten,** zählen auch die **Fahrten von der Unterkunft** zur auswärtigen Tätigkeitsstätte und zurück zu den beruflichen Fahrten anlässlich der Auswärtstätigkeit. Ebenso wenig kommt eine andere Beurteilung deshalb infrage, weil der Arbeitnehmer neben der Wohnung am örtlichen Lebensmittelpunkt eine Zweitwohnung am auswärtigen Beschäftigungsort unterhält und die Entfernung zwischen auswärtigem Beschäftigungsort und dem Ort der regelmäßigen Arbeitsstätte erheblich geringer ist als die Entfernung zwischen Reiseort und dem Ort der Hauptwohnung. Die gesamte längere Strecke ist als

25 R 9.1 Abs. 1 Satz 3 LStR.
26 OFD Frankfurt, Verfügung v. 9.12.2019, S 2334 A -80-St 212, DStR 2020 S. 229.
27 BFH, Urteil v. 18.1.1991, VI R 132/86, BStBl 1991 II S. 408.

dienstliche Auswärtstätigkeit anzusehen. Eine Kürzung der mit den tatsächlichen Kosten abziehbaren Kilometerstrecke um die Entfernung Betrieb und Hauptwohnung ist nicht vorzunehmen.[28]

Tipp

Als **dienstlich veranlasst** gelten bei einer mehrtägigen Reisetätigkeit auch **sämtliche Familienheimfahrten**. Diese sind also nicht wie bei der doppelten Haushaltsführung auf eine Fahrt wöchentlich beschränkt. Diese großzügige Regelung gilt nicht nur bei länger dauernden beruflichen Auswärtstätigkeiten, begünstigt sind ebenso Zwischenheimfahrten bei kurzfristigen Reisen. Abweichend von der bisherigen Verwaltungsauffassung, die Telefonkosten bei Telefonaten mit Angehörigen nur im Rahmen der doppelten Haushaltsführung zum Abzug zulässt und ansonsten dem Privatbereich des Arbeitnehmers zurechnet, lässt der BFH den Reisekostenabzug für Telefonate bei beruflichen Auswärtstätigkeiten zu, wenn die Abwesenheit sich über mehr als eine Woche erstreckt. Im Urteilsfall hatte der Arbeitnehmer die Kosten für 1 Telefonat pro Woche nachgewiesen.[29] Aufwendungen für Besuchsfahrten eines Ehe- bzw. Lebenspartners an dem auswärtigen Einsatzort sind dagegen auch bei einer längerfristigen Auswärtstätigkeit – anders als bei einer doppelten Haushaltsführung – keine Werbungskosten. Umgekehrten Familienfahrten fehlt es an der beruflichen Veranlassung.[30]

Einzelnachweis oder Kilometerpauschale

Der Umfang der beruflichen Fahrten muss **vom Arbeitnehmer nachgewiesen** werden. Dazu gehört bei einer eintägigen Reisetätigkeit die Angabe des auswärtigen Tätigkeitsorts. Bei häufigen beruflichen Reisen empfiehlt es sich, ein **Fahrtenbuch** zu führen, wenn die entsprechenden Angaben nicht bereits in den Reisekostenabrechnungen für den Arbeitgeber festgehalten werden. Aus den Aufzeichnungen müssen sich für jede Geschäftsreise der Tag und das Reiseziel (besuchte Firmen usw.) sowie der Kilometerstand am Anfang und am Ende der Fahrt ergeben.[31]

Bei Benutzung eines eigenen Pkw kann der Arbeitnehmer die pro Kilometer aufgewendeten Kosten entweder **einzeln nachweisen oder** dafür den **amtlichen Schätzbetrag** in Anspruch nehmen. Anstelle der tatsächlich pro Kilometer nachgewiesenen Kosten für das Fahrzeug, dürfen diese auch mit pauschalen Kilometersätzen angesetzt werden. Beim Pkw beträgt der Kilometersatz 0,30 EUR pro gefahrenen Kilometer. Anders als bei der Entfernungspauschale, die sich für den arbeitstäglichen Weg zur ersten Tätigkeitsstätte seit 2022 ab dem 21. Entfernungskilometer auf 0,38 EUR pro Entfernungskilometer erhöht, erfolgt auch 2023 keine Anhebung des amtlichen Kilometersatzes von 0,30 EUR bei den Reisekosten. Insoweit ergeben sich hinsichtlich der Höhe der als Reisekosten abzugsfähigen bzw. steuerfrei ersetzbaren Fahrtkosten keine Änderungen. Da die reisekostenrechtliche Kilometerpauschale pro gefahrenen Kilometer zum Ansatz kommt, fällt diese nach wie vor deutlich höher aus als die Entfernungspauschale für den Weg zwischen Wohnung und erster Tätigkeitsstätte.

Kilometerpauschalen für Reisekosten

Für andere Verkehrsmittel wie Bahn und Flugzeug dürfen die pauschalen Kilometersätze nicht angesetzt werden. Der Arbeitnehmer kann hier ohne Wahlrecht nur die tatsächlich entstandenen Fahrtkosten in Anspruch nehmen.[32] Die amtlichen Kilometersätze werden nicht mehr durch Verwaltungsanweisung festgelegt, sondern orientieren sich an der jeweils aktuellen Wegstreckenentschädigung des Bundesreisekostengesetzes (BRKG). Das BRKG sieht Pauschbeträge als Wegstreckenentschädigung nur für Pkw und andere motorbetriebene Fahrzeuge vor. Die früheren durch Verwaltungsanweisung festgesetzten Kilometersätze für Fahrräder (0,05 EUR/ km) sowie die

28 BFH, Urteil v. 24.4.1992, VI R 105/89, BStBl 1992 II S. 664.
29 BFH, Urteil v. 5.7.2012, VI R 50/10, BStBl 2013 II S. 282.
30 BFH, Urteil v. 22.10.2015, VI R 22/14, BStBl 2016 II S. 179.
31 FG Nürnberg, Urteil v. 20.1.1988, EFG 1988 S. 231; FG Baden-Württemberg v. 7.7.1988, EFG 1989 S. 307.
32 BFH, Urteil v. 11.2.2021, VI R 50/18, BStBl 2021 II S. 440.

Pauschsätze für die Mitnahme von Fahrgästen (0,02 EUR/km)[33] dürfen nach dem Gesetzeswortlaut nicht mehr angewendet werden.[34] Für Fahrräder ist der Kilometersatz durch eine Monatspauschale ersetzt worden. Nach dem aktuellen BRKG kann der Arbeitnehmer für 2023 folgende Pauschalbeträge in Anspruch nehmen:

Pkw	0,30 EUR/km
Motorrad/Motorroller	0,20 EUR/km
Moped/Mofa	0,20 EUR/km
Fahrrad	5 EUR pro Monat

Motorräder bzw. Motorroller haben einen Hubraum von mehr als 50 ccm, Mopeds und Mofas einen Hubraum bis zu 50 ccm. Die pauschalen Kilometersätze gelten weiterhin nur für arbeitnehmereigene Fahrzeuge. Eigene Fahrzeuge, für die die genannten Kilometerpauschalen infrage kommen, sind nicht nur solche, die im Eigentum des Arbeitnehmers stehen. Auch **Leasingfahrzeuge** sind hierunter zu verstehen. Neu ist der Reisekostenabzug, wenn der Arbeitnehmer für seine berufliche Auswärtstätigkeit ein **Fahrrad** benutzt. Nach dem Bundesreisekostengesetz wird eine Wegstreckenentschädigung von **5 EUR pro Monat** gewährt, wenn der Arbeitnehmer das Fahrrad zu mindestens 2 Fahrstrecken pro Monat benutzt.[35] Die Nachweisführung obliegt dem Arbeitnehmer. Bei Mieträdern dürfen auch die nachgewiesenen tatsächlichen Mietkosten abgezogen werden.

Tipp

Die pauschalen Kilometersätze gelten **nur für arbeitnehmereigene Fahrzeuge**. Hierunter sind solche Fahrzeuge zu verstehen, die der Arbeitnehmer als Eigentümer oder Leasingnehmer für seine beruflichen Auswärtstätigkeiten benutzt. Bei einer Firmenwagengestellung durch den Arbeitgeber finden die pauschalen Kilometersätze dagegen keine Anwendung, auch wenn dem Arbeitnehmer zusätzlich eigene Aufwendungen entstehen, z. B. weil er die Benzinkosten für dienstliche Fahrten trägt. Der von der Verwaltung festgelegte Schätzbetrag von 0,30 EUR pro Kilometer darf weder beim Arbeitnehmer dem Werbungskostenabzug noch beim Arbeitgeber dem steuerfreien Reisekostenersatz zugrunde gelegt werden. In diesen Fällen bleibt lediglich die Möglichkeit des Einzelnachweises der durch die Firmenwagennutzung pro Kilometer tatsächlich entstandenen beruflichen Kosten. Der Arbeitnehmer kann die tatsächlich pro Dienstreisekilometer getragenen Kosten auch beim Firmenwagen als Werbungskosten in seiner Steuererklärung abziehen.

Tipp

Alle genannten Kilometersätze beziehen sich auf die tatsächlich gefahrenen und nicht, wie die gesetzliche Kilometerpauschale, auf den Entfernungskilometer. Er kann in seiner Einkommensteuererklärung eventuell **höhere tatsächliche Kilometersätze** abrechnen. Eine Überprüfung und ggf. Korrektur der durch Verwaltungsvorschrift festgelegten Kilometerpauschalen darf von den Finanzgerichten nicht vorgenommen werden. Die derzeit bestehende Ungleichbehandlung, wonach beim steuerfreien Arbeitgeberersatz durch den privaten Arbeitgeber nur ein pauschaler Kilometersatz von 0,30 EUR steuerfrei bleiben kann (§ 3 Nr. 16 EStG), während der öffentlich-rechtliche Dienstherr entsprechend den jeweiligen Landesreisekostenvorschriften auch höhere Pauschsätze steuerfrei vergüten darf (§ 3 Nr. 13 EStG), ist für den Werbungskostenabzug ohne Bedeutung.

Höhere tatsächliche Kilometersätze

Selbst ermittelte Kilometersätze sind weiterhin nicht anzusetzen, wenn sie offensichtlich überhöht sind. Verwaltung und Rechtsprechung prüfen diese Frage im Regelfall nur nach, wenn die jährliche

33 BMF, Schreiben v. 20.8.2001, IV C 5 – S 2353 – 312/01, BStBl 2001 I S. 541.
34 FG Rheinland-Pfalz, Urteil v. 8.11.2016, 3 K 2578/14, EFG 2016 S. 2035.
35 § 5 Abs. 3 BRKG i. V. m. der Allgemeinen Verwaltungsvorschrift zum BRKG.

Fahrleistung des Pkw über 40.000 km liegt.[36] Bei einem teuren Pkw werden die Kosten pro Kilometer allerdings auch bei einer Fahrleistung von weniger als 40.000 km kaum unter 0,30 EUR pro Kilometer liegen. Für eine Prüfung, ob der Schätzbetrag offensichtlich überhöht ist, kommt es also neben der **Jahresfahrleistung** auch auf den **Pkw-Typ** an; außerdem darauf, ob die Nutzungsdauer, die den Abschreibungen zugrunde gelegt wird, bereits abgelaufen ist. Die Verwaltung geht abweichend von der Rechtsprechung[37] von einer Nutzungsdauer von 6 Jahren aus.[38] Bei Gebrauchtwagen kann ein noch kürzerer Abschreibungszeitraum in Betracht kommen, weil hier auf die entsprechende Restnutzungsdauer abzustellen ist.[39] Die von der Rechtsprechung entschiedene 8-jährige Nutzungsdauer ist ausschließlich für die Berechnung des geldwerten Vorteils nach der Fahrtenbuchmethode bei der Firmenwagenüberlassung von Bedeutung.[40]

Abgegoltene Kosten mit der Kilometerpauschale

Mit den amtlichen Kilometersätzen sind die **üblichen Unterhaltskosten** für das Kfz einschließlich der Abschreibungen, der Zinsen für einen Anschaffungskredit u. Ä. abgegolten. Bestimmte **außergewöhnliche Kosten** können jedoch **neben dem Schätzbetrag** angesetzt werden. Dies gilt in erster Linie für **Unfallschäden,** wenn sich der Unfall auf einer beruflichen Fahrt ereignet und nicht durch Alkoholeinfluss bedingt ist. Lässt der Arbeitnehmer seinen Pkw nicht reparieren, kann er eine Absetzung für außergewöhnliche technische Abnutzung geltend machen. Nicht berücksichtigungsfähig ist ein merkantiler Minderwert.[41]

Tipp

Ebenfalls nicht begünstigt ist eine unfallbedingte Wertminderung im Fall der Selbstreparatur. Der Arbeitnehmer hat insoweit kein Wahlrecht, entweder eine außergewöhnliche Abschreibung oder die tatsächlich angefallenen Kosten geltend zu machen. Anders als bei der versicherungsrechtlich möglichen Schadensabwicklung bleiben hier steuerlich nur die tatsächlich entstandenen Kosten abzugsfähig.

Zusätzlich abzugsfähige Kosten

Neben Unfallkosten können **ungewöhnliche Reparaturen** zusätzlich zum Kilometerbetrag abgezogen werden, soweit sie nicht auf einem normalen Verschleiß beruhen. Das gilt etwa für **Motor- und Getriebeschäden**, die vor Ablauf der üblichen Lebensdauer dieser Aggregate eintreten. Feste Grenzen hinsichtlich der Leistung des Pkw lassen sich nicht angeben. Ebenfalls mit den amtlichen Kilometersätzen nicht abgegolten ist der Schaden, der entsteht, wenn ein Pkw während einer dienstlichen Reise gestohlen wird. Solche unfreiwilligen Wertverluste darf der Arbeitnehmer neben dem Kilometersatz als zusätzliche Fahrtkosten ansetzen. Dies gilt selbst dann, wenn das Fahrzeug bei einer mehrtägigen Reise während der Übernachtung vom Hotelparkplatz entwendet wird. Auch insoweit geht die Rechtsprechung noch von einer Verwendung des Pkw für Reisezwecke aus.[42]

Zusätzlich abzugsfähig sind auch die anteiligen Kosten für ein **Autotelefon**, mit dem der Arbeitnehmer seinen Pkw ausgestattet hat, um z. B. während den Reisen berufliche Gespräche mit der Firma führen zu können.[43] Wegen der im Einzelnen abzugsfähigen Werbungskosten vgl. Kap. 8.10.

36 BFH, Urteil v. 26.7.1991, VI R 114/88, BStBl 1992 II S. 105.
37 BFH, Urteil v. 26.7.1991, VI R 82/89, BStBl 1992 II S. 1000; BFH, Urteil v. 29.3.2005, IX B 174/03, BFH/NV 2006 S. 998.
38 BMF, Schreiben v. 15.12.2000, IV D 2 – S 1551 – 188/00, BStBl 2001 I S. 1532.
39 BMF, Schreiben v. 28.5.1993, IV B 6 – S 2353 – 37/93, IV A 7 – S 1551 – 80/93, BStBl 1993 I S. 483.
40 BFH, Urteil v. 29.3.2005, IX B 174/03, BStBl 2006 II S. 368.
41 BFH, Urteil v. 31.1.1992, VI R 57/88, BStBl 1992 II S. 401.
42 BFH, Urteil v. 7.4.1992, VI R 113/88, BStBl 1992 II S. 854.
43 BMF, Schreiben v. 14.10.1993, IV B 6 – S 2336 – 9/93, BStBl 1993 I S. 908.

Tipp

Bei einer normalen Jahresfahrleistung des Pkw sind die genannten Schätzbeträge im Regelfall zu niedrig, falls es sich nicht um einen preiswerten Kleinwagen handelt, und die Nutzungsdauer, nach der die Abschreibungen berechnet werden, noch nicht abgelaufen ist. In diesen Fällen empfiehlt es sich für den Arbeitnehmer, die **tatsächlichen Kosten** für seinen Pkw nachzuweisen. Er kann in seiner Einkommensteuererklärung eventuell höhere tatsächliche Kilometersätze abrechnen.

Schätzung bei höheren tatsächlichen Kosten

Wer längere Strecken bei beruflichen Auswärtstätigkeiten mit seinem Pkw fahren muss, sollte von dieser Möglichkeit des Einzelnachweises Gebrauch machen. Im Regelfall ist der nötige Zeitaufwand durch die **erzielbaren Steuerersparnisse** mehr als gerechtfertigt. Den erforderlichen Aufwand kann man dadurch reduzieren, dass man die Treibstoffkosten schätzt und nur die übrigen Kosten belegmäßig nachweist. Diese Art der Schätzung hat die Rechtsprechung bestätigt.[44] Bei der Schätzung der Treibstoffkosten wird man sich an den Verbrauchsangaben des Herstellers orientieren. Allerdings dürfen die Finanzämter im Zweifel die niedrigsten Benzinpreise und den niedrigsten Treibstoffverbrauch zum Nachteil des Arbeitnehmers zugrunde legen, wenn dieser seine höhere Schätzung nicht glaubhaft darlegen kann, etwa durch repräsentative Aufzeichnungen.

Die Kostenschätzungen in den ADAC-Tabellen und anderen Zusammenstellungen werden dagegen nicht als Nachweis der tatsächlichen Kosten anerkannt. Bei diesen Tabellen sind auch Kostenarten einkalkuliert, die steuerlich nicht berücksichtigt werden können, z. B. eine fiktive Verzinsung des eingesetzten Eigenkapitals.

Umfang der Kfz-Gesamtkosten

Zu den Gesamtkosten des Kfz gehören folgende Aufwendungen:

- Treibstoffkosten
- Wartungs- und Reparaturkosten
- Aufwendungen für eine Garage am Wohnort
- Kfz-Steuer
- Haftpflichtversicherung
- zusätzliche freiwillige Versicherungen, z. B. Kasko-, Insassenunfall- und Rechtschutzversicherungen
- Absetzungen für Abnutzung (AfA)
- Leasingraten und einmalige Sonderzahlung[45], die bei geleasten Fahrzeugen an die Stelle der AfA treten
- Zinsen für ein Anschaffungsdarlehen
- etwaige Nebenkosten

Nicht zu den Gesamtkosten gehören **Park- und Straßenbenutzungsgebühren**, z. B. Kosten für Maut oder Vignette. Diese Gebühren sind der jeweiligen Fahrt zuzurechnen und entsprechend als Werbungskosten oder als nichtabziehbare Lebenshaltungskosten anzusehen.[46]

Das Gleiche gilt für **Unfallkosten:** Bei Unfällen auf einer Privatfahrt sind die Aufwendungen nicht abziehbar; hat sich der Unfall dagegen auf einer **beruflichen Fahrt** ereignet, gehören die Aufwendungen regelmäßig zu den Werbungskosten. Hierbei gilt eine Ausnahme: Der Unfall war durch Alkoholeinfluss verursacht. Auch der Diebstahl eines Pkw, z. B. während einer mehrtägigen Reise, der

44 BFH, Urteil v. 7.4.1992, VI R 113/88, BStBl 1992 II S. 854.
45 Bestätigt durch BFH, Urteil v. 15.4.2010, VI R 20/08, BFH/NV 2010 S. 1534.
46 BFH, Urteil v. 14.9.2005, VI R 37/03, BStBl 2006 II S. 72.

sich während der Übernachtung zuträgt, ist begünstigt, ohne zu den Gesamtkosten zu rechnen. Den eingetretenen Schaden darf der Arbeitnehmer – neben dem errechneten Kilometersatz – als Werbungskosten abziehen.[47] Dasselbe gilt für die beruflichen Aufwendungen für ein Autotelefon (vgl. Kap. 8.10).

Nachweis Gesamtfahrleistung

Um die Kosten pro Kilometer zu errechnen, brauchen Sie neben den Gesamtkosten des betreffenden Kalenderjahres die Gesamtfahrleistung. Dazu genügt es, den Kilometerstand am Anfang und am Ende des Kalenderjahres festzuhalten. Die Gesamtkosten geteilt durch die Jahresfahrleistung in Kilometern ergeben die tatsächlichen Kosten pro gefahrenem Kilometer.

Erläuterungen zu den einzelnen Kostenarten:

Treibstoffkosten

Die Treibstoffkosten können anhand der **Verbrauchsangaben des Herstellers** geschätzt werden, wenn die übrigen Aufwendungen belegmäßig nachgewiesen werden.[48] Diese Auffassung hat der BFH bestätigt.[49] Weicht der Verbrauch des einzelnen Pkw nennenswert von dem Durchschnittsverbrauch ab, den der Hersteller angibt, sollten Sie die Treibstoffkosten für das ganze Jahr oder zumindest für einen repräsentativen Zeitraum von z. B. 3 Monaten nachweisen.

Reparaturen

Zu den Gesamtkosten für das jeweilige Jahr gehören auch größere Reparaturaufwendungen, z. B. die Kosten eines **Austauschmotors** bzw. eines Austauschgetriebes. Auch wenn sich dadurch der Wert des Pkw deutlich erhöht und seine Nutzungsdauer erheblich verlängert, sind deshalb keine nachträglichen Herstellungskosten anzunehmen.[50]

Garage

Bei einer gemieteten Garage ist selbstverständlich die gezahlte Miete anzusetzen. Bei einer eigenen Garage sind die **anteiligen Grundstücks- bzw. Gebäudekosten** anzusetzen. Dazu gehören Gebäudeabschreibungen, Zinsen für einen Bau- oder Anschaffungskredit, anteilige Grundsteuer u. Ä. Der Mietwert darf bei einer eigenen Garage nicht angesetzt werden. Bei einer Doppelgarage ist nur die Hälfte der Kosten anzusetzen.

Versicherung

Es sind auch dann die **tatsächlich gezahlten Versicherungsbeiträge** anzusetzen, wenn der Schadensfreiheitsrabatt im Anschluss an einen Unfall gekürzt worden ist. Dabei hält es die Rechtsprechung für unerheblich, ob sich dieser Unfall auf einer privaten oder beruflichen Fahrt ereignete. Die Erhöhungsbeträge bei der Versicherung gehören also nicht zu den Unfallkosten. Das muss man einkalkulieren, wenn man überlegt, ob es bei kleineren Unfällen wirtschaftlich ist, den Schaden des Unfallgegners aus eigener Tasche zu bezahlen. Ersetzt der Arbeitgeber die Prämien der privaten Vollkaskoversicherung, weil der Arbeitnehmer sein Fahrzeug zu beruflichen Auswärtstätigkeiten einsetzt, liegt steuerpflichtiger Arbeitslohn vor, falls die Firma daneben steuerfreies Kilometergeld in Höhe von 0,30 EUR gewährt.[51] Macht der Arbeitnehmer – abweichend vom Lohnsteuerabzugsverfahren – im Rahmen seiner Einkommensteuererklärung die höheren tatsächlichen Fahrtkosten geltend, darf er deshalb auch die vom Arbeitgeber erstatteten Kaskoprämien bei der Ermittlung seines individuellen Kilometersatzes ansetzen.

47 BFH, Urteil v. 25.5.1992, VI R 171/88, BStBl 1993 II S. 44.
48 FG Münster, Urteil v. 23.8.1978, EFG 1979 S. 118.
49 BFH, Urteil v. 7.4.1992, VI R 113/88, BStBl 1992 II S. 854.
50 BFH, Urteil v. 11.4.1986, VI R 141/82, BFH/NV 1986 S. 529.
51 BFH, Urteil v. 8.11.1991, VI R 191/87, BStBl 1992 II S. 204.

Abschreibung

Die Anschaffungskosten des Kfz können im Jahr der Anschaffung bzw. der Zahlung natürlich nicht in voller Höhe abgezogen werden. Sie werden vielmehr im Wege der **Abschreibungen** auf die **Nutzungsdauer** verteilt. Das gilt auch für Elektroautos, die hohen Kosten für die Akkus gehören zu den zu berücksichtigenden Anschaffungskosten.

Zu den Anschaffungskosten gehören auch die **Aufwendungen für Sonderausstattungen**, insbesondere für ein Autoradio, ein Navigationssystem, ein ABS oder für eine Diebstahlsicherung, für die Überführung und Zulassung, nicht aber die Kosten für ein Autotelefon sowie die Steuer und Versicherung für das erste Jahr.

Die durchschnittliche, amtliche **Nutzungsdauer** für neu angeschaffte Pkws beträgt 6 Jahre. Die von der Rechtsprechung entschiedene 8-jährige Nutzungsdauer ist ausschließlich für die Berechnung des geldwerten Vorteils nach der Fahrtenbuchmethode bei der Firmenwagenbesteuerung von Bedeutung.[52] Bei einer hohen Fahrleistung akzeptieren die Finanzämter auch eine kürzere Nutzungsdauer. Bei der Anschaffung eines **gebrauchten Fahrzeugs** ist anstelle des 6-Jahreszeitraums die entsprechende Restnutzungsdauer maßgebend. Diese ist im Einzelfall nach Alter, Beschaffenheit und voraussichtlichem Einsatz des Fahrzeugs zu schätzen.[53] Im Hinblick auf die 6-jährige betriebsgewöhnliche Nutzungsdauer von Neufahrzeugen darf bei gebrauchten Pkw gegen den Willen des Arbeitnehmers kein längerer Zeitraum angesetzt werden.

Im **Jahr der Anschaffung** müssen die Abschreibungen zeitanteilig berechnet werden. Bei einem Kauf im November sind 2/12 der Jahresabschreibung anzusetzen. Bei einem Neuwagen ist das Datum der Abholung beim Händler maßgeblich. Die bisherige Vereinfachungsregel, nach der die volle oder die halbe Jahresabschreibung angesetzt wurde, wenn der Pkw in der ersten bzw. der zweiten Jahreshälfte angeschafft wurde, wurde aufgehoben (§ 7 Abs. 1 Satz 3 EStG). Im **Jahr des Verkaufs** des Pkw sind die Abschreibungen schon immer genau zeitanteilig zu berechnen. Bei einer Veräußerung im Januar (angefangene Monate sind mit zu berücksichtigen!) darf deshalb die Jahresabschreibung nur mit 1/12 angesetzt werden.

Tipp

Anders als bei den Gewinneinkünften kennen die Einkünfte aus nichtselbstständiger Arbeit kein »Berufsvermögen«. Der eigene Pkw, den der Arbeitnehmer für beruflich veranlasste Auswärtstätigkeiten einsetzt, ist deshalb als Gegenstand dem Bereich der privaten Vermögenssphäre zuzurechnen. Ein Veräußerungserlös oder gar ein Veräußerungsgewinn, wenn der Verkaufspreis über dem fiktiven Buchwert des Fahrzeugs liegt, ist weder als Einnahme aus nichtselbstständiger Arbeit zu erfassen noch mindert er die anteilige AfA im Jahr der Veräußerung. Andererseits darf ein Veräußerungsverlust nicht in die Ermittlung der Gesamtkosten eingehen.

Unfallkosten

Wird der Pkw auf einer beruflichen Fahrt bei einem Unfall beschädigt und lassen Sie ihn nicht reparieren, kann der **Wertverlust** in Form einer Absetzung für außergewöhnliche technische Abnutzung geltend gemacht werden (§ 7 Abs. 1 Satz 5 EStG).

Wird der Pkw bei einem **beruflichen Unfall völlig zerstört**, gehört nur der fiktive Buchwert vor dem Totalschaden zu den Werbungskosten. Absetzungen für außergewöhnliche Abnutzungen sind deshalb ausgeschlossen, wenn im Zeitpunkt des Unfalls die gewöhnliche Nutzungsdauer des Fahrzeugs

52 BFH, Urteil v. 29.3.2005, IX B 174/03, BFH/NV 2006 S. 998.

53 BMF, Schreiben v. 28.5.1993, IV B 6 – S 2353 – 37/93; IV A 7 – S 1551 – 80/93, BStBl 1993 I S. 483.

bereits abgelaufen ist.[54] Der Werbungskostenabzug ist im Jahr des Unfalls vorzunehmen. Wird der Schaden in einem späteren Kalenderjahr von Dritten ersetzt, ist die Leistung als steuerpflichtiger Arbeitslohn zu erfassen.[55]

Leasingzahlungen

Bei Leasingfahrzeugen gehören die monatlichen **Leasingraten** zu den Gesamtkosten des Kfz. Im Regelfall muss der Leasingnehmer bei Übernahme des Fahrzeugs zusätzlich eine einmalige Sonderzahlung leisten. Die **Leasingsonderzahlung** musste nach Auffassung der Verwaltung in Form von Abschreibungen gleichmäßig auf die Dauer des Leasingvertrags verteilt werden, weil insoweit von Anschaffungskosten für ein immaterielles Wirtschaftsgut (Nutzungsrecht) ausgegangen worden ist. Diese nachteilige Verwaltungsauffassung ist durch ein Urteil des BFH überholt.[56] Ist bei Leasingbeginn eine Sonderzahlung zu erbringen, ist diese in voller Höhe im Jahr der Zahlung bei der Gesamtkostenermittlung für dieses Kfz anzusetzen. Die Rechtsprechung, die eine Verteilung einer einmaligen Leasingsonderzahlung auf die vertragliche Laufzeit verlangt, ist nach den Entscheidungsgründen auf die betriebliche Gewinnermittlung beschränkt, die anders als bei den Überschusseinkünften eine vom Abflussprinzip abweichende periodengerechte Zuordnung der Kosten notwendig macht.[57]

Kredit-zinsen

Nimmt der Arbeitnehmer zur Finanzierung des Kfz einen besonderen Kredit auf, gehören die **gesamten Kreditkosten** (Zinsen, Bearbeitungsgebühr, Damnum u. Ä.) zu den Gesamtkosten des Pkw.[58] Muss der Arbeitnehmer zum Erwerb des Pkw sein Konto, über das auch private Ausgaben gezahlt werden, überziehen, muss der auf den Pkw entfallende Teil der Zinsen wie im betrieblichen Bereich nach der sog. **Zinszahlenstaffelmethode** ermittelt werden. Das hat den Nachteil, dass ein Teil der Zinsen auch den privaten Aufwendungen zugerechnet wird und deshalb steuerlich nicht geltend gemacht werden kann.

Sonstige Kfz-Kosten

Als sonstige Kfz-Kosten kommen Aufwendungen für einen **Kfz-Schutzbrief** in Betracht. Auch sie zählen zu den Gesamtkosten des Kfz.

Tipp

Macht der Arbeitnehmer vom Einzelnachweis Gebrauch, indem er den genauen Kilometersatz ermittelt, muss er die Berechnung nicht für die einzelnen Dienstfahrten jedes Mal von Neuem durchführen. Er kann stattdessen den Kilometersatz nach den mit dem Fahrzeug in einem Jahr gefahrenen Kilometern und den hierbei angefallenen Kfz-Kosten berechnen. Die für einen Zeitraum von 12 Monaten ermittelten Kosten pro gefahrenem Kilometer dürfen für künftige Jahre solange fortgeführt werden, bis sich die tatsächlichen Verhältnisse wesentlich verändern. Der bisherige ermittelte Kilometersatz gilt nicht mehr, wenn der Arbeitnehmer einen anderen Pkw erwirbt oder wenn bei dem Pkw die Nutzungsdauer abläuft, die für die Berechnung der Abschreibungen zugrunde gelegt worden ist. Auch der Wegfall einer **Leasingsonderzahlung** verlangt nach der Besteuerungspraxis der Finanzämter eine Neuberechnung des Kilometersatzes. Das FG München berücksichtigt abweichend hiervon eine im Vorjahr geleistete Sonderzahlung auch im Folgejahr und verzichtet auf eine Neuberechnung des Kilometersatzes, weil sich die tatsächlichen Verhältnisse nicht wesentlich verändert haben.[59]

54 H 9.10 LStH »Unfallschäden«.
55 BFH, Urteil v. 13.3.1998, VI R 27/97, BStBl 1998 II S. 443.
56 BFH, Urteil v. 5.5.1994, VI R 100/93, BStBl 1994 II S. 643.
57 BFH, Urteil v. 3.9.2015, VI R 27/14, BFH/NV 2016 S. 111.
58 BFH, Urteil v. 1.10.1982, VI R 192/79, BStBl 1983 II S. 17.
59 FG München, Urteil v. 12.10.2021, 2 K 667/21, EFG 2022 S. 928, Rev. beim BFH unter Az. VI R 9/22.

4.2 Mehraufwand für Verpflegung

4.2.1 Aufteilungsverbot für Verpflegungskosten

Aufwendungen für die Ernährung gehören zu den Lebenshaltungskosten, die regelmäßig nicht steuermindernd geltend gemacht werden können. Entstehen jedoch aus beruflichem Anlass höhere Verpflegungsaufwendungen als bei normaler Lebensführung, können diese **Mehraufwendungen** als Betriebsausgaben oder Werbungskosten abgezogen werden.

Ein solcher Mehraufwand wird von Verwaltung und Rechtsprechung allerdings nur bei bestimmten Sachverhalten angenommen, insbesondere bei beruflichen Auswärtstätigkeiten. Ein beruflich bedingter Mehraufwand wird z. B. nicht anerkannt, wenn ein Arbeitnehmer wegen hoher beruflicher Anstrengung eine besonders kostspielige Ernährung braucht oder wenn er seine Mahlzeiten außer Haus einnimmt, um nicht zu viel Arbeitszeit zu verlieren. Entsprechendes gilt für den Mehraufwand, der durch die Einnahme von Mahlzeiten erforderlich wird, weil der Arbeitnehmer an einem Arbeitstag länger als 12 Stunden im Betrieb tätig ist. Die Rechtsprechung hat diese nachteilige Verwaltungsauffassung bestätigt.[60]

4.2.2 Zeitlich gestaffelte Verpflegungspauschalen

Die steuerliche Berücksichtigung von Verpflegungsmehraufwendungen für berufliche Tätigkeiten außerhalb der Wohnung und außerhalb der ersten Tätigkeitsstätte erfolgt für alle Arten von Auswärtstätigkeiten (Dienstreise, **Fahr- und Einsatzwechseltätigkeit**) nach einheitlichen Regeln. Der Werbungskostenabzug ist danach nur in Form von **Pauschbeträgen** zulässig. Ein Einzelnachweis der Verpflegungskosten durch Rechnungsbelege ist ausgeschlossen. Allerdings kann der Arbeitgeber dem Arbeitnehmer auf der Auswärtstätigkeit Mahlzeiten gewähren, dies führt zu einer Kürzung der Verpflegungsmehraufwendungen (vgl. Kap. 4.2.4.2). Die Erfassung des geldwerten Vorteils wird nur noch in bestimmten Fällen fortgeführt, während für die Mehrzahl der Sachverhalte der **Arbeitgeberbewirtung** eine Kürzung der Verpflegungspauschalen als Gegenleistung dafür vorzunehmen ist, sodass die Vorteilsbesteuerung entfällt.

Für eine Auswärtstätigkeit sind zeitlich gestaffelte Verpflegungspauschalen anzuwenden. Seit 2014 gilt **eine 2-stufige Staffelung** der Pauschalbeträge (§ 9 Abs 4a EStG). Es ergeben sich die folgenden **Inlandsverpflegungspauschalen**, deren Höhe sich ausschließlich nach der Abwesenheitszeit am einzelnen Kalendertag bestimmt (§ 9 Abs. 4a EStG):

Abwesenheitsdauer	Pauschbetrag je Kalendertag
bis 8 Stunden	0 EUR
mehr als 8 Stunden	14 EUR
An- und Abreisetag	14 EUR
mindestens 24 Stunden	28 EUR

60 BFH, Urteil v. 21.1.1994, VI R 112/92, BStBl 1994 II S. 418.

Für berufliche Auswärtstätigkeiten im Ausland sind die vom BMF für die einzelnen Staaten festgesetzten Auslandstagegelder maßgebend. Allerdings wird auch hier die Zweistufigkeit der Verpflegungspauschbeträge umgesetzt. Die Auslandsreisekosten für Verpflegung berechnen sich mit 120 % und 80 % der Auslandstagegelder nach dem Bundesreisekostengesetz (vgl. Kap. 4.2.4.8 und **Tabelle 2**).

Beispiel

Eine Arbeitnehmerin aus München besucht aus dienstlichen Gründen eine Messe in München. Sie verlässt ihre Wohnung um 8 Uhr und fährt nach Messeende um 17 Uhr direkt nach Hause. Mittags hat sie für 15 EUR ein Mittagessen eingenommen.

Ergebnis: Die Arbeitnehmerin kann einen Verpflegungsmehraufwand von 14 EUR steuerlich geltend machen. Die tatsächlichen Kosten von 15 EUR sind steuerlich nicht berücksichtigungsfähig.

Würde hingegen der Arbeitgeber vorab Verpflegung auf der Messe zusagen und deswegen die Kosten der Mahlzeit übernehmen, sind die 15 EUR als Betriebsausgabe abzugsfähig. Die Arbeitnehmerin hat dann keinen geldwerten Vorteil zu versteuern. Allerdings kürzt sich ihr steuerlicher Spesensatz auf einen Verpflegungsmehraufwand von 2,80 EUR (= 14 EUR – 11,20 EUR).

Zwischentag

Es werden bei dienstlichen Reisen weiterhin ausschließlich Verpflegungspauschalen gewährt. Dem Höchstbetrag von 28 EUR kommt dabei nur eine rein theoretische Bedeutung zu. Unverändert bleibt, dass die Verpflegungspauschale von 28 EUR aufgrund ihrer Abwesenheitsdauer von 24 Stunden in der praktischen Anwendung eine mehrtägige (mindestens 3-tägige) berufliche Auswärtstätigkeit voraussetzt. Sie kommt für den Zwischentag bzw. die Tage zwischen der An- bzw. Abreise zum Ansatz.

An- und Abreisetage

Bei **mehrtägigen Auswärtstätigkeiten**, die eine Übernachtung beinhalten, kann sowohl für den An- als auch für den Abreisetag eine Verpflegungspauschale von 14 EUR als steuerfreier Spesenersatz bzw. als Werbungskosten angesetzt werden, ohne dass es einer zeitlichen Mindestabwesenheit an diesen Tagen bedarf (§ 9 Abs. 4a Nr. 2 EStG). **An- und Abreisetage** einer mehrtägigen auswärtigen Tätigkeit werden gesetzlich als die Tage definiert, an denen der Arbeitnehmer nach der Anreise oder vor der Abreise außerhalb seiner Wohnung übernachtet. Dies kann der Anreise- oder Abreisetag, aber auch der auf die Anreise folgende bzw. der auf die Abreise vorangehende Tag sein.

Beispiel

Ein Außendienstmitarbeiter unternimmt von Montag bis Mittwoch eine 3-tägige berufliche Auswärtstätigkeit. Die Reise beginnt am Montag um 20 Uhr und endet am Mittwoch um 13:30 Uhr in der Firma des Arbeitnehmers.

Ergebnis: Der Arbeitgeber darf dem Außendienstmitarbeiter für den vollen Reisetag, an dem die Abwesenheitsdauer 24 Stunden betragen hat, die volle Pauschale von 28 EUR und für den An- bzw. Rückreisetag jeweils die Pauschalen von 14 EUR für die während der Auswärtstätigkeit entstandenen Verpflegungskosten steuerfrei ersetzen. Unerheblich für die An- und Abreisepauschale von 14 EUR ist, wo die Dienstreise beginnt bzw. endet. Ebenso ist für diese Tage die zeitliche Abwesenheitsdauer nicht mehr zu prüfen.

Hinweis

Werden Beträge vom Arbeitgeber ersetzt, die über die steuerfreien Verpflegungspauschbeträge hinausgehen, ist eine **Lohnsteuerpauschalierung** möglich. Das Gesetz enthält eine vereinfachte Besteuerungsmöglichkeit für lohnsteuerpflichtige Reisekostenvergütungen. Zahlt der Arbeitgeber höhere Verpflegungssätze als dies steuerlich zulässig ist, dürfen die übersteigenden Beträge mit einem festen Pauschsteuersatz von 25 % pauschal versteuert werden. Einzelheiten vgl. Kap. 5.3.2.

Berechnung Abwesenheitsdauer

Für die Berechnung der **maßgebenden Abwesenheitszeit** am jeweiligen Kalendertag ist zwischen Arbeitnehmern mit erster Arbeitsstätte und übrigen Arbeitnehmern zu unterscheiden. Hat der

Arbeitnehmer am Betriebs- bzw. Firmensitz des Arbeitgebers seine erste Tätigkeitsstätte, muss die verlangte Abwesenheitsdauer bei sämtlichen beruflichen Auswärtstätigkeiten in Bezug auf die **Wohnung oder den Betrieb** erfüllt sein – je nachdem, von wo aus die dienstliche Auswärtstätigkeit angetreten wird. Sucht der Arbeitnehmer z. B. zunächst den Betrieb als erste Tätigkeitsstätte auf, kann er Verpflegungsmehraufwendungen nicht für die Dauer der gesamten Abwesenheit von der Wohnung, sondern erst ab Beginn seiner Auswärtstätigkeit außerhalb des Betriebs in Anspruch nehmen. Entsprechendes gilt für das Ende der Reisetätigkeit am jeweiligen Kalendertag. Maßgebend ist der Zeitpunkt, an dem der Arbeitnehmer seine Wohnung bzw. die Firma erreicht. Die Wege zwischen Wohnung und Betrieb bleiben zeitlich außer Ansatz.

Beispiel

Eine Außendienstmitarbeiterin unternimmt von Montag bis Mittwoch eine 3-tägige berufliche Auswärtstätigkeit. Die Reise beginnt am Montag um 9 Uhr und endet am Mittwoch um 13 Uhr in der Firma des Arbeitgebers, die als erste Tätigkeitsstätte der Arbeitnehmerin festgelegt ist.

Ergebnis: Der Arbeitgeber darf der Außendienstmitarbeiterin für den vollen Reisetag, an dem die Abwesenheitsdauer 24 Stunden betragen hat (= Zwischentag), die volle Pauschale von 28 EUR und für den An- bzw. Rückreisetag die zeitlich gekürzten Pauschalen von 14 EUR für die während der Auswärtstätigkeit entstandenen Verpflegungskosten steuerfrei ersetzen. Am Mittwoch ist dabei auf den Zeitpunkt abzustellen, an dem die Arbeitnehmerin den Betrieb erreicht. Da es sich aber um den Rückreisetag handelt, entfällt die zeitliche Abwesenheitsprüfung. Für An- und Abreisetage gilt ohne zeitliche Mindestgrenze eine Verpflegungspauschale von 14 EUR.

Wichtig

Hat der Arbeitnehmer **keine erste Tätigkeitsstätte**, darf dagegen die maßgebliche Abwesenheitszeit aufgrund ausdrücklicher gesetzlicher Regelung immer in Bezug auf die **Wohnung** berechnet werden (§ 9 Abs. 4a EStG). Diese vorteilhafte Berechnungsweise gilt für Personen, die ihren Arbeitgeber nur gelegentlich aufsuchen (vgl. Kap. 3.4 und Kap. 3.5, z. B. Berufskraftfahrer oder Außendienstmitarbeiter). Die maßgebliche Abwesenheitszeit am jeweiligen Kalendertag beginnt also bei diesem Personenkreis immer mit dem Verlassen der Wohnung, auch wenn der Arbeitnehmer zunächst in den Betrieb fährt, um dort Arbeiten zu verrichten. Entsprechendes gilt für das Ende der beruflichen Auswärtstätigkeit. Maßgeblich ist immer der Zeitpunkt, an dem der Arbeitnehmer seine Wohnung erreicht.

Reisen über Nacht – ohne Übernachtung

Eine Sonderregelung gilt, falls der Arbeitnehmer **an einem Kalendertag mehrere** berufliche Auswärtstätigkeiten durchführt. Die zutreffende Verpflegungspauschale für mehrere Auswärtstätigkeiten an ein und demselben Kalendertag ergibt sich dadurch, dass die einzelnen Abwesenheitszeiten des Arbeitnehmers **zusammengerechnet** werden.

Beispiel

Ein Arbeitnehmer beginnt eine Auswärtstätigkeit am Dienstag um 6 Uhr an seiner Wohnung, die er um 12 Uhr im Betrieb beendet, dem er mit seiner ersten Tätigkeitsstätte zugeordnet ist. Um 16 Uhr bricht er zu einer weiteren Auswärtstätigkeit auf, die um 18:30 Uhr an seiner Wohnung endet.

Ergebnis: Der Arbeitnehmer kann für diesen Tag die Verpflegungspauschale von 14 EUR in Anspruch nehmen, denn er war insgesamt 8 ½ Stunden, nämlich zum einen 6 Stunden und zum anderen 2 ½ Stunden, von seiner Wohnung und seiner ersten Tätigkeitsstätte abwesend.

Mitternachtsregelung

Eine Sonderregelung gilt für berufliche Auswärtstätigkeiten, die sich **ohne Übernachtung auf 2 Kalendertage verteilen** (sog. Mitternachtsregelung; § 9 Abs. 4a Nr. 3 EStG). Ein Zusammenrechnen der Abwesenheitszeiten ist danach auch für Auswärtstätigkeiten zulässig, die sich ohne Übernachtung auf 2 Kalendertage verteilen. Die zutreffende Verpflegungspauschale bestimmt sich bei Kalendertag übergreifenden Arbeiten nicht nach dem einzelnen Kalendertag, sondern durch Zusammenrechnen der beiden Tage nach der gesamten Abwesenheit. Beträgt die Gesamtabwesenheitsdauer mehr als 8 Stunden, wird die Verpflegungspauschale von 14 EUR für den Kalendertag gewährt, auf den die überwiegende Abwesenheitszeit entfällt. Eine Vereinfachung hat die Zusammenrechnung dadurch erfahren, dass der Beginn der Auswärtstätigkeit am 1. Tag nicht mehr nach 16 Uhr und das Ende am 2. Tag nicht mehr vor 8 Uhr liegen müssen. Ausreichend ist, dass der Arbeitnehmer bei einer sich über 2 Tage erstreckenden beruflichen Reisetätigkeit **insgesamt mehr als 8 Stunden** unterwegs ist und dabei **nicht übernachtet**. Die Anwendung der Mitternachtsregelung ist nicht an eine bestimmte Ab- und Anreisezeit gebunden, sondern ausschließlich an eine Kalendertag übergreifende Mindestabwesenheit von mehr als 8 Stunden als Folge des Arbeitseinsatzes.

Beispiel

Wegen Reparaturarbeiten in einem Zweigwerk unternimmt eine Monteurin eine berufliche Auswärtstätigkeit von Dienstag 20 Uhr des ersten Tages bis um 4:30 Uhr am nächsten Tag. Es wird eine eintägige Auswärtstätigkeit mit einer Dauer von 8 ½ Stunden angenommen.

Ergebnis: Die Arbeitnehmerin kann den Verpflegungssatz von 14 EUR für den Montag, dem Tag der überwiegenden Abwesenheit, geltend machen. Würde in einem solchen Fall auf die Abwesenheitsdauer pro Tag abgestellt, wäre an keinem Tag die Grenze von 8 Stunden erreicht.

Abwandlung: Dieselbe Lösung würde sich vorliegend ergeben, wenn die Monteurin zu den Reparaturarbeiten um 23:45 Uhr aufbricht und am anderen Tag erst um 8:15 Uhr nach Hause zurückkehrt. Allerdings würde sich die Verpflegungspauschale von 14 EUR für den Dienstag aufgrund der 2-stufigen Zeitstaffelung in diesem Fall auch ohne die durch die Mitternachtsregelung zulässige Zusammenrechnung ergeben.

Reisen mit Übernachtung

In anderen Fällen, insbesondere wenn eine Übernachtung stattfindet, sind die Abwesenheitszeiten für jeden Kalendertag getrennt zu ermitteln. Wie dargestellt, können sich dadurch Nachteile beim Verpflegungsmehraufwand ergeben. Trotzdem wäre das Gesamtergebnis günstiger, weil für Inlandsübernachtungen ein steuerfreies Übernachtungsgeld von 20 EUR infrage kommt (vgl. Kap. 4.3).

Ein **Kumulieren** der beiden gesetzlich festgelegten Zusammenrechnungsregelungen (für mehrere Auswärtstätigkeiten an einem Tag bzw. für Kalendertag übergreifende Arbeiten) ist **nicht zulässig**. Der Arbeitgeber hat aber ein **Wahlrecht:** Er kann zwischen Kalendertag bezogener Addition der einzelnen Abwesenheitszeiten oder der Kalendertag übergreifenden Addition der Abwesenheitszeiten wählen.[61]

Beispiel

Ein Arbeitnehmer unternimmt, ohne zu übernachten, eine Dienstreise, die am Dienstag um 17 Uhr beginnt und am darauffolgenden Tag (Mittwoch) um 7:30 Uhr endet. Am Mittwoch unternimmt er von 14 Uhr bis 23:30 Uhr eine weitere Inlandsdienstreise.

Ergebnis: Aufgrund der Sonderregelung sind die Abwesenheitszeiten der ersten Dienstreise über Nacht zusammenzurechnen (= 14 ½ Stunden und 30 Minuten). Bedingt durch die überwiegende Abwesenheit am Mittwoch ist die dafür zu berücksichtigende Verpflegungspauschale dem Mittwoch zuzurechnen.

Alternativ können auch alle ausschließlich am Mittwoch geleisteten Abwesenheitszeiten (7 Stunden 30 Minuten zuzüglich 8 Stunden 30 Minuten = 16 Stunden) zusammengerechnet werden. In diesem Fall bleiben die im Rahmen der ersten Dienstreise bis Mitternacht angefallenen Abwesenheitszeiten unberücksichtigt. Unabhängig davon für welche Berechnungsmethode sich der Arbeitgeber entscheidet, steht dem Arbeitnehmer lediglich eine Verpflegungspauschale von 14 EUR für den Mittwoch zu. Eine Verpflegungspauschale von 28 EUR kommt nur in Betracht, wenn entweder die gesamte Tätigkeit über Nacht oder die Tätigkeit an dem jeweiligen Kalendertag 24 Stunden erreicht.

61 BMF, Schreiben v. 25.11.2020, IV C 5 – S 2353/19/10011 :006, BStBl 2020 I S. 1228, Rz. 47.

Mehrtägige Reisen

Für die Kalendertage, an denen der Arbeitnehmer außerhalb seiner Wohnung und ersten Tätigkeitsstätte beruflich tätig ist und aus diesem Grund **mindestens 24 Stunden** von seiner Wohnung abwesend ist, kann eine Pauschale von 28 EUR als Werbungskosten geltend gemacht bzw. vom Arbeitgeber steuerfrei ersetzt werden (**Zwischentag**). Für den **An- und Abreisetag** einer mehrtägigen auswärtigen Tätigkeit mit Übernachtung außerhalb der Wohnung kann ohne Prüfung einer Mindestabwesenheitszeit eine Pauschale von jeweils 14 EUR angesetzt werden. Insoweit ist es unerheblich, ob der Arbeitnehmer die Reise von der Wohnung, der ersten oder einer anderen Tätigkeitsstätte aus antritt. Eine mehrtägige auswärtige Tätigkeit mit Übernachtung liegt auch dann vor, wenn die berufliche **Auswärtstätigkeit über Nacht** ausgeübt wird und sich daran eine Übernachtung am Tage, sowie eine weitere Tätigkeit über Nacht anschließt. Schließen sich mehrere Auswärtstätigkeiten ohne zwischenzeitliche Berührung des Arbeitgeberbetriebs oder der Wohnung nahtlos aneinander an, so ist die Verpflegungspauschale für 24-stündige Abwesenheit zu gewähren. Bei den Reise-Zwischentagen handelt es sich um keine An- oder Abreisetage mit 14 EUR Verpflegungspauschale.

Beispiel

Eine Arbeitnehmerin wird von ihrem Berliner Arbeitgeber zu einer Auswärtstätigkeit ab Montag nach München entsandt. Am Mittwoch reist sie zu einer weiteren Auswärtstätigkeit ohne Zwischenstation beim Arbeitgeber oder seiner Wohnung direkt von München nach Hamburg. Am Freitag kehrt sie zu ihrer Berliner Wohnung zurück.

Ergebnis: Für Montag (Anreisetag) und Freitag (Abreisetag) kann der Arbeitgeber jeweils eine steuerfreie Verpflegungspauschale von 14 EUR bezahlen. Für Dienstag bis Donnerstag kann jeweils die Verpflegungspauschale für 24-stündige Abwesenheit in Höhe von 28 EUR steuerfrei erstattet werden.

Zusammenfallen von An- und Abreisetag

Kehrt der Arbeitnehmer zwischenzeitlich – wenn auch nur kurz – zu seinem Arbeitgeber oder seiner Wohnung zurück, handelt es sich bei dem »Zwischentag« um einen An- und Abreisetag. Für diesen Tag kann insgesamt nur einmal die Verpflegungspauschale in Höhe von 14 EUR erstattet werden. Die Gewährung der Verpflegungspauschale in Höhe von 28 EUR setzt eine 24-stündige Abwesenheit von der Wohnung und der ersten Tätigkeitsstätte voraus.

Beispiel

In Abwandlung des vorherigen Beispiels reist die Arbeitnehmerin am Mittwoch von München nach Berlin und wechselt ihre Kleidung. Nach 2-stündigem Aufenthalt reist sie weiter nach Hamburg.

Ergebnis: Der Arbeitgeber kann für Montag (Anreisetag) 14 EUR Verpflegungspauschale steuerfrei erstatten. Für Dienstag können 28 EUR steuerfrei erstattet werden. Mittwoch ist ein An- und Abreisetag. Eine Verdoppelung der Pauschale in Höhe von 14 EUR ist gesetzlich nicht vorgesehen. Am Mittwoch ist die Arbeitnehmerin – wegen ihres kurzen Aufenthalts in der eigenen Wohnung – auch keine 24 Stunden von ihrer Wohnung und ersten Tätigkeitsstätte abwesend. Für diesen Tag können daher insgesamt nur 14 EUR steuerfrei erstattet werden. Für Donnerstag können wiederum 28 EUR und für Freitag (Abreisetag) 14 EUR erstattet werden. In Vergleich zum vorigen Beispiel erhält die Arbeitnehmerin 14 EUR steuerfreie Verpflegungsspesen weniger.

Hinweis

Diese Grundsätze gelten in allen Fällen, in denen der Rückreise- und der Anreisetag auf denselben Kalendertag zusammenfallen. Eine doppelte Gewährung der Verpflegungspauschale von 14 EUR für den An- und Abreisetag ist nach Verwaltungsauffassung nicht möglich.[62] Der Ansatz von 28 EUR für einen Reisetag setzt eine Abwesenheit von 24 Stunden voraus. Diese Rechtsauslegung ist nicht frei von Bedenken. Schließlich wird beim Zusammenfallen von An- und Abreise auf einen Kalendertag nicht die Verpflegungspauschale von 28 EUR, sondern entsprechend dem Gesetzeswortlaut die gekürzte Pauschale von 14 EUR gewährt,

62 BMF, Schreiben v. 25.11.2020, IV C 5 – S 2353/19/10011 :006, BStBl 2020 I S. 1228, Rz. 49.

und zwar jeweils für den An- und Abreisetag. Es ist fraglich, ob diese Gesetzesauslegung einer gerichtlichen Überprüfung standhalten wird.

Ankunft nach Mitternacht

In den Fällen, in denen die Rückreise nach einer mehrtägigen Auswärtstätigkeit über 24 Uhr hinaus andauert, ist für den Tag des Beginns der Rückreise wegen der 24-stündigen Abwesenheit noch die volle Verpflegungspauschale von 28 EUR zu gewähren. Der Tag der Ankunft an der Wohnung oder am Arbeitgeberbetrieb ist der Abreisetag, für den eine Verpflegungspauschale von 14 EUR gewährt werden kann.

Beispiel

Ein Arbeitnehmer wird von seinem Berliner Arbeitgeber zu einer Messeveranstaltung nach München auf eine Auswärtstätigkeit entsandt. Der Arbeitnehmer ist am Montag zu der Veranstaltung angereist und am Mittwochabend um 19 Uhr in München abgereist. Die Ankunft an seiner Berliner Wohnung ist am Donnerstagfrüh um 1:45 Uhr.

Ergebnis: Der Arbeitnehmer erhält für den Anreisetag (Montag) 14 EUR Verpflegungspauschale, für Dienstag und Mittwoch wegen 24-stündiger Abwesenheit jeweils 28 EUR Verpflegungspauschale und für Donnerstag (Abreisetag) 14 EUR Verpflegungspauschale vom Arbeitgeber steuerfrei erstattet.

Übernachtung im Fahrzeug

An die Übernachtung sind keine besonderen Anforderungen zu stellen. Ausreichend ist auch die **Übernachtung im Zug oder im Fahrzeug**, unabhängig davon, ob für die Übernachtung tatsächlich Übernachtungskosten anfallen. Bedeutung hat dies für **Lkw- oder Busfahrer**, die im Fahrzeug übernachten. Entscheidend ist aber, dass die Übernachtung im Fahrzeug an die Stelle einer »Fremdübernachtung« tritt. Da ihnen keine Kosten für die Übernachtung entstehen, wird die normale Übernachtungspauschale nicht gewährt.[63] Seit 2020 gilt für Berufskraftfahrer eine **8 EUR-(Übernachtungs-)Pauschale** zur Abgeltung der Aufwendungen, die durch die Übernachtung im Fahrzeug auf Raststätten, Autohöfen und dergleichen entstehen (vgl. Kap. 4.3.3). Zudem kann für den An- und Abreisetag sowie für die Zwischentage die Verpflegungspauschale mit 14 bzw. 28 EUR gewährt werden. Es kommt jeweils nur darauf an, dass der Arbeitnehmer mehrtägig mit Übernachtung auswärts tätig ist.

Beispiel

Ein Speditionsfahrer hat eine 3-tägige Tour und ist von Montag (Abfahrt in der Firma um 5 Uhr) bis Mittwoch (Ankunft in der Firma um 18:30 Uhr) unterwegs. Er übernachtet sowohl auf der Hinfahrt von Montag auf Dienstag als auch auf der Rückfahrt von Dienstag auf Mittwoch in der Schlafkabine seines Fahrzeugs.

Ergebnis: Die Übernachtung im Fahrzeug kommt einer Fremdübernachtung gleich. Der Speditionsfahrer kann für den Anreisetag Montag und den Rückreisetag Dienstag jeweils die Verpflegungspauschale von 14 EUR und für den Zwischentag Dienstag den Spesensatz von 28 EUR erhalten, sodass sich steuerfreie Verpflegungskosten von 56 EUR für die 3-tägige Tour errechnen.

Abwandlung:

Der Lkw-Fahrer beginnt um 17 Uhr eine »2-tägige« Reise, die am nächsten Morgen um 5 Uhr zu Ende ist. Zwischendurch legt er im Rahmen der normalen Ruhezeiten für Lkw-Fahrer eine kurze »Schlafpause« im Fahrzeug ein. In diesem Fall ist die »kurze Ruhepause« nicht als Übernachtung im eigentlichen Sinne zu werten, da sie keine Fremdübernachtung ersetzt. Es kann somit keine Verpflegungspauschale für An- und Abreisetag (2 × 14 EUR = 28 EUR) gewährt werden. Die Auswärtstätigkeit geht durchgehend vom ersten Tag 17 Uhr bis zum zweiten Tag um 5 Uhr. Die Abwesenheitsdauer beträgt daher 12 Stunden. Die Verpflegungspauschale beträgt insgesamt 14 EUR.

63 R 9.7 Abs. 3 Satz 7 LStR.

Hinweis

Eine Verpflegungspauschale für An- und Abreisetage ist allerdings zu gewähren, wenn der Lkw-Fahrer seine Tätigkeit über Nacht durchführt, anschließend den Tag über im Lkw schläft und die nächste Nacht erneut durchfährt. Auch in diesen Fällen handelt es sich um eine 3-tägige Auswärtstätigkeit, für die der Arbeitgeber insgesamt 56 EUR steuerfreie Inlandsspesen (jeweils 14 EUR für An- und Abreisetage sowie 28 EUR für den Zwischentag) gewähren kann.

4.2.3 3-Monatsfrist

Die 3-Monatsfristt, die den Werbungskostenabzug von Verpflegungsmehraufwendungen bei einer längerfristigen Auswärtstätigkeit am selben auswärtigen Beschäftigungsort auf einen Zeitraum von längstens 3 Monaten begrenzt, hat weiterhin Gültigkeit. Sie wurde im Gesetz umfassender geregelt (§ 9 Abs. 4a Satz 6 EStG). Insbesondere die Unterbrechung mit der Folge des Beginns eines neuen 3-Monatszeitraums ist gesetzlich abgesichert und neu festgelegt worden. Dabei wurde die Berechnung der 3-Monatsfrist insoweit vereinfacht, als der Gesetzgeber eine rein **zeitlich orientierte Unterbrechungsregelung** eingeführt hat, ohne dass ein beruflicher Anlass hierfür vorliegen muss.

Abzugsfähige Reisekosten

Für die **Berechnung des 3-Monatszeitraums** gelten die bisherigen Grundsätze weiter. Der 3-Monatszeitraum wird vom Beginn an der auswärtigen Tätigkeit gerechnet. Das gilt auch dann, wenn er sich über das Jahresende hinweg erstreckt. Ein neuer 3-Monatszeitraum beginnt also nicht jeweils am 1. Januar.

Nimmt der Arbeitnehmer während der fortlaufenden auswärtigen Beschäftigung **Urlaub**, hat das keinen Einfluss auf den Ablauf der 3-Monatsfrist. Der Zeitraum wird auch nicht um die Dauer des Urlaubs verlängert. Entsprechendes gilt, wenn der Arbeitnehmer während der Auswärtstätigkeit **erkrankt** bzw. für Unterbrechungen durch **Elternzeit** oder **Mutterschaftsurlaub.**[64] Auch andere Unterbrechungen als Krankheit, Mutterschutz oder Elternzeit, z. B. die vorübergehende Rückkehr des Arbeitnehmers in den Betrieb, führen zu keiner Verlängerung der 3-monatigen Frist.[65]

Unterbrechung

Grundlegend geändert und vereinfacht hat der Gesetzgeber die Unterbrechungsregelung, die zu einem **Neubeginn der 3-Monatsfrist** führt. Eine gleichzeitige Unterbrechung der Nutzung der Zweitwohnung oder gar ein Wohnungswechsel am auswärtigen Beschäftigungsort ist nicht erforderlich. Die 3-Monatsfrist orientiert sich ausschließlich am Tätigwerden an derselben Tätigkeitsstätte. Danach führt jede Unterbrechung der beruflichen Tätigkeit an derselben Tätigkeitsstätte zu einer neuen 3-Monatsfrist, wenn sie **mindestens 4 Wochen** dauert. Der Grund der Unterbrechung ist unerheblich; es zählt nur die Unterbrechungsdauer. Es muss also nicht mehr geprüft werden, aus welchem Grund es zu der längeren (= mindestens 4-wöchigen) Unterbrechung kommt. Demzufolge ist auch die krankheits- oder urlaubsbedingte Unterbrechung von mindestens 4 Wochen geeignet, um die 3-Monatsfrist erneut in Gang zu setzen. Zuvor waren nur berufliche Unterbrechungstatbestände auf die Frist von 4 Wochen anzurechnen.

Beispiel

Eine bei einer Softwarefirma beschäftigter EDV-Systemprogrammiererin ist beauftragt, bei einem Großunternehmen in München die bisherigen Betriebssysteme umzustellen. Der Auftrag dauert vom 1.11.2022 bis zum 13.5.2023. Ab 10.12.2022 wird die Tätigkeit wegen Erkrankung der Arbeitnehmerin bis zum 31.1.2023 unterbrochen.

64 R 9.6 Abs. 4 Satz 3 LStR.

65 BFH, Urteil v. 19.7.1996, VI R 38/93, BStBl 1997 II S. 95.

Ergebnis: Der Arbeitseinsatz in München ist eine berufliche Auswärtstätigkeit, die für die Gesamtdauer den Reisekostenabzug begründet. Für die Verpflegungsmehraufwendungen ist die 3-Monatsfrist zu beachten. Da die Arbeitnehmerin die Auswärtstätigkeit um mehr als 4 Wochen unterbricht – der Grund der Unterbrechung ist unerheblich –, beginnt ab 1.2.2023 eine neue 3-Monatsfrist zu laufen, die zum 30.4.2023 endet. Ab 1.5.2023 dürfen keine Verpflegungspauschbeträge mehr angesetzt werden. Dies gilt unabhängig davon, ob die Arbeitnehmerin während der Tätigkeit in München übernachtet oder täglich nach Hause fährt.

Unterbrechungsgründe

Als geeignete Unterbrechungstatbestände kommen beruflich begründete Abwesenheitszeiten in Betracht. Infrage kommt z. B. eine vorübergehende Tätigkeit am Betriebssitz oder eine neue berufliche Auswärtstätigkeit an einem anderen Tätigkeitsort. Beträgt die berufliche Unterbrechung weniger als 4 Wochen, verlängert sich, wie bereits erwähnt, dadurch die 3-Monatsfrist nicht um den Zeitraum der Unterbrechung. Die Unterbrechungsproblematik wird am folgenden Beispiel deutlich.

Beispiel

Ein Arbeitnehmer wird für die Zeit vom 1.3. bis 30.9. an ein Zweigwerk abgeordnet.

Variante 1: Er kehrt vorübergehend vom 15.4. bis 30.4. an seine normale Arbeitsstelle zurück.

Variante 2: Der Arbeitnehmer kehrt vom 15.4. bis 20.5. an seine normale Arbeitsstelle zurück.

Variante 3: Der Arbeitnehmer wird vom 15.4. bis 30.4. bzw. vom 15.4. bis 20.5. an einer dritten Stelle, nämlich im Betrieb eines Abnehmers, tätig.

Ergebnis Variante 1: Da diese Unterbrechung keine 4 Wochen umfasst hat, bleibt sie nach Verwaltungsauffassung ohne Bedeutung. Für die Tätigkeit in dem Zweigwerk darf nach 3 Monaten, also ab dem 1.6., keine Verpflegungspauschale mehr berücksichtigt werden.

Ergebnis Variante 2: Da die Unterbrechung mindestens 4 Wochen umfasst hat, beginnt anschließend am Zweigwerk eine neue 3-Monatsfrist. Deshalb ist bis zum 20.8. der Ansatz der Verpflegungskosten zulässig. Erst danach greift das Abzugsverbot hinsichtlich der Tätigkeit am Zweigwerk.

Ergebnis Variante 3: Für die Dauer dieser Tätigkeit an dem dritten Tätigkeitsort liegt eine weitere berufliche Auswärtstätigkeit vor. Für die Frage, ob für die Tätigkeit in dem Zweigwerk die 3-Monatsfrist mit Ablauf der Unterbrechung neu beginnt, gilt das Gleiche wie bei den Varianten 1 und 2.

Abzugsfähige Reisekosten

Nimmt der Arbeitnehmer während der zwischenzeitlichen Tätigkeit an seiner normalen Arbeitsstelle, also während der Unterbrechung der Auswärtstätigkeit, **Urlaub** oder erkrankt er in dieser Zeit, werden die Tage des Urlaubs bzw. der **Erkrankung als Unterbrechung der Auswärtstätigkeit** gezählt. Insoweit gilt dieselbe Behandlung, wie wenn der Arbeitnehmer während der Auswärtstätigkeit Urlaub nimmt oder erkrankt.

Wechsel des Einsatzorts

Die 3-Monatsfrist kommt immer dann zum Tragen, wenn der Arbeitnehmer an derselben Tätigkeitsstätte beruflich auswärts tätig wird. Jeder Wechsel des auswärtigen Tätigkeitsorts ist mit dem **Beginn eines neuen 3-Monatszeitraums** verbunden. Eine bestimmte Mindestentfernung zwischen den beiden Auswärtstätigkeiten wird nicht verlangt. Wechselt der Arbeitnehmer von einer auswärtigen Tätigkeitsstätte zu einer anderen, beginnt die 3-Monatsfrist neu zu laufen. Bei jedem neuen Einsatzort läuft eine neue 3-Monatsfrist für den Ansatz der Verpflegungssätze, es sei denn, es liegt ausnahmsweise der Fall der Unterbrechung vor, weil der Arbeitnehmer innerhalb von vier Wochen wieder am selben auswärtigen Beschäftigungsort eingesetzt wird.

Wichtig

Ohne praktische Bedeutung ist die 3-Monatsfrist für Arbeitnehmer, die beispielsweise als Handelsvertreter über einen längeren Zeitraum hinweg ihre Auswärtstätigkeit in einem begrenzten Gebiet, aber an täglich mehrfach wechselnden Stellen ausüben. Dasselbe gilt für auswärtige Tätigkeiten an Betriebsstätten, die sich infolge der Eigenart der Tätigkeit laufend örtlich verändern. Dies ist z. B. beim Straßenbau oder beim Bau von Bahngleisen und Hochspannungsleitungen der Fall. Bei diesen Sachverhalten ist jeweils von einem neuen Tätigkeitsort auszugehen, sodass **täglich eine neue berufliche Auswärtstätigkeit** beginnt.

Auftragsunabhängige Beurteilung

Die vom Gesetzgeber gewählte Formulierung macht darüber hinaus eine Überprüfung entbehrlich, ob **dieselbe Auswärtstätigkeit** unterbrochen wird. Nach bisheriger Verwaltungsauffassung war die Anwendung der 3-Monatsfrist damit verbunden, dass es sich noch um die gleichbleibende, selbe Auswärtstätigkeit handelt, die der Arbeitnehmer nach der Unterbrechung mit gleichem Inhalt am gleichen auswärtigen Ort fortsetzt.[66] Mitunter erfolgte von den Finanzämtern diesbezüglich eine auftragsbezogene Auslegung, indem jeder einzelne Auftrag auch am gleichen Einsatzort eine neue andere Auswärtstätigkeit begründete, die den Lauf einer weiteren 3-Monatsfrist in Gang setzte. Es kommt weder auf den zivilrechtlichen Auftrag noch auf die inhaltliche Gleichartigkeit der Tätigkeit für den Neubeginn dieser Frist an. Eine neue 3-monatige Frist ist für den Ansatz von Verpflegungsmehraufwendungen bei einem längerfristigen Einsatz **am identischen auswärtigen Arbeitsort** ausschließlich davon abhängig, dass eine ausreichende Unterbrechung der Auswärtstätigkeit von 4 Wochen erfolgt.

Hinweis

Die gesetzliche 3-Monatsfrist entspricht auch der vom BFH zum alten Reisekostenrecht zwischenzeitlich entschiedenen Rechtsauslegung.[67] Nach Auffassung des BFH ist für den Neubeginn der Frist weder der zivilrechtliche Auftrag noch die inhaltliche Gleichartigkeit der Tätigkeit von Bedeutung, sondern ausschließlich die Identität des Arbeitsorts zu prüfen. Wird die Arbeitsleistung an derselben Tätigkeitsstätte fortgesetzt, ist nach der gesetzlichen Zielsetzung eine Zäsur im Sinne einer neuen 3-monatigen Frist für den Abzug von Verpflegungsmehraufwendungen nur bei einer Unterbrechung der Auswärtstätigkeit von mindestens 4 Wochen gerechtfertigt, unabhängig davon, ob ihr ein neuer Auftrag oder eine andere inhaltliche Aufgabe zugrunde liegt.

Großräumiges Betriebsgelände

Die Finanzverwaltung vertritt die Auffassung, dass eine Tätigkeit innerhalb eines großräumigen Betriebs- bzw. Werksgeländes – unabhängig davon, ob unterschiedliche Gebäude aufgesucht werden – durchgehend als **Tätigkeit an derselben Tätigkeitsstätte gilt.**[68] Anders verhält es sich, wenn der Arbeitnehmer innerhalb des Werksgeländes zu einer anderen ortsfesten betrieblichen Einrichtung wechselt, die einem anderen Auftraggeber bzw. Kunden zuzurechnen ist. Der Wechsel zwischen verschiedenen Tätigkeitsstätten innerhalb eines Betriebsgeländes führt immer dann zu einer neuen Tätigkeitsstätte und damit zu einer neuen 3-Monatsfrist, wenn diese unterschiedlichen »Auftraggebern« zuzurechnen sind. Dies gilt selbst dann, wenn sich die Tätigkeitsstätten in räumlicher Nähe zueinander befinden.

Beispiel

Eine bei einem Softwareunternehmen angestellter Programmiererin ist beauftragt, bei 2 rechtlich selbstständigen Konzernunternehmen A und B in München 2 unterschiedliche Aufträge zu erledigen. Die Systemumstellung bei Unternehmen A ist am 20.3. abgeschlossen. Die Arbeit des auf demselben Gelände – aber in eigenem Firmengebäude befindlichen – Unternehmen B wird ohne Unterbrechung am 21.3. fortgesetzt und ist am 31.7. beendet.

Ergebnis: Bei der Gesamteinsatzdauer handelt es sich nicht um dieselbe Auswärtstätigkeit. Da jeder Auftrag mit einem Orts- und gleichzeitigem Kundenwechsel verbunden ist, werden die verschiedenen Tätigkeitsstätten innerhalb des Werksgeländes für sich betrachtet und nicht zusammengerechnet. Der Einsatz beim Unternehmen B begründet eine berufliche Tätigkeit an einer anderen Tätigkeitsstätte und damit

66 R 9.6 Abs. 4 LStR.

67 BFH, Urteil v. 28.2.2013, III R 94/10, BFH/NV 2013 S. 1159.

68 BMF, Schreiben v. 25.11.2020, IV C 5 – S 2353/19/10011 :006, BStBl 2020 I S. 1228, Rz. 53.

eine neue 3-Monatsfrist. Verpflegungsmehraufwendungen für die berufliche Auswärtstätigkeit in München können deshalb bis zum 20.6. beansprucht werden.

Wenn ein Arbeitnehmer von seinem Arbeitgeber im Rahmen einer Auswärtstätigkeit zu einer weiteren Filiale des Arbeitgebers entsandt wird und sich von dort aus wiederum auf Auswärtstätigkeit begibt, kommt es für die Berechnung der Abwesenheitsdauer während der 3-Monatsfrist ausschließlich auf die Abwesenheit von der Wohnung an. Nach Ablauf von 3 Monaten ist darüber hinaus die Zeitdauer der Tätigkeit in der weiteren Filiale von der Gesamtabwesenheitsdauer von der Wohnung für die Berechnung der Verpflegungspauschalen abzuziehen.[69]

Beispiel

Ein Arbeitnehmer, für den arbeitsrechtlich als erste Tätigkeitsstätte der Betriebssitz in Mannheim festgelegt ist, wird ab 1.1.2023 von seinem Mannheimer Arbeitgeber für ein Jahr zur Filiale in Freiburg entsandt. Er arbeitet arbeitstäglich morgens von 8 Uhr bis 10 Uhr in dieser Filiale und begibt sich dann zu verschiedenen Kunden im Großraum Freiburg. Er fährt morgens um 5:30 Uhr von seiner Wohnung nach Freiburg und kehrt abends gegen 18:45 Uhr täglich zur Wohnung zurück.

Ergebnis: Die befristete Tätigkeit in der Freiburger Filiale stellt eine berufliche Auswärtstätigkeit dar, für die steuerfreier Reisekostenersatz zulässig ist. Für die steuerfreien Verpflegungspauschalen ist die 3-Monatsfrist zu beachten. Für die ersten 3 Monate berechnet sich die maßgebende Abwesenheit in Bezug auf die Wohnung mit 13 Stunden 15 Minuten (5:30 Uhr bis 18:45 Uhr). Der Arbeitnehmer kann arbeitstäglich eine Verpflegungspauschale von 14 EUR steuerfrei erhalten. Mit Ablauf der 3-Monatsfrist entfällt ab 1.4.2023 für die Tätigkeit an der Freiburger Filiale die Möglichkeit steuerfreier Verpflegungsspesen. Ab dem 4. Monat berechnet sich die maßgebende Verpflegungspauschale für die berufliche Auswärtstätigkeit bei den Kunden nach der Abwesenheitsdauer von der Wohnung abzüglich der Arbeitszeit in der Freiburger Filiale. Die Abwesenheitsdauer für die Tage der beruflichen Auswärtstätigkeit ab 1.4.2023 beträgt 11 Stunden 15 Minuten, sodass weiterhin die Verpflegungspauschale von 14 EUR zum Ansatz kommt. Für die Kundenbesuche im Großraum Freiburg findet die 3-Monatsfrist keine Anwendung, da insoweit arbeitstäglich eine neue Auswärtstätigkeit (Einsatzwechseltätigkeit) beginnt.

Anwendungsbereich

Die geänderte Fassung des Gesetzestextes lässt den Anwendungsbereich der 3-Monatsfrist dem Grunde nach unberührt. Sie gilt für **alle möglichen Formen der beruflichen Auswärtstätigkeit** an einer ortsfesten Einrichtung. Die Rechtsprechung zum alten Reisekostenrecht behält insoweit ihre Gültigkeit. Nach Auffassung des BFH gilt das Prinzip, dass bei längerfristigen Auswärtstätigkeiten am selben Einsatzort die Verpflegungssätze maximal für 3 Monate angesetzt werden dürfen, auch für Tätigkeiten an wechselnden Einsatzstellen. Er knüpft diesen Grundsatz aber an die Ausübung der Arbeit an einer ortsfesten Einrichtung. Für Tätigkeiten auf Fahrzeugen, Flugzeugen und Schiffen gilt die 3-Monatsfrist nicht.[70] Hier kann sich der Arbeitnehmer auch nicht nach einer Übergangszeit auf die auswärtige Verpflegungssituation einstellen. Marinesoldaten und Seeleute können für sämtliche Tage an Bord steuerfreie Verpflegungspauschalen erhalten, auch wenn sie länger als 3 Monate unterwegs sind, bis sie wieder in den Heimathafen zurückkehren.

Beispiel

Ein Seemann ist auf einem Hochseefischkutter eingesetzt. In 2023 war er an 184 Tagen auf See.

Ergebnis: Seeleute an Bord eines Schiffes können für sämtliche Tage an Bord steuerfreie Verpflegungspauschalen erhalten bzw. ohne Arbeitgeberersatz diese im Rahmen der Steuererklärung als Werbungskosten abziehen. Ohne Bedeutung ist dabei, wie oft das Schiff den Heimathafen anläuft, weil die 3-Monatsfrist

69 BMF, Schreiben v. 25.11.2020, IV C 5 – S 2353/19/10011 :006, BStBl 2020 I S. 1228, Rz. 55.

70 BFH, Urteil v. 24.2.2011, VI R 66/10, BStBl 2012 II S. 27; BMF, Schreiben v. 25.11.2020, IV C 5 – S 2353/19/10011 :006, BStBl 2020 I S. 1228, Rz. 56.

nicht für Tätigkeiten auf Fahrzeugen gilt. Die Höhe der Verpflegungssätze bestimmt sich für Tage auf hoher See nach den für Luxemburg maßgeblichen Sätzen. Im Übrigen ist das für den jeweiligen Hafenort geltende Inlands- bzw. Auslandstagegeld anzusetzen.[71]

Nichtanwendung der 3-Monatsfrist

Unter die Nichtanwendung der 3-Monatsfrist fallen nicht nur Schiffsbesatzungen. Entsprechend der Regelung bei **Schiffen** ist bei anderen Fahrzeugen zu verfahren. Bei **Lkw-Fahrten** stellt jede neue Fahrt eine neue auswärtige Tätigkeit dar. Der zeitlich unbeschränkte Ansatz der Verpflegungskosten bei auf anderen Fahrzeugen als auf Schiffen eingesetzten Arbeitnehmern hat aber kaum praktische Bedeutung. So sind beispielsweise Abwesenheitszeiten bei Lkw- und Busfahrern, ebenso beim Zugpersonal über einen Zeitraum von mehr als 3 Monaten in der Praxis so gut wie ausgeschlossen.

Weiterhin zu beachten ist, dass die Frist von 3 Monaten auch bei Arbeiten an einer ortsfesten Einrichtung nicht bei allen beruflichen Auswärtstätigkeiten Anwendung findet. Bereits in der Vergangenheit hat die BFH-Rechtsprechung und dem folgend die Finanzverwaltung die 3-Monatsfrist auf Sachverhalte beschränkt, in denen sich die auswärtige Tätigkeit im Vergleich zur Arbeit im Betrieb, Büro oder sonstigen regelmäßigen Arbeitsstätte **zeitlich und inhaltlich** nicht als untergeordnet, sondern **zumindest als gleichgeordnet** darstellt.[72] Ein Arbeitnehmer, der über mehrere Monate auf derselben Baustelle eingesetzt ist, gleichzeitig aber 3 Tage pro Woche in diesem Zusammenhang Innendienstarbeiten im Betrieb verrichtet, unterliegt nicht der 3-Monatsfrist. Die Fahrten zu den Baustellen sind jeweils für sich als eigene berufliche Auswärtstätigkeit zu behandeln und stellen auch nach Ablauf von 3 Monaten eine zum Verpflegungskostenabzug berechtigende Auswärtstätigkeit dar.

2-Tage-Regelung

In welchen Fällen von einer im Vergleich zur Innendiensttätigkeit noch gleichgeordneten Außendiensttätigkeit ausgegangen werden kann, ist im Einzelfall mit schwierigen Abgrenzungsfragen verbunden. Die Finanzverwaltung hat deshalb eine **Vereinfachungsregelung.**[73] Fahrten zu einer auswärtigen Tätigkeitsstätte sind danach auch bei längerfristigen Einsätzen am selben Ort über die 3-Monatsfrist hinaus als neue Auswärtstätigkeit zu beurteilen, wenn der Arbeitnehmer **nicht mehr als an 2 Tagen wöchentlich** die auswärtige Arbeitsstätte aufsucht und im Übrigen an seiner ersten Tätigkeitsstätte im Betrieb tätig ist. Die 2-Tage-Regel, die von einer klassischen 5-Tage-Woche ausgeht, behält im Rahmen der neu gefassten 3-Monatsfrist ihre Gültigkeit. Die Anwendung wird dadurch erreicht, dass dieselbe Auswärtstätigkeit nicht mehr vorliegt, wenn der auswärtige Arbeitsort an nicht mehr als 2 Tagen pro Woche aufgesucht wird. Aufgrund der Vereinfachungsregelung ist damit die 3-Monatsfrist nur zu prüfen, wenn der auswärtige Einsatz am selben Ort mindestens 3 Tage pro Woche umfasst.

Beispiel

Ein in Ausbildung befindlicher Lehrling ist während seiner 3 Jahre dauernden Lehre einen Tag pro Woche an der Berufsschule.

Ergebnis: Findet der Berufsschulunterricht nur an einem bzw. an maximal 2 Arbeitstagen wöchentlich statt, begründen die Fahrten zur Berufsschule unabhängig von der Gesamtdauer der Berufsschulzeit jeweils eine neue berufliche Auswärtstätigkeit. Bei den einzelnen Unterrichtstagen handelt es sich nicht um dieselbe Auswärtstätigkeit, die zum Ablauf der 3-Monatsfrist führt. Der Lehrling kann für die Gesamtdauer seiner Ausbildung die zeitlich gestaffelten Verpflegungssätze an den Unterrichtstagen in Anspruch nehmen.[74]

71 BMF, Schreiben v. 25.11.2020, IV C 5 – S 2353/19/10011 :006, BStBl 2020 I S. 1228, Rz. 55.

72 BFH, Urteil v. 18.5.2004, VI R 70/98, BStBl 2004 II S. 962.

73 R 9.6 Abs. 4 LStR.

74 Ebenso BFH, Urteil v. 24.3.2011, III B 106/10, BFH/NV 2011 S. 793.

Nach den dargestellten Grundsätzen ist bei sämtlichen unter die Reisekosten fallenden beruflichen Auswärtstätigkeiten zu verfahren. Für den Mitarbeiter eines Planungsbüros, der mehrere Baustellen über einen längeren Zeitraum zu betreuen hat, ist deshalb die 3-Monatsfrist hinsichtlich der einzelnen Baustellen solange ohne Bedeutung, als er diese jeweils nicht mehr als 2-mal wöchentlich aufsucht.

Wichtig

Die 2-Tage-Regelung geht von einer klassischen 5-Tagewoche aus. Bei **Teilzeitkräften** können deshalb auch weniger als 3 Auswärtstage am selben Einsatzort die 3-Monatsfrist in Gang setzen. Entscheidend ist, dass die Außendiensttage die Innendiensttage überwiegen. Bei einer 3-Tagewoche *reichen* demzufolge bereits 2 Auswärtstage an derselben auswärtigen Tätigkeitsstätte pro Woche, um den Ansatz von Verpflegungskosten nach Ablauf einer 3-monatigen Einsatzdauer auszuschließen. Abzustellen ist auf das durchschnittliche Verhältnis der Außen- zu den Innendiensttagen. Anders als bei der Bestimmung des Begriffs der ersten Tätigkeitsstätte ist die abschließende Beurteilung, dauerhafte Auswärtstätigkeit oder einzelne eigenständige Auswärtstätigkeiten, bzgl. der 2-Tage-Regel im Nachhinein vorzunehmen (**rückwirkende Betrachtungsweise**).

4.2.4 Unentgeltliche Verpflegung – Arbeitgeberbewirtung

4.2.4.1 Mahlzeiten während Auswärtstätigkeit im Überblick

Eine bedeutende Rechtsänderung durch das gesetzliche Reisekostenrecht ergibt sich, wenn der Arbeitnehmer während seiner beruflichen Auswärtstätigkeit durch den Arbeitgeber verpflegt wird. Am bisherigen System, dass die Arbeitgeberbewirtung durch den Ansatz eines geldwerten Vorteils erfasst wird und im Gegenzug die lohnsteuerlichen Verpflegungspauschbeträge vom Arbeitnehmer ungeachtet der unentgeltlichen Verpflegung ungekürzt in Anspruch genommen werden können, wird nur noch eingeschränkt in bestimmten Fällen festgehalten.

Kürzung der Verpflegungsspesen

Der praktische **Hauptanwendungsfall** folgt seit 2014 einer anderen steuerlichen Behandlung. Es gilt das umgekehrte Prinzip: Kürzung der Verpflegungspauschbeträge anstelle der Vorteilsbesteuerung. Einerseits soll der Arbeitgeber dadurch entlastet werden, dass auf eine Besteuerung der während einer beruflichen Reisetätigkeit gewährten Mahlzeiten verzichtet wird, andererseits muss der Arbeitnehmer dafür eine Kürzung der Verpflegungspauschbeträge in Kauf nehmen (§ 9 Abs. 4a Satz 8 EStG). Durch diese Verfahrensweise nimmt der Gesetzgeber im Ergebnis eine Saldierung vor. Die Praxiserfahrung zeigt, dass in den weit überwiegenden Fällen die Kürzung der Tagesspesen (Verpflegungsmehraufwand) vorrangig ist. Die Besteuerung eines geldwerten Vorteils betrifft eher Ausnahmefälle.

Die folgende Übersicht veranschaulicht die für Arbeitgeberbewirtungen geltende Rechtslage mit ihren zahlreichen Fallvarianten.

Wird ein Arbeitnehmer während einer beruflichen Auswärtstätigkeit unentgeltlich oder verbilligt verpflegt, ist zwischen einer üblichen Arbeitgeberbewirtung und einem sog. Belohnungsessen zu unterscheiden. Um eine Bewirtung handelt es sich, wenn der Gesamtwert der vom Arbeitgeber pro Mahlzeit unmittelbar oder mittelbar gewährten Mahlzeit nicht mehr als 60 EUR beträgt. Die 60-EUR-Grenze ist als Bruttobetrag inklusive Mehrwertsteuer zu verstehen, der sämtliche anlässlich der Bewirtung gewährten Speisen und Getränke umfasst. Zuzahlungen des Arbeitnehmers bleiben bei der Prüfung der 60-EUR-Grenze außer Ansatz. Der Eigenanteil des Arbeitnehmers kann damit nicht dazu führen, dass aus einem Belohnungsessen eine übliche Mahlzeit wird.[75]

75 BMF, Schreiben v. 25.11.2020, IV C 5 – S 2353/19/10011 :006, BStBl 2020 I S. 1228, Rz. 63.

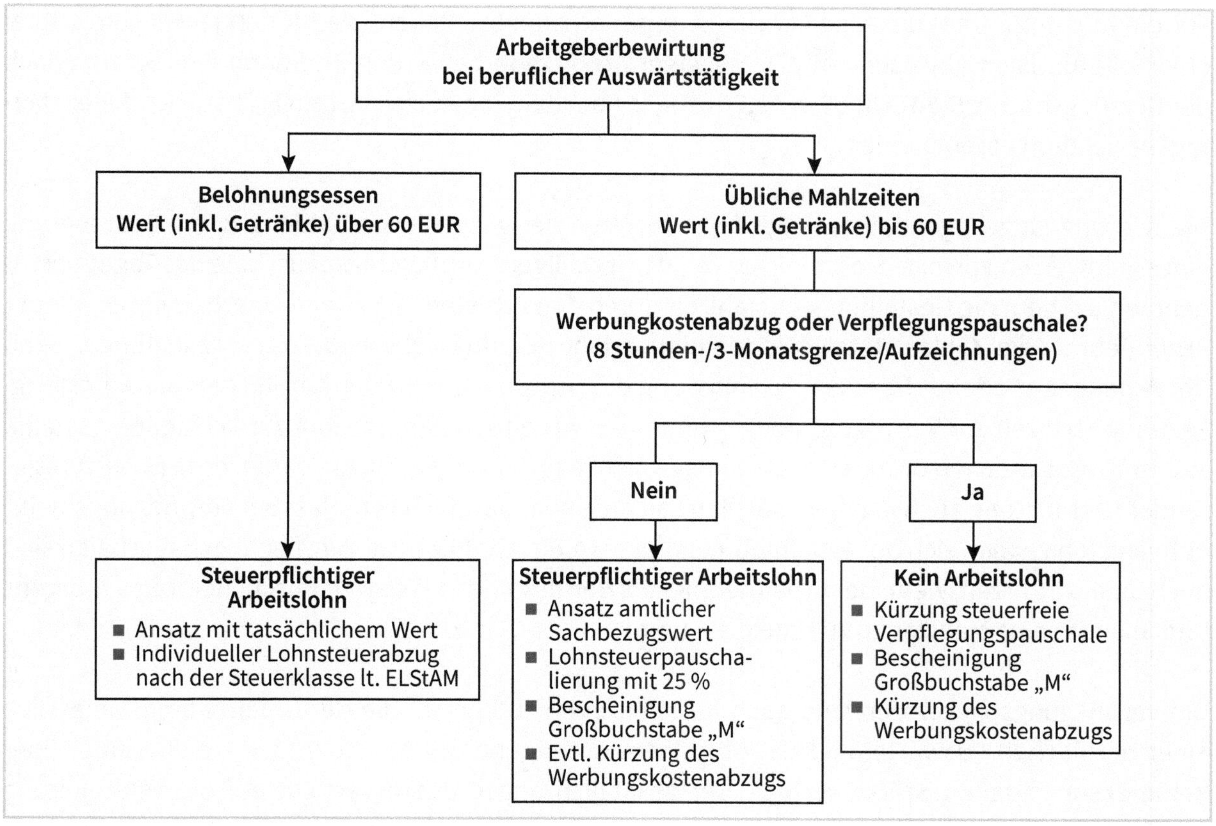

4.2.4.2 Übliche Mahlzeiten bis 60 EUR

Kürzung der Verpflegungspauschale

Beträgt der Gesamtwert der vom Arbeitgeber unmittelbar oder mittelbar gewährten Speisen und Getränke nicht mehr als 60 EUR, handelt es sich also um eine übliche Bewirtung. Beim Arbeitnehmer wird auf die Besteuerung des hieraus resultierenden geldwerten Vorteils verzichtet, wenn der Arbeitnehmer seinerseits für die dienstliche Reisetätigkeit dem Grunde nach eine Verpflegungspauschale als Werbungskosten geltend machen kann (§ 8 Abs. 2 Satz 9 EStG). Gleichzeitig sieht der Gesetzgeber eine tageweise Kürzung des Werbungskostenabzugs für Verpflegungsmehraufwand vor, wenn dem Arbeitnehmer anlässlich oder während einer Auswärtstätigkeit vom Arbeitgeber oder auf dessen Veranlassung von einem Dritten eine Mahlzeit im Gesamtwert von bis zu 60 EUR zur Verfügung gestellt wird. Die Kürzung gilt für sämtliche beruflichen Auswärtstätigkeiten, auch für Arbeitnehmer ohne erste Tätigkeitsstätte wie z. B. Seeleute.[76] Die Höhe der **Kürzung** kann der folgenden Tabelle entnommen werden:

Mahlzeit	Kürzung der Tagespauschale	Betragsmäßige Kürzung
Frühstück	20 %	5,60 EUR
Mittagessen	40 %	11,20 EUR
Abendessen	40 %	11,20 EUR

76 BFH, Urteil v. 12.7.2021, VI R 27/19, BStBl 2021 II S. 642.

Für die Kürzung ist auf die volle Verpflegungspauschale abzustellen, die für den jeweiligen Ort bei einer 24-stündigen Abwesenheit gilt. Bei einer Arbeitgeberbewirtung **im Inland** beträgt demnach der Kürzungsbetrag **5,60 EUR bzw. 11,20 EUR**, je nachdem, ob es sich um ein Frühstück oder ein Mittag- bzw. Abendessen handelt.

Die Kürzung ist zwingend, vermeidet aber im Wege der gesetzlichen Saldierung die Besteuerung eines geldwerten Vorteils. Sie ist immer von der jeweiligen Verpflegungspauschale des Tages vorzunehmen, an dem die Gestellung der Mahlzeit durch den Arbeitgeber erfolgt. Unerheblich ist, ob der Arbeitnehmer die Mahlzeit tatsächlich einnimmt. Eine Kürzung ist bereits dann vorzunehmen, wenn der Arbeitgeber oder auf dessen Veranlassung ein Dritter während der beruflichen Auswärtstätigkeit eine Mahlzeit zur Verfügung stellt.[77] Nimmt der Arbeitnehmer eine ihm zur Verfügung gestellte Mahlzeit – aus welchen Gründen auch immer – nicht ein, ändert dies nichts daran, dass es bei typisierender Betrachtung auch in einem solchen Fall an einem beruflich veranlassten Verpflegungsmehraufwand fehlt, wenn sich der Arbeitnehmer anderweitig verpflegt. Die Verpflegungspauschalen sind auch dann zu kürzen, wenn der Arbeitnehmer als Berufssoldat mit sog. Heimschläferstatus morgens und abends seine Mahlzeiten zu Hause einnimmt.

Kürzung auch ohne erste Tätigkeitsstätte

Die Verpflegungspauschalen sind auch für Mahlzeiten zu kürzen, die der Arbeitnehmer anlässlich einer beruflichen Auswärtstätigkeit von seinem Arbeitgeber erhält, wenn der Arbeitnehmer über **keine erste Tätigkeitsstätte** verfügt. Der gesetzlich angeordnete Verzicht auf die Versteuerung des Sachbezugs »Mahlzeit«, der nach der gesetzgeberischen Zielsetzung durch eine gleichzeitige **Kürzung der Verpflegungspauschalen** auszugleichen ist, umfasst jede Form der beruflichen Auswärtstätigkeit, die nach den Reisekostenbestimmungen auch bei Arbeitnehmern ohne erste Tätigkeitsstätte vorliegen kann. Der Wegfall der Besteuerung des geldwerten Vorteils macht im Gegenzug eine Kürzung der Verpflegungspauschbeträge erforderlich. Nur auf diese Weise lässt sich eine doppelte Entlastung beim Arbeitnehmer vermeiden, auch wenn der Wortlaut der Kürzungsvorschrift hierfür eine erste Tätigkeitsstätte verlangt.[78] Die **Kürzung** der Verpflegungspauschale ist deshalb auch **beim Schiffspersonal** vorzunehmen, das von seinem Arbeitgeber **Bordverpflegung** erhält.

Beispiel

Eine Arbeitnehmerin erhält bei einer 3-tägigen Auswärtstätigkeit im Zusammenhang mit einer Hotelübernachtung auf Kosten des Arbeitgebers Frühstück und Abendessen in Höhe von jeweils 20 EUR (Frühstück) bzw. 30 EUR (Abendessen).

Ergebnis: Der Werbungskostenansatz für Verpflegungsmehraufwand ermittelt sich wie folgt:

An- und Abreisetag jeweils 14 EUR	28,00 EUR
Zwischentag	28,00 EUR
Gesamtbetrag	56,00 EUR
abzgl. Kürzung (2 × 5,60 EUR + 2 × 11,20 EUR)	– 33,60 EUR
verbleibende Werbungskosten	22,40 EUR

Ein geldwerter Vorteil für die Mahlzeiten wird nicht versteuert, da es sich jeweils um übliche Mahlzeiten und keine Belohnungsessen handelt.

Zuzahlungen des Arbeitnehmers

Zahlt der Arbeitnehmer für die gewährte Mahlzeit ein Entgelt, so mindert dieses den von der Verpflegungspauschale abzuziehenden Kürzungsbetrag (= Kürzung der Kürzung). Steuerfreie Verpflegungskosten, die der Arbeitgeber im Rahmen des Reisekostenersatzes erhält, sind dagegen von den

77 BFH, Urteil v. 7.7.2020, VI R 16/18, BStBl 2020 II S. 783; BFH, Urteil v. 12.7.2021, VI R 27/19, BStBl 2021 II S. 642.

78 BFH, Urteil v. 12.7.2021, VI R 27/19, BStBl 2021 II S. 642.

Werbungskosten abzuziehen. Allerdings geht der Gesetzeswortlaut davon aus, dass sich der Zuzahlungsbetrag jeweils auf eine konkrete Mahlzeit bezieht. Dies bedeutet, dass bei einer Zuzahlung des Arbeitnehmers für eine bestimmte unter mehreren gewährten Mahlzeiten eine Überzahlung des Kürzungsbetrags nicht zugunsten der übrigen Mahlzeiten wirkt (= mahlzeitenbezogene Kürzung der Kürzung).

Beispiel

Eine Arbeitnehmerin erhält bei einer 3-tägigen Auswärtstätigkeit im Zusammenhang mit 2 Hotelübernachtungen auf Kosten des Arbeitgebers 2-mal Frühstück sowie ein Abendessen. Für das Abendessen leistet sie jedoch einen Eigenanteil von 14 EUR.

Ergebnis: Der Werbungskostenansatz für Verpflegungsmehraufwand ermittelt sich wie folgt

An- und Abreisetag jeweils 14 EUR	28,00 EUR
Zwischentag	28,00 EUR
Gesamtbetrag	56,00 EUR
abzgl. Kürzung (2 × 5,60 EUR + 0 EUR [11,20 EUR – 14 EUR])	– 11,20 EUR
verbleibende Werbungskosten	44,80 EUR

Ein geldwerter Vorteil für die Mahlzeiten wird nicht versteuert, da es sich um eine übliche Verköstigung handelt.

Stattdessen ist der Werbungskostenabzug zu kürzen. Bei der Kürzung am Zwischentag ist zu beachten, dass die Anrechnung des von der Arbeitnehmerin bezahlten Entgelts nur auf das Abendessen vorgenommen werden darf und dort maximal zu einem Wegfall des Kürzungsbetrags von 11,20 EUR führen kann. Eine Übertragung auf die Kürzungsbeträge für andere während der dienstlichen Reise vom Arbeitgeber gewährte Mahlzeiten darf nicht vorgenommen werden, da hierfür kein Entgelt vereinbart war.

Saldierung mit Reisekostenabrechnung

Zu beachten ist zudem, dass eine auf die Kürzung der Verpflegungspauschale anrechenbare Zuzahlung nur dann vorliegt, wenn ein für die Gestellung der Mahlzeit vereinbartes Entgelt vom Arbeitnehmer **tatsächlich bezahlt** wird. Dies kann z. B. durch den Abzug vom Nettoauszahlungsbetrag im Rahmen der Lohnabrechnung erfolgen. Nach dem BMF-Schreiben zum steuerlichen Reisekostenrecht[79] ist von einer anrechenbaren Entgeltzahlung auch dann auszugehen, wenn der Arbeitgeber das Entgelt im Wege der Verrechnung aus der dem Arbeitnehmer dienst- oder arbeitsrechtlich zustehenden Reisekostenerstattung entnimmt. Die zivilrechtliche Aufrechnung (§ 387 BGB), bei der das vereinbarte Entgelt mit der zu beanspruchenden Reisekostenvergütung verrechnet wird, bewirkt nach dem Gesetzeswortlaut keine Verminderung des Kürzungsbetrags (§ 9 Abs. 4a Satz 9 EStG) –, gleichwohl wird die bisherige gängige Abrechnungspraxis von Verwaltungsseite weiterhin zugelassen. Die in der Praxis gebräuchliche Verfahrensweise, ein Entgelt für die Verpflegung und die gleichzeitige Verrechnung des Arbeitnehmeranteils mit der Reisekostenerstattung im Wege eines abgekürzten Zahlungswegs zu vereinbaren, kann entgegen der eindeutigen Gesetzesfassung beibehalten werden. Durch die **Saldierungsmethode** kann eine Minderung des Kürzungsbetrags nach § 9 Abs. 4a Satz 8 EStG und ggf. der volle Abzug der Verpflegungspauschale erreicht werden. Die Reisekostenvergütung muss der Arbeitgeber ungeachtet des Verrechnungsbetrags im Lohnkonto in ungekürzter Höhe bescheinigen, also mit 14 EUR bzw. 28 EUR (= volle Kürzung der Kürzung) bei einer beruflichen Auswärtstätigkeit im Inland.

Beispiel

Ein Arbeitnehmer erhält während einer 12 Stunden dauernden dienstlichen Reisetätigkeit eine unentgeltliche Mittagsmahlzeit (Gesamtwert unter 60 EUR) von seinem Arbeitgeber. Die Firma hat für solche Sachverhalte die maximal steuerfrei zulässige Reisekostenvergütung und ein Arbeitnehmerentgelt von

79 BMF, Schreiben v. 25.11.2020, IV C 5 – S 2353/19/100 :006, BStBl 2020 I S. 1228, Rz. 77.

11,20 EUR vereinbart. Der Arbeitnehmer erhält deshalb im Wege der Verrechnung nur noch eine Reisekostenvergütung von 2,80 EUR (14 EUR – 11,20 EUR) steuerfrei ausbezahlt.

Ergebnis: Der Arbeitnehmer hat Anspruch auf die volle Verpflegungspauschale von 14 EUR. Die Kürzung in Höhe von 11,20 EUR (= 40 % von 28 EUR) für das unentgeltlich gewährte Mittagessen entfällt. Der Arbeitnehmer zahlt im Wege der Verrechnung aufgrund der betrieblichen Reisekostenbestimmung genau den Betrag für die Mahlzeit, der dem Kürzungsbetrag entspricht. Die Reisekostenvergütung muss gleichwohl im Lohnkonto in ungekürzter Höhe bescheinigt werden, also mit 14 EUR.

Wichtig

Die Kürzung der Verpflegungspauschbeträge in den Fällen der Arbeitgeberbewirtung ist auch beim steuerfreien Arbeitgeberersatz zu beachten. Die Höhe der steuerfrei zulässigen Reisekostenvergütungen ist an den Umfang des möglichen Werbungskostenabzugs geknüpft. Sowohl die Steuerbefreiungsvorschrift für Arbeitgeber der Privatwirtschaft (§ 3 Nr. 16 EStG) als auch die für den öffentlichen Dienst (§ 3 Nr. 13 EStG) lässt die als Reisekostenvergütungen gezahlten Verpflegungsmehraufwendungen nur insoweit steuerfrei, als sie die als Werbungskosten abziehbaren Verpflegungspauschbeträge nach § 9 Abs. 4a EStG nicht übersteigen.

Ansatz der amtlichen Sachbezugswerte

Stehen dem Arbeitnehmer für die berufliche Auswärtstätigkeit bereits dem Grunde nach keine Verpflegungsmehraufwendungen zu, weil er die **8-Stundengrenze nicht erreicht** (Kap. 4.2.2) oder die **3-Monatsfrist überschritten** ist (Kap. 4.2.3), und damit eine Kürzung des Werbungskostenabzugs beim Arbeitnehmer ausscheidet, verlangt der Gesetzgeber die Besteuerung der vom Arbeitgeber unentgeltlich oder verbilligt gewährten Verpflegung bis zu einem Gesamtwert von 60 EUR. Dasselbe gilt, wenn der Arbeitgeber **keine Aufzeichnungen** über die Reisekosten seiner Arbeitnehmer führt. Der geldwerte Vorteil der üblichen Mahlzeit ist nach dem Gesetz zwingend mit dem amtlichen Sachbezugswert anzusetzen (2023: 2,00 EUR für das Frühstück bzw. 3,80 EUR für Mittag- und Abendessen). Die nach dem alten Reisekostenrecht alternative Bewertung mit den tatsächlichen Kosten[80] ist nicht mehr zulässig. Das vom BFH entschiedene Bewertungswahlrecht[81] ist durch die geänderten steuerlichen Reisekostenbestimmungen überholt. Damit entfällt auch die Anwendung der Sachbezugsfreigrenze von 50 EUR (bis 2021: 44 EUR).

Pauschalierung mit 25 %

Obgleich dem Ansatz eines geldwerten Vorteils für Arbeitgeberbewirtungen bis zu 60 EUR wegen der im Normalfall vorrangig zu beachtenden Kürzung des Werbungskostenabzugs bei Auswärtstätigkeiten in der Praxis keine allzu große Bedeutung zukommt, hat der Gesetzgeber eigens hierfür eine **Pauschalierungsvorschrift** eingeführt (§ 40 Abs. 2 Satz 1 Nr. 1a EStG). Der Arbeitgeber kann im Fall der Besteuerung mit den amtlichen Sachbezugswerten (Mahlzeiten bis 60 EUR) die Steuer mit dem **festen Pauschsteuersatz von 25 %** sozialabgabenfrei übernehmen. Unverändert bestehen bleibt die Pauschalierungsmöglichkeit für steuerpflichtige Verpflegungszuschüsse (§ 40 Abs. 2 Satz 1 Nr. 4 EStG). Bei der Berechnung des möglichen Pauschalierungsbetrags bleibt die Kürzung für unentgeltlich gewährte Mahlzeiten durch den Arbeitgeber aus Vereinfachungsgründen außer Ansatz. Einzelheiten zur möglichen Pauschalbesteuerung der Arbeitgeberbewirtung mit den amtlichen Sachbezugswerten sowie von Reisekostenvergütungen durch den Arbeitgeber, falls diese die lohnsteuerlich zulässigen Verpflegungssätze überschreiten, vgl. Kap. 5.3.

Tipp

Mit Blick auf das komplizierte, zeitaufwendige Kürzungsverfahren kann es sich aus Sicht der Firma empfehlen, an Reisetagen mit Verköstigung durch den Arbeitgeber keinen steuerfreien Arbeitgeberersatz der Verpflegungskosten zu gewähren und stattdessen (nur) die tatsächlichen Kosten der auf den Namen des

80 R 8.1 Abs. 8 Nr. 2 LStR.

81 BFH, Beschluss v. 19.11.2008, VI R 80/06, BStBl 2009 II S. 547.

Arbeitgebers lautenden Rechnungsbelege zu tragen. Ergibt sich aus den Aufzeichnungen des Arbeitgebers, dass bei eintägigen Auswärtstätigkeiten die Mindestabwesenheit von mehr als 8 Stunden erreicht ist bzw. eine mehrtägige Auswärtstätigkeit vorliegt, müssen in diesen Fällen keine geldwerten Vorteile erfasst werden. Werden insoweit keine betrieblichen Reisekostenaufzeichnungen geführt und sind deswegen Informationen über die Abwesenheit gar nicht vorhanden, ist der durch die Kostenübernahme entstehende geldwerte Vorteil für die Verpflegung durch den Ansatz der betragsmäßig geringen amtlichen Sachbezugswerte zu erfassen. Durch die sozialabgabenfreie Pauschalbesteuerung mit 25 % ergibt sich bei beruflichen Auswärtstätigkeiten mit Arbeitgeberbewirtung bis 60 EUR eine zu vernachlässigende Steuerbelastung. Eine entsprechende Anpassung der betrieblichen Reiserichtlinie, die steuerfreie Verpflegungspauschalen nur für Tage ohne Arbeitgeberverpflegung vorsieht, kann hierzu im Einzelfall erforderlich sein.

Bescheinigung »Großbuchstabe M«

Damit das Finanzamt eine eventuelle Kürzung der Verpflegungspauschalen bei der Einkommensteuerveranlagung erkennen kann, gilt seit 2014 eine Bescheinigungspflicht (§ 41b Abs. 2 Satz 2 Nr. 8 EStG). Im **Lohnkonto** und in der elektronischen **Lohnsteuerbescheinigung** hat der Arbeitgeber den Großbuchstaben M aufzuzeichnen bzw. zu bescheinigen, sofern der Arbeitnehmer im Rahmen einer beruflichen Auswärtstätigkeit vom Arbeitgeber oder auf dessen Veranlassung von einem Dritten im Rahmen der 60-EUR-Grenze unentgeltlich bzw. verbilligt verpflegt worden ist.

Die Bescheinigungspflicht knüpft ausschließlich an den Sachverhalt der **üblichen Arbeitgeberbewirtung** (60-EUR-Grenze) an, unabhängig davon, ob hierfür im Einzelfall die Vorteilsbesteuerung oder Werbungskostenkürzung zum Tragen kommt. Die Bescheinigung ist deshalb auch in den Fällen vorzunehmen, in denen der geldwerte Vorteil in Höhe des amtlichen Sachbezugswerts pauschal oder individuell versteuert worden ist. Der Großbuchstabe M umfasst also auch Sachverhalte, bei denen eine Verpflegungspauschale von vornherein nicht gewährt werden kann und dementsprechend ihre Kürzung ausscheidet. Die Aufzeichnungs- und Bescheinigungspflicht gilt unabhängig von der Anzahl der vom Arbeitgeber unentgeltlich bzw. verbilligt an den Arbeitnehmer gewährten (üblichen) Mahlzeiten im Kalenderjahr. Zu bescheinigen ist nur der Großbuchstabe M – darüber hinaus sind durch den Arbeitgeber weder die Anzahl der gewährten Mahlzeiten noch sonstige die Mahlzeitengestellung erläuternde Arbeitgeberbescheinigungen neben den Reisekostenabrechnungen auszustellen.

Hinweis

Für eine Übergangszeit bis Ende 2018 galt eine **Befreiung von der Bescheinigungspflicht** des Großbuchstabens M, wenn das Betriebsstättenfinanzamt die gesonderte Aufzeichnung von steuerfreien Reisekostenerstattungen außerhalb des Lohnkontos zugelassen hat. Die befristete Befreiungsmöglichkeit wurde über 2018 hinaus nicht weiter verlängert.[82] Die für die Bescheinigung von steuerfreien Verpflegungszuschüssen in der Lohnsteuerbescheinigung bestehende Befreiung gilt entsprechend. Voraussetzung ist, dass die Reisekostenabrechnung nicht Gegenstand der Lohnabrechnung ist, sondern separat außerhalb des Lohnkontos vorgenommen wird und das Finanzamt diesem Verfahren ausdrücklich zugestimmt hat. Arbeitgeber mit separater Reisekostenabrechnungsstelle, die bisher von der Aufzeichnungs- und Bescheinigungspflicht ausgenommen waren, sind ungeachtet einer bisherigen Befreiung für Lohnzahlungszeiträume seit 2019 gesetzlich verpflichtet, den Großbuchstaben M in Zeile 2 der Lohnsteuerbescheinigung zu bescheinigen.

Im Fall der Gewährung von Mahlzeiten, die keinen Arbeitslohn darstellen oder deren Preis 60 EUR übersteigt, sog. Belohnungsessen, die nicht mit dem amtlichen Sachbezugswert zu bewerten sind, besteht keine Pflicht, im Lohnkonto den Großbuchstaben M aufzuzeichnen und zu bescheinigen.

82 BMF, Schreiben v. 27.9.2017, IV C 5 – S 2378/17/10001, BStBl 2017 I S. 1339.

4.2.4.3 Belohnungsessen über 60 EUR

Abschließend bleibt die lohnsteuerliche Behandlung der vom Arbeitgeber (unmittelbar oder mittelbar) anlässlich einer beruflichen Auswärtstätigkeit gewährten Mahlzeiten, deren Gesamtwert **60 EUR überschreitet**. Bei solchen **unüblichen Mahlzeiten** wird von Gesetzes wegen unterstellt, dass es sich um sog. Belohnungsessen handelt. Der Ansatz der amtlichen Sachbezugswerte ist ausgeschlossen. Der geldwerte Vorteil muss in Höhe der tatsächlichen Kosten der gewährten Speisen und Getränke lohnsteuerlich erfasst und nach den individuellen ELStAM versteuert werden. Die Pauschalierungsvorschrift findet für Belohnungsessen keine Anwendung. Auch die Kürzung der Verpflegungspauschale beschränkt sich in ihrer praktischen Wirkung auf die Fälle der üblichen Arbeitgeberbewirtung. Nach dem Gesetzeswortlaut ist zwar auch die vom Arbeitgeber mit einem Gesamtpreis von mehr als 60 EUR gewährte Verpflegung von der Kürzungsvorschrift erfasst. Durch die gleichzeitig vorzunehmende individuelle Besteuerung in Höhe der tatsächlichen Kosten muss insoweit aber von einer Entgeltzahlung des Arbeitnehmers ausgegangen werden, die im Ergebnis die Kürzung in vollem Umfang wieder rückgängig macht.

Wichtig

Die Regelung der unentgeltlichen Verpflegung betrifft ausschließlich die unmittelbare oder mittelbare (= veranlasste) unentgeltliche Verpflegung durch den Arbeitgeber während einer beruflichen Auswärtstätigkeit. Nimmt der Arbeitnehmer an einer geschäftlichen **Bewirtung oder einem Arbeitsessen eines Dritten** teil, fehlt es an einer Bewirtung durch den Arbeitgeber. Typische Beispiele für die Bewirtung ohne Mitwirkung des Arbeitgebers sind Bewirtungsleistungen durch eine Kunden- oder Lieferfirma oder bei Konzernunternehmen.[83] In diesem Fall ist weder die Kap. Verpflegungspauschbeträge zu prüfen.

Art der Mahlzeit anlässlich beruflicher Auswärtstätigkeit	Steuer- und sozialversicherungspflichtiger Arbeitslohn	Pauschale Lohnsteuer mit 25 %	Kürzung der Verpflegungspauschale	Großbuchstabe »M«
Auswärtstätigkeit mit Verpflegung, vom Arbeitgeber veranlasst	Nein, wenn über 8 Stunden Abwesenheitsdauer oder mehrtägig	Ja, wenn weniger oder genau 8 Stunden Abwesenheitsdauer	Ja, wenn Verpflegungsmehraufwendungen möglich	Ja
Geschäftlich veranlasste Bewirtung durch Arbeitgeber	Nein	Entfällt	Ja	Nein
Betriebsveranstaltung nach § 19 Abs. 1 Nr. 1a EStG	Nein	Entfällt	Ja	Nein
Arbeitsessen bis 60 EUR und kein Arbeitslohn (z. B. aufgrund außergewöhnlichem Arbeitseinsatz)	Nein	Entfällt	Ja	Nein
Belohnungsessen, Arbeitsessen oder sonstiges Essen über 60 EUR	Ja, Bewertung mit dem tatsächlichen Wert	Nein	Nein	Nein

83 R 8.1 Abs. 8 Nr. 1 LStR.

4.2.4.4 Geschäftliche Bewirtung

Für **geschäftliche Bewirtungen** durch den Arbeitgeber, wenn also Fremde beteiligt sind, etwa Kunden oder Geschäftspartner, ist ebenfalls **kein Arbeitslohn** zu erfassen. Dasselbe gilt für den geldwerten Vorteil eines **außergewöhnlichen Arbeitsessens** (60-EUR-Grenze[84]) des Arbeitgebers, der weiterhin nicht als Arbeitslohn zu erfassen ist. Die Abgabe der Mahlzeit erfolgt hier in ganz überwiegend betrieblichem Interesse, das schließt sowohl beim Arbeitnehmer als auch bei den anderen teilnehmenden Personen die Erfassung steuerpflichtiger Einnahmen aus. Dagegen kann eine **Kürzung der Verpflegungspauschale** auch in diesen Fällen der Arbeitgeberbewirtung infrage kommen. Nach dem für die Kürzung maßgebenden Prinzip der Unentgeltlichkeit ist es insoweit ohne Bedeutung, ob der geldwerte Vorteil aus der arbeitgeberseitigen Gestellung von Mahlzeiten zum Arbeitslohn zählt.

Beispiel

Ein Arbeitnehmer unternimmt eine 14-stündige Auswärtstätigkeit nach München. In München lädt er im Auftrag seines Arbeitgebers einen Kunden zum Mittagessen ein. Die Rechnung lautet über einen Betrag von 50 EUR.

Ergebnis: Der Arbeitgeber kann dem Arbeitnehmer sowohl die Bewirtungskosten als Auslagenersatz (§ 3 Nr. 50 EStG) als auch die Verpflegungsmehraufwendungen (§ 3 Nr. 16 EStG) steuerfrei ersetzen. In Betracht kommen folgende Beträge:

Bewirtungskosten als Auslagenersatz	50,00 EUR
Verpflegungspauschale (Abwesenheit mehr als 8 Stunden)	14,00 EUR
abzgl. Kürzung unentgeltliches Mittagessen (40 % von 28 EUR)	- 11,20 EUR
Gesamter Steuerfreibetrag	52,80 EUR

Das vom Arbeitgeber gewährte Mittagessen führt hier nicht zum Ansatz eines geldwerten Vorteils. Es handelt sich um eine geschäftliche Bewirtung, die mangels Entlohnungscharakter nicht zu Arbeitslohn führt. Allerdings ist im Rahmen der 60-EUR-Grenze die Kürzung der steuerfreien Verpflegungspauschale in Höhe von 11,20 EUR für die vom Arbeitgeber kostenlos gewährte Mahlzeit zu beachten.

Dieselbe lohnsteuerliche Behandlung gilt für die **Bewirtung durch ein Konzernunternehmen**. Die Gewährung von Speisen und Getränken an Arbeitnehmer von verbundenen Unternehmen, etwa von Mutter- oder Tochtergesellschaften, stellt ebenfalls eine geschäftliche Bewirtung dar.[85]

Beispiel

Die Mitarbeiter in einer Holding-AG nimmt an einem eintägigen Vertriebsmeeting am Betriebssitz einer rechtlich selbstständigen Tochtergesellschaft teil (Abwesenheitsdauer 10 Stunden). Die Tochtergesellschaft trägt sämtliche Kosten der betrieblichen Tagung, insbesondere das Mittagessen und die übrige Tagungsverpflegung.

Ergebnis: Die Teilnahme an der Vertriebstagung stellt eine berufliche Auswärtstätigkeit dar, für die die Konzernmitarbeiterin eine Verpflegungspauschale von 14 EUR erhalten kann. Eine Kürzung der Verpflegungsspesen ist nicht vorzunehmen. Die Bewirtung durch die rechtlich selbstständige Tochtergesellschaft stellt keine Arbeitgeberbewirtung dar. Die Mahlzeit wird nicht auf Veranlassung ihres Arbeitgebers, sondern eines Dritten (der Tochtergesellschaft) zur Verfügung gestellt werden.

Abwandlung: Anders zu beurteilen wäre der Sachverhalt, wenn die Tochtergesellschaft die Kosten für die Arbeitnehmerin der Holding-AG weiterbelastet. In diesem Fall ist aufgrund der gebotenen wirtschaftlichen Betrachtungsweise davon auszugehen, dass die der Arbeitnehmerin zur Verfügung gestellte Verpflegung eine arbeitgeberseitige Mahlzeit darstellt, die zur gesetzlich vorgeschriebenen Kürzung der Verpflegungspauschalen führt.

84 R 19.6 Abs. 2 LStR.
85 R 4.10 Abs. 7 EStR.

Werbungskostenabzug statt Arbeitgebererstattung

Ersetzt der Arbeitgeber die Bewirtungskosten nicht, kann sie der Arbeitnehmer als Werbungskosten abziehen. Dabei ist die **Abzugsbeschränkung von Bewirtungskosten auf 70 %** der Aufwendungen auch von Arbeitnehmern zu beachten. Unter einkommensteuerlichen Gesichtspunkten bringt es deshalb keine Vorteile, wenn nicht der Betrieb, sondern ein Arbeitnehmer die Bewirtungskosten trägt. Umsatzsteuerlich hat diese Regelung jedoch Nachteile, weil der Vorsteuerabzug für die Bewirtungskosten verloren geht. Weitere Einzelheiten vgl. Kap. 10.4.

4.2.4.5 Ansatz der Verpflegungspauschalen bei bloßem Kostenersatz

Hat der Arbeitgeber nach den betrieblichen Reisekostenregelungen für Verpflegungsmehraufwendungen **ausschließlich Spesenersatz** zu leisten, bestimmt sich die Steuerfreiheit der Erstattungsbeträge nach den zeitlich gestaffelten Verpflegungspauschalen, die allerdings im Normalfall deutlich hinter den durch die berufliche Auswärtstätigkeit tatsächlich anfallenden Verpflegungskosten zurückbleiben. Die beschriebene Kürzung der Verpflegungspauschbeträge bzw. der Ansatz eines geldwerten Vorteils mit dem amtlichen Sachbezugswert (übliche Mahlzeit bis 60 EUR) bzw. tatsächlichen Wert (Belohnungsessen über 60 EUR) ist bei Betrieben ohne Bedeutung, deren Reisekostenbestimmungen ausschließlich Gelderstattungen vorsehen. Die unentgeltliche Verpflegung im Sinne einer Sachleistung gilt nur für die Arbeitgeberbewirtung.

Abzugsfähige Reisekosten

Beispiel

Ein Arbeitnehmer unternimmt eine 12-stündige dienstliche Reise nach München. Er erhält

1. von seinem Arbeitgeber, der ihn auf der Reise begleitet, ein unentgeltliches Mittagessen.
2. die angefallenen Verpflegungskosten in Höhe von 35 EUR von seinem Arbeitgeber im Rahmen der Reisekostenabrechnung ersetzt.

Steuerliche Behandlung	Sachverhalt A	Sachverhalt B
unentgeltliche Mahlzeit	33 EUR	
steuerpflichtiger Sachbezug	–	
steuerpflichtiger amtlicher Sachbezugswert	–	
Kostenerstattung	–	35 EUR
steuerfrei	–	– 14 EUR
Steuerpflichtiger Arbeitslohn	–	**21 EUR**

Bei demselben wirtschaftlichen Sachverhalt führt der Kostenersatz zu einer spürbar höheren Steuerbelastung als im Fall der Kostenübernahme in Form der Arbeitgeberbewirtung. Zusätzlich zur unentgeltlichen Mahlzeit hätte der Arbeitgeber steuerfreie Reisespesen in Höhe von 2,80 EUR (14 EUR – 11,20 EUR) gewähren können. Mit Blick auf den im Lohnbüro anfallenden Arbeitsaufwand und den aufgrund der erforderlichen Kürzung der Verpflegungspauschale vergleichsweise geringen steuerfreien Erstattungsbetrag ist durchaus überlegenswert, in Fällen der Arbeitgeberbewirtung, die steuerfreie Vergütung der Verpflegungskosten in der betrieblichen Reisekostenordnung insgesamt auszuschließen. Dadurch lassen sich aufwendige Berechnungen bei Verpflegung durch den Arbeitgeber in Kürzungsfällen vermeiden. Das Beispiel zeigt: für die Kostenübernahme sollte die Sachleistung gewählt werden, also die Bewirtung durch den Arbeitgeber – und nicht die Form der Gelderstattung. Die Entscheidung zugunsten der Arbeitgeberbewirtung während der beruflichen

Auswärtstätigkeit führt dazu, dass die vom Arbeitgeber im Rahmen einer beruflichen Auswärtstätigkeit gewährte Verpflegung beim Arbeitnehmer **im Ergebnis steuerfrei ankommt.**

Tipp

Diese vorteilhafte Regelung gilt nicht nur, wie bislang dargestellt, für die unmittelbare Bewirtung, an der der Arbeitgeber selbst teilnimmt, sondern auch für mittelbare Bewirtungsleistungen durch den Arbeitgeber.

4.2.4.6 Anforderungen an die Arbeitgeberbewirtung

Die Ausführungen zur steuerlichen Behandlung der Arbeitgeberbewirtung sind nicht nur für unmittelbar vom Arbeitgeber gewährte Verpflegungen anzuwenden, sondern auch für Bewirtungsleistungen während einer beruflichen Auswärtstätigkeit, an der der Arbeitgeber selbst nicht teilnimmt, aber die Mahlzeit **durch einen Dritten auf Veranlassung des Arbeitgebers** abgegeben wird. Nach den Abgrenzungskriterien der Lohnsteuer-Richtlinien[86] ist das Frühstück, das Mittag- oder Abendessen bei dienstlichen Reisen auch ohne dessen persönliche Anwesenheit durch den Arbeitgeber veranlasst, wenn

- die Aufwendungen vom Arbeitgeber dienst- oder arbeitsrechtlich ersetzt werden und
- die Rechnung auf den Arbeitgeber ausgestellt ist oder es sich um eine Kleinbetragsrechnung im Sinne des § 33 UStDV handelt (Gesamtrechnungsbetrag bis 250 EUR), die im Original dem Arbeitgeber vorliegt oder elektronisch archiviert worden ist.[87]

Die Finanzverwaltung geht davon aus, dass der Arbeitgeber in diesem Fall den Tag und den Ort der Mahlzeit im Rahmen der beruflichen Auswärtstätigkeit bestimmt und die Verpflegung damit als Sachleistung zu erfassen ist. Nicht erforderlich sind vor Reisebeginn vorgenommene schriftliche Buchungen der Mahlzeiten beim Hotel, Restaurant oder Cateringunternehmen. Damit entfällt auch die bislang verlangte schriftliche Nachweisführung. Ausreichend ist eine **arbeits- oder dienstrechtliche Vereinbarung,** aus der sich die Arbeitgeberpflicht zur Übernahme der Reisekosten des Arbeitnehmers ergibt. Unerheblich ist, wie bzw. von wem die Rechnung beglichen wird. Liegen die genannten Voraussetzungen vor, bestimmt sich die lohnsteuerliche Behandlung der Mahlzeit nach den Regeln der Arbeitgeberbewirtung bei beruflichen Auswärtstätigkeiten.[88]

Beispiel

Eine in Stuttgart beschäftigte Außendienstmitarbeiterin unternimmt eine 2-tägige Geschäftsreise nach Hamburg (jeweils 14-stündige Abwesenheit). Die Übernachtungskosten von 140 EUR zzgl. Frühstück in Höhe von 20 EUR begleicht sie mit ihrer privaten Kreditkarte. Für die Reisekostenabrechnung legt sie die auf den Namen der Firma ausgestellte Hotelrechnung über 160 EUR vor. Die Firma überweist ihr die vollen 160 EUR aufgrund der betrieblichen Reiserichtlinie, die in Übernachtungsfällen den Ersatz der nachgewiesenen Unterbringungskosten plus Frühstück vorsieht.

Ergebnis: Das Frühstück erfüllt auch ohne vorherige Buchung die Voraussetzungen der Arbeitgeberbewirtung, da die Rechnung auf den Namen der Firma lautet. Ein geldwerter Vorteil ist nicht zu versteuern. Zudem kann die Arbeitnehmerin die Verpflegungspauschalen in Anspruch nehmen. Als Folge des von der Firma gewährten Frühstücks muss die Verpflegungspauschale von 14 EUR für den Abreisetag um 5,60 EUR (= 20 % von 28 EUR) auf 8,40 EUR gekürzt werden. Für die Reise ergeben sich somit Verpflegungspauschbe-

---

86 R 8.1 Abs. 8 Nr. 2 Satz 6 LStR.

87 Bei Kleinbetragsrechnungen ist es unschädlich, wenn diese keinen Rechnungsempfänger ausweisen. Rechnungsbelege, die auf den Namen des Arbeitnehmers ausgestellt sind, können dagegen keine mittelbare Arbeitgeberbewirtung begründen, auch wenn ihr Gesamtbetrag 250 EUR (§ 33 UStDV) nicht übersteigt.

88 BMF, Schreiben v. 13.7.2009, IV C 5 – S 2334/08/10013, BStBl 2009 I S. 771.

träge von insgesamt 22,40 EUR, die der Arbeitgeber zusätzlich steuerfrei erstatten oder die Arbeitnehmerin als Werbungskosten geltend machen kann.

Übernimmt der Arbeitgeber die Kosten der Verpflegung, ohne dass die Rechnung auf seinen Namen ausgestellt ist bzw. die Voraussetzungen der Kleinbetragsrechnung erfüllt sind, liegt keine unentgeltliche Verpflegung in Form einer Sachleistung vor. Der Arbeitgeber kann dann Spesenersatz bis zu den ungekürzten, für An- und Abreisetage maßgebenden Verpflegungspauschbeträgen von 2 × 14 EUR steuerfrei gewähren. Der übersteigende Betrag kann nochmals bis zur selben Höhe mit 25 % pauschal versteuert werden (§ 40 Abs. 2 Nr. 4 EStG).

Reiserichtlinie

Wichtig

Die **Voraussetzung** des dienst- bzw. arbeitsrechtlichen Kostenersatzes ist daran geknüpft, dass eine entsprechende Vereinbarung besteht, aus der sich die **Arbeitgeberpflicht zur Übernahme der Reisekosten des Arbeitnehmers** ergibt. Arbeitsrechtliche Grundlage für die Übernahme von Reisekosten dürfte im Regelfall die betriebliche Reiserichtlinie sein. Ist dort keine Übernahme der vollen Verpflegungskosten vorgesehen, sondern hat die Firma nach den betrieblichen Reisekostenbestimmungen lediglich Spesen in Höhe der gesetzlichen Verpflegungspauschalen zu leisten, liegt weiterhin keine Arbeitgeberbewirtung, sondern betragsmäßig begrenzter (steuerfreier) Reisekostenersatz vor. Sieht die Reiserichtlinie keine grundsätzliche Gewährung von Verpflegung bei Auswärtstätigkeiten (oder nur Frühstücksgewährung) vor, kann sich die Zusage des Arbeitgebers auch aus einer individuellen Zusage ergeben, z. B. »für diese Auswärtstätigkeit wird Vollverpflegung gewährt«, »Verpflegung von Amts wegen« oder »Sie erhalten für diese Dienstreise ein Mittagessen gestellt«. Diese kann z. B. im Rahmen der Reisegenehmigung oder einer Einladung ausgesprochen werden.

Beispiel

Ein Abteilungsleiter lädt seine 4 Mitarbeiter anlässlich einer Fortbildungsveranstaltung ohne vorherige schriftliche Bestätigung des Arbeitgebers zum Abendessen ein. Die Reisekostenbestimmungen des Betriebs sehen für solche Fälle ausschließlich den Reisekostenersatz in Höhe der lohnsteuerlichen Verpflegungssätze (10-stündige Abwesenheit) vor. Der Arbeitgeber übernimmt für den besonderen Arbeitseinsatz gleichwohl die vollen Kosten in Höhe von 156 EUR.

Ergebnis: Allein aufgrund der fehlenden betrieblichen (dienstrechtlichen bzw. arbeitsrechtlichen) Vereinbarung zur Übernahme der in tatsächlicher Höhe entstandenen Verpflegungskosten ist dem Arbeitnehmer die Kostenübernahme für die Mahlzeit als Reisekostenersatz zuzurechnen. Die Mahlzeiten müssen im Ergebnis mit dem tatsächlichen Wert versteuert werden. Im Durchschnitt sind das 39 EUR pro Mitarbeiter. Selbst bei einer Verrechnung mit den steuerfreien Verpflegungsmehraufwendungen ergibt sich steuerpflichtiger Arbeitslohn:

Kostenübernahme Abendessen (Wert der Mahlzeit pro Mitarbeiter durchschnittlich 39 EUR)	156 EUR
Verpflegungspauschale für 4 Arbeitnehmer (Abwesenheit je 10 Stunden; 4 × 14 EUR)	– 56 EUR
Verbleibender steuerpflichtiger Arbeitslohn	100 EUR

Abwandlung: Wäre die Kostenübernahme nach der betrieblichen Reiserichtlinie zulässig gewesen, hätte die Bewirtungsleistung (Gesamtwert pro Mahlzeit bis 60 EUR) weder zu einem geldwerten Vorteil noch zu steuerpflichtigem Arbeitslohn geführt. Zudem hätten die Arbeitnehmer die gekürzte Verpflegungspauschale von 2,80 EUR (14 EUR abzgl. 11,20 EUR) in Anspruch nehmen können.

Bei **Fortbildungsseminaren** könnten Bewirtungsleistungen ebenfalls an die Stelle des Reisekostenersatzes treten, wenn die von der Firma vertraglich übernommene Teilnahmegebühr auch die Verpflegung enthält. Ebenso ist es im Rahmen von **Messeveranstaltungen** üblich, dass über sog. Messetickets die vom Arbeitnehmer eingenommene Verpflegung aufgrund unmittelbarer Rechtsbeziehungen zwischen Messerestaurant und dem jeweiligen Arbeitgeber gewährt werden. Hier gelten diese Regelungen für das Vorliegen einer Arbeitgeberbewirtung.[89]

Tipp

Sind die Voraussetzungen für die unentgeltliche Mahlzeitengestellung durch den Arbeitgeber erfüllt, ist es ohne Bedeutung, wie die Hotel- oder Gaststättenrechnung beglichen wird. Dem Vorteil der Bewirtungsleistung steht es nicht entgegen, wenn die Zahlung unmittelbar durch den Arbeitnehmer erfolgt, er seine private Kreditkarte bzw. Firmenkreditkarte verwendet oder dies durch Banküberweisung des Arbeitgebers geschieht. Ist dagegen die Veranlassung durch den Arbeitgeber zu verneinen, weil die verlangten Voraussetzungen nicht vorliegen, muss dem Arbeitnehmer die Kostenübernahme für die Mahlzeit als Reisekostenerstattung zugerechnet werden. Die Steuerfreiheit der Arbeitgeberleistung ist in diesem Fall auf die gesetzlichen Verpflegungspauschalen begrenzt, bei eintägigen Reisen also auf max. 14 EUR.

Werbungskostenabzug

Erstattet der Arbeitgeber den Mehraufwand für Verpflegung in Höhe der Pauschbeträge komplett **steuerfrei**, kann der Arbeitnehmer diese nicht noch einmal als Werbungskosten geltend machen. **Erstattet** er **nur einen Teil** der zulässigen Pauschbeträge, kann der Arbeitnehmer den Differenzbetrag zu den insgesamt zulässigen Pauschbeträgen als Werbungskosten ansetzen. Zur Kürzung des Werbungskostenabzugs im Einzelnen vgl. Kap. 5.4. Bei zusammengefassten Erstattungen, die neben dem Ersatz von Verpflegungsaufwendungen auch die Übernachtung umfassen, ist ggf. die gesamte steuerfreie Auslösung auf die Verpflegungsmehraufwendungen anzurechnen, wenn der Arbeitnehmer keine Übernachtungskosten nachweisen kann[90] (vgl. Kap. 5.2).

Hinweis

Die Frage der unzutreffenden Besteuerung bei Ansatz der Verpflegungspauschbeträge ist nicht zu prüfen. Aufgrund der geringeren Sätze wird unterstellt, dass in jedem Fall, also auch bei Gemeinschaftsverpflegung, die ungekürzten Verpflegungspauschalen zulässig sind.

4.2.4.7 Begriff der Mahlzeit

Die aktualisierte Fassung des BMF-Anwendungsschreibens zu den gesetzlichen Reisekostenvorschriften enthält erstmals Ausführungen darüber, was unter einer Mahlzeit zu verstehen ist. Je nachdem, ob der Arbeitnehmer dem Grunde nach eine Verpflegungspauschale beanspruchen kann oder nicht, löst die kostenlose Mahlzeit eine Kürzung der Verpflegungsspesen oder aber eine Vorteilsbesteuerung aus, wenn sie vom Arbeitgeber während einer beruflichen Auswärtstätigkeit zur Verfügung gestellt wird (sog. Arbeitgeberbewirtung). Unstreitig ist, dass unter die **Begriffsbestimmung Mahlzeit** zweifelsohne nicht nur Speisen, sondern auch die anlässlich der Bewirtung gewährten Getränke zählen.[91] Wie umfangreich die Verpflegung sein muss, damit eine Mahlzeit im Sinne des Reisekostenrechts vorliegt, ist bislang weder definiert noch gerichtlich entschieden.

Die Finanzverwaltung vertritt im o. a. BMF-Schreiben (noch) die Auffassung, dass auch ein vom Arbeitgeber zur Verfügung gestellter **Snack oder Imbiss** (z. B. belegte Brötchen, Kuchen, Obst), der während einer auswärtigen Tätigkeit gereicht wird, eine Mahlzeit sein kann, die zur Kürzung der Verpflegungspauschale oder ggf. zur Vorteilsbesteuerung führt.[92] Nach dem Wortlaut könnte damit bereits ein Schokoriegel eine Kürzung der Verpflegungspauschalen auslösen. Daher wurden diese

89 R 8.1 Abs. 8 Nr. 2 i. V. m. R 19.7 Abs. 1 LStR.
90 BFH, Urteil v. 15.11.1991, VI R 81/88, BStBl 1992 II S. 367.
91 H 8.1 (7) LStH 2015 »Begriff Mahlzeit«.
92 BMF, Schreiben v. 25.11.2020, IV C 5 – S 2353/19/100 :006, BStBl 2020 I S. 1228, Rz. 74.

Ausführungen im BMF-Schreiben mit einem ergänzenden BMF-Schreiben aus dem Jahr 2015 im Sinne der Reisenden entschärft.[93] Dem entspricht auch die zwischenzeitlich ergangene Rechtsprechung des BFH, die für die Annahme eines (einfachen) Frühstücks einen (Brot-)Aufstrich oder Belag verlangt, der neben die Backwaren hinzutreten muss.[94]

Eine feste zeitliche Grenze für die Frage, ob ein **Frühstück, Mittag- oder Abendessen** zur Verfügung gestellt wird, gibt es nicht. Maßstab für die Einordnung ist vielmehr, ob die zur Verfügung gestellte Verpflegung **an die Stelle** einer der genannten Mahlzeiten tritt, welche üblicherweise zu der entsprechenden Zeit eingenommen wird. Die volle Kürzung (im Inland von 5,60 EUR für ein Frühstück bzw. 11,20 EUR für ein Mittag- oder Abendessen) bzw. Besteuerung mit dem amtlichen Sachbezugswert (2023: 2,00 EUR bzw. 3,80 EUR) ist auch dann vorzunehmen, wenn der Wert der Mahlzeit niedriger ist.

Ebenso **unbeachtlich** für diese lohnsteuerliche Behandlung ist es, ob die vom Arbeitgeber zur Verfügung gestellte Mahlzeit vom Arbeitnehmer **tatsächlich eingenommen** wird.[95] Nimmt der Arbeitnehmer die arbeitgeberseitig angebotene Mahlzeit nicht ein, kann der Arbeitgeber stattdessen eine weitere gleichartige Mahlzeit im Rahmen der 60-EUR-Grenze zur Verfügung stellen[96] (arbeitsrechtliche Erstattung und Belegnachweis). Die Kürzung der Verpflegungsspesen ist in diesem Fall nur einmal vorzunehmen. Eine etwaige Zuzahlung des Arbeitnehmers für die »Ersatzmahlzeit« mindert den Kürzungsbetrag (»Kürzung der Kürzung«). Unerheblich ist der Grund, weshalb der Arbeitnehmer auf die Einnahme der ersten Mahlzeit verzichtet, etwa weil bei einer Messeveranstaltung aus zeitlichen Gründen eine spätere Essenseinnahme erforderlich wird oder aber eine Lebensmittelunverträglichkeit hierfür ursächlich ist.[97]

Beispiel

Eine Arbeitnehmerin nimmt an einer eintägigen Seminarveranstaltung teil. Die Teilnahmegebühr beinhaltet das Mittagessen im Wert von 30 EUR. Die Arbeitnehmerin leidet an einer Glutenunverträglichkeit und besorgt sich das Mittagessen in einem benachbarten Reformhaus, das ihr der Arbeitgeber gegen Vorlage der Rechnung von 15 EUR in vollem Umfang erstattet. An Reisetagen mit Verköstigung durch die Firma werden nach der betrieblichen Reisekostenregelung des Unternehmens keine steuerfreien Verpflegungsspesen bezahlt.

Ergebnis: Da die von der Firma getragene Mittagsverpflegung insgesamt 45 EUR beträgt und damit die Angemessenheitsgrenze von 60 EUR nicht überschreitet, ist die Kürzung der Verpflegungspauschale von 14 EUR mit 11,20 EUR vorzunehmen. Die Arbeitnehmerin kann für den Seminartag noch Verpflegungsspesen in Höhe von 2,80 EUR als Werbungskosten abziehen.

Abwandlung: Hätte der Gesamtwert für die Seminaressen (30 EUR) zuzüglich der Ersatzmahlzeit (z. B. 31 EUR) mehr als 60 EUR betragen, kommen im Beispiel die für Belohnungsessen geltenden Regelungen zur Anwendung. Der gesamte Verpflegungsaufwand von 61 EUR wäre dann als lohnsteuerpflichtiger Arbeitslohn zu behandeln. Davon kann der Teilbetrag von 14 EUR als Verpflegungspauschale steuerfrei bleiben und der Teilbetrag von 14 EUR mit 25 % pauschal versteuert werden. Der Rest unterliegt dem individuellen Lohnsteuerabzug nach Maßgabe der ELStAM der Arbeitnehmerin. Der Ansatz des amtlichen Sachbezugswerts ist ausgeschlossen. Eine Kürzung der Verpflegungspauschale von 14 EUR unterbleibt in diesem Fall.

93 Vgl. nachfolgenden Hinweis sowie BMF, Schreiben v. 5.11.2015, IV C 5 – S 2353/15/10002, BStBl 2015 I S. 786.
94 BFH, Urteil v. 3.7.2019, VI R 36/17, BStBl 2020 II S. 788.
95 BFH, Urteil v. 7.7.2020, VI R 16/18, BStBl 2020 II S. 783.
96 BMF, Schreiben an die Wirtschaftsverbände v. 5.11.2015, IV C 5 – S 2353/15/10002, BStBl 2015 I S. 786.
97 BMF, Schreiben an die Wirtschaftsverbände v. 5.11.2015, IV C 5 – S 2353/15/10002, BStBl 2015 I S. 786.

Hinweis

Der Versuch des Bundesfinanzministeriums, eine Abgrenzung bzw. Definition des Mahlzeitenbegriffs für die Besteuerungspraxis zu geben, hat für erhebliches Aufsehen in der Öffentlichkeit gesorgt. Zwischenzeitlich ist man von Verwaltungsseite wieder etwas zurückgerudert und hat nachgebessert.[98] Der Snack oder der Imbiss kann danach in Form von belegten Brötchen u. Ä. eine Mahlzeit sein, wenn diese während einer Mittagspause wie üblich als Büffet gereicht werden. Werden dagegen Speisen und Getränke in geringem Umfang während einer Besprechung gereicht, handelt es sich bei der Bewirtung um eine Geste der Höflichkeit, die lohnsteuerlich unbeachtlich ist. Dies trifft insbesondere auf den Kuchen oder das Gebäck zu, welches während des Nachmittagskaffees gereicht wird. Dieser Auslegung steht auch der Wortlaut des Anwendungsschreibens nicht entgegen, wonach belegte Brötchen eine Mahlzeit sein »können«, aber nicht müssen.

Snack, Imbiss, Aufmerksamkeit

Das Bundesfinanzministerium stellt nochmals klar, dass die angebotenen Speisen und Getränke sowohl bzgl. der Tageszeit als auch ihres Umfangs die Anforderungen für ein Frühstück, Mittag- oder Abendessen erfüllen.

Entscheidend ist, dass sie **zeitlich und inhaltlich eine solche Mahlzeit ersetzen**. Die Entscheidung hierfür obliegt dem bewirtenden Arbeitgeber. Im Zweifel ist anzuraten, von einer Kürzung der Verpflegungsspesen abzusehen. Sollte im Rahmen einer späteren Lohnsteuer-Außenprüfung keine Einigkeit erzielt werden, bleibt dem Arbeitgeber immer noch die Möglichkeit, die hierfür anfallende Steuer mit dem Pauschsteuersatz von 25 % zu übernehmen.

Bewirtung im Flugzeug

In das Anwendungsschreiben[99] aufgenommen ist die lohnsteuerliche Behandlung der Verpflegung, die der Arbeitnehmer bei seiner beruflicher Reisetätigkeit **im Flieger, Zug** oder in den eher seltenen Fällen einer **Schiffsreise** erhält. Zu den vom Arbeitgeber zur Verfügung gestellten Mahlzeiten gehören danach auch die im jeweiligen Beförderungsmittel unentgeltlich angebotenen Mahlzeiten, sofern

- die Rechnung für das Beförderungsticket auf den Arbeitgeber ausgestellt ist und
- aufgrund des gewählten Beförderungstarifs nicht eine ausschließliche Beförderungsleistung feststeht.

Voraussetzung hierfür ist allerdings, dass es sich bei der Verpflegung im Flugzeug um ein Frühstück, Mittag- oder Abendessen handelt. Auch bzgl. der Begriffsbestimmung »Mahlzeit im Flugzeug« hat das Bundesfinanzministerium nachgebessert. Keine Kürzung der steuerlichen Verpflegungsspesen wird durch die bei Inlands- oder Kurzstreckenflügen gewährten Knabbereien bewirkt, da Chips, Salzletten, Müsli- oder Schokoriegel keine Mahlzeit darstellen.[100] Wer für seine Reise einen Billigflugtarif wählt, der nur die reine Beförderungsleistung beinhaltet, ist ohne weitere Prüfung auch künftig auf der sicheren Seite und braucht keine Kürzung vorzunehmen. Die Ausstellung des Flugtickets auf den eigenen Namen und die anschließende Kostenerstattung durch die Firma ist wegen des damit verloren gehenden Vorsteuerabzugs kein geeigneter Lösungsweg, die Kürzung der Verpflegungsspesen zu vermeiden.

Beispiel

Ein Arbeitnehmer unternimmt eine eintägige Geschäftsreise nach Hamburg, wo er sich mit einem Lieferanten trifft, der ihn zum Mittagessen einlädt. Er fliegt um 7 Uhr von Basel nach Fuhlsbüttel. Der Rückflug von Hamburg nach Basel erfolgt abends um 19 Uhr. Der Arbeitgeber übernimmt die Flugkosten. Die betriebliche Reisekostenstelle bucht ein Ticket in der Businessclass.

Ergebnis: Während das vom Lieferanten übernommene Mittagessen keine Arbeitgeberbewirtung, sondern eine steuerfreie geschäftliche Bewirtung durch Dritte darstellt, die zu keiner Kürzung der möglichen

98 BMF, Schreiben an die Wirtschaftsverbände v. 19.5.2015, IV C 5 – S 2353/15/10002, DB 2015 S. 1258.
99 BMF, Schreiben v. 25.11.2020, IV C 5 – S 2353/19/100 :006, BStBl 2020 I S. 1228, Rz. 65.
100 BMF, Schreiben v. 19.5.2015, IV C 5 – S 2353/15/10002.

Verpflegungspauschale von 14 EUR führt, beinhaltet das von der Firma gebuchte Flugticket auch eine unentgeltliche Arbeitgeberbewirtung. Nach Verwaltungsauffassung ist aufgrund des gewählten Beförderungstarifs davon auszugehen, dass die Flugkosten auch die Verpflegung im Flieger umfassen. Für den morgendlichen Hinflug ist im Flugpreis ein durch den Arbeitgeber gewährtes unentgeltlich gewährtes Frühstück und für den Rückflug ein unentgeltliches Abendessen enthalten. Die Kürzung der Verpflegungspauschale berechnet sich wie folgt:

Dienstreise mit mehr als 8-stündiger Abwesenheit	14 EUR
Abzgl. Kürzung (5,60 EUR + 11,20 EUR, max. 14 EUR)	– 14 EUR
Verbleibende Verpflegungspauschale	0 EUR

Hätte der Arbeitnehmer einen Beförderungstarif benutzt, der keine Verpflegung beinhaltet, hätte ihm im vorigen Beispiel die volle Verpflegungspauschale von 14 EUR zur Verfügung gestanden. Auch hier gilt die im vorigen Hinweis ausgesprochene Empfehlung, auf eine Kürzung der Verpflegungspauschbeträge zu verzichten und stattdessen im Bedarfsfall eine Pauschalbesteuerung mit 25 % vorzunehmen.

Essenmarken

Bei der Hingabe von Essenmarken durch den Arbeitgeber im Rahmen einer beruflichen Auswärtstätigkeit handelt es sich nicht um eine vom Arbeitgeber gestellte Mahlzeit, sondern lediglich um eine Verbilligung der vom Arbeitnehmer selbst veranlassten und bezahlten Mahlzeit.[101] Danach sind die Essenmarken mit ihrem tatsächlichen Wert anzusetzen und wie Barzuschüsse im Rahmen der Spesensätze **steuerfrei**, wenn diese während der **ersten 3 Monate** einer beruflichen Auswärtstätigkeit gewährt werden. Nach Ablauf der 3-Monatsfrist wären die Essenmarken in vollem Umfang lohnsteuerpflichtig. Dagegen sind vom Arbeitgeber während einer längerfristigen Auswärtstätigkeit gestellte Mahlzeiten ab dem 4. Monat nur mit dem Sachbezugswert als Arbeitslohn zu erfassen (2023: 2,00 EUR für ein Frühstück und jeweils 3,80 EUR für ein Mittag- oder Abendessen). Erhält der Arbeitnehmer stattdessen Essenmarken, sind diese mit ihrem tatsächlichen Wert anzusetzen. Die Bewertung mit dem niedrigeren Sachbezugswert ist bei Arbeitnehmern mit beruflicher Auswärtstätigkeit nicht zulässig.[102]

Um Nachteile, insbesondere bei Leiharbeitnehmern zu vermeiden, hat das Bundesfinanzministerium eine **Vereinfachungsregelung** geschaffen, nach der auch bei Arbeitnehmern, die eine längerfristige berufliche Auswärtstätigkeit an derselben Tätigkeitsstätte ausüben, **nach Ablauf von 3 Monaten** die gewährten Essenmarken (Essensgutscheine, Restaurantschecks) mit dem maßgebenden **amtlichen Sachbezugswert** zu bewerten sind.[103]

Die Anwendung der Ausnahmeregelung setzt voraus, dass die übrigen Voraussetzungen für den Ansatz des Sachbezugswerts bei Essenmarken vorliegen. Erforderlich ist, dass

- tatsächlich eine Mahlzeit abgegeben wird,
- für jede Mahlzeit lediglich 1 Essenmarke täglich in Zahlung genommen wird
- und der Verrechnungswert der Essenmarke den amtlichen Sachbezugswert einer Mittagsmahlzeit um nicht mehr als 3,10 EUR übersteigt.[104]

Wichtig

Während der ersten 3 Monate der Auswärtstätigkeit sind die Essenmarken in Höhe des Nennwerts wie Barzuschüsse zu den Verpflegungsmehraufwendungen zu behandeln. Sie bleiben demzufolge im Rahmen der Verpflegungspauschalen steuerfrei. Leistet der Arbeitgeber zusätzlichen steuerfreien Spesenersatz, ist dieser mit dem tatsächlichen Wert der Essenmarken zu addieren für die Frage, ob der Reisekostenersatz

101 BMF, Schreiben v. 25.11.2020, IV C 5 – S 2353/19/10011 :006, BStBl 2020 I S. 1228, Rz. 76.
102 R 8.1 Abs. 7 Nr. 4 Buchst. a), Doppelbuchst. ee) LStR.
103 BMF, Schreiben v. 5.1.2015, IV C 5 – S 2334/08/10006, BStBl 2015 I S. 119.
104 R 8.1 Abs. 7 Nr. 4 Buchstabe a, cc LStR.

über den steuerfrei zulässigen Spesenpauschalen liegt. Der übersteigende Betrag kann ggf. in den Grenzen des §40 Abs. 2 Nr. EStG mit 25% pauschal versteuert werden.

4.2.4.8 Berufliche Auswärtstätigkeiten im Ausland

Die gesetzliche Festlegung der steuerlichen Berücksichtigung von Verpflegungsmehraufwendungen umfasst auch berufliche Auswärtstätigkeiten, die im Ausland ausgeübt werden (§9 Abs. 4a EStG). Danach gelten die Ausführungen zu den inländischen Verpflegungskosten auch für den Ansatz von Auslandsreisekosten. Insbesondere sind Verpflegungsmehraufwendungen nur in Form von Pauschbeträgen zulässig. Für berufliche Reisetätigkeiten im Ausland sind die vom BMF für die einzelnen Staaten festgesetzten **Auslandstagegelder** maßgebend. Allerdings wird auch hier die 2-Stufigkeit der Verpflegungspauschbeträge umgesetzt. Die Auslandsreisekosten für Verpflegung betragen **120% bzw. 80% der Auslandstagegelder** nach dem Bundesreisekostengesetz (§9 Abs. 4a Satz 5 EStG). In Bezug auf die erforderliche Abwesenheitsdauer gelten dieselben Regelungen wie für Inlandsreisen. Ebenso sind für An- und Abreisetage 80% der für das jeweilige Land maßgebenden Auslandstagegelder anzusetzen, ohne dass es hierfür einer zeitlichen Mindestabwesenheitsdauer an diesen Tagen bedarf. Seit 2014 entfällt die zeitliche Prüfung, wie lange der Arbeitnehmer unterwegs ist, auch für ausländische An- und Abreisetage.

Hinweis

Die Begrenzung der Verpflegungssätze auf einen Zeitraum von 3 Monaten für längerfristige Einsätze an derselben auswärtigen Tätigkeitsstätte ist auch für Auslandsreisekosten zu beachten. Die Ausführungen zur **3-Monatsfrist** (vgl. Kap. 4.2.3) sind uneingeschränkt auch für berufliche Auswärtstätigkeiten im Ausland anzuwenden. Dasselbe gilt für die in Kap. 4.2.4 (Unentgeltliche Verpflegung – Arbeitgeberbewirtung) dargestellte lohnsteuerliche Regelung der Arbeitgeberbewirtung, wenn der Arbeitnehmer während einer beruflichen Auswärtstätigkeit im Ausland (unmittelbar oder mittelbar) durch seinen Arbeitgeber verpflegt wird. Für die Kürzung der Verpflegungssätze ist dabei auf die für den jeweiligen Staat festgelegte volle Auslandspauschale abzustellen. Kommt stattdessen die Vorteilsbesteuerung im Rahmen der 60-EUR-Grenze zum Tragen (übliche Mahlzeiten), ist diese mit dem inländische Sachbezugswert zu erfassen, auch wenn die Verpflegung im Ausland erfolgt.

Auslandsreisepauschalen

Bei beruflichen Auswärtstätigkeiten im Ausland gelten anstelle der Inlandspauschalen von 14 EUR und 28 EUR die wegen des unterschiedlichen Preisniveaus für die einzelnen ausländischen Staaten festgelegten Pauschbeträge, wie bei den Inlandssätzen in 2 Staffelungen. Für berufliche Auswärtstätigkeiten im Ausland sind die vom BMF für die einzelnen Staaten festgesetzten Auslandstagegelder maßgebend. Für Reisetage ab 1.1.2023 treten neue **Auslandstage- und Auslandsübernachtungsgelder** in Kraft. Die im Tabellenteil für die einzelnen Länder abgedruckten Auslandsreisekostensätze beinhalten die für Reisetage im Kalenderjahr 2023 geltenden Auslandstage- und Auslandsübernachtungsgelder (vgl. **Tabelle 2**).[105]

Die Auslandstagegelder sind nicht nur nach Ländern gegliedert, daneben sind für besonders »teure« Städte, z. B. Paris (Frankreich) und Delhi (Indien), eigene Spesensätze festgelegt. Die in den Lohnsteuer-Richtlinien zur Bestimmung der Verpflegungspauschale bei Auslandsreisen festgelegten Sonderregelungen gelten weiter, etwa bei Flug- oder Schiffsreisen.[106] Soweit einzelne Länder in dieser

105 BMF, Schreiben v. 23.11.2022, IV C 5 – S 2353/19/10010 :004, BStBl 2022 I S. 1654.
106 R 9.6 Abs. 3 LStR.

Tabelle nicht genannt sind, ist der für Luxemburg geltende Pausch- und Höchstbetrag anzusetzen. Sind Übersee- und Außengebiete eines Landes nicht gesondert aufgeführt, gilt der für das Mutterland maßgebliche Pausch- und Höchstbetrag.

Zeitlich gestaffelte Auslandstagegelder

Die für Inlandsreisen maßgebliche 2-stufige Zeitstaffelung der Verpflegungspauschalen (vgl. Kap. 4.2.2) gilt uneingeschränkt für die Auslandstagegelder entsprechend. Für Reisen ins Ausland bedeutet dies, dass die Anwendung der zeitlich gestaffelten Verpflegungssätze der einzelnen Länder erst bei einer Mindestabwesenheitsdauer von mehr als 8 Stunden gesetzlich zulässig ist. Für An- und Abreisetage einer mehrtägigen Auslandsreise gilt derselbe Betrag. Der volle Pauschbetrag kommt nur bei einer Abwesenheit von mindestens 24 Stunden in Betracht, bei einer Reisedauer von mehr als 8 Stunden sind 2/3, für An- und Abreisetag einer mehrtägigen Auslandsreise sind ohne zeitliche Mindestgrenze 2/3 des vollen Auslandstagegelds anzusetzen (vgl. die Spalten 1 bis 3 der **Tabelle 2**). Für Auslandsreisetage mit einer Abwesenheitsdauer von bis zu 8 Stunden ist der Ansatz von Verpflegungskosten ausgeschlossen. In der Praxis wird man die für das Ausland geltenden Tagessätze aus der Tabelle 2 ablesen, die dort ausgewiesenen Beträge berücksichtigen bereits die o. a. Drittelsätze.

Abwesenheitsdauer pro Reisetag	Auslandstagegeld
mindestens 24 Stunden	100 % (vgl. Spalte 2 der Tabelle 2)
mehr als 8 Stunden	66 % (vgl. Spalte 3 der Tabelle 2)
Anreise- oder Abreise (zeitliche Grenze)	66 % (vgl. Spalte 3 der Tabelle 2)
bis 8 Stunden	–

Für die Abwesenheitsdauer ist auf den einzelnen Kalendertag abzustellen. Wegen der Berechnung der für die gekürzten Auslandstagegelder maßgebenden Abwesenheitszeiten vgl. die Ausführungen zur Anwendung von zeitlich gestaffelten Inlandspauschalen unter Kap. 4.2.2. Auch für Reisen ins Ausland gilt: Falls der Arbeitnehmer eine Auswärtstätigkeit vor 24 Uhr des einen Tages beginnt und vor 24 Uhr des darauffolgenden Tages beendet, ohne dass eine Übernachtung stattfindet, darf die gesamte Abwesenheitsdauer zusammengerechnet und als eintägige Auslandsreise behandelt werden (sog. **Mitternachtsregelung**). Beträgt die Gesamtabwesenheitsdauer mehr als 8 Stunden, wird die Verpflegungspauschale des jeweiligen Auslandstagegelds für den Kalendertag gewährt, auf den die überwiegende Abwesenheitszeit entfällt.

Beispiel

Eine Speditionsfahrerin fährt um 20 Uhr mit dem Lkw von Freiburg in die Schweiz und beendet ihre tägliche Fahrtour am anderen Morgen um 5 Uhr in der Firma.

Ergebnis: Die gesamte Abwesenheitsdauer gilt als eintägige Fahrtätigkeit mit einer Dauer von 9 Stunden. Die Fahrerin kann das 2023 für die Schweiz zulässige Tagegeld von 43 EUR steuerfrei erhalten oder stattdessen diesen ausländischen Verpflegungspauschbetrag in seiner Steuererklärung als Werbungskosten geltend machen. Würde in solchen Fällen auf die Abwesenheitsdauer pro Tag abgestellt, wäre an keinem Tag die zu beachtende Mindestgrenze von 8 Stunden erreicht.

Mehrtägige Auslandsdienstreise

Wie bei Inlandsreisen kann für An- und Abreisetage bei **mehrtägigen Auswärtstätigkeiten**, die eine Übernachtung beinhalten, sowohl für den An- als auch für den Abreisetag eine Verpflegungspauschale von 66 % des vollen Auslandstagegelds (»kleiner Spesensatz«, vgl. Spalte 3 der **Tabelle 2**) als steuerfreier Spesenersatz bzw. als Werbungskosten angesetzt werden, unabhängig davon, wie lange der Arbeitnehmer an diesem Tag unterwegs ist. Ausländische An- und Abreisetage setzen eine Übernachtung im Ausland und damit mindestens 2-tägige auswärtige Auslandstätigkeit voraus (vgl. Kap. 4.2.2).

Im Hinblick auf die bei auswärtigen beruflichen Tätigkeiten im Ausland oftmals über Nacht oder mehrere Tage andauernden An- und Abreisen genügt es für die Qualifizierung als An- und Abreisetag, wenn der Arbeitnehmer unmittelbar nach der Anreise oder vor der Abreise auswärtig übernachtet.

Beispiel

Ein in Karlsruhe beschäftigter und wohnhafter Arbeitnehmer reist am 12.1.2023 (Abfahrt um 18 Uhr) zu einer 2-tägigen Besprechung mit dem Pkw nach Lyon, wo er um 23 Uhr ankommt. Die Auslandsreise endet am darauffolgenden Tag um 13 Uhr in der Firma.

Ergebnis: Der Arbeitnehmer kann die für Frankreich vorgesehenen zeitlich gestaffelten Verpflegungspauschalen von 36 EUR sowohl für den ersten Tag (Abwesenheitsdauer 14 Stunden) als auch für den zweiten Tag in Anspruch nehmen, da es auf die zeitliche Abwesenheitsdauer bei An- und Abreisetage nicht ankommt.

Maßgebendes Land

Wird während einer Auslandsreise ausschließlich ein ausländischer Staat aufgesucht, können die Reisekostensätze für das jeweilige Land unmittelbar aus der **Tabelle 2** abgelesen werden. Sonderregelungen gelten indes, wenn an einem Tag mehrere Länder aufgesucht werden. Nach § 9 Abs. 4a Satz 5 EStG richtet sich das jeweilige Auslandstagegeld nach dem **Staat bzw. Ort, den der Arbeitnehmer vor 24 Uhr zuletzt erreicht**. Liegt dieser Ort im Inland, bestimmt sich die zutreffende Verpflegungspauschale nach dem letzten ausländischen Tätigkeitsort. Für die Frage, welches Land für den Ansatz des zutreffenden Auslandstagegelds maßgebend ist, muss zwischen ein- und mehrtägigen beruflichen Auswärtstätigkeiten im Ausland unterschieden werden.

Eintägige Auslandsreisen

Bei eintägigen ist das Auslandstagegeld anzusetzen, das für das **Land des Tätigkeitsorts im Ausland** vorgesehen ist. Werden während einer eintägigen Auslandsreise mehrere Tätigkeitsstätten in verschiedenen Ländern aufgesucht, ist der für das Land der letzten Tätigkeitsstätte maßgebende Pauschbetrag anzusetzen. Nach den Lohnsteuer-Richtlinien ergibt sich, dass in diesen Fällen Inlandssätze ohne Bedeutung sind, auch wenn im Rahmen einer einheitlichen Auswärtstätigkeit die letzte Tätigkeitsstätte im Inland gelegen ist und die überwiegende Zeit an diesem Tag im Inland verbracht wird.[107]

Beispiel

Ein in Stuttgart beschäftigter Außendienstmitarbeiter hat am 11.2.2023 zunächst eine Besprechung in Straßburg. Anschließend trifft er sich mit einem Geschäftspartner in Basel und nimmt auf der Rückreise einen Termin in Freiburg wahr. Der Arbeitnehmer hat die Dienstreise um 7 Uhr begonnen und ist um 20 Uhr wieder in Stuttgart zurück.

Ergebnis: Die steuerfreie Vergütung und der Werbungskostenabzug für die anlässlich der eintägigen Auslandsreise entstandenen Verpflegungskosten bestimmen sich nach dem Land der letzten ausländischen Tätigkeitsstätte, also nach dem für die Schweiz maßgebenden Tagegeld. Der Arbeitgeber darf also 43 EUR steuerfrei ausbezahlen. Ersetzt der Arbeitgeber keine Spesen, kann der Arbeitnehmer diesen Betrag als Werbungskosten bei seiner Jahressteuer ansetzen.

Die Behandlung eintägiger Reisen als einheitliche Auswärtstätigkeit, sofern auch nur eine der auswärtigen Tätigkeitsorte im Ausland liegt (bei mehreren ist **die letzte ausländische Tätigkeitsstätte** maßgebend!), also unabhängig davon, ob der Arbeitnehmer im Rahmen dieser Reise auch inländische Orte aufsucht, gilt entsprechend für die Fälle, in denen an einem Kalendertag getrennte Auslands- und Inlandsreisen durchgeführt werden.

Mehrere Reisen an einem Tag

Führt ein Arbeitnehmer an einem Kalendertag mehrere Reisetätigkeiten durch, sind die Abwesenheitszeiten an diesem Kalendertag zusammenzurechnen (vgl. Kap. 4.2.2). Dies gilt auch für den Fall,

107 R 9.6 Abs. 3 Satz 3 LStR; BMF, Schreiben v. 23.11.2022, IV C 5 – S 2353/19/10010 :004, BStBl 2022 I S. 1654.

dass Auslands- und Inlandsreisen zusammentreffen. Für diesen Tag kommt ausschließlich das jeweilige Auslandstagegeld in Betracht.[108]

Beispiel

Eine Speditionsfahrerin beginnt am 14.1. um 22 Uhr ihre Auslieferungsfahrt nach Frankreich und kehrt am 15.1. um 2:30 Uhr zurück. Am 15.1. führt sie in der Zeit von 14 Uhr bis 20 Uhr eine weitere Fahrt durch – allerdings ausschließlich im Inland.

Ergebnis: Die am 14.1. begonnene Fahrt ist nach der sog. Mitternachtsregelung mit ihrer gesamten Abwesenheitszeit von 4 ½ Stunden dem Tag der überwiegenden Abwesenheit, also dem 15.1., als Auslandsreise zuzurechnen. Da die Arbeitnehmerin am 15.1. zusätzlich eine 6-stündige Auswärtstätigkeit im Inland durchgeführt hat, ist es auch zulässig, die Abwesenheitszeiten der beiden Reisen, die auf den 15.1. entfallen, zusammenzurechnen und einheitlich als Auslandsreise zu behandeln. Die 2-stündige Reisedauer am ersten Tag nach Frankreich (14.1.) fällt dabei unter den Tisch. Ein Kumulieren der Mitternachtsregelung und der Zusammenrechnung mehrerer beruflicher Auswärtstätigkeiten an einem Tag ist nicht zulässig (vgl. Kap. 4.2.2). Zum Ansatz kommt deshalb das für Frankreich maßgebende Auslandstagegeld bei mehr als 8-stündiger Abwesenheit von 36 EUR. Die Regelung für An- und Abreisetage ist unbeachtlich, da sie nur im Zusammenhang mit einer Übernachtung zur Anwendung kommt.

Damit werden diese Sachverhalte gleich behandelt, wie wenn der Arbeitnehmer im Rahmen einer eintägigen Auswärtstätigkeit sowohl Tätigkeitsorte im Ausland als auch im Inland aufsucht. Wie bereits ausgeführt, kommt es nicht mehr darauf an, wie lange sich der Arbeitnehmer hierbei im Ausland aufgehalten hat. Entscheidend ist allein das **Auslandstagegeld des letzten Tätigkeitsorts im Ausland.**

Durchreisestaaten

Länder, die anlässlich der Auslandstätigkeit durchfahren werden, sind für die Bestimmung des zutreffenden Auslandstagegelds nicht zu berücksichtigen. Ausgenommen hiervon sind Berufskraftfahrer, deren Arbeitsleistung in der Fahrtätigkeit liegt. Anders als bei den übrigen Arbeitnehmern besteht die Tätigkeit im Fahren, sodass als letztes ausländisches Tätigkeitsland auch Durchreisestaaten infrage kommen.

Beispiel

Eine Lkw-Fahrerin, die bei einer Freiburger Speditionsfirma beschäftigt ist, muss ein Werkzeug zu einer österreichischen Maschinenherstellerfirma in Bregenz transportieren. Für die Rückreise ihrer 11-stündigen Frachttour wählt sie die Strecke über Basel.

Ergebnis: Der Umfang des steuerfreien Arbeitgeberersatzes sowie der abzugsfähigen Werbungskosten bestimmt sich nach dem »Durchreiseland Schweiz«, weil es in Bezug auf die Fahrtätigkeit gleichzeitig das Land der letzten ausländischen Tätigkeitsstätte darstellt. Die Lkw-Fahrerin kann deshalb das Verpflegungstagegeld von 43 EUR in Anspruch nehmen, nicht etwa die für Österreich maßgebende Verpflegungspauschale.

Mehrtägige Auslandsreisen

Bei einer mehrtägigen Auslandsreise richtet sich das jeweilige Auslandstagegeld nach dem Land, das der Arbeitnehmer **vor 24 Uhr Ortszeit** zuletzt erreicht.

Beispiel

Der Geschäftsführer einer Freiburger GmbH fährt am 13.3.2023 mit dem Pkw zu Vertragsverhandlungen nach Barcelona. Er übernachtet am ersten Reisetag in Frankreich und erreicht erst am folgenden Tag seinen Zielort. Die Rückreise erfolgt am 16.3.2023, seine Wohnung in Freiburg erreicht er abends gegen 22 Uhr.

108 R 9.6 Abs. 3 Satz 3 LStR.

Ergebnis: Am ersten Tag sind die für Frankreich geltenden Verpflegungs- und Übernachtungssätze von 36 EUR (Anreisetag) bzw. 105 EUR (Übernachtungspauschale) maßgebend. Der Reisezielort ist insoweit ohne Bedeutung, weil er nicht vor 24 Uhr erreicht worden ist. Die Verpflegungspauschale für den zweiten Tag berechnet sich mit 34 EUR für den Tätigkeitsort Barcelona bzw. mit 23 EUR für den Rückreisetag.

Rückreisetage

Liegt der Ort, den der Arbeitnehmer vor 24 Uhr zuletzt erreicht, im Inland, weil es sich um den Rückreisetag einer mehrtägigen Auslandsreise handelt, ergibt sich das zutreffende Auslandstagegeld nach den für eintägige Reisen geltenden Regeln. Für Rückreisetage ist also auf den **letzten Tätigkeitsort im Ausland** abzustellen. Als Land der letzten Tätigkeitsstätte kommt dabei nur ein Land in Betracht, in dem der Arbeitnehmer tatsächlich beruflich tätig geworden ist. Die Übernachtung im Rahmen einer Auswärtstätigkeit ist nicht ausreichend. Dadurch können das Auslandstagegeld für Verpflegung und das Auslandsübernachtungsgeld in bestimmten Fällen nach unterschiedlichen Ländern zu berechnen sein (vgl. Kap. 5.1.1).

Beispiel

Eine in Köln wohnhafte Kundendienstvertreterin ist die ganze Woche auswärts tätig. Am Montag und Dienstag besucht sie Kunden in den Niederlanden, wo sie auch übernachtet, am Mittwochmorgen reist sie nach Gent (Belgien). Noch am selben Tag kehrt sie ins Inland zurück. Die restlichen Tage ihrer Reise übernachtet sie in verschiedenen Städten in Deutschland.

Ergebnis: Bis einschließlich Mittwoch liegt eine mehrtägige Auslandsreise vor. Am Montag und Dienstag sind für die Niederlande 32 EUR (Anreisetag) bzw. 47 EUR anzusetzen, am Mittwoch das für Belgien maßgebliche Auslandstagegeld von 59 EUR (letzter ausländischer Tätigkeitsort). Erst ab Donnerstag gelten die für Inlandsreisen maßgeblichen Verpflegungssätze von 28 EUR und 14 EUR (Rückreisetag).

Der schematische Ansatz der Auslandsspesensätze erleichtert insbesondere die Abrechnung von Dienstreisen mit häufigem Ortswechsel im Ausland. Maßgebend ist allein, wo sich der Reisende **um 24 Uhr Ortszeit** aufhält.

Beispiel

Ein Vertriebsleiter verlässt am 6.3.2023 (Montag) um 6 Uhr seine Stuttgarter Wohnung. Er fliegt von Stuttgart nach Amsterdam, wo er ein Meeting von 9 Uhr bis 10:30 Uhr hat. Weiterflug um 14 Uhr nach Kopenhagen (Dänemark), wo ein weiteres Meeting bis 18:30 Uhr stattfindet. Weiterflug nach Stockholm, Ankunft dort am 6.3.2023 um 21:30 Uhr und Weiterfahrt ins Hotel. Der Vertriebsleiter ist am Dienstag ganztägig in Stockholm zu Besprechungen. Am Mittwochmorgen fliegt er von Stockholm nach Hamburg, Ankunft dort um 10:30 Uhr. Er fährt von dort ins Produktionswerk in Bremerhaven zu einer ganztägigen Besprechung. Er übernachtet in Bremerhaven und fliegt am Donnerstag zurück nach Stuttgart. Um 22 Uhr erreicht er seine Stuttgarter Wohnung.

Ergebnis: Trotz häufigem Ortswechsel ist die Ermittlung der jeweiligen Auslandssätze einfach:

- Montag: Um 24 Uhr befindet sich der Vertriebsleiter in Stockholm. Da es sich um den Anreisetag handelt, gilt der »kleine« Spesensatz für Schweden von 44 EUR. Die Tätigkeiten in den Niederlanden und Dänemark spielen keine Rolle.
- Dienstag: Um 24 Uhr befindet sich der Vertriebsleiter in Schweden. Da eine 24-stündige Abwesenheit vorliegt, gilt der »große« Spesensatz für Schweden in Höhe von 66 EUR.
- Mittwoch: Um 24 Uhr befindet sich der Vertriebsleiter in Deutschland, Bremerhaven. Da eine Rückkehr vom Ausland nach Deutschland vorliegt, gilt der Spesensatz des letzten ausländischen Tätigkeitslandes. Das ist Schweden, bei einer 24-stündigen Abwesenheit gilt der »große« Spesensatz von 66 EUR.
- Donnerstag: Es handelt sich um den Rückreisetag. Die Dienstreise wird um 22:00 Uhr beendet. Es gilt der »kleine« Spesensatz. Da sich der Vertriebsleiter bereits am Abend des Vortags in Deutschland befand, gilt der deutsche Spesensatz von 14 EUR.

Flugreisen

Bei Flugreisen gilt ein Land in dem Zeitpunkt als erreicht, in dem das Flugzeug dort landet. Für die Frage, welches Land der Flugreise während einer mehrtägigen Auslandsreise vor 24 Uhr Ortszeit zuletzt erreicht wird, ist deshalb auf den Zeitpunkt der Landung abzustellen; **Zwischenlandungen** bleiben hierbei **unberücksichtigt** – es sei denn, im Rahmen der Zwischenlandung erfolgt eine Übernachtung. Solange das Flugzeug nicht landet, wird im Ergebnis kein anderes Land erreicht. Bei Hinflügen gelten daher unter Umständen noch die Werte für Deutschland, auf dem Rückflug die Spesensätze des Abfluglandes. Bei Flugreisen nach Amerika oder Asien kommt es häufig zu erheblichen Zeitverschiebungen. Da es für den Ansatz des ausländischen Spesensatzes auf die Ortszeit ankommt, gleichen sich Zeitverschiebungen bis zur Rückkehr nach Deutschland insgesamt aus.

Beispiel

Eine Arbeitnehmerin unternimmt eine Dienstreise nach San Francisco. Der Flugplan sieht wie folgt aus:

Hinflug Donnerstag, Flugdauer 15:15 h

Abfahrt:	Donnerstag 09:50 Uhr
Abflug:	Donnerstag 14:00 Uhr Frankfurt
Zwischenlandung:	Donnerstag 16:35 Uhr Los Angeles
Weiterflug:	Donnerstag 19:02 Uhr
Ankunft:	Donnerstag 20:15 Uhr San Francisco

Rückflug Donnerstag, Flugdauer 13,5 h

Abflug:	Donnerstag 16:00 Uhr San Francisco
Zwischenlandung	Donnerstag 17:18 Uhr Los Angeles
Weiterflug:	Donnerstag 19:10 Uhr
Ankunft:	Freitag 14:50 Uhr Frankfurt
Weiterfahrt mit DB;	
Ankunft zu Hause	Freitag 17:30 Uhr

Ergebnis:

	Abwesend von/bis	Spesenland	Auslandsreisepauschale	Begründung
Donnerstag	Anreisetag	USA/San Francisco	40 EUR	Vor 24:00 Uhr Ortszeit USA erreicht, Zwischenlandung spielt keine Rolle
Freitag – Mittwoch	00:00–24:00	USA/San Francisco	59 EUR	Um 24:00 Uhr anwesend
Donnerstag	00:00–24:00	USA/San Francisco	59 EUR	Um 24:00 Uhr im Flugzeug, es wurde aber kein anderes Land erreicht
Freitag	Abreisetag	USA/San Francisco	40 EUR	Zwar um 24:00 in D, aber Rückkehr aus Ausland = letztes Tätigkeitsland maßgebend

Erstreckt sich eine **Flugreise über mehr als 2 Kalendertage**, so ist für die Tage, die zwischen dem Abflug und der Landung liegen, das für **Österreich** geltende Tagegeld von 40 EUR anzusetzen.[109]

Beispiel

Eine Geschäftsführerin einer GmbH unternimmt im Januar 2023 eine mehrtägige Geschäftsreise nach Sydney. Die Reise beginnt am ersten Tag um 16 Uhr in Frankfurt. Am übernächsten Tag kommt sie in Australien an.

109 R 9.6 Abs. 3 Nr. 1 LStR.

Ergebnis: Für den ersten Tag der Reise kann sie die inländische Verpflegungspauschale von 14 EUR (Abreisetag), für den zweiten Reisetag den für Österreich maßgebenden Pauschbetrag von 40 EUR und für den Ankunftstag in Australien (Sydney) sowie für die folgenden Aufenthaltstage das jeweils für Sydney maßgebende Auslandstagegeld von 45/68 EUR als Werbungskosten abziehen. Da davon auszugehen ist, dass es während des 24-stündigen Flugtags zu einer Vollverpflegung (Frühstück, Mittag- und Abendessen) kommt, wird der für Österreich geltende Spesensatz auf 0 EUR gekürzt.

Tipp

Bei Flugreisen werden regelmäßige Mahlzeiten gewährt. Diese erhält der Arbeitnehmer unentgeltlich, wenn der Arbeitgeber den Flugpreis steuerfrei ersetzt. Zu der im Einzelfall erforderlichen Kürzung der Verpflegungsspesen, vgl. Kap. 4.2.4.7.

Schiffsreisen

Die Verwaltung sieht für Auslandsreisen mit Schiffen eine besondere Regelung vor.[110] Für Tage ohne Einschiffung bzw. Ausschiffung sind die für **Luxemburg** geltenden Tagegelder anzusetzen, sofern das Schiff einer ausländischen Reederei gehört. Bei Schiffen unter deutscher Flagge sind dagegen für Tage auf See Inlandspauschbeträge anzusetzen.[111] Dasselbe gilt für das Schiffspersonal der Bundesmarine, wonach für See-Tage bei Marinesoldaten die Inlandspauschalen maßgebend sind. Für die Tage der Ein- und Ausschiffung ist das für den Hafenort geltende Tagegeld maßgebend. Fallen Ein- und Ausschiffung an einem Tag zusammen, ist auf das zuletzt eintretende Ereignis abzustellen.

Arbeitgeberbewirtung bei Auslandsreisen

Das Prinzip der vorrangigen Kürzung der Verpflegungspauschbeträge gilt in gleicher Weise, wenn der Arbeitnehmer während einer **beruflichen Auswärtstätigkeit im Ausland** von seinem Arbeitgeber bis zu einem Gesamtwert pro Mahlzeit von 60 EUR verpflegt wird. Die Kürzung in Höhe von 20 % bzw. 40 % des vollen Auslandstagegeldes, je nachdem, ob die Mahlzeit in einem Frühstück, Mittag- oder Abendessen besteht, ersetzt auch hier die Versteuerung der Arbeitgeberbewirtung als geldwerter Vorteil, die nur noch subsidiär zur Anwendung kommt, sofern dem Arbeitnehmer für seine berufliche Auslandsreisetätigkeit keine Verpflegungspauschalen zustehen, weil er

- die 8-Stundengrenze nicht erfüllt oder
- die 3-Monatsfrist abgelaufen ist.

Kürzung der Auslandsverpflegungspauschale

Bei der Gestellung von Mahlzeiten durch den Arbeitgeber oder auf dessen Veranlassung durch einen Dritten bei Dienstreisen ins Ausland muss die Kürzung der maßgebenden Auslandsverpflegungspauschale tagesbezogen vorgenommen werden. Die Kürzung berechnet sich nach dem vollen Auslandstagegeld des Landes, nach dem sich die für diesen Reisetag maßgebende Verpflegungspauschale bestimmt. Unerheblich ist, in welchem Land die Arbeitgeberbewirtung erfolgte. Insbesondere wenn der Arbeitnehmer bei seiner Reisetätigkeit an einem Tag mehrere Staaten aufsucht, kann das für den Ansatz der ausländischen Verpflegungskostenpauschbeträge maßgebende Land aufgrund der steuerlichen Zuordnungsregeln von dem Land der Mahlzeiteneinnahme abweichen.

Beispiel

Ein in Freiburg beschäftigter Projektleiter startet am Dienstagmorgen um 7 Uhr zu einer 1-tägigen Auslandsreise. Zunächst trifft er sich in Basel mit einem Kunden, den er auf Kosten der Firma zum Mittagessen einlädt. Auf dem Rückweg nimmt er einen weiteren Kundentermin in Straßburg wahr, bevor er um 19 Uhr wieder zuhause ist.

Ergebnis: Für Dienstag ist die Verpflegungspauschale für Frankreich (letzter Tätigkeitsstaat) maßgebend, die für Straßburg bei einer eintägigen Dienstreise 36 EUR beträgt. Das vom Arbeitgeber im Rahmen der

110 R 9.6 Abs. 3 Nr. 2 LStR.

111 FG Düsseldorf, Urteil v. 28.9.2007, 18 K 638/06, DStR 2008 S. 673.

geschäftlichen Bewirtung in Basel gewährte Mittagessen führt zu einer Kürzung des Verpflegungssatzes von 36 EUR. Die Kürzung berechnet sich nach der für Frankreich maßgebenden Verpflegungspauschale, obgleich das Mittagessen in der Schweiz erfolgte. Sie beträgt 21,20 EUR (= 40 % des für Frankreich (im Übrigen) maßgebenden Auslandstagegeldes bei 24-stündiger Abwesenheit von 53 EUR), sodass ein Verpflegungspauschbetrag von 14,80 EUR verbleibt, den der Arbeitnehmer als Werbungskosten abziehen kann, sofern die Firma insoweit keine steuerfreien Spesen gewährt.

Besteuerung mit amtlichem Sachbezugswert

Erhält der Arbeitnehmer während einer beruflichen Auswärtstätigkeit übliche Mahlzeiten (Gesamtwert bis 60 EUR) vom Arbeitgeber oder auf dessen Veranlassung durch einen Dritten, und ist hierfür ein geldwerter Vorteil anzusetzen, weil der Arbeitnehmer **keinen Anspruch auf Werbungskosten** hat, ist dieser mit dem amtlichen Sachbezugswert von 3,80 EUR bzw. 2,00 EUR (2023) zu bewerten, je nachdem, ob die Bewirtungsleistung das Mittag- bzw. Abendessen oder das Frühstück betrifft (vgl. Kap. 4.2.4.2). Diese Regelung gilt auch für Bewirtungsleistungen des Arbeitgebers anlässlich von Auslandsreisen.

Beispiel

Ein Arbeitnehmer unternimmt im Januar 2023 zusammen mit seinem in Freiburg ansässigen Arbeitgeber eine 7-stündige Auslandsreise nach Zürich. In Zürich lädt der Arbeitgeber seinen Arbeitnehmer zum Mittagessen ein (Gesamtrechnungsbetrag 105 EUR).

Ergebnis: Der Arbeitgeber kann dem Arbeitnehmer keine Verpflegungsmehraufwendungen steuerfrei ersetzen, da die 8-stündige Mindestabwesenheitsdauer nicht erreicht wird und auch kein An- bzw. Abreisetag vorliegt. Zum Ausgleich dafür, dass das vom Arbeitgeber gewährte Mittagessen zu keiner Kürzung bei dem für die Schweiz maßgeblichen Tagegeld führen kann, muss der lohnsteuerpflichtige Arbeitslohn des Arbeitnehmers um den geldwerten Vorteil für ein Mittagessen erhöht werden. Das Mittagessen ist zwingend mit dem amtlichen Sachbezugswert von 3,80 EUR zu bewerten. Der Arbeitgeber hat die Möglichkeit der Steuerübernahme mit 25 % (§ 40 Abs. 2 Nr. 1a EStG).

Da für Auslandssachverhalte keine gesonderten amtlichen Sachbezugswerte festgelegt sind, sind die für Inlandsmahlzeiten festgelegten Beträge auch für Bewirtungsleistungen im Ausland anzusetzen (vgl. Kap. 4.2.4.2).

4.3 Übernachtungskosten

Muss der Arbeitnehmer während seiner beruflichen Auswärtstätigkeit in einem Hotel oder einer Gaststätte übernachten, gehören die Aufwendungen für die Unterbringung zu den Werbungskosten. Die bisherigen Grundsätze für die steuerliche Berücksichtigung von Übernachtungskosten werden in einen neuen § 9 Abs. 1 Nr. 5a EStG übernommen. Damit wird der Abzug von Unterkunftskosten bei beruflich veranlassten Übernachtungen an einer Tätigkeitsstätte, die nicht erste Tätigkeitsstätte ist, erstmals gesetzlich geregelt. Wie bisher ist der Werbungskostenabzug von Unterbringungskosten nur zulässig, wenn der Arbeitnehmer die Kosten durch entsprechende **Rechnungsbelege nachweist.** Der verlangte Einzelnachweis gilt sowohl für Inlands- als auch für Auslandsübernachtungen.

Bezüglich der Unterbringungskosten stellt der Gesetzgeber **langfristige berufliche Auswärtstätigkeiten** mit der doppelten Haushaltsführung gleich. Die dort eingeführte **Angemessenheitsgrenze von 1.000 EUR** (vgl. Kap. 7.3.3.4) gilt in gleicher Weise für eine mehr als 48 Monate dauernde Reisekostentätigkeit am selben auswärtigen Beschäftigungsort im Inland. Die steuerlich begünstigten

Unterbringungskosten werden nach Ablauf von 48 Monaten wie bei einer inländischen doppelten Haushaltsführung auf 1.000 EUR[112] pro Monat begrenzt.

4.3.1 Inlandsübernachtungskosten

Nachweispflicht

Unterkunfts- bzw. Übernachtungskosten sind die tatsächlichen Aufwendungen für die persönliche Inanspruchnahme einer Unterkunft zur Übernachtung. Wie bisher ist der Werbungskostenabzug von pauschalen Unterbringungskosten ausgeschlossen. Bei einer Übernachtung im Inland muss der Arbeitnehmer diese Kosten im Einzelfall nachweisen. Eine Abrechnung nach Pauschbeträgen ist nicht möglich.

Tipp

Die Kosten können geschätzt werden, wenn im Einzelfall feststeht, dass der Arbeitnehmer übernachten musste und er jedoch die Hotelrechnung verlegt hat.

Übernachtungspauschale

Abzugsfähige Reisekosten

Im Rahmen der Reisekostenerstattung durch den Arbeitgeber darf an den Arbeitnehmer pro Inlandsübernachtung ein **Pauschbetrag von 20 EUR** ausbezahlt werden. Allerdings muss feststehen, dass der Arbeitnehmer auch tatsächlich übernachtet hat.[113] Einzelheiten zu den Abweichungen beim steuerfreien Arbeitgeberersatz, vgl. Kap. 5.1.1.

Umfang der begünstigten Unterkunftskosten

Zu den Übernachtungskosten der beruflichen Auswärtstätigkeit zählen neben den Rechnungen für die Nutzung eines Hotelzimmers:

- Mietaufwendungen für die Nutzung eines (ggf. möblierten) Zimmers oder einer Wohnung sowie
- Nebenleistungen (z. B. Kultur- und Tourismusförderabgabe, Kurtaxe/Fremdenverkehrsabgabe),
- bei Auslandsübernachtungen die besondere Kreditkartengebühr bei Zahlungen in Fremdwährungen.

Der Gesetzeswortlaut begrenzt den Werbungskostenabzug bzw. steuerfreien Arbeitgeberersatz auf die **notwendigen Mehraufwendungen** der beruflich veranlassten Übernachtung. Auch wenn danach eine Angemessenheitsprüfung bzgl. der Höhe der begünstigten Übernachtungskosten möglich erscheint, etwa die Begrenzung auf eine bestimmte Hotelkategorie oder hinsichtlich der Unterkunftsgröße, ist die Notwendigkeit der Aufwendungen nach Auffassung der Finanzverwaltung[114] **nur dem Grunde nach** unter dem Gesichtspunkt der beruflichen Veranlassung zu prüfen. Der berufliche Anlass indiziert die Notwendigkeit des Übernachtungsmehraufwands aufgrund der Reisetätigkeit des Arbeitnehmers.

Wichtig

Unterkunftskosten im Rahmen einer auswärtigen beruflichen Tätigkeit sind nur dann notwendig im Sinne der beruflichen Veranlassung, und dürfen damit abgezogen bzw. steuerfrei ersetzt werden, wenn **daneben noch eine andere Wohnung** besteht, an der der Arbeitnehmer seinen Lebensmittelpunkt hat. Diese »Hauptwohnung« muss anders als bei der doppelten Haushaltsführung nicht die Kriterien eines eigenen Hausstands erfüllen. Ausreichend ist auch der Lebensmittelpunkt in der elterlichen Wohnung, wo der Arbeitnehmer ein Zimmer bewohnt. Ist die Unterkunft am auswärtigen Tätigkeitsort die einzige Wohnung

112 Zur Abgeltungswirkung der 1.000-EUR-Grenze s. BFH, Urteil v. 3.4.2019, VI R 15/17, BStBl 2019 II S. 446.

113 BFH, Urteil v. 28.3.2012, VI R 48/11, BStBl 2012 II S. 926.

114 BMF, Schreiben v. 25.11.2020, IV C 5 – S 2353/19/10011 :006, BStBl 2020 I S. 1228, Rz. 119.

bzw. Unterkunft des Arbeitnehmers, liegt kein beruflich veranlasster Mehraufwand vor, der als Reisekosten abgezogen oder steuerfrei erstattet werden kann.

Bei den Kosten für die auswärtige Wohnung handelt es sich in diesen Fällen um Aufwendungen für die private Lebensführung. Diese geänderte Rechtsauslegung ergibt sich nicht aus dem Gesetz, sondern durch Verwaltungsanweisung.[115]

Gemeinschaftsunterkunft

Soweit höhere Übernachtungskosten anfallen, weil der Arbeitnehmer eine Unterkunft gemeinsam mit Personen nutzt, die in keinem Dienstverhältnis zum selben Arbeitgeber stehen, sind nur diejenigen Aufwendungen anzusetzen, die bei alleiniger Nutzung durch den Arbeitnehmer angefallen wären. Nicht abziehbar sind somit Mehrkosten, die aufgrund der Mitnutzung der Übernachtungsmöglichkeit durch eine **Begleitperson** entstehen, insbesondere wenn die Begleitung privat und nicht beruflich veranlasst ist. Bei Mitnutzung eines Mehrbettzimmers (z. B. Doppelzimmer) können die Aufwendungen angesetzt werden, die bei Inanspruchnahme eines Einzelzimmers im selben Haus entstanden wären.[116]

Beispiel

Eine Arbeitnehmerin wird aus persönlichen Gründen auf einer Auswärtstätigkeit von ihrem Ehemann begleitet. Für die Übernachtung im Doppelzimmer entstehen Kosten von 150 EUR. Ein Einzelzimmer hätte 90 EUR gekostet.

Ergebnis: Als Werbungskosten abziehbar oder vom Arbeitgeber steuerfrei erstattungsfähig sind 90 EUR.

Abwandlung:

Wird die Arbeitnehmerin durch einen Kollegen aus dienstlichen Gründen begleitet, kann jeder Arbeitnehmer seinen Pro-Kopfanteil von 75 EUR als Werbungskosten abziehen, sofern seitens des Arbeitgebers keine steuerfreie Kostenerstattung erfolgt.

1.000-EUR-Grenze für Wohnung am auswärtigen Tätigkeitsort

Bei **Nutzung einer Wohnung** am auswärtigen Tätigkeitsort gilt eine **Vereinfachungsregelung** hinsichtlich der Anerkennung der beruflichen Mehraufwendungen. Nutzt der Arbeitnehmer zur Übernachtung während seiner beruflichen Auswärtstätigkeit eine Wohnung, kann im Inland aus Vereinfachungsgründen – entsprechend der Regelungen für Unterkunftskosten bei einer längerfristigen Auswärtstätigkeit von mehr als 48 Monaten – bei Aufwendungen bis zu einem Betrag von **1.000 EUR monatlich** von einer ausschließlichen beruflichen Veranlassung der Übernachtungskosten ausgegangen werden.

Betragen die Aufwendungen für die auswärtige inländische Wohnung mehr als 1.000 EUR monatlich, können nur die Aufwendungen berücksichtigt werden, die durch die beruflich veranlasste, alleinige Nutzung des Arbeitnehmers verursacht werden; dazu kann die ortsübliche Miete für eine nach Lage und Ausstattung durchschnittliche Wohnung am Ort der auswärtigen Tätigkeitsstätte mit einer Wohnfläche bis zu 60 m^2 als Vergleichsmaßstab herangezogen werden.[117]

Gleichstellung mit doppelter Haushaltsführung

Um eine Gleichstellung langfristiger beruflicher Auswärtstätigkeiten mit der doppelten Haushaltsführung für den Bereich der Unterbringungskosten zu erreichen, gilt **nach Ablauf von 48 Monaten** einer Reisetätigkeit am selben auswärtigen Beschäftigungsort im Inland eine Begrenzung der steuerlich begünstigten Unterbringungskosten. Es gilt dieselbe **Obergrenze von 1.000 EUR** pro Monat wie bei der doppelten Haushaltsführung im Inland (vgl. Kap. 7.3.3.4). Beschäftigungen am selben auswärtigen Einsatzort über einen Zeitraum von mehr als 4 Jahren sind im Berufsleben nicht alltäglich,

115 BMF, Schreiben v. 25.11.2020, IV C 5 – S 2353/19/10011 :006, BStBl 2020 I S. 1228, Rz. 119, 120.
116 BMF, Schreiben v. 25.11.2020, IV C 5 – S 2353/19/10011 :006, BStBl 2020 I S. 1228, Rz. 121.
117 BMF, Schreiben v. 25.11.2020, IV C 5 – S 2353/19/10011 :006, BStBl 2020 I S. 1228, Rz. 122.

sodass der 1.000-EUR-Grenze anders als bei der doppelten Haushaltsführung kaum praktische Bedeutung zukommen dürfte. Zumal eine berufliche Tätigkeit an derselben Tätigkeitsstätte nur dann vorliegt, wenn der Arbeitnehmer mit einer 5-Tage-Arbeitswoche an diesem Ort regelmäßig mindestens an 3 Tagen in der Woche tätig wird (vgl. Kap. 3.1.10). Die 48-Monatsfrist ist daher nicht zu prüfen, wenn die auswärtige Tätigkeitsstätte nur an 2 Tagen wöchentlich aufgesucht wird. Im Übrigen führt eine Unterbrechung von mindestens 6 Monaten zu einem Neubeginn der Frist von 48 Monaten. Der Grund der Unterbrechung ist unerheblich.

Für den 48-Monatszeitraum gelten dieselben Grundsätze wie für die Anwendung der bei den Verpflegungskosten zu beachtenden 3-Monatsfrist. Sowohl für die Frage, welche Auswärtstätigkeiten unter die Frist fallen, als auch für die Unterbrechung von 6 Monaten, die einen neuen 4-Jahreszeitraum in Gang setzt, sind die für die 3-Monatsfrist bei den Verpflegungspauschbeträgen dargestellten Regelungen in entsprechender Weise anzuwenden. Im Einzelnen siehe die Ausführungen zu Kap. 4.2.3.

Wichtig

Bei **Übernachtungen im Ausland** im Rahmen einer längerfristigen Auswärtstätigkeit gelten die bisherigen Grundsätze zur beruflichen Veranlassung und Notwendigkeit der entstandenen Aufwendungen unverändert weiter. Die Höchstgrenze von 1.000 EUR gilt hier nicht. Die tatsächlichen Kosten können wie bisher für die Gesamtdauer einer langfristigen beruflichen Auswärtstätigkeit im Ausland angesetzt werden.

Kürzung bei Gesamtrechnung für Unterbringung und Verpflegung

Die Hotelrechnung umfasst häufig auch die **Kosten des Frühstücks**. Diese müssen herausgerechnet werden, um lediglich die Kosten der Übernachtung zu ermitteln. Die Kosten für die Verpflegung sind nur in Höhe der Verpflegungspauschbeträge begünstigt, während die verbleibenden Kosten der Übernachtung in tatsächlicher Höhe Reisekosten sind. Weist die Hotelrechnung nur einen einheitlichen Gesamtbetrag für Unterkunft und Verpflegung aus, muss der auf die Verpflegung entfallende Betrag geschätzt werden. Das Anwendungsschreiben des BMF enthält hierzu einen prozentualen Aufteilungsschlüssel.[118] Bei Zahlungsbelegen, die einen Gesamtpreis für Unterkunft und Verpflegung ausweisen, ohne dass sich der Preis für die Verpflegung feststellen lässt, ist der Gesamtrechnungsbetrag

- für ein Frühstück um 20 % und
- für ein Mittag- und Abendessen um jeweils 40 %

der vollen Verpflegungspauschale zu kürzen, die für den jeweiligen Unterkunftsort bei einer 24-stündigen Abwesenheit gilt.

Beispiel

Ein in Stuttgart beschäftigter Außendienstmitarbeiter unternimmt im März 2023 eine 2-tägige Geschäftsreise nach Hamburg. Für die Reisekostenabrechnung legt er entsprechend der betrieblichen Reiserichtlinie eine auf den Namen der Firma ausgestellte Hotelrechnung vor, die für Übernachtung mit Frühstück einen Pauschalpreis von 110 EUR ausweist. Da die Rechnung von einem Kleinunternehmer im Sinne des UStG stammt, ist keine Umsatzsteuer ausgewiesen.

Ergebnis: Der Arbeitgeber kann Verpflegungskosten in Höhe von 28 EUR (2 × 14 EUR für An- und Abreisetag) steuerfrei ersetzen. Zur Ermittlung der steuerfreien Übernachtungskosten ist der Gesamtpreis von 110 EUR um 5,60 EUR (20 % von 28 EUR) für die auf das Frühstück entfallenden anteiligen Kosten zu kürzen. Der verbleibende Betrag von 104,40 EUR kann vom Arbeitgeber als Übernachtungskosten steuerfrei erstattet werden. Sofern der Arbeitgeber vom Rechnungsbetrag lediglich 104,40 EUR als Übernachtungskosten erstattet, entfällt die Kürzung der Verpflegungspauschale am Abreisetag, da bzgl. des Frühstücks keine Arbeitgeberbewirtung vorliegt. Insgesamt kann der Arbeitgeber somit 132,40 EUR steuerfrei erstatten (104,40 EUR Unterkunft plus 28 EUR Verpflegung).

118 BMF, Schreiben v. 25.11.2020, IV C 5 – S 2353/19/10011 :006, BStBl 2020 I S. 1228, Rz. 118.

Abwandlung: Übernimmt der Arbeitgeber die Gesamtrechnung von 110 EUR, ist bzgl. des Frühstücks von einer unentgeltlich gewährten Mahlzeit auszugehen. Die steuerfreien Verpflegungspauschalen von 28 EUR sind um 5,60 EUR (20 % von 28 EUR) auf einen Betrag von 22,40 EUR zu kürzen. Der insgesamt steuerfreie Erstattungsbetrag errechnet sich also auch bei dieser Gestaltung mit 132,40 EUR (110 EUR Unterkunft und Frühstück plus 22,40 EUR Verpflegung). Dieses verblüffende Ergebnis liegt daran, dass sich der Kürzungsbetrag für den Frühstücksanteil und die Verpflegungspauschale mit derselben Rechengröße von 20 % von 28 EUR berechnet. Übrigens macht es für den steuerfreien Reisekostenersatz keinen Unterschied, wenn die Rechnung des Hotels auf den Namen des Arbeitnehmers ausgestellt ist. Auch in diesem Fall kann der Arbeitgeber insgesamt höchstens 132,40 EUR steuerfrei erstatten (104,40 EUR Unterkunft plus 28 EUR Verpflegung). Von dieser Variante ist allerdings abzuraten, weil der Arbeitgeber den Vorsteuerabzug verliert.

Kürzung bei Inlandsübernachtung

Die prozentualen Kürzungsregelungen sind für Inlandsübernachtungen kaum noch von praktischer Bedeutung, seitdem der ermäßigte Umsatzsteuersatz von 7 % für kurzfristige Beherbergungsleistungen gilt. Die Praxis der Rechnungserstellung im Hotel- und Gaststättengewerbe hat sich dadurch zwangsläufig geändert, die eine nach Steuersätzen aufgeschlüsselte Rechnungsstellung verlangt. Umsatzsteuerlich nicht mehr zulässig ist es, für Übernachtung mit Frühstück einen Gesamtpreis auszuweisen. Die gesonderte Bescheinigung des Frühstücks ist nachteilig für die lohnsteuerlichen Reisekosten. Der vereinfachte Frühstücksansatz bei Inlandsübernachtungen, der eine **pauschale Kürzung** der Gesamtrechnung um 5,60 EUR zulässt, ist bei einzeln ausgewiesenen Frühstückspreisen nicht mehr möglich.

Nebenleistungen

Nach dem Anwendungsschreiben zu den lohnsteuerlichen Reisekosten ist der Ansatz des Frühstücks danach weiterhin mit 5,60 EUR zulässig, wenn das Hotel neben der Übernachtung einen **Gesamtbetrag** für Nebenleistungen ausweist.[119] Ist in der Rechnung neben der Übernachtung ein Pauschbetrag für mehrere Nebenleistungen enthalten (z. B. sog. **Businesspackages** für Frühstück und Telefon, Internet, Parken etc.), darf die lohnsteuerliche Vereinfachungsregelung weiterhin angewendet und das Frühstück mit 5,60 EUR aus dem Gesamtbetrag »Nebenleistungen« der Hotelrechnung herausgerechnet werden. Der verbleibende Teil des **Sammelpostens** ist als steuerfreie Reisenebenkosten zu behandeln.[120] Voraussetzung für die Steuerfreiheit ist, dass die Bezeichnung des Pauschbetrags keinen Anlass zur Vermutung gibt, dass darin steuerlich nicht anzuerkennende Nebenleistungen enthalten sind, etwa Pay-TV, private Telefonate oder Massagen oder der Besuch der hoteleigenen Sauna.[121] Unschädlich ist, wenn der Pauschbetrag für die Nebenleistung auch mit Internetzugang, Zugang zu Kommunikationsnetzen näher bezeichnet wird und der Pauschbetrag zudem nicht so hoch ist, dass er offenbar den Betrag für Frühstück und steuerlich anzuerkennende Nebenleistungen nicht übersteigt.

Beispiel

Ein in Stuttgart beschäftigter Außendienstmitarbeiter unternimmt im März 2023 eine 2-tägige Geschäftsreise nach München. Für die Reisekostenabrechnung legt er eine auf den Namen des Arbeitnehmers ausgestellte Hotelrechnung vor, die folgende Leistungen ausweist:

	Netto	USt	Gesamt
Pauschalpreis ohne Umsatzsteuer			150 EUR
davon 80 % Übernachtung	120 EUR	8,40 EUR (= 7 %)	128,40 EUR
davon 20 % Businesspackage (Frühstück u. a.)	30 EUR	5,70 EUR (= 19 %)	35,70 EUR
Gesamtrechnungsbetrag			164,10 EUR

119 BMF, Schreiben v. 25.11.2020, IV C 5 – S 2353/19/10011 :006, BStBl 2020 I S. 1228, Rz. 118.
120 R 9.8 LStR.
121 BMF, Schreiben v. 21.10.2015, III C 2 – S 7243/07/10002 – 03, BStBl 2015 I S. 835, danach können umsatzsteuerlich die anteiligen Kosten unter der Position »Business-Package«, »Servicepauschale« ausgewiesen werden.

Ergebnis: Es liegt keine (mittelbare) Arbeitgeberbewirtung vor, da die Rechnung nicht auf den Namen der Firma ausgestellt ist. Der Arbeitgeber kann Verpflegungsmehraufwendungen in Höhe von 14 EUR pro An- und Abreisetag steuerfrei ersetzen. Davon entfällt auf das Frühstück am 2. Reisetag ein Betrag von 5,60 EUR. Die Vereinfachungsregelung in Form der prozentualen Kürzung ist auf den Sammelposten Businesspackage anwendbar. Der verbleibende Betrag von 30,10 EUR (35,70 EUR abzgl. 5,60 EUR) sind Reisenebenkosten, da betragsmäßig kein Anlass für eine private Mitveranlassung besteht (vgl. Kap. 4.4).

Hinweis

Durch die Vereinfachung der Anforderungen an die Arbeitgeberbewirtung bei beruflichen Auswärtstätigkeiten (vgl. Kap. 4.2.4), wird die 5,60-EUR-Kürzungsregelung für das Frühstück bei Inlandsreisen kaum noch von praktischer Bedeutung sein, zumal die Bescheinigung sog. Businesspackages im Hotelgewerbe auf wenig Gegenliebe gestoßen ist, wie die Vergangenheit gezeigt hat.

Die Kürzung für Frühstück, Mittags- und Abendmahlzeiten hat indes für Tagungspauschalen weiterhin praktische Bedeutung, wenn die Rechnungsbelege für Seminarteilnehmer einen Gesamtbetrag ausweisen, der auch die Verpflegung und Bewirtung beinhaltet.

Beispiel

Eine in Stuttgart beschäftigte Außendienstmitarbeiterin unternimmt im September 2023 eine eintägige Geschäftsreise (12-stündige Abwesenheit) nach Köln, wo sie an einer Fachtagung teilnimmt. Sie hat eine Tagungspauschale, die auch das Mittagessen umfasst, von 150 EUR zu entrichten.

Ergebnis: Nach dem Richtlinienwortlaut kann die Regelung ein geeigneter Aufteilungsmaßstab auch für andere Sachverhalte darstellen, in denen eine Kürzung um die Verpflegungskosten erforderlich ist, weil diese nur in Form von Verpflegungspauschbeträgen abzugsfähig sind. Aus der Tagungspauschale, für die das Unternehmen keinen Kostenersatz vorsieht, ist deshalb das Mittagessen mit 11,20 EUR (40 % von 28 EUR) herauszurechnen. Die verbleibenden Kosten von 138,80 EUR (150 EUR abzgl. 11,20 EUR) können neben der Verpflegungspauschale von 14 EUR (mehr als 8-stündige Abwesenheit) für diesen Tag als Werbungskosten abgezogen werden. Im Fall der arbeitgeberseitigen Kostenübernahme laut betrieblicher Reisekostenbestimmungen hätte die Firma eine Tagungskostenpauschale von 150 EUR in vollem Umfang steuerfrei ersetzen können (§ 3 Nr. 50 EStG). Im Gegenzug hätte die kostenlose Verpflegung durch den Arbeitgeber zu einer Kürzung der Verpflegungspauschale um 11,20 EUR (40 % von 28 EUR) geführt, sodass ein zusätzlicher steuerfreier Reisekostenersatz nur noch in Höhe von maximal 2,80 EUR für diesen Reisetag zulässig gewesen wäre. Der steuerfreie Gesamtbetrag hätte dann 152,80 EUR betragen. Wie bereits in einem der vorigen Beispiele dargestellt, erreicht man dasselbe Ergebnis, wenn der Arbeitgeber ausschließlich die Seminargebühren von 138,80 EUR übernimmt und den ungekürzten Verpflegungspauschbetrag von 14 EUR als Reisekosten vergütet.

Kürzung bei Auslandsübernachtung

Nach der im Ausland üblichen Praxis der Rechnungsausstellung ist in den meisten Fällen in der Hotelrechnung der Preis für das Frühstück nicht enthalten. Dementsprechend hat das Bundesfinanzministerium darauf hingewiesen, von einer Kürzung der Übernachtungskosten um die **Kosten für das Frühstück bei Auslandsreisen abzusehen**, wenn der Arbeitnehmer auf der Hotelrechnung handschriftlich vermerkt, dass im Rechnungsbetrag der Frühstückspreis nicht inbegriffen ist. Diese Eigenbescheinigung ist von den Finanzämtern sowohl für den Werbungskostenabzug als auch für den steuerfreien Arbeitgeberersatz der Auslandsübernachtungskosten anzuerkennen.[122]

Tipp

Die Verwaltungsauffassung betrifft **ausschließlich Übernachtungen im Ausland**. Bei Auswärtstätigkeiten im Inland wird dagegen nach wie vor ein Übernachtungsbeleg des Hotels verlangt, der die Kosten für das Frühstück eindeutig ausschließt. Ein handschriftlicher Vermerk des Arbeitnehmers ist nicht ausreichend,

122 BMF, Schreiben v. 8.11.2017, IV C 5 – S 2353/08/10006 :008, BStBl 2017 I S. 1457.

um die Kürzung des inländischen Rechnungsbetrags um den mit der 20-%-Pauschale geschätzten Frühstückspreis zu vermeiden.

Die **Kürzung der Frühstückskosten** dient ausschließlich der Ermittlung der auf die Unterbringung tatsächlich anfallenden Aufwendungen, da nur diese im Rahmen des Einzelnachweises begünstigt sind. Die Korrektur um den fiktiven Frühstückspreis ist deshalb unabhängig davon vorzunehmen, in welcher Höhe der Arbeitnehmer für diesen Tag Anspruch auf (steuerfreie) Verpflegungssätze hat. Die pauschale Kürzung von 20 % ist also auch dann anzusetzen, wenn der Arbeitnehmer steuerlich keine Verpflegungskosten erhalten kann, weil seine Reise an diesem Tag weniger als 8 Stunden gedauert hat.

Tipp

Die Kürzung der Übernachtungsrechnung um das Frühstück bedeutet nicht, dass der Arbeitnehmer gleichzeitig den amtlichen Sachbezugswert von 2,00 EUR (2023) zu versteuern hat, wenn ihm der Arbeitgeber die Kosten der Reise steuerfrei ersetzt. Entgegen der häufig geäußerten Auffassung begründet der bloße Kostenersatz noch keine Bewirtungsleistung des Arbeitgebers.

Anders verhält es sich, wenn für die Kostenübernahme nicht die Form der Gelderstattung, sondern die der Sachleistung gewählt wird, also der **Bewirtung durch den Arbeitgeber** oder auf dessen Veranlassung durch einen Dritten (vgl. Kap. 4.2.4). Liegt eine übliche Arbeitgeberbewirtung (60-EUR-Grenze) vor, entfällt gleichzeitig die Kürzung der Gesamtrechnung in Höhe der Frühstückskosten, weil dann insgesamt eine Sachleistung vorliegt – und keine Reisekostenerstattung des Arbeitgebers. In dem Fall wären aber je nach Sachverhalt eine Kürzung der Verpflegungspauschale erforderlich oder 2,00 EUR Sachbezugswert als steuerpflichtige Leistung anzusetzen.

4.3.2 Auslandsübernachtungskosten

Pauschbeträge oder Einzelnachweis

Bei Übernachtungen im Ausland im Rahmen einer beruflichen Auswärtstätigkeit gelten die bisherigen Grundsätze zur beruflichen Veranlassung und Notwendigkeit der entstandenen Aufwendungen unverändert weiter. Im Unterschied zu Inlandsübernachtungen ist bei langfristigen Auslandstätigkeiten die Höchstgrenze von 1.000 EUR nicht zu beachten. Die tatsächlichen Kosten können wie bisher in voller Höhe für die Gesamtdauer einer langfristigen Auslandstätigkeit am selben Einsatzort angesetzt werden. Bei dienstlichen Reisen ins Ausland kann der Arbeitnehmer nach wie vor nicht zwischen Auslandspauschbeträgen oder Einzelnachweis wählen. Der Arbeitnehmer muss stattdessen wie bei Inlandsreisen die im Ausland anfallenden Übernachtungskosten **durch geeignete Belege nachweisen.**[123] Der Werbungskostenabzug in Form der Auslandsübernachtungsgelder ist nicht zulässig. Die Pauschbeträge für Übernachtungskosten sind nur noch für die steuerfreie Erstattung durch den Arbeitgeber anwendbar.[124]

Beispiel

Ein Außendienstmitarbeiter ist vom 12.6. bis 16.6.2023 die ganze Woche auswärts unterwegs. Am Montag und Dienstag besucht er Kunden in Frankreich, wo er auch übernachtet. Ab Mittwoch ist er in verschiedenen Städten im Inland unterwegs. Für Mittwoch und Donnerstag legt er seinem Arbeitgeber Hotelrechnungen für Übernachtung ohne Frühstück in Höhe von jeweils 110 EUR vor.

123 R 9.7 Abs. 3 LStR; BMF, Schreiben v. 25.11.2020, IV C 5 – S 2353/19/10011 :006, BStBl 2020 I S. 1228, Rz. 124, 128.
124 Vgl. Tabelle 2, letzte Spalte; BMF, Schreiben v. 23.11.2022, IV C 5 – S 2353/19/10010 :004, BStBl 2022 I S. 1654.

Ergebnis: Für die Übernachtungen während der mehrtägigen beruflichen Auswärtstätigkeit kann der Arbeitgeber für Montag und Dienstag das für Frankreich geltende Auslandsübernachtungsgeld von 105 EUR je Übernachtung und für Mittwoch und Donnerstag die nachgewiesenen Inlandsübernachtungskosten in Höhe von jeweils 110 EUR steuerfrei ersetzen. Insgesamt sind damit steuerfreie Übernachtungskosten in Höhe von 430 EUR für die Auswärtstätigkeit zulässig. Die lohnsteuerliche Behandlung, insbesondere der Wechsel zwischen Einzelnachweis und Übernachtungspauschbeträgen, ist im Lohnsteuerverfahren weiterhin zulässig. Für den steuerfreien Arbeitgeberersatz bleibt damit alles beim Alten. Zu beachten ist, dass für Mittwoch das für Frankreich maßgebende Auslandstagegeld von 53 EUR anzuwenden ist, während sich die Übernachtung nach den Inlandsreisekosten richtet.

Werbungskostenabzug durch den Arbeitnehmer

Erhält der Arbeitnehmer seine Reisekosten durch den Arbeitgeber nicht oder nicht in vollem Umfang steuerfrei ersetzt, kann der Arbeitnehmer den entsprechenden Differenzbetrag in seiner Steuererklärung als Werbungskosten geltend machen. Der Arbeitnehmer darf in seiner Einkommensteuererklärung nur die anhand von Übernachtungsbelegen nachgewiesenen Kosten steuerlich geltend machen. Ohne Beweisvorsorge scheidet der Werbungskostenabzug damit insgesamt aus. Für den vorigen Sachverhalt bedeutet dies, dass der Kundendienstvertreter ohne steuerfreien Arbeitgeberersatz nur noch 220 EUR Übernachtungskosten steuerlich erhalten kann, wenn ihm für das Ausland keine Hotelrechnungen vorliegen. Etwaige steuerfreie Arbeitgebererstattungen sind auf die abzugsfähigen Werbungskosten anzurechnen.

Wichtig

Arbeitnehmer, die aus beruflichen Gründen im Ausland übernachten müssen, haben bereits während des Jahres Beweisvorsorge zu treffen, in dem sie ihre Hotelrechnungen und andere Übernachtungsbelege aufbewahren, um bei der späteren Einkommensteuerveranlagung Werbungskosten geltend machen zu können. Beim Lohnsteuerverfahren dagegen kann der Arbeitgeber – nach wie vor – sowohl bei Inlands- als auch bei Auslandsreisen die tatsächlichen Kosten steuerfrei erstatten oder die Auslandspauschbeträge (vgl. **Tabelle 6** und Kap. 5.1).

Einzelnachweis

Ist im Fall des Einzelnachweises das Frühstück in der Hotelrechnung nicht gesondert ausgewiesen, ist wie bei Inlandsreisen eine Kürzung des Rechnungsbetrags um 20 % des vollen Auslandstagegeldes vorzunehmen, um die reinen Übernachtungskosten zu erhalten. Die prozentuale Kürzungsregel der Übernachtungskosten um den Frühstückswert ist bei Auslandsübernachtungen weiterhin von praktischer Bedeutung. Wegen des fehlenden Vorsteuerabzugs bei Auslandsumsätzen werden die ausländischen Hotelrechnungen auch künftig keine Aufteilung der Gesamtrechnung auf Übernachtung und Frühstück enthalten. Das BMF-Schreiben[125] zur Behandlung von Frühstückskosten beschränkt seine Wirkungen auf Inlandsübernachtungen.[126]

Beispiel

Bei einer mehrtägigen Auslandsdienstreise nach Japan (Tokio) in 2023 sind in der Hotelrechnung je Übernachtung, umgerechnet in EUR, ausgewiesen

»Übernachtung und Frühstück«	110,00 EUR
Die Aufwendungen i. H. v. 110 EUR sind um 20 % des für Japan (Tokio) maßgebenden Tagegeldes i. H. v. 66 EUR zu kürzen	13,20 EUR
abzugsfähige Übernachtungskosten pro Tag	96,80 EUR

Ergebnis: Die Kürzung in Höhe der Frühstückskosten dient ausschließlich der Ermittlung der auf die reine Unterbringung entfallenden Aufwendungen, da nur diese im Rahmen des Einzelnachweises begünstigt sind. Die Korrektur um den fiktiven Frühstückspreis ist deshalb unabhängig davon vorzunehmen, ob der Arbeit-

125 BMF, Schreiben v. 5.3.2010, IV D 2 – S 7210/07/10003/IV C 5 – S 2353/09/10008, BStBl 2010 I S. 263.
126 R 9.7 Abs. 1 LStR.

nehmer für diesen Reisetag Anspruch auf steuerfreie Verpflegungssätze hat. Der Kürzungsbetrag von 20 % ist deshalb auch für solche Auslandsreisetage anzusetzen, an denen der Arbeitnehmer keine steuerlichen Verpflegungskosten erhalten kann, weil die Reise an diesem Tag nicht mindestens 8 Stunden gedauert hat.

Bei Auslandsübernachtungen ist allerdings in der Hotelrechnung der Preis für das Frühstück im Normalfall nicht enthalten. Dementsprechend akzeptieren die Finanzämter einen **handschriftlichen Vermerk** des Arbeitnehmers auf dem Rechnungsbeleg als zulässige Eigenbescheinigung, aus der sich ergibt, dass die Kosten für das Frühstück im Übernachtungspreis nicht enthalten sind (vgl. Kap. 4.3.1).

4.3.3 Übernachtungskostenpauschale bei Berufskraftfahrern

Übernachtungspauschalen dürfen nicht angewendet werden, wenn eine Übernachtung im Fahrzeug, z. B. Schlafkoje usw. stattfindet (vgl. Kap. 5.1.1).[127] Stattdessen kann der Arbeitnehmer die in diesen Fällen anfallenden Kosten, etwa die Gebühren für die Benutzung von Dusch- und Sanitäreinrichtungen auf Rastplätzen, als **Reisenebenkosten** in Anspruch nehmen. Voraussetzung ist, dass der Berufskraftfahrer den belegmäßigen **Nachweis** für einen repräsentativen 3-Monatszeitraum führen kann (vgl. Kap. 4.4).

Alternative zum Einzelnachweis

Zum 1.1.2020 wurde als Alternative für die bei einer **Übernachtung im Kraftfahrzeug** des Arbeitgebers entstehenden tatsächlich entstehenden Mehraufwendungen eine weitere »Übernachtungspauschale« von **8 EUR** eingeführt. Die Pauschale wird nur bei »Fahrzeugübernachtungen« im Zusammenhang mit **mehrtägigen Auswärtstätigkeiten** gewährt.

Voraussetzungen

Der Übernachtungspauschbetrag ist nach dem Gesetzeswortlaut an folgende **Voraussetzungen** geknüpft. Es muss

- sich um eine berufliche Auswärtstätigkeit auf einem **betrieblichen** (arbeitgebereigenen oder geleasten) **Fahrzeug** handeln,
- eine **Übernachtung** in dem betrieblichen Fahrzeug **stattfinden,**
- an einem Kalendertag sein, für den der Arbeitnehmer **Anspruch hat auf eine Verpflegungspauschale** von 14 EUR für An- oder Abreisetage oder von 28 EUR für sog. Zwischentage einer mehrtägigen Auswärtstätigkeit.[128]

Sind die genannten Anforderungen erfüllt, erhält der Arbeitnehmer zur Abgeltung der durch die Übernachtung im Fahrzeug entstandenen Mehraufwendungen pro Kalendertag einen Pauschbetrag von 8 EUR. Der Pauschbetrag gilt für Übernachtungen im arbeitgebereigenen Kraftfahrzeug bei beruflichen Auswärtstätigkeiten **im Inland und im Ausland** in gleicher Weise.

Hauptnutznießer ist der Personenkreis der **Berufskraftfahrer**. Die Pauschale erspart dem Arbeitnehmer den lästigen Nachweis der Gebühren für die Benutzung von sanitären Einrichtungen (Toiletten sowie Dusch- oder Waschgelegenheiten) auf Raststätten und Autohöfen, der Park- und Abstellkosten auf diesen Anlagen sowie der Reinigungskosten für die Schlafkabine.

127 R 9.7 Abs. 3 Satz 6 LStR.
128 BMF, Schreiben v. 25.11.2020, IV C 5 – S 2353/19/10011 :006, BStBl 2020 I S. 1228, Rz. 131.

Der **Übernachtungspauschbetrag** für Übernachtungen in betrieblichen Fahrzeugen findet sowohl für den **steuerfreien Arbeitgeberersatz** als auch für den Abzug als **Werbungskosten** Anwendung, wenn keine steuerfreien Erstattungen seitens des Arbeitgebers erfolgen.

Wichtig

Der Nachweis höherer tatsächlicher Kosten für Übernachtungen im Fahrzeug auf Park- und Rastanlagen bleibt möglich (vgl. Kap. 4.4). Der Arbeitgeber hat ein Wahlrecht. Entscheidet er sich für die Übernachtungspauschale von 8 EUR, ist er hieran das gesamte Kalenderjahr gebunden. Er muss sich einheitlich für sämtliche Reisetage eines Kalenderjahres für die Pauschale oder den Einzelnachweis festlegen. Dasselbe Wahlrecht gilt für den Arbeitnehmer beim Werbungskostenabzug in seiner Steuererklärung, falls der Arbeitgeber hierfür keine steuerfreien Reisekosten gewährt. Er ist an das im Lohnsteuerverfahren gewählte Verfahren nicht gebunden und kann ggf. auf den für ihn günstigeren Nachweis der tatsächlichen Kosten in seiner Steuererklärung wechseln, allerdings dann für sämtliche Reisetage.

Begünstigte Fahrzeuge

Übernachtungen auf **Schiffen** oder **Schienenfahrzeugen** sind von der 8-EUR-Übernachtungspauschale **ausgeschlossen**, da es sich nicht um Kraftfahrzeuge handelt. Als Kraftfahrzeuge gelten **Landfahrzeuge**, die durch Maschinenkraft bewegt werden, ohne an Bahngleise gebunden zu sein.[129]

Beispiel

Ein Speditionsfahrer hat in 2023 auf mehrtägigen beruflichen Auswärtstätigkeiten insgesamt an 80 Tagen in der Schlafkabine seines Lkws übernachtet.

Ergebnis: Neben den für die jeweiligen Auswärtstage in Betracht kommenden Verpflegungsspesen kann der Arbeitgeber für Übernachtungstage im Fahrzeug keinen steuerfreien Reisekostenersatz leisten, da insoweit keine Kosten entstanden sind. Die Inlandspauschale von 20 EUR bzw. die jeweilige Auslandsübernachtungsgelder setzen eine Fremdübernachtung voraus.[130] Allerdings kann der Arbeitgeber auf Nachweis des Arbeitnehmers die durch die Übernachtung auf Rast- und Parkplätzen entstandenen Aufwendungen als Reisenebenkosten steuerfrei ersetzen (vgl. Kap. 4.4).

Seit 2020 hat der Arbeitgeber als Alternative die Möglichkeit, eine Pauschale von 8 EUR pro Übernachtung im Fahrzeug steuerfrei zu gewähren. Im Beispielsfall hätte sich für 2023 ein steuerfreier Erstattungsbetrag von 640 EUR (= 80 Fahrzeugübernachtungen x 8 EUR) ergeben. Ein Wechsel des Verfahrens während des Jahres ist aber nicht zulässig. Der Arbeitgeber kann für sämtliche Fahrzeugübernachtungen in 2023 einheitlich die nachgewiesenen tatsächlichen Mehraufwendungen als Reisenebenkosten oder die Übernachtungspauschale für Berufskraftfahrer steuerfrei ersetzen.

4.4 Reisenebenkosten

Keine Änderungen ergeben sich durch die neuen Reisekostenvorschriften hinsichtlich der Berücksichtigung von Reisenebenkosten. Änderungen ergeben sich aufgrund der aktuellen Rechtsprechung. Zu den Reisenebenkosten gehören auch **private Telefongespräche**, soweit sie der beruflichen Sphäre zugeordnet werden können.[131] Ebenso gehören in Ergänzung zu den in den Lohnsteuer-Richtlinien aufgezählten Sachverhalten **Gebühren** für die Benutzung sanitärer Einrichtungen auf Rastplätzen zu den Reisenebenkosten.[132]

129 § 1 Abs. 2 Straßenverkehrsgesetz.
130 R 9.7 Abs. 3 Satz 7 LStR.
131 BFH, Urteil v. 5.7.2012, VI R 50/10, BStBl 2013 II S. 282.
132 BFH, Urteil v. 28.3.2012, VI R 48/11, BStBl 2012 II S. 926.

Als Nebenkosten kommen in Betracht[133]:

- die Beförderung, Versicherung und Aufbewahrung von Gepäck,
- Ferngespräche, Telegramme und Schriftverkehr beruflichen Inhalts mit dem Arbeitgeber oder mit Geschäftspartnern,
- Telefongespräche privaten Inhalts zur Kontaktaufnahme mit Angehörigen und Freunden bei mindestens einwöchiger beruflicher Auswärtstätigkeit[134],
- Gebühren für die Benutzung von Straßen, Brücken und Parkplätzen,
- Kosten für die Benutzung von sanitären Einrichtungen auf Raststätten und Rastplätzen[135]; zum Nachweis reichen laut Verwaltungsanweisung insbesondere bei Lkw-Fahrern repräsentative Aufzeichnungen für einen Zeitraum von 3 Monaten[136], das Sächsische Finanzgericht schätzt die Reisekosten eines Lkw-Fahrers pauschal mit 5 EUR pro Tag.[137] Für Reisetage ab 2020 gilt eine alternative Übernachtungspauschale von 8 EUR; im Einzelnen vgl. Kap. 4.3.3.
- Schadensersatzleistungen bei Verkehrsunfällen, wenn sich der Unfall auf einer beruflichen Fahrt ereignet hat und nicht durch Alkoholeinfluss verursacht wurde,
- eine Unfallversicherung und andere Versicherungen für die Reisezeit, insbesondere eine Reisegepäckversicherung, deren Versicherungsschutz sich auf die Reisen des Arbeitnehmers beschränkt[138],
- Übernahme der Prämien für eine Dienstreisekaskoversicherung durch den Arbeitgeber[139],
- der Wertverlust, der durch Diebstahl, Beschädigung und dergleichen beim persönlichen Reisegepäck während einer Reise eintritt.[140]

Telefonkosten

Nach der BFH-Rechtsprechung sind private Ferngespräche als Reisenebenkosten zu berücksichtigen, wenn sie während einer mindestens einwöchigen beruflichen Auswärtstätigkeit entstanden sind. Der BFH hat die nachgewiesenen Kosten für ein Telefonat pro Woche anerkannt. Die Finanzämter folgen der Rechtsprechung. Aufgrund längerer beruflicher Abwesenheit von mindestens einer Woche werden die eigentlich privaten Kosten der Lebensführung zu beruflich veranlassten Mehraufwendungen, weil insoweit die notwendigen privaten Angelegenheiten aus der Ferne nur im Wege der Telekommunikation geregelt werden können. Ein pauschaler Abzug für ein 15-minütiges Telefonat pro Woche vergleichbar der Regelung zur doppelten Haushaltsführung ist nicht vorgesehen.

Aufwendungen für **Besuchsfahrten eines Ehe- bzw. Lebenspartners** an den auswärtigen Einsatzort sind dagegen auch bei einer längerfristigen Auswärtstätigkeit – anders als bei einer doppelten Haushaltsführung (vgl. Kap. 7.3.1.6) – keine Werbungskosten. Umgekehrten Familienfahrten fehlt es an der beruflichen Veranlassung.[141]

Schadensersatz

Bei der Anerkennung von Wertverlusten beim **Reisegepäck** hat die Rechtsprechung ihre grundsätzliche Ablehnung zur Anerkennung von Schäden aufgegeben, die während einer Auswärtstätigkeit durch Diebstahl oder Beschädigung an privaten Gegenständen entstehen. Der Werbungskostenabzug ist in diesem Bereich aber weiterhin an enge Voraussetzungen geknüpft.[142] Steuerfreier Ersatz kommt

133 BMF, Schreiben v. 25.11.2020, IV C 5 – S 2353/19/10011 :006, BStBl 2020 I S. 1228, Rz. 129.
134 BFH, Urteil v. 5.7.2012, VI R 50/10, BStBl 2013 II S. 282.
135 BFH, Urteil v. 28.3.2012, VI R 48/11, BStBl 2012 II S. 926.
136 BMF, Schreiben v. 4.12.2012, IV C 5 – S 2353/12/10009, BStBl 2012 I S. 1249.
137 Sächsisches FG, Urteil v. 20.8.2015, 1 K 216/15.
138 BFH, Urteil v. 19.2.1993, VI R 42/92, BStBl 1993 II S. 519.
139 BMF, Schreiben v. 9.9.2015, IV C 5 – S 2353 – 11/10003, BStBl 2015 I S. 734.
140 BFH, Urteil v. 30.11.1993, VI R 21/92, BStBl 1994 II S. 256.
141 BFH, Urteil v. 22.10.2015, VI R 22/14, BStBl 2016 II S. 179.
142 BFH, Urteil v. 30.11.1993, VI R 21/92, BStBl 1994 II S. 256; BFH, Urteil v. 30.6.1995, VI R 26/95, BStBl 1995 II S. 744.

nur für Schäden an solchen Gegenständen infrage, deren Mitnahme nach Anlass und Dauer der Reise erforderlich ist. Weiterhin nicht begünstigt sind aus diesem Grund der Verlust von Abendkleidung oder hohen Geldbeträgen, die ausschließlich der Freizeitgestaltung im Rahmen der Auswärtstätigkeit dienen. Anders dürfte es sich bei den übrigen Bargeldbeträgen verhalten, mit denen die während der Reise anfallenden Kosten bestritten werden, z. B. für Unterbringung und Verpflegung. Soweit ein BFH-Urteil[143] den Verlust einer Geldbörse während einer beruflichen Auswärtstätigkeit stets dem Privatbereich zugeordnet hat, ist meines Erachtens hieran nicht festzuhalten. Der Verlust der Geldbörse dürfte im Hinblick auf diese neue Entscheidung anders als bislang begünstigt sein, falls der Arbeitnehmer von vornherein nur die für die berufliche Reise benötigten Barmittel mit sich führt.

Der steuerliche Ersatz ist nur für **reisetypische Schäden** zulässig. Zu den typischen Gefahren bei Reisen zählen insbesondere **Diebstahl-, Transport- oder Unfallschäden** hinsichtlich des Reisegepäcks. Wird dagegen gelegentlich während einer solchen Reise der Anzug beim Mittagessen verschmutzt, dürfen die entstehenden Reinigungskosten nicht steuerfrei vergütet werden.

Nachweis

Den Nachweis, dass es sich um einen reisetypischen Schaden handelt, muss der Arbeitgeber bzw. Arbeitnehmer führen. Bei einer Lohnsteuer-Außenprüfung kann die Vorlage einer polizeilichen Diebstahlsanzeige oder schriftlich geltend gemachter Schadensersatzansprüche gegenüber dem Beförderungsunternehmen verlangt werden.

Umfang der steuerfreien Vergütung

Der Höhe nach dürfen nur solche Schäden am Reisegepäck ersetzt werden, die der Arbeitnehmer ansonsten als Werbungskosten hätte abziehen dürfen (§ 3 Nr. 16 EStG). Die steuerfreie Vergütung setzt deshalb einen entsprechenden Kostennachweis voraus. Reparaturaufwendungen anlässlich eines reisetypischen Schadens dürfen nur insoweit steuerfrei ersetzt werden, als der Arbeitnehmer die entsprechenden Rechnungsbelege vorlegt. Bei Diebstahl tritt an ihre Stelle die Rechnung über den Kaufpreis der gestohlenen Gegenstände. Die Steuerbefreiung der Arbeitgeberleistung darf sich in diesen Fällen nur auf den Teil der Anschaffungs- oder Herstellungskosten erstrecken, der dem fiktiven Buchwert im Zeitpunkt des Diebstahls entspricht.

Beispiel

Einem Arbeitnehmer wurde am 31.5.2023 während einer beruflichen Auswärtstätigkeit das aus beruflichen Gründen mitgeführte Smartphone entwendet. Der Diebstahl wurde der Polizei gemeldet, die polizeiliche Diebstahlsanzeige liegt vor. Nach dem der Firma vorgelegten Rechnungsbeleg wurde dieses im Januar 2021 zu einem Kaufpreis von brutto 1.200 EUR angeschafft.

Ergebnis: Bei der Berechnung des fiktiven Buchwerts geht die Finanzverwaltung von einer 5-jährigen Nutzungsdauer aus (= 60 Monate). Im Zeitpunkt des Schadenseintritts berechnet sich folgender fiktiver Buchwert:

Anschaffungskosten (1.1.2021)	1.200 EUR
abzgl. AfA für 29 Monate (29/60 aus 1.200 EUR)	– 580 EUR
Fiktiver Buchwert	680 EUR

Der Arbeitnehmer kann den Diebstahlsverlust in Höhe von 680 EUR als Werbungskosten im Rahmen seiner jährlichen Einkommensteuererklärung geltend machen. Dies entspricht dem Teil der Anschaffungs- oder Herstellungskosten, der bei einer Verteilung auf die übliche Gesamtnutzungsdauer noch auf die Zeit nach dem Schadenseintritt entfällt.

143 BFH, Urteil v. 4.7.1986, VI R 227/83, BStBl 1986 II S. 771.

Übernimmt die Firma die Aufwendungen für **verloren gegangene oder beschädigte Reisegepäckstücke**, darf der Wertverlust steuerfrei ersetzt werden. Für die steuerfreie Reisekostenvergütung gelten insoweit dieselben Grundsätze wie für den Werbungskostenabzug.

Tipp

Der Abschluss einer **Reisegepäckversicherung** wäre eine kostengünstige Gestaltung, bei der die genannten strengen Maßstäbe und das damit verbundene Haftungsrisiko beim steuerfreien Reisekostenersatz nicht zu beachten sind und gleichwohl das bei Reisen mitgeführte Reisegepäck durch die Firma umfassend abgesichert ist. Schließt der Arbeitgeber eine dienstliche Reisegepäckversicherung für seine Arbeitnehmer ab, sind diese von den Kosten durch Verlust von beruflichem Reisegepäck freigestellt. Gleichzeitig sind die Prämienzahlungen lohnsteuerfrei, wenn sich der Versicherungsschutz auf berufliche Auswärtstätigkeiten beschränkt und nach den Versicherungsbestimmungen der Arbeitnehmer im Schadensfall unmittelbar anspruchsberechtigt gegenüber dem Versicherer ist.

Nicht abziehbare Nebenkosten

Zu den nicht abziehbaren Kosten gehören z. B. Aufwendungen

- für die Körperpflege,
- für sog. bürgerliche Kleidung, auch wenn die Kleidungsstücke ausschließlich beruflich genutzt werden oder einer besonders hohen Abnutzung unterliegen.[144] Nicht abziehbar sind nach herrschender Meinung auch Kleidungsstücke, die nur für eine Reise in ein Gebiet mit extremen klimatischen Bedingungen angeschafft werden,
- für die Anschaffung von Koffern und sonstigen Reiseutensilien wie Taschen, Wecker[145],
- Verwarnungs- und Bußgelder, die im Zusammenhang mit beruflichen Auswärtstätigkeiten verhängt werden,
- Krankenversicherungsbeiträge, auch wenn der zusätzliche Versicherungsschutz ausschließlich durch eine berufliche Reisetätigkeit im Ausland veranlasst ist, wie etwa die Beiträge zu einer Auslandskrankenversicherung,
- keine Reisenebenkosten sind die Aufwendungen für Essensgutscheine oder Wertbons von Raststätten bzw. Autohöfen[146], da zur Abgeltung der tatsächlichen Verpflegungskosten nur der Ansatz der Verpflegungspauschalen zulässig ist,
- Massagen, Minibar oder Pay-TV.

4.5 Reisekosten bei Aus- und Fortbildung

Die lohnsteuerlichen Reisekostenvorschriften gelten auch für auswärtige Aus- und Fortbildungsmaßnahmen, wenn diese im Rahmen eines Dienstverhältnisses oder als Ausfluss eines Dienstverhältnisses erfolgen.[147] Entscheidend ist, dass die Bildungsmaßnahme durch das Dienstverhältnis veranlasst ist und eine berufliche Auswärtstätigkeit darstellt, weil die Bildungseinrichtung nicht den Begriff der ersten Tätigkeitsstätte erfüllt. Insoweit gelten die unter Kap. 4.1, Kap. 4.2, Kap. 4.3 und Kap. 4.4 beschriebenen Grundsätze auch für den Besuch der jeweiligen auswärtigen Bildungseinrichtung.

Bildungsmaßnahme außerhalb des Dienstverhältnisses

Eine grundlegende Rechtsänderung ergibt sich für Bildungsmaßnahmen, die nicht Ausfluss eines bestehenden Dienstverhältnisses sind. Der Gesetzgeber legt im Rahmen der Reisekostenvorschriften im Wege der gesetzlichen Fiktion eine **Bildungseinrichtung als erste Tätigkeitsstätte** fest, wenn

144 BFH, Urteil v. 10.10.1986, VI R 12/83, BFH/NV 1987 S. 33.
145 FG Hamburg, Urteil v. 24.9.1987, EFG 1988 S. 67.
146 BMF, Schreiben v. 4.12.2012, IV C 5 – S 2353/12/10009, BStBl 2012 I S. 1249.
147 R 9.2 Abs. 2 LStR.

dies außerhalb eines Dienstverhältnisses zum Zweck eines Vollzeitstudiums oder einer vollzeitigen Bildungsmaßnahme aufgesucht wird (§ 9 Abs. 4 Satz 8 EStG). Die anderslautende Rechtsprechung, die auch in diesen Fällen den Besuch der Bildungseinrichtung als berufliche Auswärtstätigkeit entschieden hat, ist dadurch unbeachtlich.[148]

4.5.1 Steuerfreie Arbeitgebererstattung nur für Reisekosten

Inhaltlicher Bezug zum Dienstverhältnis

Für die reisekostenrechtliche Behandlung von Bildungsmaßnahmen an auswärtigen Fort- und Ausbildungseinrichtungen sind – wie bisher – **2 Fallgruppen** zu unterscheiden:

1. Maßgebend für die Anwendung der für berufliche Auswärtstätigkeiten maßgebenden Reisekostengrundsätze ist, dass ein inhaltlicher Bezug der Aus- bzw. Fortbildung zum bestehenden Dienstverhältnis besteht.[149]
2. Ist die Bildungsmaßnahme nicht Ausfluss des Dienstverhältnisses, sind die Fahrten zur auswärtigen Bildungseinrichtung mit den Fahrten zwischen Wohnung und erster Tätigkeitsstätte gleichzusetzen, für die ein steuerfreier Arbeitgeberersatz ausgeschlossen ist. Solche Fahrten fallen unter die Regelungen zur Entfernungspauschale. Fahrtkostenzuschüsse des Arbeitgebers sind insoweit lohnsteuerpflichtig und können nur in Höhe der Pendlerpauschale von 0,30 EUR pro Entfernungskilometer bzw. 0,38 EUR ab dem 21. Entfernungskilometer mit dem Pauschsteuersatz von 15 % pauschaliert werden (§ 40 Abs. 2 EStG). Sofern der Arbeitnehmer auswärts untergebracht ist, kommt eine Berücksichtigung der Kosten nach den Bestimmungen der doppelten Haushaltsführung in Betracht.

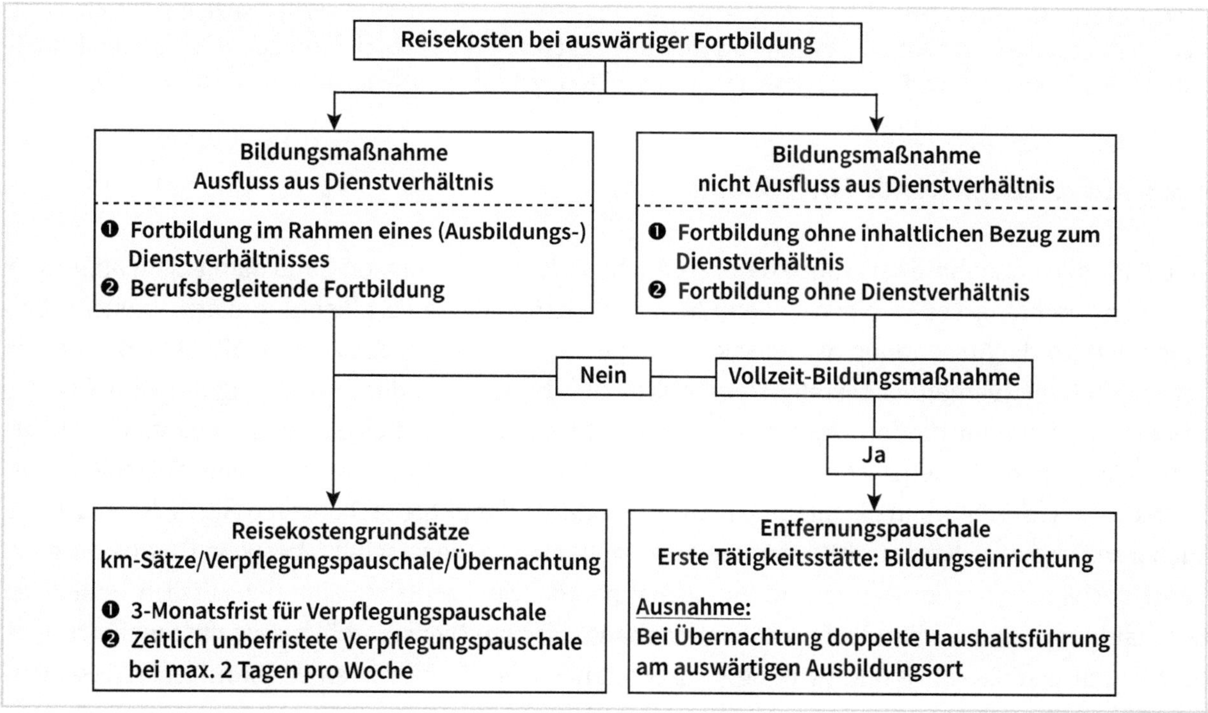

148 BFH, Urteil v. 9.2.2012, VI R 44/10, BFH/NV 2012 S. 854; BFH, Urteil v. 9.2.2012, VI R 42/11, BFH/NV 2012 S. 856.
149 BMF, Schreiben v. 25.11.2020, IV C 5 – S 2353/19/100 :006, BStBl 2020 I S. 1228, Rz. 33.

4.5.2 Fortbildung im Rahmen des (Ausbildungs-) Dienstverhältnisses

Bezug zum Dienstverhältnis

Aufwendungen, die dem Arbeitnehmer durch den Besuch einer auswärtigen Ausbildungs- oder Fortbildungsstätte entstehen, sind nach Reisekostengrundsätzen zu berücksichtigen, wenn die Bildungsmaßnahme Ausfluss des bestehenden Dienstverhältnisses ist.[150] Reisekostenregelungen gelten damit für Aus- und Fortbildungsmaßnahmen, die im Rahmen eines **konkreten Dienstverhältnisses** durchgeführt werden, also insbesondere wenn

- die Ausbildung Gegenstand des Dienstverhältnisses ist (sog. **Ausbildungsdienstverhältnis**) oder
- vom Arbeitgeber angeordnet worden ist.

Hierunter fallen insbesondere Fahrten zur Berufsschule, der Besuch von Berufsakademien sowie Kurse der Handwerkskammern im Rahmen von Ausbildungsdienstverhältnissen. Muss der Arbeitnehmer die berufliche Auswärtstätigkeit im Rahmen seiner Ausbildung unternehmen, gelten dieselben Grundsätze wie nach Abschluss der Ausbildung.[151]

Tipp

Findet die **Fortbildung** in den **Betriebsräumen** des Arbeitgebers statt, also am Ort der ersten Tätigkeitsstätte, liegt ausnahmsweise keine begünstigte berufliche Auswärtstätigkeit vor.[152] Für diese Fahrten gilt die **Entfernungspauschale** von 0,30 EUR für die ersten 20 Entfernungskilomete bzw. 0,38 EUR ab dem 21. Entfernungskilometer, die allerdings auf eine Fahrt pro Arbeitstag begrenzt ist. Muss der Arbeitnehmer wegen der Fortbildungsmaßnahme die regelmäßige Arbeitsstätte an einem Tag 2-mal aufsuchen, ist gleichwohl nur eine Fahrt pro Arbeitstag mit 0,30 EUR (0,38 EUR ab dem 21. Entfernungskilometer) pro Entfernungskilometer als Werbungskosten abzugsfähig. Der Fahrtkostenabzug für Fortbildungsmaßnahmen am Ort der ersten Tätigkeitsstätte kommt demnach nur in Betracht, wenn die Veranstaltung an arbeitsfreien Tagen stattfindet, also z. B. am Wochenende.[153] Der steuerfreie Arbeitgeberersatz ist in diesen Fällen ausgeschlossen. Sofern die Firma die Fahrtkostenerstattung bis zur Höhe der Entfernungspauschale mit dem Pauschsteuersatz von 15 % pauschaliert, darf der Arbeitnehmer keine Werbungskosten abziehen (§ 40 Abs. 2 Satz 3 EStG).

4.5.3 Berufsbegleitende Fortbildung

Eine Bildungsmaßnahme kann auch dann als Ausfluss der Berufstätigkeit – und damit nicht außerhalb des Dienstverhältnisses erfolgen –, wenn keine arbeitsrechtliche Verpflichtung hierzu besteht. Entscheidend für die Anwendung der Reisekostenregelungen ist allein, dass ein **inhaltlicher Bezug** zum konkreten Dienstverhältnis besteht. Unerheblich ist, ob die Aus- oder Fortbildung auf Veranlassung des Arbeitgebers stattfindet. Besucht ein Arbeitnehmer neben seiner Berufstätigkeit einen Fortbildungskurs, z. B. nach Dienstschluss oder an den Wochenenden, führt er ebenfalls eine dienstliche Auswärtstätigkeit durch, wenn die Bildungsmaßnahme durch das aktuelle Dienstverhältnis veranlasst ist, auch wenn er diesen Kurs ohne Wissen des Arbeitgebers nach Dienstschluss besucht. Gerade bei einer Berufsausbildungs- oder Berufsfortbildungsmaßnahme, die berufsbegleitend zusätzlich neben der Beschäftigung, aber im beruflichen Zusammenhang mit dem Dienstverhältnisses durchgeführt wird, bestimmen sich die Fahrt- und Verpflegungskosten nach den Grundsätzen der beruflichen Auswärtstätigkeit, wenn der Arbeitnehmer anlässlich einer **berufsbegleitenden Fortbildung** eine außerhalb seiner betrieblichen Einrichtung (»erste Tätigkeitsstätte«) gelegene Aus- oder Fortbildungsstätte auf-

150 BFH, Urteil v. 9.2.2012, VI R 42/11, BFH/NV 2012 S. 856.
151 BFH, Urteil v. 4.5.1990, VI R 93/86, BStBl 1990 II S. 859; BFH, Urteil v. 4.5.1990, VI R 156/86, BStBl 1990 II S. 861.
152 BFH, Beschluss v. 11.9.2003, VI B 101/03, BStBl 2003 II S. 893.
153 BFH, Urteil v. 26.2.2003, VI R 30/02, BStBl 2003 II S. 495.

sucht. Unerheblich für die Anwendung der Reisekostenregelungen ist danach, ob die Aus- oder Fortbildung während der Dienstzeit oder aber in der Freizeit am Abend bzw. am Wochenende stattfindet.[154]

4.5.4 3-Monatsfrist für Verpflegungskosten

Reisekostenabzug

Besucht ein Arbeitnehmer im Rahmen eines (Ausbildungs-)Dienstverhältnisses oder als Ausfluss des konkreten Dienstverhältnisses berufsbegleitend eine auswärtige Bildungseinrichtung über einen längeren Zeitraum, erkennt das Finanzamt für die **Gesamtdauer** der Ausbildungsmaßnahme **Reisekosten** an.[155] Für die Gesamtdauer der auswärtigen Aus- und Fortbildung können die **Fahrtkosten** (0,30 EUR pro gefahrenem Kilometer) und ggf. Übernachtungskosten nach den Reisekostenvorschriften steuerfrei ersetzt bzw. als Werbungskosten abgezogen werden. Lediglich für die Verpflegungsmehraufwendungen ist die 3-Monatsfrist weiter zu beachten (§ 9 Abs. 4a EStG).

Beispiel

Ein überbetrieblicher Ausbildungsabschnitt eines Handwerklehrlings an der Handwerkskammer erstreckt sich über 4 Monate.

Ergebnis: Im Fall einer Ausbildung, die mit einem planmäßigen Wechsel der Ausbildungsstätte verbunden ist, ist der Betrieb bereits aufgrund der zeitlichen Grenzen (mindestens 1/3 der vereinbarten regelmäßigen Arbeitszeit oder 2 volle Arbeitstage wöchentlich oder arbeitstäglich) der an der betrieblichen Einrichtung zu leistenden arbeitsvertraglichen Arbeitszeit (quantitatives Zuordnungsprinzip) als erste Tätigkeitsstätte anzusehen, auch wenn der einzelne Ausbildungsabschnitt an einer Schule oder sonstigen auswärtigen Ausbildungseinrichtung länger als 3 Monate dauert.[156] Der Besuch der Handwerkskammer stellt deshalb eine erste Tätigkeitsstätte dar. Abgesehen von Verpflegungskosten dürfen für die gesamten 4 Monate, die der Auszubildende während eines Ausbildungsabschnitts an der überbetrieblichen Ausbildungseinrichtung verbringt, steuerfreie Reisekosten gewährt werden. Da die Bildungsmaßnahme eine 5-Tage-Woche umfasst (vgl. Kap. 4.5.5), ist nach Ablauf von 3 Monaten der Ansatz der Verpflegungspauschbeträge dagegen gesetzlich ausgeschlossen.

Duale Hochschule

Dieselbe Lösung ergibt sich für den Besuch einer dualen Hochschule. Bei einer Ausbildung an einer dualen Hochschule (sog. Berufsakademie) stellt der Betrieb die erste Tätigkeitsstätte des Auszubildenden dar, mit dem dieser ein **Ausbildungsdienstverhältnis** abgeschlossen hat. Da die Ausbildung im dualen System erfolgt, sich in mehrmonatige Abschnitte unterteilt, die der Studierende im Rahmen seines Ausbildungsdienstverhältnisses ausschließlich im Betrieb und ausschließlich an der Berufsakademie zubringt, findet auch hier die gesetzliche 3-Monatsfrist für die Gewährung von Verpflegungsmehraufwendungen Anwendung. Im Übrigen stellen die Fahrten zur Berufsakademie während des jeweiligen Studienabschnitts **zeitlich unbegrenzt** eine reisekostenrechtlich begünstigte berufliche Auswärtstätigkeit dar.

4.5.5 2-Tage-Regelung bei längerfristigen Fortbildungsmaßnahmen

Auswärtige Einrichtung

Die **3-Monatsfrist**, die den Reisekostenansatz von Verpflegungsmehraufwendungen bei einer längeren Auswärtstätigkeit am selben auswärtigen Beschäftigungsort auf einen Zeitraum von längstens 3 Monaten begrenzt, hat nur Gültigkeit, wenn der Arbeitnehmer an mehr als 2 Tagen wöchentlich

154 BFH, Urteil v. 10.4.2008, VI R 66/05, BStBl 2008 II S. 825.
155 Ebenso BFH, Urteil v. 10.4.2008, VI R 66/05, BStBl 2008 II S. 825.
156 BFH, Urteil v. 4.5.1990, VI R 93/86, BStBl 1990 II S. 859.

den auswärtigen Tätigkeitsort aufsucht (vgl. Kap. 4.2.3). Die **2-Tage-Regelung** bewirkt, dass dieselbe Auswärtstätigkeit nicht mehr vorliegt, wenn der auswärtige Arbeitsort an nicht mehr als 2 Tagen pro Woche aufgesucht wird. Aufgrund der Vereinfachungsregelung ist damit auch bei Fahrten zu einer auswärtigen Aus- und Fortbildungseinrichtung die 3-Monatsfrist nur zu prüfen, wenn die Bildungsmaßnahme an der auswärtigen Einrichtung mindestens 3 Tage pro Woche umfasst. Dagegen können Verpflegungsmehraufwendungen über die 3-Monatsfrist hinaus in Anspruch genommen werden, wenn der Arbeitnehmer die Aus- oder Fortbildungsstätte an nicht mehr als 2 Tagen wöchentlich aufsucht. Hier stellt jede Fahrt für sich eine eigenständig zu beurteilende berufliche Auswärtstätigkeit dar, auch nach Ablauf von 3 Monaten.

Beispiel

Eine Steuerfachwirtin besucht auf Wunsch ihres Arbeitgebers neben ihrer täglichen Arbeit Wochenendkurse zur Vorbereitung auf die Steuerberaterprüfung. Jeweils Freitagabend und samstags fährt sie ein Jahr lang mit ihrem Pkw von zu Hause zum auswärtigen Unterrichtsort.

Ergebnis: Die Fahrten zu den Wochenendkursen stellen für jeden einzelnen Unterrichtstag eine eigene berufliche Auswärtstätigkeit dar. Anders als beim Blockunterricht kann die Steuerfachwirtin nicht nur für die Gesamtdauer der Fortbildungsmaßnahme ein steuerfreies Kilometergeld von 0,30 EUR je gefahrenem Kilometer von ihrem Arbeitgeber erhalten. Da die Abwesenheit von der Wohnung am Samstag jeweils 9 Stunden beträgt, kann sie zudem für sämtliche Samstage des Einjahreszeitraums die steuerfreie Verpflegungspauschale von 14 EUR (8-stündige Abwesenheit) in Anspruch nehmen.

Würden im Beispiel die Unterrichtstage überwiegen, hätten also mindestens 3 Kurstage pro Woche stattgefunden, ist die gesamte Ausbildung als dieselbe berufliche Auswärtstätigkeit zu beurteilen. Wie beim Blockunterricht ist damit nach Ablauf von 3 Monaten der Reisekostenabzug für die Verpflegungsmehraufwendungen ausgeschlossen.

Berufsschulunterricht

Für den Unterricht an Berufsschulen im Rahmen eines Dienstverhältnisses mit einem Ausbildungsbetrieb sind aus diesem Grund **2 Sachverhalte zu unterscheiden**:

1. Erfolgt die Ausbildung an der Berufsschule als **Blockunterricht,** z. B. zusammenhängend 4 Monate, liegt für die Gesamtdauer des jeweiligen Blockunterrichts eine berufliche Auswärtstätigkeit vor, für die ab dem 4. Monat keine Verpflegungsmehraufwendungen an Berufsschultagen gewährt werden kann.
2. Findet der **Berufsschulunterricht** nur an **1 oder 2 Arbeitstagen wöchentlich** statt, liegen unabhängig von der Gesamtdauer der Berufsschulzeit an den einzelnen Unterrichtstagen stets getrennte berufliche Auswärtstätigkeiten vor. Überwiegen dagegen die Tage des Berufsschulunterrichts in der Woche, d. h. umfasst der Unterricht mindestens 3 Tage, ist wie im Fall des Blockunterrichts nach Ablauf der ersten 3 Monate der Abzug von Verpflegungskosten ausgeschlossen.

Vollzeit- oder Teilzeitbildungsmaßnahme

Ist die Aus- oder Fortbildungsmaßnahme **nicht Ausfluss des Dienstverhältnisses** mit der Folge, dass die Bildungseinrichtung außerhalb des Dienstverhältnisses aufgesucht wird, z. B. bei einer Umschulung oder einem Zweitstudium, ist zwischen Vollzeitstudium sowie anderen vollzeitigen Bildungsmaßnahmen einerseits und den »Teilzeitaus- und Fortbildungsmaßnahmen« andererseits zu unterscheiden. Die Aus- und Fortbildung erfolgt immer dann außerhalb des Dienstverhältnisses, wenn der Arbeitnehmer während der Fortbildungsmaßnahme nicht in einem Dienstverhältnis steht, z. B. weil er arbeitslos ist, oder wenn das Dienstverhältnis ruht. Zusätzlich ist zu prüfen, ob es sich um eine »Vollzeitbildungsmaßnahme« handelt.

4.5.6 Bildungseinrichtung als erste Tätigkeitsstätte

Der Gesetzgeber legt auch eine Bildungseinrichtung als erste Tätigkeitsstätte fest, die außerhalb eines Dienstverhältnisses zum Zweck eines Vollzeitstudiums oder einer vollzeitigen Bildungsmaßnahme aufgesucht wird (§ 9 Abs. 4 Satz 8 EStG). Dabei kommt es nach Auffassung der Finanzverwaltung, die von der Rechtsprechung zwischenzeitlich bestätigt worden ist, nicht auf die Dauer der vollzeitigen Weiterbildung an (vgl. Kap. 3.1.12).[157] Die Dauer einer Bildungsmaßnahme ist für die Einordnung einer Bildungseinrichtung als erste Tätigkeitsstätte nach den gesetzlichen Reisekostenbestimmungen unerheblich, sofern es sich um eine vollzeitige Bildungsmaßnahme außerhalb eines Dienstverhältnisses handelt. In seiner Entscheidung hat der BFH die gesetzliche Fiktion der ersten Tätigkeitsstätte für vollzeitige Bildungsmaßnahmen für den Sachverhalt bejaht, dass der Arbeitnehmer die Bildungseinrichtung für einen kurzzeitigen Zeitraum von 4 Monaten aufsucht.

Auslandssemester, Praxissemester

Muss der Steuerpflichtige im Rahmen einer Vollzeit-Bildungsmaßnahme, z. B. während eines Studiums nach der Studienordnung teilweise seine Ausbildung an einer anderen Hochschule absolvieren, indem er ein **Auslandssemester** ableistet, wird dadurch keine neue (weitere) erste Tätigkeitsstätte begründet. Für die Dauer der auswärtigen Ausbildung liegt eine **berufliche Auswärtstätigkeit** vor, wenn der Studierende währenddessen weiterhin seiner bisherigen Bildungseinrichtung zugeordnet bleibt. Unterkunfts- und Verpflegungskosten, die durch den Besuch der ausländischen Universität entstehen, können nach den für Reisekosten geltenden Bestimmungen als Werbungskosten abgezogen werden.[158] Dasselbe gilt für Studierende, die während ihrer Ausbildung ein **Praxissemester** oder ein Praktikum an einem anderen Tätigkeitsort absolvieren und dabei ein Dienstverhältnis begründen. Der Werbungskostenabzug bestimmt sich für die Zeit der praktischen Ausbildung nach den für berufliche Auswärtstätigkeiten geltenden **Reisekostenvorschriften**.

Fahrtkosten

Die Fahrten zur Bildungseinrichtung als erste Tätigkeitsstätte fallen damit unter die Regeln der **Entfernungspauschale**. Anders als bei den sog. Treffpunkt- bzw. Sammelfahrten (vgl. Kap. 4.1.3) beschränkt sich die gesetzliche Fiktion nicht nur auf die Fahrtkosten, sondern umfasst die Bildungseinrichtung als erste Tätigkeitsstätte. Der Besuch der auswärtigen Ausbildungsstätte stellt deshalb keine berufliche Auswärtstätigkeit dar. Der Ansatz von Reisekosten ist insgesamt ausgeschlossen. Eine weitergehende Berücksichtigung der Kosten kommt nur im Rahmen einer **doppelten Haushaltsführung** in Betracht, sofern der Steuerpflichtige auswärts untergebracht ist.

Beispiel

Der Schreinergeselle H wohnt und arbeitet in Freiburg. Zum 31.12.2022 beendet er sein Arbeitsverhältnis zum Besuch eines Vollzeitmeisterkurses. Von Januar bis Dezember 2023 fährt er täglich mit dem eigenen Pkw zur Handwerkskammer in Offenburg (Entfernung 60 km).

Ergebnis: Die Weiterbildung zum Meister wird der Fortbildung und damit dem Bereich der Werbungskosten zugerechnet. Während die Kursgebühren und Arbeitsmittel abzugsfähig sind, beurteilt sich die Höhe der übrigen Werbungskosten nicht nach (Dienst-)Reisegrundsätzen. Die Meisterschule in Offenburg stellt kraft gesetzlicher Fiktion eine erste Tätigkeitsstätte für die Gesamtdauer der Fortbildungsmaßnahme dar. Die Fahrten zur Bildungseinrichtung können nur in Höhe der Entfernungspauschale also pro Tag mit 21,60 EUR (0,30 EUR × 20 km + 0,38 EUR x 40 km) berücksichtigt werden. Verpflegungsmehraufwendungen sind nicht abzugsfähig, auch soweit der Arbeitnehmer länger als 8 Stunden von zu Hause abwesend ist.

157 BFH, Urteil v. 14.5.2020, VI R 24/18, BStBl 2020 II S. 770.
158 BFH, Urteil v. 14.5.2020, VI R 3/18, BStBl 2021 II S. 302.

Dieselbe Lösung ergibt sich im vorigen Beispiel, wenn der Arbeitnehmer während der Fortbildungsmaßnahme in einem Dienstverhältnis steht, das während der Fortbildungsmaßnahme ruht. Praktischer Anwendungsfall ist, dass der Arbeitnehmer zum Besuch eines Meisterkurses **ohne Bezüge beurlaubt** ist. Hier besteht im Normalfall ein inhaltlicher Bezug zum konkreten (ruhenden) Dienstverhältnis. Der Werbungskostenabzug bestimmt sich deshalb nach den Grundsätzen der Entfernungspauschale. Der Ansatz von Verpflegungspauschalen ist ausgeschlossen.

Vollzeitbildungsmaßnahme

Die Abgrenzung des Begriffs »Vollzeitbildungsmaßnahme« nimmt die Finanzverwaltung nach dem Umfang einer etwaigen daneben ausgeübten Erwerbstätigkeit vor. Es gilt dieselbe für über 18 Jahre alte Kinder getroffene Regelung, die nach Abschluss einer erstmaligen Berufsausbildung nur noch eine Berücksichtigung zulässt, wenn das Kind einer eingeschränkten Erwerbstätigkeit nachgeht (§ 32 Abs. 4 Satz 2 und 3 EStG). Ein Vollzeitstudium oder eine vollzeitige Bildungsmaßnahme liegt insoweit vor, wenn der Steuerpflichtige im Rahmen seines Studiums oder im Rahmen der Bildungsmaßnahme für einen Beruf ausgebildet wird und daneben entweder **keiner Erwerbstätigkeit** nachgeht oder während der gesamten Ausbildung nur eine **Erwerbstätigkeit mit durchschnittlich bis zu 20 Stunden** regelmäßiger wöchentlicher Arbeitszeit oder einen Minijob (§§ 8, 8a SGB IV) ausübt.

Nebenjob während Bildungsmaßnahme

Besucht ein Steuerpflichtiger im Rahmen einer Bildungsmaßnahme, die **nicht Ausfluss aus einem bestehenden Dienstverhältnis** ist, eine auswärtige Bildungseinrichtung und übt er daneben eine Erwerbstätigkeit aus, die während der gesamten Dauer des Studiums oder der Bildungsmaßnahme eine durchschnittliche Arbeitszeit **von mehr als 20 Wochenstunden** umfasst, findet die gesetzliche Fiktion keine Anwendung. Die auswärtige Bildungseinrichtung wird nicht kraft Gesetz zur ersten Tätigkeitsstätte. Insoweit gilt die bisherige Rechtsauslegung, nach der eine Bildungseinrichtung außerhalb eines bestehenden Dienstverhältnisses **keine erste Tätigkeitsstätte** sein kann. Bzgl. der Gesamtdauer der Ausbildungsmaßnahme liegt eine berufliche Auswärtstätigkeit vor. Infrage kommen alle Sachverhalte, bei denen der Charakter einer Vollzeitbildungsmaßnahme durch den Umfang (20-Stundengrenze, mehr als ein Minijob) einer gleichzeitig ausgeübten Erwerbstätigkeit ausgeschlossen ist. Ein denkbarer Anwendungsfall ist, dass ein gelernter Einzelhandelskaufmann seine eigentliche Berufstätigkeit aufgibt und ein 3-jähriges BWL-Bachelor-Studium absolviert, gleichzeitig aus finanziellen Gründen während der Gesamtzeit des Studiums im Durchschnitt mehr als 20 Wochenstunden arbeitet. Durch die umfangreiche Erwerbstätigkeit verliert das Studium nach der gesetzlichen Vorgabe den Charakter einer vollzeitigen Bildungsmaßnahme. Der Werbungskostenabzug für die Wege zwischen Wohnung und Ausbildungsstätte bestimmt sich nach Reisekostengrundsätzen. Für die ersten 3 Monate der beruflichen Tätigkeit an der Bildungsstätte dürfen die gesetzlichen Verpflegungspauschbeträge angesetzt werden.

Beispiel

Der Schreinergeselle H wohnt und arbeitet in Freiburg. In 2023 beendet er sein Arbeitsverhältnis zum Besuch eines Meisterkurses. Von Januar bis Dezember 2023 fährt er 3 Tage (mittwochs bis freitags) zur Handwerkskammer in Offenburg (Entfernung 60 km). Zur Finanzierung seiner Fortbildung hat er in einem Industriebetrieb eine Schichtarbeit von Samstag bis Dienstag (30 Wochenstunden) angenommen.

Ergebnis: Die Meisterschule in Offenburg stellt für die Gesamtdauer der Fortbildungsmaßnahme keine erste Tätigkeitsstätte dar. Die gesetzliche Fiktion findet keine Anwendung, da aufgrund der umfangreichen Erwerbstätigkeit keine vollzeitige Bildungsmaßnahme gegeben ist. Die Höhe der abzugsfähigen Aufwendungen beurteilt sich im Einklang mit der Rechtsprechung nach (Dienst-)Reisegrundsätzen. Die Fahrten zur Bildungseinrichtung können in tatsächlicher Höhe, bei Benutzung eines Pkw mit dem Kilometersatz von 0,30 EUR pro gefahrenem Kilometer, also pro Tag mit 36 EUR (= 0,30 EUR × 60 km × 2) berücksichtigt werden. Verpflegungsmehraufwendungen sind in Höhe von 14 EUR abzugsfähig, wenn der Arbeitnehmer mehr 8 Stunden von zu Hause abwesend ist. Die 3-Monatsfrist ist zu beachten: Ab dem 4. Kursmonat ist der Ansatz von Verpflegungspauschalen ausgeschlossen (vgl. Kap. 4.5.4).

Fernstudium

Bei einem **Fernstudium**, das aufgrund der daneben ausgeübten Erwerbstätigkeit (mehr als 20 Wochenstunden oder mehr als ein Minijob) nicht die gesetzlichen Voraussetzungen einer Vollzeitbildungsmaßnahme erfüllt, sind Reisekostengrundsätze für die gelegentlichen Fahrten zu den auswärtigen Ausbildungsorten anzuwenden, etwa zu Lerngemeinschaften oder an die Universität.[159]

Das Niedersächsische FG verneint auch bei einem **Teilzeitstudium** ohne gleichzeitige Erwerbstätigkeit das Vorliegen eines **Vollzeitstudiums** bzw. einer vollzeitigen Bildungsmaßnahme. Dies hat zur Folge, dass Fahrtkosten nach Reisekostengrundsätzen und nicht mit der begrenzten Entfernungspauschale zu berücksichtigen sind.[160]

4.6 Geschäftsreisen bei Selbstständigen

Die gesetzlichen Reisekostenvorschriften sind seit 2014 auch bei der betrieblichen Gewinnermittlung von Selbstständigen anzuwenden, insbesondere die Höhe der als Betriebsausgabe abziehbaren Reisekostensätze bestimmt sich nach den zu Kap. 4.1 bis Kap. 4.4 dargestellten Regelungen. Die Ausführungen zu beruflichen Auswärtstätigkeiten von Arbeitnehmern gelten dem Prinzip nach in gleicher Weise, wenn der selbstständige Gewerbetreibende oder Freiberufler eine geschäftliche Reise unternimmt. Zur begrifflichen Unterscheidung verwendet man hierfür die Bezeichnung »Geschäftsreise«. Eine Geschäftsreise liegt vor, wenn der Selbstständige eine vorübergehende geschäftliche Auswärtstätigkeit außerhalb seines Betriebs, seiner Praxis oder sonstigen Betriebsstätte und seiner Wohnung unternimmt.

Erste Betriebsstätte

Ein wesentlicher Unterschied besteht hinsichtlich des Begriffs des dauerhaften Tätigkeitsmittelpunkts, der für die Abgrenzung von Innen- und Außentätigkeit bei Selbstständigen verwendet wird. Bisher folgte der Begriff der »regelmäßigen Arbeitsstätte« anderen Kriterien als der Begriff der »Betriebsstätte« bei Selbstständigen. Diese Unterschiede sind im Sinne der **Gleichbehandlung von Arbeitnehmer und Selbstständigen** durch ein BMF-Schreiben zur steuerlichen Berücksichtigung von Reisekosten bei der Gewinnermittlung beseitigt worden.[161] Nach dem Verwaltungserlass zur Anwendung des Reisekostenrechts 2014 bei der betrieblichen Gewinnermittlung wurde der reisekostenrechtliche **Begriff der Betriebsstätte** (§ 4 Abs. 5 Satz 1 Nr. 6 EStG) an die Definition der ersten Tätigkeitsstätte angepasst. Er unterscheidet sich vom Betriebsstättenbegriff des § 12 der Abgabenordnung. Der selbstständige Gewerbetreibende oder Freiberufler kann nach der Verwaltungsanweisung pro Betrieb ebenfalls maximal eine erste Betriebsstätte haben, die darüber entscheidet, ob die Fahrten nach den Regeln der Entfernungspauschale bzw. bei einer Tätigkeit außerhalb der ortsfesten betrieblichen Einrichtung nach Reisekostengrundsätzen abgerechnet werden dürfen. Ein häusliches Arbeitszimmer kann wie bei Arbeitnehmern keine erste Betriebsstätte begründen. Zu den Abgrenzungskriterien des Betriebsstättenbegriffs im Einzelnen, vgl. Kap. 3.1.11.

Die einschränkenden Regelungen des Gesetzgebers im Bereich der lohnsteuerlichen Reisekosten sind ebenfalls zu beachten. Insbesondere ist der Abzug von Verpflegungskosten als Betriebsausgabe

159 BFH, Urteil v. 29.4.2003, VI R 86/99, BStBl 2003 II S. 749.
160 Niedersächsisches FG, Urteil v. 16.2.2022, 4 K 113/20, EFG 2022 S. 841, Rev. beim BFH unter Az. VI R 7/22.
161 BMF, Schreiben v. 23.12.2014, IV C 5 – S 2145/10/10005 :0001, BStBl 2015 I S. 26.

auf die gesetzlichen Pauschbeträge begrenzt (§ 4 Abs. 5 Nr. 5 EStG), für die eine 2-stufige (zeitliche und betragsmäßige) Staffelung von 14 EUR bzw. 28 EUR bei inländischen Geschäftsreisen gilt. Ebenso greift die Vereinfachung für An- und Abreisetage, bei denen es auf die zeitliche Abwesenheit nicht mehr ankommt. Die zulässigen Reisekostensätze für Geschäftsreisen von Selbstständigen können deshalb ebenfalls den **Tabellen 1 bis 5** entnommen werden. Darüber hinausgehende Kosten sind als nicht abziehbare Betriebsausgaben zu verbuchen. Dies gilt auch für Auslandsreisen, für die der Betriebskostenabzug nur in Höhe der Auslandstagegelder zulässig ist (vgl. **Tabelle 2**).

Beispiel

Eine Unternehmerin beginnt ihre Geschäftsreise am Dienstag um 14 Uhr und kehrt am Freitag um 14:30 Uhr in ihren Betrieb zurück. Der Reisekostenstelle der Firma legt sie Spesenbelege über 119 EUR (inkl. 19 EUR Umsatzsteuer) vor.

Ergebnis: Für die 4-tägige Geschäftsreise kann sie folgende Pauschbeträge als Betriebsausgabe abziehen:

Dienstag (Anreisetag)	14 EUR
Mittwoch und Donnerstag je 24-stündige Abwesenheit	56 EUR
Freitag (Rückreisetag)	14 EUR
Gesamt	84 EUR

Der übersteigende Betrag in Höhe von 16 EUR (119 EUR - 19 EUR Vorsteuer - 84 EUR) stellt eine nicht abziehbare Betriebsausgabe dar (§ 4 Abs. 5 Nr. 5 EStG).

Mahlzeitenkürzung

Ein wesentlicher, sachlich bedingter Unterschied liegt darin, dass unentgeltlich vom Arbeitgeber zur Verfügung gestellte Mahlzeiten bei Selbstständigen in tatsächlicher Hinsicht ausgeschlossen sind. Das Prinzip der Unentgeltlichkeit kann bei diesem Personenkreis auch bei der »Selbstbewirtung« nicht zum Tragen kommen. Eine Kürzung der Verpflegungspauschbeträge unter dem Gesichtspunkt der Arbeitgeberbewirtung scheidet deshalb bei Geschäftsreisen aus. Anders als beim Arbeitnehmer sind die Verpflegungsspesen nicht um 20 % bzw. 40 % zu kürzen. Dies gilt erst recht, wenn die Mahlzeit im Rahmen einer geschäftlichen Bewirtung von dritter Seite zur Verfügung gestellt wird.

Übernachtungskosten

Auch für Selbstständige ist der Betriebsausgabenabzug von Übernachtungskosten bei Geschäftsreisen an den belegmäßigen Einzelnachweis geknüpft. Wie bei Arbeitnehmern (vgl. Kap. 4.3) dürfen für Übernachtungen keine Pauschbeträge (vgl. **Tabelle 5**) mehr abgezogen werden. Auch bei Auslandsgeschäftsreisen sind nur die tatsächlichen Übernachtungskosten als Betriebsausgaben abziehbar.

Zu beachten sind aber die vom Ertragssteuerrecht abweichenden Regelungen beim Vorsteuerabzug.

Beispiel

Ein Unternehmer hat im Rahmen einer Geschäftsreise übernachtet. Die ordnungsgemäß auf sein Unternehmen ausgestellte Rechnung lautet wie folgt:

Übernachtung 7 %	100,00 EUR
Frühstück 19 %	20,00 EUR
Summe	120,00 EUR
USt 7 % auf 100 EUR	7,00 EUR
USt 19 % auf 20 EUR	3,80 EUR
Rechnungsbetrag	130,80 EUR

Ergebnis:

Die Kosten für die Übernachtung sind in voller Höhe als Betriebsausgaben abzugsfähig, es besteht voller Vorsteuerabzug (7,00 EUR). Die Kosten für das Frühstück sind nichtabzugsfähig, dafür kann der Tagessatz von 2 x 14 EUR als Betriebsausgabe abgesetzt werden. Aus dem Frühstück besteht jedoch Vorsteuerabzug in voller Höhe.

Der notwendige Buchungssatz ist daher kompliziert (SKR 03):

107,00 EUR	806680/1800
3,80 EUR	1406/1800
20,00 EUR	2100/1800
28,00 EUR	106674/2180

5 Steuerfreie Erstattungen durch den Arbeitgeber

Die in Kap. 3 dargestellten steuerlichen Reisekostenvorschriften gelten in gleicher Weise für den **steuerfreien Arbeitgeberersatz** von Reisekosten. Die 2-stufige Zeitstaffelung ist hier ebenso zu beachten, wie die Kürzungsvorschrift, wenn der Arbeitnehmer anlässlich beruflicher Auswärtstätigkeiten von seinem Arbeitgeber unentgeltliche Mahlzeiten erhält (vgl. Kap. 4.2.4). Der steuerfreie Arbeitgeberersatz ist gesetzlich geregelt in § 3 Nr. 13 EStG für den öffentlichen Dienst und in § 3 Nr. 16 EStG für Arbeitgeber der Privatwirtschaft. Im Folgenden sind ausschließlich die Besonderheiten des steuerfreien Arbeitgeberersatzes behandelt, die gegenüber dem Werbungskostenabzug beim Arbeitnehmer zu beachten sind.

5.1 Umfang der Steuerfreiheit

Der Arbeitgeber kann seinen Arbeitnehmern anlässlich einer beruflichen Auswärtstätigkeit grundsätzlich die gleichen Beträge steuerfrei erstatten, die der Arbeitnehmer als Werbungskosten geltend machen könnte (§§ 3 Nr. 13, 16 EStG). Hinzu kommt der steuerfreie Fahrtkostenersatz mit öffentlichen Verkehrsmitten für die Wegstrecke zwischen Wohnung und erster Tätigkeitsstätte (vgl. Kap. 5.1). Das lohnsteuerliche Reisekostenrecht kennt nur wenige Abweichungen, die meist das Ziel verfolgen, die Reisekostenabrechnung bzw. den Lohnsteuerabzug durch den Arbeitgeber zu vereinfachen.

Tipp

Meist ist es für Arbeitgeber und Arbeitnehmer günstiger, diese Aufwendungen steuerfrei zu erstatten und Zuschüsse für Fahrten zwischen Wohnung und erster Tätigkeitsstätte mit dem eigenen Pkw pauschal zu versteuern, als einen entsprechend höheren steuerpflichtigen Bruttoarbeitslohn zu versteuern. Zum einen unterliegen die steuerfreien Erstattungen sowie die pauschal versteuerten Zuschüsse regelmäßig nicht der Sozialversicherungspflicht. Zum anderen kann der Arbeitnehmer den Werbungskostenpauschbetrag von 1.230 EUR in Anspruch nehmen, wenn ihm sein Arbeitgeber sämtliche Werbungskosten steuerfrei erstattet bzw. Zuschüsse pauschal versteuert. Muss der Arbeitnehmer dagegen Aufwendungen selbst tragen und als Werbungskosten geltend machen, geht ihm der Pauschbetrag verloren.

Reisekosten können im Rahmen der lohnsteuerlichen Sätze auch dann steuerfrei bleiben, wenn sie in Form der **Barlohnumwandlung** durch den Arbeitnehmer finanziert werden.[1] Aufgrund der im Normalfall bestehenden arbeitsrechtlichen Pflicht, Mehraufwendungen, die dem Arbeitnehmer anlässlich von Auswärtstätigkeiten entstehen, durch die Firma zu übernehmen, wird der Entscheidung nur geringe praktische Bedeutung zukommen. Im Übrigen führt eine solche Gestaltung auch bei der Sozialversicherung nicht zur Beitragsfreiheit, wenn sie der Arbeitnehmer aus den laufenden Bezügen finanzieren muss (§ 1 SvEV).

5.1.1 Besonderheiten beim steuerfreien Arbeitgeberersatz

Der Umfang der Steuerfreiheit der Reisekostenvergütungen ist an die Höhe der als Werbungskosten abziehbaren Beträge geknüpft. In bestimmten Fällen gelten bei der Lohnabrechnung durch den Arbeitgeber abweichende Sonderregelungen, die dem Ziel der Vereinfachung und der damit verbun-

1 BFH, Urteil v. 27.4.2001, VI R 2/98, BStBl 2001 II S. 601. Das gilt nicht für den steuerfreien Fahrtkostenersatz i. R. d. Entfernungspauschale, vgl. Kap. 6.

denen praxisgerechten Durchführung des Lohnsteuerabzugsverfahrens geschuldet sind. In folgenden Punkten weichen die Regelungen für steuerfreie Ersatzleistungen von den Regelungen für den Werbungskostenabzug ab:

Fahrtkosten

Bei Fahrtkosten mit dem eigenen Pkw des Arbeitnehmers braucht der Arbeitgeber nicht zu prüfen, ob der Ansatz des im Einzelnen nachgewiesenen Kilometersatzes zu einer unzutreffenden Besteuerung führt. Bisher galt dies nur beim Ansatz des Schätzbetrags von 0,30 EUR pro gefahrenem Kilometer.

Wichtig

Für Fahrten zwischen Wohnung und erster Tätigkeitsstätte mit öffentlichen Verkehrsmitteln kann steuerfreier Ersatz geleistet werden. Für die anderen – steuerpflichtigen – Erstattungen, etwa beim Fahrtkostenersatz zum eigenen Pkw, kommt bis zur Höhe der Entfernungspauschale die Lohnsteuerpauschalierung mit einem festen Pauschsteuersatz von 15 % infrage (§ 40 Abs. 2 Satz 2 EStG). Insbesondere lassen sich hierdurch die Sozialversicherungsbeiträge sparen (§ 1 Abs. 1 Nr. 3 SvEV).

Verpflegungsmehraufwand

Bei der Erstattung von Verpflegungsmehraufwendungen muss der Arbeitgeber nicht prüfen, ob der Ansatz von Pauschbeträgen zu einer **unzutreffenden Besteuerung** führt. Der Arbeitnehmer hat einen Rechtsanspruch auf die Steuerfreiheit im Rahmen der gesetzlichen Pauschbeträge.[2]

Inlands- und Auslandsübernachtungspauschale

Übernachtungskosten im **Inland** darf der Arbeitgeber anders als beim Werbungskostenabzug mit einem **Pauschbetrag von 20 EUR** pro Übernachtung steuerfrei ersetzen, wenn die tatsächliche Übernachtung feststeht. Bei Übernachtungen im **Ausland** darf der steuerfreie Arbeitgeberersatz in Höhe der Auslandsübernachtungsgelder erfolgen.[3] Die Pauschbeträge dürfen nicht angesetzt werden, wenn der Arbeitgeber seinem Arbeitnehmer eine Unterkunft unentgeltlich oder verbilligt zur Verfügung stellt. Dasselbe gilt, wenn der Arbeitnehmer einen **Schlafwagen** oder eine **Schiffskabine** benutzt, es sei denn, dass die Übernachtung in einer anderen Unterkunft begonnen oder beendet worden ist. Auch bei einer **Übernachtung im Lkw** ist die steuerfreie Zahlung des Pauschbetrags unzulässig (R 9.7 Abs. 3 LStR[4]). Zum Ansatz der Übernachtungspauschale für Berufskraftfahrer vgl. Kap. 4.3.3 bzw. zur alternativen Berücksichtigung der Gebühren für die Benutzung von sanitären Einrichtungen in diesen Fällen vgl. Kap. 4.4.

Steuerfreie Erstattungen

Einzelnachweis

Höhere Beträge als die Übernachtungspauschale darf der Arbeitgeber nur erstatten, wenn ihm der Arbeitnehmer entsprechende Belege vorlegt. Diese Belege sind als Anlage zum **Lohnkonto** aufzubewahren. Die für den Einzelnachweis von inländischen Übernachtungskosten eingeführte Obergrenze von 1.000 EUR pro Monat bei längerfristigen Tätigkeiten am selben auswärtigen Einsatzort (48-Monatszeitraum) ist auch vom Arbeitgeber für die Frage des Umfangs der steuerfreien Reisekostenerstattung zu beachten (s. Kap. 4.3.1).

Das **Wahlrecht** zwischen Pauschbeträgen und dem Einzelnachweis kann bei einer mehrtägigen beruflichen Auswärtstätigkeit **für einzelne Reisetage** unterschiedlich ausgeübt werden. Einem **Wechsel** des steuerfreien Arbeitgeberersatzes zwischen der Erstattung der tatsächlichen Übernachtungskosten und dem Ansatz der Pauschbeträge wird bei Inlandsreisen aufgrund der niedrigen Übernachtungspauschale von 20 EUR weitaus weniger praktische Bedeutung zukommen als bei beruflichen Reisen ins Ausland.

---

2 BFH, Urteil v. 4.4.2006, VI R 44/03, BStBl 2006 II S. 567.

3 BMF, Schreiben v. 8.11.2017, IV C 5 – S 2353/08/10006 :002, BStBl 2017 I S. 1457.

4 Bestätigt durch BFH, Urteil v. 28.3.2012, VI R 48/11, BFH/NV 2012 S. 926.

Beispiel

Ein in Köln wohnhafter Kundendienstvertreter ist die ganze Woche auf einer beruflich veranlassten Auswärtstätigkeit. Am Montag und Dienstag besucht er Kunden in Frankreich, wo er auch übernachtet. Ab Mittwoch ist er in verschiedenen Städten im Inland unterwegs. Für Mittwoch und Donnerstag legt er seinem Arbeitgeber Hotelrechnungen für Übernachtung ohne Frühstück i. H. v. jeweils 90 EUR vor.

Ergebnis: Für die Übernachtungen während der mehrtägigen Auswärtstätigkeit kann der Arbeitgeber für Montag und Dienstag das für Frankreich geltende Auslandsübernachtungsgeld von 105 EUR je Übernachtung und für Mittwoch und Donnerstag die nachgewiesenen Inlandsübernachtungskosten in Höhe von jeweils 90 EUR steuerfrei ersetzen. Insgesamt sind damit steuerfreie Übernachtungskosten in Höhe von 390 EUR für die einwöchige berufliche Auswärtstätigkeit zulässig.

Tipp

Der Wechsel des Verfahrens zwischen Pauschbeträgen und Einzelnachweis gilt nicht nur für die beschriebenen beruflichen Auswärtstätigkeiten, sondern nach den Lohnsteuer-Richtlinien auch für die doppelte Haushaltsführung. Für die Übernachtungskosten im Rahmen einer doppelten Haushaltsführung ist ein Wechsel zwischen dem Einzelnachweis der Aufwendungen und dem Ansatz der Pauschbeträge bei derselben doppelten Haushaltsführung innerhalb eines Kalenderjahres nicht zulässig.

Flugreise, Schiffsreise

Für die Dauer einer Flugreise darf **kein Übernachtungsgeld** angesetzt werden. Der Arbeitnehmer ist allerdings nicht gehindert, wenn er in den frühen Morgenstunden im Ausland landet, für diese Nacht noch ein Hotelzimmer zu nehmen. Bei **Schiffsreisen** ist die Übernachtung meist im Reisepreis inbegriffen.

Tipp

Bei der Abrechnung von Auslandsreisekosten ist zu beachten, dass Hotelpreise im Ausland in aller Regel kein Frühstück enthalten. Dies sollte zusätzlich auf der Rechnung vermerkt werden (vgl. Kap. 4.3.2).

5.1.2 Steuerfreie Arbeitgeberleistungen bei der BahnCard

Für die Steuerfreiheit einer BahnCard ist zu unterscheiden, ob der Arbeitgeber
- diese für seinen Arbeitnehmer beschafft oder
- hierfür Kostenersatz leistet, um betriebliche Reisekosten zu sparen.

Steuerfreie Reisekosten

Während sich bei arbeitgeberseitiger Beschaffung der BahnCard die Frage der Abgrenzung zwischen lohnsteuerpflichtigem geldwertem Vorteil und steuerfreier Leistung im ganz überwiegend betrieblichen Interesse stellt, ist die Kostenerstattung nach den für steuerfreien Reisekostenersatz geltenden Regeln des §3 Nr. 16 EStG zu beurteilen. Dies gilt unabhängig davon, ob es sich um eine BahnCard 25, 50 oder 100 handelt.[5]

Wichtig

Ersetzt der Arbeitgeber einem Arbeitnehmer mit umfangreicher Reisetätigkeit die Kosten einer **BahnCard,** um auf diese Weise die erstattungspflichtigen Fahrtkosten für Dienstreisen zu mindern, gehört der Kostenersatz zu den steuerfreien Reisekosten. Nutzt der Arbeitnehmer die BahnCard auch für private Bahnreisen, liegt ein lohnsteuerpflichtiger Kostenersatz dann nicht vor, wenn die Aufwendungen des Arbeitgebers für die BahnCard und die ermäßigt abgerechneten dienstlichen Bahnfahrten unter den Fahrtkosten liegen, die ohne die BahnCard entstanden wären. Die Möglichkeit der privaten Mitbenutzung führt deshalb nicht zu einem lohnsteuerpflichtigen geldwerten Vorteil, wenn sich durch die

5 OFD Frankfurt, Verfügung v. 9.12.2019, S 2334 A – 80- St 212, DStR 2020 S. 229.

Dienstreisen eine **Kostenersparnis** ergibt, die **größer ist als der ersetzte Preis** für die BahnCard. Dabei bestehen keine Bedenken, den steuerfreien Arbeitgeberersatz zunächst aufgrund einer **Prognoseentscheidung** durchzuführen. Führt die Kostenersparnis nicht zur vollständigen Amortisation der Kosten für die BahnCard, ist eine teilweise Steuerfreiheit möglich. Auch hier kann anstelle einer quotalen Aufteilung (Nutzung zu dienstlichen Zwecken im Verhältnis zur Gesamtnutzung) die Höhe der steuerfrei zulässigen Arbeitgebererstattung anhand der ersparten Kosten für Einzelfahrscheine für dienstliche Fahrten berechnet werden.

Die BahnCard darf nur i. H. d. **tatsächlich entstandenen Kosten** vom Arbeitgeber steuerfrei ersetzt werden. Voraussetzung hierfür ist, dass durch die Anschaffung des Jahrestickets für die Dienstreisen geringere Fahrtkosten entstehen als bei Ansatz der normalen Einzelfahrscheine für sämtliche dienstliche Bahnfahrten des betreffenden Jahres. Die Aufwendungen hierfür können ungeachtet der privaten Nutzungsmöglichkeit begünstigte Reisekosten darstellen, wenn durch die Kostenübernahme der BahnCard für den Arbeitgeber im Ergebnis geringere Betriebsausgaben entstehen, als dies beim normalen Bahntarif für die Reisetätigkeiten des Arbeitnehmers im betreffenden Jahr der Fall gewesen wäre.

Teilweise steuerfreie Erstattung

Die Finanzverwaltung lässt auch eine teilweise steuerfreie Erstattung der Kosten für die BahnCard zu. Eine steuerfreie Erstattung des Arbeitgebers von fiktiv für eine Fahrkarte entstandenen Kosten bzw. eines fiktiven dienstlichen Anteils der BahnCard für einzelne Dienstreisen wird dadurch möglich. Der Umfang des steuerfreien Arbeitgeberersatzes kann auf 2 Wegen ermittelt werden:

- im Wege einer quotalen Aufteilung oder
- anhand der Kosten, die für die Einzelfahrscheine der dienstlichen Fahrten des Arbeitnehmers entstanden wären.

Vollamortisation

Erhalten Arbeitnehmer vom Arbeitgeber eine BahnCard (= arbeitgeberseitige Beschaffung), um diese für dienstliche Fahrten zu nutzen, ist die Anschaffung steuerfrei, wenn der Arbeitnehmer die BahnCard ausschließlich zur Verbilligung der Fahrtkosten bei dienstlichen Reisen im Rahmen seiner beruflichen Auswärtstätigkeiten einsetzt. Wird die BahnCard vom Arbeitnehmer auch privat genutzt, liegt kein steuerpflichtiger geldwerter Vorteil vor, wenn ein ganz **überwiegendes eigenbetriebliches Interesse** des Arbeitgebers gegeben ist. Für die Feststellung des überwiegend eigenbetrieblichen Interesses muss eine **Prognose** zum Zeitpunkt der Hingabe der BahnCard erstellt werden. Die für den steuerfreien Reisekostenersatz dargestellten Grundsätze gelten für die Feststellung eines geldwerten Vorteils entsprechend, wenn die für dienstliche Fahrten prognostizierten Kosten für Einzelfahrscheine zu einer Vollamortisation der BahnCard führen. Unabhängig von der privaten Nutzungsmöglichkeit erfolgt die Überlassung der jeweiligen BahnCard in diesen Fällen aufgrund der Prognoseentscheidung im ganz überwiegend eigenbetrieblichen Interesse. Die Überlassung der BahnCard an den Arbeitnehmer stellt keinen lohnsteuerpflichtigen geldwerten Vorteil dar.

Beispiel

Der Arbeitgeber stellt einer Arbeitnehmerin eine BahnCard 100 (2. Klasse) mit einem Anschaffungswert von 4.339 EUR zur Verfügung. Diese BahnCard darf die Arbeitnehmerin auch für private Bahnreisen nutzen. Sie betreut ein Projekt, für das zahlreiche Fahrten innerhalb Deutschlands notwendig sind, die sie mit der Bahn vornimmt. Die Prognose für die notwendigen Fahrten in der Zukunft und für die dadurch anfallenden Kosten der Einzelfahrscheine für die beruflich veranlassten Auswärtstätigkeiten würden sich auf ca. 4.900 EUR belaufen.

Ergebnis: Da die Anschaffung der BahnCard 100 damit günstiger in der Prognose ist als Einzelfahrscheine, führt die Zurverfügungstellung der BahnCard 100 bei der Arbeitnehmerin zu keinem steuerpflichtigen geldwerten Vorteil. Nach der Prognose zum Zeitpunkt der Hingabe der BahnCard übersteigen die Kosten für Einzelfahrscheine den Preis der BahnCard 100.

Wichtig

Tritt die prognostizierte Vollamortisation aus **unvorhersehbaren Gründen** (z. B. Krankheit) nicht ein, ist keine Nachversteuerung vorzunehmen. Das überwiegend eigenbetriebliche Interesse bei Hingabe der BahnCard wird hierdurch nicht berührt. Etwas anderes gilt, wenn sich die Prognosegründe grundlegend ändern, etwa beim Wechsel der Tätigkeit vom Außen- in den Innendienst. In diesen Fällen hat eine Korrektur und Nachversteuerung entsprechend der in tatsächlicher Hinsicht geänderten Reisekostenverhältnisse zu erfolgen.

Teilamortisation

Erreichen die durch die Nutzung der überlassenen BahnCard ersparten Fahrtkosten, die im Rahmen der Auswärtstätigkeit ohne Nutzung der BahnCard während deren Gültigkeitsdauer anfallen würden, nach der Prognose zum Zeitpunkt der Hingabe der BahnCard deren Kosten voraussichtlich nicht vollständig (Prognose der Teilamortisation), liegt die Überlassung der BahnCard nicht im überwiegend eigenbetrieblichen Interesse des Arbeitgebers. Wird nur eine Teilamortisation erreicht, ist der Wert der jeweiligen BahnCard zunächst **in voller Höhe** als **steuerpflichtiger** Arbeitslohn zu erfassen.

Die während der Gültigkeitsdauer der BahnCard durch deren Nutzung für dienstliche Fahrten ersparten Fahrtkosten können dann monatlich oder in einer Summe am Ende des Gültigkeitszeitraumes als **Korrekturbetrag** den zunächst in Höhe der BahnCard erfassten steuerpflichtigen Arbeitslohn **mindern** – als Verrechnung des dann feststehenden steuerfreien Reisekostenerstattungsanspruchs des Arbeitnehmers mit der steuerpflichtigen Vorauszahlung auf in Form der BahnCard mögliche Reisekosten. Zur Ermittlung der Höhe des Korrekturbetrags können 2 Berechnungen zugrunde gelegt werden:

- quotale Aufteilung, d. h. die Nutzung zu dienstlichen Zwecken im Verhältnis zur Gesamtnutzung oder alternativ
- Ersparnis der Reisekosten bei Kauf von Einzelfahrscheinen, die im Rahmen der Auswärtstätigkeit ohne Nutzung der BahnCard während deren Gültigkeitsdauer angefallen wären, begrenzt auf die Höhe der tatsächlichen Kosten der BahnCard.

Beispiel

Der Arbeitgeber stellt dem Arbeitnehmer im Januar eine BahnCard 100 (1. Klasse) mit einem Anschaffungswert von 7.356 EUR zur Verfügung, die er auch privat nutzen darf. Der Mitarbeiter betreut ein auswärtiges Firmenprojekt. Hierfür sind zahlreiche Fahrten innerhalb Deutschlands notwendig, die er mit der Bahn vornimmt.

Nach der erstellten Prognose des Arbeitgebers würden Einzelfahrscheine für die beruflich veranlassten Auswärtstätigkeiten des Arbeitnehmers insgesamt ca. 4.000 EUR kosten. Eine Amortisation tritt somit nicht ein.

Ergebnis: Die von der Firma überlassene BahnCard 100 führt beim Arbeitnehmer zu einem steuerpflichtigen geldwerten Vorteil von 7.356 EUR, da nach der Prognose zum Zeitpunkt der Hingabe der BahnCard die ersparten Kosten für Einzelfahrscheine die Kosten der BahnCard nicht erreichen. Bei der Lohnabrechnung für Dezember oder im Rahmen des betrieblichen Lohnsteuer-Jahresausgleichs für das jeweilige Jahr mindern die ersparten Kosten, die ohne BahnCard für die Einzelfahrscheine der dienstlichen Fahrten des Arbeitnehmers entstanden wären (z. B. 3.959 EUR) als Korrektur den bislang steuerpflichtigen Arbeitslohn im Wege der Verrechnung.

Probleme bei praktischer Umsetzung

Diese von der Finanzverwaltung angedachte Lösung ist zum einen abrechnungstechnisch extrem aufwendig, zum anderen wirft sie für die **Sozialversicherung** bisher ungeklärte Fragen auf. Steuerlich kann im laufenden Jahr der steuerpflichtige Arbeitslohn korrigiert werden. Für die Sozialversicherung gilt das nicht. Die Erstattung der BahnCard bei fehlender Vollamortisation führt zu einem steuerpflichtigen sonstigen Bezug, der als Einmalbezug sozialversicherungspflichtig ist. Der später zu ermittelnde tatsächliche »Dienstreise-Anteil« stellt steuerlich einen negativen Arbeitslohn dar, der mit steuerpflichtigem Arbeitslohn verrechnet wird. Dies gilt selbst dann, wenn die BahnCard in einem anderen Jahr versteuert wurde, weil die BahnCard z. B. vom 21.11. bis zum 20.11. des Folgejahres gültig ist. Sozialversicherungsrechtlich würde diese »Verrechnung« aber eine unzulässige Minderung des sozialversicherungspflichtigen laufenden Arbeitsentgelts darstellen. Man müsste demnach die ursprüngliche Verbeitragung der BahnCard als Einmalbezug rückwirkend – nur sozialversicherungsrechtlich – korrigieren. Ob das die Sozialversicherungsträger akzeptieren, bleibt offen – ganz abgesehen von der aufwändigen und zeitintensiven Abrechnung.

Tipp

Insbesondere eine BahnCard 100 sollte vom Arbeitgeber nur gewährt werden, wenn eine Vollamortisation durch Fahrtkosten im Rahmen einer beruflichen Auswärtstätigkeit zu erwarten ist. Wird sich nach der Prognose keine Vollamortisation ergeben, sollte der Arbeitgeber den Arbeitnehmer die BahnCard zuerst einmal privat verauslagen lassen und beim jeweiligen Einsatz der BahnCard für dienstliche Fahrten die ersparten Fahrtkosten steuerfrei erstatten.

Berücksichtigung als steuerfreies Job-Ticket

Arbeitgeberleistungen in Form von Sachbezügen und Zuschüssen zu Fahrten zwischen Wohnung und erster Tätigkeitsstätte mit öffentlichen Verkehrsmitteln sind lohnsteuerfrei, wenn sie zusätzlich zum ohnehin geschuldeten Arbeitslohn gewährt werden (§ 3 Nr. 15 EStG). Zu den Fahrten zwischen Wohnung und erster Tätigkeitsstätte zählen auch die Kraft gesetzlicher Fiktion gleichgestellten Sammel- und Treffpunktfahrten sowie die Fahrten zu einem weiträumigen Arbeitsgebiet (§ 9 Abs. 1 Satz 3 Nr. 4a Satz 3 EStG). In die **Prognoseberechnung** ist deshalb auch die **Steuerbefreiung** einzubeziehen, wenn die BahnCard auch für **Fahrten zwischen Wohnung und erster Tätigkeitsstätte** bzw. die durch den Gesetzgeber gleichgestellten Fahrten genutzt wird. Die Einzelheiten regelt das zur Steuerbefreiungsvorschrift des § 3 Nr. 15 EStG ergangene BMF-Anwendungsschreiben.[6]

Gemischte Nutzung

Wird eine BahnCard, die ganz oder teilweise die Voraussetzungen für die Steuerbefreiung nach § 3 Nr. 15 EStG (**Nutzung als Job-Ticket**) erfüllt,

- sowohl für Fahrten im Rahmen von beruflichen Auswärtstätigkeiten
- oder wöchentlichen Familienheimfahrten im Rahmen der doppelten Haushaltsführung
- als auch für Fahrten zwischen Wohnung und erster Tätigkeitsstätte genutzt,

ist die Arbeitgeberleistung zunächst insoweit steuerfrei als sie auf die Reisetätigkeit des Arbeitnehmers entfällt. Die Steuerfreistellung der lohnsteuerlichen Reisekosten nach § 3 Nrn. 13 oder 16 EStG hat Vorrang gegenüber der Steuerfreistellung für die Fahrten zwischen Wohnung und erster Tätigkeitsstätte (§ 3 Nr. 15 EStG). Die unterstellte vorrangige Nutzung der Fahrberechtigung für Fahrten im Rahmen von Auswärtstätigkeiten hat für den Arbeitnehmer den Vorteil, dass die Kosten der Fahrtkarte insoweit nicht die Entfernungspauschale mindern.

Amortisationsprognose bei gemischter Nutzung

Das BMF-Schreiben regelt, dass der Arbeitgeber auch bei der gemischten Nutzung der BahnCard zu Dienstreisen und Fahrten zwischen Wohnung und erster Tätigkeitsstätte im Rahmen einer Progno-

6 BMF, Schreiben v. 15.8.2019, 5 – IV C S 2342/19/10007 :001, BStBl 2019 I S. 875.

seberechnung prüfen darf, ob die Fahrberechtigung bereits bei Hingabe insgesamt steuerfrei bleiben kann (**Amortisationsprognose**).[7] Die Amortisationsprognose kann dabei zu 3 unterschiedlichen Ergebnissen führen:

1. Vollamortisation allein durch die steuerfreien Fahrten, die unter die lohnsteuerlichen Reisekosten fallen oder
2. Vollamortisation durch Einbeziehung der steuerfreien Fahrten zwischen Wohnung und erster Tätigkeitsstätte oder
3. Teilamortisation durch die steuerfreien Reisekostenfahrten und Fahrten zwischen Wohnung und erster Tätigkeitsstätte.

Die Steuerverwaltung sieht für die 3 Fallgruppen folgende unterschiedlichen Rechtsfolgen für die lohnsteuerliche Behandlung in der Lohnabrechnungspraxis vor.

Vollamortisation durch Dienstreisen

Ergibt die Prognose, dass allein durch die unter die lohnsteuerlichen **Reisekosten** fallenden Fahrten eine **Vollamortisation** eintritt, stellt die Überlassung der Fahrberechtigung an den Arbeitnehmer keinen steuerpflichtigen Arbeitslohn dar. Auf die darüber hinausgehenden Nutzungsmöglichkeiten kommt es dann nicht mehr an. Die eingangs dargestellte lohnsteuerliche Behandlung für die Steuerfreiheit der BahnCard bei ausschließlicher Nutzung zu Reisekostenzwecken gilt insoweit uneingeschränkt für die Mitbenutzung der Fahrberechtigung zu Fahrten zwischen Wohnung und erster Tätigkeitsstätte. Entscheidend ist allein, dass durch die Anschaffung der jeweiligen BahnCard für den Arbeitgeber bereits durch deren Einsatz zur Reisekostentätigkeit des Arbeitnehmers geringere Fahrtkosten entstehen als die Gesamtsumme der dadurch für die berufliche Auswärtstätigkeit ersparten Kosten, die ansonsten für die erforderlichen Einzelfahrscheine angefallen wären.

Vollamortisation durch Dienstreisen und Job-Ticket-Nutzung

Die Arbeitgeberleistung für die BahnCard ist ebenfalls insgesamt steuerfrei, wenn die Prognose ergibt, dass neben den reisekostenrechtlich relevanten Fahrten durch die **Einbeziehung der steuerfreien Fahrten zwischen Wohnung und erster Tätigkeitsstätte** eine Vollamortisation eintritt. Sie ist dann **vorrangig nach den Reisekostenvorschriften** in Höhe der prognostizierten ersparten Kosten für Einzelfahrscheine lohnsteuerfrei (§ 3 Nrn. 13 oder 16 EStG), die ohne Nutzung der Fahrberechtigung während deren Gültigkeitsdauer anfallen würden. Im Übrigen ist die BahnCard **nachrangig** steuerfrei **für den Einsatz als Job-Ticket** zu Fahrten zwischen Wohnung und erster Tätigkeitsstätte (§ 3 Nr. 15 EStG). Auf den Umfang der späteren tatsächlichen Nutzung und die darüber hinausgehenden privaten Nutzungsmöglichkeiten kommt es nicht an. Maßgebend hierfür ist, dass die Summe aus den ersparten Kosten für Einzelfahrscheine, die ohne Nutzung der Fahrberechtigung während deren Gültigkeitsdauer für die »steuerfreien Reisekostenfahrten« anfallen würden, zuzüglich dem regulären Verkaufspreis einer Jahresfahrberechtigung für die Strecke zwischen Wohnung und erster Tätigkeitsstätte die Kosten der BahnCard erreichen oder übersteigen.

Beispiel

Der Arbeitgeber überlässt seiner Arbeitnehmerin eine BahnCard 100, die er zum Preis von 4.339 EUR erworben hat. Nach der Prognose des Arbeitgebers betragen die ersparten Kosten der Einzelfahrscheine für Dienstreisen im Gültigkeitszeitraum 3.000 EUR. Der reguläre Preis der Jahresfahrkarte für die Strecke zwischen Wohnung und erster Tätigkeitsstätte der Arbeitnehmerin hätte 1.600 EUR betragen. Tatsächlich ergeben sich im Laufe der Gültigkeitsdauer für Dienstreisen der Arbeitnehmerin aus unvorhersehbaren Gründen nur ersparte Kosten der Einzelfahrscheine in Höhe von 2.500 EUR.

7 BMF, Schreiben v. 15.8.2019, 5 – IV C S 2342/19/10007 :001, BStBl 2019 I S. 875, Rz. 14–23.

Ergebnis: Nach der Prognose des Arbeitgebers zum Zeitpunkt der Hingabe der Fahrberechtigung übersteigen die ersparten Kosten für die Dienstreise-Einzelfahrscheine, die ohne Nutzung der BahnCard 100 während deren Gültigkeitsdauer für die steuerfreien Reisekostenfahrten anfallen würden (3.000 EUR), zusammen mit dem regulären Verkaufspreis einer Fahrberechtigung für die Strecke zwischen Wohnung und erster Tätigkeitsstätte (1.600 EUR) die Kosten der BahnCard 100. Die BahnCard 100 ist daher in Höhe von 3.000 EUR steuerfreier Reisekostenersatz und der verbleibende Betrag von 1.339 EUR (4.339 EUR – 3.000 EUR) ist eine steuerfreie Arbeitgeberleistung nach § 3 Nr. 15 EStG. Auf den Umfang der tatsächlichen Nutzung sowie die private Nutzungsmöglichkeit kommt es nicht an. Die Tatsache, dass die prognostizierte Vollamortisation tatsächlich nicht eingetreten ist (2.500 EUR + 1.600 EUR = 4.100 EUR), führt nicht zu einer Nachversteuerung oder zu einer Änderung der nach § 3 Nr. 15 EStG steuerfreien Arbeitgeberleistungen. Es bleibt somit bei der zu bescheinigenden steuerfreien Arbeitgeberleistung nach § 3 Nr. 15 EStG von 1.339 EUR.

Teilamortisation durch Dienstreisen und Job-Ticket-Nutzung

Ergibt die Prognose, dass unter Einbeziehung der Fahrten zwischen Wohnung und erster Tätigkeitsstätte eine Vollamortisation der BahnCard nicht eintritt, kann die Arbeitgeberleistung in einem **ersten Schritt** insoweit steuerfrei belassen werden, als die Voraussetzungen für eine Steuerfreistellung nach § 3 Nr. 15 EStG vorliegen. Im Übrigen ist die Fahrberechtigung als geldwerter Vorteil dem Lohnsteuerabzug zu unterwerfen. Die während der Gültigkeitsdauer der BahnCard durch deren Nutzung für dienstliche Fahrten ersparten Fahrtkosten können dann in einem **zweiten Schritt** monatlich oder in einer Summe am Ende des Gültigkeitszeitraums als **Korrekturbetrag** den zunächst in Höhe der BahnCard erfassten steuerpflichtigen Arbeitslohn **mindern** – als Verrechnung des dann feststehenden steuerfreien Reisekostenerstattungsanspruchs des Arbeitnehmers mit der steuerpflichtigen Vorauszahlung auf in Form der BahnCard mögliche Reisekosten. Die eingangs dargestellte lohnsteuerliche Behandlung für die »Teilsteuerfreiheit der BahnCard« bei ausschließlicher Nutzung zu Reisekostenzwecken gilt auch insoweit uneingeschränkt bei Mitbenutzung der Fahrberechtigung zu Fahrten zwischen Wohnung und erster Tätigkeitsstätte. Die nach § 3 Nr. 15 EStG steuerfreien Leistungen ändern sich dadurch nicht. Sie sind entsprechend der Prognose auf der Lohnsteuerbescheinigung auszuweisen.

Beispiel

Der Arbeitgeber überlässt seinem Arbeitnehmer eine BahnCard 100, die er zum Preis von 4.339 EUR erworben hat. Nach der Prognose des Arbeitgebers betragen die ersparten Kosten der Einzelfahrscheine für Dienstreisen im Gültigkeitszeitraum 2.500 EUR. Der reguläre Preis der Jahresfahrkarte für die Strecke zwischen Wohnung und erster Tätigkeitsstätte des Arbeitnehmers hätte 1.600 EUR betragen. Tatsächlich ergeben sich im Laufe der Gültigkeitsdauer für dienstliche Fahrten bei Auswärtstätigkeit des Arbeitnehmers ersparte Kosten der Einzelfahrscheine in Höhe von 4.000 EUR.

Ergebnis: Nach der Prognose des Arbeitgebers zum Zeitpunkt der Hingabe der Fahrberechtigung erreichen die ersparten Kosten für Einzelfahrscheine für die steuerlich begünstigten dienstlichen Fahrten nach § 3 Nr. 16 EStG auch zusammen mit dem regulären Verkaufspreis einer Fahrberechtigung für die Strecke zwischen Wohnung und erster Tätigkeitsstätte nicht die Kosten der BahnCard 100 von 4.339 EUR:

Ersparte Kosten der Einzelfahrscheine für Dienstreisen	2.500 EUR
Preis der Jahresfahrkarte für Fahrten Wohnung – erste Tätigkeitsstätte	1.600 EUR
Summe (prognostizierte Teilamortisation)	4.100 EUR

Die Hingabe der BahnCard kann daher zunächst nur insoweit steuerfrei belassen werden, als die Voraussetzungen für eine Steuerfreistellung nach § 3 Nr. 15 EStG vorliegen (1.600 EUR). Der Arbeitgeber kann aber den steuerpflichtigen Arbeitslohn infolge der Ersparnis durch die tatsächliche Nutzung der BahnCard 100 für Dienstreisen monatsweise oder auch am Ende des Gültigkeitszeitraums mindern. Danach ergibt sich noch eine steuerfreie Reisekostenerstattung von 2.739 EUR, neben den bereits steuerfrei belassenen Arbeitgeberleistungen nach § 3 Nr. 15 EStG von 1.600 EUR.

Folgen einer falschen Prognose

Tritt die prognostizierte Vollamortisierung aus **unvorhersehbaren Gründen** (z. B. Krankheit oder Verschiebung von Dienstreisen) nicht ein, ist eine Nachversteuerung nicht vorzunehmen. Entsprechendes gilt, wenn die tatsächliche Nutzung für dienstliche Fahrten im Rahmen von Auswärtstätigkeiten die prognostizierte Nutzung übersteigt. Ändern sich die der Prognose zugrunde liegenden Annahmen grundlegend (z. B. Wechsel vom Außendienst in den Innendienst), hat eine Korrektur und ggf. Nachversteuerung unter Berücksichtigung für den noch nicht abgelaufenen Gültigkeitszeitraum zu erfolgen.

Wichtig

Wenn der Arbeitgeber **keine Amortisationsprognose** durchführt, handelt es sich bei der Überlassung der Fahrberechtigung zunächst in voller Höhe um steuerpflichtigen Arbeitslohn. Die ersparten Kosten am Ende des Kalenderjahres der Gültigkeit der Fahrberechtigung können als Korrekturbetrag beim steuerpflichtigen Arbeitslohn mindernd berücksichtigt werden.[8] Dabei hat auch die Steuerfreistellung nach den lohnsteuerlichen Reisekostenvorschriften Vorrang gegenüber der Steuerfreistellung für die Fahrten zwischen Wohnung und erster Tätigkeitsstätte. Die Summe der Korrekturbeträge kann insgesamt höchstens bis zum Betrag des steuerpflichtigen Arbeitslohns mindernd berücksichtigt werden. Als Korrekturbetrag sind die ersparten Kosten für die dienstlichen Einzelfahrscheine sowie der reguläre Verkaufspreis der Jahresfahrberechtigung für die Strecke zwischen Wohnung und erster Tätigkeitsstätte anzusetzen. Bei einer Gültigkeit der Fahrberechtigung über den Jahreswechsel hinaus sowie bei einer mehrjährigen Gültigkeitsdauer ist der Korrekturbetrag zum Ende eines jeden Kalenderjahres sowie zum Ende des Gültigkeitszeitraums zu ermitteln.

Steuerliche Beurteilung einer vom Arbeitgeber überlassenen BahnCard

Vollamortisation durch Dienstreisen	Vollamortisation durch Dienstreisen und Fahrten Wohnung - erste Tätigkeitsstätte	Teilamortisation
▪ Überlassene Fahrberechtigung ist in voller Höhe steuerfrei nach § 3 Nr. 16 EStG ▪ Privatnutzung ist unbeachtlich	▪ Vorrangig steuerfrei sind ersparte Kosten für Auswärtstätigkeiten nach § 3 Nr. 16 EStG ▪ Nachrangig steuerfrei ist der Rest nach § 3 Nr. 15 EStG (für Job-Tickets) ▪ Privatnutzung ist unbeachtlich	▪ Steuerfrei nur i. H. d. Kosten des Job-Tickets nach § 3 Nr. 15 EStG, der Rest ist lohnsteuerpflichtig ▪ Für Auswärtstätigkeiten nach § 3 Nr. 16 EStG ist Korrekturbetrag am Monats-/Jahresende berücksichtigungsfähig ▪ Verbleibender Rest privat

Keine Amortisationsprognose
▪ Zunächst voll steuerpflichtiger Arbeitslohn, aber steuerfreie Korrektur am Ende des Kalender-/Gültigkeitsjahres möglich

5.2 Zusammengefasste Erstattung

Gesamterstattungsverfahren

Die lohnsteuerlichen Reisekostensätze führen in der Praxis häufig dazu, dass die Reisekostenerstattung durch den Arbeitgeber (teilweise) steuerpflichtigen Arbeitslohn darstellt, weil nach den tarifrechtlichen oder sonstigen arbeitsrechtlichen Vereinbarungen höhere Spesen zu zahlen sind, als dies steuerlich zulässig ist. Um den hierbei entstehenden Aufwand für die Betriebe so gering wie möglich zu halten, darf der Arbeitgeber bei der Erstattung von Reisekosten die einzelnen Aufwendungsarten einer einzelnen Reise zusammenrechnen.[9] In diesem Fall ist die **Gesamterstattung** steuerfrei, soweit sie die Summe der steuerfrei zulässigen Einzelvergütungen für Fahrtkosten, Verpflegungsmehraufwendungen und Übernachtungskosten nicht übersteigt. Dies hat den Vorteil, dass bei einer Aufwen-

8 BMF, Schreiben v. 15.8.2019, 5 – IV C S 2342/19/10007 :001, BStBl 2019 I S. 875, Rz. 22.
9 R 3.16 Satz 2 LStR; BMF, Schreiben v. 25.11.2020, IV C 5 – S 2353/19/10011 :006, BStBl 2020 I S. 1228, Rz. 134.

dungsart nicht ausgeschöpfte Beträge auf andere Reisekosten übertragen werden können. Zahlt beispielsweise der Betrieb ein Kilometergeld, das unter dem lohnsteuerlichen Satz von 0,30 EUR liegt, darf insoweit eine Berechnung mit dem Verpflegungskostensatz vorgenommen werden, der über den gesetzlichen Pauschbeträgen liegt und ansonsten lohnsteuerpflichtig wäre.

Zusammenfassen mehrerer Reisen

Nach dem Wortlaut der Lohnsteuer-Richtlinien ist das Gesamterstattungsverfahren nicht auf die einzelne Reise beschränkt, sondern darüber hinaus eine **Verrechnung zwischen mehreren in sich abgeschlossenen Auswärtstätigkeiten** zulässig. Voraussetzung ist allerdings, dass die Reisekostenabrechnung hierfür zusammengefasst und die für den jeweiligen Abrechnungszeitraum sich insgesamt ergebende Reisekostenvergütung in einem Betrag ausgezahlt wird. Also insbesondere im Fall einer wöchentlichen oder monatlichen Spesenabrechnung bei Auswärtstätigkeiten eines Arbeitnehmers kann für Zwecke der Steuerfreiheit die Summe der steuerfreien Einzelvergütungen auf die Gesamterstattung angerechnet werden. Nicht zulässig ist es, aus einer Reise ein sog. Guthabenkonto zu bilden und dieses Guthaben bei einer später erstatteten Auswärtstätigkeit zu verrechnen.

Beispiel

Ein Arbeitnehmer unternimmt im Juni 2 eintägige berufliche Auswärtstätigkeiten (Abwesenheitsdauer 11 bzw. 15 Stunden). Der Arbeitgeber zahlt jeweils Verpflegungsspesen von 16 EUR. Eine Reise wird mit der Bahn und eine mit dem eigenen Pkw (370 km) durchgeführt. Der Arbeitgeber erstattet im Wege der »Gesamtreisekostenabrechnung Juni« für beide Reisen als Fahrgeld nur die bei der Nutzung öffentlicher Verkehrsmittel anfallenden Kosten (60 EUR bzw. 55 EUR).

	1. Reise	2. Reise	Summe
steuerfreie Verpflegungspauschale	14 EUR	14 EUR	28 EUR
steuerfreie mögliche Fahrtkosten	60 EUR	111 EUR	171 EUR
Summe steuerfrei möglicher Einzelvergütungen	74 EUR	125 EUR	199 EUR
gezahlte Tagesspesen	16 EUR	16 EUR	32 EUR
gezahlte Fahrtkostenvergütung	60 EUR	55 EUR	115 EUR
Gesamterstattung Juni	**76 EUR**	**71 EUR**	**147 EUR**

Da die tatsächlich für die beiden Reisen gezahlte Gesamterstattung (147 EUR) unter dem maximal möglichen steuerfreien Betrag (199 EUR) liegt, bleibt diese in vollem Umfang steuerfrei. Eine Verrechnung ist möglich, weil die beiden beruflichen Reisen zusammen abgerechnet wurden. Bei getrennter Abrechnung hätte sich für die erste Reise ein steuerpflichtiger Betrag in Höhe von 2 EUR ergeben.

Ergibt sich auch bei Berechnung des Umfangs der steuerfreien Reisekosten nach dem Gesamterstattungsverfahren ein **steuerpflichtiger Restbetrag**, ist dieser, ggf. zusammen mit geldwerten Vorteilen aus Bewirtungsleistungen des Arbeitgebers (vgl. Kap. 4.2.4), im Rahmen der nächstmöglichen Lohnabrechnung zu versteuern. Aus Vereinfachungsgründen kann auf die sofortige Besteuerung dieser Beträge verzichtet und der Lohnsteuerabzug vierteljährlich vorgenommen werden, wenn der hierdurch entstehende zusätzliche steuerpflichtige Arbeitslohn pro Lohnzahlungszeitraum nicht mehr als 150 EUR beträgt.[10]

Als Folge des Gesamterstattungsverfahrens beanstanden die Finanzämter es nicht, wenn der Arbeitgeber bei einer arbeitgeberveranlassten Mahlzeit in den Fällen, in denen keine Verpflegungspauschale gezahlt werden darf (Abwesenheit bis 8 Stunden, 3-Monatsfrist), eine Verrechnung des

10 Niedersächsisches FG, Erlass v. 27.3.1996, S 2338 – 74 – 35.

Sachbezugswertes mit steuerfrei zu erstattenden Fahrt-, Unterkunfts- oder Reisenebenkosten vornimmt.[11] In diesen Fällen unterbleibt eine Versteuerung der Mahlzeit mit dem Sachbezugswert.

Beispiel

Eine Arbeitnehmerin nimmt 2023 an einem auswärtigen Seminar mit Mittagessen teil. Sie ist von ihrer Wohnung und ersten Tätigkeitsstätte 7 Stunden abwesend. Für die Auswärtstätigkeit nutzt sie ihr privates Kfz und könnte für die entstandenen Fahrtkosten steuerfreien Fahrtkostenersatz von 30 EUR erhalten.

Ergebnis: Der Arbeitgeber hat die Möglichkeit, die beim Seminar zur Verfügung gestellte Mahlzeit mit dem Sachbezugswert von 3,80 EUR (2023) individuell oder pauschal mit 25 % (zzgl. Solidaritätszuschlag und Kirchensteuer) zu versteuern. Stattdessen kann der Arbeitgeber die 3,80 EUR von den 30 EUR abziehen und nur 26,20 EUR steuerfrei erstatten. Eine weitergehende Versteuerung kann dann unterbleiben.

5.3 Zulässige Pauschalbesteuerung

5.3.1 Pauschalierungsvorschrift für Sachbezug Mahlzeit

Wird dem Arbeitnehmer während einer beruflichen Auswärtstätigkeit unentgeltlich oder verbilligt eine übliche Mahlzeit (= Gesamtwert bis 60 EUR) von seinem Arbeitgeber oder auf dessen Veranlassung durch einen Dritten zur Verfügung gestellt, ist der hieraus resultierende geldwerte Vorteil durch **Ansatz des amtlichen Sachbezugswerts** zu erfassen, wenn eine Kürzung der Verpflegungspauschbeträge ausscheidet. Die Sachbezugsbesteuerung ist immer dann vorzunehmen, wenn dem Arbeitnehmer für die berufliche Auswärtstätigkeit an diesem Tag bereits dem Grunde nach keine Verpflegungsmehraufwendungen zusteht, weil er

- die 8-Stundengrenze nicht erreicht oder
- die 3-Monatsfrist überschritten ist oder
- der Arbeitnehmer keine Aufzeichnungen bzgl. der Reisekosten bzw. der Abwesenheitszeiten führt.

Steuerfreie Erstattungen

Der Ansatz des geldwerten Vorteils in Höhe des **amtlichen Sachbezugswerts** (2023: 2,00 EUR für das Frühstück bzw. 3,80 EUR für Mittag- und Abendessen) ist im Rahmen der 60-EUR-Grenze zwingend.

Für die Besteuerung des geldwerten Vorteils mit den amtlichen Sachbezugswerten für Arbeitgeberbewirtungen bis zu 60 EUR gilt eine eigenständige **Pauschalierungsvorschrift** mit dem festen Pauschalsteuersatz von 25 % (§ 40 Abs. 2 Satz 1 Nr. 1a EStG). Es handelt sich um eine **Kann-Vorschrift:** Das Lohnbüro kann stattdessen den lohnsteuerpflichtigen Sachbezug aus einer Arbeitgeberbewirtung während dienstlicher Reisetätigkeiten bei der Lohnabrechnung des Arbeitnehmers dem individuellen Lohnsteuerabzug unterwerfen.

Beispiel

Ein in Stuttgart beschäftigter Arbeitnehmer unternimmt mit seinem Arbeitgeber eine 6-stündige Geschäftsreise nach Frankfurt. In Frankfurt lädt der Arbeitgeber seinen Mitarbeiter zum Essen ein (Gesamtrechnungsbetrag 70 EUR).

Ergebnis: Der Arbeitnehmer kann die Verpflegungspauschale von 14 EUR für eintägige Reisen nicht in Anspruch nehmen, da die Mindestabwesenheitsdauer von mehr als 8 Stunden nicht erreicht ist. Eine Kürzung der reisekostenrechtlichen Verpflegungspauschbeträge ist damit ausgeschlossen. Zum Ausgleich dafür ist das unentgeltliche Mittagessen als geldwerter Vorteil zu erfassen.

11 BMF, Schreiben v. 25.11.2020, IV C 5 – S 2353/19/10011 :006, BStBl 2020 I S. 1228, Rz. 135.

Da der auf den Arbeitnehmer entfallende Anteil der Bewirtungsleistung 35 EUR beträgt (½ von 70 EUR) und damit innerhalb der Angemessenheitsgrenze von 60 EUR liegt, ist die Vorteilsbesteuerung zwingend mit dem amtlichen Sachbezugswert durchzuführen (2023: 3,80 EUR).

Der Arbeitgeber kann die Lohnsteuer mit dem Pauschsteuersatz von 25 % zuzüglich Solidaritätszuschlag und ggf. Kirchensteuer sozialabgabenfrei übernehmen (§ 40 Abs. 2 Nr. 1a EStG). Möglich ist aber auch der Lohnsteuerabzug nach Steuerklasse im Rahmen der Lohnabrechnung. Die Sachleistung ist dann aber sozialversicherungspflichtig.

Mahlzeiten über 60 EUR

Erhält der Arbeitnehmer anlässlich seiner Reisetätigkeit von seinem Arbeitgeber Speisen und Getränke, deren Preis pro Mahlzeit 60 EUR übersteigt, muss der geldwerte Vorteil für solche unüblichen Bewirtungsleistungen mit den **tatsächlichen Kosten** lohnsteuerlich erfasst und nach der jeweiligen Steuerklasse versteuert werden. Sowohl die Anwendung der amtlichen Sachbezugswerte als auch die Pauschalierungsvorschrift ist für Belohnungsessen ausgeschlossen.

Wichtig

Wählt der Arbeitgeber für die während der Auswärtstätigkeit gewährten Speisen und Getränke die Pauschalbesteuerung (Gesamtwert pro Mahlzeit bis 60 EUR und kein Anspruch auf Verpflegungspauschbetrag), fallen für die Sachleistung »Arbeitgeberbewirtung« keine Sozialversicherungsbeiträge an. Wie für alle anderen unter § 40 Abs. 2 EStG fallenden Pauschalierungsvorschriften regelt die Sozialversicherungsentgeltverordnung, dass im Fall der Pauschalbesteuerung der lohnsteuerpflichtige Arbeitslohn nicht beitragspflichtig ist (§ 1 Abs. 1 Nr. 3 SvEV).

5.3.2 Pauschalierung steuerpflichtiger Verpflegungszuschüsse

Hat der Arbeitgeber nach den arbeitsrechtlichen Vereinbarungen höhere Reisekostensätze zu zahlen, als dies lohnsteuerlich zulässig ist, besteht die Möglichkeit, die Lohnsteuer für die übersteigenden Beträge mit einem **Pauschsteuersatz von 25 %** zu übernehmen, soweit der Arbeitgeberersatz die dem Arbeitnehmer jeweils zustehende steuerfreie Pauschale um nicht mehr als 100 % übersteigt (§ 40 Abs. 2 Satz 1 Nr. 4 EStG). Für Tage, an denen die 8-Stundengrenze (vgl. Kap. 4.2.2) nicht erreicht wird oder die 3-Monatsfrist (vgl. Kap. 4.2.3) abgelaufen ist, scheidet diese Möglichkeit der Pauschalbesteuerung aus.

Die pauschale Lohnsteuer hat gleichzeitig den Vorteil, dass auch hinsichtlich des steuerpflichtigen Teils der Reisekostenersatzleistung Beitragsfreiheit in der Sozialversicherung eintritt. Allerdings ist die Pauschalbesteuerung von Reisekostenvergütungen nur für den Bereich der Verpflegung zulässig und auch dort auf bestimmte Höchstbeträge begrenzt. Zulässig ist die Anwendung des festen Steuersatzes von 25 % insoweit, als der steuerpflichtige Teil der Verpflegungskostenvergütung nicht höher ist als die sich aufgrund der Reisedauer ergebende steuerfreie Verpflegungspauschale.

Abwesenheit	Steuerfreiheit	25 % Pauschsteuer	Summe
bis 8 Stunden	0 EUR	0 EUR	0 EUR
mehr als 8 Stunden	14 EUR	14 EUR	28 EUR
An-/Abreisetage	14 EUR	14 EUR	28 EUR
ab 24 Stunden	28 EUR	28 EUR	56 EUR

Der Gesetzeswortlaut beschränkt die Pauschalbesteuerung auf die verschiedenen Fallgruppen der beruflichen Auswärtstätigkeit. Nicht zulässig ist diese günstige Besteuerungsmöglichkeit für steuerpflichtige Verpflegungskostenerstattungen aus Anlass einer beruflichen doppelten Haushaltsführung.

Beispiel

Ein Arbeitnehmer erhält aufgrund betrieblicher Vereinbarungen für eintägige Reisen folgenden Spesenersatz:

- bei einer Mindestabwesenheit von 7 Stunden 8 EUR
- bei einer Mindestabwesenheit von 14 Stunden 30 EUR

Ergebnis: Der Spesenersatz in Höhe von 8 EUR ist in vollem Umfang lohnsteuerpflichtig, wenn der Arbeitnehmer die Mindestabwesenheit von mehr als 8 Stunden nicht erreicht. Gleichzeitig ist dadurch die Pauschalbesteuerung ausgeschlossen, deren Obergrenze an den Ansatz der lohnsteuerfreien Verpflegungspauschbeträge geknüpft ist. Der Spesenbetrag von 30 EUR ist in Höhe von 14 EUR lohnsteuerfrei (8-stündige Abwesenheit) und kann bis zu demselben Betrag mit 25 % pauschal besteuert werden. Die restlichen 2 EUR unterliegen dem Steuerabzug nach allgemeinen Grundsätzen.

Aus Vereinfachungsgründen bleibt bei der Berechnung des möglichen Pauschalierungsbetrags die Kürzungsregelung für unentgeltlich gewährte Mahlzeiten durch den Arbeitgeber (§ 9 Abs. 4a Satz 12 EStG) außer Ansatz. Während normalerweise der steuerfreie und der pauschalierungsfähige Betrag des Verpflegungszuschusses identisch sind, können diese in Fällen der Arbeitgeberbewirtung (vgl. Kap. 4.2.4) voneinander abweichen. Für die Steuerfreiheit ist die Verpflegungspauschale von 14 EUR bzw. 28 EUR bzw. das Auslandstagegeld zu kürzen, während für die Pauschalbesteuerung die Verpflegungspauschale in voller Höhe zur Verfügung steht.[12]

Steuerfreie Erstattungen

Beispiel

Ein Arbeitgeber gewährt aufgrund tarifvertraglicher Regelungen bei eintägigen Auswärtstätigkeiten von mehr als 8 Stunden Abwesenheit die steuerfreie und pauschalbesteuerte Verpflegungspauschale, also einen Tagessatz von 28 EUR. Am 20.5. fährt eine Mitarbeiterin zu einem eintägigen Fachseminar nach Frankfurt (Abwesenheitszeit 10 Stunden). In den von der Firma übernommenen Seminargebühren von 300 EUR ist eine Mittagsmahlzeit enthalten (Gesamtwert 40 EUR).

Ergebnis: Der Spesensatz von 28 EUR ist grundsätzlich in Höhe der Verpflegungspauschale für eintägige Dienstreisen steuerfrei. Der Pauschbetrag von 14 EUR muss aber – als Folge der unentgeltlichen Verpflegung – um 11,20 EUR (= 40 % von 28 EUR) gekürzt werden. Der Arbeitgeber darf damit für den Seminartag von den Verpflegungsspesen nur 2,80 EUR steuerfrei erstatten. Der verbleibende steuerpflichtige Teil der Tagesspesen kann in Höhe der ungekürzten Verpflegungspauschale von 14 EUR pauschal versteuert werden. Die restlichen 7,20 EUR unterliegen dem Lohnsteuerabzug nach allgemeinen Grundsätzen. Zulässig ist insoweit auch die nachfolgend unter Kap. 5.3.3 dargestellte Pauschalbesteuerung nach Verwaltungsregelung.

5.3.3 Gesamterstattungsverfahren

Zusammenfassen der Aufwendungen

Wie unter Kap. 5.3.2 dargestellt, ist die Pauschalbesteuerung mit 25 % betragsmäßig begrenzt und nur insoweit zulässig, als der steuerpflichtige Teil der Verpflegungskostenvergütung nicht höher ist als die nach der Zeitstaffelung maßgebliche ungekürzte steuerfreie Verpflegungspauschale. Zur Ermittlung des steuerfreien Vergütungsbetrags dürfen die einzelnen Aufwendungsarten (Fahrtkosten, Verpflegungskosten und Übernachtungskosten) zusammengerechnet werden. Die steuerfreie Erstattung ist also zulässig, soweit der gesamte zu erstattende Betrag nicht über die Summe der zulässigen Einzelerstattungen hinausgeht (vgl. Kap. 5.2). Wegen der Anknüpfung an die Gesamt-

12 BMF, Schreiben v. 25.11.2020, IV C 5 – S 2353/19/10011 :006, BStBl 2020 I S. 1228, Rz. 58.

steuerfreiheit bedeutet dies für die mögliche Pauschalbesteuerung, dass sich das Gesamterstattungsverfahren auf die gesetzliche Höchstgrenze der Pauschalbesteuerung vorteilhaft auswirkt.

Beispiel

Ein Arbeitnehmer erhält aufgrund betrieblicher Vereinbarung für mehrtägige Reisen jeweils einen Spesenersatz von arbeitstäglich 30 EUR, für eine 3-tägige Reise also 90 EUR.

Verpflegungskosten	**1. Tag Anreise**	**2. Tag 24 Std.**	**3. Tag Abreise**	**Gesamterstattung**
gezahlte Spesen	30 EUR	30 EUR	30 EUR	90 EUR
steuerfrei	14 EUR	28 EUR	14 EUR	56 EUR
25 % Pauschalsteuer	14 EUR	2 EUR	14 EUR	34 EUR
steuerpflichtiger Restbetrag	**2 EUR**	**0 EUR**	**2 EUR**	**0 EUR**

Zusammenfassen mehrerer Reisetage

Während eine tageweise Berechnung zu steuerpflichtigem Arbeitslohn führen würde, der beim einzelnen Arbeitnehmer dem allgemeinen Lohnsteuerabzug nach den ELStAM unterliegt, führt die Gesamterstattung durch die Verrechnungsmöglichkeit mit nicht ausgeschöpften Beträgen einzelner Reisetage dazu, dass der steuerpflichtige Teil des Arbeitgeberersatzes in vollem Umfang mit 25 % pauschal besteuert werden kann, ohne dass beim Arbeitnehmer weitere Abzüge anfallen. Zu den Voraussetzungen der Anwendung des Gesamterstattungsverfahrens für mehrere Reisen bzw. der Verrechnungsmöglichkeit mehrerer Lohnzahlungszeiträume vgl. Kap. 5.3.3. Es gelten hier dieselben Grundsätze wie für die Steuerfreiheit des Arbeitgeberersatzes.

Nach Verwaltungsauffassung[13] ist es zulässig, den Betrag, der den steuerfreien Vergütungsbetrag übersteigt, einheitlich als Vergütung für Verpflegungsmehraufwendungen zu behandeln. Dies führt im Ergebnis dazu, dass ein verbleibender steuerpflichtiger Teilbetrag der Reisekostenvergütung auch dann mit 25 % pauschal besteuert werden darf, wenn er nach der Verrechnung nur noch aus Fahrt- und Übernachtungskostenerstattungen besteht. Die Pauschalbesteuerung wird dadurch entgegen dem Gesetzeswortlaut nicht nur für erstattete Verpflegungskosten, sondern für alle Reisekosten möglich.

Beispiel

Eine Arbeitnehmerin erhält wegen einer beruflichen Auswärtstätigkeit von Montag 11 Uhr bis Mittwoch 20 Uhr mit kostenloser Übernachtung und Bewirtung im Gästehaus eines Geschäftsfreundes lediglich einen pauschalen Fahrtkostenersatz von 225 EUR, dem eine Gesamtfahrstrecke mit eigenem Pkw von 500 km zugrunde liegt.

Ergebnis: Steuerfrei sind:

Fahrtkostenvergütung von (500 km × 0,30 EUR)	150 EUR
Verpflegungspauschalen von 14 EUR + 28 EUR + 14 EUR)	56 EUR
Insgesamt	206 EUR

Der Mehrbetrag von 19 EUR (225 EUR – 206 EUR) kann in voller Höhe pauschal mit 25 % versteuert werden (maximal bis 56 EUR). Soll der steuerfreie Verpflegungszuschuss z. B. auf der Lohnsteuerbescheinigung bescheinigt werden, ist der Betrag von 56 EUR anzugeben.

13 BMF, Schreiben v. 26.5.1997, IV B 6 – S 2353 – 72/97, BStBl 1997 I S. 612; BMF, Schreiben v. 25.11.2020, IV C 5 – S 2353/19/10011 :006, BStBl 2020 I S. 1228, Rz. 134.

5.3.4 Pauschalbesteuerung als sonstiger Bezug

Sonstige Bezüge bis 1.000 EUR

Die Pauschalbesteuerung steuerpflichtiger Reisekostenvergütungen bleibt von der möglichen Pauschalbesteuerung mit 25 % unberührt und hat nach wie vor Gültigkeit.[14]

Die Verwaltung gestattet dem Arbeitgeber die **Pauschalbesteuerung** nach der Vorschrift des § 40 Abs. 1 Nr. 1 EStG.

Tipp

Die Pauschalierung mit 25 % nach § 40 Abs. 1 Nr. 1 EStG lohnt sich für den Arbeitgeber häufig schon deswegen, weil damit die Sozialversicherungsfreiheit verbunden ist (§ 1 Abs. 1 Nr. 3 SvEV) und sich der Arbeitgeber auf den ansonsten steuerpflichtigen Lohn den Arbeitgeberanteil zur Sozialversicherung spart. Die **Sozialversicherungsfreiheit** gilt allerdings nur, wenn die Pauschalversteuerung spätestens **bis zum 28.2. des Folgejahres**[15] erfolgt.

Für diese praxisfreundliche Regelung werden die nicht steuerfreien Reisekostenvergütungen – rechtssystematisch unzutreffend – als sonstige Bezüge behandelt. Die individuelle Besteuerung kann deshalb entfallen, wenn das Betriebsstättenfinanzamt auf Antrag des Arbeitgebers diese Pauschalbesteuerung zulässt. Hierzu dürfen die pauschal zu besteuernden Beträge ggf. zusammen mit anderen pauschal besteuerten Bezügen des Arbeitnehmers **1.000 EUR** jährlich nicht übersteigen.

Arbeitsrechtliche Vereinbarungen beachten

Die lohnsteuerlichen Reisekostensätze sind als steuerliche Obergrenze für den steuerfreien Ersatz durch den Arbeitgeber zu verstehen. Welche Auslösungen für Fahrtkosten, Verpflegung und Unterbringung der Arbeitgeber für auswärtige Dienstgeschäfte seiner Arbeitnehmer zu zahlen hat, richtet sich dagegen ausschließlich **nach den arbeitsrechtlich** getroffenen **Vereinbarungen.** Maßgebend sind die im Tarifvertrag, in der Betriebsvereinbarung oder in dem jeweiligen Einzelarbeitsvertrag enthaltenen Bestimmungen. Ergeben sich danach für den steuerfreien Arbeitgeberersatz geringere Beträge, kann der Arbeitnehmer den Unterschiedsbetrag zu den höheren lohnsteuerlichen Reisekostensätzen in seiner **Steuererklärung als Werbungskosten** geltend machen.

Nach der Rechtsprechung ist die Steuerfreiheit des vom Arbeitgeber gewährten Reisekostenersatzes nicht davon abhängig, dass diese Leistungen zusätzlich zum ohnehin geschuldeten Arbeitslohn erbracht werden. Reisekostenerstattungen können im Rahmen der lohnsteuerlichen Sätze auch dann steuerfrei bleiben, wenn sie in Form der Barlohnumwandlung finanziert werden. Entscheidend ist allein, dass der Anspruch des Arbeitnehmers auf Ersatz der verauslagten Reisekosten im Zeitpunkt der Vereinbarung der Entgeltumwandlung nicht bereits entstanden ist.[16]

5.4 Kürzung der Werbungskosten

Lohnsteuerbescheinigung

Der steuerfreie Arbeitgeberersatz mindert die als Werbungskosten in der Einkommensteuererklärung abzugsfähigen Reisekosten. Deshalb muss der Arbeitgeber bei der jährlichen Ausstellung der Lohnsteuerbescheinigung auch steuerfreie Verpflegungszuschüsse bei beruflichen Auswärtstätigkeiten eintragen (**Zeile 20** der Lohnsteuerbescheinigung 2023)[17]. Die **Bescheinigungspflicht für**

14 Rz. 8 des Arbeitgeber-Merkblatts 1996, BStBl 1995 I S. 719.
15 In einem Schaltjahr bis zum 29.2. des Jahres.
16 BFH, Urteil v. 27.4.2001, VI R 2/98, BStBl 2001 II S. 601.
17 BMF, Schreiben v. 8.9.2022, IV C 5 – S 2533/19/10030 :004, BStBl 2022 I S. 1397.

steuerfreie Verpflegungszuschüsse bei den beruflichen Auswärtstätigkeiten ist durch das BMF auf solche Fälle beschränkt worden, in denen die Reisekostenabrechnung Gegenstand der Lohn- und Gehaltsabrechnung ist und deshalb über das Lohnkonto vorgenommen wird.[18] Das gilt auch für Zeiträume ab 2019 – lediglich die Befreiung von der Bescheinigung des **Großbuchstabens »M«** ist seit 2019 nicht mehr zulässig.[19] Insbesondere Arbeitgeber mit separater Reisekostenabrechnungsstelle sind daher von der Bescheinigungspflicht ausgenommen und brauchen diese Angaben lediglich freiwillig zu bescheinigen.

Das Entsprechende gilt für den steuerfreien Arbeitgeberersatz bei doppelter Haushaltsführung (Zeile 21 der Lohnsteuerbescheinigung 2023). Hierzu ist erforderlich, dass das Betriebsstättenfinanzamt die gesonderte Aufzeichnung der steuerfreien Reisekostenerstattungen außerhalb des Lohnkontos zugelassen hat (§ 4 Abs. 2 Nr. 4 LStDV). Grundsätzlich muss der Arbeitgeber die Aufzeichnungsmöglichkeit außerhalb des Lohnkontos schriftlich beantragen und das Betriebsstättenfinanzamt diesem Verfahren ausdrücklich zustimmen. Durch dieses formelle Genehmigungsverfahren ist im Einzelfall gewährleistet, dass das Finanzamt die Überprüfungsmöglichkeit der Steuerfreiheit von Reisekostenvergütungen in anderer Weise als im Lohnkonto sicherstellen kann.

Wichtig

In der Praxis sind die **Aufzeichnungserleichterungen** – seit 2020 nur noch für die Zeilen 20 und 21 der Lohnsteuerbescheinigung – im Zusammenhang mit den lohnsteuerlichen Reisekosten bislang stillschweigend gewährt worden, in dem die Lohnsteuer-Außenprüfung in ihren Feststellungen die separate Reisekostenabrechnung nicht beanstandet hat. Die gesetzlich eingeführte Bescheinigungspflicht hätte eine Vielzahl von nachträglichen Anträgen auf Aufzeichnungserleichterungen erfordert, sofern die Finanzämter diese künftig an eine engere Auslegung im Sinne eines schriftlichen Genehmigungsverfahrens geknüpft hätten. Es ist deswegen von einer stillschweigenden Genehmigung der anderen Aufzeichnung als im Lohnkonto auszugehen, wenn diese Verfahrensweise bereits Gegenstand einer Lohnsteuer-Außenprüfung war und toleriert wurde. Einen Rechtsanspruch auf diese praktikable Verfahrensvereinfachung hat der Arbeitgeber allerdings nicht. Nach den gesetzlichen Bestimmungen kann das Finanzamt den Verzicht auf die Bescheinigung der Reisekosten in der Lohnsteuerbescheinigung im Einzelfall auch von einem schriftlichen Antrag abhängig machen.

Sofern in der Lohnsteuerbescheinigung keine entsprechenden Eintragungen enthalten sind, der Arbeitnehmer aber steuerfreie Erstattungsleistungen von seiner Firma erhalten hat, empfiehlt es sich, vor Abgabe der Einkommensteuererklärung eine entsprechende **schriftliche Bescheinigung** über den Umfang der steuerfreien Reisekostenleistungen vom Arbeitgeber einzufordern. Insbesondere bei Arbeitnehmern mit hohen Werbungskosten lassen sich dadurch unnötige Rückfragen und damit verbundene zeitliche Verzögerungen bei der Bearbeitung der Steuererklärung vermeiden.

Wichtig

Erhält der Arbeitnehmer während seiner beruflichen Auswärtstätigkeit unentgeltliche Verpflegung von seinem Arbeitgeber, ist in Zeile 2 der Lohnsteuerbescheinigung 2023 nach den gesetzlichen Reisekostenvorschriften der **Großbuchstabe M** einzutragen (vgl. Kap. 4.2.4.2). Dies muss seit 2019 zwingend erfolgen, die früher gewährte Befreiung endete 2018.[20]

18 BMF, Schreiben v. 27.1.2004, IV C 5 – S 2000 – 2/04, BStBl 2004 I S. 173.

19 BMF, Schreiben v. 27.9.2017, IV C 5 – S 2378/17/10001, BStBl 2017 I S. 1339.

20 BMF, Schreiben v. 27.9.2017, IV C 5 – S 2378/17/10001, BStBl 2017 I S. 1339.

5.5 Nachweis der Reisekosten

Belege zum Lohnkonto

Die Steuerbefreiung der vom Arbeitgeber ersetzten Reisekosten setzt voraus, dass der Arbeitnehmer seinem Arbeitgeber Art und Anlass der beruflichen Tätigkeit, die Reisedauer und den Reiseweg aufzeichnet. Ferner muss er anhand geeigneter Unterlagen **nachweisen** oder zumindest **glaubhaft machen**, welche Aufwendungen ihm anlässlich einer solchen Auswärtstätigkeit entstanden sind. Der Arbeitnehmer muss ggf. Rechnungsbelege über Fahrt-, Verpflegungs- und Übernachtungskosten vorlegen, aus denen die tatsächlichen Aufwendungen ersichtlich sein müssen.[21] Diese Nachweise müssen vom Arbeitgeber als Beleg zum Lohnkonto aufbewahrt werden.

Arbeitgeber, die ihren Arbeitnehmern steuerfrei Reisekosten ausbezahlen, sollten sich ferner zum besseren Nachweis bei Lohnsteuerprüfungen **ordentliche Reisekostenabrechnungen** von ihren Arbeitnehmern erstellen lassen. Diese Abrechnungen werden dann zusammen mit den Originalrechnungen des Arbeitnehmers bei den Lohnbelegen aufbewahrt.

Wichtig

Die Reisekostenerstattung durch den Arbeitgeber ist nur dann steuerfrei, wenn zeitnah Unterlagen erstellt und aufbewahrt werden, aus denen sich eine Nachprüfung der Steuerfreiheit vornehmen lässt. Aus den neben dem Lohnkonto zu führenden Unterlagen[22] muss sich zweifelsfrei ergeben, für welche konkrete Dienstreise, welche Fahrt- und Verpflegungsmehraufwendungen, Übernachtungskosten und ggf. Reisenebenkosen betragsmäßig dem Arbeitnehmer erstattet worden sind. Eine spätere Schätzung des steuerfreien Umfangs der Reisekostenvergütung ist unzulässig, auch wenn unstreitig Reisekostenaufwendungen entstanden sind und der von der Firma gewährte Erstattungsbetrag offensichtlich unter den gesetzlich zulässigen Reisekostensätzen bzw. -pauschbeträgen liegt.[23]

21 R 9.8 Abs. 2 LStR.
22 § 4 Abs. 2 Nr. 4 LStDV.
23 FG des Saarlandes, Urteil v. 24.5.2017, 2 K 1082/14.

5.6 Reisekostenabrechnung (Muster)

Eine ordnungsgemäße Reisekostenabrechnung könnte danach wie folgt aussehen:

Reisekostenabrechnung

Name und Adresse des Abrechnenden: Marion Mustermann, Vertrieb

Kostenstelle:

Beginn der Reise: 05.6.2023 um 7:00 Uhr; **Ende:** 9.6.2023 um 19:30 Uhr

Anlass/Zielort der Auswärtstätigkeit: Produktpräsentation, Kunde XY, Musterstr. 3, 80807 München

☒ Inlandsreise ☐ Auslandsreise

Reisemittel: ☐ Dienstwagen ☒ Privat-Pkw ☐ Bahn ☐ Flugzeug

			Brutto-ausgaben	USt-(Vorsteuer)	Netto-aufwand
Fahrtkosten					
Bahnfahrkarten/Fahrausweise lt. Anlage	EUR				
Flugtickets lt. Anlage	EUR	Lorem ipsum			
Autokosten (Kraftstoff/Öl usw.) lt. Anlage	EUR				
Kilometersatz bei Privat-/Arbeitnehmer-Kfz					
650 km x 0,30	EUR = EUR	Lorem ipsum 195,00	195,00		195,00
Aufwendungen für Unterbringung					
nach beigefügten Belegen	EUR	360,00			
oder Pauschbeträge ___ Tage x 20,00	EUR = EUR	360,00	360,00	57,48	302,52
Pauschbeträge für Verpflegungsmehraufwand					
3 Tage (mindestens 24 Std.) zu 28,00	EUR = EUR	84,00			
2 Tage (mehr als 8 Std., sowie An- und Abreisetag bei Auswärtstätigkeit mit Übernachtung) zu 14,00	EUR = EUR	28,00			
	Summe EUR	112,00	112,00		112,00
Reisenebenkosten lt. Formular „Reisenebenkostenabrechnung"					
Taxi (8,30 EUR), Parkgebühren (20 EUR)	EUR	28,30	28,30	3,73	24,57
Kürzung aufgrund Mahlzeitengestellung					
lt. untenstehender Aufstellung	./. EUR	67,20	67,20		67,20
	Summe		628,10	61,21	566,89
	./. Vorschüsse		360,00	Buchungsvermerke:	
	Restzahlung/Überzahlung		268,10		

Abrechnung erstellt:

23.6.2023 — Datum — Unterschrift Reisender

23.6.2023 — Datum — Unterschrift Vorgesetzter

Nachrichtlich: **Kürzung bei Mahlzeitengestellung**
Ich habe vom Arbeitgeber unentgeltlich erhalten:

	Anreisetag / eintägige Reise	Zwischentage	Abreisetag	
Frühstück		3	1	
Mittagessen	1	3		
Abendessen				
Summe (EUR)	11,20	50,40	5,60	67,20

Erstellt von Haufe-Lexware GmbH & Co. KG, Munzinger Str. 9, 79111 Freiburg

Abb.: Der Vorsteuerabzug bei den Reisekosten des Arbeitnehmers ist nur noch insoweit zulässig, als er nicht die Fahrtkosten für Fahrzeuge des Arbeitnehmers, z. B. die Benutzung öffentlicher Verkehrsmittel, oder durch Rechnungsbelege nachgewiesene Übernachtungskosten betrifft (vgl. Kap. 9).

6 Fahrten zwischen Wohnung und erster Tätigkeitsstätte

Aufwendungen des Arbeitnehmers für die Fahrten von der Wohnung zur Arbeit gehören zu den **abzugsfähigen Werbungskosten.** Aufwendungen für Fahrten zur Arbeit können nicht ohne Weiteres in tatsächlicher Höhe als Werbungskosten abgezogen werden, sondern **nur nach Maßgabe der Entfernungspauschale.** Arbeitstäglich können 0,30 EUR pro Entfernungskilometer zwischen Wohnung und erster Tätigkeitsstätte angesetzt werden. Die Entfernungspauschale erhöht sich ab dem 21. Entfernungskilometer auf 0,38 EUR (sog. **Fernpendlerpauschale**; § 9 Abs. 1 Nr. 4 EStG).

Abzug nur in Höhe der Entfernungspauschale

Der Gesetzgeber beabsichtigt mit der erhöhten Entfernungspauschale, einen Ausgleich bei Berufspendlern mit langen Wegstrecken hinsichtlich der steigenden Benzinkosten zu erreichen, die sich durch den ab diesem Zeitpunkt startenden CO_2-Emissionshandel ergeben. Die ursprünglich erst für den Zeitraum 2024 bis 2026 vorgesehene Anhebung hat der Gesetzgeber im Laufe des Jahres 2022 wegen der gestiegenen Benzinpreise durch das Steuerentlastungsgesetz 2022 vorgezogen. Vorteilhafte Auswirkungen ergeben sich nicht nur für den Werbungskostenabzug des Arbeitnehmers. Durch die höhere Entfernungspauschale ab dem 21. Kilometer steigt auch das **Pauschalierungsvolumen für Arbeitgeberleistungen** (Fahrtkostenzuschüsse und geldwerte Vorteile) bei Fahrten zwischen Wohnung und erster Tätigkeitsstätte (vgl. Kap. 6.4.2). Für Arbeitnehmer, die keine Einkommensteuer bezahlen, soll die Mehrbelastung durch eine ab 2021 eingeführte **Mobilitätsprämie** kompensiert werden (vgl. Kap. 6.6).

Fernpendlerpauschale ab dem 21. Entfernungskilometer

Eine **Ausnahme** von der Entfernungspauschale gilt für Aufwendungen, die für Fahrten bei der Benutzung **öffentlicher Verkehrsmittel** entstehen. Diese können in voller Höhe steuerlich berücksichtigt werden. Ebenso dürfen bestimmte **Arbeitnehmer mit Behinderung** höhere Kilometersätze in Anspruch nehmen.

6.1 Ansatz nach Maßgabe der Entfernungspauschale

Aufwendungen des Arbeitnehmers für die Fahrten von der Wohnung zur Arbeit gehören zu den abzugsfähigen Werbungskosten, die in Höhe der Entfernungspauschale angesetzt werden können. Die Entfernungspauschale ist seit der gesetzlichen Reisekostenreform 2014 an die Fahrt des Arbeitnehmers zu seiner ersten Tätigkeitsstätte geknüpft. Die Regelungen zur Anwendung und Berechnung der Entfernungspauschale sind im Übrigen unverändert geblieben. Dementsprechend ist die zur Entfernungspauschale ergangene Rechtsprechung weiterhin zu beachten, soweit sich diese nicht auf die Auslegung des Tätigkeitsstättenbegriffs der sog. regelmäßigen Arbeitsstätte bezieht, der durch das gesetzliche Reisekostenrecht bedeutungslos geworden ist.

Folgewirkungen der vorrangig arbeitsrechtlich bestimmten **Festlegung der ersten Tätigkeitsstätte,** die dem Arbeitgeber im Rahmen seines Direktionsrechts weitreichende Möglichkeiten zur Neubestimmung einer betrieblichen Einrichtung als erste Tätigkeitsstätte gibt (vgl. Kap. 2.2), ergeben sich durch den Begriffswechsel häufig auch für den Ort der (ersten) Tätigkeitsstätte.

Entfernungspauschale für Fahrten zur ersten Tätigkeitsstätte

Die Entfernungspauschale berechnet sich ausschließlich nach der **Wegstrecke**, die für die arbeitstäglichen Fahrten zwischen **Wohnung und erster Tätigkeitsstätte** maßgebend ist. Immer dann, wenn die tatsächliche Arbeitsstätte zugleich auch seine erste Tätigkeitsstätte ist, kann der Arbeitnehmer keine

Reisekosten erhalten. Die Wege zwischen Wohnung und erster Tätigkeitsstätte unterliegen in diesem Fall der begrenzten Abzugsfähigkeit der Entfernungspauschale, die den steuerfreien Arbeitgebererersatz ausschließt und beim Firmenwageninhaber den Ansatz eines zusätzlichen geldwerten Vorteils bewirkt. Eine Ausnahme gilt für Aufwendungen, die für Fahrten bei der Benutzung öffentlicher Verkehrsmittel entstehen. Diese können wie bisher in voller Höhe steuerlich berücksichtigt werden. Ebenso dürfen bestimmte Arbeitnehmer mit Behinderung höhere Kilometersätze in Anspruch nehmen.

Gesetzliche Fiktion der Entfernungspauschale

Die zum 1.1.2014 eingeführte gesetzliche Fiktion der Entfernungspauschale für Arbeitnehmer ohne erste Tätigkeitsstätte betrifft Fahrten, die den Reisekostenbegriff der beruflichen Auswärtstätigkeit erfüllen. Arbeitnehmer, die **keine erste Tätigkeitsstätte** haben, aufgrund Anweisung des Arbeitgebers aber dauerhaft denselben Ort bzw. ein weiträumiges Tätigkeitsgebiet aufsuchen müssen, um von dort typischerweise die arbeitstägliche berufliche Tätigkeit aufzunehmen, dürfen für diese Fahrten nur die einschränkenden Regelungen der Entfernungspauschale anwenden. Die gesetzlich angeordnete Anwendung der Entfernungspauschale ist aufgrund der rechtssystematischen Zuordnung dieser Fahrten zur beruflichen Auswärtstätigkeit nicht in diesem Kap. 5 dargestellt, sondern unter Kap. 2.3 (Entfernungspauschale **für Fahrten zum Sammel- bzw. Treffpunkt**), unter Kap. 3.1.2 (**Weiträumiges Tätigkeitsgebiet**) und unter Kap. 4.1.3 (**Fahrten zum Sammelpunkt oder weiträumigen Tätigkeitsgebiet**). Da der Gesetzgeber keine erste Tätigkeitsstätte fingiert, beschränkt sich die Sonderregelung auf die begrenzte Abzugsfähigkeit der Fahrtkosten (§ 9 Abs. 4a Satz 3 EStG). Alle übrigen Reisekostenregelungen, insbesondere die Verpflegungspauschbeträge, bleiben dagegen uneingeschränkt anwendbar.

Steuerfreies Job-Ticket

Zur lohnsteuerlichen Beurteilung von Arbeitgeberleistungen zu den Aufwendungen des Arbeitnehmers für die Fahrten zwischen Wohnung und erster Tätigkeitsstätte muss unterschieden werden, ob der Arbeitnehmer öffentliche Verkehrsmittel oder andere Fahrzeuge, etwa seinen eigenen Pkw, für diese arbeitstäglichen Wege benutzt. Für Arbeitgeberleistungen im Zusammenhang mit der Nutzung öffentlicher Verkehrsmittel zu Fahrten zwischen Wohnung und erster Tätigkeitsstätte durch den Arbeitnehmer hat der Gesetzgeber die bis 2003 geltende Steuerbefreiung wieder aktiviert (§ 3 Nr. 15 EStG). Steuerfrei sind **Zuschüsse und Sachbezüge bei Job-Tickets im Linienverkehr** und zu Beförderungsleistungen im öffentlichen Personennahverkehr. Zur Anwendung der Steuerbefreiungsvorschrift hat das BMF eine bundeseinheitliche Verwaltungsanweisung herausgegeben.[1] Für die übrigen Verkehrsmittel bleibt es bei der Steuerpflicht. Vom Arbeitgeber gewährte Zuschüsse, etwa bei Benutzung des eigenen Pkws zu Fahrten zwischen Wohnung und erster Tätigkeitsstätte können unverändert bis zu dem Betrag, den der Arbeitnehmer ansonsten als Werbungskosten ansetzen könnte, mit 15 % pauschal besteuert werden. Auf die Entfernungspauschale sind steuerfreie und pauschal besteuerte Arbeitgeberleistungen anzurechnen (vgl. Zeile 17 und 18 der Lohnsteuerbescheinigung 2023).

Wichtig

Seit 2019 gibt es für Arbeitgeberleistungen (Sachbezüge und Zuschüsse) im Zusammenhang mit Job-Tickets und Fahrten im öffentlichen Personennahverkehr eine **Pauschalierungsmöglichkeit mit 25 %**, bei der eine Anrechnung auf die abzugsfähigen Werbungskosten in der persönlichen Steuererklärung verzichtet wird (§ 40 Abs. 2 Satz 2 Nr. 2 EStG). Eingehende Ausführungen zu dieser zusätzlichen Pauschalbesteuerung finden sich in Kap. 6.4.1.

1 BMF, Schreiben v. 15.8.2019, IV C 5 – S 2342/19/10007 :001, BStBl 2019 I S. 875.

Wichtig

Für die lohnsteuerliche Behandlung von **Fahrtkostenzuschüssen durch den Arbeitgeber** empfiehlt es sich, im Lohnbüro zu prüfen, wo der Arbeitnehmer seine – nach den gesetzlichen Reisekostenbestimmungen maßgebende – erste Tätigkeitsstätte hat. **Steuerfreie Reisekostenvergütungen** sind nur für berufliche Einsätze außerhalb dieser dauerhaften betrieblichen Einrichtung zulässig. Der Fahrtkostenersatz für die Fahrten zwischen Wohnung und erster Tätigkeitsstätte z. B. mit dem eigenen Pkw des Arbeitnehmers ist dagegen lohnsteuerpflichtiger Arbeitslohn. Hierfür besteht innerhalb der Grenzen der Entfernungspauschale die Möglichkeit der Pauschalbesteuerung mit 15 %. Umfassende Ausführungen zur Bestimmung der ersten Tätigkeitsstätte finden sich in Kap. 3.1.

6.2 Entfernungspauschale

6.2.1 Anwendungsbereich

Verkehrsmittel-unabhängige Pauschale

Die Entfernungspauschale, die der Arbeitnehmer für den arbeitstäglichen Weg zu seiner ersten Tätigkeitsstätte unabhängig vom tatsächlichen Aufwand und von der Wahl des Verkehrsmittels erhält, wird ab dem **ersten Entfernungskilometer** gewährt. Die verkehrsmittelunabhängige Pauschale beträgt 0,30 EUR pro Entfernungskilometer. Für Arbeitnehmer mit längeren Wegstrecken zur ersten Tätigkeitsstätte erhöhte sich die Entfernungspauschale seit 1.1.2022 auf 0,38 EUR ab dem 21. Entfernungskilometer (§ 9 Abs. 1 Nr. 4 Satz 2 EStG). Die gesetzliche Pauschale von 0,30 EUR bzw. 0,38 EUR ab dem 21. Entfernungskilometer gilt auch für Benutzer des öffentlichen Personennahverkehrs. Ein weitergehender Kostenabzug in Höhe der nachgewiesenen tatsächlichen Aufwendungen für die Fahrausweise ist zulässig, wenn diese über dem Betrag liegen, der nach den Regeln der Entfernungspauschale abzugsfähig ist. Der Gesetzgeber lässt den Abzug höherer Kosten für öffentliche Verkehrsmittel ausdrücklich als Werbungskosten zu (§ 9 Abs. 2 Satz 2 EStG). In der Ungleichbehandlung liegt keine verfassungswidrige Bevorzugung von Nutzern öffentlicher Verkehrsmittel, da der Gesetzgeber mit dem Abzug der höheren tatsächlichen Kosten beim öffentlichen Personennahverkehr umwelt- und verkehrspolitische Ziele verfolgt.[2]

Lohn-steuerfrei-betrag

Die Entfernungspauschale kann im **Lohnsteuer-Ermäßigungsverfahren** als Freibetrag in den ELStAM eingetragen werden.

Betriebsausgabe bei Selbstständigen

Die Entfernungspauschale ist auch bei den **Gewinneinkünften** zu beachten. Der Systemwechsel in Form der Rückkehr der Fahrten zwischen Wohnung und erster Tätigkeitsstätte zum beruflichen Bereich vollzieht sich auch bei Selbstständigen. Die Entfernungspauschale bestimmt deshalb, welche Beträge der **Unternehmer** für diese Fahrten als **Betriebsausgaben** abziehen kann. Der Betriebsausgabenabzug gilt unabhängig davon, ob der Unternehmer für die Fahrten zu seinem Betrieb, zu seiner Praxis u. Ä. einen Pkw des Betriebsvermögens oder ausnahmsweise des Privatvermögens einsetzt (vgl. Kap. 6.5).

2 BFH, Urteil v. 15.11.2016, VI R 4/15, BStBl 2017 II S. 228, bestätigt durch BVerfG, Beschluss v. 7.7.2017, 2 BvR 308/17.

6.2.2 Berechnung der Entfernungspauschale

Aufwendungen für Fahrten zwischen Wohnung und erster Tätigkeitsstätte werden im Regelfall im Wege einer Entfernungspauschale als Werbungskosten berücksichtigt. Die Entfernungspauschale ist unabhängig vom Verkehrsmittel und unabhängig von tatsächlichen Aufwendungen zu gewähren.

Die **Höhe der tatsächlichen Aufwendungen** ist für den Ansatz der Entfernungspauschale und damit für die Höhe des Werbungskostenabzugs **unbeachtlich.**[3] Sie kann also von demjenigen Arbeitnehmer in Anspruch genommen werden, der den Weg zwischen Wohnung und erster Tätigkeitsstätte arbeitstäglich

- mit einem **Kraftfahrzeug,**
- mit einem **öffentlichen Verkehrsmittel,**
- mit einem **Fahrrad** oder
- zu **Fuß**

zurücklegt.

Die Entfernungspauschale von 0,30 EUR bzw. 0,38 EUR ab dem 21. Entfernungskilometer gilt deshalb auch für Benutzer des öffentlichen Personennahverkehrs. Ein weitergehender Kostenabzug i. H. d. nachgewiesenen tatsächlichen Aufwendungen für die Fahrausweise ist zulässig, wenn diese über dem Betrag liegen, der nach den Regeln der Entfernungspauschale als Werbungskosten abzugsfähig ist (vgl. Kap. 6.3.2).

Die **verkehrsmittelunabhängige Entfernungspauschale** beträgt pro Entfernungskilometer der Wegstrecke von der Wohnung zur ersten Tätigkeitsstätte:

für die ersten 20 Entfernungskilometer	0,30 EUR
für jeden weiteren Entfernungskilometer	0,38 EUR

Die anzusetzende Entfernungspauschale berechnet sich nach folgender Formel:

Zahl der Arbeitstage × Entfernungskilometer (max. 20 km) × 0,30 EUR
+ Zahl der Arbeitstage × Entfernungskilometer (ab 21. km) × 0,38 EUR
= Entfernungspauschale

Tipp

Die Entfernungspauschale gilt ebenfalls für die wöchentlichen **Familienheimfahrten** im Rahmen einer doppelten Haushaltsführung, die der Arbeitnehmer als Werbungskosten geltend machen kann (§ 9 Abs. 1 Nr. 5 Satz 4 EStG). Allerdings bezieht sich der Kilometersatz von 0,30 EUR (0,38 EUR ab dem 21. Entfernungskilometer) auf die Entfernung zwischen dem Ort des eigenen Hausstands und dem auswärtigen Beschäftigungsort, für die der Arbeitnehmer die Entfernungspauschale ansetzen kann.

Keine Anwendung findet die Entfernungspauschale auf **Flugstrecken**. Hier bleibt es beim erforderlichen Einzelnachweis der entstandenen Flugkosten, z. B. durch Vorlage der Tickets (vgl. Kap. 6.3.3.).

Sammelbeförderung

Arbeitnehmer, die vom Arbeitgeber im Rahmen einer **steuerfreien Sammelbeförderung** kostenlos oder verbilligt zu ihrer Tätigkeitsstätte gefahren werden, können die Entfernungspauschale in-

3 BFH, Urteil v. 15.11.2016, VI R 48/15, BFH/NV 2017 S. 284.

soweit ebenfalls nicht ansetzen (§ 9 Abs. 1 Nr. 4 Satz 3 EStG i. V. m. § 3 Nr. 32 EStG). Bei steuerfreier Sammelbeförderung ist der Kostenabzug für die arbeitstäglichen Fahrten zwischen Wohnung und Tätigkeitsstätte nach den Regeln der Entfernungspauschale gesetzlich ausgeschlossen. Allerdings sind Zuzahlungen des Arbeitnehmers in Fällen der verbilligten Sammelbeförderung gleichwohl als Werbungskosten abzugsfähig.[4]

Beispiel

Die im Schichtdienst tätigen Arbeitnehmer einer Automobilherstellerfirma haben die Möglichkeit der täglichen Sammelbeförderung durch den Einsatz arbeitgebereigener Omnibusse. Ab einer Entfernung von mindestens 40 km verlangt der Arbeitgeber einen monatlichen Fahrpreis von 50 EUR.

Ergebnis: Die steuerfreie Sammelbeförderung schließt bei den betreffenden Arbeitnehmern den Ansatz der Entfernungspauschale im Rahmen der persönlichen Steuererklärung aus. Allerdings besteht aufgrund der gesetzlichen Regelung die Möglichkeit, den Fahrpreis für die verbilligte Sammelbeförderung von insgesamt 600 EUR pro Jahr als Werbungskosten beim Finanzamt geltend zu machen. Abzugsfähig ist das gesamte Entgelt.

Teilstrecke

Der Weg bis zum Ausgangspunkt der steuerfreien Sammelbeförderung fällt ebenfalls unter die Entfernungspauschale. Lediglich die Teilstrecke der Sammelbeförderung darf nicht in die Entfernungsermittlung einbezogen werden. Fährt der Arbeitnehmer z. B. mit dem Pkw zum gemeinsamen **Treffpunkt** der Sammelbeförderung, kann er hierfür ab dem ersten Entfernungskilometer die Entfernungspauschale erhalten. Zwar stellt der Treffpunkt keine erste Tätigkeitsstätte dar (vgl. Kap. 2.3). Ist die Fahrt zum Treffpunkt jedoch Teilstrecke des Weges zwischen Wohnung und erster Tätigkeitsstätte, teilt diese die rechtliche Beurteilung, die der Gesamtstrecke zugrunde zu legen wäre.

Wichtig

Ein auch zur Privatnutzung überlassener **Firmenwagen** kann keine steuerfreie Sammelbeförderung begründen. Eine Pkw-Gestellung zur unentgeltlichen Sammelbeförderung liegt selbst dann nicht vor, wenn der Arbeitgeber für die Fahrten zwischen Wohnung und erster Tätigkeitsstätte die Mitnahme von Arbeitskollegen angeordnet hat.[5]

Zu den Anforderungen an die lohnsteuerliche Sammelbeförderung, die für die Steuerbefreiung solcher Fahrten zwischen Wohnung und erster Tätigkeitsstätte im Lohnsteuerverfahren verlangt werden, vgl. Kap. 8.7. Damit das Finanzamt erkennen kann, ob ein Fall der steuerfreien Sammelbeförderung vorliegt, die den Werbungskostenabzug in Form der Entfernungspauschale in der Einkommensteuererklärung ausschließt, muss der Arbeitgeber die steuerfreie Sammelbeförderung auf der **Lohnsteuerbescheinigung** durch den **Großbuchstaben F** kennzeichnen. Die Eintragung ist in Zeile 2 der Lohnsteuerbescheinigung 2023 vorzunehmen.

Maßgebende Entfernung

Für die Berechnung der Entfernungspauschale ist auf die **kürzeste Straßenverbindung** abzustellen, auch soweit diese nur über einen Mauttunnel erreichbar ist. Zur Nichtabzugsfähigkeit der Mautgebühren, vgl. Kap. 4.1.4. Die Entfernungsbestimmung richtet sich immer nach der kürzesten Straßenverbindung, die von Kraftfahrzeugen mit einer zugelassenen Höchstgeschwindigkeit von mehr als 60 km/h benutzt werden dürfen[6], und zwar unabhängig vom tatsächlich benutzten Verkehrsmittel. Unerheblich ist, ob die maßgebliche Verkehrsstrecke mit dem vom Arbeitnehmer tatsächlich verwendeten Verkehrsmittel straßenverkehrsrechtlich benutzt werden darf.

4 BMF, Schreiben v. 18.11.2021, IV C 5 – S 2351/20/10001 :002, BStBl 2021 I S. 2315, Rz. 3.
5 FG Mecklenburg-Vorpommern, Urteil v. 14.7.2021, 1 K 65/15, EFG 2021 S. 2081.
6 BFH, Urteil v. 20.9.2013, VI R 20/13, BStBl 2014 II S. 259.

Beispiel

Ein Arbeitnehmer fährt mit der U-Bahn zu seiner ersten Tätigkeitsstätte (Monatsticket für 70 EUR). Einschließlich der Fußwege und der U-Bahnfahrt beträgt die zurückgelegte Entfernung 30 km. Die kürzeste Straßenverbindung beträgt 20 km.

Ergebnis: Für die Ermittlung der Entfernungspauschale ist eine Entfernung von 20 km anzusetzen. Bei 220 Arbeitstagen berechnet sich die abzugsfähige Entfernungspauschale mit 1.320 EUR (20 km × 220 Tage × 0,30 EUR). Anzusetzen ist die Entfernungspauschale, da sie über den jährlichen Kosten für die Fahrscheine von 840 EUR liegt (70 EUR × 12 Monate).

Verkehrsgünstigere Straßenverbindung

Bei Benutzung eines Kraftfahrzeugs kann eine andere als die kürzeste Straßenverbindung zugrunde gelegt werden, wenn diese offensichtlich verkehrsgünstiger ist und vom Arbeitnehmer regelmäßig für die Wege zwischen Wohnung und erster Tätigkeitsstätte benutzt wird (§ 9 Abs. 1 Nr. 4 Satz 4 EStG). Dies gilt auch, wenn der Arbeitnehmer ein öffentliches Verkehrsmittel benutzt, dessen Linienführung über die verkehrsgünstigere Straßenverbindung geführt wird.

Eine von der kürzesten Straßenverbindung abweichende Strecke ist nach der Rechtsprechung verkehrsgünstiger, wenn der Arbeitnehmer seine (erste) Tätigkeitsstätte – trotz gelegentlicher Verkehrsstörungen – in der Regel schneller und pünktlicher erreicht.[7] Dabei kann bereits eine **Zeitersparnis von täglich 30 Minuten** ausreichend sein.[8] Die verkehrsgünstigere Umwegstrecke kann beispielsweise infrage kommen, wenn der Arbeitnehmer die Möglichkeit des »**Park-and-ride**« wählt und dafür eine längere Wegstrecke mit dem Pkw durch die Fahrt zum Bahnhof in Kauf nehmen muss. Für die Prüfung, ob eine weitere Strecke offensichtlich verkehrsgünstiger ist, darf ausschließlich die vom Arbeitnehmer regelmäßig benutzte Streckenführung mit der kürzesten Straßenverbindung verglichen werden. Dabei ist die vom Arbeitnehmer gewählte Straßenverbindung offensichtlich verkehrsgünstiger, wenn sich auch jeder andere unvoreingenommene, verständige Verkehrsteilnehmer für diese Strecke entschieden hätte. Der Umfang der Zeitersparnis hat lediglich Indizwirkung. Entscheidend sind die tatsächlichen Umstände des Einzelfalls.[9] Unerheblich ist, ob die vom Arbeitnehmer gewählte Strecke verkehrsgünstiger ist als jede andere Verbindung.

Teilstrecken mit steuerfreier Sammelbeförderung sind nicht in die Entfernungsermittlung einzubeziehen.[10] Anzusetzen sind **nur volle Kilometer** der Entfernung zwischen Wohnung und erster Tätigkeitsstätte. Ein angefangener Kilometer bleibt unberücksichtigt.

Beispiel

Eine Arbeitnehmerin A fährt an 220 Arbeitstagen mit ihrem Pkw in den Betrieb (= erste Tätigkeitsstätte). Die kürzeste Straßenverbindung beträgt 45 km. Dasselbe gilt für die Arbeitnehmer B und C. Der Arbeitnehmer B benutzt für seine Fahrten zwischen Wohnung und erster Tätigkeitsstätte das eigene Motorrad und wählt die unstreitig verkehrsgünstigere Straßenverbindung, die 50 km beträgt. Der Arbeitnehmer C fährt dagegen ausschließlich mit öffentlichen Verkehrsmitteln.

Durch die Benutzung der Bahn erhöht sich die arbeitstägliche Wegstrecke um 10 km auf 55 km (monatlicher Ticketpreis 200 EUR).

Ergebnis: Für die Berechnung der Entfernungspauschale ist unabhängig von dem benutzten Verkehrsmittel grundsätzlich auf die kürzeste Straßenverbindung zwischen Wohnung und erster Tätigkeitsstätte abzustellen. Die Arbeitnehmer A und C erhalten deshalb denselben Werbungskostenabzug, der sich wie folgt berechnet:

7 BFH, Urteil v. 10.10.1975, VI R 33/74, BStBl 1975 II S. 852.
8 FG Düsseldorf, Urteil v. 23.3.2007, 1 K 3285/06 E, EFG 2007 S. 1014.
9 BFH, Urteil v. 16.11.2011, VI R 46/10, BStBl 2012 II S. 470; BFH, Urteil v. 16.11.2005, VI R 19/11, BStBl 2012 II S. 520.
10 BMF, Schreiben v. 18.11.2021, IV C 5 – S 2351/20/10001 :002, BStBl 2021 I S. 2315, Tz. 1.4.

220 Tage × [20 km × 0,30 EUR + 25 km × 0,38 EUR]	3.410 EUR

Arbeitnehmer B kann die Umwegstrecke für den Werbungskostenabzug ansetzen, weil sie verkehrsgünstiger ist:

220 Tage × [20 km × 0,30 EUR + 30 × 0,38 EUR]	3.828 EUR

Das Beispiel verdeutlicht, dass grundsätzlich alle Arbeitnehmer, unabhängig wie sie ihren Weg zur Arbeit zurücklegen, bei gleicher Entfernung denselben Kostenabzug erhalten. Der Fahrpreis für öffentliche Verkehrsmittel ist für C ohne Bedeutung, da er unter der Entfernungspauschale liegt.

Wichtig

Konkrete zeitliche Vorgaben, die erfüllt sein müssen, um eine Straßenverbindung als »offensichtlich verkehrsgünstiger« als die kürzeste Fahrtroute anzusehen, ergeben sich weder aus dem Gesetz noch aus der bisherigen höchstrichterlichen Rechtsprechung. Zwar ist die **zu erwartende Zeitersparnis** ein gewichtiges Indiz dafür, dass die längere Umwegstrecke »offensichtlich verkehrsgünstiger« und damit für die Entfernungspauschale maßgebend ist.

Eine Straßenverbindung kann ungeachtet einer Zeitersparnis aber auch dann **»offensichtlich verkehrsgünstiger«** sein als die kürzeste Verbindung, wenn sich dies aus anderen Umständen, wie beispielsweise der Streckenführung (Verkehrsaufkommen, Landstraße, Autobahn u. a.), ergibt.[11]

Fährkosten

Eine **Fährverbindung** ist, soweit sie zumutbar und wirtschaftlich sinnvoll erscheint, mit in die Entfernungsberechnung einzubeziehen. Die Fahrstrecke der Fähre selbst ist jedoch nicht Teil der maßgebenden Entfernung, sie muss also wieder abgezogen und die verbleibende Kilometerentfernung auf volle Kilometer abgerundet werden. Fährkosten dürfen stattdessen als Aufwendungen für öffentliche Verkehrsmittel in tatsächlicher Höhe neben der Entfernungspauschale als Werbungskosten berücksichtigt werden.[12] Zum Werbungskostenabzug bei öffentlichen Verkehrsmitteln s. Kap. 6.3.2.

Beispiel

Eine Arbeitnehmerin mit Wohnort in Konstanz hat ihre erste Tätigkeitsstätte auf der gegenüberliegenden Seite des Bodensees. Für die Fahrten zum Betrieb benutzt sie ihren Pkw und die Fähre von Konstanz nach Meersburg. Die kürzeste Fahrstrecke einschließlich der Fährverbindung von 5,3 km beträgt insgesamt 25,6 km. Die Monatskarte für die Fähre kostet 150 EUR.

Ergebnis: Bei 230 Arbeitstagen im Jahr errechnen sich folgende Werbungskosten für die Fahrten zwischen Wohnung und erster Tätigkeitsstätte:

230 Arbeitstage × 20 km (= 25,6 km – 5,3 km, gerundet) × 0,30 EUR =	1.380 EUR
Fährkosten 12 × 150 EUR =	1.800 EUR
insgesamt abzugsfähig	**3.180 EUR**

Die tatsächlichen Fährkosten dürfen **neben** der Entfernungspauschale angesetzt werden, da der nachgewiesene Kostenabzug für öffentliche Verkehrsmittel zulässig ist.

Umwegstrecken

Benutzt ein Arbeitnehmer für die Fahrten zwischen Wohnung und erster Tätigkeitsstätte eine andere als die kürzeste Straßenverbindung, obwohl sich die **längere Umwegstrecke ohne Fährstrecke** nicht als »offensichtlich verkehrsgünstiger« erweist, ist die kürzere Kilometerstrecke für die Entfernungspauschale maßgebend. Die **(fiktiven) Kosten** für die Fährverbindung bleiben dabei **außer Ansatz**, weil sie aufgrund der anders gewählten Fahrstrecke für die Fahrten zwischen Wohnung und erster Tätigkeitsstätte dem Arbeitnehmer gar nicht entstanden sind. Insoweit ergibt sich eine andere Berechnung der Entfernungspauschale gegenüber demjenigen Arbeitnehmer, der sich für die Benutzung der **kürzesten Straßenverbindung mit Fährstrecke** entscheidet. Im vorigen Beispiel würde

11 BFH, Urteil v. 16.11.2011, VI R 19/11, BStBl 2012 II S. 520.

12 BMF, Schreiben v. 18.11.2021, IV C 5 – S 2351/20/10001 :002, BStBl 2021 I S. 2315, Rz. 13.

sich bei Benutzung einer längeren, nicht verkehrsgünstigeren Straßenverbindung die Entfernungspauschale mit 25 Entfernungskilometer (20 km × 0,30 EUR + 5 km x 0,38) berechnen.[13]

Eine Fahrt pro Arbeitstag

Die Entfernungspauschale darf nach dem Gesetzeswortlaut für jeden Arbeitstag, an dem der Arbeitnehmer die erste Tätigkeitsstätte aufsucht, nur einmal angesetzt werden.[14] Die Berücksichtigung weiterer Werbungskosten für **zusätzliche Fahrten** ist damit ausdrücklich **ausgeschlossen.** Nachteilig kann sich dies für Arbeitnehmer mit Bereitschaftsdienst auswirken.[15] Die Abgeltungswirkung der Entfernungspauschale gilt auch dann, wenn der Arbeitnehmer wegen atypischer Arbeitszeiten täglich 2 Fahrten zwischen Wohnung und erster Tätigkeitsstätte durchführt.[16] Auch hier kann die Entfernungspauschale arbeitstäglich nur einmal angesetzt werden.[17]

Tipp

Die Entfernungspauschale darf nach dem Gesetz für jeden Arbeitstag, an dem der Arbeitnehmer seine erste Tätigkeitsstätte aufsucht, **nur einmal** angesetzt werden. Die Berücksichtigung weiterer Werbungskosten ist nicht nur für zusätzliche Fahrten ausgeschlossen. Ebenso wenig ist der Abzug von Aufwendungen für ein Job-Ticket neben der Pauschale möglich, auch wenn der Arbeitnehmer überwiegend mit dem Job-Ticket zu seiner Arbeitsstätte gelangt, aber gelegentlich seinen eigenen Pkw benutzt.

Hälftige Pauschale bei Einfachfahrten

Die Abgeltungswirkung der Entfernungspauschale umfasst arbeitstäglich 2 Wege zwischen Wohnung und erster Tätigkeitsstätte, einen Hin- und einen Rückweg. Legt der Arbeitnehmer an einem Arbeitstag **nur einen der beiden Wege zurück**, ist für diesen Arbeitstag nur die Hälfte der Entfernungspauschale anzusetzen. Typischer Fall ist, dass sich an die Hinfahrt zum Arbeitgeber eine mehrtägige Dienstreise anschließt, sodass die Rückfahrt nach Hause erst an einem späteren Tag erfolgt.[18]

Mehrere Wohnungen

Hat ein Arbeitnehmer **mehrere Wohnungen**, werden Fahrten von der näher gelegenen Wohnung immer, Fahrten von der weiter entfernt gelegenen Wohnung dagegen nur unter weiteren Voraussetzungen anerkannt. Die weiter entfernt gelegene Wohnung wird nämlich nur berücksichtigt, wenn sie den »**Mittelpunkt der Lebensinteressen**« des Arbeitnehmers bildet.[19]

Mittelpunkt der Lebensinteressen

Bei verheirateten bzw. in einer Lebenspartnerschaft lebenden Arbeitnehmern befindet sich der Mittelpunkt der Lebensinteressen am Wohnort seiner Familie. Bei anderen Arbeitnehmern bildet die Wohnung den Mittelpunkt der Lebensinteressen, wenn dort die Mehrzahl der privaten Beziehungen zu Verwandten, Freunden, Vereinen usw. besteht. Der Arbeitnehmer muss dies glaubhaft machen. Ohne weitere Prüfung wird der geltend gemachte Lebensmittelpunkt anerkannt, wenn der unverheiratete Arbeitnehmer die Wohnung im Durchschnitt mindestens **2-mal monatlich** aufsucht.[20] Ist diese Voraussetzung nicht erfüllt, können die Fahrtkosten insgesamt nicht abgezogen werden. Es wird also auch nicht die Entfernung zu der näher gelegenen Wohnung angesetzt. Diese Regelung gilt nicht nur bei Benutzung eines eigenen Pkw, sondern auch für Fahrten mit öffentlichen Verkehrsmitteln.[21] Ein in den Sommermonaten bewohnter Campingplatz wird nicht als Mittelpunkt der Lebensinteressen anerkannt, wenn Kinder und Haustiere in der Familienwohnung bleiben.[22]

13 BFH, Urteil v. 19.4.2012, VI R 53/11, BStBl 2012 II S. 802.
14 BMF, Schreiben v. 18.11.2021, IV C 5 – S 2351/20/10001 :002, BStBl 2021 I S. 2315, Rz. 23.
15 BFH, Urteil v. 20.3.1992, VI R 10/91, BStBl 1992 II S. 835, bestätigt durch BFH, Urteil v. 11.9.2003, VI B 101/03, BStBl 2003 II S. 893.
16 BFH, Beschluss v. 11.9.2012, VI B 43/12, BFH/NV 2012 S. 2023.
17 Ebenso BVerfG, Urteil v. 26.10.2005, 2 BvR 2085/03.
18 H 9.10 LStH »Fahrtkosten bei einfacher Fahrt«; bestätigt durch BFH, Urteil v. 12.2.2020, VI 42/17, BStBl 2020 II S. 473.
19 BFH, Urteil v. 13.12.1985, VI R 7/03, BStBl 1986 II S. 221; BFH, Urteil v. 2.12.1988, VI R 190/85, BFH/NV 1989 S. 576.
20 R 9.10 Abs. 1 Satz 8 LStR.
21 BFH, Urteil v. 20.12.1982, VI R 64/81, BStBl 1983 II S. 306, 311.
22 FG Hamburg, Urteil v. 16.10.1998, EFG 1999 S. 222.

Daneben ist Voraussetzung, dass die weiter entfernt gelegene Wohnung nicht nur »gelegentlich« aufgesucht wird (§ 9 Abs. 1 Nr. 4 Satz 6 EStG). Die Finanzverwaltung hält **6 Heimfahrten jährlich** für ausreichend.[23] Nach der Rechtsprechung ist diese Voraussetzung unter Berücksichtigung der Umstände des jeweiligen Einzelfalls zu prüfen. Bei großer Entfernung, insbesondere bei Arbeitnehmern mit **Familienwohnung im weiter entfernten Ausland**, kann die Entfernungspauschale auch bei weniger als 6 jährlichen Fahrten zum Lebensmittelpunkt beim Werbungskostenabzug berücksichtigt werden.[24] Im Entscheidungsfall waren 5 Fahrten ausreichend, die ein verheirateter Arbeitnehmer zu seiner Familie in der Türkei im Kalenderjahr durchgeführt hat. Nach den Lohnsteuer-Richtlinien sind deshalb die Fahrten zu der weiter entfernten Wohnung ohne nähere Prüfung zu berücksichtigen, wenn sie der Arbeitnehmer **mindestens 6-mal im Kalenderjahr** aufsucht. Werden weniger Fahrten durchgeführt, muss eine Einzelfallprüfung stattfinden. Die Häufigkeit der Reisen, die Entfernung zwischen der Wohnung im Ausland und der ersten Tätigkeitsstätte im Inland sowie die damit verbundenen Kosten sind für die Beurteilung des Werbungskostenabzugs maßgebend.[25]

Regelmäßiges Aufsuchen des Lebensmittelpunkts

Als **Wohnung** im Sinne der steuerrechtlichen Regelung kommt auch ein **möbliertes Zimmer**, eine **Schiffskajüte**, ein Gartenhaus, ein **Wohnwagen** oder eine **Massenunterkunft** in Betracht.[26]

Wichtig

Die Entfernungspauschale ist auch zu beachten, wenn der Arbeitnehmer seine erste Tätigkeitsstätte morgens aufsucht, um von dort aus eine beruflich veranlasste Auswärtstätigkeit anzutreten (s. auch Kap. 2.3).[27]

Das Gesetz enthält für die Anwendung der Entfernungspauschale eine Obergrenze von 4.500 EUR. Dieser Betrag entsprach bei Einführung der Kilometerpauschale in etwa dem Preis einer Jahresnetzkarte für die 1. Klasse der Deutschen Bahn AG, deckt aber heute gerade noch die Kosten für die 2. Klasse ab (BahnCard 100 2. Klasse 4.339 EUR). Bei der 4.500-EUR-Grenze handelt es sich um einen **Jahresbetrag,** der bei nur zeitweiser Beschäftigung während des Jahres nicht zu kürzen ist. Ebenfalls ist im Fall eines Arbeitgeberwechsels keine Aufteilung erforderlich.

Höchstbetrag von 4.500 EUR

Fahrt Wohnung – Tätigkeitsstätte

Andererseits ist bei **mehreren Dienstverhältnissen** (Kap. 6.2.4) die 4.500-EUR-Grenze nicht mehrfach zu gewähren. Für die Prüfung der Freigrenze müssen zunächst die Entfernungspauschalen aus den verschiedenen Beschäftigungsverhältnissen zusammengerechnet werden, und anschließend ist die sich ergebende Summe auf den Jahresbetrag von 4.500 EUR anzurechnen.

Die Abzugsgrenze von 4.500 EUR gilt nicht uneingeschränkt für die Wege zwischen Wohnung und erster Tätigkeitsstätte. Das Gesetz regelt abschließend, welche Sachverhalte unter **die Begrenzung des Werbungskostenabzugs** fallen (§ 9 Abs. 1 Nr. 4 Satz 2 EStG). Die Beschränkung auf 4.500 EUR gilt,

- wenn der Weg zwischen Wohnung und erster Tätigkeitsstätte mit einem Motorrad, Motorroller, Fahrrad oder zu Fuß zurückgelegt wird,
- bei Benutzung eines Kfz für die Teilnehmer an einer Fahrgemeinschaft, und zwar für die Tage, an denen der Arbeitnehmer sein eigenes oder zur Nutzung überlassenes Kfz nicht einsetzt (vgl. Kap. 6.2.5),
- bei Benutzung öffentlicher Verkehrsmittel.

23 R 9.10 Abs. 1 Satz 5 LStR.
24 BFH, Urteil v. 26.11.2003, VI R 152/99, BStBl 2004 II S. 233.
25 R 9.10 Abs. 1 Satz 5 LStR.
26 BFH, Urteil v. 20.12.1982, VI R 64/81, BStBl 1983 II S. 306.
27 BFH, Urteil v. 18.1.1991, VI R 132/86, BStBl 1991 II S. 408.

Eine **Ausnahme von der Abzugsbeschränkung** auf 4.500 EUR besteht, soweit der Arbeitnehmer einen eigenen oder zur Nutzung überlassenen Kraftwagen nutzt. Ergeben sich aufgrund der Entfernungspauschale fiktive Werbungskosten von mehr als 4.500 EUR, kann der übersteigende Betrag berücksichtigt werden, soweit der Arbeitnehmer hierfür **nachweislich einen Kraftwagen benutzt.**

Der Nachweis der für das Fahrzeug tatsächlich angefallenen Kosten ist dagegen für den Ansatz eines höheren Betrags als 4.500 EUR nicht erforderlich.[28]

Beispiel

Ein Arbeitnehmer mit Wohnsitz in Freiburg ist bei einem Versicherungsunternehmen in Karlsruhe mit erster Tätigkeitsstätte beschäftigt. Die Entfernung zur Tätigkeitsstätte beträgt 110 km. Der Arbeitnehmer fährt arbeitstäglich ausschließlich mit der Bahn zu seinem Arbeitgeber. Für das Jahresabo hat er 3.250 EUR bezahlt.

Ergebnis: Der Arbeitnehmer kann für folgende Entfernungspauschale für Fahrten zwischen Wohnung und erster Tätigkeitsstätte beanspruchen:

220 Arbeitstage (5-Tage-Woche × [20 km × 0,30 EUR + 90 km × 0,38 EUR])	8.844 EUR
Maximal	**4.500 EUR**

Da der Arbeitnehmer öffentliche Verkehrsmittel benutzt, ist die 4.500-EUR-Grenze als Höchstbetrag für den Werbungskostenabzug zu beachten. Der Arbeitnehmer kann den Betrag von 4.500 EUR als Freibetrag bei seinen ELStAM eintragen lassen.

Hätte der Arbeitnehmer nachweislich für die arbeitstäglichen Fahrten nach Karlsruhe einen Pkw benutzt, wäre die 4.500-EUR-Grenze nicht zur Anwendung gekommen. Der Werbungskostenabzug hätte in diesem Fall 8.844 EUR betragen.

Wichtig

Es ist davon auszugehen, dass das Finanzamt den Werbungskostenabzug über die Grenze von 4.500 EUR hinaus an den Nachweis der tatsächlichen Pkw-Nutzung knüpft. Der Arbeitnehmer hat deshalb die **gesamte Jahresfahrleistung** mit dem Pkw **durch geeignete Belege zu dokumentieren,** z. B. durch Kundendienst- oder TÜV-Rechnungen, aus denen sich die jeweiligen Kilometerstände und damit die gesamte Fahrleistung ergibt.[29]

6.2.3 Benutzung verschiedener Verkehrsmittel (Park-and-ride)

Aufteilung der Gesamtstrecke

Vielfach legen Arbeitnehmer den Weg zwischen Wohnung und erster Tätigkeitsstätte mit verschiedenen Verkehrsmitteln zurück, d. h. für eine Teilstrecke wird beispielsweise der eigene Pkw und für die verbleibende Reststrecke werden öffentliche Verkehrsmittel benutzt (Park-and-ride). In diesen Mischfällen ist zunächst die maßgebende Entfernung für die **kürzeste Straßenverbindung** der Gesamtstrecke von der Wohnung zur ersten Tätigkeitsstätte zu ermitteln. Auf der Grundlage dieser maßgeblichen Entfernung ist in einem zweiten Schritt die anzusetzende Entfernungspauschale für die verschiedenen **Teilstrecken** zu errechnen. Dabei ist die maßgebende Entfernung nicht in Teilstrecken im Verhältnis der tatsächlich benutzten Verkehrsmittel **aufzuteilen.** Die Teilstrecke, die mit dem eigenen Pkw zurückgelegt wird, ist in voller Höhe anzusetzen, auch soweit durch das anschließende Umsteigen auf öffentliche Verkehrsmittel ein Umweg entsteht. Für diese Teilstecke mit dem eigenen Pkw kann ggf. die Regelung zur verkehrsgünstigsten (weiteren) Entfernung angewandt werden (vgl. Kap. 6.2.2). Der verbleibende Teil der maßgebenden Entfernung entfällt dann auf die Teilstrecke, bei der öffentliche Verkehrsmittel benutzt werden.

28 BMF, Schreiben v. 18.11.2021, IV C 5 – S 2351/20/10001 :002, BStBl 2021 I S. 2315, Tz. 1.3.

29 FG Saarland, Urteil v. 17.2.2010, 1 K 1468/08, EFG 2011 S. 1243.

Tipp

Dieses Berechnungsverfahren ist mit Blick auf den für öffentliche Verkehrsmittel geltenden Höchstbetrag von 4.500 EUR von Vorteil, weil damit gewährleistet ist, dass der tatsächlich mit dem Pkw gefahrene Streckenabschnitt, für den die Begrenzung nicht gilt, stets in voller Höhe, also auch soweit durch das Umsteigen auf ein öffentliches Verkehrsmittel ein Umweg entsteht, in die Berechnung der Entfernungspauschale Eingang findet.

Berechnungsverfahren

Nach der anteiligen Zurechnung der maßgebenden Gesamtentfernung zwischen Wohnung und erster Tätigkeitsstätte auf die verschiedenen Teilstrecken ist die 4.500-EUR-Obergrenze für die auf öffentliche Verkehrsmittel entfallende Wegstrecke zu beachten. Aus diesem Grund ist zunächst die betragsmäßig unbegrenzte Entfernungspauschale für die **Teilstrecke** zu ermitteln, die der Arbeitnehmer mit dem eigenen oder mit dem zur Nutzung überlassenen Pkw zurücklegt. Anschließend ist die (auf 4.500 EUR begrenzte) Entfernungspauschale für die Teilstrecke zu berechnen, für die der Arbeitnehmer öffentliche Verkehrsmittel benutzt. Beide Beträge zusammen ergeben die anzusetzende Entfernungspauschale, sodass auch in Mischfällen ein höherer Betrag als 4.500 EUR als Werbungskosten angesetzt werden kann.

Vorrangiger Ansatz der 0,38 EUR für die Teilstrecke Pkw

Seit 2021 ist bei der Berechnung der Entfernungspauschale in einem dritten Schritt zusätzlich die **erhöhte Entfernungspauschale** ab dem 21. Entfernungskilometer zu berücksichtigen. Durch die Erhöhung der Entfernungspauschale stellt sich die Frage, für **welches Verkehrsmittel** die ersten 20 Entfernungskilometer mit der **niedrigeren Pauschale von 0,30 EUR** anzusetzen sind. Hier kann nach dem **sog. Günstigerprinzip** im Einzelfall der Ansatz von 0,30 EUR bei der Berechnung der (Teil-) Entfernungspauschale für öffentliche Verkehrsmittel von Vorteil sein, da hierfür die Obergrenze von 4.500 EUR gilt. Für die auf den Pkw bzw. Firmenwagen entfallende Teilstrecke darf dagegen die Entfernungspauschale ohne betragsmäßige Beschränkung abgezogen werden. Da bei dieser Berechnungsweise für die erhöhte Pauschale von 0,38 EUR kein Höchstbetrag zu beachten ist, lässt sich durch diese Reihenfolge immer dann ein günstigeres Ergebnis erzielen, wenn die Entfernungspauschale für die Gesamtstrecke **die 4.500-EUR-Höchstgrenze überschreitet**. Das BMF hat dieses **Berechnungsverfahren für Park-and-Ride-Fälle** bundeseinheitlich festgelegt.[30] Danach ist mit Blick auf die gesetzliche Obergrenze von 4.500 EUR für die Wegstrecke mit öffentlichen Verkehrsmitteln der höhere Pauschalbetrag von **0,38 EUR vorrangig** für die auf den Pkw bzw. Firmenwagen entfallende Teilstrecke anzuwenden. Der Abzug der Entfernungspauschale ist insoweit ohne betragsmäßige Beschränkung zulässig. Die im Einzelfall vorteilhafte Berechnung wird dadurch erreicht, dass die niedrigere Entfernungspauschale von 0,30 EUR für die ersten 20 km immer zuerst für die »Teilstrecke öffentliche Verkehrsmittel« (= 20 km x 0,30 EUR) angesetzt wird. **Unerheblich** dabei ist die tatsächliche **zeitliche Reihenfolge** des vom Arbeitnehmer jeweils benutzten Verkehrsmittels.

Beispiel

Eine Arbeitnehmerin mit 220 Arbeitstagen fährt arbeitstäglich zunächst mit ihrem Pkw 30 km bis zum Bahnhof und von dort mit der Bahn 100 km zu ihrer ersten Tätigkeitsstätte. Die kürzeste Straßenverbindung zwischen Wohnung und Tätigkeitsstätte beträgt 110 km. Die Kosten für die Bahnfahrten betragen 2.160 EUR (12 × 180 EUR).

Ergebnis: Zunächst ist die Entfernungspauschale getrennt für die beiden Teilstrecken zu ermitteln. Von der maßgebenden Entfernung von 110 km (kürzeste Straßenverbindung) ist dabei die auf die Pkw-Nutzung entfallende tatsächliche Teilstrecke von 30 km in vollem Umfang anzusetzen. Für die Bahn ergibt sich

30 BMF, Schreiben v. 18.11.2021, IV C 5 – S 2351/20/10001 :002, BStBl 2021 I S. 2315, Tz. 1.6.

danach eine verbleibende berücksichtigungsfähige Entfernung von 80 km, auch wenn die Bahnfahrt tatsächlich 100 km umfasst.

Ohne Berücksichtigung der Abzugsbeschränkung würden sich für die Fahrten zwischen Wohnung und Tätigkeitsstätte folgende Werbungskosten ergeben:

220 Tage × [20 km × 0,30 EUR + 90 km × 0,38 EUR]	8.844 EUR

Nur für die Teilstrecke, die auf die tatsächliche Pkw-Nutzung entfällt, darf der Werbungskostenabzug den Betrag von 4.500 EUR übersteigen. Die erhöhte Entfernungspauschale von 0,38 EUR ist deshalb vorrangig auf die »Teilstrecke Pkw« anzuwenden. Die Gesamtentfernungspauschale 2023 für den Weg zwischen Wohnung und erster Tätigkeitsstätte berechnet sich durch Zusammenrechnen der Entfernungspauschale für die beiden Teilstrecken Pkw und Bahn wie folgt:

Entfernungspauschale für die Benutzung des Pkws 220 Tage × 30 km × 0,38 EUR	2.508 EUR
Entfernungspauschale für die Benutzung der Bahn 220 Tage × [20 km × 0,30 EUR + 60 km × 0,38 EUR] = 6.336 EUR; Obergrenze	4.500 EUR
Insgesamt abzugsfähige Werbungskosten 2023	**7.008 EUR**

Beim Ansatz der ersten 20 Entfernungskilometer mit der niedrigeren Pauschale von 0,30 EUR für die mit dem Pkw zurückgelegte Teilstrecke hätte sich im vorigen Beispiel für die Gesamtstrecke eine (geringere) Gesamtentfernungspauschale von 6.656 EUR errechnet. Die tatsächlichen Bahnkosten bleiben unberücksichtigt, weil sie unterhalb der für das ganze Kalenderjahr anzusetzenden Entfernungspauschale von 7.008 EUR liegen. Zur jahresbezogenen Günstigerprüfung vgl. Kap. 6.3.2.

Das Wahlrecht zwischen Entfernungspauschale und tatsächlichen Kosten in Park-and-ride-Fällen bei **mehreren Teilstrecken mit öffentlichen Verkehrsmitteln,** z. B. Zug und Straßenbahn, darf nicht teilstreckenbezogen ausgeübt werden.[31] Die Teilstrecken, die mit unterschiedlichen öffentlichen Verkehrsmitteln zurückgelegt werden, gelten bzgl. des Wahlrechts als eine einheitliche Teilstrecke (vgl. Kap. 6.3.2).

Das für das Park-and-ride-System beschriebene Berechnungsverfahren gilt entsprechend, wenn für einen Teil des Jahres die Wegstrecke zur Arbeit mit dem **eigenen Pkw und für die übrige Zeit mit öffentlichen Verkehrsmitteln** zurückgelegt wird. Auch hier ist zunächst die unbegrenzte Entfernungspauschale für die Tage zu berechnen, an denen der Arbeitnehmer seinen eigenen oder zur Nutzung überlassenen Pkw einsetzt. Anschließend muss die ggf. auf 4.500 EUR begrenzte Entfernungspauschale für die übrigen Arbeitstage mit öffentlichen Verkehrsmitteln hinzuaddiert werden.[32]

Fahrt Wohnung – Tätigkeitsstätte

Beispiel

Eine Arbeitnehmerin fährt in 2023 an 55 Arbeitstagen (bis Ende März) mit dem eigenen Pkw und ab April an 165 Arbeitstagen mit öffentlichen Verkehrsmitteln zur 115 km (kürzeste Straßenverbindung) entfernten ersten Tätigkeitsstätte. Die Monatskarte kostet 180 EUR.

Ergebnis:

Entfernungspauschale Bahnfahrt

Da für den Zeitraum von 165 Tagen öffentliche Verkehrsmittel benutzt wurden, ist hier die Begrenzung auf den Höchstbetrag von 4.500 EUR zu beachten.

165 Tage × [20 km × 0,30 EUR + 95 km x 0,38 EUR]	6.947 EUR
Maximal	**4.500 EUR**

Entfernungspauschale Pkw

55 Tage × [20 km × 0,30 EUR + 95 km × 0,38 EUR]	2.316 EUR
Insgesamt abzugsfähige Entfernungspauschale 2023	**6.816 EUR**

31 FG Münster, Urteil v. 2.4.2014, 11 K 2574/12E, EFG 2014 S. 1183.

32 BMF, Schreiben v. 18.11.2021, IV C 5 – S 2351/20/10001 :002, BStBl 2021 I S. 2315, Rz. 22.

Die tatsächlichen Kosten für öffentliche Verkehrsmittel bleiben außer Ansatz, da sie mit 1.440 EUR (= 8 Monate x 180 EUR) insgesamt niedriger sind als die Entfernungspauschale von 6.816 EUR.

6.2.4 Mehrere Dienstverhältnisse

Mit Rückkehr zur Wohnung

Die Einschränkung, dass täglich nur eine Fahrt anzuerkennen ist, gilt nicht für Arbeitnehmer, die in mehreren Dienstverhältnissen stehen und denen Aufwendungen für Fahrten zu **mehreren auseinanderliegenden Tätigkeitsstätten verschiedener Arbeitgeber** entstehen. Bei diesen Arbeitnehmern ist die Entfernungspauschale für jeden Weg zur ersten Tätigkeitsstätte anzusetzen, wenn der Arbeitnehmer am Tag zwischenzeitlich in die Wohnung zurückkehrt.

Ohne Rückkehr zur Wohnung

Werden mehrere erste Tätigkeitsstätten unterschiedlicher Arbeitgeber **ohne Rückkehr zur Wohnung** nacheinander angefahren, so ist für die Entfernungsermittlung die Fahrt zur ersten Tätigkeitsstätte als Umwegfahrt zur nächsten Tätigkeitsstätte zu berücksichtigen. Die für die Ermittlung der Entfernungspauschale anzusetzende Entfernung darf höchstens die Hälfte der Gesamtstrecke betragen.

Berücksichtigung erhöhter Entfernungspauschale

Seit 2021 ist dabei die erhöhte Entfernungspauschale zu berücksichtigen, die seit 2022 mit **0,38 EUR** ab dem 21. Entfernungskilometer anzusetzen ist. Bei mehreren Dienstverhältnissen darf die höhere Entfernungspauschale von 0,38 EUR **für jede erste Tätigkeitsstätte** jeweils erst **ab dem 21. Entfernungskilometer** angesetzt werden.[33] Ein Arbeitnehmer mit 2 Beschäftigungsverhältnissen, der von der Wohnung über die erste Tätigkeitsstätte 1 zur ersten Tätigkeitsstätte 2 fährt und von dort abends wieder nach Hause zurückkehrt, muss sich die Entfernungspauschale von **0,30 EUR** für die ersten 20 Entfernungskilometer **2-mal anrechnen** lassen, bevor die höhere Entfernungspauschale zur Anwendung kommt.

Beispiel

Ein Arbeitnehmer fährt vormittags von seiner Wohnung A zur Tätigkeitsstätte B, nachmittags weiter zur Tätigkeitsstätte C und abends zur Wohnung in A zurück. Die Entfernungen betragen zwischen A und B 30 km, zwischen B und C 40 km und zwischen C und A 50 km.

Ergebnis: Die Gesamtentfernung beträgt 120 km (30 km + 40 km + 50 km). Die Entfernung zwischen der Wohnung und den beiden Tätigkeitsstätten beträgt 80 km (30 km + 50 km). Da dies mehr als die Hälfte der Gesamtfahrstrecke ist, können nur 60 km (120 km / 2) für die Ermittlung der Entfernungspauschale angesetzt werden. Die Entfernungspauschale für die ersten 20 Entfernungskilometer pro Dienstverhältnis berechnet sich mit 0,30 EUR und für die übrigen 20 Entfernungskilometer mit 0,38 EUR. Für 2023 errechnet sich für 220 Arbeitstage eine Entfernungspauschale von [2 x 20 km x 0,30 EUR + 20 km x 0,38 EUR] x 220 = 4.312 EUR.

6.2.5 Fahrgemeinschaften

Unabhängig von der Art der Fahrgemeinschaft wird jedem Teilnehmer einer Fahrgemeinschaft die Entfernungspauschale von 0,30 EUR bzw. 0,38 EUR ab dem 21. Entfernungskilometer pro Entfernungskilometer gewährt. Dies gilt auch für **Ehegattenfahrgemeinschaften.** Wegen der Obergrenze von 4.500 EUR, die nur insoweit gilt, als der Arbeitnehmer mitfährt, ist weiterhin zwischen wechselseitigen und einseitigen Fahrgemeinschaften zu unterscheiden.[34]

33 BMF, Schreiben v. 18.11.2021, IV C 5 – S 2351/20/10001 :002, BStBl 2021 I S. 2315, Rz. 24.

34 BMF, Schreiben v. 18.11.2021, IV C 5 – S 2351/20/10001 :002, BStBl 2021 I S. 2315, Tz. 1.5.

Wechselseitige Fahrgemeinschaft

Bei wechselseitigen Fahrgemeinschaften darf die Umwegstrecke, die sich durch Abholen der Mitfahrer ergibt, nicht mit in die Entfernungsberechnung einbezogen werden. Abzustellen ist jeweils auf die kürzeste Straßenverbindung (vgl. Kap. 6.2.2). Außerdem ist bei wechselseitigen Fahrgemeinschaften der **Höchstbetrag für die Entfernungspauschale von 4.500 EUR** zu beachten. Die Begrenzung gilt für die Mitfahrer der Fahrgemeinschaft an den Arbeitstagen, an denen sie ihren Pkw nicht einsetzen. Der Höchstbetrag von 4.500 EUR kann durch die Fahrten an den Arbeitstagen ausgeschöpft werden, an denen der Arbeitnehmer lediglich Mitfahrer ist. Deshalb ist zunächst die begrenzt anzusetzende Entfernungspauschale für die Tage zu berechnen, an denen der Arbeitnehmer mitgenommen wurde. Anschließend ist die unbegrenzt anzusetzende Entfernungspauschale für die Tage zu ermitteln, an denen der Arbeitnehmer sein eigenes Fahrzeug einsetzt. Beide Beträge zusammen ergeben die für den Werbungskostenabzug insgesamt anzusetzende Entfernungspauschale.

Beispiel

Arbeitnehmer A, B und C aus Karlsruhe bilden in 2023 eine Fahrgemeinschaft nach Stuttgart. Sie fahren abwechselnd. Die kürzeste Straßenverbindung beträgt für jeden Arbeitnehmer 100 km. Bei tatsächlichen 210 Arbeitstagen benutzt jeder Arbeitnehmer seinen eigenen Pkw an 70 Tagen für die Fahrten zwischen Wohnung und erster Tätigkeitsstätte.

Ergebnis: Die als Werbungskosten abzugsfähige Entfernungspauschale errechnet sich für jeden Arbeitnehmer wie folgt:

Fahrten, an denen der Arbeitnehmer mitgenommen wurde	140 Tage × [20 km × 0,30 EUR + 80 km × 0,38 EUR] = 5.096 EUR → maximal (Höchstbetrag von 4.500 EUR überschritten)	4.500 EUR
Fahrten, an denen das eigene Kfz benutzt wurde	70 Tage × [20 km × 0,30 EUR + 80 km × 0,38 EUR] = 2.548 EUR →	2.548 EUR
Entfernungspauschale		**7.048 EUR**

Einseitige Fahrgemeinschaft

Setzt bei einer Fahrgemeinschaft nur ein Teilnehmer sein Fahrzeug ein, kann er die Entfernungspauschale **ohne Begrenzung** auf den Höchstbetrag von 4.500 EUR für seine Entfernung zwischen Wohnung und erster Tätigkeitsstätte geltend machen. Umwegstrecken für die Abholung der Mitfahrer dürfen in die Entfernungsberechnung nicht einbezogen werden. Den Mitfahrern wird gleichfalls die Entfernungspauschale gewährt. Die Berechnung erfolgt getrennt für jeden einzelnen Mitfahrer nach dessen kürzester Straßenverbindung zwischen Wohnung und erster Tätigkeitsstätte. Außerdem ist der Werbungskostenabzug nach der Entfernungspauschale beim Mitfahrer begrenzt auf den Höchstbetrag von 4.500 EUR.

Beispiel

Die Arbeitnehmer A, B und C, alle wohnhaft in Freiburg, sind beim selben Arbeitgeber in Karlsruhe (kürzeste Straßenverbindung 150 km) mit erster Tätigkeitsstätte beschäftigt. Sie bilden deshalb eine Fahrgemeinschaft in der Weise, dass A seine beiden Kollegen arbeitstäglich abholt und mitnimmt, im Kalenderjahr 2023 insgesamt an 220 Arbeitstagen.

Ergebnis: Die Entfernungspauschale steht jedem Arbeitnehmer gleichermaßen zu, also auch den beiden Mitfahrern. Insofern ergibt sich bei Fahrgemeinschaften dem Grundsatz nach für alle Arbeitnehmer derselbe Werbungskostenabzug für die täglichen Fahrten zum Betrieb. Allerdings ist aufgrund der großen Entfernung bei den Mitfahrern B und C die Obergrenze von 4.500 EUR zu beachten. Im Einzelnen berechnen sich für das Kalenderjahr 2023 folgende Werbungskosten:

Arbeitnehmer A	220 Tage × [20 km × 0,30 EUR + 130 km × 0,38 EUR] = 12.188 EUR →	**12.188 EUR**
Arbeitnehmer B	220 Tage × [20 km × 0,30 EUR + 130 km × 0,38 EUR] = 12.188 EUR → **maximal**	**4.500 EUR**
Arbeitnehmer C	220 Tage × [20 km × 0,30 EUR + 130 km × 0,38 EUR] = 12.188 EUR → **maximal**	**4.500 EUR**

Bei einseitigen Fahrgemeinschaften erfolgt die Mitnahme im Regelfall gegen Kostenbeteiligung. Insoweit gilt die zur Rechtslage vor Einführung der Entfernungspauschale ergangene Rechtsprechung weiter.[35] Im Urteilsfall hatte ein Arbeitnehmer einen Kollegen gegen Erstattung der hälftigen Kosten mitgenommen. Der BFH entschied:

- Die entgeltliche Beförderung des Kollegen führt zu **steuerpflichtigen Einkünften** im Rahmen der sog. Leistungseinkünfte des § 22 Nr. 3 EStG, für die eine Freigrenze von 256 EUR gilt.
- Die **Aufwendungen für den Pkw müssen aufgeteilt werden**, weil sie aus Sicht des Eigentümers mit 2 Einkunftsarten in Zusammenhang stehen, nämlich seinen Arbeitseinkünften und den durch die Beförderung des Kollegen erzielten Leistungseinkünften.

Der BFH begründet die Art der Aufteilung damit, dass der Arbeitnehmer seinen Pkw in erster Linie wegen des eigenen Arbeitsverhältnisses benutzt. Den Leistungseinkünften im Sinne des § 22 Nr. 3 EStG sind deshalb nur die Mehraufwendungen zuzurechnen, die durch die Mitnahme des Kollegen entstehen. Die Mehraufwendungen sind mit 0,02 EUR pro gefahrenem Kilometer zu schätzen. Anders als bei den als Fahrtkosten abziehbaren Kilometersätzen, die eine ausdrückliche gesetzliche Anbindung an das Bundesreisekostengesetz vorsehen, können hier die bisherigen von der Verwaltung festgelegten Beträge weiterhin als Schätzungsgrundlage angesetzt werden.

Tipp

Der mitfahrende Arbeitnehmer kann die als Kostenbeitrag geleisteten Beträge nicht zusätzlich neben der Entfernungspauschale als Werbungskosten abziehen. Nach dem Gesetzeswortlaut sind durch den Ansatz der Entfernungspauschale sämtliche Aufwendungen abgegolten, die durch Fahrten zwischen Wohnung und erster Tätigkeitsstätte veranlasst sind (§ 9 Abs. 2 Satz 1 EStG).[36]

6.2.6 Unfallkosten

Abgeltungswirkung der Entfernungspauschale

Aufgrund ausdrücklicher gesetzlicher Regelung sind durch die Entfernungspauschale **sämtliche Aufwendungen abgegolten**, die durch die Wege zwischen Wohnung und erster Tätigkeitsstätte entstehen. Die Abgeltungswirkung der Entfernungspauschale erstreckt sich auf sämtliche fahrzeug- und wegstreckenbezogenen Mobilitätskosten, die durch eine Fahrt zwischen Wohnung und erster Tätigkeitsstätte entstehen.[37] Dazu gehören auch Aufwendungen für eine eigene oder angemietete Garage, Mautgebühren[38] und Parkgebühren für das Abstellen während der Arbeitszeit sowie Zinsen für eine Kreditfinanzierung.[39] Dasselbe gilt auch für die Kosten eines Austauschmotors anlässlich eines Motorschadens auf einer Fahrt zwischen Wohnung und erster Tätigkeitsstätte.[40] Die Abgeltungswirkung der Entfernungspauschale umfasst auch die anteilige Leasingsonderzahlung, auch wenn im Jahr des Abflusses der Leasingsonderzahlung noch keine Fahrten zwischen Wohnung und erster Tätigkeitsstätte erfolgen, der Pkw aber für diese Nutzung in der Zukunft (ab dem folgenden Jahr) bestimmt ist. Für die Qualifizierung von Aufwendungen ist die zukünftige Nutzung maßgeblich.[41] Ausgeschlossen

35 BFH, Urteil v. 15.3.1994, X R 58/91, BStBl 1994 II S. 516.
36 BMF, Schreiben v. 18.11.2021, IV C 5 – S 2351/20/10001 :002, BStBl 2021 I S. 2315, Tz. 4.
37 BFH, Urteil v. 19.12.2019, VI R 8/18, BStBl 2020 II S. 291.
38 FG Schleswig-Holstein, Urteil v. 30.9.2009, 2 K 386/07, DStRE 2010 S. 147.
39 BFH, Urteil v. 2.2.1979, VI R 77/77, BStBl 1979 II S. 372; BFH, Urteil v. 30.11.1979, VI R 83/77, BStBl 1980 II S. 138; BFH, Urteil v. 12.1.1994, IV B 13/93, BFH/NV 1994 S. 777.
40 BFH, Urteil v. 20.3.2014, VI R 29/13, BStBl 2014 II S. 849.
41 BFH, Urteil v. 15.4.2010, VI R 20/08, BStBl 2010 II S. 805.

ist auch der zusätzliche Werbungskostenabzug für einen Motorschaden infolge einer Falschbetankung neben der Entfernungspauschale.[42]

Unfallkosten zusätzlich zu berücksichtigen

Nicht unter die Abgeltungswirkung der Entfernungspauschale fallen dagegen **Unfallkosten.**[43] Aufwendungen für Unfallschäden während beruflich bedingter Fahrten können als **außergewöhnliche Aufwendungen** neben der Entfernungspauschale als allgemeine Werbungskosten angesetzt werden. Dies gilt auch bei Unfällen auf Familienheimfahrten bei doppelter Haushaltsführung. Nach der Gesetzesbegründung werden sämtliche laufende Aufwendungen für die täglichen Wege zur Firma, ins Büro u. a. durch die Entfernungspauschale erfasst, nicht dagegen außergewöhnliche Kosten. Unfallkosten sind als außergewöhnliche Aufwendungen neben der Entfernungspauschale zu berücksichtigen.[44]

Berufliche Fahrt

Unfallkosten werden nur berücksichtigt, wenn sich der Unfall auf einer **beruflichen Fahrt** ereignet hat. Dazu gehören auch Umwege zum Betanken des Fahrzeugs oder zum Abholen der Mitglieder einer Fahrgemeinschaft.[45] Unerheblich ist grundsätzlich, ob der Arbeitnehmer den Unfall schuldhaft herbeigeführt hat. Die Kosten sind nur dann nicht abziehbar, wenn der Arbeitnehmer unter **Alkoholeinfluss** stand und dieser Umstand für den Unfall maßgeblich war.[46]

Berücksichtigungsfähige Unfallkosten

Zu den Unfallkosten gehören selbstverständlich die Reparaturrechnung der Werkstatt, daneben eventuelle Krankheitskosten[47] sowie Aufwendungen wegen der Beschädigung der privaten Kleidung und eventuell anderer privater Gegenstände, die in dem Pkw mitgeführt wurden. Wird der Pkw nicht repariert, ist der Wertverlust als Werbungskosten anzusetzen. Der **fiktive Restwert des Pkw** wird als Werbungskosten anerkannt. Die früheren Anschaffungskosten sind um fiktive Abschreibungen zu mindern. Ggf. ist der Restwert mit 0 EUR anzusetzen. Nicht zulässig ist es, die Abschreibung aufgrund der Differenz der Zeitwerte vor dem bzw. nach dem Unfall zu berechnen.[48]

Hinweis

Der BFH hat entschieden, dass der Wertverlust in Form der AfA **nur im Veranlagungszeitraum des Schadenseintritts** abziehbar ist. Wird der Schaden in einem späteren Kalenderjahr aufgrund von Ersatzansprüchen gegenüber Dritten ersetzt, etwa durch die Versicherung, ist die Unfallkostenersatzleistung als Arbeitslohn zu erfassen. Ein nach der Reparatur verbleibender merkantiler Minderwert gehört nicht zu den Werbungskosten.[49]

Zerstört der Arbeitnehmer auf einer beruflichen Fahrt **infolge Alkoholgenusses** einen Pkw des Arbeitgebers und verzichtet dieser auf Schadensersatz, gilt dieser Verzicht als Arbeitslohn. In Höhe der Schadensersatzforderung muss der Arbeitslohn des Unfallverursachers erhöht werden.[50]

Hinweis

Ärztliche Behandlungs- und Krankheitskosten, die durch einen Unfall auf dem Weg zur ersten Tätigkeitsstätte verursacht werden, sind durch die Entfernungspauschale ebenfalls nicht erfasst.[51] Aufwendungen im Zusammenhang mit der Beseitigung oder Linderung unfallbedingter Körperschäden gehören zu den

42 BFH, Urteil v. 20.3.2014, VI R 29/13, BStBl 2014 II S. 849.
43 BMF, Schreiben v. 18.11.2021, IV C 5 - S 2351/20/10001 :002, BStBl 2021 I S. 2315, Rz. 30.
44 BMF, Schreiben v. 31.10.2013, IV C 5 - S 2351/09/10002 :002, BStBl 2013 I S. 1376, Tz. 4.
45 BFH, Urteil v. 11.10.1984, VI R 48/81, BStBl 1985 II S. 10.
46 BFH, Urteil v. 6.4.1984, VI R 103/79, BStBl 1984 II S. 434.
47 A. Auffassung FG Rheinland-Pfalz, Urteil v. 23.2.2016, 1 K 2078/15, EFG 2016 S. 819, rkr.
48 BFH, Urteil v. 24.11.1994, VI R 25/94, BStBl 1995 II S. 318; BFH, Urteil v. 21.8.2012, VIII R 53/09, BStBl 2013 II S. 171.
49 BFH, Urteil v. 27.8.1993, VI R 7/92, BStBl 1994 II S. 235.
50 BFH, Urteil v. 24.5.2007, VI R 73/05, BStBl 2007 II S. 766.
51 BFH, Urteil v. 19.12.2019, VI R 8/18, BStBl 2020 II S. 291; anders Sächsisches FG, Urteil v. 18.5.2018, 4 K 194/18, EFG 2019 S. 685.

berücksichtigungsfähigen Unfallkosten. Die Abgeltungswirkung der Entfernungspauschale erstreckt sich ausschließlich auf fahrzeug- und wegstreckenbezogene Mobilitätskosten.

6.2.7 Anrechnung von Job-Tickets und Fahrtkostenzuschüssen

Auf die Entfernungspauschale für die Wege zwischen Wohnung und erster Tätigkeitsstätte sind **steuerfreie und pauschal besteuerte Arbeitgeberleistungen** anzurechnen. Bis 2018 waren als steuerfreie Arbeitgeberleistung nur Preisvorteile anzurechnen, die durch ein vom Arbeitgeber verbilligt oder unentgeltlich überlassenes Job-Ticket im Rahmen der 50-EUR-Freigrenze (bis 2021: 44-EUR-Freigrenze) oder bei Mitarbeitern von Verkehrsbetrieben im Rahmen des Rabattfreibetrags von 1.080 EUR lohnsteuerfrei geblieben sind.

Anrechnung steuerfreier Job-Tickets

Aufgrund der Steuerbefreiungsvorschrift für sämtliche Arbeitgeberleistungen im Zusammenhang mit **Job-Tickets** gilt dies für alle **Sachbezüge** bei unentgeltlicher bzw. verbilligter Nutzung von öffentlichen Verkehrsmitteln zu Fahrten zwischen Wohnung und erster Tätigkeitsstätte im Linienverkehr (§ 3 Nr. 15 Satz 3 EStG) oder des öffentlichen Personennahverkehrs. Darüber hinaus sind sämtliche **(Geld-)Zuschüsse lohnsteuerfrei,** die der Arbeitgeber seinen Arbeitnehmern für diese Fahrten im öffentlichen Personenverkehr **zusätzlich zum ohnehin geschuldeten Arbeitslohn** gewährt (vgl. Kap. 6.4.1). Sie sind damit auf die Entfernungspauschale anzurechnen. Die Kürzung umfasst außerdem die Steuerfreiheit für Arbeitgeberleistungen (Sachbezüge und Geldzuschüsse) zu Fahrten im Personennahverkehr, auch soweit es sich um **Privatfahrten** des Arbeitnehmers handelt. Wird die Fahrberechtigung auch für Fahrten im Rahmen von **beruflichen Auswärtstätigkeiten** genutzt, ist die Nutzung für steuerfreie Dienstreisefahrten **vorrangig** zu berücksichtigen.[52] Insbesondere **für BahnCard-Benutzer** wird dadurch insoweit eine Anrechnung auf die Entfernungspauschale vermieden (vgl. Kap. 5.1.2).

Die Anrechnung auf die Entfernungspauschale entspricht dem Wert der überlassenen Fahrberechtigung oder dem geleisteten Zuschuss, der ohne die Steuerbefreiung nach § 3 Nr. 15 EStG als Arbeitslohn zu besteuern gewesen wäre. Aus Vereinfachungsgründen können als Wert der überlassenen Fahrberechtigung die **Aufwendungen des Arbeitgebers** einschließlich Umsatzsteuer angesetzt werden.[53]

Hinweis

Das Lohnbüro muss die steuerfreien Arbeitgeberleistungen (Sachbezüge und Zuschüsse) zu **Job-Tickets im Linienverkehr** und zu Beförderungsleistungen im öffentlichen Personennahverkehr für jeden Arbeitnehmer einzeln ermitteln. Bietet der Arbeitgeber gleichartige Fahrberechtigungen allen seinen Arbeitnehmern an und zahlt er hierfür an den Verkehrsträger einen Pauschalpreis pro Arbeitnehmer, darf der Kürzungsbetrag aus **Vereinfachungsgründen** durch eine **Pro-Kopf-Aufteilung** ermittelt werden. Für die Kürzung der Entfernungspauschale beim einzelnen Arbeitnehmer sind die Gesamtaufwendungen einschließlich Umsatzsteuer nach gleichen Anteilen auf die Anzahl aller Arbeitnehmer aufzuteilen, unabhängig davon, wie viele Arbeitnehmer die Fahrberechtigungen annehmen oder auf sie verzichten. Für den Arbeitnehmer, der die Fahrberechtigung annimmt, ist der anteilige Betrag in der Lohnsteuerbescheinigung auszuweisen.[54]

52 BMF, Schreiben v. 15.8.2019, IV C 5 – S 2342/19/10007 :001, BStBl 2019 I S. 875, Rz. 27.
53 BMF, Schreiben v. 15.8.2019, IV C 5 – S 2342/19/10007 :001, BStBl 2019 I S. 875, Rz. 28.
54 BMF, Schreiben v. 15.8.2019, IV C 5 – S 2342/19/10007 :001, BStBl 2019 I S. 875, Rz. 33, i. V. m. BMF, Schreiben v. 8.9.2022, IV C 5 – S 2533/19/10030 :004, BStBl 2022 I S. 1397.

Gültigkeitszeitraum über mehrere Jahre

Fahrberechtigungen mit einem **Gültigkeitszeitraum**, der sich über 2 oder **mehr Kalenderjahre** erstreckt, gelten in dem Kalenderjahr als zugeflossen, in dem die Arbeitgeberleistung erbracht wird. Für die Anrechnung auf die Entfernungspauschale ist der **Wert der Fahrberechtigung** anteilig auf den Gültigkeitszeitraum der Fahrberechtigung **zu verteilen** und entsprechend zu bescheinigen. Eine Kürzung der Entfernungspauschale durch steuerfreie Arbeitgeberleistungen nach § 3 Nr. 15 EStG darf max. bis auf 0 EUR erfolgen. Sie ist unabhängig von der tatsächlichen Nutzung der vom Arbeitgeber überlassenen oder bezuschussten Fahrberechtigung. Eine Kürzung der Entfernungspauschale erfolgt daher auch in den Fällen, in denen der Arbeitnehmer die nach § 3 Nr. 15 EStG steuerfreie Fahrberechtigung entweder tatsächlich nicht oder ganz bzw. teilweise privat nutzt.

Hinweis

Die Entfernungspauschale wird nicht gekürzt, wenn der Arbeitnehmer auf die Nutzung der Fahrberechtigung insgesamt verzichtet, d. h., wenn die Fahrberechtigung nicht angenommen oder zurückgegeben wird. In diesem Fall muss er diesen **Nutzungsverzicht** gegenüber dem Arbeitgeber erklären. Der Arbeitgeber muss diese **Erklärung** als Nachweis zum **Lohnkonto** aufbewahren.

Ausgangsgröße für Bewertung des Job-Tickets

Zur Vermeidung von Bewertungsschwierigkeiten der Sachbezüge bei Job-Tickets gilt für die Anrechnung eine vereinfachte Wertermittlung. Im Unterschied zu der sonst üblichen Bewertung mit dem üblichen Endpreis am Abgabeort (§ 8 Abs. 2 EStG) ist hier Ausgangsgröße für den Wert des Sachbezugs der **Preis inkl. Mehrwertsteuer**, den der Arbeitgeber für das Job-Ticket tatsächlich an den Verkehrsträger zahlen muss (§ 9 Abs. 1 Nr. 4 Satz 5 EStG). Eine etwaige **Tarifermäßigung,** die häufig öffentlich-rechtliche Arbeitgeber als »Großkunde« in Form eines prozentualen Preisnachlasses erhalten, ist **nicht lohnsteuerpflichtig.** Ein Sachbezug liegt hier nur vor, soweit der Arbeitnehmer das Job-Ticket darüber hinaus verbilligt oder unentgeltlich von seinem Arbeitgeber erhält.[55]

Beispiel

Eine Arbeitnehmerin mit einer 5-Tage-Woche benutzt für die Fahrten zwischen Wohnung und erster Tätigkeitsstätte (kürzeste Straßenverbindung 30 km) ausschließlich öffentliche Verkehrsmittel. Das Jahresabo hierfür kostet 1.000 EUR. In Höhe von 500 EUR leistet der Arbeitgeber im Januar 2023 zusätzlich zum vereinbarten Monatsgehalt einen Arbeitgeberzuschuss.

Ergebnis: Fahrtkostenzuschüsse des Arbeitgebers zu öffentlichen Verkehrsmitteln im Linienverkehr sind steuerfrei. Für die als Werbungskosten abziehbare Entfernungspauschale ergibt sich im Ergebnis dieselbe Berechnung wie bei der Pauschalbesteuerung:

220 Tage × [20 km × 0,30 EUR + 10 km × 0,38 EUR]	2.156 EUR
abzgl. steuerfreier Arbeitgeberzuschuss	– 500 EUR
Abziehbare Werbungskosten	**1.656 EUR**

Pauschalierung mit Anrechnung auf Entfernungspauschale

Keinen Zweifel lässt der Gesetzgeber daran, dass weiterhin auch pauschal besteuerte Arbeitgeberleistungen für die Fahrten zwischen Wohnung und erster Tätigkeitsstätte (§ 40 Abs. 2 Satz 3 EStG) den Werbungskostenabzug nach der Entfernungspauschale mindern. Die Kürzung der Werbungskosten erfolgt wie bisher um die mit **15 % pauschal besteuerten Fahrtkostenzuschüsse** des Arbeitgebers bei Benutzung anderer Verkehrsmittel, etwa dem **eigenen Pkw** zu Fahrten zwischen Wohnung und erster Tätigkeitsstätte, ebenso um den pauschal besteuerten geldwerten Vorteil bei der Benutzung eines **Firmenwagens** zu den Fahrten zur ersten Tätigkeitsstätte.

Kürzung des 4.500-EUR-Höchstbetrags

Nach der Gesetzesfassung ist eindeutig, dass in den Fällen, in denen die Obergrenze von 4.500 EUR zu beachten ist, die Anrechnung der steuerfreien Arbeitgeberleistungen bei Job-Tickets von den auf 4.500 EUR gekürzten Werbungskosten vorgenommen werden muss. In gleicher Weise anzurechnen sind auch die mit 15 % pauschal besteuerten Arbeitgeberleistungen bei Benutzung eines Firmen-

55 H 8.1 Abs. 1–4 LStH »Job-Ticket«, bestätigt durch BFH, Urteil v. 14.11.2012, VI R 56/11, BStBl 2013 II S. 382.

wagens oder eigenen Pkws für Fahrten zwischen Wohnung und erster Tätigkeitsstätte (§ 40 Abs. 2 Satz 2 EStG).[56] Dasselbe gilt für die Sachbezüge, die im Rahmen des Rabattfreibetrags steuerfrei bleiben, wenn ein Verkehrsunternehmen als Arbeitgeber seinen Mitarbeitern kostenlose oder verbilligte Job-Tickets gewährt (vgl. Kap. 6.4.4).

Pauschalierung mit 25 %

Um die Akzeptanz von Job-Tickets im Arbeitnehmerbereich zu erhöhen, wurden die Pauschalierungsmöglichkeiten für Arbeitgeberleistungen bei Job-Tickets und Fahrten im **öffentlichen Personennahverkehr** um eine **Pauschalierungsvorschrift mit 25 %** ergänzt. Diese tritt als Besteuerungsalternative neben die Pauschalierung der bisherigen Fallgruppen mit einem Pauschsteuersatz von 15 %.

Pauschalierung ohne Anrechnung auf Entfernungspauschale

Der Vorteil der Pauschalbesteuerung mit dem erhöhten Pauschsteuersatz von 25 % liegt darin, dass im Gegenzug **auf eine Kürzung der Entfernungspauschale** und damit auch auf einen Ausweis in der Lohnsteuerbescheinigung **verzichtet** wird. Begünstigt sind die Sachverhalte, die unter die Steuerbefreiung des § 3 Nr. 15 EStG fallen. In Betracht kommen Sachbezüge und (Geld-)Zuschüsse

- bei Nutzung von öffentlichen Verkehrsmitteln zu Fahrten zwischen Wohnung und erster Tätigkeitsstätte im Linienverkehr sowie
- bei Fahrten im öffentlichen Personennahverkehr.

Steuerfreiheit oder Pauschalierung?

Der Gesetzgeber räumt dem **Arbeitgeber eine Wahlmöglichkeit** zwischen der Steuerfreistellung und der Lohnsteuerpauschalierung mit 25 % ein. Die Pauschalierungsvorschrift umfasst auch die von der Steuerbefreiung ausgeschlossenen, im Wege der **Entgeltumwandlung** erbrachten Arbeitgeberleistungen. Auch hier hat der Arbeitgeber die Möglichkeit der Lohnsteuerpauschalierung mit 25 % ohne Minderung der Entfernungspauschale. Ausführungen zu den Anwendungsvoraussetzungen sowie weitere Einzelheiten zur Pauschalierungsvorschrift, vgl. Kap. 6.4.1.

Tipp

Damit das Finanzamt bei der Einkommensteuerveranlagung die Anrechnung der steuerfreien und pauschal besteuerten Arbeitgeberleistungen auf die Entfernungspauschale zutreffend vornehmen kann, ist eine betragsmäßige Bescheinigungspflicht eingeführt worden. Der Betrag der **steuerfreien Bezüge ist in Zeile 17** und der Betrag der **pauschal besteuerten Bezüge in Zeile 18** der Lohnsteuerbescheinigung 2023 auszuweisen.[57] In Zeile 18 sind nur noch die pauschal besteuerten Arbeitgeberleistungen zu bescheinigen, die bei Anwendung des Pauschsteuersatzes von 15 % zu einer Minderung der Entfernungspauschale führen (§ 40 Abs. 2 Nr. 1 EStG). Sachbezüge und Zuschüsse zu öffentlichen Verkehrsmitteln, die mit dem höheren Steuersatz von 25 % pauschal besteuert werden und daher von der Anrechnung auf die Entfernungspauschale ausgenommen bleiben (§ 40 Abs. 2 Nr. 2 EStG), sind dagegen nicht in der Lohnsteuerbescheinigung auszuweisen. Zur möglichen Pauschalbesteuerung von Arbeitgeberleistungen bei Benutzung des eigenen Pkw für die Fahrten zwischen Wohnung und erster Tätigkeitsstätte vgl. Kap. 6.4.2, bzw. zur Steuerfreiheit und zur Pauschalierungsmöglichkeit dieser Leistungen bei Benutzung öffentlicher Verkehrsmittel, vgl. Kap. 6.4.1.

56 BMF, Schreiben v. 15.8.2019, IV C 5 – S 2342/19/10007 :001, BStBl 2019 I S. 875, Rz. 32, i. V. m. BMF, Schreiben v. 8.9.2022, IV C 5 – S 2533/19/10030 :004, BStBl 2022 I S. 1397.

57 BMF, Schreiben v. 8.9.2022, IV C 5 – S 2533/19/10030 :004, BStBl 2022 I S. 1397.

Rabattfreibetrag

Job-Tickets, die **Verkehrsunternehmen an ihre Mitarbeiter** kostenlos oder verbilligt abgeben, fallen unter die Sachbezüge, die als Belegschaftsrabatte bis zu 1.080 EUR pro Jahr steuerfrei bleiben (§ 8 Abs. 3 EStG). Die Anrechnung der nach § 8 Abs. 3 EStG steuerfreien Belegschaftsrabatte ist ausdrücklich im Gesetz geregelt worden (§ 9 Abs. 1 Nr. 4 Satz 5 EStG). Ebenso zu verfahren ist für **Sachbezüge, die im Rahmen der 50-EUR-Grenze** steuerfrei bleiben (vgl. Kap. 6.4.4). Entsprechend dem Rechtsgedanken des § 3c EStG umfasst die gesetzliche Minderung der Entfernungspauschale auch den sog. »kleinen Rabattfreibetrag«. In den Fällen, in denen ein Verkehrsträger der Arbeitgeber ist, muss für die Bewertung des steuerfreien Anrechnungsbetrags der Preis angesetzt werden, den ein Dritter für das Job-Ticket an den Verkehrsträger zu zahlen hätte.[58]

Wichtig

Durch die Einführung der Steuerbefreiung für Fahrten zwischen Wohnung und erster Tätigkeitsstätte mit öffentlichen Verkehrsmitteln kommt der 50-EUR-Freigrenze bzw. dem Rabattfreibetrag eine deutlich geringere praktische Bedeutung zu als vor 2019. § 3 Nr. 15 EStG geht § 8 Abs. 2 und 3 EStG als Spezialvorschrift vor. Nur dann, wenn die Arbeitgeberleistungen beim Job-Ticket nicht zusätzlich, sondern in den weniger häufigen Fällen der **Entgeltumwandlung** erbracht werden, ist ihre Anwendung noch möglich.

6.3 Ansatz der tatsächlichen Aufwendungen

6.3.1 Überblick

Fahrt Wohnung - Tätigkeitsstätte

Unabhängig von der Entfernungspauschale kann der Arbeitnehmer in bestimmten Fällen weiterhin die tatsächlich entstandenen Aufwendungen für die Fahrten zwischen Wohnung und erster Tätigkeitsstätte abziehen (§ 9 Abs. 2 EStG). Durch die vom Bundesverfassungsgericht angeordnete Zurechnung dieser Fahrten zum beruflichen Bereich des Arbeitnehmers, handelt es sich bei diesen Abzugsbeträgen um Werbungskosten. Bei Benutzung **öffentlicher Verkehrsmittel** darf zunächst nur die Entfernungspauschale angesetzt werden (vgl. Kap. 6.3.2). Übersteigen die Aufwendungen für die Benutzung öffentlicher Verkehrsmittel, z. B. bei geringer Entfernung zwischen Wohnung und erster Tätigkeitsstätte, die anzusetzende Entfernungspauschale, können diese Aufwendungen zusätzlich als Werbungskosten abgezogen werden.

Aufgrund ausdrücklicher gesetzlicher Regelung sind folgende **4 Fallgruppen** zu unterscheiden, für die der Ansatz der **tatsächlichen (höheren) Aufwendungen** anstelle der Entfernungspauschale für die Wege zwischen Wohnung und erster Tätigkeitsstätte zulässig ist:

- öffentliche Verkehrsmittel (§ 9 Abs. 2 Satz 2 EStG),
- Flugstrecken (§ 9 Abs. 1 Nr. 4 Satz 3 EStG),
- Entgeltzahlungen des Arbeitnehmers in Fällen einer (verbilligten) steuerfreien Sammelbeförderung (§ 9 Abs. 1 Satz 1 EStG),
- Menschen mit Behinderung dürfen unter bestimmten Voraussetzungen für die Wege zwischen Wohnung und erster Tätigkeitsstätte anstelle der Entfernungspauschale die tatsächlichen Aufwendungen wie Werbungskosten abziehen (§ 9 Abs. 2 Satz 3 EStG).

58 BFH, Urteil v. 14.11.2012, VI 256/11, BStBl 2013 II S. 382.

6.3.2 Öffentliche Verkehrsmittel

Aufwendungen für die Benutzung öffentlicher Verkehrsmittel[59] sind in ihrer **tatsächlichen Höhe** als Werbungskosten abzugsfähig, sofern sie den als Entfernungspauschale abziehbaren Betrag übersteigen. Bei geringer Entfernung von Wohnung und erster Tätigkeitsstätte kann die Entfernungspauschale zu einem geringeren Werbungskostenabzug führen als die Kosten für öffentliche Verkehrsmittel. Um in diesen Fällen die Benutzung des öffentlichen Personennahverkehrs nicht zu benachteiligen, kann der Arbeitnehmer die tatsächlich angefallenen Aufwendungen nachweisen. Die unter Kap. 6.2.7 dargestellte Anrechnung von Arbeitgeberleistungen sind bei Ansatz der tatsächlichen Kosten entsprechend zu beachten.

Beispiel

Ein Arbeitnehmer benutzt einen Jahresfahrschein der örtlichen Verkehrsbetriebe für seinen Weg zur ersten Tätigkeitsstätte (kürzeste Straßenverbindung 10 km). Für den Jahresfahrschein hat er 960 EUR bezahlt. Nach der Entfernungspauschale ergeben sich Werbungskosten von 660 EUR (220 Tage × 0,30 EUR × 10 km).

Ergebnis: Der Arbeitnehmer darf für die Fahrten zwischen Wohnung und (erster) Tätigkeitsstätte die nachgewiesenen Kosten in Höhe von 960 EUR als Werbungskosten ansetzen.

Für die Günstigerprüfung, ob die tatsächlichen Kosten für die Fahrkarte zu einem höheren Werbungskostenabzug führt als die Entfernungspauschale, war aufgrund der Rechtsprechung eine **tageweise Berechnung** durchzuführen.[60] Der Arbeitnehmer konnte für die an einzelnen Tagen benutzten öffentlichen Verkehrsmittel seine tatsächlichen Aufwendungen berücksichtigen und für die übrigen Arbeitstage die Entfernungspauschale ansetzen. Günstigerprüfung

Die tageweise Günstigerprüfung ist überholt. Aufgrund ausdrücklicher gesetzlicher Anweisung muss die **Vergleichsrechnung jahresbezogen** durchgeführt werden. Das Gesetz regelt, dass die »Aufwendungen für die Benutzung öffentlicher Verkehrsmittel angesetzt werden können, soweit sie den **im Kalenderjahr insgesamt** als Entfernungspauschale abziehbaren Betrag übersteigen« (§ 9 Abs. 2 Satz 2 EStG). Die gesetzlich festgelegte Jahresbetrachtung bei der Vergleichsberechnung zwischen Entfernungspauschale und tatsächlichen Kosten vereinfacht die Berechnung der abzugsfähigen Werbungskosten – insbesondere im Hinblick auf die beim Ansatz der Entfernungspauschale in bestimmten Fällen zu beachtende Jahreshöchstgrenze von 4.500 EUR (vgl. Kap. 6.2.2). Auswirkungen auf den Werbungskostenabzug ergeben sich nicht nur dann, wenn der Arbeitnehmer an einzelnen Tagen des Monats das Fahrzeug wechselt, sondern auch wenn der Umstieg während des Jahres erfolgt, zum Beispiel als Folge eines Umzugs steigt der Arbeitnehmer vom Pkw auf den öffentlichen Personennahverkehr um.

Beispiel

Ein Arbeitnehmer fährt bis zum 31.3.2023 an 55 Arbeitstagen mit dem eigenen Pkw zur 110 km entfernten Tätigkeitsstätte. Ab 1.4. beträgt die Entfernung Wohnung – erste Tätigkeitsstätte umzugsbedingt nur noch 10 km. Der Arbeitnehmer fährt ab diesem Zeitpunkt (165 Tage) mit dem öffentlichen Personennahverkehr in die Firma. Das Monatsticket kostet 65 EUR.

59 Zur Begriffsbestimmung etwa bei Taxen, vgl. Kap. 6.4.1.

60 BFH, Urteil v. 11.5.2005, VI R 40/04, BStBl 2005 II S. 712.

Ergebnis:	
Entfernungspauschale Pkw bis 31.3.2023:	
55 Tage × [20 km × 0,30 EUR + 90 km × 0,38 EUR] =	2.211 EUR
Entfernungspauschale öffentliche Verkehrsmittel 1.4. bis 31.12.2023:	
165 Tage × 10 km × 0,30 EUR/km =	495 EUR
Entfernungspauschale insgesamt	**2.706 EUR**
tatsächliche Kosten für Verkehrsmittel ab 1.4.	
65 EUR Monatskarte × 9 Monate = 585 EUR	0 EUR[61]
Abzugsfähige Werbungskosten 2023	**2.706 EUR**

6.3.3 Flugstrecken

Flugkosten

Vom Ansatz der Entfernungspauschale **ausgenommen** sind ausdrücklich **Flugstrecken**, die auf die Wege zwischen Wohnung und erster Tätigkeitsstätte entfallen. Insoweit berechnen sich die abzugsfähigen Kosten wie bislang in Höhe der durch das Ticket **nachgewiesenen Flugkosten**. Der Gesetzeswortlaut macht deutlich, dass andere Strecken in Verbindung mit dem Flug, also insbesondere die Fahrten zum bzw. vom Flughafen, unter die Regelung der Entfernungspauschale fallen, sofern der Arbeitnehmer dort eine erste Tätigkeitsstätte begründet.[62]

Beispiel

Eine Arbeitnehmerin pendelt arbeitstäglich mit dem Flieger von Stuttgart nach Berlin zu ihrer ersten Tätigkeitsstätte. Die Kosten für das Flugticket übernimmt die Firma.

Ergebnis: Für die täglichen Fahrten von der Wohnung zum Flughafen in Stuttgart (kürzeste Straßenverbindung 40 km) sowie für die Fahrten vom Flughafen Berlin zur ersten Tätigkeitsstätte (kürzeste Verbindung 10 km) berechnen sich die Werbungskosten nach Maßgabe der Entfernungspauschale:

220 Arbeitstage × [20 km × 0,30 EUR + 30 km × 0,38 EUR] =	3.828 EUR
Werbungskosten für Fahrten zwischen Wohnung und Tätigkeitsstätte	**3.828 EUR**

Fahrt Wohnung - Tätigkeitsstätte

6.3.4 Menschen mit Behinderung

Ebenfalls beibehalten wird die Sonderregelung für bestimmte Menschen mit Behinderung. Sie dürfen anstelle der Entfernungspauschale weiterhin die tatsächlichen Aufwendungen für die Fahrten zwischen Wohnung und erster Tätigkeitsstätte ansetzen oder die für Reisekosten geltenden Kilometersätze; ihnen wird also ein **Wahlrecht** eingeräumt.[63] Insoweit gelten die bisherigen Regelungen unverändert weiter.

Menschen mit Behinderung dürfen für Fahrten zwischen Wohnung und erster Tätigkeitsstätte die tatsächlichen Kosten ansetzen,

- wenn der Grad der Behinderung auf **mindestens 70 %** festgestellt wurde oder

61 Die tatsächlichen Kosten für die öffentlichen Verkehrsmittel sind niedriger als die insgesamt zustehende Entfernungspauschale und bleiben aufgrund der jahresbezogenen Vergleichsrechnung außer Ansatz. Bei tageweiser Vergleichsberechnung wäre der Werbungskostenabzug mit 2.796 EUR (zeitanteilige Entfernungspauschale plus tatsächliche Kosten für die Monatskarte) höher ausgefallen.

62 BMF, Schreiben v. 18.11.2021, IV C 5 S 351/20/10001 :002, BStBl 2021 I S. 2315, Rz. 4; BFH, Urteil v. 26.3.2009, VI R 42/07, BStBl 2009 II S. 724.

63 BMF, Schreiben v. 18.11.2021, IV C 5 S 351/20/10001 :002, BStBl 2021 I S. 2315, Tz. 3.

- wenn der Grad der Behinderung auf **mindestens 50 %** festgestellt wurde **und** daneben eine **Gehbehinderung** bescheinigt ist (Merkzeichen »G« im Ausweis).

Bei Benutzung eines eigenen Fahrzeugs sind die für beruflich veranlasste Auswärtstätigkeiten geltenden Kilometersätze (vgl. Kap. 4.1.4) für die **einfache Entfernung** zwischen Wohnung und erster Tätigkeitsstätte anzusetzen. Benutzt der Arbeitnehmer den eigenen Pkw, betragen die als Werbungskosten abziehbaren Aufwendungen ohne Einzelnachweis 0,30 EUR pro gefahrenem Kilometer. Dabei ist die kürzeste benutzbare Straßenverbindung maßgeblich. Ist jedoch eine andere, **längere Fahrtstrecke** offensichtlich **verkehrsgünstiger** und wird sie tatsächlich regelmäßig benutzt, darf der Arbeitnehmer diese weitere Entfernung zugrunde legen. Dabei genügt es, wenn diese andere Fahrtstrecke schneller, sicherer oder müheloser zu fahren ist.[64]

Zusätzlicher Ansatz von Leerfahrten

Zusätzlich können bei Menschen mit Behinderung sog. Leerfahrten als Werbungskosten abgezogen werden, wenn ein Arbeitnehmer aufgrund seiner Behinderung von einem Dritten, etwa von seinem Ehegatten, zur ersten Tätigkeitsstätte gefahren wird. Auch für die Rückfahrt und Hinfahrt als Leerfahrt dürfen die tatsächlichen Kosten angesetzt werden. Eine Anhebung des Reisekosten-Kilometersatzes von 0,30 EUR pro gefahrenen Kilometer ist anders als bei der Entfernungspauschale für den arbeitstäglichen Weg zur ersten Tätigkeitsstätte zum 1.1.2021 nicht erfolgt.

Tipp

Die gesetzliche Vorgabe, die weitere Strecke nur dann zugrunde zu legen, wenn der Arbeitnehmer sie »regelmäßig« benutzt, ist nach meiner Ansicht nicht gerechtfertigt. Es müsste vielmehr ausreichen, wenn er diese Strecke regelmäßig bei schlechten Witterungsverhältnissen, etwa im Winter, oder wegen ungünstigerer Verkehrsverhältnisse (Feierabendverkehr) benutzt.

Günstigerprinzip bei Benutzung verschiedener Verkehrsmittel

Werden die Wege zwischen Wohnung und erster Tätigkeitsstätte mit verschiedenen Verkehrsmitteln zurückgelegt, kann auch bei Menschen mit Behinderung das **Wahlrecht** – Entfernungspauschale oder tatsächliche Kosten (vgl. Kap. 6.2.3) für die jeweils zurückgelegte Teilstrecke nur **einheitlich** ausgeübt werden. Während der Gesetzgeber für das Wahlrecht zwischen der Entfernungspauschale und den tatsächlichen Kosten bei Benutzung öffentlicher Verkehrsmittel eine jahresbezogene Entscheidung vorsieht, wird diese einheitliche Betrachtung bei Menschen mit Behinderung nicht verlangt. Im Rahmen einer Günstigerprüfung können für einen Teil des Jahres die Werbungskosten nach Maßgabe der Entfernungspauschale und für die übrige Zeit die tatsächlichen Aufwendungen angesetzt werden. Deshalb berechnet sich in Park-and-ride-Fällen bei Menschen mit Behinderung das günstigste Ergebnis in der Weise, dass zunächst im **1. Schritt** die Anzahl der Arbeitstage ermittelt wird, durch die bei **Anwendung der Entfernungspauschale** auf die für öffentliche Verkehrsmittel benutzte Teilstrecke der Betrag von 4.500 EUR (= Obergrenze für öffentliche Verkehrsmittel) in vollem Umfang ausgeschöpft wird. Der anschließende Übergang zu den tatsächlichen Kosten für die verbleibenden Restarbeitstage des Kalenderjahres **(2. Schritt)** vermeidet eine betragsmäßige Begrenzung der für die öffentlichen Verkehrsmittel aufgewendeten Fahrtkosten.

Beispiel

Ein Arbeitnehmer mit Behinderung (Grad der Behinderung 70) fährt an 220 Arbeitstagen mit dem eigenen Pkw zunächst 17 km zum Bahnhof und von dort 82 km mit dem Zug zu seiner ersten Tätigkeitsstätte. Die Monatskarte für die Bahn kostet 240 EUR.

64 BFH, Urteil v. 10.10.1975, VI R 33/74, BStBl 1975 II S. 852; FG Köln, Urteil v. 19.1.1983, EFG 1983 S. 507, rkr.

Ergebnis: Das günstigste Ergebnis, das sich aufgrund der Höchstgrenze von 4.500 EUR der Entfernungspauschale für die Teilstrecke mit der Bahn ergibt, wird beim Ansatz der Entfernungspauschale für 152 Tage erreicht (= 4.500 EUR Höchstbetrag : tägliche Entfernungspauschale für 82 km von 29,56 EUR [20 km x 0,30 EUR = 6 EUR + 62 km x 0,38 EUR = 23,56 EUR]).

Entfernungspauschale für 152 Arbeitstage

Für den Zeitraum von 152 Tagen ist die erhöhte Entfernungspauschale vorrangig für die Teilstrecke mit dem eigenen Pkw anzuwenden (keine Begrenzung auf den Höchstbetrag von 4.500 EUR, vgl. Kap. 6.2.3).

Entfernungspauschale Bahn

Entfernungspauschale Bahn: 152 Tage × [20 km × 0,30 EUR + 62 km × 0,38 EUR]; max. 4.500 EUR	4.493,12 EUR
Entfernungspauschale Pkw: 152 Tage × 17 km × 0,38 EUR =	981,92 EUR
Summe	**5.475,04 EUR**

Tatsächliche Kosten für 68 Tage

Teilstrecke Pkw: 68 (220 – 152) Tage × 17 km × 2 x 0,30 EUR	693,60 EUR
Teilstrecke Bahn: Anteilige tatsächliche Kosten 240 EUR × 12 Mon. × (68/220) Tage =	890,19 EUR
Summe	**1.583,79 EUR**

Für das Kalenderjahr 2023 errechnen sich die abzugsfähigen Werbungskosten mit insgesamt 7.059 EUR.

Wichtig

Menschen mit Behinderung können seit dem Kalenderjahr 2021 ihre behinderungsbedingten Fahrtkosten nur noch im Rahmen des Fahrtkosten-Pauschbetrags von 900 EUR (bei einem Grad der Behinderung von mindestens 80 oder einem Grad der Behinderung von mindestens 70 und dem Merkzeichen »G« im Ausweis nach dem SGB IX) bzw. 4.500 EUR berücksichtigen (bei Behinderungen mit den Merkzeichen »aG«, »Bl«, »TBl« oder »H« im Ausweis nach dem SGB IX). Mit der Einführung der Pauschbeträge entfällt die Möglichkeit des bisherigen durch BMF-Schreiben geregelten individuellen und aufwändigen Einzelnachweises der behinderungsbedingt entstandenen Fahrtkosten.[65] Der Fahrtkosten-Pauschbetrag und der damit verbundene Wegfall des Einzelnachweises betreffen nur die **behinderungsbedingten Privatfahrten**, die der Arbeitnehmer als außergewöhnliche Belastungen nach § 33 Abs. 2a EStG in seiner Steuererklärung geltend machen kann. Bei den Fahrten zwischen Wohnung und erster Tätigkeitsstätte bleibt es dabei, dass diese Aufwendungen unter den genannten Voraussetzungen zusätzlich zum Fahrtkosten-Pauschbetrag mit den tatsächlichen Aufwendungen oder mit den für Reisekosten geltenden Kilometersätzen (0,30 EUR pro gefahrenen km beim Pkw) weiterhin als Werbungskosten abgezogen werden dürfen.

6.4 Fahrtkostenersatz und sonstige Arbeitgeberleistungen

Es ist zu unterscheiden zwischen Arbeitgeberleistungen (**Zuschüsse und Sachbezüge**)

- bei Benutzung öffentlicher Verkehrsmittel und
- bei Benutzung anderer Verkehrsmittel, etwa dem arbeitnehmereigenen Pkw.

Benutzung öffentlicher Verkehrsmittel

Aufwendungen von Arbeitnehmern, die für ihre Fahrten zwischen Wohnung und erster Tätigkeitsstätte **öffentliche Verkehrsmittel** benutzen, kann der Arbeitgeber **lohnsteuerfrei** ersetzen (vgl. Kap. 6.4.1). Die Wiedereinführung der Steuerbegünstigung (§ 3 Nr. 15 EStG) soll den Steuerbürger zum Umsteigen auf den umweltfreundlichen öffentlichen Personenverkehr für die täglichen

65 BMF, Schreiben v. 29.4.1996, IV B 1 – S 2284 – 27/96, BStBl 1996 I S. 446; BMF, Schreiben v. 21.11.2001, C 4 – S 2284 – 98/01, BStBl 2001 I S. 868.

Fahrten zum Arbeitgeber bewegen. Außerdem wurde für die unter die Steuerbefreiung fallenden Lohnvorteile die Möglichkeit der Pauschalbesteuerung mit 25 % eingeführt, bei der im Unterschied zur Steuerfreistellung eine Anrechnung auf die Entfernungspauschale und damit eine Kürzung des Werbungskostenabzugs nicht vorzunehmen ist (§ 40 Abs. 2 Satz 2 Nr. 2 EStG).

Für die lohnsteuerliche Behandlung der Arbeitgeberleistungen zu den Aufwendungen für Fahrten zwischen Wohnung und erster Tätigkeitsstätte mit anderen als öffentlichen Verkehrsmitteln bleibt alles beim Alten. **Steuerpflichtiger Arbeitslohn** liegt sowohl bei Fahrtkostenzuschüsse zu den Fahrten mit dem **eigenen Pkw** vor als auch beim geldwerten Vorteil bei Benutzung des betrieblichen **Firmenwagens** für diese Fahrten. Anstelle der individuellen Besteuerung nach den ELStAM kann der Arbeitgeber den steuerpflichtigen Arbeitslohn bis zur Höhe der Entfernungspauschale **pauschal mit 15 %** versteuern (vgl. Kap. 6.4.2).

Benutzung anderer Verkehrsmittel

Wichtig

Bei zusätzlichen Arbeitgeberleistungen im Zusammenhang mit der Nutzung öffentlicher Verkehrsmittel zu Fahrten zwischen Wohnung und erster Tätigkeitsstätte ist **vorrangig die Steuerbefreiung** des § 3 Nr. 15 EStG maßgebend. Arbeitnehmerfinanzierte Leistungen, z. B. bei Lohnoptimierungsmodellen, die im Wege der Barlohnumwandlung Arbeitgeberleistungen zur Nutzung öffentlicher Verkehrsmittel vorsehen, sind sowohl von der Steuerfreiheit als auch von der Pauschalbesteuerung mit 15 % ausgeschlossen. Die Pauschalierungsvorschrift mit dem Steuersatz von 25 % ist dagegen auf Fälle der Entgeltumwandlung anzuwenden.

Weiterhin steuerfrei bleibt die durch Entgeltumwandlung arbeitnehmerfinanzierte unentgeltliche bzw. verbilligte Überlassung von Job-Tickets, sofern der geldwerte Vorteil unter die **50-EUR-Freigrenze** oder bei Mitarbeitern von Verkehrsunternehmen unter den **Rabattfreibetrag von 1.080 EUR** fällt (vgl. Kap. 6.4.4). Diese Gestaltungen dürften durch die Einführung der Steuerbefreiung für öffentliche Verkehrsmittel seit 2019 in der Praxis eher selten vorkommen.

Job-Tickets bei Gehaltsumwandlung

6.4.1 Job-Tickets und Fahrtkostenersatz für öffentliche Verkehrsmittel

Arbeitgeberleistungen (Zuschüsse und Sachbezüge) an Arbeitnehmern, die für die Fahrten zwischen Wohnung und erster Tätigkeitsstätte öffentliche Verkehrsmittel im genehmigten Linienverkehr (ohne Luftverkehr) benutzen, sind **lohnsteuerfrei** (§ Nr. 15 EStG). Die frühere, bis 2003 geltende Steuerbefreiung für den öffentlichen Personenverkehr wurde für Lohnzahlungszeiträume ab 2019 reaktiviert. Die Wiedereinführung der Steuerbegünstigung soll den Steuerbürger zum Umsteigen auf den umweltfreundlichen öffentlichen Personenverkehr für die täglichen Fahrten zu seinem Arbeitgeber bewegen. Zur praktischen Abwicklung der Steuerbefreiung im Lohnbüro hat die Finanzverwaltung ein BMF-Schreiben veröffentlicht, das abschließende Regelungen zur Anwendung der Steuerbefreiungsvorschrift in der Lohnsteuerpraxis trifft.[66]

Der Arbeitgeber kann die Aufwendungen des Arbeitnehmers für öffentliche Verkehrsmittel steuerfrei ersetzen. Begünstigt ist nach der Gesetzesfassung der **Linienverkehr,** sofern er nicht den Luftverkehr betrifft. Normale, im Gelegenheitsverkehr eingesetzte Taxis sind keine öffentliche Verkehrsmittel und dadurch von der Steuerbefreiung ausdrücklich ausgenommen.[67] Anders verhält es sich, wenn Taxis ausnahmsweise im Linienverkehr nach Maßgabe der genehmigten Nahverkehrspläne verkeh-

Begünstigte Job-Tickets

66 BMF, Schreiben v. 15.8.2019, IV C 5 – S 2342/19/10007 :001, BStBl 2019 I S. 875.

67 BFH, Urteil v. 9.6.2022, VI R 26/20, BFH/NV 2023 S. 74.

ren und dann auch in den genehmigten Nahverkehrsplänen enthalten sind.[68] Hierunter fallen Taxis, die zur Verdichtung, Ergänzung oder zum Ersatz anderer öffentlicher Verkehrsmittel insbesondere nachts oder während anderer Zeiten schwacher Nachfrage als Ruf-, Sammel- oder Nachttaxis im genehmigten Linienverkehr eingesetzt sind. Dies zeigt sich auch an den nach Maßgabe des Personenbeförderungsgesetzes erhobenen Entgelte, die sich nur durch einen geringen Aufschlag gegenüber dem normalen Fahrpreis unterscheiden. Der Arbeitgeberersatz der Taxikosten ist in diesem Fall nach den für öffentliche Verkehrsmittel geltenden Regeln lohnsteuerfrei.[69]

Zu den begünstigten Fahrten zwischen Wohnung und erster Tätigkeitsstätte zählen auch die täglichen **Sammel- bzw. Treffpunktfahrten**, für die bei Arbeitnehmern ohne erste Tätigkeitsstätte der Gesetzgeber ebenfalls die Anwendung der Entfernungspauschale anordnet (§ 9 Abs. 1 Nr. 4a Satz 3 EStG). Unter die gesetzliche Fiktion der Entfernungspauschale fallen Arbeitnehmer, die keine erste Tätigkeitsstätte haben, aber aufgrund Anweisung des Arbeitgebers dauerhaft denselben Ort oder dasselbe weiträumige Arbeitsgebiet aufsuchen müssen, um von dort typischerweise die arbeitstägliche Arbeit aufzunehmen. Vgl. hierzu Kap. 3.1.2 **Weiträumiges Tätigkeitsgebiet** und Kap. 4.1.3 **Fahrten zum Sammelpunkt oder weiträumigen Tätigkeitsgebiet.**

Für die Steuerfreiheit von Fahrten zwischen Wohnung und erster Tätigkeitsstätte werden 2 Fallgruppen unterschieden:

- Steuerfreie **(Geld-)Zuschüsse** des Arbeitgebers, d. h. der Ersatz von nachgewiesenen Aufwendungen des Arbeitnehmers und
- steuerfreie unentgeltliche oder verbilligte Überlassung von Fahrausweisen **(Sachbezüge)** durch den Arbeitgeber – **sog. Job-Tickets.**

Fahrt Wohnung – Tätigkeitsstätte

Voraussetzung für Steuerfreiheit

Bei beiden Fallgruppen ist erforderlich, dass der Arbeitgeber diese Leistungen **zusätzlich zu dem ohnehin geschuldeten Arbeitslohn** erbringt. Es muss sich um sog. **on-top-Leistungen** handeln. Die Fälle der sog. **Barlohnumwandlung** sind also **nicht begünstigt.** Die Steuerbefreiung durch Gehaltsverzicht oder Gehaltsumwandlung ist ausgeschlossen. Abweichend von der Rechtsprechung[70] ist die Zusätzlichkeitsvoraussetzung auch dann erfüllt, wenn der Arbeitnehmer einen Rechtsanspruch auf die zweckbestimmte Zusatzleistung hat. Die Finanzverwaltung bejaht eine zusätzlich gewährte Leistung immer dann, wenn die zweckbestimmte Leistung zu dem Arbeitslohn hinzukommt, den der Arbeitgeber arbeitsrechtlich schuldet. Insoweit ist die Zusätzlichkeitsvoraussetzung auch dann erfüllt, wenn der Arbeitnehmer einen Rechtsanspruch auf die zweckbestimmte Leistung hat. Zulässig ist es deshalb, wenn der Arbeitgeber in Einzelverträgen, ggf. auch in Tarifverträgen oder Betriebsvereinbarungen, anstelle einer sonst möglichen Erhöhung der Barlöhne entsprechende Zuschüsse zusagt.[71] Wird dagegen eine zweckbestimmte Leistung unter Anrechnung auf den arbeitsrechtlich geschuldeten Arbeitslohn oder durch dessen Umwandlung gewährt, liegt keine zusätzliche Leistung vor. Die Umwandlung von Arbeitslohn in steuerfreie Job-Tickets des Arbeitgebers ist ausgeschlossen.[72] Lohnoptimierungsmodelle in Form der sog. Barlohnumwandlung sind nicht begünstigt.

68 BMF, Schreiben v. 15.8.2019, IV C 5 – S 2342/19/10007 :001, BStBl 2019 I S. 875, Rz. 3; Niedersächsisches FG, Urteil v. 5.12.2018, 3 K 15/18, EFG 2019 S. 344.

69 BFH, Urteil v. 9.6.2022, VI R 26/20, BFH/NV 2023 S. 74; Niedersächsisches FG, Urteil v. 5.12.2018, 3 K 15/18, EFG 2019 S. 344.

70 BFH, Urteile v. 19.9.2012, VI R 54/11 u. VI R 55/11, BStBl 2013 II S. 395 ff.

71 BMF, Schreiben v. 5.2.2020, IV C 5 – S 2334/19/10017 :002, BStBl 2020 I S. 222.

72 BMF, Schreiben v. 22.5.2013, IV C 5 – S2388/11/10001 – 02, BStBl 2013 I S. 728.

Änderung der Rechtsprechung zu Zusätzlichkeitskriterien

Der BFH hat seine bisherige Rechtsprechung zum Merkmal »zusätzlich zum ohnehin geschuldeten Arbeitslohn« geändert.[73] Der BFH bejaht eine zusätzliche Leistung für den Teil des Arbeitslohns, den der Arbeitgeber verwendungs- bzw. zweckgebunden leistet, unabhängig davon, ob der Arbeitnehmer hierauf einen Rechtsanspruch hat. Nicht zusätzlich werden danach Lohnbezüge gezahlt, die dem Arbeitnehmer **verwendungsfrei** und **ohne eine bestimmte Zweckbindung (= ohnehin)** zufließen. Der BFH stellt in seinen Urteilen für die Abgrenzung ausschließlich auf den Zeitpunkt des Lohnzuflusses ab. Die Finanzverwaltung wendet diese gegenteilige Rechtsprechung über die entschiedenen Fälle hinaus nicht an.[74] Ein **Nicht-Anwendungsschreiben** stellt sicher, dass (wie bisher) eine zusätzlich gewährte Arbeitgeberleistung immer nur dann vorliegen kann, wenn sie den bisher zu beanspruchenden Arbeitslohn erhöht.

Wichtig

Die Finanzverwaltung hat die Veröffentlichung der BFH-Urteile an einen sog. Nichtanwendungserlass geknüpft.[75] Außerdem wird entsprechend der bisherigen Verwaltungsauffassung geregelt, welche Anforderungen für das Vorliegen einer zusätzlichen Leistung zu erfüllen sind. Damit bleibt in allen noch offenen Fällen alles beim Alten. Im Lohn- und Einkommensteuerrecht sind weiterhin nur **echte Zusatzleistungen** des Arbeitgebers begünstigt. Das Erfordernis der Zusätzlichkeit ist weiterhin immer dann gegeben, wenn die zweckbestimmte Leistung zu dem Arbeitslohn hinzukommt, den der Arbeitgeber arbeitsrechtlich schuldet. Dabei ist es unschädlich, wenn die zweckbestimmte Leistung eine **arbeitsrechtliche Grundlage** hat, der Arbeitnehmer also darauf einen Rechtsanspruch hat. Zusätzliche Leistungen des Arbeitgebers können damit auch in einer **Betriebsvereinbarung**, einem **Tarifvertrag** oder einem **Besoldungsgesetz** festgelegt werden. Eine zusätzliche Leistung liegt hingegen nicht vor, wenn sie unter Anrechnung auf die bisherigen Lohnbezüge bezahlt wird. Die Regelungen des BMF-Schreibens hat der Gesetzgeber zwischenzeitlich im Jahressteuergesetz 2020 inhaltsgleich in das Einkommensteuergesetz übernommen und damit die Auffassung der Verwaltung gesetzlich abgesichert.[76]

Beispiel

Ein in Freiburg ansässiger Arbeitgeber übernimmt aufgrund einer betrieblichen Vereinbarung für seine Beschäftigten A und B, die mit öffentlichen Verkehrsmitteln zur Arbeit fahren, die Kosten für die Monatskarte in Höhe von 60 EUR. Bei Arbeitnehmer A beträgt die für die Entfernungspauschale maßgebende Straßenverbindung 10 km. Arbeitnehmer B hat eine arbeitstägliche Entfernung von 25 km zurückzulegen. Arbeitnehmer C benutzt für seine arbeitstäglichen Fahrten zur ersten Tätigkeitsstätte (kürzeste Straßenverbindung 30 km) seinen eigenen Pkw. Der betrieblich festgelegte Fahrtkostenersatz beträgt 0,30 EUR pro Entfernungskilometer, also arbeitstäglich 9 EUR.

Ergebnis: Geldleistungen des Arbeitgebers, die zusätzlich zum ohnehin geschuldeten Arbeitslohn für die Fahrten zwischen Wohnung und erster Tätigkeitsstätte mit öffentlichen Verkehrsmitteln geleistet werden, sind in vollem Umfang lohnsteuerfrei. Die Steuerfreiheit bestimmt sich allein nach den hierfür beim Arbeitgeber angefallenen Aufwendungen. Der Arbeitgeber kann deshalb die für die beiden Arbeitnehmer A und B übernommenen Kosten für die Monatsfahrscheine in voller Höhe steuerfrei belassen. Auf die unterschiedlichen Entfernungen zwischen Wohnung und erster Tätigkeitsstätte kommt es bei der Steuerbefreiung von Fahrtkostenzuschüssen für öffentliche Verkehrsmittel nicht an. Für den Arbeitnehmer C bleibt es bei der bisherigen Lohnsteuerpflicht des Arbeitgeberzuschusses von 180 EUR (= 9 EUR x 20 Tage) für die Benutzung des eigenen Pkws. Die unverändert weiter geltende Pauschalierungsmöglichkeit mit 15 % bestimmt sich ausschließlich nach den Regeln der Entfernungspauschale (vgl. Kap. 6.4.2). Bei 20 Arbeitstagen ergibt sich ein pauschalierungsfähiger Fahrtkostenzuschuss von 196 EUR ([20 km × 0,30 EUR + 10 km × 0,38 EUR] × 20 Tage).

73 BFH, Urteile v. 1.8.2019, VI R 32/18, BStBl 2020 II S. 106, VI R 21/17, BFH/NV 2019 S. 1339 und VI R 40/17, BFH/NV 2019 S. 1341.

74 BMF, Schreiben v. 5.2.2020, IV C 5 – S 2334/19/10017 :002, BStBl 2020 I S. 222.

75 BMF, Schreiben v. 5.2.2020, IV C 5 – S 2334/19/10017 :002, BStBl 2020 I S. 222.

76 § 8 Abs. 4 EStG.

Nicht erforderlich ist, dass der Arbeitnehmer regelmäßig öffentliche Verkehrsmittel benutzt. Auch bei nur **gelegentlichen Fahrten** mit öffentlichen Verkehrsmitteln kann der Arbeitgeber die Aufwendungen in voller Höhe steuerfrei ersetzen oder einen Zuschuss leisten.

Beispiel

Eine Arbeitnehmerin, die üblicherweise mit ihrem Pkw zu ihrer ersten Tätigkeitsstätte fährt, nimmt bei ungünstigen Witterungsverhältnissen den Bus bzw. die Straßenbahn.

Ergebnis: Der Arbeitgeber kann ihr diese Aufwendungen jeweils steuerfrei ersetzen. Dies gilt auch dann, wenn die Arbeitnehmerin Einzelfahrkarten löst. Der steuerfreie Ersatz ist nicht auf verbilligte Monats- oder Jahreskarten begrenzt.

Dem Arbeitgeber steht es frei, ob er bei Bahnfahrten die 2. oder die 1. Klasse steuerfrei ersetzt. Eine **Angemessenheitsprüfung** der Aufwendungen ist für den steuerfreien Arbeitgeberersatz nicht vorzunehmen. Die Steuerfreiheit von Job-Tickets bleibt auch dann erhalten, wenn es sich um Monats-, Regionalkarten oder ähnliche Fahrausweise handelt, die auch von anderen Personen, z. B. von Familienangehörigen, und vom Arbeitnehmer auf anderen Fahrstrecken benutzt werden können. Der Arbeitgeber muss grundsätzlich nicht prüfen, ob solche Fahrausweise auch für Privatfahrten genutzt werden.

Wichtig

Steuerfreie Job-Tickets (Zuschüsse und Sachbezüge) durch den Arbeitgeber kommen nur in Betracht, wenn der Arbeitnehmer nachweist, dass er für Fahrten zwischen Wohnung und erster Tätigkeitsstätte öffentliche Verkehrsmittel benutzt hat. Auch die Höhe der Aufwendungen ist zu belegen. Der Arbeitnehmer hat dem Lohnbüro die entsprechenden **Fahrausweise** vorzulegen, die als **Beleg** zum **Lohnkonto** zu nehmen sind.

Anrechnung und Bescheinigung

Steuerfreie Arbeitgeberzuschüsse zu den Aufwendungen für die Fahrten mit öffentlichen Verkehrsmitteln sowie steuerfreie Sachbezüge in Form von unentgeltlichen oder verbilligten Job-Tickets sind nach dem Gesetzeswortlaut von dem nach den Regeln der **Entfernungspauschale** sich ergebenden Werbungskostenabzug **abzuziehen** (vgl. Kap. 6.2.7). Der Arbeitgeber hat zu diesem Zweck die **steuerfreien Arbeitgeberleistungen** in Zeile 17 der **Lohnsteuerbescheinigung** 2023 auszuweisen (§ 41b Abs. 1 Satz 2 Nrn. 6 EStG). Dies gilt für sämtliche steuerfreie Sachbezüge aus der unentgeltlichen bzw. verbilligten Nutzung von öffentlichen Verkehrsmitteln zu Fahrten zwischen Wohnung und erster Tätigkeitsstätte im Linienverkehr. Darüber hinaus aber auch für die steuerfreien (Geld-)Zuschüsse, die der Arbeitgeber seinen Arbeitnehmern für diese Fahrten im öffentlichen Personenverkehr zusätzlich zum ohnehin geschuldeten Arbeitslohn gewährt. Zur Anrechnung und Bescheinigungspflicht **pauschal besteuerter Arbeitgeberleistungen** bei Benutzung anderer, von der Steuerbefreiungsvorschrift des § 3 Nr. 15 EStG nicht erfasster Verkehrsmittel, insbesondere von pauschal besteuerten **Fahrtkostenzuschüssen** beim eigenen **Pkw** sowie von pauschal besteuerten geldwerten Vorteilen bei Benutzung eines **Firmenwagens** zu den Fahrten zur ersten Tätigkeitsstätte, vgl. Kap. 6.2.7 und Kap. 6.4.2.

Privatfahrten im Personennahverkehr

Als **eigene Fallgruppe** neben den bereits genannten Arbeitgeberzuschüssen und Job-Tickets zur beruflichen Nutzung öffentlicher Verkehrsmittel zu Fahrten zwischen Wohnung und erster Tätigkeitsstätte sind erstmalig auch Arbeitgeberleistungen (**Zuschüsse** und **Sachbezüge**) für die private Nutzung öffentlicher Verkehrsmittel im Personennahverkehr von der **Steuerbefreiungsvorschrift** erfasst. Seit 2019 kann der Arbeitgeber steuerfreie Fahrtkostenzuschüsse bzw. -erstattungen oder Fahrausweise bei Benutzung des **öffentlichen Personennahverkehrs** gewähren. Zum öffentlichen Personennahverkehr zählen die Verkehrsmittel Bus, Straßenbahn, U- und S-Bahn im städtischen

Verkehrsbetrieb sowie die Regionalzüge der Bahn. Von der Steuerbefreiung ausgenommen sind die Fernzüge IC, EC und ICE.

Die Steuerfreiheit begünstigt nicht nur Einzelfahrscheine für Verkehrsmittel des öffentlichen Personennahverkehrs, sondern auch Monats- und Jahresfahrausweise. Auch hier ist die Steuerfreiheit daran geknüpft, dass der Arbeitgeber die Zuschüsse bzw. privaten Bus- und Bahntickets **zusätzlich** zum ohnehin geschuldeten Arbeitslohn gewährt. Das Gesetz sieht für diese Steuerbefreiung eine systemwidrige Anrechnung auf die abzugsfähigen Werbungskosten für die Fahrten zwischen Wohnung und erster Tätigkeitsstätte vor (§ 3 Nr. 15 letzter Satz EStG). Die Kürzung umfasst auch die Steuerfreiheit für Arbeitgeberleistungen (Sachbezüge und Geldzuschüsse) zu Fahrten im **Personennahverkehr**, auch soweit es sich um Privatfahrten des Arbeitnehmers handelt. Der Arbeitgeber hat deshalb diese steuerfreien Leistungen bei Benutzung des öffentlichen Personennahverkehrs ebenfalls in Zeile 17 der Lohnsteuerbescheinigung 2023 auszuweisen. Dies gilt selbst dann, wenn der Arbeitnehmer die Fahrberechtigung ausschließlich für private Fahrten einsetzt.

Aufzeichnungs- und Nachweispflichten

Der Arbeitgeber muss die steuerfreien Arbeitgeberleistungen im **Lohnkonto** aufzeichnen (§ 4 Abs. 2 Nr. 4 LStDV) und in Zeile 17 der Lohnsteuerbescheinigung ausweisen (§ 41b Abs. 1 Satz 2 Nr. 6 EStG). In der monatlichen Lohnabrechnung ist somit eine entsprechende Lohnart zuzuweisen. Außerdem sind die **Fahrausweise** oder entsprechende Belege zum Lohnkonto **aufzubewahren.**[77] Dasselbe gilt, wenn der Arbeitgeber einen Zuschuss zu einer vom Arbeitnehmer selbst erworbenen Fahrberechtigung zahlt. Der Nachweis der zweckentsprechenden Verwendung ist durch die Aufbewahrung der vom Arbeitnehmer erworbenen und genutzten Fahrausweise, z. B. Rechnungen über den Erwerb eines Fahrausweises oder eine Bestätigung des Verkehrsträgers über den Bezug eines Job-Tickets, zum Lohnkonto aufzubewahren. Der Zuschuss darf dabei die Aufwendungen des Arbeitnehmers einschließlich Umsatzsteuer für die entsprechenden Fahrberechtigungen nicht übersteigen. Bei einer vom Arbeitnehmer erworbenen Jahresfahrkarte ist die jährliche **Bestätigung des Verkehrsträgers** über den Bezug eines Job-Tickets ausreichend. Weitere Nachweise (z. B. monatliche Zahlung) sind nicht notwendig.

Hinweis

Die Steuerbefreiung für Zuschüsse und Sachbezüge bei Benutzung öffentlicher Verkehrsmittel zu Fahrten zwischen Wohnung und erster Tätigkeitsstätte bewirkt auch die **Beitragsfreiheit in der Sozialversicherung**. Steuerfreie Einnahmen, die der Arbeitgeber zusätzlich zu den Löhnen und Gehältern erbringt, sind nach der Sozialversicherungsentgeltverordnung nicht dem Arbeitsentgelt hinzuzurechnen, sodass weder Arbeitgeber- noch Arbeitnehmeranteile zur Sozialversicherung anfallen (§ 1 Abs. 1 Nr. 1 SvEV).

Pauschalierung bei öffentlichen Verkehrsmitteln

Zusätzlich neben die unverändert geltende Lohnsteuerpauschalierung mit 15 % tritt seit 2019 eine **weitere Pauschalierungsvorschrift** für die von der Steuerbefreiung des § 3 Nr. 15 EStG erfassten Fallgruppen der Nutzung öffentlicher Verkehrsmittel. Der **Pauschsteuersatz** beträgt **25 %.** Der Anwendungsbereich der Pauschalierungsvorschrift ist mit den unter die Steuerbefreiung (§ 3 Nr. 15 EStG) fallenden Lohnsachverhalten identisch. Begünstigt sind Arbeitgeberleistungen (**Sachbezüge und Geldzuschüsse**) bei Nutzung von **öffentlichen Verkehrsmitteln** zu Fahrten zwischen Wohnung und erster Tätigkeitsstätte im Linienverkehr sowie bei Nutzung des öffentlichen Personennahverkehrs auch soweit es sich um Privatfahrten handelt (§ 40 Abs. 2 Satz 2 Nr. 2 EStG). Die Pauschalierung tritt **als Alternative neben die Steuerbefreiung.** Der Arbeitgeber soll insbesondere für Fahrtkostenzuschüsse zur Benutzung öffentlicher Verkehrsmittel zwischen den beiden Möglichkeiten wählen

77 BMF, Schreiben v. 15.8.2019, IV C 5 – S 2342/19/10007 :001, BStBl 2019 I S. 875, Rz. 39, 40.

können. Der Vorteil der Pauschalbesteuerung mit dem **erhöhten Pauschsteuersatz von 25 %** liegt darin, dass das Gesetz im Gegenzug auf eine Kürzung der Entfernungspauschale und damit auch auf einen Ausweis in der Lohnsteuerbescheinigung verzichtet. Arbeitgeberleistungen, die mit dem Pauschsteuersatz von 25 % **ohne Anrechnung auf die Entfernungspauschale** versteuert werden, sind in der Lohnsteuerbescheinigung nicht auszuweisen.[78]

Zulässig ist die Lohnsteuerpauschalierung mit 25 % bei Fahrtkostenzuschüssen und Sachbezügen des Arbeitgebers

- bei Benutzung **öffentlicher Verkehrsmittel** im genehmigten Linienverkehr (ohne Luftverkehr) zu Fahrten zwischen Wohnung und erster Tätigkeitsstätte und
- bei Benutzung des **öffentlichen Personennahverkehrs** zu sämtlichen Fahrten, auch Privatfahrten des Arbeitnehmers.

Die Pauschalbesteuerung verlangt im Unterschied zur Steuerbefreiung nicht, dass die Arbeitgeberleistung zusätzlich zum ohnehin geschuldeten Arbeitslohn erbracht wird. Das **Wahlrecht** zwischen Steuerbefreiung und Pauschalierungsvorschrift umfasst auch die unter den Anwendungsbereich des § 3 Nr. 15 EStG fallenden Arbeitgeberleistungen zu Fahrten mit öffentlichen Verkehrsmitteln oder im öffentlichen Personennahverkehr, die von der Steuerfreiheit deshalb ausgeschlossenen sind, weil sie im Wege der **Entgeltumwandlung** erbracht werden. Auch hier hat der Arbeitgeber die Möglichkeit der **Lohnsteuerpauschalierung mit 25 %** ohne Minderung der Entfernungspauschale.

Keine Kürzung der Entfernungspauschale

Zielsetzung des Gesetzgebers ist es, die Attraktivität von Job-Tickets beim Personenkreis der Arbeitnehmer zu verbessern, die ihre Fahrberechtigung für Fahrten zur ersten Tätigkeitsstätte nur gelegentlich einsetzen, z. B. bei Wohnorten im ländlichen Bereich. Durch den Verzicht auf die Kürzung der Entfernungspauschale bei Anwendung des **(höheren) Pauschsteuersatzes** von 25 % kann sich der Arbeitnehmer in seiner **persönlichen Steuererklärung** die Möglichkeit des ungekürzten Werbungskostenabzugs der **Entfernungspauschale** offenhalten.

Bemessungsgrundlage für die pauschale Lohnsteuer ist nicht der nach allgemeinen Grundsätzen ermittelte geldwerte Vorteil. Zur Vereinfachung der Besteuerung wird der Sachbezug aufgrund ausdrücklicher gesetzlicher Regelung mit den **Aufwendungen des Arbeitgebers** einschließlich der Umsatzsteuer bewertet. Insbesondere beim Erwerb von Pauschalpaketen für mehrere Arbeitnehmer erübrigt sich dadurch eine individuelle Wertermittlung. Gleichzeitig entfällt der Ausweis der pauschal besteuerten Bezüge in der (elektronischen) Lohnsteuerbescheinigung, da eine Kürzung der Entfernungspauschale nicht vorgesehen ist (§ 41b Abs. 1 Nr. 7 EStG).

Beispiel

Ein Arbeitnehmer erhält von seinem Arbeitgeber 2023 zusätzlich zum ohnehin geschuldeten Arbeitslohn einen monatlichen Fahrtkostenzuschuss zur Monatskarte für Fahrten zwischen Wohnung und erster Tätigkeitsstätte mit den städtischen Verkehrsbetrieben von 50 EUR. Der Arbeitnehmer benutzt die öffentlichen Verkehrsmittel nur gelegentlich und fährt wegen häufiger Auswärtstermine regelmäßig mit dem eigenen Pkw zur 20 km entfernten ersten Tätigkeitsstätte.

Ergebnis: Der Arbeitgeberzuschuss zu den Monatsfahrscheinen ist lohnsteuerfrei. Bei 220 Arbeitstagen errechnet sich eine Entfernungspauschale von 1.320 EUR (= 220 Tage x 20 km x 0,30 EUR). Der steuerfreie Jahresbetrag von 600 EUR (= 12 x 50 EUR) ist auf die Entfernungspauschale anzurechnen, sodass für den

78 BMF, Schreiben v. 9.9.2019, IV C 5 – S 2378/19/10002 :001, BStBl 2019 I S. 911; BMF, Schreiben v. 8.9.2022, IV C 5 – S 2533/19/10030 :004, BStBl 2022 I S. 1397.

Arbeitnehmer ein Werbungskostenabzug von 720 EUR in seiner Einkommensteuererklärung verbleibt. Macht der Arbeitgeber stattdessen von der sozialabgabenfreien Pauschalbesteuerung mit 25 % für den Fahrtkostenzuschuss von insgesamt 600 EUR Gebrauch, kann der Arbeitnehmer die ungekürzte Entfernungspauschale von 1.320 EUR steuerlich geltend machen. Eine Anrechnung der Pauschalsteuerung unterbleibt im Hinblick auf den Steuersatz von 25 %.

Hinweis

Der Gesetzgeber räumt dem Arbeitgeber ein **Wahlrecht** ein. Er kann bei Arbeitgeberzuschüssen zu Fahrten mit öffentlichen Verkehrsmitteln oder im öffentlichen Personennahverkehr zwischen der Steuerfreiheit mit Anrechnung auf die Entfernungspauschale oder der Pauschalbesteuerung mit 25 % **ohne Kürzung des Werbungskostenabzugs** entscheiden. Das Wahlrecht hat der Arbeitgeber einheitlich für sämtliche dem Arbeitnehmer innerhalb eines Kalenderjahres gewährten Arbeitgeberleistungen im Sinne des § 3 Nr. 15 EStG auszuüben.[79]

Wichtig

Die Pauschalierung der Lohnsteuer mit 15 % für Arbeitgeberzuschüsse im Zusammenhang mit der Nutzung öffentlicher Verkehrsmittel zu Fahrten zwischen Wohnung und erster Tätigkeitsstätte kommt nicht mehr in Betracht, auch nicht insoweit als die Entfernungspauschale über den tatsächlichen Aufwendungen für das Job-Ticket liegt. Beim Arbeitgeberersatz der Fahrtkosten für öffentliche Verkehrsmittel ist vorrangig die Steuerbefreiung des § 3 Nr. 15 EStG maßgebend. Zulässig ist aber, dass der Arbeitgeber **anstelle der Steuerfreiheit die 25-%-Pauschalsteuer wählt**, um dem Arbeitnehmer den gesetzlichen Verzicht auf die Kürzung des Werbungskostenabzugs zu gewähren.

9-EUR-Ticket in 2022 bzw. 49-EUR-Ticket in 2023

An dieser Stelle soll zum einen aus Gründen der Vollständigkeit auf die Besonderheiten bezüglich des **Umfangs der Steuerfreiheit von Arbeitgeberzuschüssen** hingewiesen werden, die das BMF für den 3-monatigen Gültigkeitszeitraum 1.6.-31.8.2022 **für 9-EUR-Tickets** festgelegt hat. Zudem ist der sich hieraus ergebende, im Einzelfall geänderte steuerfreie Arbeitgeberzuschuss auch für die Einkommensteuererklärung 2022 von Bedeutung. Schließlich dürfte sich dieselbe Problemstellung auch im Lohnsteuerverfahren 2023 für die steuerliche Behandlung des ab April 2023 als **Nachfolge-Modell** vorgesehenen **49-EUR-Tickets** ergeben.

Zur Entlastung der Steuerbürger wegen der hohen Energiepreise hat der Staat für den öffentlichen Personennahverkehr ein 9-EUR-Ticket eingeführt, das zeitlich begrenzt für die Monate Juni-August 2022 den Fahrpreis von Monatsfahrscheinen auf 9 EUR festlegt. Bei **Job-Tickets**, also Monatskarten, die der Arbeitnehmer von seiner Firma erhält, kommt die Preissenkung in Form geringerer Personalkosten dem Arbeitgeber zugute. Es ergeben sich **keine nachteiligen Auswirkungen auf die Steuerfreiheit**.

Erwirbt dagegen der Arbeitnehmer die Fahrscheine, profitiert zunächst der Mitarbeiter selbst von dem auf 9 EUR reduzierten Kaufpreis. Aus steuerlicher Sicht ist allerdings Vorsicht geboten. **Lohnsteuerliche Nachteile** können sich bei dieser Gestaltung für den Arbeitgeberersatz durch **Zuschussleistungen** ergeben, wenn sich die Firma an den Fahrtkosten finanziell beteiligt. Geldleistungen zu Fahrten zwischen Wohnung und erster Tätigkeitsstätte mit öffentlichen Verkehrsmitteln dürfen nach dem Gesetzeswortlaut maximal bis zur Höhe der vom Arbeitnehmer tatsächlich getragenen Kosten für die Fahrtscheine steuerfrei bleiben. Für Arbeitgeber, die Zuschüsse zu den Monatstickets für Bus und Bahn im Nah- oder Regionalverkehr leisten, bedeutet dies, dass während des 3-Monatszeitraums Juni-August 2022 **Fahrtkostenzuschüsse von mehr als 9 EUR im Prinzip lohnsteuerpflichtig** sind.

79 BT-Drucksache 19/13436, S. 98.

Jahresbezogene Vereinfachungsregel

Um lohnsteuerliche Nachteile zu vermeiden, die durch die staatliche Fahrpreissenkung entstehen können, hat das BMF für den Gültigkeitszeitraum der 9-EUR-Tickets eine Vereinfachungsregelung festgelegt.[80] Für die Anwendung der Steuerbefreiung nach § 3 Nr. 15 EStG wird es bei Tickets der Monate Juni, Juli und August 2022 nicht beanstandet, wenn der Arbeitgeberzuschuss die Aufwendungen des Arbeitnehmers für das 9-EUR-Ticket übersteigt, soweit dadurch die Kosten für die Monatskarten des gesamten Kalenderjahrs 2022 nicht überschritten werden. Dafür muss eine **Vergleichsberechnung** zwischen dem vom Arbeitnehmer für das Kalenderjahr **tatsächlich getragenen Fahrtkosten** und den vom Arbeitgeber **ersetzten Beträgen** durchgeführt werden. Bleibt der auf Jahresbasis berechnete Arbeitgeberzuschuss unter dem vom Arbeitnehmer getragenen Betrag für die Monatskarten 2022, ist dies für die Steuerfreiheit eines über dem 9-EUR-Ticket liegenden Arbeitgeberersatzes unschädlich. Nutznießer der **jahresbezogenen Vereinfachungsregelung** sind diejenigen Arbeitgeber, die dem Arbeitnehmer bisher nicht die vollen Kosten der Monatskarte, sondern nur einen Teilbetrag steuerfrei ersetzt haben.

Beispiel

Ein Industrieunternehmen trägt für seine Mitarbeiter on top die Hälfte der Kosten für die Monatskarte des städtischen Verkehrsverbunds von 60 EUR. Im Rahmen der monatlichen Lohnabrechnung 2022 erhielt der Arbeitnehmer deshalb zusätzlich zum ohnehin geschuldeten Arbeitslohn einen steuerfreien Zuschuss von 30 EUR. Für den 3-Monatszeitraum des 9-EUR-Tickets zahlte die Firma den Fahrtkostenzuschuss unverändert mit 30 EUR.

Ergebnis: Nach den gesetzlichen Vorgaben war der Arbeitgeberersatz von 30 EUR für die Monate Juni–August 2022 in Höhe von 21 EUR lohnsteuerpflichtig. Die Vereinfachungsregelung der Finanzverwaltung lässt aber eine Saldierung mit dem nicht ausgeschöpften steuerfreien Betrag zu, der auf Jahresbasis 2022 für die vom Arbeitnehmer bezahlten Monatskarten des jeweiligen öffentlichen Personennahverkehrs möglich gewesen wäre. Der steuerfreie Jahreshöchstbetrag errechnet sich mit 567 EUR (= 9 x 60 EUR + 3 x 9 EUR). Die tatsächliche Arbeitgeberleistung betrug 360 EUR und lag damit für 2022 innerhalb des steuerfreien Jahreshöchstbetrags. Die Steuerfreiheit des in den Monaten Juni bis August über dem 9-EUR-Ticket liegenden Arbeitgeberzuschusses von 30 EUR blieb somit erhalten.

Das Beispiel macht deutlich, dass bei vollem Kostenersatz der Monatskarte die Vereinfachungsregelung ins Leere läuft. Sofern der Arbeitgeber den gesamten Betrag der Monatskarte von 60 EUR steuerfrei trägt, ist eine Saldierung der Monate Juni–August mit nicht ausgeschöpftem steuerfreiem Volumen ausgeschlossen. Werden bezogen auf das Kalenderjahr insgesamt höhere Zuschüsse gezahlt, als der Arbeitnehmer Aufwendungen hatte, ist der **Differenzbetrag steuerpflichtiger Arbeitslohn.** Der das 9-EUR-Ticket bzw. 49-EUR-Ticket ab vorauss. April 2023 übersteigende Arbeitgeberersatz ist dem **Lohnsteuerabzug** zu unterwerfen.

Steuerfreie Arbeitgeberleistungen zu Fahrten zwischen Wohnung und erster Tätigkeitsstätte mindern die als Entfernungspauschale abziehbaren Werbungskosten bei der Einkommensteuer des Arbeitnehmers. Der Arbeitgeber ist deshalb verpflichtet, die steuerfreien Leistungen in der **Lohnsteuerbescheinigung** auszuweisen (§ 41b Abs. 1 Satz 2 Nr. 6 EStG). Die Bescheinigung umfasst den **Gesamtbetrag** der steuerfreien Fahrtkostenzuschüsse, auch soweit sie im Kalenderjahr 2022 auf der Vereinfachungsregelung beruhen.

Vereinfachungsregelung für 25-%-Pauschalsteuer

Entscheidet sich der Arbeitgeber für die Möglichkeit der **Pauschalbesteuerung mit 25 %**, um für seinen Arbeitnehmer die Kürzung der Entfernungspauschale zu vermeiden (§ 40 Abs. 2 Satz 2 Nr. 2 EStG),

80 BMF, Schreiben v. 30.5.2022, IV C 5 – S 2352/19/10002 :007, BStBl 2022 I S. 922.

besteht für den Gültigkeitszeitraum der 9-EUR-Tickets dieselbe Problematik wie für die Steuerfreiheit. Auch die Höhe der Pauschalbesteuerung ist an die **tatsächlichen Aufwendungen** des Arbeitnehmers für die Fahrten zwischen Wohnung und erster Tätigkeitsstätte geknüpft. Für 9-EUR-Tickets bedeutet dies, dass der Arbeitgeber für die Monate Juni bis August 2022 den Fahrtkostenzuschuss für das Monatsticket nur bis zu 9 EUR mit 25 % pauschal versteuern kann. Die von der Finanzverwaltung getroffene Vereinfachungsregelung bezieht sich ausschließlich auf den Umfang der Steuerfreiheit.[81] Eine entsprechende Jahresbetrachtung für den Umfang des Pauschalierungsvolumens bei Anwendung der 25-%-Pauschalsteuer enthält das BMF-Schreiben nicht. Es ist davon auszugehen, dass die Finanzverwaltung die **sinngemäße Anwendung** der Vereinfachungsregelung des BMF zulässt. Sachliche Gründe für eine unterschiedliche Behandlung bezüglich des Umfangs der Steuerfreiheit und der Pauschalbesteuerung sind nicht erkennbar. Im Einzelfall bleibt dem Arbeitgeber die **Möglichkeit der Anrufungsauskunft.**

6.4.2 Fahrtkostenersatz für arbeitnehmereigenes Kfz und andere Verkehrsmittel

Die lohnsteuerliche Behandlung der Fahrtkostenzuschüsse und des Fahrtkostenersatzes an Arbeitnehmer, die für die Fahrten zwischen Wohnung und erster Tätigkeitsstätte ein eigenes Kfz, insbesondere den Pkw, oder ein anderes nicht öffentliches Verkehrsmittel benutzen, bleibt durch die Steuerbefreiungsvorschrift des § 3 Nr. 15 EStG und der Pauschalierungsmöglichkeit nach § 40 Abs. 2 Satz 2 Nr. 2 EStG unverändert. Arbeitgeberleistungen für diese Fahrten sind weiterhin lohnsteuerpflichtiger Arbeitslohn, der entweder individuell nach den ELStAM dem Lohnsteuerabzug unterliegt oder aber pauschal versteuert werden muss. Die Lohnsteuerpflicht gilt sowohl für Fahrtkostenzuschüsse zu den Fahrten zwischen Wohnung und erster Tätigkeitsstätte mit dem eigenen Pkw oder anderer nicht öffentlicher Verkehrsmittel, als auch für den geldwerten Vorteil bei einem zur Verfügung gestellten betrieblichen Firmenwagen. Eine Verrechnung mit den Beträgen, die als Werbungskosten abziehbar sind, ist nicht möglich.

Pauschalbesteuerung mit 15 %

Der Arbeitgeber darf den Fahrtkostenzuschuss bzw. den lohnsteuerlichen Vorteil aus der Gestellung eines Fahrzeugs **ganz oder teilweise pauschal versteuern.**[82] Der Pauschsteuersatz beträgt **15 %.** Hinzu kommt die pauschale Kirchensteuer, die je nach Bundesland mit verschiedenen Steuersätzen erhoben wird, sowie der Solidaritätszuschlag, der 5,5 % der pauschalen Lohnsteuer beträgt.[83] Die Pauschalversteuerung ist nur **bis zu den Beträgen** zulässig, die der Arbeitnehmer **als Werbungskosten** abziehen könnte. Obergrenze ist im Normalfall die Entfernungspauschale. Hauptanwendungsfall in der Praxis sind der Fahrtkostenersatz bzw. die Fahrtkostenzuschüsse bei Benutzung des arbeitnehmereigenen Kraftfahrzeugs zu Fahrten zwischen Wohnung und erster Tätigkeitsstätte. Die Fahrtkostenübernahme durch den Arbeitgeber bei den arbeitstäglichen Fahrten mit dem eigenen Pkw kann **ab dem ersten Kilometer** mit **15 % pauschal** versteuert werden. Die Pauschalbesteuerung ist für die Gesamtstrecke Wohnung und erste Tätigkeitsstätte zulässig. Bei der Lohnabrechnung darf die pauschale Lohnsteuer von 15 % uneingeschränkt für die Entfernung zwischen Wohnung und erster Tätigkeitsstätte mit 0,30 EUR pro Entfernungskilometer bzw. 0,38 EUR ab dem 21. Entfernungskilometer berechnet werden (§ 40 Abs. 2 Satz 2 EStG). Soweit der Arbeitgeberersatz für die Fahrten zwischen Wohnung und erster Tätigkeitsstätte höhere Beträge als den Kilometersatz von 0,30 EUR

81 BMF, Schreiben v. 30.5.2022, IV C 5 – S 2352/19/10002 :007; BStBl 2022 I S. 922.
82 § 40 Abs. 2 Satz 2 EStG; R 40.2 Abs. 6 LStR.
83 Der Solidaritätszuschlag zur pauschalen Lohnsteuer gilt weiterhin mit 5,5 % fort.

pro Entfernungskilometer bzw. 0,38 EUR ab dem 21. Entfernungskilometer ersetzt, ist der übersteigende Arbeitgeberersatz als normaler Lohn nach den ELStAM zu versteuern.

Beispiel

Eine Arbeitnehmerin erhält vom Arbeitgeber 2023 einen monatlichen Fahrtkostenzuschuss für Fahrten zwischen Wohnung und erster Tätigkeitsstätte mit dem eigenen Pkw in Höhe der Entfernungspauschale. Die Entfernung zwischen Wohnung und erster Tätigkeitsstätte beträgt 30 km. Für den Monat Januar (20 Arbeitstage) ergibt sich ein Arbeitgeberzuschuss von 180 EUR.

Ergebnis: Der Arbeitgeber kann den Aufwendungsersatz bis zu dem Betrag mit 15 % pauschal versteuern, den die Arbeitnehmerin ohne Arbeitgeberersatz als Werbungskosten in ihrer Steuererklärung abziehen dürfte. Die Lohnsteuerpauschalierung ist bei 20 Arbeitstagen begrenzt auf einen pauschalierungsfähigen Fahrtkostenzuschuss von 196 EUR (= 20 Arbeitstage × [20 km × 0,30 EUR + 10 km × 0,38]). Für den Januar 2023 kann damit der Fahrtkostenzuschuss in voller Höhe pauschal versteuert werden.

Tipp

Soweit **Menschen mit Behinderung** für Fahrten zwischen Wohnung und (erster) Tätigkeitsstätte die tatsächlichen Kosten ansetzen dürfen, kann der Arbeitgeber im selben Umfang einen Kostenersatz pauschal versteuern (vgl. Kap. 6.3.4). Die Begrenzung auf die Höhe der Entfernungspauschale ist nicht zu beachten.

Hinweis

Entscheidet sich der Arbeitgeber für die Lohnsteuerpauschalierung, sind die steuerpflichtigen Arbeitgeberleistungen auch **sozialabgabenfrei**. Pauschal besteuerte Bezüge, die der Arbeitgeber zusätzlich zu den Löhnen und Gehältern erbringt, sind nach der Sozialversicherungsentgeltverordnung nicht dem Arbeitsentgelt hinzuzurechnen. Somit fallen weder Arbeitgeber- noch Arbeitnehmeranteile zur Sozialversicherung an (§ 1 Abs. 1 Nr. 3 SvEV).

Pauschalierungsobergrenze

Beim Arbeitgeberersatz der Fahrtkosten ist eine **weitere Pauschalierungsgrenze** zu beachten. Die Höhe der pauschalierungsfähigen Fahrtkostenzuschüsse ist nach dem Wortlaut des Gesetzes betragsmäßig auch an die **tatsächlichen Aufwendungen** des Arbeitnehmers für die Fahrten zwischen Wohnung und erster Tätigkeitsstätte geknüpft (§ 40 Abs. 2 Satz 2 Nr. 1b EStG: »Zuschüsse zu den Aufwendungen des Arbeitnehmers, …«). Sind die Zuschüsse höher als die tatsächlichen Aufwendungen, ist die Pauschalbesteuerung maximal bis zur Höhe der tatsächlichen Kosten zulässig. Obergrenze ist jedoch der als Werbungskosten abziehbare Betrag.[84] Von praktischer Bedeutung ist die Begrenzung des Pauschalierungsvolumens auf die tatsächlichen Kosten des Arbeitnehmers bei der Benutzung öffentlicher Verkehrsmittel für die Fahrten zwischen Wohnung und erster Tätigkeitsstätte. Hinsichtlich der möglichen Pauschalbesteuerung von Fahrtkostenzuschüssen sind insgesamt **3 Fallgruppen** zu unterscheiden. Zulässig ist die Lohnsteuerpauschalierung

1. bei Benutzung eines **eigenen Kfz** in Höhe der Entfernungspauschale, der bei einer 5-Tagewoche ohne weiteren Nachweis 15 Arbeitstage monatlich zugrunde gelegt werden dürfen (§ 9 Abs. 1 Nr. 4 EStG),
2. bei Benutzung **anderer, nicht öffentlicher Verkehrsmittel** (hierzu gehören insbesondere das Fahrrad und das E-Bike) in Höhe der tatsächlichen Aufwendungen des Arbeitnehmers, maximal bis zum Höchstbetrag von 4.500 EUR,
3. be**i Arbeitnehmern mit Behinderung,** die für Fahrten zwischen Wohnung und Tätigkeitsstätte die tatsächlichen Kosten ansetzen dürfen (Grad der Behinderung mind. 70 % oder mind. 50 % und Merkzeichen »G«) in vollem Umfang bis zur Höhe der tatsächlichen Aufwendungen.

84 R 40.2 Abs. 6 LStR.

Vorteile der Pauschalierung

Die **Pauschalbesteuerung** hat folgende nahezu ausschließlich positive Auswirkungen:

- Pauschal versteuerte Fahrtkostenzuschüsse gehören **nicht zum Arbeitsentgelt im Sinne der Sozialversicherung**. Für den Betrieb entfällt also insoweit der Arbeitgeberanteil zur Sozialversicherung (§ 1 Abs. 1 Nr. 3 SvEV).
- Die Pauschalierung des Fahrtkostenzuschusses ist auch zulässig, wenn der normale Arbeitslohn nach den Regeln für **Teilzeitbeschäftigte** ebenfalls pauschal mit 20 % versteuert wird (§ 40a Abs. 2a EStG). Besonders vorteilhaft ist, dass eine Anrechnung auf die 520-EUR-Grenze[85] durch das Gesetz ausdrücklich ausgeschlossen ist und damit zusätzlich zum Aushilfs- bzw. Teilzeitlohn gezahlt werden darf (§ 40 Abs. 2 letzter Satz EStG).
- Der pauschal versteuerte Fahrtkostenzuschuss ist **nicht mehr** als **steuerpflichtiger Arbeitslohn** anzusetzen. Er ist in Zeile 1 der Lohnsteuerbescheinigung nicht als steuerpflichtiger Arbeitslohn zu bescheinigen. Da die Lohnsteuerpauschalierung Abgeltungswirkung hat, bleibt der Arbeitslohn bei der Einkommensteuer insgesamt außer Ansatz (§ 40 Abs. 3 EStG), auch für die Berechnung der zumutbaren Belastung gem. § 33 EStG sowie ggf. für außersteuerliche Einkommensgrenzen (Kindergeld, Wohngeld usw.).
- In Höhe des pauschal versteuerten Fahrtkostenersatzes ist der **Werbungskostenabzug beim Arbeitnehmer ausgeschlossen** (§ 40 Abs. 2 Satz 3 EStG).

Tipp

Nachteilig ist die Pauschalierung allerdings dann, wenn der Arbeitslohn wegen Überschreitens der Beitragsbemessungsgrenze insoweit nicht der Sozialversicherungspflicht unterliegt und der Arbeitnehmerpauschbetrag von 1.230 EUR bereits durch andere Werbungskosten ausgeschöpft ist. In diesen Fällen wird ein als normaler Arbeitslohn behandelter Fahrtkostenzuschuss im Ergebnis durch den Werbungskostenabzug neutralisiert; er bleibt also steuerfrei. Die pauschale Lohnsteuer wäre in diesem Fall eine unnötige zusätzliche Belastung. In Grenzfällen, z. B. wenn der Arbeitnehmerpauschbetrag nur teilweise durch andere Aufwendungen ausgeschöpft ist, muss eine Kontrollrechnung durchgeführt werden.

Zur möglichen Pauschalbesteuerung mit 15 %, wenn dem Arbeitnehmer für die Fahrten zwischen Wohnung und erster Tätigkeitsstätte ein **Firmenwagen** zur Verfügung steht, finden sich eingehende Ausführungen in Kap. 8.11.

6.4.3 Job-Tickets im Wege der Entgeltumwandlung

Steuerpflicht bei Gehaltsumwandlung

Die bis 2018 wichtige Steuerfreiheit von Job-Tickets im Rahmen der Sachbezugsfreigrenze bzw. des Rabattfreibetrags von 1.080 EUR bei Mitarbeitern von Verkehrsbetrieben hat seit 2019 ihre bisherige praktische Bedeutung verloren. Durch die seit 2019 geltende Steuerbefreiung für Arbeitgeberleistungen (Zuschüsse und Sachbezüge) zu den Aufwendungen des Arbeitnehmers für Fahrten zwischen Wohnung und erster Tätigkeitsstätte mit öffentlichen Verkehrsmitteln (vgl. Kap. 6.4.1) beschränkt sich die Anwendung der Monatsfreigrenze sowie des Rabattfreibetrags bei Mitarbeitern von Verkehrsunternehmen auf Job-Tickets, die **im Wege der Barlohnumwandlung** finanziert werden. Die in der Lohnabrechnungspraxis nicht allzu häufigen Fälle der arbeitnehmerfinanzierten unentgeltlichen bzw. verbilligten Überlassung von Job-Tickets können auch für Lohnzahlungszeiträume ab 1.1.2019 weiterhin nur nach Maßgabe der 50-EUR-Freigrenze lohnsteuerfrei bleiben. Dasselbe gilt bei Anwendung des Rabattfreibetrags von 1.080 EUR, wenn ein **Verkehrsunternehmen als Arbeitgeber seinen Mitarbeitern** kostenlose oder verbilligte Job-Tickets gewährt. Die folgenden Ausfüh-

85 Bis 30.9.2022 hat die Arbeitslohngrenze beim Minijob 450 EUR pro Monat betragen.

rungen beziehen sich ausschließlich auf Job-Tickets, die im Wege der Entgeltumwandlung durch den Arbeitnehmer finanziert werden.

50-EUR-Freigrenze

Ergibt sich aus der Überlassung eines Job-Tickets ein geldwerter Vorteil, weil die Zusätzlichkeitsvoraussetzung für die Anwendung der Steuerbefreiung nach §3 Nr.15 EStG nicht erfüllt ist, kann die monatliche **Sachbezugsfreigrenze** von 50 EUR angewendet werden. Seit der Einführung der Steuerbefreiungsvorschrift für Job-Tickets kommt die Anwendung der 50-EUR-Freigrenze insoweit nur noch bei Entgeltumwandlungen in Betracht.[86] Danach bleiben Sachbezüge außer Ansatz, wenn die sich nach Anrechnung der vom Arbeitnehmer gezahlten Entgelte ergebenden Vorteile insgesamt **50 EUR im Kalendermonat** nicht übersteigen (monatliche Freigrenze). Bei der Freigrenze sind andere Sachbezüge mit zu berücksichtigen. Liegen solche nicht vor, so scheidet die Anwendung der Vorschrift gleichwohl aus, wenn der geldwerte Vorteil für den Sachbezug »Job-Ticket« allein 50 EUR überschreitet. Hiervon ist regelmäßig auszugehen bei Job-Tickets, die für einen längeren Zeitraum gelten, weil hier der Vorteil insgesamt bei Überlassung des Job-Tickets zufließt.[87] Jahresfahrscheine sind deshalb regelmäßig lohnsteuerpflichtig.

Jahresfahrscheine

Der BFH hat den Lohnzufluss bei unentgeltlichen oder verbilligten Job-Tickets im Zeitpunkt des Erwerbs der Fahrberechtigung bestätigt. Der geldwerte Vorteil aus der Überlassung von Jahresnetzkarten durch den Arbeitgeber fließt **im Zeitpunkt der Überlassung** für den gesamten Gültigkeitszeitraum zu. Unerheblich ist es, dass die Jahreskarte monatlich gekündigt werden kann bzw. deren weitere Gültigkeit von der monatlichen Zuzahlung des Arbeitnehmers abhängig ist. Ähnlich wie Sperr- und Haltefristen beim Erwerb von Aktien[88] stehen Bedingungen und Zahlungsmodalitäten dem Zufluss des durch den Arbeitgeber veranlassten Preisnachlasses nicht entgegen.

Beispiel

Ein Arbeitgeber überlässt seinen Arbeitnehmern im Januar 2023 verbilligte Jahresfahrkarten (Gültigkeit 1.2.2023 bis 31.1.2024) zur Nutzung öffentlicher Verkehrsmittel für Fahrten zwischen Wohnung und erster Tätigkeitsstätte. Die Finanzierung der Fahrausweise erfolgt im Wege der Barlohnumwandlung durch Kürzung des monatlichen Bruttogehalts. Der Preis der einzelnen Jahresfahrkarte beträgt 960 EUR und wird vom Arbeitgeber in monatlichen Raten von je 80 EUR an den Verkehrsträger bezahlt. Die Arbeitnehmer leisten eine monatliche Zuzahlung an den Arbeitgeber von 45 EUR, die im Rahmen der Lohnabrechnung vom Nettoauszahlungsbetrag einbehalten wird.

Ergebnis: Die Steuerbefreiungsvorschrift des §3 Nr. 15 EStG für Job-Tickets findet keine Anwendung, da die Fahrausweise nicht zusätzlich zum ohnehin geschuldeten Arbeitslohn vom Arbeitgeber gewährt werden. Zu prüfen ist, ob der geldwerte Vorteil aus der verbilligten Überlassung im Rahmen der 50-EUR-Freigrenze lohnsteuerfrei bleiben kann. Für den Zufluss des geldwerten Vorteils kommt es darauf an, zu welchem Zeitpunkt der Arbeitnehmer das Job-Ticket erhält. Unmaßgeblich ist der Zeitpunkt, zu dem der Arbeitgeber den Preis des Job-Tickets an den Verkehrsträger entrichtet, ebenso für welches Jahr das Ticket Gültigkeit hat. Da dem Arbeitnehmer im Januar 2023 das für ein ganzes Jahr gültige Job-Ticket übergeben wird, fließt zu diesem Zeitpunkt auch der geldwerte Vorteil von insgesamt 420 EUR zu. Die monatliche Freigrenze von 50 EUR ist deshalb nicht anwendbar, obgleich der monatliche Vorteil bei nur 35 EUR liegt. Der geldwerte Vorteil kann mit 15 % pauschal versteuert werden. Die Pauschalbesteuerung von Sachbezügen im Zusammenhang mit den Fahrten zwischen Wohnung und erster Tätigkeitsstätte ist auch in Fällen der Entgeltsumwandlung zulässig (§40 Abs. 2 Satz 2 Nr. 1a EStG).

86 R 8.1 Abs. 3 LStR.
87 H 8.1 Abs. 1–4 LStH »Job-Ticket«.
88 BFH, Urteil v. 30.6.2011, VI R 37/09, BStBl 2011 II S. 923; BFH, Urteil v. 7.7.2020, VI R 14/18, BStBl 2021 II S. 232.

Die praktische Abwicklung der Gewährung des Job-Tickets ist für die sofortige Erfassung der Gesamtverbilligung beim Erhalt der vergünstigten Jahreskarte ohne Bedeutung. Die 50-EUR-Freigrenze scheidet im vorigen Beispiel auch dann aus, wenn anstelle der unmittelbaren Ticketgestellung durch den Arbeitgeber der Weg über das Verkehrsunternehmen gewählt wird. Erhält der Arbeitnehmer das verbilligte Bezugsrecht durch entsprechende Vereinbarungen des Arbeitgebers gegenüber dem Verkehrsunternehmen eingeräumt, ist ebenfalls bereits beim Erwerb der Jahreskarte vom Verkehrsbetrieb **die volle Jahresvergünstigung** als Sachbezug zu erfassen, auch wenn der Arbeitnehmer die monatliche Zuzahlung gegenüber dem Verkehrsunternehmen zu erbringen hat. Allein entscheidend ist, dass der Arbeitgeber durch entsprechende Geldleistungen zur Verbilligung der Fahrscheinabgabe durch den Dritten beigetragen hat.

Gestaltungshinweis

Ein günstigeres Ergebnis lässt sich im Beispiel erzielen, wenn ein **Jahresfahrschein** aus **monatlichen Fahrberechtigungen** besteht, die der Belegschaft vom Lohnbüro jeweils Monat für Monat ausgehändigt bzw. bei Chipkarten freigeschaltet werden. Die Lohnsteuer-Richtlinien regeln ausnahmsweise auch bei Job-Tickets, die für einen längeren Zeitraum gelten, dass auf die monatliche Fahrberechtigung abzustellen ist, wenn für deren Nutzung tatsächlich Monatsmarken erforderlich sind bzw. bei elektronischen Tickets eine **monatliche Freischaltung oder Aktivierung.** Der monatliche Lohnzufluss bei einem Jahresticket ist an die enge (tatsächliche) Voraussetzung geknüpft, dass es aus 12 (elektronischen) Monatsmarken besteht, die der Arbeitnehmer monatlich erhält. Entscheidend für die Anwendbarkeit der 50-EUR-Grenze ist die **physische Abgabe**, die Monat für Monat erfolgen muss.[89]

Wichtig

Die Freigrenze ist nur für Sachbezüge anwendbar, also auf die unmittelbare (unentgeltliche oder verbilligte) Überlassung der öffentlichen Fahrausweise durch den Arbeitgeber. Barzuschüsse, die der Arbeitgeber zum Job-Ticket seines Arbeitnehmers leistet, sind in jedem Fall lohnsteuerpflichtig.

6.4.4 Steuerfreie Job-Tickets durch Rabattfreibetrag

Steuerfreiheit durch Belegschaftsrabatt

Bei Job-Tickets, die **Verkehrsunternehmen an ihre Mitarbeiter** kostenlos oder verbilligt abgeben, handelt es sich um Belegschaftsrabatte. Auch hier gilt vorrangig die Steuerbefreiung für zusätzlich zum ohnehin geschuldeten Arbeitslohn gewährte Arbeitgeberleistungen nach § 3 Nr. 15 EStG. Für **arbeitnehmerfinanzierte Job-Tickets**, d. h. Job-Tickets, die von Verkehrsunternehmen an ihre Mitarbeiter durch Kürzung des Bruttoarbeitslohns im Wege der Entgeltumwandlung kostenlos oder verbilligt abgegeben werden, gilt weiterhin der Rabattfreibetrag. Diese sind bis zum Freibetrag von **1.080 EUR pro Jahr lohnsteuerfrei** (§ 8 Abs. 3 EStG). Ein übersteigender Betrag ist lohnsteuerpflichtig. Die Anrechnung der nach § 8 Abs. 3 EStG steuerfreien Belegschaftsrabatte ist ausdrücklich im Gesetz geregelt worden (§ 9 Abs. 1 Nr. 5 Satz 5 EStG).

Zur Anrechnung von geldwerten Vorteilen, die im Rahmen des Rabattfreibetrags bzw. der 50-EUR-Freigrenze bei der unentgeltlichen oder verbilligten Überlassung von Job-Tickets steuerfrei bleiben, sowie zu der als Werbungskosten abzugsfähigen Entfernungspauschale, vgl. Kap. 6.2.7.

89 R 8.1 Abs. 3 LStR.

6.4.5 Pauschalbesteuerung der Freifahrten von Bundeswehrsoldaten

Bundeswehr-soldaten

Seit 2020 dürfen Bundeswehrsoldaten die Züge der **Deutschen Bahn** nicht nur für Dienstreisen oder Wochenendheimfahrten **kostenlos nutzen**, sondern für sämtliche (privaten) Fahrten im Nah- und Fernverkehr. Voraussetzung ist, dass sie während der Zugfahrten in kompletter Ausgeh-Uniform gekleidet sind. Der Arbeitgeber kann die **Freifahrtberechtigungen** der Soldaten mit **25 % pauschal** versteuern. Eine Minderung der Entfernungspauschale erfolgt aufgrund ausdrücklicher gesetzlicher Regelung nicht.[90] Somit entfällt auch ein Ausweis der pauschalbesteuerten Freifahrten in der elektronischen Lohnsteuerbescheinigung der Soldaten. Nach den Anwendungsbestimmungen ist die Pauschalierungsmöglichkeit erstmals auf Freifahrtberechtigungen anzuwenden, die nach dem 31.12.2020 gewährt werden.

6.5 Fahrten zwischen Wohnung und Betrieb bei Selbstständigen

Betrieblicher oder privater Pkw

Die Entfernungspauschale ist auch für den Abzug der Fahrten zwischen Wohnung und Betrieb bzw. Betriebsstätte im Rahmen der betrieblichen Gewinnermittlung bei Selbstständigen anzuwenden (vgl. Kap. 6.2.1). Auch die Fahrten des Unternehmers in seinen Betrieb, seine Praxis, sein Büro u. a. Betriebsstätten rechnen 2023 zu den betrieblichen Fahrten, für die der Betriebsausgabenabzug auf die Höhe der Entfernungspauschale beschränkt ist (§ 4 Abs. 5a EStG). Die vom Gesetzgeber festgelegte Entfernungspauschale bestimmt auch beim Personenkreis der Selbstständigen die Betriebsausgaben für die Fahrten zwischen Wohnung und Unternehmen. Dabei ist zu unterscheiden, ob der Unternehmer für diese Fahrten **einen Pkw** seines **Privat- oder** seines **Betriebsvermögens** benutzt. Bei der zweiten, häufigeren Fallgruppe ist eine weitere Unterscheidung danach zu treffen, ob der Unternehmer die tatsächlichen Kosten und den genauen Umfang der Fahrten durch Sammeln von Belegen und ein ordnungsgemäßes Fahrtenbuch nachweist, oder ob er den 0,03-%-Schätzwert in Anspruch nimmt.

Wichtig

Ein wesentlicher Unterschied der Entfernungspauschale beim Betriebsausgabenabzug liegt in den unterschiedlichen Arbeitsorten begriffen, die für Arbeitnehmer bzw. Selbstständige eine begrenzte Abzugsfähigkeit der Fahrtkosten festlegen. Die frühere regelmäßige Arbeitsstätte folgte anderen Kriterien als der Begriff der Betriebsstätte bei Selbstständigen. Diese Unterschiede werden im Sinne der Gleichbehandlung von Arbeitnehmern und Selbstständigen durch ein BMF-Schreiben zur steuerlichen Berücksichtigung von Fahrten zwischen Wohnung und Betriebsstätte bei der Gewinnermittlung beseitigt.[91] Nach dem Verwaltungs-Erlass wurde der Begriff der Betriebsstätte (§ 4 Abs. 5 Satz 1 Nr. 6 EStG) an die Definition der ersten Tätigkeitsstätte angepasst. Der selbstständige Gewerbetreibende oder Freiberufler kann nach der Verwaltungsanweisung pro Betrieb ebenfalls maximal eine erste Betriebsstätte haben, die darüber entscheidet, ob die Fahrten nach den Regeln der Entfernungspauschale bzw. bei einer Tätigkeit außerhalb der ersten Betriebsstätte nach Reisekostengrundsätzen abgerechnet werden dürfen. Ein häusliches Arbeitszimmer kann wie bei Arbeitnehmern keine erste Betriebsstätte begründen.

90 § 40 Abs. 2 Satz 2 Nr. 3 EStG.

91 BMF, Schreiben v. 23.12.2014, IV C 6 – S 2145/10/10005 :001, BStBl 2015 I S. 26.

6.5.1 Pkw des Privatvermögens

Abziehbare Betriebsausgaben

Benutzt der Selbstständige für die Fahrten zwischen Wohnung und Betrieb einen Pkw, der nicht zu seinem Betriebsvermögen gehört, wird er im Regelfall **nicht anders** behandelt **als ein Arbeitnehmer.** Der Selbstständige kann unter denselben Voraussetzungen nur die Entfernungspauschale (vgl. Kap. 6.2) als Betriebsausgaben abziehen bzw. die tatsächlichen Kosten (vgl. Kap. 6.3) geltend machen. Der volle Kostenabzug gilt insbesondere

- bei bestimmten **Menschen mit Behinderung** (Grad der Behinderung mindestens 70 % oder Grad der Behinderung mindestens 50 % neben einer Gehbehinderung),
- bei Benutzung eines **Flugzeugs.**

Wegen der Begrenzung auf die Entfernungspauschale wirkt es sich bei Fahrten zwischen Wohnung und Betriebsstätte ertragsteuerlich regelmäßig nicht aus, ob die Anschaffungskosten des Pkw als unangemessen anzusehen sind oder nicht.

Wichtig

Die Entfernungspauschale beträgt 0,30 EUR bzw. 0,38 EUR ab dem 21. Entfernungskilometer, die auch beim Betriebsausgabenabzug für die Fahrten zwischen Wohnung und Betrieb anzuwenden ist. Auch im Rahmen der Gewinnermittlung darf die Entfernungspauschale ab dem ersten Entfernungskilometer, also für die Gesamtstrecke Wohnung und Betrieb abgezogen werden (vgl. Kap. 6.2).

Bei **Fahrten zwischen mehreren Betriebsstätten** kann der Unternehmer die tatsächlichen Kosten abziehen. Das gilt dem Grundsatz nach auch dann, wenn eine Betriebsstätte in unmittelbarer Nähe der Privatwohnung liegt. Der Unternehmer darf jedoch nur die Pauschbeträge ansetzen, wenn diese Betriebsstätte lediglich in einem häuslichen Arbeitszimmer besteht oder wenn sie einen baulich nicht getrennten Teil der Privatwohnung darstellt. Die Rechtsprechung legt hier ausgesprochen strenge Maßstäbe an.[92]

6.5.2 Pkw des Betriebsvermögens

Der Betriebsausgabenabzug ist auch hier auf dieselben Beträge begrenzt, wie sie für den Arbeitnehmer für Fahrten zwischen Wohnung und erster Tätigkeitsstätte gelten. Im Normalfall darf der Selbstständige deshalb für 2023 die Entfernungspauschale von 0,30 EUR pro Entfernungskilometer bzw. 0,38 EUR ab dem 21. Entfernungskilometer für die gesamte Fahrtstrecke zum Betrieb ansetzen (vgl. Kap. 6.2). Der entscheidende Unterschied zum Pkw des Privatvermögens (vgl. Kap. 6.5.1) liegt in der Ermittlung der nichtabziehbaren Betriebsausgaben, für die 2 pauschalierende Verfahren zur Wahl stehen.

Nicht abziehbare Betriebsausgaben

Das Einkommensteuergesetz lässt 2 Möglichkeiten zu, die nicht als Betriebsausgaben abziehbaren Kosten für die Fahrten Wohnung und Betrieb zu ermitteln:

- Ermittlung der **tatsächlich gefahrenen Kilometer** bei Fahrten Wohnung und Betrieb/Praxis laut Fahrtenbuch sowie der tatsächlichen Kosten pro km; nicht abziehbar ist die Differenz zwischen den tatsächlichen Kosten und der Entfernungspauschale.

92 BFH, Urteil v. 7.12.1988, X R 15/87, BStBl 1989 II S. 421; BFH, Urteil v. 19.9.1990, X R 110/88, BStBl 1991 II S. 208; BFH, Urteil v. 27.10.1993, I R 99/92, BFH/NV 1994 S. 701.

- Die Kosten für die Fahrten Wohnung und Betrieb können stattdessen **pauschal** mit 0,03 % des inländischen Bruttolistenpreises ermittelt werden. Auch hier gehört die Differenz zwischen der 0,03-%-Monatspauschale und der Entfernungspauschale nicht zu den Betriebsausgaben.

Wichtig

Durch das Gesetz zur Eindämmung missbräuchlicher Gestaltungen ist die 1-%-Regelung im betrieblichen Bereich auf Fahrzeuge des notwendigen Betriebsvermögens beschränkt worden (§ 6 Abs. 1 Nr. 4 Satz 2 EStG). Die pauschale Betriebsausgabenermittlung durch einen Zuschlag von 0,03 % pro Entfernungskilometer ist deshalb nur noch für Fahrzeuge zulässig, die mindestens zu 50 % betrieblich genutzt werden. Die Fahrten zur Betriebsstätte gelten für die Berechnung der 50-%-Grenze als betriebliche Nutzung (§ 6 Abs. 1 Nr. 4 Satz 3 EStG).[93]

Einzelnachweis

Bei einem Einzelnachweis der gefahrenen Kilometer durch **Fahrtenbuch** und einer Einzelermittlung der gesamten Kfz-Kosten werden die nicht als Betriebsausgaben abziehbaren Beträge wie folgt ermittelt:

Beispiel

Die Gesamtfahrleistung des Pkw beträgt 2023 insgesamt 30.000 km. Die gesamten Kosten einschließlich der Abschreibung, Treibstoff, Zinsen und Garagenkosten belaufen sich auf 30.000 EUR. Die Kosten betragen damit 1 EUR/km.

Ergebnis:

Für Fahrten zwischen Wohnung und Betrieb sind 2023 insgesamt 5.000 km (200 Arbeitstage × 25 km × 2) angefallen. Die nicht abziehbaren Ausgaben betragen:

entstandene Kosten 5.000 km × 1 EUR/km	5.000 EUR
davon abziehbar	
Entfernungspauschale 200 Arbeitstage × [20 km × 0,30 EUR + 5 km × 0,38 EUR]	– 1.580 EUR
Nicht abziehbar	**3.420 EUR**
USt auf Aufwendungseigenverbrauch[94]	0 EUR

Fahrt Wohnung – Tätigkeitsstätte

0,03-%-Methode

Statt der Einzelermittlung der jeweiligen Fahrleistung und der Kfz-Kosten können die nicht abziehbaren Ausgaben auch nach der 0,03-%-Regelung ermittelt werden.

Beispiel

Der Listenpreis des Fahrzeugs beträgt 40.000 EUR einschl. USt. Für Privatfahrten wird die 1-%-Regelung angewendet. Die einfache Entfernung für Fahrten Wohnung und Tätigkeitsstätte beträgt 40 km.

Fahrten Wohnung und Tätigkeitsstätte: monatlich 0,03 % aus 40.000 EUR × 40 km	480 EUR
davon abzugsfähig nach der Entfernungspauschale	
[20 km × 0,30 EUR + 20 km × 0,38 EUR] × 15 Arbeitstage	– 204 EUR
verbleiben monatlich als nicht abziehbare Ausgaben	276 EUR
Jährlich nicht abziehbare Betriebsausgaben (276 EUR × 12)	**3.312 EUR**
USt auf Aufwendungseigenverbrauch[95]	0 EUR

93 BFH, Urteil v. 15.5.2018, X R 28/15, BFH/NV 2018 S. 1092.

94 Die Umsatzsteuerpflicht des Aufwendungseigenverbrauchs in Höhe der nichtabziehbaren Betriebsausgaben für Fahrten Wohnung und Betrieb ist entfallen (§ 15 Abs. 1a UStG).

95 Die Umsatzsteuerpflicht des Aufwendungseigenverbrauchs in Höhe der nichtabziehbaren Betriebsausgaben für Fahrten Wohnung und Betrieb ist entfallen (§ 15 Abs. 1a UStG).

Tipp

Die **Anzahl der Arbeitstage,** die mit 0,30 EUR pro Entfernungskilometer bzw. 0,38 EUR ab dem 21. Entfernungskilometer angesetzt werden können, richtet sich nach der Anzahl der Arbeitstage, an denen tatsächlich eine Fahrt von der Wohnung zum Betrieb oder der Praxis und zurück durchgeführt wird. Dies können **also auch mehr als 15 Arbeitstage** pro Monat sein. Je höher die Anzahl, umso geringer ist der Betrag der nicht abziehbaren Betriebsausgaben bis zu einer völligen Steuerfreistellung.

Gehört der Pkw zum notwendigen Betriebsvermögen und führt der Unternehmer kein Fahrtenbuch oder weist er nicht die tatsächlichen Kosten belegmäßig nach, schreibt das Gesetz für die Ermittlung der tatsächlichen Kosten, soweit sie auf die Fahrten zwischen Wohnung und Betrieb entfallen, zwingend das Schätzverfahren nach der 0,03-%-Methode vor.

Leasingfahrzeug

Nach meiner Auffassung ist dieses Schätzverfahren auch bei Leasingfahrzeugen anzuwenden, falls diese überwiegend für betriebliche Fahrten (einschließlich der Fahrt zum Betrieb) genutzt werden. Dann liegt nämlich hinsichtlich der reinen Privatfahrten eine **Nutzungsentnahme** vor, während nach meiner Auffassung bei einem Überwiegen der Privatfahrten hinsichtlich einer gelegentlichen beruflichen Nutzung eine Nutzungseinlage anzunehmen ist.

Menschen mit Behinderung

Die steuerliche Behandlung der Fahrten zwischen Wohnung und Betrieb bzw. Betriebsstätte bei Menschen mit Behinderung im Sinne des § 9 Abs. 2 EStG, die nach dem Gesetz die **tatsächlichen Aufwendungen** abziehen können, ist gesetzlich geregelt. Das Gesetz schreibt diesen Personen mit Behinderung vor, dass der Differenzbetrag zwischen dem Schätzwert von 0,03 % pro Monat und dem nach § 9 Abs. 2 EStG sich ergebenden Betrag (den tatsächlichen Kosten) zu den nicht als Betriebsausgaben abziehbaren Kosten zu rechnen ist. Die einzig sachgerechte Regelung hätte jedoch darin bestanden klarzustellen, dass Menschen mit Behinderung im Sinne des § 9 Abs. 2 EStG für diese Fahrten die tatsächlichen Kosten abziehen können und dass deshalb wie bisher der Ansatz nicht abziehbarer Betriebsausgaben entfällt. Es ist zu hoffen, dass der Gesetzgeber diesen offensichtlichen Fehler baldmöglichst korrigieren wird.

6.5.3 Umsatzsteuerliche Behandlung

Der Vorsteuerabzug bei einem gemischt genutzten Pkw kann – unter den übrigen Voraussetzungen des § 15 EStG – in voller Höhe in Anspruch genommen werden. Das Fahrzeug muss hierzu zum umsatzsteuerlichen Unternehmensvermögen gehören, darf also **nicht weniger als 10 %** unternehmerisch genutzt werden. Im Gegenzug verlangt der Gesetzgeber wieder die Umsatzbesteuerung der Privatnutzung. Bemessungsgrundlage ist die unentgeltliche Wertabgabe (§ 3 Abs. 9a Nr. 1 UStG). Außerdem sind Änderungen der Verhältnisse bzgl. unternehmerischer Nutzung durch eine Vorsteuerberichtigung zu korrigieren (§ 15a EStG).

6.6 Mobilitätsprämie

Alternative zur erhöhten Entfernungspauschale

Berufspendler, die mit ihrem zu versteuernden Einkommen den Grundfreibetrag nicht überschreiten, können für die Jahre 2021 bis 2026 **alternativ zum Werbungskostenabzug, der erhöhten Entfernungspauschale** von 0,38 EUR (2021: 0,35 EUR) ab dem 21. Entfernungskilometer, eine **Mobilitätsprämie von 14 %** erhalten (§ 101 EStG). Die gesetzliche Zielsetzung der erhöhten Entfernungspauschale liegt darin, einen Ausgleich bei Berufspendlern mit langen Wegstrecken hinsichtlich der steigenden Benzinkosten zu erreichen, die sich durch den ab diesem Zeitpunkt startenden CO2-Emissionshandel ergeben. Für Arbeitnehmer, die aufgrund ihres zu geringen Einkommens keine Lohn- bzw. Einkommensteuer bezahlen, soll die Mehrbelastung durch eine ab 2021 eingeführte Mobilitätsprämie kompensiert werden. Der Prozentsatz entspricht dem Eingangssteuersatz im Einkommensteuertarif. Hierdurch werden auch diejenigen Arbeitnehmer entlastet, bei denen der höhere Werbungskostenabzug in der Steuererklärung zu keiner entsprechenden steuerlichen Entlastung führt. Die Mobilitätsprämie können auch **Selbstständige** für die Fahrten zwischen **Wohnung und Betriebsstätte** in Anspruch nehmen, wenn entsprechend den Regelungen für die Werbungskosten in gleicher Weise der Betriebsausgabenabzug beim Selbstständigen ohne steuerliche Auswirkung bleibt.

Berechnungsverfahren

Die Mobilitätsprämie wird für die Wege zwischen Wohnung und erster Tätigkeitsstätte sowie für die wöchentliche Familienheimfahrt im Rahmen einer doppelten Haushaltsführung gewährt. Dasselbe gilt für Selbstständige für ihre Fahrten zwischen Wohnung und Betriebsstätte. In die Bemessungsgrundlage der Mobilitätsprämie werden die vollen 0,38 EUR ab dem 21. Entfernungskilometer einbezogen und nicht nur der Erhöhungsbetrag von 8 Cent. Eine Begünstigung ergibt sich für Arbeitnehmer sowohl bei den Werbungskosten als auch bei der Mobilitätsprämie allerdings nur, **wenn die 0,38 EUR ab dem 21. Entfernungskilometer zu einer Überschreitung des Arbeitnehmer-Pauschbetrags**[96] (2022: 1.200 EUR/2023: 1.230 EUR) führen. Nur insoweit als die sog. Fernpendlerpauschale einen höheren Werbungskostenabzug bewirkt, kann der Arbeitnehmer eine Mobilitätsprämie erhalten (**Prüfungsschritt 1**).

In **Prüfungsschritt 2** ist für die Feststellung der Mobilitätsprämie eine weitere Vergleichsrechnung durchzuführen. Der sich ergebende, den Arbeitnehmer-Pauschbetrag übersteigende Betrag darf nur insoweit als Bemessungsgrundlage für die Berechnung der Mobilitätsprämie angesetzt werden, als das zu versteuernde Einkommen des Arbeitnehmers **unter dem für ihn maßgebenden Grundfreibetrag**[97] **liegt** (2022: 10.347 EUR/2023: 10.908 EUR). Bei der Zusammenveranlagung sind das gemeinsame zu versteuernde Einkommen und der doppelte Grundfreibetrag maßgebend. Nur in Höhe des Differenzbetrags kann sich für den Arbeitnehmer eine steuerliche Entlastung durch die Mobilitätsprämie ergeben. Hierdurch soll eine doppelte Begünstigung durch die erhöhte Entfernungspauschale und die Gewährung der Mobilitätsprämie vermieden werden.

Die **Mobilitätsprämie 2022**, deren Antragstellung im Rahmen der Einkommensteuerveranlagung voraussichtlich ab März 2023 möglich ist, berechnet sich wie folgt.

Beispiel

Eine Arbeitnehmerin (Steuerklasse I) fährt im Kalenderjahr 2022 an 220 Tagen von ihrer Wohnung zur ersten Tätigkeitsstätte, die 30 km entfernt liegt. Weitere Werbungskosten hat sie nicht. Einkommensteuer fällt aufgrund des geringen, unter dem Grundfreibetrag liegenden Einkommens von 9.000 EUR nicht an. Im März 2023 stellt er bei seinem Wohnsitzfinanzamt einen Antrag auf Mobilitätsprämie.

Ergebnis: Es ergibt sich folgende Entfernungspauschale:

220 Tage × 20 km × 0,30 EUR	1.320 EUR
220 Tage × 10 km × 0,38 EUR	836 EUR
Entfernungspauschale 2022 insgesamt	**2.156 EUR**

Prüfungsschritt 1: Die Entfernungspauschale übersteigt den Arbeitnehmer-Pauschbetrag von 1.200 EUR um 956 EUR. Diese Aufwendungen entfallen in Höhe von 836 EUR auf die erhöhte Entfernungspauschale ab dem 21. Entfernungskilometer als Bemessungsgrundlage für die Mobilitätsprämie.

96 § 9a Satz 1 Nr. 1a EStG.

97 § 32a Abs. 1 EStG.

Prüfungsschritt 2: Das zu versteuernde Einkommen von 9.000 EUR liegt 1.347 EUR unterhalb des Grundfreibetrags i. H. v. 10.347 EUR. Von der erhöhten Entfernungspauschale bleiben damit 836 EUR ohne steuerliche Auswirkung, sodass sich eine Mobilitätsprämie von 117,04 EUR (= 14 % von 836 EUR) errechnet.

Für das Kalenderjahr 2023 hat der Gesetzgeber den Grundfreibetrag auf 10.908 EUR bzw. in Fällen der Zusammenveranlagung auf 21.816 EUR angehoben. Gleichzeitig wurde der Arbeitnehmer-Pauschbetrag auf 1.230 EUR erhöht. Auswirkungen ergeben sich auf die Berechnung der **Mobilitätsprämie 2023.**

Geringere Mobilitätsprämie 2023

Beispiel

Ein verheirateter Arbeitnehmer (Steuerklasse III) mit einem Monatslohn von 2.200 EUR fährt im Kalenderjahr 2023 an 200 Arbeitstagen von seiner Wohnung zur ersten Tätigkeitsstätte, die 40 km entfernt liegt. Weitere Werbungskosten hat der Arbeitnehmer nicht. Einkommensteuer fällt aufgrund des geringen, unter dem Grundfreibetrag liegenden zu versteuernden Einkommen von 20.000 EUR nicht an.

Ergebnis: Es ergibt sich für 2023 folgende Entfernungspauschale:

200 Tage × 20 km × 0,30 EUR	1.200 EUR
200 Tage × 20 km × 0,38 EUR	1.520 EUR
Entfernungspauschale 2023 insgesamt	**2.720 EUR**

Prüfungsschritt 1: Die Entfernungspauschale übersteigt den Arbeitnehmer-Pauschbetrag von 1.230 EUR um 1.490 EUR. Diese Aufwendungen entfallen in Höhe von 1.490 EUR auf die erhöhte Entfernungspauschale ab dem 21. Entfernungskilometer als Bemessungsgrundlage für die Mobilitätsprämie.

Prüfungsschritt 2: Das zu versteuernde Einkommen von 20.000 EUR liegt 1.816 EUR unterhalb des Grundfreibetrags in Höhe von 21.816 EUR. Von der erhöhten, den Arbeitnehmer-Pauschbetrag übersteigenden Entfernungspauschale bleiben damit die vollen 1.490 EUR ohne steuerliche Auswirkung, sodass sich eine Mobilitätsprämie von 208,60 EUR (= 14 % von 1.490 EUR) errechnet.

Die Mobilitätsprämie können sowohl **unbeschränkt** als auch **beschränkt steuerpflichtige Arbeitnehmer** erhalten (§ 102 EStG). Für ihre Berechnung ist das zu versteuernde Einkommen bei beschränkt Steuerpflichtigen nicht um den Grundfreibetrag zu erhöhen. Die in § 50 Abs. 1 Satz 2 EStG vorgesehene Hinzurechnung ist als Tarifregelung ausschließlich für die Einkommensteuerfestsetzung von Bedeutung und für die Berechnung der Prämie unerheblich. Die Mobilitätsprämie wird im Rahmen des Einkommensteuer-Veranlagungsverfahrens auf **Antrag des Arbeitnehmers** bzw. Selbstständigen nach Ablauf des Kalenderjahres durch Einkommensteuerbescheid festgesetzt (§ 105 Abs. 1 EStG). Eine **Antragstellung für 2022** ist damit mit dem Beginn des Veranlagungsverfahrens für die Einkommensteuer 2022 im **ersten Quartal 2023** möglich. Die Antragsfrist beträgt 4 Jahre (§ 104 Abs. 2 Satz 1 EStG).

Antragstellung in Steuererklärung

Die im Einkommensteuerbescheid festgestellten Besteuerungsgrundlagen sind für die Berechnung der Mobilitätsprämie bindend, auch wenn es sich insoweit um keinen Grundlagenbescheid handelt. Macht der Arbeitnehmer abweichend von seinem bestandskräftigen Steuerbescheid nachträglich eine höhere Entfernungspauschale geltend, kann dies nur dann zu **Erhöhung der Mobilitätsprämie** führen, sofern die Korrekturvorschriften der Abgabenordnung eine gleichzeitige **Änderung des Einkommensteuerbescheids** zulassen (§§ 101, 105 EStG).

Eine Festsetzung erfolgt nur, wenn die Mobilitätsprämie **mindestens 10 EUR** beträgt. Bei Arbeitnehmern gilt der Antrag auf Mobilitätsprämie zugleich als Antrag auf Einkommensteuerveranlagung. Allerdings wird die Einkommensteuer mit 0 EUR festgesetzt, sofern keine Veranlagungspflicht besteht und kein Antrag auf Erstattung zu viel bezahlter Lohnsteuer gestellt wird. Dadurch ist sichergestellt, dass der Einkommensteuerbescheid nur die Erstattung der Mobilitätsprämie zum Inhalt hat (§ 105

Kleinbetragsgrenze – Mindestprämie 10 EUR

Abs. 2 EStG). Ansonsten mindert die Mobilitätsprämie die festgesetzte Einkommensteuer im Wege der Verrechnung.

Das Verfahren zur Gewährung einer Mobilitätsprämie ist Bestandteil des Einkommensteuer-Veranlagungsverfahrens. Es gelten insoweit die **Vorschriften der Abgabenordnung**, die für die Festsetzung der Einkommensteuer zu beachten sind. Für den Bescheid über die Festsetzung der Mobilitätsprämie ist deshalb als Rechtsbehelfsmöglichkeit der Einspruch gegeben, ebenso sind die Korrekturvorschriften der §§ 172 AO anzuwenden.

7 Doppelte Haushaltsführung

Zeiten erhöhter beruflicher Mobilität erfordern häufig die Aufnahme einer auswärtigen Beschäftigung, die eine tägliche Rückkehr zur Wohnung nicht zulässt. Für diese Sachverhalte gilt eine besondere steuerliche Vergünstigung: die doppelte Haushaltsführung. Wer aus beruflichen Gründen einen Zweithaushalt führen muss, z. B. weil die Ehegatten an weit voneinander entfernten Orten ihren Arbeitsplatz haben, dürfen diese Mehraufwendungen in bestimmtem Umfang steuerlich geltend machen.

Berufliche Veranlassung

Hinweis

Eine doppelte Haushaltsführung kann nur dann vorliegen, wenn der Arbeitnehmer eine erste Tätigkeitsstätte hat – und auch dort tätig ist. Arbeitnehmer, die keine erste Tätigkeitsstätte haben (z. B. Monteure, Mitarbeiter im Vertrieb, vgl. Kap. 3.1) haben keine doppelte Haushaltsführung. Sie befinden sich, sobald sie beruflich unterwegs sind, auf einer Dienstreise. Das Gleiche gilt, wenn der Arbeitnehmer beruflich außerhalb seiner ersten Tätigkeitsstätte eingesetzt ist. Auch in diesem Fall liegt eine Dienstreise vor. Die Regelungen zur Dienstreise gehen der doppelten Haushaltsführung vor – was die steuerfreie Erstattung vereinfacht. Auch Unternehmer und Freiberufler haben nur dann eine doppelte Haushaltsführung, wenn sie in der Nähe der ersten Betriebsstätte (vgl. Kap. 3.1.11) eine beruflich notwendige Unterkunft haben.

Beispiel

Eine Vertriebsmitarbeiterin, die ausschließlich im Außendienst unterwegs ist und vom Arbeitgeber keiner betrieblichen Einrichtung zugeordnet wurde, wohnt in Trier. Verwaltungsarbeiten erledigt sie in ihrem Homeoffice. Sie ist zuständig für den Vertrieb in Südbaden und im Elsass, sie besucht dort täglich 5 bis 8 Kunden. Hierfür nutzt sie einen Firmenwagen. Wegen der ungünstigen Verkehrslage von Trier aus übernachtet sie häufig unter der Woche von Montag bis Donnerstag in einem Hotel in Breisach. Der Arbeitgeber gewährt hierfür einen »Übernachtungszuschuss« von monatlich 300 EUR.

Ergebnis: Die Arbeitnehmerin hat keine erste Tätigkeitsstätte[1] (keine Zuordnung, das Homeoffice kann nicht zur ersten Tätigkeitsstätte werden). Damit kann keine doppelte Haushaltsführung vorliegen. Die Arbeitnehmerin befindet sich auf Dienstreise, die Übernachtungskosten gehören zu den Reisekosten (vgl. Kap. 4.3). Sie können vom Arbeitgeber – ganz oder teilweise – steuerfrei erstattet werden. Verpflegungsmehraufwand (Tagesspesen) kann nach den allgemeinen Grundsätzen für Dienstreisen (vgl. Kap. 4.2) vom Arbeitgeber erstattet oder von der Arbeitnehmerin als Werbungskosten geltend gemacht werden. Sämtliche Fahrten mit dem Firmenwagen für diese Tätigkeit – auch eine Rückfahrt vom Hotel nach Hause – fallen in den Bereich der Dienstreisen und lösen keinen geldwerten Vorteil aus.

Eine beruflich begründete doppelte Haushaltsführung wird steuerlich ohne zeitliche Grenze anerkannt. Der Werbungskostenabzug sowie der steuerfreie Arbeitgeberersatz sind damit **auch bei einer langjährigen doppelten Haushaltsführung** für den gesamten Zeitraum der auswärtigen Beschäftigung zulässig. Zu beachten ist allerdings, dass die notwendigen Mehraufwendungen, die bei einem solchen Arbeitnehmer durch eine zusätzliche auswärtige Wohnung zwangsläufig entstehen, nur dann steuerlich begünstigt sind, wenn die doppelte Haushaltsführung **beruflich veranlasst** ist.

Werbungskostenabzug ohne Zeitbegrenzung

Für die wöchentlichen **Familienheimfahrten** gilt die **Entfernungspauschale** (§ 9 Abs. 1 Nr. 5 Satz 6 EStG). Diese beträgt seit 2022 auch für die doppelte Haushaltsführung

- für die ersten 20 km: 0,30 EUR pro Entfernungskilometer,
- für die weiteren Entfernungskilometer: 0,38 EUR pro Entfernungskilometer (vgl. Kap. 7.3.1).

Familienheimfahrten

1 BMF, Schreiben v. 25.11.2020, IV C 5 – S 2353/19/10011 :006, BStBl 2020 I S. 1228, Rz. 2; vgl. ausführlich Kap. 3.1.4.

Liegen die tatsächlichen Kosten bei Nutzung öffentlicher Verkehrsmittel über der Entfernungspauschale, können die tatsächlichen Kosten berücksichtigt werden. Wird die Familienheimfahrt mit dem Flugzeug durchgeführt, können die tatsächlichen Kosten abgesetzt werden, eine Entfernungspauschale gilt dann nicht (§ 9 Abs. 1 Nr. 4 Sätze 3 bis 5 EStG).

Gesetzliche Regelung

Die Vorschriften zur doppelten Haushaltsführung sind zentral im Einkommensteuergesetz zusammengefasst. Kernpunkte sind 4 zentrale Regelungen:

- **Eigener Hausstand:** Die Anforderungen an den eigenen Hausstand sind gesetzlich konkretisiert. Der Steuerzahler muss die Hauptwohnung tatsächlich innehaben und sich finanziell an den Kosten der Lebensführung beteiligen.
- **Zweitwohnung oder Unterkunft in der Nähe** zum Ort der ersten Tätigkeitsstätte.
- **Beruflicher Anlass** der doppelten Haushaltsführung.
- **1.000-EUR-Grenze:** Die Unterkunftskosten für eine Zweitwohnung in Deutschland sind auf höchstens 1.000 EUR pro Monat begrenzt.

Sonderfall »Ausland«

Für Zweitwohnungen im Ausland im Zusammenhang mit einer beruflich veranlassten doppelten Haushaltsführung gibt es keine Begrenzung auf einen festen Euro-Höchstbetrag. In diesen Fällen gilt weiterhin die Rechtsprechung des Bundesfinanzhofs mit einer Begrenzung auf die Kosten, die für eine 60 m^2 große Wohnung bei Ansatz der Durchschnittsmiete am Beschäftigungsort entstehen würde (§ 9 Abs. 1 Nr. 5 EStG).

Das BMF-Schreiben enthält zudem eine **Vereinfachungsregelung**, mit welcher der **berufliche Anlass** einer doppelten Haushaltsführung geprüft werden kann.[2] Dabei stellt das BMF auf den Vergleich der Entfernungen zwischen Hauptwohnung und Beschäftigungsort einerseits und der Entfernung zwischen der Zweitwohnung und dem Beschäftigungsort andererseits ab (vgl. Kap. 7.2.7).

Arbeitnehmer ohne eigenen Hausstand

Unverändert gibt es **keine doppelte Haushaltsführung** für Arbeitnehmer ohne eigenen Hausstand. Betroffen sind im Wesentlichen Arbeitnehmer, die noch zu Hause bei ihren Eltern wohnen. Sofern diese Arbeitnehmer allerdings im Rahmen einer beruflichen Auswärtstätigkeit auswärts übernachten, können die Mehraufwendungen nach Reisekostenregelungen steuerlich berücksichtigt werden.[3]

7.1 Anwendungsbereich

Aufwendungen für die Haushaltsführung, wie Wohnung und Verpflegung, sind grundsätzlich Kosten der Lebensführung und unterliegen damit dem Abzugsverbot des § 12 EStG.[4] Dies gilt nicht für die notwendigen Mehraufwendungen, die Arbeitnehmern aufgrund einer **beruflich** veranlassten doppelten Haushaltsführung entstehen (§ 9 Abs. 1 Nr. 5 EStG).

Beispiel

Ein verheirateter Steuerberater, der bislang in Freiburg in einer Anwaltssozietät beschäftigt war, übernimmt ab 1.1.2023 eine Steuerberatungspraxis in Karlsruhe-Durlach, wo er ein 1-Zimmer-Apartment anmietet. Der bisherige Familienhaushalt in Freiburg wird zunächst beibehalten.

2 BMF, Schreiben v. 25.11.2020, IV C 5 – S 2353/19/10011 :006, BStBl 2020 I S. 1228, Rz. 101.
3 BMF, Schreiben v. 26.10.2005, IV C 5 – S 2353 – 211/05, BStBl 2005 I S. 960.
4 R 12.1 EStR.

Ergebnis: Der Mehraufwand, der durch die zusätzliche Haushaltsführung in Karlsruhe eintritt, ist freiberuflich bedingt. Der Steuerberater kann die gleichen Aufwendungen steuerlich absetzen, die ein Arbeitnehmer als Werbungskosten ansetzen könnte. Das sind insbesondere die Mietkosten für das 1-Zimmer-Apartment bis zu einem maximalen Betrag von 1.000 EUR im Monat sowie eine Familienheimfahrt pro Woche. Für die ersten 3 Monate am Beschäftigungsort können 14 EUR bzw. 28 EUR für die Anwesenheitstage in Karlsruhe-Durlach als Betriebsausgabe abgesetzt werden.

Tipp

Sofern in den folgenden Kap. 7.2, Kap. 7.3, Kap. 7.4 und Kap. 7.6 die steuerliche Behandlung der doppelten Haushaltsführung von Arbeitnehmern angesprochen ist, gelten diese Ausführungen sinngemäß auch für **selbstständig Tätige.**

Anwendungsfälle

Für die Anwendung der Regelungen zur doppelten Haushaltsführung kommen in der Praxis hauptsächlich folgende Sachverhalte in Betracht:

- erstmalige Begründung eines Dienstverhältnisses bzw. Aufnahme einer gewerblichen oder freiberuflichen Tätigkeit,
- Wechsel des Arbeitgebers bzw. des Auftraggebers,
- Versetzung oder längerfristige Abordnung an eine andere Betriebsstätte, z. B. Filiale oder Zweigbetrieb,
- die Familienwohnung wird vom Beschäftigungsort wegverlegt, der Steuerzahler muss aber aus beruflichen Gründen am Beschäftigungsort eine Zweitwohnung beibehalten.

7.2 Gesetzliche Grundlagen

7.2.1 Voraussetzung der steuerlichen Anerkennung

Berufliche Veranlassung

Eine doppelte Haushaltsführung liegt vor, wenn der Arbeitnehmer außerhalb des Orts, in dem er einen eigenen Hausstand unterhält, beschäftigt ist und auch am Beschäftigungsort wohnt, also dort eine zusätzliche Wohnung hat. Erforderlich ist demzufolge eine Aufsplittung der ansonsten üblichen einheitlichen Haushaltsführung auf 2 verschiedene Haushalte.[5] Die notwendigen Mehraufwendungen, die bei einem solchen Arbeitnehmer durch eine zusätzliche auswärtige Wohnung zwangsläufig entstehen, sind Werbungskosten, wenn die Berufsausübung der entscheidende Anlass für die Begründung dieses zweiten Haushalts ist. In gleicher Höhe kann der Arbeitgeber steuerfreien Ersatz leisten.

5 BFH, Urteil v. 21.1.1972, VI R 95/71, BStBl 1972 II S. 262; BFH, Urteil v. 29.11.1974, VI R 77/73, BStBl 1975 II S. 459.

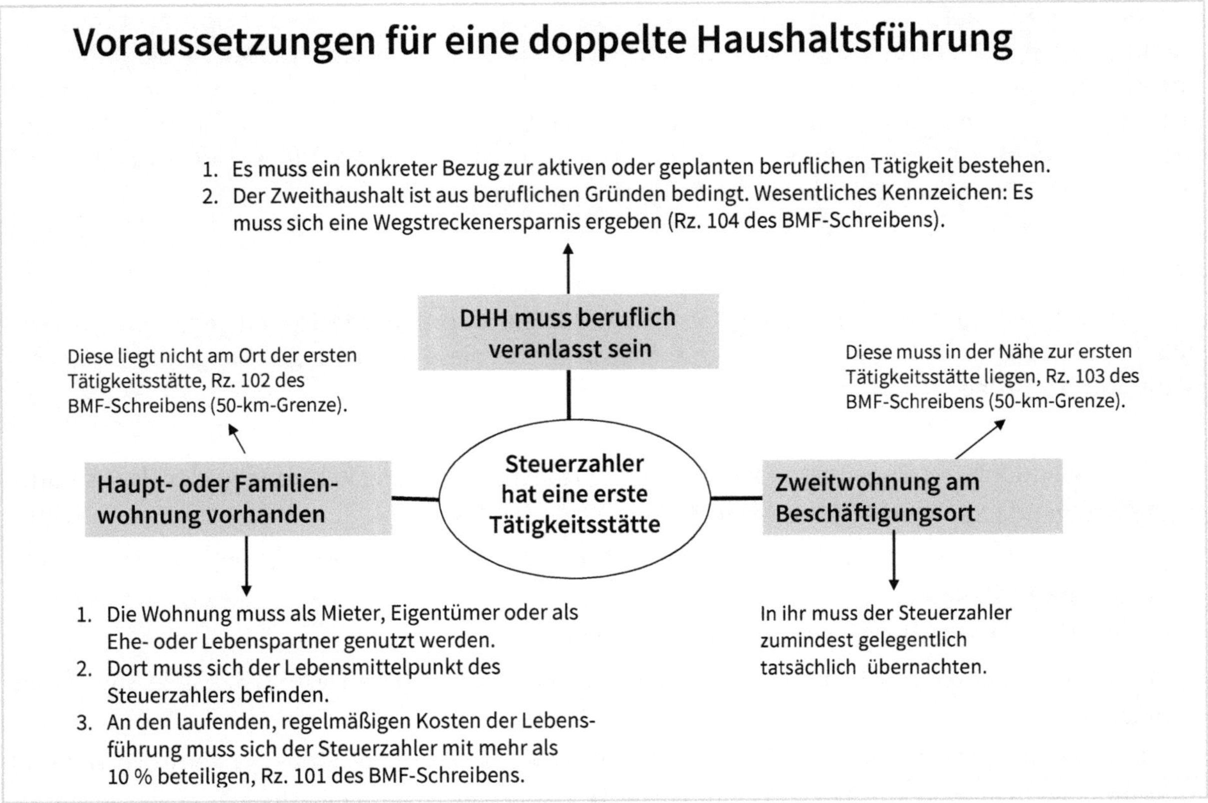

Voraussetzungen

Wie das Schaubild deutlich macht, hängt die Haushalts von folgenden Voraussetzungen ab:

1. Unterhalten eines eigenen Hausstands. Dies liegt vor, wenn der Arbeitnehmer eine Wohnung innehat und sich finanziell an der Haushaltsführung beteiligt.
2. Lebensmittelpunkt am Ort des eigenen Hausstands.
3. Der Beschäftigungsort – das ist der Ort, an dem die erste Tätigkeitsstätte liegt (§ 9 Abs. 1 Nr. 5 Satz 5 EStG) – darf nicht am Ort der Hauptwohnung liegen[6].
4. Zusätzliche Unterkunft am auswärtigen Beschäftigungsort.
5. Berufliche Veranlassung der doppelten Haushaltsführung.

Wichtig

Sind die ersten 4 Kriterien erfüllt, ist zwar eine doppelte Haushaltsführung gegeben, sie kann jedoch steuerlich nur berücksichtigt werden, wenn sie auch beruflich begründet ist. Beruflich veranlasst ist eine doppelte Haushaltsführung, wenn der Steuerzahler durch den 2. Haushalt (Zweitwohnung) eine deutliche Wegzeit-Ersparnis für die Fahrt zum Beschäftigungsort erreicht.

Ist die doppelte Haushaltsführung aus **beruflichem Anlass** begründet worden, kommt es nicht mehr darauf an, aus welchen Gründen eine beruflich veranlasste doppelte Haushaltsführung später beibehalten wird. Entscheidend ist lediglich, dass der zweite Haushalt benötigt wird, um weiterhin mit vertretbarem zeitlichem Aufwand zur ersten Tätigkeitsstätte zu gelangen. Steuerlich wird deshalb eine beruflich veranlasste doppelte Haushaltsführung **zeitlich unbegrenzt** anerkannt (§ 9 Abs. 1 Satz 3 Nr. 5 Satz 1 EStG). Eine doppelte Haushaltsführung kann nach einer Unterbrechung erneut begründet werden.[7]

6 BMF, Schreiben v. 25.11.2020, IV C 5 – S 2353/19/10011 :006, BStBl 2020 I S. 1228, Rz. 102.

7 BFH, Urteil v. 8.7.2010, VI R 15/09, BFH/NV 2010 S. 2326.

7.2.2 Begünstigte Arbeitnehmer

Für die Anerkennung einer doppelten Haushaltsführung darf grundsätzlich nicht zwischen verheirateten, verpartnerten und alleinstehenden Arbeitnehmern unterschieden werden.[8] Ob eine doppelte Haushaltsführung vorliegt, hängt ausschließlich davon ab, ob der Arbeitnehmer am Mittelpunkt seiner Lebensinteressen einen eigenen Hausstand unterhält. Dieser Lebensmittelpunkt muss außerhalb des Ortes der ersten Tätigkeitsstätte des Steuerzahlers liegen.[9] Begünstigt sind danach auch Arbeitnehmer, die im Rahmen einer nichtehelichen Lebensgemeinschaft einen doppelten Haushalt führen.[10]

7.2.3 Eigener (Erst-)Hausstand

7.2.3.1 Innehaben einer Wohnung

Wohnung

Ein eigener Hausstand erfordert, dass der Arbeitnehmer
- zum einen eine seinen Lebensbedürfnissen entsprechende **Wohnung** innehat,
- und zum anderen sich an den **Kosten** der Lebensführung beteiligt.

Beide Voraussetzungen müssen in jedem Fall erfüllt sein (§ 9 Abs. 1 Nr. 5 Satz 2 EStG; R 9.11 Abs. 3 Satz 1 LStR). Dies gilt auch für doppelte Haushaltsführungen, die vor dem Jahr 2014 begründet wurden.

Eigener Hausstand

Der eigene Hausstand muss nicht die Voraussetzungen des bewertungsrechtlichen Wohnungsbegriffs erfüllen. Entscheidend für die Annahme eines eigenen Hausstands ist ausschließlich die **Möglichkeit einer eigenständigen Haushaltsführung.** Ausreichend können auch zentrale Sanitär- oder Kücheneinrichtungen sein, die wie bei Wohngemeinschaften zur gemeinschaftlichen Nutzung durch mehrere Parteien zur Verfügung stehen, wenn es sich um getrennte Wohneinheiten handelt.[11] Unverzichtbar ist, dass das Verbleiben des Arbeitnehmers in der Wohnung rechtlich oder tatsächlich sichergestellt ist.[12] Grundvoraussetzung für das Vorliegen eines eigenen Hausstands ist demzufolge, dass der Wohnungsinhaber diese aus **eigenem Recht** nutzt, z. B. als Eigentümer oder Mieter der Wohnung. Ausreichend ist auch ein **gemeinsames bzw. abgeleitetes Recht** an der Wohnung. Letzteres ist z. B. für ein Untermietverhältnis zu bejahen.

Beispiel

Ein Arbeitnehmer bewohnt seit 2 Jahren zusammen mit seiner Lebensgefährtin eine von dieser gemieteten Wohnung in Karlsruhe. Bis zum Oktober 2023 befindet sich dort auch seine Arbeitsstätte. Zum 1.11.2023 tritt er eine neue Arbeitsstelle im 80 km entfernten Offenburg an, wo er sich eine 2-Zimmerwohnung anmietet. An den Wochenenden fährt er regelmäßig nach Karlsruhe. An der von seiner Lebensgefährtin zu zahlenden Miete in Höhe von 600 EUR beteiligt er sich mit 150 EUR.

Doppelte Haushaltsführung

8 BFH, Urteil v. 9.2.2015, VI B 80/14, BFH/NV 2015 S. 675, BVerfG, Beschluss v. 7.7.2009, 1 BvR 1164/07.

9 R 9.11 Abs. 1 LStR.

10 BFH, Urteil v. 12.9.2000, VI R 165/97, BStBl 2001 II S. 29.

11 BFH, Urteil v. 14.10.2004, VI R 82/02, BStBl 2005 II S. 98.

12 BFH, Urteil v. 4.11.2003, VI R 170/99, BStBl 2004 II S. 16.

Ergebnis: Ein eigener Hausstand ist anzuerkennen, wenn der Arbeitnehmer eine eingerichtete, seinen Lebensbedürfnissen entsprechende Wohnung hat, die er aus eigenem Recht nutzt, wobei auch ein abgeleitetes Nutzungsrecht ausreichen kann. Im Beispiel nutzt der Arbeitnehmer die Wohnung nicht aus eigenem Recht. Der Mietvertrag besteht ausschließlich gegenüber seiner Lebensgefährtin. Da sich der Arbeitnehmer aber an der Miete beteiligt, liegt im Hinblick auf die eheähnliche Lebensgemeinschaft ein abgeleitetes Nutzungsrecht vor.[13]

Wichtig

Die Voraussetzung »Wohnung innehaben« erfüllen auch Lebenspartner, Lebensgefährten sowie Mitbewohner, die zusammen mit dem eigentlichen Mieter oder Eigentümer die Räume bewohnen. Dabei spielt es keine Rolle, ob es sich um ein gemeinsames Nutzungsrecht (z. B. gemeinschaftlicher Mietvertrag) oder nur um ein abgeleitetes Recht (z. B. stillschweigende Duldung des Mitbewohnens) handelt. Notwendig ist jedoch eine finanzielle Beteiligung an den Haushaltskosten sowie eine eigenständige oder partnerschaftliche Haushaltsführung. Eine Eingliederung in eine fremde Haushaltsführung reicht nicht aus.

Nesthockerfälle

Strengere Anforderungen für die Annahme eines eigenen Hausstands gelten für **Kinder, die bei den Eltern wohnen**. Voraussetzung für eine doppelte Haushaltsführung ist, dass der Arbeitnehmer die Haushaltsführung des Lebensmittelpunktes wesentlich bestimmt bzw. mitbestimmt. Kein eigener Hausstand wird deshalb in Fällen unterhalten, in denen Kinder während oder nach der Ausbildung – wenn auch gegen Kostenbeteiligung – ein Zimmer in der elterlichen Wohnung bewohnen. Es fehlt in diesen Fällen an der eigenständigen Haushaltsführung. Leben Jugendliche im Haus der Eltern in einer Wohnung, kommt es zum einen darauf an, ob dort eine **eigenständige Haushaltsführung** erfolgt. Zum anderen muss sich der Jugendliche an den **Kosten der Lebensführung** beteiligen (vgl. Kap. 7.2.3.2).

Beispiel

Ein Arbeitnehmer, 19 Jahre alt, wohnt in der Einliegerwohnung des elterlichen Hauses in Freiburg. Die erste Tätigkeitsstätte liegt in Mannheim, dort wird unter der Woche ein möbliertes Zimmer bewohnt. Die Wochenenden verbringt der Arbeitnehmer in Freiburg gemeinsam mit der Lebenspartnerin. Am Wochenende leben beide in der Einliegerwohnung. Für die Wohnung muss keine Miete bezahlt werden, allerdings trägt der Arbeitnehmer sämtliche Nebenkosten (Wasser, Strom, Heizung, anteilige Grundsteuer und Hausversicherung). Die Einliegerwohnung ist vollständig ausgestattet (Küche, Waschmaschine), die Lebenshaltungskosten teilt er sich mit der Lebenspartnerin. Nachweise hierzu liegen vor (z. B. anhand von Lastschriften für Einkäufe von Lebensmitteln im örtlichen Einzelhandel sowie durch Abbuchungen für Strom, Gas und Wasser vom eigenen Konto).

Ergebnis: Der Arbeitnehmer hat einen eigenen Hausstand, da er die Wohnung innehat. Es liegt keine Eingliederung in den Haushalt der Eltern vor. Da die Kosten der Lebensführung im wesentlichen Umfang selbst getragen werden, sind beide Voraussetzungen an den eigenen Hausstand erfüllt. Unseres Erachtens spielt keine Rolle, dass für die Einliegerwohnung keine Miete bezahlt werden muss.[14]

Erwachsene Kinder

Bei älteren, wirtschaftlich selbstständigen berufstätigen Kindern, die mit ihren Eltern oder einem Elternteil in einem gemeinsamen Haushalt leben, ist regelmäßig davon auszugehen, dass sie die Führung des Haushalts maßgeblich mitbestimmen, sodass ihnen dieser Hausstand als »eigener« zugerechnet werden kann.[15] Das gilt vor allem dann, wenn es sich um eine Eigentumswohnung bzw.

---

13 BFH, Urteil v. 30.1.1996, IX R 100/93, BStBl 1996 II S. 359; BMF, Schreiben v. 25.11.2020, IV C 5 – S 2353/19/10011 :006, BStBl 2020 I S. 1228, Rz. 101.

14 BFH, Urteil v. 14.6.2007, VI R 60/05, BStBl 2007 II S. 890.

15 BFH, Urteil v. 5.6.2014, VI R 76/13, BFH/NV 2014 S. 1884; BFH, Urteil v. 26.7.2012, VI R 10/12, BFH/NV 2012 S. 112.

das Haus der Eltern handelt[16] oder die Eltern pflegebedürftig sind und die Unterstützung der Kinder benötigen. Dieser Auffassung folgen jedoch nicht alle Finanzgerichte.[17]

Hinweis

Es kann sein, dass sich die Verhältnisse im Laufe der Zeit ändern und sich die Haushaltsführung von den Eltern auf die Kinder verlagert, sodass die Voraussetzung »eigene Haushaltsführung« in diesem Punkt erfüllt ist. Die bisherige Rechtsprechung des BFH gilt insoweit weiter. Voraussetzung ist nicht, dass die Kinder die Haushaltsführung übernehmen oder bestimmen. Es reicht aus, wenn eine **maßgebliche Mitbestimmung** vorliegt.

Mehrgenerationenhaushalt

Derartige Mehrgenerationenhaushalte zwischen Eltern und erwachsenen Kindern werden steuerlich akzeptiert, wenn sie **wie eine fremde Wohngemeinschaft** funktionieren.[18] Aufgrund der strengeren Voraussetzungen muss aber dazukommen, dass sich der Steuerzahler selbst finanziell an den Kosten der Lebensführung beteiligt, und zwar über eine Mindestgrenze hinaus (vgl. Kap. 7.2.3.2). Daneben müssen die weiteren Voraussetzungen des Lebensmittelpunktes außerhalb des Ortes der ersten Tätigkeitsstätte (Beschäftigungsort) und die berufliche Veranlassung erfüllt sein.

Angemietete Wohnung

Unklar ist die Rechtslage, wenn die **erwachsenen, berufstätigen Kinder** mit einem oder beiden Eltern in einer **angemieteten Wohnung** zusammenleben. Hierzu gibt es bezüglich der aktuellen Rechtslage noch keine Rechtsprechung. Es ist aber davon auszugehen, dass es auf das Merkmal der eigenbestimmten Haushaltsführung durch die Kinder ankommt. Diese muss gegenüber dem Finanzamt zumindest glaubhaft gemacht werden. Maßgebend ist das **Gesamtbild der Umstände**, dabei kommt es auf das Alter der Eltern und deren Gesundheitsstand mit an. Entscheidend ist auch in diesen Fällen, ob sich die Kinder finanziell an der Haushaltsführung beteiligen (vgl. Kap. 7.2.3.2).

Nutzungsrecht

Für das Innehaben einer Wohnung ist nicht erforderlich, dass ein Mietvertrag abgeschlossen oder ein unentgeltliches Wohnrecht vereinbart worden ist. Das unentgeltliche Wohnrecht braucht dabei nicht dinglich gesichert zu sein. Auch ein Vorbehaltsnießbrauch zugunsten der Eltern in einem 2-Familienhaus reicht aus, wenn gesichert ist, dass das Kind die Wohnung nicht nur vorübergehend nutzen kann. Für die Frage, ob der Arbeitnehmer den **Hausstand aufgrund eines eigenen oder abgeleiteten Nutzungsrechts** nutzt, müssen die zugrunde liegenden Vereinbarungen nicht dem zwischen Fremden Üblichen entsprechen. Ausreichend ist, wenn eine längerfristige Wohnungsnutzung ihren Grund in den familiären Beziehungen hat. Entscheidend ist, dass das Kind dort tatsächlich seinen Haupthausstand unterhält, der von ihm persönlich und finanziell getragen wird. Gegenteilige Auffassungen der Finanzämter sind durch die Rechtsprechung überholt.[19]

Wichtig

Die Voraussetzungen für einen eigenen Hausstand bei Kindern, die Räumlichkeiten im Haus der Eltern nutzen, sind durch die Rechtsprechung eindeutig festgelegt. Es muss sich um separate Räume außerhalb der elterlichen Wohnung handeln, die eine eigene Haushaltsführung des Kindes in tatsächlicher Hinsicht ermöglichen, insbesondere eine eigene Kochgelegenheit sowie eigene Sanitäreinrichtungen beinhalten. Ausreichend ist es, wenn aufgrund der familiären Verhältnisse eine längerfristige Nutzung als eigene Woh-

16 BFH, Urteil v. 26.7.2012, VI R 10/12, BFH/NV 2012 S. 112.

17 Z. B. FG Münster, Urteil v. 7.10.2020, 13 K 1756/18 E, einer berufstätigen, 23 Jahre alten Steuerzahlerin wurde als »junger« Arbeitnehmerin unterstellt, dass nahezu immer eine Eingliederung in den Haushalt der Eltern vorliege, ausdrücklich gegen BFH, Urteil v. 5.6.2014 VI R 76/13, BFH/NV 2014, S. 1884.

18 BFH, Beschluss v. 4.5.2010, VI B 156/09, BFH/NV 2010 S. 1443; BMF, Schreiben v. 25.11.2020, IV C 5 – S 2353/19/10011 :006, BStBl 2020 I S. 1228, Rz. 101.

19 BFH, Urteil v. 4.11.2003, VI R 170/99, BStBl 2004 II S. 16; BFH, Urteil v. 14.10.2004, VI R 82/02, BStBl 2005 II S. 98.

nung gewährleistet ist. Zusätzliche schuldrechtliche Vereinbarungen zwischen den Eltern und dem Kind sind nicht erforderlich.[20] Die Nutzungsvereinbarung kann auch in einer längerfristigen Duldung bestehen.[21] Ebenso ist eine finanzielle Gegenleistung für die Wohnraumüberlassung nicht erforderlich Ein eigener Hausstand liegt auch vor, wenn das Kind auf eigene Kosten einen eigenständigen Haushalt führt. Das ist auch in einer von den Eltern unentgeltlich überlassenen Wohnung möglich.[22] Tragen die Eltern sämtliche Kosten der Haushaltsführung, scheidet eine doppelte Haushaltsführung aus.

Beispiel

Eine auswärts beschäftigte Arbeitnehmerin wohnt während der Woche in einem 1-Zimmer-Apartment. Ihren Lebensmittelpunkt hat sie am Wohnort der Eltern. Sie bewohnt die Einliegerwohnung im 2-Familienhaus der Eltern, zahlt keine Miete, trägt jedoch sämtliche Nebenkosten. Sie führt einen selbstständigen Haushalt, nimmt also nicht mehr an Mahlzeiten der Eltern teil.

Ergebnis: Die Arbeitnehmerin benutzt eine eigene Wohnung, die aufgrund der Kostentragung und der familiären Beziehungen eine eigenständige Haushaltsführung dauerhaft sicherstellt. Aufwendungen für die auswärtige Zweitwohnung können vom Arbeitgeber steuerfrei ersetzt bzw. als Werbungskosten berücksichtigt werden, falls kein steuerfreier Arbeitgeberersatz erfolgt.

Befindet sich der Haushalt in einer abgeschlossenen, nach Größe und Ausstattung ausreichenden Wohnung, die ein eigenständiges Wohnen und Wirtschaften ermöglicht, kann in aller Regel von einer eigenständigen Haushaltsführung ausgegangen werden.[23]

Aufgrund der gesetzlichen Definition ist weitere Voraussetzung, dass das Kind die eigene Haushaltsführung in seiner Hauptwohnung zumindest **teilweise selbst finanziert**. Einzelheiten hierzu vgl. Kap. 7.2.3.2.

Wichtig

Für **ausländische Saisonarbeitskräfte** hat die Finanzverwaltung zur Nachweiserleichterung des eigenen Hausstands im Ausland ein **Vordruckmuster** aufgelegt. Der Vordruck ist als amtliche Bestätigung für das Vorliegen einer doppelten Haushaltsführung durch die ausländische Heimatbehörde zu verwenden.[24] Weitere Nachweise sind in diesen Fällen grundsätzlich nicht erforderlich.

7.2.3.2 Finanzielle Beteiligung an den Kosten der Lebensführung

Ausdrücklich gesetzlich geregelt ist die notwendige finanzielle Beteiligung an den Kosten der Lebensführung in der Haupt- bzw. Familienwohnung. Das aktuelle BMF-Schreiben stellt ausdrücklich auf die Kosten der Lebensführung ab.[25] Auch die Rechtsprechung der Finanzgerichte verlangt die Beteiligung an den Kosten der Lebensführung. Eine reine Mietzahlung für 2 Zimmer im Wohnhaus der Eltern erfüllt die Anforderung »finanzielle Beteiligung an den Kosten der Lebensführung« nicht.[26]

20 BFH, Urteil v. 4.11.2003, VI R 170/99, BStBl 2004 II S. 16.
21 BFH, Beschluss v. 21.12.2006, VI B 84/06, BFH/NV 2007 S. 717.
22 BFH, Urteil v. 14.6.2007, VI R 60/05, BStBl 2007 II S. 890.
23 BFH, Urteil v. 28.3.2012, VI R 87/10, BFH/NV 2012 S. 1231; BFH, Beschluss v. 12.6.2012, VI B 73/12, BFH/NV 2012 S. 1593.
24 Z. B. FinMin Baden-Württemberg, Erlass v. 24.5.2004, 3 – S 2353/34.
25 BMF, Schreiben v. 25.11.2020, IV C 5 – S 2353/19/10011 :006, BStBl 2020 I S. 1228, Rz. 101, durchgängig wurde das Wort »Kosten der Haushaltsführung« durch »Kosten der Lebensführung« ersetzt.
26 FG Düsseldorf, Urteil v. 28.5.2020, 9 K 719/17 E, Revision zwar zugelassen, aber nicht eingelegt.

Eine **finanzielle Beteiligung an der Lebensführung** liegt vor, wenn der Steuerzahler einen Teil der Haushaltskosten übernimmt.[27] Zu den Lebenshaltungskosten gehören zum einen die tatsächlichen Raumkosten (Miete, Mietnebenkosten bzw. die Kosten für eine Eigentumswohnung oder ein Eigenheim, z. B. Strom, Heizung, Zinsen, Hausgeld usw.), zum anderen die Kosten für Lebensmittel sowie die Dinge des täglichen Bedarfs, wie z. B. Toilettenartikel, Reinigungsmittel, Kosten des gemeinsamen Telefonanschlusses. Es ist nicht notwendig, dass sämtliche Kosten anteilig vom Steuerzahler getragen werden. Es reicht vollkommen aus, wenn er aus eigenem Einkommen oder Vermögen Geldbeträge in die gemeinsame Haushaltsführung einbringt. Aus Vereinfachungsgründen muss die **Kostenbeteiligung** eine Bagatellgrenze von **mehr als 10%** der monatlich regelmäßig anfallenden laufenden Kosten der Lebensführung erreichen.[28]

Kosten des Ersthausstands

Beispiel

Eine Arbeitnehmerin lebt in einer Partnerschaft in einer Eigentumswohnung in Köln, die dem Partner gehört. Dort befindet sich der Lebensmittelpunkt der beiden. Sie arbeitet in Frankfurt und bewohnt dort in der Nähe des Arbeitsplatzes ein 1-Zimmer-Apartment. Der Lebenspartner trägt alle Kosten der Eigentumswohnung in Köln (Zinsen, Hausgeld, Strom, Abfallgebühren) in Höhe von monatlich 800 EUR. Die jährliche Abschreibung beträgt 4.200 EUR. Die Arbeitnehmerin überweist monatlich pauschal 800 EUR auf ein gemeinsames Haushaltsgeldkonto, von dem die Kosten für Lebensmittel und sonstigen Bedarf (z. B. Drogerieartikel) bezahlt werden. Diese liegen bei monatlich 1.000 EUR. Der Lebenspartner überweist monatlich 200 EUR.

Ergebnis: Die Arbeitnehmerin beteiligt sich finanziell an den gemeinsamen Kosten der Lebensführung. Diese betragen (800 EUR Zins, Strom, Hausgeld usw. + 350 EUR Abschreibung + 1.000 EUR) 2.150 EUR/Monat. Ihr Anteil liegt bei 37,2 % und übersteigt die 10-%-Grenze. Es spielt keine Rolle, dass die eigentlichen Wohnungskosten allein vom Partner getragen werden. Die doppelte Haushaltsführung der Arbeitnehmerin wird steuerlich anerkannt.

Sobald der Steuerzahler **mehr** als 10% dieser Kosten durch eigene Geldleistungen zur gemeinsamen Haushaltsführung beisteuert, ist laut BMF-Schreiben die gesetzliche Vorgabe »finanzielle Beteiligung« erfüllt und die doppelte Haushaltsführung grundsätzlich steuerlich anzuerkennen, sofern die weiteren Voraussetzungen erfüllt sind. Auch eine Beteiligung von 10% oder weniger kann ausreichen, wenn der Steuerzahler eine hinreichende finanzielle Beteiligung auf andere Art und Weise darlegen kann. Denkbar ist z. B. der Nachweis, dass sich der Steuerzahler mit wesentlichem finanziellem Aufwand an der Möblierung oder Renovierung der Hauptwohnung beteiligt hat.

Bagatellgrenze von 10%

Hinweis

Strittig ist nach wie vor, ob die finanzielle Beteiligung regelmäßig – z. B. monatlich oder Quartalsweise – erfolgen muss oder ob eine einmalige Zahlung pro Kalenderjahr ausreichend ist. Hierzu ist ein Verfahren beim BFH anhängig.[29] Im Streitfall geht es um die Frage, ob eine Einmalzahlung im Dezember (1.200 EUR) und die Übernahme der Kosten für eine Fenster-Erneuerung (550 EUR) als ausreichende Kostenbeteiligung anzusehen sind. Wie meist in derartigen Verfahren handelt es sich um Räumlichkeiten im Haus der Eltern, die nicht von der Wohnung der Eltern abgeschlossen sind. Der Kläger hatte zumindest beim Finanzgericht Erfolg. Da die gesetzliche Regelung keine regelmäßige Beteiligung an den laufenden Wohnungs- und Verbrauchskosten fordert, gab das Finanzgericht dem Kläger Recht und akzeptierte die doppelte Haushaltsführung. Die Finanzverwaltung lässt die Frage nun höchstrichterlich klären.

27 BMF, Schreiben v. 25.11.2020, IV C 5 – S 2353/19/10011 :006, BStBl 2020 I S. 1228, Rz. 101.

28 BMF, Schreiben v. 25.11.2020, IV C 5 – S 2353/19/10011 :006, BStBl 2020 I S. 1228, Rz. 101.

29 FG Niedersachsen, Urteil v. 18.9.2019, 9 K 209/18, EFG 2020 S. 262, Rev. beim BFH unter Az. VI R 39/19, zum Zeitpunkt der Drucklegung noch nicht entschieden.

Unterhaltszahlungen für die gemeinsamen Kinder reichen meines Erachtens nicht aus, da diese laut gesetzlicher Vorgabe die anteiligen Haushaltskosten der Kinder und nicht die Kosten der Lebensführung in der Hauptwohnung selbst abdecken. Ob die Finanzierung des gemeinsamen Urlaubs oder aufwendiger Hobbys ausreicht, ist zweifelhaft. Hier muss die Rechtsprechung des BFH zum Recht ab 2014 abgewartet werden. Die Finanzverwaltung wird derartige Aufwendungen nicht als finanzielle Beteiligung an der Haushaltsführung akzeptieren.

Nachweis auch bei volljährigen Kindern

Wie in Kap. 7.2.3.1 ausgeführt, akzeptiert der BFH das Zusammenleben mehrerer Generationen in einem gemeinsamen, vom Steuerzahler mitbestimmten **Mehrgenerationenhaushalt** als eigenen Hausstand. Auch in diesen Fällen müssen die volljährigen Kinder eine finanzielle Beteiligung über die Bagatellgrenze von mehr als 10 % nachweisen können.

Tipp

Will man die Kosten einer doppelten Haushaltsführung über eine Hauptwohnung bei den Eltern bzw. nahen Verwandten steuerlich absetzen, sollte vorab die Kostenbeteiligung von mehr als 10 % an den Lebenshaltungskosten steuerlich sicher auf den Weg gebracht werden. Sinnvoll ist eine feste monatliche Überweisung, die sich an den gesamten, regelmäßigen Lebenshaltungskosten des jeweiligen Haushalts orientiert. Der Steuerzahler muss die Lebensführung im gemeinsamen Haushalt (z. B. mit den Eltern) mitbestimmen können, dazu gehört eine wesentliche Beteiligung an der Haushaltsführung (Kochen, Reinigung von Räumen, Waschen usw.). Eine Mithilfe, wie sie in einem gemeinsamen Haushalt von Kindern erwartet werden kann, reicht nicht aus. Diese aktive Mitarbeit an der Haushaltsführung muss zumindest glaubhaft gemacht werden, sie erfordert zudem eine regelmäßige Anwesenheit. Reine Wochenendbesuche am Samstag und Sonntag sprechen eher gegen eine aktive Beteiligung an der Haushaltsführung. Neben der Übernahme von Lebenshaltungskosten sollte auch eine Beteiligung an den Nebenkosten (Heizung, Wasser, Strom) vereinbart werden, zumal wenn die Räume ohne Mietkosten genutzt werden können. Liegt keine gemeinsame Haushaltsführung vor, muss die eigene Hauptwohnung vom Haushalt der Eltern räumlich abgetrennt sein. In der »eigenen« Hauptwohnung muss dann ein eigener Hausstand geführt werden. Das beinhaltet eigene sanitäre Räume, eine Kochgelegenheit und eine Haushaltsführung auf eigene Kosten. Die eigenen Kosten (z. B. für Lebens- und Verbrauchsmittel, die am Ort der Hauptwohnung gekauft werden) müssen durch Belege nachgewiesen werden können. Strom und Wasser sollten – zumindest anteilig – vom Steuerzahler getragen werden.

Beispiel

Ein volljähriger, lediger Arbeitnehmer lebt in Freiburg gemeinsam mit seinen betagten Eltern im gemeinsamen Haushalt im Haus der Eltern. In der Nähe seines Arbeitsplatzes in Frankfurt bewohnt er unter der Woche eine Zweitwohnung. Am Wochenende hält er sich in Freiburg bei den Eltern auf, dort befindet sich sein Lebensmittelpunkt. Er erledigt am Wochenende typische Haushaltsarbeiten, wie z. B. Großeinkäufe, Waschen der Wäsche, Pflege des Gartens. Da das Haus der Eltern abgezahlt ist, fallen nur Nebenkosten für Wasser, Heizung, Strom, Hausversicherung und Grundsteuer in Höhe von monatlich 250 EUR an. Die Eltern haben ausreichend eigene Einkünfte. Allerdings überweist der Sohn monatlich pauschal 350 EUR auf das Konto der Eltern, von dem die Lebensmittel und sonstiger Bedarf bezahlt werden. Zudem finanziert der Sohn den jährlichen, gemeinsamen Urlaub mit den Eltern, die Kosten liegen bei rund 4.000 EUR.

Ergebnis: Der gemeinsame Haushalt mit den Eltern erfüllt die Voraussetzung eines eigenen Hausstands. Der Sohn bestimmt die Haushaltsführung aktiv mit, er ist – im Gegensatz zu minderjährigen Kindern – nicht nur in den Haushalt der Eltern passiv eingegliedert. Die finanzielle Beteiligung von 250 EUR ist meines Erachtens ausreichend, da insgesamt nur geringe Haushaltskosten entstehen. Ohne diesen monatlichen Beitrag wird die Finanzverwaltung die doppelte Haushaltsführung nicht anerkennen. Allein die Übernahme der Urlaubskosten erfüllt nach Verwaltungsauffassung nicht die Voraussetzung einer regelmäßigen finanziellen Beteiligung.

7.2.3.2.1 Erstattung durch den Arbeitgeber: Vereinfachtes Nachweisverfahren

Erstattet der Arbeitgeber seinem Mitarbeiter die Kosten im Rahmen einer doppelten Haushaltsführung, muss er

- weder das Vorliegen eines eigenen Haupthausstands
- noch die finanzielle Beteiligung

im Einzelnen überprüfen. Bei Arbeitnehmern mit den **Steuerklassen III, IV oder V** kann für die Erstattung durch den Arbeitgeber unterstellt werden, dass diese einen eigenen Hausstand haben, an dem sie sich auch finanziell beteiligen.[30] Bei Arbeitnehmern mit den **Steuerklassen I, II und VI** muss sich der Arbeitgeber eine **schriftliche Eigenbestätigung** des Arbeitnehmers vorlegen lassen und diese zum Lohnkonto nehmen. Diese reicht aus – und befreit den Arbeitgeber im Fall einer Lohnsteuer-Außenprüfung vor Steuernachforderungen. Diese werden direkt beim Arbeitnehmer nacherhoben, und zwar durch Korrektur bei der Einkommensteuerveranlagung. Insoweit ist das pflichtgemäße Ermessen bei der Inanspruchnahme des Arbeitgebers als Haftungsschuldner eingeschränkt.

Wichtig

Diese Erleichterung gilt nur für die steuerfreie Erstattung durch den Arbeitgeber. Werden Werbungskosten für eine doppelte Haushaltsführung geltend gemacht, muss die finanzielle Beteiligung in jedem Fall nachgewiesen werden.[31]

7.2.3.2.2 Muster Eigenerklärung für Mitarbeiter mit Steuerklasse I, II und VI

Für eine Eigenerklärung kann folgendes Muster verwendet werden:

Eigenerklärung des Arbeitnehmers

Hiermit bestätige ich

....

....

dem Arbeitgeber .... im Zusammenhang mit der Erstattung von Kosten für eine doppelte Haushaltsführung:

Ich unterhalte in .... einen eigenen Haushalt. Eigener Hausstand bedeutet, dass mir eine Wohnung zur Verfügung steht, deren Einrichtung, Ausstattung und Größe meinen Lebensbedürfnissen entspricht. Wohnung bedeutet eine Anzahl abgeschlossener Räume, in denen eine eigenständige Haushaltsführung möglich ist.
Dieser Haushalt steht mir aus eigenständigem Recht zur Verfügung, z. B. als Mieter, Eigentümer oder als Mitbewohner im Zusammenhang mit einer Lebenspartnerschaft. Es handelt sich nicht um den Haushalt der Eltern bzw. eine gemeinsame Haushaltsführung mit den Eltern.
In diesem Haushalt befindet sich nach wie vor mein Lebensmittelpunkt. Ich bin persönlich und finanziell am hauswirtschaftlichen Leben in dieser Hauptwohnung beteiligt. Die finanzielle Beteiligung (z. B. Übernahme von Miet- und Nebenkosten, Übernahme von Kosten für die gemeinsame Haushaltsführung) beschränkt sich nicht auf Bagatellbeträge, sondern liegt über 10 % der

30 BMF, Schreiben v. 25.11.2020, IV C 5 – S 2353/19/10011 :006, BStBl 2020 I S. 1228, Rz. 108.
31 BMF, Schreiben v. 25.11.2020, IV C 5 – S 2353/19/10011 :006, BStBl 2020 I S. 1228, Rz. 109.

monatlichen Kosten für die gesamte Haushaltsführung (einschl. Nebenkosten und Kosten für Lebensmittel, Dinge des täglichen Bedarfs).
Veränderungen bezüglich dieses Haushalts, z. B. Auszug aus einem gemeinsamen Haushalt oder die Aufgabe des Haushalts, teile ich dem Arbeitgeber mit.
Voraussetzung für einen steuerfreien Ersatz der Kosten für eine doppelte Haushaltsführung ist das Vorliegen eines eigenen Hausstands. Steuernachforderungen der Finanzverwaltung aufgrund unrichtiger/unvollständiger Angaben im Zusammenhang mit der doppelten Haushaltsführung gehen zu meinen Lasten – in der Regel durch direkte Nachbesteuerung im Rahmen der persönlichen Steuerveranlagung.

Name, Datum und Unterschrift

7.2.4 Eigener Hausstand nicht am Ort der ersten Tätigkeitsstätte

Damit eine doppelte Haushaltsführung steuerlich anerkannt werden kann, muss eine weitere Voraussetzung erfüllt sein. Die Haupt- bzw. Familienwohnung darf **nicht** am Ort der ersten Tätigkeitsstätte liegen. Dies ergibt sich aus dem Grundgedanken der doppelten Haushaltsführung, dass der Steuerzahler **aufgrund der weiten Entfernung** zwischen seiner Hauptwohnung und seiner ersten Tätigkeitsstätte **auf eine Zweitwohnung angewiesen** ist, um in angemessener Zeit seine Arbeitsstätte zu erreichen. Eine doppelte Haushaltsführung ist ausnahmsweise auch innerhalb derselben politischen Gemeinde möglich.[32] Entscheidend ist vielmehr, ob der eigene Hausstand im Einzugsgebiet der Arbeitsstätte liegt.[33]

Fahrtzeit muss zumutbar sein

Die Abgrenzung – Trennung von Hauptwohnung und erster Tätigkeitsstätte – war Gegenstand mehrerer Verfahren beim Bundesfinanzhof und ist nunmehr auch in das BMF-Schreiben übernommen worden.[34] Eine Hauptwohnung liegt am Ort der ersten Tätigkeitsstätte, wenn der **Zeitaufwand für die tägliche Wegstrecke** zur Arbeit (zur ersten Tätigkeitsstätte oder bei Selbstständigen und Unternehmern zur ersten Betriebstätte) und zurück **im zumutbaren Rahmen** bleibt. Der BFH und das BMF gehen davon aus, dass **1 Stunde je Wegstrecke** in der Regel als zumutbar gilt. Dies wird anhand der individuellen, tatsächlich genutzten Verkehrsverbindungen nach den Umständen des Einzelfalls geprüft.

In Großstädten bzw. Ballungszentren kann der tägliche Zeitaufwand für die Fahrt von und zur Arbeit mehr als eine Stunde pro Wegstrecke betragen. Daher liegt eine steuerlich anzuerkennende doppelte Haushaltsführung auch vor, wenn sich die Hauptwohnung und die erste Tätigkeitsstätte **innerhalb derselben Stadt oder politischen Gemeinde** bzw. deren unmittelbarem Umkreis liegt. Um eine praxisnahe Abgrenzung zu ermöglichen, geht das BMF davon aus, dass bei einer Entfernung von **mehr als 50 km** eine steuerliche doppelte Haushaltsführung vorliegt, auch wenn Hauptwohnung und erste Tätigkeitsstätte in derselben (Groß-)Stadt bzw. politischen Gemeinde liegen. Es wird vereinfacht unterstellt, dass in diesem Fall die Hauptwohnung nicht am Ort der ersten Tätigkeitsstätte liegt. Allerdings wird – wie bei der Entfernungspauschale – auf die kürzeste Straßenverbindung abgestellt (vgl. Kap. 6.2.2).

32 FG Berlin, Urteil v. 29.7.1985, VIII 221/84, EFG 1986 S. 286; bestätigt durch BFH, Beschluss v. 16.12.1988, VI R 159/85, n. v.
33 BFH, Urteil v. 16.1.2018, VI R 2/16, BFH/NV 2018 S. 1504; FG Berlin-Brandenburg, Urteil v. 8.11.2021, 7 K 7009/19, vgl. Rz. 49 der Urteilsbegründung mit weiteren, umfangreichen Rechtsprechungshinweisen.
34 BMF, Schreiben v. 25.11.2020, IV C 5 – S 2353/19/10011 :006, BStBl 2020 I S. 1228, Rz. 102 mit Verweis auf die hierzu ergangene Rechtsprechung des BFH.

Tipp

Die vom BMF angebotene Entfernungszone von 50 km ist selbst für Großstädte wie Berlin, München, Köln, Hamburg, Stuttgart eher praxisfremd, zumal auf die kürzeste Entfernung abgestellt wird. Um die steuerlichen Voraussetzungen für eine doppelte Haushaltsführung innerhalb einer Stadt nachweisen zu können, wird man in der Praxis eine Aufstellung des tatsächlichen Zeitbedarfs für die Hin- und Rückfahrt von der Haupt- oder Familienwohnung benötigen. M. E. reicht es aus, wenn man diese Aufstellung für einen repräsentativen Zeitraum, z. B. für 6 Monate, führt.

7.2.5 Lebensmittelpunkt am Ort des eigenen Hausstands

Neben dem Vorliegen einer angemessenen Wohnung ist zu prüfen, ob sich am Ort des eigenen Hausstands der **Lebensmittelpunkt des Arbeitnehmers** befindet.

7.2.5.1 Lebensmittelpunkt hängt von Gesamtumständen ab

Eine steuerlich zu berücksichtigende doppelte Haushaltsführung liegt nur vor, wenn der Lebensmittelpunkt des Steuerzahlers nicht am Beschäftigungsort bzw. in dessen Nähe liegt. Dort, wo der Steuerzahler seinen Lebensmittelpunkt hat, befindet sich die Hauptwohnung. Die Kosten der Hauptwohnung sind privat veranlasst und können steuerlich nicht abgesetzt werden. Erst die Kosten einer Zweitwohnung – die örtlich abweichend vom Lebensmittelpunkt aus beruflichen Gründen notwendig ist – sind steuerlich berücksichtigungsfähig.

Wo sich der Lebensmittelpunkt eines Steuerzahlers befindet, muss anhand einer Gesamtwürdigung aller Umstände des Einzelfalls geprüft werden.[35] Dabei darf nicht zwischen verheirateten oder verpartnerten Steuerzahlern und anderen Personen unterschieden werden, weil der Begriff der doppelten Haushaltsführung für alle Steuerzahler einheitlich gilt.[36]

Hinweis

Das verlangt einerseits von der Finanzverwaltung eine gründliche Aufklärung des Sachverhaltes, vom betroffenen Steuerzahler aber auch, dass er entsprechende Nachweise bereits während des Steuerjahres aufbewahrt. In der Praxis wird häufig über einzelne Sachverhalte – z. B. Anzahl der Familienheimfahrten bzw. Besuche – unterschiedlich zwischen Steuerzahler und Finanzverwaltung diskutiert und dabei das Große und Ganze aus dem Auge verloren. Der BFH stellt jedoch eindeutig auf die Zusammenschau mehrerer Einzeltatsachen ab.

Indizien für Lebensmittelpunkt

Nach der Rechtsprechung des BFH sind folgende Tatsachen wichtig, mit denen man den Lebensmittelpunkt eines Steuerzahlers bestimmen kann:

- persönliche Verhältnisse des Steuerzahlers. Dazu gehört z. B., ob in der Hauptwohnung Familienangehörige leben;
- ob während der beruflich bedingten Abwesenheitszeiten in der Hauptwohnung hauswirtschaftliches Leben herrscht;
- Ausstattung und Größe der Hauptwohnung;
- Art und Intensität der sozialen Kontakte am Ort der Hauptwohnung, aber auch am Ort der Zweitwohnung;

35 BFH, Urteil v. 8.10.2014, VI R 16/14, BStBl 2015 II S. 511; bestätigt durch BFH, Urteil v. 20.1.2016, VI B 61/15, BFH/NV 2016 S. 747.
36 BFH, Urteil v. 9.2.2015, VI B 80/14, BFH/NV 2015 S. 675.

- Vereinszugehörigkeiten;
- andere private Aktivitäten und Unternehmungen, zum Beispiel Hobbys;
- wie oft und wie lange sich der Arbeitnehmer in der Hauptwohnung und in der Zweitwohnung aufhält. Dabei müssen die Besuche in der Hauptwohnung dazu dienen, den Ersthaushalt zu unterhalten, sie müssen dem Privatleben des Steuerzahlers dienen;
- Dauer der doppelten Haushaltsführung. Es besteht – zumindest bei alleinstehenden Steuerzahlern – die Vermutung, dass sich mit der Länge der doppelten Haushaltsführung der Lebensmittelpunkt vom ursprünglichen Hauptwohnort zum Beschäftigungsort verschiebt;
- bei Steuerzahlern, die in der Partnerschaft leben oder verheiratet sind, zwangsweise Kinder haben, spricht der Umzug in eine familiengerechte Wohnung dafür, dass sich dort der Lebensmittelpunkt befindet.

Eine Reihenfolge innerhalb dieser Kriterien gibt es nicht. Vielmehr muss in einer Gesamtbetrachtung abgewogen werden, welche Kriterien für einen Lebensmittelpunkt in der Hauptwohnung sprechen und welche dafür, dass sich am Beschäftigungsort selbst der Lebensmittelpunkt befindet.

Verheiratete Arbeitnehmer

Bei verheirateten Arbeitnehmern wird – widerlegbar – angenommen, dass der Lebensmittelpunkt durch die **Familienwohnung** begründet wird.[37] Das gilt grundsätzlich auch bei Lebenspartnerschaften.[38] Hierbei handelt es sich um eine Vermutung, die durch die tatsächlichen Verhältnisse widerlegt werden kann, etwa die Größe der Wohnung oder die Meldung bei einer anderen Gemeinde mit Ersatzwohnsitz.[39]

Beispiel

Ein Ehepaar besitzt in Ulm eine 3-Zimmer-Eigentumswohnung. Da beide ihren Arbeitsplatz in Stuttgart haben, bewohnen sie dort während der Arbeitswoche ein möbliertes 2-Zimmer-Apartment.

Ergebnis: Die Eheleute unterhalten in Ulm einen Hausstand. Dort befindet sich ihr Lebensmittelpunkt, an dem sie eine eigene Wohnung unterhalten. Es liegt grundsätzlich eine doppelte Haushaltsführung vor, obwohl das Ehepaar während der Arbeitswochen gemeinsam in der Zweitwohnung zusammenlebt. Darauf, dass während der Woche in der Familienwohnung hauswirtschaftliches Leben herrscht, kommt es für die Anerkennung einer beruflichen doppelten Haushaltsführung nicht an.

Abwandlung: Eine andere Lösung ergibt sich, wenn die Doppelverdiener-Ehegatten in der Nähe ihres Arbeitsplatzes Stuttgart eine nach Größe und Ausstattung bessere Wohnung als in Ulm unterhalten, etwa dort eine Doppelhaushälfte besitzen.[40] Die Eigentumswohnung in Ulm gewinnt unter diesen Umständen den Charakter einer Ferienwohnung.

7.2.5.2 Zusammenleben in der Zweitwohnung

Auch wer mit seinem berufstätigen Partner bzw. seiner Partnerin während der Arbeitswochen in der Zweitwohnung zusammenlebt, kann eine steuerliche doppelte Haushaltsführung haben.[41] Das gilt unabhängig von der Art der Partnerschaft sowohl für Ehepaare, eingetragene Lebenspartnerschaften oder Lebenspartner.[42] Auch eine Wohngemeinschaft in der Zweitwohnung spricht nicht gegen

37 Bestätigt durch BFH, Urteil v. 8.12.2014, VI R 16/14, BStBl 2015 II S. 511.
38 BFH, Urteil v. 9.2.2015, VI B 80/14, BFH/NV 2015 S. 675.
39 BFH, Beschluss v. 5.10.2011, VI B 58/11, BFH/NV 2012 S. 233.
40 BFH, Urteil v. 4.5.2011, VI B 152/10, BFH/NV 2011 S. 1347.
41 BFH, Urteil v. 8.10.2014, VI R 16/14, BStBl 2015 II S. 511: BFH, Urteil v. 20.1.2016, VI B 61/15, BFH/NV 2016 S. 747.
42 BFH, Urteil v. 9.2.2015, VI B 80/14, BFH/NV 2015 S. 675.

eine doppelte Haushaltsführung, solange sich der Lebensmittelpunkt des Steuerzahlers nicht in die Zweitwohnung am Beschäftigungsort verlagert. Das gilt selbst dann, wenn die Wohngemeinschaft mit einer Arbeitskollegin und deren minderjährigen Kindern in einem gemeinsam erworbenen Haus geführt wird.[43] Laut BFH spielt die Lebensführung in der Zweitwohnung keine Rolle, entscheidend ist allein, wo sich der Lebensmittelpunkt befindet.

Beispiel

Ein berufstätiges Paar nimmt sich in Frankfurt eine 3-Zimmer-Wohnung, weil beide dort arbeiten. Am Wochenende bewohnen sie eine 120 m² große Wohnung in einem Einfamilienhaus in Saarbrücken, das einem der beiden Partner gehört. Dort leben auch die Eltern sowie ein Großteil der Verwandtschaft. In Saarbrücken sind beide in Vereinen aktiv, es besteht noch enger Kontakt zu Bekannten. Sämtliche Wochenenden sowie alle Feiertage werden in Saarbrücken verbracht.

Ergebnis: Das Zusammenleben in der Zweitwohnung in Frankfurt hat keinen Einfluss auf doppelte Haushaltsführung. Nach dem Gesamtbild der Umstände bleibt der Lebensmittelpunkt in Saarbrücken. Hierfür spricht die Art der Hauptwohnung (Einfamilienhaus), die persönlichen Umstände der Steuerzahler (in der Nähe der Hauptwohnung lebt die Verwandtschaft) sowie die intensiven sozialen Kontakte in Saarbrücken.

Zusammenleben mit Kindern

Nicht eindeutig entschieden ist die Frage, ob eine beruflich veranlasste doppelte Haushaltsführung vorliegen kann, wenn Eltern gemeinsam mit ihren Kindern unter der Woche in einer Wohnung am Beschäftigungsort wohnen und nur am Wochenende in der Familienwohnung leben. Das Finanzgericht München hat eine doppelte Haushaltsführung abgelehnt, wenn die Arbeitnehmer am Beschäftigungsort mit ihren Kindern zusammenleben.[44] Eine doppelte Haushaltsführung wird nach Auffassung des Finanzgerichts beendet, wenn der **Beschäftigungsort zum Lebensmittelpunkt** wird. Der Lebensmittelpunkt der Familie befinde sich dann am Beschäftigungsort, wenn dort die Familie zusammenlebe.

Gegenteilig entschieden hat das Finanzgericht Münster.[45] Danach ist eine steuerlich doppelte Haushaltsführung auch bei einer **langjährig am Beschäftigungsort zusammenlebenden Familie möglich**. Im Urteilsfall lebten die Eltern mit ihrer 7 Jahre alten Tochter bereits mehrere Jahre am Beschäftigungsort in einer 80 m² großen Dachgeschosswohnung. Das Wochenende bzw. die freien Tage verbrachte die Familie im 300 km entfernt liegenden Heimatdorf der Mutter, in einem Bungalow mit 120 m² Wohnfläche und 3.000 m² Garten. Dort wohnte auch die Großmutter. Die Steuerzahler hatten in den Bungalow erhebliche Mittel investiert (Gewächshaus, neue Hofpflasterung) und zudem mehrere Grundstücke hinzugepachtet, um dort eigenes Obst und Gemüse anzubauen. Damit war die private Lebensqualität im Heimatdorf größer als in der familiengerechten Zweitwohnung am Beschäftigungsort. Nachweisen konnten die Eheleute, dass die **ärztlichen Behandlungen** durch den Haus- sowie den Zahnarzt im Heimatdorf erfolgten und dort auch **Vereinsmitgliedschaften** bestanden. Aufgrund dieser umfangreichen **Nachweise**, dass der **Lebensmittelpunkt** im Heimatdorf lag, entschied das Finanzgericht Münster zugunsten der Steuerzahler – nicht ohne darauf hinzuweisen, dass diese Entscheidung eine Einzelfallentscheidung ist.

Arbeitnehmer ohne Familienwohnung

Bei Arbeitnehmern ohne Familienwohnung befindet sich der **Mittelpunkt der Lebensinteressen** an dem Ort, zu dem die engeren persönlichen Beziehungen bestehen. Anhaltspunkte sind die Bindungen zu Eltern, Verwandten und Bekannten, aber auch Vereinszugehörigkeiten und andere Aktivitäten können Ausdruck des Lebensmittelpunkts sein. Zu berücksichtigen sind ferner die Dauer

43 BFH, Urteil v. 28.3.2012, VI R 25/11, BStBl 2012 II S. 831.
44 BFH, Urteil v. 1.10.2019, VIII R 29/16, BFH/NV 2020 S. 349.
45 FG Münster, Urteil v. 26.9.2018, 7 K 3215/16 E, EFG 2018 S. 1793, rkr.

des Arbeitsverhältnisses bzw. des Aufenthalts am Beschäftigungsort, die Entfernung der beiden Wohnungen sowie die Zahl der Heimfahrten.[46] Eine Vielzahl von Besuchsfahrten ist aber nicht unbedingt ein Kriterium dafür, dass sich dort der Lebensmittelpunkt befindet, selbst wenn sie zur Pflege eines kranken Familienangehörigen unternommen werden. Hält sich der Arbeitnehmer nur noch sporadisch am Ort seines eigenen Hausstands auf, fehlt es hier am erforderlichen Lebensmittelpunkt.[47]

Keine Mindestzahl an Heimfahrten

Eine feste Mindestzahl, wie oft in die Familienwohnung heimgekehrt werden muss, gibt es nicht. Lange galt als Faustformel, dass durchschnittlich 2 Heimfahrten pro Monat, 24 Heimfahrten pro Jahr, ein ausreichendes Indiz dafür sei, dass der Lebensmittelpunkt in der Familienwohnung liege. Offenbar im Hinblick auf die BFH-Rechtsprechung verzichtet die Finanzverwaltung bei doppelten Haushaltsführungen innerhalb Deutschlands auf eine »feste« Abgrenzung anhand der Zahl der tatsächlichen Heimfahrten in die Familien- oder Hauptwohnung. Insbesondere beim Ansatz von Werbungskosten in der Einkommensteuererklärung helfen in der Praxis aber Aufzeichnungen und Nachweise über die Anzahl und Häufigkeit der Heimfahrten. Dabei sollte auch aufgezeichnet werden, wie lange man sich in der Haupt- oder Familienwohnung aufgehalten hat, z. B. an langen Wochenenden, im Urlaub und zu den typischen Familienfesten wie Weihnachten oder Ostern. Entscheidender als die reine Anzahl der Heimfahrten ist, dass man sich nur in den beruflich notwendigen Zeiten nicht in der Haupt- oder Familienwohnung aufhält. Die Freizeit muss vorrangig am Ort des Lebensmittelpunkts (Haupt- oder Familienwohnung) verbracht werden.[48]

Tipp

Es lohnt sich, Unterlagen bezüglich der Heimfahrten und der Aufenthaltszeiten in der Haupt- oder Familienwohnung zu sammeln und aufzubewahren. Hierzu gehören Fahrkarten, ggf. Flugtickets, Tankbelege, aber auch Nachweise, dass dort tatsächlich gelebt wird (z. B. Kassenzettel oder Zahlungsnachweise über den Einkauf von Lebensmitteln, Kreditkartenabrechnungen, Eintrittskosten (kulturelle Veranstaltungen, Freizeitaktivitäten) usw.

7.2.5.3 Hauptwohnung im Ausland

Etwas anderes gilt, wenn sich die Haupt- oder Familienwohnung im Ausland befindet, zumal dann, wenn diese sehr weit vom Tätigkeitsort entfernt liegt. In diesen Fällen ist die jeweilige Wohnung im Ausland bereits dann als Lebensmittelpunkt anzuerkennen, wenn der Arbeitnehmer **eine Heimfahrt im Kalenderjahr** durchführt **und** auch bei Abwesenheit des Arbeitnehmers dort hauswirtschaftliches Leben herrscht.

Beispiel

Ein lediger Arbeitnehmer mit türkischer Staatsangehörigkeit, der seit 2018 in Deutschland arbeitet, besitzt in Istanbul ein eigenes 2-Familienhaus, das von der Familie seiner Schwester bewohnt wird. Die jährlichen Urlaubszeiten verbringt er in der Wohnung in seinem Heimatland.

Ergebnis: Aufgrund der größeren Entfernung der inländischen Zweitwohnung zu der im Ausland befindlichen Wohnung kann bei einer jährlichen Familienheimfahrt der Lebensmittelpunkt in der Türkei nur anerkannt werden, wenn in der dortigen Wohnung auch bei Abwesenheit des Arbeitnehmers hauswirt-

46 BFH, Urteil v. 22.1.2001, VI R 192/97, BFH/NV 2001 S. 1111.

47 FG Köln, Urteil v. 6.6.2007, 10 K 1188/07, EFG 2008 S. 112.

48 Vgl. Ludwig Schmidt, Kommentar zum EStG, 41. Auflage 2022, Rz. 235 zu § 9 EStG mit weiteren Hinweisen, die dort zitierten Fundstellen in den LStR sind zwischenzeitlich entfallen.

schaftliches Leben herrscht, an dem er sich finanziell und persönlich beteiligt. Die Voraussetzungen einer doppelten Haushaltsführung sind im Beispielsfall nicht erfüllt.

Verheiratete Arbeitnehmer

Die Verwaltung akzeptiert eine doppelte Haushaltsführung in den Fällen größerer Entfernung, in denen es bereits aus tatsächlichen Gründen nicht möglich ist, zweimal monatlich nach Hause zu fahren, im Ergebnis nur bei verheirateten Arbeitnehmern.

Zutreffendes Abgrenzungskriterium ist meines Erachtens jedoch, ob der Lebensmittelpunkt in der Wohnung nach wie vor im Heimatland liegt und in der dortigen Wohnung eine eigenständige Haushaltsführung erfolgt. An dieser Haushaltsführung muss sich der Steuerzahler auch **persönlich beteiligen** – zumindest durch regelmäßige Besuche, aber auch durch regelmäßigen persönlichen Kontakt, z. B. Briefe, Telefonate, E-Mails.

Dies ist bei verheirateten Arbeitnehmern eher der Fall, aber auch bei Ledigen muss bei entsprechenden Nachweisen ein eigener Hausstand von der Finanzverwaltung akzeptiert werden. Eine **zeitlich eingeschränkte Aufenthaltserlaubnis** kann auch bei einem Ledigen ein Indiz dafür sein, dass der Lebensmittelpunkt im Heimatland liegt. Wichtig ist, dass die **erhöhten Nachweisverpflichtungen** im Zusammenhang mit Auslandssachverhalten beachtet werden (§ 90 Abs. 3 AO).

Unabdingbare Voraussetzung ist jedoch eine **finanzielle Beteiligung** an der Haushaltsführung, und zwar über die Mindestgrenze hinaus. Ob allein bei ausreichenden Familienheimfahrten eine finanzielle Beteiligung über die Mindestgrenze hinaus unterstellt werden kann, ist nach der aktuellen Rechtslage nicht eindeutig geklärt.[49]

Alleinstehende Arbeitnehmer

Bei einem nicht verheirateten Arbeitnehmer kann hauswirtschaftliches Leben und damit der Lebensmittelpunkt am Ort der ausländischen Wohnung ausnahmsweise bejaht werden, wenn er einen Haushalt **gemeinsam mit finanziell abhängigen Angehörigen** führt und die Unterhaltskosten überwiegend trägt. Hierfür kommen in Betracht[50]:

- nahe, finanziell abhängige Verwandte oder
- der Partner einer nichtehelichen Lebensgemeinschaft, die wegen mindestens eines gemeinsamen Kindes gebildet wird.

Beispiel

Die Lebensgefährtin und die beiden minderjährigen Kinder eines in Freiburg beschäftigten italienischen Arbeitnehmers wohnen in dessen Einfamilienhaus in der Nähe von Rom. Die jährlichen Betriebsferien im Sommer sowie im Winter verbringt der Arbeitnehmer bei seiner Lebensgefährtin und seinen Kindern in Italien.

Ergebnis: Da bei Abwesenheit während des Jahres in der ausländischen Wohnung hauswirtschaftliches Leben herrscht, an dem sich der Arbeitnehmer sowohl persönlich als auch finanziell beteiligt, kann hier trotz der größeren Entfernung die ausländische Wohnung als Ort des Lebensmittelpunkts mit der Folge einer beruflichen doppelten Haushaltsführung anerkannt werden. Bei ausreichend Familienheimfahrten ist die finanzielle Unterstützung zu unterstellen.

49 BMF, Schreiben v. 2.5.1990, IV B 6 – S 2352 – 9/90, BStBl 1990 I S. 226, Tz. 1.2.2.
50 BFH, Urteil v. 24.11.1989, VI R 66/88, BStBl 1990 II S. 312.

Wichtig

Der BFH ist von den für nicht verheiratete Arbeitnehmer mit Erstwohnung im Ausland bestehenden Regelungen in einem nicht veröffentlichten Urteil abgewichen.[51] Er hat auch bei einem ledigen Arbeitnehmer den Lebensmittelpunkt in der ausländischen Wohnung bejaht, obgleich dort während seiner Abwesenheit kein hauswirtschaftliches Leben herrschte und der Arbeitnehmer lediglich 3 und nicht, wie vom Finanzamt in diesem Fall verlangt, 24 Heimfahrten durchgeführt hat. Der Entscheidung lag der besondere Sachverhalt zugrunde, dass der Arbeitnehmer aufgrund der arbeitsvertraglichen Abmachungen im Inland nur einer kurzfristigen Beschäftigung nachging und deshalb die anschließende Rückkehr in das Heimatland bereits bei Beginn der inländischen doppelten Haushaltsführung festgestanden hat.

Weit entfernte Wohnung

Dabei spielt auch die Entfernung zwischen Beschäftigungsort und Hauptwohnung und die entstehenden Kosten eine Rolle. Bei **verheirateten Arbeitnehmern** und einem (Familien-)Haushalt im Ausland reichen unter Umständen (weite Entfernung, hohe Reisekosten) wenige Heimfahrten jährlich zur Familie aus, wenn ansonsten regelmäßiger Kontakt mit der Familie (Briefe, Telefon, E-Mail) besteht. Eine einzige Heimfahrt pro Jahr hat der BFH nicht akzeptiert[52], aber bei einem Slowaken hielt er 3 Heimfahrten pro Jahr für ausreichend[53], da in diesem Fall nur eine **befristete Arbeitserlaubnis** vorlag. Der BFH sah darin ein Indiz, dass der Lebensmittelpunkt nicht nach Deutschland verlagert war. 16 Heimfahrten nach Österreich sind gerade noch ausreichend, so das Finanzgericht Thüringen.[54]

Bei **extrem weiten Entfernungen** zum Heimatort, z. B. Australien, Indien, Japan, Korea, Philippinen akzeptiert die Finanzverwaltung eine doppelte Haushaltsführung, wenn wenigstens alle 2 Jahre eine Heimfahrt unternommen wird.[55]

Befristete Beschäftigung

Bei einer befristeten Beschäftigung im Inland, bei der von vornherein feststeht, dass der Arbeitnehmer im Anschluss daran wieder in seinen Heimatstaat zurückkehrt, ist dagegen auch eine **geringere Anzahl von Heimfahrten** zur ausländischen Wohnung (im Urteilsfall 3 Heimfahrten) ausreichend, um den Mittelpunkt der Lebensinteressen in der ausländischen Wohnung zu begründen. Sofern im Einzelfall die Finanzämter nach anderen Grundsätzen verfahren, empfiehlt es sich, unter Hinweis auf die BFH-Rechtsprechung gegen ablehnende Einkommensteuerbescheide Einspruch einzulegen.

7.2.6 Zweitwohnung am auswärtigen Beschäftigungsort

Lage der Zweitwohnung

Von einer auswärtigen Beschäftigung ist auszugehen, wenn der Ort der ersten Tätigkeitsstätte und der Ort des Familienhaushalts, der den Lebensmittelpunkt des Arbeitnehmers bildet, auseinanderfallen (vgl. Kap. 7.2.4). Eine doppelte Haushaltsführung wird unter dieser Voraussetzung auch nicht dadurch ausgeschlossen, dass der Arbeitnehmer 2 Dienstverhältnisse und damit 2 erste Tätigkeitsstätten innehat, von denen sich eine am Ort des eigenen Hausstands befindet. Der Wortlaut der Vorschrift verlangt keine ausschließliche auswärtige Beschäftigung für die beruflich bedingte Aufspaltung der Haushaltsführung auf 2 verschiedene Wohnungen.[56] Laut gesetzlicher Regelung muss die Zweitwohnung am Ort der ersten Tätigkeitsstätte liegen (wörtlich lt. § 9 Abs. 1 Nr. 5 EStG »und

51 BFH, Urteil v. 10.2.2000, VI R 60/98, BFH/NV 2000 S. 949.
52 BFH, Urteil v. 8.11.1996, VI R 43/94, BFH NV 1997 S. 341, zur doppelten Haushaltsführung eines jordanischen Bürgers.
53 BFH, Urteil v. 10.2.2000, VI R 60/98, BFH/NV 2000 S. 949, zur doppelten Haushaltsführung bei einem Gastarbeiter.
54 FG Thüringen, Urteil v. 28.1.1998, EFG 1998 S. 1254.
55 R 9.11 Abs. 3 Sätze 5, 6 LStR.
56 BFH, Urteil v. 24.5.2007, VI R 47/03, BStBl 2007 II S. 609.

auch am Ort der ersten Tätigkeitsstätte wohnt«). Das BMF legt diese Regelung jedoch großzügig aus. Es ist ausreichend, wenn die **Zweitwohnung in der Nähe** der ersten Tätigkeitsstätte liegt.[57]

Um eine einfache Abgrenzung in der Praxis zu ermöglichen, unterstellt das BMF-Schreiben, dass man bei einer Entfernung von **bis zu 50 km** zwischen Zweitwohnung und erster Tätigkeitsstätte noch von einer in der Nähe gelegenen Zweitwohnung ausgehen kann. Beträgt die Entfernung **mehr als 50 km**, kommt es auf die **benötigte Fahrtzeit pro Wegstrecke** an. Da Wegzeiten zur Arbeit von bis zu einer Stunde pro Strecke grundsätzlich als zumutbar gelten (vgl. Ausführungen zur Hauptwohnung, Kap. 7.2.4), übernimmt das BMF auch hierfür diese Zeitgrenze. Auch hier kommt es auf die individuellen, tatsächlich genutzten Verkehrsmittel und Wegezeiten des Steuerzahlers an. 50-km-Grenze

Beispiel

Ein Arbeitnehmer, der mit seiner Familie in Freiburg lebt, nimmt zum 1.1.2023 eine Beschäftigung bei einem Arbeitgeber im Stadtgebiet München an. Aufgrund der hohen Mietpreise nimmt er sich eine kleine Wohnung in Unterschleißheim. Die Zweitwohnung liegt 19 km (Fahrtzeit zwischen 30 und 45 Minuten) vom Arbeitgeber (erste Tätigkeitsstätte) entfernt.

Ergebnis: Die Zweitwohnung liegt nicht am Ort der ersten Tätigkeitsstätte in München, aber in dessen Nähe. Sowohl bezüglich der Kilometergrenze als auch bezüglich des Zeitaufwands für eine Wegstrecke bleibt die Zweitwohnung in Unterschleißheim innerhalb der angemessenen Entfernung.

Tipp

Die 50-km-Grenze ist keine absolute Grenze. Auch bei einer weiteren Entfernung kann die Zweitwohnung noch in der Nähe der ersten Tätigkeitsstätte liegen. Maßgebend ist in diesem Fall, dass der Steuerzahler von der Zweitwohnung aus seine erste Tätigkeitsstätte in zumutbarer Fahrtzeit (nicht mehr als 1 Stunde pro einfacher Wegstrecke) erreicht – und sich auch eine Wegstrecken-Ersparnis oder eine Wegzeit-Ersparnis ergibt.[58]

Andererseits liegt keine doppelte Haushaltsführung vor, wenn die Familienwohnung (Hauptwohnung) zu nah am Beschäftigungsort liegt, vgl. Kap. 7.2.4.

Liegt danach eine auswärtige Beschäftigung des Arbeitnehmers vor, sind an die **zusätzliche Wohnung** am auswärtigen Beschäftigungsort nur geringe Anforderungen zu stellen. Als Zweitwohnung kommt jede entgeltlich oder unentgeltlich zur Verfügung stehende Unterkunft in Betracht, also z. B. eine Eigentumswohnung, ein möbliertes Zimmer, Hotel oder eine Baracke auf einer Baustelle. Keine Zweitwohnung wird dagegen bei Seeleuten oder Binnenschiffern an Bord eines Schiffes begründet, auch wenn sie dort eine dauerhafte Unterkunft haben.[59] In diesen Fällen liegt schon keine doppelte Haushaltsführung vor, weil auf einem Schiff keine erste Tätigkeitsstätte entstehen kann. Es fehlt an der ortsfesten Einrichtung[60], anfallende Unterkunftskosten können im Rahmen einer Auswärtstätigkeit berücksichtigt werden. Ebenfalls keine Zweitwohnung wird durch den Aufenthalt in einem Wohnmobil am auswärtigen Beschäftigungsort begründet.[61] Art der Wohnung

57 BMF, Schreiben v. 25.11.2020, IV C 5 – S 2353/19/10011 :006, BStBl 2020 I S. 1228, Rz. 103.
58 BMF, Schreiben v. 25.11.2020, IV C 5 – S 2353/19/10011 :006, BStBl 2020 I S. 1228, Rz. 104, Beispiel 62, Abwandlung 2.
59 BFH, Urteil v. 19.12.2005, VI R 30/05, BStBl 2006 II S. 378.
60 BMF, Schreiben v. 25.11.2020, IV C 5 – S 2353/19/10011 :006, BStBl 2020 I S. 1228, Rz. 3.
61 BMF, Schreiben v. 25.11.2020, IV C 5 – S 2353/19/10011 :006, BStBl 2020 I S. 1228, Rz. 99.

Übernachtungen als Voraussetzung

Weitere Voraussetzung für die steuerliche Anerkennung einer doppelten Haushaltsführung ist, dass in der **Zweitwohnung** auch tatsächlich **übernachtet** wird.[62] Ein Bundeswehrsoldat, der dienstlich verpflichtet ist, in der Kaserne zu wohnen, aber inzwischen »Ausgang bis zum Wecken« hat und tatsächlich in seiner privaten Wohnung übernachtet, hat laut BFH keine doppelte Haushaltsführung. Die Zweitwohnung – hier die Unterkunft in der Kaserne – diente im Urteilsfall nur zum gelegentlichen Aufenthalt, zum Umkleiden usw. Die Bundeswehr hatte für die Gemeinschaftsunterkunft in der Kaserne einen geldwerten Vorteil in Höhe des Sachbezugswerts angesetzt. Da die Voraussetzungen einer doppelten Haushaltsführung nicht erfüllt waren, erfolgte die Besteuerung der Gemeinschaftsunterkunft zu Recht. Letztendlich hatte der klagende Soldat trotzdem Erfolg: Er konnte den angesetzten Sachbezugswert für die Gemeinschaftsunterkunft neben der Entfernungspauschale (Wegstrecke private Wohnung zur Kaserne) als Werbungskosten absetzen.

Übernachtungen ohne Mindestanzahl

Hat der Arbeitnehmer am auswärtigen Beschäftigungsort eine Unterkunft zur jederzeitigen Verfügung, ist für die Anerkennung eines doppelten Haushalts nicht erforderlich, dass der Arbeitnehmer die Mehrzahl der Wochentage in dieser Wohnung anwesend ist und dort übernachtet.[63]

Wichtig

Nach Verwaltungsauffassung ist die auswärtige Beschäftigung nicht an eine bestimmte Mindestaufenthaltsdauer in derselben Unterkunft geknüpft. Bei Vorliegen einer auswärtigen Beschäftigung ist die Anzahl der Übernachtungen am Beschäftigungsort unerheblich.[64] Eine doppelte Haushaltsführung wird deshalb auch durch **gelegentliche Hotelübernachtungen** begründet.[65]

7.2.7 Berufliche Veranlassung

Ob die Kosten für eine doppelte Haushaltsführung steuerlich berücksichtigt werden (z. B. für die steuerfreie Erstattung durch den Arbeitgeber oder den Werbungskostenabzug), hängt von der beruflichen Veranlassung ab.

Bezug zur beruflichen Tätigkeit

Voraussetzung für den steuerlichen Abzug ist ein konkreter Bezug zur beruflichen Tätigkeit des Steuerzahlers. Das ist der Fall, wenn die Zweitwohnung während der aktiven beruflichen Tätigkeit unterhalten wird. Schwieriger ist das, wenn die berufliche Tätigkeit noch gar nicht begonnen hat (oder wegen Elternzeit unterbrochen ist), der Steuerzahler aber »quasi auf Vorrat« eine Zweitwohnung anmietet oder die bisherige Wohnung – trotz Umzug in eine Familienwohnung – beibehält. In diesen Fällen muss der Zusammenhang mit der zukünftigen beruflichen Tätigkeit sehr konkret sein.[66] Im Urteilsfall hatte sich der Lebensmittelpunkt einer Steuerzahlerin aufgrund Elternzeit verlagert. Ihre ursprünglich bewohnte 2-Zimmer-Wohnung hatte sie beibehalten, da sie nach der Elternzeit wieder in ihren Beruf zurückkehren wollte. Der BFH lehnte den steuerlichen Abzug dieser Unterkunftskosten ab, da es am konkreten Bezug zur späteren beruflichen Tätigkeit fehlte.

Wie oben erläutert, liegt eine steuerliche doppelte Haushaltsführung nur vor, wenn

- die Hauptwohnung nicht am Ort der ersten Tätigkeitsstätte liegt (vgl. Kap. 7.2.4) und
- die Zweitwohnung in der Nähe zur ersten Tätigkeitsstätte liegt (vgl. Kap. 7.2.6).

62 BFH, Urteil v 28.4.2020, VI R 5/18, BFH/NV 2020 S. 1324, Nr. 12.
63 BFH, Urteil v. 9.6.1988, VI R 85/85, BStBl 1988 II S. 990.
64 R 9.11 Abs. 1 Satz 1 LStR.
65 BFH, Urteil v. 22.4.1998, XI R 59/97, BFH/NV 1998 S. 1216; BFH, Urteil v. 5.8.2004, VI R 40/03, BStBl 2004 II S. 1074.
66 BFH, Urteil v. 23.10.2019, VI R 1/18, BFH/NV 2020 S. 354, Rz. 4.

Auch wenn diese Voraussetzungen erfüllt sind, ist der **berufliche Anlass** der doppelten Haushaltsführung noch nicht sicher. Erforderlich ist eine berufliche Notwendigkeit. Persönliche Interessen – z. B. eine bequemere Anfahrt zur ersten Tätigkeitsstätte – müssen nachrangig sein.

2-stufige Prüfung beruflicher Veranlassung

Das BMF-Schreiben lässt eine **vereinfachte Prüfung der beruflichen Veranlassung** zu.[67] Diese Vereinfachung ist insbesondere für Arbeitgeber interessant, weil damit eine »Ursachenforschung« nicht mehr notwendig ist. Laut BMF erfolgt die Prüfung der beruflichen Veranlassung 2-stufig:

1. **Prüfung:** Ergibt sich durch die Zweitwohnung eine sinnvolle **Wegstrecken-Ersparnis**? Hierfür wird die Wegstrecke Wohnung – erste Tätigkeitsstätte mit der Wegstrecke Zweitwohnung – erste Tätigkeitsstätte verglichen (vgl. Kap. 7.2.7.1).
2. **Prüfung**: Ergibt die erste Prüfung kein eindeutiges Ergebnis, wird die berufliche Veranlassung anhand der vom BFH aufgestellten Kriterien geprüft. Neben den eindeutigen Fällen einer **beruflichen Veranlassung** (z. B. Versetzung, Umzug der ersten Tätigkeitsstätte, Aufnahme einer neuen Tätigkeit) kann eine berufliche Veranlassung auch **aufgrund persönlicher Ereignisse** (Heirat, Geburt eines gemeinsamen Kindes) und bei den sog. **Wegzugsfällen** vorliegen.

7.2.7.1 Vermutungsregelung für berufliche Veranlassung

Das aktuelle BMF-Schreiben hält eine **Verkürzung der Wegstrecke um mehr als 50 %** bzw. eine **Wegzeit-Ersparnis von mehr als 50 %** für ein ausreichendes Indiz für die berufliche Notwendigkeit der doppelten Haushaltsführung.[68] Maßgebend für die Wegstrecken-Ersparnis ist die jeweils **kürzeste Straßenverbindung**. Beide Regelungen – Wegstrecken-Ersparnis und Wegzeit-Ersparnis – stehen gleichberechtigt nebeneinander.

Doppelter Haushalt: Vereinfachtes Prüfungsschema zum beruflichen Anlass

a) Weg**strecken**-Ersparnis	b) Weg**zeit**-Ersparnis
Verglichen werden… 1. Wegstrecke von der Haupt- bzw. Familienwohnung zur ersten Tätigkeitsstätte (Entfernung 1) 2. Wegstrecke von der Zweitwohnung zur ersten Tätigkeitsstätte (Entfernung 2)	Verglichen werden… 1. Zeitaufwand für die einfache Fahrt von der Haupt- bzw. Familienwohnung zur ersten Tätigkeitsstätte (Wegzeit 1) 2. Zeitaufwand für die einfache Fahrt von der Zweitwohnung zur ersten Tätigkeitsstätte (Wegzeit 2)
Beträgt die **Entfernung 2 weniger als 50 % der Entfernung 1**, liegt eine **berufliche Veranlassung** vor.	Beträgt die **Wegzeit 2 weniger als 50 % Wegzeit 1**, liegt eine **berufliche Veranlassung** vor.

Es reicht, wenn **eine** der Voraussetzungen erfüllt ist.

67 BMF, Schreiben v. 25.11.2020, IV C 5 – S 2353/19/10011 :006, BStBl 2020 I S. 1228, Rz. 104.
68 BMF, Schreiben v. 25.11.2020, IV C 5 – S 2353/19/10011 :006, BStBl 2020 I S. 1228, Rz. 104.

Beispiel

Der Arbeitnehmer wohnt mit seiner Familie in Nördlingen, seine erste Tätigkeitsstätte liegt in München. Wegen der weiten Entfernung von 136 km (Fahrtzeit mit dem Pkw eine Std. 20 Min.) übernachtet der Arbeitnehmer von Montag bis Donnerstag in seiner Zweitwohnung in Taufkirchen. Diese liegt 22 km von der Tätigkeitsstätte in München entfernt. Mit öffentlichen Verkehrsmitteln erreicht er seine erste Tätigkeitsstätte in 40 Min.

Im Vergleich zur Strecke Hauptwohnung und Beschäftigungsort (136 km) beträgt die Entfernung zwischen Zweitwohnung in Taufkirchen und erster Tätigkeitsstätte in München deutlich weniger als 50 %, nämlich nur 22 km. Es ergibt sich bei der Wegstrecke eine Ersparnis von 83,8 %.

Ergebnis: Die Hauptwohnung liegt nicht am Ort der ersten Tätigkeitsstätte (Entfernung mehr als 50 km), die Zweitwohnung noch in der Nähe der ersten Tätigkeitsstätte (Entfernung weniger als 50 km) Da sich eine Wegstrecken-Ersparnis von mehr 83,3 % und damit **mehr als 50 %** ergibt, gilt die Zweitwohnung ohne weitere Prüfung als beruflich veranlasst. Dabei spielt es keine Rolle, dass die Wegzeit-Ersparnis (80 Minuten zu 40 Minuten) nur bei 50 % liegt.

Das BMF-Schreiben enthält zur Wegzeit-Ersparnis interessante Beispiele[69]:

Beispiel

Entfernung Hauptwohnung zur ersten Tätigkeitsstätte	56 km
Einfache Wegzeit von der Hauptwohnung zur ersten Tätigkeitsstätte	65 Minuten
Entfernung Zweitwohnung zur ersten Tätigkeitsstätte	30 km
Einfache Wegzeit von der Zweitwohnung zur ersten Tätigkeitsstätte	25 Minuten

Ergebnis: Die Hauptwohnung liegt nicht am Ort der ersten Tätigkeitsstätte, da die Entfernung mehr als 50 km beträgt. Die Zweitwohnung ist hingegen noch in der Nähe der ersten Tätigkeitsstätte, da die Entfernung weniger als 50 km beträgt. Die doppelte Haushaltsführung ist somit beruflich veranlasst, weil sich die Fahrtzeit um mehr als 50 % (nämlich um 61,5 %) verringert. Die Wegstrecken-Verkürzung (weniger als 50 %) spielt keine Rolle.

Beispiel

Entfernung Hauptwohnung zur ersten Tätigkeitsstätte	250 km
Einfache Wegzeit von der Hauptwohnung zur ersten Tätigkeitsstätte	65 Minuten
Entfernung Zweitwohnung zur ersten Tätigkeitsstätte	60 km
Einfache Wegzeit von der Zweitwohnung zur ersten Tätigkeitsstätte	40 Minuten

Ergebnis: Die Hauptwohnung liegt nicht am Ort der ersten Tätigkeitsstätte, da die Entfernung mehr als 50 km beträgt. Die Zweitwohnung liegt trotz einer Entfernung von mehr als 50 km noch in der Nähe der ersten Tätigkeitsstätte, weil die Fahrtzeit zur ersten Tätigkeitsstätte nur 40 Minuten beträgt. Die doppelte Haushaltsführung ist beruflich veranlasst, weil sich die Wegstrecke um mehr als 50 % (nämlich um 76 %) verringert.[70]

Ergibt sich aufgrund der Lage der Zweitwohnung keine Wegstreckenersparnis von 50 %, läuft die Vermutungsregelung ins Leere. Das bedeutet allerdings nicht, dass damit die steuerliche Anerkennung der doppelten Haushaltsführung verloren ist.

Rechtsprechung zum beruflichen Anlass

Die Rechtsprechung hat in zahlreichen Urteilen über die Abgrenzung von privater und beruflicher Veranlassung entschieden. Die folgenden aufgeführten Fälle, in denen der BFH eine beruflich veranlasste doppelte Haushaltsführung bejaht hat, haben weiterhin Gültigkeit:

69 BMF, Schreiben v. v. 25.11.2020, IV C 5 – S 2353/19/10011 :006, BStBl 2020 I S. 1228, Rz. 104, Beispiel 62, Abwandlung 1.
70 BMF, Schreiben v. v. 25.11.2020, IV C 5 – S 2353/19/10011 :006, BStBl 2020 I S. 1228, Rz. 104, Beispiel 62, Abwandlung 2.

- **Erstmaliger Antritt** einer Stellung, Wechsel des Arbeitgebers, Versetzung bei Beamten, wenn in diesen Fällen der bisherige Familienwohnort beibehalten wird.
- Der erstmalige Antritt einer **auswärtigen Beschäftigung** begründet auch dann eine berufliche doppelte Haushaltsführung, wenn der Arbeitnehmer die Wohnung bereits während des vorangegangenen Studiums innehatte. Die Aufrechterhaltung einer solchen zunächst durch das Studium (= privat) veranlassten doppelten Haushaltsführung steht dem Werbungskostenabzug nicht entgegen, weil die Zweitwohnung mit der Arbeitsaufnahme zur begünstigten Erwerbswohnung wird.
- Der Arbeitnehmer richtet nachträglich, z. B. **nach mehreren Jahren**, am auswärtigen Beschäftigungsort eine Zweitwohnung ein.[71] Die spätere Begründung eines zweiten Haushalts am Beschäftigungsort kann auch noch dann beruflich veranlasst sein, wenn sich dort der frühere Familienwohnsitz befand. Die Voraussetzung, dass zwischen Verlegung des Familienwohnsitzes und der späteren Errichtung des zweiten Hausstands kein engerer Zusammenhang besteht, ist aufgrund der geänderten Rechtsprechung nicht mehr zu beachten.
- Eine doppelte Haushaltsführung **anlässlich einer Heirat**, wenn beide Ehegatten im Zeitpunkt der Eheschließung an verschiedenen Arbeitsorten berufstätig und wohnhaft sind.[72] Dies gilt auch, wenn Ehegatten bereits vor ihrer Eheschließung zusammengelebt und die spätere Familienwohnung an einem der beiden Beschäftigungsorte bewohnt haben.[73] Hier kann eine aus beruflichem Anlass begründete doppelte Haushaltsführung bereits vor der Heirat gegeben sein, wenn der entscheidende Anlass für die Zweitwohnung die Aufnahme einer neuen auswärtigen Beschäftigung ist. Die frühere Rechtsprechung hinsichtlich lediger Arbeitnehmer ist überholt (vgl. Kap. 7.2.2). Die Begründung einer beruflich veranlassten doppelten Haushaltsführung bei einer Heirat von beiderseits berufstätigen Ehegatten wird nicht dadurch ausgeschlossen, dass ein Ehegatte im EU-Ausland beschäftigt ist und seine im EU-Ausland gelegene Wohnung als künftiger gemeinsamer Lebensmittelpunkt gewählt wird.[74]
- Am früheren Beschäftigungsort wird nach einer **Unterbrechung** die doppelte Haushaltsführung wieder begründet. Dabei ist es unschädlich, wenn als Zweitwohnung das schon früher genutzte Wohneigentum gewählt wird.[75]

Berufliche Veranlassung der Zweitwohnung

Die langjährige Rechtsprechung des BFH zu diesem Themenbereich gilt uneingeschränkt weiter. Es kommt für die steuerliche Anerkennung einer doppelten Haushaltsführung nur darauf an, ob neben dem Familienhaushalt beziehungsweise Haupthaushalt am auswärtigen Beschäftigungsort eine Zweitwohnung vorhanden ist, weil von dort aus die **erste Tätigkeitsstätte sinnvoll zu erreichen** ist. Warum es am Beschäftigungsort kein Familienhaushalt beziehungsweise keine Hauptwohnung gibt, spielt letztendlich keine Rolle mehr. Dies zeigt sich an den Urteilen zu den Wegverlegungsfällen.

Wegverlegungsfälle

Eine beruflich veranlasste doppelte Haushaltsführung liegt vor, wenn der Haupthausstand aus privaten Gründen vom Beschäftigungsort wegverlegt wird, der Arbeitnehmer aber am Beschäftigungsort eine Zweitwohnung nehmen muss, um zur Arbeit zu gelangen.[76] Beruflich veranlasst bleibt eine doppelte Haushaltsführung auch dann, wenn der verbleibende Weg von der Zweitwohnung zum Beschäftigungsort täglich zurückgelegt werden kann. Auf die **Entfernung** an sich kommt es nicht an.

71 BFH, Urteil v. 30.10.1987, VI R 76/84, BStBl 1988 II S. 358; BFH, Urteil v. 22.9.1988, VI R 14/86, BStBl 1989 II S. 94.
72 BFH, Urteil v. 2.10.1987, VI R 149/84, BStBl 1987 II S. 852.
73 BFH, Urteil v. 4.10.1989, VI R 44/88, BStBl 1990 II S. 321.
74 FG Köln, Urteil v. 4.12.2002, 11 K 2966/00, EFG 2003 S. 685.
75 BFH, Urteil v. 8.7.2010, VI R 15/09, BStBl 2011 II S. 47; BFH, Beschluss v. 8.10.2014, VI R 7/13, BStBl 2015 II S. 336.
76 BFH, Urteil v. 5.3.2009, VI R 23/07, BStBl 2009 II S. 1016; BFH, Urteil v. 5.3.2009, VI R 58/06, BStBl 2009 II S. 1012; BMF, Schreiben v. 10.12.2009, IV C 5 – S 2352/0, BStBl 2009 I S. 1599, bestätigt durch BFH, Urteil v. 19.4.2012, VI R 59/11, BStBl 2012 II S. 833.

Warum eine doppelte Haushaltsführung weitergeführt wird, spielt ausdrücklich keine Rolle mehr (ausdrückliche Formulierung in § 9 Abs. 1 Satz 3 Nr. 5 EStG), das gilt **unabhängig von der Dauer** der doppelten Haushaltsführung. Dabei billigt der BFH den Arbeitnehmern weitgehende Freiheiten zu, wo sie ihren persönlichen Lebensmittelpunkt bestimmen, insbesondere, wenn eine Ehe oder eine Lebenspartnerschaft besteht. Das Finanzamt kann nicht argumentieren, andere Lösungen wären billiger, sinnvoller oder eine doppelte Haushaltsführung müsse irgendwann beendet werden. Der Steuerzahler selbst entscheidet, wie lange er eine doppelte Haushaltsführung beibehält.

Wichtig

Steuerlich anzuerkennen ist auch eine doppelte Haushaltsführung, die durch ein **Mietverhältnis** zwischen Ehegatten begründet wird. Kein Gestaltungsmissbrauch liegt vor, wenn es sich bei der Zweitwohnung am auswärtigen Beschäftigungsort um die im Alleineigentum des Ehegatten stehende Zweitwohnung handelt, die an den Arbeitnehmer zu fremdüblichen Bedingungen vermietet wird.[77]

7.2.7.2 Berufliche Veranlassung bei Wegzugsfällen

Die Anerkennung eines doppelten Haushalts setzt voraus, dass die Berufsausübung der entscheidende Anlass für den zweiten Hausstand ist. Der BFH hat seine frühere Rechtsprechung geändert und in mehreren Urteilen die bisherige Ablehnung der doppelten Haushaltsführung in den Wegverlegungsfällen aufgegeben.[78] Das allein entscheidende Kriterium liegt nach den Urteilsgründen darin, dass der zweite (doppelte) Haushalt aus beruflichen Gründen eingerichtet wird.

Kriterien zur Anerkennung

Der **berufliche Anlass** ist damit nicht mehr in Bezug auf die Aufspaltung zu prüfen, sondern allein hinsichtlich des **zusätzlich benötigten Wohnraums** am Beschäftigungsort. Eine beruflich begründete doppelte Haushaltsführung liegt vor, wenn aus beruflichem Anlass am auswärtigen Beschäftigungsort ein zweiter (doppelter) Haushalt zum eigenen Hausstand am Ort des Lebensmittelpunkts des Arbeitnehmers hinzutritt. Der berufliche Anlass der auswärts begründeten Zweitwohnung ist dann gegeben, wenn der Steuerpflichtige den doppelten Haushalt nutzt, um von dort aus seinen Arbeitsplatz (besser) erreichen zu können. Die Wohnung am auswärtigen Beschäftigungsort ist in diesem Fall wegen der auswärtigen Berufstätigkeit des Arbeitnehmers begründet und qualifiziert damit auch die doppelte Haushaltsführung als beruflich veranlasst.

Nach dieser Rechtsauffassung ist das gesetzliche Erfordernis der beruflichen Veranlassung der doppelten Haushaltsführung mit der beruflichen Begründung der Zweitwohnung gleichzusetzen. So kann eine Zweitwohnung am auswärtigen Beschäftigungsort auch dann beruflich veranlasst sein, wenn der Arbeitnehmer dort seinen doppelten Haushalt in einer Wohngemeinschaft mit Bekannten einrichtet oder durch Kauf einer Immobilie begründet.[79] Erst wenn sich auch der Mittelpunkt seiner Lebensinteressen an den Beschäftigungsort verlagert, entfällt die berufliche Veranlassung des doppelten Haushalts.

Wegverlegung aus privaten Gründen

Steuerlich akzeptiert wird die Wegverlegung des Haupthausstands weg vom Beschäftigungsort aus privaten Gründen, wenn der Arbeitnehmer infolgedessen am Beschäftigungsort einen Zweithaushalt begründet, um von dort aus seiner Beschäftigung weiter nachgehen zu können. Das gilt auch

77 BFH, Urteil v. 11.3.2003, IX R 55/01, BStBl 2003 II S. 627.

78 BFH, Urteil v. 5.3.2009, VI R 58/06, BStBl 2009 II S. 1012; BFH, Urteil v. 5.3.2009, VI R 23/07, BStBl 2009 II S. 1016; BFH, Urteil v. 5.3.2009, VI R 31/08, BFH/NV 2009 S. 1256; bestätigt durch BFH, Urteil v. 10.3.2010, VI R 47/09, BFH/NV 2010 S. 1269.

79 BFH, Urteil v. 28.3.2012, VI R 25/11, BFH/NV 2012 S. 1525.

dann, wenn die bisherige Hauptwohnung zur Zweitwohnung wird. Voraussetzung ist allerdings, dass die Hauptwohnung ein familiengerechtes Wohnen ermöglichen muss.[80] Nach der gesetzlichen Zielvorstellung liegt die Wahl der Hauptwohnung im Sinne des eigenen Hausstands immer in der Privatsphäre des Arbeitnehmers, der den Kostenabzug ausschließt (§ 12 Nr. 1 EStG). Nach dem Gesetzeswortlaut hat dies keine Folgewirkungen für den beruflichen Anlass einer Zweitwohnung am Beschäftigungsort.[81]

Beispiel

Ein Arbeitnehmer wohnt mit seiner Ehefrau und einer 3 Jahre alten Tochter in Mannheim, wo er bei einem Pharmaunternehmen beschäftigt ist. Zum 1.10.2023 verlegt er seinen Familienwohnsitz nach Freiburg, damit seine Ehefrau ihr Studium an der Pädagogischen Hochschule Freiburg abschließen kann. In Freiburg bewohnt die Familie eine 4-Zimmer-Wohnung. Gleichzeitig mietet der Arbeitnehmer in Mannheim ein 1-Zimmer-Apartment an.

Ergebnis: Ab 1.10.2023 liegt eine berufliche doppelte Haushaltsführung vor. Abzustellen ist ausschließlich auf die auswärtige Zweitwohnung in Mannheim, die der Arbeitnehmer deshalb eingerichtet hat, um von dort aus seinen Arbeitsplatz erreichen zu können. Der privat veranlasste Umzug nach Freiburg hat auf die berufliche Veranlassung der Mannheimer Zweitwohnung keinen Einfluss. Der Arbeitnehmer kann ab Oktober die notwendigen Mehraufwendungen der doppelten Haushaltsführung als Werbungskosten abziehen. Zulässig wäre auch ein steuerfreier Arbeitgeberersatz.

Unerheblich ist im Beispielsfall, dass ein unmittelbarer zeitlicher und sachlicher Zusammenhang zwischen Wegverlegung des eigenen Hausstands vom Arbeitsort und der dortigen Begründung eines zweiten Hausstands besteht. Eine längere Frist zwischen der Wohnsitzaufgabe und der Wohnsitzneugründung am auswärtigen Beschäftigungsort wird nicht verlangt. Ebenso ist die steuerliche Anerkennung der doppelten Haushaltsführung in Wegzugsfällen nicht davon abhängig, dass der Zweithaushalt am auswärtigen Beschäftigungsort in einer neuen, vom bisherigen Haupthausstand verschiedenen Wohnung erfolgt. Ein beruflicher Anlass ist auch dann zu bejahen, wenn der Arbeitnehmer die **Familienwohnung** aus privaten Gründen vom Beschäftigungsort wegverlegt und diese gleichzeitig wegen des unveränderten Arbeitsplatzes als **Zweithaushalt** weiternutzt. Der beibehaltene Haushalt am nunmehr auswärtigen Beschäftigungsort wird ab diesem Zeitpunkt aus beruflichen Gründen unterhalten.

Beispiel

Ein Arbeitnehmer bewohnt mit seinem Ehe- bzw. Lebenspartner sowie einem Kind eine 3-Zimmer-Wohnung in Frankfurt. Er arbeitet in Frankfurt bei einer Beratungsgesellschaft. Zum 1.7.2023 wird der Familienwohnsitz zur Mutter des Arbeitnehmers nach Freiburg verlegt, da diese pflegebedürftig ist. Dort bewohnt die Familie eine ausreichend große Wohnung. Der Arbeitnehmer arbeitet weiterhin in Frankfurt und behält die bisherige Frankfurter Familienwohnung als Zweitwohnung bei.

Ergebnis: Ab 1.7.2023 liegt eine beruflich veranlasste doppelte Haushaltsführung vor. Weder der private Anlass des Wegzugs nach Freiburg noch die vorherige Nutzung der Frankfurter Wohnung als Familienwohnung ändert etwas am beruflichen Anlass der doppelten Haushaltsführung. Die Kosten für die Frankfurter Wohnung können als Werbungskosten steuerlich berücksichtigt werden. Allerdings gilt die Begrenzung der abzugsfähigen Unterkunftskosten auf 1.000 EUR monatlich (vgl. Kap. 7.3.3). Für die ersten 3 Monate der doppelten Haushaltsführung kann der Arbeitnehmer Mehraufwand für Verpflegung als Werbungskosten absetzen (vgl. Kap. 7.3.2). Verpflegungsmehraufwand für die ersten 3 Monate kann aufgrund der geänderten Verwaltungsauffassung auch in Wegzugsfällen berücksichtigt werden.

80 BFH, Urteil v. 8.10.2014, VI R 16/14, BStBl 2015 II S. 511.
81 BFH, Urteil v. 28.3.2012, VI R 25/11, BStBl 2012 II S. 831.

Befristeter Ferienaufenthalt

Fraglich ist, ob die Wegverlegung des Familienwohnsitzes z. B. während der Sommermonate auch dazu führen kann, dass die dann zur Zweitwohnung werdende bisherige Familienwohnung eine steuerlich anzuerkennende doppelte Haushaltsführung darstellt. Hierbei ist zu berücksichtigen, dass die **Verlagerung des Lebensmittelpunkts** von vornherein nur auf eine zeitlich befristete Dauer angelegt ist. Grundsätzlich kann der Mittelpunkt der Lebensinteressen auch zeitlich befristet am Ort eines **Ferienhauses** liegen.[82] Allerdings dient in diesem Fall die Zweitwohnung – anders in den auf Dauer angelegten Wegverlegungsfällen – nicht nur dazu, den Arbeitsort erreichen zu können, sondern auch dem der Privatsphäre zuzurechnenden Zweck, nach Beendigung des befristeten Ferienhausaufenthalts wieder Familienhauptwohnung zu sein. Die steuerliche Anerkennung der doppelten Haushaltsführung in Wegverlegungsfällen wird deshalb von der Finanzverwaltung auf die von der Rechtsprechung entschiedenen Sachverhalte beschränkt, in denen die Verlagerung des Lebensmittelpunkts **auf Dauer** erfolgte. Eine beruflich veranlasste doppelte Haushaltsführung liegt aus diesem Grund nicht vor, wenn der Lebensmittelpunkt – und damit der Familienwohnsitz – in den Sommermonaten an den Ort einer Ferienwohnung verlegt wird.[83]

Die berufliche Veranlassung einer doppelten Haushaltsführung ist ausschließlich in Bezug auf die zweite Wohnung am auswärtigen Beschäftigungsort zu überprüfen. Die berufliche Veranlassung einer aus beruflichen Gründen entstandenen doppelten Haushaltsführung endet deshalb nicht allein dadurch, dass ein Arbeitnehmer seinen eigenen Familienwohnsitz bzw. seinen eigenen Hausstand innerhalb desselben Orts verlegt.[84]

Beispiel

Ein Arbeitnehmer wohnt mit seiner Familie in Karlsruhe. Er nimmt eine auswärtige Beschäftigung in Stuttgart auf und bewohnt dort ein Apartment. Ende des Jahres verlegt er den Familienwohnsitz von Karlsruhe nach Freiburg.

Ergebnis: Die bisherige (berufliche) doppelte Haushaltsführung bleibt bestehen; abzustellen ist ausschließlich auf die Zweitwohnung am auswärtigen Beschäftigungsort.

Beiderseits berufstätige Partner

Bei beiderseits berufstätigen Ehegatten wandelt sich eine ursprünglich beruflich veranlasste Zweitwohnung auch dann nicht in eine private doppelte Haushaltsführung um, wenn die Ehegatten ohne beruflichen Grund den Ort des eigenen Hausstands mit dem Ort der doppelten Haushaltsführung tauschen.[85] Die Verlegung des Familienwohnsitzes an den Beschäftigungsort des anderen Ehegatten unter Beibehaltung der ursprünglichen Familienwohnung als Erwerbswohnung ist nach den Entscheidungsmerkmalen für die berufliche Veranlassung unerheblich.

Rückumzug

Die Rechtsprechung zu den Wegzugsfällen gilt auch, wenn die bislang im Ausland lebende Ehefrau zu ihrem in Deutschland tätigen Ehemann zieht. Das gilt auch bei eingetragenen Lebenspartnerschaften und bei Lebensgemeinschaften, da nicht zwischen Ehegatten und anderen Personen unterschieden werden darf.[86] Mit dem Rückumzug der Ehefrau ins Heimatland wird in jedem Fall wieder eine berufliche doppelte Haushaltsführung begründet. Denn die inländische Zweitwohnung dient ausschließlich der auswärtigen Berufstätigkeit, unabhängig davon, ob die bisherige doppelte Haushaltsführung fortgeführt (Besuch) oder eine neue begründet wird (Zuzug). Die Prüfung, ob durch

82 BFH, Urteil v. 10.11.1978, VI R 127/76, BStBl 1979 II S. 335.
83 BMF, Schreiben v. 10.12.2009, IV C 5 – S 2352/0, BStBl 2009 I S. 1599.
84 BFH, Urteil v. 4.4.2006, VI R 11/02, BStBl 2006 II S. 714.
85 BFH, Urteil v. 30.10.2008, VI R 10/07, BStBl 2009 II S. 153.
86 BFH, Urteil v. 9.2.2015, VI B 80/14, BFH/NV 2015 S. 675.

Zeitablauf im Inland ein gewöhnlicher Aufenthalt begründet worden ist (12-Monatsfrist), kann entfallen.

Beispiel

Ein ausländischer Arbeitnehmer führt seit Jahren einen aus beruflichem Anlass begründeten doppelten Haushalt. Im Jahr 2020 zieht die bisher im Ausland wohnende Ehefrau in die inländische Wohnung ihres Ehemanns. Als sie Anfang 2023 ein Kind erwartet, kehrt sie in ihre Wohnung in der Heimat zurück, die während dieser Zeit beibehalten worden ist.

Ergebnis: Nach Ablauf von 12 Monaten wird auch bei Besuchen ein gewöhnlicher Aufenthalt im Inland begründet (§ 9 AO). Entsprechend ist die Rückkehr als Wegzug und damit als neue doppelte Haushaltsführung zu beurteilen.[87] Da der Arbeitnehmer die auswärtige Zweitwohnung ausschließlich als Erwerbswohnung nutzt, kann er die notwendigen Mehraufwendungen des inländischen doppelten Haushalts als beruflich veranlasste Werbungskosten abziehen, allerdings nur in Höhe von bis zu 1.000 EUR (vgl. Kap. 7.3.3).

Wegverlegung des Lebensmittelpunkts

Auch bei **nicht verheirateten Arbeitnehmern** kann die Verlegung des Lebensmittelpunkts in die Wohnung des Lebenspartners eine berufliche doppelte Haushaltsführung begründen, in dem die bisherige Wohnung am Beschäftigungsort als Zweitwohnung beibehalten wird. Dabei kommt es nicht darauf an, ob eine beidseitige Berufstätigkeit der Lebenspartner vorliegt oder die Gründung des gemeinsamen Hausstands durch die Geburt seines Kindes bedingt ist. Weitere Grundlage ist, dass die außerhalb des Beschäftigungsorts liegende Wohnung tatsächlich als Mittelpunkt der Lebensinteressen anzusehen ist und deshalb auch der Haupthausstand darstellt. Insbesondere bei langfristiger auswärtiger Beschäftigung prüft die Finanzverwaltung bei ledigen Steuerzahlern, ob der Lebensmittelpunkt nicht zum Beschäftigungsort gewandert ist.[88] Je länger die Auswärtstätigkeit dauert, umso häufiger verlagert sich die eigentliche Haushaltsführung und damit auch der Mittelpunkt der Lebensinteressen an den Beschäftigungsort.

Wichtig

Wird der bisherige Familienhausstand aufgrund des Wegzugs der Familie zur Zweitwohnung am Beschäftigungsort (sog. Wegzugsfälle), wird dies gleichwohl als doppelte Haushaltsführung steuerlich anerkannt. Allerdings werden sich regelmäßig Einschränkungen hinsichtlich der Höhe der abzugsfähigen Aufwendungen für die Kosten des doppelten Haushalts ergeben (vgl. Kap. 7.3.3).

Verpflegungsmehraufwand innerhalb der 3-Monatsfrist

Die Wegzugsfälle bei der doppelten Haushaltsführung waren bisher steuerlich dadurch benachteiligt, dass mit dem Entstehen der doppelten Haushaltsführung durch Wegverlagerung des Familien-Hausstandes nach Auffassung der Finanzverwaltung keine neue 3-Monatsfrist begann. Die vorige Nutzungszeit als Familienwohnung wurde auf die 3-Monatsfrist angerechnet. Laut Bundesfinanzhof beginnt mit dem Wegzug jedoch eine **neue 3-Monatsfrist**, da sich der Arbeitnehmer durchaus auf eine neue Verpflegungssituation einstellen müsse.[89] Die Finanzverwaltung akzeptiert dieses Urteil. Das ergibt sich zum einen aus der amtlichen Veröffentlichung im Bundessteuerblatt, zum anderen wurden die Lohnsteuerrichtlinien entsprechend ergänzt.[90]

87 BMF, Schreiben v. 10.8.1992, IV B 6 – S 2352 – 22/92, BStBl 1992 I S. 448, Tz. 1.1.

88 BFH, Urteil v. 2.5.2009, VI B 162/08, BFH/NV 2009 S. 1435; BFH, Urteil v. 1.10.2019, VIII R 29/16, BFH/NV 2020 S. 349: bei gemeinsamer Haushaltsführung mit Kindern in der Zweitwohnung wird die doppelte Haushaltsführung beendet.

89 BFH, Urteil v. 8.10.2014, VI R 7/13, BStBl 2015 II S. 336, bestätigt durch BFH, Urteil v. 8.7.2010, VI R 15/09, BStBl 2011 II S. 47.

90 R 9.11 Abs. 7 Satz 3 LStR sowie ausdrücklich H 9.11 (5–10), Stichwort »Verpflegungsmehraufwendungen«. Im BMF-Schreiben v. 25.11.2020, IV C 5 – S 2353/19/10011 :006, BStBl 2020 I S. 1228, fehlen hierzu leider entsprechende Ausführungen.

Beispiel

Der Familienhaushalt wird aus privaten Gründen ab 1.7.2023 von Frankfurt nach Stuttgart verlegt. Die bisherige Familienwohnung in Frankfurt wird vom Arbeitnehmer weiter genutzt, da er nach wie vor in der Innenstadt von Frankfurt arbeitet.

Ergebnis: Für den Zeitraum vom 1.7.2023 bis 30.9.2023 kann der Arbeitnehmer Verpflegungsmehraufwendungen steuerlich als Werbungskosten absetzen. Sie berechnen sich nach der Abwesenheit von der Familienwohnung, für volle 24 Stunden sind das 28 EUR/Tag, für die Reisetage zur und von der Familienwohnung in Stuttgart jeweils 14 EUR.

Ferienwohnung

Bei Wegverlegung des Lebensmittelpunkts vom Beschäftigungsort und zusätzlicher Nutzung der bisherigen oder einer neuen Wohnung am Beschäftigungsort liegt nur dann eine beruflich veranlasste doppelte Haushaltsführung vor, wenn die Wegverlegung des Lebensmittelpunkts voraussichtlich auf Dauer erfolgt. Somit liegt eine beruflich veranlasste doppelte Haushaltsführung insbesondere dann nicht vor, wenn der Lebensmittelpunkt nur für die Sommermonate an den Ort einer **Ferienwohnung** verlegt wird. Außerdem wird die Wohnung am Beschäftigungsort in diesem Fall auch aus privaten Gründen beibehalten, da sich der Lebensmittelpunkt außerhalb der Sommermonate wiederum am Beschäftigungsort befindet. Die Kosten für die Wohnung am Beschäftigungsort sind somit gemischte Aufwendungen, die insgesamt den Kosten der **privaten Lebensführung** zuzurechnen sind (§ 12 Nr. 1 Satz 2 EStG).

Private Veranlassung der Umzugskosten

Eine berufliche Veranlassung von **Umzugskosten** scheidet aus, wenn der Familienhausstand **vom Arbeitsort wegverlegt** wird.[91] Die Umzugskosten, die infolge der Wegverlegung des Familienwohnsitzes für den Umzug in die Wohnung außerhalb des Beschäftigungsorts entstehen, sind deshalb steuerlich nicht begünstigt. Das gilt unabhängig davon, dass nach der geänderten Rechtsprechung eine solche Wegverlegung zur Begründung einer beruflich veranlassten doppelten Haushaltsführung führt. Anders verhält es sich mit den Umzugskosten, die am auswärtigen Beschäftigungsort durch den Umzug in eine andere beruflich genutzte (Zweit-)Wohnung entstehen. Wird nach Wegverlegung des Lebensmittelpunkts vom Beschäftigungsort eine andere als die bisherige Wohnung am Beschäftigungsort ausschließlich aus beruflichen Gründen als Zweitwohnung genutzt, sind die Aufwendungen für den Umzug in diese Zweitwohnung beruflich veranlasst. Allerdings ist die Berücksichtigung der Pauschale für sonstige Umzugsauslagen nicht zulässig (vgl. Kap. 7.3.3.6).

7.2.8 Zweifache Haushaltsführung bei Ehegatten bzw. Lebenspartnern

Führen beide Ehegatten bzw. Lebenspartner einen doppelten Haushalt, sind sie in verschiedenen Orten beschäftigt und nutzen sie verschiedene Zweitwohnungen, kann jeder Mehraufwendungen entsprechend den Ausführungen in Kap. 7.3 geltend machen. Dasselbe gilt, wenn berufstätige Ehegatten, Lebenspartner oder Lebensgefährten am Beschäftigungsort eine gemeinsame Wohnung haben.[92] Auch in diesen Fällen haben beide Ehegatten für 3 Monate Anspruch auf die gesetzlichen Verpflegungspauschbeträge (vgl. Kap. 7.3.2). Für die insbesondere bei einer langfristigen doppelten Haushaltsführung erforderlichen Prüfung, ob der Heimatort weiterhin der Mittelpunkt der Lebensinteressen darstellt oder aufgrund der Dauer der auswärtigen Beschäftigung sich der Lebensmittelpunkt verlagert hat, ist die **Größe und Ausstattung** der beiden Wohnungen ein wesentlicher

91 BFH, Beschluss v. 9.1.2008, VI B 79/07, BFH/NV 2008 S. 566.

92 Ausdrücklich sind alle Formen von Partnerschaften insoweit begünstigt, BFH, Urteil v. 9.2.2015, VI B 80/14, BFH/NV 2015 S. 675; BFH, Urteil v. 20.1.2016, VI B 61/15, BFH/NV 2016 S. 747; einschränkend FG München, Urteil v. 23.9.2016, 1 K 1125/13, EFG 2016 S. 2052, bei Zusammenleben mit Kindern in der Zweitwohnung.

Anhaltspunkt.[93] Der spätere Austausch des Lebensmittelpunkts bei beiderseits berufstätigen Ehegatten, die ohne beruflichen Grund den Ort des eigenen Hausstands mit dem Ort der doppelten Haushaltsführung tauschen, ist unschädlich.[94]

Eine doppelte Haushaltsführung kann auch dann anerkannt werden, wenn der nicht berufstätige Ehe- oder Lebenspartner den berufstätigen in die Zweitwohnung begleitet.[95] In diesem Fall können jedoch die Mehraufwendungen nur insoweit steuerlich anerkannt werden, wenn sie allein durch den berufstätigen Ehegatten entstehen. Bei den Aufwendungen für die Zweitwohnung kann im Rahmen der Angemessenheitsgrenze (vgl. Kap. 7.3.3.4) der gesamte Betrag bis zur Höhe von 1.000 EUR pro Monat im Inland abgezogen werden, wenn die Wohnung auch bei Nutzung allein durch den berufstätigen Ehegatten als angemessen anzuerkennen wäre. Begleitung durch den Partner

7.3 Abzugsfähige Werbungskosten

Werbungskosten sind die notwendigen Mehraufwendungen, die durch den doppelten Haushalt entstehen, soweit sie vom **Arbeitgeber nicht steuerfrei ersetzt werden. Aufgrund** eindeutiger gesetzlicher Regelung sind die Aufwendungen für **eine Familienheimfahrt wöchentlich** als Werbungskosten abzugsfähig (§ 9 Abs. 1 Nr. 5 EStG). Als Abzugsbeträge, die auch für den Umfang des steuerfreien Arbeitgeberersatzes maßgebend sind, kommen in Betracht: Werbungskostenabzug

- die Fahrtkosten aus Anlass des Wohnungswechsels zu Beginn und am Ende der doppelten Haushaltsführung,
- die arbeitstäglichen Fahrten von der Zweitwohnung zur auswärtigen Arbeitsstätte sowie die wöchentlichen Familienheimfahrten oder stattdessen die Aufwendungen für wöchentliche Familienferngespräche,
- die Mehraufwendungen für Verpflegung und
- die notwendigen Kosten der Unterkunft am Beschäftigungsort, begrenzt für eine Zweitwohnung im Inland auf monatlich 1.000 EUR. Dabei handelt es sich um die reinen Unterkunftskosten (z. B. Miete, Strom, Gas, Wasser), die Kosten für Möblierung fallen nicht unter die 1.000-EUR-Begrenzung[96].

Welche Aufwendungen im Einzelnen der Arbeitnehmer als Werbungskosten abziehen darf, ist in **Tabelle 7** zusammengefasst. Einen Überblick gibt auch die nachfolgende Übersicht:

93 FG Düsseldorf, Urteil v. 24.11.2006, 18 K 3223/05 E, EFG 2007 S. 399; FG Düsseldorf, Urteil v. 6.11.2007, 8 K 44/07, EFG 2008 S. 442.
94 BFH, Urteil v. 30.10.2008, VI R 10/07, BStBl 2009 II S. 153.
95 R 9.11 Abs. 2 Satz 3 LStR.
96 BFH, Urteil v. 4.4.2019, VI R 18/17, BStBl 2019 II S. 449.

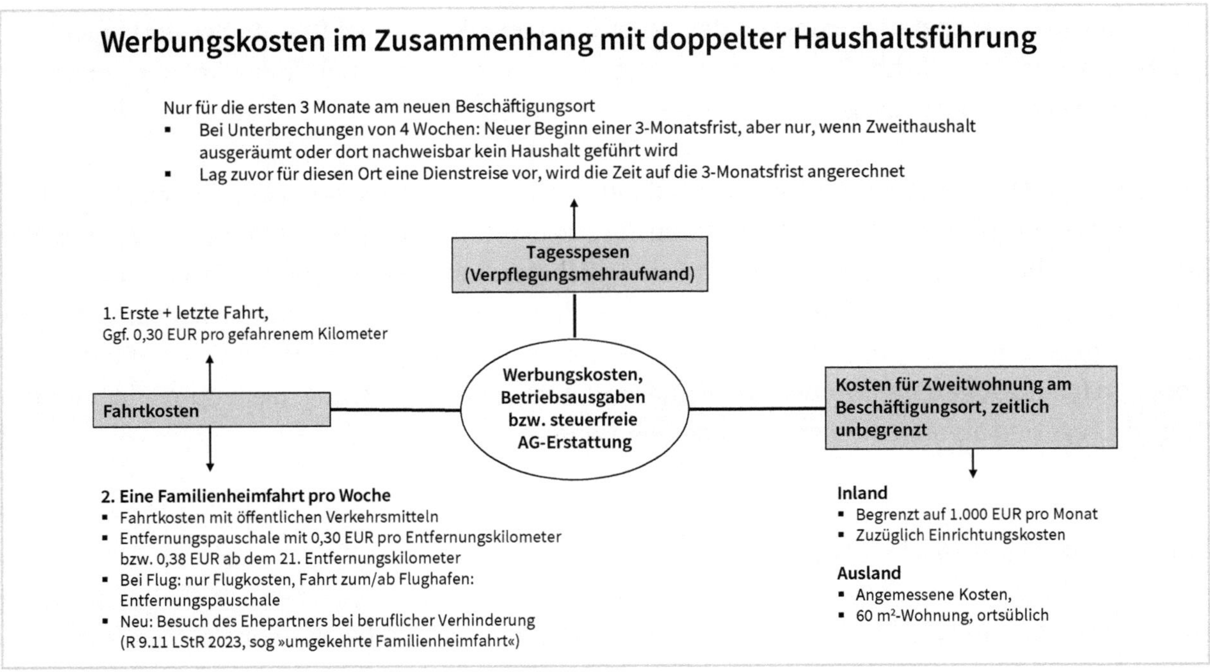

Keine Zeitbegrenzung

Es gibt keine zeitliche Begrenzung für eine doppelte Haushaltsführung. Die Begründung des auswärtigen Zweithaushalts muss allerdings beruflich veranlasst sein (vgl. Kap. 7.2.6). Auf eine Prüfung der für die Beibehaltung der doppelten Haushaltsführung entscheidenden Gründe wird verzichtet.

Tipp

Die steuerliche Anerkennung von Mehraufwendungen wegen einer aus beruflichem Anlass begründeten doppelten Haushaltsführung ist zeitlich unbefristet möglich. Die steuerlich abziehbaren Mehraufwendungen können auch bei einer langjährigen doppelten Haushaltsführung als Werbungskosten abgezogen bzw. vom Arbeitgeber steuerfrei ersetzt werden können. Weiterhin zu beachten ist allerdings die 3-Monatsfrist für die Berücksichtigung von Verpflegungskosten (§ 9 Abs. 4a Satz 6 EStG).

Beispiel

Ein Arbeitnehmer wohnt mit seiner Familie in Freiburg. Seit 1.1.2016 ist er in Stuttgart beschäftigt, wo er während der Woche ein 2-Zimmer-Apartment bewohnt.

Ergebnis: Der Arbeitgeber kann auch 2023 die Unterkunftskosten sowie die Fahrtkosten für eine wöchentliche Familienheimfahrt steuerfrei ersetzen, die in Höhe der Entfernungspauschale von 0,30 EUR bzw. 0,38 EUR ab dem 21. Entfernungskilometer anzusetzen sind (vgl. Kap. 6.2). Ohne Arbeitgeberersatz kann der Arbeitnehmer in entsprechender Höhe Werbungskosten in seiner Einkommensteuererklärung 2023 geltend machen. Verpflegungsmehraufwand ist steuerlich nicht zu berücksichtigen, da die 3-Monatsfrist abgelaufen ist (vgl. Kap. 7.3.2).

7.3.1 Fahrtkosten

7.3.1.1 Übersicht

Die steuerliche Berücksichtigung von Fahrtkosten im Zusammenhang mit einer doppelten Haushaltsführung ist etwas unübersichtlich. Die Grundsätze ergeben sich aus der nachfolgenden Übersicht:

Anlass der Fahrt	Steuerlich zu berücksichtigen	Hinweise
Erste Fahrt zum Beschäftigungsort (erste Tätigkeitsstätte) bzw. zur Zweitwohnung (Beginn der doppelten Haushaltsführung)	• Die tatsächlichen Fahrtkosten. • Wird der Pkw genutzt, können **pro gefahrenem** Kilometer pauschal 0,30 EUR erstattet werden. • Die Nutzung eines Firmenwagens bleibt steuerfrei.	Es gelten die Grundsätze zur Auswärtstätigkeit, keine zusätzliche Mitfahrer-Entschädigung zulässig.
Wöchentliche Heimfahrten zur Hauptwohnung (sog. Familienheimfahrten)	Steuerlich begünstigt ist **eine Hin- und Rückfahrt** pro Woche.	Die erstattungsfähigen Kosten bzw. die Werbungskosten werden wie folgt ermittelt: • **Nutzung öffentlicher Verkehrsmittel:** Entfernungspauschale (0,30 EUR bzw. ab dem 21. Entfernungs-km 0,38 EUR pro Entfernungs-km). Die tatsächlichen Kosten für die wöchentliche Hin- und Rückfahrt können angesetzt werden, wenn sie höher sind als die Entfernungspauschale; keine Betragsbegrenzung pro Jahr. Kein Vorsteuerabzug. • **Nutzung des eigenen Pkw:** Entfernungspauschale (0,30 EUR bzw. ab dem 21. Entfernungs-km 0,38 EUR pro Entfernungs-km); keine Betragsbegrenzung pro Jahr. • **Nutzung eines Firmenwagens:** Bleibt lohnsteuerfrei (kein geldwerter Vorteil), ist aber umsatzsteuerpflichtig. Keine weitere Erstattung an den Arbeitnehmer möglich. • **Flugstrecken:** Erstattungsfähig bzw. abzugsfähig sind die tatsächlichen Kosten für einen Hin- und Rückflug pro Woche. Es gilt keine Entfernungspauschale.
Arbeitstägliche Fahrt zwischen Zweitwohnung und erster Tätigkeitsstätte	Es gilt die Entfernungspauschale (0,30 EUR bzw. ab dem 21. Entfernungs-km 0,38 EUR pro Entfernungs-km). Bei Nutzung öffentlicher Verkehrsmittel können die tatsächlichen Kosten angesetzt werden, soweit diese höher sind als die Entfernungspauschale.	Bei Nutzung eines Firmenwagens muss ein geldwerter Vorteil versteuert werden. In der Regel 0,03 % des Bruttolistenpreises[97] × einfache Entfernung pro Monat (vgl. Kap. 8.4.2). Zur steuerfreien Arbeitgebererstattung bei Nutzung öffentlicher Verkehrsmittel im Linienverkehr vgl. Kap. 6.4.1.
Letzte Fahrt zum eigenen Hausstand bzw. zur Hauptwohnung (Ende der doppelten Haushaltsführung)	Die tatsächlichen Fahrtkosten. Wird der Pkw genutzt, können **pro gefahrenem Kilometer** pauschal 0,30 EUR erstattet werden. Die Nutzung eines Firmenwagens bleibt steuerfrei.	Es gelten die Dienstreise-Grundsätze.

97 Bei begünstigten Elektrofahrzeugen mit einem Bruttolistenpreis bis 60.000 EUR wird der Bruttolistenpreis nur zu 25 % angesetzt, bei begünstigten Plug-in-Hybridfahrzeugen und Elektrofahrzeugen mit einem Bruttolistenpreis über 60.000 EUR nur zu 50 %.

7.3.1.2 Beginn und Ende der doppelten Haushaltsführung

Arbeitnehmereigener Pkw

Für die erste und letzte Fahrt kann der Arbeitnehmer die **tatsächlichen, nachgewiesenen Kosten** ansetzen. Dies gilt, wenn er seinen eigenen Pkw benutzt. In diesem Fall können alternativ **0,30 EUR pro tatsächlich gefahrenem Kilometer** steuerfrei erstattet bzw. als Werbungskosten geltend gemacht werden. Da es sich um den pauschalen Fahrtkostenersatz wie bei Dienstreisen handelt, gelten auch 2023 einheitlich die 0,30 EUR pro Kilometer, allerdings für die tatsächliche Fahrtstrecke.[98] Für diese Fahrten gelten die allgemeinen Regelungen zum Fahrtkostenersatz bei einer beruflich veranlassten Auswärtstätigkeit. Nach den aktuellen Regelungen können keine Mitfahrerentschädigungen mehr erstattet werden. Neben den eigentlichen Fahrtkosten können Reisenebenkosten wie Parkgebühren bzw. außerordentliche Kfz-Kosten, z. B. durch einen Pkw-Unfall, angesetzt werden. Leiht sich der Arbeitnehmer ein Fahrzeug, um gleichzeitig Möbel und andere Gegenstände zur Zweitwohnung zu transportieren, liegen Umzugskosten vor (vgl. Kap. 7.3.3.6).

Öffentliche Verkehrsmittel

Wird die erste bzw. die letzte Fahrt mit öffentlichen Verkehrsmitteln durchgeführt, sind die **tatsächlich entstandenen Kosten** steuerlich abzugsfähig bzw. können vom Arbeitgeber steuerfrei erstattet werden. Es gibt keine betragsmäßige Begrenzung; auch bei Nutzung der 1. Klasse bleiben die Kosten steuerlich berücksichtigungsfähig. Entsprechendes gilt, wenn für die erste und die letzte Reise im Zusammenhang mit der doppelten Haushaltsführung das Flugzeug benutzt wird.

7.3.1.3 Wöchentliche Heimfahrten, Zwischenheimfahrten

Begriff der Familienheimfahrten

Die wöchentliche Fahrt zwischen eigenem Hausstand und Zweitwohnung bzw. erster Tätigkeitsstätte wird steuerlich als Familienheimfahrt bezeichnet. Gesetzlich definiert ist sie als »Wege vom Ort der ersten Tätigkeitsstätte zum Ort des eigenen Hausstandes«.[99] Die Definition ist steuersystematisch verständlich, weil die Wegstrecke von der ersten Tätigkeitsstätte zur Zweitwohnung steuerlich unter die Entfernungspauschale fällt. Ausführliche Hinweise zur »normalen« Entfernungspauschale vgl. Kap. 6.2.

Beispiel

Ein Arbeitnehmer führt einen beruflich veranlassten doppelten Haushalt. Die Familienwohnung liegt in A, die erste Tätigkeitsstätte auf dem Betriebsgelände des Arbeitgebers in B. Die Entfernung zwischen der Familienwohnung in A und dem Betriebsgelände in B beträgt 500 km. Die Zweitwohnung liegt in einem Teilort von B, 12 km vom Betriebsgelände entfernt.

Ergebnis:

Familienheimfahrt im Rahmen der doppelten Haushaltsführung: Steuerlich begünstigt ist eine Fahrt hin und zurück pro Woche für die Wegstrecke von 500 km (Entfernung Wohnung in A zum Betriebsgelände/erste Tätigkeitsstätte in B). Steuerlich abzugsfähig ist entweder die Entfernungspauschale (20 km × 0,30 EUR + 480 km × 0, 38 EUR = 188,40 EUR) oder die nachgewiesenen höheren Fahrtkosten für öffentliche Verkehrsmittel. Eine Kostenbegrenzung auf 4.500 EUR – wie bei der »normalen« Entfernungspauschale – gilt nicht. Die Nutzung eines Firmenwagens wäre für eine Hin- und Rückfahrt pro Woche lohnsteuerfrei, aber umsatzsteuerpflichtig.

Fahrt zwischen Zweitwohnung und erster Tätigkeitsstätte: Es gilt die »normale« Entfernungspauschale; steuerlich abzugsfähig sind pro Tag (mit Hin- und Rückfahrt) 12 km × 0,30 EUR = 3,60 EUR. Die nachgewie-

98 Nur die Entfernungspauschale ist gestaffelt: 0,30 EUR für die ersten 20 Entfernungskilometer, 0,38 EUR ab dem 21. Entfernungskilometer.

99 § 9 Abs. 1 Nr. 5 Satz 5 EStG.

senen höheren Kosten für öffentliche Verkehrsmittel, die für die Fahrt genutzt werden, sind steuerlich abzugsfähig. Wird für diese Fahrten ein Firmenwagen genutzt, muss ein geldwerter Vorteil versteuert werden. Dieser kann entweder nach der Pauschalmethode (pro Monat mit 0,03 % × Bruttolistenpreis × 12 km oder pro Fahrtag mit 0,002 % × Bruttolistenpreis × Anzahl Fahrtage/Jahr) oder über ein Fahrtenbuch ermittelt werden.

In der Praxis fahren Arbeitnehmer oft montags direkt von der Hauptwohnung zur ersten Tätigkeitsstätte und zum Wochenende dann unmittelbar von der ersten Tätigkeitsstätte zurück in die Familienwohnung. Dies entspricht der gesetzlichen Definition, es liegt eine klassische Familienheimfahrt vor. Bei weiten Entfernungen kommt es durchaus vor, dass Arbeitnehmer schon am Sonntag anreisen müssen und von der Hauptwohnung direkt zur Zweitwohnung fahren. Abweichend vom engen Gesetzeswortlaut handelt es sich auch in diesen Fällen um eine steuerlich begünstigte (halbe) Familienheimfahrt.

Familienheimfahrten werden **bei verheirateten und bei ledigen Steuerzahlern** gleich behandelt. Die Kosten für die Familienheimfahrt können auch unabhängig von der Einkunftsart entweder als Werbungskosten (z. B. bei Einkünften aus nichtselbstständiger Tätigkeit) oder als Betriebsausgaben (z. B. bei den Einkünften aus Gewerbebetrieb, selbstständiger oder freiberuflicher Tätigkeit) steuerlich abgesetzt werden.[100]

Hin- und Rückfahrt begünstigt

Steuerlich begünstigt ist **pro Woche eine Hin- und Rückfahrt** zwischen Zweitwohnung bzw. dem Beschäftigungsort und der Hauptwohnung, in der sich der Lebensmittelpunkt befindet. Weitere Heimfahrten können steuerlich nicht berücksichtigt werden, es handelt sich um rein private Fahrten. Maßgebend für die Anzahl der steuerlich zulässigen Fahrten sind die Kalenderwochen. Das gilt auch dann, wenn der Arbeitnehmer Block-Schichtdienst oder Rufbereitschaft leistet. Es ist nicht möglich, eine – z. B. wegen Schichtdienst – ausgefallene Heimfahrt der einen Woche in der nächsten Woche nachzuholen. Es bleibt in jedem Fall beim Grundsatz »eine Zwischenheimfahrt pro Kalenderwoche«.

Begünstigt sind beide Fahrten – zum einen die Heimfahrt (zwischen Zweitwohnung bzw. Beschäftigungsort und Hauptwohnung) und zum anderen die Fahrt zur Zweitwohnung bzw. zur ersten Tätigkeitsstätte. Die Begrenzung in § 9 Abs. 1 Nr. 5 EStG »nur für eine Familienheimfahrt wöchentlich« bezieht sich nicht auf die einzelne Fahrstrecke, sondern auf beide Fahrten (Hin- und Rückfahrt).

Wichtig

Für die Pandemie-Jahre 2020 bis 2022 prüfen die Finanzämter sowie die Lohnsteuer-Außenprüfer die Anzahl der Familienheimfahrten besonders genau. Da viele Arbeitnehmer ihre Tätigkeiten ins Homeoffice verlagert haben, gehen die Finanzämter von einer zurückgehenden Anzahl von Firmenheimfahrten aus. Steuerlich abzugsfähig sind nur die tatsächlich durchgeführten Familienheimfahrten. Steuerzahler sind verpflichtet, im Rahmen der Beweisvorsorge die tatsächliche Anzahl der Familienheimfahrten nachvollziehbar aufzuzeichnen. Arbeitgeber können nur dann die Anzahl der Firmenheimfahrten bestätigen, wenn sie diese aus eigenen Unterlagen ermitteln können.

100 Strittig ist, ob derartige Fahrten umsatzsteuerlich dem unternehmerischen Bereich (dann Vorsteuerabzug) oder dem nichtunternehmerischen Bereich zugeordnet werden. Nach dem FG Thüringen, Urteil v. 22.10.2019, 3 K 308/19, rechtskräftig, gehören diese Fahrten zum Unternehmensbereich.

7.3.1.4 Fahrtkosten bei Familienheimfahrten: Begrenzung auf Entfernungspauschale

Für die wöchentlich zulässige Familienheimfahrt gilt grundsätzlich nur die **Entfernungspauschale** (§ 9 Abs. 1 Nr. 5 Satz 9 EStG)[101], allerdings ohne eine Höchstbegrenzung auf 4.500 EUR.

Gestaffelte Kilometersätze

Für die Jahre 2022 und 2023 handelt es sich um folgende Beträge:

- für die ersten 20 Entfernungskilometer von 0,30 EUR für jeden vollen Kilometer der Entfernung bzw.
- ab dem 21. Entfernungskilometer von 0,38 EUR für jeden vollen Kilometer der Entfernung zwischen dem Ort des eigenen Hausstands und dem Ort der ersten Tätigkeitsstätte.

Diese Entfernungspauschale gilt **nicht für Flugstrecken** sowie bei einer steuerfreien **Sammelbeförderung** durch den Arbeitgeber.

Für die Bestimmung der Entfernung zwischen der Haupt- oder Familienwohnung und der Zweitwohnung ist die kürzeste Straßenverbindung maßgebend.[102] Der Gesetzeswortlaut spricht dabei von der Entfernung zwischen »Ort der ersten Tätigkeitsstätte« und »Ort des eigenen Hausstandes« (§ 9 Abs. 1 Nr. 5 Satz 5 EStG). Liegt die Zweitwohnung nicht am Ort der ersten Tätigkeitsstätte, muss die Abgrenzung nach der 50-km-Regelung beachtet werden (vgl. Kap. 7.2.6).

Beispiel

Ein Arbeitnehmer (verheiratet) hat seine erste Tätigkeitsstätte in Düren, die Familienwohnung liegt in 152 km Entfernung. Der Arbeitnehmer übernachtet von Montag bis Donnerstag in einer Zweitwohnung in einem Ortsteil von Düren, die 12 km von der ersten Tätigkeitsstätte entfernt liegt. Die Entfernung von der Familienwohnung zur Zweitwohnung beträgt 158 km. Tatsächlich fährt der Arbeitnehmer mit dem eigenen Pkw sowohl montags wie freitags direkt von der Familienwohnung zur ersten Tätigkeitsstätte und freitags von dort zurück in die Familienwohnung

Ergebnis: Nach dem Wortlaut des EStG gilt die Entfernungspauschale für die Wegstrecke von der Familienwohnung (Ort des eigenen Hausstands) zum Ort der ersten Tätigkeitsstätte. Das sind im Beispiel 152 km. Demzufolge gilt pro Familienheimfahrt für die Jahre 2022 und 2023 eine Entfernungspauschale von

20 km × 0,30 EUR	6,00 EUR
132 km × 0,38 EUR	50,16 EUR
Summe	**56,16 EUR**

Daneben kann für die Fahrt von der ersten Tätigkeitsstätte zur Zweitwohnung (12 km) die Entfernungspauschale von 0,30 EUR = 3,60 EUR abgesetzt werden. Dabei gilt einschränkend, dass für den Montag und den Freitag (jeweils nur eine Fahrstrecke) nur die halbe Entfernungspauschale (1,80 EUR) abgesetzt werden kann.[103]

Für die Entfernung sind **nur volle Kilometer der Entfernung anzusetzen**, ein angefangener Kilometer bleibt unberücksichtigt. Die Entfernungsbestimmung richtet sich nach der Straßenverbindung; sie ist unabhängig von dem Verkehrsmittel, das tatsächlich für den Weg zwischen Wohnung und erster Tätigkeitsstätte benutzt wird. Eine andere als die kürzeste Straßenverbindung kann dann zugrunde gelegt werden, wenn diese offensichtlich verkehrsgünstiger ist und vom Arbeitnehmer regelmäßig für die Wege zwischen Wohnung und Beschäftigungsort benutzt wird. Eine mögliche, aber vom Steuerpflichtigen nicht tatsächlich benutzte Straßenverbindung kann der Berechnung der Entfernungspauschale nicht zugrunde gelegt werden.

101 BMF, Schreiben v. 18.11.2021, IV C 5 – S 2351/20/10001 :002, BStBl 2021 I S. 2315, Tz. 2.
102 BMF, Schreiben v. 18.11.2021, IV C 5 – S 2351/20/10001 :002, BStBl 2021 I S. 2315, Rz. 12 i. V. m. Tz. 2.
103 BMF, Schreiben v. 18.11.2021, IV C 5 – S 2351/20/10001 :002, BStBl 2021 I S. 2315, Rz. 15; BFH, Urteil v. 12.2.2020, VI R 42/17, BStBl 2020 II S. 473.

Mit den Beträgen von 0,30 EUR pro Entfernungskilometer bzw. 0,38 EUR ab dem 21. Entfernungskilometer sind alle Kosten abgegolten. Anfallende Gebühren – z. B. für eine Autobahn oder einen Straßentunnel, Mautgebühren – sind neben der Pauschale nicht abzugsfähig.[104] Mehr-Kilometer aufgrund eines Umwegs, um diese Gebühren zu vermeiden, können steuerlich nicht angesetzt werden.

7.3.1.5 Öffentliche Verkehrsmittel

Zu den öffentlichen Verkehrsmitteln gehören Bus, Bahn, Straßenbahn und Metro, jedoch nicht das Taxi.[105] Nach § 9 Abs. 2 EStG kann mindestens die Entfernungspauschale, ggf. aber die **tatsächlich entstandenen höheren Fahrtkosten** steuerlich angesetzt werden. Entsprechend kann der Arbeitgeber diese Kosten steuerfrei erstatten – für eine Fahrt pro Woche. Für **Flugstrecken** im Zusammenhang mit der doppelten Haushaltsführung gelten **Besonderheiten**. Zu den tatsächlichen Kosten für öffentliche Verkehrsmittel gehören auch die Fahrten in der 1. Klasse sowie eventuelle Aufpreise (z. B. Sprinteraufpreis oder feste Reservierungen). Bahn, Bus

Im Gegensatz zur »normalen« Entfernungspauschale gilt im Rahmen der doppelten Haushaltsführung **keine** Begrenzung auf 4.500 EUR. Auch höhere Kosten als 4.500 EUR sind als Werbungskosten abzugsfähig oder können vom Arbeitgeber steuerfrei erstattet werden.

Beispiel

Ein Arbeitnehmer führt einen beruflich veranlassten doppelten Haushalt; die Entfernung zwischen Hauptwohnung (Lebensmittelpunkt) und der ersten Tätigkeitsstätte (Beschäftigungsort) beträgt 200 km. Insgesamt fallen 43 Fahrten im Jahr 2023 an. Genutzt wird eine Streckenkarte der DB, die nur für diese Wegstrecke gilt. Diese kostet für die 1. Klasse 3.200 EUR.

Ergebnis:

20 km × 0,30 EUR	6,00 EUR
180 km × 0,38 EUR	68,40 EUR
Summe	74,40 EUR
Bei 43 Fahrten (74,40 EUR × 43 Fahrten)	**3.199,20 EUR**
Tatsächliche Kosten	**3.200,00 EUR**

Die tatsächlichen Kosten sind steuerlich absetzbar (bzw. können vom Arbeitgeber steuerfrei erstattet werden).

Bezüglich der Kosten für eine BahnCard gelten die allgemeinen Regelungen, wie sie bereits bei den Reisekostenerstattungen ausgeführt sind. Da sie zu den Kosten für **öffentliche Verkehrsmittel** gehören, sind die Kosten für die BahnCard grundsätzlich als Werbungskosten steuerlich abzugsfähig, sofern sie für die Familienheimfahrten eingesetzt werden. Vorrang hat jedoch die Entfernungspauschale (Anzahl Familienheimfahrten × [einfache Entfernung × 0,30 EUR/km für die ersten 20 Entfernungskilometer, für jeden weiteren Entfernungskilometer 0,38 EUR]). Die tatsächlichen Kosten werden nur angesetzt, wenn diese höher sind. BahnCard

Erstattet der Arbeitgeber die Kosten für eine BahnCard, gehören auch diese zu den Kosten der Familienheimfahrten, die vom Arbeitgeber in tatsächlicher Höhe steuerfrei erstattet werden können. Da die BahnCard jedoch personenbezogen ausgestellt ist (und nicht auf den Arbeitgeber), hängt die

104 BMF, Schreiben v. 18.11.2021, IV C 5 – S 2351/20/10001 :002, BStBl 2021 I S. 2315, Rz. 14.
105 BFH, Urteil v. 9.6.2022, VI R 26/20, BFH/NV 2023 S. 74.

steuerfreie Erstattung davon ab, dass die Kosten der BahnCard durch eine entsprechende **Fahrpreisersparnis** bei den Kosten für die Familienheimfahrten mit der Bahn im vollen Umfang finanziert werden. Einfach ausgedrückt: Der Einsatz der BahnCard muss sich für den Arbeitgeber lohnen. Hierzu werden die Kosten für die BahnCard mit der Ersparnis im Zusammenhang mit den Familienheimfahrten oder Dienstreisen verglichen. Hat sich der Arbeitgeber durch die BahnCard Kosten erspart (sog. **Vollamortisation**), bleibt die BahnCard insgesamt steuerfrei und es ergibt sich **kein geldwerter Vorteil** für eventuelle private Mitbenutzung. Das gilt auch für die BahnCard 100 (Jahresnetzkarte). Die Beurteilung erfolgt aufgrund einer Prognose.[106]

Beispiel

Ein Arbeitnehmer wohnt im Umkreis von Freiburg und arbeitet aufgrund einer Versetzung durch den Arbeitgeber ab 1.3.2023 in Köln. Er legt die Strecke Freiburg–Köln mit dem Zug zurück. Die Kosten in Höhe von 124 EUR (1. Klasse, einfache Fahrt) übernimmt der Arbeitgeber. Ab Mai 2023 erhält der Mitarbeiter die BahnCard 100, Preis 7.356 EUR. Sie ermöglicht für ein Jahr freie Fahrt auf allen Strecken der DB AG.

Kosten pro Fahrt Freiburg–Köln–Freiburg	248 EUR	
Anzahl Familienheimfahrten pro Jahr	46	
Ersparte Kosten pro Jahr (aufgrund der BahnCard)	46 × 248 EUR	11.408 EUR
Kosten BahnCard 100		7.356 EUR
Ersparnis Arbeitgeber		**4.052 EUR**

Ergebnis: Die BahnCard kann vom Arbeitgeber steuerfrei angeschafft werden. Die Anschaffung erfolgt im eigenbetrieblichen Interesse des Arbeitgebers, da die Fahrpreisersparnis für die Familienheimfahrten die Kosten für die BahnCard 100 übersteigen. Eine eventuelle private Mitbenutzung der persönlichen BahnCard 100 durch den Mitarbeiter spielt damit keine Rolle. Die Prognose der Vollamortisation erfolgt nach den Bruttokosten inkl. Umsatzsteuer, da aus den Fahrten zwischen Familienwohnung in Köln und Zweitwohnung in Freiburg kein Vorsteuerabzug möglich ist.

Einsatz auch für Dienstreisen

Die steuerfreie Überlassung einer BahnCard 100 durch den Arbeitgeber ist auch dann möglich, wenn sich die BahnCard 100 nur deswegen lohnt, weil sie sowohl für dienstliche Bahnfahrten (Dienstreisen) als auch für steuerlich begünstigte Familienheimfahrten eingesetzt wird (vgl. Kap. 5.1.2). Dabei werden vorrangig die ersparten Fahrtkosten für Dienstreisen sowie für Familienheimfahrten berücksichtigt, erst der danach verbleibende Restbetrag wird für die Wegstrecke Wohnung – erste Tätigkeitsstätte bzw. Zweitwohnung – erste Tätigkeitsstätte berücksichtigt (vgl. Kap. 6.4.1).[107]

Beispiel

Der Arbeitnehmer erhält im Februar 2023 eine BahnCard 100 für die 1. Klasse, Kaufpreis 7.356 EUR. Der Arbeitnehmer wird sie zum einen für Dienstreisen einsetzen (Fahrpreisersparnis 3.000 EUR), zum anderen für Familienheimfahrten (Fahrpreisersparnis 45 × 150 EUR = 6.750 EUR). Der Arbeitgeber hat arbeitsvertraglich die Übernahme der Kosten für eine doppelte Haushaltsführung zugesagt.

Ergebnis: Die Überlassung der BahnCard führt zu keinem geldwerten Vorteil, da die Kostenersparnis durch die BahnCard größer ist als der Preis für die BahnCard. Teilweise liegt steuerfreier Reisekostenersatz vor, teilweise eine steuerfreie Erstattung der Kosten für die wöchentliche Familienheimfahrt. Als steuerfreie Arbeitgeberleistungen im Zusammenhang mit der doppelten Haushaltsführung müssen 4.010 EUR (Differenz von Kaufpreis in Höhe von 7.356 EUR und der Fahrpreisersparnis für Dienstreisen in Höhe von 3.000 EUR) in Zeile 21 der Lohnsteuerbescheinigung ausgewiesen werden. Aus den anteiligen Kosten für die Dienstreisen (30,76 %) besteht Vorsteuerabzug, wenn der Arbeitgeber grundsätzlich zum Vorsteuerab-

106 BMF, Schreiben v. 15.8.2019, IV C 5 – S 2342/19/10007 :001, BStBl 2019 I S. 875, Rz. 14. Als Grundlage für die Amortisationsprognose können die Kosten für Einzelfahrscheine zugrunde gelegt werden.

107 BMF, Schreiben v. 15.8.2019, IV C 5 – S 2342/19/10007 :001, BStBl 2019 I S. 875, Rz. 14.

zug berechtigt ist. Für die Leistungen im Zusammenhang mit den Fahrten Wohnung zur ersten Tätigkeitsstätte kann kein Vorsteuerabzug geltend gemacht werden.

Tipp

Allerdings muss beachtet werden, dass teilweise eine steuerfreie Erstattung im Rahmen der doppelten Haushaltsführung vorliegt und diese in der Lohnsteuerbescheinigung gesondert bescheinigt werden muss (zur Bescheinigungspflicht im Einzelnen vgl. Kap. 7.6). In diesen Fällen der **Vollamortisation** bleibt die BahnCard insgesamt steuerfrei, selbst wenn sie vom Arbeitnehmer daneben für private Fahrten oder Fahrten zwischen erster Tätigkeitsstätte und Zweitwohnung genutzt wird. Bei Teilamortisation ist unter Umständen eine vorläufige Besteuerung und eine spätere, entsprechende Korrektur über negativen Arbeitslohn notwendig (vgl. Kap. 5.1.2).

Steuerfreie BahnCard

Es kann sich auch eine Vollamortisation und somit **kein geldwerter Vorteil** ergeben, wenn die BahnCard sowohl für Fahrten zwischen Zweitwohnung und erster Tätigkeitsstätte wie auch für Familienheimfahrten eingesetzt wird. Auch hier wird lediglich verglichen, ob mit dem Einsatz der BahnCard **insgesamt eine Fahrpreisersparnis** realisiert wird. Zusätzliche Leistungen des Arbeitgebers für Fahrten zwischen Wohnung und erster Tätigkeitsstätte bleiben nach § 3 Nr. 15 EStG steuerfrei, wenn diese mit dem ÖPNV bzw. dem öffentlichen Linienverkehr durchgeführt werden. Hierzu liegt ein BMF-Schreiben vor.[108] Da die steuerfreien Arbeitgeberleistungen in unterschiedlichen Zeilen der Lohnsteuerbescheinigung einzutragen sind, müssen die Kosten für die BahnCard aufgeteilt werden:

- In Höhe der Fahrpreisersparnis für die Familienheimfahrten bleibt die BahnCard steuerfrei, die entsprechenden Beträge sind in Zeile 21 der Lohnsteuerbescheinigung zu bescheinigen.
- Die Differenz zwischen dem Kaufpreis der BahnCard und der Fahrpreisersparnis für Familienheimfahrten gilt als steuerfreier Fahrtkostenersatz für die Wegstrecke zwischen Zweitwohnung und erster Tätigkeitsstätte. Dieser Betrag ist in Zeile 17 der Lohnsteuerbescheinigung auszuweisen.

Beispiel

Der Arbeitgeber überlässt zum 2.1.2023 einem neu eingestellten Arbeitnehmer eine BahnCard 100 für die 2. Klasse, Kosten 4.399 EUR. Die BahnCard wird für Familienheimfahrten im Rahmen der doppelten Haushaltsführung eingesetzt, die Fahrpreisersparnis für 40 Familienheimfahrten beträgt jeweils 100 EUR. Sie wird außerdem für die Fahrten zwischen Zweitwohnung und erster Tätigkeitsstätte genutzt, die Fahrpreisersparnis beträgt monatlich 49 EUR für 12 Monate. Die Zweitwohnung liegt 18 km von der ersten Tätigkeitsstätte entfernt, die Entfernung zwischen erster Tätigkeitsstätte und Familienwohnung beträgt 520 km.

Ergebnis: Insgesamt hat der Arbeitnehmer eine Fahrpreisersparnis von 4.588 EUR (40 Fahrten × 100 EUR = 4.000 EUR + 12 Monate × 49 EUR = 588 EUR). Die BahnCard lohnt sich insgesamt, es entsteht grundsätzlich kein geldwerter Vorteil für eine eventuelle private Nutzung. Es liegt aber steuerfreier Fahrtkostenersatz gem. § 3 Nr. 15 EStG vor[109], nämlich für die Fahrstrecke zwischen Zweitwohnung und erster Tätigkeitsstätte. Dieser beträgt 399 EUR (4.399 EUR abzüglich 4.000 EUR) und ist in Zeile 17 der Lohnsteuerbescheinigung 2023 auszuweisen.[110]

Teilamortisation

Eine Teilamortisation liegt vor, wenn die vom Arbeitgeber übernommenen Kosten für die BahnCard 100 höher sind als die Fahrpreisersparnis, die sich aus der Nutzung der BahnCard für Dienstreisen

108 BMF, Schreiben v. 15.8.2019, IV C 5 – S 2342/19/10007 :001, BStBl 2019 I S. 875, vgl. Kap. 6.4.

109 BMF, Schreiben v. 15.8.2019, IV C 5 – S 2342/19/10007 :001, BStBl 2019 I S. 875, vgl. Kap. 6.4.

110 Zur abweichenden Bescheinigung bei einer Gültigkeit der BahnCard über den Jahreswechsel vgl. BMF, Schreiben v. 15.8.2019, IV C 5 – S 2342/19/10007 :001, BStBl 2019 I S. 875.

bzw. für Familienheimfahrten im Rahmen der doppelten Haushaltsführung ergibt. Das BMF[111] lässt eine Aufteilung der Kosten zu:

- Bei der Übergabe der BahnCard 100 an den Arbeitnehmer liegt in voller Höhe ein geldwerter Vorteil vor, der als sonstiger Bezug versteuert werden muss.
- Nach der BahnCard 100 (in der Regel ein Jahr) wird die konkrete Fahrpreisersparnis ermittelt, die sich aus dem Einsatz für Dienstreisen ergibt. Diese dienstliche Fahrpreisersparnis kann als negativer Arbeitslohn berücksichtigt werden, entweder in der persönlichen Steuererklärung oder beim Lohnsteuerabzug durch eine Verrechnung mit regulär zu versteuerndem Arbeitslohn.

Unklar ist, ob diese Regelung zur Teilamortisation auch auf den Fahrtkostenersatz im Rahmen der doppelten Haushaltsführung anzuwenden ist. Da es sich grundsätzlich um Aufwendungen handelt, die der Arbeitgeber steuerfrei erstatten kann, wird man diese Grundsätze auch auf den Einsatz einer BahnCard 100 für Familienheimfahrten anwenden können.

Beispiel

Ein Mitarbeiter erhält für die Familienheimfahrten im Rahmen einer steuerlich zu berücksichtigenden doppelten Haushaltsführung vom Arbeitgeber eine BahnCard 100 für die 2. Klasse, die 4.339 EUR kostet. Bereits beim Kauf der BahnCard steht fest, dass die Fahrpreisersparnis aus den Familienheimfahrten nicht die Kosten für die BahnCard abdecken werden (Teilamortisation). Nach Ablauf der BahnCard 100 im Januar 2023 wird ermittelt, dass die BahnCard für 42 Familienheimfahrten eingesetzt wurde, die Fahrpreisersparnis beträgt jeweils 80 EUR, insgesamt also 3.360 EUR.

Ergebnis: Nach der Verwaltungsauffassung muss die BahnCard 100 bei der Übergabe im Januar 2023 mit 4.339 EUR als geldwerter Vorteil versteuert werden. Im Januar 2024 – nach Ablauf der einjährigen Gültigkeitsdauer – kann die tatsächliche Fahrpreisersparnis in Höhe von 3.360 EUR als negativer Arbeitslohn angesetzt werden. Die damit verbundene steuerliche Korrektur bringt erhebliche sozialversicherungsrechtliche Nachteile mit sich[112], sodass in diesen Fällen der Teilamortisation monatlich nur die tatsächlich ersparten Fahrtkosten erstattet werden sollten.

Kostenersatz einer vom Arbeitnehmer angeschafften BahnCard

Eine Besonderheit gilt, wenn der Arbeitnehmer die BahnCard 100 **selbst anschafft** und damit Familienheimfahrten durchführt, für die der Arbeitgeber Kostenerstattung leistet. Der Arbeitgeber kann bei Familienheimfahrten Kostenerstattung in Höhe der Entfernungspauschale gewähren, unabhängig von den angefallenen Kosten. Die Entfernungspauschale gilt verkehrsmittelunabhängig. Laut BFH hat der Steuerzahler Anspruch auf die gesetzlich festgelegten Pauschbeträge – dies muss auch im Rahmen der Arbeitgebererstattung gelten. Zum Ausweis der Arbeitgeberleistungen in diesem Fall vgl. Kap. 7.6.

Wichtig

Steuerfreie BahnCard

Bei der Arbeitgebererstattung von Fahrtkosten muss beachtet werden, dass im Zusammenhang mit der doppelten Haushaltsführung **kein Vorsteuerabzug** möglich ist. Im Gegensatz zu den Kosten für Dienstreisen werden diese Aufwendungen nicht an den unternehmerischen Bereich erbracht, auch wenn die Kosten wirtschaftlich vom Arbeitgeber getragen werden. Bei der Vergleichsberechnung, ob sich eine ausreichende Fahrpreisersparnis ergibt, ist bei der doppelten Haushaltsführung immer von den **Bruttobeträgen** auszugehen.

111 BMF, Schreiben v. 15.8.2019, IV C 5 – S 2342/19/10007 :001, BStBl 2019 I S. 875, Rz. 20.

112 Keine rückwirkende Korrektur der Sozialversicherungsbeiträge in den betroffenen Lohnabrechnungen, vgl. BSG, Urteil v. 16.12.2015, B 12 R 1/14 R und BSG, Urteil v. 7.2.2002, B 12 KR 13/01 R.

Tipp

Bei größeren Entfernungen zwischen Familienwohnung und auswärtigem Beschäftigungsort fallen regelmäßig hohe Werbungskostenbeträge an. Da der Ansatz der Entfernungspauschale daran geknüpft ist, dass Familienheimfahrten tatsächlich durchgeführt werden[113], verlangen die Finanzämter insbesondere **bei hoher Pkw-Fahrleistung** den Nachweis der tatsächlichen Pkw-Nutzung. Es empfiehlt sich, durch geeignete Belege **Beweisvorsorge** zu treffen. In Betracht kommen die Tachometerstände in TÜV- oder Inspektionsrechnungen, aus denen sich die Gesamtjahresfahrleistung des jeweiligen Pkws ergibt.

Keine außergewöhnlichen Kosten sind dagegen die Aufwendungen für einen Pkw-Stellplatz am Ort der Zweitwohnung. Zur Behandlung von Garagen- und Stellplätzen, die zur Zweitwohnung angemietet werden, vgl. Kap. 7.3.3.3. Die Entfernungspauschale von 0,30 EUR pro Entfernungskilometer bzw. 0,38 EUR ab dem 21. Entfernungskilometer **gilt unabhängig davon, ob tatsächlich Kosten in dieser Höhe** entstanden sind.[114] Allerdings kann die Entfernungspauschale nur für die tatsächliche Anzahl der Familienheimfahrten angesetzt werden.[115]

Beispiel

Aufgrund einer Betriebsverlagerung des Arbeitgebers liegt die erste Tätigkeitsstätte des Arbeitnehmers seit Jahresbeginn 350 km von der Wohnung des Arbeitnehmers entfernt. Da weitere Kollegen von der Verlagerung betroffen sind, haben die Arbeitnehmer für die wöchentlichen Familienheimfahrten eine Fahrgemeinschaft gegründet. Alle 3 Wochen fährt der Arbeitnehmer mit seinem Pkw, die anderen beiden Wochen fährt er mit den Kollegen mit.

Ergebnis: Steuerlich berücksichtigungsfähig ist pro Familienheimfahrt ein Betrag in Höhe von (20 km × 0,30 EUR + 330 km × 0,38 EUR) = 131,40 EUR pro Woche. Diese Kosten können pro tatsächlicher Familienheimfahrt (max. einmal pro Kalenderwoche) steuerlich berücksichtigt werden, unabhängig davon, ob der Arbeitnehmer selbst mit seinem Pkw fährt oder bei den Kollegen mitfährt. Es spielt auch keine Rolle, ob er als Beifahrer den Kollegen anteilige Fahrtkosten erstatten muss.

Firmenwagen

Allerdings kann keine Familienheimfahrt steuerlich abgesetzt werden, wenn der Arbeitnehmer steuerfrei einen Firmenwagen nutzt oder ein unternehmerisch genutztes Firmenfahrzeug bei Selbstständigen für diese Fahrten zur Verfügung steht. Das gilt auch dann, wenn der Arbeitnehmer hierfür einen Firmenwagen nutzt, der Arbeitgeber dafür aber eine Zuzahlung verlangt. Die Zuzahlung mindert den geldwerten Vorteil aus der Firmenwagenüberlassung, sie ist steuerlich nicht den Aufwendungen für die doppelte Haushaltsführung zuzurechnen.[116] Ein steuerlicher Abzug entfällt auch, wenn eine steuerfreie Sammelbeförderung vorliegt oder eine Fahrkarte des Arbeitgebers (Verkehrsträger) genutzt wird, die über den Rabattfreibetrag nach § 8 Abs. 3 EStG steuerfrei bleibt.

Flugstrecken

Erfolgt die Familienheimfahrt mit unterschiedlichen Verkehrsmitteln, sind für die Verkehrsmittel unterschiedliche Berechnungen durchzuführen. Für Flugstrecken gilt die Entfernungspauschale nicht, abzugsfähig sind die **tatsächlichen Flugkosten** (§ 9 Abs. 1 Nr. 5 EStG i. V. m. § 9 Abs. 1 Nr. 4 Sätze 3–5 EStG). Für die Wegstrecke von der Wohnung zum Flughafen bzw. vom Flughafen zum Ort der ersten Tätigkeitsstätte gilt dann wieder die Entfernungspauschale.[117]

113 FG Sachsen-Anhalt, Urteil v. 12.12.2011, 1 K 1228/09, EFG 2012 S. 1040; BFH, Urteil v. 18.4.2013, VI R 29/12, BFH/NV 2013 S. 1318.

114 BMF, Schreiben v. 31.10.2013, IV C 5 – S 2351/09/10002/002, BStBl 2013 I S. 1376; vgl. Kap. 6.2.

115 BFH, Urteil v. 18.4.2013, VI R 29/12, BStBl 2013 II S. 735.

116 BFH, Urteil v. 4.8.2022, VI R 35/20, BStBl 2022 II S. 802.

117 BMF, Schreiben v. 18.11.2021, IV C 5 – S 2351/20/10001 :002, BStBl 2021 I S. 2315, Rz. 4; diese Regelung gilt auch für die Familienheimfahrten bei einer doppelten Haushaltsführung, Rz. 28.

Beispiel

Ein Arbeitnehmer wohnt mit seiner Familie in Hamburg, er arbeitet in München (erste Tätigkeitsstätte). Er übernachtet dort unter der Woche in einer 2-Zimmer-Wohnung. Wegen der weiten Entfernung fliegt er regelmäßig zwischen Hamburg und München. Die Kosten betragen pro Flug (Hin- und Rückflug) jeweils 220 EUR, für 46 Wochen = 10.120 EUR. Im Jahr fährt er an 10 Wochen mit dem privaten Pkw zum Flughafen (Entfernung 16 km), dabei entstehen jedoch Parkgebühren von 40 EUR/Woche. An 30 Wochen nutzt er die S-Bahn, die Kosten betragen jeweils 3 EUR/Wegstrecke (6 EUR hin und zurück). Insgesamt 12 Mal hat er für die Fahrt vom Flughafen Hamburg bzw. dorthin das Taxi benutzt, Kosten jeweils pro Fahrt 10 EUR. In München nutzt er für die Fahrt vom und zum Flughafen die S-Bahn (Monatskarte 70 EUR).

Ergebnis: Für die Flugkosten gilt keine Entfernungspauschale, absetzbar sind nur die tatsächlichen Kosten von 10.120 EUR (46 × 220 EUR). Für die Wegstrecke von der Wohnung zum Flughafen Hamburg und zurück sowie vom Flughafen München zur Zweitwohnung (60 km) gilt die Entfernungspauschale. Das sind 16 km für Hamburg (16 km × 0,30 EUR = 4,80 EUR pro Tag) und 60 km für München (20 km × 0,30 EUR + 40 km × 0,38 EUR = 21,20 EUR pro Fahrt), also insgesamt 26,00 EUR pro Fahrt. Hieraus ergibt sich ein Gesamtbetrag von 1.196,00 EUR (46 Wochen × 26 EUR). Zu prüfen ist, ob die Kosten für öffentliche Verkehrsmittel im Kalenderjahr über der Entfernungspauschale liegen. Die Kosten für öffentliche Verkehrsmittel betragen insgesamt 1.020 EUR (30 × 6 EUR = 180 EUR in Hamburg, 12 × 70 EUR = 840 EUR in München). Es bleibt bei der Entfernungspauschale, sodass insgesamt11.316 EUR (= 10.120 EUR +1.196 EUR) als Werbungskosten für Familienheimfahrten steuerlich abzugsfähig sind. In dieser Höhe ist auch eine steuerfreie Erstattung durch den Arbeitgeber möglich.

Taxi Laut BMF gehört das Taxi nicht zu den öffentlichen Verkehrsmitteln, der BFH hat dies inzwischen bestätigt.[118] Aufgrund der eindeutigen Rechtsprechung des BFH können Taxikosten auch dann nicht steuerlich abgesetzt werden, wenn sie für die Wegstrecke Wohnung-Flughafen bzw. Flughafen-Zweitwohnung bzw. Flughafen-Tätigkeitsstätte anfallen. Für diese Wegstrecke gilt die Entfernungspauschale – und diese schließt den Ansatz der Taxikosten aus.

Beispiel

Ein Arbeitnehmer wohnt im Umland von Freiburg und arbeitet aufgrund einer Versetzung durch den Arbeitgeber in Köln. Er legt die Strecke Freiburg–Köln mit dem Zug zurück. Die Ticketkosten in Höhe von 191 EUR (1. Klasse, BahnCard 50) übernimmt der Arbeitgeber. Da der Mitarbeiter den Bahnhof Freiburg wegen seiner Wohnungslage mit öffentlichen Verkehrsmitteln nicht vernünftig erreichen kann, übernimmt der Arbeitgeber die Taxikosten von gesamt 24 EUR.

Ergebnis: Die Kosten für die Fahrt 1. Klasse (191 EUR) bleiben aufgrund der Regelung in § 9 Abs. 2 EStG steuerfrei (die Entfernungspauschale läge bei rund 150 EUR (= 20 km × 0,30 EUR + 410 km × 0,38 EUR)). Die Taxi-Kosten sind nicht begünstigt und damit nicht steuerfrei erstattungsfähig, weil kein öffentliches Verkehrsmittel genutzt wird. Läge eine berufliche Auswärtstätigkeit vor, wäre die Erstattung der Taxikosten unproblematisch.

Beispiel

Abwandlung: Der Arbeitnehmer fliegt im Rahmen einer doppelten Haushaltsführung von Basel nach Köln und zurück. Die Flugkosten betragen jeweils 196 EUR (Hin- und Rückflug), außerdem werden die Kosten für das Taxi vom/zum Flughafen in Höhe von gesamt 60 EUR erstattet.

Ergebnis: Die Arbeitgeberleistungen bleibt nur in Höhe der übernommenen Flugkosten steuerfrei, da für Flugkosten keine Entfernungspauschale gilt. Für die Wegstrecken von und zum Flughafen gilt die Entfernungspauschale. Da das Taxi laut BFH nicht zu den öffentlichen Verkehrsmitteln zählt, ist keine steuerfreie Erstattung der tatsächlichen Fahrtkosten mit dem Taxi möglich.

118 BFH, Urteil v. 9.6.2022, VI R 26/20, BFH/NV 2023 S. 74; BMF, Schreiben v. 11.12.2001, IV C 5 – S 2351 – 300/01, BStBl 2001 I S. 994.

Eine weitere **Ausnahme vom Ansatz der Entfernungspauschale** gilt bei Arbeitnehmern mit Behinderung mit einem Behinderungsgrad von mindestens 70 % sowie bei Arbeitnehmern mit Behinderung mit einem Grad der Behinderung von mindestens 50 %, deren Bewegungsfähigkeit im Straßenverkehr erheblich beeinträchtigt ist, vgl. Kap. 6.3.4.

Arbeitnehmer mit Behinderung

7.3.1.6 Besuch der Familie

Strittig war bisher die Frage, ob Fahrtkosten steuerlich abzugsfähig sind, wenn der Steuerzahler nicht zur Familienwohnung zurückfährt und stattdessen von seinen Angehörigen am Beschäftigungsort besucht wird. Der Bundesfinanzhof legt die gesetzliche Definition der – steuerlich begünstigten – Familienheimfahrt sehr eng aus und begrenzt den Werbungskostenabzug alleine auf die **Familienheimfahrt des Steuerpflichtigen.**[119] Das gilt nach Auffassung des BFH auch, wenn der Steuerpflichtige aus beruflichen Gründen an der Heimfahrt zum Familienwohnsitz verhindert ist und deswegen von seinem Ehe- oder Lebenspartner am Beschäftigungsort besucht wird. In den Lohnsteuerrichtlinien 2023 ist nunmehr geregelt, dass die umgekehrte Familienheimfahrt steuerlich als Werbungskosten abgesetzt werden kann, wenn der berufstätige Ehegatte an der Familienheimfahrt aus beruflichen Gründen verhindert ist.[120]

Der Bundesfinanzhof legt in diesem Urteil den Begriff »Familienheimfahrt« sehr eng aus. Das ist deswegen etwas verblüffend, weil im Urteilsfall gar keine doppelte Haushaltsführung vorlag, sondern eine Dienstreise im Rahmen eines vorübergehenden Baustelleneinsatzes – und der BFH auf Rechtsprechung aus früheren Jahren verweist. In diesem Urteil[121] hatte der BFH die steuerliche Berücksichtigung der **umgekehrten Familienheimfahrt** (Besuchsfahrt der Familie) für den Fall abgelehnt, dass der auswärtig tätige Ehepartner aus **privaten** Gründen nicht zum Familienwohnsitz gefahren war.

Umgekehrte Familienheimfahrt

Tipp

Die Kosten für eine umgekehrte Familienheimfahrt können nur bei einer eindeutigen beruflich bedingten Verhinderung des auswärts tätigen Arbeitnehmers als Werbungskosten (bzw. Betriebsausgaben bei Unternehmern und Freiberuflern) abzugsfähig sein bzw. bei Arbeitnehmern vom Arbeitgeber steuerfrei erstattet werden. Hierzu wird man Nachweise vorlegen müssen.

Beispiel

Eine Arbeitnehmerin ist für 2 Jahre bei einer Konzerngesellschaft in den USA beschäftigt. Die Familienwohnung in Deutschland wird beibehalten, die Arbeitnehmerin trägt weiterhin die Kosten der Lebensführung. Einmal pro Monat fliegt die Mitarbeiterin jeweils für 5 Tage an den Familienwohnsitz in Deutschland. Die entsprechenden Tage arbeitet sie jeweils vor, indem sie samstags bzw. sonntags in den USA arbeitet.

Aufgrund dringender Terminvorgaben und Weisung des Arbeitgebers kann sie an Ostern nur den Samstag und Sonntag freinehmen. Da sich ein Hin- und Rückflug für diesen kurzen Zeitraum nicht lohnt, erhält sie Besuch von ihrem Lebenspartner. Dieser reist am Karfreitag an und fliegt am Ostermontag abends wieder nach Deutschland zurück. Übernachtungskosten entstehen keine.

Ergebnis: Die Flugkosten für die »umgekehrte Familienheimfahrt« sind meines Erachtens im Rahmen der doppelten Haushaltsführung steuerlich abzugsfähig. Der Anlass für den Besuch des Lebenspartners liegt im beruflichen Bereich. Zum einen liegen arbeitsrechtliche Vorgaben vor (frei nur am Samstag und Sonntag), zum anderen ist es unzumutbar, unter diesen Voraussetzungen (Samstag/Sonntag) eine Familien-

119 BFH, Urteil v. 22.10.2015, VI R 22/14, BStBl 2016 II S. 179.
120 R 9.11 Abs. 2 LStR.
121 BFH, Urteil v. 2.2.2011, VI R 15/10, BStBl 2011 II S. 456.

heimfahrt nach Deutschland durchzuführen. Sofern entsprechende Nachweise vorliegen (z. B. Ablehnung eines Urlaubsantrags, Dienstanweisung), sollten Kosten für eine umgekehrte Familienheimfahrt steuerlich geltend gemacht werden. Mit der eindeutigen Klärung der steuerlichen Beurteilung in den LStR 2023[122] lässt sich das ggf. über einen Einspruch beim jeweiligen Finanzamt durchsetzen, zumal auch auf das BFH-Urteil vom 2.2.2011[123] verwiesen werden kann. Im Rahmen der steuerfreien Erstattung durch einen Arbeitgeber gibt es zudem für diesen Fall gewichtige Argumente, dass die Erstattung der Kosten einer umgekehrten Familienheimfahrt im eigenbetrieblichen Interesse des Arbeitgebers liegt. Eine endgültige Klärung durch den BFH liegt jedoch für diese Fallkonstellation noch nicht vor.

Weitere Familienangehörige

Besucht nicht nur ein Angehöriger den aus beruflichen Gründen gebundenen Arbeitnehmer, sondern die gesamte Familie, kann meines Erachtens nur der Kostenanteil für eine Person steuerlich berücksichtigt werden. Nur bezüglich einer Person entstehen Kosten, die mit einer normalen Familienheimfahrt durch den Arbeitnehmer selbst vergleichbar sind. Die anteiligen Kosten für weitere Familienangehörige sowie die Kosten für eine Unterkunft am Einsatzort des Arbeitnehmers sind steuerlich nicht berücksichtigungsfähig.

Tipp

Würde im Beispielsfall nur eine auf 2 Jahre beschränkte Abordnung in die USA vorliegen, würde sich die Frage der doppelten Haushaltsführung gar nicht erst stellen, da am Einsatzort in den USA keine erste Tätigkeitsstätte entstehen würde. Damit läge eine beruflich veranlasste Auswärtstätigkeit vor. Im Übrigen ist bei derartigen längerfristigen Auslandseinsätzen zu prüfen, ob der Arbeitslohn und damit auch die Erstattungen des Arbeitgebers überhaupt der deutschen Besteuerung unterliegen.

Tipp

Wird weder eine Familienheimfahrt durchgeführt noch eine Besuchsfahrt der Ehefrau, kann der Arbeitnehmer stattdessen die Aufwendungen für ein Telefongespräch mit seinen Angehörigen, die in dem Familienhausstand leben, als Werbungskosten abziehen. Dabei werden die Kosten auf eine Dauer des Gesprächs von 15 Minuten begrenzt.[124] Die Finanzverwaltung verlangt, dass der Arbeitnehmer in den Zeiten des günstigsten Tarifs telefoniert. Die Kosten für die Telefonate müssen nachgewiesen werden, eine pauschale Berücksichtigung ist nicht möglich.[125]

Wahlrecht

Unternimmt ein Arbeitnehmer während der Woche **mehrere Familienheimfahrten**, hat er ein Wahlrecht, das er für jede doppelte Haushaltsführung und für jedes Kalenderjahr neu ausüben kann.[126] Dem Arbeitnehmer steht es frei, sämtliche Fahrten zwischen Wohnung und Arbeitsstätte (im Rahmen der Entfernungspauschale nach § 9 Abs. 1 Satz 3 Nr. 4 EStG) oder die notwendigen Mehraufwendungen aus Anlass der doppelten Haushaltsführung (nur eine Familienheimfahrt pro Woche sowie die Unterkunftskosten und Verpflegungsmehraufwendungen) als Werbungskosten geltend zu machen.[127]

Beispiel

Ein in Freiburg mit seiner Familie wohnender Arbeitnehmer ist seit 2010 bei einer Versicherungsgesellschaft in Stuttgart angestellt, wo er ein 1-Zimmer-Apartment für 500 EUR bewohnt. Neben den Wochenenden fährt er im Jahr 2023 an 48 Arbeitswochen mittwochs zu seiner Familie nach Freiburg (Entfernung 180 km).

122 R 9.11 Abs. 2 LStR.
123 BFH, Urteil v. 2.2.2011, VI R 15/10, BStBl 2011 II S. 456.
124 BFH, Urteil v. 18.3.1988, VI R 90/84, BStBl 1988 II S. 988.
125 BFH, Urteil v. 29.6.1993, VI R 44/89, BStBl 1994 II S. 19.
126 R 9.11 Abs. 5 Satz 2 LStR.
127 BFH, Urteil v. 18.5.1990, VI R 180/88, BStBl 1990 II S. 863; BFH, Urteil v. 10.10.1994, VI R 2/92, BStBl 1995 II S. 137.

Ergebnis: Der Arbeitnehmer kann zwischen dem Werbungskostenabzug nach den Regeln der doppelten Haushaltsführung oder nach den Regeln der Fahrten zwischen Wohnung und Tätigkeitsstätte für sämtliche Heimfahrten (einschließlich Zwischenheimfahrten unter der Woche) wählen.

Doppelte Haushaltsführung		Heimfahrten: Entfernungspauschale	
Miete	6.000 EUR	Wochenendfahrten: [20 km × 0,30 EUR + 160 km × 0,38 EUR] × 48 =	3.206,40 EUR
Wöchentliche Heimfahrten [20 km × 0,30 EUR + 160 km × 0,38 EUR] × 48 =	3.206,40 EUR	Zwischenheimfahrten: [20 km × 0,30 EUR + 160 km × 0,38 EUR] × 48 =	3.206,40 EUR
Summe	**9.206,40 EUR**	**Summe**	**6.412,80 EUR**

Tipp

Eine allgemeine Regel, welche Variante steuerlich günstiger ist, gibt es nicht. Allerdings greift bezüglich der Kosten für eine Zweitwohnung im Inland eine Höchstgrenze von 1.000 EUR pro Monat (vgl. Kap. 7.3.3). Erforderlich ist jeweils eine Vergleichsberechnung nach den individuellen Verhältnissen, insbesondere Entfernung des Familienhausstands zum Beschäftigungsort und Häufigkeit der Zwischenheimfahrten.

Zur lohnsteuerlichen Behandlung der Familienheimfahrten bei der Benutzung eines Firmenwagens, vgl. Kap. 8.6.

7.3.2 Mehraufwand für Verpflegung

Der Arbeitnehmer wird so behandelt, als wenn er während der ersten 3 Monate der doppelten Haushaltsführung eine berufliche Auswärtstätigkeit durchführt. Für die Zeit nach Ablauf der **3-Monatsfrist** können Pauschbeträge für den Verpflegungsmehraufwand nicht mehr angesetzt werden; auch ein Einzelnachweis eines Mehraufwands kommt nicht infrage. Die 3-Monatsfrist begegnet auch bei einer sog. Doppelverdiener-Ehe keinen verfassungsrechtlichen Bedenken.[128]

Verpflegungspauschalen

Doppelte Haushaltsführung

Der Ansatz von Verpflegungsmehraufwendungen bei der doppelten Haushaltsführung ist an die im Gesetz geregelten Reisekostensätze geknüpft (vgl. Kap. 4.2.2 sowie **Tabellen 7** und **8**). Zulässig ist ausschließlich der Ansatz der Verpflegungspauschalen, auf die der Arbeitnehmer andererseits einen Rechtsanspruch hat.[129] Der Werbungskostenabzug folgt damit bei beruflichen Auswärtstätigkeiten und bei doppeltem Haushalt denselben einheitlichen Regeln. Es gelten damit für die doppelte Haushaltsführung insbesondere zeitlich gestaffelte Verpflegungspauschalen von

- 28 EUR bei einer Abwesenheitsdauer von mindestens 24 Stunden,
- 14 EUR bei einer Abwesenheitsdauer von mehr als 8 Stunden sowie für die Tage der Heimfahrt und der Rückreise zum Beschäftigungsort,
- eine 3-Monatsfrist für den Ansatz dieser Pauschbeträge.

Verpflegungsmehraufwendungen werden bei dienstlichen Reisen nur für eine Übergangsphase steuerlich anerkannt. Im Übrigen wird davon ausgegangen, dass sich die Verpflegungssituation im

128 BFH, Urteil v. 8.7.2010, VI R 10/08, BStBl 2011 II S. 32; BFH, Urteil v. 8.7.2010, VI R 11/08, BFH/NV 2011 S. 14.
129 BFH, Urteil v. 4.4.2006, VI R 44/03, BStBl 2006 II S. 567.

Anschluss an die ersten 3 Monate nicht von anderen Arbeitnehmern unterscheidet, die am Beschäftigungsort ihre einzige Wohnung haben.[130]

Beispiel

Ein Arbeitnehmer wechselt zum 1.1.2023 seinen Arbeitgeber und nimmt am auswärtigen Beschäftigungsort eine Zweitwohnung. Die neue Firma ersetzt ihm den Verpflegungsmehraufwand in Höhe der steuerlich zulässigen Sätze. Der Mitarbeiter fährt jeweils Sonntagabend in die Zweitwohnung, am Freitag gegen 17:00 Uhr kehrt er in die Familienwohnung zurück.

Ergebnis: Für die Monate Januar bis März beträgt die steuerfreie Verpflegungspauschale pro voller Arbeitswoche 140 EUR (1 × 14 EUR für Sonntag, 4 × 28 EUR für Montag bis Donnerstag, 1 × 14 EUR für den Freitag). Ab April 2023 ist wegen Ablauf der 3-Monatsfrist der steuerfreie Ersatz von Verpflegungskosten im Rahmen der doppelten Haushaltsführung ausgeschlossen. Das Entsprechende gilt für den Werbungskostenabzug.

7.3.2.1 3-Monatsfrist bei doppelter Haushaltsführung

3-Monatsfrist

Die 3-Monatsfrist gilt für die einzelne doppelte Haushaltsführung. Wird während desselben Kalenderjahres ein neuer doppelter Haushalt eingerichtet, können Verpflegungsmehraufwendungen für weitere 3 Monate in Anspruch genommen werden. Dasselbe gilt, wenn die Tätigkeit am auswärtigen Beschäftigungsort um mindestens 4 Wochen aus beruflichen Gründen unterbrochen wird. In diesen Fällen beginnt eine neue 3-Monatsfrist für den Ansatz der Verpflegungspauschalen.

Beruflich veranlasste Auswärtstätigkeit

Sonderregelungen gelten für die ersten 3 Monate einer doppelten Haushaltsführung, wenn der Arbeitnehmer an einzelnen Tagen eine beruflich veranlasste Auswärtstätigkeit unternimmt. Hier darf für den jeweiligen Tag nur die höchste Verpflegungspauschale angesetzt werden, die sich nach den Regeln der Reisekosten oder des doppelten Haushalts ergibt. Die **gleichzeitige Inanspruchnahme** beider Pauschbeträge ist **nicht zulässig.**[131]

Beispiel

Ein Arbeitnehmer hat aufgrund Versetzung ab 1.4.2023 eine beruflich veranlasste doppelte Haushaltsführung. Der Mitarbeiter fährt am Wochenende zum Familienwohnsitz. Am 13.4.2023 unternimmt er eine Dienstreise, die um 8:00 Uhr ab der Zweitwohnung beginnt und dort um 17:30 Uhr endet.

Ergebnis: Für den Dienstag können 28 EUR abgerechnet werden, die Verpflegungspauschale für die Dienstreise (14 EUR) geht steuerlich verloren.

Wenn zu Beginn eine beruflich veranlasste Auswärtstätigkeit vorlag, wird deren Dauer auf die 3-Monatsfrist angerechnet. Das bedeutet:

- Bei vorübergehender Auswärtstätigkeit sind die ersten 3 Monate einer Auswärtstätigkeit auf den Zeitraum der doppelten Haushaltsführung anzurechnen, sodass nach Ablauf dieser 3 Monate Verpflegungspauschalen wegen doppelter Haushaltsführung weder steuerfrei ersetzt noch als Werbungskosten berücksichtigt werden können.
- Bei Versetzung oder bei einem neuen Arbeitsverhältnis können für 3 Monate die Verpflegungspauschalen wegen doppelter Haushaltsführung steuerfrei ersetzt oder als Werbungskosten berücksichtigt werden.

130 BFH, Urteil v. 8.7.2010, VI R 15/09, BStBl 2011 II S. 47.

131 Ausdrücklich § 9 Abs. 4a Satz 12 EStG.

- Bei einer erneuten doppelten Haushaltsführung am früheren Beschäftigungsort beginnt eine neue 3-Monatsfrist.[132]

Beispiel

Ein Mitarbeiter mit Wohn- und Arbeitsort Stuttgart war vorübergehend seit 1.10.2022 als Krankheitsvertretung in der Zweigniederlassung in München eingesetzt. Der Einsatz sollte maximal bis 30.3.2023 erfolgen. Der Mitarbeiter hat jeweils von Montag bis Donnerstag in einem möblierten Apartment in München übernachtet. Zum 1.1.2023 einigen sich Arbeitgeber und Mitarbeiter darauf, dass der Mitarbeiter bis auf Weiteres – ohne zeitliche Begrenzung – nach München versetzt wird. Die Unterkunft behält der Mitarbeiter unverändert bei.

Ergebnis: Der Einsatz in München wandelt sich zum 1.1.2023 von einer Dienstreise (vorübergehender Einsatz) aufgrund der dauerhaften Zuordnung in eine doppelte Haushaltsführung (vgl. Kap. 3.1.5). Die Voraussetzungen für doppelte Haushaltsführung sind erfüllt, da der Arbeitnehmer in Stuttgart seine Familienwohnung hat. Für Übernachtungskosten gilt die Begrenzung auf 1.000 EUR pro Monat (vgl. Kap. 7.3.3). Fahrtkosten können im Rahmen einer wöchentlichen Familienheimfahrt steuerlich berücksichtigt werden (vgl. Kap. 7.3.1.3). Verpflegungsmehraufwendungen für doppelte Haushaltsführung können grundsätzlich für 3 Monate berücksichtigt werden. Allerdings wird der Zeitraum der Dienstreise vom 1.10.2022 bis 31.12.2022 auf den 3-Monatszeitraum der doppelten Haushaltsführung angerechnet. Er ist damit im Beispiel vollständig verbraucht. Verpflegungsmehraufwendungen können für die doppelte Haushaltsführung 2023 nicht mehr berücksichtigt werden.

Abwandlung: Angenommen der Einsatz in München begann für den Arbeitnehmer am 1.11.2022. In diesem Fall sind von der 3-Monatsfrist nur 2 Monate verbraucht. Für die doppelte Haushaltsführung können Verpflegungsmehraufwendungen vom 1.1. bis 31.1.2023 berücksichtigt werden.

Vorübergehende Unterbrechung

Unterbricht der Arbeitnehmer eine doppelte Haushaltsführung vorübergehend, behält er aber seine beruflich veranlasste Zweitwohnung bei, beginnt bei Rückkehr in die Zweitwohnung eine neue doppelte Haushaltsführung. Voraussetzung ist laut Bundesfinanzhof jedoch, dass währenddessen wesentliche Teile des Haushaltes ausgeräumt werden bzw. nachweisbar in der Zweitwohnung kein Haushalt mehr geführt wird.[133] Im Urteilsfall hatte der Arbeitnehmer am Beschäftigungsort A eine Zweitwohnung bewohnt, aber für 9 Monate nicht genutzt, weil er an einem anderen Beschäftigungsort B eingesetzt war. Während dieser 9 Monate behielt er seine Zweitwohnung in A. Nach Ende der auswärtigen Beschäftigung hat er sie wieder bewohnt. Der Familienwohnsitz blieb während der ganzen Zeit unverändert in Köln. Mit der Rückkehr beginnt eine neue doppelte Haushaltsführung und damit eine neue 3-Monatsfrist.

Wechsel der Unterkunft

Ob eine neue 3-Monatsfrist beginnt, wenn der Arbeitnehmer zwar den Beschäftigungsort beibehält, aber die Zweitwohnung wechselt (z. B. noch näher zum Beschäftigungsort zieht), ist höchstrichterlich noch nicht geklärt. Da der Mehraufwand des Arbeitnehmers aufgrund der neuen Verpflegungssituation vor Ort (veränderte Einkaufs- und Verpflegungsmöglichkeiten) steuerlich berücksichtigt werden soll, führt meines Erachtens der Wechsel der Unterkunft zum Neubeginn der 3-Monatsfrist.

3-Monatsfrist auch in Wegzugsfällen

Entsteht durch die Wegverlegung des Lebensmittelpunkts vom Beschäftigungsort eine beruflich veranlasste doppelte Haushaltsführung, können für die ersten 3 Monate nach Begründung der doppelten Haushaltsführung Pauschbeträge für Verpflegungsmehraufwendungen berücksichtigt werden. Das gilt nach aktueller Rechtslage auch. Wenn der Steuerzahler zuvor schon am Beschäftigungsort gewohnt hat. Selbst wenn die bisherige Familienwohnung nach dem Wegzug der Familie bzw. der

132 BFH, Urteil v. 8.7.2010, VI R 15/09, BStBl 2011 II S. 47.
133 BFH, Urteil v. 8.7.2010, VI R 15/09, BStBl 2011 II S. 47.

Wegverlagerung des Lebensmittelpunktes nun als beruflich notwendige Zweitwohnung weiter genutzt wird, können für die ersten 3 Monate Verpflegungsmehraufwendungen berücksichtigt werden (vgl. Kap. 7.2.7.2).

7.3.2.2 Kostenlose Verpflegung

Kostenlose Mahlzeiten

Die Verpflegungspauschalen können auch dann vom Arbeitnehmer als Werbungskosten geltend gemacht werden, wenn der Arbeitnehmer am auswärtigen Beschäftigungsort vom Arbeitgeber kostenlos verpflegt wird. Die kostenlosen Mahlzeiten kürzen die Verpflegungspauschalen. Ein vom Arbeitgeber gewährtes Frühstück kürzt die Verpflegungsmehraufwendungen der vollen Tagespauschale (= 28 EUR) um 5,60 EUR (entspricht 20 %), ein Mittag- oder Abendessen um 11,20 EUR (entspricht 40 %). Es gelten die gleichen Grundsätze wie bei Verpflegungspauschalen anlässlich einer Auswärtstätigkeit (§ 9 Abs. 4a Satz 12 EStG, vgl. Kap. 4.2). Das gilt für Mahlzeiten, die vom Arbeitgeber oder auf dessen Veranlassung von einem Dritten abgegeben werden. Gewährt der Arbeitgeber außerhalb der 3-Monatsfrist im Zusammenhang mit der doppelten Haushaltsführung dem Arbeitnehmer Verpflegung, muss diese mit dem **amtlichen Sachbezugswert** (2023: Mittag- oder Abendessen 3,80 EUR, Frühstück 2,00 EUR) dem steuerpflichtigen Arbeitslohn hinzugerechnet werden. Von dieser Regelung werden aber nur Mahlzeiten erfasst, die zur üblichen Beköstigung des Arbeitnehmers bestimmt sind, nämlich Frühstück, Mittag- und Abendessen mit einem tatsächlichen Wert von jeweils höchstens 60 EUR. Mahlzeiten aus Anlass gesellschaftlicher Veranstaltungen, z. B. eine geschäftlich veranlasste Kundenbewirtung, bleiben außer Ansatz.

Einzelheiten zu der Frage, wann vom Arbeitgeber veranlasste kostenlose Mahlzeiten vorliegen, vgl. Kap. 4.2.4.

7.3.3 Kosten der Zweitwohnung

Sind die Voraussetzungen einer beruflich veranlassten doppelte Haushaltsführung erfüllt, können die Unterkunftskosten der Zweitwohnung entweder vom Arbeitgeber steuerfrei erstattet werden oder der Steuerzahler kann die Kosten als Werbungskosten (bei den Einkünften aus nichtselbstständiger Arbeit) bzw. Betriebsausgaben (z. B. bei den Einkünften aus Gewerbebetrieb, freiberuflicher oder selbstständiger Tätigkeit) absetzen. Ein Vorsteuerabzug aus den Kosten ist nicht möglich, weil die doppelte Haushaltsführung umsatzsteuerlich dem nichtunternehmerischen Bereich zuzuordnen ist – selbst dann nicht, wenn einkommensteuerlich eine doppelte Haushaltsführung vorliegt.[134] Insoweit unterscheidet sich die Rechtslage zu der bei Dienstreisen. Im Rahmen von Dienstreisen kann sowohl der Arbeitgeber wie der Selbstständige aus den Unterkunftskosten die Vorsteuer geltend machen.[135]

134 BFH, Urteil v. 30.11.1994, XI R 3/94, BStBl 1995 II S. 513.

135 Die Unterkunftsgestellung während Dienstreisen erfolgt im eigenbetrieblichen Interesse, vgl. BFH, Urteil v. 21.7.1994, V R 21/92, BStBl 1994 II S. 881 mit Verweis auf BFH, Urteil v. 11.3.1988, V R 30/84, BStBl 1988 II S. 643.

Beispiel

Eine auf Wettbewerbsrecht spezialisierte Rechtsanwältin übernimmt zum 1.1.2023 eine Rechtsanwaltskanzlei in Mannheim. Da in Freiburg eine Lebenspartnerschaft besteht und die dortige Wohnung beibehalten wird, mietet sich die Rechtsanwältin in einem Appartementkomplex in Mannheim ein möbliertes Appartement.

Ergebnis: Es liegt eine doppelte Haushaltsführung vor. Die Unterkunftskosten können als Betriebsausgaben bei den Einkünften aus freiberuflicher Tätigkeit abgesetzt werden.

Die **Kosten für die Zweitwohnung** im Rahmen einer doppelten Haushaltsführung können nicht in unbegrenzter Höhe steuerlich abgezogen werden. Vereinfachend gilt für die Kosten der Zweitwohnung im Rahmen einer doppelten Haushaltsführung im Inland pro Monat eine steuerliche Obergrenze von 1.000 EUR. 1.000-EUR-Grenze im Inland

Wichtig

Die feste Obergrenze von 1.000 EUR für Zweitwohnungen gilt unabhängig davon, wann die doppelten Haushaltsführungen im Inland begründet wurde.

Tipp

Der Arbeitgeber kann Übernachtungskosten im Rahmen einer doppelten Haushaltsführung nach Pauschalen ersetzen. Im Inland sind dies in den ersten 3 Monaten je Übernachtung 20 EUR, ab dem 4. Monat je Übernachtung 5 EUR. Diese Pauschalen gelten unabhängig davon, ob und in welcher Höhe dem Arbeitnehmer tatsächlich Übernachtungskosten entstanden sind. Bei einer doppelten Haushaltsführung im Ausland können in den ersten 3 Monaten die Übernachtungspauschalen pro Übernachtung steuerfrei erstattet werden. Ab dem 4. Monat können diese noch mit 40 % der Auslandsübernachtungspauschalen steuerfrei erstattet werden. Diese Regelung gilt nur für die Arbeitgebererstattung, nicht für den Ansatz von Werbungskosten im Rahmen der Einkommensteuererklärung.[136]

Für doppelte Haushaltsführungen **im Ausland** gilt als Obergrenze der Betrag, der für eine 60-m²-Wohnung zum ortsüblichen Mittelpreis am Beschäftigungsort bezahlt werden muss (vgl. Kap. 7.3.3.2).

7.3.3.1 Einzelnachweis der Übernachtungskosten

Die Übernachtungskosten sind nur auf Einzelnachweis der entstandenen Aufwendungen als Werbungskosten abzugsfähig.[137] Dies gilt auch, wenn die Zweitwohnung vom Ehegatten zu fremdüblichen Bedingungen angemietet wird.[138] Abzugsfähig sind die Kosten für die Zweitwohnung auch dann, wenn der Arbeitgeber eine unentgeltliche Unterkunft zur Verfügung stellt, der Arbeitnehmer aber gleichwohl eine eigene Zweitwohnung anmietet. Einzelnachweis

Wichtig

Der Arbeitnehmer darf auch im Rahmen der Obergrenze von 1.000 EUR nur die nachgewiesenen tatsächlichen Unterkunftskosten steuermindernd abziehen. Der für Übernachtungen im Inland verlangte **Einzelnachweis** gilt auch für **Auslandssachverhalte**.[139] Um bei der späteren Einkommensteuerveranlagung Werbungskosten geltend machen zu können, hat der Arbeitnehmer bereits während des Jahres Beweisvorsorge zu treffen (vgl. Kap. 7.6).

136 BFH, Urteil v. 4.4.2006, VI R 44/03, BStBl 2006 II S. 567.
137 BFH, Urteil v. 12.9.2001, VI R 72/97, BStBl 2001 II S. 775.
138 BFH, Urteil v. 11.3.2003, IX R 55/01, BStBl 2003 II S. 627.
139 R 9.11 Abs. 8 LStR.

7.3.3.2 Kosten der Unterkunft im Ausland

Die Kosten für eine Zweitwohnung im Ausland werden steuerlich nur insoweit berücksichtigt, wie sie notwendig und **angemessen** sind. Für diese Abgrenzung gilt weiter die Rechtsprechung des BFH, welche auf die Durchschnittsmiete einer 60-m^2-Wohnung abstellt.[140] Die Begrenzung auf notwendige Unterkunftskosten bezieht sich nicht auf den Quadratmeterpreis, sondern auf die Gesamtkosten für eine möblierte, beheizte Wohnung. Auf die tatsächliche Größe der Zweitwohnung, deren Lage und Ausstattung kommt es nicht an. Maßgebend sind die tatsächlichen Kosten – die bis zu dem Betrag steuerlich berücksichtigt werden können, die für eine 60-m^2-Wohnung am ausländischen Beschäftigungsort maximal anfallen würden.

Beispiel

Nach einer Versetzung zur Schweizer Tochter nimmt sich ein Arbeitnehmer in Zürich ein möbliertes 2-Zimmer-Apartment für monatlich 2.100 CHF. Der Durchschnitts-Mietpreis in Zürich für eine möblierte 60-m^2-Wohnung inkl. Nebenkosten liegt bei ca. 1.600 CHF.

Ergebnis: Die Kosten für eine Zweitwohnung können steuerlich bis maximal 1.600 CHF berücksichtigt werden.

Beispiel

Abwandlung: 2 Arbeitskollegen teilen sich eine 3-Zimmer-Wohnung in Zürich (Zweitwohnung im Rahmen einer doppelten Haushaltsführung), für die sie monatlich 2.300 CHF bezahlen.

Ergebnis: Steuerlich berücksichtigungsfähig sind nur die anteiligen tatsächlichen Kosten von 1.150 CHF. Diese liegen jeweils innerhalb der angemessenen Unterkunftskosten von 1.600 CHF.

Familiennachzug

Die Begrenzung auf das Notwendige für die Unterkunft am auswärtigen Beschäftigungsort ist selbst für den Fall zu beachten, dass die Anmietung einer größeren Wohnung mit dem geplanten Familiennachzug begründet wird. Schreibt der Arbeitgeber jedoch arbeits- oder dienstvertraglich den Bezug einer sehr weiträumigen Zweitwohnung auf dem Betriebsgelände ausdrücklich vor, ist zweifelhaft, ob die 60-qm-Begrenzung greift.[141]

7.3.3.3 Was zu den Unterkunftskosten gehört

1.000-EUR-Grenze

Unter die 1.000-EUR-Begrenzung fallen alle Kosten, die im weiteren Sinne für die Zweitwohnung bzw. Zweitunterkunft anfallen. Das sind

- die Miete,
- die Betriebskosten,
- die Kosten der laufenden Reinigung und Pflege der Wohnung sowie
- die Abschreibung für die notwendige Einrichtung (etwa für eine eingebaute Kücheneinrichtung, allerdings nicht für die Möblierung des Wohnzimmers) der Zweitwohnung.

Laut BFH fallen unter die 1.000-EUR-Begrenzung nur die Aufwendungen, die für die **Nutzung der Unterkunft** anfallen und die **einzeln zugeordnet** werden können. Das ist zum einen die Bruttokalt-

140 BFH, Urteil v. 9.8.2007, VI R 10/06, BStBl 2007 II S. 820; BMF, Schreiben v. 25.11.2020, IV C 5 – S 2353/19/10011 :006, BStBl 2020 I S. 1228, Rz. 112.

141 FG Rheinland-Pfalz, Urteil v. 22.6.2021, 3 K 1255/20, Rev. beim BFH unter Az. VI R 20/21. Im Urteilsfall ging es um einen Botschafter, der auf dem Botschaftsgelände Wohnungen mit einer Fläche zwischen 186 und 249 m^2 als Zweitwohnung beziehen musste.

miete, zum anderen bei einer Eigentumswohnung, die dem Steuerpflichtigen gehört, die **Abschreibung** auf die Anschaffungs- oder Herstellungskosten einschließlich der Zinsen für Fremdkapital, allerdings nur soweit sie auf den Zeitraum der beruflichen Nutzung im Rahmen der doppelten Haushaltsführung entfallen.[142] Zu den – nur innerhalb des Höchstbetrags abzugsfähigen – Unterkunftskosten gehören ebenfalls Nebenkosten (kalte und warme Betriebskosten) einschließlich Stromkosten. Nur diese Kosten sind durch den Gebrauch der Unterkunft veranlasst. Das gilt auch für Sondernutzungskosten, z. B. für die Mitbenutzung eines Gartens.

Wichtig

Bei den 1.000 EUR handelt es sich um einen Bruttobetrag. Auch wenn der Arbeitgeber die Unterkunft selbst gebucht und bezahlt hat, scheidet nach der BFH-Rechtsprechung der Vorsteuerabzug aus.[143] Das gilt auch für gelegentliche Hotelübernachtungen in der Nähe der ersten Tätigkeitsstätte, die als Unterkunftskosten im Rahmen einer doppelten Haushaltsführung einkommensteuerlich begünstigt sein können.[144]

Möblierung

Nicht zu den Unterkunftskosten gehören die Kosten für eine **Möblierung der Zweitwohnung.** Diese Kosten sind zwar steuerlich als Werbungskosten im Rahmen der doppelten Haushaltsführung abzugsfähig. Sie werden aufgrund einer Entscheidung des BFH aber nicht in die 1.000-EUR-Begrenzung eingerechnet.[145] Das BMF akzeptiert diese Rechtsprechung und hat sie in das BMF-Schreiben übernommen.[146] Da die Aufwendungen für Einrichtungsgegenstände in der Zweitwohnung nicht zu den Unterkunftskosten zählen, sind sie über die 1.000-EUR-Begrenzung hinaus als sonstige notwendige Mehraufwendungen abzugsfähig, vgl. Kap. 7.3.3.4.

Laut Auffassung des BMF gehören auch **Gebühren wie Rundfunkbeitrag oder Zweitwohnungssteuer** zu den Unterkunftskosten und werden in den Höchstbetrag mit eingerechnet.[147] Zumindest bezüglich der Rundfunkgebühren darf dies aufgrund der **aktuellen BFH-Rechtsprechung** bezweifelt werden. Die gleiche Problematik stellt sich bezüglich der Miete einer Garage oder eines Stellplatzes. Laut Finanzverwaltung werden diese Kosten als – beschränkt abzugsfähige – Unterkunftskosten berücksichtigt, selbst wenn eine separate Anmietung erfolgt.[148] Ob diese Auffassung vom BFH übernommen wird, ist im Hinblick auf seine Rechtsprechung zur Einrichtung und Ausstattung noch nicht entschieden. Sofern jedoch ein Firmenwagen des Arbeitgebers abgestellt wird, handelt es sich bei den Kosten für die Garage bzw. den Stellplatz unstreitig um Kosten, die grundsätzlich vom Arbeitgeber unabhängig vom Vorliegen einer doppelten Haushaltsführung steuerfrei erstattet werden können.[149]

Eigentumswohnung

Handelt es sich bei der Zweitwohnung um eine Eigentumswohnung des Arbeitnehmers, fallen in die Begrenzung sämtliche tatsächlichen Kosten mit Ausnahme des Aufwands für die Möblierung. Hierzu gehören neben den Schuldzinsen, das Hausgeld und die Nebenkosten, auch Hausreparaturen und die **Abschreibung** auf die Anschaffungskosten der Eigentumswohnung, allerdings anteilig nur für

142 BFH, Urteil v. 3.4.2019, VI R 15/17, BStBl 2019 II S. 446, zur zeitlichen Zuordnung einer Vorfälligkeitsentschädigung.

143 BFH, Urteil v. 8.10.2014, VI R 56/13, BFH/NV 2015 S. 136. Im Urteilsfall ging es um eine Geschäftsführerwohnung im Rahmen einer doppelten Haushaltsführung.

144 BFH, Urteil v. 22.4.1998, XI R 59/97, BFH/NV 1998 S. 1216; BFH, Urteil v. 5.8.2004, VI R 40/03, BStBl 2004 II S. 1074.

145 BFH, Urteil v. 4.4.2019, VI R 18/17, BStBl 2019 II S. 449, gegen BMF, Schreiben v. 25.11.2020, IV C 5 – S 2353/19/10011 :006, BStBl 2020 I S. 1228, Rz. 104.

146 BMF, Schreiben v. 25.11.2020, IV C 5 – S 2353/19/10011 :006, BStBl 2020 I S. 1228, Rz. 108.

147 BMF, Schreiben v. 25.11.2020, IV C 5 – S 2353/19/10011 :006, BStBl 2020 I S. 1228, Rz. 108.

148 BMF, Schreiben v. 15.8.2019, IV C 5 – S 2342/19/10007 :001, BStBl 2019 I S. 875, Rz. 14. Als Grundlage für die Amortisations-Prognose können die Kosten für Einzelfahrscheine zugrunde gelegt werden.

149 BFH, Urteil v. 7.6.2002, VI R 145/99, BStBl 2002 II S. 829; BFH, Urteil v. 14.9.2005, VI R 37/03, BStBl 2006 II S. 72.

den Zeitraum, in dem die Eigentumswohnung als beruflich veranlasste Zweitwohnung tatsächlich genutzt wird. Dabei müssen die Kosten pro Monat ermittelt werden.

Gibt der Steuerzahler seine beruflich veranlasste doppelte Haushaltsführung auf, verlieren die Kosten für die als Zweitwohnung genutzte Eigentumswohnung insoweit ihre steuerliche Eigenschaft als Werbungskosten im Rahmen der doppelten Haushaltsführung. Der BFH zählt **Vorfälligkeitsentschädigungen** für die vorzeitige Ablösung eines Darlehens zwar zu den Finanzierungskosten. Wird die Eigentumswohnung jedoch nach dem Ende der doppelten Haushaltsführung verkauft und das Darlehen vorzeitig abgelöst, kann die Vorfälligkeitsentschädigung nicht als Werbungskosten im Rahmen der doppelten Haushaltsführung abgesetzt werden.[150]

Makler

Maklerkosten, die im Zusammenhang mit der Anmietung der Zweitwohnung angefallen sind, gehören zu den Umzugskosten (vgl. Kap. 7.3.3.5) und können **unabhängig von der 1.000-EUR-Grenze** steuerlich abgezogen bzw. steuerfrei erstattet werden.[151]

7.3.3.4 Einrichtung, Ausstattung: Sonstige notwendige Mehraufwendungen

Steuerlich werden neben den reinen Raumkosten (für die eine 1.000-EUR-Begrenzung gilt) zusätzlich auch die **Aufwendungen für eine Möblierung** berücksichtigt. Dabei gilt, dass die Einrichtung nur dann steuerlich anerkannt werden kann, wenn sie **angemessen und notwendig** ist.

Angemessene Ausstattung

Zur angemessenen Ausstattung des Haushalts am Beschäftigungsort gehören alle Hausrat- und Einrichtungsgegenstände, die man als Alleinstehender für eine sinnvolle Haushaltsführung benötigt. Im Wesentlichen sind dies Einrichtungsgegenstände wie Bett, Schränke, Tisch und Stühle, Einrichtung von Küche und Bad. Daneben gehört zur angemessenen Ausstattung Geschirr, Reinigungsmittel, Staubsauger sowie Vorhänge und Heimtextilien (z. B. Bettbezüge).

Notwendiges Inventar

Die Ausstattung mit Orientteppichen, Stereoanlage und aufwendigen Designermöbeln gehört nicht zum notwendigen Inventar. Allerdings wird die Übernahme von Rundfunk- und Fernsehgebühren sowie die Anschaffung eines Radios als notwendige Ausstattung akzeptiert.[152] Strittig ist auch die Anschaffung eines günstigen Fernsehgeräts. Die teilweise ablehnende Rechtsprechung ist Jahre alt und unseres Erachtens nicht mehr zeitgemäß[153], zudem verliert sie durch die Einführung der 5.000-EUR-Nicht-Aufgriffsgrenze an Bedeutung.

5.000-EUR-Nicht-Aufgriffsgrenze

Im BMF-Schreiben aus 2020[154] hat das BMF für die notwendige Einrichtung eine Nicht-Aufgriffsgrenze von 5.000 EUR eingeführt. Sofern die **gesamten Anschaffungskosten für Einrichtung und Ausstattung** einschließlich Umsatzsteuer innerhalb dieser 5.000 EUR bleiben, ist an der steuerlichen **Angemessenheit nicht zu zweifeln**. Sie sind als sonstige notwendige Mehraufwendungen steuerlich abzugsfähig. Kosten für Arbeitsmittel – z. B. Schreibtisch und Schreibtischstuhl, PC usw. – werden in diesen Betrag nicht eingerechnet.

150 BFH, Urteil v. 3.4.2019, VI R 15/17, BStBl 2019 II S. 446.

151 BMF, Schreiben v. 25.11.2020, IV C 5 – S 2353/19/10011 :006, BStBl 2020 I S. 1228, Rz. 108.

152 FG Niedersachsen, Urteil v. 11.3.1998, II 459/96; FG des Saarlandes, Urteil v. 29.8.2001, 1 K 120/00, EFG 2001 S. 1491; FG Brandenburg, Urteil v. 22.6.2011, 9 K 9079/08, EFG 2012 S. 35.

153 FG Köln, Urteil v. 6.11.2014, 13 K 1665/12 zur Angemessenheit einer Einrichtung. Die Aufwendungen für ein Fernsehgerät in Höhe von 2.330 EUR wurden vom Finanzamt nicht berücksichtigt.

154 BMF, Schreiben v. 25.11.2020, IV C 5 – S 2353/19/10011 :006, BStBl 2020 I S. 1228.

Beispiel

Ein Steuerzahler mietet am Ort der ersten Tätigkeitsstätte (Einstellung zum 1.1.2023) eine 2-Zimmer-Wohnung, 52 m^2, Warmmiete 668 EUR/Monat, nicht möbliert. Der Familienwohnsitz bleibt unverändert. Die Entfernung zum Beschäftigungsort beträgt 250 km. Die Zweitwohnung richtet er sich mit Standard-Möbeln ein, einschl. einer kleinen Einbauküche (Kosten: 3.250 EUR). Für Geschirr und Kochtöpfe gibt er 120 EUR aus. Zudem erwirbt er einen Lattenrost sowie eine Matratze für 1.600 EUR. Ebenfalls für die Zweitwohnung erwirbt er einen Schreibtisch, Bürostuhl sowie einen abschließbaren Aktenschrank für 1.200 EUR.

Ergebnis: Die Unterkunftskosten (Warmmiete) bleiben innerhalb der Obergrenze von 1.000 EUR. Die Kosten für die Einrichtung und Ausstattung liegen mit 4.970 EUR (= 3.250 EUR + 120 EUR + 1.600 EUR) innerhalb der Nicht-Aufgriffsgrenze von 5.000 EUR. Sie sind als sonstige notwendige Mehraufwendungen steuerlich abzugsfähig. Liegen die Kosten für das einzelne Möbelstück über 800 EUR netto (952 EUR brutto), müssen die Kosten auf die Nutzungsdauer (z. B. das Bett mit Rost auf 10 Jahre) abgeschrieben werden. Die Kosten für die Arbeitsmittel (Schreibtisch und -Stuhl, Aktenschrank) werden nicht in die 5.000-EUR-Grenze mit eingerechnet. Sie sind für sich als Arbeitsmittel daneben steuerlich abzugsfähig.

Anschaffungskosten über 5.000 EUR

Die Nicht-Aufgriffsgrenze bezieht sich nur auf die Frage, ob die Einrichtung und Ausstattung ohne weitere Prüfung quasi angemessen ist. Höhere Kosten für eine Ausstattung sind steuerlich nicht verloren – allerdings **prüft dann das Finanzamt**, ob nicht die **Grenze des Notwendigen** überschritten ist. Die 5.000-EUR-Grenze kann sowohl für die Steuerfreiheit bei der Arbeitgeber-Erstattung wie für den Werbungskosten- oder Betriebsausgabenabzug (z. B. bei Unternehmern, Freiberuflern) herangezogen werden. Allerdings bedeutet das nicht, dass die Kosten sofort steuerlich abzugsfähig sind. Ggf. müssen die Einzelkosten auf die steuerliche Nutzungsdauer verteilt werden (s. Ausführungen unten).

Wird für die doppelte Haushaltsführung eine möblierte Zweitwohnung angemietet, kann der monatliche Kostenzuschlag für die Möblierung aus dem Gesamt-Mietbetrag herausgerechnet werden. Nur die Mietkosten für die – leere – Zweitwohnung einschließlich Nebenkosten fallen unter die Unterkunftskosten und damit unter die 1.000-EUR-Begrenzung. Darauf hat der BFH in seinem Urteil zur Abgrenzung der Unterkunftskosten ausdrücklich hingewiesen.[155]

Steuerliche Abzugsfähigkeit

Die Kosten für die angemessene notwendige Einrichtung der beruflich veranlassten Zweitwohnung können neben den eigentlichen Mietkosten steuerlich wie folgt geltend gemacht werden:

- Alle Einrichtungsgegenstände, die selbstständig nutzbar sind und deren Kaufpreis max. 952 EUR inkl. Umsatzsteuer (19 %) betragen, können im Jahr des Kaufs in voller Höhe steuerlich abgesetzt werden. Bei Gegenständen, die ohne Ausweis von Umsatzsteuer gekauft wurden (z. B. über eBay von einer Privatperson ersteigert), sind bis zu einem Anschaffungspreis von 800 EUR steuerlich sofort abzugsfähig. Hierunter fallen alle Gegenstände, die eigenständig genutzt werden können, z. B. ein Bett, Schränke, Kommoden, Teppiche, Lampen, Küchengegenstände wie Töpfe, Pfannen, Geschirr.
- Gegenstände, die nur zusammenhängend genutzt werden können (z. B. Teile einer Einbauküche) oder die für sich gesehen mehr als 952 EUR (einschl. 19 % USt) kosten, können jährlich nur anteilig über die Abschreibung steuerlich geltend gemacht werden. Die Anschaffungskosten werden auf die voraussichtliche Nutzungsdauer verteilt. Pro Monat der Nutzung in der Zweitwohnung sind damit 1/12 des Jahres-Abschreibungsbetrags steuerlich abzugsfähig.

155 BFH, Urteil v. 9.8.2007, VI R 10/06, BStBl 2007 II S. 820; BMF, Schreiben v. 25.11.2020, IV C 5 – S 2353/19/10011 :006, BStBl 2020 I S. 1228, Rz. 107.

Abschreibung

Die Ausstattung sowie die Möbel, Bett, Bettrost können auf eine Nutzungsdauer von 10 Jahren abgeschrieben werden. Ein bei Beendigung der doppelten Haushaltsführung vorhandener Restwert darf nicht als Werbungskosten berücksichtigt werden. Der noch nicht abgeschriebene Teil der Wohnungseinrichtung geht steuerlich verloren.[156]

Tipp

Begünstigt sind auch Einrichtungsgegenstände, die nicht eigens für die Einrichtung der Zweitwohnung angeschafft, sondern z. B. aus dem Familienhausstand mitgebracht werden. Dasselbe gilt für geschenkte Gegenstände. In beiden Fällen ist nur der Teil der früheren Anschaffungskosten (einschl. Umsatzsteuer) abzugsfähig, der zeitanteilig noch auf die Zeit ab der Einlage in der Zweitwohnung entfällt.[157] Ein Vorsteuerabzug aus den Anschaffungskosten scheidet aus, auch wenn die Rechnung auf den Arbeitgeber lautet und dieser die Einrichtungsgegenstände bezahlt hat.[158]

Beispiel

Ein Mitarbeiter mit Familienwohnung in Freiburg nimmt zum 1.1.2023 eine Tätigkeit in Ulm auf. Er mietet sich in Ulm eine 2-Zimmer-Wohnung, 52 m^2, monatliche Miete 420 EUR, hinzu kommt ein Abschlag für Nebenkosten von monatlich 200 EUR. Es handelt sich um einen Erstbezug. Der Arbeitnehmer erwirbt bei einem örtlichen System-Möbelhaus noch im Januar 2023 eine typische Mindestausstattung (Bett mit Matratze 350 EUR, Kleiderschrank 750 EUR, Kleinmöbel insgesamt 3 × 80 EUR, Badschrank 120 EUR, Badvorleger und Handtücher für 80 EUR, kleine Einbauküche inkl. Herd, Kühlschrank und Spüle, Kosten 1.200 EUR. Er erhält vom Arbeitgeber keine Kostenerstattung.

Ergebnis: Steuerlich abzugsfähig sind folgende Kosten:

Unterkunftskosten (begrenzt auf 1.000 EUR/Monat)	Monatlich 620 EUR		7.440 EUR
Einrichtungskosten, sofort abzugsfähig	Bett mit Matratze	350 EUR	
	Kleiderschrank	750 EUR	
	Kleinmöbel 3 × 80 EU	240 EUR	
	Badschrank	120 EUR	
	Badvorleger, Handtücher	80 EUR	
	Summe	1.540 EUR	1.540 EUR
Einrichtungsgegenstände, abzuschreiben	Küche, 1.200 EUR, verteilt auf 10 Jahre = 120 EUR, monatlich 10 EUR, hier für 12 Monate (Beginn ab Januar)		120 EUR
	Summe Werbungskosten (nur für Zweitwohnung)		9.100 EUR

Daneben sind die Kosten für eine wöchentliche Familienheimfahrt abzugsfähig.

7.3.3.5 Praktische Anwendung der Obergrenze von 1.000 EUR

Während gem. § 9 Abs. 1 Nr. 5 EStG nur die Obergrenze von 1.000 EUR für Zweitwohnungen im Inland genannt ist, enthält das BMF-Schreiben zum steuerlichen Reisekostenrecht[159] weitere Einzelheiten.

Die Obergrenze von 1.000 EUR gilt unabhängig davon, wie viele Personen die Wohnung nutzen. Es kann sich dabei durchaus um Angehörige handeln. Eine weitere Prüfung der Angemessenheit oder Notwendigkeit entfällt für inländische Zweitwohnungen aufgrund der festen, monatlichen Obergrenze.

156 FG Düsseldorf, Urteil v. 29.11.2000, 17 K 2076/97 E, EFG 2001 S. 425.
157 BFH, Urteil v. 2.2.1990, VI R 22/86, BStBl 1990 II S. 684.
158 BFH, Urteil v. 8.10.2014, VI R 56/13, BFH/NV 2015 S. 136.
159 BMF, Schreiben v. 25.11.2020, IV C 5 – S 2353/19/10011 :006, BStBl 2020 I S. 1228, Rz. 106 ff.

Da es sich bei den 1.000 EUR um eine monatliche Obergrenze handelt, muss das Zufluss- und Abflussprinzip beachtet werden. Es kommt nur auf den **Zahlungszeitpunkt** an, nicht darauf, für welchen Zeitraum eine Zahlung erfolgt ist. Nachzahlungen aus Vorjahren werden im Jahr der Zahlung auf die 1.000-EUR-Grenze angerechnet.

Zuflussprinzip beachten

Bei den 1.000 EUR handelt es sich um einen Monatsbetrag. Alle Zahlungen innerhalb des jeweiligen Monats – unabhängig für welchen Zeitraum – werden auf die 1.000-EUR-Grenze angerechnet. Das gilt sowohl für Mieterhöhungen wie für die Nachzahlung von Nebenkosten. Allerdings wird eine praktische Erleichterung zugelassen. Ein Ausgleich zwischen den Monaten, um »Luft« aus den Vormonaten auszunutzen, ist zulässig.[160] Dies gilt jedoch nur innerhalb eines Kalenderjahres.

Beispiel

Der Arbeitgeber mietet im Rahmen einer doppelten Haushaltsführung für seinen Mitarbeiter eine 2-Zimmer-Wohnung an. Die Miete einschließlich Nebenkosten und Zuschlag für die Möblierung liegt bei monatlich 1.200 EUR. Zum 1.7.2023 wird die Miete auf 1.300 EUR erhöht. In diesen Beträgen ist der (unveränderte) Zuschlag für die Möblierung in Höhe von 250 EUR enthalten.

Ergebnis: Bis Juni 2023 bleiben die gesamten Zahlungen steuerfrei, da der reine Unterkunftsanteil bei (1.200 EUR abzüglich 250 EUR) 950 EUR liegt. Ab Juli 2023 greift die Begrenzung auf 1.000 EUR, da der reine Unterkunftsanteil auf über 1.000 EUR (1.300 EUR abzüglich 250 EUR) steigt. Da der Arbeitgeber die höhere Miete übernimmt, entsteht grundsätzlich ein geldwerter Vorteil von monatlich 50 EUR.

Für 2023 kann dieser Betrag aber mit der Differenz aus den Monaten Januar bis Juni 2023 (monatlich 50 EUR bis zur Obergrenze von 1.000 EUR) in Höhe von 300 EUR verrechnet werden. Erst ab 2024 greift damit die Begrenzung, da in 2023 die Überschreitung (6 × 50 EUR) mit dem verbleibenden Restbetrag verrechnet werden kann.

Ab 2024 müssen monatlich 50 EUR als Arbeitslohn versteuert und gegebenenfalls als Arbeitsentgelt sozialversicherungsrechtlich erfasst werden.

Beispiel

Ein Mitarbeiter hat sich in der Nähe seiner ersten Tätigkeitsstätte eine unmöblierte 2-Zimmer-Wohnung gemietet. Die Voraussetzungen einer doppelten Haushaltsführung sind erfüllt. Der Arbeitgeber hat dem Arbeitnehmer für 3 Jahre die Übernahme der Unterkunftskosten zugesagt.

Die Miete einschließlich Nebenkosten liegt bei monatlich 900 EUR. Im Oktober 2023 erhält der Mitarbeiter eine Nebenkostenabrechnung für die Zweitwohnung mit einer Nachzahlung von 520 EUR. Ein Teil der Nachzahlung entfällt auf 2022. Gleichzeitig werden die Nebenkosten monatlich ab Oktober um 50 EUR erhöht (Gesamtbetrag 950 EUR ab Oktober 2023). Die 520 EUR werden im November 2023 vom Arbeitnehmer bezahlt und vom Arbeitgeber erstattet, die Miete in Höhe von 950 EUR wird wie bisher erstattet.[161]

Ergebnis: Zwar gilt auch für November der monatliche Höchstbetrag von 1.000 EUR. Allerdings war in den Monaten Januar bis Oktober 2023 die Obergrenze noch nicht erreicht. Diese Restbeträge können im November verrechnet werden. Die Nachzahlung für 2022 kann nicht herausgerechnet werden, es gilt das uneingeschränkte Zufluss-/Abflussprinzip. Die Arbeitgebererstattung bleibt in folgendem Umfang steuerfrei:

Überschreiten der 1.000-EUR-Grenze (950 EUR + 520 EUR) im November um	470 EUR
Bisher in 2023 nicht ausgenutzte Obergrenze 9 × 100 EUR (bis Oktober)	– 900 EUR
Steuerpflichtig	0 EUR

Doppelte Haushaltsführung

160 BMF, Schreiben v. 25.11.2020, IV C 5 – S 2353/19/10011 :006, BStBl 2020 I S. 1228, Rz. 110.

161 Zur Bescheinigung der Arbeitgeberleistungen auf der Jahreslohnsteuerbescheinigung vgl. Kap. 7.6.

Wird die doppelte Haushaltsführung im Laufe eines Monats begonnen oder beendet, erfolgt keine Umrechnung der 1.000-EUR-Obergrenze auf anteilige Tagesbeträge. Auch für diese Monate gilt die volle Monatsgrenze.[162]

Arbeitszimmer in der Zweitwohnung

Wird in der Zweitwohnung ein häusliches Arbeitszimmer genutzt, können die anteiligen Kosten für die Überprüfung der 1.000-EUR-Obergrenze ausgenommen werden.[163] Das gilt unabhängig davon, in welcher Höhe die Kosten steuerlich abgezogen werden können.

Personenabhängige Obergrenze

Bei der Obergrenze von 1.000 EUR pro Monat handelt es sich um einen Betrag, der sich auf den jeweiligen Steuerzahler und nicht auf die Zweitwohnung bezieht. Nutzen mehrere Menschen gemeinsam eine Zweitwohnung im Rahmen ihrer jeweiligen doppelten Haushaltsführung, kann **jeder seine anteiligen Wohnungskosten** steuerlich absetzen – und zwar jeweils bis zur Obergrenze von 1.000 EUR. Dabei spielt es keine Rolle, ob die Mitbewohner verheiratet sind, eine Lebenspartnerschaft oder eine Wohngemeinschaft bilden. Voraussetzung ist lediglich, dass **für jeden Mitbenutzer eine beruflich veranlasste** doppelte Haushaltsführung vorliegt.

Beispiel

Zwei Arbeitskollegen, beim selben Arbeitgeber beschäftigt, mieten nach einer Versetzung aus beruflichen Gründen in der Nähe der ersten Tätigkeitsstätte eine Zweitwohnung. Die weiteren Voraussetzungen einer doppelten Haushaltsführung sind erfüllt. Die Zweitwohnung kostet monatlich 2.200 EUR einschl. Nebenkosten, Möblierung und 2 Garagenstellplätze. Die Kosten werden von beiden zu jeweils 50 % (monatlich 1.100 EUR) getragen. Der Zuschlag für die Möblierung beträgt 400 EUR und ist im Mietpreis inbegriffen.

Ergebnis: Beide Arbeitnehmer können die anteiligen Mietkosten in Höhe von (50 % aus 2.200 EUR abzüglich 400 EUR Zuschlag Möblierung) 900 EUR sowie den hälftigen Zuschlag für die Möblierung (200 EUR) steuerlich absetzen bzw. der Arbeitgeber kann beiden Kollegen jeweils die 1.100 EUR steuerfrei erstatten.

Erstattungen von Nebenkosten werden wie Nachzahlungen in die 1.000-EUR-Obergrenze mit einbezogen. Dabei spielt der Zeitraum, für den die Erstattung erfolgt, keine Rolle.

Beispiel

Für eine nicht möblierte Zweitwohnung in München, beruflich veranlasst, fallen monatliche Kosten von 1.200 EUR an. Im März 2023 erfolgt eine Nebenkostenerstattung, die sich wesentlich auf das Jahr 2022 bezieht. Die Erstattung wird im März in Höhe von 500 EUR vom Vermieter auf das Konto des Arbeitnehmers überweisen.

Ergebnis: Im Monat März ergibt sich eine Belastung von 700 EUR (1.200 EUR abzüglich 500 EUR), die in voller Höhe steuerlich berücksichtigt werden kann. Der Restbetrag von 300 EUR kann bis zur Obergrenze in die Folgemonate übertragen werden.

Ende der doppelten Haushaltsführung

Eine doppelte Haushaltsführung wird beendet, wenn der Steuerzahler seine Zweitwohnung aufgibt, weil er z. B. seinen Familienwohnsitz in die Nähe der ersten Tätigkeitsstätte verlegt. Während einer Elternzeit, in der nicht gearbeitet wird, kann eine doppelte Haushaltsführung bestehen bleiben (wenn die Zweitwohnung beibehalten wird). Voraussetzung ist aber, dass der Steuerzahler nachweisbar die Absicht hat, nach dem Ende der Elternzeit wieder die Beschäftigung am ursprünglichen Beschäftigungsort aufzunehmen.[164]

162 BMF, Schreiben v. 25.11.2020, IV C 5 – S 2353/19/10011 :006, BStBl 2020 I S. 1228, Rz. 111.
163 BMF, Schreiben v. 25.11.2020, IV C 5 – S 2353/19/10011 :006, BStBl 2020 I S. 1228, Rz. 110.
164 BFH, Urteil v. 23.10.2019, VI R 1/18, BFH/NV 2020 S. 354, Nr. 4.

Bei Beendigung der doppelten Haushaltsführung gehen unter Umständen noch nicht ausgenutzte Abschreibungsbeträge aus der Anschaffung der Einrichtung verloren (vgl. Kap. 7.3.3.4). Eine Vorfälligkeitsentschädigung, die aus dem Verkauf der Zweitwohnung und der vorzeitigen Tilgung eines Darlehens für diese Zweitwohnung anfällt, ist steuerlich nicht abzugsfähig.[165]

7.3.3.6 Abzugsfähige Umzugskosten

Umzugskosten im Zusammenhang mit dem **Beziehen der Zweitwohnung** bei Beginn der doppelten Haushaltsführung können steuerlich berücksichtigt werden.[166] Das gilt sowohl für den Werbungskostenabzug wie für die steuerfreie Erstattung durch den Arbeitgeber.

Wichtig

Bei Umzugskosten im Zusammenhang mit der Einrichtung der Zweitwohnung ist die Berücksichtigung der Pauschale für sonstige Umzugsauslagen gem. §§ 10 BuKG, § 10 AUV nicht zulässig.[167] Diese Beträge dürfen nur für solche Umzüge in Anspruch genommen werden, die mit einem gleichzeitigen Wechsel des Lebensmittelpunkts verbunden sind.[168] Die Umzugskosten fallen nicht in die Unterkunftskosten und können – neben der 1.000-EUR-Obergrenze für die Unterkunftskosten – als allgemeine Werbungskosten im Zusammenhang mit der doppelten Haushaltsführung abgezogen werden. Hierzu gehören auch Maklerkosten, die im Zusammenhang mit der Suche einer angemieteten Zweitwohnung entstehen. Das BMF-Schreiben zum steuerlichen Reisekostenrecht bestätigt dies ausdrücklich und verweist darauf, dass Umzugskosten im Zusammenhang mit dem Erstbezug der Zweitwohnung zusätzlich als Werbungkosten steuerabgezogen oder vom Arbeitgeber steuerfrei erstattet werden.[169]

Umzugskosten im Zusammenhang mit der **Aufgabe der Zweitwohnung** bei Beendigung der doppelten Haushaltsführung sind nicht abzugsfähig. Die Aufgabe der Zweitwohnung bei Beendigung der doppelten Haushaltsführung, z. B. infolge des Eintritts in den Ruhestand, ist nicht begünstigt. Etwas anderes kann ausnahmsweise dann gelten, wenn die Zweitwohnung aufgrund eines Arbeitswechsels aufgegeben wird.[170]

7.3.4 Keine doppelte Haushaltsführung bei wechselnden Einsatzstellen

Beruflische Auswärtstätigkeit

Der Bezug einer auswärtigen Unterkunft im Rahmen einer Tätigkeit an wechselnden Einsatzstellen begründet keine doppelte Haushaltsführung.[171] Eine doppelte Haushaltsführung setzt voraus, dass der Arbeitnehmer an seiner dauerhaft bzw. zumindest längerfristig angelegten ersten Tätigkeitsstätte eine Zweitwohnung bezieht. **Ohne erste Tätigkeitsstätte** kann es keine doppelte Haushaltsführung geben. Aus diesem Grund kann die Unterkunft an einem vorübergehenden Einsatzort, die eine nur kurzfristige räumliche Bindung zur Folge hat, keine doppelte Haushaltsführung begrün-

165 BMF, Schreiben v. 25.11.2020, IV C 5 – S 2353/19/10011 :006, BStBl 2020 I S. 1228, Rz. 109.
166 BFH, Urteil v. 29.4.1992, VI R 146/89, BStBl 1992 II S. 667.
167 BFH, Urteil v. 14.6.2007, VI R 60/05, BStBl 2007 II S. 890.
168 R 9.11 Abs. 9 Sätze 2 und 3 LStR.
169 BMF, Schreiben v. 25.11.2020, IV C 5 – S 2353/19/10011 :006, BStBl 2020 I S. 1228, Rz. 108.
170 R 9.11 Abs. 9 LStR, kritisch BFH, Urteil v. 3.4.2019, VI R 15/17, BStBl 2019 II S. 446.
171 BFH, Urteil v. 11.5.2005, VI R 7/02, BStBl 2005 II S. 782; BFH, Urteil v. 11.5.2005, VI R 34/04, BStBl 2005 II S. 791.

den.[172] Stattdessen ist eine einheitliche Behandlung nach Reisekostengrundsätzen nicht nur bei eintägigen Auswärtstätigkeiten[173], sondern auch in Übernachtungsfällen folgerichtig und sachgerecht.

Fahrtkosten

Der Arbeitgeber kann für **sämtliche** Heimfahrten (einschließlich Zwischenheimfahrten unter der Woche) und den **Fahrten** von der auswärtigen Unterkunft zum Einsatzort die tatsächlichen Aufwendungen bzw. die pauschalen Kilometersätze für beruflich veranlasste Auswärtstätigkeiten steuerfrei ersetzen; beim Pkw des Arbeitnehmers also **0,30 EUR pro gefahrenen Kilometer.**[174] Die Anwendung der für berufliche Auswärtstätigkeiten geltenden Kilometersätze für die Fahrten von der auswärtigen Unterkunft zur Einsatzstelle ist unabhängig von der jeweiligen Entfernung.

Verpflegungsmehraufwendungen

Die zeitlich gestaffelten Verpflegungspauschalen sind auch bei Arbeitnehmern anzuwenden, die im Rahmen ihrer beruflichen Tätigkeit an wechselnden Einsatzorten übernachten. Die Höhe der Verpflegungspauschalen berechnet sich dabei ausschließlich nach der **Abwesenheit** des Arbeitnehmers von seiner Wohnung am **Ort des Lebensmittelpunkts**. Nicht entscheidend ist die Abwesenheitsdauer von der auswärtigen Unterkunft am Einsatzort. Steuerfrei bzw. abzugsfähig ist daher grundsätzlich die für 24-stündige Abwesenheit maßgebende Verpflegungspauschale in Höhe von 28 EUR, die sich an An- und Abreisetagen auf 14 EUR verringert. Die gesetzliche 3-Monatsfrist (vgl. Kap. 4.2.3) gilt für alle Verpflegungspauschalen, also auch bei Arbeitnehmern ohne erste Tätigkeitsstätte.

Übernachtungskosten

Erfolgt die berufliche Einsatztätigkeit im Inland, darf der Arbeitnehmer Werbungskosten nur in Höhe der tatsächlichen Kosten geltend machen. Der Arbeitgeber kann die tatsächlichen Übernachtungskosten oder einen Pauschbetrag von 20 EUR pro Übernachtung steuerfrei ersetzen. Für Auslandsübernachtungen sind stattdessen die für das jeweilige Land maßgebenden Auslandsübernachtungsgelder anzusetzen (s. **Tabelle 2**). Die steuerfreie Erstattung höherer Beträge ist nur bei Einzelnachweis der Kosten zulässig. Die jeweiligen Übernachtungsbelege muss der Arbeitgeber als Beleg zum Lohnkonto aufbewahren. Nach Ablauf von 4 Jahren bei nicht unterbrochenem Einsatz greift unter Umständen die Begrenzung auf monatlich 1.000 EUR (vgl. Kap. 4.3.1).

Beispiel

Ein in Freiburg wohnender Bauarbeiter, der regelmäßig für bis zu 2 Jahre auf Großbaustellen eingesetzt wird, ist ab 1.2.2023 bis 30.8.2023 in Karlsruhe auf einer Baustelle tätig. Unter der Woche übernachtet er – außer mittwochs – in einem angemieteten 1-Zimmer-Apartment (monatliche Miete 600 EUR), von wo er arbeitstäglich zur Baustelle fährt. Jeweils mittwochs und freitags fährt er abends heim zu seiner Familie.

Ergebnis: Der Arbeitgeber kann sämtliche Fahrten (einschließlich Zwischenheimfahrten unter der Woche) nach Reisekostensätzen steuerfrei ersetzen, bei Benutzung des eigenen Pkw also 0,30 EUR pro gefahrenen Kilometer. Außerdem umfasst der steuerfrei mögliche Arbeitgeberersatz die monatlichen Mietaufwendungen in Höhe von insgesamt 7 × 600 EUR sowie bis zum 30.4.2023 Verpflegungsmehraufwendungen von 28 EUR für die Tage mit einer Abwesenheit von 24 Stunden von der Wohnung[175]. Für die An- und Abreisetage verringern sich die Verpflegungspauschalen auf jeweils 14 EUR. Leistet der Arbeitgeber keine steuerfreien Reisekostenvergütungen, darf der Arbeitnehmer diese Beträge in seiner persönlichen Einkommensteuererklärung als Werbungskosten geltend machen.

172 BFH, Urteil v. 5.8.2004, VI R 40/03, BStBl 2004 II S. 1074.

173 BFH, Urteil v. 11.5.2005, VI R 70/03, BStBl 2005 II S. 785; BFH, Urteil v. 11.5.2005, VI R 15/04, BStBl 2005 II S. 788; BFH, Urteil v. 11.5.2005, VI R 16/04, BStBl 2005 II S. 789; BFH, Urteil v. 11.5.2005, VI R 25/04, BStBl 2005 II S. 791.

174 Für Fahrtkostenerstattung nach Dienstreise-Grundsätzen bleibt es bei 0,30 EUR pro gefahrenem Kilometer (im Gegensatz zur Entfernungspauschale).

175 Zur Bescheinigungspflicht der Arbeitgebererstattungen in der Jahreslohnsteuerbescheinigung vgl. Kap. 7.6.

7.3.5 Wegfall der doppelten Haushaltsführung bei längerfristigen Auswärtstätigkeiten

Keine erste Tätigkeitsstätte

Allein durch Zeitablauf kann keine erste Tätigkeitsstätte begründet werden. Die Frage, ob eine erste Tätigkeitsstätte vorliegt, hängt nicht von der tatsächlichen Einsatzdauer an einem bestimmten Einsatzort ab. Maßgebend ist allein, ob eine **dauerhafte arbeitsrechtliche Zuordnung** (vgl. Kap. 3.1.5) oder ein dauerhafter, zeitlicher Einsatz von mindestens 2 vollen Arbeitstagen, ein Drittel der Arbeitszeit oder arbeitstäglich vorliegt (quantitative Abgrenzung; vgl. Kap. 3.1.10). Sachverhalte, in denen eine längerfristige, aber voraussichtlich nicht 4 Jahre überschreitende vorübergehende Auswärtstätigkeit nach Ablauf von 3 Monaten zur doppelten Haushaltsführung wird, ist dadurch ausgeschlossen. Unabhängig davon, ob der Arbeitnehmer beim Arbeitgeber eine erste Tätigkeitsstätte hat, bestimmt sich für die **gesamte Dauer** der beruflichen Auswärtstätigkeit die lohnsteuerliche Behandlung nach den **Reisekostengrundsätzen.**

Beispiel

Ein in Freiburg lebender, lediger Bauarbeiter arbeitet seit 1.9.2022 auf einer Großbaustelle in Dresden und ist dort für ca. 3 Jahre eingesetzt. Er wohnt dort in einer vom Arbeitgeber gestellten Gemeinschaftsunterkunft. An den Wochenenden pendelt er mit dem Auto nach Freiburg (Rückfahrt nach Arbeitsende jeweils freitags um 14:00 Uhr). Sonntags fährt er wieder zurück nach Dresden. Eine arbeitsrechtliche Zuordnung zum Betrieb des Arbeitgebers in Freiburg ist nicht erfolgt; die zeitlichen Abgrenzungsmerkmale sind nicht erfüllt, weil sich der Mitarbeiter so gut wie nie im Betrieb des Arbeitgebers aufhält.

Ergebnis: Der Arbeitnehmer hat keine erste Tätigkeitsstätte. Alle Baustelleneinsätze fallen unter die lohnsteuerlichen Reisekosten. Der Baustelleneinsatz in Dresden stellt eine berufliche Auswärtstätigkeit dar. Eine erste Tätigkeitsstätte wird dort nicht begründet. Für die gesamte Einsatzdauer gelten die Reisekostengrundsätze:

Fahrtkosten: Die wöchentliche Heimfahrt ist bis zum Ende der Baustellentätigkeit im Jahr 2023 in Höhe von 0,30 EUR pro gefahrenem Kilometer[176] zwischen der Wohnung in Freiburg und der auswärtigen Einsatzstelle Dresden abzugsfähig. Die Regelungen zum Sammelpunkt (vgl. Kap. 2.3) gelten in diesem Fall nicht, da dieser nicht arbeitstäglich aufgesucht wird. In gleicher Höhe ist ein steuerfreier Ersatz durch den Arbeitgeber zulässig.

Übernachtungskosten: Der Arbeitgeber kann sämtliche anfallenden Übernachtungskosten für die Baustellentätigkeit in Dresden steuerfrei erstatten. Die Erstattung erfolgt aufgrund einer Dienstreise und nicht im Rahmen einer doppelten Haushaltsführung. Die Begrenzung auf 1.000 EUR pro Monat gilt nicht. Daraus folgt, dass der geldwerte Vorteil aus der vom Arbeitgeber zur Verfügung gestellten Gemeinschaftsunterkunft während des gesamten Zeitraums steuerfrei bleibt.

Verpflegungskosten: Die 3-Monatsfrist ist bereits zum 30.11.2022 abgelaufen. Danach ist ein steuerfreier Arbeitgeberersatz der Verpflegungspauschalen gesetzlich ausgeschlossen (§ 4 Abs. 5 Nr. 4 EStG i. V. m. § 9 Abs. 5 EStG) – es sei denn, es liegen mindestens vierwöchige Unterbrechungen vor.

7.4 Steuerfreie Arbeitgebererstattung

Umfang der Steuerfreiheit

Der Arbeitgeber kann die notwendigen Mehraufwendungen aus Anlass einer zeitlich unbeschränkten oder beschränkten doppelten Haushaltsführung steuerfrei vergüten, soweit keine höheren Beträge erstattet werden, als vom Arbeitnehmer als Werbungskosten hätten abgezogen werden dürfen (§ 3 Nr. 16 EStG). Ausführungen zu den Bescheinigungspflichten für derartige steuerfreie Arbeitgeber-

176 Für Fahrtkostenerstattung nach Dienstreise-Grundsätzen bleibt es bei 0,30 EUR pro gefahrenem Kilometer (im Gegensatz zur Entfernungspauschale).

leistungen im Zusammenhang mit doppelter Haushaltsführung vgl. Kap. 7.6. Die möglichen steuerfreien Vergütungen ergeben sich aus **Tabelle 8**.

Dabei ist auf folgende Sonderregelung hinzuweisen, die ausschließlich für den steuerfreien Ersatz von Mehraufwendungen durch den Arbeitgeber gilt[177]:

Aus Vereinfachungsgründen darf der Arbeitgeber für die Frage des eigenen Hausstands weiterhin auf die Steuerklasse III, IV oder V abstellen, also die steuerfreien Vergütungen nach den Regeln der doppelten Haushaltsführung auf den Personenkreis der verheirateten Arbeitnehmer beschränken. Für ledige Arbeitnehmer mit Steuerklasse I und II gilt ein besonderes Bescheinigungsverfahren (vgl. Kap. 7.2.3.2.1). Im Rahmen des Werbungskostenabzugs müssen die Voraussetzungen im Einzelnen nachgewiesen werden.

Tipp

Die steuerfreie Erstattung der Aufwendungen für eine doppelte Haushaltsführung lediger Arbeitnehmer ist nur möglich, wenn der Arbeitnehmer eine schriftliche Erklärung vorlegt, aus der sich ergibt, dass er neben einer Zweitwohnung am Beschäftigungsort außerhalb des Beschäftigungsorts einen eigenen Hausstand unterhält. Die Richtigkeit dieser Erklärung muss der Arbeitnehmer durch seine Unterschrift bestätigen. Die Bescheinigung ist als Beleg zum Lohnkonto zu nehmen.

Das **Wahlrecht** des Arbeitnehmers **zwischen doppeltem Haushalt und Fahrten zwischen Wohnung und Tätigkeitsstätte** (vgl. Kap. 7.3.1.2) ist für den Arbeitgeberersatz ohne Bedeutung. Allerdings wird das Finanzamt dann die ursprüngliche Steuerfreiheit korrigieren, indem es diese Arbeitgeberleistungen auf die Werbungskosten anrechnet.

Die notwendigen Aufwendungen für die Zweitwohnung an einem Beschäftigungsort im Inland dürfen anders als bei den Werbungskosten auch ohne Einzelnachweis für die ersten 3 Monate täglich mit einem Pauschbetrag bis zu 20 EUR und für die Folgezeit mit einem Pauschbetrag bis zu 5 EUR steuerfrei ersetzt werden. Diese Möglichkeit entfällt, wenn dem Arbeitnehmer die Zweitwohnung unentgeltlich oder verbilligt vom Arbeitgeber zur Verfügung gestellt wird.

Tipp

Das Wahlrecht beim Ansatz der Werbungskosten zwischen Pauschbeträgen und Einzelnachweis darf der Arbeitgeber bei ein und derselben doppelten Haushaltsführung für einzelne Tage unterschiedlich ausüben. Ein Wechsel des steuerfreien Arbeitgeberersatzes zwischen der Erstattung der Pauschbeträge und dem Ansatz der tatsächlichen Übernachtungskosten kann insbesondere nach Ablauf von 3 Monaten von Bedeutung sein, wenn nur noch der geringere Pauschbetrag von 5 EUR je Übernachtung zulässig ist.

Wichtig

Die unterschiedliche Behandlung zwischen Werbungskosten und steuerfreiem Arbeitgeberersatz ist auch bei einer doppelten Haushaltsführung im Ausland zu beachten. Der Abzug von Auslandsübernachtungsgeldern ist wie bei der beruflichen Auswärtstätigkeit im Rahmen des Werbungskostenabzugs (persönliche Steuererklärung) nicht zugelassen (vgl. Kap. 4.3.2). Der Arbeitnehmer kann die notwendigen Unterbringungskosten für die Zweitwohnung im Ausland nur noch steuerlich berücksichtigen, wenn er diese durch entsprechende Unterlagen nachweisen kann.

177 R 9.11 Abs. 10 LStR; BMF, Schreiben v. 25.11.2020, IV C 5 – S 2353/19/10011 :006, BStBl 2020 I S. 1228, Rz. 113.

Für den steuerfreien Ersatz von **Verpflegungskosten** sind die Pauschsätze zu beachten, die für berufliche Auswärtstätigkeiten gelten. Dies bedeutet, dass an Tagen der An- und Rückreise bei Familienheimfahrten keine Mindestabwesenheit zu beachten ist. Die Abreise bzw. die Ankunft am jeweiligen Tag reicht aus, um die Verpflegungspauschale von 14 EUR zu erhalten (vgl. Kap. 7.3.2). **Nicht zulässig** ist indes die Pauschalbesteuerung mit 25 %, falls der Arbeitgeber einen höheren Verpflegungssatz gewährt (vgl. Kap. 5.3.2). Der Gesetzeswortlaut beschränkt diese Möglichkeit ausschließlich auf die Reisekosten (§ 40 Abs. 2 Nr. 4 EStG).

7.5 Doppelte Haushaltsführung im Ausland

Eine beruflich veranlasste doppelte Haushaltsführung kann auch im Ausland begünstigt werden. Ein Werbungskostenabzug scheidet wegen der Vorschrift des § 3c EStG aus, wenn der im Ausland erzielte Arbeitslohn z. B. nach einem **Doppelbesteuerungsabkommen** im Inland steuerfrei bleibt.

Kein Werbungskostenabzug

Beispiel

Ein verheirateter Arbeitnehmer wird ab 1.4.2023 für ein Jahr bei der ausländischen Tochterfirma in den USA eingesetzt. Die Entlohnung erfolgt weiterhin durch die inländische Muttergesellschaft. Die übrige Familie behält den inländischen Wohnsitz bei. Im Jahr 2023 ist der Arbeitnehmer nicht in Deutschland tätig (keine Teilnahme an betrieblichen Besprechungen in Deutschland).

Ergebnis: Das Besteuerungsrecht steht nach der 183-Tage-Regelung den USA zu, lediglich für die beruflichen Anwesenheitstage in Deutschland muss Lohnsteuer einbehalten werden.[178] Die Mehraufwendungen aus Anlass des doppelten Haushalts bleiben daher insoweit unberücksichtigt, als die Auslandstätigkeit in einem Jahr mehr als 183 Tage gedauert hat.[179]

Sind die Voraussetzungen der 183-Tage-Regelung erfüllt, liegt dagegen das Besteuerungsrecht für den vorübergehend im Ausland erzielten Arbeitslohn im Inland.

Für den Umfang des steuerfrei möglichen **Arbeitgeberersatzes** bzw. des Werbungskostenabzugs der Verpflegungs- und Übernachtungskosten gelten dabei wegen des länderunterschiedlichen Kostenniveaus **Besonderheiten** gegenüber der inländischen doppelten Haushaltsführung.

Im Fall der doppelten Haushaltsführung im Ausland sind die Pauschbeträge für Auslandsreisen anzusetzen, soweit eine ganztägige Abwesenheit vorliegt. Innerhalb der 3-Monatsfrist (vgl. Kap. 7.3.2.1) werden Verpflegungskosten in Höhe des für das jeweilige Land maßgebenden Auslandstagegelds anerkannt. Für Tage der wöchentlichen Heimfahrten sind für den Tag der Heimfahrt und für den Tag der Rückfahrt zur Tätigkeitsstätte – unabhängig von der Abwesenheitsdauer – die Auslandstagegelder laut **Tabellen 2 und 7** anzusetzen.

Verpflegungskosten

Die bei einer doppelten Haushaltsführung im Ausland entstehenden Unterkunftskosten sind ebenfalls in **tatsächlich entstandener Höhe** steuerfrei oder als Werbungskosten abziehbar.

Unterkunftskosten

Wichtig

Eine monatliche Begrenzung der Unterkunftskosten auf 1.000 EUR wie bei der doppelten Haushaltsführung im Inland gibt es für die Zweitwohnung im Ausland **nicht.**

178 Seit 2023 nach der Tageslohnsteuertabelle, R 39b.5 Abs. 2 LStR.

179 BMF, Schreiben v. 12.11.2014, IV B 2 – S 1300/08/10027, ergänzend BMF, Schreiben v. 14.3.2017, IV C 5 – S 2369/10/10002, BStBl 2017 I S. 473.

Liegen der Beschäftigungsort und die Zweitwohnung im Ausland, kann beim steuerfreien Arbeitgeberersatz anstelle des Einzelnachweises (vgl. Kap. 7.5) der Abzug von Pauschbeträgen gewählt werden. Für die ersten 3 Monate sind das die **Übernachtungspauschbeträge**, die für das entsprechende Land bei beruflichen Auswärtstätigkeiten gelten (**Auslandsübernachtungsgelder**, vgl. **Tabelle 2**). Für die Folgezeit ist der pauschale Abzug auf 40 % dieser Pauschbeträge begrenzt. Bei derselben doppelten Haushaltsführung darf der Arbeitgeber wie bei den Reisekosten (vgl. Kap. 4.1) innerhalb eines Kalenderjahres vom Einzelnachweis zu den Pauschbeträgen oder umgekehrt wechseln.[180]

Wichtig

Die pauschalen Auslandsübernachtungsgelder dürfen nur noch für Zwecke des steuerfreien Arbeitgeberersatzes angewendet werden. Der Werbungskostenabzug im Rahmen der persönlichen Einkommensteuererklärung ist dagegen wie bei der Übernachtung im Rahmen einer doppelten Haushaltsführung im Inland an den Einzelnachweis der tatsächlichen Unterkunftskosten geknüpft. Für den Werbungskostenabzug im Rahmen der Angemessenheitsgrenze muss der Arbeitnehmer die tatsächlich entstandenen Auslandsübernachtungskosten nachweisen.[181]

7.6 Bescheinigung der steuerfreien Arbeitgebererstattungen

Die amtlichen Vorgaben für die elektronische **Lohnsteuerbescheinigung** sehen in Zeile 21 die Bescheinigung der »Steuerfreien Arbeitgeberleistungen bei doppelter Haushaltsführung« vor.[182] Hierzu gibt es – im Gegensatz zu den Verpflegungsmehraufwendungen bei den Dienstreisen – keine generelle Ausnahmeregelung.[183]. Die konkreten Vorgaben zum Ausfüllen der Lohnsteuerbescheinigungen ergeben sich aus einem BMF-Schreiben aus 2019[184], diese Vorgaben sind auch laut Internetauftritt des BMF aktuell für 2023 und die Vorjahre (z. B. 2022) zu beachten. Das BMF-Schreiben führt hierzu aus: »Steuerfreie Vergütungen bei doppelter Haushaltsführung sind unter Nummer 21 des Ausdrucks zu bescheinigen«.

Das BMF-Schreiben aus 2019 lässt auch eine **Befreiung vom Ausfüllen der Zeile 21** zu: »Erfolgt die Abrechnung der Arbeitgeberleistungen im Zusammenhang mit doppelter Haushaltsführung außerhalb des Lohnprogramms und hat das Betriebsstättenfinanzamt eine Aufzeichnung außerhalb des Lohnkontos ausdrücklich zugelassen, ist eine Bescheinigung der Beträge nicht zwingend erforderlich.«[185]

Wichtig

Die bundesweite Erfahrung zeigt, dass die Betriebsstättenfinanzämter so gut wie nie einer entsprechenden Aufzeichnungserleichterung zustimmen, sodass sich die Arbeitgeber den damit verbundenen Aufwand ersparen können. Unabhängig vom Ausweis in der Jahreslohnsteuerbescheinigung (s. nachfolgenden Text) muss jedoch unbedingt darauf geachtet werden, dass die steuerfreien Arbeitgeberleistungen im Zusammenhang mit einer doppelten Haushaltsführung im Lohnkonto aufgezeichnet werden. Das ist zum einen das Lohnkonto, das die Lohnabrechnungsprogramme führen. Hier werden alle Lohnarten

180 R 9.11 Abs. 10 Nr. 3 LStR.

181 R 9.11 Abs. 8 LStR.

182 BMF, Schreiben v. 8.9.2022, IV C 5 – S 2533/19/10030 :004, BStBl 2022 I S. 1397.

183 BMF, Schreiben v. 27.1.2004, IV C 5 – S 2000 – 2/04, BStBl 2004 I S. 173, s. auch BMF, Schreiben v. 9.9.2019, IV C 5 – S 2378/19/10002 :001, BStBl 2019 I S. 911, zur Ausstellung der Lohnsteuerbescheinigungen ab 2020, Nr. 12. Danach wäre es möglich, dass das Betriebsstättenfinanzamt auf Antrag eine Aufzeichnungserleichterung wie bei Zeile 20 – vom Arbeitgeber steuerfrei gewährte Tagesspesen – gewährt.

184 BMF, Schreiben v. 9.9.2019, IV C 5 – S 2378/19/10002 :001, BStBl 2019 I S. 911, zur doppelten Haushaltsführung Seite 7, Nr. 12.

185 BMF, Schreiben v. 9.9.2019, IV C 5 – S 2378/19/10002 :001, BStBl 2019 I S. 911, letzter Absatz Seite 7 zu Nr. 12.

erfasst, die über die Lohnabrechnung abgerechnet werden. Leistungen außerhalb des Lohnprogramms müssen in anderer Weise dokumentiert werden, z. B. durch Listen, Aufzeichnungen in der Finanzbuchhaltung (Miete Zweitwohnung, Personalnummer) usw.

Bescheinigung in der Praxis

Das Ausfüllen der Zeile 21 sollte verhindern, dass Arbeitnehmer im Rahmen ihrer persönlichen Einkommensteuererklärung versehentlich oder absichtlich Kosten einer doppelten Haushaltsführung als Werbungskosten abrechnen, obwohl der Arbeitgeber Leistungen zur doppelten Haushaltsführung bereits steuerfrei gewährt hat. In der Praxis ist die Frage, welche Arbeitgeberleistungen denn nun bescheinigt werden müssen, ein absolutes Ärgernis. Dies liegt daran, dass der Wortlaut in der elektronischen Jahreslohnbescheinigung »steuerfreie Arbeitgeberleistungen« und die Formulierung im BMF-Schreiben aus 2019 »steuerfreie Vergütungen« voneinander abweichen. Einzelne Bundesländer bzw. Finanzämter legen die Formulierung so aus, dass nur vom Arbeitgeber geleistete Kostenerstattungen – z. B. Mietzuschüsse für die Zweitwohnung, steuerfreier Verpflegungsmehraufwand für die ersten 3 Monate oder erstattete Fahrtkosten für Familienheimfahrten in Zeile 21 ausgewiesen werden müssen. Das ergäbe sich – so die Argumentation – aus dem Wort »steuerfreie Vergütungen«. Vertreten wird auch die Auffassung, vom Arbeitgeber übernommene Fahrtkosten oder Fahrtkostenzuschüsse bzw. der geldwerte Vorteil aus der Firmenwagenüberlassung im Zusammenhang mit wöchentlichen Familienheimfahrten seien nicht zu bescheinigen, da es sich quasi um Leistungen zur Entfernungspauschale handeln würde. Diese Rechtsauffassung ist insoweit erstaunlich, weil das BMF-Schreiben aus 2019 in den Vorgaben zum Ausfüllen der Zeile 17 nur Leistungen im Zusammenhang mit Fahrten Wohnung zur ersten Tätigkeitsstätte einschließlich der steuerfreien Leistungen nach § 3 Nr. 15 EStG (z. B. zusätzliche Arbeitgeberleistungen für öffentlichen Personennahverkehr) sowie steuerfreie Arbeitgeberleistungen im Zusammenhang mit der Sachbezugsfreigrenze von 50 EUR (§ 8 Abs. 2 Satz 11 EStG) bzw. des Rabattfreibetrags bei Verkehrsträgern (§ 8 Abs. 3 EStG) erwähnt.[186]

Zu bescheinigender Betrag

Hintergrund der Diskussion ist folgender: Sind in Zeile 21 steuerfreie Arbeitgeberleistungen ausgewiesen, macht der Arbeitnehmer aber gar keine Werbungskosten im Zusammenhang mit einer doppelten Haushaltsführung geltend (weil der Arbeitgeber alle Kosten der doppelten Haushaltsführung getragen bzw. dem Arbeitnehmer steuerfrei erstattet hat), kommt es im Veranlagungsverfahren zu einem Bearbeitungshinweis. Macht hingegen der Arbeitnehmer im Rahmen seiner Einkommensteuererklärung einzelne Kosten der doppelten Haushaltsführung geltend (z. B. nur die Unterkunftskosten für die Zweitwohnung, weil diese selbst getragen wurden), bekommen die Finanzämter nur einen Gesamtbetrag der Arbeitgeberleistungen in Zeile 21 ausgewiesen. Welche konkreten Leistungen der Arbeitgeber steuerfrei gewährt hat, lässt sich für das Veranlagungsfinanzamt nicht ohne weitere Rückfrage nachvollziehen. Hinzu kommt, dass die steuerliche Rechtslage bei der doppelten Haushaltsführung – deutschlandtypisch – sehr komplex ist.

Für die Arbeitgeber bleibt eine gewisse Unsicherheit: Bescheinigt man alle steuerfreien Arbeitgeberleistungen, erhält man einen Art »Negativhinweis« des Betriebsstättenfinanzamts, man solle davon absehen. Abgesehen vom unnötigen vorherigen Aufwand, die Daten ggf. in die Lohnabrechnung einzuspielen, hat man dann wenigstens vom Betriebsstättenfinanzamt eine teilweise Befreiung von den Bescheinigungspflichten.

186 BMF, Schreiben v. 9.9.2019, IV C 5 – S 2378/19/10002 :001, BStBl 2019 I S. 911; unter Nr. 10 die Bescheinigung der »auf die Entfernungspauschale anzurechnenden steuerfreien Zuschüsse und Sachbezüge«.

Ausweis in Lohnsteuerbescheinigung

Steuerfreie Arbeitgeberleistungen im Zusammenhang mit einer doppelten Haushaltsführung können wie folgt entstehen:

- **Steuerfrei gezahlte Tagesspesen** für die ersten 3 Monate. Diese müssen unstrittig in die Zeile 21 übernommen werden.[187]
- **vom Arbeitgeber erstattete Unterkunftskosten** an die Arbeitnehmer für die Zweitwohnung. Auch diese Leistungen im Zusammenhang mit der doppelten Haushaltsführung müssen in Zeile 21 ausgewiesen werden. Insoweit ist es den Veranlagungsfinanzämtern (dort werden die persönlichen Steuererklärungen der Arbeitnehmer bearbeitet) zuzumuten, den Sachverhalt zu ermitteln und steuerlich zutreffend zu beurteilen. In diesen Fällen ist eben nicht ausgeschlossen, dass die betroffenen Arbeitnehmer die Unterkunftskosten (die sie ja verauslagt haben) steuerlich geltend machen, zumal sie über einen Zahlungsbeleg verfügen. Stellt der Arbeitgeber eine Zweitwohnung kostenlos zur Verfügung, ist eine Erfassung der steuerfreien Arbeitgeberleistung im Lohnprogramm ohnehin schwierig. In diesen Fällen ist ein Nichtausweis in Zeile 21 vertretbar und praktisch sinnvoll.
- Vom Arbeitgeber **erstattete Kosten für Familienheimfahrten**, z. B. bei Erstattung der Kosten für öffentliche Verkehrsmittel, Flugkosten oder für die Fahrt mit dem privaten Pkw in Höhe der Entfernungspauschale.[188] Dieser Wert ist m. E. zwingend in der Zeile 21 auszuweisen, weil die Arbeitgeberleistungen auf die Entfernungspauschale für die Familienheimfahrten anzusetzen sind.[189] Auf eine Bescheinigung des Werts der steuerfrei belassenen Familienheimfahrten bei Überlassung eines Firmenwagens kann verzichtet werden, ohne dass es hierfür eine klare und verlässliche Aussage der Finanzverwaltung gibt.

187 Kein Ausweis unter Zeile 20, dort werden nur die Tagesspesen im Zusammenhang mit Auswärtstätigkeiten (Dienstreisen) ausgewiesen, vgl. ausdrücklich BMF, Schreiben v. 9.9.2019, IV C 5 – S 2378/19/10002 :001, Ausführungen S. 7, Nr. 12.

188 Keine Erstattung nach Reisekostengrundsätzen. Für 2022 steuerfrei durch den Arbeitgeber erstattbar sind pro Entfernungskilometer jeweils 0,30 EUR für die ersten 20 km, ab dem 21 km 0,38 EUR. Lediglich für die erste und letzte Fahrt können 0,30 EUR pro gefahrenem Kilometer erstattet werden. vgl. Kap. 7.3.1.

189 BFH, Urteil v. 18.4.2013, VI R 29/12, BStBl 2013 II S. 735.

8 Firmenwagenüberlassung an Arbeitnehmer

8.1 Firmenwagenbesteuerung im Überblick

Überlässt der Arbeitgeber dem Arbeitnehmer ein Kraftfahrzeug unentgeltlich zur privaten Nutzung (sog. Firmenwagen), stellt dieser (geldwerte) Vorteil steuerpflichtigen Arbeitslohn dar. Für die Wertermittlung des **geldwerten Vorteils** bei der Firmenwagenüberlassung stehen 2 Berechnungsverfahren zur Verfügung:

- die pauschale Nutzungswertermittlung in Form der **1-%-Regelung** sowie
- der Einzelnachweis in Form der **Fahrtenbuchmethode**.

Diese Bewertungsmethoden stellen die Grundlage für die Firmenwagenbesteuerung beim Arbeitnehmer dar.

Sonderregelung bei Elektrofahrzeugen

Für **Elektro- und Hybridelektrofahrzeuge**, die der Arbeitgeber im Zeitraum vom 1.1.2019 bis 31.12.2030 als Firmenwagen anschafft oder least, wird die Firmenwagenbesteuerung halbiert. Dies erfolgt bei der 1-%-Methode durch Halbierung der Bemessungsgrundlage und bei der Fahrtenbuchmethode durch Halbierung der AfA-Beträge bzw. Leasingraten. Die gesetzliche Regelung gilt seit 1.1.2019. Zudem wurde seit 2020 für reine Elektroautos und andere Fahrzeuge ohne CO_2-Ausstoß als Ergebnis des Klimaprogramms 2030 eine weitergehende Kürzung der Bemessungsgrundlage auf 25 % des Bruttolistenpreises eingeführt, wenn dieser im Zeitpunkt der Erstzulassung nicht mehr als 60.000 EUR beträgt (§ 6 Abs. 1 Nr. 4 Satz 2 EStG). Zu den Sonderregelungen für Elektro- und Hybridelektrofahrzeugen vgl. Kap. 8.4.13.

Hinweis

Die Vergünstigung für **Plug-in-Hybridfahrzeuge**, die bei der 1-%-Methode eine Halbierung des Bruttolistenpreises vorsieht, soll nach dem Inhalt des **Koalitionsvertrags** entfallen, wenn der Firmenwagen nicht überwiegend **(= mehr als 50 %) im elektrischen Fahrbetrieb** genutzt wird. Genaue Angaben zur zeitlichen Umsetzung sind in dem Vertragswerk nicht enthalten. Es ist davon auszugehen, dass wegen der langen Lieferfristen der Automobilhersteller für Plug-in-Hybridfahrzeuge ohne Nachweis des erforderlichen elektronischen Fahranteils die Rückkehr zur Regelbesteuerung mit 1 % des Bruttolistenpreises wohl erst ab 2024 vom Gesetzgeber umgesetzt werden wird.

Die Ablösung der regelmäßigen Arbeitsstätte durch den Begriff der ersten Tätigkeitsstätte wurde auch für die Firmenwagenbesteuerung nachvollzogen. Der Gesetzeswortlaut wurde an den geänderten Arbeitsortbegriff »erste Tätigkeitsstätte« angepasst. Sowohl bei der 1-%-Regelung als auch bei der Fahrtenbuchmethode ist ein **zusätzlicher geldwerter Vorteil** zu berechnen, wenn der Firmenwagen dem Arbeitnehmer auch für **Fahrten zwischen Wohnung und erster Tätigkeitsstätte** überlassen wird. Die Zuschlagsberechnung ist an die Wegstrecke Wohnung – erste Tätigkeitsstätte geknüpft.

Abweichender Sachbezug möglich

Wie für die lohnsteuerliche Behandlung der Fahrtkostenzuschüsse (vgl. Kap. 6.2.7) hat das Lohnbüro für die Durchführung der Firmenwagenbesteuerung zunächst zu prüfen, wo der Arbeitnehmer seine erste Tätigkeitsstätte hat. Für denselben Firmenwagen kann sich infolge des rechtlich bedingten Ortswechsels ein vom Vorjahr **betragsmäßig abweichender Sachbezug** Firmenwagen ergeben. Allerdings dürfte dies kaum Nachteile bringen, da der Gesetzgeber hinsichtlich des Tätigkeitsstättenbegriffs weitreichende arbeitsrechtliche Möglichkeiten des Arbeitgebers für die Zuordnung seiner Arbeitnehmer zu einer ersten Tätigkeitsstätte vorsieht.

Beispiel

Ein leitender Angestellter ist jeweils von Montag bis Donnerstag am Firmensitz in Frankfurt tätig (Entfernung zur Wohnung 40 km). Jeweils freitags arbeitet er ganztägig in der Filiale in Darmstadt, wo er auch wohnt. Für die Fahrten steht ihm ein Firmenwagen mit einem Bruttolistenpreis von 50.000 EUR zur Verfügung. Nach dem Anstellungsvertrag ist der Arbeitnehmer dem Filialbetrieb in Darmstadt als erste Tätigkeitsstätte zugeordnet (Entfernung zur Wohnung 3 km).

Ergebnis: Aufgrund der arbeitsrechtlichen Festlegung ist die Betriebsstätte in Darmstadt die erste Tätigkeitsstätte des leitenden Angestellten. Auf den Umfang der dort verrichteten Arbeitsleistung und die Tatsache, dass er überwiegend in Frankfurt arbeitet, kommt es nicht an (Vorrang des Arbeitsrechts, vgl. Kap. 3.1.9). Für die Firmenwagenbesteuerung sind die Freitagsfahrten nach Darmstadt anzusetzen.

Der monatliche geldwerte Vorteil berechnet sich wie folgt:

Geldwerter Vorteil für Privatfahrten (1 % von 50.000 EUR)	500 EUR
Fahrten Wohnung – erste Tätigkeitsstätte (0,03 % × 50.000 EUR × 3 km)	45 EUR
Lohnsteuerpflichtiger Sachbezug Firmenwagen	**545 EUR**

Die Fahrten nach Frankfurt sind eine berufliche Auswärtstätigkeit, die keine Besteuerung eines geldwerten Vorteils auslösen. Hätte der Arbeitgeber als erste Tätigkeitsstätte den Hauptsitz in Frankfurt festgelegt, wäre der geldwerte Vorteil für die Arbeitgeberfahrten mit 600 EUR pro Monat (= 0,03 % × 50.000 EUR × 40 km) deutlich höher ausgefallen.

Gestaltungsspielraum nutzen

Das Beispiel zeigt, dass die vorrangig arbeitsrechtlich bestimmte Zuordnung des Arbeitnehmers zu einer ersten Tätigkeitsstätte, die für das Lohnsteuerrecht bindend ist[1], dem Arbeitgeber weitreichende Möglichkeiten für eine günstige Firmenwagenbesteuerung bietet. Aber auch ohne arbeitsrechtliche Zuordnung wird die von großzügigen Grenzen geprägte zeitliche Bestimmung nur noch ausnahmsweise zu einer ersten Tätigkeitsstätte führen. Insbesondere der klassische **Außendienstmitarbeiter** wird durch den Umfang der beim Arbeitgeber zu verrichtenden Arbeiten (mindestens 1/3 der vereinbarten regelmäßigen Arbeitszeit oder 2 volle Arbeitstage wöchentlich oder arbeitstägliches Tätigwerden) im Normalfall dort keine erste Tätigkeitsstätte begründen (vgl. Kap. 3.1.10). Für **Handelsvertreter** oder **Kundendienstmonteure** mit Firmenwagen entfällt dadurch die zusätzliche Besteuerung des geldwerten Vorteils für die Arbeitgeberfahrten, die je nach der Entfernung von der Wohnung zur Firma zu einer spürbaren Steuerbelastung führen würden (vgl. Kap. 2.3 und Kap. 4.1).

Nachteilige Auswirkungen

Nachteilige Auswirkungen können sich für Firmenwagenbesitzer ergeben, die **keine erste Tätigkeitsstätte** haben. Die in bestimmten Fällen gesetzlich angeordnete Anwendung der Entfernungspauschale (§ 9 Abs. 1 Nr. 4 Satz 3 EStG) hat auch die Besteuerung eines geldwerten Vorteils beim Firmenwagen zur Folge: Ein Arbeitnehmer ohne erste Tätigkeitsstätte, der zwar **arbeitstäglich** von zu Hause **den Betrieb aufsuchen** muss, dort aber nur geringfügige Begleitarbeiten von untergeordneter Bedeutung ausübt, weil er seine eigentliche berufliche Tätigkeit im Außendienst verrichtet, unterliegt mit den täglichen Arbeitgeberfahrten kraft gesetzlicher Fiktion den einschränkenden Regelungen der **Entfernungspauschale**. Firmenwageninhaber haben für diese Arbeitgeberfahrten einen **zusätzlichen geldwerten Vorteil** nach den für Fahrten zwischen Wohnung und erster Tätigkeitsstätte geltenden Regeln zu versteuern (vgl. geänderter Wortlaut in § 8 Abs. 2 Sätze 3 und 4 EStG). Dem Arbeitgeber ist aufgrund der ausdrücklichen gesetzlichen Festlegung die arbeits- bzw. dienstrechtliche Möglichkeit entzogen, für diese Fahrten zum Betrieb die Anwendung der reisekostenrechtlichen Kilometersätze bzw. die Steuerfreiheit beim Firmenwagen zu bewirken.

1 BFH, Urteil v. 11.4.2019, VI R 40/16, BStBl 2019 II S. 546.

Beispiel

Ein Kundendienstmonteur muss arbeitstäglich morgens die Firma aufsuchen, um seine Kundenaufträge abzuholen bzw. abzugeben. Für seine berufliche Auswärtstätigkeit steht ihm ein Firmenfahrzeug zur Verfügung. Eine arbeitsrechtliche Festlegung der ersten Tätigkeitsstätte ist nicht erfolgt.

Ergebnis: In der Firma wird durch die – mangels arbeitsrechtlicher Festlegung maßgebenden – zeitlichen Grenzen keine erste Tätigkeitsstätte begründet. Allein ein regelmäßiges Aufsuchen der betrieblichen Einrichtung, z. B. um Material, Auftragsbestätigungen oder Ähnliches abzuholen oder abzugeben, führt noch nicht zu einer Qualifizierung der betrieblichen Einrichtung als erste Tätigkeitsstätte. Gleichwohl werden die morgendlichen Fahrten zur Firma vom Gesetzgeber wie Fahrten zwischen Wohnung und erster Tätigkeitsstätte behandelt. Die gesetzliche Fiktion bewirkt, dass ein geldwerter Vorteil für die Firmenwagennutzung zu erfassen ist, der sich bei der 1-%-Methode mit der Monatspauschale von 0,03 % des Bruttolistenpreises pro Entfernungskilometer berechnet.

8.2 Steuerpflichtiger geldwerter Vorteil

Privatfahrten

Die als **Privatfahrten** zu erfassende Nutzung stellt einen geldwerten Vorteil und damit steuerpflichtigen Arbeitslohn dar. Erhält der Arbeitnehmer einen Firmenwagen zur privaten Nutzung, bleiben ihm entsprechende Aufwendungen erspart, die er ansonsten aus seinem versteuerten Arbeitslohn zu tragen hätte.

Fahrten Wohnung–Tätigkeitsstätte

Nach dem Gesetz dürfen **Kosten der privaten Lebensführung** nicht steuermindernd berücksichtigt werden. Neben den eigentlichen Privatfahrten, z. B. Einkaufsfahrten oder Wochenend- und Urlaubsreisen sowie andere Freizeitfahrten, werden der privaten Nutzung eines Firmenwagens auch die Fahrten zwischen Wohnung und erster Tätigkeitsstätte sowie in bestimmten Fällen Familienheimfahrten im Rahmen einer doppelten Haushaltsführung gleichgestellt. Insoweit bleibt dem Arbeitnehmer aber die Möglichkeit des Werbungskostenabzugs. Dem auf berufliche Fahrten entfallenden Anteil des lohnsteuerpflichtigen Sachbezugs »Firmenwagen« steht der Werbungskostenabzug in Höhe der gesetzlichen Kilometerpauschalen gegenüber. Eine völlig andere steuerliche Behandlung gilt im Fall der hier zulässigen **Pauschalbesteuerung** (vgl. Kap. 8.11.1).

Die Frage, ob einem Arbeitnehmer geldwerte Vorteile aus einem Firmenwagen zuzurechnen sind, ist nicht danach zu beurteilen, ob ihm tatsächlich Aufwendungen in entsprechender Höhe erspart bleiben. So ist die Überlassung eines Kraftfahrzeugs für private Zwecke mit dem Wert anzusetzen, in dessen Höhe beim Arbeitnehmer bei Benutzung des gleichen, eigenen Pkw Kosten entstanden wären. Dies gilt selbst dann, wenn aufgrund der Einkommensverhältnisse des Arbeitnehmers davon auszugehen ist, dass er sich privat einen solchen (teuren) Wagen nicht anschaffen würde.[2]

Tipp

Auch für die Sozialversicherung stellt die Überlassung des Firmenwagens einen geldwerten Vorteil dar, der als laufendes Arbeitsentgelt der Beitragspflicht in der Sozialversicherung unterliegt. Die Bewertung erfolgt nach den steuerlichen Vorschriften, die auch für die Beitragsberechnung bindend sind.

Nutzungsentgelt mindert geldwerten Vorteil

Der Ansatz eines geldwerten Vorteils kann auch nicht dadurch verhindert werden, dass der Arbeitnehmer für die Firmenwagenüberlassung ein angemessenes **Nutzungsentgelt** zu entrichten hat, das sich an den Kilometersätzen des ADAC orientiert, die nach den durchschnittlichen Aufwendun-

2 BFH, Urteil v. 15.6.1973, VI R 85/71, BStBl 1973 II S. 781.

gen für den einzelnen Fahrzeugtyp berechnet sind.[3] Die Kfz-Überlassung ist nicht Gegenstand eines neben dem Arbeitsvertrag bestehenden Mietverhältnisses, sondern Ausfluss der nichtselbstständigen Beschäftigung. Der BFH bestätigte damit die Verwaltungsauffassung, dass Entgeltzahlungen des Arbeitnehmers die Besteuerung der Privatnutzung des geldwerten Vorteils dem Grundsatz nach unberührt lassen und sich lediglich auf die Höhe des zu erfassenden geldwerten Vorteils durch **Anrechnung** der geleisteten Zahlung steuermindernd auswirken (vgl. Kap. 8.9).

Wichtig

Die zwingend vorgeschriebene Bewertung nach der **1-%-Regelung**, sofern kein Fahrtenbuch geführt wird, kann nicht durch Zahlung eines Nutzungsentgelts vermieden werden, selbst wenn dieses nach objektiven Gesichtspunkten die entstandenen Fahrzeugkosten insgesamt abdeckt. Erst im **zweiten Schritt** ist die mit dem Arbeitnehmer vereinbarte **Kostenübernahme** von dem für die Firmenwagennutzung zunächst ermittelten geldwerten Vorteil **abzuziehen.**[4]

8.3 Begrenzung auf 2 Berechnungsverfahren

8.3.1 Vorrang der 1-%-Methode

Die Berechnung des geldwerten Vorteils für die Privatnutzung eines Firmenwagens muss **zwingend nach einer der beiden Methoden** vorgenommen werden. Die gesetzliche Reihenfolge gibt den Vorrang der 1-%-Regelung, die immer dann zur Anwendung kommt, wenn Arbeitgeber und Arbeitnehmer sich nicht ausdrücklich für den Einzelnachweis des privaten Nutzungsanteils entscheiden. Ein **Wahlrecht** besteht also genau genommen ausschließlich hinsichtlich der Einzelnachweismethode. Soll diese zur Anwendung kommen, muss der Arbeitgeber in Abstimmung mit dem Arbeitnehmer im Vorhinein für ein Kalenderjahr festlegen, dass an die Stelle der 1-%-Regelung die individuelle Nutzungswertermittlung durch Fahrtenbuch und Belegnachweis treten soll. Innerhalb eines Jahres ist ein **Wechsel** von der einen zur anderen Methode ausgeschlossen.[5] Eine Ausnahme lässt die Verwaltung dann zu, wenn das Firmenfahrzeug während des Jahres wechselt.[6]

Rückwirkender Methodenwechsel

Eine **rückwirkende Änderung** des Lohnsteuerabzugs für das **gesamte Kalenderjahr** (Wechsel von der pauschalen Nutzungswertmethode zur Fahrtenbuchmethode oder umgekehrt) vor Übermittlung oder Ausschreibung der Lohnsteuerbescheinigung ist zulässig (§ 41c Abs. 3 EStG). Der Übergang von der 1-%-Regelung zur Fahrtenbuchmethode während des laufenden Kalenderjahres ist daran geknüpft, dass der Arbeitgeber wegen der verlangten einheitlichen Berechnungsmethode eine **Korrektur** der bisherigen Lohnabrechnungen vornimmt. Der **nachträgliche Methodenwechsel** ist deshalb bei einem fortbestehenden Dienstverhältnis längstens bis zum 28.2. des Folgejahres möglich. Weitere Voraussetzung ist, dass der Arbeitgeber für das gesamte Kalenderjahr ein ordnungsgemäßes **Fahrtenbuch** vorlegen und den **Einzelnachweis** der für den Firmenwagen angefallenen Kosten führen kann.[7]

Tipp

Die **Bindungswirkung** an die getroffene Wahl **beschränkt** sich **auf das Lohnsteuerverfahren. Unabhängig hiervon ist der Arbeitnehmer bei seiner Einkommensteuer nicht an das beim Lohnsteuerabzug gewählte Verfahren gebunden.** Nach Ablauf des Kalenderjahres kann der Arbeitnehmer im Rahmen seiner Jah-

3 BFH, Urteil v. 7.11.2006, VI R 95/04, BStBl 2007 II S. 269.
4 BMF, Schreiben v. 3.3.2022, IV C 5 – S 2334/21/10004 :001, BStBl 2022 I S. 232, Tz. 8.
5 BFH, Urteil v. 20.3.2014, VI R 35/12, BStBl 2014 II S. 643.
6 BMF, Schreiben v. 3.3.2022, IV C 5 – S 2334/21/10004 :001, BStBl 2022 I S. 232, Tz. 4.
7 BMF, Schreiben v. 3.3.2022, IV C 5 – S 2334/21/10004 :001, BStBl 2022 I S. 232, Rz. 41.

ressteuererklärung auf die andere, für ihn günstigere Methode überwechseln, wenn die Voraussetzungen hierfür erfüllt sind. Regelmäßig wählen die Firmen aus praktischen Gründen die weniger arbeitsaufwendige 1-%-Methode, auch wenn sich hierdurch für den Arbeitnehmer ein höherer Arbeitslohn ergibt. Hier kann im Veranlagungsverfahren ein Wechsel zum Einzelnachweis sinnvoll sein, wenn der Arbeitnehmer die erforderlichen Aufzeichnungen in einem Fahrtenbuch geführt und die Firma auf Anfrage die auf den Firmenwagen entfallenden Kfz-Kosten dem Arbeitnehmer bescheinigt hat.

Nicht ordnungsgemäßes Fahrtenbuch

Der gesetzliche **Vorrang der 1-%-Regelung** ist beim Lohnsteuerverfahren auch dann von Bedeutung, wenn sich beispielsweise im Rahmen einer **Lohnsteueraußenprüfung** herausstellt, dass die gewählte Einzelnachweismethode rückwirkend versagt werden muss, weil die Aufzeichnungen des Fahrtenbuchs nicht ordnungsgemäß vorgenommen worden sind. Eine Korrektur des Fahrtenbuchs im Wege der Schätzung ist ausgeschlossen. Der geldwerte Vorteil ist dann im Normalfall zum Nachteil des Arbeitnehmers für das gesamte Kalenderjahr nach der 1-%-Regelung zu berechnen. Dies gilt selbst dann, wenn lediglich in einzelnen Monaten die Nachweisführung nicht ausreichend ist.[8] Nachdem die Verwaltung für das gesamte Kalenderjahr bzgl. desselben Fahrzeugs eine einheitliche Firmenwagenbesteuerung nach dem einen oder anderen Berechnungsverfahren vorsieht, ist auch insoweit ein Wechsel während des Jahres ausgeschlossen.[9]

Wichtig

Der BFH hat in mehreren Urteilen zur Ordnungsmäßigkeit eines Fahrtenbuchs Stellung genommen. Zum einen hat er einem Fahrtenbuch die steuerliche Anerkennung versagt, das nicht zeitnah, sondern erst im Nachhinein anhand von losen Notizzetteln erstellt worden ist.[10] Zum anderen hat er ein mithilfe eines Tabellenkalkulationsprogramms (Microsoft Excel) erstelltes Fahrtenbuch als nicht ordnungsgemäß entschieden.[11] Schließlich legt die BFH-Rechtsprechung Abgrenzungskriterien fest, die den Begriff **»ordnungsgemäßes Fahrtenbuch«** näher definieren.[12] Als Ergebnis der Entscheidungen ist festzuhalten, dass der BFH die Verwaltungsauffassung bestätigt, die im Fall der steuerlichen Nichtanerkennung des Fahrtenbuchs die nachteilige Besteuerung nach der **1-%-Regelung** als einzige Alternative zur Folge hat. Eine »dritte Bewertungsmethode« in Form von Schätzungen ist nicht zulässig.[13]

Mehrere Firmenwagen

Das zur ertragsteuerlichen Erfassung der Nutzungsentnahme betrieblicher Kraftfahrzeuge ergangene BMF-Schreiben regelt, dass ein Unternehmer, dem mehrere betriebliche Pkw zur privaten Nutzung zur Verfügung stehen, sich **einheitlich für alle Fahrzeuge** zur Führung eines Fahrtenbuchs oder insgesamt zur pauschalen Ermittlung des privaten Nutzungswerts entscheiden muss.[14]

Wichtig

Der BFH hat abweichend von der Verwaltungsauffassung die einheitliche Methodenwahl bei mehreren Fahrzeugen für die Berechnung der Nutzungsentnahme im Bereich der betrieblichen Gewinnermittlung abgelehnt.[15] Im Streitfall hatte der Unternehmer 3 verschiedene Fahrzeuge auch zur privaten Nutzung zur Verfügung. Für 2 Fahrzeuge erfolgte die Ermittlung der Privatnutzung durch die Führung eines Fahrtenbuchs, für das dritte Fahrzeug nach der 1-%-Regelung. Der BFH bestätigte die Anwendung unterschiedlicher Methoden für verschiedene Betriebs-Pkw.

8 BFH, Urteil v. 20.3.2014, VI R 35/12, BStBl 2014 II S. 643.
9 R 8.1 Abs. 9 Nr. 3 LStR.
10 BFH, Urteil v. 9.11.2005, VI R 27/05, BStBl 2005 II S. 408.
11 BFH, Urteil v. 16.11.2005, VI R 89/04, BStBl 2006 II S. 410.
12 BFH, Urteil v. 16.3.2006, VI R 87/04, BStBl 2006 II S. 625.
13 Ebenso BFH, Urteil v. 21.12.2006, VI B 20/06, BFH/NV 2007 S. 716.
14 BMF, Schreiben v. 12.5.1997, IV B 2 – S 2177 – 29/97, BStBl 1997 I S. 562, Rz. 15.
15 BFH, Urteil v. 3.8.2000, III R 2/00, BStBl 2001 II S. 332.

Wahlrecht

Die BFH-Rechtsprechung zur Ermittlung der Privatnutzung mehrerer betrieblicher Pkw durch den Unternehmer ist für den Bereich der Firmenwagenbesteuerung übernommen worden.[16] Bei der gleichzeitigen **Überlassung mehrerer Firmenwagen** hat der Arbeitnehmer ein Wahlrecht. Er kann für einzelne Fahrzeuge den geldwerten Vorteil aus der Privatnutzung individuell ermitteln, wenn er ein ordnungsgemäßes Fahrtenbuch führt, und für die anderen Fahrzeuge die Firmenwagenbesteuerung nach der 1-%-Regelung durchführen.[17] Zur Berechnung des geldwerten Vorteils, wenn dem Arbeitnehmer wechselweise immer nur ein Fahrzeug zur Verfügung steht, wie dies bei Firmen mit einem Fahrzeugpool der Fall ist (vgl. Kap. 8.4.7).

Leasingfahrzeug

Der Gesetzeswortlaut beschränkt sich auf die Grundzüge der beiden Berechnungsverfahren. Die Details hierzu hat die Finanzverwaltung in den Lohnsteuer-Richtlinien festgelegt. Danach ist der zwingende Ansatz einer der beiden genannten Methoden nicht nur für Fahrzeuge zu beachten, die im Eigentum der Firma stehen, sondern auch für Leasingfahrzeuge, die als Firmenwagen überlassen werden. Andere Verfahren zur Berechnung des lohnsteuerpflichtigen Sachbezugs sind nicht zulässig.[18]

Der BFH hat diese Rechtsauslegung zwischenzeitlich auch für Leasingfahrzeuge bestätigt, die auf Veranlassung des Arbeitgebers vom Arbeitnehmer geleast werden. Entscheidend für die Anwendung der 1-%-Regelung auf solche Leasingfahrzeuge ist, dass der Arbeitgeber die gesamten Kfz-Kosten inkl. der Leasingraten trägt und im Innenverhältnis allein über die Nutzung des Kfz bestimmt.[19]

Arbeitgeber ist Leasingnehmer

In den Entscheidungsgründen hat der BFH maßgeblich darauf abgestellt, dass der Arbeitgeber wirtschaftlich betrachtet die Stellung des Leasingnehmers innehat. Als wirtschaftlicher Leasingnehmer steht dem Arbeitgeber auch das wirtschaftliche Eigentum und damit die für die Überlassung als Firmenwagen erforderliche Verfügungsbefugnis an dem Fahrzeug zu.

Arbeitnehmer ist Leasingnehmer

Für den umgekehrten Sachverhalt, dass Nutzen und Lasten des Leasingvertrages in vollem Umfang auf den Arbeitnehmer übergehen, sodass der Arbeitnehmer im wirtschaftlichen Ergebnis zum Leasingnehmer wird, ist der Firmenwagen dem Arbeitnehmer zuzurechnen. Der BFH hat für das sogenannte **Behördenleasing** entschieden, dass keine Firmenwagenüberlassung vorliegt. Bei diesen Verträgen übernimmt der Arbeitnehmer im Innenverhältnis gegenüber seinem Arbeitgeber die wesentlichen Rechte und Pflichten des Leasingnehmers.[20] Auf den Arbeitnehmer gehen die Zahlung der Leasingraten, Steuer und Versicherung, sowie die Gefahr und Haftung für Instandhaltung, Sachmängel, Untergang und Beschädigung des Fahrzeugs über. Unter diesen Voraussetzungen kann der Arbeitnehmer wie der eigentliche vertragliche Leasingnehmer als wirtschaftlicher Eigentümer über das Fahrzeug verfügen. Von einer Nutzungsüberlassung des Pkw ist nicht auszugehen, sodass das Firmenfahrzeug dem Arbeitnehmer zuzurechnen ist. Ein geldwerter Vorteil kann allenfalls in zu zahlenden Leasingraten liegen, wenn der Arbeitgeber diese verbilligt an den Arbeitnehmer weitergibt. Für den Bereich der Privatwirtschaft ergibt sich durch das BFH-Urteil so gut wie keine Auswirkung. Das BMF hat entschieden, dass insbesondere bei der Entgeltumwandlung immer von einer Fahrzeugüberlassung durch den Arbeitgeber mit der Folge der Firmenwagenbesteuerung auszugehen ist, weil diese arbeitsrechtlich vereinbart ist. Eine Fahrzeugüberlassung, die auf dem Arbeitsvertrag

16 BMF, Schreiben v. 3.3.2022, IV C 5 – S 2334/21/10004 :001, BStBl 2022 I S. 232, Tz. 3.8.
17 BMF, Schreiben v. 3.3.2022, IV C 5 – S 2334/21/10004 :001, BStBl 2022 I S. 232, Tz. 3.8, Rz. 39.
18 BMF, Schreiben v. 3.3.2022, IV C 5 – S 2334/21/10004 :001, BStBl 2022 I S. 232, Tz. 7.
19 BFH, Urteil v. 6.11.2001, VI R 62/96, BStBl 2002 II S. 370.
20 BFH, Urteil v. 18.12.2014, VI R 75/13, BStBl 2015 II S. 670.

oder sonstigen arbeitsrechtlichen Abmachungen beruht, ist untrennbar mit der Firmenwagenbesteuerung verbunden.[21]

Wichtig

Die Finanzverwaltung erkennt demgegenüber die **gestaffelten Leasingverträge**, die von Autovermietern angeboten werden, nicht an. Diese Leasingverträge sehen vor, dass der Arbeitgeber für das betreffende Fahrzeug entsprechend dem beruflichen Anteil der Gesamtfahrleistung einen Teil der Leasingraten übernimmt, der Arbeitnehmer den Anteil, der der privaten Fahrleistung entspricht (z. B. Arbeitgeber übernimmt 70 % der Leasingraten, Arbeitnehmer 30 %). Hierüber werden 2 gesonderte Leasingverträge abgeschlossen.

Die Finanzverwaltung sieht darin eine pauschale Schätzung der Kosten, die durch die private Fahrleistung verursacht werden. Eine solche Aufteilung ist nach Ansicht der Finanzbehörden über ein Fahrtenbuch zulässig. Der geldwerte Vorteil wird daher nach wie vor entsprechend der 1-%-Regelung angesetzt, allerdings werden die vom Arbeitnehmer übernommenen Leasingraten als Nutzungsentgelt angerechnet (vgl. Kap. 8.9).

8.3.2 Nutzungsverbote

Vorherige Behandlung

Nach früherer Verwaltungsauffassung konnte trotz eines vom Arbeitgeber ausgesprochenen privaten Nutzungsverbotes nur dann vom Ansatz eines geldwerten Vorteils für den überlassenen Firmenwagen abgesehen werden, wenn der Arbeitgeber **das Verbot der privaten Nutzung überwacht** hat oder wenn wegen der besonderen Umstände des Falles die **verbotene Nutzung so gut wie ausgeschlossen** war, z. B. wenn der Arbeitnehmer das Fahrzeug nach seiner Arbeitszeit und am Wochenende auf dem Betriebsgelände abstellt und den Schlüssel abgibt. Nach dem Wortlaut der Lohnsteuer-Richtlinien werden Nutzungsverbote nur im Zusammenhang mit seitens der Firma vorgenommenen Kontrollmaßnahmen anerkannt.[22] Die Einhaltung des Nutzungsverbots ist durch entsprechende Unterlagen nachzuweisen, die zum Lohnkonto zu nehmen sind.

Eine Sonderstellung nahmen schon bisher Firmenfahrzeuge des betrieblichen Fuhrparks ein, die nicht einem bestimmten Arbeitnehmer überlassen und damit konkret zugeordnet werden können (sog. **Poolfahrzeuge**).[23] Bei dieser Konstellation genügt nach Verwaltungsauffassung ein schriftliches Verbot, um auf den Ansatz eines geldwerten Vorteils für die Privatnutzung zu verzichten. Mit Blick auf die Rechtsprechung darf sich das Finanzamt nicht allein aufgrund der Bereitstellung eines Fahrzeugs aus dem arbeitgebereigenen Fuhrpark zu betrieblichen Zwecken auf den Anscheinsbeweis berufen und auch von einer Privatnutzung ausgehen. Voraussetzung für die Anwendung der 1-%-Regelung ist hier, dass eine private Nutzung in tatsächlicher Hinsicht auch feststeht.

Aufgabe des Anscheinsbeweises

Der BFH hat in mehreren Urteilen entschieden, dass bei Anwendung der 1-%-Regelung der geldwerte Vorteil bereits in der konkreten **Möglichkeit** besteht, den Firmenwagen zu **Privatfahrten nutzen zu dürfen.**[24] Er hat damit seine bisherige Rechtsauffassung aufgegeben, nach der bei erlaubter Privatnutzung des Firmenwagens die entsprechende Nutzung nur vermutet wurde, sog. Anscheinsbeweis für eine private Nutzung. Er sieht die Widerlegungsmöglichkeit der erlaubten privaten Nutzung nicht mehr als entscheidendes Kriterium für den Nichtansatz eines geldwerten Vorteils an.

21 BMF, Schreiben v. 15.12.2016, IV C 5 – S 2334/16/10003.

22 H 8.1 (9–10) LStH 2015 »Nutzungsverbot«.

23 BFH, Urteil v. 21.4.2010, VI R 46/08, BStBl 2010 II S. 848 zu Poolfahrzeugen; BFH, Urteil v. 6.10.2011, VI R 56/10, BStBl 2012 II S. 362 zu Vorführwagen bei Autohäusern.

24 BFH, Urteil v. 21.3.2013, VI R 31/10, BStBl 2013 II S. 700; BFH, Urteil v. 21.3.2013, VI R 26/10, BFH/NV 2013 S. 1396; BFH, Urteil v. 21.3.2013, VI R 49/11, BFH/NV 2013 S. 1399.

Bloße Nutzungsmöglichkeit ausreichend

Für die Firmenwagenbesteuerung kommt es allein auf die **Erlaubnis durch den Arbeitgeber** an, das Firmenfahrzeug auch privat nutzen zu dürfen sowie darauf, dass der Arbeitgeber dem Arbeitnehmer die **Verfügungsmacht über das Fahrzeug** verschafft. Der Vorteil aus der Nutzungsüberlassung umfasst die Übernahme sämtlicher damit verbundenen Kosten, also sowohl den nutzungsabhängigen wie den unabhängigen Fahrzeugaufwand. Auch ohne Privatnutzung erspart sich der Arbeitnehmer zumindest die Fixkosten, die er für das Vorhalten eines betriebsbereiten Kfz verausgaben müsste. Der Sachbezug »Firmenwagen« fließt dem Arbeitnehmer bereits mit der unentgeltlichen bzw. verbilligten Überlassung des Fahrzeugs zu und nicht erst mit der tatsächlichen Nutzung zu privaten Fahrten, wenn die Privatnutzung arbeitsrechtlich oder durch konkludentes Handeln zugelassen ist. Da nach der Rechtsprechungsänderung die Anwendung der 1-%-Regelung unabhängig von tatsächlichen Privatfahrten ist, kommt auch dem Beweis des ersten Anscheins keine Bedeutung mehr zu. Entscheidend ist allein die **arbeitsrechtliche Möglichkeit der privaten Fahrzeugnutzung**, die – unabhängig von Nutzungsart und Nutzungsumfang des Fahrzeugs – die Firmenwagenbesteuerung nach der 1-%-Regelung auslöst. Reisekosten- und Spesenabrechnungen, Fahrtaufzeichnungen durch Excel-Tabellen sind ebenso wie Werkstattrechnungen oder Terminkalender keine geeigneten Unterlagen, die zwingende Bewertung nach der 1-%-Regelung auszuschließen.

Reichweite des Anscheinsbeweises

Mit den Entscheidungen v. 21.3.2013[25] hat der BFH seine Rechtsprechung bestätigt. In den Urteilsfällen hatte der Arbeitgeber nach den Anstellungsverträgen die private Nutzung des Firmenwagens nicht erlaubt bzw. diese ausdrücklich verboten. Im Gegensatz zum Finanzamt, das den Anscheinsbeweis für eine private Nutzung als gegeben sah, kommt der BFH zu der Auffassung, dass die alleinige Überlassung eines Firmenwagens für die berufliche Nutzung keinen derartigen Anscheinsbeweis auslöst. Dies gilt selbst dann, wenn seitens der Firma das arbeitsrechtlich vereinbarte Nutzungsverbot nicht überwacht wird. Es gibt **keinen Erfahrungsgrundsatz**, nach dem sich Arbeitnehmer über ein arbeitsrechtliches Verbot hinwegsetzen bzw. dass solche Verbote nur zum Schein ausgesprochen werden.

Wichtig

Der Ansatz eines lohnsteuerrechtlich erheblichen Vorteils ist nur insoweit gerechtfertigt, als der Arbeitgeber dem Arbeitnehmer gestattet, den Firmenwagen privat zu nutzen. Da der Arbeitgeber im Falle eines Nutzungsverbots den Firmenwagen nicht für die private Nutzung überlassen will, wendet er dem Arbeitnehmer auch keinen geldwerten Vorteil zu. Die unbefugte Privatnutzung des betrieblichen Pkw hat dagegen keinen Lohncharakter. Voraussetzung für den Nichtansatz eines geldwerten Vorteils ist, dass das Nutzungsverbot durch entsprechende arbeitsvertragliche oder dienstrechtliche Unterlagen nachgewiesen wird. Die Vereinbarungen sind als Beleg zum Lohnkonto aufzubewahren.[26]

Ein Vorteil, den sich der Arbeitnehmer gegen den Willen des Arbeitgebers selbst zuteilt, wird nicht »für« eine Beschäftigung gewährt und zählt damit nicht zum Arbeitslohn. Hier stellt sich allerdings die Frage des arbeitsrechtlichen Schadensersatzes bzw. im Falle des Regressverzichts nach dessen lohnsteuerlichen Folgewirkungen.

Verzicht auf Schadensersatz

Nicht abschließend geklärt ist, welche steuerlichen Konsequenzen sich ergeben, wenn der Arbeitnehmer entgegen dem arbeitsrechtlichen Verbot den Firmenwagen gleichwohl privat nutzt. Aus arbeitsrechtlicher Sicht ist zu prüfen, ob und in welcher Höhe dem Arbeitgeber aufgrund der vertragswidrigen Privatnutzung ein Schadensersatz zusteht. Verzichtet der Arbeitgeber auf diesen Anspruch gegenüber dem Arbeitnehmer, entsteht insoweit ein **geldwerter Vorteil**, der in entspre-

25 BFH, Urteile v. 21.3.2013, VI R 31/10, BStBl 2013 II S. 700, VI R 26/10, BFH/NV 2013 S. 1396, VI R 49/11, BFH/NV 2013 S. 1399.
26 BMF, Schreiben v. 3.3.2022, IV C 5 – S 2334/21/10004 :001, BStBl 2022 I S. 232, Tz. 2.7.

chender Höhe als Arbeitslohn zu versteuern ist. Ob sich die Höhe des **Schadensersatzverzichts** ebenfalls nach der 1-%-Regelung berechnet, ist fraglich, da es sich hierbei um eine rein steuerliche Bewertungsmethode handelt.

Scheinverbote

Anders verhält es sich, wenn die festgestellte Nutzung des Firmenwagens zu Privatfahrten darauf zurückzuführen ist, dass das Nutzungsverbot auf einer zum Schein getroffenen Vereinbarung beruht. Wird bei der Sachverhaltsaufklärung mit der erforderlichen Gewissheit festgestellt, dass das Privatnutzungsverbot nur zum Schein ausgesprochen wurde, ist für die Firmenwagenüberlassung wie bisher ein **lohnsteuerpflichtiger geldwerter Vorteil** auf Basis der 1-%-Regelung anzusetzen. Hiervon ist auszugehen, wenn sich beispielsweise im Rahmen einer Lohnsteuer-Außenprüfung aus den für den Firmenwagen geführten Buchhaltungskonten und dazu aufgezeichneten Belegen ergibt, dass der Firmenwagen regelmäßig für Privatfahrten eingesetzt wird, etwa am Wochenende oder im Urlaub. Nach der im Steuerrecht maßgeblichen wirtschaftlichen Betrachtungsweise wird bei Scheinnutzungsverboten dem Arbeitnehmer entgegen der arbeitsvertraglichen Vereinbarung aufgrund einer konkludent getroffenen Nutzungsvereinbarung tatsächlich die private Nutzung des Firmenwagens erlaubt. Auch in diesem Fall wird bei Anwendung der Rechtsprechung der Sachbezug »Firmenwagen« nach Maßgabe der 1-%-Methode bereits **durch die Fahrzeugüberlassung** an den Arbeitnehmer **begründet**.

Wichtig

Als Ergebnis der Urteile kann die pauschale Nutzungswertmethode in Zukunft ausschließlich durch ein ernsthaftes Nutzungsverbot oder durch ein ordnungsgemäß geführtes Fahrtenbuch vermieden werden. Der Lohnsteuersenat hat damit den sog. Anscheinsbeweis endgültig aufgegeben. Die Veröffentlichung der Urteile im Bundessteuerblatt macht deutlich, dass die Finanzverwaltung der geänderten Rechtsprechung folgt und für die Anwendung der 1-%-Regelung nur noch auf die **arbeitsvertragliche Regelung** abstellt. Die ernsthafte Vereinbarung eines privaten Nutzungsverbots wird als ausreichend angesehen, um auf die Versteuerung eines Nutzungsvorteils nach der 1-%-Regelung zu verzichten. Diese geänderte Rechtsauslegung gilt anders bisher nicht nur für Poolfahrzeuge, sondern auch für einen Firmenwagen, der konkret einem bestimmten Arbeitnehmer zugewiesen worden ist.

Nutzungsverzicht

Dem Nutzungsverbot gleichgestellt ist ein mit Wirkung für die Zukunft vom Arbeitnehmer schriftlich erklärter Verzicht auf die Privatnutzung des betrieblichen Fahrzeugs. Der Nutzungsverzicht kann auch die Fahrten zwischen Wohnung und erster Tätigkeitsstätte bzw. die Familienheimfahrten im Rahmen einer doppelten Haushaltsführung umfassen.[27] Dem Nutzungsverzicht kommt in der Privatwirtschaft nur in Ausnahmefällen praktische Bedeutung zu. Voraussetzung für die steuerliche Anerkennung ist, dass ein Nutzungsverbot des Arbeitgebers aus außersteuerlichen Gründen nicht zulässig ist. Hierunter fallen insbesondere die gesetzlich geregelte Firmenwagenüberlassung im **öffentlichen Dienst**, etwa in Ministerämtern, oder aber die tarifvertraglich geregelte Firmenwagenüberlassung, wenn der Arbeitnehmer das Fahrzeug nicht privat nutzen will. Die Verzichtserklärung ist schriftlich zu dokumentieren und als Beleg zum Lohnkonto aufzubewahren.

Beherrschende Gesellschafter-Geschäftsführer

Ist die private Nutzung eines betrieblichen Pkw durch den Gesellschafter-Geschäftsführer im Anstellungsvertrag mit der GmbH **ausdrücklich gestattet**, kommt der Ansatz einer verdeckten Gewinnausschüttung (vGA) in Höhe der Vorteilsgewährung nicht in Betracht. Nach der Rechtsprechung des BFH liegt in einem solchen Fall keine vGA, sondern **immer Sachlohn** vor. Dies gilt auch für einen Alleingesellschafter-Geschäftsführer, dem die GmbH einen betrieblichen Pkw aufgrund dienstvertraglicher

27 BMF, Schreiben v. 3.3.2022, IV C 5 – S 2334/21/10004 :001, BStBl 2022 I S. 232, Rz. 20.

Vereinbarung überlassen hat.[28] Wird dem (beherrschenden) Gesellschafter-Geschäftsführer (im Anstellungsvertrag) die Privatnutzung des Firmenfahrzeugs **ausdrücklich verboten**, ist der Ansatz eines als Arbeitslohn zu versteuernden geldwerten Vorteils nach der 1-%-Regelung nicht zulässig. Die vorstehenden Ausführungen zu dienstrechtlich vereinbarten Nutzungsverboten gelten uneingeschränkt auch für die lohnsteuerliche Behandlung der Firmenwagenüberlassung an einen (beherrschenden) Gesellschafter-Geschäftsführer einer GmbH. Ein privates Nutzungsverbot ist aus Sicht der Lohnsteuer auch für die Firmenwagenbesteuerung bei diesem Personenkreis zu beachten.[29]

Unbefugte Nutzung

Nutzt der **Gesellschafter-Geschäftsführer** allerdings den Firmenwagen **unbefugt** privat, liegt zwar kein Arbeitslohn, aber eine **verdeckte Gewinnausschüttung** (vGA) vor. Die Grundsätze der bundeseinheitlichen Verwaltungsanweisung zur Prüfung einer verdeckten Gewinnausschüttung bei der Firmenwagenüberlassung an Gesellschafter-Geschäftsführer gelten weiter.[30] Danach ist entsprechend der Rechtsprechung des Körperschaftsteuersenats für die Frage einer vGA im Falle der Nutzung eines Firmenwagens nach wie vor der sog. **Anscheinsbeweis** maßgebend.[31] Der I. Senat des BFH geht anders als der Lohnsteuersenat wie bisher davon aus, dass der Beweis des ersten Anscheins dafür spricht, dass ein Gesellschafter-Geschäftsführer einen ihm überlassenen Firmenwagen ungeachtet eines privaten Nutzungsverbots auch privat nutzt. Insoweit wird eine von den vertraglichen Vereinbarungen abweichende tatsächliche Durchführung der Firmenwagenüberlassung unterstellt, die zu einer »vGA Firmenwagen« führt.[32]

Widerlegung des Anscheinsbeweises

Dieser Anscheinsbeweis kann allerdings widerlegt werden. Voraussetzung ist, dass der Gesellschafter-Geschäftsführer ein **ordnungsgemäßes Fahrtenbuch** führt oder seitens der GmbH organisatorische Maßnahmen ergriffen werden, die eine Privatnutzung des Firmenwagens ausschließen. Beispiele hierfür sind die Überwachung durch Dritte, das Abstellen des Firmenwagens auf dem Firmengelände oder die Verwahrung des Schlüssels durch Dritte. Ebenso ausreichend ist es, wenn der Gesellschafter-Geschäftsführer nur **beschränkten Zugriff auf den Firmenwagen** hat (z. B. bei Poolfahrzeugen). Die Einhaltung des Nutzungsverbots ist durch entsprechende Unterlagen nachzuweisen.

Wichtig

Als Folge der geänderten Rechtsprechung werden private Nutzungsverbote, die im Zusammenhang mit der Überlassung eines Firmenwagens ausgesprochen werden, **lohn- und körperschaftsteuerrechtlich** grundlegend **unterschiedlich** beurteilt. Während dem Lohnsteueraußenprüfer im Normalfall der Ansatz eines geldwerten Vorteils als Arbeitslohn verwehrt ist, wenn er die unbefugte Privatnutzung des Firmenwagens feststellt, bewirkt der im Körperschaftsteuerrecht weiter geltende Anscheinsbeweis eine vGA, sofern die Firma keine geeigneten Kontrollmaßnahmen zur Überwachung des schriftlichen Nutzungsverbots nachweisen kann. Beim Personenkreis der (beherrschenden) Gesellschafter-Geschäftsführer bleibt es demzufolge im Ergebnis bei der Steuerpflicht der Firmenwagenüberlassung in Fällen eines schriftlichen Nutzungsverbots für Privatfahrten. Die Lohnsteuer-Außenprüfung fertigt zu diesem Zweck Kontrollmitteilungen an die zuständige Körperschaftsteuerstelle, die den geldwerten Vorteil als vGA erfasst.

28 BFH, Beschluss v. 16.10.2020, VI B 13/20, BFH/NV 2021 S. 434.
29 BFH, Urteil v. 21.3.2013, VI R 46/11, BStBl 2013 II S. 1044; BFH, Urteil v. 8.8.2013, VI R 72/12, BStBl 2014 II S. 36.
30 BMF, Schreiben v. 3.4.2012, IV C 2 – S 2742/08/10001, BStBl 2012 I S. 478.
31 BFH, Urteil v. 23.1.2008, I R 8/06, BStBl 2012 II S. 260.
32 FG Münster, Urteil v. 11.10.2019, 13 K 172/17 E, EFG 2020 S. 96.

8.3.3 Prüfschema zur Firmenwagenbesteuerung

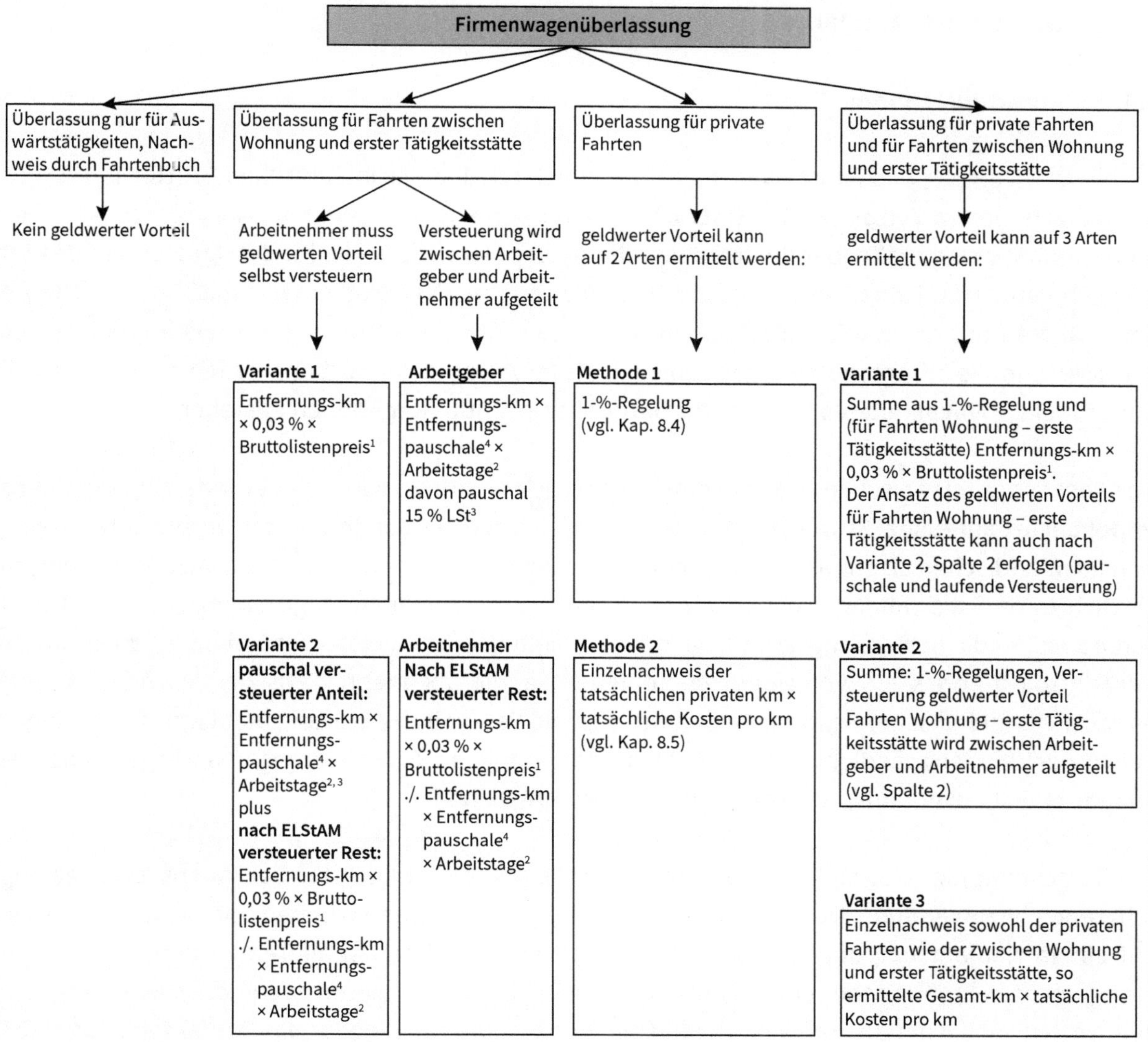

1 Bruttolistenpreis ist der auf volle 100 EUR abgerundete inländische Listenpreis des Fahrzeugs im Zeitpunkt der Erstzulassung. Dies gilt auch für gebrauchte und geleaste Fahrzeuge. Für (Hybrid-)Elektrofahrzeuge gelten Sonderregelungen, vgl. Kap. 8.4.13 und Hinweiskasten unter dem Prüfschema.

2 Der geldwerte Vorteil aus der Gesamtstrecke Wohnung – erste Tätigkeitsstätte kann i. H. v. 0,30 EUR pro Entfernungskilometer bzw. 0,38 EUR ab dem 21. Entfernungskilometer pauschal versteuert werden. Es dürfen bei einer 5-Tage-Woche mind. 15 Arbeitstage angesetzt werden, sofern nicht nachgewiesen ist, dass der Arbeitnehmer das Fahrzeug häufiger benutzt.

3 Obergrenze: Entfernungskilometer x 0,03 % x Bruttolistenpreis (vgl. Fußnote 1).

4 Die Entfernungspauschale beträgt 0,30 EUR pro Entfernungskilometer bzw. 0,38 EUR ab dem 21. Entfernungskilometer.

Hinweis

Für die erstmalige Überlassung eines **Elektro- bzw. Hybridelektrofahrzeugs** als Firmenwagen gilt seit 2019 eine **Halbierung der Bemessungsgrundlage**. Bei der 1-%-Methode ist der Bruttolistenpreis und bei der Fahrtenbuchmethode die Anschaffungskosten bzw. Leasingraten mit 50 % für die Berechnung des geldwerten Vorteils anzusetzen (vgl. Kap. 8.4.13.2). Für Lohnzahlungszeiträume ab 2020 tritt zusätzlich eine Viertel-Regelung in Kraft. Bei reinen **Elektro-Firmenfahrzeugen** und anderen emissionsfreien Fahrzeugen (z. B. wasserstoffbetriebene Brennstoffzellen-Fahrzeuge) ist der **Bruttolistenpreis seit 2020 nur noch mit 25 %** für die Firmenwagenbesteuerung anzusetzen, wenn dieser im Zeitpunkt der Erstzulassung 60.000 EUR nicht überschreitet (vgl. Kap. 8.4.13.3).

8.4 1-%-Regelung (Methode 1)

8.4.1 Berechnungsverfahren

8.4.1.1 Bruttolistenpreis

Inländischer Bruttolistenpreis

Die private Nutzung des Firmenwagens ist monatlich mit 1 % des inländischen Bruttolistenpreises anzusetzen, der **im Zeitpunkt der Erstzulassung** für den Pkw festgelegt ist. Abzustellen ist auf die an diesem Stichtag maßgebende Preisempfehlung des Herstellers, die für den Endverkauf des tatsächlich genutzten Fahrzeugmodells auf dem inländischen Neuwagenmarkt gilt. Betriebliche Besonderheiten auf der Käuferseite bleiben unberücksichtigt. Als Bruttolistenpreis kommt nur ein Bruttolistenpreis infrage, zu dem das Fahrzeug als **Privatkunde** erworben werden könnte. Dies gilt auch für ein privat genutztes Taxi, für das betriebliche Sonderkonditionen bestehen.[33]

Der Ansatz des inländischen Bruttolistenpreises bei Anwendung der 1-%-Methode gilt auch für **reimportierte Fahrzeuge.** Soweit das reimportierte Fahrzeug mit Sonderausstattung versehen ist, die sich im inländischen Listenpreis nicht niedergeschlagen hat, ist der Wert der Zusatzausstattung zusätzlich zu berücksichtigen. Existiert für das importierte Firmenfahrzeug kein inländischer Bruttolistenpreis, ist die Bemessungsgrundlage für die 1-%-Regelung im Wege der Schätzung zu ermitteln. Der Bruttolistenpreis geht von einem empfohlenen Händlerabgabepreis aus, der die Verkaufsmarge umfasst. Als inländischer Bruttolistenpreis ist deshalb der typische Bruttoverkaufspreis zu schätzen, den Importfahrzeughändler von ihren Endkunden verlangen.[34] Als Schätzungsgrundlage können die inländischen Endverkaufspreise der freien Importeure dienen.[35]

Gebrauchtwagen, Leasingwagen

Die Berechnung der 1-%-Methode mit dem Bruttolistenpreis ist **auch für Gebraucht- und Leasingfahrzeuge anzuwenden.**[36] Der Arbeitnehmer wird also im Ergebnis so behandelt, als wäre er immer mit einem Neufahrzeug unterwegs, was natürlich insbesondere bei älteren Firmenwagen zu unsachgerechten Ergebnissen führen kann. Der Arbeitgeber hat in diesen Fällen die Möglichkeit, den geldwerten Vorteil auf den tatsächlich angefallenen Gesamtaufwand für das Firmenfahrzeug zu begrenzen (sog. Kostendeckelung, vgl. Kap. 8.4.3). Zur besonderen Berechnung des Bruttolistenpreises bei Elektro- und Hybridelektrofahrzeugen (vgl. Kap. 8.4.13).

Wichtig

Keine verfassungsrechtlichen Bedenken bestehen hinsichtlich des Ansatzes des Bruttolistenpreises im Zeitpunkt der Erstzulassung für die Pauschalbewertung der privaten Kfz-Nutzung – insbesondere im Hinblick auf die dem Arbeitgeber zur Wahl gestellten Möglichkeit, den geldwerten Vorteil aus der Privatnutzung eines Firmenwagens nach der Fahrtenbuchmethode zu ermitteln.[37] Die vom Gesetzgeber gewählte typisierende Regelung umfasst nicht nur den Vorteil der Fahrzeugüberlassung, sondern auch die Übernahme sämtlicher damit verbundenen (nutzungsabhängigen und -unabhängigen) Kosten. Dementsprechend bleibt der inländische Listenneupreis im Rahmen der 1-%-Regelung auch dann Bemessungsgrundlage, wenn der Arbeitgeber das Fahrzeug gebraucht angeschafft hat oder beim Neuwagenkauf einen Händlerrabatt erhält, der zu einem Neukaufpreis führt, der deutlich unter dem Bruttolistenpreis im Zeitpunkt der Erstzulassung liegt.[38]

33 BFH, Urteil v. 8.11.2018, III R 13/16, BStBl 2019 II S. 229.
34 BFH, Urteil v. 9.11.2017, III R 20/16, BStBl 2018 II S. 278.
35 BMF, Schreiben v. 3.3.2022, IV C 5 – S 2334/21/10004 :001, BStBl 2022 I S. 232, Rz. 18.
36 BMF, Schreiben v. 3.3.2022, IV C 5 – S 2334/21/10004 :001, BStBl 2022 I S. 232, Rz. 17.
37 BFH, Urteil v. 13.12.2012, VI R 51/11, BStBl 2013 II S. 385.
38 Ebenso BFH, Urteil v. 18.12.2007, XI B 178/06, BFH/NV 2008 S. 562.

Ermittlung Bruttolistenpreis

Zum Bruttolistenpreis zählen nicht die Kfz-Zulassungsgebühren und Überführungskosten. Aufwendungen für **Sonderausstattungen** erhöhen die Ausgangsgröße. Hierzu gehört auch der Kaufpreis für ein Navigationsgerät oder einer eingebauten Diebstahlsicherung.[39] Dies gilt nur dann, wenn das Fahrzeug bereits werkseitig im Zeitpunkt der Erstzulassung damit ausgestattet ist. Beim nachträglichen Einbau sind die Kosten nicht als Sonderausstattung in die Bemessungsgrundlage einzubeziehen.[40] So erhöht beispielsweise der nachträgliche Einbau einer Flüssiggasanlage nicht den Bruttolistenpreis als Bemessungsgrundlage für die 1-%-Methode. Der Wert eines Autotelefons und einer Freisprechanlage bleibt dagegen stets unberücksichtigt (vgl. Kap. 8.10). Ebenso die Aufwendungen für einen zusätzlichen Satz Reifen und Felgen, die bei der Neuanschaffung des Fahrzeugs mitgekauft werden.[41] Für etwaige Sonderausstattungen, die sich im inländischen Bruttolistenpreis nicht niederschlagen, ist eine Schätzung vorzunehmen. Der sich ergebende Bruttolistenpreis ist für die Berechnung des geldwerten Vorteils auf volle **100 EUR** abzurunden.

Beispiel

Eine Außendienstmitarbeiterin erhält zum 1.1.2023 einen neu angeschafften Firmenwagen, den sie auch privat nutzen darf. Der Bruttolistenpreis im Zeitpunkt der Erstzulassung hat 32.000 EUR betragen, zuzüglich 1.200 EUR für das Autotelefon mit Freisprechanlage und 1.000 EUR für ein Navigationssystem. Jahreszeitbedingt wird das Fahrzeug mit einem Satz Winterräder (Reifen plus Felgen) für 1.400 EUR beim Autohändler bestellt. Die Entfernung zwischen Wohnung und erster Tätigkeitsstätte beträgt 20 km.

Ergebnis: Der monatliche geldwerte Vorteil berechnet sich ausgehend vom Bruttolistenpreis plus Navigationssystem, aber ohne Autotelefon bzw. Freisprechanlage und ohne zusätzlicher Reifenausstattung aus 33.000 EUR.

Privatfahrten: 1 % von 33.000 EUR	330 EUR
Fahrten zur Firma: 0,03 % × 20 km × 33.000 EUR	198 EUR
Monatlicher Sachbezug Firmenwagen:	**528 EUR**

Würde die Firma im Beispiel den geldwerten Vorteil nach der Fahrtenbuchmethode ermitteln, hätten die Aufwendungen für das **Navigationssystem** zu den Firmenwagengesamtkosten gezählt und damit den für die Besteuerung anzusetzenden Kilometersatz erhöht (vgl. Kap. 8.5). Der Kaufpreisanteil, der auf das **Autotelefon inkl. Freisprechanlage** entfällt, ist dagegen auch hier steuerfrei, also nicht in die Bemessungsgrundlage einzubeziehen.

Die Einbeziehung von Navigationssystemen bei der Firmenwagenbesteuerung gilt auch dann, wenn es sich um ein **Kombigerät** handelt, das neben der Navigationsfunktion auch Radio-, Computer- und Telekommunikationsfunktionen bietet. In diesem Fall sind die Kosten für das gesamte Gerät in den geldwerten Vorteil für die Kfz-Überlassung einzubeziehen. Eine **Aufteilung bzw. Kürzung** der auf den Telekommunikationsteil entfallenden Aufwendungen ist **nicht zulässig**.

Tipp

Der BFH hat die Erhöhung der Ausgangsgröße hinsichtlich des zusätzlichen Kaufpreises für ein Navigationssystem bestätigt.[42] Die Entscheidung enthält allgemeine Grundsätze, die eine abschließende Beantwortung der Frage zulassen, welche Gegenstände der Sonderausstattung eines Firmenwagens zum Bruttolistenpreis gehören, und damit den geldwerten Vorteil aus der Privatnutzung des Fahrzeugs erhöhen. Nach den Urteilsgründen rechnet der Kaufpreisanteil für ein Navigationssystem zum Bruttolistenpreis als Bemessungsgrundlage für die 1-%-Methode, weil es sich bei der in das Fahrzeug eingebauten

39 R 8.1 Abs. 9 Nr. 1 LStR.

40 BFH, Urteil v. 13.10.2010, VI R 12/09, BStBl 2011 II S. 361; R 8.1 Abs. 9 Nr. 1 Satz 6 LStR ist überholt.

41 R 8.1 Abs. 9 Nr. 1 Satz 6 LStR.

42 BFH, Urteil v. 16.2.2005, VI R 37/04, BStBl 2005 II S. 563.

Anlage um kein eigenständiges Wirtschaftsgut handelt, das einer vom Fahrzeug getrennten Beurteilung der Privatnutzung zugänglich wäre.

Die Abgrenzung, ob Gegenstände der **Sonderausstattung** eines Firmenwagens in den Bruttolistenpreis einzubeziehen sind, ist aufgrund der Rechtsprechung allgemein in **3 Schritten** vorzunehmen.

Werksausstattung

Zunächst ist zu prüfen, ob der Firmenwagen bereits im Zeitpunkt der Erstzulassung mit der Sonderausstattung ausgestattet ist. Bemessungsgrundlage der 1-%-Methode sind nur **werkseitig eingebaute Fahrzeugteile.** Eine Sonderausstattung im Sinne der Firmenwagenbesteuerung kann deshalb nur vorliegen, wenn das Fahrzeug bereits werkseitig im Zeitpunkt der Erstzulassung damit ausgestattet ist.

Die 1-%-Regelung besteuert die private Nutzbarkeit des konkreten Fahrzeugs in seiner Gesamtheit. Gegenstände der Sonderausstattung sind im Rahmen der 1-%-Methode nur dann zu erfassen, wenn sie in den Firmenwagen **fest eingebaut** sind und damit untrennbar zum Fahrzeug gehören. **Portable Geräte** sind nicht Bestandteil des Fahrzeugs und rechnen deshalb steuerlich nicht zu den Fahrzeuganschaffungskosten; sie bleiben demzufolge auch beim Bruttolistenpreis außer Ansatz. Der geldwerte Vorteil aus der Privatnutzung eines **portablen Navigationsgeräts,** das der Arbeitgeber zur Verfügung stellt, ist neben der 1-%-Regelung gesondert zu erfassen. Er bleibt aber meist steuerfrei im Rahmen der 50-EUR-Sachbezugsfreigrenze, aufgrund der geringen Anschaffungskosten (Portable Navigationsgeräte zählen nicht zu den nach § 3 Nr. 45 EStG steuerbegünstigten Datenverarbeitungsgeräten). Ebenso bleiben die Aufwendungen für einen zusätzlichen Satz Reifen inkl. der Felgen unberücksichtigt, auch wenn diese bei der Neuanschaffung des Fahrzeugs mitgekauft werden.[43]

Nutzungs- und Funktionszusammenhang

Schließlich kommt es auf die **Nutzungs- und Funktionsmöglichkeit der Zusatzausstattung** an. Ist die Gebrauchsmöglichkeit der in das Fahrzeug eingebauten zusätzlichen Gegenstände **untrennbar** mit der Art und Weise der Fahrzeugnutzung verbunden, ist eine vom Fahrzeug getrennte Beurteilung nicht möglich. Diejenigen Gegenstände der Sonderausstattung, die in einem **einheitlichen Nutzungs- und Funktionszusammenhang** mit dem Firmenwagen stehen, teilen deshalb das lohnsteuerliche Schicksal der Fahrzeugnutzung und müssen in den maßgeblichen Bruttolistenpreis zwangsläufig einbezogen werden. Typische Beispiele sind das **Navigationssystem** oder die Klimaanlage, deren private Verwendung immer an die private Fahrzeugnutzung gekoppelt ist. Dasselbe gilt für eine Anhängerkupplung. Anders verhält es sich bei Gegenständen der Zusatzausstattung, die losgelöst vom jeweiligen Einsatz des Fahrzeugs unterschiedlich genutzt werden können. So kann beispielsweise ein **Autotelefon** während einer Dienstreisefahrt auch ausschließlich privat oder umgekehrt während einer Privatfahrt dienstlich genutzt werden. Dies macht eine von der (privaten) Nutzungsmöglichkeit des Firmenwagens **getrennte Beurteilung** und **Bewertung** hinsichtlich eines etwaigen geldwerten Vorteils erforderlich. Besteht für die Sonderausstattung eine eigenständige Verwendungsmöglichkeit, die unabhängig davon ist, ob das Fahrzeug während einer beruflichen oder privaten Fahrt eingesetzt wird, bleiben die Kosten hierfür bei der 1-%-Methode außer Ansatz.

Was erhöht den Listenpreis?

Die folgende Übersicht gibt einen Überblick, welche **Zusatzausstattungen** beim Firmenwagen den bei der 1-%-Methode für die Berechnung des geldwerten Vorteils maßgebenden Bruttolistenpreis erhöhen. Entsprechendes gilt, wenn für die Firmenwagenbesteuerung der Einzelnachweis der Kos-

43 R 8.1 Abs. 9 Nr. 1 Satz 6 LStR.

ten nach der Fahrtenbuchmethode gewählt wird. Die bei der 1-%-Regelung in den Bruttolistenpreis einzubeziehenden Aufwendungen für Sondereinrichtungsgegenstände zählen bei diesem Berechnungsverfahren zu den Fahrzeuggesamtkosten, die den für die Besteuerung anzusetzenden Kilometersatz des Firmenwagens erhöhen.

Sonderausstattungsgegenstände	einzubeziehen	nicht einzubeziehen
Anhängerkupplung	×	
Autoradio	×	
Autotelefon		×
Freisprecheinrichtung		×
Navigationsgerät	×	
Diebstahlsicherung	×	
Klimaanlage	×	
Standheizung	×	
zusätzliche Reifen, Felgen		×
Flüssiggasanlage	×	

Nachträglicher Einbau

Die Einbeziehung von Gegenständen der Sonderausstattung in die Berechnung des geldwerten Vorteils ist daran geknüpft, dass diese bereits zum Zeitpunkt der **Erstzulassung** in den inländischen Bruttolistenpreis Eingang gefunden haben. Ihre nachträgliche Anschaffung bzw. ihr **nachträglicher Einbau** ist nicht in die Bemessungsgrundlage einzubeziehen.[44] Danach erhöht sich z. B. durch den nachträglichen Einbau eines Navigationssystems, einer Anhängerkupplung, einer Klimaanlage oder einer Standheizung nicht der Bruttolistenpreis für den Sachbezug »Firmenwagen«. Grund hierfür ist, dass der Begriff Sonderausstattung nur werkseitig bis zum Zeitpunkt der Erstzulassung zusätzlich eingebaute Ausstattungen des Fahrzeugs erfasst.

Gebraucht-, Leasing- oder Importfahrzeuge

Die pauschale Nutzungswertermittlung gilt auch für **Gebraucht- und Leasingfahrzeuge,** ebenso für reimportierte Fahrzeuge. Soweit das reimportierte Fahrzeug mit Sonderausstattung versehen ist, die sich im inländischen Listenpreis nicht niedergeschlagen hat, ist der Wert der Zusatzausstattung zusätzlich zu berücksichtigen. Der Arbeitnehmer wird auch bei gebraucht angeschafften Firmenwagen behandelt, als wäre er immer mit einem Neufahrzeug unterwegs, was natürlich insbesondere bei älteren Firmenwagen zu unsachgerechten Ergebnissen führen kann.

8.4.1.2 Zuzahlungen des Arbeitnehmers

Eine **Kürzung des 1-%-Betrags** kann dadurch erreicht werden, dass der Arbeitnehmer zur Zahlung eines **Nutzungsentgeltes** für die Privatnutzung verpflichtet wird. Auch die Übernahme der angefallenen Benzinkosten stellt nach der geänderten Rechtsauslegung ein Nutzungsentgelt dar.[45]

44 R 8.1 Abs. 9 Nr. 1 Satz 6 LStR.

45 BFH, Urteile v. 30.11.2016, VI R 24/14, BFH/NV 2017 S. 448, VI R 2/15, BStBl 2017 II S. 1014 sowie Urteile zur Fahrtenbuchmethode: BFH, Urteil v. 30.11.2016, VI R 49/14, BStBl 2017 II S. 1011 und BFH, Urteil v. 15.2.2017, VI R 50/15, BFH/NV 2017 S. 1155.

Neben **pauschalen Nutzungsentgelten** sind laut BFH auch individuelle Betriebskosten, insbesondere übernommene **Benzinkosten**, bei der 1-%-Methode vorteilsmindernd anzurechnen. Die Finanzverwaltung wendet die Rechtsprechung allgemein in allen offenen Fällen an.[46] Dies gilt grundsätzlich unabhängig davon, mittels welcher Methode der geldwerte Vorteil für die außerberufliche Nutzung des Firmenwagens ermittelt wird (vgl. Kap. 8.9). So kann beispielsweise die spätere Weiterbelastung der tatsächlich angefallenen Benzinkosten als Nutzungsentgelt vereinbart und damit auch vom geldwerten Vorteil abgezogen werden.[47] Dasselbe gilt, falls der Arbeitnehmer eine Garagenmiete für den Firmenwagen zu zahlen hat. Vom Arbeitnehmer getragene Benzinkosten bewirken eine Kürzung des geldwerten Vorteils bei der 1-%-Methode. Die Anrechnung ist aber auf den geldwerten Vorteil begrenzt. **Der geldwerte Vorteil kann also nur bis auf 0 EUR gekürzt werden.** Ein etwaiger übersteigender Betrag darf nicht als Werbungskosten abgezogen werden.[48]

Tipp

Gleichwohl ist dem Arbeitgeber aus praktischen Erwägungen anzuraten, weiterhin **pauschale Nutzungsentgelte** zu vereinbaren, wenn er auf eine Beteiligung seiner Arbeitnehmer an den laufenden Betriebskosten des Firmenwagens nicht verzichten möchte. Nicht nur weil diese Methode deutlich weniger arbeitsaufwendig für das Lohnbüro ist, sondern auch weil sie weniger streitanfällig ist und sich dadurch das Haftungsrisiko bei einer späteren Lohnsteuer-Außenprüfung deutlich reduziert.

8.4.1.3 Abgeltungswirkung

Die pauschale Erfassung der Privatnutzung des Firmenwagens mit 1 % des Bruttolistenpreises beinhaltet sämtliche durch das Kraftfahrzeug insgesamt entstehenden Aufwendungen. Erstattet der Arbeitgeber darüber hinausgehende Kosten, liegt zusätzlicher Arbeitslohn vor. Zu den durch die 1-%-Methode **abgegoltenen Kosten** gehören nur solche Kosten, die **unmittelbar dem Halten und Betrieb des Fahrzeugs** zu dienen bestimmt sind. Bestandteil der **Gesamtkosten** sind deshalb insbesondere

- die Absetzungen für Abnutzung (AfA) oder ersatzweise die Leasing- und Leasingsonderzahlungen[49],
- die Betriebsstoffkosten,
- die Wartungs- und Reparaturkosten,
- die Kfz-Steuer, Beiträge zu Halterhaftpflicht- und Fahrzeugversicherungen und
- Zinsen für Anschaffungskredite und schließlich Unfallkosten.

Parkgebühren

Park- und Straßenbenutzungsgebühren sind dagegen nur mittelbar durch die Fahrzeugnutzung veranlasst und deshalb ebenso wie das Entgelt für einen **ADAC-Schutzbrief** nicht durch den Ansatz des pauschalen Nutzungswerts abgegolten.[50] Ebenso sind Aufwendungen für Insassen- und Unfallversicherungen sowie Verwarnungs-, Ordnungs- und Bußgelder nicht Bestandteil der im Sinne der 1-%-Methode durch das Fahrzeug insgesamt entstehenden Aufwendungen. Ersetzt der Arbeitgeber diese Kosten, etwa für eine Vignette oder **Mautgebühren**, liegt **zusätzlicher steuerpflichtiger**

46 BMF, Schreiben v. 3.3.2022, IV C 5 – S 2334/21/10004 :001, BStBl 2022 I S. 232, Tz. 8.
47 BMF, Schreiben v. 3.3.2022, IV C 5 – S 2334/21/10004 :001, BStBl 2022 I S. 232, Rz. 53.
48 BFH, Beschluss v. 15.1.2018, VI B 77/17, BFH/NV 2018 S. 521.
49 BFH, Urteil v. 3.9.2015, VI R 27/14, BStBl 2016 II S. 174.
50 BFH, Urteil v. 14.9.2005, VI R 37/03, BStBl 2006 II S. 72.

Arbeitslohn vor, sofern diese Aufwendungen nicht mit einer beruflichen Reisetätigkeit zusammenhängen und deshalb zu den steuerfreien Reisenebenkosten gehören.[51]

Außergewöhnliche Kosten, wie die Kosten eines Unfallschadens, sind nach der Rechtsprechung keine Aufwendungen, die unmittelbar dem Halten und dem Betrieb des Fahrzeugs dienen.[52] Unfallkosten auf einer Privatfahrt sind danach nicht durch die 1-%-Regelung abgegolten, sondern als **zusätzlicher geldwerter Vorteil** beim Arbeitnehmer zu erfassen, wenn die Firma die Reparaturrechnung bzw. den Schaden wirtschaftlich trägt. Die Finanzverwaltung folgt der Rechtsprechung und sieht für Unfallkosten eine **gesonderte Behandlung** neben den Gesamtkosten des Firmenwagens vor.[53] Unfallkosten

Beispiel

Ein Arbeitnehmer kommt im Winter auf einer Privatfahrt bei Glatteis von der Fahrbahn ab. Am Firmenwagen, für den die Firma von der 1-%-Regelung Gebrauch macht, entsteht ein Schaden von 4.000 EUR. Nach Abzug der Kaskoversicherung verbleibt dem Arbeitgeber von den Reparaturkosten ein Eigenanteil in Höhe von 600 EUR.

Ergebnis: Für den Privatfall ist ein zusätzlicher geldwerter Vorteil neben der 1-%-Methode anzusetzen. Die Reparaturkosten zählen zu den außergewöhnlichen Fahrzeugkosten und sind mit der 1-%-Monatspauschale durch die Firmenwagenbesteuerung nicht abgegolten. Im Unfallmonat ist dem Arbeitnehmer ein zusätzlicher Sachbezug in Höhe der vom Arbeitgeber getragenen Unfallkosten von 600 EUR zuzurechnen und nach für Einmalzahlungen geltenden Regeln dem Lohnsteuerabzug zu unterwerfen.

Berufliche Unfälle bleiben bei der 1-%- und Fahrtenbuchmethode außer Ansatz. Eine Ausnahme gilt für Trunkenheitsfahrten, wenn der Unfall auf **Alkoholeinfluss** beim Arbeitnehmer zurückzuführen ist. In diesem Fall wandelt sich die Firmenwagenüberlassung in eine **Privatfahrt** um, auch wenn sich der Unfall während einer dienstlichen Auswärtstätigkeit ereignet.[54]

Wichtig

Aus praktischen Erwägungen wurde gleichzeitig eine **Vereinfachungsregelung** in die Lohnsteuer-Richtlinien aufgenommen: **Reparaturkosten** bis zu einem Nettobetrag von 1.000 EUR (also ohne Mehrwertsteuer) dürfen weiterhin in die Gesamtkosten des Firmenwagens einbezogen werden. Im Rahmen dieser Kleinbetragsgrenze erhöhen Unfallkosten damit nicht den nach der 1-%-Methode berechneten geldwerten Vorteil für die Firmenwagenbesteuerung. Dies gilt unabhängig davon, ob sich der Unfall auf einer Dienst- oder Privatfahrt ereignet. Bei der Berechnung der 1.000-EUR-Grenze sind Erstattungen durch die Versicherung zu berücksichtigen, auch wenn der Zufluss der Versicherungsleistung in späteren Jahren erfolgt.

Die Lohnsteuer-Richtlinien regeln hierzu, dass die Schadensersatzforderung um Erstattungsleistungen von dritter Seite zu vermindern sind, sodass ein gesonderter geldwerter Vorteil im Normalfall nur in Höhe des Eigenanteils (= versicherungsrechtlich vereinbarter Selbstbehalt) des Arbeitgebers besteht.[55] Hat der Arbeitgeber auf den Abschluss einer Kaskoversicherung verzichtet, ist aus Vereinfachungsgründen ein **fiktiver Selbstbehalt von 1.000 EUR** zu unterstellen. Der geldwerte Vorteil in Höhe des Schadensersatzverzichts kann deshalb auch in Fällen ohne Kaskoversicherung max. 1.000 EUR betragen. Damit kommt die Vereinfachungsregelung (Wahlrecht) auch dann zur Anwendung, wenn der Arbeitgeber auf den Abschluss einer Versicherung verzichtet oder eine Versicherung mit einem Selbst- Schadensersatz und Selbstbehalt

51 R 9.8 Nr. 3 LStR.
52 BFH, Urteil v. 24.5.2007, VI R 73/05, BStBl 2007 II S. 766.
53 R 8.1 Abs. 9 Nr. 1 Satz 8 LStR zur 1-%-Regelung; R 8.1 Abs. 9 Nr. 2 Sätze 11–16 LStR zur Fahrtenbuchmethode.
54 BFH, Urteil v. 24.5.2007, VI R 73/05, BStBl 2007 II S. 766.
55 R 8.1 Abs. 9 Nr. 1 i. V. m. Abs. 9 Nr. 2 Sätze 12–15 LStR.

behalt von mehr als 1.000 EUR abgeschlossen hat. Im Normalfall sind private Unfallkosten nicht in den Bruttolistenpreis einzubeziehen und damit nicht als zusätzlicher geldwerter Vorteil zu erfassen.

Eine **Ausnahme besteht für Trunkenheitsfahrten**, bei denen der fiktive Selbstbehalt keine Anwendung findet. Verzichtet der Arbeitgeber auf einen ihm arbeitsrechtlich zustehenden Schadensersatzanspruch, etwa bei Trunkenheitsfahrt des Arbeitnehmers, ist insoweit ein zusätzlicher geldwerter Vorteil zu erfassen (§ 8 Abs. 2 Satz 2 EStG). Liegt keine Schadensersatzpflicht des Arbeitnehmers vor, ist für Unfälle auf beruflichen Fahrten (dienstliche Auswärtstätigkeiten oder Fahrten zwischen Wohnung und Tätigkeitsstätte), unabhängig von der 1.000-EUR-Grenze kein zusätzlicher lohnsteuerpflichtiger Sachbezug neben der 1-%-Regelung zu erfassen.

Privater Zweitwagen

Die 1 % des Bruttolistenpreises sind auch in den Fällen maßgeblich, in denen dem Arbeitnehmer für Privatfahrten ein eigener Zweitwagen zur Verfügung steht.

Ebenso führt die **Beschriftung des Firmenwagens**, etwa mit dem Firmenlogo, zu keiner Minderung des lohnsteuerpflichtigen Arbeitslohns für die Privatnutzung.

Am Schluss des Kap. 8 finden Sie ein Berechnungsschema, das Ihnen die Anwendung der 1-%-Regelung in der Praxis erleichtern soll.

Auswirkungen der befristeten USt-Senkung in 2020

Für **Neuanschaffungen vom 1.7.–31.12.2020** ist für den Ansatz des Bruttolistenpreises die in Folge der Corona-Pandemie auf 16 % abgesenkte Umsatzsteuer (Mehrwertsteuer) zu berücksichtigen (§ 28 Abs. 1 UStG). Dadurch verringert sich der nach der 1-%-Methode berechnete geldwerte Vorteil. Seit 1.1.2021 hat der bisherige Regelsteuersatz von 19 % (bzw. ermäßigt 7 %) bei der Umsatzsteuer wieder Gültigkeit.

Wichtig

Der Regelsteuersatz bei der **Umsatzsteuer** wurde für Anschaffungen im Zeitraum 1.7.–31.12.2020 **von 19 % auf 16 %** abgesenkt. Vorteilhafte Auswirkungen ergeben sich auch für die Firmenwagenbesteuerung. Der Bruttolistenpreis im Zeitpunkt der Erstzulassung als Bemessungsgrundlage bei der 1-%-Methode fällt um 3 % geringer aus. Für **Erstzulassungen** von **Juli bis Dezember 2020** bewirkt der verminderte Bruttolistenpreis einen um 3 % niedrigeren geldwerten Vorteil für die Privatfahrten und Fahrten zwischen Wohnung und erster Tätigkeitsstätte mit dem Firmenwagen. Da der Ansatz des Neupreises bei Anwendung der 1-%-Methode auch für Gebrauchtfahrzeuge gilt, bleibt der **Nachlass** von 3 % für die **gesamte Nutzungsdauer** des betrieblichen Kraftfahrzeugs als Firmenwagen erhalten. Er ist auch bei einem Käuferwechsel für Lohnzahlungszeiträume ab 1.1.2021 weiter anzuwenden.

8.4.2 Zuschlag für Fahrten zwischen Wohnung und erster Tätigkeitsstätte

Steht dem Arbeitnehmer das Firmenfahrzeug auch für Fahrten zwischen Wohnung und erster Tätigkeitsstätte zur Verfügung, ist dieser geldwerte Vorteil zusätzlich zu berücksichtigen. Diese Regelung ist **unabhängig von der 1-%-Methode** anzuwenden, wenn der Firmenwagenausschließlich für Fahrten zwischen Wohnung und erster Tätigkeitsstätte überlassen wird.[56]

56 BFH, Urteil v. 22.9.2010, VI R 54/09, BStBl 2011 II S. 354; BMF, Schreiben v. 3.3.2022, IV C 5 – S 2334/21/10004 :001, BStBl 2022 I S. 232, Rz. 11.

Der Ansatz eines weiteren geldwerten Vorteils neben der Privatnutzung des Firmenfahrzeugs ist an die Wegstrecke Wohnung und erste Tätigkeitsstätte geknüpft (vgl. § 8 Abs. 2 Satz 3 EStG). Firmenwagenfahrten, die die Voraussetzungen

- einer Fahrt zwischen Wohnung und erster Tätigkeitsstätte erfüllen (vgl. Kap. 6.1) oder
- nach dem Gesetz als Fahrten zwischen Wohnung und erster Tätigkeitsstätte gelten (Sammel- und Treffpunktfahrten, vgl. Kap. 4.1.3)

sind durch einen zusätzlichen Sachbezug zu erfassen, für den der Gesetzgeber eine monatliche Entfernungspauschale festgelegt hat.

8.4.2.1 0,03-%-Monats- oder 0,002-%-Tagespauschale

Der **zusätzliche geldwerte Vorteil** für die Nutzung des Firmenwagens für Fahrten zwischen Wohnung und erster Tätigkeitsstätte berechnet sich

- mit einer Monatspauschale von 0,03 % (vgl. Kap. 8.4.2.2) oder
- mit einer Tagespauschale von 0,002 %, falls der Arbeitnehmer den Firmenwagen an regelmäßig weniger als 15 Tagen pro Monat nutzt (vgl. Kap. 8.4.2.3).

Der Zuschlag berechnet sich für den einzelnen Entfernungskilometer zwischen Wohnung und erster Tätigkeitsstätte mit 0,03 % bzw. 0,002 % pro Tag des in Kap. 8.4.1 beschriebenen Bruttolistenpreises. Die 0,03-%- und 0,002-%-Regelung sind **unabhängig von der 1-%-Methode anzuwenden**, wenn der Firmenwagen ausschließlich für Fahrten zwischen Wohnung und erster Tätigkeitsstätte überlassen wird.[57]

Für die Anwendung des 0,03-%-Zuschlags kommt es auf die **tatsächliche Anzahl der Nutzungstage** an.[58] Bei einem Nutzungsumfang von regelmäßig weniger als 15 Arbeitstagen pro Monat verlangt der BFH eine Einzelbewertung der Fahrten mit 0,002 % des Bruttolistenpreises im Zeitpunkt der Erstzulassung je Entfernungskilometer. Die Finanzverwaltung gewährt bei der 1-%-Methode ein **Wahlrecht** zwischen dem 0,03-%-Monatszuschlag und der 0,002-%-Tagespauschale, bei der die Firma den geldwerten Vorteil nur noch für die tatsächlichen durchgeführten Fahrten zwischen Wohnung und erster Tätigkeitsstätte versteuern muss. Allerdings ist im Lohnsteuerabzugsverfahren der Arbeitgeber **auf Verlangen des Arbeitnehmers verpflichtet**, die tageweise Berechnung mit 0,002 % des maßgebenden Bruttolistenpreises durchzuführen, wenn er dem Arbeitgeber jeweils monatlich die tatsächlich durchgeführten Fahrten zur ersten Tätigkeitsstätte schriftlich anzeigt (vgl. Kap. 8.4.2.3).[59]

Tipp

Die Möglichkeit, bei der 1-%-Methode auf die tageweise Berechnung der Fahrten zwischen Wohnung und Arbeitsstätte überzugehen, wenn der Arbeitnehmer das Fahrzeug an weniger als 15 Tagen im Monat nutzt, hat durch den Arbeitsstättenbegriff »erste Tätigkeitsstätte« (vgl. Kap. 3.1.1) an Bedeutung verloren. Arbeitnehmer, die nur einmal pro Woche den Betrieb ihres Arbeitgebers aufsuchen, werden danach häufig keine erste Tätigkeitsstätte mehr bei ihrem Arbeitgeber haben. Der Ansatz eines geldwerten Vorteils für diese Fahrten als Zuschlag zur 1-%-Pauschale entfällt in diesen Fällen gänzlich. Die Firmenwagenbesteuerung beschränkt sich bei diesem Personenkreis auf die Privatnutzung.

57 BMF, Schreiben v. 3.3.2022, IV C 5 – S 2334/21/10004 :001, BStBl 2022 I S. 232, Rz. 11.
58 BFH, Urteil, v. 4.4.2008, VI R 85/04, BStBl 2008 II S. 887; BFH, Urteil v. 28.8.2008, VI R 52/07, BStBl 2009 II S. 280; BFH, Urteil v. 22.9.2010, VI R 54/09, VI R 55/09 und BFH, Urteil v. 22.9.2010, VI R 57/09, BStBl 2011 II S. 354 ff.
59 BMF, Schreiben v. 3.3.2022, IV C 5 – S 2334/21/10004 :001, BStBl 2022 I S. 232, Rz. 13.

8.4.2.2 Berechnung der 0,03-%-Monatspauschale

Abzustellen ist auf die einfache Entfernung zwischen Wohnung und erster Tätigkeitsstätte, diese ist auf den nächsten vollen Kilometerbetrag abzurunden. Der zusätzliche geldwerte Vorteil von 0,03 % ist bereits dann zu erfassen, wenn dem Arbeitnehmer der Firmenwagen für Fahrten zwischen Wohnung und erster Tätigkeitsstätte zur Verfügung steht. Auf die tatsächliche Nutzung kommt es dagegen nicht an.

Beispiel

Eine Arbeitnehmerin erhält zum 1.1.2023 einen gebraucht angeschafften Firmenwagen auch zur Privatnutzung. Der Bruttolistenpreis im Zeitpunkt der Erstzulassung 2017 hat umgerechnet 60.064 EUR betragen. Die Entfernung zwischen Wohnung und erster Tätigkeitsstätte beträgt 20 km.

Ergebnis: Der geldwerte Vorteil für Januar berechnet sich wie folgt:

geldwerter Vorteil für Privatfahrten (1 % von 60.000 EUR)	600 EUR
Zuschlag für Fahrten zwischen Wohnung und erster Tätigkeitsstätte (0,03 % × 60.000 EUR × 20 km)	360 EUR
Lohnsteuerpflichtiger Sachbezug Firmenwagen für Januar	**960 EUR**

Lohnsteuerpauschalierung

Der Arbeitgeber hat die Möglichkeit, den geldwerten Vorteil für die Fahrten zur ersten Tätigkeitsstätte bis zur Höhe der Pendlerpauschale von **0,30 EUR pro Entfernungskilometer** bzw. **0,38 EUR ab dem 21. Entfernungskilometer mit 15 %** pauschal zu versteuern (§ 9 Abs. 1 Nr. 4 EStG).

Wichtig

Wird die 1-%-Regelung angewendet, muss dem geldwerten Vorteil für **Fahrten zwischen Wohnung und erster Tätigkeitsstätte** zwingend die feste Monatspauschale von 0,03 % bzw. bei entsprechendem Wahlrecht die 0,002-%-Tagespauschale für die tatsächlichen Einzelfahrten zugrunde gelegt werden. Ein Einzelnachweis, der sich auf die Fahrten Wohnung und Tätigkeitsstätte beschränkt, ist nicht zulässig.[60]

Der Zuschlag für die Fahrten zur ersten Tätigkeitsstätte ist auch dann zu erheben, falls der Arbeitnehmer seine arbeitstägliche Strecke zum Betrieb im »**Park-and-ride-System**« zurücklegt. Wird das überlassene Fahrzeug nur für eine Teilstrecke eingesetzt, weil der Arbeitnehmer für den übrigen Weg zum Betrieb des Arbeitgebers öffentliche Verkehrsmittel benutzt, ist nach bisheriger Besteuerungspraxis der Finanzämter gleichwohl der Ermittlung des geldwerten Vorteils die gesamte Entfernung zugrunde zu legen.[61] Eine Beschränkung der Zuschlagsberechnung auf die mit dem Firmenwagen zurückgelegte Entfernung ist dann zulässig, wenn der Arbeitgeber das Fahrzeug ausdrücklich nur für diese Teilstrecke zur Verfügung stellt. Die weitergehende Nutzung zu Fahrten zwischen Wohnung und erster Tätigkeitsstätte muss dem Arbeitnehmer untersagt sein und die Einhaltung des Verbots vom Arbeitgeber überwacht werden.[62] Die Begrenzung auf die tatsächliche Fahrstrecke gilt auch dann, wenn die weitergehende Nutzung zu Fahrten zwischen Wohnung und erster Tätigkeitsstätte dem Arbeitnehmer arbeitsrechtlich nicht untersagt ist.

60 BMF, Schreiben v. 3.3.2022, IV C 5 – S 2334/21/10004 :001, BStBl 2022 I S. 232, Rz. 27.
61 BFH, Urteil v. 4.4.2008, VI R 68/05, BStBl 2008 II S. 890.
62 BMF, Schreiben v. 3.3.2022, IV C 5 – S 2334/21/10004 :001, BStBl 2022 I S. 232, Tz. 28; BMF, Schreiben v. 28.5.1996, IV B 6 – S 2334 – 173/96, BStBl 1996 I S. 654.

Auch ohne Nutzungsverbot ist die Berechnung des Zuschlags von 0,03 % nach der tatsächlich zurückgelegten Teilstrecke zulässig, wenn der Arbeitnehmer **nachweist**, dass er den Firmenwagen ausschließlich für den Weg von der Wohnung zum jeweiligen Bahnhof einsetzt. Auch nach Auffassung der Rechtsprechung besteht ein Anscheinsbeweis dafür, dass der Arbeitnehmer den Firmenwagen für die Gesamtstrecke nutzt, wenn der Firmenwagen ohne ausdrückliche Beschränkung seitens des Arbeitgebers für Fahrten zwischen Wohnung und erster Tätigkeitsstätte überlassen wird. Allerdings kann dieser Anscheinsbeweis nicht nur durch ein Nutzungsverbot hinsichtlich der mit öffentlichen Verkehrsmitteln zurückgelegten Teilstrecke entkräftet werden. Ausreichend ist es bereits, wenn eine auf den Arbeitnehmer ausgestellte **Jahresfahrkarte** vorgelegt wird, aus der sich eine tatsächliche Nutzung des Firmenfahrzeugs nur für den Weg von der Wohnung zum jeweiligen Bahnhof ergibt. In diesem Fall ist der Zuschlag von 0,03 % ausschließlich nach den Entfernungskilometern der Teilstrecke zu berechnen, für die der Firmenwagen tatsächlich eingesetzt wird.[63]

Wichtig

Das BMF folgt der BFH-Rechtsprechung und hat die Finanzämter angewiesen, in sämtlichen Park-and-ride-Fällen bei der Firmenwagenbesteuerung nach dem BFH-Urteil zu verfahren, wenn der Arbeitnehmer für die restliche Teilstrecke zum Betrieb des Arbeitgebers eine auf ihn ausgestellte Jahresfahrkarte vorlegen kann.[64] Zur Beweisvorsorge sollte der Arbeitgeber die Fahrkarte nach Ablauf des Jahres als Beleg zum Lohnkonto nehmen. Im Übrigen bleibt es bei der bisherigen Besteuerungspraxis. Ohne Nutzungsverbot oder Jahresfahrkarte für öffentliche Verkehrsmittel ist der Ermittlung des 0,03-%-Zuschlags gleichwohl die gesamte Entfernung zugrunde zu legen, auch wenn der Arbeitnehmer ein ihm überlassenes Fahrzeug bei den Fahrten zwischen Wohnung und erster Tätigkeitsstätte tatsächlich nur für eine Teilstrecke einsetzt.

8.4.2.3 Wechsel zur 0,002-%-Tagespauschale

Ohne weitere Nachweise bleibt es bei dem Grundsatz, dass der geldwerte Vorteil für Fahrten zwischen Wohnung und erster Tätigkeitsstätte mit einer festen Monatspauschale von 0,03 % des Bruttolistenpreises pro Entfernungskilometer als Zuschlag zu dem für die Privatnutzung des Firmenwagens anzusetzenden 1-%-Betrag zu berechnen ist. Dies gilt immer dann, wenn der Arbeitnehmer im Betrieb, Büro oder in einer sonstigen Arbeitgebereinrichtung seine erste Tätigkeitsstätte begründet. Der Arbeitgeber kann vom Monatsprinzip **zur tageweisen Berechnung** der tatsächlich mit dem Firmenwagen durchgeführten Fahrten zwischen Wohnung und erster Tätigkeitsstätte wechseln. Hierzu ist es erforderlich, dass der Arbeitnehmer **Aufzeichnungen** führt, aus denen sich unter Angabe des Kalenderdatums die Tage ergeben, an denen er den Firmenwagen zu Arbeitgeberfahrten tatsächlich genutzt hat. Stehen dem Arbeitnehmer mehrere Firmenwagen zur Verfügung, sind die Angaben für jedes Fahrzeug getrennt zu führen. Die Erklärung des Arbeitnehmers ist als **Beleg zum Lohnkonto** zu nehmen. Das Finanzgericht Nürnberg legt für den Nachweis der tatsächlich durchgeführten Fahrten großzügigere Maßstäbe als die Finanzverwaltung an.[65] Für die tageweise Berechnung ist danach die kalendermäßige Angabe nicht erforderlich, wenn an der Anzahl der angesetzten Fahrten keine Zweifel bestehen, etwa weil sie sich aus Eintragungen in einen Taschenkalender entnehmen lässt und das Finanzamt diese Zahl der Tage auch für die Berechnung der Entfernungspauschale zugrunde gelegt hat.

Unterjähriger Wechsel unzulässig

Das Wahlrecht zugunsten des Ansatzes der tatsächlich durchgeführten Fahrten zwischen Wohnung und erster Tätigkeitsstätte (0,002-%-Tagespauschale) kann für das jeweilige Kalenderjahr nur ein-

63 BFH, Urteil v. 4.4.2008, VI R 68/05, BStBl 2008 II S. 890.

64 BMF, Schreiben v. 23.10.2008, IV C 5 – S 2334/08/10010, BStBl 2008 I S. 961.

65 FG Nürnberg, Urteil v. 23.1.2020, 4 K 1789/18, EFG 2020 S. 704.

heitlich für alle dem Arbeitnehmer überlassenen betrieblichen Fahrzeuge ausgeübt werden. Ein Wechsel zwischen der 0,03-%-Monatspauschale und der 0,002-%-Tagespauschale ist während des Jahres auch beim Austausch des Firmenwagens nicht zulässig.[66]

Beispiel

Einem **Kundendienstmonteur** steht für seine berufliche Auswärtstätigkeit ab 2023 ein Firmenwagen (Bruttolistenpreis 30.000 EUR) auch zu privaten Zwecken zur Verfügung. Jeweils freitags sucht er ganztägig die Firma auf, die der Arbeitgeber als erste Tätigkeitsstätte festgelegt hat, um seine Aufträge entgegenzunehmen bzw. abzurechnen. Die Entfernung Wohnung und Betrieb beträgt 45 km. Aufzeichnungen des Arbeitnehmers liegen dem Lohnbüro nicht vor.

Ergebnis: Durch die arbeitsrechtliche Festlegung hat der Monteur am Betriebssitz seine erste Tätigkeitsstätte. Bei der Firmenwagenbesteuerung muss deshalb zusätzlich ein geldwerter Vorteil für Fahrten zwischen Wohnung und erster Tätigkeitsstätte angesetzt werden.

Privatfahrten: 1 % von 30.000 EUR	300 EUR
Fahrten Wohnung – erste Tätigkeitsstätte: 0,03 % × 30.000 EUR × 45 km	405 EUR
Steuerpflichtiger geldwerter Vorteil	**705 EUR**

Abwandlung: Der Arbeitnehmer legt dem Lohnbüro eine schriftliche Erklärung vor, an welchen Tagen im Januar er den Firmenwagen tatsächlich für Fahrten zwischen Wohnung und erster Tätigkeitsstätte genutzt hat. Es ergeben sich insgesamt 5 Fahrten: am 4.1., 11.1., 18.1., 25.1. und 27.1.2023.

Bei Anwendung der Einzelbewertung für die tatsächlichen Arbeitgeberfahrten ergibt sich folgender geldwerter Vorteil für die Firmenwagennutzung in der Januar-Lohnabrechnung:

Privatfahrten: 1 % von 30.000 EUR	300 EUR
Fahrten Wohnung – erste Tätigkeitsstätte: 0,002 % × 30.000 EUR × 45 km × 5 Fahrten	135 EUR
Steuerpflichtiger geldwerter Vorteil	**435 EUR**

Durch den Wechsel zur fahrtbezogenen Berechnungsweise ergibt sich gegenüber der bisherigen Monatspauschale von 0,03 % ein geldwerter Vorteil, der deutlich geringer ausfällt. Allein bei der Januar-Abrechnung ist der Sachbezug Firmenwagen beim Arbeitnehmer 270 EUR niedriger anzusetzen.

Rückwirkender Wechsel im Lohnsteuerverfahren

Die Finanzverwaltung lässt bei entsprechender Nachweisführung einen **rückwirkenden Wechsel** von der Monats- zur Tagespauschale für **das gesamte Kalenderjahr** zu.[67] Der Arbeitgeber kann im Lohnsteuerverfahren während des Jahres von der 0,03-%-Regelung zur tageweisen Einzelbewertung und umgekehrt übergehen. Für den Wechsel zur tageweisen Berechnung ist es erforderlich, dass der Arbeitnehmer rückwirkend für das gesamte Kalenderjahr dem Arbeitgeber, d. h. auch für die Vormonate, die hierfür erforderlichen Aufzeichnungen vorlegen kann. Der Arbeitgeber muss in diesem Fall die Lohnabrechnungen für die bereits vergangenen Monate des laufenden Kalenderjahres wegen der verlangten **jahresbezogenen einheitlichen Berechnungsmethode** korrigieren. Dies ist längstens **bis zum 28.2.** des Folgejahres bzw. bei vorzeitiger Beendigung des Dienstverhältnisses bis zur Übermittlung oder **Ausschreibung der Lohnsteuerbescheinigung** möglich.

Zur Möglichkeit, bei Homeoffice-Tagen oder Kurzarbeit-Tagen, z. B. während der **Corona-Pandemie,** zur tageweisen Einzelberechnung zu wechseln, wird auf die Ausführungen zum Wegfall der Monatsbeträge in Kap. 8.4.5 hingewiesen.

66 BMF, Schreiben v. 3.3.2022, IV C 5 – S 2334/21/10004 :001, BStBl 2022 I S. 232, Tz. 2.3.

67 BMF, Schreiben v. 3.3.2022, IV C 5 – S 2334/21/10004 :001, BStBl 2022 I S. 232, Rz. 13.

Stehen dem Arbeitnehmer mehrere Firmenwagen zur Verfügung, sind die Angaben für jedes Fahrzeug getrennt zu führen. Der Wechsel von der 0,03-%-Monatspauschale zur 0,002-%-Tagespauschale kann für sämtliche dem Arbeitnehmer überlassenen Firmenwagen nur **einheitlich** erfolgen.

Wichtig

Der **Arbeitnehmer entscheidet** im Lohnsteuerverfahren durch Vorlage der Einzelaufzeichnungen über die **Methodenwahl.** Er kann für jedes Kalenderjahr zwischen der 0,03-%-Regelung und der Berechnung des geldwerten Vorteils nach den tatsächlich durchgeführten Fahrten zwischen Wohnung und erster Tätigkeitsstätte (0,002-%-Tagespauschale) wählen. Die Anwendung der Tagespauschale – ggfs. für sämtliche ihm zur Verfügung stehenden betrieblichen Fahrzeuge – erfolgt dann, wenn er dem Arbeitgeber jeweils monatlich die tatsächlich durchgeführten Fahrten zur ersten Tätigkeitsstätte schriftlich anzeigt. Der Arbeitgeber ist bei entsprechender Nachweisführung des Arbeitnehmers zur Einzelbewertung der tatsächlichen Fahrten zwischen Wohnung und erster Tätigkeitsstätte verpflichtet, wenn der Arbeitnehmer die tageweise Berechnung mit 0,002 % des Bruttolistenpreises verlangt.[68] Die 0,03-%-Monatspauschale ist durch die Methodenwahl des Arbeitnehmers ausgeschlossen.

Arbeitsrechtliche Festlegung

Für den Arbeitgeber bedeutet die Pflicht zur Anwendung der tageweisen Nutzungswertbesteuerung gegenüber der bisherigen Verfahrensweise einen deutlichen höheren Arbeitsaufwand bei der Firmenwagenbesteuerung. Diese Verpflichtung des Arbeitgebers soll nach der geänderten Verwaltungsanweisung nur dann nicht bestehen, wenn sie ausdrücklich **arbeitsvertraglich ausgeschlossen** wurde. Will der Arbeitgeber sich nicht darauf einlassen, im Lohnsteuerabzugsverfahren den geldwerten Vorteil Firmenwagen für die Fahrten zwischen Wohnung und erster Tätigkeitsstätte auf der Grundlage der vom Arbeitnehmer nachgewiesenen tatsächlichen Arbeitgeberfahrten nach Maßgabe der 0,002-%-Tagespauschale zu berechnen, muss er dies durch eine entsprechende schriftliche Regelung im Arbeitsvertrag oder in einer anderweitigen arbeitsrechtlichen Grundlage ausschließen. Auch für künftige Lohnabrechnungszeiträume kann der Arbeitgeber die Firmenwagenüberlassung arbeitsrechtlich an die Anwendung der 0,03-%-Monatspauschale knüpfen. Dem Arbeitnehmer bleibt in diesem Fall ein **eigenständiges Wahlrecht**, in seiner Einkommensteuererklärung von der im Lohnsteuerverfahren angewendeten Monatsbesteuerung zur Einzelberechnung überzuwechseln.[69]

Vereinfachungsregelungen

Zur Erleichterung der technischen Abwicklung der Lohnabrechnung gibt es bereits bisher mehrere praxisorientierte **Vereinfachungsregelungen**, die weiterhin Gültigkeit haben. Das BMF-Schreiben[70] enthält folgende Erleichterungen, die sich aus dem Erfordernis der schriftlichen Nachweisführung über die Anzahl der Fahrten zwischen Wohnung und erster Tätigkeitsstätte durch den Arbeitnehmer ergeben:

- Der aktuellen Lohnabrechnung kann jeweils die **schriftliche Arbeitnehmererklärung des Vormonats** zugrunde gelegt werden. Dadurch ist gewährleistet, dass durch die Nachweisführung des Arbeitnehmers keine Verzögerungen bei der laufenden Gehaltsabrechnung eintreten.
- Der Arbeitgeber hat keine eigenen **Ermittlungspflichten** bei Anwendung der Einzelbewertung mit dem tageweisen 0,002-%-Zuschlag. Er darf die vom Arbeitnehmer erklärten tatsächlich durchgeführten Fahrten zwischen Wohnung und erster Tätigkeitsstätte der Firmenwagenbesteuerung immer dann zugrunde legen, wenn diese nicht offenkundig unrichtig sind.
- Wird im Lohnsteuerverfahren von der Einzelbewertung der tatsächlichen Fahrten zwischen Wohnung und (erster) Tätigkeitsstätte Gebrauch gemacht, muss die Begrenzung auf **maximal 180 Fahrten** jahresbezogen vorgenommen werden. Eine Begrenzung des geldwerten Vorteils auf 15 Fahrten im einzelnen Monat ist nicht zulässig. Damit soll erreicht werden, dass in keinem

68 BMF, Schreiben v. 3.3.2022, IV C 5 – S 2334/21/10004 :001, BStBl 2022 I S. 232, Rz. 13.
69 BMF, Schreiben v. 4.4.2018, IV C 5 – S 2334/18/10001, BStBl 2018 I S. 592, Tz. 2.3.
70 BMF, Schreiben v. 4.4.2018, IV C 5 – S 2334/18/10001, BStBl 2018 I S. 592, Rz. 10.

Fall der Einzelnachweis zu einem höheren geldwerten Vorteil führt als die Monatspauschale von 0,03 %, für die sich beim Tagessatz von 0,002 % 15 Fahrten zwischen Wohnung und Tätigkeitsstätte pro Monat mit dem Firmenwagen berechnen. Die jahresbezogene Begrenzung auf 180 Arbeitgeberfahrten bewirkt im Ergebnis, dass in einzelnen Monaten beim Lohnsteuerabzug mehr als 15 Fahrten der Firmenwagenbesteuerung unterliegen können und erst ab dem Monat eine Kürzung der tatsächlich geführten Fahrten erfolgt, ab dem die Höchstgrenze von 180 Tagen erreicht ist.
- Die Möglichkeit der **Pauschalbesteuerung** der Fahrten zwischen Wohnung und erster Tätigkeitsstätte mit 15 % ist bei der Einzelbewertung an die Anzahl der tatsächlich durchgeführten Fahrten geknüpft. Die Vereinfachungsregelung, wonach der Arbeitgeber unterstellen kann, dass das Fahrzeug bei einer 5-Tage-Woche an 15 Arbeitstagen monatlich zu Fahrten zwischen Wohnung und erster Tätigkeitsstätte benutzt wird, ist nur bei Anwendung der 0,03-%-Monatspauschale zulässig. Die 15-Tage-Regelung ist bei einer Wochenarbeitszeit von weniger als 5 Tagen zu kürzen (vgl. Kap. 8.11.1).

Beispiel

Die Arbeitnehmerin hat einen Firmenwagen, den sie auch privat nutzen kann. Der Arbeitgeber macht von der tageweisen Berechnung der Fahrten zwischen Wohnung und erster Tätigkeitsstätte (Entfernung 45 km) Gebrauch. Die Arbeitnehmerin legt dem Lohnbüro monatliche taggenaue Aufzeichnungen über die durchgeführten Fahrten in die Firma vor. Für die Monate November und Dezember ergeben sich jeweils 16 Fahrten, wobei zum 30.11. bereits 169 Arbeitgeberfahrten durchgeführt worden sind.

Abrechnung Monat November

1 % × 30.000 EUR	300 EUR
0,002 % × 30.000 EUR × 45 km × 16 Fahrten	432 EUR
Geldwerter Vorteil Firmenwagen	**732 EUR**

Abrechnung Monat Dezember

1 % × 30.000 EUR	300 EUR
0,002 % × 30.000 EUR × 45 km × 11 Fahrten (max. 180 Fahrten pro Jahr)	297 EUR
Geldwerter Vorteil Firmenwagen	**597 EUR**

Das Beispiel verdeutlicht, dass die Obergrenze von 180 Fahrten, die den Ansatz eines höheren Sachbezugs als bei der 0,03-%-Monatspauschale verhindert, **jahresbezogen** zu beachten ist, sodass in einzelnen Monaten (siehe November) der geldwerte Vorteil bei der Einzelberechnung höher ausfallen kann als beim monatlichen 0,03-%-Zuschlag.

Wechsel bei der Steuererklärung

Der Arbeitnehmer ist in seiner persönlichen Einkommensteuererklärung nicht an die im Lohnsteuerabzugsverfahren angesetzte Methode gebunden.[71] Er kann bei seiner **Einkommensteuererklärung** von der 0,03-%-Monatspauschale im Lohnsteuerverfahren zur Einzelberechnung mit 0,002 % pro Arbeitgeberfahrt übergehen. Vergleichbar der Wechselmöglichkeit zwischen 1-%-Regelung und Fahrtenbuchmethode hat der Arbeitnehmer es damit in der Hand, steuerliche Nachteile aus dem Lohnsteuerabzugsverfahren auszugleichen.

Häufig entscheidet sich das Lohnbüro bei der Gehaltsabrechnung allein aus praktischen Gründen für die weniger arbeitsaufwendige, dafür aber »teurere« 0,03-%-Pauschale zur Berechnung des geldwerten Vorteils für die Fahrten zwischen Wohnung und Tätigkeitsstätte. Der **Nachteil bei der Sozialversicherung**, der sich bei Firmenwageninhabern bis zur Beitragsbemessungsgrenze ergibt, lässt sich dadurch allerdings nicht ausschließen. Die Sozialversicherungsbeiträge orientieren sich

71 BMF, Schreiben v. 3.3.2022, IV C 5 – S 2334/21/10004 :001, BStBl 2022 I S. 232, Rz. 13.

ausschließlich an dem bei der Lohnsteuerberechnung durch den Arbeitgeber für den Firmenwagen angesetzten geldwerten Vorteil. Eine spätere Korrektur durch die im Rahmen des Einkommensteuerbescheids geänderte Berechnung ist bei der durch das Monatsprinzip bestimmten Sozialversicherung ausgeschlossen.

Voraussetzung für Methodenwechsel

Voraussetzung für den Methodenwechsel im Veranlagungsverfahren ist, dass der Arbeitnehmer dem Finanzamt – wie beim Lohnsteuerabzug – auch hier eine detaillierte **fahrzeugbezogene Aufstellung** vorlegen kann, aus der sich unter Angabe des jeweiligen Datums die tatsächlich mit dem Firmenwagen durchgeführten Fahrten zwischen Wohnung und erster Tätigkeitsstätte ergeben. Außerdem muss er durch eine **Bescheinigung des Arbeitgebers** darlegen, in welcher Höhe bislang bei der 1-%-Methode diese Fahrten durch den Ansatz des 0,03-%-Zuschlags dem Lohnsteuerabzug unterlegen haben. Als **Nachweis** kommen beispielsweise in Betracht:

- Gehaltsmitteilungen,
- Lohnabrechnungen oder
- formlose Arbeitgeberbescheinigungen.

Das Finanzamt muss in die Lage versetzt werden, den im Bruttoarbeitslohn laut Zeile 3 der Lohnsteuerbescheinigung enthaltenen, nach der 0,03-%-Methode berechneten geldwerten Vorteil anhand der einzeln nachgewiesenen Fahrten zwischen Wohnung und erster Tätigkeitsstätte neu zu berechnen, indem er durch die 0,002-%-Tagespauschale ersetzt wird. Im Ergebnis verringert sich dadurch der bei der Einkommensteuerveranlagung anzusetzende steuerpflichtige Gesamtjahresarbeitslohn des Arbeitnehmers, was bei Anrechnung der insoweit zu viel bezahlten Lohnsteuer zu einer Steuererstattung führt.

Beispiel

Einem **Außendienstmitarbeiter** steht für seine berufliche Auswärtstätigkeit ab 2023 ein Firmenwagen zur Verfügung, den er auch zu privaten Zwecken und Fahrten zwischen Wohnung und erster Tätigkeitsstätte nutzen kann (Bruttolistenpreis 35.000 EUR). Ein- bis zweimal wöchentlich sucht er ganztägig die als erste Tätigkeitsstätte arbeitsrechtlich festgelegte Firma auf. Die Entfernung Wohnung und Betrieb beträgt 30 km. Einzelaufzeichnungen über die durchgeführten Fahrten zur ersten Tätigkeitsstätte liegen dem Lohnbüro nicht vor, weil laut Arbeitsvertrag für die Firmenwagenbesteuerung die Pauschalwertmethode festgelegt ist. Für die Lohnabrechnung wird der geldwerte Vorteil aus der Firmenwagenüberlassung nach der 1-%-Methode zuzüglich der 0,03-%-Monatspauschale für die Fahrten zwischen Wohnung und erster Tätigkeitsstätte berechnet. Im Rahmen seiner Einkommensteuererklärung für das Jahr 2023 legt der Arbeitnehmer eine schriftliche Aufstellung vor, aus der sich datumsgenau ergibt, dass er an 65 Tagen den Firmenwagen tatsächlich für Fahrten zwischen Wohnung und erster Tätigkeitsstätte genutzt hat.

Ergebnis: Bei Anwendung der Einzelbewertung für die tatsächlichen Arbeitgeberfahrten ergibt sich folgender geldwerter Vorteil für die Firmenwagennutzung:

	Berechnungsmethode	**Lohnsteuer**	**Einkommensteuer**
Privatfahrten:	1 % von 35.000 EUR × 12 Monate =	4.200 EUR	4.200 EUR
Fahrten Wohnung – erste Tätigkeitsstätte:			
Monatspauschale 0,03 %:	0,03 % × 35.000 EUR × 30 km × 12 Monate =	3.780 EUR	
Tagespauschale 0,002 %:	0,002 % × 35.000 EUR × 30 km × 65 Fahrten =		1.365 EUR
Steuerpflichtiger geldwerter Vorteil		**7.980 EUR**	**5.565 EUR**

Durch den Wechsel zur fahrtbezogenen Berechnungsweise ergibt sich gegenüber der im Lohnsteuerverfahren vom Arbeitgeber angesetzten Monatspauschale von 0,03 % ein deutlich geringerer geldwerter Vorteil. Während die bescheinigten Steuerabzugsbeträge unverändert in der Anlage N anzugeben und damit

Firmenwagenüberlassung

anzurechnen sind, ist der laut Zeile 3 der Lohnsteuerbescheinigung ausgewiesene steuerpflichtige Bruttoarbeitslohn zu verringern und mit dem um 2.415 EUR (7.980 EUR abzgl. 5.565 EUR) gekürzten Betrag in der Steuererklärung einzutragen.

Sämtliche für die Vergleichsberechnung erforderlichen Daten müssen aus der Einkommensteuererklärung ersichtlich sein. Neben der Einzelaufstellung der Arbeitgeberfahrten ist hierzu die Jahreslohnabrechnung oder eine formlose Arbeitgeberbescheinigung einzureichen, aus der sowohl der beim Lohnsteuerabzug versteuerte Jahresbetrag als auch seine Berechnung ersichtlich ist (Bruttolistenpreis, Entfernungskilometer).

8.4.3 Gesamtkosten als Obergrenze

Begrenzung des Nutzungswerts

Der pauschale Nutzungswert, der sich nach der 1-%-Methode für die Privatfahrten sowie nach der 0,03-%- bzw. 0,002-%-Pauschale für Fahrten zwischen Wohnung und erster Tätigkeitsstätte, ggf. erhöht um den Nutzungswert für Familienheimfahrten (vgl. Kap. 8.6), ergibt, kann höher sein als die für das Fahrzeug insgesamt entstehenden Kosten, z. B. bei einem gebrauchten Firmenwagen mit hohem Listenpreis. In diesen Fällen ist auf Nachweis als geldwerter Vorteil höchstens der Betrag der Gesamtkosten für den Firmenwagen der Besteuerung zugrunde zu legen (sog. **Kostendeckelung**).[72] In Fällen der Fahrergestellung (vgl. Kap. 8.8) ist der sich aufgrund der Kostendeckelung ergebende Betrag der Gesamtkosten um einen Zuschlag zu erhöhen, der mit 50 % angesetzt werden darf.[73] Zur Berechnung der Kostendeckelung bei hohen Leasingsonderzahlungen nimmt die Finanzverwaltung eine periodengerechte Verteilung auf den jeweiligen Nutzungszeitraum vor.[74]

Beispiel

Eine Arbeitnehmerin, der ein Firmenfahrzeug zur privaten Nutzung und für Fahrten zwischen Wohnung und erster Tätigkeitsstätte zur Verfügung steht, versteuert bisher nach der 1-%-Methode monatlich folgenden geldwerten Vorteil:

1 % des Listenpreises (20.500 EUR)	205,00 EUR
Fahrten zwischen Wohnung und erster Tätigkeitsstätte 20.500 EUR × 0,03 % × 16 km	98,40 EUR
Steuerpflichtiger geldwerter Vorteil	**303,40 EUR**

Der Arbeitgeber weist anhand der Buchhaltung nach, dass die tatsächlichen Betriebsausgaben für den Pkw monatlich 220 EUR betragen.

Ergebnis: Aufgrund der Kostendeckelung ist der geldwerte Vorteil für den Firmenwagen im Rahmen der 1-%-Methode auf 220 EUR monatlich begrenzt. Zum Nachweis der Gesamtkosten empfiehlt es sich, für die einzelnen Fahrzeuge getrennte Kfz-Konten in der Buchführung einzurichten.

Besonderheiten bei E-Firmenwagen

Für Elektro- bzw. Hybridelektrofahrzeuge und Brennstoffzellenfahrzeuge, bei denen zur Berechnung des geldwerten Vorteils eine Kürzung des Bruttolistenpreises auf 25 % bzw. 50 % erfolgt (vgl. Kap. 8.4.13), sind die Absetzungen für Abnutzung für die Berechnung der Kostendeckelung ebenfalls nur mit den entsprechend geminderten Bruchteilen von 25 % bzw. 50 % anzusetzen.[75] Die

72 BMF, Schreiben v. 3.3.2022, IV C 5 – S 2334/21/10004 :001, BStBl 2022 I S. 232, Tz. 2.1; BFH, Urteil v. 14.3.2007, XI R 59/04, BFH/NV 2007 S. 1838.

73 BMF, Schreiben v. 15.7.2014, IV C 5 – S 2334/13/10003, BStBl 2014 I S. 1109.

74 Finanzbehörde Hamburg, Fachinformation v. 8.11.2018, S 2177 – 2018/001 – 52, DStR 2019 S. 1407; BFH, Urteil v. 17.5.2022, VIII R 26/20, BFH/NV 2022 S. 1117.

75 BMF, Schreiben v. 5.11.2021, IV C 6 – S 2177/19/10004 :008/IV C 5 – S 2334/19/10009 :003, BStBl 2021 I S. 2205, Rz. 13.

THG-Prämie (vgl. Kap. 8.4.13.7), die seit 2022 für Elektroautos gezahlt wird, mindert die Gesamtkosten für den E-Firmenwagen. Die Minderung der Gesamtkosten bewirkt, dass der geldwerte Vorteil in den Fällen der Kostendeckelung bei der 1-%-Methode geringer ausfällt.

Tipp

Die Methode der Kostendeckelung ist nicht frei von rechtlichen Zweifeln. Sie orientiert sich an den Fahrzeugkosten des Arbeitgebers, die wiederum für die Bewertung des Sachbezugs Firmenwagen und damit für die Frage, welcher geldwerte Vorteil dem Arbeitnehmer aus dessen Sicht zufließt, unerheblich sind.[76]

Zur Auswirkung der Kostendeckelung auf die mögliche Pauschalbesteuerung der Fahrten zwischen Wohnung und erster Tätigkeitsstätte vgl. Kap. 8.11.1.

8.4.4 Sonderfälle

Das beschriebene Berechnungsverfahren ist im Prinzip einfach, der feste prozentuale Monatsbetrag führt aber in bestimmten Fällen zu praktischen Problemen, z. B. wenn ein Arbeitnehmer

- **verschiedene Fahrzeuge** nutzt (vgl. Kap. 8.4.7),
- ein Firmenfahrzeug **nur in geringem Umfang** zu Fahrten zwischen Wohnung und erster Tätigkeitsstätte nutzt oder
- **mehrere Wohnungen** hat.

Keine Kürzung des 0,03-%-Zuschlags

Die Entfernungspauschale berücksichtigt die Nutzungsmöglichkeit des Firmenwagens zu Fahrten zwischen Wohnung und erster Tätigkeitsstätte. Darauf, **wie oft** im Kalendermonat das Fahrzeug tatsächlich zu Fahrten zwischen Wohnung und erster Tätigkeitsstätte genutzt wird, kommt es nicht an. So ist z. B. ein durch **Urlaub oder Krankheit** bedingter Nutzungsausfall durch die Höhe des prozentualen Nutzungswerts bereits pauschal berücksichtigt.[77] Ebenso verhält es sich am Anfang bzw. am Ende des Nutzungszeitraums, wenn der Firmenwagen nicht während des ganzen Monats überlassen wird. Der monatliche 1-%-Betrag für die Privatnutzung wie auch die monatliche 0,03-%-Pauschale für die Fahrten zwischen Wohnung und erster Tätigkeitsstätte müssen ungekürzt für den vollen Kalendermonat angesetzt werden.[78]

Beispiel

Ein Arbeitnehmer erhält ab dem 28.2.2023 einen neu angeschafften Firmenwagen zu einem Bruttolistenpreis von 25.000 EUR. Die Entfernung zwischen Wohnung und erster Tätigkeitsstätte beträgt 10 km. Der geldwerte Vorteil für Februar berechnet sich wie folgt:

geldwerter Vorteil für Privatnutzung (1 % von 25.000 EUR)	250 EUR
Zuschlag für Fahrten zwischen Wohnung und erster Tätigkeitsstätte (0,03 % × 25.000 EUR × 10 km)	75 EUR
Lohnsteuerpflichtiger Sachbezug Firmenwagen für Februar	**325 EUR**

Eine Kürzung des geldwerten Vorteils für den Monat Februar ist nicht zulässig. Sowohl der monatliche Betrag von 1 % als auch die monatliche Entfernungspauschale sind für den vollen Kalendermonat anzusetzen.[79]

Firmenwagenüberlassung

76 FG Düsseldorf, Urteil v. 6.9.2002, 16 K 2797/00 E, EFG 2005 S. 99; BFH, Urteil v. 14.3.2007, XI R 59/04, BFH/NV 2007 S. 1838; FG Rheinland-Pfalz, Urteil v. 10.12.2019, 3 K 1681/19, EFG 2020 S. 519, Rev. beim BFH unter Az. VIII R 11/20.

77 BMF, Schreiben v. 3.3.2022, IV C 5 – S 2334/21/10004 :001, BStBl 2022 I S. 232, Rz. 13; anders FG Düsseldorf, Urteil v. 24.1.2017, 10 K 1932/16 E, EFG 2017 S. 458.

78 R 8.1 Abs. 9 Nr. 1 Satz 4 LStR.

79 R 8.1 Abs. 9 Nr. 1 LStR; ebenso FG Baden-Württemberg, Urteil v. 24.2.2015, 6 K 2540/14, EFG 2015 S. 896.

Bei dem im Beispiel dargestellten Sachverhalt empfiehlt es sich, den Firmenwagen nur für volle Kalendermonate zu überlassen, also erst zu Beginn des Folgemonats. Der Ansatz des geldwerten Vorteils für den Monat Februar wäre dadurch vermieden.

Die monatsbezogene Berechnung führt dazu, dass der zusätzliche geldwerte Vorteil von 0,03 % auch unabhängig davon ist, ob und wie oft im Monat der Arbeitnehmer seinen Firmenwagen tatsächlich für Fahrten zwischen Wohnung und erster Tätigkeitsstätte nutzt.[80]

Wöchentliche Arbeitgeberfahrt

Nach der gesetzlichen Abgrenzung des Arbeitsstättenbegriffs »erste Tätigkeitsstätte« kann bei **1 Arbeitgeberfahrt pro Woche** der Betriebssitz des Arbeitgebers nur dann eine erste Tätigkeitsstätte sein, wenn der Firmenwageninhaber dieser ortsfesten betrieblichen Einrichtung arbeitsrechtlich dauerhaft zugeordnet ist (vgl. Kap. 3.1.1.5). Grundsätzlich verlangt die Finanzverwaltung auch in diesen Fällen den **Ansatz des vollen Monatsbetrags** in Höhe von 0,03 % des inländischen Bruttolistenpreises als zusätzlichen geldwerten Vorteil bei der Firmenwagenbesteuerung im Rahmen der 1-%-Methode. Zum möglichen Wechsel zur **0,002-%-Tagespauschale** für die tatsächlich durchgeführten Einzelfahrten zwischen Wohnung und erster Tätigkeitsstätte vgl. Kap. 8.4.2.3. Bei weiten Entfernungen kann es sich lohnen, am Ort der ersten Tätigkeitsstätte zu übernachten. Durch die Übernachtung wird nach Verwaltungsauffassung eine **doppelte Haushaltsführung** begründet. Auf die Anzahl der Übernachtungen kommt es dabei nicht an.[81]

Steuerfreie Familienheimfahrten

Die Fahrten zwischen Wohnung und erster Tätigkeitsstätte werden dadurch zu Familienheimfahrten. Benutzt der Arbeitnehmer für Familienheimfahrten im Rahmen einer doppelten Haushaltsführung einen Firmenwagen, entfällt der Ansatz eines geldwerten Vorteils für die wöchentlichen Arbeitgeberfahrten (§ 8 Abs. 2 Satz 5 i. V. m. § 9 Abs. 2 Satz 9 EStG). Der durch die Familienheimfahrten entfallende geldwerte Vorteil kann zu einer höheren Steuerersparnis führen als die stattdessen entstehenden Kosten für die wöchentliche Übernachtung am Arbeitsort. Übernachtungskosten können im Übrigen bei doppelter Haushaltsführung als Werbungskosten abgezogen werden, sofern sie der Arbeitgeber nicht steuerfrei ersetzt.

Tipp

Die Verwaltung **verzichtet** auf den Ansatz der 0,03-%- bzw. 1-%-Methode, wenn dem Arbeitnehmer das Fahrzeug

- **nur für einzelne Fahrten** oder
- nur **für jeweils höchstens 5 Tage** im Kalendermonat

überlassen und dies über die **Aufzeichnung der Kilometerstände** dokumentiert wird. In diesen Fällen kann der geldwerte Vorteil einzeln mit 0,001 % des Listenpreises je Fahrtkilometer angesetzt werden, z. B. wenn dem Arbeitnehmer das Fahrzeug nur für eine Heimfahrt am späten Abend überlassen wird (vgl. Kap. 8.4.5).[82]

Firmenwagen-überlassung

Wie bei der Berechnung des 1-%-Betrags für die Privatnutzung kann die Beteiligung des Arbeitnehmers an den **Betriebskosten** zu einer Kürzung des 0,03-%-Zuschlags für die Fahrten zwischen Wohnung und erster Tätigkeitsstätte führen.

Teilmonate

Die feste Entfernungspauschale von 0,03 % des Bruttolistenpreises führt auch dort zu Nachteilen, wo das Fahrzeug dem Arbeitnehmer im Kalendermonat nur teilweise zur Privatnutzung zur Verfügung steht, also beispielsweise am Beginn oder Ende des Nutzungszeitraums nicht den ganzen Monat über-

80 BMF, Schreiben v. 3.3.2022, IV C 5 – S 2334/21/10004 :001, BStBl 2022 I S. 232, Rz. 12.

81 R 9.11 Abs. 1 LStR.

82 BMF, Schreiben v. 28.5.1996, IV B 6 – S 2334 – 173/96, BStBl 1996 I S. 654.

lassen wird. Die Lohnsteuer-Richtlinien regeln hierzu, dass sowohl der monatliche 1-%-Betrag für die Privatnutzung als auch die monatliche Entfernungspauschale für die Fahrten zwischen Wohnung und erster Tätigkeitsstätte **ungekürzt für den vollen Kalendermonat** angesetzt werden müssen.[83]

Fahrten von verschiedenen Wohnungen

Etwas anderes gilt für die Überlassung eines Kraftfahrzeugs zu Fahrten zwischen Wohnung und erster Tätigkeitsstätte, wenn die Fahrten abwechselnd zu verschiedenen Wohnungen des Arbeitnehmers durchgeführt werden. Der geldwerte Vorteil ist mit 0,03 % des inländischen Listenpreises für die Entfernungskilometer der **näher gelegenen Wohnung** anzusetzen. Für jede Fahrt zur weiter entfernt liegenden Wohnung ist **zusätzlich** ein Nutzungswert von 0,002 % des inländischen Listenpreises für jeden Entfernungskilometer zu erfassen, der die Entfernung zum näher gelegenen Wohnort übersteigt.

Beispiel

Eine ledige Arbeitnehmerin hat ihren Zweitwohnsitz in Freiburg bei ihren Eltern. Sie ist seit Jahren als Unternehmensberaterin bei einer Stuttgarter Firma beschäftigt, wo sie ihre Hauptwohnung unterhält (Entfernung Wohnung–Tätigkeitsstätte 10 km). Jeweils freitags fährt sie über das Wochenende mit dem Firmenwagen (Listenpreis 35.000 EUR) von Stuttgart nach Freiburg. Die einfache Strecke beträgt 180 km.

Ergebnis: Der geldwerte Vorteil für die Fahrten zwischen Wohnung und erster Tätigkeitsstätte berechnet sich im Rahmen der 1-%-Regelung wie folgt:

Arbeitstägliche Fahrten: 10 km × 0,03 % × 35.000 EUR	105 EUR
Wochenendfahrten:	
170 km (180 km – 10 km) × 0,002 % × 35.000 EUR × 4 Fahrten/Monat	476 EUR
Geldwerter Vorteil	**581 EUR**

Zur Berechnung des geldwerten Vorteils bei Familienheimfahrten im Rahmen einer doppelten Haushaltsführung vgl. Kap. 8.6.

8.4.5 Wegfall der Monatsbeträge

Keine Fahrzeugnutzung

Die Monatsbeträge in Höhe von 1 % für die Privatnutzung sowie 0,03 % für die Fahrten zwischen Wohnung und erster Tätigkeitsstätte sind im Rahmen der pauschalen Nutzungswertermittlung grundsätzlich unabhängig davon anzuwenden, wie oft der Arbeitnehmer den Firmenwagen im Kalendermonat für Privatfahrten bzw. Fahrten zwischen Wohnung und seiner ersten Tätigkeitsstätte tatsächlich nutzt.[84] Steht allerdings fest, dass der Arbeitnehmer für einen **vollen Kalendermonat** kein betriebliches Fahrzeug zur Verfügung hat, verzichtet die Verwaltung insoweit auf den Ansatz eines lohnsteuerpflichtigen geldwerten Vorteils.[85]

Tipp

In Krankheits- oder Urlaubsfällen kann es sich deshalb empfehlen, den Firmenwagen den gesamten Monat im Betrieb abzustellen. Der lohnsteuerpflichtige Jahreswert des Sachbezugs Firmenwagen vermindert sich dadurch jeweils um 1/12 der betreffenden Monate.

Anders als die 1-%-Pauschale für die Privatnutzung ist nach der Rechtsauffassung des FG Düsseldorf der Ansatz eines geldwerten Vorteils für die Arbeitgeberfahrten in Höhe der 0,03-%-Monatspauschale nur für solche Monate vorzunehmen, in denen der Arbeitnehmer das Firmenfahrzeug wenigstens

83 R 8.1 Abs. 9 Nr. 1 LStR.
84 BMF, Schreiben v. 3.3.2022, IV C 5 – S 2334/21/10004 :001, BStBl 2022 I S. 232, Rz. 12.
85 BMF, Schreiben v. 3.3.2022, IV C 5 – S 2334/21/10004 :001, BStBl 2022 I S. 232, Tz. 2.5.

an einem Arbeitstag für Fahrten zwischen Wohnung und erster Tätigkeitsstätte genutzt hat. Sie kann z. B. durch eine krankheitsbedingte Fahruntüchtigkeit entfallen.[86] Die Finanzämter vertreten dagegen eine **strengere Auffassung** und verlangen den **Ansatz der Monatspauschale von 0,03 %** auch für solche Kalendermonate, in denen der Firmenwagen wegen **Krankheit oder Urlaub** an keinem Tag für Fahrten zwischen Wohnung und erster Tätigkeitsstätte genutzt wird.[87] Nach der Rechtsauslegung des BMF begründet allein die rechtliche **Nutzungsmöglichkeit** den Zuschlag von 0,03 %, unabhängig davon, ob der Arbeitnehmer sein betriebliches Fahrzeug für diese Fahrten im jeweiligen Kalendermonat tatsächlich nutzt. Der mit 0,03 % festgelegte Nutzungswert berücksichtigt bereits pauschal einen durch Urlaub oder Krankheit eintretenden Nutzungsausfall.

0,03-%-Monatspauschale bei Homeoffice und Kurzarbeit

Gleiches gilt für die Arbeit im **Homeoffice** oder bei **Kurzarbeit Null** (= Freistellung von der Arbeit), wenn dem Arbeitnehmer ein Firmenwagen zur Nutzung für Fahrten zwischen Wohnung und erster Tätigkeitsstätte zur Verfügung steht. Ist beispielsweise als Folge der **Corona-Pandemie** Arbeit im Homeoffice oder Kurzarbeit Null angeordnet, sodass der Arbeitnehmer den ganzen Monat seinen eigentlichen Arbeitsplatz beim Arbeitgeber nicht aufsuchen muss und deshalb während des gesamten Kalendermonats keine Fahrten zur ersten Tätigkeitsstätte durchgeführt hat, verlangt die Finanzverwaltung auch hier den Ansatz der 0,03-%-Monatspauschale. Unternimmt der Arbeitnehmer keine einzige Fahrt zwischen Wohnung und erster Tätigkeitsstätte in einem Kalendermonat, muss bei der Lohnabrechnung gleichwohl der Ansatz des 0,03 %%-Zuschlags bei Anwendung der 1-%-Methode erfolgen. Die Berechnung der 1 -%-Pauschale für die Privatnutzung ist hiervon ohnehin nicht betroffen und bleibt ebenfalls unverändert.

Tipp

Aufgrund der bundeseinheitlich festgelegten betrieblichen Lohnsteuerpraxis des BMF dürfte im Normalfall auch die Möglichkeit einer Anrufungsauskunft beim Betriebsstättenfinanzamt zu keinem anderen Ergebnis führen, wenn der Arbeitnehmer in einzelnen Monaten nachweislich keine Fahrten zwischen Wohnung und erster Tätigkeitsstätte durchgeführt hat. Wer eine lohnsteuerliche Behandlung ohne Ansatz der Pauschale von 0,03 % beansprucht, dem bleibt im Einzelfall nur der Rechtsweg. Der Ausgang eines Klageverfahrens zu dieser Rechtsfrage ist allerdings völlig ungewiss. Eine sichere, wenn auch etwas aufwändigere Methode, die Monatspauschale zu umgehen, bietet der **Übergang zur Einzelbewertung** mit der 0,002-%-Tagespauschale für die tatsächlich durchgeführten Einzelfahrten zwischen Wohnung und erster Tätigkeitsstätte. Der Wechsel zur Einzelbewertung wird von der Finanzverwaltung bei entsprechender Nachweisführung während des laufenden Kalenderjahres auch noch rückwirkend zugelassen, wenn der Arbeitgeber wegen der verlangten einheitlichen Berechnungsmethode die bisherigen Lohnabrechnungen korrigiert (vgl. Kap. 8.4.2.3). Eine weitere Möglichkeit, den Ansatz der 0,03-%-Monatspauschale für Monate ohne Arbeitgeberfahrten zu vermeiden, bieten **Nutzungsverbote**, die der Arbeitgeber allerdings nur für die Zukunft aussprechen kann. Aus Nachweisgründen empfiehlt sich ein schriftliches Verbot, das als Beleg zum Lohnkonto zu nehmen ist.

Tageweise Berechnung in Corona-Zeiten

Nutzt der Arbeitnehmer das Fahrzeug zwar monatlich für Arbeitgeberfahrten, aber insgesamt **weniger als 180 Arbeitstage** im Kalenderjahr, etwa weil aufgrund der **geänderten Arbeitswelt in Corona-Zeiten** der Arbeitsplatz erste Tätigkeitsstätte nur noch an wenigen Arbeitstagen im Kalendermonat aufgesucht wird, kann nach den vorstehenden Ausführungen der geldwerte Vorteil von 0,03 % nicht entfallen. Für den Arbeitnehmer kann es sich in diesen Fällen lohnen, von der Möglichkeit Gebrauch zu machen, zur 0,002-%-Tagespauschale zu wechseln. Die tageweise Berechnung des Zuschlags für die Fahrten zur ersten Tätigkeitsstätte ist allerdings an die Voraussetzung geknüpft, dass der Wechsel von der einen zur anderen Berechnungsmethode für alle Fahrzeuge **einheitlich für**

86 FG Düsseldorf, Urteil v. 24.1.2017, 10 K 1932/16 E, EFG 2017 S. 458.

87 BMF, Schreiben v. 3.3.2022, IV C 5 – S 2334/21/10004 :001, BStBl 2022 I S. 232, Rz. 12.

das gesamte Kalenderjahr ausgeübt wird. Der **Übergang zur 0,002-%-Tagespauschale** ist in diesem Fall nur zulässig, wenn der Arbeitnehmer rückwirkend für das gesamte Kalenderjahr zur tageweisen Berechnung übergeht und dem Arbeitgeber auch für die Vormonate die hierfür erforderlichen Aufzeichnungen vorlegen kann. Im Übrigen ist der Arbeitnehmer in seiner **Einkommensteuererklärung** nicht an die im Lohnsteuerabzugsverfahren gewählte Methode gebunden. Es steht ihm also frei, auch noch nach Ablauf des Kalenderjahres von der 0,03-%-Monatspauschale zur Einzelberechnung mit 0,002 % pro Arbeitgeberfahrt überzugehen.

Gelegentliche Fahrzeugnutzung

Auf die monatsbezogene Berechnung wird ebenfalls verzichtet, wenn dem Arbeitnehmer ein Firmenwagen aus besonderem Anlass oder zu einem besonderen Zweck nur gelegentlich (**von Fall zu Fall**) **für max. 5 Kalendertage im Monat** überlassen wird. In diesem Fall werden die festen Monatsbeträge durch eine kilometerbezogene Berechnung ersetzt. Bei der zweck- bzw. anlassbezogenen Überlassung von Fall zu Fall werden die pauschalen Monatsbeträge von 1 % bzw. 0,03 % des maßgeblichen Bruttolistenpreises nicht als geldwerter Vorteil angesetzt. Die Berechnung erfolgt tageweise mit **0,001 % des inländischen Bruttolistenpreises** pro Fahrtkilometer. Der Arbeitnehmer muss zum Nachweis der Fahrstrecke die jeweiligen Kilometerstände festhalten. Die kilometerbezogene Berechnung gilt auch im Fall eines **ernsthaft vereinbarten Nutzungsverbots**, wenn dieses von Fall zu Fall für max. 5 Kalendertage im Monat ausgesetzt wird. Die Berechnung erfolgt tageweise mit 0,001 % des inländischen Bruttolistenpreises pro Fahrtkilometer.

Tipp

Beträgt die private Fahrleistung bei einer gelegentlichen Fahrzeugüberlassung in einem Monat mehr als 1.000 km, ergibt die tageweise Berechnung mit 0,001 % einen höheren geldwerten Vorteil als nach der gesetzlichen Regelung. Obergrenze für die Versteuerung ist aber in jedem Fall der gesetzlich festgelegte Betrag von 1 % des Listenpreises.

Beispiel

Einem Kundendienstmonteur steht für seine berufliche Auswärtstätigkeit ein Firmenwagen zur Verfügung. Der Bruttolistenpreis im Zeitpunkt der Erstzulassung betrug 25.000 EUR. Die Privatnutzung, nicht aber die Nutzung zu Fahrten zwischen Wohnung und erster Tätigkeitsstätte (Entfernung 20 km) ist dem Arbeitnehmer schriftlich untersagt. Die Einhaltung des Verbots wird durch vereinfachte Aufzeichnungen der monatlichen Gesamtkilometer dokumentiert. Im Juni darf er den Firmenwagen ausnahmsweise für eine 5-tägige Urlaubsreise nach Frankreich mit einer privaten Gesamtfahrleistung von 3.000 km nutzen.

Ergebnis: Der geldwerte Vorteil aus der Firmenwagenüberlassung für den Monat Juni berechnet sich wie folgt:

Privatnutzung 0,001 % × 3.000 km × 25.000 EUR	750 EUR
Obergrenze 1 % × 25.000 EUR	250 EUR
Fahrten Wohnung – erste Tätigkeitsstätte 0,03 % × 20 km × 25.000 EUR	150 EUR
Gesamter lohnsteuerpflichtiger Sachbezug Firmenwagen	**400 EUR**

Für die übrigen Monate des Kalenderjahres entfällt der Ansatz der Privatnutzung, sodass sich der geldwerte Vorteil auf 150 EUR für die Fahrten zwischen Wohnung und erster Tätigkeitsstätte beschränkt.

Überlassung von Lkw oder Zugmaschinen

Die Monatsbeträge in Höhe von 1 % für die Privatnutzung sowie von 0,03 % bzw. 0,002 % für Fahrten zwischen Wohnung und erster Tätigkeitsstätte sind nach dem Gesetzeswortlaut für **sämtliche Kraftfahrzeuge** anzuwenden, die der Arbeitgeber dem Arbeitnehmer für diese Fahrten unentgeltlich überlässt. Im Zusammenhang mit der gesetzlichen Regelung der Firmenwagenbesteuerung findet sich keine Definition des Begriffs Kraftfahrzeug. Nach Verwaltungsauffassung werden nach dem Sinn und Zweck der 1-%-Regelung allerdings nur solche Fahrzeuge erfasst, die erfahrungsgemäß einer nicht nur untergeordneten privaten Nutzung zugänglich sind. Die Vorschrift der 1-%-Regelung findet deshalb **keine Anwendung auf Lkw und Zugmaschinen**, weil diese typischerweise nicht (auch) der privaten Nutzung dienen.[88] Diese für den Bereich der betrieblichen Gewinnermittlung getroffene Regelung ist für die Firmenwagenbesteuerung beim Arbeitnehmer entsprechend anzuwenden.

Hinweis

Die Voraussetzung der untergeordneten privaten Nutzung ist bei dem Leiter einer freiwilligen **Feuerwehr** erfüllt, dem das **Einsatzfahrzeug** auch für Privatfahrten zur Verfügung steht, um jederzeit einsatzbereit zu sein. Die Überlassung eines entsprechend gekennzeichneten Kommandofahrzeugs an einen Feuerwehreinsatzleiter während seiner – wenn auch ständigen – Bereitschaftszeiten führt nicht zu Arbeitslohn. Die mögliche Privatnutzung tritt hinter das ganz überwiegend betriebliche Interesse der Einsatzbereitschaft zurück und löst deshalb keine Lohnsteuerpflicht in Form eines geldwerten Vorteils aus.[89]

Werkstattwagen

Die Rechtsprechung erweitert den Fahrzeugkreis, der nicht unter die private Firmenwagenbesteuerung fällt, um die **sog. Werkstattwagen**, die regelmäßig von Kundendienstmitarbeitern für ihre Außendiensttätigkeit zur Verfügung stehen.[90] Keine Anwendung findet die 1-%-Methode deshalb für einen als Werkstattwagen eingesetzten zweisitzigen VW-Transporter mit abgetrennter Ladefläche.[91] Entscheidend ist dabei nicht die kraftfahrzeugsteuerliche oder verkehrsrechtliche Klassifizierung als Lkw, sondern die objektive Beschaffenheit und Einrichtung des Fahrzeugs.

Geländewagen

Die 1-%-Methode ist aus diesem Grund für Kombinationskraftwagen (hier: Geländewagen) – ungeachtet ihrer kraftfahrzeugsteuerrechtlichen Einordnung als (gewichtsbesteuerte) »andere Fahrzeuge« – anzuwenden, wenn sie über ein zulässiges Gesamtgewicht von mehr als 2,8 t verfügen.[92] Dasselbe gilt für sog. Pickup-Trucks.[93] Ebenso handelt es sich bei Campingfahrzeugen, die nach dem Kraftfahrzeugsteuergesetz als Sonderfahrzeuge und damit ebenfalls als »andere Fahrzeuge« gelten, lohnsteuerlich um Firmenwagen, bei denen die Berechnung des geldwerten Vorteils aus der Privatnutzung nach der 1-%-Methode zulässig ist.[94] Die Firmenwagenbesteuerung nach der 1-%-Methode gilt ebenfalls für ein Taxi, das privat genutzt wird.[95]

Wichtig

Aus der Nichtanwendbarkeit der 1-%-Methode für die private Nutzung eines Werkstattwagens darf nicht geschlossen werden, dass damit auch die Erfassung eines geldwerten Vorteils für Fahrten zwischen Wohnung und erster Tätigkeitsstätte ausgeschlossen ist. Der BFH weist in den Urteilsgründen seiner Entscheidung ausdrücklich auf diese Möglichkeit hin. Der Umstand, dass ein Fahrzeug aufgrund seiner objektiven Beschaffenheit nicht zum privaten Gebrauch geeignet ist, hindert nicht die pauschale Nutzungswertversteuerung mit 0,03 % bzw. bei der tageweisen Einzelberechnung mit 0,002 % des Bruttolistenpreises, wenn der Arbeitnehmer den Werkstattwagen für Fahrten zwischen Wohnung und erster Tätigkeitsstätte nutzen kann.

Schätzung in Einzelfällen

Die Nichtanwendbarkeit der 1-%-Methode für Zugmaschinen oder Lkw führt nicht dazu, dass damit die Erfassung eines geldwerten Vorteils generell ausgeschlossen ist. In der Überlassung solcher Fahrzeuge zur Privatnutzung oder zu Fahrten zwischen Wohnung und erster Tätigkeitsstätte liegt

88 BMF, Schreiben v. 3.3.2022, IV C 5 – S 2334/21/10004 :001, BStBl 2022 I S. 232, Tz. 1.
89 BFH, Urteil v. 19.4.2021, VI R 43/18, BFH/NV 2021 S. 1127; BMF, Schreiben v. 3.3.2022, IV C 5 – S 2334/21/10004 :001, BStBl 2022 I S. 232, Rz. 5.
90 BFH, Urteil v. 18.12.2008, VI R 34/07, BStBl 2009 II S. 381.
91 BFH, Urteil v. 17.2.2016, X R 32/11, BFH/NV 2016 S. 1203.
92 BFH, Urteil v. 13.2.2003, X R 23/01, BFH/NV 2003 S. 849; ebenso FG Schleswig-Holstein, Urteil v. 1.12.2006, 1 K 81/04.
93 FG München, Urteil v. 6.3.2008, 15 K 4626/05, EFG 2008 S. 1448.
94 BFH, Urteil v. 6.11.2001, VI R 62/96, BStBl 2002 II S. 370.
95 BFH, Urteil v. 8.11.2018, III R 13/16, BStBl 2019 II S. 229; BMF, Schreiben v. 3.3.2022, IV C 5 – S 2334/21/10004 :001, BStBl 2022 I S. 232, Tz. 1.

gleichwohl ein geldwerter Vorteil. Der geldwerte Vorteil muss im Einzelfall geschätzt werden. Nach den Hinweisen im amtlichen Lohnsteuer-Handbuch hat die Schätzung unter analoger **Anwendung der pauschalen Nutzungswertmethode** mit 1 % (Privatfahrten) bzw. 0,03 % oder 0,002 % (Fahrten zwischen Wohnung und erster Tätigkeitsstätte) des Bruttolistenpreises zu erfolgen. Allerdings gilt für den Ansatz des Bruttolistenpreises eine Obergrenze von 80.000 EUR.

Die Regelung für Firmenwagen, nach der ein geldwerter Vorteil für Fahrten zwischen Wohnung und erster Tätigkeitsstätte nicht zu erfassen ist, wenn das Fahrzeug nicht auf Dauer, sondern nur an solchen Tagen zur Verfügung gestellt wird, an denen es erforderlich werden kann, dass der Arbeitnehmer dienstliche Fahrten von der Wohnung aus antreten muss, ist auch für die von der 1-%-Regelung ausgenommenen Fahrzeugtypen anzuwenden.[96] Auch die Überlassung von Zugmaschinen oder Lkw erfolgt unter diesen Voraussetzungen im ganz überwiegend betrieblichen Interesse, sodass der Ansatz der Entfernungspauschale von 0,03 % bzw. 0,002 % entfällt.[97]

8.4.6 Überlassung von betrieblichen Fahrrädern und E-Bikes

E-Bike als Kraftfahrzeug

Die 1-%-Regelung ist nach ihrem Gesetzeswortlaut ausschließlich auf Kraftfahrzeuge anzuwenden, nicht dagegen auf Fahrräder. Überlässt der Arbeitgeber seinem Arbeitnehmer ein Elektrofahrrad zur privaten Nutzung, ist demnach die 1-%-Methode anwendbar, wenn das **E-Bike verkehrsrechtlich als Kraftfahrzeug** einzustufen ist, also

- ein Kennzeichen sowie
- eine Versicherung für die Zulassung zum Straßenverkehr benötigt.

Hierunter fallen Elektrofahrräder, deren Motor auch **Geschwindigkeiten über 25 km/h** unterstützt (sog. **S-Pedelec**).[98] Wie beim Pkw ist es nicht erforderlich, dass das E-Bike im Firmeneigentum steht. Der geldwerte Vorteil der Privatnutzung berechnet sich auch bei **geleasten** Elektrofahrrädern nach dem Bruttolistenpreis im Zeitpunkt der Erstzulassung, wenn diese verkehrsrechtlich ein Kraftfahrzeug darstellen. Wird das E-Bike für Fahrten zwischen Wohnung und erster Tätigkeitsstätte genutzt, ist der geldwerte Vorteil um die 0,03-%-Monatspauschale zu erhöhen (vgl. Kap. 8.4.2).

Wichtig

Die für **Elektro-Firmenwagen** getroffenen Sonderregelungen (vgl. Kap. 8.4.13) sind auch beim E-Bike anzuwenden, das begrifflich ein **Kraftfahrzeug** darstellt. Wie beim Firmenwagen ist der Bruttolistenpreis abhängig vom Anschaffungsjahr entweder zu halbieren bzw. ab 1.1.2020 zu vierteln oder pauschal in Abhängigkeit von der Batteriekapazität zu kürzen.[99] Die Rundung des Bruttolistenpreises auf volle 100 EUR ist jeweils erst nach Kürzung der Bemessungsgrundlage vorzunehmen.

E-Bike als Fahrrad

Ist das **Dienst-E-Bike als Fahrrad** einzuordnen, d. h. keine Kennzeichenpflicht und keine Versicherungspflicht, ist der geldwerte Vorteil grundsätzlich nach dem üblichen Endpreis am Abgabeort und damit nach dem fiktiven Mietpreis für das überlassene Fahrrad zu ermitteln.

Steuerfreie Überlassung

Zur Förderung der umweltfreundlichen Mobilität ist der geldwerte Vorteil aus der Überlassung eines betrieblichen Fahrrads oder E-Bikes **lohnsteuerfrei**, wenn er zusätzlich zum ohnehin geschuldeten

96 H 31 Abs. 9–10 LStH.
97 Bestätigt durch BFH, Urteil v. 25.5.2000, VI R 195/98, BStBl 2000 II S. 690.
98 BMF, Schreiben v. 29.9.2020, IV C 5 – S 2334/19/10009 :004, BStBl 2020 I S. 972, Rz. 10.
99 § 6 Abs. 1 Nr. 4 Satz 2 EStG; BMF-Schreibens v. 5.11.2021, IV C 6 – S 2177/19/10004 :008/IV C 5 S2334/19/10009 :003, BStBl 2021 I S. 2205, Rz. 3.

Arbeitslohn erfolgt (§ 3 Nr. 37 EStG). Für solche E-Bikes und Dienstfahrräder konnte der geldwerte Vorteil für die Privatnutzung (inkl. Fahrten Wohnung – erste Tätigkeitsstätte) bislang als monatlicher Durchschnittswert mit 1 % der auf volle 100 EUR abgerundeten unverbindlichen Brutto-Preisempfehlung des Herstellers angesetzt werden.[100]

Beispiel

Eine umweltbewusste Firma least im Rahmen eines betrieblichen Mitarbeiterprogramms für ihre Beschäftigten E-Bikes mit Motorzuschaltung bis maximal 25 km/h zur privaten Nutzung. Die Fahrradüberlassung erfolgt zusätzlich zum Gehalt.

Ergebnis: Der geldwerte Vorteil aus der Überlassung der Elektrofahrräder ist lohnsteuerfrei, da der Arbeitgeber die E-Bikes seinen Mitarbeitern zusätzlich zum ohnehin geschuldeten Arbeitslohn zur Verfügung stellt. Eine berufliche Nutzung, etwa zu Fahrten zum Betrieb, ist hierfür nicht erforderlich.

Werden die (Elektro-)Fahrräder im vorigen Beispiel **unter Anrechnung der Leasingraten** auf das bisherige Gehalt dem Arbeitnehmer zur Verfügung gestellt, ist die Steuerbefreiung ausgeschlossen. Entgeltumwandlungen sind nach der Gesetzesfassung nicht begünstigt.

Zeitliche Anwendung

Die Steuerbefreiung ist zunächst **befristet** und gilt für geldwerte Vorteile, die dem Arbeitnehmer aus der Fahrrad- bzw. E-Bike-Überlassung **im Zeitraum 1.1.2019–31.12.2030** zufließen (§ 52 Abs. 4 Satz 7 EStG). Die Steuerfreiheit tritt auch für Fahrräder und E-Bikes ein, die der Arbeitgeber **bereits vor 2019** dem Arbeitnehmer unter Beachtung der Zusätzlichkeitsvoraussetzung überlassen hat. Eine Anrechnung auf die Entfernungspauschale ist nicht vorgesehen. Sie wird gesetzlich auch bei Benutzung für Fahrten zwischen Wohnung und erster Tätigkeitsstätte ausdrücklich ausgeschlossen. Fährt der Arbeitnehmer mit dem vom Arbeitgeber überlassenen Elektrofahrrad zu seiner ersten Tätigkeitsstätte, kann er zusätzlich zur Steuerfreiheit die Entfernungspauschale in seiner Steuererklärung als Werbungskosten geltend machen. Die Steuerbefreiung ist nicht auf die Überlassung eines (Elektro-)Fahrrads beschränkt. Überlässt der Arbeitgeber einem Arbeitnehmer **mehrere betriebliche Fahrräder** unter Beachtung der Zusätzlichkeitsvoraussetzung, kann er für jedes einzelne Fahrrad und E-Bike die Steuerbefreiung in Anspruch nehmen.

Hinweis

Für bestimmte steuerfreie Bezüge mit betragsmäßig geringer Bedeutung sieht der Gesetzgeber eine Befreiung von der Aufzeichnungspflicht im Lohnkonto vor. Seit 2020 gilt die Ausnahme von der Eintragungspflicht auch für steuerfreie geldwerte Vorteile aus der Überlassung eines betrieblichen Fahrrads oder E-Bikes.[101]

Barlohnumwandlung

Überlässt der Arbeitgeber seinem Arbeitnehmer im Rahmen einer Entgeltumwandlung ein Dienstrad oder ein E-Bike, das verkehrsrechtlich als Fahrrad einzuordnen ist, auch zur privaten Nutzung, ergibt sich wie bisher ein **lohnsteuerpflichtiger** geldwerter Vorteil. Modelle der Entgeltumwandlung sind von der Steuerbefreiung ausgeschlossen. Die steuerfreie Überlassung betrieblicher (Elektro-)Fahrräder zur privaten Nutzung ist davon abhängig, dass sie zusätzlich zum ohnehin geschuldeten Arbeitslohn erfolgt.

Für die Fälle der Barlohnumwandlung gilt weiterhin die bisherige vereinfachte Berechnung mit einem monatlichen 1-%-Durchschnittswert. Das Bundesfinanzministerium hat für die **Ermittlung des geldwerten Vorteils** aus der Überlassung von Fahrrädern durch den Arbeitgeber eine **Vereinfa-**

100 BMF, gleichlautende Ländererlasse v. 9.1.2020, IV C 5 – S 2334/19/10005 :002, BStBl 2020 I S. 174.
101 § 4 Abs. 2 Nr. 4 LStDV.

chungsregelung getroffen.[102] Danach kann als monatlicher Durchschnittswert der privaten Nutzung (inkl. Fahrten Wohnung – erster Tätigkeitsstätte) 1 % der auf volle 100 EUR abgerundeten unverbindlichen Bruttopreisempfehlung des Herstellers angesetzt werden. Diese vereinfachte Bewertungsmethode kann auch für sog. »echte Elektrofahrräder« angewendet werden, die verkehrsrechtlich als Fahrrad einzustufen sind. Anders als beim Firmenwagen umfasst der 1-%-Durchschnittswert für das (Elektro-)Dienstfahrrad auch die Fahrten zwischen Wohnung und erster Tätigkeitsstätte, sodass die Erfassung eines zusätzlichen Vorteils entfällt.

0,5-%-Durchschnittswert im Jahr 2019

Für ein Dienstrad, das **erstmals ab 2019 überlassen** wird und nicht unter die Steuerbefreiung nach § 3 Nr. 37 EStG fällt, weil die Überlassung im Wege der Entgeltsumwandlung erfolgt, gilt für 2019 wie beim Firmenwagen die **halbierte Bemessungsgrundlage** (vgl. Kap. 8.4.13.2). Die 1-%-Regelung ist auf die halbierte unverbindliche Brutto-Preisempfehlung des Herstellers, Importeurs bzw. Großhändlers anzuwenden, die sich nach Abrundung auf volle 100 EUR ergibt.[103] Die Halbierung der Bemessungsgrundlage führt im Ergebnis zur **Absenkung des monatlichen Durchschnittswerts** von 1 % auf 0,5 %. Unerheblich ist in diesem Fall der Zeitpunkt, zu dem der Arbeitgeber dieses Fahrrad angeschafft, hergestellt oder geleast hat.

0,25 %-Durchschnittswert

Für Lohnzahlungszeiträume ab 1.1.2020 erfolgt für die unter die 50-%-Regelung fallenden (Elektro-) Fahrräder eine **weitere Kürzung** des monatlichen Durchschnittswerts. Der gleichlautende Ländererlass v. 13.3.2019 wurde an die Elektro-Firmenwagenregelung angepasst. Entsprechend der Regelung zum Elektro-Firmenwagen (vgl. Kap. 8.4.13) ist für die private Nutzung (einschließlich Fahrten zwischen Wohnung und erster Tätigkeitsstätte sowie Fahrten nach § 9 Abs. 1 Satz 3 Nr. 4a Satz 3 EStG und Familienheimfahrten im Rahmen einer doppelten Haushaltsführung) die **Bemessungsgrundlage auf 0,25 %** zu kürzen. Für ein Dienstrad, das im Wege der Barlohnumwandlung überlassen wird, berechnet sich der monatliche Durchschnittswert seit 2020 mit 1 % des auf volle 100 EUR abgerundeten Viertels der unverbindlichen Preisempfehlung des Herstellers, Importeurs oder Großhändlers im Zeitpunkt der Inbetriebnahme des Fahrrads einschließlich der Umsatzsteuer. Durch die Kürzung der Bemessungsgrundlage »Brutto-Preisempfehlung« um 75 % wird ein abgesenkter monatlicher Durchschnittswert von 0,25 % erreicht. Die Abrundung auf volle 100 EUR ist wie bei der halbierten Bemessungsgrundlage nach der Kürzung durchzuführen.

Achtung

Die Regelung gilt für betriebliche (Elektro-)Fahrräder, die erstmals zwischen 2019 und 2030 überlassen werden. Sie umfasst damit die (Elektro-)Fahrräder, die in 2019 mit der halbierten Bemessungsgrundlage lohnsteuerlich zu erfassen waren sowie alle diejenigen, die erstmals seit 2020 dem Arbeitnehmer zur privaten Nutzung überlassen worden sind. Seit 2020 entfällt damit die Anwendung des halbierten Durchschnittswerts. Damit ergibt sich für die Überlassung betrieblicher Fahrräder und E-Bikes dieselbe lohnsteuerliche Berechnung des geldwerten Vorteils wie für den Sachbezug »Elektro-Firmenwagen« bis zu einem Bruttolistenpreis von 60.000 EUR.

Bei (Elektro-)Fahrrädern, die **bereits vor 2019** als Dienstrad eingesetzt waren, führt der Wechsel des nutzungsberechtigten Arbeitnehmers nicht zu einer Halbierung der Bemessungsgrundlage für die Berechnung des monatlichen Durchschnittswerts der Privatnutzung mit 1 %. Es bleibt für die Jahre ab 2019 beim ungekürzten monatlichen Durchschnittswert von 1 % der auf volle 100 EUR abgerundeten unverbindlichen Brutto-Preisempfehlung des Herstellers.

102 BMF, gleichlautende Ländererlasse v. 9.1.2020, IV C 5 – S 2334/19/10005 :002, BStBl 2020 I S. 174, Rz. 1, 5.
103 BMF, gleichlautende Ländererlasse v. 9.1.2020, IV C 5 – S 2334/19/10005 :002, BStBl 2020 I S. 174, Rz. 2, 5.

Leasingfahrräder

Die Anwendung des monatlichen Durchschnittswerts in den Fällen der Entgeltumwandlung gilt auch für **geleaste Elektrofahrräder**. Entscheidend ist, dass der Arbeitnehmer nicht wirtschaftlicher Eigentümer des überlassenen E-Bikes wird, sodass steuerlich von einer Nutzungsüberlassung auszugehen ist und der vom Arbeitgeber gewährte Vorteil beim Arbeitnehmer nicht etwa in Form der verbilligten Leasingraten ankommt.[104] Nicht erforderlich ist, dass der Arbeitnehmer das überlassene E-Bike für dienstliche Fahrten oder die Wege zwischen Wohnung und Arbeitgeber einsetzt. Eine 100%ige Privatnutzung steht der vereinfachten Bewertung mit dem monatlichen 1-%-Durchschnittswert nicht entgegen.

Bei Anwendung der Durchschnittswertbesteuerung nach §8 Abs.2 Satz10 EStG darf die **50-EUR-Sachbezugsfreigrenze**) **nicht berücksichtigt** werden. Ebenso ist die Kürzung des Bruttolistenpreises um die Kosten für das Batteriesystem sowie die Halbierung bzw. seit 2020 die Viertelung der Bemessungsgrundlage für Anschaffungen und Leasingverträge in den Jahren 2019 bis 2030 (vgl. Kap. 8.4.13) nicht zulässig. Allerdings umfasst der 1-%-Durchschnittswert beim echten (Elektro-)Dienstfahrrad auch die arbeitstäglichen Fahrten zum Arbeitgeber, sodass die Erfassung eines zusätzlichen Vorteils und damit der 0,03-%-Zuschlag anders als beim E-Bike-Dienstkraftfahrzeug entfällt.

Beispiel

Eine Firma least bei einem Fahrrad-Shop ein E-Bike mit Motorzuschaltung bis maximal 25 km/h, das keiner straßenverkehrsrechtlichen Zulassung bedarf. Sie überlässt es einem außertariflichen Arbeitnehmer unter Abänderung des Einstellungsvertrags erstmals ab 1.1.2021 zur privaten Nutzung. Die unverbindliche Bruttopreisempfehlung beträgt 2.500 EUR. Mit dem Arbeitnehmer (Steuerklasse I) wird eine monatliche Eigenbeteiligung i. H. der Leasingraten von 75 EUR vereinbart, die in Form einer Kürzung der monatlichen Bruttobezüge von bisher 4.000 EUR über die Lohnabrechnung zu erbringen ist.

Ergebnis: Für die Überlassung des E-Bikes ist die Steuerbefreiung nach §3 Nr. 37 EStG ausgeschlossen, da sie im Wege der Entgeltsumwandlung erfolgt. Für die Bemessungsgrundlage gilt die Viertel-Regelung, d. h., der unverbindliche Bruttolistenpreis als Bemessungsgrundlage für den 1-%-Durchschnittswert ist auf 25% zu kürzen. Die maßgebende Bemessungsgrundlage berechnet sich mit 625 EUR (25% von 2.500 EUR) und ist nach Rundung auf volle 100 EUR mit 600 EUR anzusetzen. Die steuerliche Entlastung durch die Firmenwagenüberlassung im Fall der Entgeltumwandlung wird durch folgende Vergleichsberechnung für die monatliche Gehaltsabrechnung 2023 deutlich:

	ohne E-Bike	mit E-Bike
Bruttolohn	4.000,00 EUR	3.925,00 EUR
E-Bike (1% von 600 EUR)		6,00 EUR
Steuerpflichtige Bezüge	4.000,00 EUR	3.931,00 EUR
Lohnsteuer (Steuerklasse I/0)[105]	589,50 EUR	571,41 EUR
Solidaritätszuschlag	0,00 EUR	0,00 EUR
Kirchensteuer (8%)	47,16 EUR	45,71 EUR
Sozialabgaben (Arbeitnehmeranteil)	817,00 EUR	802,90 EUR
Nettolohn	2.546,34 EUR	2.510,98 EUR
Monatliche Ersparnis		**35,36 EUR**

Die monatliche Leasingrate, die der Arbeitnehmer zu zahlen hat, reduziert sich im Beispielsfall durch die Abgabenersparnis auf rd. 40 EUR (= 75 EUR – 35,36 EUR).

104 BFH, Urteil v. 18.12.2014, VI R 75/13, BStBl 2015 II S. 670.

105 Für die Berechnung wurde ein individueller Krankenkassenzusatzbeitrag von 1,3% und ein PV-Zuschlag von 0,35% angenommen.

Durch die Anwendung der Viertel-Regelung fällt die Steuerersparnis für Leasingmodelle mit Entgeltsumwandlung etwas höher aus als bisher. Der lohnsteuerliche Sachbezug »Elektro-Firmenwagen«, der den Bruttobarlohn bei der Lohnabrechnung erhöht, ist durch die gekürzte Bemessungsgrundlage niedriger. Hinsichtlich der Sozialversicherung ist zu beachten, dass die Entgeltumwandlung nur dort zulässig ist, wo für den Arbeitnehmer weder Tarifbindung besteht noch ein für allgemein verbindlich erklärter Tarifvertrag zur Anwendung kommt. Ansonsten bleibt das bisherige sozialversicherungspflichtige Arbeitsentgelt unverändert und weicht von dem durch die Barlohnkürzung geringeren Steuerbrutto ab.

Leasing mit Kaufoption

Besonders vorteilhaft können solche Entgeltumwandlungen sein, bei denen dem Arbeitnehmer am Ende der Leasinglaufzeit eine **Kaufoption** eingeräumt wird, die es dem Arbeitnehmer ermöglicht, das Elektrofahrrad zum tatsächlichen Verkehrswert zu erwerben. Vorsicht geboten ist allerdings bei verbindlichen Kaufrechten, die dem Arbeitnehmer das spätere Eigentum sichern sollen. Eine Nutzungsüberlassung, für die eine Bewertung nach dem günstigen 1-%-Durchschnittswert zulässig ist, setzt voraus, dass der Arbeitnehmer nach dem Grundsatz der wirtschaftlichen Betrachtungsweise weder als wirtschaftlicher Eigentümer noch als wirtschaftlicher Leasingnehmer des vom Arbeitgeber überlassenen E-Bikes anzusehen ist.[106]

Kauf nach Leasingende

Erwirbt der Arbeitnehmer bei Beendigung der Nutzungsüberlassung das Leasingfahrrad zu einem geringeren Preis als dem Marktwert (= üblicher Endpreis am Abgabeort nach § 8 Abs. 2 Satz 1 EStG), unterliegt der Differenzbetrag als Arbeitslohn von dritter Seite dem Lohnsteuerabzug. Nach einer bundeseinheitlichen **Vereinfachungsregelung**[107] können als Endpreis eines (Elektro-)Fahrrads, das der Arbeitnehmer nach Ablauf einer 36-monatigen Nutzungsüberlassung erwirbt, **40 %** der auf volle 100 EUR abgerundeten unverbindlichen Preisempfehlung des Herstellers im Zeitpunkt der Inbetriebnahme einschließlich Umsatzsteuer angesetzt werden. Soweit der Ansatz eines geringeren Restwerts, insbesondere von 10 % des Neupreises, geltend gemacht wird, hat der Arbeitgeber den Nachweis über den begehrten niedrigeren Restwert in geeigneter Weise zu führen, etwa durch Vorlage eines anerkannten Gutachtens.

Hinweis

Nach der genannten Verwaltungsanweisung darf der Zuwendende, z. B. der Leasinggeber oder der Dienstleister, alternativ zur individuellen Versteuerung des geldwerten Vorteils aus dem Fahrraderwerb die Besteuerung mit dem **Pauschsteuersatz von 30 %** nach § 37b EStG übernehmen. Auch in diesem Fall ist nach Verwaltungsauffassung die **vereinfachte Restwertermittlung** anzuwenden und die pauschale Endpreisermittlung mit 40 % anzusetzen, sofern der Arbeitgeber keinen geringeren Restwert nachweist. Soweit im Rahmen der Vertragsgestaltung nach Ablauf des 3-jährigen Leasingzeitraums eine Restwertzahlung von 10 % des ursprünglichen Kaufpreises mit dem Arbeitnehmer festgelegt wird, entsteht ohne Nachweisführung ein **geldwerter Vorteil** aus dem Erwerb des Elektrofahrrads, für den die Pauschalbesteuerung mit 30 % angewendet werden darf. Wird eine Nutzungsüberlassung auch für (Elektro-)Fahrräder von **Familienangehörigen des Arbeitnehmers** vereinbart, sind die lohnsteuerlichen Konsequenzen für jedes (Elektro-) Fahrrad zu ziehen und die geldwerten Vorteile beim Arbeitnehmer zu versteuern.

Ein für den Zuwendenden kostenneutrales Ergebnis, das über einen (höheren) Restkaufpreis die Pauschalsteuer abdeckt, lässt sich dadurch erreichen, dass der Kaufpreis nach Ablauf des 3-jährigen Leasingzeitraums mit 17 % festgelegt wird. Der geldwerte Vorteil berechnet sich in Bezug auf die

106 BFH, Urteil v. 18.12.2014, VI R 75/13, BStBl 2015 II S. 670.

107 BMF, Schreiben v. 17.11.2017, IV C – S 2334/12/10002 – 04, BStBl 2017 I S. 1546.

vereinfachte Restwertermittlung von 40 % mit 23 % (= 40 – 17). Die pauschale Lohnsteuer hiervon beträgt rund 7 % (= 30 % von 23 % geldwertem Vorteil).

Pauschalierung mit 25 %

Seit 2020 hat der Arbeitgeber für die Übereignung eines Fahrrads oder Elektrofahrrads, das kein Kraftfahrzeug ist, zusätzlich zur pauschalen Besteuerung nach § 37b EStG die Möglichkeit, den hierbei anfallenden geldwerten Vorteils mit **25 % zu pauschalieren** (§ 40 Abs. 2 Nr. 7 EStG). Voraussetzung ist, dass der Arbeitgeber das betriebliche (Elektro-)Fahrrad seinem Arbeitnehmer zusätzlich zum ohnehin geschuldeten Arbeitslohn unentgeltlich oder verbilligt übereignet. Die Bemessung des geldwerten Vorteils erfolgt nach dem Verkehrswert am Abgabeort im Zeitpunkt der Übereignung.

Hinweis

Die Vereinfachungsregelung, die nach Ablauf einer 36-monatigen Nutzungsüberlassung einen Ansatz des Marktwerts mit 40 % der auf volle 100 EUR abgerundeten unverbindlichen Preisempfehlung des Herstellers im Zeitpunkt der Inbetriebnahme einschließlich Umsatzsteuer zulässt[108], ist auch für die Pauschalbesteuerung mit 25 % anzuwenden. Der Vorteil gegenüber der Pauschalierungsvorschrift des § 37b EStG liegt nicht nur in dem um 5 %-Punkte geringeren Steuersatz, sondern im Wesentlichen in der Beitragsfreiheit in der Sozialversicherung. Die Übernahme der Lohnsteuer durch den Arbeitgeber mit dem Pauschsteuersatz von 25 % bewirkt den gleichzeitigen Wegfall der Sozialversicherungsbeiträge (§ 1 Abs. 1 Satz 1 Nr. 1 SvEV).

Aufladen von E-Bikes

»Echte« E-Bikes, die verkehrsrechtlich nicht zu den Kraftfahrzeugen zählen (keine Kennzeichen- und Versicherungspflicht), sind von der gesetzlichen **Steuerbefreiung für das Stromtanken** ausgenommen (§ 3 Nr. 46 EStG). Steuerbefreit ist ausschließlich die Stromüberlassung des Arbeitgebers für Elektro- und Hybridelektro(Kraft-)fahrzeuge. Gleichwohl lässt die Finanzverwaltung aus **Billigkeitsgründen** auch bei echten E-Bikes die geldwerten Vorteile aus dem Stromtanken im Betrieb des Arbeitgebers oder eines verbundenen Unternehmens **lohnsteuerfrei.**[109] Mit Blick auf die wertmäßig zu vernachlässigende Vorteilsgewährung, wird der vom Arbeitgeber gewährte Sachbezug »elektrisches Aufladen E-Bike« aus Vereinfachungsgründen nicht als Arbeitslohn erfasst. Im Ergebnis ergibt sich durch Verwaltungsregelung dieselbe steuerliche Behandlung wie für den geldwerten Vorteil beim Aufladen von Elektrokraftfahrzeugen.[110]

Umsatzsteuer bei (Elektro-) Fahrrädern

Hinsichtlich der umsatzsteuerlichen Behandlung der Überlassung betrieblicher Fahrräder oder E-Bikes vertritt die Finanzverwaltung nach wie vor die Auffassung, dass sämtliche lohnsteuerlichen Vergünstigungen keine Anwendung finden.[111] Die Halbierung bzw. Viertelung der Bemessungsgrundlage sind für Zwecke der Umsatzbesteuerung nicht anzuwenden. Es ist jeweils der volle ungekürzte Bruttolistenpreis als umsatzsteuerliche Bemessungsgrundlage anzusetzen (Abschn. 15.23 Abs. 11 UStAE). Dasselbe gilt für die seit 1.1.2019 geltende Steuerbefreiung nach § 3 Nr. 37 EStG. Für die Umsatzbesteuerung ist von einem steuerpflichtigen geldwerten Vorteil von 1 % der unverbindlichen Preisempfehlung des Herstellers auszugehen. Die lohnsteuerliche Steuerbefreiung bleibt bei der Umsatzsteuer unberücksichtigt. Insoweit entsteht jedoch kein weiterer geldwerter Vorteil, der beim Arbeitnehmer zu versteuern wäre. Die Umsatzsteuer ist sowohl im steuerfreien als auch im lohnsteuerpflichtigen Wert enthalten.

108 BMF, Schreiben v. 17.11.2017, IV C – S 2334/12/10002 – 04, BStBl 2017 I S. 1546.
109 BMF, Schreiben v. 29.9.2020, IV C 5 – S 2334/19/10009 :004, BStBl 2020 I S. 972, Rz. 10.
110 BMF, Schreiben v. 29.9.2020, IV C 5 – S 2334/19/10009 :004, BStBl 2020 I S. 972, Rz. 10.
111 BMF, Schreiben v. 7.2.2022, III C 2 – S 7300/19/10004 :001, BStBl 2022 I S. 197.

Hinweis

Für Fahrräder und E-Bikes, deren Wert im unteren Kaufpreissegment liegt, hat die Finanzverwaltung in 2022 mit Blick auf die geringe praktische und fiskalische Bedeutung eine **Vereinfachungsregelung** festgelegt.[112] Beträgt die unverbindliche Preisempfehlung des Fahrrads bzw. E-Bikes im Zeitpunkt der Inbetriebnahme **weniger als 500 EUR**, wird es nicht beanstandet, wenn umsatzsteuerlich von keiner steuerpflichtigen Überlassung des Fahrrads bzw. E-Bikes ausgegangen wird (keine entgeltliche Leistung und keine unentgeltliche Wertabgabe). In diesen Fällen ist also **keine Umsatzbesteuerung** der Leistung an die Beschäftigten erforderlich (Abschn. 15.24 Abs. 3 Satz 5 und 6 UStAE). Ein Vorsteuerabzug für den Unternehmer in Bezug auf das Fahrrad ist unter den übrigen Voraussetzungen des § 15 UStG jedoch weiterhin möglich. Maßgebende Rechengröße für die 500-EUR-Grenze und damit die Anwendung des Besteuerungsverzichts ist die auf volle 100 EUR abgerundete unverbindliche Preisempfehlung des Herstellers, Importeurs oder Großhändlers im Zeitpunkt der Inbetriebnahme des Fahrrads.

Der zur Abmilderung der Folgen der Corona-Pandemie von 19 % auf 16 % abgesenkte umsatzsteuerliche Regelsteuersatz wirkt sich bei Neuanschaffungen im Zeitraum 1.7.2020 – 31.12.2020 für Lohnzahlungszeiträume seit 1.1.2021 weiter vorteilhaft aus. Die niedriger ausfallende Bruttopreisempfehlung des Herstellers oder Großhändlers ist für die gesamte Nutzungsdauer des betrieblich überlassenen (Elektro-)Fahrrads maßgebend, sodass sich die Umsatzsteuer auch seit 2021 mit 19/119 aus der um 3 % geringeren Bruttobemessungsgrundlage berechnet.

8.4.7 Überlassung mehrerer Fahrzeuge

Fahrzeugpool

Stehen einem Arbeitnehmer gleichzeitig mehrere Firmenfahrzeuge zur Verfügung, ist zunächst für jedes Fahrzeug die Privatnutzung mit monatlich 1 % des Listenpreises anzusetzen. Dies gilt auch bei Einsatz eines Wechselkennzeichens. Der Nutzungswert für Fahrten zwischen Wohnung und erster Tätigkeitsstätte ist dagegen insgesamt nur einmal zu erfassen. Abzustellen ist auf den Bruttolistenpreis desjenigen Fahrzeugs, das der Arbeitnehmer **überwiegend für diese Fahrten einsetzt.**[113] Eine andere Berechnung ergibt sich in den Fällen, in denen die gleichzeitige Privatnutzung der verschiedenen Firmenwagen ausgeschlossen ist, weil die Nutzung der Fahrzeuge durch andere zur Privatsphäre des Arbeitnehmers gehörende Personen nicht in Betracht kommt, etwa eine Nutzung durch die Ehefrau oder volljährige Kinder. In diesen Fällen ist ausschließlich das überwiegend genutzte Fahrzeug zu erfassen.[114] Dies wird auch für Gesellschafter-Geschäftsführer einer GmbH so gehandhabt. Für das zweite und dritte Fahrzeug wird auch keine verdeckte Gewinnausschüttung angesetzt.

Wichtig

Der BFH hat die sog. Junggesellenregelung für die Firmenwagenüberlassung im Arbeitnehmerbereich abgelehnt.[115] Er kommt zum Ergebnis, dass die 1-%-Regelung für alle dem Arbeitnehmer überlassenen Fahrzeuge anzuwenden ist, wenn keine Fahrtenbücher geführt werden. Das BMF hat die Veröffentlichung im Bundessteuerblatt mit dem Hinweis verbunden, dass die bisherige Verwaltungsauffassung bestehen bleibt.[116]

Für das Lohnsteuerverfahren bleibt danach die sog. Junggesellenregelung erhalten, wonach bei (ledigen) Arbeitnehmern nur für das überwiegend genutzte Kfz ein geldwerter Vorteil zu versteuern ist, wenn diesen mehrere Firmenfahrzeuge auch zur privaten Nutzung überlassen werden.[117] Die Finanzverwaltung bejaht

112 BMF, Schreiben v. 7.2.2022, III C 2 – S 7300/19/10004 :001, BStBl 2022 I S. 197.
113 BMF, Schreiben v. 3.3.2022, IV C 5 – S 2334/21/10004 :001, BStBl 2022 I S. 232, Tz. 2.10.
114 BMF, Schreiben v. 28.5.1996, IV B – S 2334 – 173/96, BStBl 1996 I S. 654.
115 BFH, Urteil v. 13.6.2013, VI R 17/12, BStBl 2014 II S. 340.
116 BMF, Schreiben v. 28.5.1996, IV B – S 2334 – 173/96, BStBl 1996 I S. 654.
117 BMF, Schreiben v. 3.3.2022, IV C 5 – S 2334/21/10004 :001, BStBl 2022 I S. 232, Tz. 2.10.

die Anwendung der Junggesellenregelung auch bei der Einkommensteuererklärung im Veranlagungsverfahren des Arbeitnehmers.

Stehen dem Arbeitnehmer die verschiedenen Fahrzeuge nicht gleichzeitig, sondern abwechselnd zur Verfügung, weil sie von mehreren Arbeitnehmern privat genutzt werden, muss der geldwerte Vorteil zunächst fahrzeugbezogen für jedes einzelne Kfz nach der 1-%-Methode ermittelt und anschließend den berechtigten Arbeitnehmern durch **Pro-Kopf-Aufteilung** zugerechnet werden.[118] Dabei ist es ohne Bedeutung, wenn die Zahl der nutzungsberechtigten Arbeitnehmer die Anzahl der im Fahrzeugpool zur Verfügung stehenden Autos unterschreitet. Die eigentliche Auswirkung dieser Berechnungsweise[119] ergibt sich für die Firmenwagenüberlassung aus einem Fahrzeugpool, die insbesondere für Mitarbeiter von Autohäusern von Bedeutung ist. Befinden sich unterschiedliche Fahrzeuge in einem Fahrzeugpool des Arbeitgebers, ist zunächst für jeden Firmenwagen auf der Basis der 1-%-Methode der pauschale Nutzungswert zu ermitteln. Der auf diese Weise pro Firmenwagen ermittelte geldwerte Vorteil ist anschließend zu einer Gesamtsumme für den Fahrzeugpool zu addieren und schließlich durch Pro-Kopf-Aufteilung den zugriffsberechtigten Arbeitnehmern in gleichen Anteilen zuzurechnen. Dies gilt auch für den Fall, dass die Zahl der Nutzungsberechtigten die Zahl der im Fahrzeugpool befindlichen Pkw übersteigt.

Zuschlag für Fahrten zur Arbeitsstätte bei Poolfahrzeugen

Keine Aussage trifft das Urteil, wie der geldwerte Vorteil für den 0,03-%-Zuschlag zu ermitteln ist, falls das Fahrzeug zur gemeinsamen Nutzung durch mehrere Arbeitnehmer auch für Fahrten zwischen Wohnung und erster Tätigkeitsstätte zur Verfügung steht. Die Verwaltung hat sich auch hier entsprechend der von der Rechtsprechung für den Bereich der Privatnutzung getroffenen Entscheidung zugunsten der Arbeitnehmer für eine **fahrzeugbezogene Berechnung** entschieden. Das Anwendungsschreiben des BMF zur Firmenwagenbesteuerung enthält sinngemäß folgende Regelung[120]:

> »Wird ein Fahrzeug von mehreren Arbeitnehmern benutzt, so ist bei der pauschalen Nutzungswertermittlung für Fahrten zwischen Wohnung und erster Tätigkeitsstätte bei jedem Arbeitnehmer der geldwerte Vorteil mit 0,03 % des Listenpreises (der Listenpreise aller Kraftfahrzeuge – bei einem Fahrzeugpool) je Entfernungskilometer zu ermitteln und anschließend dieser Wert durch die Zahl der Nutzungsberechtigten zu teilen. Dieser Wert ist beim einzelnen Arbeitnehmer mit der Zahl seiner Entfernungskilometer zu multiplizieren.«

Abzustellen ist also nicht auf den durchschnittlichen Bruttolistenpreis der zur Verfügung stehenden Fahrzeuge, sondern auf den **durchschnittlichen pauschalen Monatssatz pro Entfernungskilometer**, der als Ausgangsgröße auf die individuellen Entfernungskilometer der Fahrten zwischen Wohnung und erster Tätigkeitsstätte des einzelnen Arbeitnehmers anzuwenden ist. Dadurch wird erreicht, dass insbesondere für den Fall, dass weniger Fahrzeuge als Nutzungsberechtigte vorhanden sind, der Sachbezug für die Fahrten zur ersten Tätigkeitsstätte nicht höher ausfällt als bei einer fiktiven Zurechnung jeweils eines der gemeinschaftlich genutzten Firmenfahrzeuge bei genau einem Arbeitnehmer.

Beispiel

In einem Fahrzeugpool befinden sich 2 Pkw. Der Listenpreis für den ersten Pkw beträgt 30.000 EUR und für den zweiten Pkw 50.000 EUR. Die beiden Firmenwagen stehen den Arbeitnehmern A, B und C zur privaten Nutzung und für die Fahrten zur Arbeit zur Verfügung. Die Entfernung zwischen Wohnung und erster Tätigkeitsstätte beträgt bei A 70 km, bei B 30 km und bei C 10 km.

118 BFH, Urteil v. 15.5.2002, VI R 132/00, BStBl 2003 II S. 311.
119 BMF, Schreiben v. 3.3.2022, IV C 5 – S 2334/21/10004 :001, BStBl 2022 I S. 232, Tz. 2.10.
120 BMF, Schreiben v. 3.3.2022, IV C 5 – S 2334/21/10004 :001, BStBl 2022 I S. 232, Tz. 2.3.

Ergebnis: Der geldwerte Vorteil für die Privatnutzung beträgt insgesamt 1 % von 80.000 EUR (Summe der Listenpreise Pkw 1 und Pkw 2) = 800 EUR. Er wird auf die 3 nutzenden Arbeitnehmer verteilt, sodass jeder Arbeitnehmer monatlich 266 EUR für die Privatnutzung zu versteuern hat.

Hinsichtlich der Fahrten zwischen Wohnung und erster Tätigkeitsstätte beträgt der anzusetzende Wert je Entfernungskilometer 24 EUR (0,03 % von 80.000 EUR). Dieser Wert wird auf die 3 Arbeitnehmer verteilt, sodass jeder Arbeitnehmer einen geldwerten Vorteil von 8 EUR pro Entfernungskilometer zu versteuern hat. Für den Arbeitnehmer A beträgt damit der monatliche Zuschlag 560 EUR (70 Entfernungskilometer × 8 EUR), für den Arbeitnehmer B 240 EUR (30 Entfernungskilometer × 8 EUR) und für den Arbeitnehmer C 80 EUR (10 Entfernungskilometer × 8 EUR), der als zusätzlicher geldwerter Vorteil für die Fahrten zum Betrieb zu erfassen ist.

8.4.8 Sonderfall Außendienstmitarbeiter

Für Fahrten zwischen Wohnung und Arbeitsstätte begründet die Firmenwagenüberlassung nur dann einen geldwerten Vorteil, wenn es sich hierbei um eine erste Tätigkeitsstätte des Arbeitnehmers handelt.

Von einem dauerhaften Beschäftigungsort im Sinne einer ersten Tätigkeitsstätte ist auszugehen, wenn der Arbeitnehmer

- nach **dienst- oder arbeitsrechtlichen Festlegungen** einer ortsfesten betrieblichen Einrichtung dauerhaft zugeordnet (arbeitsrechtliches Zuordnungsprinzip) oder
- **zeitlich** in einer betrieblichen Einrichtung
  - typischerweise arbeitstäglich,
  - 2 volle Arbeitstage pro Woche oder
  - ein Drittel seiner vereinbarten regelmäßigen Arbeitszeit dauerhaft tätig werden soll (quantitatives Zuordnungsprinzip).

Gestaltungsspielraum

Vorrang hat nach dem eindeutigen Wortlaut des Gesetzes die arbeitsrechtliche Zuordnung, während die zeitliche Bestimmung der ersten Tätigkeitsstätte immer erst an zweiter Stelle vorzunehmen ist, wenn keine oder keine eindeutige arbeitsrechtliche Festlegung seitens des Arbeitgebers erfolgt ist. Für die Firmenwagenbesteuerung bedeutet dies, dass durch **geschickte arbeitsrechtliche Zuordnung** des Firmenwageninhabers zu einer betrieblichen Einrichtung günstigere Ergebnisse hinsichtlich der Besteuerung von Fahrten zwischen Wohnung und Tätigkeitsstätte erreicht werden können.

Aber auch **ohne arbeitsrechtliche Zuordnung** wird durch die in diesem Fall erforderliche zeitliche Bestimmung nur noch ausnahmsweise eine erste Tätigkeitsstätte begründet. Die zeitliche Abgrenzung der ersten Tätigkeitsstätte legt deutlich großzügigere Maßstäbe an als die für die regelmäßige Arbeitsstätte geltende Vereinfachungsregelung. Während früher bereits ein voller Arbeitstag pro Woche oder 20 % der vereinbarten Arbeitszeit ausreichend waren, um den Tätigkeitsmittelpunkt beim Arbeitgeber zu begründen, sind diese Grenzen auf 2 volle Arbeitstage pro Woche bzw. auf ein Drittel der vereinbarten Arbeitszeit angehoben. Insbesondere der klassische Außendienstmitarbeiter wird durch den Umfang der beim Arbeitgeber zu verrichtenden Arbeiten dort nur noch ausnahmsweise eine erste Tätigkeitsstätte begründen. Für **Handelsvertreter** oder **Kundendienstmonteure** mit Firmenwagen entfällt dadurch die zusätzliche Besteuerung des geldwerten Vorteils für die Arbeitgeberfahrten, die früher je nach der Entfernung von der Wohnung zur Firma zu einer spürbaren Steuerbelastung führen konnten.

Die geänderte Begriffsbestimmung der seit 2014 maßgebenden ersten Tätigkeitsstätte hat für die Firmenwagenbesteuerung **vorteilhafte Folgen**: Für Geschäftswageninhaber, die nur einmal pro Woche die betriebliche Einrichtung des Arbeitgebers aufsuchen – auch wenn sie dort einen ganzen Arbeitstag verbringen –, verringert sich der geldwerte Vorteil um den Zuschlag für die Fahrten zwischen Wohnung und erster Tätigkeitsstätte. Durch den Wegfall dieser Fahrten beschränkt sich die Besteuerung auf die Privatnutzung des Fahrzeugs.

Beispiel

Ein Außendienstmitarbeiter fährt jeweils montags früh zur 60 km entfernten Betriebsstätte des Arbeitgebers, um dort ganztägig organisatorische Arbeiten zu verrichten. Für seine Außendiensttätigkeit steht ihm ein Firmenwagen zur Verfügung, den er auch privat nutzen darf (Bruttolistenpreis 37.500 EUR). Eine arbeitsrechtliche Festlegung der ersten Tätigkeitsstätte ist nicht erfolgt.

Ergebnis: Der Arbeitnehmer übt eine Einsatzwechseltätigkeit aus. Die wöchentliche Fahrt in die Firma begründet auch ohne arbeitgeberseitige Festlegung keine erste Tätigkeitsstätte, da die erforderlichen Zeitgrenzen nicht erreicht sind. Sämtliche Fahrten zu den Einsatzstellen, aber auch die Fahrt zur Betriebsstätte des Arbeitgebers, stellen Reisekosten dar. Die Firmenwagenbesteuerung beschränkt sich auf den monatlichen Ansatz von 375 EUR (= 37.500 EUR × 1 %). Ein weiterer geldwerter Vorteil als Zuschlag zur 1-%-Pauschale ist als Folge der fehlenden ersten Tätigkeitsstätte nicht zu erfassen.

Tageweise Berechnung möglich

Insbesondere bei Außendienstmitarbeitern, die auf einen Firmenwagen angewiesen sind, kann der feste Monatsbetrag weiterhin zu unsachgerechten Ergebnissen führen, wenn der Arbeitnehmer zweimal pro Woche ganztägig seine Firma aufsucht. Die Finanzverwaltung hält zwar auch in diesen Fällen daran fest, dass mangels geeignetem Aufteilungsmaßstab keine Kürzung der Entfernungspauschale infrage kommt, lässt aber unter bestimmten Voraussetzungen eine tageweise Berechnung des geldwerten Vorteils für Fahrten zwischen Wohnung und Tätigkeitsstätte mit der 0,002-%-Pauschale zu (s. Kap. 8.4.2).

Beispiel

Einer Kundendienstmonteurin steht für ihre berufliche Auswärtstätigkeit ab 2023 ein Firmenwagen (Bruttolistenpreis 30.000 EUR) auch zu privaten Zwecken zur Verfügung. Jeweils montags und freitags sucht sie einen ganzen Arbeitstag die Firma auf, um Aufträge entgegenzunehmen bzw. abzurechnen. Die Entfernung Wohnung und erste Tätigkeitsstätte beträgt 45 km.

Ergebnis: Auch ohne arbeitsrechtliche Festlegung begründen die regelmäßigen Fahrten der Außendienstmitarbeiterin an den Betriebssitz eine erste Tätigkeitsstätte. Bei der Firmenwagenbesteuerung muss deshalb ein zusätzlicher geldwerter Vorteil für Fahrten zwischen Wohnung und erster Tätigkeitsstätte angesetzt werden. Der monatliche geldwerte Vorteil berechnet sich bei Anwendung der 1-%-Methode wie folgt:

Privatfahrten: 1 % von 30.000 EUR	300 EUR
Fahrten Wohnung–Betrieb: 0,03 % × 30.000 EUR × 45 km	405 EUR
Steuerpflichtiger geldwerter Vorteil	**705 EUR**

Bei Anwendung der fahrtbezogenen Berechnungsweise hätte sich ein geldwerter Vorteil von insgesamt 516 EUR pro Monat ergeben (300 EUR plus 8 Fahrten × 0,002 % × 30.000 EUR × 45 km).

Firmenwagenüberlassung

Das Beispiel verdeutlicht, dass insbesondere bei größeren Entfernungen zwischen Wohnung und Tätigkeitsstätte der Wechsel zur Tagespauschale deutliche Vorteile bringen kann. Möglichkeiten, bei größeren Entfernungen zwischen Wohnung und erster Tätigkeitsstätte den Ansatz eines geldwerten Vorteils ganz zu vermeiden, eröffnen sich dort, wo z. B. durch Einrichtung eines Homeoffice die Fahrten zur Firma auf **gelegentliche Besuche** reduziert werden können, sodass keine erste Tätigkeitsstätte im Betrieb begründet wird.

Wird ein Firmenwagen nicht auf Dauer, sondern ausschließlich zu solchen Fahrten zwischen Wohnung und erster Tätigkeitsstätte überlassen, durch die eine Auswärtstätigkeit, die die Voraussetzungen der Reisekosten erfüllt, begonnen oder beendet wird, so sind diese Fahrten zum Betrieb nach Verwaltungsauffassung nicht zu erfassen.[121] Wer also ausschließlich für einzelne Tage ein Firmenfahrzeug erhält, weil es erforderlich werden kann, dass er dienstliche Fahrten von der Wohnung aus antreten muss, braucht für die Fahrten vom bzw. zum Betrieb keinen geldwerten Vorteil zu versteuern. Die Verwaltung unterstellt hier, dass das Fahrzeug im **ganz überwiegend betrieblichen Interesse** überlassen wird, also ohne Entlohnungscharakter. Es ist allerdings zu beachten, dass die Entfernungspauschale von 0,03 % bzw. 0,002 % nur dann entfällt, wenn sämtliche Fahrten zum Betrieb diese Voraussetzung erfüllen, der Fahrt zum Betrieb muss also jeweils ein auswärtiges Dienstgeschäft vorausgehen oder sich ein solches anschließen.

Fahrten vor oder nach beruflichen Auswärtstätigkeiten

Begünstigt durch diese Sonderregelung sind hauptsächlich Arbeitnehmer, denen ein Firmenwagen zu Fahrten zwischen Wohnung und (erster) Tätigkeitsstätte ausschließlich für Tage einer Rufbereitschaft zusteht.

Beispiel

Arbeitnehmer eines städtischen Versorgungsbetriebs müssen jeden Monat eine wöchentliche Rufbereitschaft ableisten. Während dieser Wochen erhalten die Arbeitnehmer für die Fahrten zwischen Wohnung und erster Tätigkeitsstätte einen Firmenwagen, um jederzeit einsatzbereit zu sein.

Ergebnis: Der Ansatz eines geldwerten Vorteils für die Fahrten zwischen Wohnung und erster Tätigkeitsstätte entfällt. Die Firmenwagenüberlassung erfolgt im ganz überwiegend eigenbetrieblichen Interesse und stellt mangels Entlohnungscharakter keinen Arbeitslohn dar. Die Rechtsprechung hat diese Auffassung in einem Urteil bestätigt.[122]

8.4.9 Arbeitnehmer mit ständig wechselnden Einsatzorten

Noch günstiger stellt sich die Firmenwagenbesteuerung für Arbeitnehmer, die bei ihrer beruflichen Tätigkeit nur an ständig wechselnden Einsatzstellen tätig sind, also beim Arbeitgeber weder nach der arbeitsrechtlichen noch nach der zeitlichen Zuordnung eine erste Tätigkeitsstätte haben. Unternimmt der Arbeitnehmer gelegentliche **Fahrten zum Betrieb**, werden auch diese als **auswärtiges Dienstgeschäft** behandelt. Die monatliche Entfernungspauschale von 0,03 % bzw. die fahrtbezogene Tagespauschale von 0,002 % ist deshalb bei der Firmenwagenüberlassung ohne Bedeutung. Die Firmenwagenbesteuerung beschränkt sich bei diesen Personen auf die Privatfahrten, im Fall der pauschalen Nutzungswertermittlung auf den Ansatz von 1 % des maßgeblichen Bruttolistenpreises.

Arbeitnehmer ohne erste Tätigkeitsstätte

Für Kundendienstmonteure und Reisevertreter, die ohne erste Tätigkeitsstätte nur an ständig wechselnden Einsatzorten auswärts tätig sind, bedeutet dies, dass der Ansatz eines geldwerten Vorteils auch für einzelne Fahrten zwischen Wohnung und Einsatzstelle entfällt, auch wenn der jeweilige Einsatzort in unmittelbarer Nähe der Wohnung liegt.

Beispiel

Eine Bauführerin ist das ganze Jahr ausschließlich auf unterschiedlichen Baustellen in einem Großstadtbereich eingesetzt. Da die Entfernungen zwischen Wohnung und Einsatzstelle regelmäßig weniger als 30 km betragen, kehrt sie arbeitstäglich nach Hause zurück. Sie fährt dabei mit dem firmeneigenen Werk-

121 BMF, Schreiben v. 3.3.2022, IV C 5 – S 2334/21/10004 :001, BStBl 2022 I S. 232, Rz. 6.

122 BFH, Urteil v. 25.5.2000, VI R 195/98, BStBl 2000 II S. 690.

stattwagen auf direktem Weg zur Einsatzstelle. Den Betriebssitz sucht sie nur gelegentlich, etwa ein- bis zweimal pro Monat, auf.

Ergebnis: Die Arbeitnehmerin hat ohne ausdrückliche arbeitsrechtliche Festlegung keine erste Tätigkeitsstätte. Sämtliche Fahrten, auch soweit die Einsatzorte in unmittelbarer Nähe von der Wohnung liegen, sind nach Reisekostengrundsätzen zu behandeln. Ein geldwerter Vorteil für die Firmenwagenüberlassung ist nicht zu erfassen.

Wichtig

Arbeitnehmer, die aufgrund ihrer wechselnden Einsatztätigkeit keine erste Tätigkeitsstätte haben, aufgrund Ansatz der Entfernungspauschale Anweisung des Arbeitgebers aber **dauerhaft denselben Ort** aufsuchen müssen, um von dort **typischerweise** die **arbeitstägliche** berufliche Tätigkeit aufzunehmen, dürfen für diese Fahrten nur noch die einschränkenden Regelungen der **Entfernungspauschale** anwenden (§ 9 Abs. 1 Nr. 4a Satz 3 EStG). Der Gesetzgeber stellt die Fahrten von zu Hause zum arbeitsrechtlich festgelegten Ort der täglichen Berufsaufnahme aufgrund ihres vergleichbaren Typus mit den begrenzt abzugsfähigen Fahrten zwischen Wohnung und erster Tätigkeitsstätte gleich. Steht diesen Arbeitnehmern für ihre berufliche Tätigkeit an wechselnden Einsatzorten ein Firmenwagen zur Verfügung, muss bei Anwendung der 1-%-Methode die monatliche Entfernungspauschale von 0,03 % bzw. die fahrtbezogene Tagespauschale von 0,002 % angesetzt werden, auch wenn der Arbeitnehmer keine erste Tätigkeitsstätte hat.

8.4.10 Garagengeld bei Firmenwagenüberlassung

Kein Arbeitslohn

Im Zusammenhang mit der Firmenwagenüberlassung in der Praxis häufig anzutreffen ist der Sachverhalt, dass der Arbeitgeber von seinem Arbeitnehmer für die Fahrzeugunterstellung zu Hause eine Garage verlangt. Unabhängig davon, ob dem Arbeitnehmer eine eigene Garage zur Verfügung steht oder ob die Anmietung bei einem Dritten erforderlich ist, erhält er als Gegenleistung von der Firma ein monatliches Garagengeld erstattet.

In zwei Urteilen hat der BFH entschieden, dass Zahlungen des Arbeitgebers für eine Firmenwagengarage des Arbeitnehmers **nicht als Arbeitslohn zu versteuern** sind.[123] Dies gilt unabhängig davon, ob der Arbeitnehmer den Firmenwagen in einer eigenen oder selbst angemieteten Garage unterstellt. Arbeitgeberleistungen für eine Firmenwagengarage zählen – anders als die Einnahmen aus der Überlassung von Werbeflächen am eigenen Pkw, die der BFH beim Arbeitnehmer den Arbeitslohneinkünften zurechnet[124] – zu den **Einkünften aus Vermietung und Verpachtung**.

Vermietungseinkünfte

Eine Zahlung, die sich ihrem wirtschaftlichen Gehalt nach als Nutzungsentgelt darstellt, ist bei den **Einkünften aus Vermietung und Verpachtung** zu erfassen. Dies ist immer dann der Fall, wenn zwischen Arbeitgeber und Arbeitnehmer ein Mietverhältnis besteht, das neben das Dienstverhältnis tritt, wenn der Beschäftigte seine eigene oder angemietete Garage für den betrieblichen Firmenwagen zur Verfügung stellt. Zahlungen des Arbeitgebers zählen demzufolge zu den Vermietungseinkünften, die nicht im Lohnsteuerverfahren, sondern allenfalls in der persönlichen Einkommensteuererklärung des Arbeitnehmers versteuert werden müssen.

Steuerfreier Auslagenersatz

In den Fällen, in denen der Arbeitnehmer für den Firmenwagen eine angemietete Garage zur Verfügung stellt, ohne dass ein Mietvertrag zwischen Arbeitgeber und Arbeitnehmer besteht, und nach Vorlage des Mietvertrags die konkret an den Dritten gezahlte Miete von seinem Arbeitgeber

123 BFH, Urteil v. 7.6.2002, VI R 146/99, BStBl 2002 II S. 829; BFH, Urteil v. 7.6.2002, VI R 53/01, BStBl 2002 II S. 878.
124 BFH, Beschluss v. 21.6.2022, VI R 20/20, BFH/NV 2023 S. 77.

erstattet bekommt, sind dagegen steuerfreier Arbeitslohn. Die Arbeitnehmer haben jeweils nach Einzelabrechnung Beträge erhalten, durch die der Arbeitgeber Auslagen der Arbeitnehmer ersetzt. Da die Anmietung der Garagen allein zum **Schutz und zur Werterhaltung der »betrieblichen Fahrzeuge«** erfolgte, leistet dieser mit der Erstattung des Garagenentgelts steuerfreien Auslagenersatz (§ 3 Nr. 50 EStG).

Schließlich liegt in der tatsächlichen Nutzung der (eigenen oder selbst angemieteten) Firmenwagengaragen durch die Arbeitnehmer auch **keine Rücküberlassung,** die zu einem zusätzlichen Sachlohn führen würde. Insoweit gilt nichts anderes, wie wenn der Arbeitgeber selbst eine eigene oder angemietete Garage dem Arbeitnehmer überlässt. Die Kosten hierfür zählen zu den **Gesamtkraftfahrzeugkosten des Firmenwagens.** Dementsprechend erhöht das Garagengeld bei der Fahrtenbuchmethode den Kilometersatz, der der Ermittlung des geldwerten Vorteils aus der Privatnutzung des Firmenwagens zugrunde zu legen ist (vgl. Kap. 8.5). Bei der 1-%-Methode sind dagegen die tatsächlichen Fahrzeugaufwendungen für den Umfang der Firmenwagenbesteuerung ohne Bedeutung. Der pauschale Nutzungswert von 1 % für die Privatnutzung sowie von 0,03 % für die Fahrten zum Betrieb erfasst auch die dem Arbeitgeber für eine Garage entstehenden Aufwendungen. Für die Übernahme zusätzlicher Fahrzeugkosten ist kein weiterer geldwerter Vorteil anzusetzen.

Wichtig

Die Bedeutung der Entscheidung ist nach der Urteilsbegründung auf den Sachverhalt der Firmenwagenüberlassung zu beschränken. Zahlt der Arbeitgeber dem Arbeitnehmer ein Garagengeld für die Unterbringung seines privaten Pkw, liegt weiterhin lohnsteuerpflichtiger Arbeitslohn vor. Gleichzeitig ist der (anteilige) Werbungskostenabzug für die Garagenkosten ausgeschlossen, auch soweit der Arbeitnehmer sein Fahrzeug für die arbeitstäglichen Fahrten zum Betrieb einsetzt. Mit dem Ansatz der Entfernungspauschale sind sämtliche Fahrzeugaufwendungen abgegolten, die durch die Fahrten zwischen Wohnung und Tätigkeitsstätte veranlasst sind (§ 9 Abs. 2 EStG).

Anrechenbares Nutzungsentgelt

Zu den anrechenbaren Nutzungsentgelten zählen ausschließlich **arbeits- oder dienstrechtlich vereinbarte Zahlungen** für die außerdienstliche Nutzung des zur Verfügung stehenden Firmenwagens. Neben einer vereinbarten festen Monats- oder Kilometerpauschale oder der Übernahme von Leasingraten sind auch vom Arbeitnehmer getragene Betriebskosten anrechenbar, wenn diese vom Arbeitnehmer selbst getragenen individuellen Kraftfahrzeugkosten eine arbeits- bzw. dienstrechtliche Rechtsgrundlage haben.[125] Sämtliche Fahrzeugaufwendungen, die von der Abgeltungswirkung der 1-%-Pauschale erfasst sind bzw. bei der Fahrtenbuchmethode in die Gesamtkostenberechnung für die Ermittlung des für den geldwerten Vorteil maßgebenden Kilometersatzes einfließen, können als anrechenbares Nutzungsentgelt vereinbart werden. Zu diesen Aufwendungen zählen alle Kosten, die **unmittelbar dem Halten und dem Betrieb des Fahrzeugs** zu dienen bestimmt sind und im Zusammenhang mit seiner Nutzung zwangsläufig anfallen. Daher können die vom Arbeitnehmer getragenen Absetzungen für Abnutzung und Miete für die Garage des Firmenwagens den geldwerten Vorteil Firmenwagen mindern.[126]

Wichtig

Die anteilig auf die Garage eines Arbeitnehmers entfallenden Grundstückskosten mindern den geldwerten Vorteil für die Überlassung eines Firmenwagens nicht, wenn die Unterbringung in der Garage als **freiwillige Leistung** des Arbeitnehmers erfolgt. Dasselbe gilt für die vom Arbeitnehmer gezahlte Garagenmiete, wenn die Zahlung arbeitsrechtlich nicht vereinbart worden ist.[127]

Firmenwagenüberlassung

125 BMF, Schreiben v. 3.3.2022, IV C 5 – S 2334/21/10004 :001, BStBl 2022 I S. 232, Rz. 53.
126 BFH, Urteil v. 14.9.2005, VI R 37/03, BStBl 2006 II S. 72.
127 FG Münster, Urteil v. 14.3.2019, 10 K 2990/17 E, EFG 2019 S. 1083; Niedersächsisches FG, Urteil v. 9.10.2020, 14 K 21/19, EFG 2021 S. 191, Rev. beim BFH unter Az. VIII R 29/20.

8.4.11 Firmenwagennutzung zur Erzielung anderer Einkünfte

Nutzt der Arbeitnehmer den von seinem Arbeitgeber zur Verfügung gestellten Firmenwagen auch zur Erzielung anderer Einkünfte, etwa im Rahmen eines weiteren Dienstverhältnisses, einer Vermietungstätigkeit oder im Zusammenhang mit einer selbstständig ausgeübten (Neben-)Tätigkeit, stellt sich einmal die Frage, ob bei Anwendung der 1-%-Regelung hierfür ein zusätzlicher geldwerter Vorteil anzusetzen ist. Andererseits ist zu prüfen, inwieweit der Einsatz des Firmenwagens für Fahrten zur Erzielung dieser anderen Einkünfte als Betriebsausgaben bzw. Werbungskosten abgezogen werden darf.

Abgeltungswirkung

Nach dem Gesetzeswortlaut umfasst der 1-%-Betrag den geldwerten Vorteil für sämtliche mit dem Firmenfahrzeug durchgeführten Privatfahrten. Diese Regelung ist **arbeitgeberbezogen** auszulegen. Aus Sicht des firmenwagenüberlassenden Arbeitgebers sind deshalb **sämtliche Fahrten außerhalb dieses Dienstverhältnisses** eine private Nutzung des Fahrzeugs. Mit dem Ansatz von 1 % des inländischen Bruttolistenpreises sind aber alle nicht für den Arbeitgeber durchgeführten Fahrten abgegolten, soweit es sich nicht um Fahrten zwischen Wohnung und erster Tätigkeitsstätte oder Familienheimfahrten im Rahmen des Dienstverhältnisses handelt, für die der Gesetzgeber ausdrücklich eine prozentuale 1-%-Regelung festgelegt hat (vgl. Kap. 8.4.1 und Kap. 8.6). Die Nutzung des Firmenwagens zur Erzielung anderer Einkünfte, z. B. aus einem zweiten Dienstverhältnis, führt deshalb zu **keinem zusätzlichen geldwerten Vorteil**. Der 1-%-Betrag ist durch keinen weiteren Zuschlag zu erhöhen.

Wichtig

Die **Abgeltungswirkung** des pauschalen Nutzungswerts gilt auch für die Einkommensteuer. Die Firmenwagennutzung im Rahmen eines weiteren Beschäftigungsverhältnisses oder einer anderen Einkunftsart bewirkt beim Arbeitnehmer auch bei der späteren Veranlagung keine zusätzlichen Lohnbezüge. Gleichwohl steht dem Arbeitnehmer für die Wege zwischen Wohnung und Tätigkeitsstätte die Entfernungspauschale für die arbeitstäglichen Fahrten mit dem Firmenwagen auch in einem zweiten Dienstverhältnis zu.[128] Die für den Bereich der Gewinneinkünfte getroffene Entscheidung, dass die Nutzung eines betrieblichen Pkws zur Erzielung anderer Einkünfte nicht durch die 1-%-Regelung abgegolten ist, sondern über eine zusätzliche Privatentnahme erfasst werden muss[129], ist für die Firmenwagenbesteuerung beim Arbeitnehmer ohne Bedeutung. Allerdings kann auch bei den Gewinneinkünften aus Vereinfachungsgründen auf den Ansatz einer zusätzlichen Entnahme verzichtet werden, wenn bei der Ermittlung der anderen Einkünfte die Aufwendungen keiner Abzugsbeschränkung unterliegen und insoweit auch keine Aufwendungen geltend gemacht werden.

Gleichzeitig scheidet der Abzug von Betriebsausgaben oder Werbungskosten aus, wenn der Firmenwagen außerhalb des Dienstverhältnisses für Fahrten zur Erzielung anderer Einkünfte eingesetzt wird. Die durch Anwendung der 1-%-Regelung entstandene Lohnsteuer begründet insbesondere keine bei den Einkünften aus einer selbstständigen Nebentätigkeit abziehbare Betriebsausgabe.[130]

128 R 9.10 Abs. 2 Satz 2 LStR.
129 BFH, Urteil v. 26.4.2006, X R 35/05, BStBl 2007 II S. 445.
130 BFH, Urteil v. 16.7.2015, III R 33/14, BStBl 2016 II S. 44.

8.4.12 Zulässiger Gehaltsverzicht

Arbeitnehmer-finanzierter Firmenwagen

Die Berechnung des geldwerten Vorteils bei der Firmenwagenbesteuerung nach der 1-%-Methode ist auch im Fall des **Barlohnverzichts** zulässig.[131] Anders als beim Lohnverzicht mit Verwendungsabrede, der zu keiner Herabsetzung des bisherigen Bruttoarbeitslohns führen kann[132], kann bei einer Lohnumwandlung unter Änderung des Anstellungsvertrags der Lohnzufluss künftig nur noch in der vereinbarten Sachleistung liegen, weil der Anspruch auf Geldleistung insoweit untergegangen ist. Auch die Verwaltung folgt in den Lohnsteuer-Richtlinien dieser Rechtsprechung und erkennt die **Barlohnumwandlung** zugunsten von Sachleistungen an. Dies kann für denjenigen Arbeitnehmer vorteilhaft sein, der von seinem Arbeitgeber einen Firmenwagen mit der Maßgabe erhält, die hierfür anfallenden Kosten selbst zu tragen. Die 1-%-Methode führt in diesen Fällen häufig zu einem Lohnansatz, der unter dem tatsächlichen Wert der Firmenwagenüberlassung und damit unter dem Betrag des lohnsteuerfreien Gehaltsverzichts liegt.

Beispiel

Eine Firma stellt einem Arbeitnehmer im Rahmen einer Lohnerhöhung erstmals ab 1.1.2023 einen Firmenwagen (Bruttolistenpreis 25.000 EUR) zur Verfügung. Die Ermittlung des geldwerten Vorteils erfolgt nach der 1-%-Methode (Entfernung Wohnung und erste Tätigkeitsstätte 10 km). Zur Abgeltung der Privatnutzung wird eine monatliche Eigenbeteiligung des Arbeitnehmers in Höhe von 500 EUR vereinbart, die an die Stelle der Lohnerhöhung auf brutto 4.000 EUR tritt und zu einer Beibehaltung der bisherigen monatlichen Bruttobezüge von 3.500 EUR führt.

Ergebnis: Die sich durch die Firmenwagenüberlassung ergebende steuerliche Entlastung macht die folgende Vergleichsberechnung für die monatliche Gehaltsabrechnung deutlich:

Jahr 2023	ohne Firmenwagen	mit Firmenwagen
Bruttolohn	4.000,00 EUR	3.500,00 EUR
Firmenwagen (1 % zzgl. 0,03 % für Fahrten zum Betrieb × 10 km)	–	325,00 EUR
Steuerpflichtige Bezüge	4.000,00 EUR	3.825,00 EUR
Lohnsteuer (Steuerklasse III/0)[133]	277,50 EUR	242,00 EUR
Solidaritätszuschlag[134]	0,00 EUR	0,00 EUR
Kirchensteuer (8 %)	22,20 EUR	19,36 EUR
Sozialabgaben (Arbeitnehmeranteil)	817,00 EUR	781,27 EUR
Nettolohn	2.883,30 EUR	2.782,37 EUR
Monatliche Ersparnis		**100,93 EUR**

Tipp

Dem Modell der Barlohnumwandlung kann wegen der dadurch erzielbaren Steuerersparnisse auch in anderen Bereichen der Lohnsteuer eine wichtige praktische Bedeutung zukommen. Beispielhaft anzuführen sind der Barlohnverzicht zugunsten der Gewährung arbeitstäglicher Mahlzeiten oder zugunsten der Gestellung von Personalunterkünften. Auch hier führen die lohnsteuerlichen Bewertungsvorschriften regelmäßig zu einem Lohnansatz, der unter dem tatsächlichen Wert der überlassenen Sachleistung liegt. Allerdings fallen bei der Barlohnumwandlung Sozialversicherungsbeiträge an, es sei denn, die Gehaltsherabsetzung betrifft ausschließlich Einmalzahlungen.

131 BFH, Beschluss v. 20.8.1997, VI B 83/97, BStBl 1997 II S. 667.
132 BFH, Urteil v. 30.7.1993, VI R 87/92, BStBl 1993 II S. 884.
133 Für die Berechnung wurde ein individueller Krankenkassenzusatzbeitrag von 1,3 % angenommen.
134 Für 2023 entfällt der Solidaritätszuschlag in der Steuerklasse III bis zu einer monatlichen Lohnsteuer von 2.923,83 EUR.

8.4.13 Sonderregelung für Elektro- bzw. Hybridelektrofahrzeuge

Nachteilsausgleich für hohe Anschaffungskosten

Die hohen Anschaffungskosten von Elektro- bzw. Hybridelektrofahrzeugen sind nachteilig für das Firmenwagensegment. Dasselbe gilt für Brennstoffzellenfahrzeuge, bei denen Energie aus Wasserstoff oder Methanol erzeugt wird. Die Wettbewerbsnachteile von Elektroautos liegen neben der begrenzten Reichweite vor allem im Kaufpreis, der für Elektroautos deutlich höher ausfällt als bei den mit Verbrennungsmotoren ausgestatteten Mitkonkurrenten. Ursache hierfür sind im Wesentlichen die Zusatzkosten, die für den Akkumulator bzw. die Batterie entstehen. Der höhere Bruttolistenpreis wirkt sich wiederum nachteilig auf die Firmenwagenbesteuerung aus. Abhilfe sieht das Amtshilferichtlinie-Umsetzungsgesetz vor.

Seit 2013 verschafft eine gesetzliche Sonderregelung für die Firmenwagenbesteuerung bei Elektrofahrzeugen einen Nachteilsausgleich (§ 6 Abs. 1 Nr. 4 i. V. m. § 8 Abs. 2 EStG). Umfassende Anwendungsschreiben ergänzen die gesetzliche Vorschrift zur Firmenwagenbesteuerung bei Elektro- und Hybridelektrofahrzeugen.[135] Auch Brennstoffzellenfahrzeuge werden in die Vergünstigung einbezogen.[136] Die lohnsteuerliche Förderung der Elektromobilität erfolgt bei der 1-%-Regelung durch die **Minderung des Bruttolistenpreises** von Elektro- bzw. Hybridelektrofahrzeugen sowie von Fahrzeugen ohne CO_2-Ausstoß. Die unterschiedlichen Kürzungsmethoden des jeweiligen Bruttolistenpreises bewirken im Ergebnis einen geringeren lohnsteuerpflichtigen geldwerten Vorteil aus der Überlassung eines E- Firmenwagens, durch den eine **Gleichstellung mit der Steuerbelastung** wie bei herkömmlichen Firmenwagen mit Verbrennungsmotoren erreicht werden soll.

8.4.13.1 Kürzung des Bruttolistenpreises in Abhängigkeit der Batteriekapazität

Seit 2013 gibt es bei der Firmenwagenbesteuerung einen Preisnachlass in Form einer **pauschalierenden Kürzung.** Der Bruttolistenpreis als Bemessungsgrundlage für die 1-%-Methode wird um die Aufwendungen gekürzt, die auf das Batterien- und Speichersystem entfallen. Der geldwerte Vorteil für die Überlassung eines Elektroautos als Firmenwagen berechnet sich demzufolge aus dem Bruttolistenpreis **im Zeitpunkt der Erstzulassung** des Elektrofahrzeugs – ohne die darin enthaltenen Kosten für den Akkumulator. Für die Kürzung ist ein Abschlag von 500 EUR pro kWh der Batteriekapazität vorgesehen. Die Kürzung ist auf einen Maximalbetrag von 10.000 EUR begrenzt. Der Abschlag wird seit 2014 sukzessive um jährlich 50 EUR, der hierbei zu beachtende Höchstbetrag um jährlich 500 EUR abgeschmolzen. Der jeweilige **kWh-Wert** (= Umfang der Batteriekapazität) des E-Firmenwagens kann dem Teil 1, Feld 22 der Zulassungsbescheinigung entnommen werden.[137]

Die Kürzung ist auf einen Zeitraum bis Ende 2022 beschränkt.[138] Sie ist zum 31.12.2022 ausgelaufen und kann für ab 2023 angeschaffte oder geleaste Plug-in-Hybrid-Firmenwagen nicht mehr angewendet werden.[139] Der jeweilige pauschale Abschlag sowie die maßgebende Obergrenze bestimmen sich nach dem Jahr der Anschaffung bzw. bei Gebrauchtfahrzeugen nach dem Jahr der Erstzulassung des Firmenwagens. Die sich ergebende Kürzung umfasst den gesamten Zeitraum der Überlassung

135 BMF, Schreiben v. 5.11.2021, IV C 6 – S 2177/19/10004 :008/IV C 5 – S 2334/19/10009 :003, BStBl 2021 I S. 2205; BMF, Schreiben v. 14.12.2016, IV C 5 – S 2334/14/10002 – 03, BStBl 2016 I S. 1446; BMF, Schreiben v. 26.10.2017, IV C 5 – S 2334/14/10002 – 06, BStBl 2017 I S. 1439.

136 BMF, Schreiben v. 5.11.2021, IV C 6 – S 2177/19/10004 :008/IV C 5 – S 2334/19/10009 :003, BStBl 2021 I S. 2205, Rz. 1.

137 BMF, Schreiben v. 5.11.2021, IV C 6 – S 2177/19/10004 :008/VI C 5 – S 2334/19/10009 :003, BStBl 2021 I S. 2205, Rz. 7.

138 BMF, Schreiben v. 5.11.2021, IV C 6 – S 2177/19/10004 :008/IV C 5 – S 2334/19/10009 :003, BStBl 2021 I S. 2205, Rz. 11.

139 § 6 Abs. 1 Nr. 4 Satz 2 EStG i. d. F. des Steueränderungsgesetzes 2015.

des Firmenwagens an den Arbeitnehmer. Das bedeutet, dass für Anschaffungen bis Ende 2022 der zu gewährende Abschlag nach dem Umfang der Akkukapazität deshalb über das Jahr 2022 hinaus solange anzuwenden ist, bis die Überlassung des Firmenwagens beim jeweiligen Arbeitnehmer endet. Die in den Jahren 2013 bis 2022 zulässigen **Kürzungsbeträge** ergeben sich aus der nachfolgenden Tabelle:

Anschaffung/ Jahr der Erstzulassung	Kürzung pro kWh Batteriekapazität	Höchstbetrag der Kürzung
2013 und früher	500 EUR	10.000 EUR
2014	450 EUR	9.500 EUR
2015	400 EUR	9.000 EUR
2016	350 EUR	8.500 EUR
2017	300 EUR	8.000 EUR
2018	250 EUR	7.500 EUR
2019	200 EUR	7.000 EUR
2020	150 EUR	6.500 EUR
2021	100 EUR	6.000 EUR
2022	50 EUR	5.500 EUR

Die pauschalen Abschlagsbeträge für die Jahre 2019 bis 2022 sind im Wesentlichen für Hybridelektrofahrzeuge von Bedeutung, die die Voraussetzungen des § 3 Abs. 2 Nr. 1 und 2 Elektromobilitätsgesetz nicht erfüllen, z. B. weil sie **keine elektrische Mindestfahrleistung** von 40 km bzw. bei Anschaffung in 2022 von 60 km erreichen. Im Übrigen gilt für die Anschaffung von Elektro- und Hybridelektrofahrzeugen in den Jahren **2019 bis 2030** der Nachteilsausgleich in Form der Halbierung des Bruttolistenpreises (vgl. Kap. 8.4.13.2, **Tabelle 11 sowie die Übersicht auf Seite 368**) bzw. seit 2020 der Ansatz des Bruttolistenpreises mit 25 % für reine Elektrofahrzeuge, wenn dieser 60.000 EUR nicht überschreitet (vgl. Kap. 8.4.13.3).

Die **Abrundung des Bruttolistenpreises** auf volle 100 EUR ist stets nach der pauschalen Kürzung in Höhe des maßgebenden Abschlags vorzunehmen.[140]

Beispiel

Eine leitende Angestellte eines Steuerbüros erhielt im Januar 2018 ein neu angeschafftes, extern aufladbares Hybridauto als Firmenwagen, das sie weiterhin auch 2023 privat nutzen darf. Der Bruttolistenpreis im Zeitpunkt der Erstzulassung betrug 31.050 EUR, inklusive 7.000 EUR für den Akkumulator mit einer Batteriekapazität von 32 kWh. Die Entfernung zwischen Wohnung und Betrieb (= erste Tätigkeitsstätte) beträgt 20 km.

Ergebnis: Für die Berechnung des monatlichen geldwerten Vorteils des Elektro-Firmenwagens nach der 1-%-Methode ist zunächst der Bruttolistenpreis zu kürzen und die Bemessungsgrundlage zu ermitteln:

140 BMF, Schreiben v. 5.11.2021, IV C 6 – S 2177/19/10004 :008/IV C 5 – S 2334/19/10009 :003, BStBl 2021 I S. 2205, Rz. 8, 12.

Bruttolistenpreis	31.050 EUR
Kürzung: 32 kWh × 250 EUR; max.	7.500 EUR
Bemessungsgrundlage	23.550 EUR
Bemessungsgrundlage, abgerundet auf volle 100 EUR	**23.500 EUR**
Es errechnet sich folgender Sachbezug »Elektro-Firmenwagen«:	
Privatfahrten: 1 % von 23.500 EUR	235 EUR
Fahrten zur Firma: 0,03 % × 20 km × 23.500 EUR	141 EUR
Monatlicher Sachbezug Firmenwagen 2023:	**376 EUR**

Geleastes Batterie- und Speichersystem

Die Kürzung des Bruttolistenpreises ist nur dort zulässig, wo der Kaufpreis auch die Batterie bzw. das Speichersystem umfasst. Modelle, bei denen die Akkumulatoren nur mietweise überlassen werden, der Kaufpreis also nur das Elektro- bzw. Hybridfahrzeug umfasst, sind von der Sonderregelung nicht betroffen.

Hinweis

Kürzung bei Fahrtenbuchmethode

Wählt der Arbeitgeber für die Firmenwagenbesteuerung die Fahrtenbuchmethode, berechnet sich der geldwerte Vorteil für die Privatnutzung nach dem für das Fahrzeug ermittelten Kilometersatz und den aufgezeichneten Privatfahrten, zu denen auch die Fahrten zwischen Wohnung und Tätigkeitsstätte gehören. Bei einem Elektro- bzw. Hybridauto erhöhen die Kosten für die Batterie in Form der Abschreibung den Kilometersatz und damit im Ergebnis den lohnsteuerpflichtigen geldwerten Vorteil.

Entsprechend der Systematik bei der 1-%-Regelung bleibt der in pauschaler Höhe festgelegte Kaufpreisanteil für den Akkumulator bei der Ermittlung des Kilometersatzes außer Ansatz (s. auch Kap. 8.5.2). Die pauschalen Abzugsbeträge, die für die Firmenwagennutzung von Elektrofahrzeugen ab 2013 eingeführt worden sind, führen bei der Fahrtenbuchmethode zu einer Kürzung der Anschaffungskosten und damit zu einer Minderung der in die Kilometersatzberechnung eingehenden Abschreibungsbeträge.

Die Regelung ist zeitlich beschränkt auf den Erwerb von Elektro- und extern aufladbaren Hybridelektrofahrzeugen sowie Brennstoffzellenfahrzeuge (§ 52 Abs. 12 EStG). Sie ist auch für Elektro- und extern aufladbare Hybridelektrofahrzeuge sowie Brennstoffzellenfahrzeuge gültig, die bereits vor dem 1.1.2013 angeschafft worden sind, **sog. Bestandsfahrzeuge**.

Kfz-Kennzeichen mit einem »E«

Begünstigte Fahrzeuge sind daran erkennbar, dass das amtliche Fahrzeugkennzeichen mit dem Großbuchstaben E endet. Ansonsten ergibt sich der Nachweis der Begünstigung dieser Fahrzeuge aus der Codierung im Feld 10 der Kfz-Zulassungsbescheinigung (Code 004 und 0015 für Elektrofahrzeuge und Code 0016–0019 und 0025–0031 für Hybridelektrofahrzeuge).[141] In die Vergünstigung einbezogen werden auch Brennstoffzellenfahrzeuge. Die Batteriekapazität von Elektro- und Hybridelektrofahrzeugen ist mit der im Fahrzeug gespeicherten Energie bei Brennstoffzellenfahrzeugen vergleichbar. Dieser Wert wird in der Zulassungsbescheinigung Teil 1 in Ziffer 22 angegeben und ist für die Ermittlung der Minderungsbeträge heranzuziehen.[142]

8.4.13.2 Halbierung des Bruttolistenpreises

0,5-%-Regelung

Die Kürzung um die Kosten für das Batterie- und Speichersystem hat für die Jahre 2019 bis 2021 nur für Hybridelektrofahrzeuge Bedeutung, die insbesondere wegen ihres zu hohen CO_2-Austoßes bzw.

141 BMF, Schreiben v. 5.11.2021, IV C 6 – S 2177/19/10004 :008/IV C 5 – S 2334/19/10009 :003, BStBl 2021 I S. 2205, Tz. 1–5; BMF, Schreiben v. 29.9.2020, IV C 5 – S 2334/19/10009 :004, BStBl 2020 I S. 972, Rz. 6–9.

142 BMF, Schreiben v. 5.11.2021, IV C 6 – S 2177/19/10004 :008/IV C 5 – S 2334/19/10009 :003, BStBl 2021 I S. 2205, Rz. 7.

der zu geringen elektrische Mindestreichweite von weniger als 40 km die Voraussetzungen des Elektromobilitätsgesetzes nicht erfüllen. Stattdessen wird der Bruttolistenpreis als Bemessungsgrundlage bei der 1-%-Methode **für Anschaffungen ab 2019 nur mit 50 %** angesetzt (§ 6 Abs. 1 Nr. 4 Satz 1 EStG). Die **Halbierung des Bruttolistenpreises,** die im Ergebnis zu einer Absenkung von 1 % auf 0,5 % führt, wird für Elektro- und Hybridelektrofahrzeuge angewendet, die im Zeitraum **vom 1.1.2019 bis 31.12.2030 angeschafft oder geleast** werden. Die Regelung gilt nicht nur für **Elektrofahrzeuge,** sondern auch für andere emissionsfreie Firmenwagen, etwa wasserstoffbetriebene Brennstoffzellen-Fahrzeuge, und **stufenweise für Hybridelektrofahrzeuge** (sog. Plug-in-Hybride) in Abhängigkeit vom CO_2-Ausstoß bzw. von der Reichweite des Elektromotors (§ 6 Abs. 1 Nr. 4 i. V. m. § 8 Abs. 2 EStG).

Für die Anwendungen der halbierten Bemessungsgrundlage ist nicht Voraussetzung, dass der Arbeitgeber das Fahrzeug in dem begünstigten Zeitraum als Neufahrzeug erwirbt. Der Ansatz des Bruttolistenpreises mit 50 % gilt in gleicher Weise für **gebrauchte** Elektro- und Hybridelektrofahrzeuge, die in diesem Zeitraum angeschafft werden. Die 50-%-Kürzung umfasst den gesamten Zeitraum, in dem das begünstigte Elektrofirmenfahrzeug dem Arbeitnehmer überlassen wird.

Wichtig

Das BMF legt den Anwendungsbereich für die Halbierung des Bruttolistenpreises großzügig aus. Über den Gesetzeswortlaut hinaus sind Elektro- und Hybridelektrofahrzeuge begünstigt, die erstmals nach dem 31.12.2018 und vor dem 1.1.2031 dem Arbeitnehmer als E-Firmenwagen **überlassen** werden. Die Kürzung des Bruttolistenpreises kann danach auch für vor dem 1.1.2019 angeschaffte Fahrzeuge in Betracht kommen. Wurde das Fahrzeug bereits vor 2019 einem anderen Arbeitnehmer zur privaten Nutzung überlassen, bleibt es bei einem Wechsel des Nutzungsberechtigten bei den bisherigen pauschalen Abschlägen in Abhängigkeit der Batteriekapazität. Die Regelung ist in diesem Fall nicht anzuwenden.

Kürzung bei Bruttolistenpreis

Für die Berechnung des jeweiligen Kürzungsbetrags ist wie bei den pauschalen Abschlägen in Abhängigkeit der Batteriekapazität stets der Bruttolistenpreis im **Zeitpunkt der Erstzulassung** maßgebend. Die **Abrundung** des inländischen Bruttolistenpreises auf volle 100 EUR ist **nach der pauschalen Kürzung** um 50 % vorzunehmen.

Beispiel

Der Arbeitnehmer erhält ab Januar 2019 einen Elektro-Firmenwagen, der ihm auch 2023 zur privaten Nutzung zur Verfügung steht. Der Arbeitgeber hat das Elektrofahrzeug gebraucht für 53.000 EUR angeschafft. Der Bruttolistenpreis bei Erstzulassung im Jahr 2018 hat 60.098 EUR betragen. Die Leistung des Batteriesystems liegt bei 15 kWh. Der geldwerte Vorteil wird nach der 1-%-Regelung ermittelt. Die Entfernung zwischen Wohnung und erster Tätigkeitsstätte beträgt 20 km.

Ergebnis:

Für das Jahr 2023 errechnet sich für den Elektro-Firmenwagen folgender monatlicher geldwerter Vorteil:

Halbierter Bruttolistenpreis zur Berechnung des geldwerten Vorteils »E-Firmenwagen«:	
Bruttolistenpreis	60.098 EUR
Bemessungsgrundlage: 50 % des Bruttolistenpreises von 60.098 EUR	30.049 EUR
Abgerundet auf volle 100 EUR	30.000 EUR
Geldwerter Vorteil Privatnutzung: 1 % × 30.000 EUR	300 EUR
Zuschlag für Fahrten Wohnung – erste Tätigkeitsstätte: 0,03 % × 30.000 EUR × 20 km	+ 180 EUR
Geldwerter Vorteil 2023 pro Monat	480 EUR

Bei einem Bruttolistenpreis von nicht mehr als 60.000 EUR im Zeitpunkt der Erstzulassung wäre anstelle der Halbierung eine Kürzung der Bemessungsgrundlage für den E-Firmenwagen um 75 % getreten (vgl. Kap. 8.4.13.3). Der Ansatz des Bruttolistenpreises mit 25 % findet aber in diesem Beispiel keine Anwendung, da der Bruttolistenpreis über 60.000 EUR liegt.

Anwendungszeitraum

Neben der prozentualen Kürzung des Bruttolistenpreises um 50 % bzw. 75 % gilt außerdem für 2022 angeschaffte oder geleaste Elektro- und Hybridelektrofahrzeuge der bisherige Nachteilsausgleich in Form pauschaler Abschläge für das Batteriesystem unverändert weiter (vgl. Kap. 8.4.13.1). Dies ist aber nur für Hybridelektrofahrzeuge von Bedeutung, die aufgrund ihres CO_2-Austoßes bzw. der zu geringen elektrischen Reichweite nicht unter die Halbierung bzw. Viertelung des Bruttolistenpreises fallen (s. nachfolgende Tabelle). Die pauschale Kürzung in Abhängigkeit der Batteriekapazität ist zum 31.12.2022 ausgelaufen und kann für **Anschaffungen ab 2023 nicht mehr** angewendet werden.

Anforderungen für Hybridfahrzeuge

Die Kürzung des Bruttolistenpreises um 50 % für den Anschaffungszeitraum 2019 bis 2030 knüpft der Gesetzgeber an folgende Voraussetzungen:

Anschaffungszeitpunkt	Maximaler Kohlendioxid-Ausstoß	Mindestreichweite E-Motor
1.1.2019–31.12.2021	50 g CO_2 pro Kilometer	Mindestfahrleistung 40 km
1.1.2022–31.12.2024	50 g CO_2 pro Kilometer	Mindestfahrleistung 60 km
1.1.2025–31.12.2030	50 g CO_2 pro Kilometer	Mindestfahrleistung 80 km

Ausreichend ist es, wenn das Fahrzeug eine der beiden ökologischen Anforderungen erfüllt. Da Elektrofahrzeuge keinen CO_2-Ausstoß produzieren, fallen sämtliche Elektro-Firmenwagen für den Anschaffungszeitraum 2019 bis 2030 unter die Vergünstigung der halbierten Bemessungsgrundlage. Die vorstehende Übersicht ist deshalb ausschließlich bei der Überlassung von Hybridelektrofahrzeugen (Plug-in-Hybride) als Firmenwagen zu beachten.

Die pauschale Kürzung in Abhängigkeit der Batteriekapazität wird parallel zur Halbierung des Bruttolistenpreises fortgesetzt. Für ein Hybridfahrzeug, das im Zeitraum **2019 bis 2022 angeschafft** wird und **die Anforderungen laut Tabelle nicht erfüllt**, kommt die **pauschale Kürzung in Abhängigkeit der kWh** zur Anwendung (vgl. Kap. 8.4.13.1). Beispielsweise kann für einen in 2022 neu angeschafften Plug-in-Hybrid-Firmenwagen, der die ökologischen Anforderungen nicht erfüllt, ein pauschaler Abschlag mit 50 EUR pro kWh und eine Obergrenze von 5.500 EUR erfolgen. Die Regelung mit der pauschalen Kürzung um kWh ist zum 31.12.2022 ausgelaufen und kann für **seit 2023 angeschaffte oder geleaste Plug-in-Firmenwagen nicht mehr angewendet** werden.[143]

Nachweis ökologischer Anforderungen

Die maximal zulässige CO_2-Menge sowie die erforderliche Mindestreichweite des Kraftfahrzeugs unter ausschließlicher Nutzung der elektrischen Antriebsmaschine ergibt sich aus der **sog. Übereinstimmungsbescheinigung** für Hybridfahrzeuge. Für die Mindestreichweite ist dabei auf die »elektrische Mindestreichweite innerorts« abzustellen.[144] Für die Feststellung dieser ökologischen Voraussetzungen konnte in der Praxis bis 2021 auf das **sog. E-Kennzeichen** abgestellt werden (§ 3 Abs. 2 Nrn. 1 oder 2 Elektromobilitätsgesetz). Begünstigte Hybridfahrzeuge waren daran erkennbar, dass das amtliche Fahrzeugkennzeichen mit dem Großbuchstaben E endete. Das E-Kennzeichen ist aber nicht verpflichtend. Es ist kraftfahrzeugrechtlich bislang weiterhin an die Grenze von 40 km geknüpft. Seit 2022 hat der Gesetzgeber die Anbindung an das Elektromobilitätsgesetz auf-

Firmenwagenüberlassung

143 § 6 Abs. 1 Nr. 4 Satz 2 EStG i. d. F. des Steueränderungsgesetzes 2015; BMF, Schreiben v. 5.11.2021, IV C 6 – S 2177/19/10004 :008/IV C 5 – S 2334/19/10009 :003, BStBl 2021 I S. 2205, Rz. 7.

144 BMF, Schreiben v. 5.11.2021, IV C 6 – S 2177/19/10004 :008/IV C 5 – S 2334/19/10009 :003, BStBl 2021 I S. 2205, Rz. 4–5.

gegeben und die in der vorstehenden Übersicht dargestellten Umweltvoraussetzungen für die Begünstigung von Hybridelektro-Firmenwagen unmittelbar im Gesetz festgelegt.[145] Für **seit 2022 neu oder gebraucht angeschaffte Plug-in-Hybrid-Firmenwagen** gilt: Für die Halbierung des Bruttolistenpreises bei der Firmenwagenbesteuerung ist eine elektrische **Mindestreichweite von 60 km** erforderlich. Diese kann bis auf Weiteres nur noch durch die sog. **Übereinstimmungsbescheinigung** verlässlich nachgewiesen werden (Übereinstimmungsbescheinigung nach Anhang IX der EG-Richtlinie 2007/46 bzw. nach Artikel 38 der EU-Verordnung 168/2013).[146] Das früher ausreichende E-Kennzeichen kann in solchen Fällen unzureichend sein, in denen die Ausstellung kraftfahrzeugrechtlich noch an die 40-km-Reichweite geknüpft ist.

8.4.13.3 Viertelung des Bruttolistenpreises

Eine weitere Vergünstigung ergibt sich aus dem Klimapaket 2030 für Fahrzeuge ohne jeglichen Kohlendioxidausstoß. Hierunter fallen **(reine) Elektrofahrzeuge** sowie diesen gleichgestellte **emissionsfreie Fahrzeuge.**[147] Für Elektrofahrzeuge, deren Bruttolistenpreis im Zeitpunkt der Neuzulassung 60.000 EUR[148] nicht überschreiten, sieht der Gesetzgeber für die Firmenwagenbesteuerung eine Kürzung des Bruttolistenpreises als Bemessungsgrundlage für die Berechnung des geldwerten Vorteils im Rahmen der 1-%-Methode um 75 % vor (§ 6 Abs. 1 Nr. 4 Satz 2 EStG i. V. m. § 8 Abs. 2 Satz 2 EStG). Im Ergebnis führt dies zu einer Absenkung des Prozentsatzes von 1 % auf **0,25 %** für die Besteuerung von Elektro-Firmenwagen.

Zeitliche Anwendung

Die auf 25 % ermäßigte Firmenwagenbesteuerung ist auf Elektrofahrzeuge anzuwenden, die ab 1.1.2020 dem Arbeitnehmer als Firmenwagen überlassen werden. Die 75-%-Kürzung gilt für Neu- und Gebrauchtfahrzeuge in gleicher Weise. Um Nachteile für Fahrzeuge ohne CO_2-Emissionsausstoß zu vermeiden, die bereits 2019 angeschafft worden sind, wurde für diese Fahrzeuge die Firmenwagenbesteuerung ab 2020 ebenfalls auf 25 % des Bruttolistenpreises im Zeitpunkt der Erstzulassung ermäßigt. Für diese **sog. Bestandsfahrzeuge** wurde die Halbierung des Bruttolistenpreises aus dem Vorjahr 2019 durch die 0,25-%-Regelung abgelöst.

Die **Abrundung** des inländischen **Bruttolistenpreises** auf volle 100 EUR ist auch hier erst nach der Kürzung um 75 % vorzunehmen.

Beispiel

Eine Arbeitnehmerin erhält ab Januar 2023 einen neu angeschafften Elektro-Firmenwagen, der ihr auch zur privaten Nutzung zur Verfügung steht. Der Bruttolistenpreis im Zeitpunkt der Erstzulassung hat 38.100 EUR betragen. Der geldwerte Vorteil wird nach der 1-%-Regelung ermittelt. Die Entfernung zwischen Wohnung und erster Tätigkeitsstätte beträgt 20 km.

Ergebnis: Das Elektrofahrzeug erfüllt die Voraussetzungen für den Ansatz des Bruttolistenpreises mit 25 % (Anschaffung in 2023, Bruttolistenpreis bis 60.000 EUR und kein CO_2-Ausstoß). Die Bemessungsgrundlage berechnet sich mit 25 % des Bruttolistenpreises von 38.100 EUR und der anschließenden Kürzung auf volle 100 EUR und beträgt somit 9.500 EUR.

145 § 6 Abs. 1 Nr. 4 EStG.

146 BMF, Schreiben v. 5.11.2021, IV C 6 – S 2177/19/10004 :008/IV C 5 – S 2334/19/10009 :003, BStBl 2021 I S. 2205, Rz. 5.

147 BMF, Schreiben v. 14.12.2016, 6, IV C 5 – S 2334/14/10002 – 03, BStBl 2016 I S. 1446 unter 2.1.

148 Die ursprünglich auf 40.000 EUR festgelegte Obergrenze des Bruttolistenpreises ist im Rahmen des Zweiten Corona-Steuerhilfegesetzes v. 29.6.2020, BStBl 2020 I S. 963, rückwirkend zum 1.1.2020 auf 60.000 EUR erhöht worden.

Bemessungsgrundlage 25 % des Bruttolistenpreises von 38.100 EUR, gerundet	**9.500 EUR**
Geldwerter Vorteil Privatnutzung: 1 % x 9.500 EUR	95 EUR
Geldwerter Vorteil Fahrten Whg. – erste Tätigkeitsstätte: 0,03 % aus 9.500 EUR x 20 km	57 EUR
Geldwerter Vorteil ab Januar	**152 EUR**

Berücksichtigung bei Fahrtenbuchmethode

Für Elektro-Firmenwagen mit einem Bruttolistenpreis im Zeitpunkt der Erstzulassung bis zu maximal 60.000 EUR werden entsprechend der Kürzung des Bruttolistenpreises auf 25 % bei der 1-%-Regelung bei der Fahrtenbuchmethode die **Anschaffungskosten** und damit die **Abschreibungsbeträge** bzw. bei Leasingfahrzeugen die **monatlichen Leasingraten** für vom 1.1.2019 bis 31.12.2030 angeschaffte Elektro- und Hybridelektro-Firmenwagen nur mit 25 % bzw. zur Hälfte angesetzt (§ 6 Abs. 1 Satz 3 EStG). Einzelheiten vgl. unter Kap. 8.5.2.

8.4.13.4 Die pauschalen und prozentualen Abschläge für E-Firmenwagen

Die jeweiligen Abschläge und Kürzungen für Elektro- und Hybridelektrofahrzeuge, die es bei der Firmenwagenbesteuerung in den Jahren 2013 bis 2030 zu beachten gilt, sind aufgrund ihrer inhaltlichen Unterschiede und ihrer komplizierten (ökologischen) Anwendungsvoraussetzungen in der Lohnabrechnungspraxis nur noch mit viel Aufwand zu durchschauen. Die nachfolgende Übersicht sowie die **Tabelle 11** können hierbei als Hilfestellung dienen, den Überblick zu behalten. Dabei bestimmen sich der jeweilige **pauschale Abschlag** sowie die **maßgebende Obergrenze** für die Jahre 2013 bis 2022 nach dem Jahr der Anschaffung bzw. bei Gebrauchtfahrzeugen nach dem Jahr der Erstzulassung des Firmenwagens (vgl. Kap. 8.4.13.1). Für die **prozentuale Kürzung** um 50 % bzw. 75 % für die Jahre 2019 bis 2030 ist dagegen unabhängig davon, ob als Firmenwagen ein Neu- oder Gebrauchtwagen überlassen wird, immer auf das Jahr der **Anschaffung** abzustellen.

Jahr der Anschaffung	**Kürzung des Bruttolistenpreises (BLP)**	**Höchstbetrag der Kürzung in EUR**	**Elektrofahrzeuge mit BLP bis 60.000 EUR und Anschaffung zwischen 2019 und 2030**
2013 und früher	500 EUR	10.000 EUR	
2014	450 EUR	9.500 EUR	
2015	400 EUR	9.000 EUR	
2016	350 EUR	8.500 EUR	
2017	300 EUR	8.000 EUR	
2018	250 EUR	7.500 EUR	
2019	50 % des BLP / 200 EUR	Keine Obergrenze / 7.000 EUR	
2020	50 % des BLP / 150 EUR	Keine Obergrenze / 6.500 EUR	75 %-Kürzung (= 25 % des BLP)
2021	50 % des BLP / 100 EUR	Keine Obergrenze / 6.000 EUR	75 %-Kürzung (= 25 % des BLP)
2022	50 % des BLP / 50 EUR	keine Obergrenze / 5.500 EUR	75 %-Kürzung (= 25 % des BLP)
2023 bis 2030	50 % des BLP	**Entfällt ab 2023**	75 %-Kürzung (= 25 % des BLP)

Firmenwagenüberlassung

Die **pauschalen Abschläge** von 200 EUR bis 50 EUR sowie die Höchstgrenzen von 7.000 bis 5.500 EUR für Neuanschaffungen im Zeitraum 2019 bis 2022 sind im Wesentlichen für **Hybridelektrofahrzeuge** von Bedeutung, die die Voraussetzungen des § 3 Abs. 2 Nr. 1 und 2 des Elektromobilitätsgesetz nicht erfüllen, z. B. weil sie keine elektrische Mindestfahrleistung von 40 Kilometern bzw. in 2022 von 60 Kilometern erreichen.

Begünstigt sind Anschaffungen von (Hybrid-)Elektro-Firmenwagen bis zum 31.12.2030. Für die Anwendung der gekürzten Bemessungsgrundlage ist nicht Voraussetzung, dass der Arbeitgeber das Fahrzeug in dem begünstigten Zeitraum als Neufahrzeug erwirbt. Der Ansatz des gekürzten Bruttolistenpreises gilt gleichermaßen für **gebrauchte Elektro- und Hybridelektrofahrzeuge**, die in diesem Zeitraum als Firmenwagen angeschafft werden.

Anwendungszeitraum

Die Kürzung umfasst den **gesamten Zeitraum**, in dem das Elektro- bzw. Hybridelektro-Firmenfahrzeug dem Arbeitnehmer überlassen worden ist und nicht nur den jeweils begünstigten Anschaffungszeitraum, in dem das betriebliche Kfz neu oder gebraucht gekauft worden ist.

Maßgebender Bruttolisten-Neupreis

Für die **Berechnung des jeweiligen Kürzungsbetrags** ist sowohl für die Abschläge von 50 % und 75 % als auch bei den pauschalen Abschlägen in Abhängigkeit der Batteriekapazität stets der **Bruttolistenpreis im Zeitpunkt der Erstzulassung** maßgebend. Die Kürzung umfasst den gesamten Zeitraum, in dem das begünstigte Elektro- bzw. Hybrid-Elektro-Firmenfahrzeug dem Arbeitnehmer überlassen worden ist und nicht nur den jeweils begünstigten Anschaffungszeitraum, in dem das betriebliche Kraftfahrzeug neu oder gebraucht gekauft worden sein muss.

Tipp

Zur Kürzung der Anschaffungskosten um 50 % bzw. 75 % und der damit verbundenen Halbierung bzw. Viertelung der Abschreibungsbeträge bei der Fahrtenbuchmethode vgl. Kap. 8.5.2.

8.4.13.5 Elektro-Kleinstfahrzeuge: Elektroroller – E-Scooter

Um die lohnsteuerliche Behandlung des Themas Elektromobilität möglichst umfassend wiederzugeben, soll an dieser Stelle auf die lohnsteuerliche Behandlung von City-Rollern, sog. Elektro-Tretroller oder E-Scooter, hingewiesen werden. City-Roller zählen zu den sog. Elektrokleinstfahrzeugen ohne Sitz. Sie sind streng vom Elektroroller zu unterscheiden. Bei E-Rollern handelt es sich um leistungsstarke Elektromotorroller mit Sitzen als klassische Variante des Motorrollers. E-Scooter sind Tretroller mit einem Elektroantrieb – wendig, klein und dank eines Klappmechanismus leicht zu transportieren. Seit der Verordnung für Elektro-Kleinstfahrzeuge vom 6.6.2019 gibt es eine gesetzliche Grundlage für die Verwendung dieser Elektroroller im Straßenverkehr. Diese Verordnung gilt für Fahrzeuge mit Lenk- oder Haltestange, einer bauartbedingten Höchstgeschwindigkeit von bis zu 20 km/h und einer Straßenzulassung bzw. Betriebserlaubnis.

Kraftfahrzeug »E-Scooter«

Ein E-Scooter ist verkehrsrechtlich ein Kfz, das ausschließlich durch den elektrischen Motor angetrieben wird. Überlässt der Arbeitgeber dem Arbeitnehmer einen E-Scooter zur privaten Nutzung, gelten die allgemeinen lohnsteuerlichen Regelungen der **Firmenwagenbesteuerung.**[149] Da E-Scooter

149 BMF, Schreiben v. 5.11.2021, IV C 6 – S 2177/19/10004 :008/IV C 5 – S 2334/19/10009 :003, BStBl 2021 I S. 2205, Rz. 3; BMF, Schreiben v. 29.9.2020, IV C 5 – S 2334/19/10009 :004, BStBl 2020 I S. 972, Rz. 10.

die Voraussetzungen der Viertel-Regelung erfüllen (reine E-Fahrzeug ohne Emissionsausstoß, erstmalige Überlassung ab 2019 und Kaufpreis unter 60.000 EUR), ist der Bruttolistenpreis als Bemessungsgrundlage mit 25 % bei der 1-%-Methode anzusetzen. Dasselbe gilt für den 0,03-%-Zuschlag für die Fahrten zwischen Wohnung und erster Tätigkeitsstätte.

Nutzt der Arbeitnehmer seinen betrieblichen E-Scooter im **Park-and-Ride-Betrieb**, z. B. für Teilstrecken vom oder zum Bahnhof, erfolgt die Berechnung des geldwerten Vorteils für die Fahrten zwischen Wohnung und erster Tätigkeitsstätte nur hinsichtlich der Fahrstrecke, für die der E-Scooter tatsächlich eingesetzt wird. Voraussetzung für den **Ansatz der Teilkilometer** ist, dass der Arbeitnehmer für die übrige Fahrstrecke die Nutzung eines anderen Verkehrsmittels nachweisen kann, etwa durch die Vorlage von Monats- oder Jahrestickets öffentlicher Verkehrsmittel.[150]

Pauschalbesteuerung

Den geldwerten Vorteil aus der Gestellung eines E-Scooters, der auf die Fahrten zwischen Wohnung und erster Tätigkeitsstätte entfällt, kann der Arbeitgeber mit **15 % pauschal** versteuern (§ 40 Abs. 2 Satz 2 Nr. 1 EStG). Er bleibt damit **beitragsfrei** in der Sozialversicherung. Die Pauschalbesteuerung ist auf den Betrag begrenzt, den der Arbeitgeber als Werbungskosten geltend machen könnte. Obergrenze ist demnach die Entfernungspauschale von 0,30 EUR bzw. 0,38 EUR ab dem 21. Entfernungskilometer (§ 9 Abs. 1 Nr. 4 EStG). Bei einem Neupreis von 1.000 EUR für den E-Scooter ergibt sich ein geldwerter Vorteil für die Fahrten zwischen Wohnung und erster Tätigkeitsstätte von 7,5 Cent (= 0,25 % x 1.000 EUR x 0,03 %) pro Entfernungskilometer. Die Pauschalierungsobergrenze hat deshalb beim E-Scooter keine Auswirkung.

Hinweis

Die lohnsteuerliche Behandlung von E-Scooter bzw. Elektro-Tretroller als Kraftfahrzeug und die damit verbundene Ermittlung des geldwerten Vorteils nach der 1-%-Methode durch das BMF hat **fiskalisch** nur **geringe Bedeutung**. Mit Blick auf die Anschaffungskosten, die im Normalfall unter 1.000 EUR liegen, kann die hieraus resultierende steuerliche Mehrbelastung vernachlässigt werden. Selbst bei einem Neupreis von 1.000 EUR beträgt der monatliche geldwerte Vorteil nur 2,50 EUR für die Privatnutzung (25 % von 1.000 EUR x 1 %) zzgl. des 0,03-%-Zuschlags bei Nutzung für Fahrten zwischen Wohnung und erster Tätigkeitsstätte, der selbst bei Fahrstrecken bis zu 10 Kilometern im Centbereich liegt.

Werbungskostenabzug

Die Aufwendungen für Wege zwischen Wohnung und erster Tätigkeitsstätte sind Werbungskosten. Zur Abgeltung dieser beruflichen Aufwendungen wird eine verkehrsmittelunabhängige Pauschale von 0,30 EUR pro Entfernungskilometer bzw. 0,38 EUR ab dem 21. Entfernungskilometer für die Gesamtstrecke Wohnung – erste Tätigkeitsstätte gewährt. Die **Entfernungspauschale** kommt auch für die (Teil-)Strecke zur Anwendung, für die der Arbeitnehmer einen E-Scooter benutzt. Dabei spielt es keine Rolle, ob der Arbeitnehmer seinen eigenen oder einen vom Arbeitgeber überlassenen E-Scooter benutzt. Wird der geldwerte Vorteil aus der Gestellung eines E-Scooters pauschal versteuert, ist dies in Zeile 18 der **Lohnsteuerbescheinigung** gesondert auszuweisen. Insoweit entfällt der Werbungskostenabzug für die Fahrten zwischen Wohnung und erster Tätigkeitsstätte mit dem E-Scooter (§ 40 Abs. 2 Satz 3 EStG).

Die **Pauschalierungsvorschrift** für Fahrten zwischen Wohnung und erster Tätigkeitsstätte, die mit dem **höheren Pauschsteuersatz von 25 %** eine Kürzung der Entfernungspauschale vermeidet, ist ausschließlich auf die Nutzung **öffentlicher Verkehrsmittel** beschränkt und für E-Scooter nicht anwendbar (§ 40 Abs. 2 Satz 2 Nr. 2 EStG).

150 BMF, Schreiben v. 3.3.2022, IV C 5 – S 2334/21/10004 :001, BStBl 2022 I S. 232, Tz. 2.8.

8.4.13.6 Steuerfreies Stromtanken und Stromladevorrichtungen

Weitere lohnsteuerliche Vergünstigungen für Elektro- und Hybridelektrokraftfahrzeuge sind zum einen das **steuerfreie Aufladen** von Strom für E-Fahrzeuge des Arbeitnehmers beim Arbeitgeber an einer betrieblichen Ladevorrichtung im Betrieb oder eines verbundenen Unternehmens (§ 3 Nr. 46 EStG). Die bis 2030 befristete Steuerbefreiung ist auch auf die beim Arbeitgeber eingesetzten Leiharbeitnehmer anzuwenden, sofern sie kostenlos betrieblichen Strom beim Entleiher tanken dürfen. Zum anderen fördert der Gesetzgeber durch eine **Pauschalierungsvorschrift** die Verbreitung von Ladevorrichtungen für Elektroautos (§ 40 Abs. 2 Nr. 6 EStG). Sowohl für den geldwerten Vorteil aus der Übereignung einer Stromladestation als auch für Arbeitgeberzuschüsse, die der Arbeitnehmer für den Erwerb solcher Ladevorrichtungen **zusätzlich zum ohnehin vereinbarten Arbeitslohn** erhält, besteht die Möglichkeit der sozialabgabenfreien Pauschalbesteuerung mit 25 %. Ein umfassendes Anwendungsschreiben präzisiert die Anforderungen an die Steuerbefreiung sowie an die Pauschalierung für den vom Arbeitgeber kostenlos überlassenen Ladestrom bzw. die unentgeltlich gewährte Ladevorrichtung.[151]

Die Steuerbefreiung des § 3 Nr. 46 EStG umfasst auch den vom Arbeitgeber überlassenen Firmenwagen. Sie wirkt sich aber **bei der Firmenwagenbesteuerung** nach der 1-%-Methode nicht aus. Bei der pauschalen Nutzungswertermittlung ist der geldwerte Vorteil für den vom Arbeitgeber gestellten Ladestrom durch den Ansatz der Monatspauschale **abgegolten.**[152]

Die Steuerbefreiung nach § 3 Nr. 46 EStG findet keine Anwendung, wenn der Arbeitnehmer den Strom für den Firmenwagen nicht an einer betrieblichen Ladeeinrichtung, sondern von einem **Dritten** oder an der eigenen Ladestation »**häusliche Wallbox**« bezieht. Die Erstattung der vom Arbeitnehmer zunächst selbst getragenen Stromkosten kann allerdings dennoch steuerfrei bleiben, weil sie beim Firmenwagen steuerfreien Auslagenersatz nach § 3 Nr. 50 EStG darstellt.

Monats-pauschalen

Anstelle des steuerfreien Arbeitgebersatzes kann der Arbeitgeber auch eine monatliche **Kürzung** des **geldwerten Vorteils** der privaten Firmenwagennutzung in Höhe der vom Arbeitnehmer übernommenen Kosten für den Ladestrom vornehmen. Zur Vereinfachung der Lohnabrechnung hat die Finanzverwaltung Monatspauschalen für die Anrechnung auf den Nutzungswert bzw. des steuerfreien Auslagenersatzes zeitlich befristet bis zum 31.12.2030 festgelegt, die ohne weitere Nachweisführung angesetzt werden dürfen. Ohne weiteren Nachweis darf der geldwerte Vorteil bei Elektro- und Hybridelektro-Firmenwagen um folgende, ab 1.1.2021 angehoben **Monatspauschalen gekürzt** werden[153]:

Bei zusätzlicher Lademöglichkeit im Betrieb	Ohne Lademöglichkeit im Betrieb
30 EUR für Elektrofahrzeuge	70 EUR für Elektrofahrzeuge
15 EUR für Hybridfahrzeuge	35 EUR für Hybridfahrzeuge

Anstelle der Kürzung des geldwerten Vorteils kann der Arbeitgeber auch die vom Arbeitnehmer für den Elektro-Firmenwagen getragenen Stromladekosten als **Auslagenersatz** mit den genannten Mo-

151 BMF, Schreiben v. 29.9.2020, IV C 5 – S 2334/19/10009 :004, BStBl 2020 I S. 972.
152 Bei der Fahrtenbuchmethode bewirkt die Steuerbefreiung, dass der zur Verfügung gestellte Ladestrom bei den Gesamtkosten und damit auch bei dem für die Privatnutzung anzusetzenden Kilometersatz außer Ansatz bleibt, vgl. Kap. 8.5.2.
153 BMF, Schreiben v. 29.9.2020, IV C 5 – S 2334/19/10009 :004, BStBl 2020 I S. 972.

natspauschalen steuerfrei ersetzen. Der Arbeitgeber ist aus Vereinfachungsgründen nicht verpflichtet, die steuerfreien »Stromvorteile« im Lohnkonto des Arbeitnehmers aufzuzeichnen.[154]

Einzelnachweis des vom Arbeitnehmer getragenen Ladestroms

Durch die Monatspauschalen sind **sämtliche Kosten** des Arbeitnehmers für den selbst bezogenen Ladestrom **abgegolten**. Eine zusätzliche Kürzung des geldwerten Vorteils »Firmenwagen« bzw. ein zusätzlicher steuerfreier Auslagenersatz nachgewiesener tatsächlicher Kosten, etwa durch Rechnungsbelege einer öffentlicher Ladestation, ist ausgeschlossen. Allerdings hat der Arbeitnehmer die Möglichkeit, für solche Monate von den zulässigen Pauschbeträgen zum **Einzelnachweis** der selbst getragenen Stromkosten zu wechseln, in denen der von einem Dritten oder der eigenen Wallbox bezogene Ladestrom die jeweils maßgebende Pauschale übersteigt. Der Arbeitnehmer muss in diesem Fall die Kosten des an öffentlichen Ladestationen bezogenen Stroms durch Belege nachweisen. Die Kosten für das Stromtanken an der eigenen Wallbox sind sowohl bzgl. der Strommenge als auch bzgl. des Strompreises des konkreten Stromversorgers detailliert nachzuweisen. Der Ansatz von Durchschnittspreisen ist nicht zulässig. Der Arbeitgeber hat die Nachweise als **Beleg zum Lohnkonto** aufzubewahren.

Hinweis

Die Steuerbefreiung des geldwerten Vorteils für das vom Arbeitgeber gewährte unentgeltliche oder verbilligte elektrischen Aufladen privater Elektro- sowie Hybridelektroautos ist bis 31.12.2030 befristet (§ 3 Nr. 46 EStG). Dieselbe zeitliche Befristung gilt für die Möglichkeit der Pauschalbesteuerung des geldwerten Vorteils aus der Übereignung von Stromladevorrichtungen mit 25 % durch den Arbeitgeber (§ 40 Abs. 2 Nr. 6 EStG).

8.4.13.7 Treibhausgasminderungsprämie (THG-Prämie)

Seit 2015 sind Unternehmen der Mineralölwirtschaft verpflichtet, die durch Otto- und Dieselkraftstoffe entstehenden Treibhausgasemissionen zu mindern. Die für die CO_2-Einsparung festgelegte Quote, die sog. Treibhausgasminderungsquote (THG-Quote), kann das Unternehmen u. a. durch Beimischung oder Verkauf von reinem Biokraftstoff oder eFuels erfüllen, aber auch durch die Anrechnung von in Elektrofahrzeugen genutztem Strom. Zulässig ist auch die Anrechnung von Strom im Wege der Teilnahme am THG-Quotenhandel. Halter von rein batteriebetriebenen Elektroautos (Plug-In-Hybrid-Fahrzeuge sind ausgeschlossen) können ihre CO_2-Einsparungen seit dem 1.1.2022 jährlich zertifizieren lassen und an die Mineralölunternehmen verkaufen. Der Verkauf erfolgt regelmäßig über Online-Plattformen als Zwischenhändler. Haltern von reinen Elektrofahrzeugen bietet sich dadurch die Möglichkeit, die mit ihrem Ladestrom verbundene Ersparnis zu nutzen, um sie gegen **Prämienzahlungen** dem Handel mit sog. **Treibhausgasminderungs-Quoten** anzubieten. Zur Abwicklung ist die Vorlage der Zulassungsbescheinigung Teil I (früher: Fahrzeugschein) mit dem darin eingetragenen Fahrzeughalter erforderlich. Die Zahlung kann aber auch an eine andere als die in der Zulassungsbescheinigung eigetragene Person erfolgen, wenn diese eine Bestätigung des Halters – und damit eine Art Freigabebescheinigung – vorlegt.

Steuerliche Einordnung

Seit Beginn des Jahres 2022, nach den zeitlichen Anwendungsbestimmungen aktuell bis zum Jahr 2030, kann somit jeder Fahrzeugbesitzer eines reinen, mit Akku betriebenen Elektrofahrzeugs von der THG-Quote profitieren und für sein E-Fahrzeug eine jährliche **Prämie bis zu 450 EUR** erhalten, indem er die eingesparten CO_2-Emissionen »verkauft«. Zu beachten ist, dass die Prämienzahlungen

154 § 4 Abs. 2 Nr. 4 LStDV; BMF, Schreiben v. 29.9.2020, IV C 5 – S 2334/19/10009 :004, BStBl 2020 I S. 972, Rz. 35.

steuerpflichtig sein können. Die Steuerpflicht bestimmt sich danach, ob es sich um ein Fahrzeug im Privatvermögen oder im Betriebsvermögen handelt.

- Im »unternehmerischen Bereich« folgen die Zahlungen den allgemeinen steuerlichen Regeln, d. h. ist das **Fahrzeug dem Betriebsvermögen** zuzuordnen, stellen die Zahlungen **Betriebseinnahmen** dar.
- Für **private Elektrofahrzeuge** stellt die THG-Prämie keine steuerpflichtigen Einkünfte dar und bleibt im Ergebnis **steuerfrei.**

THG-Prämie bei Firmenwagen

Bei betrieblichen Fahrzeugen, die dem Arbeitnehmer als **Firmenwagen** überlassen werden, ist die steuerliche Behandlung zudem davon abhängig, wer für den Firmenwagen die Prämie erhält. Bei der Überlassung eines Firmenwagens ist i. d. R. der Arbeitgeber der Fahrzeughalter. Die Prämie steht daher im Regelfall dem Arbeitgeber zu. Vereinnahmt ausnahmsweise der **Arbeitnehmer** die THG-Prämie für den ihm zur Nutzung überlassenen E-Firmenwagen, weil z. B. der Arbeitgeber als Fahrzeughalter dem Arbeitnehmer eine Bestätigung für den Quotenhandel erteilt, liegt **steuerpflichtiger Arbeitslohn** vor. Die Prämienzahlung an den Arbeitnehmer ist durch das Dienstverhältnis veranlasst, ebenso wie der geldwerte Vorteil aus der eigentlichen Überlassung des E-Firmenwagens. Die THG-Prämie führt nach Ansicht der Finanzverwaltung auch dann zu Arbeitslohn, wenn beispielsweise bei bestimmten **Jahreswagenmietmodellen in Automobilkonzernen** ausnahmsweise der Arbeitnehmer als Fahrzeughalter eine sog. THG-Prämie für das zur Nutzung überlassene betriebliche Batterieelektrofahrzeug erhält.

Anrechnung der THG-Prämie beim Fahrtenbuch

Die gewährte THG-Prämie hat keine Auswirkungen für die Firmenwagenbesteuerung, wenn der geldwerte Vorteil nach der pauschalen **1-%-Methode** berechnet wird (vgl. Kap. 8.4). Anders verhält es sich in den Fällen, in denen der geldwerte Vorteil der Privatnutzung nach der **Fahrtenbuchregelung** und damit nach den hierfür angefallenen Fahrtkosten versteuert wird. Bei der Einzelnachweis-Methode hat die gewährte THG-Prämie Auswirkungen auf den steuerpflichtigen Sachbezug »Firmenwagen«. Die THG-Prämie mindert die Gesamtkosten für den Elektro-Firmenwagen (§ 8 Abs. 2 Satz 4 EStG). Dies gilt unabhängig davon, ob der Arbeitgeber oder der Arbeitnehmer die THG-Prämie vereinnahmt. Die **Minderung der Gesamtkosten** hat deshalb zur Folge, dass der geldwerte Vorteil im Rahmen der Fahrtenbuchregelung geringer ausfällt (vgl. Kap. 8.5.2). Eine weitere günstige Folgewirkung ergibt sich durch die Anrechnung der THG-Prämie auf die Gesamtkosten des Elektro-Firmenwagens, in Fällen in denen bei der 1-%-Regelung die sog. Kostendeckelung zur Anwendung kommt (vgl. Kap. 8.4.3).

8.5 Fahrtenbuch (Methode 2)

Der geldwerte Vorteil für die Privatnutzung kann mit den auf die Privatfahrten entfallenden Aufwendungen angesetzt werden, wenn die für das Firmenfahrzeug insgesamt entstehenden Aufwendungen durch Belege und die Nutzungsverhältnisse durch ein ordnungsgemäßes Fahrtenbuch nachgewiesen werden. Zur Ausübung des Wahlrechts vgl. Kap. 8.3. Das **Prinzip des Nachweisverfahrens** wird durch folgende Übersicht deutlich:

Art der Nutzung	Berechnung des Arbeitslohns
Privatfahrten	Gesamtkosten : Jahresfahrleistung = Kosten pro km × privat gefahrene km
Fahrten Wohnung – erste Tätigkeitsstätte	Gesamtkosten : Jahresfahrleistung = Kosten pro km × gefahrene km Wohnung – erste Tätigkeitsstätte

8.5.1 Einzelnachweis der Fahrten und Gesamtkosten

Die Kilometer für dienstliche und private Fahrten, wozu auch die eingangs erwähnten Fahrten zum Betrieb und u. U. Familienheimfahrten zählen, sind anhand eines **Fahrtenbuchs nachzuweisen.** Damit der dadurch ermittelte Umfang der Privatnutzung dem Lohnsteuerabzug zugrunde gelegt werden kann, schreibt die Verwaltung genau vor, wie ein solches Fahrtenbuch zu führen ist.

Für dienstliche Fahrten sind danach folgende **Angaben** erforderlich:

- Datum und Kilometerstand zu Beginn und am Ende jeder einzelnen Auswärtstätigkeit,
- Reiseziel und Reiseroute,
- Reisezweck und aufgesuchte Geschäftspartner.[155]

Für Privatfahrten genügen jeweils die Kilometerangaben; für Fahrten zwischen Wohnung und erster Tätigkeitsstätte ist ein kurzer Vermerk im Fahrtenbuch ausreichend.

Die Eintragungen können beispielsweise wie folgt aussehen:

Abfahrt			Ziel/Reise-route	Anlass der Fahrt aufgesuchte Geschäftspartner	Ankunft		gefahrene Kilometer		
Tag	Zeit	km-Stand			Zeit	km-Stand	dienstliche Fahrten	Wohnung – Tätigkeitsstätte	private Fahrten
4.3.	8.00	10.100	Stgt–München–Stgt	Fa. Kolb	18.30	10.700	600		
5.3.	–	10.700	–	–	–	10.720		20	
5.3.	–	10.720	–	–	–	10.780			60
5.3.	15.00	10.780	Stgt–Lbg–Stgt	Fa. Held	17.00	10.810	30		

Tipp

Auf einzelne der genannten Angaben kann verzichtet werden, »soweit wegen der besonderen Umstände im Einzelfall die erforderliche Aussagekraft und Überprüfungsmöglichkeit« nicht beeinträchtigt werden. Bei Kundendienstmonteuren und Handelsvertretern mit täglich wechselnder Auswärtstätigkeit reicht es z. B. aus, wenn sie angeben, welche Kunden sie an welchem Ort aufgesucht haben. Besteht ein Kundenverzeichnis, kann stattdessen die jeweilige Kundennummer im Fahrtenbuch eingetragen werden, wenn das Verzeichnis diesem beigefügt wird. Angaben über Reiseroute und die Entfernungen zwischen den einzelnen Stationen sind nur bei einer größeren Differenz zwischen direkter Entfernung und tatsächlicher Fahrstrecke erforderlich.[156] Das Entsprechende gilt bei sicherheitsgefährdeten Personen, deren Fahrtroute häufig aus Gründen der Sicherheit wechselt, kann auf die Angabe der Reiseroute verzichtet werden. Größere Differenzen zwischen direkter Entfernung und gewählter Fahrstrecke stehen dem nicht entgegen.[157]

155 Niedersächsisches FG, Urteil v. 23.1.2019, 3 K 107/18, EFG 2019 S. 875, Nichtzulassungsbeschwerde beim BFH unter VI B 25/19; FG Münster, Urteil v. 4.2.2010, 5 K 5046/07 E, U, EFG 2010 S. 947.

156 BMF, Schreiben v. 3.3.2022, IV C 5 – S 2334/21/10004 :001, BStBl 2022 I S. 232, Tz. 3.3.

157 BMF, Schreiben v. 3.3.2022, IV C 5 – S 2334/21/10004 :001, BStBl 2022 I S. 232, Tz. 3.9.

Aufzeichnungserleichterungen bestehen auch für **Taxifahrer**. Hier ist es ausreichend, täglich zu Beginn und am Ende der beruflichen Fahrtätigkeit den jeweiligen Kilometerstand anzugeben. Außerdem hat der Taxifahrer bezüglich Reisezweck und Reiseziel die Angabe »Taxifahrten im Pflichtfahrgebiet« zu machen. Führen die Fahrten über dieses Gebiet hinaus, muss auch hier eine genaue Bezeichnung des Reiseziels erfolgen. Bei **Fahrlehrern** genügt bezüglich Reisezweck, Reiseziel und aufgesuchtem Geschäftspartner die Unterscheidung in »Leerfahrten, Fahrschulfahrten« o. Ä.

Aufzeichnungserleichterungen

Berufliche Verschwiegenheitspflichten berechtigen nicht, im Fahrtenbuch auf die Angabe von Reisezweck, Reiseziel und aufgesuchtem Geschäftspartner zu verzichten. Auch Rechtsanwälte, Notare, Steuerberater, Wirtschaftsprüfer, Ärzte, Zahnärzte, Apotheker und Hebammen sind bei Führen eines Fahrtenbuchs zu diesen Angaben verpflichtet, insbesondere zur Aufzeichnung der Namen von Patienten, Mandanten oder Kunden. Es ist nicht zulässig, diese Angaben durch allgemeine Beschreibungen wie Patientenbesuch zu ersetzen. Die für andere Arbeitnehmer festgelegten Regelungen[158] sind auch von diesen Berufsgruppen zu beachten. Ein Arzt muss deshalb neben dem Reisezweck Patientenbesuch auch den Namen des aufgesuchten Patienten in seinem Fahrtenbuch aufzeichnen.[159] Diese Grundsätze, die für das Fahrtenbuch beim Unternehmer getroffen worden sind, gelten in gleicher Weise bei der Firmenwagenbesteuerung nach der Einzelnachweismethode, wenn die Berufsausübung im Rahmen eines Dienstverhältnisses erfolgt.[160]

Verschwiegenheitspflicht

Wichtig

Die Möglichkeit der Führung eines Fahrtenbuchs für einen repräsentativen Zeitraum von 12 Monaten ist nicht zulässig. Die Lohnsteuer-Richtlinien verlangen bei Anwendung der Einzelnachweismethode die ununterbrochene Führung eines Fahrtenbuchs selbst dann, wenn die Nutzungsverhältnisse des Firmenwagens unverändert bleiben. Nicht ausreichend ist es, wenn für ein ganzjährig zur Verfügung stehendes Fahrzeug mit der Fahrtenbuchmethode erst im Laufe des Jahres begonnen wird. Ein Fahrtenbuch ist nicht ordnungsmäßig, wenn es nur für ein Teil des Jahres geführt wird. Die Fahrtenbuchmethode hat zur Voraussetzung, dass der Arbeitnehmer das Fahrtenbuch für den gesamten Veranlagungszeitraum führt. Ein Wechsel während des Jahres ist nicht zulässig.[161]

In der Lohnsteuerpraxis wird das Fahrtenbuch oft deswegen gewählt, um die regelmäßig steuerlich nachteilige Pauschalmethode zu vermeiden. Welche inhaltlichen Anforderungen an ein ordnungsgemäßes Fahrtenbuch dabei zu stellen sind, ist allerdings **gesetzlich nicht definiert**. Das Gesetz schreibt auch keine bestimmte Form hierfür vor. Die eingangs dargestellten Aufzeichnungen, die für die Ordnungsmäßigkeit eines Fahrtenbuchs erforderlich sind, beruhen auf den Regelungen der Lohnsteuer-Richtlinien, die das BMF festgelegt hat.[162] Als Folge der fehlenden gesetzlichen Grundlage ist die Frage, ob die Voraussetzungen der Fahrtenbuchmethode erfüllt sind oder stattdessen die vom Finanzamt angewendete (teurere) 1-%-Regelung der Firmenwagenbesteuerung anzuwenden ist, wohl der häufigste Sachverhalt, der im Anschluss an eine Lohnsteuer-Außenprüfung zu Streitigkeiten führt. Der BFH hat in mehreren Urteilen zu diesem Themenbereich Stellung genommen.[163] Die Entscheidungen bestätigen nicht nur die von der Finanzverwaltung aufgestellten strengen formalen Kriterien, sondern legen im Einzelnen folgende Anforderungen fest, die vorliegen müssen, um die im Vergleich zum Fahrtenbuch regelmäßig steuerlich nachteilige Pauschalmethode zu vermeiden.

Inhaltliche und formale Anforderungen

158 BMF, Schreiben v. 28.5.1996, IV B 6 – S 2334 – 173/96, BStBl 1996 I S. 654.

159 BFH, Beschluss v. 3.1.2007, XI B 128/06, BFH/NV 2007 S. 707.

160 Ebenso FG Hamburg, Urteil v. 17.1.2007, 8 K 74/06, EFG 2007 S. 669 für angestellten Wirtschaftsprüfer.

161 BFH, Urteil v. 20.3.2014, VI R 35/12, BStBl 2014 II S. 643.

162 R 8.1 Abs. 9 Nr. 2 LStR.

163 BFH, Urteil v. 9.11.2005, VI R 27/05, BStBl 2006 II S. 408; BFH, Urteil v. 16.11.2005, VI R 64/04, BStBl 2006 II S. 410; BFH, Urteil v. 16.3.2006, VI R 87/04, BStBl 2006 II S. 625.

Zeitnahe und nicht ohne Weiteres abänderbare Eintragungen

Ein ordnungsgemäßes Fahrtenbuch setzt neben vollständigen und fortlaufenden Aufzeichnungen insbesondere voraus, dass es zeitnah und in geschlossener Form geführt wird. Dazu müssen die zu erfassenden Fahrten einschließlich des an ihrem Ende erreichten Gesamtkilometerstands **vollständig** und in ihrem **fortlaufenden** Zusammenhang wiedergegeben werden. Aus diesem Grund hat der BFH einem Fahrtenbuch die steuerliche Anerkennung versagt, das erst im Nachhinein anhand von losen Notizzetteln erstellt worden war.[164] Erfolgen die Aufzeichnungen nachträglich in einem erst zu einem späteren Zeitpunkt im Handel erhältlichen Fahrtenbuch, ist ein »zeitnahes« Erstellen nicht mehr gegeben.[165]

Geschlossene Form

Geschlossene Form bedeutet bei einem in Papier geführten Fahrtenbuch, dass eine Sammlung von Einzelblättern nicht ausreicht[166], sondern eine **gebundene Buchform erforderlich** ist. Ein Fahrtenbuch ist nicht ordnungsgemäß, wenn die Fahrten unterwegs mittels eines Diktiergerätes auf Kassetten aufgenommen und anschließend zuhause in Excel-Tabellen übertragen werden. Ein solches auf Kassette diktiertes Fahrtenbuch erfüllt nicht die Anforderungen der Unabänderbarkeit.[167]

Excel-Fahrtenbuch

In einem weiteren Verfahren hat der BFH ein mithilfe eines Tabellenkalkulationsprogramms (Microsoft Excel) erstelltes Fahrtenbuch als nicht ordnungsgemäß entschieden. Entscheidend für die steuerliche Aberkennung des Fahrtenbuchs war, dass an dem bereits eingegebenen Datenbestand Veränderungen vorgenommen werden können, ohne dass deren Reichweite in der Datei selbst dokumentiert oder offengelegt wird.[168]

Tipp

Zulässig ist die Nachweisführung durch ein **elektronisches Fahrtenbuch**, das alle Fahrten automatisch bei Beendigung jeder Fahrt mit Datum, Kilometerstand und Fahrtziel erfasst. Der Arbeitnehmer muss den dienstlichen Reisezweck und ggf. den besuchten Geschäftspartner ergänzen.[169] Es reicht nicht aus, dass die Fahrten mit den per GPS ermittelten Geo-Daten selbst zeitnah aufgezeichnet worden sind. Die nachträgliche Eintragung des beruflichen Anlasses in einem Webportal wird ebenfalls anerkannt, wenn sie zeitnah spätestens 7 Tage nach Fahrtende erfolgt. Die Person und der Zeitpunkt der nachträglichen Eingabe im Webportal müssen unabänderbar dokumentiert sein, damit das elektronische Fahrtenbuch ordnungsgemäß ist.

Pflichtangaben im Fahrtenbuch

Zu einem ordnungsgemäßen Fahrtenbuch gehört, dass das (zeitnah und in geschlossener Form zu führende) Fahrtenbuch die nicht als Arbeitslohn zu erfassende anteilige berufliche Verwendung des Firmenwagens in einer schlüssigen Form belegt.[170] Die Aufzeichnungen müssen daher zu den geschäftlichen Reisen Angaben enthalten, anhand derer sich die berufliche Veranlassung der Fahrten plausibel nachvollziehen und ggf. auch nachprüfen lässt. Hierfür hat das Fahrtenbuch neben dem Datum und den Fahrtzielen auch den jeweils aufgesuchten Kunden oder Geschäftspartner, bzw. sofern ein solcher nicht vorhanden ist, den konkreten Gegenstand der dienstlichen Verrichtung aufzuführen.

Jede einzelne berufliche Verwendung ist für sich und mit dem bei Abschluss der Fahrt erreichten **Kilometerstand des Fahrzeugs** aufzuzeichnen. Lediglich mehrere Teilabschnitte einer einheitlichen beruf-

164 BFH, Urteil v. 9.11.2005, VI R 27/05, BStBl 2006 II S. 408; BFH, Urteil v. 14.12.2006, IV R 63/04, BFH/NV 2007 S. 691; ebenso BFH, Beschluss v. 12.7.2011, VI B 12/11, DB 2011 S. 2294.
165 FG Rheinland-Pfalz, Urteil v. 13.11.2017, 5 K 1391/15, zur Ermittlung des geldwerten Vorteils eines Maseratis als Geschäftswagen.
166 BFH, Urteil v. 16.3.2006, VI R 87/04, BStBl 2006 II S. 625, BFH, Beschluss v. 12.7.2011, VI B 12/11, BFH/NV 2011 S. 1863.
167 FG Köln, Urteil v. 18.6.2015, 10 K 33/15, EFG 2015 S. 1598.
168 BFH, Urteil v. 16.11.2005, VI R 64/04, BStBl 2006 II S. 410.
169 BMF, Schreiben v. 3.3.2022, IV C 5 – S 2334/21/10004 :001, BStBl 2022 I S. 232, Tz. 3.2; FG Niedersachsen, Urteil v. 23.1.2019, 3 K 107/18, EFG 2019 S. 875; Nichtzulassungsbeschwerde beim BFH unter VI B 25/19.
170 BFH, Urteil v. 16.3.2006, VI R 87/04, BStBl 2006 II S. 625.

lichen Reise dürfen miteinander zu einer zusammenfassenden Eintragung verbunden werden, wenn die aufgesuchten Kunden u. Ä. im Fahrtenbuch in der zeitlichen Reihenfolge aufgeführt sind. Jeder Übergang von der beruflichen zur privaten Nutzung des Fahrzeugs ist im Fahrtenbuch durch Angabe des bei Abschluss der beruflichen Fahrt erreichten Gesamtkilometerstands zu dokumentieren.

Wichtig

Den genannten Voraussetzungen ist nicht bereits dann Genüge getan, wenn eine nachträgliche Manipulation hinsichtlich der gefahrenen Kilometer dadurch ausgeschlossen ist, weil die Grundaufzeichnungen in Form der zurückgelegten Strecken im handschriftlich geführten Fahrtenbuch zeitnah und lückenlos vorgenommen worden sind. Auch die jeweiligen Anfangs- und Endpunkte der Fahrten müssen sich in hinreichend konkreter Form unmittelbar aus dem Fahrtenbuch ergeben, um den jeweiligen Zweck der einzelnen Fahrten beurteilen zu können. Dazu sind neben der Fahrstrecke auch die Zieladresse bzw. der konkret besuchte Kunde im Fahrtenbuch anzugeben. Die Ergänzung des Fahrtenbuchs um eine weitere, nachträglich erstellte Auflistung ist nicht zulässig, auch wenn die erläuternden Aufzeichnungen aus dem vom Firmenwageninhaber geführten Terminkalender übertragen worden sind. Eine Kombination aus handschriftlichem Fahrtenbuch und einer Zusatzliste mit erläuternden Hinweisen vermag die Anwendung der 1-%-Regelung nicht auszuschließen.[171]

Keine Verwerfung bei kleineren Mängeln

Nach der aktuellen BFH-Rechtsprechung dürfen die Aufzeichnungen im Fahrtenbuch neben den dargestellten formellen Anforderungen **keine inhaltlichen Unregelmäßigkeiten** aufweisen. Ansonsten ist die Richtigkeit der Kilometerangaben infrage zu stellen. Sind die Fahrtenbuchaufzeichnungen insgesamt plausibel, führen kleinere Mängel jedoch nicht bereits zur Verwerfung des gesamten Fahrtenbuchs und als Folge davon zur Anwendung der 1-%-Methode. Trotz der Mängel muss eine hinreichende Gewähr für die Vollständigkeit und Richtigkeit des Nachweises über den zu versteuernden Privatanteil an der Gesamtfahrleistung des Firmenwagens gegeben sein.[172] Im Streitfall sind die Kilometerangaben laut Fahrtenbuch von der Werkstattrechnung in 2 Fällen geringfügig abgewichen. Der BFH unterstellt, dass insoweit die Aufzeichnungen zutreffend sind. Nach wie vor ungeklärt ist, ob ein wegen geringfügiger Mängel unvollständiges Fahrtenbuch durch **Schätzungen** ergänzt werden kann.[173]

Elektronisches Fahrtenbuch

Zulässig ist auch die Nachweisführung durch ein **elektronisches Fahrtenbuch**, das alle Fahrten automatisch mit Datum, Kilometerstand und Fahrtziel erfasst.[174] Für die Anerkennung einer elektronischen Fahrtenbuchsoftware besteht kein Zertifizierungsverfahren. Die Ordnungsmäßigkeit elektronischer Fahrtenbücher bleibt deshalb immer einer Einzelfallprüfung vorbehalten, die regelmäßig im Rahmen der Lohnsteuer-Außenprüfung vorgenommen wird. Es gelten dem Grundsatz nach dieselben Regeln wie für handschriftlich geführte Fahrtenbücher. Für die Führung eines elektronischen Fahrtenbuchs bedeutet dies, dass dieses **zeitnah und in geschlossener Form** zu führen ist.

Geschlossene Form bedeutet bei einem elektronisch geführten Fahrtenbuch, dass von der Software die Eintragung in Buchform nachgebildet wird. Die Eintragung auf Einzelblättern ist ausgeschlossen.[175] **Zeitnah** ist ein elektronisches Fahrtenbuch, wenn die Eingabe in das elektronisch geführte Fahrtenbuch unmittelbar und ohne Verwendung von Zwischennotizen erfolgt. Die Eintragungen sind darüber hinaus direkt im Anschluss an das Fahrtende und nicht erst z. B. nach Ablauf der Arbeitswo-

171 BFH, Urteil v. 1.3.2012, VI R 33/10, BFH/NV 2012 S. 1220, BStBl 2012 II S. 505.
172 BFH, Urteil v. 10.4.2008, VI R 38/06, BFH/NV 2008 S. 1382, BStBl 2008 II S. 768.
173 FG Münster, Urteil v. 8.6.2005, 1 K 6435/02 L, EFG 2007 S. 999.
174 BMF, Schreiben v. 3.3.2022, IV C 5 – S 2334/21/10004 :001, BStBl 2022 I S. 232, Tz. 3.2.
175 BMF, Schreiben v. 14.11.2014, IV A 4 – S 0316/13/10003, BStBl 2014 I S. 1450.

che vorzunehmen. Dies erfordert, dass der Firmenwageninhaber die verlangten Angaben entweder noch im Kfz oder allerspätestens nach abgeschlossener Fahrt im direkten Anschluss am häuslichen Computer eingibt, z. B. nach durchgeführter Dienstreise. Die Fahrtenbuchsoftware muss die Eingabe im Programm in chronologischer Reihenfolge auch zeitlich dokumentieren. Allerdings ist es zulässig, ein elektronisches Fahrtenbuch, in dem alle Fahrten automatisch über GPS bei Beendigung jeder Fahrt mit Datum, Kilometerstand und Fahrtziel unveränderbar aufgezeichnet werden, zeitnah um den privaten bzw. beruflichen Anlass der Fahrt, ggf. unter Angabe des aufgesuchten Geschäftspartners, in einem Webportal nachträglich zu ergänzen.

Tipp

Elektronische Fahrtenbücher nehmen eine gewisse Sonderstellung ein. Hier lässt die Finanzverwaltung ausnahmsweise eine **nachträgliche elektronische Ergänzung** zu. Ein solches elektronisches Fahrtenbuch ist als zeitnah und damit ordnungsgemäß geführt anzusehen, wenn die Angaben zum dienstlichen Fahrtanlass vom Firmenwageninhaber **innerhalb von 7 Tagen** nach Abschluss der Fahrt in einem Webportal eingetragen und die übrigen Fahrten dem privaten Bereich zugeordnet werden.[176] Weitere Voraussetzung ist, dass sämtliche nachträglichen Änderungen im System dokumentiert sind.

Revisionssicher in diesem Sinne ist sie dann, wenn nach der erstmaligen Eingabe die Daten **nicht mehr verändert** werden können bzw. eine **nachträgliche Änderung** – ebenso wie beim papiernen Fahrtenbuch – vom System **dokumentiert und nachvollziehbar** dargestellt wird. Eine Änderungsmöglichkeit der Daten, ohne dass eine Dokumentation erfolgt, führt zur Nichtanerkennung des Fahrtenbuchs. Die Daten elektronischer Fahrtenbücher müssen elektronisch von der Finanzverwaltung geprüft werden können.[177]

Wichtig

Der Gesetzgeber hat für die Firmenwagenbesteuerung als grundsätzliche Berechnungsmethode die Ermittlung des geldwerten Vorteils nach der 1-%-Regelung festgelegt. Sie kommt immer dann zur Anwendung, wenn kein Fahrtenbuch vorliegt oder wenn dies nicht ordnungsgemäß geführt wird.[178]

Ein echter »Steuerschaden« liegt somit nicht vor. Gleichwohl kann der Arbeitnehmer Schadensersatz von seinem Arbeitgeber wegen einer im Vergleich zur Fahrtenbuchmethode überhöhten Steuerfestsetzung verlangen, wenn er nachweisen kann, dass die Anwendung der 1-%-Regelung auf eine Pflichtverletzung oder unerlaubte Handlung des Arbeitgebers zurückzuführen ist, durch die ein tatsächlicher »Steuerschaden« entstanden ist. Der Schadensersatz führt beim Arbeitnehmer zu keinem Lohnzufluss.[179] Ein nicht ordnungsgemäß geführtes Fahrtenbuch begründet im Normalfall keinen Schadensersatzanspruch gegenüber dem Arbeitgeber. Die korrekte Führung eines Fahrtenbuchs ist Aufgabe des Arbeitnehmers. Das Lohnbüro hat lediglich die formellen Anforderungen zu überprüfen und den Arbeitnehmer auf objektive Unrichtigkeiten der Fahrtenbuchführung hinzuweisen.

8.5.2 Kostennachweis

Anzusetzen sind nur die vom Arbeitgeber getragenen Kosten. Soweit der Arbeitnehmer laufende Aufwendungen übernimmt, bleiben diese bei der Ermittlung der Gesamtkosten außer Ansatz. Für Elektrofahrzeuge bzw. extern aufladbare Hybridelektrofahrzeuge ist eine pauschale Kürzung der Gesamtkosten des Firmenfahrzeugs für die darin enthaltenen Aufwendungen für das Batteriesystem vorgesehen (s. auch Kap. 8.4.13). Aus der ermittelten Fahrleistung des Pkw und den Gesamt-

176 BMF, Schreiben v. 3.3.2022, IV C 5 – S 2334/21/10004 :001, BStBl 2022 I S. 232, Tz. 3.2.
177 BFH, Urteil v. 16.11.2005, VI R 64/04, BStBl 2005 II S. 410.
178 BFH, Urteil v. 20.3.2014, VI R 35/12, BFH/NV 2014 S. 1283, BStBl 2014 II S. 643.
179 BFH, Urteil v. 25.4.2018, VI R 34/16, DStR 2018 S. 1706.

kosten ist der Fahrzeugaufwand je gefahrenem Kilometer zu berechnen. Dieser Kilometersatz ist Grundlage für die Berechnung des geldwerten Vorteils, der auf die Privatfahrten entfällt. Der Arbeitgeber muss wissen, dass für die Ermittlung der Gesamtkosten grundsätzlich der tatsächliche Kostenaufwand laut betrieblicher Buchführung maßgebend ist. Es empfiehlt sich, in folgenden Schritten vorzugehen:

Schritt 1: Berechnung der Abschreibung
Zu den abschreibungsfähigen Anschaffungskosten zählen auch die Aufwendungen für eine etwaige Sonderausstattung des Fahrzeugs, insbesondere für ein Navigationssystem oder eine Diebstahlsicherung. Anders als bei der 1-%-Regelung (vgl. Kap. 8.4.1) sind bei der Fahrtenbuchmethode Gegenstände der Sonderausstattung auch weiterhin bei ihrem nachträglichen Einbau zu berücksichtigen. Sie erhöhen den für die Berechnung des geldwerten Vorteils maßgebenden Kilometersatz für das gesamte laufende Kalenderjahr des Einbaus. Nicht in die Bemessungsgrundlage einzubeziehen ist der Kaufpreisanteil, der auf das Autotelefon entfällt (vgl. Kap. 8.10).

Elektro- und Hybridelektrofahrzeuge

Bei (Hybrid-)Elektro-Firmenwagen erhöhen die Kosten für die Batterie in Form der Abschreibung den Kilometersatz und damit im Ergebnis den lohnsteuerpflichtigen geldwerten Vorteil für die Privatnutzung des E-Firmenwagens beim Arbeitnehmer. Entsprechend der Regelung bei der 1-%-Methode (vgl. Kap. 8.4.13) bleibt der in pauschaler Höhe festgelegte Kaufpreisanteil für den Akku bei der Ermittlung des Kilometersatzes außer Ansatz (§ 6 Abs. 1 Nr. 4 i. V. m. § 8 Abs. 2 EStG). Die abschreibungsfähigen Anschaffungskosten des E-Firmenfahrzeugs werden entweder um einen Abschlag pro kWh der Batteriekapazität oder auf 50 % oder 25 % gekürzt (§ 6 Abs. 1 Satz 4 EStG).[180] Sie bewirkt einen geringeren Kilometersatz – und damit einen geringeren geldwerten Vorteil.

- Die **pauschale Kürzung in Abhängigkeit der kWh** ist auf Elektrofahrzeuge begrenzt, die bis Ende 2022 angeschafft wurden, und ist zum 31.12.2022 ausgelaufen. Sie ist wegen der ab 2019 eingeführten prozentualen Kürzung auf 50 % bzw. 25 % des Bruttolistenpreises nur noch für Hybridelektrofahrzeuge von Bedeutung, die die geforderten ökologischen Voraussetzungen nicht erfüllen (vgl. Kap. 8.4.13.1). Da das jeweilige Anschaffungsjahr den Umfang der Kürzung bestimmt, gilt sie für den gesamten Zeitraum der Firmenwagenüberlassung auch für Lohnzahlungszeiträume ab 1.1.2023 fort, wenn das Hybridelektrofahrzeug vor 2023 angeschafft wurde. Erstmals für **Anschaffungen ab 2023** darf die akkuabhängige Kürzung nicht mehr angewendet werden.
- **Kürzung auf 50 %**: Für **Anschaffungen ab 2019** werden für Elektro- und bestimmte Hybridelektro-Firmenwagen – entsprechend der Kürzung des Bruttolistenpreises auf 50 % bei der 1-%-Regelung (vgl. Kap. 8.4.13.2) – bei der Fahrtenbuchmethode die Anschaffungskosten und damit die Abschreibungsbeträge nur zur Hälfte angesetzt (§ 6 Abs. 1 Nr. 4 Satz 1 EStG i. V. m. § 8 Abs. 2 EStG).[181] Bei Leasingfahrzeugen treten an die Stelle der AfA-Beträge die monatlichen Leasingraten, die ebenfalls nur zu 50 % bei der Berechnung des für den geldwerten Vorteil maßgebenden Kilometersatzes einbezogen werden. Die Halbierung der Abschreibungs- und Leasingbeträge gilt für **Neu- und Gebrauchtfahrzeuge** in gleicher Weise, vorausgesetzt die Anschaffung bzw. erstmalige Überlassung des E-Firmenfahrzeugs erfolgt in den Jahren ab 2019 bis 2030. Sie gilt stufenweise für Hybridelektrofahrzeuge (sog. Plug-in-Hybride) in Abhängigkeit vom CO_2-Ausstoß bzw. von der Reichweite des Elektromotors (vgl. Kap. 8.4.13.2 zur 1-%-Methode).

180 Eine Tabelle zur Kürzung der jeweiligen Bemessungsgrundlage für die Berechnung des geldwerten Vorteils Firmenwagen findet sich in Kap. 8.4.13.1; s. auch Tabelle 11.

181 BMF, Schreiben v. 5.11.2021, IV C 6 – S 2177/19/10004 :008/IV C 5 – S 2334/19/10009 :003, BStBl 2021 I S. 2205, Rz. 15.

- **Kürzung auf 25 %**: Für reine Elektro-Firmenwagen und andere **emissionsfreie** Firmenwagen mit einem **Bruttolistenpreis bis 60.000 EUR** im Zeitpunkt der Erstzulassung werden – entsprechend der Kürzung des Bruttolistenpreises auf 25 % bei der 1-%-Regelung (vgl. Kap. 8.4.13.3) – bei der Fahrtenbuchmethode die Anschaffungskosten und damit die Abschreibungsbeträge für **vom 1.1.2019 bis 31.12.2030 angeschaffte E-Firmenwagen** nur mit **25 %** angesetzt (§ 6 Abs. 1 Nr. 4 Satz 1 EStG). Bei Leasingfahrzeugen treten an die Stelle der AfA-Beträge die **monatlichen Leasingraten**, die ebenfalls nur zu **25 %** bei der Berechnung des für den geldwerten Vorteil maßgebenden Kilometersatzes einbezogen werden. Die 75-%-Kürzung der Abschreibungs- und Leasingbeträge gilt gleichermaßen für **Neu- und Gebrauchtfahrzeuge.**

Nutzungsdauer

Die Abschreibung für das Fahrzeug berechnet sich nach den tatsächlichen Anschaffungs- oder Herstellungskosten und der betriebsgewöhnlichen Nutzungsdauer und nicht etwa wie bei der 1-%-Methode auf der Basis des Bruttolistenpreises im Zeitpunkt der Erstzulassung. Die **betriebsgewöhnliche Nutzungsdauer** beträgt bei **Neuwagen 8 Jahre,** bei **Gebrauchtwagen** ist sie nach der **jeweiligen Restnutzungsdauer** zu schätzen.[182] Eine rein rechnerische Kürzung der 8-Jahresfrist um die bisherige Nutzungsdauer ist nicht zulässig. Entscheidend ist der im Einzelfall aufgrund Alter, Beschaffenheit und Einsatz des Fahrzeugs verbleibende betriebsgewöhnliche Nutzungszeitraum.

Der BFH hat bei der Ermittlung der Gesamtkosten die AfA mit 12,5 % der Anschaffungskosten berechnet und geht demzufolge anders als die amtlichen AfA-Tabellen nicht von einer 6-jährigen, sondern von einer längeren 8-jährigen Fahrzeugnutzung aus. Die Finanzverwaltung wendet dieses Urteil für den Bereich der Firmenwagenbesteuerung an. Bei der betrieblichen Gewinnermittlung ist dagegen weiterhin die AfA-Tabelle maßgebend, die eine **6-jährige Nutzungsdauer** festlegt.[183]

Wichtig

Die Abschreibungen müssen zeitanteilig nach der Anzahl der Monate berechnet werden, wenn das Fahrzeug während des Jahres gekauft wird. Die frühere Vereinfachungsregel, nach der die volle oder halbe Jahres-AfA angesetzt werden durfte, ist entfallen.

Leasingfahrzeuge

Bei Leasingfahrzeugen treten an die Stelle der Abschreibung die monatlichen Leasingraten. Dasselbe gilt für eine etwaige Sonderzahlung, die im Normalfall einmalig bei Beginn des Leasingzeitraums zu zahlen ist. Letztere erhöht ausschließlich die Gesamtkosten im Jahr der Zahlung, wenn sie bei der Gewinnermittlung durch Einnahme-/Überschussrechnung im Jahr der Zahlung in voller Höhe als Betriebsausgabe abzugsfähig ist. Sie ist nicht etwa auf die Laufzeit des Vertrags zu verteilen.[184] Etwas anderes gilt für Leasingsonderzahlungen, wenn sie bei der betrieblichen Gewinnermittlung durch Bestandsvergleich bilanzrechtlich periodengerecht zu erfassen sind.[185] Hier ist eine zeitanteilige Verteilung der Sonderzahlung auf den Gesamtleasingzeitraum vorzunehmen.

Schritt 2: Laufende Kosten

Neben der Abschreibung bzw. den Leasingraten berechnen sich die Gesamtkosten aus der **Summe aller übrigen Betriebskosten**, die das ganze Jahr über – also auch für Zeiten des Urlaubs – z. B. für das Benzin, das Öl oder die Reifen anfallen. Anzusetzen sind nur die **vom Arbeitgeber getragenen**

182 BFH, Beschluss v. 29.3.2005, IX B 174/03, BStBl 2006 II S. 368; BMF, Schreiben v. 3.3.2022, IV C 5 – S 2334/21/10004 :001, BStBl 2022 I S. 232, Rz. 34.

183 BMF, Schreiben v. 15.12.2000, IV D 2 – S 1551 – 188/00, BStBl 2000 I S. 1532.

184 BFH, Urteil v. 5.5.1994, VI R 100/93, BStBl 1994 II S. 643; a. A. BFH, Urteil v. 3.9.2015, VI R 27/14, EFG 2014 S. 1467.

185 BFH, Urteil v. 3.9.2015, VI R 27/14, BStBl 2016 II S. 174.

Kosten. Soweit der Arbeitnehmer laufende Fahrzeugkosten übernimmt, bleiben diese bei der Ermittlung der Gesamtkosten außer Ansatz (vgl. Kap. 8.9). In Betracht kommen Aufwendungen für

- Benzin
- Öl
- Reifen
- Wagenwäsche
- Parkgebühren
- Garagenmiete
- Reparaturarbeiten
- Straßenbenutzungsgebühren
- Putzmittel
- Hauptuntersuchung (TÜV)
- Kfz-Steuer
- Kfz-Versicherungen
- Finanzierungskosten

Die Kosten der Garagenmiete zählen zu den Pkw-Gesamtkosten des Firmenwagens. Dementsprechend erhöht das Garagengeld bei der Fahrtenbuchmethode – anders als bei der 1-%-Regelung – den Kilometersatz, der bei Ermittlung des geldwerten Vorteils aus der Privatnutzung des Firmenwagens zugrunde zu legen ist.[186] In die Berechnung der Gesamtkosten nicht einzubeziehen ist der Ladestrom bei einem Elektro-Firmenwagen, der beim Aufladen an einer betrieblichen Ladestation nach § 3 Nr. 46 EStG steuerfrei bleibt (vgl. Kap. 8.4.13.6).

Tipp

Eine Schätzung der Treibstoffkosten entsprechend dem für den Werbungskostenabzug zugelassenen Verfahren lehnt die Verwaltung bislang ab. M. E. bestehen für eine solche Ungleichbehandlung keine sachlichen Gründe. Auch das Finanzgericht München lässt unter bestimmten Voraussetzungen eine Schätzung der Benzinkosten zu.[187] Die abschließende Entscheidung durch den BFH in dem anhängigen Revisionsverfahren bleibt abzuwarten.

Außergewöhnliche Kosten, wie die Kosten eines **Unfallschadens** auf einer **Privatfahrt,** sind danach nicht durch die 1-%-Regelung abgegolten, sondern als zusätzlicher **geldwerter Vorteil** beim Arbeitnehmer zu erfassen, wenn die Firma die Reparaturrechnung bzw. den Schaden wirtschaftlich trägt. Wie bei der 1-%-Regelung gilt eine Vereinfachungsregelung, wenn die Unfallkosten abzüglich evtl. Versicherungsleistungen weniger als 1.000 EUR betragen (s. Kap. 8.4.1.3). Unfallkosten

Wichtig

Aus praktischen Erwägungen ist eine Vereinfachungsregelung in die Lohnsteuer-Richtlinien aufgenommen worden. **Reparaturkosten** bis zu einem Nettobetrag von 1.000 EUR (zuzüglich Mehrwertsteuer) dürfen weiterhin in die Gesamtkosten des Firmenwagens einbezogen werden. Im Rahmen der Kleinbetragsgrenze erhöhen Unfallkosten damit den Kilometersatz des Fahrzeugs, der für die Berechnung des geldwerten Vorteils zugrunde gelegt wird. Dies gilt unabhängig davon, ob sich der Unfall auf einer Dienst- oder Privatfahrt ereignet.[188]

186 BMF, Schreiben v. 3.3.2022, IV C 5 – S 2334/21/10004 :001, BStBl 2022 I S. 232, Tz. 3.5; FG Münster, Urteil v. 14.3.2019, 10 K 2990/17 E; Niedersächsisches FG, Urteil v. 9.10.2020, 14 K 21/19, Rev. beim BFH unter Az. VIII R 29/20.

187 FG München, Urteil v. 16.10.2020, 8 K 611/19, EFG 2021 S. 541; Rev. beim BFH unter Az. VI R 44/20.

188 R 8.1 Abs. 9 Nr. 2 Satz 12 LStR.

Alkoholfahrt

Der **Verzicht des Arbeitgebers** auf die Geltendmachung eines Schadensersatzanspruchs gegen den Mitarbeiter wegen eines bei einer Fahrt unter **Alkoholeinfluss** am betrieblichen Pkw entstandenen Unfallschadens bewirkt einen zusätzlichen geldwerten Vorteil, der in Höhe des Verzichts auf die arbeitsrechtlich mögliche Schadensersatzforderung als **Vorteil** neben dem »Sachbezug Firmenwagen« zu erfassen ist. Der Schadensersatzverzicht des Arbeitgebers führt bei Unfällen auf Privatfahrten des Firmenwagens stets zu einem geldwerten Vorteil, weil anders als bei beruflichen Fahrten (berufliche Auswärtstätigkeiten, Fahrten zwischen Wohnung und Tätigkeitsstätte oder Familienheimfahrten) keine Saldierung mit den in gleicher Höhe bestehenden Werbungskosten möglich ist.

Schadensersatz

Zu beachten ist, dass eine betragsmäßige **Wechselwirkung** zwischen einem evtl. zivilrechtlich bestehenden **Schadensersatzanspruch** und den bei Privatunfällen mit dem Firmenwagen gesondert zu erfassenden **Unfallkosten** besteht. Da ein geldwerter Vorteil bei Privatfahrten mit dem Firmenwagen nur in der Höhe anfällt, in der der Arbeitgeber die Reparaturrechnung bzw. den Schaden wirtschaftlich auch tragen muss, mindert der zivilrechtliche Schadensersatz in gleicher Höhe den geldwerten Vorteil der Unfallkosten. Dadurch tritt der arbeitsrechtliche Schadensersatzverzicht im Ergebnis an die Stelle der Unfallkosten, ohne dass sich dadurch im Vergleich zu den in der Praxis häufigeren Sachverhalten ohne Schadensersatzpflicht des Arbeitnehmers an der Höhe des geldwerten Vorteils etwas ändert.

Wichtig

Die Schadensersatzforderung mindert sich durch Erstattungsleistungen von dritter Seite, sodass ein gesonderter **geldwerter Vorteil** im Normalfall nur in Höhe des Eigenanteils (versicherungsrechtlich vereinbarter **Selbstbehalt**) des Arbeitgebers besteht.[189] Hat der Arbeitgeber ausnahmsweise auf den Abschluss einer Kaskoversicherung verzichtet oder eine Eigenbeteiligung von mehr als 1.000 EUR, ist aus Vereinfachungsgründen ein **fiktiver Selbstbehalt von 1.000 EUR** zu unterstellen. Der geldwerte Vorteil in Höhe des Schadensersatzverzichts kann deshalb auch in Fällen ohne Kaskoversicherung oder bei einem höheren Eigenanteil maximal 1.000 EUR betragen. Eine Ausnahme gilt für Trunkenheitsfahrten, bei denen der fiktive Selbstbehalt keine Anwendung findet.

THG-Prämie für E-Firmenwagen

Für Elektrofahrzeuge und damit auch für E-Firmenwagen kann seit 2022 eine Prämie für die damit verbundene Treibhausgasminderung in Anspruch genommen werden (vgl. Kap. 8.4.13.7). Die sog. THG-Prämie, die seit 2022 für Elektroautos gezahlt wird, mindert die Gesamtkosten für den E-Firmenwagen und damit den Kilometersatz für die Berechnung des geldwerten Vorteils bei der Fahrtenbuchmethode. Dies gilt unabhängig davon, ob der Arbeitgeber oder ausnahmsweise der Arbeitnehmer die THG-Prämie vereinnahmt. Die Minderung der Gesamtkosten hat zur Folge, dass der geldwerte Vorteil im Rahmen der Fahrtenbuchregelung geringer ausfällt.

Schritt 3: Umsatzsteuer

Die in die Ermittlung der Gesamtkosten einzubeziehenden Aufwendungen sind zzgl. Umsatzsteuer anzusetzen. Dies gilt sowohl für die laufenden Betriebskosten als auch für die Abschreibung. Allerdings erhöhen nur solche Umsatzsteuerbeträge die Kosten für den Firmenwagen, die der Betrieb auch zu zahlen hat. Soweit Kfz-Aufwendungen der Firma nicht mit Umsatzsteuer belastet sind, etwa der Kaufpreis bei einem Erwerb von privater Hand oder Versicherungen und Kfz-Steuer, darf keine fiktive Mehrwertsteuer von den (Netto-)Aufwendungen berechnet und in die Gesamtkosten einbezogen werden.

189 R 8.1 Abs. 9 Nr. 1 i. V. m. Abs. 9 Nr. 2 Sätze 13–16 LStR.

Die Ermittlung der Gesamtkosten für den Ansatz des geldwerten Vorteils nach der Methode 2 (Einzelnachweis) ist also durch folgende Formel festgelegt:

Summe der Nettoaufwendungen plus Abschreibung zzgl. Umsatzsteuer

Bei einem Unternehmen ohne Vorsteuerabzug, ebenso bei Umsätzen, die unter das Vorsteuerabzugsverbot fallen, sind die Nettoaufwendungen mit den Bruttoaufwendungen bereits identisch, sodass eine Zurechnung der Umsatzsteuer entfällt. Die Berechnung macht im Übrigen deutlich, dass die Kosten des Firmenwagens exakt festzuhalten sind. Nicht zulässig ist es, einen Durchschnittswert anzusetzen, der sich aus den betrieblichen Kosten aller Betriebsfahrzeuge ergibt, falls für Zwecke der betrieblichen Gewinnermittlung ein Kfz-Sammelkonto geführt wird. Das Finanzgericht München lässt abweichend hiervon eine Schätzung der Benzinkosten für das einzelne Fahrzeug anhand der Herstellerverbrauchsangaben zu, wenn die Gesamttreibstoffkosten des Betriebs belegt sind.[190] Anzusetzen sind nur die vom Arbeitgeber getragenen Kosten. Soweit der Arbeitnehmer laufende Aufwendungen übernimmt, bleiben diese bei der Ermittlung der Gesamtkosten außer Ansatz (vgl. auch Kap. 8.9).

Tipp

Die Fahrtenbuchmethode verlangt keine getrennte Aufzeichnung der Fahrzeugkosten in einem gesonderten Konto.[191] Gleichwohl ist dem Arbeitgeber, der die Einzelnachweismethode für die Ermittlung des Sachbezugs »Firmenwagen« wählt, zu empfehlen, in der Buchführung Einzelsachkonten für jedes Fahrzeug anzulegen. Die Ermittlung der Gesamtkosten lässt sich dadurch wesentlich vereinfachen.

Das Berechnungsverfahren des geldwerten Vorteils aus der Firmenwagenüberlassung nach der Methode des Einzelnachweises macht nochmals das folgende Beispiel deutlich.

Beispiel

Ein Arbeitnehmer erhält einen Firmenwagen auch zur privaten Nutzung. Die Nettoanschaffungskosten für den zu Beginn des Jahres 2023 gebraucht gekauften Pkw belaufen sich auf 15.000 EUR; der Bruttolistenpreis im Zeitpunkt der Erstzulassung in 2020 betrug 37.500 EUR. Die angefallenen Nettoaufwendungen betragen laut Buchhaltung 5.000 EUR (darin enthaltene nicht mit Vorsteuer belastete Kosten i. H. v. 1.000 EUR), die insgesamt gefahrenen Strecken laut Fahrtenbuch 39.000 km. Davon entfallen auf Fahrten zwischen Wohnung und erster Tätigkeitsstätte 4.400 km (Entfernung 20 km). An sonstigen Privatfahrten sind beim Arbeitnehmer 8.000 km angefallen.

Ergebnis: Der Kilometersatz für die insgesamt gefahrenen Strecken beträgt:

AfA (25 % von 15.000 EUR laut GuV-Rechnung)	3.750,00 EUR
Nettoaufwendungen mit Vorsteuer belastet	4.000,00 EUR
zzgl. 19 % USt von 7.750 EUR	1.472,50 EUR
Nettokosten ohne Vorsteuerbelastung	1.000,00 EUR
Gesamtkosten	10.222,50 EUR
Der **Kilometersatz** beträgt damit (10.222,50 EUR : 39.000 km)	**0,26 EUR**

Der geldwerte Vorteil für die Firmenwagenüberlassung beträgt für das Jahr 2023 3.224 EUR (12.400 km, inkl. Fahrten zwischen Wohnung und erster Tätigkeitsstätte, × 0,26 EUR) statt 7.700 EUR nach der 1-%-/0,03-%-Methode.

Firmenwagen-überlassung

Monatliche Gehaltsabrechnung

Der Arbeitgeber muss die Lohnsteuer nach dem im jeweiligen Lohnzahlungszeitraum angefallenen Arbeitslohn berechnen, also im Regelfall nach dem Monat. Der im Beispiel ermittelte Jahreswert ist deshalb genau genommen für den Lohnsteuerabzug während des Jahres mit 1/12 dem **übrigen Monatslohn zuzurechnen.**

190 FG München, Urteil v. 16.10.2020, 8 K 611/19, EFG 2021 S. 541, Rev. beim BFH unter Az. VI R 44/20.
191 BFH, Urteil v. 10.4.2008, VI R 38/06, BFH/NV 2008 S. 1382.

Tipp

Da eine exakte Berechnung des lohnsteuerlichen Werts verständlicherweise aus tatsächlichen Gründen erst am Ende eines Jahres möglich ist, ist folgendes praktisches Verfahren zulässig: Der Arbeitgeber darf zunächst der monatlichen Erhebung der Lohnsteuer ein Zwölftel des Vorjahresbetrags zugrunde legen. Die Finanzämter erkennen stattdessen auch folgende vorläufige Berechnungsmethode an: Der monatlichen Lohnsteuer dürfen die Privatfahrten sowie die Fahrten Wohnung und erste Tätigkeitsstätte laut Fahrtenbuch zunächst mit 0,001 % des maßgeblichen Bruttolistenpreises pro gefahrenem km zugrunde gelegt werden. Nach Beendigung des Dienstverhältnisses, spätestens aber **zum Ende eines Kalenderjahres**, wenn die Gesamtkosten des Pkw tatsächlich feststehen, ist eine Endabrechnung vorzunehmen. Etwaige Lohndifferenzen sind dabei sowohl zum Vorteil als auch zum Nachteil des Arbeitnehmers auszugleichen.[192]

1-%-Regelung oder Fahrtenbuch

Die Frage, welche der 2 Methoden die steuerlich günstigste Lösung darstellt, lässt sich nicht allgemein beantworten. Es ist nach den tatsächlichen Verhältnissen im Einzelfall eine Kontrollrechnung zu empfehlen. Als Anhaltspunkt kann dabei die als **Tabelle 10** abgedruckte Übersicht dienen. Beachten Sie dabei bitte, dass diese pauschalen Aussagen nur Anregungen geben und eine exakte Einzelberechnung nicht ersetzen können!

8.6 Familienheimfahrten bei doppelter Haushaltsführung

Steuerfreie wöchentliche Heimfahrt

Überlässt der Arbeitgeber dem Arbeitnehmer einen Firmenwagen im Rahmen einer beruflichen doppelten Haushaltsführung (vgl. Kap. 7), gelten Besonderheiten. Für die Benutzung eines Firmenwagens zu Familienheimfahrten im Rahmen der doppelten Haushaltsführung entfällt der Ansatz eines geldwerten Vorteils, wenn dem Arbeitnehmer beim eigenen Pkw für diese Fahrten der Abzug als Werbungskosten zustehen würde (§ 8 Abs. 1 Nr. 5 Satz 6 EStG). Für die **wöchentlichen Familienheimfahrten**, die der Arbeitnehmer mit dem Firmenwagen durchführen kann, wird auf die steuerliche Erfassung eines geldwerten Vorteils verzichtet. Andererseits darf der Arbeitnehmer für diese Fahrten keine Kosten im Rahmen seiner Steuererklärung abziehen (§ 9 Abs. 1 Nr. 5 Satz 6 EStG). Durch diese Verfahrensweise nimmt der Gesetzgeber aus Vereinfachungsgründen im Ergebnis eine Saldierung vor. Er vermeidet, dass der Arbeitnehmer zunächst einen geldwerten Vorteil für die wöchentliche Familienheimfahrt auf der Einnahmenseite ansetzen muss, den er andererseits als Werbungskosten bei den Fahrten zwischen Wohnung und Tätigkeitsstätte hätte wieder abziehen dürfen. Ein zusätzlicher Werbungskostenabzug ist auch dann ausgeschlossen, wenn die Firmenwagenüberlassung teilentgeltlich erfolgt, weil der Arbeitnehmer **Zuzahlungen** an den Arbeitgeber leisten muss.[193]

Mehrere wöchentliche Heimfahrten

Führt der Arbeitnehmer **mehr als eine wöchentliche Familienheimfahrt** durch, darf der Arbeitnehmer diese zusätzlichen Fahrten nicht als Werbungskosten abziehen. Folglich ist für die zweite und jede weitere Familienheimfahrt ein **zusätzlicher steuerpflichtiger Arbeitslohn** zu erfassen. Die gesetzlich festgelegte Saldierung (Verzicht auf die Erfassung eines geldwerten Vorteils) gilt nur für eine Heimfahrt pro Woche, weil beim eigenen Pkw jeweils auch nur eine Familienheimfahrt pro Woche mit dem (fiktiven) Werbungskostenabzug begünstigt ist. Das Berechnungsverfahren für den geldwerten Vorteil zusätzlicher Zwischenheimfahrten ist unterschiedlich, je nachdem, ob die Einzelnachweismethode oder die 1-%-Regelung zur Anwendung kommt.

192 R 8.1 Abs. 9 Nr. 3 LStR; BMF, Schreiben v. 3.3.2022, IV C 5 – S 2334/21/10004 :001, BStBl 2022 I S. 232, Tz. 3.4.
193 BFH, Urteil v. 4.8.2022, VI R 35/20; Vorinstanz Niedersächsisches FG, Urteil v. 8.7.2020, 9 K 78/19.

Anzusetzen ist für jede zusätzliche (zweite oder weitere) Familienheimfahrt vom Beschäftigungsort zum Ort des eigenen Hausstands:

- bei der **1-%-Regelung**
  0,002 % × inländischer Bruttolistenpreis (vgl. Kap. 8.4.1.1) × Entfernungskilometer
- bei der **Einzelnachweismethode**
  nachgewiesener Kilometersatz × gefahrene km laut Fahrtenbuch

Beispiel

Eine Arbeitnehmerin führt eine berufliche doppelte Haushaltsführung 200 km von ihrer Familienwohnung entfernt.

Ergebnis: Für jede Heimfahrt mit dem Firmenwagen (Bruttolistenpreis 25.000 EUR), die sie zusätzlich zur steuerfreien wöchentlichen Familienheimfahrt unternimmt, ergibt sich im Rahmen der 1-%-Regelung ein lohnsteuerpflichtiger Sachbezug von 100 EUR (0,002 % × 25.000 EUR × 200 km). Der Betrag von 100 EUR erhöht den nach den elektronischen Lohnsteuerabzugsmerkmalen der Arbeitnehmerin zu versteuernden Arbeitslohn. Die Pauschalbesteuerung mit 15 % ist nicht zulässig.

Ein zusätzlicher geldwerter Vorteil wegen der Nutzung des Kraftfahrzeugs zu einer Familienheimfahrt im Rahmen einer steuerlich anzuerkennenden doppelten Haushaltsführung ist immer dann zu versteuern, wenn diese Fahrt nicht nach § 9 Abs. 1 Nr. 5 EStG als Werbungskosten abziehbar ist (§ 8 Abs. 2 Satz 5 EStG). Fährt der Arbeitnehmer jedoch **mehr als einmal in der Woche** an den Ort des eigenen Hausstands, ist diese zusätzliche Heimfahrt vom Abzug ausgeschlossen, sodass der Arbeitgeber diese Fahrt versteuern muss. Für diese steuerpflichtigen Fahrten ist eine Pauschalversteuerung nach § 40 Abs. 2 Satz 2 EStG nicht zulässig.

Beispiel

Der Arbeitnehmer wohnt mit seiner Familie in Freiburg. Er ist seit 3 Jahren in Stuttgart beschäftigt und hat in unmittelbarer Nähe seines auswärtigen Beschäftigungsorts seit dieser Zeit eine 2-Zimmerwohnung angemietet. Die Entfernung zwischen Freiburg und Stuttgart beträgt 250 km. Der Arbeitgeber hat ihm ein Fahrzeug (Listenpreis 30.000 EUR) zur Verfügung gestellt. In 2023 fährt er neben den wöchentlichen Heimfahrten zusätzliche 10 Fahrten zu seiner Familienwohnung.

Ergebnis: Für eine Heimfahrt pro Woche könnte der Arbeitnehmer den Kostenabzug geltend machen, sodass eine Versteuerung dieser Fahrten unterbleibt. Hinsichtlich der 10 zusätzlichen Fahrten besteht keine Abzugsmöglichkeit. Diese Fahrten müssen mit jeweils 150 EUR (0,002 % von 30.000 EUR = 0,60 EUR × 250 km) pro Heimfahrt individuell versteuert werden. Die Pauschalbesteuerung nach § 40 Abs. 2 Satz 2 EStG ist nicht möglich.

Fahrten Zweitwohnung – erste Tätigkeitsstätte

Benutzt ein Arbeitnehmer den Firmenwagen sowohl zu **zusätzlichen Heimfahrten** während der Woche als auch zu Fahrten zwischen Zweitwohnung und erster Tätigkeitsstätte, ist neben der monatlichen Entfernungspauschale von 0,03 % für die Fahrten zwischen Zweitwohnung und erster Tätigkeitsstätte zusätzlich der auf der Grundlage von 0,002 % berechnete geldwerte Vorteil für **jede** einzelne zusätzlich durchgeführte Familienheimfahrt anzusetzen. Die Verwaltung stellt hierbei auf die Entfernungskilometer ab, die Beschäftigungsort und Erstwohnung auseinanderliegen.[194]

Ist die zusätzliche Heimfahrt unter der Woche mit einer **auswärtigen Dienstreise** verbunden, entfällt der Ansatz eines geldwerten Vorteils, soweit für diese Fahrt dem Grunde nach der Abzug als Werbungskosten zulässig wäre. Nach dem bei Familienheimfahrten geltenden gesetzlichen Saldierungsprinzip ist auf der Einnahmenseite immer **dann kein Sachbezug** anzusetzen, wenn dem Arbeit-

194 BMF, Schreiben v. 3.3.2022, IV C 5 – S 2334/21/10004 :001, BStBl 2022 I S. 232, Rz. 48.

nehmer auf der anderen Seite der Werbungskostenabzug zustünde. Fährt also der Arbeitnehmer während der Woche zunächst von seinem auswärtigen Beschäftigungsort zu einem **beruflichen Auswärtstermin**, etwa einem Kundengespräch oder zu einer dienstlichen Fortbildung, und begibt er sich anschließend, weil es sich geographisch anbietet, in seine Familienwohnung am eigenen Hausstand, endet die unter die **Reisekosten** fallende berufliche Auswärtstätigkeit erst, wenn er zu Hause am Ort seines Familienhaushalts ankommt. Ein geldwerter Vorteil ist für diese Fahrt nicht zu erfassen. **Lohnsteuerpflichtig** ist nur der Teil der zusätzlichen Familienheimfahrt, der auf die **Rückfahrt** vom Familienhaushalt zur ersten Tätigkeitsstätte am auswärtigen Beschäftigungsort entfällt. Entsprechend der Rechtsprechung zur hälftigen Entfernungspauschale bei sog. Einfachfahrten (vgl. Kap. 6.2.2)[195], ist auch für die zusätzliche Familienheimfahrt der **lohnsteuerpflichtige Sachbezug** »Firmenwagen« nur **zur Hälfte**, also mit **0,001 %** für die Entfernungskilometer der Strecke Familienwohnung - erste Tätigkeitsstätte zu erfassen. Die **Nachweispflicht**, dass die Familienheimfahrt Teil eines auswärtigen Dienstgeschäftes ist, obliegt dem **Arbeitnehmer.**

Zur Pauschalversteuerung des lohnsteuerpflichtigen Sachbezugs »Heimfahrten« vgl. unter Kap. 8.11.1.

8.7 Sammelbeförderung

Steuerfreie Sammelbeförderung

Der Sachbezug, der sich nach den oben geschilderten Berechnungsmethoden ergibt, wenn dem Arbeitnehmer für Fahrten zwischen Wohnung und erster Tätigkeitsstätte ein Fahrzeug zur Verfügung steht, **bleibt** ausnahmsweise **steuerfrei**, wenn die Voraussetzungen einer Sammelbeförderung erfüllt sind (§ 3 Nr. 32 EStG). Die Verwaltung stellt an diese Steuervergünstigung folgende Anforderungen:

- **Mindestens 2 Personen** werden mit einem vom Arbeitgeber zur Verfügung gestellten Omnibus, Kleinbus oder normalen Pkw zur Arbeit befördert.
- Die Sammelbeförderung muss für den **betrieblichen Einsatz** des Arbeitnehmers **notwendig** sein. Hiervon ist auszugehen, wenn die Beförderung mit öffentlichen Verkehrsmitteln nicht oder nur mit unverhältnismäßig hohem Zeitaufwand durchgeführt werden könnte oder wenn der Betriebsablauf eine gleichzeitige Arbeitsaufnahme der beförderten Arbeitnehmer erfordert.

Ein auch zur Privatnutzung überlassener Firmenwagen kann keine steuerfreie Sammelbeförderung begründen. Eine Pkw-Gestellung zur unentgeltlichen Sammelbeförderung liegt selbst dann nicht vor, wenn der Arbeitgeber für die Fahrten zwischen Wohnung und erster Tätigkeitsstätte die Mitnahme von Arbeitskollegen angeordnet hat.[196]

Keine Sammelbeförderung durch Firmenwagen

Tipp

Nach der Rechtsprechung liegt keine steuerfreie Sammelbeförderung vor, wenn der Firmenwageninhaber auf seinem Weg zur ersten Tätigkeitsstätte einen oder mehrere Kollegen mitnimmt. Der Begriff Sammelbeförderung verlangt, dass der Arbeitgeber die Beförderung mehrerer Arbeitnehmer organisiert und veranlasst. Sie darf nicht in die Entscheidungsbefugnis des Arbeitnehmers fallen.[197] Durch die Mitnahme weiterer Arbeitnehmer im Firmenwagen lassen sich im Normalfall keine Einsparungen bei der Lohnsteuer und Sozialversicherung erzielen.

Bescheinigungspflicht

Arbeitnehmer, die vom Arbeitgeber im Rahmen einer steuerfreien **Sammelbeförderung** kostenlos oder verbilligt zur Arbeitsstätte gefahren werden, dürfen die Entfernungspauschale nicht ansetzen

195 BFH, Urteil v. 12.2.2020, VI 42/17, BStBl 2020 II S. 473.

196 Hessisches FG, Urteil v. 15.7.2021, 7 K 603/19; FG Mecklenburg-Vorpommern, Urteil v. 14.7.2021, 1 K 65/15.

197 BFH, Urteil v. 29.1.2009, VI R 56/07, BFH/NV 2009 S. 917.

(§ 9 Abs. 1 Nr. 4 Satz 3 EStG). Der Werbungskostenabzug für die arbeitstäglichen Fahrten zwischen Wohnung und erster Tätigkeitsstätte ist in Fällen der unentgeltlichen Sammelbeförderung gesetzlich ausgeschlossen. Die Angaben auf der Lohnsteuerbescheinigung werden daher um die Angaben zur steuerfreien Sammelbeförderung nach § 3 Nr. 32 EStG ergänzt, die in **Zeile 2 der Lohnsteuerbescheinigung** mit dem **Großbuchstaben »F«** zu kennzeichnen sind. Das Finanzamt erkennt durch die Bescheinigung, ob ein Fall der steuerfreien Sammelbeförderung vorliegt, die den Werbungskostenabzug nach den Regeln der Entfernungspauschale in der Einkommensteuererklärung ausschließt.

8.8 Fahrergestellung

Zuschlag bei Fahrergestellung

Der lohnsteuerliche geldwerte Vorteil aus der Firmenwagenüberlassung ist zu erhöhen, wenn der Arbeitgeber dem Arbeitnehmer einen Fahrer zur Verfügung stellt. Nach der Rechtsprechung bemisst sich der zusätzlich anzusetzende Vorteil für die Fahrergestellung nach dem üblichen Endpreis am Abgabeort einer vergleichbaren von fremden Dritten erbrachten Leistung.[198] Abzustellen ist auf den Wert einer von einem fremden Dritten bezogenen vergleichbaren Dienstleistung. Der Wert kann mit den zeitanteiligen Personalkosten des Arbeitgebers geschätzt angesetzt werden.

Die Finanzverwaltung wendet die Rechtsprechung an, lässt aber in einer zeitgleich mit dem BFH-Urteil veröffentlichten Verwaltungsanweisung die Fortführung der bisherigen **pauschalen Wertermittlung als Wahlrecht** zu.[199] Danach kann anstelle einer Einzelbewertung der geldwerte Vorteil für Privatfahrten und Fahrten zwischen Wohnung und erster Tätigkeitsstätte bei beiden Methoden um einen pauschalen Zuschlag erhöht werden. Danach ist entsprechend der bisher in den Lohnsteuer-Richtlinien enthaltenen Regelung[200] der geldwerte Vorteil für Fahrten zwischen Wohnung und erster Tätigkeitsstätte sowohl bei der 1-%-Regelung (Kap. 8.4) als auch bei der Fahrtenbuchmethode (Kap. 8.5) um 50 % zu erhöhen, wenn für diese Fahrten ein Firmenwagen mit Fahrer zur Verfügung steht. Dasselbe gilt für die Firmenwagennutzung im Rahmen einer doppelten Haushaltsführung, soweit der Arbeitnehmer mehr als eine Familienheimfahrt pro Woche durchführt (vgl. Kap. 8.6).

- Für die **1-%-Regelung** bedeutet dies, dass der lohnsteuerpflichtige Zuschlag für die Fahrten zwischen Wohnung und erster Tätigkeitsstätte zu den Privatfahrten mit einer monatlichen **Entfernungspauschale von 0,045 %** des Bruttolistenpreises pro Entfernungskilometer zwischen Wohnung und erster Tätigkeitsstätte erfasst werden muss.
- Für die **eigentlichen Privatfahrten** ist der geldwerte Vorteil, der sich nach dem jeweils gewählten Berechnungsverfahren ergibt (Einzelnachweis- oder Fahrtenbuchmethode), wie folgt zu erhöhen:
  - um 50 %, wenn der Fahrer überwiegend in Anspruch genommen wird,
  - um 40 %, wenn der Arbeitnehmer den Kraftwagen häufig selbst steuert,
  - um 25 %, wenn der Arbeitnehmer den Kraftwagen überwiegend selbst steuert.

Bei Anwendung der 1-%-Regelung kann man vereinfacht mit **1,5 %, 1,4 % oder 1,25 % des maßgeblichen Bruttolistenpreises** rechnen, um den geldwerten Vorteil für die Firmenwagenbesteuerung mit Fahrergestellung zu ermitteln.

Wenn einem Arbeitnehmer aus Sicherheitsgründen ein sondergeschützter (gepanzerter) Kraftwagen, der zum Selbststeuern nicht geeignet ist, mit Fahrer zur Verfügung gestellt wird, wird von einer

198 BFH, Urteil v. 15.5.2013, VI R 44/11, BStBl 2014 II S. 589.
199 BMF, Schreiben v. 3.3.2022, IV C 5 – S 2334/21/10004 :001, BStBl 2022 I S. 232, Tz. 5.
200 R 8.1 Abs. 10 LStR.

steuerlichen Erfassung der Fahrergestellung abgesehen. Es ist dabei unerheblich, in welche Gefährdungsstufe der Arbeitnehmer eingeordnet ist.

Hinweis

Das Wahlrecht muss pro Kalenderjahr einheitlich ausgeübt werden. Allerdings kann der Arbeitnehmer bei seiner Einkommensteuer von der vom Arbeitnehmer gewählten Methode abweichen. Ein Wechsel von der Pauschalmethode zum Einzelnachweis im Veranlagungsverfahren setzt voraus, dass der beim Lohnsteuerabzug angesetzte Vorteil sowie die Grundlagen für die Einzelberechnung des geldwerten Vorteils vom Arbeitnehmer nachgewiesen werden, etwa durch eine formlose Arbeitgeberbescheinigung.

8.9 Nutzungsentgelte des Arbeitnehmers

Nutzungsentgelte, die der Arbeitnehmer für die Überlassung eines Firmenwagens an seinen Arbeitgeber bezahlt, mindern den geldwerten Vorteil sowohl bei der 1-%-Regelung als auch bei der Fahrtenbuchmethode.[201] Nach früherer Besteuerungspraxis konnten nutzungsunabhängige Pauschalen, kilometerabhängige Pauschalen (z. B. 0,25 EUR je km) sowie vom Arbeitnehmer übernommene Leasingraten den »Nutzungswert Firmenwagen« mindern.[202] Keine Kürzung konnte durch die Beteiligung des Arbeitnehmers an den laufenden Betriebskosten des Firmenfahrzeugs erreicht werden, auch dann nicht, wenn diese Kostenübernahme unter der Bezeichnung »Nutzungsentgelt« vereinbart war. Sowohl bei der 1-%-Methode[203] als auch bei der Fahrtenbuchmethode[204] haben die Finanzämter im Einklang mit der Rechtsprechung insbesondere eine Anrechnung von Benzinkosten auf den geldwerten Vorteil Firmenwagen versagt.

Anrechnung individueller Betriebskosten möglich

Gleich in mehreren Urteilen hat der BFH seine bisherige Rechtsauffassung dahin gehend geändert, dass nicht nur pauschale Nutzungsentgelte, sondern auch individuelle Betriebskosten, insbesondere übernommene **Treibstoffkosten**, als Nutzungsentgelt bei der 1-%-Methode und der Fahrtenbuchmethode **vorteilsmindernd** anzurechnen sind.[205] Der BFH begründete seine Rechtsauffassung damit, dass immer dann, wenn der Firmenwagen dem Arbeitnehmer auch zur privaten Nutzung zur Verfügung steht, Zahlungen des Arbeitnehmers dessen Bereicherung mindern, und damit auch den geldwerten Vorteil mindern müssen. Arbeitsrechtlich kann der Arbeitgeber die Übernahme bzw. Beteiligung an den individuellen Betriebskosten nur für die Privatnutzung verlangen. Für den dienstlichen Fahrzeugeinsatz steht dem Arbeitnehmer ein Aufwendungsersatzanspruch zu, wenn er Aufwendungen für den Firmenwagen trägt (§ 670 BGB).

Wichtig

Aus diesem Grund sind **alle Kraftfahrzeugaufwendungen**, die der Arbeitnehmer im Rahmen der Firmenwagenüberlassung trägt, unabhängig von der gewählten Bezeichnung als **anrechenbares Nutzungsentgelt** zu behandeln, das seinen Rechtsgrund in der Privatnutzung hat und somit den geldwerten Vorteil »Firmenwagenüberlassung« mindert. Dies setzt nach Auffassung des BFH allerdings voraus, dass der Arbeitnehmer seinen getragenen Aufwand im Einzelnen umfassend darlegt und gegenüber dem Arbeitgeber belastbar **nachweist**.

201 BFH, Urteil v. 7.11.2006, VI R 95/04, BStBl 2007 II S. 269.

202 BMF, Schreiben v. 19.4.2013, IV C 5 – S 2334/11/10004, BStBl 2013 I S. 513.

203 BFH, Urteil v. 10.8.2007, VI R 96/04, BStBl 2008 II S. 198.

204 BFH, Urteil v. 18.10.2007, VI R 57/06, BStBl 2009 II S. 199.

205 BFH, Urteile v. 30.11.2016, VI R 24/14, BFH/NV 2017 S. 448, VI R 2/15, BStBl 2017 II S. 1014 zur 1-%-Methode sowie BFH, Urteil v. 30.11.2016, VI R 49/14, BStBl 2017 II S. 1011 und BFH, Urteil v. 15.2.2017, VI R 50/15, zur Fahrtenbuchmethode.

Die Finanzverwaltung wendet die Rechtsprechung des BFH uneingeschränkt an.[206] Das aktualisierte Anwendungsschreiben zur Firmenwagenüberlassung berücksichtigt die geänderte Abgrenzung der **anrechenbaren Nutzungsentgelte** von den übrigen auf den geldwerten Vorteil »Firmenwagen« nicht anrechenbaren Beteiligungen des Arbeitnehmers an den Betriebskosten. Außerdem legt die Finanzverwaltung die **formellen Nachweisanforderungen** fest, die im Lohnsteuerabzugsverfahren für die Anwendung der neuen Rechtsprechung verlangt werden.

Übersicht über anrechenbare Nutzungsentgelte

Ein Nutzungsentgelt, das den geldwerten Vorteil aus der Nutzung eines Firmenwagens zu Privatfahrten, Fahrten zwischen Wohnung und erster Tätigkeitsstätte sowie Zwischenheimfahrten im Rahmen einer doppelten Haushaltsführung mindert, ist nach der Verwaltungsregelung ein arbeitsvertraglich oder dienstrechtlich vereinbarter

- **nutzungsunabhängiger pauschaler Betrag**, z. B. eine feste Monatspauschale oder eine zeitraumbezogene (Einmal-)Zahlung,
- **kilometerabhängiger pauschaler Betrag**, z. B. eine Kilometerpauschale,
- Betrag in Form der **vom Arbeitnehmer übernommenen Leasingraten** bzw. Zuzahlung zu Leasingsonderkosten,
- **Betriebskosten** in Form der **vom Arbeitnehmer** vollständig oder teilweise übernommenen einzelnen (laufenden) Fahrzeugkosten des Firmenwagens.

Anrechenbare, vom Arbeitnehmer selbst getragene individuelle Kraftfahrzeugkosten sind sämtliche Fahrzeugaufwendungen, die von der Abgeltungswirkung der 1-%-Pauschale erfasst sind bzw. bei der Fahrtenbuchmethode in die Gesamtkostenberechnung für die Ermittlung des maßgebenden Kilometersatzes einzubeziehen sind. Zu diesen Aufwendungen zählen alle Kosten, die unmittelbar dem **Halten und dem Betrieb des Fahrzeugs** dienen und im Zusammenhang mit seiner Nutzung zwangsläufig anfallen. Erfasst werden daher neben den von der Fahrleistung abhängigen Aufwendungen für Treib- und Schmierstoffe auch die regelmäßig wiederkehrenden festen Kosten, etwa für Haftpflichtversicherung oder Kraftfahrzeugsteuer. Außerdem können die vom Arbeitnehmer getragenen Absetzungen für Abnutzung und Miete für die Garage des Firmenwagens den geldwerten Vorteil Firmenwagen mindern, wenn die Garagenunterbringung des Arbeitnehmers nicht als freiwillige Leistung erfolgt.[207] Dies gilt auch für einzelne arbeitsvertraglich vereinbarte Kraftfahrzeugkosten, wenn diese zunächst vom Arbeitgeber verauslagt und dem Arbeitnehmer später weiterbelastet werden, oder wenn der Arbeitnehmer zunächst pauschale Abschlagszahlungen leistet, die später anhand der tatsächlich entstandenen Kraftfahrzeugkosten am Ende des Jahres abgerechnet werden. Die folgende beispielhafte Aufzählung verdeutlicht, bei welchen Aufwendungen es sich um **anrechenbare Gesamtkosten** eines Firmenwagens handelt.

Beispiel

Zu den Gesamtkosten eines Kraftfahrzeugs gehören insbesondere:
- die Treibstoffkosten (Benzin, Diesel, Ladestrom bei Elektrofahrzeugen),
- Wartungs- und Reparaturkosten,
- Kraftfahrzeugsteuer,
- Beiträge für Fahrzeugversicherungen, etwa die Kfz-Haftpflicht oder Kaskoversicherungen,
- Garagen- oder Stellplatzmiete,[208]

Firmenwagen-überlassung

206 BMF, Schreiben v. 3.3.2022, IV C 5 – S 2334/21/10004 :001, BStBl 2022 I S. 232, Tz. 8.
207 FG Münster, Urteil v. 14.3.2019, 10 K 2990/17 E; Niedersächsisches FG, Urteil v. 9.10.2020, 14 K 21/19, EFG 2021 S. 191, Rev. beim BFH unter Az. VIII R 29/20.
208 FG Münster, Urteil v. 14.3.2019, 10 K 2990/17 E; Niedersächsisches FG, Urteil v. 9.10.2020, 14 K 21/19, EFG 2021 S. 191, Rev. beim BFH unter Az. VIII R 29/20.

- Aufwendungen für Anwohnerparkplätze und
- Aufwendungen für die Wagenpflege.

Demgegenüber zählen Straßen- und Tunnelbenutzungsgebühren, Fährkosten, Parkgebühren, Aufwendungen für Insassen- und Unfallversicherungen sowie Verwarnungs-, Ordnungs- und Bußgelder nicht zu den Gesamtkosten.

Begrenzte Anrechnung

Der entscheidende Grund für die Minderung des geldwerten Vorteils besteht darin, dass der Arbeitnehmer in Höhe des Nutzungsentgelts nicht bereichert ist. Die Rechtsprechung hat in seinen Entscheidungen die bisherige Besteuerungspraxis bestätigt, nach der die Anrechnung von Nutzungsentgelten maximal dazu führen kann, dass sich der geldwerte Vorteil aus der Firmenwagenüberlassung auf 0 EUR mindert.[209] Übersteigt das Nutzungsentgelt den geldwerten Vorteil, ist der übersteigende Betrag steuerlich unerheblich, denn er führt weder zu **negativem Arbeitslohn** noch zu **Werbungskosten** beim Arbeitnehmer. Dies gilt auch in Fällen der Gehaltsumwandlung, in denen bereits mangels tatsächlicher Aufwendungen der Werbungskostenabzug ausscheidet.[210] Anders als bei den Zuzahlungen des Arbeitnehmers zu den Anschaffungskosten des Fahrzeugs (vgl. Kap. 8.9) ist beim Nutzungsentgelt auch eine Übertragung und Vorteilsanrechnung in den Folgejahren nicht zulässig.[211] Eine Sonderstellung nehmen **zeitraumbezogene Einmalzahlungen** ein. Nutzungsentgelte in Form zeitraumbezogener Einmalbeträge sind bei der Bemessung des geldwerten Vorteils auf den Zeitraum, für den sie geleistet werden, gleichmäßig zu **verteilen** und vorteilsmindernd zu berücksichtigen.[212] Die Finanzverwaltung wendet die zu Anschaffungszuschüssen beim Firmenwagen ergangene Rechtsprechung entsprechend an.[213]

Wichtig

Die Anrechnung von Nutzungsentgelten ist auf die Höhe des geldwerten Vorteils begrenzt. Ein etwaiger übersteigender Betrag darf weder als negativer Arbeitslohn noch als Werbungskosten abgezogen werden. Ein vom Arbeitnehmer gezahltes Nutzungsentgelt mindert den geldwerten Vorteil bis auf 0 EUR, aber nicht darüber hinaus. Für die Einkommensteuer bedeutet dies, dass der Arbeitnehmer in den Fällen, in denen das von ihm zu zahlende Nutzungsentgelt den Wert der Privatnutzung übersteigt, der übersteigende Betrag nicht steuermindernd in seiner Steuererklärung abgesetzt werden kann. Dies gilt auch in Fällen der Gehaltsumwandlung, in denen bereits mangels tatsächlicher Aufwendungen der Werbungskostenabzug ausscheidet.[214]

Die Begrenzung des Nutzungsentgelts auf die Höhe des geldwerten Vorteils gilt nicht nur bei der individuellen Ermittlung des Nutzungsvorteils (Fahrtenbuchmethode), sondern auch in den Fällen, in denen der Nutzungsvorteil pauschal nach der 1-%-Regelung ermittelt wird. In der Praxis dürfte in den Fällen, in denen der Nutzungswert pauschal ermittelt wird, eher selten ein Nutzungsentgelt vereinbart werden, dessen Höhe den geldwerten Vorteil aus der Überlassung des Firmenfahrzeugs für außerberufliche Zwecke überschreitet. Bei der individuellen Ermittlung des Nutzungsvorteils auf der Grundlage eines ordnungsgemäßen Fahrtenbuchs kann dies eher auftreten, weil der private Nutzungsumfang und die Gesamtkosten erst im Nachhinein festgestellt werden können.

209 BFH, Urteile v. 30.11.2016, VI R 24/14, BFH/NV 2017 S. 448, VI R 49/14, BStBl 2017 II S. 1011, und VI R 2/15, BStBl 2017 II S. 1014.
210 BFH, Beschluss v. 18.2.2020, VI B 20/19, BFH/NV 2020 S. 761.
211 BMF, Schreiben v. 3.3.2022, IV C 5 – S 2334/21/10004 :001, BStBl 2022 I S. 232, Rz. 56.
212 BMF, Schreiben, v. 3.3.2022, IV C 5 – S 2334/21/10004 :001, BStBl 2022 I S. 232, Rz. 57.
213 BFH, Beschluss v. 16.12.2020, VI B 19/18, BStBl 2021 II S. 761.
214 BFH, Beschluss v. 18.2.2020, VI B 20/19, BFH/NV 2020 S. 761.

Beispiel

Einem Außendienstmitarbeiter, der keine erste Tätigkeitsstätte hat, wird ab 1.1.2023 ein Firmenfahrzeug (Bruttolistenpreis 36.000 EUR) auch zur privaten Nutzung zur Verfügung gestellt. Nach der zwischen Arbeitgeber und Arbeitnehmer getroffenen Vereinbarung ist hierfür arbeitnehmerseitig ein monatliches Nutzungsentgelt von 300 EUR zu entrichten. Aus dem vom Arbeitnehmer geführten ordnungsgemäßen Fahrtenbuch ergibt sich im Jahr 2023 ein privater Nutzungsanteil von lediglich 10 %. Die Gesamtkosten des Arbeitgebers belaufen sich auf 16.000 EUR. Die Firma ermittelt den geldwerten Vorteil

1. nach der 1-%-Methode
2. nach der Fahrtenbuchmethode.

Ergebnis:

1. Bei der pauschalen Ermittlung des geldwerten Vorteils aus der privaten Nutzungsmöglichkeit ergibt sich ein monatlicher Betrag von 360 EUR (= 1 % aus 36.000 EUR), der um das gezahlte Nutzungsentgelt von 300 EUR zu mindern ist. Dies ergibt einen steuerpflichtigen geldwerten Vorteil von 60 EUR pro Monat bzw. einen lohnsteuerpflichtigen Jahresbetrag von 720 EUR.
2. Bei Anwendung der Fahrtenbuchmethode steht im Jahr 2023 ein geldwerter Vorteil von 1.600 EUR (10 % aus 16.000 EUR) einem Nutzungsentgelt von 3.600 EUR (12 x 300 EUR) gegenüber. Dadurch verringert sich der steuerpflichtige geldwerte Vorteil auf 0 EUR. Das übersteigende Nutzungsentgelt von 2.000 EUR (= 3.600 EUR – 1.600 EUR) bleibt ohne steuerliche Auswirkung. Es stellt weder negativen Arbeitslohn dar, noch kann es der Arbeitnehmer als Werbungskosten bei den Einkünften aus nichtselbstständiger Arbeit in seiner Steuererklärung berücksichtigen.

Tipp

Ist die Überlassung eines Firmenfahrzeugs zur privaten Nutzung an eine hohe Eigenbeteiligung des Arbeitnehmers geknüpft, die sich steuerlich nur teilweise auswirken kann, weil das gezahlte Nutzungsentgelt über dem geldwerten Vorteil liegt, sollte geprüft werden, ob nicht anstelle des Nutzungsentgelts ein Verzicht auf Barlohn die bessere Alternative ist (Entgeltumwandlung). Die Begrenzung auf die Höhe des geldwerten Vorteils ist bei Entgeltumwandlungen nicht zu beachten (vgl. Kap. 8.4.12).[215] Während steuerlich hierfür keine Einschränkungen gelten, kann die Entgeltumwandlung in der Sozialversicherung nur bei außertariflichen Arbeitnehmern die gewünschte Wirkung erzielen, es sei denn, der Arbeitslohn liegt bereits über der Beitragsbemessungsgrenze.

Arbeitgeberpflichten

Der Arbeitgeber ist grundsätzlich verpflichtet, im **Lohnsteuerabzugsverfahren** die Anrechnung der individuellen Kraftfahrzeugkosten des Arbeitnehmers bei der Nutzungswertermittlung zu berücksichtigen. Dies gilt sowohl in Fällen, in denen der Nutzungswert pauschal (1-%-Regelung, 0,03-%-Regelung) oder anhand eines Fahrtenbuchs individuell ermittelt wird. Diese **Verpflichtung** des **Arbeitgebers** soll nach der geänderten Verwaltungsanweisung nur dann nicht bestehen, wenn sie ausdrücklich **arbeitsvertraglich ausgeschlossen** wurde. Will der Arbeitgeber sich nicht darauf einlassen, im Lohnsteuerabzugsverfahren die vom Arbeitnehmer getragenen individuellen Betriebskosten bei der Berechnung des steuerpflichtigen geldwerten Vorteils aus der außerdienstlichen Firmenwagennutzung zu berücksichtigen, bedarf es dafür einer entsprechenden schriftlichen Regelung im Arbeitsvertrag oder einer anderweitigen arbeitsrechtlichen Grundlage.[216]

Der Hintergrund für die Wahl des Arbeitgebers, die Anrechnung der vom Arbeitnehmer selbst getragenen Betriebskosten bei der Überlassung eines Firmenwagens auszuschließen, liegt in den formalen Nachweisanforderungen, die an die steuermindernde Berücksichtigung dieser tatsächlich vom Firmenwageninhaber verauslagten Fahrzeugkosten gestellt werden.

215 BMF, Schreiben v. 3.3.2022, IV C 5 – S 2334/21/10004 :001, BStBl 2022 I S. 232, Rz. 56.
216 BMF, Schreiben v. 3.3.2022, IV C 5 – S 2334/21/10004 :001, BStBl 2022 I S. 232, Rz. 62.

Nachweisanforderungen

Voraussetzung für den Abzug der **arbeitnehmerfinanzierten Betriebskosten** des Fahrzeugs ist, dass der Arbeitnehmer

- jährlich fahrzeugbezogen
- sowohl die Höhe der individuellen Kraftfahrzeugkosten als auch die Gesamtfahrleistung des Firmenwagens gegenüber dem Arbeitgeber erklärt sowie
- im Einzelnen umfassend darlegt und belastbar nachweist.

Der Arbeitgeber hat anhand der Angaben und Unterlagen diese auf ihre Schlüssigkeit zu prüfen, insbesondere ob die Tankrechnungen tatsächlich zutreffend sind und der sich für die tatsächliche Fahrleistung ergebende Kilometerverbrauch dem betreffenden Fahrzeugtyp entspricht. Sofern die Angaben und vorgelegten Unterlagen des Arbeitnehmers nicht offensichtlich unrichtig oder unplausibel sind, ergeben sich für den Arbeitgeber aber **keine weitergehenden Ermittlungspflichten.**[217] Das Lohnbüro muss die Erklärungen und Belege des Arbeitnehmers **im Original zum Lohnkonto** nehmen.

Hat der Arbeitnehmer die verlangten Nachweise erbracht, ist der Arbeitgeber bei der **1-%-Methode** ohne arbeitsrechtlich vereinbarten Ausschluss der Anrechnung von Betriebskosten verpflichtet, die vom Arbeitnehmer getragenen Treibstoffkosten, Wartungs- und Reparaturrechnungen, Kfz-Steuern und Kfz-Versicherungen u. a. **zwingend** bei der Berechnung des steuerpflichtigen geldwerten Vorteils im Lohnsteuerverfahren in Abzug zu bringen, maximal bis zu dem Betrag, durch den sich der geldwerte Vorteil auf 0 EUR verringert.

Beispiel

Einer Arbeitnehmerin wurde 2023 ein Firmenfahrzeug mit einem Bruttolistenpreis von 32.000 EUR zur Verfügung gestellt, das sie auf eigene Kosten tanken muss. Sie darf es für private Fahrten und für ihre arbeitstäglichen Fahrten zur ersten Tätigkeitsstätte (Entfernung von der Wohnung 10 km) nutzen. Aus den von der Arbeitnehmerin vorgelegten Unterlagen ergibt sich, dass sie 2023 bei einer Gesamtfahrleistung von 15.000 km Treibstoffkosten in Höhe von 1.820 EUR getragen hat.

Ergebnis: Für 2023 ergibt sich ein geldwerter Vorteil von 4.992 EUR (= (1 % × 32.000 EUR zzgl. 0,03 % × 10 × 32.000 EUR) = 416 EUR × 12), der um das »Nutzungsentgelt Benzinkosten« zu kürzen ist. Danach verbleibt ein steuerpflichtiger geldwerter Vorteil von 3.172 EUR (= 4.992 EUR – 1.820 EUR).

Anrechnung bei Fahrtenbuchmethode

Bei Anwendung der Fahrtenbuchmethode mindert ein **pauschales oder kilometerabhängiges Nutzungsentgelt** ebenso wie die vom Arbeitnehmer (teilweise) übernommenen Leasingraten den geldwerten Vorteil aus der privaten Nutzungsmöglichkeit des Firmenwagens. Eine Besonderheit ergibt sich jedoch, wenn dieses Nutzungsentgelt in der Übernahme von Betriebskosten durch den Arbeitnehmer besteht. Anders als bei der 1-%-Methode ist die Kostenanrechnung davon abhängig, welche Methode der Arbeitgeber für die Ermittlung der Fahrzeuggesamtkosten gewählt hat:

Ermittelt der Arbeitgeber den geldwerten Vorteil aus der Privatnutzung des Firmenwagens nach der Fahrtenbuchmethode, bleiben die vom Arbeitnehmer **selbst getragenen Kosten** bei der Ermittlung der Gesamtkosten zunächst **außer Ansatz.**[218] Hieran hält die Finanzverwaltung auch nach der Änderung der Rechtsprechung im Grundsatz fest, auch wenn der BFH diese Aufwendungen als Nutzungsentgelt ansieht. Die Finanzverwaltung gesteht dem Arbeitgeber allerdings ein **Wahlrecht** ein:

- Fließen die Aufwendungen des Arbeitnehmers nicht in die Gesamtkosten des Arbeitgebers mit ein, dann erhöhen sie andererseits aber auch nicht den individuellen Kilometersatz. Eine an-

217 BMF, Schreiben v. 3.3.2022, IV C 5 – S 2334/21/10004 :001, BStBl 2022 I S. 232, Rz. 62.
218 R 31 Abs. 9 Nr. 2 Satz 17 LStR.

schließende Anrechnung auf den nach der Fahrtenbuchmethode ermittelten Nutzungswert würde in diesem Fall zu einem doppelten Abzug führen.

- Der Arbeitgeber kann alternativ die **Gesamtkosten** um die vom Arbeitnehmer getragenen Betriebskosten **erhöhen**, mit der Folge, dass sie wie bei der 1-%-Methode als Nutzungsentgelt behandelt werden. Dieses **Nutzungsentgelt** verringert den anhand des Fahrtenbuchs und der Gesamtkosten ermittelten geldwerten Vorteil.[219]

Beispiel

Einem Außendienstmitarbeiter, der keine erste Tätigkeitsstätte hat, wurde 2023 ein Firmenfahrzeug mit einem Bruttolistenpreis von 36.000 EUR für berufliche Zwecke zur Verfügung gestellt. Aus dem ordnungsgemäß geführten Fahrtenbuch ergibt sich ein privater Nutzungsanteil von 15 %. Die Gesamtkosten des Arbeitgebers für das Fahrzeug belaufen sich auf 18.000 EUR. Daneben wurde vereinbart, dass er das Fahrzeug auch für private Fahrten nutzen darf, jedoch auf eigene Kosten tanken muss. Die hierfür vom Arbeitnehmer getragenen Aufwendungen belaufen sich auf 5.000 EUR. Die Gesamtkosten des Arbeitgebers verringern sich hierdurch auf 13.000 EUR.

Ergebnis: Für 2023 ergibt sich ein geldwerter Vorteil von 1.950 EUR (= 15 % × 13.000 EUR). Da die vom Arbeitnehmer getragenen Treibstoffkosten nicht zu den Gesamtkosten zählen, also bereits zu einem geringeren Kilometersatz führen, darf keine zusätzliche Minderung des geldwerten Vorteils um die vom Arbeitnehmer bezahlten Treibstoffkosten (bis auf 0 EUR) erfolgen.

Abwandlung:

Bei einer Einbeziehung der vom Arbeitnehmer getragenen Treibstoffkosten in die Gesamtkosten ergibt sich – ausgehend von Gesamtkosten in Höhe von 18.000 EUR – ein geldwerter Vorteil von 2.700 EUR, der um die Aufwendungen des Arbeitnehmers bis zu einem Betrag von 0 EUR den steuerpflichtigen geldwerten Vorteil mindert. Der den Nutzungswert übersteigende Betrag in Höhe von 2.300 EUR (5.000 EUR – 2.700 EUR) wirkt sich steuerlich nicht aus; insbesondere kann er nicht als Werbungskosten berücksichtigt werden.

Das Beispiel macht deutlich, dass sich in Fällen der Kostenbeteiligung des Arbeitnehmers in Form der Übernahme von Benzinkosten zu Recht die Frage stellt, ob es sich lohnt, den privaten Nutzungsanteil anhand eines aufwendig zu führenden ordnungsgemäßen Fahrtenbuchs zu ermitteln. Bei Anwendung der für die Lohnabrechnung deutlich weniger zeitaufwendigen 1-%-Methode hätte sich im vorigen Fall trotz des geringen privaten Nutzungsanteils von 15 % ein geldwerter Vorteil von 4.320 EUR (= 1 % × 36.000 EUR × 12) ergeben, der durch vorteilsmindernde Anrechnung der vom Arbeitnehmer getragenen Betriebskosten ebenfalls auf 0 EUR reduziert worden wäre.

Tipp

Da die relevanten Daten für die Anrechnung der vom Arbeitnehmer zu tragenden Betriebskosten des Firmenwagens regelmäßig erst nach Ablauf des Kalenderjahrs vorliegen können, ist aus Sicht der Finanzverwaltung aus **Praktikabilitätsgründen** folgendes vereinfachende Verfahren zulässig. Im Lohnsteuerabzugsverfahren dürfen zunächst die fahrzeugbezogenen **Vorjahresanrechnungsdaten** oder bei erstmaliger Firmenwagenüberlassung geschätzte Beträge der monatlichen Lohnabrechnung zugrunde gelegt werden. Bei Beendigung des Dienstverhältnisses während des Jahres, spätestens am Ende des Kalenderjahres, wenn die anrechenbaren Betriebskosten in tatsächlicher Höhe feststehen, ist mit der letzten Lohnabrechnung eine exakte Endabrechnung vorzunehmen. Etwaige Lohndifferenzen sind dabei sowohl zum Vorteil als auch zum Nachteil des Arbeitnehmers auszugleichen.[220]

Anrechnung in der Steuererklärung

Die Rechtsprechung des BFH ist sowohl im Lohnsteuerabzugsverfahren als auch bei der Veranlagung zur **Einkommensteuer** anzuwenden. Wie bereits ausgeführt, darf der Arbeitgeber durch

219 BMF, Schreiben v. 3.3.2022, IV C 5 – S 2334/21/10004 :001, BStBl 2022 I S. 232, Rz. 59.
220 BMF, Schreiben v. 3.3.2022, IV C 5 – S 2334/21/10004 :001, BStBl 2022 I S. 232, Rz. 63.

schriftliche arbeitsrechtliche bzw. dienstrechtliche Vereinbarungen die Anrechnung der vom Arbeitnehmer selbst getragenen individuellen Firmenwagenkosten im Lohnsteuerverfahren ausschließen. Er verhindert dadurch das **Haftungsrisiko**, das bei einer späteren Lohnsteuer-Außenprüfung durch die Angaben und Belege des Arbeitnehmers bei der Lohnabrechnung entstehen kann. Dem Arbeitnehmer verbleibt in diesen Fällen die Möglichkeit, bei der Veranlagung zur Einkommensteuer den Sachlohn aus der Firmenwagenüberlassung durch selbst getragene individuelle Kraftfahrzeugkosten zu mindern. Dabei ist der Arbeitnehmer zum einen gehalten, **fahrzeugbezogen** (z. B. durch eine Bescheinigung des Arbeitgebers oder eine Gehaltsabrechnung) darzulegen, wie der Arbeitgeber den geldwerten Vorteil aus der Firmenwagenüberlassung ermittelt und versteuert hat.[221] Außerdem muss er schriftlich die Höhe der von ihm getragenen Betriebskosten des Kraftfahrzeugs und die **Gesamtfahrleistung** des Firmenwagens im Kalenderjahr in seiner Steuererklärung **umfassend darlegen und belastbar nachweisen**. Das Finanzamt muss in die Lage versetzt werden, den im Bruttoarbeitslohn laut Zeile 3 der Lohnsteuerbescheinigung enthaltenen Sachbezug »Firmenwagen« unter Abzug der vom Arbeitnehmer getragenen Betriebskosten neu zu berechnen. Im Ergebnis verringert sich dadurch der steuerpflichtige Jahresgesamtlohn, sodass sich durch Anrechnung der zu viel bezahlten Lohnsteuer eine Steuererstattung für den Arbeitnehmer ergibt.

Hinweis

Hat der Arbeitnehmer ausnahmsweise für **beruflich** veranlasste Auswärtstätigkeiten mit dem Firmenwagen **Benzinkosten** zu tragen, ist der Ansatz des reisekostenrechtlichen Kilometersatzes von 0,30 EUR pro Kilometer nicht zulässig. Der Arbeitnehmer kann in diesem Fall nur die tatsächlichen, durch die dienstliche Nutzung des Firmenwagens entstandenen Aufwendungen als Werbungskosten in seiner Steuererklärung geltend machen. Dies gilt allerdings nur für solche Sachverhalte, in denen eine Firmenwagenüberlassung auch zu privaten Fahrten nicht erfolgt, also eine ausschließlich dienstliche Nutzung vereinbart ist.

Zuschuss zu Anschaffungskosten

Zuschüsse des Arbeitnehmers, die er zu den Anschaffungskosten für einen Firmenwagen zu entrichten hat, z. B. weil er sich mit dem Arbeitgeber auf Sonderausstattungen des Fahrzeugs geeinigt hat, führen zu einer Kürzung des geldwerten Vorteils. Nach bisheriger Verwaltungsauffassung sind **Zuzahlungen des Arbeitnehmers** vorrangig im **Jahr der Zahlung** anzurechnen, maximal bis zur Höhe des geldwerten Vorteils »Firmenwagen«. Der nach Anrechnung im Zahlungsjahr verbleibende Zuschussbetrag mindert in den Folgejahren solange den privaten Nutzungswert bis der ursprüngliche Zahlungsbetrag aufgebraucht ist.[222] Diese Kürzungsmethode macht es nicht erforderlich, den Zuschuss zu den Anschaffungskosten in Raten auf mehrere Kalenderjahre zu verteilen, um Nachteile bei der Anrechnung zu vermeiden.

Wichtig

Der BFH verteilt **zeitraumbezogene Zuzahlungen** des Arbeitnehmers zu den Anschaffungskosten auf die voraussichtliche Nutzungsdauer des Firmenwagens bzw. den vereinbarten Zeitraum.[223] Die abweichende lohnsteuerliche Anrechnung des Arbeitnehmerzuschusses im Jahr der Zahlung[224] macht die Rechtsprechung davon abhängig, dass keine Vereinbarung zur voraussichtlichen Nutzungsdauer oder zur Verteilung der Zuzahlung getroffen worden ist. Die Finanzämter folgen der Rechtsauslegung und unterscheiden bzgl. des Anrechnungsverfahrens von Anschaffungszuschüssen des Arbeitnehmers auf den Sachbezug »Firmenwagen« danach, ob eine **arbeitsvertragliche Vereinbarung** über den Zuzahlungszeitraum (= **zeitraumbezogene Zuschüsse**) oder für den Zuschuss keine Anrechnungszeit festgelegt ist.[225]

221 BMF, Schreiben v. 3.3.2022, IV C 5 – S 2334/21/10004 :001, BStBl 2022 I S. 232, Rz. 64.
222 R 8.1 Abs. 9 Nr. 4a Satz 2 LStR.
223 BFH, Beschluss v. 16.12.2020, VI R 19/18, BStBl 2021 II S. 761.
224 R 8.1 Abs. 9 Nr. 4a Satz 2 LStR.
225 BMF, Schreiben v. 3.3.2022, IV C 5 – S 2334/21/10004 :001, BStBl 2022 I S. 232, Tz. 9.

Dasselbe gilt für **geleaste Firmenwagen**, wenn sich der Arbeitnehmer durch (Einmal-)Zahlungen an Leasingsonderzahlungen beteiligt. Auch hier ist für die Anrechnung der arbeitnehmerseitig getragenen Kosten entscheidend, ob eine Vereinbarung über den Zeitraum der Anrechnung getroffen worden ist. Maßgeblich für den Umfang der Anrechnung ist der jeweils **vereinbarte Zuzahlungszeitraum**, nicht dagegen die tatsächliche Nutzungsdauer des Firmenwagens.[226]

Weiterhin nicht zulässig ist es, den maßgeblichen Bruttolistenpreis um den Arbeitnehmerzuschuss zu kürzen und damit die Berechnungsgrundlage für den geldwerten Vorteil zu verringern. Dies gilt auch für einen gebraucht erworbenen Pkw.[227] Aufgrund der geänderten Verwaltungsauffassung ist es nicht erforderlich, den Zuschuss zu den Anschaffungskosten in Raten auf mehrere Kalenderjahre zu verteilen, um Nachteile bei der Anrechnung zu vermeiden.

Zuschuss ohne zeitraumbezogene Festlegung

Das BMF hält bzgl. der Anrechnung der vom Arbeitnehmer selbst getragenen Kosten bei der Firmenwagenbesteuerung an der Übertragungsmöglichkeit von Zuzahlungen des Arbeitnehmers zu den Anschaffungskosten des Firmenfahrzeugs ausdrücklich fest, wenn bei Einmalzahlungen zwischen Arbeitnehmer und Arbeitgeber keine Vereinbarungen über einen Verteilungszeitraum getroffen worden sind.[228] Danach dürfen Zuschüsse des Arbeitnehmers zu den Anschaffungskosten nicht nur im Zahlungsjahr, sondern auch in den folgenden Kalenderjahren auf den privaten Nutzungswert bis zu maximal 0 EUR angerechnet werden.

Beispiel

Ein Arbeitnehmer erhält ab Dezember 2022 einen Firmenwagen auch zur privaten Nutzung; der Steuerabzug soll nach der 1-%-Regelung erfolgen. Der Bruttolistenpreis im Zeitpunkt der Erstzulassung des Fahrzeugs beträgt 45.200 EUR. Nicht enthalten sind die Listenpreise für die Sonderausstattung sowie für das Autoradio von insgesamt 4.800 EUR: Diese übernimmt der Arbeitnehmer. Eine zeitraumbezogene Verteilung für den Arbeitnehmerzuschuss wird nicht vereinbart. Die Entfernung zwischen Wohnung und Betrieb des Arbeitnehmers beträgt 10 km.

Ergebnis: Der geldwerte Vorteil für die private Nutzung im Erstjahr beträgt:

1 % von 50.000 EUR für Dezember 2022 (der Bruttolistenpreis beinhaltet die Zuschläge für Sonderausstattung sowie die Kosten des Autoradios)	500 EUR
Zuschlag für Fahrten zwischen Wohnung und Tätigkeitsstätte (0,03 % × 50.000 EUR × 10 km für Dezember 2022)	150 EUR
gesamter Sachbezug »Firmenwagen«	650 EUR
abzgl. Sonderzahlung des Arbeitnehmers (anteilig)	– 650 EUR
Steuerpflichtiger Sachbezug Firmenwagen 2022	**0 EUR**

Der geldwerte Vorteil für **2023** beträgt 7.800 EUR (12 Monate × 650 EUR). Hiervon kann die in 2022 noch nicht verbrauchte Zuzahlung in Höhe von 4.150 EUR abgezogen werden. Der steuerpflichtige Sachbezug »Firmenwagen 2023« verringert sich dadurch auf 3.650 EUR (7.800 EUR abzgl. 4.150 EUR).

Zeitraumbezogener Zuschuss

Bestehen **arbeitsvertragliche Vereinbarungen** hinsichtlich des Zeitraums, für den die Zahlung geleistet wird, sind zeitraumbezogene (Einmal-)Zahlungen für die Privatnutzung **gleichmäßig auf die betreffenden Kalendermonate zu verteilen** und vom jeweiligen geldwerten Vorteil bis auf 0 EUR abzuziehen. Die vorteilsmindernde Anrechnung ist für den vereinbarten Zuzahlungszeitraum, nicht etwa für die tatsächliche Nutzungsdauer des Firmenwagens vorzunehmen.[229]

226 R 8.1 Abs. 9 Nr. 4a Satz 3 LStR.
227 BFH, Urteil v. 25.5.1992, VI R 146/88, BStBl 1992 II S. 700.
228 BMF, Schreiben v. 3.3.2022, IV C 5 – S 2334/21/10004 :001, BStBl 2022 I S. 232, Rz. 65.
229 BMF, Schreiben v. 3.3.2022, IV C 5 – S 2334/21/10004 :001, BStBl 2022 I S. 232, Rz. 66.

Beispiel

Sachverhalt wie im vorigen Beispiel. Arbeitnehmer und Arbeitgeber haben eine Verteilung der vom Arbeitnehmer getragenen Sonderausstattung auf 4 Jahre (= 48 Monate) vereinbart. Durch die Verteilung auf den vereinbarten Anrechnungszeitraum ergibt sich ein monatlicher Kürzungsbetrag von 100 EUR.

Ergebnis: Der geldwerte Vorteil für die private Nutzung im Erstjahr beträgt:

1 % von 50.000 EUR für Dezember 2022 (der Bruttolistenpreis beinhaltet die Zuschläge für Sonderausstattung sowie die Kosten des Autoradios)	500 EUR
Zuschlag für Fahrten zwischen Wohnung und Tätigkeitsstätte (0,03 % × 50.000 EUR × 10 km für Dezember 2022)	+ 150 EUR
gesamter Sachbezug »Firmenwagen«	650 EUR
abzgl. anteilige, zeitraumbezogene Sonderzahlung des Arbeitnehmers	– 100 EUR
Steuerpflichtiger Sachbezug Firmenwagen 2022	**450 EUR**

Der geldwerte Vorteil für **2023** beträgt 7.800 EUR (12 Monate × 650 EUR). Hiervon kann die für 2023 vereinbarte, nicht verbrauchte Zuzahlung in Höhe von 1.200 EUR (= 12 x 100 EUR) abgezogen werden. Der steuerpflichtige Sachbezug »Firmenwagen 2023« verringert sich dadurch auf 6.600 EUR (7.800 EUR abzgl. 1.200 EUR). Die verbleibende Zuzahlung von 3.500 ist in den Jahren 2023 bis 2025 auf den geldwerten Vorteil anzurechnen. Sofern die Zuschusszahlung vom Arbeitgeber anteilig zurückgezahlt wird, z. B. bei vorzeitiger Beendigung des Arbeitsverhältnisses, liegt in der **Rückzahlung kein Arbeitslohn**, da eine Kürzung des Sachbezugs »Firmenwagen« insoweit nicht erfolgt ist.

Tipp

Die Anrechnung von Zuzahlungen zum Kaufpreis im Jahr der Zahlung und ggf. in den Folgejahren auf den geldwerten Vorteil ist uneingeschränkt nur für die sog. 1-%-Regelung anzuwenden. Im Fall der Fahrtenbuchmethode sind **Arbeitnehmerzuschüsse zu den Anschaffungskosten** des Firmenwagens in Form ungekürzter AfA-Beträge zu berücksichtigen, wenn diese in der betrieblichen Gewinnermittlung als Betriebseinnahme gebucht werden. Der Kilometersatz und damit der geldwerte Vorteil bleiben bei dieser Verfahrensweise unverändert. Demzufolge ist der vom Arbeitnehmer finanzierte Teil der Anschaffungskosten wie bei der 1-%-Methode im Jahr der Zahlung und ggf. in den Folgejahren anzurechnen. Macht das Unternehmen dagegen von seinem Wahlrecht Gebrauch und behandelt den Arbeitnehmerzuschuss erfolgsneutral im Wege der Kürzung der Anschaffungskosten, schlägt sich dies in einem geringeren Kilometersatz nieder, den der Arbeitnehmer als geldwerter Vorteil für die Privatfahrten und Fahrten zum Betrieb zu versteuern hat. Ausgangsgröße für die Berechnung der Abschreibung sind insoweit die tatsächlichen, um die Zuzahlungen des Arbeitnehmers gekürzten Anschaffungskosten. Ein Arbeitnehmerzuschuss wirkt sich demzufolge im Rahmen der Fahrtenbuchmethode bei dieser Berechnung nur über die geringere AfA auf die Gesamtdauer der Pkw-Überlassung aus und nicht etwa in Höhe des Zuschusses im Jahr der Zuzahlung.

8.10 Autotelefon

Arbeitgebereigenes Autotelefon

Der Gesetzgeber hat für geldwerte Vorteile aus der Privatnutzung betrieblicher Telekommunikationsgeräte eine Steuerbefreiungsvorschrift eingeführt (§ 3 Nr. 45 EStG), die ausschließlich dem Personenkreis der Arbeitnehmer vorbehalten ist.[230] Hierunter fallen Geräte, die der Arbeitgeber als Eigentümer, Leasingnehmer oder als sonstiger Berechtigter dem Arbeitnehmer zur Nutzung überlässt.[231] Damit ist insbesondere das **betriebliche Autotelefon im Firmenwagen** aufgrund gesetzlicher Regelung steuerfrei.

230 BFH, Urteil v. 21.6.2006, XI R 50/05, BStBl 2006 II S. 715.

231 R 3.45 LStR.

Der geldwerte Vorteil, der aus der Privatnutzung des betrieblichen Telefons entsteht, bleibt durch die gesetzliche Regelung steuerfrei. Damit entfällt auch der Lohnsteuerabzug für Privatgespräche vom Autotelefon im Firmenwagen. Telefoniert beispielsweise der Arbeitnehmer während einer beruflich veranlassten Auswärtstätigkeit mit seiner Ehefrau vom betrieblichen Autotelefon, ist kein geldwerter Vorteil zu erfassen (§ 3 Nr. 45 EStG). Die Steuerfreiheit ist unabhängig davon, in welchem Verhältnis die berufliche zur privaten Nutzung des Autotelefons steht. Aufzeichnungen für die Privatgespräche können damit entfallen. Unter die Steuerbefreiung fällt auch die Privatnutzung einer im Firmenwagen installierten **Freisprechanlage**, nicht dagegen ein in das betriebliche Fahrzeug **werkseitig eingebautes** Navigationssystem.[232] Fest installierte, im Bruttolistenpreis enthaltene Navigationssysteme zählen zur Sonderausstattung eines Pkw und teilen deshalb das lohnsteuerliche Schicksal der Fahrzeugnutzung (§ 6 Abs. 1 Nr. 4 Satz 2 EStG i. V. m. § 8 Abs. 2 EStG)[233].

Tipp

Will der Arbeitgeber den Arbeitnehmer an den Kosten der privaten Autotelefonnutzung beteiligen, um die hierdurch entstehenden Betriebsausgaben aus betriebswirtschaftlichen Gründen zu reduzieren, empfiehlt sich die Vereinbarung einer **monatlichen Kostenpauschale.** Der Arbeitnehmer hat dann für die Privatnutzung ein pauschales Monatsentgelt zu entrichten, das der Arbeitgeber bei der monatlichen Lohnabrechnung durch Kürzung des Nettoauszahlungsbetrags einbehalten kann. Die Höhe der Kostenbeteiligung ist im Einzelfall nach den betrieblichen Erfordernissen festzulegen.

Freisprecheinrichtung

Durch die gesetzliche Regelung der Handynutzung in Fahrzeugen stellt sich für viele Arbeitgeber die Frage, ob sie aus arbeits- oder versicherungsrechtlichen Gründen ihren Mitarbeitern Freisprecheinrichtungen zur Verfügung stellen müssen.

Aufgrund der gesetzlichen Regelungen in der StVO ist wohl eindeutig, dass Freisprecheinrichtungen anders als Navigationsgeräte (vgl. Kap. 8.4.1.1) zu den Telekommunikationseinrichtungen zählen. Sobald der Arbeitgeber seinem Mitarbeiter eine derartige Freisprecheinrichtung überlässt, fällt dies unter die Steuerbefreiung des § 3 Nr. 45 EStG.[234] Der Einbau einer Freisprecheinrichtung in den Firmenwagen des Arbeitgebers ist unproblematisch, da Firmenwagen und Freisprecheinrichtung im Eigentum des Arbeitgebers bleiben.

Zeitliche Anwendung

Ein steuerliches Problem könnte sich ergeben, wenn der Arbeitgeber eine Freisprecheinrichtung in den **privaten Pkw** eines Mitarbeiters einbauen lässt. Für einfachere Freisprecheinrichtungen, die leicht wieder ausgebaut werden können, sollte mit dem Mitarbeiter **schriftlich vereinbart** werden, dass die Freisprecheinrichtung im Eigentum des Arbeitgebers bleibt und auf Anforderung bzw. bei Beendigung des Arbeitsverhältnisses zurückgegeben werden muss. Damit bleibt die Freisprecheinrichtung im Eigentum des Arbeitgebers und fällt unter die Steuerbefreiung.

Tipp

Falls ausnahmsweise in einen privaten Pkw des Mitarbeiters eine fest installierte Freisprecheinrichtung eingebaut werden soll, muss die oben erwähnte schriftliche Vereinbarung zwingend vorliegen. Ist ein späterer Ausbau technisch nicht möglich oder wirtschaftlich nicht sinnvoll, muss mit dem Mitarbeiter vereinbart werden, dass er auf Anforderung bzw. bei Beendigung des Arbeitsverhältnisses den Zeitwert der Freisprecheinrichtung erstatten muss. Erst mit Zahlung dieses Betrags wechselt diese in das Eigentum des Mitarbeiters über. Bis dahin liegt eine vom Arbeitgeber überlassene, betriebliche Telekommunikationseinrichtung vor.

232 BMF, Schreiben v. 10.6.2002, IV C 5 – S 2334 – 63/02.
233 Bestätigt durch BFH, Urteil v. 16.2.2005, II R 37/04, BStBl 2005 II S. 563.
234 BMF, Schreiben v. 10.6.2002, IV C 5 – S 2334 – 63/02.

Autotelefon im arbeitnehmereigenen PKW

Um die lohnsteuerliche Behandlung des Autotelefons in seiner Gesamtheit wiederzugeben, soll an dieser Stelle auch das Telefon im arbeitnehmereigenen Pkw des Arbeitnehmers behandelt werden. Hier ist die Frage von Interesse, in welchem Umfang der Arbeitgeber steuerfreien Kostenersatz gewähren darf. Erstattet der Arbeitgeber dem Arbeitnehmer Kosten für den beruflichen Einsatz seiner privaten Telekommunikationsgeräte, zu denen auch das Autotelefon zählt, handelt es sich bei der Kostenerstattung um steuerfreien Auslagenersatz. Die lohnsteuerliche Behandlung im Einzelnen findet sich unter dem Abschnitt Auslagenersatz in den Lohnsteuer-Richtlinien.[235]

Der Umfang der steuerfrei zulässigen Arbeitgeberleistungen zur Erstattung von Aufwendungen für die betriebliche Nutzung des privaten Autotelefons im Pkw des Arbeitnehmers bestimmt sich nach folgenden Kriterien:

Vereinfachte Nachweisführung

Zunächst kann der Arbeitgeber die Aufwendungen für die berufliche Nutzung des arbeitnehmereigenen Autotelefons entsprechend dem vom Arbeitnehmer durch Rechnungsbelege nachgewiesenen beruflichen Anteil steuerfrei ersetzen. Der steuerfrei zulässige Auslagenersatz umfasst neben den laufenden Verbindungsentgelten auch die anteiligen Grundkosten (Nutzungsentgelt für die Telefonanlage sowie Grundpreis für die Anschlüsse).

Anstelle des monatlichen Einzelnachweises ist es auch zulässig, dass der Arbeitgeber für die berufliche Nutzung seines Autotelefons in Höhe eines **Durchschnittsbetrags** steuerfreien Auslagenersatz gewährt. Voraussetzung für die Steuerfreiheit des pauschalen Auslagenersatzes ist es, dass der Arbeitnehmer anhand der Rechnungsbeträge für einen repräsentativen Zeitraum von 3 Monaten eine entsprechende Nachweisführung vornimmt. Der sich hierbei für die berufliche Nutzung ergebende monatliche Durchschnittsbetrag kann für die Folgezeit als steuerfreier Auslagenersatz solange fortgeführt werden, bis sich die Verhältnisse wesentlich ändern. Die Rechnungsbelege sind als Beleg zum Lohnkonto aufzubewahren.

Kleinbetragsregelung

Ergänzend zur vereinfachten Nachweisführung für einen 3-Monatszeitraum enthalten die Lohnsteuer-Richtlinien eine Kleinbetragsregelung, die den steuerfreien pauschalen Auslagenersatz beim privaten Autotelefon vollkommen unabhängig vom Umfang der beruflichen Nutzung zulässt. Danach darf der Arbeitgeber ohne weitere Prüfung bis zu 20 % des vom Arbeitnehmer vorgelegten Rechnungsbetrags, **maximal 20 EUR monatlich**, als **steuerfreien Auslagenersatz** gewähren, wenn dem jeweiligen Arbeitnehmer erfahrungsgemäß beruflich veranlasste Telekommunikationsaufwendungen entstehen.[236] Der monatliche Durchschnittsbetrag, der sich aufgrund dieser Kleinbetragsregelung für einen **repräsentativen 3-Monatszeitraum** ergibt, kann wie bei der vereinfachten Nachweisführung als pauschaler Auslagenersatz solange steuerfrei fortgeführt werden, bis sich die Verhältnisse wesentlich ändern.

Tipp

Für den Werbungskostenabzug des Arbeitnehmers für beruflich veranlasste Telefongespräche von seinem privaten Autotelefon gelten die Regelungen zum steuerfreien Auslagenersatz entsprechend.[237] Hier gilt sowohl die vereinfachte Nachweismöglichkeit für einen 3-Monatszeitraum als auch die Kleinbetragsregelung bis zu max. 20 EUR pro Monat. Darüber hinaus wird geregelt, dass die vom Arbeitgeber steuerfrei

235 R 3.50 Abs. 2 LStR.
236 R 3.50 Abs. 2 LStR.
237 R 9.1 Abs. 5 LStR.

ersetzten beruflichen Telekommunikationsaufwendungen den Werbungskostenabzug beim Arbeitnehmer mindern.[238]

8.11 Fahrten Wohnung – erste Tätigkeitsstätte: Pauschalbesteuerung oder Werbungskostenabzug

8.11.1 Pauschale Lohnsteuer

Pauschsteuersatz 15 %

Der Sachbezug aus der Überlassung eines Firmenwagens rechnet, da er Monat für Monat anfällt, natürlich zu den laufenden Bezügen. Die Besteuerung richtet sich also nach den für den **laufenden Arbeitslohn** geltenden Grundsätzen. Die Lohnsteuer ist deshalb im Regelfall zusammen mit dem übrigen Arbeitslohn nach den elektronischen Lohnsteuerabzugsmerkmalen und der Monatslohnsteuertabelle zu berechnen. Für den geldwerten Vorteil aus der Firmenwagengestellung, der auf die Fahrten zwischen Wohnung und erster Tätigkeitsstätte entfällt, hat der Gesetzgeber jedoch dem Arbeitgeber ein **Besteuerungswahlrecht** eingeräumt: Er kann die Lohnsteuer für diese steuerpflichtigen Sachbezüge anstatt nach den (elektronischen) Steuerabzugsmerkmalen des Arbeitnehmers auch mit einem festen Pauschsteuersatz von 15 % erheben (§ 40 Abs. 2 Satz 2 EStG). Hinzu kommen die pauschale Kirchensteuer sowie der Solidaritätszuschlag, der 5,5 % der pauschalen Lohnsteuer beträgt. Ein weiterer Vorteil dieser Besteuerungsart liegt darin, dass hier keine Sozialversicherungsabzüge anfallen.

Beispiel

Der Arbeitgeber überlässt einer Außendienstmitarbeiterin einen Pkw unentgeltlich zur privaten Nutzung. Der steuerpflichtige Sachbezug, der sich für die Fahrten zwischen Wohnung und erster Tätigkeitsstätte ergibt, kann bis zu bestimmten Beträgen zulasten des Arbeitgebers mit 15 % pauschal versteuert werden.

Entscheidet sich der Arbeitgeber für die **pauschale Lohnsteuer**, scheidet insoweit ein Kostenabzug beim Arbeitnehmer aus. Der pauschal versteuerte geldwerte Vorteil **mindert die Werbungskosten**, die der Arbeitnehmer in seiner Einkommensteuererklärung geltend machen kann (§ 40 Abs. 2 Satz 3 EStG). Der Arbeitgeber hat deshalb pauschal besteuerte Leistungen im Zusammenhang mit Fahrten zwischen Wohnung und erster Tätigkeitsstätte auf der Lohnsteuerbescheinigung gesondert auszuweisen.

Über die pauschale Lohnsteuer begünstigt sind ausschließlich Fahrten des Arbeitnehmers zwischen Wohnung und (erster) Tätigkeitsstätte.

Tipp

Nicht begünstigt sind steuerpflichtige Familienheimfahrten im Rahmen einer doppelten Haushaltsführung, weil es sich hierbei jeweils um zusätzliche Fahrten neben der steuerfreien wöchentlichen Heimfahrt handelt, für die der Werbungskostenabzug nach den Regeln der doppelten Haushaltsführung ausgeschlossen ist.

Begrenzung auf Werbungskostenabzug

Die Lohnsteuerpauschalierung bei Fahrten zwischen Wohnung und erster Tätigkeitsstätte mit einem Firmenwagen ist betragsmäßig begrenzt. Der Arbeitgeber darf die Lohnsteuer von diesen Bezügen

238 R 9.1 Abs. 5 Satz 6 LStR.

nur insoweit mit einem festen Steuersatz erheben, als sie den Betrag nicht übersteigen, den der Arbeitnehmer nach dem Gesetz als Werbungskosten geltend machen könnte (§ 9 Abs. 1 Nr. 4 EStG). Obergrenze ist demnach die **Entfernungspauschale** von 0,30 EUR bzw. 0,38 EUR ab dem 21. Entfernungskilometer (vgl. Kap. 6.2.2). Die Höhe der Entfernungspauschale hat deshalb beim Firmenwagen auch Auswirkung auf die mögliche Pauschalbesteuerung der Fahrten zwischen Wohnung und erster Tätigkeitsstätte.

Da das Pauschalierungsvolumen an den Umfang der abzugsfähigen Fahrtkosten geknüpft ist, besteht die Möglichkeit der Pauschalbesteuerung für die Gesamtstrecke der Fahrten zwischen Wohnung und (erster) Tätigkeitsstätte mit dem Firmenwagen.

Höhere Entfernungspauschale = höheres Pauschalierungsvolumen

Bei Firmenwageninhabern, deren Lohnbezüge die Beitragsbemessungsgrenze nicht überschreiten (2023: 87.600 EUR West/85.200 EUR Ost), ist dem Lohnbüro mit Blick auf die mit dieser Besteuerungsart verbundenen Beitragsfreiheit in der Sozialversicherung (vgl. § 1 Abs. 1 Nr. 3 SvEV) für das Jahr 2023 anzuraten, die Lohnsteuerpauschalierung für den geldwerten Vorteil aus der Benutzung des Firmenwagens zu Fahrten zwischen Wohnung und erster Tätigkeitsstätte in vollem Umfang auszuschöpfen. Die Steuerübernahme durch den Arbeitgeber mit dem **Pauschsteuersatz von 15 %** ist ab dem 1. Entfernungskilometer bis zur Höhe der gesetzlichen Pendlerpauschale von 0,30 EUR pro Entfernungskilometer bzw. 0,38 EUR ab dem 21. Entfernungskilometer zulässig.

Beispiel

Dem Arbeitnehmer steht für Fahrten zwischen Wohnung und erster Tätigkeitsstätte (Entfernung 18 km, 180 Arbeitstage) ein Firmenwagen mit einem Bruttolistenpreis von 25.000 EUR zur Verfügung.

Geldwerter Vorteil:

Geldwerter Vorteil: 0,03 % von 25.000 EUR × 28 km × 12 Monate	2.520 EUR
Pauschalversteuerung mit 15 %: 180 Tage × [20 km × 0,30 EUR + 8 km x 0,38 EUR]	– 1.627 EUR
Individuell nach den ELStAM zu versteuernder Restbetrag	**893 EUR**

Tipp

Für Arbeitnehmer mit **Behinderung** kann dagegen eine Lohnsteuerpauschalierung des gesamten geldwerten Vorteils aus der Fahrt zwischen Wohnung und Tätigkeitsstätte in Betracht kommen.

Welche Beträge im Einzelfall nach den elektronischen Lohnsteuerabzugsmerkmalen zu versteuern sind und welcher Anteil pauschaliert werden kann, wenn dem Arbeitnehmer für Fahrten zwischen Wohnung und Tätigkeitsstätte ein Firmenwagen zur Verfügung steht, kann nur noch beim Einzelnachweis (Methode 2) für den einzelnen Entfernungskilometer berechnet werden, indem von dem individuellen nachgewiesenen Kilometersatz die Hälfte der Entfernungspauschale, also je gefahrenem Kilometer 0,15 EUR bzw. 0,175 EUR ab dem 21. Entfernungskilometer, in Abzug gebracht wird.

15-Tage-Vereinfachungsregel

Bei der 1-%-Regelung ist der arbeitstagbezogene Zuschlag des geldwerten Vorteils für Fahrten zwischen Wohnung und erster Tätigkeitsstätte ersetzt durch eine feste monatliche Entfernungspauschale, die nicht mehr darauf abstellt, wie oft der Arbeitnehmer das Fahrzeug tatsächlich benutzt. Der lohnsteuerpflichtigen Entfernungspauschale von 0,03 % des maßgeblichen Bruttolistenpreises liegt bei einer typischen 5-Tage-Woche eine unterstellte **Nutzung an 15 Arbeitstagen pro Monat** zugrunde. Dementsprechend gestattet die Verwaltung für Zwecke der pauschalen Lohnsteuerberechnung den Ansatz von mindestens 15 arbeitstäglichen Fahrten, auch wenn feststeht, dass der

Arbeitnehmer mit dem Fahrzeug tatsächlich an weniger Tagen im Monat fährt.[239] Der Nachweis der Firmenwagennutzung an mehr als 15 Tagen ist zulässig. Dadurch erhöht sich das Pauschalierungsvolumen, ohne dass sich dies auf den monatlichen 0,03-%-Betrag nachteilig auswirkt.

Tipp

Benutzt der Arbeitnehmer für die arbeitstäglichen Fahrten zum Arbeitgeber einen Firmenwagen gilt eine **Vereinfachungsregelung**. Um die Arbeit im Lohnbüro bei der Pauschalbesteuerung zu vereinfachen, kann im Lohnsteuerabzugsverfahren für die Berechnung der Pauschalsteuer ohne weiteren Nachweis davon ausgegangen werden, dass der Arbeitnehmer **pro Monat** mit seinem (Dienst-)Fahrzeug an **15 Arbeitstagen** Fahrten zwischen Wohnung und erster Tätigkeitsstätte durchgeführt hat. Die **15-Tage-Regel** gilt allerdings **nicht**, wenn der Arbeitnehmer für die Besteuerung der Fahrten zwischen Wohnung und erster Tätigkeitsstätte mit seinem Firmenwagen anstelle der 0,03-%-Monatspauschale durch **Einzelnachweis der Fahrten** den Ansatz der 0,002-%-Tagespauschale wählt (vgl. Kap. 8.4.2.3). Die Pauschalbesteuerung der »Arbeitgeberfahrten« ist bei der Einzelbewertung nur für die Anzahl der tatsächlich durchgeführten Fahrten zulässig.

Kürzung der 15-Tage-Regel bei Teilzeit oder Homeoffice

Zudem ist zu beachten, dass die Vereinfachungsregel von einer **typischen 5-Tage-Woche** des Arbeitnehmers ausgeht. Benutzt der Arbeitnehmer sein Fahrzeug aufgrund der arbeitsvertraglichen Festlegungen im Normalfall an **weniger als 5 Arbeitstagen pro Woche**, etwa bei Teilzeitarbeit, Homeoffice oder mobilem Arbeiten, ist die Anzahl von 15 Arbeitstagen pro Monat verhältnismäßig zu kürzen. Bei einer **3-Tage-Woche** in der Firma darf nach der Vereinfachungsregelung die Pauschalbesteuerung für monatlich 9 Fahrten (3/5 von 15 Tagen) zwischen Wohnung und erster Tätigkeitsstätte durchgeführt werden. Die Kürzung der 15-Tage-Regel ist erstmals für Lohnzahlungszeiträume **ab 1.1.2022** anzuwenden.[240]

Wichtig

Die Pauschalbesteuerung durch den Arbeitgeber entfaltet **keine Bindungswirkung** für das **Veranlagungsverfahren**. Übersteigen die aufgrund der Vereinfachungsregelung pauschalbesteuerten Beträge den Betrag, den der Arbeitnehmer als Werbungskosten geltend machen kann, ergibt sich im Rahmen der nach Ablauf des Kalenderjahres durchzuführenden Einkommensteuerveranlagung eine **Nachversteuerung**. Betragen die tatsächlich durchgeführten Fahrten zwischen Wohnung und erster Tätigkeitsstätte beispielsweise infolge einer längeren Krankheit weniger als 180 Arbeitstage, stellt der zuviel pauschalbesteuerte Fahrtkostenzuschuss in Höhe des Differenzbetrags steuerpflichtigen Arbeitslohn dar, der das zu versteuernde Einkommen des Arbeitnehmers bei seiner persönlichen Einkommensteuer erhöht.

Beispiel

Ein Arbeitnehmer erhält ab 2023 einen gebraucht angeschafften Firmenwagen auch zur Privatnutzung und für die Fahrten zur ersten Tätigkeitsstätte (5-Tage-Arbeitswoche). Der Bruttolistenpreis im Zeitpunkt der Erstzulassung 2020 hat 27.500 EUR betragen. Die Entfernung zwischen Wohnung und erster Tätigkeitsstätte beträgt 40 km; Einzelaufzeichnungen bzgl. der Fahrten zur Firma liegen nicht vor.

239 BMF, Schreiben v. 18.11.2021, IV C 5 – S 2351/20/10001 :002, BStBl 2021 I S. 2315, Tz. 5.2.

240 BMF, Schreiben v. 18.11.2021, IV C 5 – S 2351/20/10001 :002, BStBl 2021 I S. 2315, Rz. 41 und 45.

Ergebnis: Der geldwerte Vorteil für den Monat Januar berechnet sich wie folgt:

geldwerter Vorteil für eigentliche Privatfahrten (1 % von 27.500 EUR)	275 EUR
Zuschlag für Fahrten zwischen Wohnung und erster Tätigkeitsstätte (0,03 % × 27.500 EUR × 40 km)	330 EUR
Lohnsteuerpflichtiger Sachbezug Firmenwagen für **Januar 2023**	**605 EUR**

Der Arbeitgeber hat die Möglichkeit, den geldwerten Vorteil für die Fahrten zur Arbeit ab dem ersten Entfernungskilometer mit 15 % pauschal zu versteuern. Er darf dabei unterstellen, dass der Firmenwagen hierfür an 15 Arbeitstagen monatlich benutzt wird. Der geldwerte Vorteil von 330 EUR kann deshalb bis zu 204 EUR (15 Tage × [0,30 EUR × 20 km + 0,38 EUR x 20 km]) pauschal versteuert werden. Der verbleibende Differenzbetrag von 126 EUR muss zusammen mit dem übrigen Arbeitslohn nach den elektronischen Lohnsteuerabzugsmerkmalen des Arbeitnehmers versteuert werden.

Der nach den individuellen Besteuerungsmerkmalen des Arbeitnehmers zu versteuernde Restanteil fällt umso geringer aus, je niedriger der Bruttolistenpreis des Fahrzeugs ist. Der Grund hierfür liegt darin, dass die Pauschalierungsobergrenze ausschließlich von der Entfernung der Wohnung zur ersten Tätigkeitsstätte abhängt, nicht dagegen von dem Wert des Firmenwagens. Die Wahl der Pauschalbesteuerung kann deshalb bei Fahrzeugen mit geringem Bruttolistenpreis dazu führen, dass die lohnsteuerpflichtige Entfernungspauschale von 0,03 % beim Arbeitnehmer im Ergebnis steuerfrei bleibt.

Tipp

Beträgt der Bruttolistenpreis im vorigen Beispiel nicht mehr als 17.000 EUR, berechnet sich nach der monatlichen Entfernungspauschale bei Anwendung der 1-%-Regelung ein geldwerter Vorteil für die Fahrten zwischen Wohnung und Betrieb, der unter der Obergrenze liegt, die für die pauschale Lohnsteuer zu beachten ist. Hätte im vorigen Beispiel der Bruttolistenpreis genau 17.000 EUR betragen, hätte sich ein lohnsteuerpflichtiger Zuschlag für die Fahrten zwischen Wohnung und ersten Tätigkeitsstätte von 204 EUR errechnet, also in einer Höhe, bis zu der das Gesetz die Steuerübernahme durch den Arbeitgeber mit dem festen Pauschsteuersatz von 15 % zulässt. Die Pauschalbesteuerung ist natürlich maximal bis zur Höhe der lohnsteuerpflichtigen Fahrten zwischen Wohnung und erster Tätigkeitsstätte zulässig. Eine weitergehende Anrechnung auf den 1-%-Betrag scheidet aus.

Abwälzung der pauschalen Lohnsteuer

Die pauschale Lohnsteuer ist grundsätzlich vom Arbeitgeber zu übernehmen; er ist der Schuldner der pauschalen Lohnsteuer (§ 40 Abs. 3 EStG). Es ist jedoch arbeitsrechtlich zulässig, die Pauschalsteuer im Innenverhältnis auf den Arbeitnehmer abzuwälzen. Die Berechnung der Pauschalsteuer erfolgt in diesen Fällen nach grundlegend anderen Regeln. Die pauschale Lohnsteuer sowie die Kirchensteuer und der Solidaritätszuschlag dürfen aufgrund ausdrücklicher gesetzlicher Regelung nicht mehr aus der Barlohnkürzung finanziert werden. In Fällen der arbeitsrechtlich weiterhin zulässigen Gehaltsumwandlung sind die pauschalen Steuerabzugsbeträge dem geminderten Arbeitslohn für Zwecke der Lohnsteuerberechnung wieder hinzuzurechnen, sodass im Ergebnis weder der nach den elektronischen Lohnsteuerabzugsmerkmalen zu versteuernde Arbeitslohn noch die pauschal zu versteuernde Arbeitgeberleistung sich um die vom Arbeitnehmer übernommenen Steuerbeträge vermindern. Der steuerliche Arbeitslohn als Bemessungsgrundlage für normale Lohnsteuer und für die Pauschalsteuer bleibt unverändert (§ 40 Abs. 3 EStG).

Tipp

Zur Entscheidung, ob sich die pauschale Versteuerung und damit die Übernahme der Lohnsteuer durch den Arbeitnehmer lohnt, ist eine **Vergleichsberechnung** notwendig. Dabei gilt der Grundsatz, dass sich die laufende Besteuerung und damit der Werbungskostenabzug bei hohen Fahrtkosten zwischen Wohnung und erster Tätigkeitsstätte (weite Entfernung) eher lohnt. In welchen Fällen sich die pauschale Lohnsteuer im Einzelfall günstiger auswirkt, vgl. **Tabelle 10**.

8.11.2 Werbungskostenabzug

Fahrten Wohnung und Betrieb

Wie bereits erwähnt, schließt die pauschale Lohnsteuer den Werbungskostenabzug der Fahrten zwischen Wohnung und erster Tätigkeitsstätte mit dem Firmenwagen aus. Die Pauschalbesteuerung ist aber nicht immer die günstigste Lösung. Liegt der Arbeitslohn über der Beitragsbemessungsgrenze der allgemeinen Rentenversicherung, tritt ohne Pauschalierung häufig eine höhere Steuerersparnis durch die zusätzlichen Werbungskosten ein, die dann für die Fahrten zwischen Wohnung und (erster) Tätigkeitsstätte in der Steuererklärung abzugsfähig sind.

Tipp

Ohne weitere Berechnung kann davon ausgegangen werden, dass die Pauschalbesteuerung dann nachteilig ist, wenn der Arbeitslohn wegen Überschreitens der Beitragsbemessungsgrenze insoweit nicht der Sozialversicherungspflicht unterliegt und gleichzeitig der Arbeitnehmer den Werbungskostenpauschbetrag von 1.230 EUR bereits durch andere Werbungskosten ausgeschöpft hat. Die pauschale Lohnsteuer würde hier eine vermeidbare zusätzliche Belastung darstellen, während der als normaler Arbeitslohn behandelte geldwerte Vorteil für Fahrten zwischen Wohnung und erste Tätigkeitsstätte im Ergebnis durch den (fiktiven) Werbungskostenabzug neutralisiert wird.

Umfang des Werbungskostenabzugs

Für den Umfang des Werbungskostenabzugs gelten im Fall der 1-%-Methode die bereits für die Höhe der möglichen Pauschalbesteuerung beschriebenen Grundsätze entsprechend. Der Nachweis von **mehr als 15 Fahrten** zum Betrieb pro Monat ist auch hier zulässig und führt zu einem **höheren Werbungskostenabzug.**

Beispiel

Eine Mitarbeiterin nutzt einen Firmenwagen, dessen Bruttolistenpreis 15.000 EUR beträgt. Die Strecke von der Wohnung zur ersten Tätigkeitsstätte umfasst 30 km.

Ergebnis: Auf das Jahr gesehen ergibt sich folgender geldwerter Vorteil:

Privatfahrten 1 % von 15.000 EUR × 12 Monate	1.800 EUR
Fahrten Wohnung – erste Tätigkeitsstätte: 0,03 % von 15.000 EUR × 30 km × 12 Monate	1.620 EUR
Gesamter lohnsteuerpflichtiger Sachbezug Firmenwagen	**3.420 EUR**

Abwandlung:

Wird der gesamte geldwerte Vorteil individuell nach den ELStAM versteuert, kann die Arbeitnehmerin bei nachgewiesenen 240 Arbeitstagen für die Fahrten zwischen Wohnung und erster Tätigkeitsstätte 2.352 EUR (240 Arbeitstage × [0,30 EUR × 20 km + 0,38 EUR x 10 km]) als Werbungskosten abziehen. Für diese Fahrten entsteht also aus der Firmenwagenüberlassung kein geldwerter Vorteil, sondern steuermindernde Werbungskosten in Höhe von 732 EUR jährlich (2.352 EUR abzüglich steuerpflichtige Entfernungspauschale von 1.620 EUR), die im Ergebnis den steuerpflichtigen Arbeitslohn der privaten Fahrten mindern. Die Arbeitnehmerin muss von der 1-%-Pauschale für die eigentlichen Privatfahrten in Höhe von 1.800 EUR nur einen Betrag von 1.068 EUR als zusätzlichen Jahresarbeitslohn versteuern.

Eintragung eines Freibetrags

Entscheiden sich Arbeitgeber und Arbeitnehmer, die Firmenwagenüberlassung **individuell zu versteuern**, darf der Arbeitgeber nicht von sich aus die steuerlich abzugsfähigen Beträge mit den lohnsteuerpflichtigen Monatsbeträgen saldieren. Der Arbeitnehmer hat aber die Möglichkeit, sich einen entsprechenden **Freibetrag** in seinen **ELStAM** eintragen zu lassen. In diesem Fall wird bereits bei der monatlichen Lohnabrechnung der steuerpflichtige Arbeitslohn in entsprechender Höhe gekürzt. Voraussetzung hierfür ist, dass der Arbeitnehmer Werbungskosten und andere eintragungsfähige Aufwendungen von **mindestens 1.830 EUR** hat. Wird diese Grenze nicht überschritten, bleibt dem Arbeitnehmer nur die Möglichkeit, diese Beträge in seiner Jahressteuererklärung geltend zu machen. Der dann zunächst lohnsteuerpflichtige geldwerte Vorteil für Fahrten mit dem Firmenwagen zum Betrieb wird dadurch nach Ablauf des Jahres steuerfrei, und die übersteigenden Werbungskosten mindern zusätzlich die persönliche Steuerlast des Arbeitnehmers.

8.12 Veräußerung des Firmenwagens an Arbeitnehmer

Mitunter bietet sich für den Arbeitnehmer am Ende der Firmenwagenüberlassung die Möglichkeit, das Auto käuflich zu erwerben. Typisch sind solche Sachverhalte für die **Beendigung des Dienstverhältnisses**, wenn der aus der Firma ausscheidende Mitarbeiter den zuvor als Firmenwagen genutzten Pkw in sein Eigentum übernimmt. Beim Arbeitgeber als Veräußerer stellt der **Fahrzeugverkauf** steuerlich ein sog. Hilfsgeschäft dar, das in der betrieblichen Gewinnermittlung als Betriebseinnahme zu erfassen ist. Der Restbuchwert des betrieblichen Pkw ist zeitgleich gewinnmindernd auszubuchen, sodass sich durch Anrechnung auf den Verkaufserlös ein Veräußerungsgewinn bzw. -verlust aus dem Verkaufsgeschäft ergibt.

Verbilligter Erwerb des Firmenwagens

Etwas komplexer stellt sich aus steuerlicher Sicht die Firmenwagenübernahme beim Arbeitnehmer dar. Hier kann es zu unliebsamen Überraschungen kommen, wenn bei einer späteren Lohnsteuer-Außenprüfung festgestellt wird, dass der bezahlte Kaufpreis unter dem tatsächlichen Verkehrswert (= üblicher Endpreis am Abgabeort nach § 8 Abs. 2 Satz 1 EStG) des Kraftfahrzeugs liegt. Übereignet ein Arbeitgeber seinem Arbeitnehmer unentgeltlich oder verbilligt ein Kfz, stellt der Preisnachlass **lohnsteuerpflichtiger Arbeitslohn** in Form eines geldwerten Vorteils dar. Dies gilt erst recht, wenn es sich hierbei um den bisher vom Arbeitnehmer genutzten Firmenwagen handelt.

Die Bewertung des **Sachbezugs »Firmenwagenübernahme«** bestimmt sich nach dem im Lohnsteuerrecht allgemein für Preisnachlässe geltenden Bewertungsmaßstab, dem üblichen Endpreis am Abgabeort. Von diesem Ausgangswert sind übliche Preisnachlässe wertmindernd abzuziehen (§ 8 Abs. 2 Satz 1 EStG, R 8.1 Abs. 2 LStR). Zulässig ist es, diese Preisnachlässe durch einen pauschalen Abschlag von 4 % zu berücksichtigen. Alternativ darf auch der zum Zeitpunkt des Fahrzeugkaufs **günstigste Kaufpreis** angesetzt werden, der am Gebrauchtwagenmarkt (z. B. im Internet) für ein vergleichbares Auto angeboten wird. Die Finanzverwaltung verlangt eine entsprechende **Nachweisführung**, die als Beleg zum Lohnkonto zu nehmen ist. Wird als üblicher Endpreis der günstigste Preis am Markt angesetzt, darf der pauschale Abschlag von 4 % für Preisnachlässe nicht abgezogen werden.

Schätzung des Verkehrswerts

Fehlt es an zeitnahen Kaufpreisfeststellungen am Gebrauchtwagenmarkt bzw. an einem zeitnahen Wertgutachten eines staatlich vereidigten Sachverständigen, ist für die Bestimmung des üblichen Endpreises eine **Schätzung anhand von Marktübersichten** durchzuführen. Die Ermittlung des am Gebrauchtwagenmarkt aktuellen Verkaufswerts für den Firmenwagen kann anhand den im Rechtsverkehr anerkannten Preisübersichten für gebrauchte Pkw erfolgen, etwa nach für den Gebrauchtwagenhandel herausgegebenen »Schwacke-Listen« oder DAT-Marktspiegeln. Die monatlich veröffentlichten **Gebrauchtwagenpreislisten** unterscheiden für den jeweiligen Fahrzeugtyp z. B. Baujahr, Erstzulassung, Anschaffungsdatum, Kaufpreis und (Sonder-)Ausstattung. Von entscheidender Bedeutung für eine zutreffende Schätzung sind der Fahrzeugzustand sowie die bisherige Kilometer-Fahrleistung.

Da sich der Bewertungsgrundsatz üblicher Endpreis auf den privaten Endverbraucher bezieht, ist für den **maßgeblichen Gebrauchtwagenwert** nicht auf den Händlereinkaufspreis abzustellen, sondern auf den Preis, den das Fahrzeug unter Berücksichtigung der vereinbarten Nebenleistungen auf dem (privaten) Gebrauchtwagenmarkt tatsächlich erzielen würde. Es ist deshalb für das konkret zu bewertende Auto von dem in den Marktübersichten ausgewiesenen höheren **Händlerverkaufspreis** (einschließlich USt) auszugehen, von dem aufgrund der zu berücksichtigenden individuellen Besonderheiten des vom Arbeitnehmer übernommen Firmen-Pkw noch Zu- und Abschläge vorzunehmen sind.

Beispiel

Ein Arbeitnehmer übernimmt beim Wechsel in den Ruhestand zum 31.3.2023 den zuvor als Firmenwagen genutzten betrieblichen Pkw zum Verkaufspreis von 20.000 EUR. Der Arbeitgeber hat als Verkehrswert den Händlereinkaufspreis aus der Schwacke-Liste für das Fahrzeugmodell entnommen, der für das betreffende Baujahr, die Erstzulassung und die Ausstattungsmerkmale unter Berücksichtigung des Kilometerstands und des Fahrzeugzustands für den Firmenwagen dort ausgewiesen war. Der Händlerverkaufspreis (inkl. USt) für das veräußerte Auto beläuft sich auf 24.800 EUR. Auf der Online-Plattform für Gebrauchtfahrzeuge ist das mit dem übereigneten Firmenwagen identische und mit den übrigen Fahrzeugmerkmalen vergleichbare Auto im Internet zum selben Zeitpunkt mit einem Brutto-Verkaufspreis von 24.000 EUR angeboten worden.

Ergebnis: Die Ermittlung des aktuellen Verkehrswerts des Firmenwagens zum 1.4.2023 bestimmt sich mangels Wertgutachtens eines amtlichen Sachverständigen nach dem Händlerverkaufspreis von 24.800 EUR. Der **maßgebende** übliche Endpreis ergibt sich durch Abzug etwaiger Preisnachlässe, die mit einem pauschalen Abschlag von 4 % (= 992 EUR) angesetzt werden dürfen. Der entrichtete Kaufpreis von 20.000 EUR liegt unter dem üblichen Endpreis von 23.808 EUR (24.800 EUR abzgl. 992 EUR). In Höhe des Differenzbetrags von 3.808 EUR ist ein geldwerter Vorteil aus der Firmenwagenübernahme zu versteuern. Der günstigste Marktpreis von 24.000 EUR ist ohne Bedeutung, da der zusätzliche pauschale 4-%-Abschlag bei diesem Wertansatz ausscheidet.

Besonderheiten in der Kfz-Branche

Eine Besonderheit besteht für die Fahrzeugübernahme von **Mitarbeitern**, die in der **Automobilbranche** beschäftigt sind. Erwerben Arbeitnehmer von Autohäusern oder Autowerkstätten, die Kfz überwiegend an fremde Dritte verkaufen, verbilligt ein Firmenfahrzeug, hat die Feststellung des geldwerten Vorteils nach den für Belegschaftsrabatte geltenden Regeln zu erfolgen (§ 8 Abs. 3 EStG). Für Waren, die der Arbeitgeber nicht überwiegend für den Bedarf seiner Arbeitnehmer herstellt oder vertreibt, darf ein **Bewertungsabschlag von 4 %** und ein **Rabattfreibetrag von 1.080 EUR** abgezogen werden. Sofern sich dabei ein geldwerter Vorteil errechnet, der über den tatsächlichen Marktverhältnissen liegt, haben Arbeitgeber und Arbeitnehmer ein Wahlrecht. Der übereignete Firmenwagen kann anstelle der für Belegschaftsrabatte geltenden Bewertungsvorschrift mit dem im Inland günstigsten Marktpreis angesetzt werden – dann allerdings ohne Bewertungsabschlag und ohne Rabattfreibetrag.

Versteuerung

Der Lohnsteuerabzug für den aus der unentgeltlichen oder verbilligten Firmenwagenübernahme beim Arbeitnehmer entstehenden Sachbezug kann individuell im Rahmen der Lohnabrechnung nach den **ELStAM-Daten** und den für **Einmalzahlungen** geltenden Regeln im Zeitpunkt der Fahrzeugübereignung erfolgen. Sofern die Übereignung des Firmenwagens Teil einer Abfindungsvereinbarung bei Beendigung des Dienstverhältnisses ist, kommt auch eine **ermäßigte Besteuerung** nach der sog. Fünftelregelung für außerordentliche Einkünfte infrage (§ 34 Abs. 2 i. V. m § 24 Nr. 1 EStG). Möglich ist aber auch die **Pauschalbesteuerung mit 30 %** nach § 37b Abs. 2 EStG.[241] Zu beachten ist, dass es sich bei der Kaufpreisverbilligung um eine zusätzliche Arbeitgeberleistung handeln muss, die betragsmäßig nicht über 10.000 EUR liegen darf. Die Bewertungsvorschrift für Belegschaftsrabatte (Bewertungsabschlag und Rabattfreibetrag von 1.080 EUR) ist bei Anwendung des Pauschsteuersatzes von 30 % ausgeschlossen.

241 BMF, Schreiben v. 19.5.2015, IV C 6 – S 2297-b/14/10001, BStBl 2015 I S. 468.

8.13 Umsatzsteuer

Bei der Firmenwagenüberlassung ist stets von einer 100-prozentigen betrieblichen Nutzung auszugehen. Eine **Kürzung des Vorsteuerabzugs** bei Firmenwagen kommt deshalb ebenso wenig in Betracht wie eine umsatzsteuerpflichtige Privatnutzung. Allerdings bleibt die Firmenwagenüberlassung an Arbeitnehmer sowohl für Alt- als auch für Neufahrzeuge im Kalenderjahr 2023 wie in den Vorjahren umsatzsteuerpflichtig. Die Einzelheiten sind in einer umfassenden Verwaltungsanweisung zusammengefasst.[242]

Hinweis

Die coronabedingte Absenkung des Umsatzsteuer-Regelsatzes auf 16 % war gesetzlich auf den Zeitraum 1.7.–31.12.2020 beschränkt. Für die umsatzsteuerpflichtige Überlassung eines Firmenwagens ist seit 2021 wieder der bereits zuvor geltende Umsatzsteuersatz von 19 % anzuwenden. Als vorteilhafte Folgewirkung der Absenkung des Umsatzsteuersatzes durch das Zweite Corona-Steuerhilfegesetz bleibt der um 3 % gering ausfallende Bruttolistenpreis, wenn der Firmenwagen im 2. Halbjahr 2020 neu angeschafft wurde. Dadurch ergibt sich bei der 1-%-Methode nicht nur ein entsprechend niedrigerer geldwerter Vorteil »Firmenwagen«. Auch die Umsatzsteuer, die aus dem (niedrigeren) Bruttolistenpreis mit 19/119 (Umrechnungsfaktor von 15,97 %) herauszurechnen ist, fällt etwas geringer aus.

8.13.1 Unentgeltliche oder entgeltliche Firmenwagenüberlassung

Vorsteuerabzug

Stellt der Arbeitgeber dem Arbeitnehmer einen Firmenwagen unentgeltlich zur Verfügung, hat er nach wie vor den Vorsteuerabzug aus den hierfür anfallenden Kosten. Der Unternehmer kann insbesondere für das betriebliche Fahrzeug die bei der Anschaffung angefallenen Vorsteuerbeträge unter den übrigen gesetzlichen Voraussetzungen von seiner Umsatzsteuerzahllast abziehen (§ 15 EStG). Allerdings stellt die Firmenwagenüberlassung im Normalfall einen umsatzsteuerpflichtigen Tatbestand dar. Die umsatzsteuerliche Behandlung der Firmenwagenüberlassung bestimmt sich danach, ob es sich um eine **entgeltliche oder unentgeltliche Leistung** handelt. Die Unterscheidung ist deshalb von Bedeutung, weil nur bei der unentgeltlichen Überlassung des Firmenwagens eine Kürzung der umsatzsteuerlichen Bemessungsgrundlage wegen nicht mit Vorsteuer belasteten Eingangsumsätzen infrage kommt.

Praxisrelevant sind die Fälle der **entgeltlichen Firmenwagenüberlassung.** Überlässt der Arbeitgeber dem Arbeitnehmer einen Firmenwagen zur privaten Nutzung, liegt hierin im Normalfall ein tauschähnlicher Umsatz, also eine entgeltliche sonstige Leistung (§ 1 Abs. 1 Nr. 1 UStG). Die Gegenleistung des Arbeitnehmers besteht in der anteiligen Arbeitsleistung, die er für die Privatnutzung des überlassenen Fahrzeugs erbringt. Hiervon ist immer auszugehen, wenn der Firmenwagen dem Arbeitnehmer auf Dauer zur Verfügung steht, weil der hieraus entstehende geldwerte Vorteil dann als Lohnbestandteil des Arbeitsverhältnisses angesehen werden muss. Der BFH hat diese Rechtsauslegung in einem aktuellen Urteil für den in der Praxis üblichen Sachverhalt bejaht, dass die Fahrzeugüberlassung zur Privatnutzung arbeitsvertraglich vereinbart wird.[243] Er erteilt der vorangegangenen Entscheidung des EuGH eine klare Absage, die einen tauschähnlichen Umsatz ausgeschlossen hat, wenn nur die Arbeitsleistung des Arbeitnehmers als Entgelt infrage kommt.[244]

242 BMF, Schreiben v. 5.6.2014, IV D 2 – S 7300/07/10002 :001, BStBl 2014 I S. 896.
243 BFH, Urteil v. 30.6.2022, V R 25/21, BFH/NV 2022 S. 1258.
244 EuGH, Urteil v. 20.1.2021, C-288/19, BFH/NV 2021 S. 527.

Tipp

Von einer unentgeltlichen Überlassung des Firmenwagens kann ausnahmsweise dann ausgegangen werden, wenn die private Nutzung des Fahrzeugs so gering ist, dass sie für die Gehaltsbemessung ohne Bedeutung war. Dies ist dann der Fall, wenn für die lohnsteuerliche Berechnung des geldwerten Vorteils im Rahmen der 1-%-Regelung die festen Monatsbeträge durch die kilometerbezogene Berechnung mit 0,001 % des inländischen Listenpreises ersetzt werden[1] (vgl. Kap. 8.4.4). Diese in der Praxis seltenen Sachverhalte beschränken sich also darauf, dass dem Arbeitnehmer ein Firmenwagen nicht auf Dauer zur Verfügung steht, sondern nur von Fall zu Fall aus besonderem Anlass oder zu einem besonderen Zweck für max. 5 Kalendertage im Monat. Hier berechnet sich die Umsatzsteuer nach Kürzung der Bemessungsgrundlage um die nicht mit Vorsteuer belasteten Eingangsumsätze.[2]

8.13.2 Umsatzsteuer bei entgeltlicher Firmenwagenüberlassung

Im Folgenden sind die Berechnungsverfahren für die Umsatzsteuer dargestellt, die die entgeltliche Firmenwagenüberlassung als Hauptanwendungsfall betreffen und für die keine Kürzung der Bemessungsgrundlage nach der EuGH-Rechtsprechung in Betracht kommt. Hierbei sind 3 Methoden zu unterscheiden:

Ansatz der tatsächlichen Kosten

Überlässt der Arbeitgeber dem Arbeitnehmer einen Firmenwagen entgeltlich zur privaten Nutzung, liegt hierin eine umsatzsteuerpflichtige sonstige Leistung (tauschähnlicher Umsatz gem. § 3 Abs. 12 Satz 2 UStG). Nach dem Gesetz berechnet sich die Umsatzsteuer bei diesen Umsätzen nach dem Wert der nicht durch den Barlohn abgegoltenen Arbeitsleistung. Dieser kann anhand der **Gesamtkosten des Arbeitgebers** für die Fahrzeugüberlassung geschätzt werden. Unabhängig davon, ob die Lohnsteuer für die Firmenwagenüberlassung nach der 1-%-Regelung oder der Fahrtenbuchmethode berechnet wird, sind Ausgangspunkt für die Ermittlung der Umsatzsteuer die durch die Verwendung des Fahrzeugs angefallenen Nettokosten. Der sich für die Privatnutzung ergebende Nettowert ist Berechnungsgrundlage für die Umsatzsteuer mit dem allgemeinen Steuersatz. Um diese aufwendige Ermittlung der umsatzsteuerlichen Bemessungsgrundlage zu vermeiden, die aufgrund der gesetzlichen Vorgaben neben der lohnsteuerlichen Berechnung des geldwerten Vorteils erforderlich ist, gilt eine Vereinfachungsregelung. Es wird nicht beanstandet, wenn auch für die Umsatzsteuer die lohnsteuerlichen Berechnungsmethoden zugrunde gelegt werden.

Anwendung der 1-%-Regelung

Wird der lohnsteuerliche Wert der Pkw-Überlassung mit 1 % des Bruttolistenpreises angesetzt, darf dieser Wert auch der Umsatzbesteuerung zugrunde gelegt werden. Umsatzsteuerpflichtig ist auch die Überlassung zu Fahrten zwischen Wohnung und erster Tätigkeitsstätte. Auch hier darf von dem lohnsteuerpflichtigen geldwerten Vorteil ausgegangen werden, der sich mit 0,03 % des Bruttolistenpreises pro Entfernungskilometer berechnet (Abschn. 18 Abs. 8 UStR). Der Betrag ist als Bruttobetrag zu verstehen, aus dem die Umsatzsteuer herauszurechnen ist. Anzuwenden auf den lohnsteuerlichen geldwerten Vorteil ist der Umrechnungsfaktor von 15,97 %.

Beispiel

Ein Arbeitnehmer mit einer am 1.1.2023 begründeten doppelten Haushaltsführung nutzt einen Firmenwagen mit einem Listenpreis einschließlich USt von 30.000 EUR im gesamten Kalenderjahr 2023 zu Privatfahrten, zu Fahrten zur 10 km entfernten Arbeitsstätte und zu wöchentlichen Familienheimfahrten zum 150 km entfernten Wohnsitz der Familie, den er im Monat Januar zweimal aufgesucht hat.

1 BMF, Schreiben v. 27.8.2004, IV D 2 – S 7300 – 70/4, BStBl 2004 I S. 864.
2 EuGH, Urteil v. 25.3.1993, C-193/91, BStBl 1993 II S. 812.

Ergebnis: Die Umsatzsteuer aus der Firmenwagenüberlassung im Monat Januar ist wie folgt zu ermitteln:

für die allgemeine Privatnutzung 1 % von 30.000 EUR	300 EUR
für Fahrten zwischen Wohnung und Tätigkeitsstätte 0,03 % von 30.000 EUR × 10 km	90 EUR
lohnsteuerlicher geldwerter Vorteil	390 EUR
für Familienheimfahrten 0,002 % von 30.000 EUR × 150 km × 2 Fahrten	180 EUR
Summe der Pauschalwerte = Bruttowert der sonstigen Leistung an den Arbeitnehmer	570 EUR

Die darin enthaltene USt beträgt 15,97 % = 91 EUR.

Das Beispiel zeigt, dass ein wichtiger Unterschied zwischen Umsatzsteuer und Lohnsteuer für die Firmenwagenüberlassung im Rahmen der **doppelten Haushaltsführung** besteht. Während der Ansatz eines geldwerten Vorteils entfällt, wenn der Arbeitnehmer nicht mehr als eine wöchentliche Familienheimfahrt durchführt, sind diese Fahrten in jedem Fall umsatzsteuerpflichtig. Der Umsatzsteuer unterliegen also die auf Familienheimfahrten entfallenden Kosten auch dann, wenn ein lohnsteuerlicher Wert nicht anzusetzen ist. Der **umsatzsteuerliche Bruttowert** für diese Familienheimfahrten kann aus Vereinfachungsgründen mit 0,002 % des Listenpreises für jeden Entfernungskilometer zwischen dem Ort der doppelten Haushaltsführung und der Erstwohnung angesetzt werden. Anschließend ist die Umsatzsteuer mit 15,97 % herauszurechnen.

Achtung

Die **Sonderregelungen für (Hybrid-)Elektrofahrzeuge** durch pauschale Abschläge in Abhängigkeit der Batteriekapazität sowie die Halbierung bzw. Viertelung des Bruttolistenpreises bei der 1-%-Methode finden bei der Umsatzsteuer **keine Anwendung.**[3] Umsatzsteuerliche Bemessungsrundlage für die entgeltliche Firmenwagenüberlassung ist bei Anwendung der 1-%-Regelung der ungekürzte Bruttolistenpreis (Abschn. 15.23 Abs. 11 UStAE). Dieselbe umsatzsteuerliche Behandlung gilt für die steuerfreie Überlassung eines betrieblichen Fahrrads oder E-Bikes nach § 3 Nr. 37 EStG. Für die Umsatzbesteuerung ist von einem steuerpflichtigen geldwerten Vorteil von 1 % der unverbindlichen Preisempfehlung des Herstellers auszugehen. Für **Fahrräder und E-Bikes bis 500 EUR** hat die Finanzverwaltung aus Vereinfachungsgründen einen **Besteuerungsverzicht** für die Umsatzsteuer festgelegt. Einzelheiten hierzu vgl. Kap. 8.4.6.

Fahrtenbuchmethode

Wird der geldwerte Vorteil für die Privatnutzung mithilfe eines ordnungsgemäßen Fahrtenbuchs sowie anhand der Rechnungsbelege durch Einzelnachweis ermittelt, kann von diesem Wert auch bei der Bemessungsgrundlage für die Umsatzsteuerbesteuerung des Firmenwagens ausgegangen werden. Die nicht vorsteuerbelasteten Kosten sind hier natürlich in der belegmäßig nachgewiesenen Höhe auszuscheiden. Wie bei der 1-%-Methode sind Fahrten zur ersten Tätigkeitsstätte sowie sämtliche Familienheimfahrten aus Anlass einer doppelten Haushaltsführung umsatzsteuerlich den Privatfahrten des Arbeitnehmers zuzurechnen.

Beispiel

Ein Arbeitnehmer erhält laut Arbeitsvertrag einen Firmenwagen zur privaten Nutzung. Die für lohnsteuerliche Zwecke laut Buchhaltung ermittelten Nettogesamtkosten belaufen sich auf 22.500 EUR (Nettoaufwendungen zzgl. AfA). Davon entfallen 1.500 EUR auf Kosten, bei denen ein Vorsteuerabzug nicht möglich ist. Die Gesamtfahrleistung laut Fahrtenbuch beträgt 39.000 km. Davon entfallen auf Fahrten zwischen Wohnung und erster Tätigkeitsstätte 5.000 km, auf Privatfahrten 8.000 km.

3 BMF, Schreiben v. 7.2.2022, III C 2 – S 7300/19/10004 :001, BStBl 2022 I S. 197.

Auf die Privatfahrten inkl. Fahrten zwischen Wohnung und erster Tätigkeitsstätte entfallen insgesamt 13.000 km. Dies entspricht einer Gesamtprivatnutzung von insgesamt 33 1/3 % (13.000 km von 39.000 km).

Ergebnis: Die Umsatzsteuer berechnet sich wie folgt:

(Netto-)Bemessungsgrundlage 33 1/3 % von 22.500 EUR	7.500 EUR
davon Umsatzsteuer (auch bzgl. 1.500 EUR) mit 19 %	**1.425 EUR**

8.13.3 Umsatzsteuer bei unentgeltlicher Firmenwagenüberlassung

5-Tage-Regelung

Wird der Firmenwagen im Rahmen der 5-Tage-Regelung ausnahmsweise unentgeltlich zur privaten Nutzung des Arbeitnehmers überlassen, sind aus der Umsatzsteuer-Bemessungsgrundlage die nicht mit Vorsteuer belasteten Kosten auszuscheiden. Im Rahmen der pauschalen Nutzungswertermittlung mit 0,001 % des inländischen Bruttolistenpreises ist ein pauschaler Abschlag von 20 % für die nicht mit Vorsteuer belasteten Kosten vorzunehmen. Der verbleibende Betrag ist als Bruttobetrag zu verstehen, aus dem die Umsatzsteuer herausgerechnet werden muss. Im Fall der Fahrtenbuchmethode sind die nicht vorsteuerbelasteten Kosten natürlich in der belegmäßig nachgewiesenen Höhe auszuscheiden. Berechnungsbeispiele für diese Sonderfälle sind im BMF-Schreiben vom 21.2.1996[4] dargestellt.

8.13.4 Umsatzsteuer bei Nutzungsentgelten

Eigenanteil des Arbeitnehmers

Völlig unterschiedlich zur Lohnsteuer ist die umsatzsteuerrechtliche Behandlung von **Zahlungen des Arbeitnehmers für einen Firmenwagen**. Zahlt der Arbeitnehmer für die Überlassung eines Firmenwagens pauschale oder kilometerbezogene Nutzungsentgelte, wird dadurch die umsatzsteuerliche Bemessungsgrundlage für die Fahrzeugüberlassung **nicht gemindert**, und zwar auch dann nicht, wenn die Zuzahlungen lohnsteuerlich von dem nach der 1-%- oder Fahrtenbuchmethode berechneten geldwerten Vorteil abzuziehen sind.[5] Andererseits sind die Zuzahlungen des Arbeitnehmers nicht als Entgelt zu behandeln.

Keine Kürzung um Zuschuss

Ebenso sind Zuschüsse des Arbeitnehmers zu den Anschaffungskosten des Fahrzeugs weder bei der pauschalen Nutzungswertbesteuerung noch beim Einzelnachweis steuermindernd zu berücksichtigen. Die umsatzsteuerliche **Bemessungsgrundlage** berechnet sich bei der sog. 1-%-Regelung nach dem **Bruttolistenpreis** des Fahrzeugs und im Fall des Einzelnachweises nach den **Abschreibungsbeträgen**, die sich aus den ungekürzten Anschaffungskosten ergeben. Arbeitnehmerzuschüsse dürfen also für Zwecke der Umsatzsteuerberechnung weder vom Bruttolistenpreis noch von den Anschaffungskosten des Firmenwagens abgezogen werden. Die nachfolgende Übersicht verdeutlicht die von der Lohnsteuer abweichende umsatzsteuerrechtliche Sonderbehandlung.

4 BMF, Schreiben v. 21.2.1996, IV C 3 – S 7102 – 3/96, BStBl 1996 I S. 151.
5 BMF, Schreiben v. 30.12.1997, IV C 3 – S 7102 – 41/97, BStBl 1998 I S. 110.

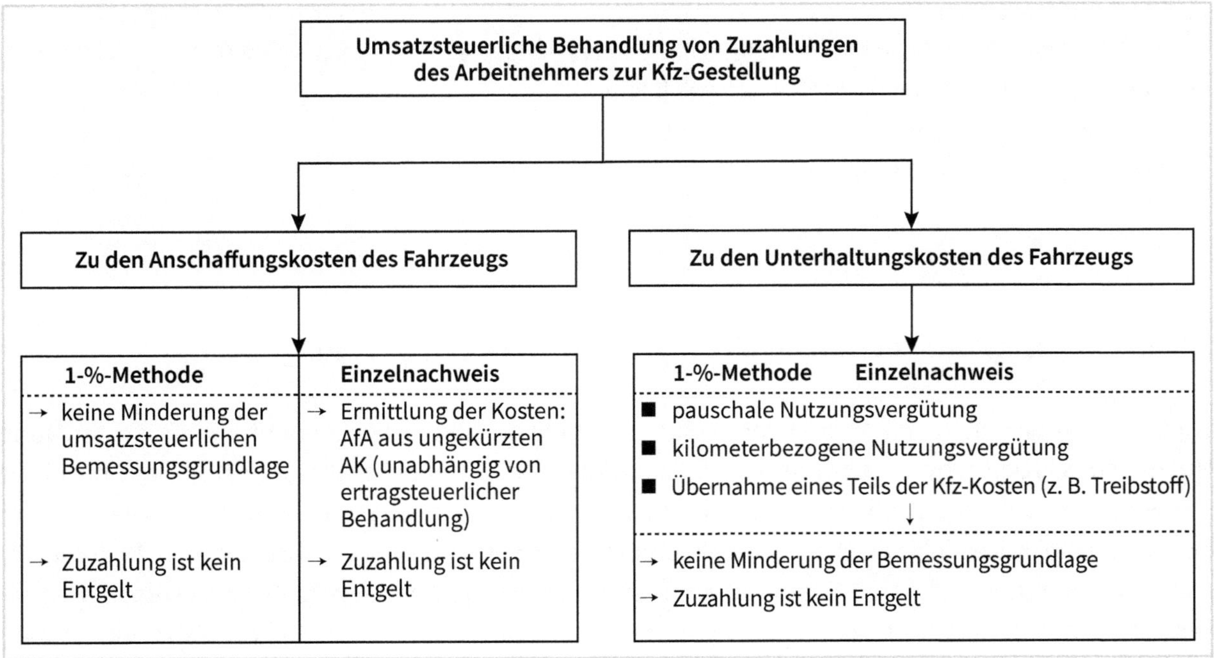

Beispiel

Einer Arbeitnehmerin wird ab 1.4.2023 ein Firmenwagen mit einem Listenpreis von 30.000 EUR (brutto) zur privaten Nutzung und für Fahrten zwischen Wohnung und erster Tätigkeitsstätte überlassen. Die Arbeitnehmerin entrichtet einen Zuschuss von 1.500 EUR zu den Anschaffungskosten des Arbeitgebers. Darüber hinaus entrichtet er ein monatliches Nutzungsentgelt von 50 EUR. Die einfache Entfernung für Fahrten zwischen Wohnung und Tätigkeitsstätte beträgt 12 km.

a) Geldwerter Vorteil

Privatfahrten:

1 % von 30.000 EUR × 9	2.700 EUR
Fahrten zwischen Wohnung und erster Tätigkeitsstätte 0,03 % von 30.000 EUR × 12 km × 9	+ 972 EUR
abzgl. Zuschuss zu den Anschaffungskosten	- 1.500 EUR
abzgl. pauschale Nutzungsvergütung 9 × 50 EUR	- 450 EUR
Lohnsteuerpflichtiger Sachbezug Firmenwagen	**1.722 EUR**

b) Umsatzsteuer

Die lohnsteuerlichen Werte sind auch als Bemessungsgrundlage für die Umsatzsteuer heranzuziehen. Der Zuschuss zu den Anschaffungskosten des Fahrzeugs sowie die pauschale Nutzungsvergütung dürfen allerdings die umsatzsteuerliche Bemessungsgrundlage nicht mindern.

Umsatzsteuerliche (Brutto-)Bemessungsgrundlage	3.672,00 EUR
Die darin enthaltene Umsatzsteuer beträgt 15,97 % =	586,41 EUR

Firma

....
....
....

Jahr/Monat: ..../..............
Fahrzeugtyp: ....
Kennzeichen: ....

Firmenwagen: 1-%-Methode

Lohnsteuer

		EUR
	▶ **Privatfahrten**	
1	1 % × .... (Listenpreis[1])	....
2	abzgl. Nutzungsentgelte[2] des Arbeitnehmers	./. ....
3	Nach den ELStAM abzurechnender geldwerter Vorteil	./. ....
4	▶ **Fahrten Wohnung – erste Tätigkeitsstätte** (Entfernung ...... km)	
5a	0,03 % × .... (Listenpreis[1] × ...... km [lt. Zeile 4]) oder	....
5b	0,002 % × .... Fahrten[3] × (Listenpreis[1] × ...... km [lt. Zeile 4])	....
6	abzgl. Nutzungsentgelte[4] des Arbeitnehmers	./. ....
7	Steuerpflichtiger geldwerter Vorteil	....
8	abzgl. Pauschalbesteuerung mit 15 %	
9	...... Fahrten[5] × 0,30 EUR (0,38 EUR ab dem 21. Entfernungs-km)[6] × ...... km[7]	./. ....
10	Nach den ELStAM abzurechnender geldwerter Vorteil	....
	▶ **Steuerpflichtiger Monatssachbezug Firmenwagen**	
11	geldwerter Vorteil lt. Zeile 3	
12	geldwerter Vorteil lt. Zeile 10	
13	Zurechnung dem laufenden Monatslohn	....

Umsatzsteuer

	Umsatzsteuerpflichtige Bemessungsgrundlage[8] (Summe aus Zeile 1 und 5):	
14	.... × 15,97 %	= ....

[1] Anzusetzen ist der inländische Listenpreis inkl. MwSt bei Erstzulassung, abgerundet auf volle 100 EUR. Für (Hybrid-)Elektrofahrzeuge gelten Sonderregelungen bei der Ermittlung der Bemessungsgrundlage, vgl. Kap. 8.4.13.

[2] Abzugsfähig sind sämtliche Nutzungsentgelte; hierzu gehören auch Zuschüsse des Arbeitnehmers zu den Anschaffungskosten s. Kap. 8.9.

[3] Zu den Nachweisvoraussetzungen der tageweisen Berechnung s. Kap. 8.4.2.3.

[4] Abzugsfähig sind die in Zeile 2 nicht ausgeschöpften Nutzungsentgelte zzgl. kilometerbezogener Zahlungen des Arbeitnehmers, max. der Betrag laut Zeile 5a bzw. 5b.

[5] Anzusetzen sind 15 Fahrten pro Monat bei einer 5-Tage-Woche (vgl. Kap. 8.11.1), sofern keine häufigere Nutzung nachgewiesen wird.

[6] Für die einfache Entfernung von bis zu 20 km können 0,30 EUR/km berücksichtigt werden. Bei Entfernungen über 20 km hinaus können für die übersteigenden Kilometer 0,38 EUR/km angesetzt werden.

[7] Anzusetzen sind die Kilometer der gesamten Entfernung Wohnung – erste Tätigkeitsstätte laut Zeile 4, auf die der Kilometersatz von 0,30 EUR pro Entfernungskilometer bzw. 0,38 EUR ab dem 21. Entfernungskilometer angewendet werden darf.

[8] Liegt ausnahmsweise eine unentgeltliche Kfz-Überlassung vor (vgl. Kap. 8.12.1 und Kap. 8.12.3), ist die Summe mit 80 % anzusetzen, also pauschal um 20 % zu kürzen.

9 Vorsteuerabzug bei Reisekosten und ähnlichen Aufwendungen

9.1 Vorsteuerabzug aus Übernachtungskosten

Einzelnachweis

Der Arbeitgeber kann aus Rechnungen für Übernachtungen bei unternehmerisch bedingten Auswärtstätigkeiten seiner Arbeitnehmer unter den weiteren Voraussetzungen des § 15 UStG den Vorsteuerabzug in Anspruch nehmen. Hierunter fällt die Vorsteuerabzugsmöglichkeit aus Übernachtungsbelegen anlässlich von beruflich veranlassten Auswärtstätigkeiten und bei beruflicher doppelter Haushaltsführung (vgl. Kap. 7). Das Gesetz verlangt hierfür, dass

- der Unternehmer als Empfänger der Übernachtungsleistungen anzusehen und die Rechnung dementsprechend auf den Arbeitgeber ausgestellt ist, also auf den Namen der Firma lautet, und
- die Rechnung mit offenem Vorsteuerausweis ausgestellt ist (§ 15 Abs. 1 Nr. 1 UStG).

Kleinbetragsrechnung

Die vorstehenden Ausführungen gelten grundsätzlich auch für Rechnungen bis zu einem Gesamtbetrag von 250 EUR.[1] Aus sog. Kleinbetragsrechnungen kann jedoch der Vorsteuerabzug auch dann gewährt werden, wenn darin der Arbeitgeber als Leistungsempfänger nicht namentlich bezeichnet ist. Ebenfalls kann auf den gesonderten Vorsteuerausweis verzichtet werden, wenn stattdessen das ausstellende Hotel und der Mehrwertsteuersatz auf der Rechnung enthalten sind (vgl. § 33 UStDV).

Wichtig

Nicht mehr zulässig ist der pauschale Vorsteuerabzug mit 13,1 % aus den lohnsteuerlichen Übernachtungspauschalen. Die vorstehenden Ausführungen gelten in gleicher Weise für die eigenen Geschäftsreisen des Unternehmers. Auch hier ist der Vorsteuerabzug aus den Übernachtungskosten nur auf Einzelnachweis zulässig, wenn das Unternehmen im Besitz einer formal ordnungsgemäßen, zum Vorsteuerabzug berechtigenden Rechnung ist (vgl. § 14 Abs. 4 UStG).

9.2 Vorsteuerabzug aus Verpflegungskosten

Verpflegungskosten des Unternehmers

Der Unternehmer kann aus Verpflegungskosten anlässlich einer Geschäftsreise den Vorsteuerabzug unter den weiteren Voraussetzungen des § 15 UStG in Anspruch nehmen, wenn die Aufwendungen durch Rechnungen mit **gesondertem Ausweis der Umsatzsteuer auf den Namen des Unternehmers** bzw. durch Kleinbetragsrechnungen i. S. v. § 33 UStDV belegt sind. Hierbei ist jedoch zu beachten, dass Aufwendungen, die die Lebensführung des Unternehmers berühren, soweit sie nach allgemeiner Verkehrsauffassung als unangemessen anzusehen sind, vom Betriebsausgabenabzug ausgeschlossen (§ 4 Abs. 5 Nr. 7 EStG) und insoweit die Vorsteuern nicht abziehbar sind (§ 15 Abs. 1a UStG).

Verpflegungskosten des Arbeitnehmers

Erstattet der Arbeitgeber anlässlich einer Auswärtstätigkeit des Arbeitnehmers diesem entstandene Verpflegungsaufwendungen ganz oder teilweise, kann hieraus – weil keine Umsätze für das Unternehmen vorliegen – **keine Vorsteuer** abgezogen werden. Dies gilt auch, wenn die entstandenen Verpflegungsaufwendungen durch Rechnungen nachgewiesen sind. Lediglich in Fällen, in denen die Verpflegungsleistungen anlässlich einer **unternehmerisch bedingten Auswärtstätigkeit** des Arbeitnehmers vom Arbeitgeber empfangen und in voller Höhe getragen werden, kann der Arbeitgeber den Vorsteuerabzug hieraus in Anspruch nehmen, wenn die **Aufwendungen durch Rechnungen mit**

1 § 33 Satz 1 UStDV.

gesondertem Ausweis der Umsatzsteuer auf den Namen des Unternehmers oder durch Kleinbetragsrechnungen i. S. v. § 33 UStDV belegt sind.

9.3 Vorsteuerabzug aus Fahrtkosten

Kein Vorsteuerabzug bei arbeitnehmereigenem Pkw

Benutzt der Arbeitnehmer für eine berufliche Auswärtstätigkeit seinen eigenen Pkw und zahlt der Arbeitgeber z. B. die steuerfreie Kilometerpauschale von 0,30 EUR, ist der **Vorsteuerabzug ausgeschlossen**. Dies gilt selbst dann, wenn der Arbeitnehmer auf den Namen des Unternehmens ausgestellte Benzinrechnungen vorlegen kann. Denn die Fahrtkosten sind dem Arbeitnehmer für seinen eigenen Pkw entstanden und nicht für das Unternehmen des Arbeitgebers. Es fehlt insoweit an der erforderlichen Leistung an das Unternehmen.

Vorsteuerabzug bei Firmenwagen

Wird dagegen ein **Fahrzeug des Arbeitgebers** für die berufliche Auswärtstätigkeit eingesetzt, ist ein Vorsteuerabzug aus den entstandenen Kosten **zulässig**, weil es sich um unternehmerische Leistungsbezüge handelt. Benutzt der Arbeitgeber für seine Geschäftsreisen ein Firmenfahrzeug, ist der Vorsteuerabzug ebenfalls zulässig. Das gilt selbst dann, wenn dieses Firmenfahrzeug teilweise auch nichtunternehmerisch (privat) genutzt wird.

Vorsteuerabzug bei Benutzung anderer Verkehrsmittel

Der Vorsteuerabzug ist nach wie vor zulässig bei Benutzung anderer Verkehrsmittel wie z. B. Bahn, Flugzeug oder Taxi. Bei grenzüberschreitenden Reisen können Vorsteuern nur für den **auf das Inland entfallenden Teil der Reise** abgezogen werden. In solchen Fällen muss eine Bescheinigung des Beförderungsunternehmers darüber vorliegen, welcher Anteil des Beförderungspreises auf die Strecke im Inland entfällt. In der Bescheinigung ist der Steuersatz anzugeben, der auf den auf das Inland entfallenden Teil der Beförderungsleistung anzuwenden ist (§ 34 UStDV). Damit der Unternehmer aus Fahrausweisen einen Vorsteuerabzug hat, müssen sie folgende **Angaben** enthalten:

- den vollständigen Namen und die vollständige Anschrift des Unternehmers, der die Beförderungsleistung ausführt
- das Ausstellungsdatum
- das Entgelt und den darauf entfallenden Steuerbetrag in einer Summe
- den anzuwendenden Steuersatz, wenn die Beförderungsleistung nicht dem ermäßigten Steuersatz unterliegt

Auf Fahrausweisen der Bahn, die dem öffentlichen Verkehr dienen, war bislang häufig anstelle des Steuersatzes die Tarifentfernung angegeben (§ 34 UStDV). Bei einer Beförderungsstrecke von nicht mehr als 50 km galt bis 2019 der Steuersatz von 7 %, ab einer Beförderungsstrecke von mehr als 50 km der Steuersatz von 19 % (§ 12 Abs. 2 Nr. 10 Buchst. b UStG). Im Rahmen des Klimaschutzprogramms 2030 ist die Mehrwertsteuer für Bahntickets **seit 2020** generell **auf 7 % gesenkt** worden. Der ermäßigte Umsatzsteuersatz gilt unabhängig von der Tarifentfernung der Fahrkarte für sämtliche Zugstrecken im Inland. Zugfahren soll dadurch um rund 10 % billiger und damit attraktiver werden.

10 Bewirtungskosten

10.1 Abzug als Betriebsausgabe

Bei selbstständig tätigen Gewerbetreibenden, Freiberuflern u. a. führen betrieblich veranlasste Bewirtungen grundsätzlich zu Betriebsausgaben. Der Gesetzgeber hat den Betriebsausgabenabzug jedoch von einigen **formellen Voraussetzungen** abhängig gemacht und außerdem der Höhe nach begrenzt (§ 4 Abs. 5 Nr. 2 EStG).

Im Einzelfall sind für die steuerliche Beurteilung die folgenden Punkte zu prüfen:

- Betriebliche Veranlassung: Die Bewirtung muss betrieblich veranlasst sein. Aufwendungen für privat mitveranlasste Bewirtungen können insgesamt nicht als Betriebsausgaben abgezogen werden (§ 12 Nr. 1 Satz 2 EStG). Dies ist z. B. für die Bewirtung anlässlich sog. Regatta-Begleitfahrten der Fall.[1]
- Arbeitnehmerbewirtung: Bei bestimmten Bewirtungen können die Kosten in vollem Umfang abgezogen werden. Das gilt einmal für die Bewirtung von Arbeitnehmern, zum anderen dann, wenn die Bewirtung zu den eigentlichen gewerblichen Leistungen gehört. Das ist der Fall bei Gaststätten, Hotels, Fluglinien usw.
- Unangemessener Aufwand: Die Aufwendungen für andere Bewirtungen, z. B. von Lieferanten/Abnehmern/Subunternehmern, können insoweit nicht abgezogen werden, als sie nach der allgemeinen Verkehrsauffassung als unangemessen anzusehen sind.
- **30-%-Kürzung:** Die restlichen, angemessenen Bewirtungskosten werden pauschal um 30 % gekürzt (§ 4 Abs. 5 Nr. 2 EStG). Hinsichtlich dieser 30 % liegen begrifflich nichtabziehbare Betriebsausgaben vor, für die ein gesetzliches Vorsteuerabzugsverbot gilt (§ 15 Abs. 1a Nr. 1 UStG). Einzelheiten vgl. Kap. 10.3. Der BFH hat dagegen entschieden, dass die Beschränkung des Vorsteuerabzugs auf 70 % der betrieblichen Bewirtungsaufwendungen gegen EU-Recht verstößt.[2] Die Finanzverwaltung folgt dieser Rechtsprechung.[3]
- Der volle Vorsteuerabzug für angemessene Bewirtungskosten ergibt sich unmittelbar aus dem UStG (§ 15 Abs. 1a UStG).
- 70-%-Betriebskostenabzug: Auch die anderen 70 % darf der Betrieb nur dann als Betriebsausgaben abziehen, wenn bestimmte Beleg- und Aufzeichnungspflichten erfüllt werden:
  - Die Namen der Teilnehmer, Ort, Datum und der Anlass der Bewirtung müssen festgehalten werden.
  - Die Rechnung der Gaststätte ist aufzubewahren.
  - Die Aufwendungen müssen auf besonderen Konten verbucht werden.

  Hat die Bewirtung in einer Gaststätte stattgefunden, genügen Angaben zum Anlass und zu den Teilnehmern, wenn die Rechnung dem Bewirtungsbeleg beigefügt ist.
- Für geschäftliche Bewirtungsaufwendungen gelten verschärfte Anforderungen an die Form der Nachweisführung durch Gaststättenrechnungen. Voraussetzung für den Betriebsausgabenabzug von 70 % ist eine maschinell erstellte Rechnung (vgl. Kap. 10.2.7).

1 BFH, Urteil v 2.8.2012, IV R 25/09, BFH/NV 2012 S. 1714, BStBl 2012 II S. 824; BFH, Urteil v. 13.7.2016, III R 26/14, BStBl 2017 II S. 161.
2 BFH, Urteil v. 10.2.2005, V R 76/03, BFH/NV 2005 S. 817.
3 BMF, Schreiben v. 23.6.2005, IV A 5 – S 7303a – 18/05, BStBl 2005 I S. 816.

Tipp

Die formellen Anforderungen für den Betriebsausgabenabzug gelten nur für echte Bewirtungsleistungen. Eine solche Bewirtung im steuerlichen Sinne setzt unabhängig davon, ob der Arbeitnehmer oder fremde Dritte, etwa Geschäftsfreunde, Lieferanten oder sonstige Geschäftspartner, daran teilnehmen, voraus, dass die Gewährung von Speisen und Getränken im Vordergrund steht. Werden Kaffee, Tee oder andere Erfrischungsgetränke und Gebäck anlässlich von betrieblichen Besprechungen gereicht, liegt darin keine Bewirtung, sondern eine Geste der Höflichkeit. Solchen Aufmerksamkeiten in geringem Umfang steht der Abzug als Betriebsausgaben nicht entgegen, obgleich sie beim Arbeitnehmer keinen Arbeitslohn darstellen.[4] Etwas anderes gilt bereits für die Darreichung kleiner Speisen, wie z. B. belegte Brote, Brötchen oder Salate, für die sowohl die Abgrenzung vom Arbeitslohn als auch der Betriebsausgabenabzug besonderen Regeln folgt.

Eine Übersicht über die Anforderungen an einen Bewirtungskostenbeleg finden Sie in Kap. 10.2.5.

10.2 Geschäftliche Bewirtung

Für geschäftliche Bewirtungen gilt, dass die Aufwendungen nur in Höhe von 70 % als Betriebsausgaben abgezogen werden dürfen. Die **Kürzung um 30 %** ist auch für den Teil der Aufwendungen vorzunehmen, der auf den Verzehr des Betriebsinhabers oder seiner Arbeitnehmer entfällt.[5]

Tipp

Bei dem Arbeitnehmer bzw. dem Betriebsinhaber wird oft eine Auswärtstätigkeit im Zusammenhang mit der Bewirtung vorliegen. Neben den 70 % Aufwendungen dürfen für den eigenen Verzehr nur die gekürzten Tagegelder angesetzt werden (Kürzung um 40 % des vollen Tagessatzes, vgl. Kap. 4.2.4). Für Selbstständige gilt dies natürlich nicht.

10.2.1 Bewirtung von Geschäftsfreunden

Unter Bewirtung aus geschäftlichem Anlass werden nach den Vorstellungen des Gesetzgebers nur solche Bewirtungen verstanden, an denen Geschäftsfreunde, d. h. betriebsfremde Personen, teilnehmen und die im Zusammenhang mit einem betrieblichen Vorgang oder mit einer Geschäftsbeziehung stehen. Dabei ist es gleichgültig, ob mit den bewirteten Personen bereits Geschäftsbeziehungen bestehen oder erst angebahnt werden, oder ob es sich um bloße Besucher des Unternehmens handelt, deren Bewirtung als Teil der Öffentlichkeitsarbeit des Unternehmens anzusehen ist mit dem Ziel, Geschäftsabschlüsse allgemein zu erleichtern. Unter den Begriff Geschäftsfreunde fallen somit **Kunden, Lieferanten, Auftragnehmer, Auftraggeber** ebenso wie **sonstige betriebsfremde Personen**, bei denen die Möglichkeit konkreter Geschäftsabschlüsse ausscheidet, z. B. Besichtigung eines Unternehmens durch eine Schulklasse, Behördenvertreter, Politiker, Reporter, Repräsentanten von Wirtschafts- und Industrieverbänden, Steuerberater und Wirtschaftsprüfer. Die Kürzung um 30 % gilt auch für die Bewirtung im Rahmen von Kommissionsgeschäften. Der 70-%-Betriebsausgabenabzug ist auch für einen selbstständigen Außendienstmitarbeiter zu beachten, der die Waren der Firma im eigenen Namen, aber auf fremde Rechnung vertreibt.[6]

4 R 4.10 Abs. 5 Satz 8 EStR.

5 R 4.10 Abs. 6 Satz 7 EStR.

6 FG Hessen, Urteil v. 21.8.2019, 4 K 2370/17, EFG 2020 S. 771, Nichtzulassungsbeschwerde eingelegt beim BFH unter Az. XI B 1/20.

Wichtig

Die Abzugsbeschränkung gilt nicht für Bewirtungsleistungen durch gastronomische Betriebe, die zur branchenüblichen Waren- oder Produktverkostung dienen. Typisches Beispiel ist das sog. **Kundschaftstrinken** (»Werbebewirtung«). Dasselbe gilt für unentgeltliche Leistungen, die Hotel- und Gastronomiebetriebe an zahlende Gäste als Nebenleistungen erbringen. Hierunter fällt auch die Bewirtung von Fluggästen durch Fluggesellschaften.[7] Dasselbe gilt für die Bewirtung von Busfahrern als Gegenleistung für das Zuführen von Gästen bei Gaststättenbetreibern.[8] Anders verhält es sich, wenn der Busfahrer ein Restaurant, eine Gaststätte oder Wirtschaft ohne Fahrgäste anfährt und unentgeltlich bewirtet wird.[9] In diesem Fall ist weiterhin von einer geschäftlichen Bewirtung auszugehen, die beim Bewirtenden zur 70-%-Abzugsbeschränkung und beim Busfahrer als Geschäftsfreund zu keiner steuerpflichtigen Einnahme führt.

Betriebsveranstaltungen

Als reine Arbeitnehmerbewirtungen sind dagegen Betriebsveranstaltungen einzustufen, auch wenn neben den Arbeitnehmern ausschließlich deren Familienangehörige teilnehmen. Die Kosten einer solchen Bewirtungsleistung sind ohne Kürzung (vgl. Kap. 10.2.4) **in vollem Umfang als Betriebsausgaben abzugsfähig.** Sofern an der Betriebsveranstaltung auch Personen des öffentlichen Lebens oder **Geschäftspartner** teilnehmen, sind die auf diese Personen entfallenden Kosten als Betriebsausgaben für geschäftliche Bewirtungen nur im Rahmen der **70-%-Grenze** abzugsfähig.[10] Unter die begrenzte Abzugsfähigkeit fallen nicht die Ehegatten und Kinder von Arbeitnehmern des bewirtenden Unternehmens. Ebenfalls liegt keine geschäftliche Bewirtung hinsichtlich der Personen vor, die zur Gestaltung der Betriebsfeier beitragen. Dagegen stellt die Teilnahme der Ehefrau oder der Sekretärin des Geschäftspartners ein geschäftlicher Anlass dar, der insoweit nur zum begrenzten Betriebsausgabenabzug berechtigt. Eine **Aufteilung** in voll und mit 70 % abzugsfähige Kosten ist aber nur dann zulässig, sofern die Beteiligung von »Fremden« den Charakter der Betriebsveranstaltung als solchen unberührt lässt. Die Kosten für die Bewirtung von Geschäftsfreunden anlässlich eines Firmenjubiläums sind begrenzt abzugsfähig.[11]

Wichtig

Unerlässlich für den Charakter einer Betriebsveranstaltung und damit für die Abgrenzung gegenüber Veranstaltungen für Geschäftspartner, die unter die 30-%-Kürzung für geschäftliche Bewirtungen fallen, ist, dass die **»betriebseigenen Teilnehmer«** an der Betriebsveranstaltung **überwiegen.**[12] Der Teilnehmerkreis muss sich deshalb mehrheitlich (größer als 50 %) aus Betriebsangehörigen, deren Begleitpersonen und gegebenenfalls auch aus Leiharbeitnehmern oder Arbeitnehmern anderer Unternehmen im Konzernverbund zusammensetzen, damit eine Aufteilung in voll abziehbare Betriebsausgaben und 70 % abzugsfähige Kosten vorgenommen werden darf.[13] Überwiegen die betriebsfremden Teilnehmer, etwa die Geschäftspartner, Kunden und Personen des öffentlichen Lebens, ist die gesamte Veranstaltung als geschäftliche Bewirtung zu beurteilen, sodass die gesamten Bewirtungsaufwendungen um 30 % zu kürzen sind – auch soweit sie auf die eigenen Mitarbeiter entfallen (§ 4 Abs. 5 Nr. 2 EStG).[14]

---

7 BFH, Urteil v. 7.9.2011, I R 12/11, BStBl 2012 II S. 194.
8 BFH, Urteil v. 26.4.2018, X R 24/17, BStBl 2018 II S. 750.
9 R 4.7 Abs. 3 EStR.
10 R 4.10 Abs. 7 EStR.
11 BFH, Urteil v. 7.9.2011, I R 12/11, BStBl 2012 II S. 194.
12 BMF, Schreiben v. 14.10.2015, IV C 5 – S 2332/15/10001, BStBl 2015 I S. 832, Rz. 1.
13 BMF, Schreiben v. 14.10.2015, IV C 5 – S 2332/15/10001, BStBl 2015 I S. 832, Tz. 1.
14 FG Baden-Württemberg, Urteil v. 5.5.2015, 6 K 115/13, EFG 2015 S. 2167, rkr.

10.2.2 Beruflicher Anlass

Abziehbar sind nur die Kosten von Bewirtungen aus beruflichem Anlass. Ist die Bewirtung in mehr als nur untergeordnetem Umfang privat mitveranlasst, gehören die gesamten Aufwendungen zu den nichtabziehbaren Lebenshaltungskosten.

Aufteilungsverbot

Einen privaten Anlass unterstellen Rechtsprechung und Verwaltung regelmäßig dann, wenn ein Arbeitnehmer seine Kollegen oder Untergebene bewirtet, z. B. bei einer akademischen Feier eines Hochschullehrers[15] oder anlässlich des 40-jährigen Dienstjubiläums eines Beamten[16] sowie die Habilitationsfeier eines Chefarztes der Chirurgie.[17] Die Bewirtung von Untergebenen kann jedoch beruflich veranlasst sein, wenn die Bezüge und/oder das berufliche Fortkommen des Steuerzahlers von der Arbeitsleistung seiner Untergebenen abhängt. Zu denken ist hier etwa an Generalvertreter oder an Chefärzte in einem Krankenhaus.

Ist der erwerbsbezogene Anteil der Aufwendungen nicht von untergeordneter Bedeutung, ist im Einzelfall eine Aufteilung der Bewirtungskosten in Werbungskosten und nichtabziehbare Kosten der Lebensführung vorzunehmen. **Aufteilungsmaßstab** für die Gesamtkosten ist die Zahl der beruflichen Gäste zur Anzahl der privaten Gäste. Die Aufteilung bestimmt sich nach der Herkunft der Gäste. Für die nach **berufsbezogenen Kriterien** eingeladenen Kollegen kann ein anteiliger Werbungskostenabzug erfolgen, während für die aus dem privaten Umfeld stammenden Gäste der Abzug des Bewirtungskostenanteils ausscheidet.[18] Der mögliche Kostenabzug bestimmt sich nicht allein nach dem Anlass der Feier. Betrieblich veranlasst sind die Aufwendungen für die Einladung eines Mandanten einer Rechtsanwaltssozietät nur insoweit, als die Einladung auf die Berufstätigkeit zurückzuführende Gründe hat.[19]

Bei Selbstständigen wird eine private Mitveranlassung angenommen, wenn zu den bewirteten Personen verwandtschaftliche oder gesellschaftliche Beziehungen bestehen, außerdem dann, wenn die Bewirtung ihren Anlass im privaten Bereich hat. Das gilt für die Bewirtung anlässlich der Hochzeit, des 60. Geburtstags oder eines ähnlichen privaten Ereignisses.

10.2.3 Unangemessene Aufwendungen

Dass Bewirtungskosten der Höhe nach unangemessen sind, kommt in der Praxis außerordentlich selten vor. Zu denken ist etwa an ganz ungewöhnlich aufwendige Spezialitätenrestaurants. Rechtsprechung und Finanzverwaltung haben hier noch keine betragsmäßigen Grenzen festgelegt. Bei den Kfz-Kosten legt der BFH regelmäßig einen außerordentlich großzügigen Maßstab an. Von Bedeutung sind im Einzelfall der Umsatz und Gewinn des Unternehmens. Auch bei der Frage der Bewirtung legt die Finanzverwaltung regelmäßig großzügige Maßstäbe an.

15 FG Köln, Urteil v. 15.12.2011, 10 K 2013/10, EFG 2012 S. 590.
16 BFH, Urteil v. 20.1.2015, VI R 24/15, DB 2016 S. 1729.
17 BFH, Urteil v. 18.3.2016, VI R 52/15, BFH/NV 2017 S. 151.
18 BFH, Urteil v. 8.7.2015, VI R 46/14, BStBl 20015 II S. 1013.
19 FG Düsseldorf, Urteil v. 31.7.2018, 10 K 3355/16 F,U, EFG 2019 S. 22, Nichtzulassungsbeschwerde eingelegt beim BFH unter Az. VIII B 129/18.

Abzugsverbot

Anders sieht es aus, wenn Geschäftsfreunde in Nachtlokale mit Varieté-, Striptease- und anderen Darbietungen eingeladen werden. Die Kosten stehen dabei regelmäßig in einem deutlichen Missverhältnis zum Wert der verzehrten Speisen und/oder Getränke. Nach der Rechtsprechung des BFH sind die Aufwendungen dann insgesamt als unangemessen anzusehen und folglich insgesamt vom Betriebsausgabenabzug ausgeschlossen. Die Aufwendungen werden also nicht nur der Höhe nach, sondern bereits ihrer Art nach als unangemessen eingestuft.[20] Dasselbe gilt für die mit einer Schiffsreise verbundenen Bewirtungskosten. Die Kosten einer Regatta-Begleitfahrt anlässlich der Kieler Woche beurteilt die Rechtsprechung in ihrer Gesamtheit als unangemessene Repräsentation.[21] Ebenso kann das Abzugsverbot für sog. »Herrenabende« einschließlich der Bewirtung zum Tragen kommen, wenn diese nach Art und Weise der Veranstaltung für unangemessene Unterhaltung und Repräsentation anfallen.[22]

10.2.4 Pauschale Kürzung

30-%-Kürzung

Die angemessenen Aufwendungen können nur in Höhe von 70 % als Betriebsausgaben bzw. Werbungskosten abgezogen werden (§ 4 Abs. 5 Nr. 2 EStG).

Bei einer Bewirtung in einer Gaststätte ist also die Gaststättenrechnung pauschal um 30 % zu kürzen. Trägt der Arbeitnehmer die Bewirtung und ist er aufgrund der für die Bewirtung getroffenen Gestaltung auch als »Bewirtender« anzusehen[23], muss er seine Werbungskosten entsprechend niedriger ansetzen. Bei einem Betrieb sieht die buchtechnisch korrekte Behandlung so aus, dass der volle Betrag als Betriebsausgabe ausgewiesen und der Gewinn außerhalb der Bilanz um 30 % der Bewirtungskosten erhöht wird. In der Praxis verfährt man aus Vereinfachungsgründen meist so, dass der Kürzungsbetrag auf einem besonderen Konto erfasst wird. Dieses Konto steht dann buchtechnisch einem Ertragskonto gleich.

Tipp

Hat der Betrieb für seine Geschäftsfreunde auch die Übernachtung bezahlt, kann dieser Teil der Hotelrechnung insgesamt als Betriebsausgabe abgezogen werden. Die Kürzung erfasst nur die Kosten von Speisen und Getränken einschließlich des Frühstücks.

Vereinfachungsregelung

Bei Bewirtungen in der betriebseigenen Kantine bietet die Verwaltung dem Steuerzahler 2 Vereinfachungsregelungen an, die Höhe der Bewirtungskosten zu **schätzen**.[24]

- Als Aufwendungen für die Bewirtung werden nur **die Sachkosten** der verabreichten Speisen und Getränke **sowie die anteiligen Personalkosten** angesetzt. Die Kosten des Gebäudes sowie der Kantineneinrichtung dürfen also außer Ansatz bleiben. Auch bei den Sachkosten und den anteiligen Personalkosten ist natürlich eine Schätzung erforderlich. Von dem geschätzten Betrag müssen dann 30 % als nichtabziehbare Bewirtungskosten erfasst werden. Die abziehbaren Bewirtungskosten dürfen natürlich nicht noch einmal als Betriebsausgaben gebucht werden, wenn der Betrieb wie üblich sämtliche Kantinenkosten als Betriebsausgaben ausweist.

20 BFH, Urteil v. 16.2.1990, III R 21/86, BStBl 1990 II S. 575.
21 BFH, Urteil v. 2.8.2012, IV R 25/09, BStBl 2012 II S. 824.
22 BFH, Urteil v. 13.7.2016, III R 26/14, BStBl 2017 II S. 161.
23 BFH, Urteil v. 19.6.2008, VI R 48/07, BStBl 2008 II S. 890.
24 R 4.10 Abs. 6 Sätze 9 ff. EStR.

- Statt die Aufwendungen für die verabreichten Mahlzeiten und Getränke im Einzelnen zu ermitteln, kann der Betrieb für jede Bewirtung in der Betriebskantine einen Schätzbetrag von 15 EUR ansetzen. Das gilt allerdings nur dann, wenn er diese Vereinfachungsregelung für sämtliche Kantinenbewirtungen während des gesamten Wirtschaftsjahres anwendet. Im Ergebnis würde diese Vereinfachungsregelung bedeuten, dass 1/5 des Schätzbetrags, also 3 EUR pro Bewirtung, als nichtabziehbare Betriebsausgabe den Gewinn erhöht. Die Kosten der Kantine sind üblicherweise in voller Höhe in den Betriebsausgaben enthalten.

Tipp

Die zweite Vereinfachungsregelung, nämlich der Schätzbetrag von 15 EUR pro Bewirtung, ist im Regelfall für den Betrieb nicht zu empfehlen. Normalerweise liegen nämlich die Kosten eines Kantinenessens deutlich unter diesem Betrag, insbesondere wenn nur die Sachkosten und anteiligen Personalkosten angesetzt werden. Außerdem müsste der Schätzbetrag auch für geringfügige Bewirtungen in der Kantine angesetzt werden, z. B. wenn einem größeren Kreis von Personen anlässlich einer Betriebsbesichtigung lediglich belegte Brote serviert werden.

10.2.5 Muster Bewirtungskostenabrechnung

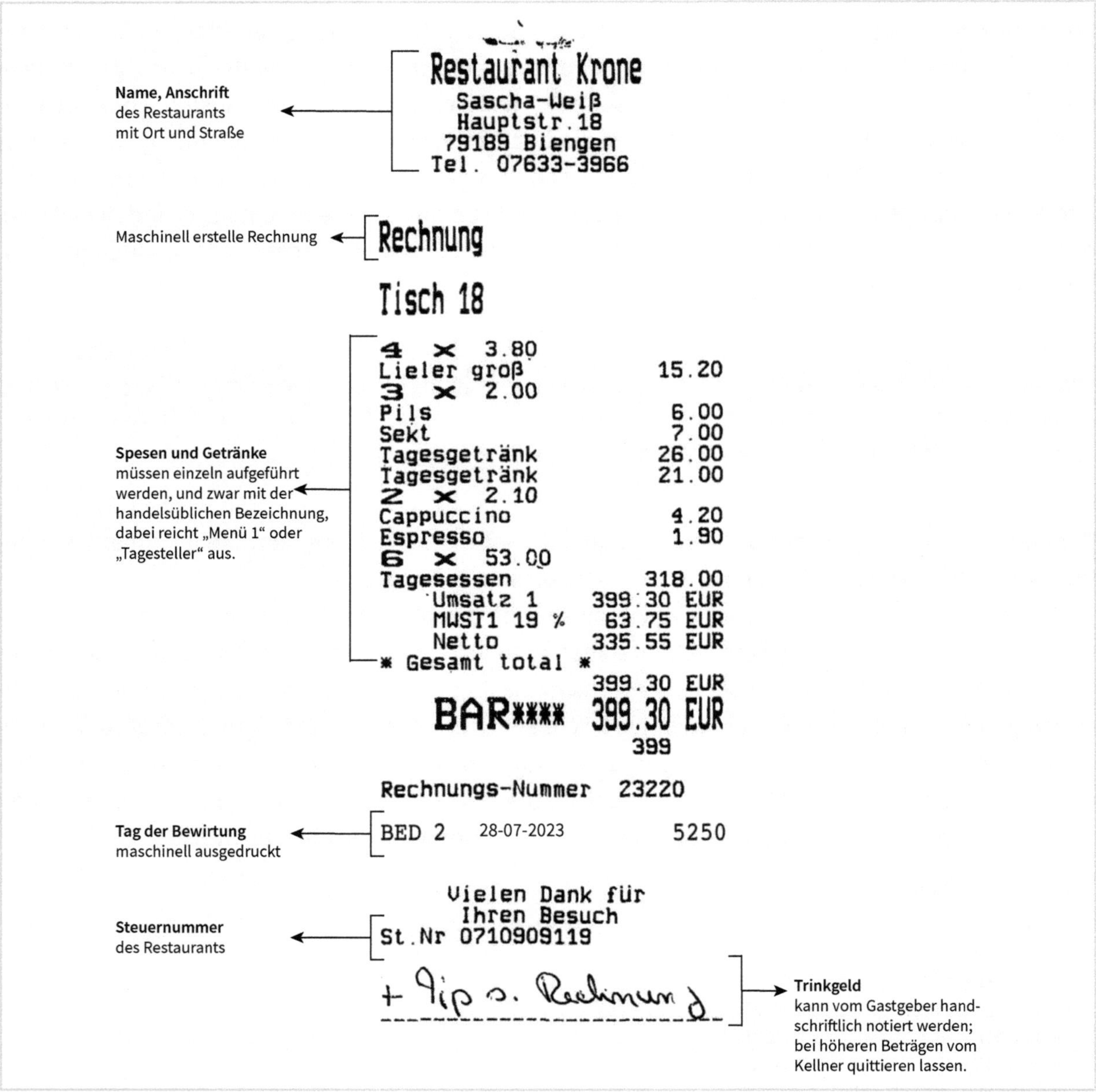

Restaurant Krone
Sascha-Weiß
Hauptstr.18
79189 Biengen
Tel. 07633-3966

Rechnung

Tisch 18

4 x 3.80	
Lieler groß	15.20
3 x 2.00	
Pils	6.00
Sekt	7.00
Tagesgetränk	26.00
Tagesgetränk	21.00
2 x 2.10	
Cappuccino	4.20
Espresso	1.90
6 x 53.00	
Tagesessen	318.00
Umsatz 1	399.30 EUR
MWST1 19 %	63.75 EUR
Netto	335.55 EUR
* Gesamt total *	
	399.30 EUR
BAR****	399.30 EUR
	399

Rechnungs-Nummer 23220

BED 2 28-07-2023 5250

Vielen Dank für
Ihren Besuch
St.Nr 0710909119

+ Tip s. Rechnung

Bewirtungskosten

Restaurant Krone – Sascha Weiß – Hauptstr. 18 – 79189 Bad Krozingen/Biengen
Tel. 07633-3966

Restaurant Krone, Hauptstr. 18, 79189 Bad Krozingen
Rudolf Haufe Verlag GmbH & CO. KG
Finanzbuchhaltung
Postfach
79120 Freiburg

Biengen, den 01.08.2023

Rechnung 23220
Autorentreffen „Reisekostenbuch"

Sehr geehrte Damen und Herren,

anlässlich Ihres Geschäftsessens am 28. Juli 2023 stelle ich Ihnen folgenden Betrag in Rechnung:

Netto	335,55 €	
+ Umsatzsteuer 19%	63,75 €	
Rechnungsbetrag	**399,30 €**	
Trinkgeld (bar)		30,00 €

Bitte überweisen Sie den Betrag auf unser Konto:

Bankverbindung:

Kto: 9473679

Blz: 68052328

Sparkasse Staufen-Breisach

USTID: 0710909119

Wir hoffen, Sie hatten einen schönen Abend und beehren uns bald wieder.

Mit freundlichen Grüßen

Sascha Weiß

Bewirtungskostenabrechnung

Angaben
zum Nachweis der Höhe und der geschäftlichen Veranlassung
von Bewirtungsaufwendungen (§ 4 Abs. 5 Nr. 2 EStG)

Tag der Bewirtung	Ort der Bewirtung (genaue Bezeichnung der Gaststätte, Anschrift)
28.7.2023	Restaurant Krone, Hauptstrasse 18, 79189 Bad Krozingen

Name und Ort des Restaurants sowie **Tag der Bewirtung** handschriftlich vom Gastgeber bestätigt.

Bewirtete Person(en)

Rainer Hartmann, Musterstr. 11, 79100 Freiburg, Autor
Marina Chelaifa, Redaktion Haufe-Lexware, Munzingerstr. 9, 79111 Freiburg
Heidi Klein, Redaktion Haufe-Lexware, Munzingerstr. 9, 79111 Freiburg
Andreas Sprenger, Karfstr. 22, 79100 Freiburg, Autor
Katharina Schnell, Jochbeistr. 11, 5000 Köln, Autorin
Marianne Kurz, Musterstr. 33, 4000 Düsseldorf, Autorin

Teilnehmer der Bewirtung müssen namentlich bezeichnet werden. Die Angabe der Anschriften ist nicht erforderlich, anhand von Name, Vorname, Firma und Ort muss jedoch eine Identifizierung möglich sein.

Der **Name des Gastgebers** muss mit aufgeführt werden, ebenso mitspeisende Arbeitnehmer oder Arbeitskollegen.

Anlass der Bewirtung

Autorentreffen „Das Reisekostenbuch“, Besprechung und Einführung der Haufe Autorenrichtlinien

Anlass der Bewirtung zum Nachweis, dass die Bewirtung betrieblich/beruflich veranlasst war: daher Zusammenhang mit einem geschäftlichen Vorgang oder einer Geschäftsbeziehung eintragen. Nicht ausreichend: „Arbeitsessen“, „Kundenpflege“ „Infogespräch“.

Höhe der Aufwendungen

☒ Bei der Bewirtung in Gaststätte: lt. beigefügter Rechnung — 429,30 EUR

☐ in anderen Fällen: ________ EUR

Ort	Datum	Unterschrift
Freiburg	7.8.2023	

Erstellt von Haufe Mediengruppe, Hindenburgstraße 64, 79102 Freiburg

Belegabzeichnung durch den Gastgeber: durch handschriftlichen Eintrag von Ort und Datum; Unterschrift des Gastgebers ist notwendig.

Zeitnahe Belegerstellung
Laut BFH muss der Beleg zeitnah, d.h. kurze Zeit nach der Bewirtung, erstellt werden, s. BFH, Urteil v. 25.3.1988, III R 96/85, BStB 1988 II S. 655.
Vorsicht: Zu späte Belegerstellung und nachträgliche Ergänzungen führen dazu, dass die Kosten nicht abziehbar werden!

10.2.6 Aufzeichnungspflichten

Der Betrieb muss bei Bewirtungskosten besondere Aufzeichnungs- und Nachweispflichten beachten. Werden diese verletzt, geht regelmäßig der Anspruch auf steuermindernde Berücksichtigung der Bewirtungskosten verloren. Der sog. Bewirtungsbeleg wird als Eigenbeleg vom Betrieb erstellt, der unterzeichnet sein muss.[25]

Für den Arbeitnehmer gelten diese besonderen Aufzeichnungspflichten nicht. Kann er jedoch beruflich veranlasste Aufwendungen nicht nachweisen, ist auch für ihn die daraus erwachsende Steuerminderung verloren. Steht jedoch die Tatsache der beruflich veranlassten Bewirtung fest, muss das Finanzamt die Höhe der abziehbaren Werbungskosten schätzen.

Ordnungsgemäßer Beleg

Der Betrieb muss für jede Bewirtung die folgenden Angaben schriftlich festhalten:

- Ort der Bewirtung.
- Teilnehmer der Bewirtung.[26] Eine Ausnahme gilt für Bewirtungen anlässlich von Betriebsbesichtigungen durch eine größere Personengruppe sowie für vergleichbare Fälle, wenn es dem Betrieb nicht zugemutet werden kann, sämtliche Namen festzuhalten[27]. Die unterbliebene Angabe des Bewirtenden im amtlichen Bewirtungsvordruck (vgl. Muster Bewirtungsbeleg, Kap. 10.2.5) kann auch noch nach einer Außenprüfung im Rahmen des Rechtsbehelfsverfahrens nachgeholt werden.[28]
- Der Anlass der Bewirtung. Die Angabe dient zum Nachweis, dass die Bewirtung betrieblich/beruflich veranlasst war. Daher ist der Zusammenhang mit einem konkreten geschäftlichen Vorgang oder einer bestimmten Geschäftsbeziehung einzutragen. Nicht ausreichend sind allgemein gehaltene Angaben wie »Arbeitsessen«,
- »Kundenpflege«, »Infogespräch« oder »Kontaktpflege«. Anhand solcher Angaben kann der Nachweis der betrieblichen Veranlassung im Zusammenhang mit einem geschäftlichen Vorgang oder einer Geschäftsbeziehung nicht geführt werden.[29]
- Im Regelfall ist ein Hinweis auf die von den bewirteten Personen vertretene Firma und den Gegenstand der Besprechungen/Verhandlungen erforderlich. Dies gilt auch für Ärzte, Rechtsanwälte, Steuerberater oder Apotheker, die sich nicht auf ihre beruflichen Verschwiegenheitspflichten berufen können.[30]
- Die Höhe der Aufwendungen. Findet die Bewirtung in einer Gaststätte statt, muss die Rechnung aufbewahrt werden. Diese Rechnung muss den Namen des bewirtenden Steuerpflichtigen bzw. des Betriebs enthalten. Hierauf verzichtet die Finanzverwaltung jedoch, wenn die Rechnung über einen Gesamtbetrag von nicht mehr als 250 EUR lautet. Bei einem Rechnungsbetrag über 250 EUR ist es auch zulässig, dass der leistende Unternehmer (Bewirtungsbetrieb) die Namen der bewirteten Steuerpflichtigen handschriftlich auf der Rechnung vermerkt.[31]

25 BFH, Urteil v. 15.1.1998, IV R 81/96, BStBl 1998 II S. 263.
26 FG Berlin-Brandenburg, Urteil v. 8.11.2021, 16 K 11381/18, EFG 2022 S, 575; Nichtzulassungsbeschwerde beim BFH unter Az. VI B 3/22.
27 R 4.10 Abs. 9 Satz 3 EStR.
28 BFH, Urteil v. 19.3.1998, IV R 40/95, BStBl 1998 II S. 610.
29 FG Berlin-Brandenburg, Urteil v. 11.5.2011, 12 K 12209/10, EFG 2011 S. 2130.
30 BFH, Urteil v. 26.2.2004, IV R 50/01, BStBl 2004 II S. 502.
31 R 4.10 Abs. 8 S. 4 EStR; § 33 Satz 1 UStDV; BMF, Schreiben v. 30.6.2021, IV C 6 – S 2145/19/10003 :003, BStBl 2021 I S. 908, Rz. 9.

Tipp

Nach der Rechtsprechung muss der Beleg **zeitnah**, d. h. kurze Zeit nach der Bewirtung, erstellt werden.[32] Eine zeitnahe Belegerstellung ist dann zu bejahen, wenn sie im Rahmen der laufenden Buchhaltung erfolgt, also im Normalfall monatlich. Die Aufzeichnung erst nach Ende des Geschäftsjahres genügt nicht. Zu späte Belegerstellung und nachträgliche Ergänzungen führen dazu, dass die Kosten nicht abziehbar werden. Damit kann durch spätere Korrekturen keine Heilung und damit kein Betriebsausgabenabzug nachgeholt werden.

10.2.7 Besonderer Rechnungsbeleg

Für geschäftliche Bewirtungsaufwendungen gelten verschärfte Anforderungen an die Form der Nachweisführung bei Gaststättenrechnungen. Zu den Nachweiserfordernissen, insbesondere bei digitalen oder digitalisierten Bewirtungsrechnungen und Bewirtungsbelegen, hat die Finanzverwaltung umfassende Regelungen aufgestellt, die bei Bewirtungsbetrieben mit elektronischen Kassensystemen eine **zertifizierte technische Rechnungsabsicherung** für den **Betriebsausgabenabzug** von geschäftlichen Bewirtungen verlangen.[33] Spätestens ab 1.1.2023 muss der Rechnungsbeleg den Angaben der Kassensicherungsverordnung entsprechen.[34] Die Finanzämter dürfen für den Betriebsausgabenabzug einer geschäftlichen Bewirtung nur noch maschinell erstellte und registrierte Rechnungen akzeptieren. Bei der Gaststättenbewirtung kann die Rechnung nicht durch einen Eigenbeleg ersetzt werden.[35] Die Rechnungsbelege müssen die Bewirtungsleistungen nach Art und Umfang im Einzelnen bescheinigen.

Rechnungsangaben

Es sind folgende Angaben in der Rechnung erforderlich[36]:

- Name und Anschrift des leistenden Unternehmers (hier: der Gaststätte)
- Tag der Bewirtung
- Ausstellungsdatum der Rechnung
- Art und Umfang und Entgelt der in Anspruch genommenen Leistungen; die Rechnung muss die Menge und die handelsübliche Bezeichnung des Gegenstands der Lieferung oder die Art und den Umfang der sonstigen Leistungen enthalten
- Preis für die Lieferung oder sonstige Leistung (Rechnungsbetrag)
- bei Rechnungen mit einem Gesamtbetrag von mehr als 250 EUR[37]: Name des bewirteten Steuerzahlers
- Umsatzsteuerbetrag, der auf das Entgelt entfällt
- Angabe der Steuernummer des Rechnungsausstellers oder die vom Bundeszentralamt für Steuern erteilte USt-ID-Nummer
- eine fortlaufende (Rechnungs-)Nummer, die zur Identifizierung einmalig vergeben wird

Die Verwaltung hat von diesen strengen Nachweisanforderungen bestimmte Ausnahmen zugelassen.

32 BFH, Urteil v. 25.3.1988, III R 96/85, BStBl 1988 II S. 655.
33 BMF, Schreiben v. 30.6.2021, IV C 6 – S 2145/19/10003 :003, BStBl 2021 I S. 908, Tz. 2.
34 FG Berlin-Brandenburg, Urteil v. 8.11.2021, 16 K 11381/18, EFG 2022 S, 575; Nichtzulassungsbeschwerde beim BFH unter Az. VI B 3/22. betrifft das Streitjahr 2014.
35 BFH, Urteil v. 18.4.2012, X R 57/09, BStBl 2012 II S. 770.
36 BMF, Schreiben v. 30.6.2021, IV C 6 – S 2145/19/10003 :003, BStBl 2021 I S. 908.
37 § 33 Satz 1 UStDV.

Die Rechnung muss grundsätzlich die Art und den Umfang der einzelnen Leistungen enthalten. Die detaillierte **Angabe der Bewirtungsleistungen** gilt auch für Kleinbetragsrechnungen bis zu 250 EUR. Die Angabe »Speisen und Getränke« sowie die Angabe der für die Bewirtung in Rechnung gestellten Gesamtsumme reichen nicht aus. Allerdings sind Bezeichnungen wie z. B. »Menü 1«, »Tagesgericht 2« oder »Lunch-Buffet« nicht zu beanstanden.[38]

Abkürzende Einzelangaben

Trinkgelder können in der elektronischen Rechnung ausgewiesen werden. Häufig wird dies naturgemäß in der maschinell erstellten und registrierten Rechnung nicht der Fall sein, da diese freiwilligen Zuwendungen nicht für die bewirtende Einrichtung, sondern für die Bedienung bzw. den Kellner bestimmt sind. Für die Anerkennung von Trinkgeldern gilt keine Kleinbetragsregelung. Der Betriebsausgabenabzug ist an den **Nachweis der Zahlung** geknüpft. Dieser kann bei Trinkgeldzahlungen in der Form geführt werden, dass der Empfänger das jeweilige Trinkgeld auf der Rechnung **handschriftlich quittiert.**

Quittierung der Trinkgelder

Der Leistungsempfänger kann im Allgemeinen darauf vertrauen, dass die ihm erteilte (elektronische) Rechnung vom Gastwirt maschinell und ordnungsgemäß registriert worden ist, wenn die Rechnung von der Registrierkasse mit einer laufenden Registriernummer versehen wird bzw. bei elektronischen und computergestützten Kassensystemen oder Registrierkassen eine Transaktionsnummer oder die Seriennummer des Aufzeichnungs- oder Sicherheitssystems aufweist. Diese Angaben können auch durch einen QR-Code abgebildet werden.

Registrierung

Tipp

Werden Leistungen üblicherweise zu einem späteren Zeitpunkt in Rechnung gestellt und unbar bezahlt, so wie es bei der Bewirtung eines größeren Personenkreises üblich ist, ist die Vorlage eines Registrierkassenbelegs nicht erforderlich. In diesem Fall reicht eine handschriftlich erstellte Rechnung, aus der die Speisen und Getränke im Einzelnen ausgewiesen sind, aus, falls der Rechnung der Zahlungsbeleg beigefügt wird.

Grundsätzlich wird auch bei Auslandsbewirtungen ein detaillierter maschinell erstellter und registrierter Beleg verlangt. Wird jedoch glaubhaft gemacht, dass in dem jeweiligen Ausland eine solche formale Rechnung nicht zu erhalten war, genügt in begründeten Ausnahmefällen für den Betriebsausgabenabzug eine ausländische Gaststättenrechnung, die nur handschriftlich erstellt ist.

Auslandsbewirtung

10.2.8 Gesonderte Verbuchung

Bei Bewirtungen durch den Betrieb verlangt das Gesetz im Interesse einer leichteren Nachprüfung durch das Finanzamt, dass die Aufwendungen im Rahmen der doppelten Buchführung auf gesonderten Konten erfasst werden. Ausreichend ist ein **einheitliches Bewirtungskonto**, auf dem die Kosten der geschäftlich veranlassten Bewirtungen und die übrigen uneingeschränkt abzugsfähigen Bewirtungsaufwendungen gebucht werden.[39] Bei der Gewinnermittlung durch Überschussrechnung (§ 4 Abs. 3 EStG) muss der Betrieb für diese Aufwendungen eine gesonderte Ausgabespalte einrichten.

Die Verbuchung auf gesonderten Konten bzw. in gesonderten Ausgabespalten muss zeitnah vorgenommen werden.

38 BMF, Schreiben v. 30.6.2021, IV C 6 – S 2145/19/10003 :003, BStBl 2021 I S. 908, Rz. 6.
39 BFH, Urteil v. 19.3.1999, IV R 20/99, BStBl 2000 II S. 203.

10.3 Umsatzsteuer

Aufwendungs-eigenverbrauch

Für nichtabziehbare Betriebsausgaben – nicht aber für nichtabziehbare Werbungskosten – sieht das UStG einen steuerpflichtigen Aufwendungseigenverbrauch vor (§ 1 Abs. 1 Nr. 2c UStG). Die Bewirtung durch den Arbeitgeber (Selbstständigen) unterliegt deshalb in der Höhe der unangemessenen Aufwendungen der Umsatzsteuer. Dies gilt sowohl für den überteuerten Teil der Kosten bei einer außergewöhnlich aufwendigen Bewirtung als auch für den Besuch »unangemessener Nachtlokale«, bei denen die Aufwendungen insgesamt nicht abzugsfähig und damit in vollem Umfang umsatzsteuerpflichtig sind. Eine Sonderregelung bestand für den pauschalen Kürzungsbetrag von 30 %.

Tipp

Die Erhebung von Umsatzsteuer auf bestimmte nichtabziehbare Betriebsausgaben ist entfallen. An die Stelle des Aufwendungseigenverbrauchs ist der Ausschluss des Vorsteuerabzugs getreten (§ 15 Abs. 1a UStG 1999). Vorsteuerbeträge, die geschäftliche Bewirtungskosten betreffen, waren danach nur noch insoweit abzugsfähig, als sie auf die abziehbaren Betriebsausgaben in Höhe von 70 % entfallen.[40] Der BFH hat dagegen entschieden, dass die Beschränkung des Vorsteuerabzugs auf 70 % der betrieblichen Bewirtungsaufwendungen gegen EU-Recht verstößt.[41] Der Vorsteuerabzug für angemessene Bewirtungskosten ergibt sich unmittelbar aus dem Umsatzsteuergesetz. § 15 Abs. 1a UStG wurde im Hinblick auf die Rechtsprechung zugunsten des Steuerpflichtigen geändert (§ 15 Abs. 1a EStG).

10.4 Bewirtungskosten beim Arbeitnehmer

Die für Unternehmen gedachten Bestimmungen gelten sinngemäß auch für den **Werbungskostenabzug** bei Bewirtungsleistungen des Arbeitnehmers. Die Rechtslage sieht für Arbeitnehmer weitgehend so aus wie für Selbstständige (vgl. Kap. 10.1). Die Rechnung muss deshalb denselben strengen Anforderungen genügen, die auch für Selbstständige gelten (vgl. Muster Bewirtungsbeleg, Kap. 10.2.5). Außerdem sind die Aufwendungen um einen eventuellen unangemessenen Teil und im Übrigen pauschal um 30 % zu kürzen.

Keine 30-%-Kürzung

Die sinngemäße Anwendung der Kürzungsregelung auf Bewirtungen durch den Arbeitnehmer greift nicht, wenn ausschließlich Arbeitskollegen eingeladen sind[42]. Die rein betriebsinterne Arbeitnehmerbewirtung unterliegt auch beim Arbeitgeber keiner Abzugsbeschränkung (vgl. Kap. 10.1), etwa die Feier eines Dienstjubiläums[43] oder die Geburtstagsfeier eines GmbH-Geschäftsführers[44]; ebenso können die Anforderungen für eine Habilitationsfeier in voller Höhe abzugsfähig sein.[45] Entscheidend ist, dass sich die Gästeliste nach berufsbezogenen Kriterien bestimmt. Im Übrigen ist die Kürzungsvorschrift nur dann anwendbar, wenn der Arbeitnehmer selbst bewirtet.[46] Tritt dagegen der Arbeitgeber als Gastgeber auf und stellt anschließend die aus Anlass der Arbeitgeberbewirtung entstandenen Aufwendungen seinem Arbeitnehmer in Rechnung, ist der Werbungskostenabzug beim Arbeitnehmer nicht um 30 % zu kürzen[47].

---

40 BMF, Schreiben v. 5.11.1999, IV D 1 – S 7314 – 48/99, BStBl 1999 I S. 964.

41 BFH, Urteil v. 10.2.2005, V R 76/03, BFH/NV 2005 S. 817; BMF, Schreiben v. 23.6.2005, IV A 5 – S 7303a – 18/05, BStBl 2005 I S. 816.

42 BFH, Urteil v. 10.7.2008, VI R 26/07, BFH/NV 2008 S. 1831; ebenso FG Rheinland-Pfalz, Urteil v. 19.2.2009, 5 K 1660/08, DStR 2009 S. 1042.

43 BFH, Urteil v. 20.1.2016, VI R 24/15, BStBl 2016 II S. 744.

44 BFH, Urteil v. 10.11.2016, VI R 7716, BStBl 2017 II S. 409.

45 BFH, Urteil v. 18.8.2016, VI R 52/15, BFH/NV 2017 S. 151.

46 FG Berlin-Brandenburg, Urteil v. 8.11.2021, 16 K 11381/18, EFG 2022 S, 575; Nichtzulassungsbeschwerde beim BFH unter Az. VI B 3/22.

47 BFH, Urteil v. 19.6.2008, VI R 48/07, BStBl 2008 II S. 890.

Es bleiben jedoch einige Abweichungen gegenüber der Abzugsfähigkeit von Bewirtungsleistungen bei Selbstständigen: Besonderheit

- Für Arbeitnehmer enthält das Gesetz keine besonderen Aufzeichnungspflichten. Das bedeutet jedoch nicht, dass der Arbeitnehmer keine Belege und Unterlagen über beruflich veranlasste Bewirtungen sammeln müsste. Nach den allgemeinen Grundsätzen, die mangels gesetzlicher Sonderregelungen anzuwenden sind, muss er vielmehr für Werbungskosten, die seine Einkünfte mindern, einen ausreichenden Nachweis erbringen. Nach der Rechtsprechung des BFH trifft den Arbeitnehmer die Beweislast dafür, dass er bestimmte Bewirtungskosten aufgewendet hat und dass die Bewirtungen ausschließlich beruflich veranlasst waren.
- Soweit Bewirtungskosten steuerlich nicht abgezogen werden können, werden sie in keinem Fall mit Umsatzsteuer belastet.
- Bei der Anerkennung der beruflichen Veranlassung besteht zwar kein rechtlicher, wohl aber ein tatsächlicher Unterschied gegenüber Selbstständigen. Der Arbeitnehmer wird es im Regelfall sehr viel schwerer haben als z. B. ein Gewerbetreibender, die berufliche Veranlassung von Bewirtungsaufwendungen glaubhaft zu machen. Daraus folgt u. a., dass er eher noch größere Sorgfalt auf Nachweise und Belege legen muss.

Tipp

Es ist im Regelfall zu empfehlen, dass der Betrieb unmittelbar die Bewirtungskosten übernimmt. Der Vorteil liegt in dem Abzug der Vorsteuer aus der Bewirtung. Ist nur ein Arbeitnehmer des Betriebs bei der Bewirtung anwesend, muss dieser darauf bestehen, dass der Gastwirt eine Rechnung ausstellt, die den Betrieb als Leistungsempfänger nennt. Es ist dann nicht schädlich, wenn der Arbeitnehmer den Betrag bar auslegt. Ersetzt ihm der Betrieb den Rechnungsbetrag, liegt darin ein steuerfreier Aufwendungsersatz (§ 3 Nr. 50 EStG). Ohne Arbeitgeberersatz hat der Arbeitnehmer den vollen Werbungskostenabzug, sofern die Kostenübernahme der Bewirtung beruflich veranlasst ist.

Stichwortverzeichnis

E

F

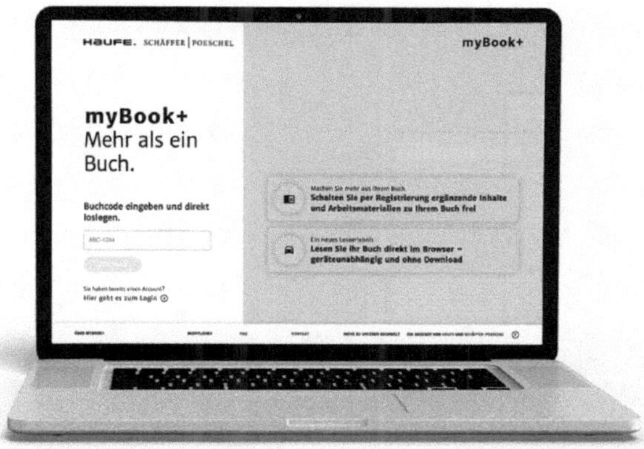

Ihre Online-Inhalte zum Buch: Exklusiv für Buchkäuferinnen und Buchkäufer!

▶ **https://mybookplus.de**

▶ Buchcode: `TAL-15260`